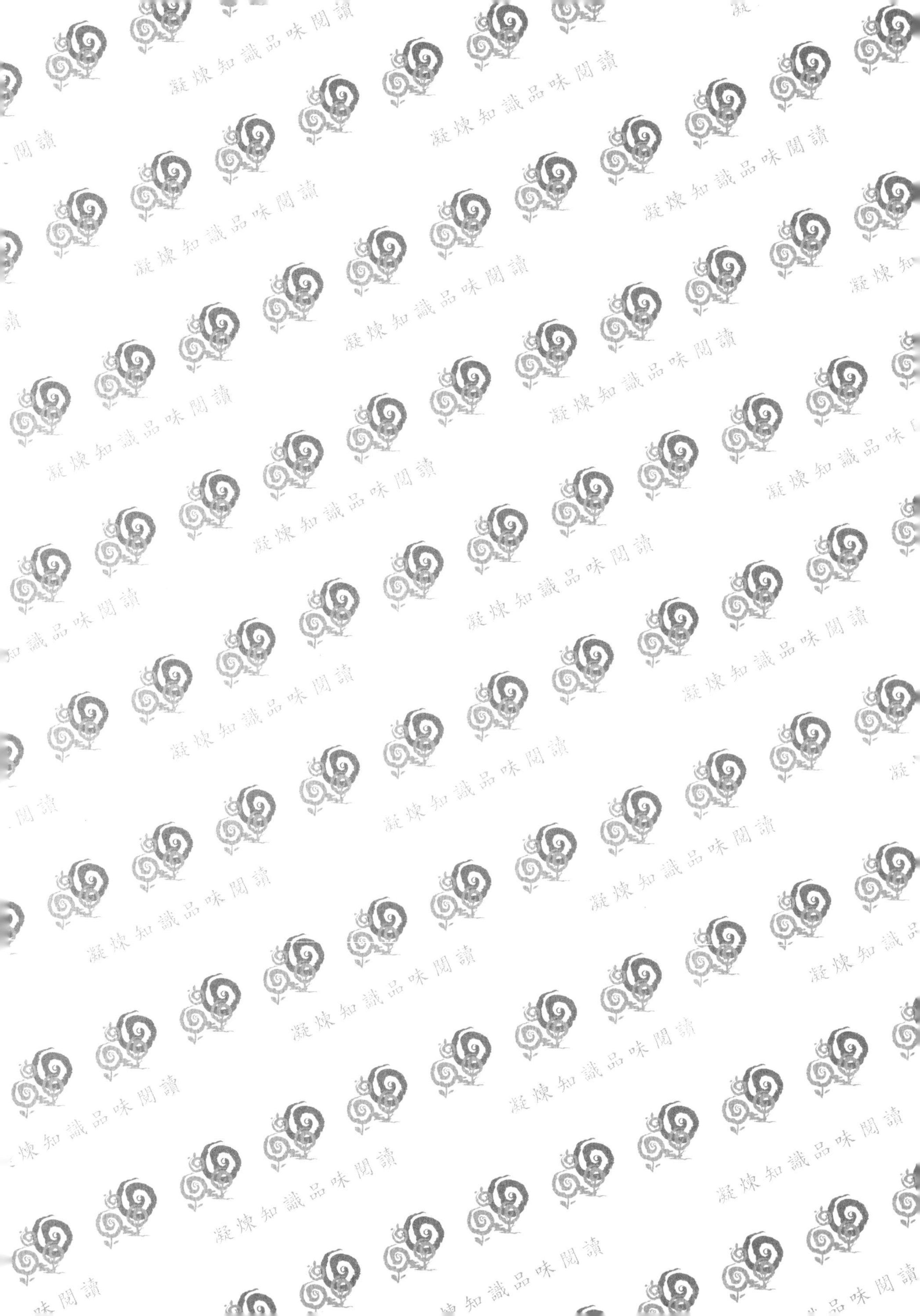

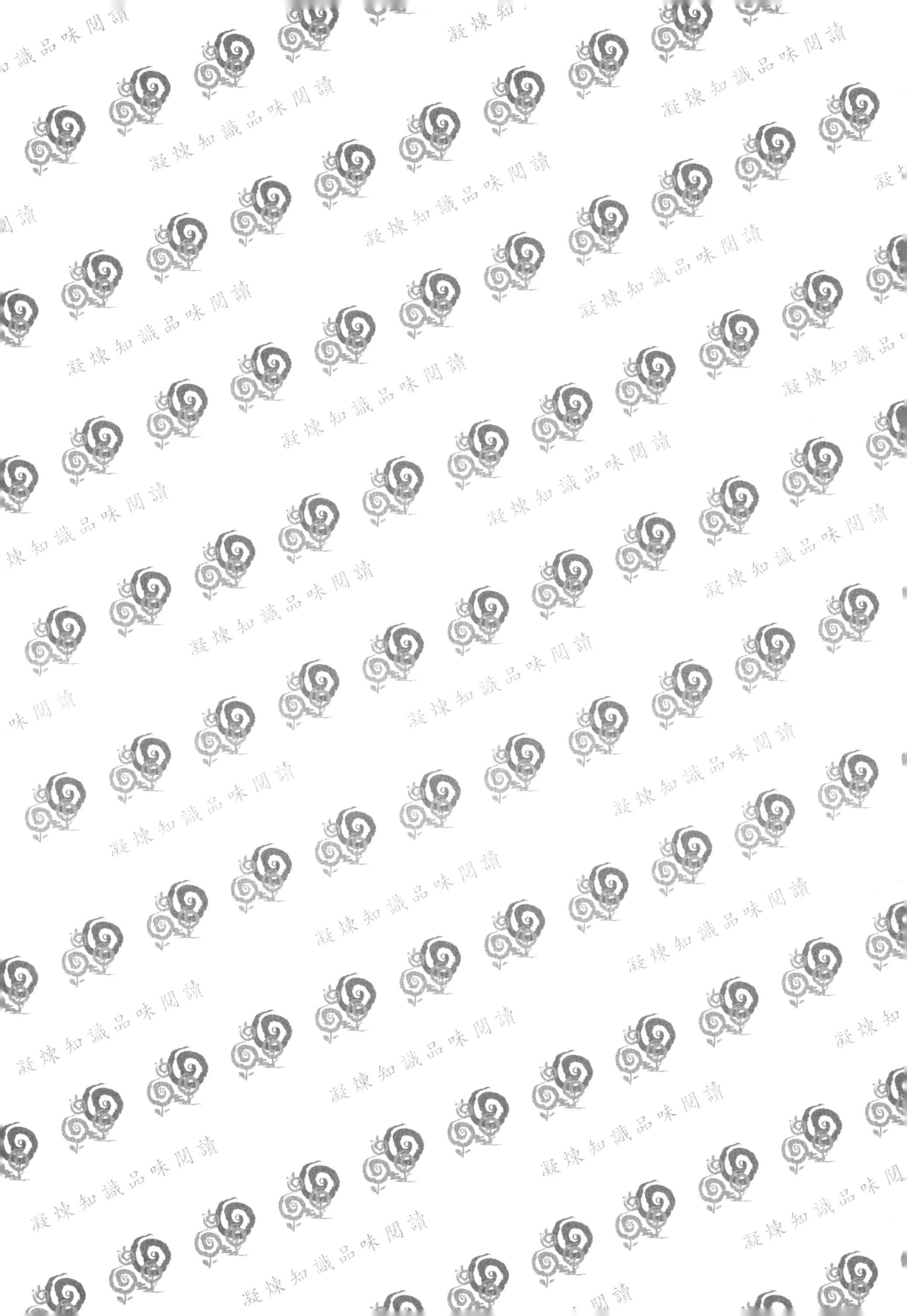
凝煉知識品味閱讀

照片1-1　清水溪上游阿里山溪沿岸崩塌情形

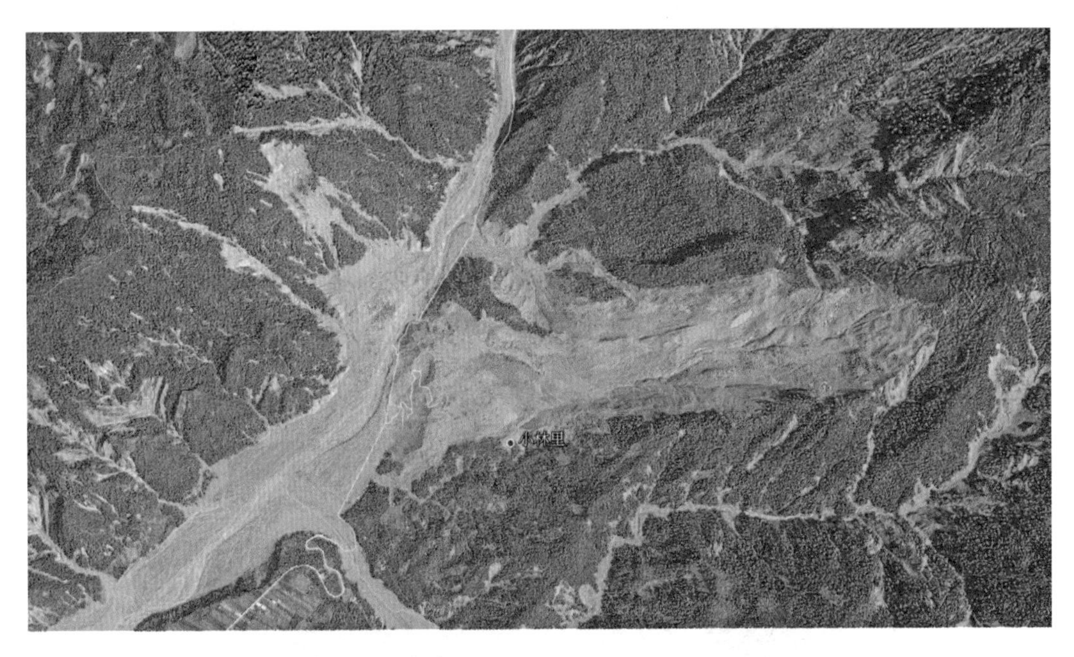

照片1-2　高雄市甲仙區小林村災後正射影像

資料來源：農業委員會林務局農林航測所

照片3-1　雷達波水位計現地安裝外觀示意圖

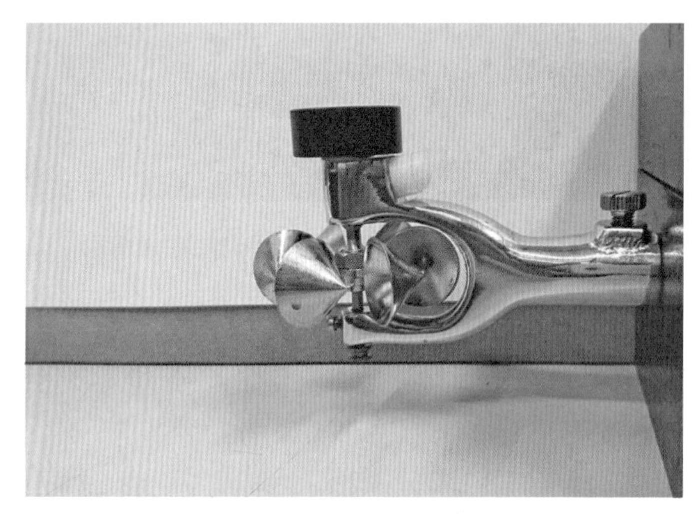

照片3-2　普萊氏流速儀

照片3-3　聲波都卜勒流速剖面儀（ADCP）

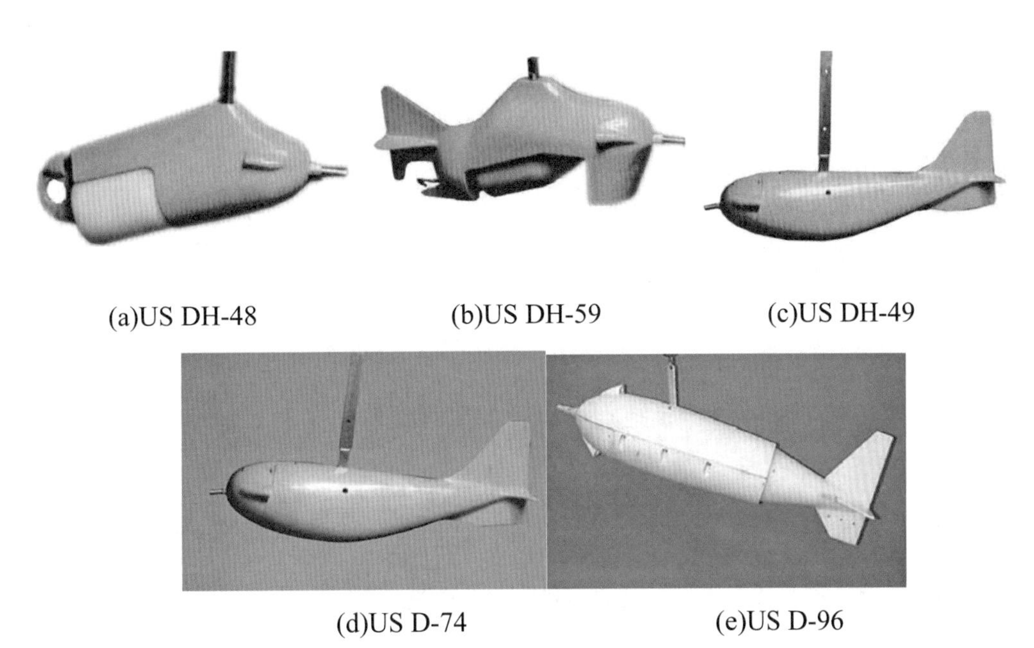

(a)US DH-48 (b)US DH-59 (c)US DH-49

(d)US D-74 (e)US D-96

照片3-4　USGS懸浮載全深採樣器

Source：Edward and Glysson, 1999

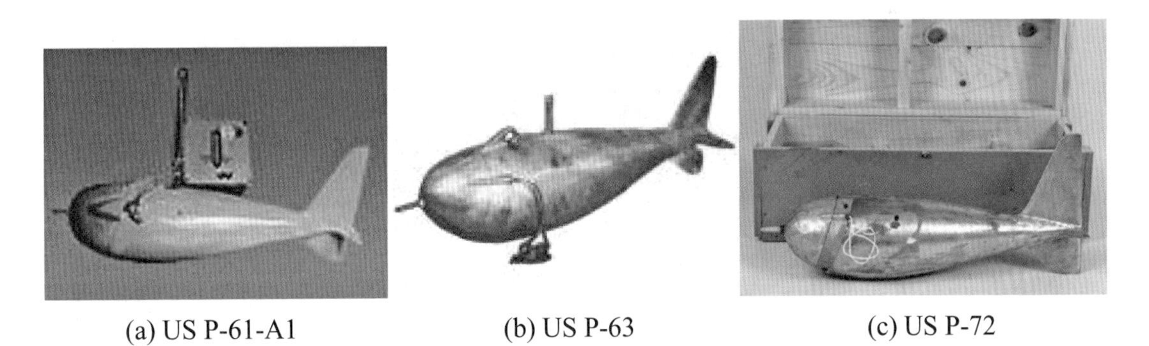

(a) US P-61-A1 (b) US P-63 (c) US P-72

照片3-5　USGS懸浮載點採樣器

Source：Edward and Glysson, 1999

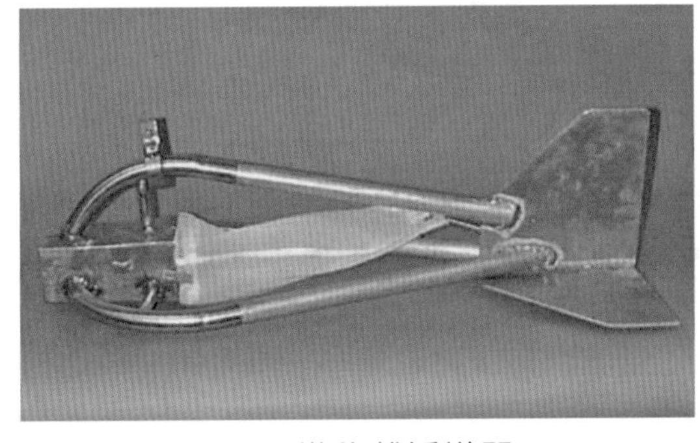

照片3-6　USGS推移載採樣器US BL-84

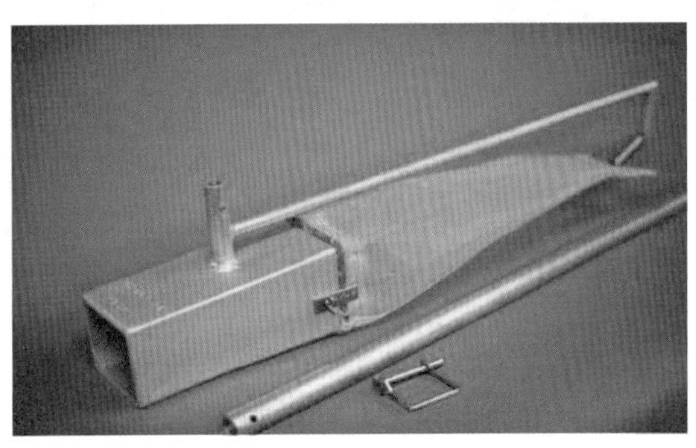

照片3-7　USGS推移載採樣器US BLH-84

照片4-1　濁水溪西濱大橋上游揚塵現況

照片4-2　東門溪支流三台山邊坡水力侵蝕現況

(a)梨山地滑地全景

(b)梨山管理所活動中心

(c)多處路面沉陷龜裂

照片5-1　梨山地滑地全景（王文能攝）

照片5-2　921地震後南投縣草屯鎮九九峰崩塌現況

資料來源：林昭遠教授

照片5-3　洩槽形崩塌地（新竹縣五峰鄉桃山村）

資料來源：農業委員會水土保持局，2010

照片5-4　蝌蚪形崩塌地（臺中市和平區梨山村）

資料來源：農業委員會水土保持局，2010

照片5-5　樹枝狀崩塌地（臺中市和平區博愛村）

資料來源：農業委員會水土保持局，2010

照片5-6　三角形崩塌地（坡腳遭挖除而產生滑動自由面所致）（新北市萬里區萬里村）

資料來源：農業委員會水土保持局，2010

照片5-7　石門水庫上游產業道路下邊坡倒三角形崩塌地（新竹縣尖石鄉秀巒村）

資料來源：農業委員會水土保持局，2010

照片5-8　菱形崩塌地（新竹縣尖石鄉玉峰村）

資料來源：農業委員會水土保持局，2010

照片5-9　大安溪上游馬達拉溪河岸礫石階地崖梯形崩塌地（苗栗縣泰安鄉梅園村）

資料來源：農業委員會水土保持局，2010

照片5-10　河岸崩塌

照片6-1　土石流淤埋成災現況

照片6-2　土石流淤埋情形

照片6-3　土石流擠壓導致對岸發生河岸崩塌現象

照片6-4　支流土石流形成堰塞湖

照片6-5　上游河道沖刷下切情形

照片6-6　土石流的側蝕擴床現象

照片6-7　建築物遭撞擊毀損情形

照片6-8　花蓮縣秀林鄉和中部落土石流溢出河岸形成新的流路

資料來源：農業委員會水土保持局花蓮分局，2013

照片6-9　構造物外觀遭磨蝕現狀

(a)敏督利颱風

(b)艾利颱風

照片6-10　臺中市和平區松鶴一溪土石流事件

資料來源：農業委員會水土保持局，2004

照片6-11　臺東縣大武鄉大鳥部落土石流事件

資料來源：農業委員會水土保持局，2009

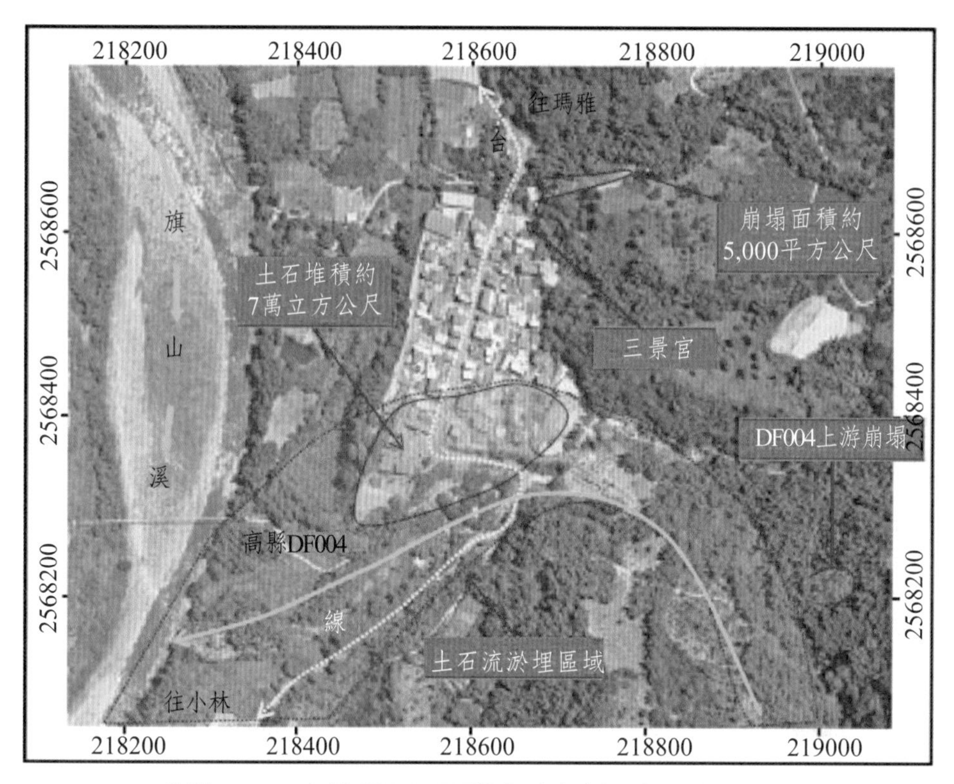

照片6-12　高雄縣那瑪夏鄉南沙魯村那托爾薩溪土石流

資料來源：農業委員會水土保持局，2009

照片6-13　高雄縣那瑪夏鄉南沙魯村那托爾薩溪土石流全景

資料來源：農業委員會水土保持局，2009

照片6-14　桃園市復興區羅浮里合流部落野溪土石流

資料來源：農業委員會水土保持局，2015

照片6-15　2006年2月發生在菲律賓南雷德島之岩屑流

Source: Highland & Bobrowsky, 2008

照片6-16　土石流巨礫聚集先端部

Source:Illgraben debris flow video *Posted by dr-dave*

照片6-17　新北DF230沖刷擴床

照片6-18　南投縣信義鄉豐丘土石流堆積性狀端部

照片7-2　大甲溪河床一般沖刷

照片7-3　南投縣國姓鄉九份二山韭菜湖溪河床沖刷嚴重下切現象

照片7-4　護岸起迄點未受保護河段沖刷

照片7-5　護岸與橫向構造物下游沖刷

照片7-6　防砂壩下游河床沖刷現象（下切約5.0公尺）

(a)颱風前

(b)颱風後

照片7-7　辛樂克颱風前、後盧山溫泉吊橋上游河道土砂淤積比較

照片7-8　河道漸進型土砂淤積

照片7-9　支流匯入主流河段之土砂淤積現象

照片7-10　高雄市桃源區塔羅留溪河岸崩塌造成河道嚴重土砂問題

照片7-11　高雄市六龜區新發大橋附近河道突闊處之土砂淤積致災

照片7-12　高雄市六龜區荖濃溪寶來溫泉附近彎道土砂淤積

照片7-13　山地河川跨河構造物上游段淤積致災現況

照片7-14　屏東縣來義鄉來社溪土砂淤積現況

照片10-1　屏東縣牡丹鄉里仁溪防砂壩工程

(a)連續高壩不利魚類上溯

(b)階梯式壩取代高壩有利魚類上溯

照片10-2　牡丹溪防砂壩改善模擬

高山溪1號壩改善前（2000/04）

高山溪1號壩改善後（2001/12）

照片10-3　高山溪1號壩改善前、後現況

資料來源：王傳益等，2010，攔砂壩壩體移除之模型試驗——以七家灣溪一號壩為例

照片10-4　宜蘭縣南澳鄉碧候野溪梳子壩

照片10-5　南投縣中寮鄉粗坑溪切口壩

照片10-6　花蓮縣萬榮鄉嘉農溪部分透過性壩

(a)護岸及固床工組合

(b)護岸及潛壩組合

(c)護岸及丁壩組合

照片10-7　各種類型之整流工法

照片10-8　護岸

照片10-9　護岸基腳淘刷

照片10-10　自然河岸與混凝土護岸比較

照片10-11　系列固床工

照片10-12　混凝土鋪石固床工

(a)石樑固床工

(b)階梯式固床工

(c)踏步式固床工

(d)階段式固床工

照片10-13　各式生態化固床工

照片10-14　丁壩

土砂災害與防治

Sediment Disaster and Control

五南圖書出版公司 印行

推薦序1

臺灣各河川集水區之泥砂生產量位居世界之冠，全世界六大陸塊之泥砂年平均生產量約為201.6億噸，其中亞洲占79%，為159.1億噸，以此產量而言，換算成單位面積生產量的話，黃河為每平方公里3,090噸，在臺灣的濁水溪卻高達每年每平方公里16,000噸，在南部的二仁溪更高達每年每平方公里43,000噸，由此可見臺灣集水區單位面積的土砂生產量是居於世界第一。超高的集水區泥砂生產量雖也造就了臺灣西部狹窄卻是我們2,300萬人類以生存發展的寶貴平地，但其每年隨同颱風豪雨間帶給我們的土砂災害卻也是我們生存於臺灣的同胞們的宿命。平均而言，北部地區之集水區浸蝕，以年侵蝕深度而言，北部地區約為2毫米至5毫米，中部地區則增加至5～15毫米，南部地區更高達20～36毫米，如與美國最有名的TVA，田納西峽谷集水區之侵蝕深度每年僅0.25毫米比較，臺灣治水同時間肩負的土砂重負是很難想像的。

對一個一生從事於與水有關工作的人而言，手邊能有一本相關的參考書是比什麼都重要的事情，記得民國40年代初到當時的臺灣省水利局第六工程處上班，當時的臺灣省水利局業務包山包海，水土保持局尚未成立，即使山地農牧局也是40年代後期的事情，各河川局的水文站也剛剛在設立初期，當時受命建立南部重要河川的水文站，每個月必須三次到各站測量流量，也必須取的水樣，分析含砂量，年底依規定必須編撰年報，想找一本可供參考的工具書而不可得，只好依照自己的想像編撰提教。今天欣悉逢甲大學連惠邦教授利用課餘時間，歷經多年的辛苦，將其研究成果，教學及實務經驗彙整編纂《土砂災害與防治》一書，內容豐富實用，理論及實務並重，想想當時從事於河川集水區之泥砂生產測量調查，如能有這一本書做為案頭的參考不知有多好。1970年代在美國進修時，有關泥砂的書籍，有關河川泥砂「Sediment Transport」的著作不少，集水區泥砂生產相關如「Engineering」也均以美國的集水區為案例，連惠邦教授能將理論與實務彙編，並詳述臺灣的實例，真的讓從事此項工作的同行們有福了。謹此祝福本書之發行必可對年青學子及從事於實務工作者有莫大的助益。

行政院國家發展委員會顧問　黃金山

推薦序2

臺灣是一個多山的國家，不僅坡陡流急、地質岩性脆弱，每遇颱風豪雨侵襲時，很容易發生土石流、崩塌、地滑、洪流等水、砂災害；加上全球氣候變遷所帶來的極端降雨，更深化了各種災害的發生頻度，且所釀成的災害規模也愈來愈大，因而引起社會的關切和正視。以2009年莫拉克颱風事件為例，在短短的三天內為臺灣中、南及東部等各河川流域帶來接近3,000mm的超量降雨，使得同一地點發生淹水、淺層崩塌、土石流、深層滑崩、堰塞湖形成、堰塞湖潰決等複合型土砂災害發生，尤其以當時高雄市甲仙區小林村遭受大規模崩塌的大量土體瞬間淤埋最為嚴重，不僅造成462位居民不幸罹難，其所引起的坡體變形及土砂流失，更擴及影響了集水區的正常機能，同時也加劇了下游平原地區洪患的危害規模。

於是，結合既有土石流的防減災資源及經驗，以「整體性防災」為思維、「聚落安全」為核心，推動大規模崩塌防減災計畫，已屆刻不容緩的關鍵階段了，而這本《土砂災害與防治》正可提供相關防減災理論、技術和規劃實務的重要參考。《土砂災害與防治》是逢甲大學營建及防災研究中心主任連惠邦教授總結了多年來從事土砂災害的研究成果，以及參與協助公部門土砂災害處理的實務經驗，累積、彙整、編寫出來的一本著作，包括土壤侵蝕、崩塌、地滑、大規模崩塌、土石流等土砂災害理論及防治對策，合計十一章，內容不僅豐富多元，完整詳實，同時以深入淺出的方式說明，引導出集水區土砂災害治理與管理的整體框架；更難能可貴的是，本書也含括土砂災害數值模型分析，這對土砂災害的成因、發展及致災風險提供了絕佳的分析工具，有助於提升對土砂災害的了解、掌握及預測。

相信本書的出版對於臺灣未來在集水區土砂災害的因應和防減災水準上，能夠提供相當的助力和貢獻，故樂於大力推薦。

行政院農業委員會水土保持局局長　李鎮洋

自序

集水區在不同區位發生各種類型的土壤侵蝕、崩塌及地滑現象，並引起河道不同程度的沖淤變形，為河道孕育出水砂災害發生的有利環境，一旦土砂沖淤達到一定的限度，就會通過劇烈的土石流或洪災表現出來。只是土壤侵蝕、崩塌、地滑及土石流等土砂災害與下游都市的暴雨洪災比較起來，其災害影響範圍多位於人口密度較低的山坡地，對都市環境的直接影響比較小，而未受到應有的重視。但是，在氣候變遷極端降雨事件頻發的現今環境下，包括土石流、崩塌、地滑、河道沖淤、洪水泛濫、水庫淤積等水砂問題，以及它們所引發的複合型災害，已直接或間接威脅了下游都市地區人民生命和財產之安全。

於是，基於治水先治砂、水砂兼顧的基本思維，本書蒐集彙整了國內、外土砂災害的相關研究成果，分別從定義、特徵、發生發展機理、力學機制、時間與空間分布預測、致災行為等諸多面向，探討土壤侵蝕、地滑、崩塌（含大規模崩塌）、土石流、山地洪流及河道沖淤等各種土砂災害型態的特殊屬性，嘗試建構它們之間的一些關聯特性。然而，土砂災害成因複雜，影響因素眾多，不同區域成災過程和後果不一，甚至不存在統一的變化規律。鑑此，本書結合了物理模型與數值模式提出嶄新的分析模型，配合現地長期的水位及斷面觀測資料，用以模擬和推演集水區土砂運移的基本規律，以及在人為構造物介入下土砂變遷的各個環節。

不過，在編寫期間令作者感觸良深的是，國內有關集水區各種類型土砂運移問題的研究雖然很多，惟多顯得零散而未有系統性的研究成果，尤其是基本環境資料及現地調查數據的極度欠缺，使得可以舉出的實際案例實在相當有限，因而僅能以個人多年經驗和心得加以整理，盼能起到拋磚引玉之弘效，引起更多的討論和研究。

由於本書所關注的課題面向極廣，現象又相當複雜，限於作者的專業領域和水平，有些課題沒有納入（如崩塌、地滑防治對策），部分課題也寫得還不夠深入，甚至有些現象還沒有獲得統一的看法，使在見解上可能存在一些主觀，內容疏漏及錯誤亦在所難免，懇請讀到這本書的前輩、同業對書中不足之處給予批評指正。

在編寫本書的過程中，得到研究生韓宜霖、蔡坤廷、鍾昕育、呂博弘、蔡建瑋等人、逢甲大學營建及防災研究中心同仁們的大力協助繪圖、打字和整理文稿，同事陳昶憲教授詳細審閱了第三章，並提出寶貴的修改意見，以及一直在身旁默默支持的家人和摯友，使本書得以順利完成。此外，承蒙行政院經濟部水利署黃前署長金山博士，以及農業委員會水土保持局李局長鎮洋惠賜序言，特此致謝。

連惠邦

目　錄

第一章　緒　論

第二章　集水區地形地貌與水砂特性

第三章　水文觀測與分析

第四章 土壤侵蝕

第五章 地滑、大規模崩塌與淺層崩塌

第六章 土石流與山地洪流

第七章 山地河川河床沖淤趨勢與推估

第八章 集水區產砂規律模擬

第九章 集水區土砂管理模式

第十章　山地河川工程治理

第十一章　土石流非工程防護措施

索　引

第1章 緒論

臺灣地區位居環太平洋地震帶，因板塊擠壓而造山運動發達，使得中央山脈和海岸山脈地殼每年以30～40mm的速度上升（蔡義本等，2004），同時位處西北太平洋地區颱風侵襲的主要路徑，屬於極易受到天然災害影響的地區，而主要水系上游又多穿過容易破碎崩蝕或滑動的板岩地層，更增加了坡地的不穩定性，往往在一次暴雨的作用下，迅速匯集大規模洪水侵蝕坡面和河川邊界，頻頻引發山地洪水、土石流、崩塌、地滑、河道激烈沖淤等坡地水砂災害，加上地震、洪澇等其他類型災害，使臺灣地區已成爲全世界災害之高風險地區（行政院科技部，2014）。近年來，臺灣地區各種自然災害頻傳，災害範圍愈來愈廣，災害規模愈來愈大，雖然各項減災工程已發揮部分實效，但加劇各種自然災害的直接原因是氣候變遷極端降雨因素，已是不爭的事實。因此，開展對自然災害認識及防治相關課題之研究，無論在理論上還是在災害防救、生態維護及社會經濟等都具有指標性的重要意義。

1-1 暴雨災害

自然災害（natural disaster）係地球上各種自然現象在短時間內的異常變化或極端化所導致的負面衝擊，其中也包括人類活動誘發的異常變化，包括旱災、暴雨、水災、風災、暴潮、寒害、地震、地層下陷、崩塌、土石流、農林病蟲害及森林火災等。根據行政院災害防救白皮書引用聯合國緊急災難資料庫（EM-DAT）對2013年全球天然災害人員傷亡的統計結果，造成嚴重死亡人數之主要災害類型，包括風災、水災和地震等，如表1-1所示。表中，因暴雨引發的災害（以下稱爲暴雨災害，disaster by rainfall）是發生頻率最高，危害最嚴重的一種自然災害，造成的損失占全球每年自然災害損失的比重也最大，其中各種天然災害損失前十大之中，就有四件爲暴雨災害。反觀臺灣地區，如以1999年921地震作爲分界，從1950

年代至1999年921地震前颱風暴雨災害發生頻率約每10年發生一次，但921地震之後不僅颱風暴雨災害數量激增，而且成災型態也從以暴雨洪災為主，質變為水、砂災害，單獨或共伴產生的災害型態，如圖1-1所示。當然，災害型態的質變與921地震影響地層的穩定性關係極為密切；此外，2000年以後重大颱風暴雨災害頻率及強度也持續地增加，也被認為是與全球氣候變遷引發極端降雨事件直接有關。

表1-1　以死亡人數排序之102年（2013）全球十大天然災害

項次	時間		位置		災害類型		統計數字
	起	迄	國家	地區	主要災害	次要災害	死亡人數
1	11月8日	11月8日	菲律賓	維薩亞斯	熱帶氣旋（海燕Haiyan）	暴潮、淹水、風災	6,201
2	6月12日	6月27日	印度	阿坎德邦	洪災	水災	5,000
3	4月	5月	印度		極端氣溫	熱浪	531
4	5月	9月	日本	四國、九州、本州等	極端氣溫	熱浪	338
5	7月7日	7月17日	大陸地區	四川	洪災	水災	305
6	8月7日	8月21日	巴基斯坦	旁遮普、信德	洪災	水災	234
7	4月20日	4月20日	大陸地區	四川	地震	地震	198
8	8月1日	8月7日	巴基斯坦	旁遮普	洪災	水災	178
9	7月9日	7月10日	印度	北方邦	洪災	水災	174
10	1月	1月	辛巴威	南馬塔貝萊蘭	洪災	水災	125

資料來源：行政院災害防救白皮書，2014

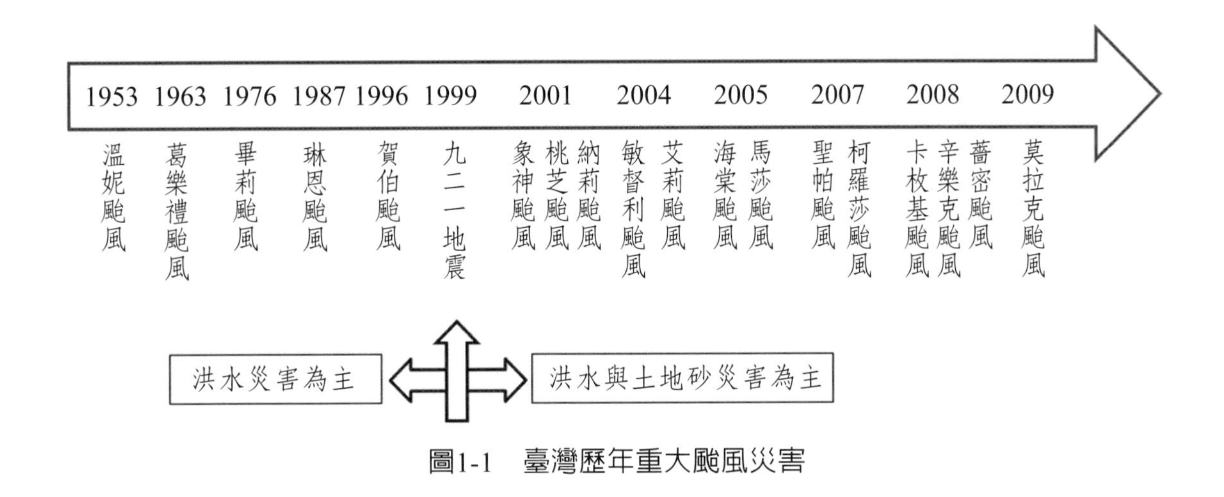

圖1-1 臺灣歷年重大颱風災害

1-2 暴雨與土砂災害

相對於下游都市的暴雨洪災，河川上游集水區土砂災害（sediment disaster）的影響範圍往往是位於人口密度較低的山坡地，對都市環境的直接影響是比較小的，且常常是包含在其他自然災害中，不易爲人所注意。蘆田和男等（1987）認爲，人類爲了提高本身的生活水平，擴大生活空間，不斷地對大自然進行各種方式的開發行爲，這種開發活動又促進了集水區土壤侵蝕和流失，給人類生活帶來一定的影響，如圖1-2所示；另一方面，人類爲了防止、減輕因土砂而引起的災害，修建了安全的防災設施。在這一體系中，一旦集水區土砂流失或生產量體超越人類的防災設施所具有的防禦能力時，就會給人類的生命財產或生活品質帶來一些威脅和影響，謂之土砂災害。景可及李鳳新（1999）提出，凡是致災因子是土砂，或由土砂誘發其他載體給人類的生活、生產、生態及物質文明建設帶來危害，這樣的土砂事件就構成了土砂災害。日本數字大辭泉給出了土砂災害的解釋，即受到集中降雨或地震作用而伴隨土石流、坡面崩壞及地滑等現象，以及因火山噴發引發的熔岩流、火山碎屑流、火山泥流等，並直接或間接威脅保全對象之生命及財產者，謂之。洪如江（1999）也特別提出，坡地因其地形、地質、水文、植被等自然條件，易因颱風、暴雨、地震及人爲不當開墾等因素，發生土壤侵蝕、崩塌、地滑或是土石流等現象；一旦發生前述之現象，不但會使坡地上之建設或是房舍受到不同程度之損害，亦會造成山坡下鄰近地區房舍及各項設施之損害及人命傷亡，此種現象稱之爲坡地災害（hillslope disaster）。

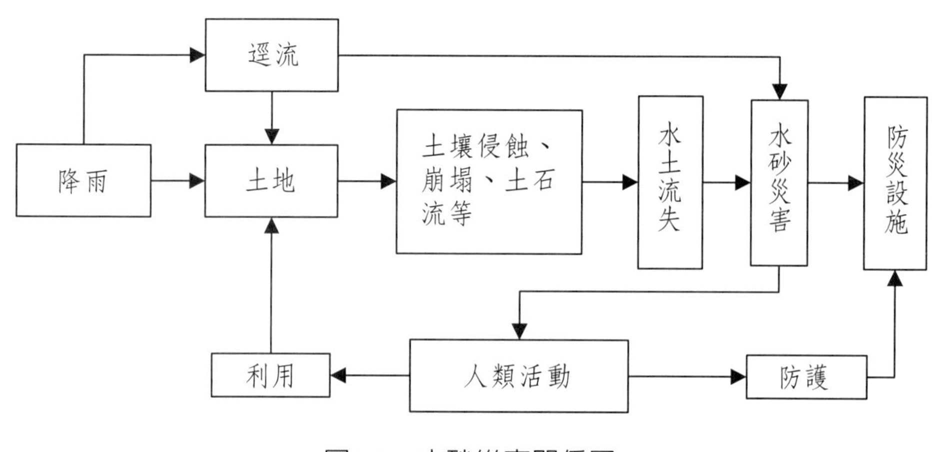

圖1-2 水砂災害關係圖

發生在河川上游集水區內的土砂災害類型，基本上可以概分爲崩塌（含山腹崩塌、河岸崩塌、大規模崩塌等）、地滑、土石流、河道強烈沖刷與淤積等，如圖1-3所示。其中，由連續豪雨作用導致邊坡岩（土）體失穩崩塌，或崩塌土體滑落河道促發土石流、堰塞湖或水庫淤砂等，均爲典型河川上游集水區的一些土砂災害事例。但是，依據致災因子的不同，土砂災害亦有原生（direck disaster）與衍生災害（indireck disaster）之分。凡是因土砂變動而直接受災者，屬於土砂原生災害，如崩塌、地滑、土石流等皆屬之；由土砂促使其他載體引發的災害者，如因崩塌及土壤侵蝕引致水庫淤積、濁度上升問題，以及中、下游河道底床高程不斷淤積抬升而降低河道排洪能力，即便在較小的降雨條件下亦能引發洪水氾濫成災等，這些皆可定義爲土砂衍生災害。例如，由土砂淤積導致的外水溢淹致災事件，表面上是超過設計標準的洪水所引起的災害，但實質上也是土砂導致的衍生災害。2009年莫拉克颱風引發高雄旗山地區淹水災害，主要是山區降下超大雨量，導致許多坡地崩塌災情產生，這些大量崩落之土石被洪水沖刷至河道中、下游，引發嚴重淤積而縮小其通水斷面積，使可確保安全之通水量減少而造成洪水溢淹情形；此外，林邊溪潰堤導致淹水災情嚴重，潰堤後泥砂淤積整個村落及排水系統，不僅加劇淹水險情，亦使災後復原工作更加困難（國家災害防救科技中心，2010）。由此看來，採取適當的防砂措施，減少河川上游集水區土砂的流失與生產，促進其保土蓄水功能，乃是河川下游治水之根本。

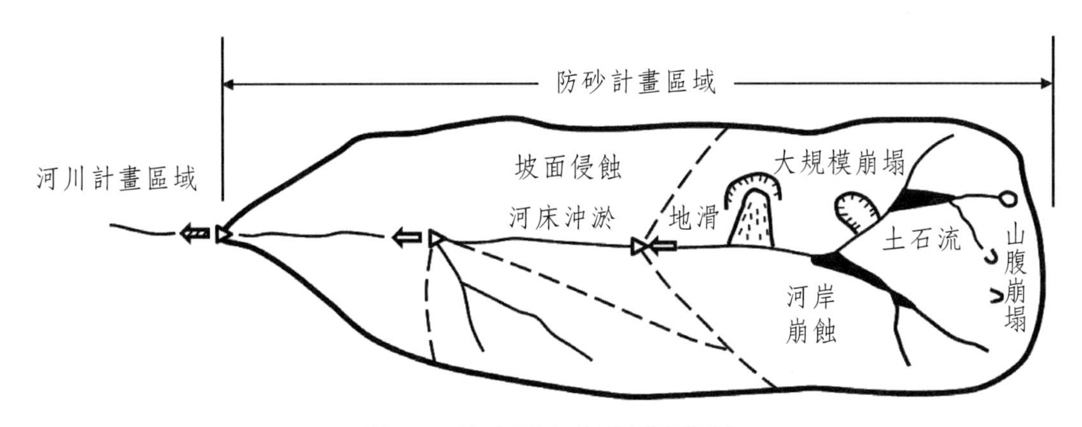

圖1-3 集水區內土砂災害類型

在自然界中，水流和土砂的運動是相互作用和影響的，而它們引發災害的關鍵有時是由土砂作爲直接致災因子，水流作爲間接致災因子；有時是由水流作爲直接致災因子，土砂作爲間接致災因子。例如，坡面上降雨和地表水流對表層土壤之侵蝕作用，造成水土流失、土地貧瘠化；河道中洪流對河岸側蝕造成邊坡土體崩塌或土地流失，而威脅沿岸保全對象生命財產之安全；洪水溢淹後殘留大量淤砂破壞居住環境品質，造成民衆生活上的不便和環境衛生問題；水庫上游泥砂大量進入庫區，使得原水濁度上升，庫容減小等，皆爲水流引發土砂災害的一些例子。但是，危害更大的則是土砂災害加劇洪水致災規模，例如集水區崩塌裸露面積增加，不僅引起集水區水源涵養能力下降，因地表逕流流速加快，集流時間縮短，造成洪峰流量出現時間的提前和峰型尖化；河道中、下游河段大量土砂淤積，造成的同流量下的洪水水位抬高；流出下游的大量土砂，可能磨蝕或衝擊堤岸而導致防洪構造物損壞等。換言之，暴雨引發的水砂災害通常具有群發性和伴生性，它主導災害的發生並引發其他災害，形成複合型災害。例如，暴雨引發邊坡岩（土）體崩塌，崩塌土體阻塞河道形成堰塞湖災害，接著堰塞湖潰決，大量洪流集中流出而造成下游河道排洪負荷，終至發生溢堤而潰決成災。

1-3 河川上游集水區水砂環境與災害特性

臺灣山坡地環境具有坡度陡、水流湍急、地質脆弱等自然特徵，加上降雨強度大且集中之水文特性，使得集水區單位面積的產砂量及產流量高居世界之最，如表1-2所示。其中，極高的單位面積產流量，除了反映了經常性的集中降雨特性外，也表徵上游集水區有限的水源涵養能力，使河川洪水流量具有暴漲猛落之特性；偏高的單位面積產砂量，則表明河川上游集水區因表土侵蝕、崩塌、地滑、土石流等土砂生產型態的高度發育，使得河川長期處於多砂環境，導致河床激烈沖淤變動、河岸邊坡土體滑崩、流路擺盪不穩等問題。綜合以往災害的特性發現，臺灣河川上游集水區水砂災害普遍具有下列五大特徵：

表1-2　各大型河川年平均單位面積產流量及產砂量統計表

河名	長度（km^2）	流域面積（萬km^3）	流量（cms）	年總流量（億噸）	年總輸砂量（億噸）	產流量（噸/km^2/yr）	產砂量（噸/km^2/yr）
濁水溪	187	0.32	24,000	61	0.51	1,906,250	15,938
尼羅河	6,648	335	2,640	892	1.25	26,627	37
亞馬遜河	6,500	705	175,000	57,396	4.44	814,128	63
長江	6,300	181	31,060	9600	5.15	530,387	285
黃河	5,464	75	1,820	575	16.00	76,667	2,133
密西西比河	6,020	322	18,410	5,646	3.12	175,342	97
科羅拉多河	2,320	63	1,040	49	1.34	7,778	213

一、季節性

水砂災害事件通常發生在汛期，並與汛期的降雨量相關。臺灣地區每年汛期為5～11月，特別是在主汛期（7～9月）屬於颱風降雨事件頻發期間，為水砂災害的集中期。在同一集水區，甚至同一年內有可能發生多次大規模的水砂災害事件，故具有季節性強與頻率高之特徵。不過，由於颱風降雨分布涵蓋區域範圍很大，甚至全島都會遭到同一場颱風降雨的影響，使得水砂災害多屬廣域分布，沒有特別集中在某些特定區域，僅與降雨集中程度有關。

二、突發性

河川上游集水區因坡面和溪流調蓄水流能力小，河道坡陡水急，洪水歷時較短，水位漲幅大，且洪峰流量高。降雨產流迅速，一般只需數十分鐘，而從產生流量到出現洪峰流量僅需1至幾個小時，其洪水特徵是暴漲猛落，使得暴雨激發之坡地水砂災害事件，具有形成快、歷時短及運移迅速等突發性的特徵。

三、破壞性

以土石流為例，其發生與前期降水和暴雨強度有著密不可分的關係。土石流因瞬間流量相當大，具有流速快、沖刷力強、含砂量高，以及破壞力大等運動特徵，並對聚落、水利、交通、電力，以及通信等基礎設施造成嚴重的破壞。此外，由於長時間持續降雨所衍生之大規模崩塌，實為極端降雨下毀滅性的水砂災害。以高雄市甲仙區小林村為例，依據中央氣象局甲仙雨量站觀測資料顯示，莫拉克颱風侵襲其間之累積總雨量達1,911mm，且單日最大雨量達1,073mm，因而引發獻肚山大規模崩塌造成小林部落滅村事件。

四、群發性

當降雨具有時間集中、強度大及範圍廣等特性時，經常會導致各種水砂災害在不同的地點同時發生。以民國98年莫拉克颱風為例，因長時間且大範圍之持續強降雨，造成濁水溪、曾文溪、高屏溪、林邊溪，以及太麻里溪等流域，幾乎在同一時間群發嚴重的水砂災害。

五、複合性

由於降雨型態的改變，極端降雨所引發的災害類型亦由過去單純之洪水或土砂災害，轉為因瞬時強降雨所導致侵蝕、大規模崩塌、堰塞湖，以及洪水等序列性的災害。如山洪暴發時，引發河岸崩塌，崩落河床的土體與河川水流混合轉化成為土石流，自一些支流攜出大量土砂，或形成堰塞湖，或淤積河道造成水流及河床嚴重的變形。

1-4 莫拉克風災的水砂災害問題

臺灣山坡地及其河川常見的重大水砂災害，包括山洪、崩塌、地滑、土石流、堰塞湖及河道土砂淤積等類型，除了地形及地質的自然因素外，各種災害多因暴雨或地震所誘發，其中尤以暴雨災害爲主要。茲以2009年莫拉克颱風災害爲例，說明一次性暴雨所引發的各種災害及其分布狀況，突顯了臺灣地區水砂環境的基本問題。

1-4-1 降雨分布

2009年中颱莫拉克颱風挾帶相當豐沛雨量，從8月6日至8月10日長達96小時的強降雨，造成臺灣中南部及東部等河川流域近50年最嚴重之颱洪災情。莫拉克颱風影響期間主要的降雨中心在嘉義、臺南與高屏山區，其中降雨量最高記錄爲阿里山站，總累積雨量高達3,060mm，8日與9日的日雨量亦均超過1,160mm，包括高屏溪、曾文溪與八掌溪等流域上游地區最大雨量均超過2,000mm（國家災害防救科技中心，2009），造成中南部及臺東地區嚴重淹水、河海堤潰決、坡地崩塌、土石流、居民房舍掩埋、沖毀、道路中斷、橋梁損毀等重大災害，其影響範圍和嚴重性更超越1959年的87水災及1996年賀伯颱風災害。

1-4-2 各類型災害簡述

莫拉克颱風引發大範圍、長延時的強降雨，造成土砂、漂流木、水利設施、橋梁、淹水等多種災害型態，在地形和河川載體的配合下，幾乎在同一時間、不同地點形成複合型態的成災模型。根據莫拉克颱風中央災害應變中心統計，人員死亡及失蹤人數高達757人（698人死亡及59失蹤），並造成道路中斷、停電、停水、維生及農業等重大損失。茲舉出崩塌、土石流、堰塞湖、水庫淤砂、河道土砂淤積、淹水及橋梁損毀等相關災情，簡述如下：

一、崩塌產砂（sediment yield caused by landslide）：利用經濟部中央地質調查所提供2008年辛樂克颱風後與2009年莫拉克颱風後兩期之裸露地圖資進行比較分析，新增崩塌多集中在高屏溪、濁水溪、曾文溪、臺東沿海河系及林邊溪等流域，增加崩塌面積約達39,492ha，如表1-3所示。泥砂流失量約12億m^3，其中坡面殘餘量8億m^3，土砂流出量約4億m^3，包括中、上游土砂量1.5億m^3及中、下游土砂量2.5億m^3（包含中央管及縣市管河川、水庫集水區等淤積量及出海量），照片1-1爲位於清水溪上游阿里山溪沿岸土體崩塌現況。

照片1-1　清水溪上游阿里山溪沿岸崩塌情形

表1-3　莫拉克颱風主要受災流域災前、災後崩塌面積之比較

流域名稱	颱風災前	颱風災後	增加面積	增加土方量
	崩塌面積（ha）	崩塌面積（ha）	ha	萬m^3
曾文溪流域（部分）	820.35	3,868.26	3,047.91	914,373
八掌溪流域（部分）	65.32	123.00	57.68	17,304
濁水溪流域	5,652.07	13,657.07	8,005.00	2,401,500
高屏溪流域				
荖濃溪	2,463.78	11,075.20	8,611.42	2,583,426
旗山溪	637.82	6,020.61	5,382.79	1,614,837
隘寮溪	891.44	5,570.94	4,679.50	1,403,850

流域名稱	颱風災前	颱風災後	增加面積	增加土方量
	崩塌面積（ha）	崩塌面積（ha）	ha	萬m^3
林邊溪流域	217.62	1,852.88	1,635.26	490,578
臺東沿海河系	1,063.78	9,136.34	8,072.56	2,421,768
合計	11,812.18	51,304.30	39,492.12	118,476.36

資料來源：國家災害防救科技中心，2010

二、土石流（debris flow）：經統計2009年以莫拉克颱風爲主暴發的土石流事件約達45處，分布在全國8個縣市，其中以高雄市19處居冠，其次是嘉義縣及南投縣，如表1-4所示。以臺東縣大武鄉大鳥部落爲例，該部落位於臺東沿海河系，於8月8日15時其上游臺東縣DF097土石流潛勢溪流暴發土石流，瞬間流出高達27萬m^3的土方，並淤埋建物8棟、果園約1.5ha、道路約400m，河道堵塞約達1,000m，所幸並未造成任何人員傷亡。

表1-4 2009年土石流事件統計表

縣市	宜蘭縣	南投縣	雲林縣	嘉義縣	臺南市	高雄市	屏東縣	臺東縣	合計
處數	1	6	1	12	1	19	2	3	45

資料來源：農業委員會水土保持局（2009）

三、堰塞湖（landslide dam）：山坡地因多處發生大規模崩塌事件，在中、上游合計新生17處堰塞湖。其中，較具規模者爲臺東縣金峰鄉太麻里溪上游約25km處之歷坵村包盛社區附近的堰塞湖，湖面積大約70ha，最大水深達10m，蓄水體積約533萬m^3；其次爲高雄市那瑪夏區旗山溪上游達卡努瓦村約6.5km處之堰塞湖，其面積大約23ha，最大水深達9,0m，蓄水體積約185萬m^3。

四、水庫淤砂（reservoir sediment）：經過調查與統計，曾文水庫集水區於莫拉克颱風災後新增崩塌地面積高達1,467ha，崩塌率達3.05%；同時，造成水庫淤積量爆增9,108萬m^3，遠遠高於曾文水庫原設計年淤砂量561萬m^3約16倍之多。南化水庫於莫拉克颱風災後新增崩塌地總面積約爲810ha，崩塌率達7.48%，其崩塌情形相當嚴重，致使水庫淤積增量達1,708萬m^3。牡丹水庫於莫拉克颱風災後新增較大規模的崩塌地數量共7處，總面積約達23.57ha，其崩塌率約0.36%，入庫土砂估計達60萬m^3之多。

五、河道土砂淤積（sediment deposition of river）：在中央管河川土砂淤積情形，根據經濟部水利署統計（國家災害防救科技中心，2010）在濁水溪、八掌溪、北港溪、朴子溪、急水溪、曾文溪、鹽水溪、二仁溪、高屏溪、東港溪及卑南溪等11水系，土砂淤積長度約達110 km，淤積土砂高達6,000餘萬m^3。而上游集水區土砂淤積情形，根據農業委員會水土保持局統計（2012）在大甲溪、濁水溪、烏溪、頭前溪、曾文溪、高屏溪、花蓮溪、淡水河等水系的152條野溪（或山地河川），合計淤積了約2,407萬m^3的土砂量，如表1-5所示。這些崩塌鬆散土砂未來如遇豪雨侵蝕將可能引致的二次災害，對於鄰近的居民、道路以及中下游之河道衝擊不容忽視。

六、淹水致災（flooding）：據統計資料顯示，涵蓋8個縣市及8條主要河川溪流之淹水總面積約達765km^2。分析其原因，大致可歸納包括：降雨量超過雨水下水道設計標準、河床淤積、河堤破損、地層下陷、及河川沿岸地勢低窪等5大原因。

七、河岸堤防結構衝擊：莫拉克颱風造成河岸堤防31處潰堤、受損25處；其中以高屏溪流域最爲嚴重，堤防潰堤高達16處、受損3處，其次爲卑南溪流域堤防潰堤達6處，受損4處。探討河岸堤防毀損之致災原因，可歸納爲1.被土石及漂流木淤塞溢流而損毀；2.被洪水攻擊侵蝕而損毀；及3.溢堤侵蝕背堤之基礎而造成潰堤。由此可見防洪體系相當倚賴之堤防工程，是如此之脆弱而易損，若不增加堤防工程之結構保護能力，未來此堤防之脆弱性將隨著土地都市化、氣候變異、地質風化崩塌等因素而更加脆弱。

八、橋梁損毀（bridge damage）：橋梁損毀主要集中在高雄市、屏東縣、嘉義縣、臺東縣、南投縣以及臺南市等6個縣市，計有196座橋梁。造成橋梁受損多爲橋面版流失、位移及變形、橋面傾斜、橋墩沖毀及受土石流淹沒等破壞型態。整合橋梁損害統計資料顯示，受災縣市橋梁災損多座落在山坡地範圍，主要作爲連結林道、村落往來聯外道路及使用，多數損害情形以受到沖刷造成橋梁流失情況爲最，其中以高雄市橋梁受損件數爲最多，總計造成97座橋梁，占總災害件數之49.5%。

九、水砂複合型災害（compounded disaster）：受到莫拉克颱風超大降雨影響，引發大規模崩塌、堰塞湖及土石流等複合型災害，造成山區聚落的重大災害，尤其以高雄市甲仙區小林村災情最爲嚴重。如照片1-2爲高雄市甲仙區小林村災

表1-5 莫拉克颱風造成上游山坡地野溪土砂淤積情形統計

流域	野溪土石淤積條數	崩塌面積（ha）	土砂淤積量（m^3）
大甲溪	11	674.13	1,294,260
濁水溪	27	2,825.96	5,651,920
烏溪	10	306.20	612,400
頭前溪	2	88.88	177,760
曾文溪	30	1,133.67	2,267,340
高屏溪	55	6,333.23	12,666,460
花蓮溪	12	563.05	1,126,100
淡水河	5	138.38	276,760
合計	152	12,063.50	24,073,000

資料來源：農業委員會水土保持局（2012）

前農林航測所影像與災後福衛二號影像比較，崩塌災害將整個小林村北側9～18鄰的聚落掩埋，其影響範圍約350ha，如此大規模的崩塌災害已與921地震所引致的南投縣國姓鄉九份二山195ha及雲林縣古坑鄉草嶺400ha的大規模崩塌不相上下，然其災情掩埋超過100戶與462人死亡和失蹤，則遠甚於九份二山與草嶺的大規模崩塌事件。根據調查，小林村災情主要由於獻肚山發生大規模崩塌之後，大量土砂崩滑至旗山溪，阻斷其流路而形成堰塞湖；由於堰塞湖爲大量不安定土石所堆聚，受到旗山溪上游來水來砂的動壓力作用，而產生潰決洪流引致下游之河道沖淤與橋樑損毀形成複合型災害，其衝擊更是過去所未見的（陳聯光等，2009；游繁結及陳聯光，2010）。

1-5 土砂災害研究意義

土砂災害問題既是由降雨逕流條件所造成，也可以因而引發更大規模的水砂災害，它涉及了洪水氾濫、水土流失、地力退化、水庫淤積等相關問題。不僅是一種水文災害，也是一種地貌災害及環境生態災害。

土砂異常現象表現成爲一種災害，除了導致人員傷亡及財產的重大損失外，必

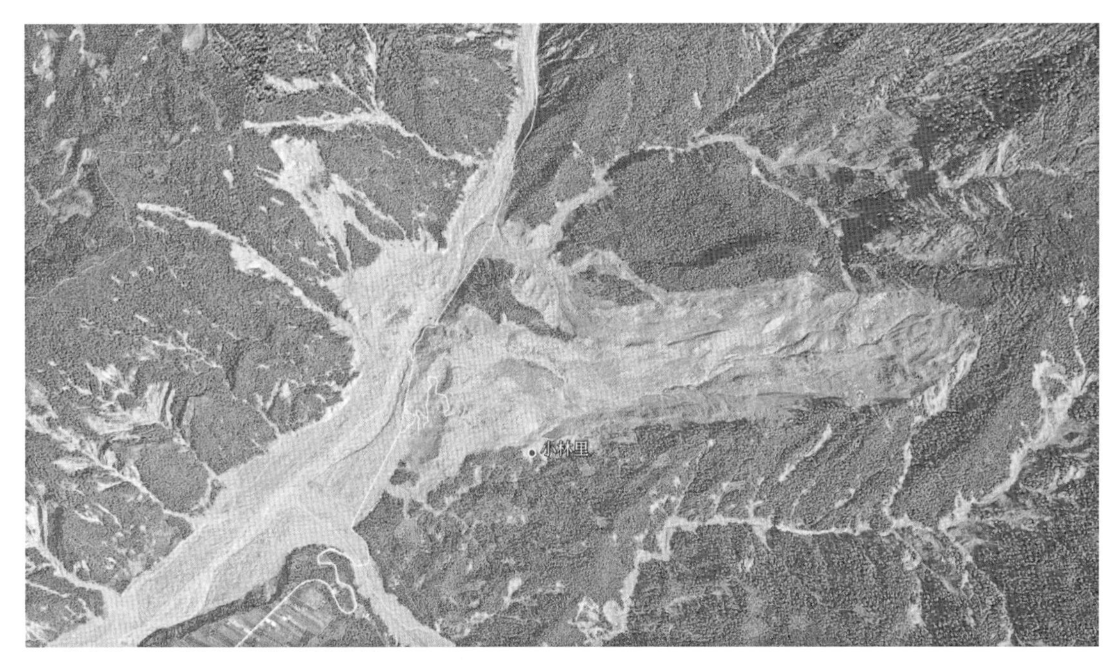

照片1-2　高雄市甲仙區小林村災後正射影像

影像來源：農業委員會林務局農林航測所

然也引起人們對其成災原因、孕災環境及防減災措施等課題的重視和討論。分析研究土砂災害的成因可以發現，其災害成因複雜，影響因素眾多，不同區域成災過程及後果不一，此過程是包括在幾乎相同的時間或一段期間內所形成的複合型災害。因此，不僅要針對單一災害的成因及孕災環境進行探討，也必須深入了解複合型災害的各個環節的先後和主次關係，才能從根本提出防治解決的有效方案。

同時，防治對策的提出還需結合生態保護議題。例如，利用集水區坡面上植被或營造埤塘、水梯田等來進行水土保持，將使肥沃的土壤不致流失，同時可以改善生態環境。這些治砂措施同時起到了減少水資源的流失，也是打破惡性循環，改良生態環境的有力措施。總之，深入研究土砂災害機理，無論在理論上或在實際應用，對區域性防減災、坡地水土資源保育、水源涵養及生態環境保護等都具有重要的意義。

參考文獻

1. 行政院，2014，災害防救白皮書，行政院災害防救辦公室。
2. 洪如江，1999，坡地災害防治，國立臺灣大學防災國家型科技計畫辦公室。
3. 科技部，2014，災害領域行動方案102～106。
4. 陳聯光、游繁結、劉格非、林聖琪、柯明淳，2009，莫拉克重大崩塌災害歷程探討，98年度中華水土保持學會年會暨論文宣讀，臺中。
5. 游繁結、陳聯光，2010，八八水災坡地災害探討，土木水利，37(1)：32-40。
6. 國家災害防救科技中心，2009，莫拉克颱風災情普查成果報告。
7. 馮金亭、焦恩澤，1987，河流泥沙災害及其防治（中譯本），水利電力出版社。（原著：蘆田和男、高橋保、道上正規）
8. 國家災害防救科技中心，2010，莫拉克颱風之災情勘查與分析（摘要本）。
9. 農業委員會水土保持局，2012，野溪淤積土石調查與清疏規劃。
10. 農業委員會水土保持局，2009，98年土石流年報。
11. 蔡義本、韋家振、張振生，2004，大專天然災害專業教材：坡地領域，教育部顧問室。

第2章

集水區地形地貌與水砂特性

集水區（basin, watershed）是地面上以分水嶺爲界的區域，如圖2-1所示；它的範圍與其選定的出口位置相關，在同一個廣大區域中，會因爲集水區出口位置的不同，而有不同的集水區邊界。集水區內各種地形地貌形態係通過內營力作用的塑造，以及風化、水力、重力、風力、生物等外營力不斷地進行刻蝕而緩慢形成的。首先，通過降雨及風化作用產生地表剝蝕，接著風力、地表逕流等的搬運作用使泥砂進入河川，然後通過水流的輸移，使泥砂在下游或入海口附近等低平地區沉積形成肥沃的洪水平原；換言之，集水區地表土壤經過各種外力作用產生的侵蝕砂源，經由河道輸移，而爲了因應集水區來水及來砂量的變化，河道亦將不斷地調整適當的斷面形態、粒徑組成及坡度等因子，以順利輸移水流及土砂。顯然，河道作爲集水區的一個組成部分，它的特性乃爲因應集水區的演變而發育。因此，本章從集水

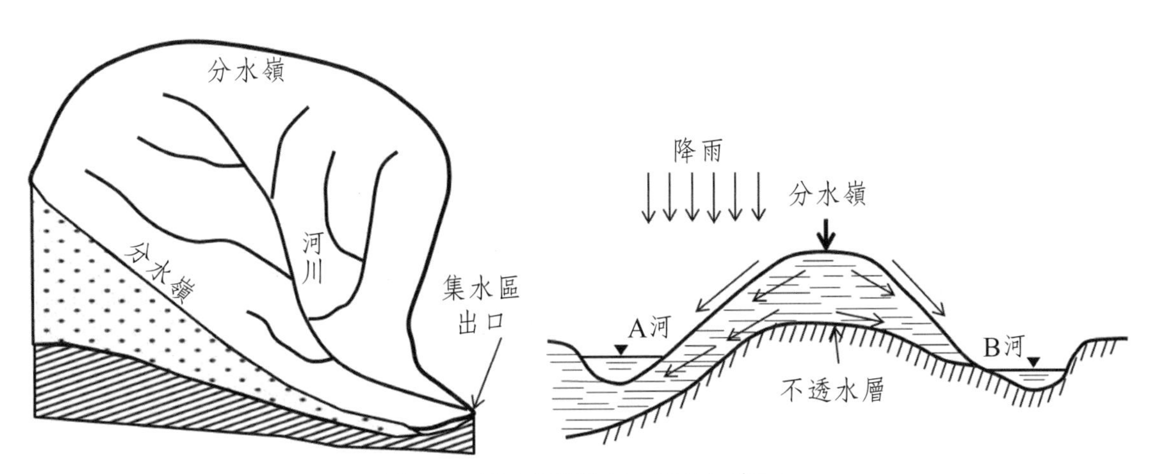

圖2-1　集水區及其分水嶺示意圖

區出發，包括其水系發育和水砂的基本特性進行概略性地介紹，最後再就山地河川與平地河川的差異作深入的探討。

2-1 集水區地形地貌特徵

2-1-1 水系類型

集水區內由主、支流所構成的水網系統，稱爲水系（river system or drainage net）。水系的排列分布形式受地質構造及地貌條件影響而呈現多種樣態，通常按水系的排列形式可以分爲以下幾種類型：

一、樹枝狀水系（dendritic）：係指支流較多且不規則，支流沿著主流兩側發育，且支流與主流及各級支流之間都呈銳角相交排列，形如樹枝的水系網，如圖2-2(a)所示。樹枝狀水系主要發育在地形傾斜較緩，岩石物質比較均一，而且未受構造運動（tectonics）[註]影響的地區。平原地區的水系常屬於這種類型。

二、格柵狀水系（trellis）：係指主流與支流及支流與支流之間多以直角或近乎直角相交的水系網，如圖2-2(b)所示。格柵狀水系發育與地質構造關係密切，如在摺皺構造區，主流發育在向斜軸部，支流來自向斜的兩翼，它們往往以直角相交。

三、平行狀水系（parallel）：係指各支流相互平行或大致平行排列，在地貌上呈平行的嶺谷的水系網，如圖2-2(c)所示。平行狀水系往往是受到區域構造或山嶺走向所控制；如在單斜岩層上升地區，主流與岩層走向一致或與構造的軸向一致時，則在主流的一側形成很多平行的支流，而另一側則不發育。

註：構造運動（tectonics）係指由於地殼內部岩漿活動及地殼的相對運動所產生的一切內營力，包括火山作用和地殼變動等，統稱之為構造運動。其所表現出來的，便是地震、火山、褶皺、斷層等現象。（資料來原：國家教育研究院雙語詞彙、學術名詞暨辭書學術網）

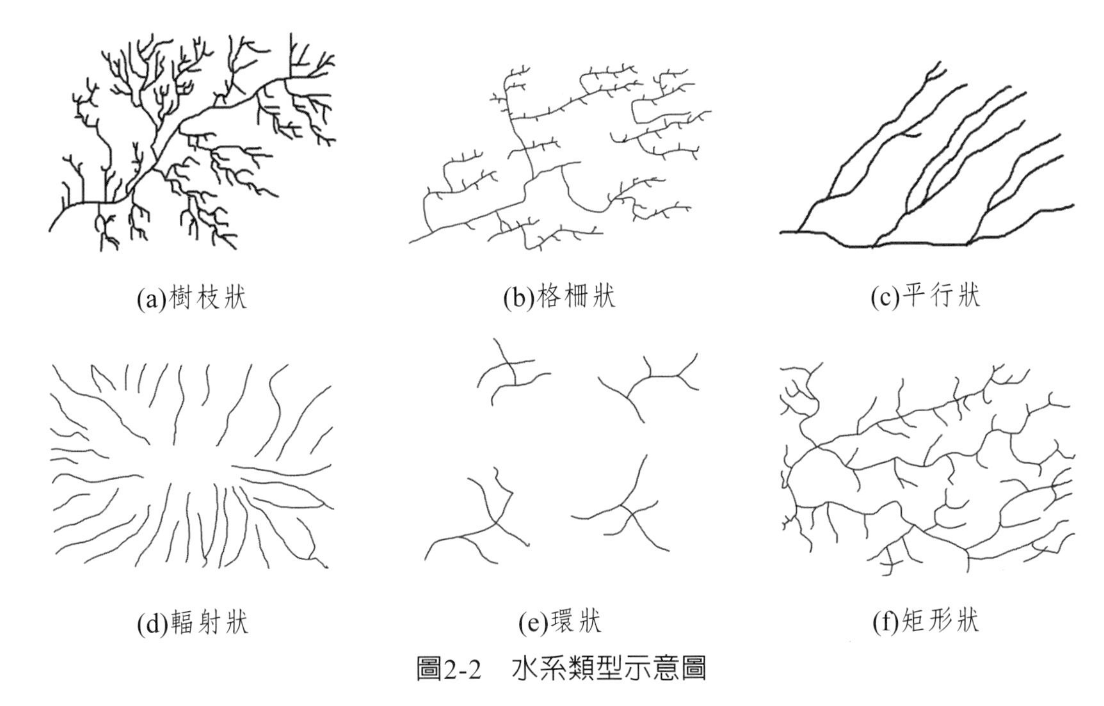

圖2-2　水系類型示意圖

Source: Howard, 1967

四、輻射狀或向心水系（radial）：係指發育在盆地或構造沉陷區的河流，形成由四周山嶺向盆地或構造沉陷區中心匯集的水系網，如圖2-2(d)所示。

五、環狀水系（annular）：若穹窿構造（domestructure，係指平面上呈圓形或不規則的等軸狀封閉的背斜型構造，形態近圓形，岩層由中央向四周外傾，無一定走向）的地層岩性軟硬相間，當河流侵蝕破壞了穹窿構造後，其支流沿著被剝蝕出露的軟岩層發育，注入環形主流而形成環狀水系網，如圖2-2(e)所示。

六、矩形狀水系（rectangular）：在斷層、節理的控制下，主流與支流皆作直角彎曲者，如圖2-2(f)所示。

2-1-2 地形參數

地形（topography）或地貌（landform）泛指地球表面各種形態外貌的總稱。集水區地形是指在集水區範圍內，由降雨及地表逕流的侵蝕、搬運及堆積作用塑造形成的各類地貌形態，其相關特徵可以採用集水區面積、平均高程、中位高程、平均坡度等地形參數進行計量。茲分述如下：（易任及王如意，1982）

一、集水區面積

集水區面積（basin area）係指於地形圖（Topography map）上自集水區出口以上至分水嶺爲界的區域的水平投影面積，其求算可於地形圖上使用求積儀（Plani-meter）沿著集水區分水嶺線量取之。集水區面積爲極重要之地形參數，它不僅代表了許多水文因素，其本身又與其他地形參數密切相關。因此，常被作爲研究不同尺度集水區產砂、輸移模型的重要參數。此外，它表徵一個集水區的集水範圍，故與集水區地表逕流量直接相關；例如，應用集水區面積與激發土石流的水源條件呈正比例關係，將之作爲土石流潛勢溪流的判釋因子之一；此外，集水區面積也影響著下游出口斷面流量歷線的形狀，集水區愈大所形成的流量歷線具有寬闊緩和如小山丘之形狀，較小面積者則具有尖突狹峻，如山峰形狀。

二、平均高程

集水區中不少水文現象與平均高程（mean elevation）有直接或間接的關係，如坡面漫地流流速、地面蒸發、氣溫等。測求方式有：

(一) 等高線面積法（contour-area method）：於地形圖上量取各等高線間之面積A_i，及其兩相鄰等高線之平均高度，則平均高程（$\overline{H}$）可表爲

$$\overline{H} = \frac{1}{A}\sum_{i=1}^{n}\left(\frac{h_i + h_{i+1}}{2}A_i\right) \tag{2.1}$$

式中，h_i及h_{i+1} = 兩相鄰等高線之高程；A_i = 相鄰等高線間之帶狀面積；A = 集水區面積。

(二) 等高線長度法（contour-length method）：以測線計（odmeter or opisom-eter）量測地形圖上等高線h之長度ℓ，則平均高程可表爲

$$\overline{H} = \sum_i (h\,\ell)_i / \sum \ell \tag{2.2}$$

(三) 格線法（grids method）：又稱交點法（Intersection method），在集水區地形圖上縱橫各繪以等間距之平行線十條以上，將集水區分成若干方格，計算所有集水區內縱橫交點處高程之總和，然後以交點數除之，即得集水區之平均高程，即：

$$\overline{H} = \text{縱橫格線交點處高度之總和} / \text{交點總數} \tag{2.3}$$

三、中位高程

中位高程（median elevation, M_e）係指集水區中的某一高程，在這個高程以上和以下的集水區面積相等。一般，採用集水區某等高線之高程h_i為縱軸，而以其所切的水平斷面積A_i與全集水區面積A之比值為橫軸，繪製成一近似S型曲線，謂之高程面積曲線（測高曲線，hypsometric curve），如圖2-3所示。中位高程即於高程面積曲線橫軸上取A_i/A = 50%所對應的高程。

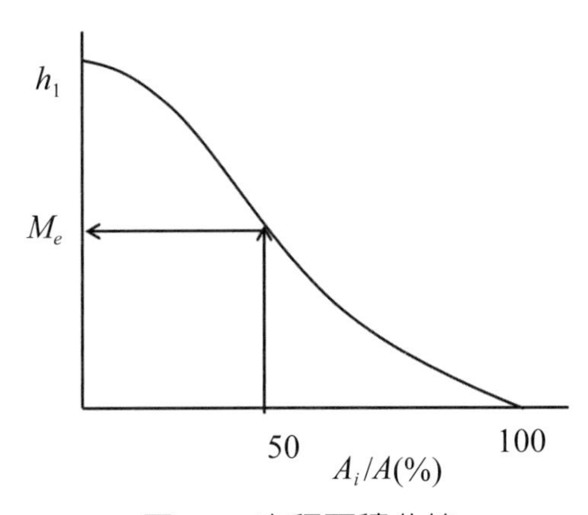

圖2-3　高程面積曲線

四、平均坡度

平均坡度（mean slope）為集水區重要地文參數，與坡面水流動力密切相關。一般山區坡面坡度較大，向下游逐漸減小。水流流速受坡度直接影響，約與其平方根成正比，故坡度大者，流速大，反之亦然。計算集水區平均坡度（S_h）方法有：

(一) 等高線長度法（contour-length method）：

$$S_h = \Delta h_e /(A/\sum \ell) = \Delta h_e \sum \ell / A \qquad (2.4)$$

式中，Δh_e = 兩相鄰等高線之高度差（Contour interval）。

(二) 等高線面積法（contour-area method）

$$S_h = \frac{1}{A}\sum(a\frac{\Delta h_e}{d}) \qquad (2.5)$$

式中，a = 兩等高線間之帶狀面積；d = 兩等高線間之平均水平距離。

(三) 交點法：荷頓式（Horton）提出以經驗公式推求集水區平均坡度，即

$$S_h = 1.5\frac{\Delta h_e\, N_c}{\sum \ell} \tag{2.6}$$

式中，N_C = 將繪有縱橫等距直交之透明方格紙上被集水區地形圖等高線所截之交點總數。

五、平均寬度

集水區平均寬度（mean width）係指集水區面積與主要河川長度之比值，可表爲

$$W_h = A/L_o \tag{2.7}$$

式中，W_h = 集水區平均寬度；L_o = 主要河川長度。一般規模愈大的河川，其平均寬度有愈大之趨勢。

六、起伏量比

起伏量比（relief ratio）係指集水區相對高程差（H_r）與主流長度（L_o）之比，可表爲

$$R_e = \frac{H_r}{L_o} \tag{2.8}$$

起伏量比爲Schumm（1956）所提出，它表徵集水區表面的坡度變化，

七、形狀因子

集水區形狀因子（form factor）爲1932年由荷頓氏提出，又稱爲荷頓氏形狀因子（Horton's form factor）或集水區形狀（basin shape），其定義爲：

$$F = \frac{W_h}{L_o} = \frac{A}{L_o^2} \tag{2.9}$$

通對於一個完全的圓形集水區（rounder basin），形狀因子$F < 0.754$，故愈是狹長形的集水區（elongated basin），形狀因子愈小。通常，集水區形狀愈寬圓者，洪峰流量愈大且洪峰流量道達時間愈早，如圖2-4所示。

從水文學觀點，集水區出口處的逕流特性，與區域氣象因子和集水區地形參數密切相關。一般而言，集水區出口處洪峰流量與集水區面積大小成正比，且與集水區平均坡度亦成正比；而形狀寬廣的集水區較形狀狹長的集水區容易形成較高之洪

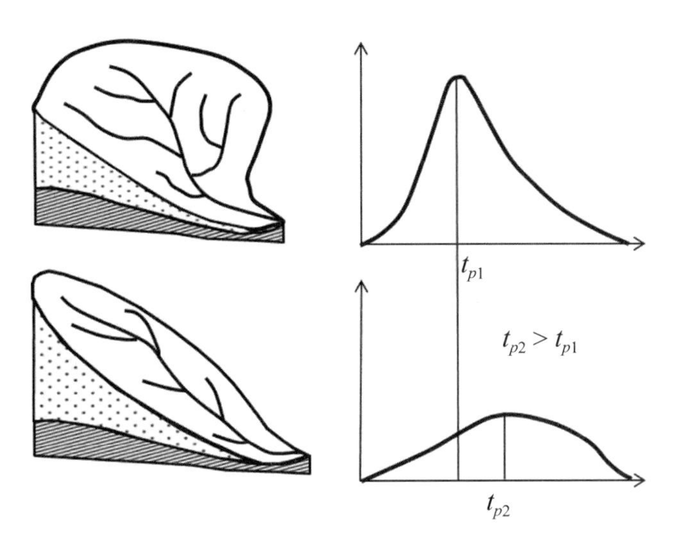

圖2-4　集水區形狀與流量歷線特性之關係

峰流量，如圖2-4所示。此外，對兩個面積大小相等，且坡度相同的集水區而言，若集水區內具有密布之水系網，則其洪峰流量將較集水區水系網結構稀疏者爲高。因此，集水區出口處之流量歷線形狀，可以視爲該集水區地形參數之組合函數。

八、圓比值

圓比值（circularity ratio）爲1953年米勒氏（Miller）所提出，係指集水區面積與該集水區周界等長圓面積之比值，以公式表之，可寫爲

$$M = \frac{4\pi A}{P^2} \tag{2.10}$$

式中，集水區周長（P, circularity ratio）可用測線儀在地形圖上沿分水嶺直接量測之。

九、密集度

密集度（compactness coeff.）爲1914年由加偉利斯氏（Gravelius）所提出，係指等集水區面積之對應圓周長與集水區周長之比值，以公式表之，可寫爲

$$C = \frac{3.54\sqrt{A}}{P} \tag{2.11}$$

十、細長比

細長比（elongation ratio）為1956年由西姆（Schumm）所定義，係指等集水區面積之對應圓的直徑與集水區最大長度之。

十一、河川密度與排水密度

河川密度（stream density）與排水密度（drainage density）係反映不同時間尺度上地表切割程度，分別為集水區中全部河川（包括主流及支流）數量及長度的總和與集水區面積之比值，可表為：

$$D_s = \frac{N_T}{A} \tag{2.12}$$

$$D_d = \frac{L_T}{A} \tag{2.13}$$

式中，D_s = 河川密度；D_d = 排水密度；N_T = 集水區主、支流數量之和；L_T = 集水區主、支流長度之和。河川密度及排水密度與集水區的地質、地面狀況及降雨量有關。一般，不滲水地質堅硬之地區，同時雨量大，地面坡度較大處，其河川及排水密度較大；反之，易滲水、地質鬆軟、雨量小，較平坦地區，則河川及排水密度較小。此外，河川及排水密度與當地降雨量相關，如圖2-5為黃土高原河龍地區年降雨量與排水密度之關係；圖中，23個集水區排水密度隨年平均降雨量的增大有明顯增大之趨勢（胡春宏，2005）。排水密度之倒數，稱為河川維護係數（constant of channel maintenance），表維護單位長度河川所需之面積。

2-1-3 以GIS分析集水區空間地形參數

早期集水區地形參數之取得需利用求積儀或測線計，以人工操作方式於地形圖上進行量測。然而，這種人為操作過程既費時也容易發生誤差，使得集水區地形參數推估，成為坡面水文、水理演算工作中比較費時的環節之一。相對於人工作業之缺失，利用地理資訊系統（GIS）及數值高程模型（digital elevation model, DEM）進行集水區空間地形參數分析，可以大幅縮減工時且降低誤差。數值高程模型係轉換地圖上各座標點平面與高程的三度空間座標數值，再將指定座標點與周圍相鄰座標點作相對屬性之解讀與判釋。例如，決定坡面水流的流向，可以將指定

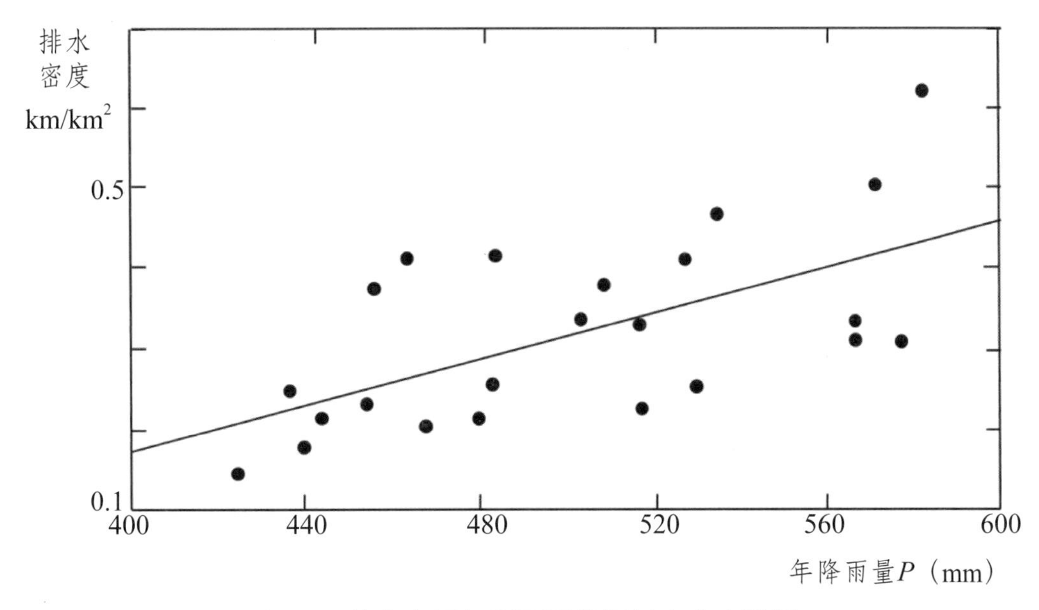

圖2-5　黃土高原年降雨量與河川密度之關係

座標點與周圍相鄰座標點之高程作一比較，而相對高程差較大之方向即爲指定座標點往下游流動之方向。當集水區內各點之流向決定後，可描繪出區域內每一位置點至集水區出口之唯一逕流路徑，並可藉此進一步決定集水區之分水嶺與水系網路結構，而後逐一計算出集水區面積、平均坡度、河川數目、河川長度、形狀因子、河川坡度、河川密度等集水區地形參數。（李光敦，2005）

以荖濃溪上游集水區（集水區編號：1730002）爲例，本集水區發源於玉山主、北峰和中央山脈的大水窟，位於高雄市東北方，如圖2-6所示。經過GIS處理分析之後，各地形參數如表2-1所示。表中，本集水區面積達124.89km^2，平均高程約2802.97m，屬於格柵狀水系。

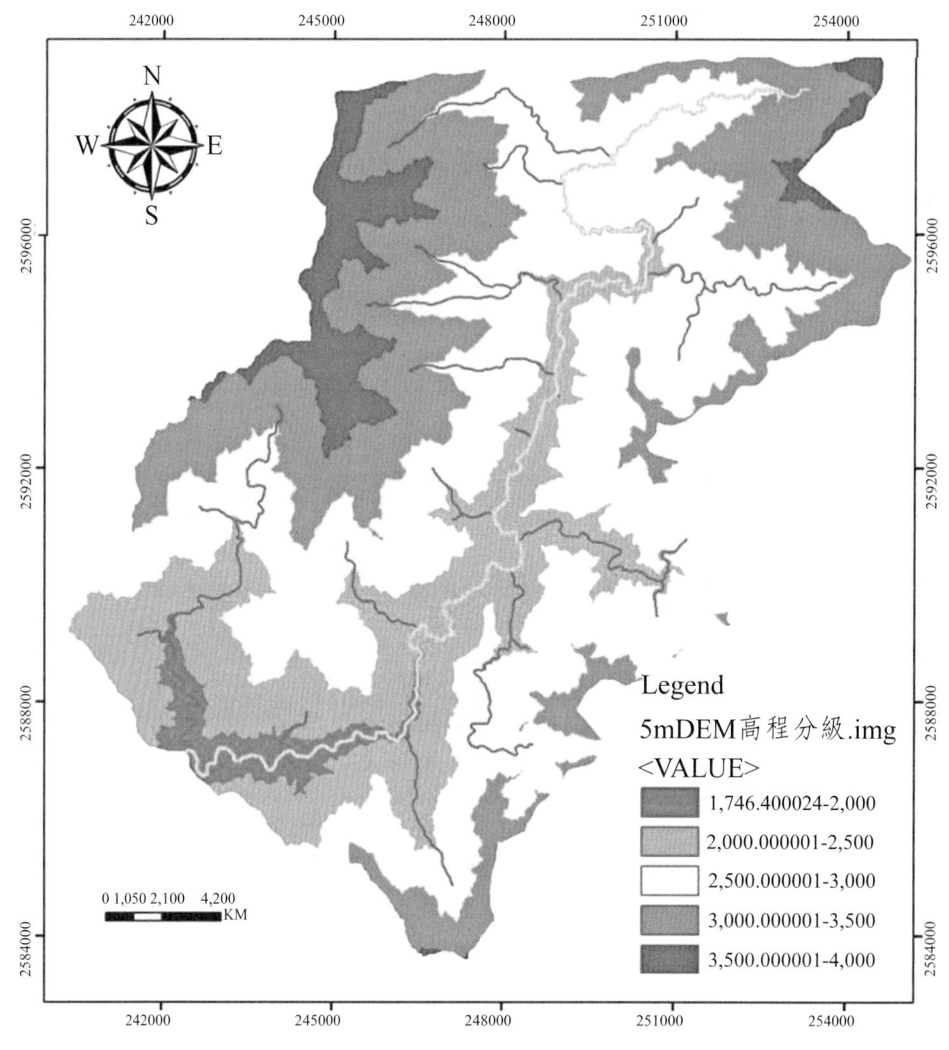

圖2-6 荖濃溪上游集水區（集水區編號：1730002）

表2-1 荖濃溪上游集水區（1730002）地形參數分析表

地文參數	分析方法	數值
集水區面積（A）	ArcGIS分析	124.89km^2
集水區長度（L）	ArcGIS分析	17.12km
主流長度（L_0）	ArcGIS分析	29.51km
集水區周長（P）	ArcGIS分析	59.57km
主、支流總長（L_T）	ArcGIS分析	88.07km

地文參數	分析方法	數值
平均高程（$\overline{H}$）	ArcGIS分析	2802.97m
平均坡度（S_h）	ArcGIS分析	36.29度
集水區平均寬度（W_h）	$W_h = A/L_o$	4.23km
形狀因子（F）	$F = W_h = A/L_o = A/L_o^2$	0.14
密集度（C）	$C = 2(\sqrt{A/\pi})(\pi/P)$	0.67
圓比值（M）	$M = 4\pi A/P^2$	26.35
河川密度（D_d）	$D_S = L_T/A$	0.71
細長比（E）	$E = \sqrt{A/\pi}/L_o$	0.37

2-2 河溪種類與級序

2-2-1 河溪種類

河溪種類方式可依其週期性水流、成長階段、平面型態及地形特徵等進行分類，茲分述如下。

一、依週期性水流分類

依據河溪水流的週期性變化，可區分為暫時溪、間歇溪及常流溪等三種類型。

(一) 暫時溪（ephemeral stream）：流量較小的河溪，在非雨季時，河溪多呈乾涸狀態，河床裸露，即沒有降雨就沒有水流的河溪，謂之。通常，暫時溪多位於上游分水嶺附近。

(二) 間歇溪（intermittent stream）：河溪流量在久旱之後方開始乾涸，平時有週期性的水流者，謂之。相較於暫時溪，間歇溪多位於其下游段，而山地河川或野溪在河溪分類中應屬間歇溪或暫時溪。

(三) 常流溪（perennial stream）：河溪中永遠都有水流，僅有多少之分，不會發生斷流者，謂之。

二、依河川成長期分類

假設某一地區的原始地形是平原或海面下，沒有遭受到任何侵蝕，但因地殼變動而隆起至一定高度後，開始遭受雨水的侵蝕，雨水順著斜坡侵蝕慢慢形成各種等級的蝕溝，就開啓了河川的發育。Davis（1899）把地表地貌形態歸結爲構造、應力和時間的函數，將地貌演化分爲幼年期、壯年期及老年期等三個階段模型。

(一) 幼年期（youth stage）：當原始地面開始遭受侵蝕，是河川地貌發育的初始階段，也就是所謂的幼年期河川。河川沿著被抬升的原始地面發育，水系網稀疏，在河谷之間存在著寬廣平坦的分水嶺。此階段河川縱比降大，河谷横剖面呈V字形，谷坡陡峭，沿河兩側沒有氾濫平原的發育。隨著河道漸漸增多，地面分割加劇，河谷加深，谷坡的侵蝕速度相對大於河川的下切速度，谷坡不斷展寬，較大的河川逐漸趨於均衡狀態。幼年期是使原來平坦的地面增加起伏或擴大起伏的時期，具有山高谷深、地面極爲崎嶇的基本特徵。

(二) 壯年期（maturity stage）：當河川的發育逐步邁入壯年期階段時，谷坡不斷後退而使河川加寬，原來寬平的分水嶺逐漸變成狹窄的嶺脊，河川兩側也開始有沖積平原的出現。隨著谷坡侵蝕作用的持續進行，谷坡漸漸減緩，山脊變得圓緩。此時河川也完全適應岩層的性質和構造，河谷分布常在岩層較弱的地區內。

(三) 老年期（old stage）：河川發育的終極階段，稱爲老年期階段。此時，隆起的原始地面已被侵蝕到接近海平面，地面坡度極爲平緩，整個地面覆蓋著遭風化成爲極細顆粒的厚層岩屑，河谷寬闊，蜿蜒曲折。當河川進入老年期階段時，地面已近似平原，稱爲準平原（peneplain），它代表河川地貌發育的終極階段。

Strahler（1952）提出測高曲線（hypsometric curve）分析法，將Davis地貌發育模型予以定量化，如圖2-7所示。圖中，横坐標爲等高線所切的水平斷面面積（a）與集水區總面積（A）之比值，而縱坐標爲等高線的相對高度（h_r）與集水區相對高度（H_r）之比值，如圖2-8所示。測高曲線係由集水區內各個高度和對應面積所構成，測高曲線積分爲測高曲線下之面積，積分值表示集水區內地形受到抬升與侵蝕的過程中地表所剩餘殘土比例，可用來顯示集水區地形演育。Strahler認爲，當測高曲線積分值大於60%時，爲幼年期階段，曲線呈上凸狀；當測高曲線積分值小於60%，大於35%時，為壯年期階段，曲線呈S型；當測高曲線積分值小於35%時，為老年期階段，曲線呈下凹狀。沈哲偉等（2013）利用莫拉克颱風災區218條溪流型土石流潛勢溪流進行測高曲線分析，結果顯示多數土石流潛勢溪流處於壯年期階段。另，賴柏溶（2012）使用太空梭雷達製圖任務（Shuttle Radar Topography Mission, SRTM）與40m數值高程模型（DEM）在26個流域萃取出子集水區計算測高曲線及其積分值，如表2-2所示。表中，多數集水區測高曲線積分值皆在0.45以下，屬於壯年期及老年期的地貌型態。

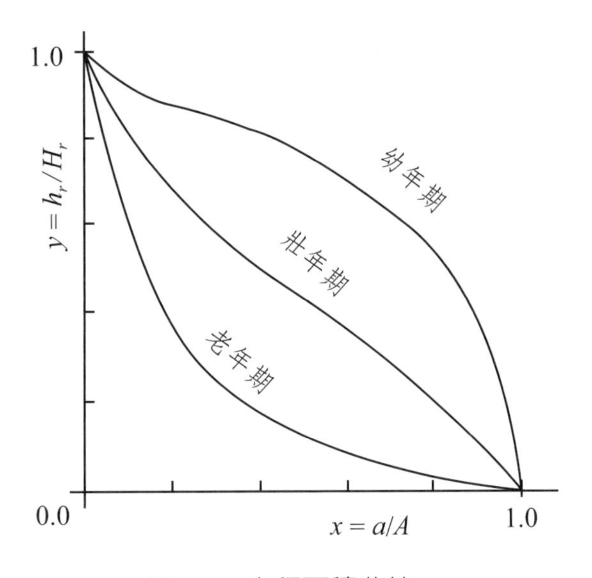

圖2-7　高程面積曲線

Source: Strahler（1952）

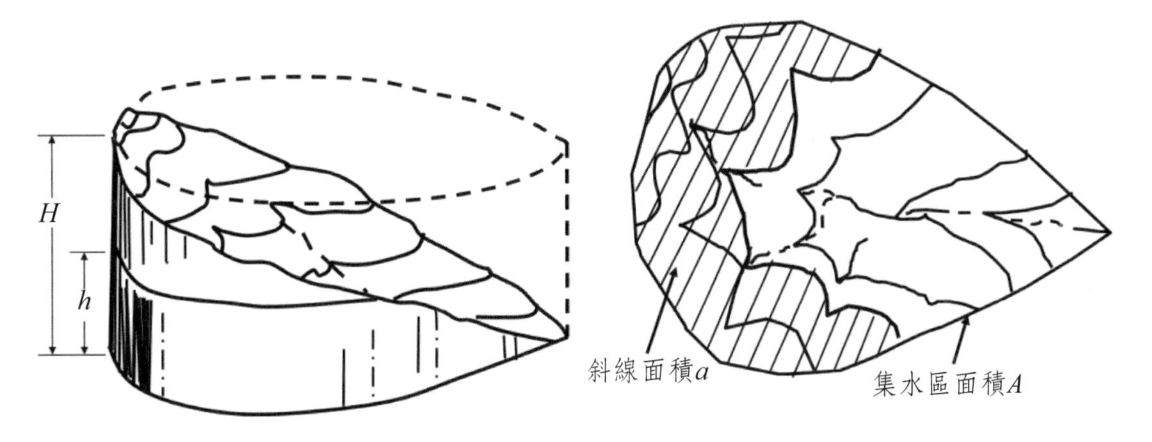

圖2-8　測高曲線之縱橫座標值

Source: Strahler, 1952

表2-2　臺灣各主要集水區測高曲線積分值

集水區	測高曲線積分	地貌演化階段	平均坡度（度）	高差（m）	平均高度（m）	河流坡度（度）
大甲溪	0.4315	壯年期	22.03	3849	1644	6.22
卑南溪	0.3914	壯年期	22.86	3608	1399	7.74
和平溪	0.3908	壯年期	26.22	3599	1414	10.37
大安溪	0.3795	壯年期	22.63	3844	1447	6.74
濁水溪	0.3727	壯年期	22.73	3890	1436	7.36
磺溪	0.3648	壯年期	14.47	1101	399	3.46
花蓮溪	0.3351	老年期	21.87	3589	1168	9.31
四重溪	0.3248	老年期	13.73	1023	330	2.37
秀姑巒溪	0.3241	老年期	22.05	3805	1221	7.35
頭前溪	0.3123	老年期	18.01	2606	798	4.78
朴子溪	0.2907	老年期	3.94	1425	114	1.03
高屏溪	0.2774	老年期	19.46	3920	1049	5.60
鹽水溪	0.2663	老年期	1.49	186	24	0.71
蘭陽溪	0.235	老年期	18.61	3510	803	4.63
曾文溪	0.2018	老年期	12.87	2602	477	3.08
淡水河	0.207	老年期	16.94	3500	663	4.27
烏溪	0.2047	老年期	14.10	3422	637	3.05
後龍溪	0.1933	老年期	14.03	2568	478	2.76
阿公店溪	0.1799	老年期	2.27	341	32	0.69
中港溪	0.1774	老年期	12.52	2624	412	2.93
八掌溪	0.1749	老年期	7.44	1854	253	1.95
急水溪	0.1667	老年期	4.21	1214	101	1.09
鳳山溪	0.1665	老年期	8.52	1302	231	1.61
二仁溪	0.1558	老年期	3.42	462	59	0.94
東港溪	0.1431	老年期	4.42	1706	104	0.85
北港溪	0.1168	老年期	2.87	1296	96	0.84

資料來源：賴柏溶，2012

但是，Strahler測高曲線不足之處，在於它沒有反映集水區侵蝕發育過程中物質遷移的狀況，因而胡春宏（2005）提出侵蝕積分值模型，來反映影響侵蝕諸因素的綜合指標。侵蝕積分值係指被侵蝕掉的物質體與未被切割侵蝕的完整地塊的體積之比，可表爲

$$E_i = \frac{V}{H_r\ A} = \frac{H_r\ A - \int_{底}^{頂} a\ dh_r}{H_r A} = 1 - \int_0^{1.0} \frac{a}{A} d(\frac{h_r}{H_r}) = 1 - \int_0^{1.0} x\ dy \qquad (2.14)$$

式中，$y = h_r/H_r$；$x = a/A$。由x及y便可繪製成測高曲線，如圖2-7所示。利用測高曲線就可求出侵蝕積分值。根據胡春宏（2005）研究結果指出，侵蝕積分值（E_i）隨著河川密度（D_S）的增加而提高，且分析黃土高原溝壑區，當$E_i < 39\%$時，屬於幼年期；當$E_i = 39$～61%時，爲壯年期；當$E_i > 61\%$時，則爲老年期。

上述河川地貌發育階段是一種理想的模型，因爲從幼年期至老年期的一個循環，常因外力的影響而改變。例如地殼再次抬升，河川再次下切，使河川進入新的侵蝕循環，往往在壯年期或老年期的地形上出現幼年期地形的特徵，這種現象的發生稱爲回春作用（rejuvenation）。老年期的河谷如果發生回春作用，常常形成谷中谷、河階或曲流等特殊地形。臺灣的山區常常可以看到谷中谷、河階、曲流等地形，顯示臺灣地區的地形也曾經發生過回春作用。（王鑫，1998）

三、依河川平面型態分類

Lane（1957）將天然沖積河川依流路平面形態區分爲順直、辮狀及蜿蜒等三種河川類型，其流路特性及成因如表2-3所示。

表2-3　河川流路型態特性

類別	流路特性	成因
順直河段	1. 坡度平緩 2. 河岸穩定，不易受沖刷 3. 低水流路在主河道內蜿蜒	1. 流速緩慢，沖刷力小 2. 河岸堅硬不易受沖刷
辮狀河段	1. 河幅寬廣、河岸不穩定且不明顯 2. 坡陡、水淺、流路分岐 3. 河床不穩定、流路因水位而變化	1. 上游來砂量大於該河段輸砂能力 2. 陡坡淺流形成河中島

類別	流路特性	成因
蜿蜒河段	1. 含一系列之彎道深潭，其間以較短之直線段連接 2. 凹岸形成類似三角形之深潭，凸岸淤積成砂洲，而直線段則呈矩形斷面 3. 直線段坡度較陡，易受沖刷	1. 坡緩而致河岸淤積，水流改向 2. 水流流向常受地質條件控制

Source: Lane, 1957

(一) 順直河川（straight stream）：係指河岸比較平直的河川，其蜿蜒度〔谿線長度與河谷長度之比；谿線（thalweg）指河床最低點的連線〕通常介於1～3之間。在天然河川中一般並不存在較長的順直河段，它常與其他類型的河段聯結在一起，但仍保有其本身的特點。例如，蜿蜒型河段中比較長的過渡段可視爲順直型河段。如圖2-9(a)所示，從平面外形看順直型河段河岸比較平直，河槽谿線蜿蜒行徑中會在兩岸形成交錯排列的砂洲（邊灘），與砂洲相對的凹岸形成深潭（pool），上下砂洲之間存在較短的過渡段，坡度較陡，稱爲淺灘（shoal）。

(二) 辮狀河川（braided stream）：辮狀河川有寬闊而不明確的河岸，水流寬淺而流路分散成多個交錯的分流，在沖積砂洲之間流動，於坡度較陡且輸砂量大之水道，常形成這種河型，如圖2-9(b)所示。因坡度較陡而流速較大，可以輸移大顆粒之砂石，但當流量減小時，大顆粒砂石則沉積於河床。當洪水來襲時，因河岸之砂石粒徑較小而常遭沖刷，致河道漸寬，而低流量時水量無法均勻分布於整個斷面，使得流路分歧形成河中島。

(三) 蜿蜒河川（meandering stream）：蜿蜒河川的流路彎曲呈S型的水道，如圖2-9(c)所示。一般位於坡度平緩、流速緩慢河段，因河流輸砂量中大部分爲細顆粒泥砂，致河岸植生茂密而易淤積，使河流改變方向，或因地質條件控制而致水流改向。蜿蜒河川特點係一系列凹岸深潭以較短之直線段連接，凸岸則淤積成砂洲。在蜿蜒度持續增加之情況下，會產生自然取直之現象，而原彎曲段則形成牛軛湖（oxbow lake）。蜿蜒河段之流速緩慢，沖刷能力低。

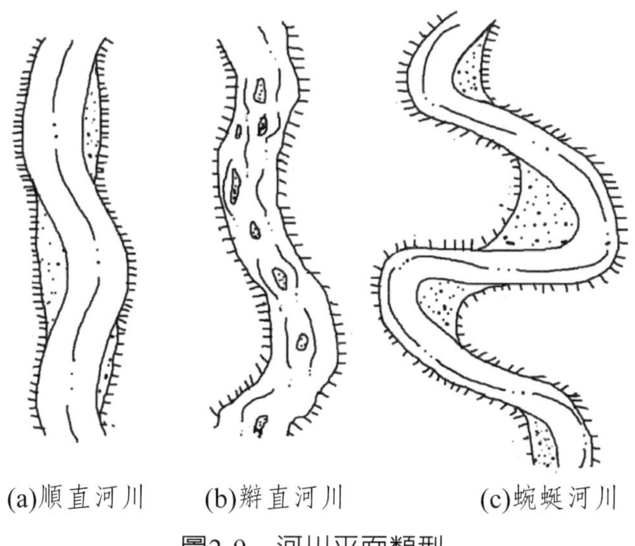

圖2-9　河川平面類型

Lane（1957）依據觀測資料，認爲由建槽流量（dominant discharge）與河床坡度可以區分河溪型態。因此，經濟部水利署（2007）遂將臺灣多條河溪之河床平均坡度與平均流量（建槽流量或2年重現期流量）進行點繪，如圖2-10所示。圖中顯示，大部分河段爲辮狀河段，頗符合臺灣河川現況。

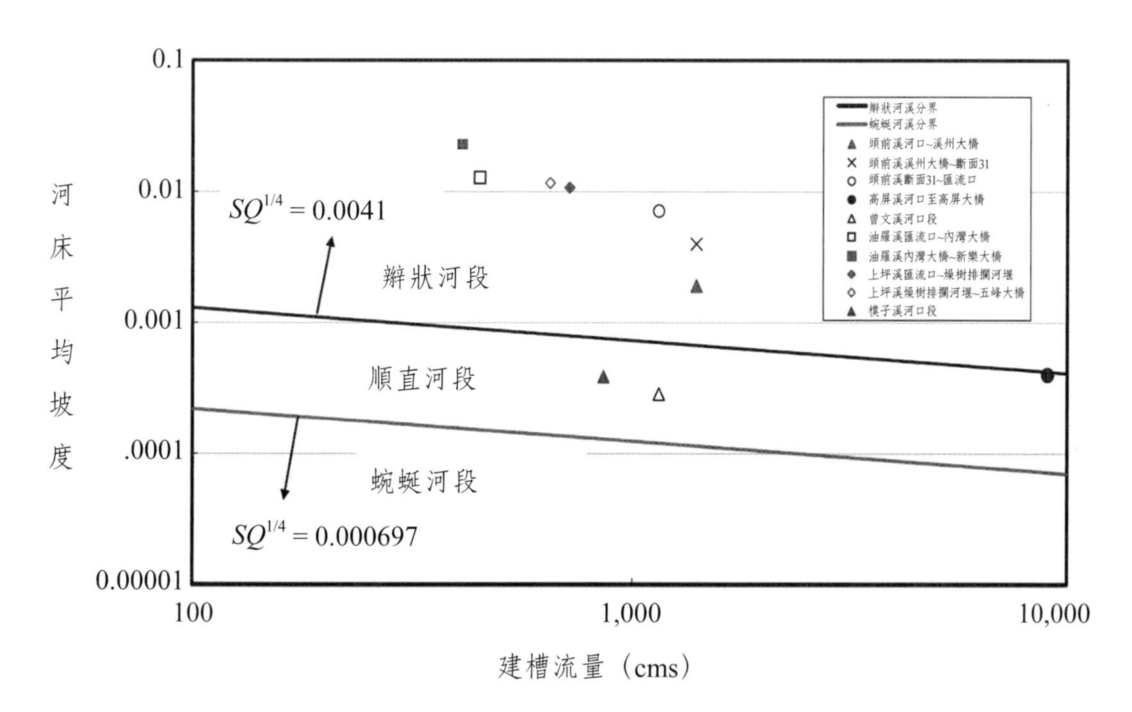

圖2-10　河床坡度、流量與流路型態關係

資料來源：經濟部水利署，2007

四、依河段地形特徵分類

河溪依其地形特徵可劃分爲山地型、丘陵型及平原型等河段。

(一) 山地型河段：一般位於河川上游段，包括上游支流及野溪等。一般流經地勢險峻，地形複雜的山區或丘陵地區，河床演變以持續沖刷下切爲主。由於山區坡面陡峭，集流時間短，加上河床坡降較大，流速湍急而致岩石裸露，河幅狹窄，河灘地幾乎不存在，河槽受山勢河谷約束較少平面變化。總之，山地型河段河床縱坡較陡，常呈階梯狀，河床形狀很不規則，急灘深潭上下交錯，常形成跌水或瀑布。此外，本河段具有生態多樣性且景觀自然，因水質未受污染及河床型態多變化，形成水域生物的良好棲地，植被常爲喬木間雜灌木與草本植物。

(二) 丘陵型河段：係指流出山區谷口，河幅迅速擴散進入平原或盆地的寬平河溪。由於山地型河段流速較急，水流挾砂能力較大，出谷後水流展寬，水深變淺，流速驟降，自上游帶來的大量泥砂便沿程停積，逐年淤高，河床變得寬淺散亂，形成砂洲、礫石灘及卵石河床。洪水時水流漫溢，經常擺動變遷，常呈辮狀流況。丘陵型河段因周邊人爲活動漸增，造成生態環境之破壞與水質污染，植被漸變爲雜木與灌木，水域生物棲地常遭人工構造物之影響。

(三) 平原型河段：平原型河段流經地勢平坦寬闊的平原地區，它的形成主要是由於水流流速相當和緩，使其攜帶的泥砂會發生沉積作用，常形成深厚的沖積層，其厚度可達數十公尺，而低水流路常在主河道內蜿蜒曲折而行。平原型河段因河幅寬廣且可能部分感潮，生態環境與上、中游河段有相當大之差異，河灘地常作耕地使用，又水質常遭污染，對水域生態棲地環境造成不良之影響。

2-2-2 河川級序

流域內天然水系均由大小不等、形態各異的河川組成，每一河川都有自己的特徵和集水範圍，較大的河川往往是由若干較小河川集流而成，而較大的集水區則是由若干較小的集水區聯結組成。河川大小或集水區大小的差別，反映了作用於它們的動力特性（主要是流水作用）的差別，使得在坡度、寬度、切割深度及集水區的最大高差等各種地貌要素也都具有明顯的區別。

因此，爲表徵河川的形成、發育過程及型態規律，Horton（1945）與Strahler（1952）將流域內組成水系的河川予以編號，以便進行河川的定量分析，稱爲Horton- Strahler河川級序定律（stream order law），其劃分原則簡述如下：

一、一般由分水嶺發源之河川編爲一級河川。

二、兩條或兩條以上一級河川形成二級河川。

三、兩條以上$(j-1)$級河川可合流成j級河川，其中$j \geq 2$。

如圖2-11所示。圖中，河川級序愈高者，其集水區面積愈大，河道斷面、河寬及流量均愈大，河川段數亦愈多。圖2-12及表2-4分別爲茳濃溪上游集水區（集水區編號：1730002）河川分布及其級序分析結果。

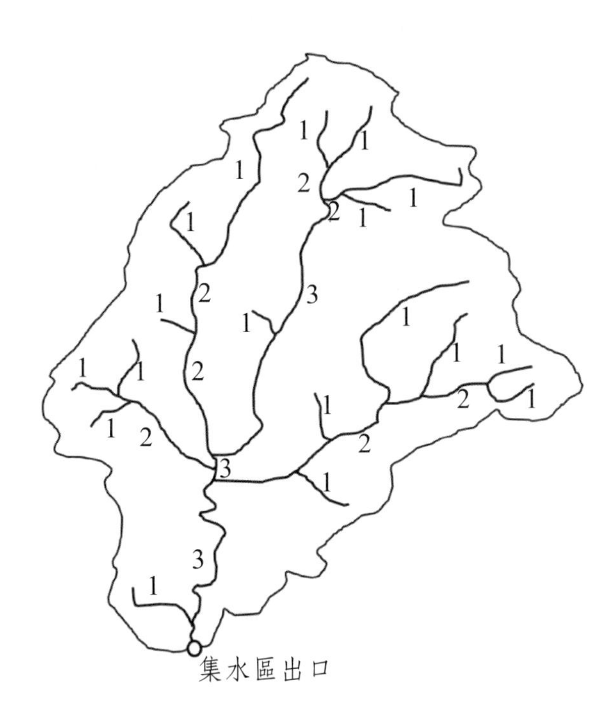

圖2-11　河川級序

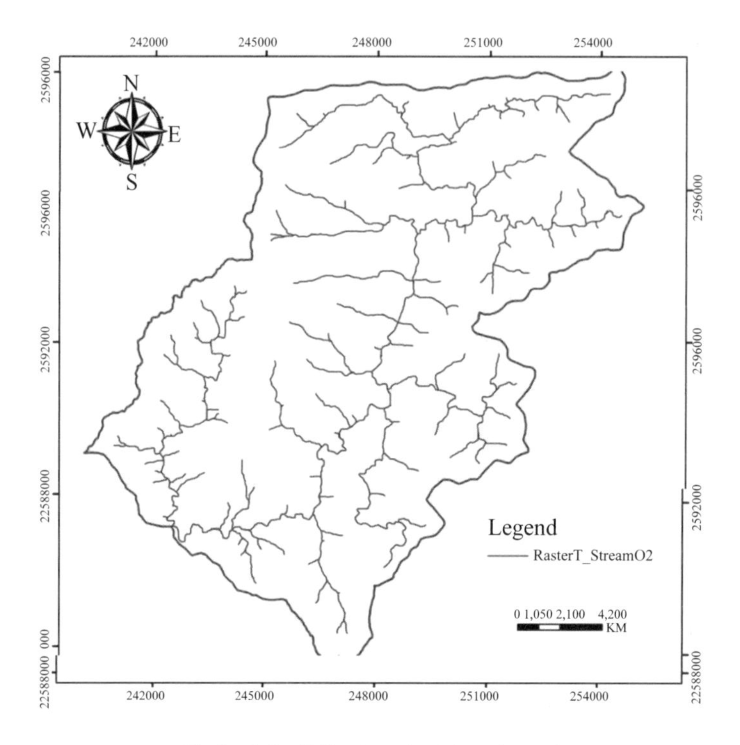

圖2-12 荖濃溪上游集水區河川級序分布圖

表2-4 荖濃溪上游集水區河川級序表

級序	河道數目	總長度（km）	分岔比
1	456	72.57	～
2	324	48.15	1.4
3	98	20.23	3.3
4	73	20.63	1.3

Horton-Strahler河川級序定律劃分集水區內各個河川之級序及其分布，提供建立一些指標來區分山地與平原河川的基本差異，包括分岔比、河川平均相對高程、寬深比與河川級序關係等，茲分述如下：

一、分岔比

分岔比（bifurcation ration, B_R）係指某級河川的數目與其高一級河川的數目之比值，可表爲

$$B_R = \frac{n_i}{n_{i+1}} \quad (2.15)$$

式中，n_i = 第i級河川數目；n_{i+1} = 第$i+1$級河川數目。因河川數目之對數值與河川級序數成線性關係，一般將之繪於半對數紙上可成一直線，而其斜率即爲集水區之分岔比。由於自然地理條件的不同，河川分岔比存在有較大的差別。對於平坦的或丘陵起伏的集水區來說，分岔比接近於2.0。對於多山的或強烈起伏的集水區來說，分岔比介於3.0～5.0之間，即山地河川的分岔比一般要高於平原河川，如表2-4所示。此外，當分岔比B_R愈大，表示集水區形狀狹長；反之，分岔比愈小時，集水區屬寬扁形狀。

二、河川平均相對高程差

河川平均相對高程差係指沿著集水區主流的每一級河川所對應的一個相對高程差之平均值，係反映集水區地形起伏趨勢的一個重要指標。據張光科（1999）研究指出，各級河川從開始到該級河川結束處作垂直流向的直線，分別與集水區的分水線相交於兩點（如圖2-13中之A、B點），而兩點的高程平均值與河川和垂線交點（即C點）的高程值之差，即爲該級河川所對應的相對高程差；對於最初級河川，除了垂直流向的直線與分水嶺的兩個交點以外，還應加上直線的垂直平分線反流向延長線與分水線的交點，即是三點高程的平均值（即D、E及F點）與最低級河川（即交點G）高程之差，即爲最初級河川末點的相對高差，如圖2-13所示。

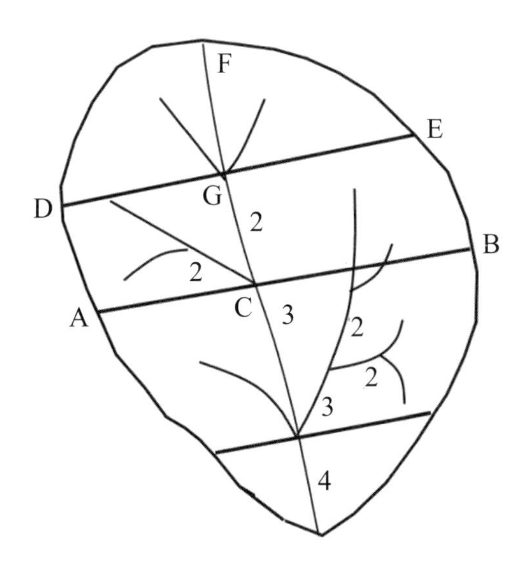

圖2-13　河川平均相對高程差推求示意圖

考量各級河川所涵括的面積有大有小，故以各級河川垂線所夾的面積作爲權重，推求集水區河川相對平均高程差，可表爲：

$$\overline{H}_r = \frac{H_{r1}\ A_1 + H_{r2}\ A_2 + ... + H_{rn}\ A_n}{\sum A_i} \quad (i = 1, 2, \cdots, n) \qquad (2.16)$$

式中，$\overline{H}_r$ = 河川平均相對高程差；H_{ri} = 第i級河川平均相對高程差；A_i = 第i級河川對應之面積；n = 河川級別總數。

一般來說，山地河川平均相對高程差較大，而於平原河川集水區平均相對高程差較小。根據張光科（1999）研究歸納指出，當$\overline{H}_r > 150$時，爲山區集水區；當$100 < \overline{H}_r \leq 150$時，爲丘陵地區集水區；當$50 < \overline{H}_r \leq 100$時，爲淺丘型集水區；當$\overline{H}_r \leq 50$時，爲平原集水區。

因此，根據上述定義，利用5m×5mDTM分別計算了荖濃溪集水區及雙溪集水區（枋腳溪）的平均相對高程差，如表2-5所示。其中，荖濃溪集水區面積爲105.3km^2，高程介於1746～3948m之間；雙溪集水區面積約爲25.46km^2，高程介於4.27～621.1m之間。根據分析顯示，荖濃溪集水區平均相對高程差達395.2m，大於150m屬於高山區集水區，而雙溪集水區爲134.41m介於100～150m之間屬於丘陵區集水區。

表2-5 荖濃溪集水區及雙溪集水區平均相對高程差

河川級序		面積（km^2）	面積百分數（%）	平均高差	平均高程差
荖濃溪集水區	一級河川	21.71	0.21	246.8	50.9
	二級河川	22.12	0.21	1047	220.0
	三級河川	61.43	0.58	213	124.3
	總和	105.26	-	-	395.2
雙溪集水區	一級河川	24.88	0.98	137.4	134.27
	二級河川	0.58	0.02	6.06	0.14
	總和	25.46			134.41

三、寬深比與河川級序關係

一般河川上游集水區的河谷多呈V型，隨著河川的增長或河川級序（n）的增加，河川斷面形狀由V型逐漸轉變爲U型河谷，而寬深比（h/B）與河川級序（n）關係反映了河川斷面形狀的這種漸變趨勢。不同地區的河川，其寬深比（h/B）～河川級序（n）的關係是不同的。對於山地河川，由於河槽下切較深，因此在河川的上游端某一流量級別下的h/B值較大，有的甚至達到1.0。隨著河川級序的增加，h/B值也會逐漸降低，最後達到某一穩定值，但這種下降是緩慢的。對於丘陵集水區的河川，情況則略有不同，h/B值隨著河川級序的增加將很快降低達到穩定值，如圖2-14爲茏濃溪集水區河川寬深比與其級序之關係圖。

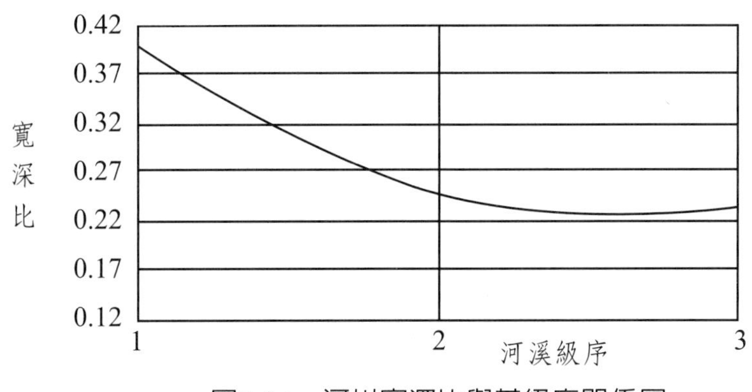

圖2-14　河川寬深比與其級序關係圖

2-3 河川水流及其泥砂運移特性

2-3-1 水流質點運動特徵

河川水流的流線呈螺旋狀運動，其中與河川的發育過程關係最爲密切者，包括層流與紊流、二次流（或環流）、渦流等。茲分述如下：

一、層流與紊流

河川水流中液體質點的運動狀態及行爲，基本上是受水的黏滯力相對於慣性力的大小所支配。當黏滯力與慣性力在水流中顯得格外顯著時，則由兩作用力比值所建立的雷諾數（Reynolds number），對水流流態就扮演相當重要的角色。根據黏滯力與慣性力共同影響的流態，可分爲層流（laminar flow）、紊流（turbulent flow）及介於層流與紊流兩者間的過渡流（transitional flow）等三種型態，以雷諾數表示，可寫爲

$$R_e = \frac{慣性力}{黏滯力} = \frac{\rho_w v \ell}{\mu} \tag{2.17}$$

式中，ρ_w = 液體密度；v = 平均流速；μ = 動力黏滯係數；ℓ = 特徵長度，於管流中，ℓ = 直徑（d）；河川水流中，ℓ = 水力半徑（R），或水深，或水力深度（D = 渠道斷面積與水面寬度之比值，表渠道斷面通水的流暢度）。當雷諾數較小時，因黏滯力之影響大於慣性力，此時液體質點將沿著一規則的路徑移動，如注入懸浮染劑於水流中，則染劑軌跡線隨著水流依然保持明顯的細絲狀，這種水流的流動狀態謂之層流；如果黏滯力之影響小於慣性力時，雷諾數將變得比較大，此時液體質點的移動呈混亂且不規則，如於水流中注入染劑，則染劑將迅速擴散至整個水體，這種流動狀態稱之爲紊流。河川水流中，由於雷諾數特徵長度係採用水力半徑R替代圓管直徑d，且$d = 4R$，故從層流過渡到紊流的雷諾數範圍約介於500至12,500之間。

天然河川的水流一般多屬於紊流。在紊流狀態下，液體質點以渦體的形式呈不規則運動，流向與流速均不斷偏離其時間平均值，稱之爲脈動（flutuation），以及水流的瞬時流速與流向可分解成與主流一致的時均值及脈動值兩部分。在河道中，雖然脈動流速僅爲時均流速的極小比例，但它對整個水流的運動及泥砂的輸送起著重要的作用。實驗證明，水流的相對脈動強度從水面向下逐漸增大，到河床附近達最大値，再從床底向上逐漸減小。脈動不僅使水流內部各層的水質點相互摻混，並可掀起床底泥砂。

二、彎道環流

天然河川水流從直線段進入彎道以後，由於河身軸線和岸壁都不斷地改變方向，促使水流質點在運動過程中也不斷改變方向。岸壁對水流不僅有縱向的阻力，而且在凹岸還有迫使水流轉向的橫向附加壓力，導致岸邊水面壅高。水流質點的彎曲流動存在向心加速度和相應的離心慣性力；離心慣性力的方向是從凸岸指向凹岸，伴隨離心慣性力作用出現凹岸水面高於凸岸水面的現象，形成橫向水面坡降。同時水流內部結構發生變化，水流除在縱向運動外，在橫斷面上還產生環形的流

動，稱為彎道環流（transversal circulation current）。彎曲段水流的這些特性，對於河床演變有極重要的作用。

(一) 彎道水流的橫向水面比降

彎道環流的出現，是水流在彎道段內作曲線運動所造成的。當水流作曲線運動時，必然產生指向凹岸的離心力，水流為了平衡這個離心力，通過調整使得凹岸方向的水面增高，凸岸方向的水面降低，形成橫向水面比降，可表為

$$S_z = \frac{v^2}{g\,r_c} \qquad (2.18)$$

式中，S_z = 彎道橫向比降；v = 平均流速；r_c = 彎道平均半徑。

(二) 彎道上的側向環流

彎道水流的另一特徵是，在和水流縱向正交的橫斷面上具有橫向分速。在水流表面橫向分速指向凹岸，而底部的橫向分速指向凸岸。這種橫向流動叫做側向環流（lateral circulation current），如圖2-15所示。

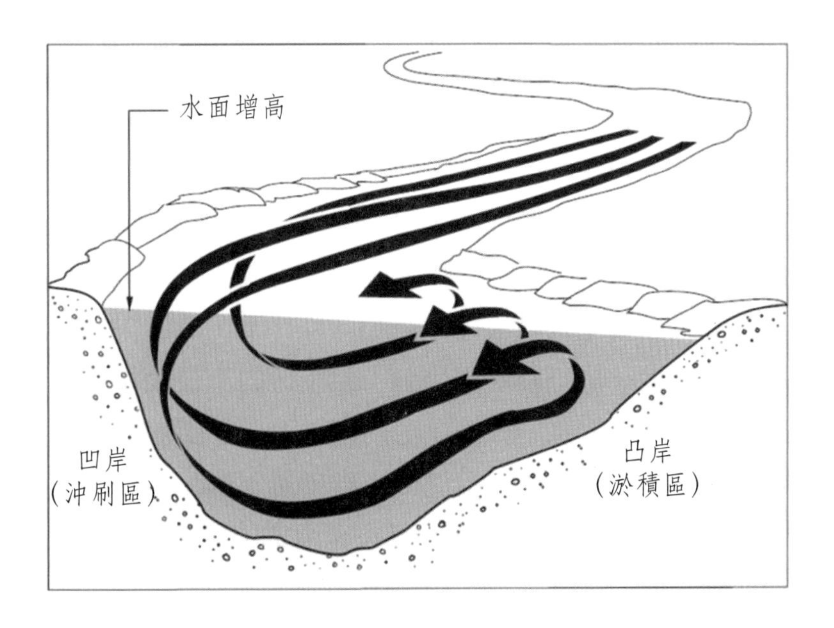

圖2-15　側向環流示意圖

source: Kunzig, 1989

側向環流是一種二次流（secondary flow），它的橫向分速和水流的縱向速度疊加，就構成彎道中的螺旋式流動（spiral flow）。河流彎段的凹岸常被水流沖刷，沖塌下來的土壤，又經常被水流推移到凸岸的下游，形成淤積，這就說明彎道水流具有螺旋式運動。

三、渦流

在天然河道不規則河岸附近及河床起伏的背面，由於水流流線分離而使流體以質點群的形式圍繞著一個公共軸轉動，稱之爲渦流（vortex flow）。河岸附近繞垂直旋轉的直軸旋渦，常對河岸產生強烈的淘刷。在床底基岩及砂波等起伏處形成橫軸渦流，會使床底發生縱向沖刷。

2-3-2 河流侵蝕作用

河川水流在重力作用下，從高處往低處流動的過程中，不斷地將其勢能轉換成動能，持續對河床及兩岸土體進行沖刷破壞，並使被破壞的土體離開原來的位置，造成侵蝕的現象。依侵蝕方向可區分爲向下、向側及向源等侵蝕類型，

一、向下侵蝕

由於水流沖起床面泥砂，致床面高程下降，稱爲河流向下侵蝕（vertical erosion）。向下侵蝕作用受到多種因素影響，包括水流流速、床面岩石的岩性、水流含砂量等，其中最重要因素是水流流速。在相同條件下，流速快，水流施加在河床上的沖刷力和上舉力也大，向下侵蝕作用強；相反，向下侵蝕作用弱。水流長期向下侵蝕的結果，使在地面上形成一條條長形的河谷，並不斷被加深。

以山地河川爲例，由於坡度陡，流速大，含砂量不飽和，發育過程中，一般均以沖刷爲主，向下侵蝕作用強烈。一般，河谷深而窄，橫剖面形態呈V字形，部分區段谷坡陡若壁立。

雖然山地河川總的發展趨勢係朝著有利於河床向著沖刷變形方面發展，但河床多爲基岩或卵石組成，抗沖性能強，沖刷受到抑制。因此，儘管從長時間來看它會不斷下切展寬，但從短時段來看這種發育變形卻是十分緩慢，甚至可以認爲是基本

不變。只是在某些河段，由於特殊的谷坡和水流條件下產生大規模的河岸崩塌時，可能會出現暫時性的土砂淤積，或在特大暴雨之作用下破壞床面抗沖覆蓋層而形成土石流時，可能導致持續性的沖刷現象。

二、向側侵蝕

水流侵蝕河流兩側河岸或谷坡，促使河谷左右遷徙或谷坡後退的作用，稱爲河流的向側侵蝕（lateral erosion）。向側侵蝕的結果使河道左右擺動以至彎曲，引起河谷底部加寬。當河流有一個微小的彎曲段時，水流就能在離心力作用下向圓周運動的弧外方向偏離，即偏向彎道的凹岸，形成側向環流而產生側向侵蝕；在順直河道中，由於河床中間與兩岸水位差形成的雙向環流也產生側向侵蝕；此外，由於山崩、土石流、支流匯入等原因，往往在河床的一側有碎屑物堆積，迫使直線型河流變爲彎道型河流，使側向侵蝕作用更爲強烈。

河流在向下侵蝕的同時總是伴隨有向側侵蝕，水流對河床底部岩石進行侵蝕的同時，也對河岸兩側岩石或谷坡岩石進行侵蝕。但在不同河段，由於河床縱坡度、構造及岩石性質不同，它們有不同程度的表現，塑造出不同形態的河谷。在地殼上升的上游地區，地面坡度大，多高山峻嶺，河流水流速度快，主要表現爲向下侵蝕，形成深切河谷；而在地殼下降或是長期穩定的中、下游地區，地面坡度緩，水流速度慢，盛行向側侵蝕作用，形成淺而寬的河谷，河道蜿蜒。

三、向源侵蝕

河流向下侵蝕至一定深度，使河床高程趨近海平面高程時，水流就不再具有位能差，河川的向下侵蝕作用也就停止了。基本上，海平面是所有入海河流向下侵蝕的極限，亦稱爲侵蝕基準面（base level of erosion）；對於匯入主流的支流，入湖河流，主流河床和湖面高程就是它們的侵蝕基準面，惟因其本身高程仍處於變化，故稱爲暫時性侵蝕基準面。侵蝕基準面的變化，影響河床縱剖面的發展。當侵蝕基準面上升時，水流搬運泥砂的能力減弱，河流發生土砂淤積，例如在山地河川中常見之防砂壩構造物，即屬這種狀況；相反，當侵蝕基準面下降時，則流速加大，向下侵蝕作用強，開始在河流下游發生侵蝕，然後逐漸向上游發展，這種侵蝕方向稱爲向源侵蝕（headward erosion）或河流加長作用。

2-3-3 河流搬運作用

河川水流具有一定的搬運作用（transportation），可以搬運的物質除河流侵蝕河床岩石的產物外，還有來自坡面各種表土侵蝕的產物、谷坡的崩落物及土石流帶來的物質。這些物質大部分是機械碎屑物，包括各種粒徑的礫石、砂和黏土；小部分爲溶解於水中的各種化合物。

一、河流搬運方式

河流搬運方式有機械搬運與化學搬運之分，前者是河流對固體泥砂顆粒的搬運方式，而後者是河流對可溶性物質和膠體的搬運方式。

(一) 化學搬運作用：一般河水中的溶解物質多以懸浮方式運移，故河流的化學搬運力係取決於流量和水體性質，而與流速無關。因而在河流化學搬運過程中，儘管河流流速變化大，但很少發生化學搬運物沉澱的現象。

(二) 機械搬運作用：河流的機械搬運作用無論搬運數量、泥砂顆粒大小及搬運方式，都受流量和流速的控制。流量增加，可搬運顆粒範圍內的數量可以增加；而流速增加，不但搬運泥砂數量增加，而且泥砂粒徑的範圍也擴大。根據試驗，水流起動流速與泥砂顆粒粒徑的平方成正比，故泥砂顆粒重量及水流起動流速的6次方成正比；也就是說，當水流流速增加1倍時，泥砂顆粒質量將增大64倍。因此，山地河川在洪水期內可以帶出大量的碎屑物質，也能攜出巨大的岩塊或礫石。（註：起動流速係指促使泥砂顆粒開始運動的水流速度，通常大於維持泥砂顆粒持續運動所需的流速。）

河流機械搬運能力除與流量、流速有關外，還與當地地質和地面條件有關。岩石鬆散、顆粒微小、氣候乾燥、地面缺少植物保護的地區，進入河流中的泥砂多，河流機械搬運量大；反之，河流機械搬運量少。

二、泥砂顆粒的運動方式

促使水中泥砂顆粒運動的力，包括：1.水流對顆粒的沖擊力；2.紊流的上舉力；3.近底床水流上、下流速差異產生的上舉力；及4.顆粒重量平行於河床的分力等。如果上舉力大於碎屑顆粒在水中的自重，則這些顆粒將懸浮在水中運動，這種運動叫做懸移（suspend），其懸移的泥砂顆粒稱爲懸浮載（suspend load）。如果上舉力小於顆粒在水中的重力，則顆粒在水平推力的推動下，或沿河床滾動，這種運動叫做推移（slide），其推移的泥砂顆粒謂之推移載（bed load）。還有一種中間狀態，就是顆粒在水中的重力與上舉力不相上下，由於上舉力的脈動變化，時而重力大於上舉力，時而重力小於上舉力，顆粒在水平推力下跳躍前進，顆粒的這種運動方式叫做躍移（saltation），亦屬推移載的一種類型。當水動力大小發生改變時，水流中任何粒徑的泥砂顆粒的運動方式都會發生轉換。如水動力減小時，懸移變爲躍移，躍移變爲推移；如果水動力增大時，變化情況與上述相反。

山地河川的懸浮載含砂量視地區而異，在岩石風化不嚴重和植被較好的地區，含砂量較小；相反，在岩石風化嚴重和植被甚差的地區，不但含砂量大，而且在山洪暴發時甚至會形成含砂濃度極大，並攜帶大量石塊的土石流。汛期因坡面逕流大，侵蝕強烈，所以含砂量大而粒徑粗；枯水期則相反，含砂量小而粒徑細，甚至完全變爲清水。山地河川懸浮載大都是中細砂和黏土，由於坡度及流速大，一般處於不飽和狀態，可全部視爲沖洗載（wash load）。

山地河川的推移載多爲卵石及粗砂。卵石推移載一般在洪水期流速大時才能起動輸移，其運動形式呈間歇性，平均運動速度很低。如前所述，除非是發生土石流流動型態或長延時強降雨的降雨型態，否則山地河川洪水歷時一般很短，卵石推移載輸砂量一般不大。

山地河川的河床多由原生基岩、塊石或卵石組成，階梯狀排列是卵石河床常見形式，也有呈鬆散堆積的。一般在水流強弱適中，持續時間較長，河床發生沖刷之處，多呈階梯狀排列的河床結構；在水流較弱，河床發生淤積之處，或水流流速急劇降低時，原來大量推移的卵石迅速停止運動，來不及分選排列而呈鬆散堆積。卵石粒徑常有沿程向下游遞減趨勢。

三、河流對泥砂顆粒的分選、磨圓作用

被河流搬運的泥砂顆粒大小，取決於河流的流速。因此，河流機械搬運作用會依流速平面分布而有明顯的分選作用（sorting）。流速增大，搬運的顆粒增大；流速減小，已無力再進行的粗粒物質搬運，便依次從大到小、從重到輕先後沉積下來。山地河川擁有較大的水動力，尤其在汛期，常攜帶重達幾噸以上的巨礫，待汛期一過，它們便停積在河床上。

泥砂顆粒在被河流搬運的過程中，顆粒與顆粒或顆粒與河床之間經常發生碰撞

和摩擦，結果使泥砂的稜角消失，粒度變細。河流搬運距離愈長，碎屑物受碰撞、摩擦的次數愈多，泥砂稜角被磨蝕的機會也愈多。最後，顆粒呈橢球形、球形，此過程叫做磨圓作用（rounding）。如果一條河流在較長距離內沒有支流加入，或者支流的搬運物對主流影響不大時，則河流的機械搬運物隨著搬運距離的增加，顆粒愈來愈細，圓度愈來愈好。

2-3-4 河流沉積作用

河川水流在搬運泥砂的過程中，遇有相對寧靜的大水體（如水庫）、或坡度變緩、或橫斷面擴大、或窄縮段上游等河段時，由於水流流速減緩，輸移泥砂能力減弱而發生沉積（deposition）。但是，水流中的泥砂多數被搬運至海洋或湖泊水庫後沉積，而沉積在河谷內的土砂只占水流挾砂量的極小部分，且這些沉積的土砂皆是暫時性沉積，它們有被再次沖刷搬運的可能。就一條河流而言，一般中、下游處於地勢較低平的地區，河床縱比降較小，水動力減弱，河流攜帶的大量泥砂在中、下游發生沉積的機會較高。

2-4 河川地形

經過水流長期侵蝕、搬運、沉積的綜合作用結果，使河川形成各式各樣的地形特徵，包括河谷、河床、河階地及沖積扇等，茲分述如下。

2-4-1 河谷

河谷（valley）係由河流長期侵蝕形成，其長度遠遠大於寬度的線狀槽形凹地，包含谷底和谷坡兩大部分，如圖2-16所示。谷底為提供週期性水流的部分，稱為河床。兩側谷坡受岩層排列及侵蝕時間長短之影響，多呈不對稱性。河谷依斷面形態主要以V型及近似U型為主，如圖2-17所示。通常，V型河谷谷深而狹窄，谷坡陡峭甚至直立是其主要特徵。V型河谷的谷坡和谷底無明顯分界，谷底幾為河床。河床面起伏不平，水流湍急，沿河多急流瀑布。V型河谷是河流侵蝕作用下早

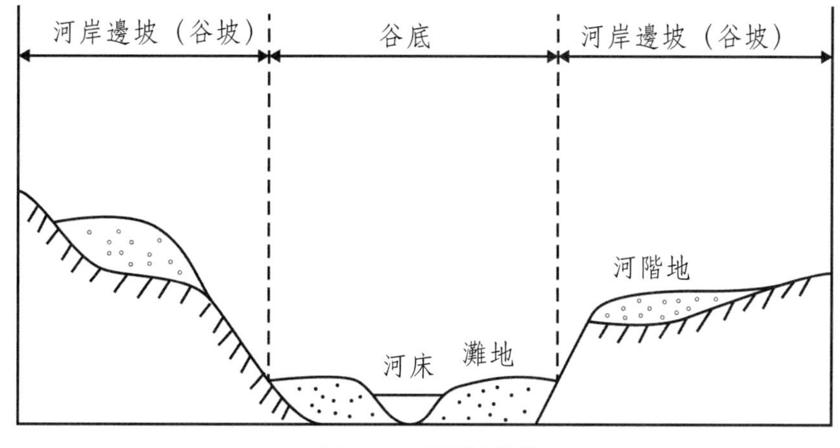

圖2-16　河谷組成

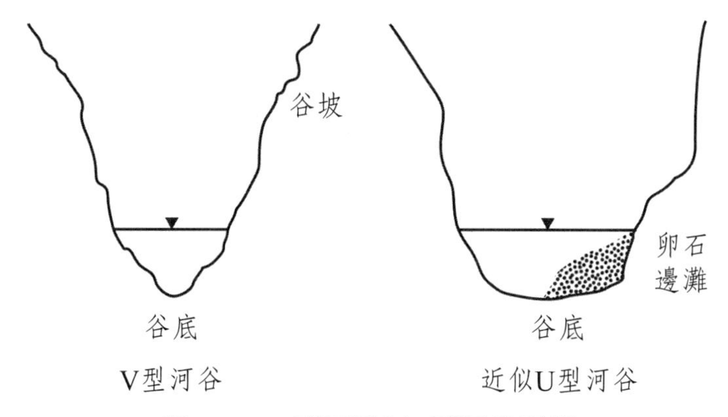

圖2-17　V型及近似U型河谷形態

期發育的產物，大多形成於地形陡峭的上游河段。

由於侵蝕基準面下降，構造運動抬升和氣候的變遷，河流下切作用加劇，在大河谷中又下切形成較小河谷的地形，這種嵌在大河谷中的新谷地，稱爲谷中谷（valley in valley），又稱疊谷。谷中谷經常是河川重新下切所遺留下來的景觀，是回春作用的有力證據。

2-4-2 河床

山地河川的河床形態很複雜，橫斷面呈深而窄的V形，平面上則受岩性和地質構造條件的約制，尤以向下侵蝕爲主的基岩河床，岸線參差不齊，曲折多變，斷面的寬窄變化懸殊。河床縱斷面比降很大，床面起伏常發育出岩檻、石灘、深槽、跌水瀑布等階梯狀地形。

一、岩檻（threshold）：係指基岩河床中較堅硬岩石橫貫於河床底部或與構造線直交而形成的跌水或瀑布，並構成上游河段的侵蝕基準面，如圖2-18所示。岩檻往往成爲淺灘，跌水和瀑布的所在處。在河流的向源侵蝕作用下岩檻將不斷後退，直到消失。

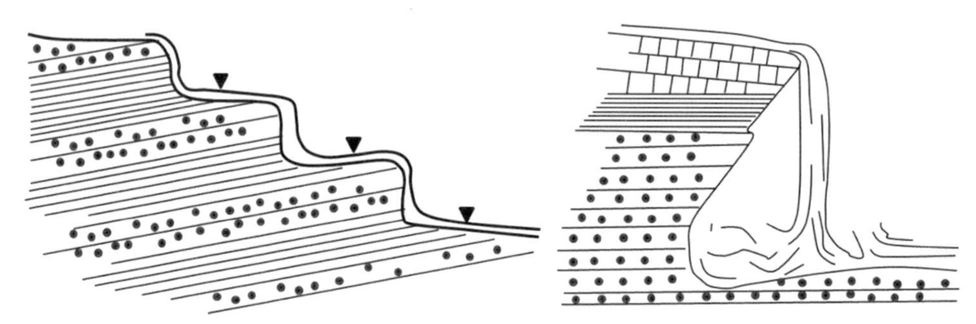

圖2-18　岩檻與急流瀑布

資料來源：黃乃安，1994

二、石灘（groundsel）：係指隱藏在水下的巨大岩石露頭。石灘有的與河岸相連，有的孤立於河床中。石灘形成原因有二：一是順河走向的岩性不均一，造成抗侵蝕力弱者河床較深，抗侵蝕力強者則河床較淺；二是來自於河岸崩塌或兩岸支流匯入的巨大石塊，滯留水中，成爲石灘。石灘不如岩檻穩定，在水流的長期作用下，容易發生移動、變形或消失。

三、深槽（deenotch）：係指在山地河川中，由斷裂破碎帶、軟弱岩層等抗侵蝕力較弱的部位，因侵蝕的不均勻性而成爲特別深的槽形窪地。河床深槽是由河床渦流帶動卵礫石不斷進行磨蝕作用形成的，大多分布於河流侵蝕作用強度極大的峽谷河段。

四、瀑布（waterfall）：是一種規模較大的跌水，係指河流經過河床縱斷面的顯著陡坡或懸崖處時，成垂直或近乎垂直地傾瀉而下的景象。瀑布的成因比較複雜，橫過河谷的斷層或凹陷等地質構造運動，以及火山噴發所造成河流突然中斷皆可形成瀑布；或者是組成河床的岩性差異，引起堅硬岩石河段與軟弱岩石河段銜接處也常形成瀑布。

五、壺穴（potholes）：壺穴是在河川上游經常出現的一種地理特徵。基岩河床中被水流沖磨的深穴，其深度可達數公尺到數十公尺。壺穴多在瀑布下方，由急速下洩的湍急水流沖擊河床基岩而成。若河床基岩節理發育或是構造破碎帶，水流則往往沿著岩石節理面或破碎帶沖擊淘蝕河床，一旦河床被淘蝕成穴後，就在壺穴處形成水流漩渦，一些礫石會被水流帶動而打轉，經歷長時間的磨蝕後，就形成一圓形的孔洞。

六、淺灘（shoal）：係指河床上一些不同規模的沖積物堆積體，或稱砂洲（bar）。位於彎曲河道凸岸附近者，稱爲固定砂洲（point bars）；位於河心者，稱爲河心砂洲（mid-channel bars）；在河道週期性產生且左右交錯位於兩岸者，稱爲交錯砂洲（alternate bars）；淺灘與淺灘之間較深的河段，稱爲深槽。

2-4-3 河階地

一般而言，河流經過長期的侵蝕演化形成寬淺的河谷，進出河流的水量和砂量近似相等，河流處於一種暫時的相對平衡狀態，但如果遇有地殼抬升、氣候變化或侵蝕基準面下降時，河流向下侵蝕作用突增，導致河床高程下降，原來在洪水期被淹沒的灘地就不再受洪水影響，因而形成河階地（terraces）。換言之，河流在向下侵蝕過程，原先的河床高程超出一般洪水位以上，呈階梯狀分布在河谷邊坡上，這種地形稱爲河階地。因此，形成河階地必須具備兩個條件，即有較爲寬廣的河床和河流向下侵蝕作用，如圖2-16所示。

2-4-4 沖積扇

來自山區的河川攜帶大量的泥砂流至盆地或平原後，由於坡度急劇下降，流速銳減，和流路分散等原因，機械搬運力量也隨著降低，於是便在谷口進行沉積，形成以谷口爲頂點，向低處成扇狀分布的堆積地形，稱爲沖積扇（alluvial fan）。沖積扇的頂點，稱爲扇頂（apex），外緣稱爲扇緣（fan toe），表面稱爲扇面（fan surface）。一般而言，扇頂至扇緣之縱剖面呈凹形，但與此垂直方向之橫剖面呈凸形。沖積扇上堆積物自扇頂向邊緣變細，呈環帶狀分布，分選性良好。又因這些堆積物透水性佳，使水流多數滲入地下去，在沖積扇端附近地下水一般很豐富，因取水方便，每成爲聚落所在地。沖積扇形成的營力以水流爲主，與以重力爲主要營力的落石堆或土石流堆積扇有所差別。

2-5 河流泥砂特性

河流泥砂係指在水流中運動或受水流、風力、波浪及重力移動後沉積下來的固體物質碎屑，其中岩石風化產物是泥砂最主要的來源。

2-5-1 泥砂顆粒性質

組成泥砂的個別顆粒，其粒徑分類、大小及形狀等物理特徵，與搬動泥砂顆粒的水流速度、搬動方式、搬動距離等因素相關。

一、泥砂顆粒分類

泥砂顆粒分類常以粒徑的大小爲依據，表2-6列出了麻省理工學院、美國農業部、美國各州公路及交通官員協會、美國工兵署及墾務局等所發展的粒徑分類系統，其中統一土壤分類法（Unified Soil Classification System）是目前比較被接受的分類法（周毅及洪明瑞，1996）。Rosgen及Silvey（1996）匯整河川演變及分類等相關研究成果，建立河川型態分類系統，其中將河床質細分爲六種類型，而末次

表2-6　粒徑分類系統

機構名稱	粒徑（mm）			
	礫石	砂	粉土	黏土
麻省理工學院（MIT）	>2	2～0.06	0.06～0.002	<0.002
美國農業部（USDA）	>2	2～0.05	0.05～0.002	<0.002
美國各州公路及交通官員協會（AASHTO）	76.2～2	2～0.075	0.075～0.002	<0.002
統一土壤分類法（美國工兵署及墾務局及ASTM）	76.2～4.75	4.75～0.075	細粒土壤<0.075（即粉土及黏土）	

資料來源：周毅及洪明瑞，1996

忠司（2010）將河床質劃分為七類，比較類似美國的劃分方式，如表2-7所示。此外，參考汪靜明（1990）以河川生態保育為目的之河床底質分類，如表2-8所示。

總結以上各種分類方式，可以按照粒徑大小而將泥砂顆粒劃分為：粒徑大於64mm之塊卵石（cobbles）、粒徑介於2～64mm之礫石（gravel）、粒徑介於0.062～2mm之砂（sand），以及粒徑小於0.062mm之粉黏土（silt and clay）等四種類別。

表2-7　河床質粒徑分類表

<table>
<tr><th colspan="2" rowspan="2">河床質分類</th><th colspan="3">粒徑（mm）</th></tr>
<tr><th>Rosgen及Silvey</th><th colspan="2">末次忠司</th></tr>
<tr><td>砏土／黏土（silt/clay）</td><td rowspan="6">砂
（sand）</td><td><0.062</td><td rowspan="6"><0.062</td><td rowspan="3">黏土
<0,004</td></tr>
<tr><td>極細砂（very fine）</td><td>0.062～0.125</td></tr>
<tr><td>細砂（fine）</td><td>0.125～0.25</td></tr>
<tr><td>中砂（medium）</td><td>0.25～0.50</td><td rowspan="3">粉土0.004～0.062</td></tr>
<tr><td>粗砂（coarse）</td><td>0.50～1.0</td></tr>
<tr><td>極粗砂（very coarse）</td><td>1.0～2.0</td></tr>
<tr><td>極細礫石（very fine）</td><td rowspan="5">礫石
（gravel）</td><td>2.0～4.0</td><td colspan="2" rowspan="5">2.0～64</td></tr>
<tr><td>細礫石（fine）</td><td>4.0～8.0</td></tr>
<tr><td>中礫石（medium）</td><td>8.0～16.0</td></tr>
<tr><td>粗礫石（coarse）</td><td>16.0～32.0</td></tr>
<tr><td>極粗礫石（very coarse）</td><td>32.0～64.0</td></tr>
<tr><td>小卵石（small）</td><td rowspan="2">卵石
（cobble）</td><td>64.0～128.0</td><td colspan="2" rowspan="2">64～256</td></tr>
<tr><td>大卵石（large）</td><td>128.0～256.0</td></tr>
<tr><td>小漂石（small）</td><td rowspan="3">巨礫、漂石
（boulber）</td><td>256.0～512.0</td><td colspan="2" rowspan="3">>256</td></tr>
<tr><td>中漂石（medium）</td><td>512.0～1024.0</td></tr>
<tr><td>大～極大漂石
（large~very large）</td><td>1024.0～4096.0</td></tr>
<tr><td>岩床（bedrock）</td><td>～</td><td>～</td><td colspan="2">～</td></tr>
</table>

資料來源：Rosgen及Silvey ,1996；末次忠司，2010

表2-8 河床底質分類

底質類型	粒徑範圍（mm）
細沉積砂土（fine sediment, smooth surface）有機物碎屑（organic detritus）黏土（clay）、泥（silt）、砂（sand）	<2.0
礫石（或稱細礫、碎石，gravel）	2.0～16.0
卵石（小礫，pebble）	17.0～64
圓石（中礫，cobble or rubble）	65～256
小漂石（巨礫，small boulder）	257～512
大漂石（超巨礫，large boulder）	>512

資料來原：汪靜明，1990

二、泥砂顆粒幾何特性

(一) 粒徑大小：泥砂顆粒大小通常以直徑表示之。但是泥砂顆粒大至頑石，小至黏粒，其間大小相差何止千百倍。因此，泥砂顆粒大小的計量方法，就不可能固定不變。以下介紹三種主要的方法，包括：

1. 等容粒徑：對於卵石以上的泥砂，一般採直接量測其三軸方向的直徑，再依下列公式推求其平均值，即

$$\overline{D} = \frac{X_D + Y_D + Z_D}{3} \tag{2.19}$$

式中，$\overline{D}$ = 平均粒徑；X_D、Y_D、Z_D = 三個正交方向的直徑。

2. 篩分粒徑：卵石至細砂間的泥砂顆粒，普遍採用篩分析法（sieve analysis method）。篩分析法只能指出泥砂大小是介於上、下兩篩孔之間，亦即只能知道泥砂大小的範圍，而不知其絕對值。因此，通常採用平均值方式表示，包括

代數平均 $$\overline{D} = (D_1 + D_2)/2 \tag{2.20}$$

幾何平均 $$\overline{D} = \sqrt{D_1\ D_2} \tag{2.21}$$

式中，D_1、D_2 = 相鄰兩篩網的孔徑大小。篩分析法所提供的粒徑，既不是泥砂顆粒的最大粒徑，也非最小粒徑，而是介於這兩者之間的中間粒徑。

3. 沉降粒徑：細砂以下〔約0.074mm（200#）以下〕的泥砂顆粒大小可以採用沉降法（settling analysis method）量測。沉降法係量測砂粒在靜止水中的沉降速度，反推與該顆粒比重相同、沉速相等的球體直徑（或稱爲有效粒徑）。

(二) 泥砂顆粒形狀：係指泥砂外觀幾何形態，可以採用下式表示，即

$$SF = \frac{c}{\sqrt{a\,b}} \tag{2.22}$$

式中，SF = 形狀係數（shape factor）；a、b、c = 直交三軸之長軸、中軸及短軸。一般河川泥砂的形狀係數多介於0.3～1.0間，而以0.7者居多。

2-5-2 混合泥砂顆粒性質

泥砂係由不同大小、形狀及礦物質顆粒所組成的混合體，雖然它們並不膠結成一個整體，但是許多有關泥砂的性質及其與水流間的相互作用，卻是因泥砂的集體存在而表現出來。

一、粒徑分布

粒徑分布（particle size distribution）係指不同粒徑範圍內所含泥砂顆粒的個數或質量。河床泥砂顆粒粒徑的分布，一般以粒徑累積曲線（cumulative particle size distribution curve）表示之。當泥砂經過篩分析後，以停留在每一個篩網上之泥砂重量除以泥砂總重量，得到每一篩網孔徑尺寸之泥砂重量百分比，然後由大到小將通過每一篩號的通過百分比累加起來，以泥砂顆粒粒徑爲橫座標，通過百分比爲縱座標，可繪得粒徑與通過百分比間的粒徑累積曲線，其中橫座標以對數座標表示，縱座標以笛卡兒座標表示，統稱爲半對數座標，如圖2-19所示。泥砂顆粒粒徑一般採用mm爲單位，其統計特徵值有代表粒徑及分布特徵值。

(一) 代表粒徑：分別有中值粒徑、平均粒徑及有效粒徑等。

1. 中值粒徑（d_{50}, median diameter）：對應於累加百分率p = 50%之粒徑。一般對應於累加百分率爲p（%）之粒徑，皆以d_p表示之。

2. 平均粒徑（d_m, mean diameter）：

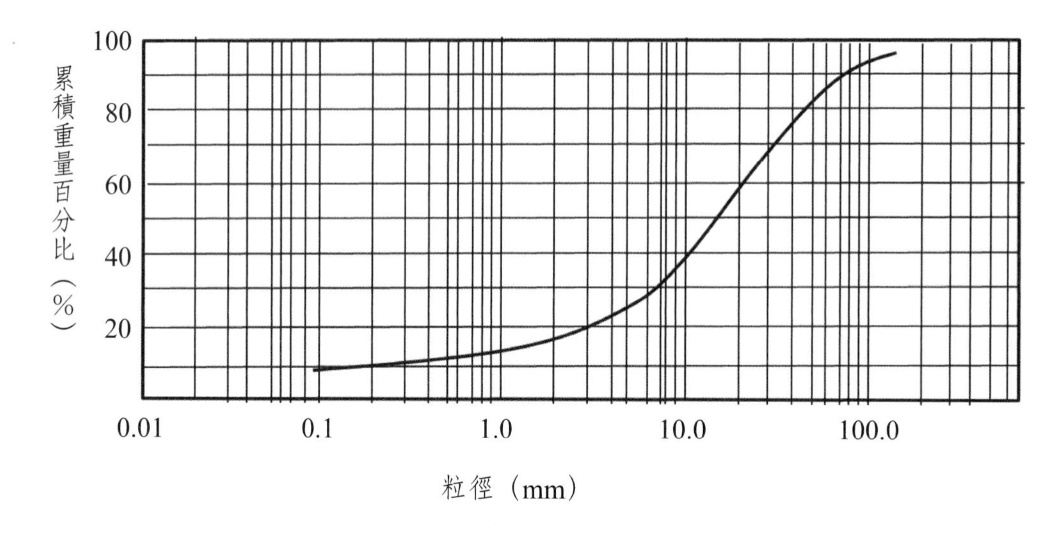

圖2-19 粒徑分布曲線

$$d_m = \sum_{p=0}^{100} d\Delta p / \sum_{p=0}^{100} \Delta p \quad (2.23)$$

式中，Δp = 粒徑爲d所占百分率；d = 兩篩網孔徑之幾何或算術平均粒徑。

3. 有效粒徑（C_g, effective diameter）：對應於累加百分率p = 10%之粒徑。

(二) 分布徵値：用以描述泥砂分布曲線分布特點的特徵，包括：

1. 均等係數（C_u, uniformity coefficient）：

$$C_u = d_{60}/d_{10} \quad (2.24)$$

2. 篩分係數（S_x, sorting coefficient）：

$$S_x = \sqrt{d_{75}/d_{25}} \quad (2.25)$$

由於篩分係數表徵粒徑分布均勻性，它與表達山地河川寬級配粒徑（從黏土顆粒至頑石巨礫的粒徑分布）組成的特徵參數φ之間具有下列關係（張光科，1999）

$$\varphi = 0.5(\log S_x)^{-1} \quad (2.26)$$

據研究，山地河川砂粒組成是不均勻的，泥砂的級配極為寬廣，其φ值一般小於2.0。

3. 曲率係數（C_g, curvature coefficient）：或稱粒度係數

$$C_g = \frac{(d_{30})^2}{d_{60}\, d_{10}} \tag{2.27}$$

4. 標準偏差（σ_ϕ, standard deviation）：

$$\sigma_\phi = \sqrt{d_{84}/d_{16}} \tag{2.28}$$

二、安息角

泥砂顆粒被傾倒於水平面上堆積為丘，堆積物的表面與水平面所形成角度，稱為安息角或休止角（angle of repose）。有關安息角的相關試驗研究很多，惟其結果卻有很大的出入，主要是試驗所用的方法及泥砂材料存在一些變異。不過，對於無黏性泥砂顆粒粒徑與安息角之關係，可參考圖2-20決定之。（吳建民，1991）

三、泥砂顆粒各項參數

混合泥砂顆粒包含泥砂、水及空氣等三相，如圖2-21所示。圖中，W = 泥砂顆粒總重量（= $W_a + W_w + W_s$；W_s = 泥砂重量；W_w = 孔隙中水重量；W_a = 孔隙中空氣重量，$W_a \approx 0$）；V = 泥砂顆粒總體積（= $V_a + V_w + V_s$；V_s = 泥砂體積；V_w = 孔隙中水體積；V_a = 孔隙中空氣體積）。由泥砂、水體及空氣等三相的體積與重量，可分別定義以下各項參數，包括：

1. 孔隙比（void ratio）：孔隙體積與固體體積之比，即

$$e = \frac{V_v}{V_s} \tag{2.29}$$

式中，V_v = 孔隙體積。

2. 孔隙率（porosity）：孔隙體積與總體積之比，即

$$n = \frac{V_v}{V} \tag{2.30}$$

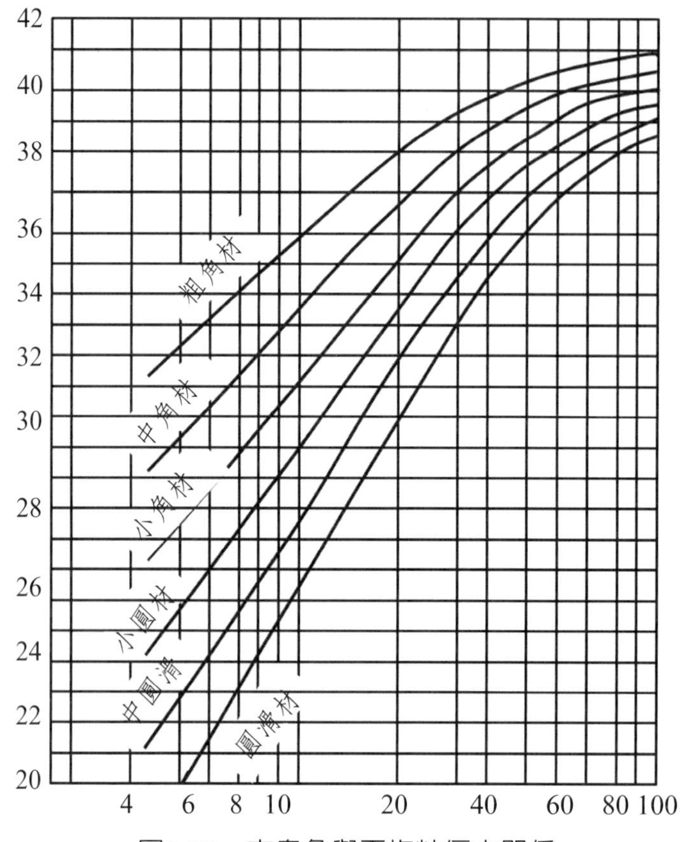

圖2-20　安息角與平均粒徑之關係

資料來源：吳建民，1991

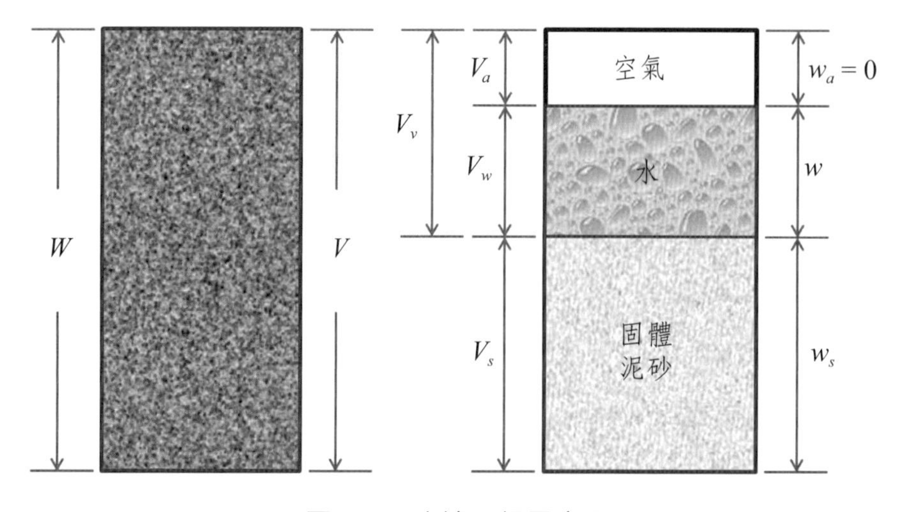

圖2-21　土壤三相示意圖

孔隙比與孔隙率關係可表爲

$$n = \frac{e}{1+e} \tag{2.31}$$

3. 飽和度（degree of saturation）：水體積與孔隙體積之比

$$S = \frac{V_w}{V_v} \tag{2.32}$$

飽和泥砂之飽和度$S = 100\%$。

4. 含水量（water content）：已知土壤體積之水體重與固體重之比，即

$$M_c = \frac{W_w}{W_s} \tag{2.33}$$

5. 單位重（unit weight）：單位體積之重量，即

$$\gamma = \frac{W}{V} \tag{2.34}$$

上式爲濕單位重，與土壤顆粒重、含水量及總體積間之關係，可表爲

$$\gamma_m = \frac{W}{V} = \frac{W_s + W_w}{V} = \frac{W_s + \omega W_s}{V} = \frac{(1+\omega)W_s}{V} \tag{2.35}$$

濕單位重與孔隙率之關係，可表爲

$$\gamma_m = \gamma_w + (\gamma_s - \gamma_w)(1 - n) \tag{2.36}$$

式中，γ_s = 固體單位重（$= G_s\gamma_w$）；G_s = 比重（specific weight）；γ_w = 水之單位重。乾單位重（dry unit weight）可表爲

$$\gamma_d = \frac{W_s}{V} \tag{2.37}$$

由式（2.35）及（2.36）可得

$$\gamma_d = \frac{\gamma_m}{1+\omega} \tag{2.38}$$

四、沉降速度

假設泥砂顆粒爲一孤立的球體，在靜止水中作等速沉降運動時，球體顆粒沉降

速度（fall velocity）可表爲（吳建民，1991）

$$\omega_o = [\frac{4}{3}\frac{g\,d}{C_D}(\frac{\gamma_s - \gamma_w}{\gamma_w})]^{1/2} \qquad (2.39)$$

中，ω_o = 沉降速度；d = 球體顆粒直徑；C_D = 阻力係數，與雷諾數相關。根據Stokes（1851），當雷諾數$Re = \omega_o d/v < 0.1$時，

$$C_D = \frac{24}{Re} \qquad (2.40)$$

式中，Re = 雷諾數；v = 運動黏滯性係數。其他如Oseen（1927）及Goldstein（1929）在Stokes的基礎上進一步分析分別導出了

$$C_D = \frac{24}{Re}(1 + \frac{3}{16}Re) \quad Re < 0.1 \qquad (2.41)$$

$$C_D = \frac{24}{Re}(1 + \frac{3}{16}Re - \frac{19}{1280}Re^2 + \frac{71}{204080}Re^3 + ... \quad Re \le 2.0 \qquad (2.42)$$

Schiller和Naumann（1933）針對球狀顆粒，提出適用於雷諾數小於800的經驗公式爲

$$C_D = \frac{24}{Re}\left(1 + 0.150\,Re^{0.687}\right) \qquad (2.43)$$

而Olson & Wright（1990）認爲在雷諾數小於100的情形，球狀顆粒之阻力係數可表示爲

$$C_D = \frac{24}{Re}\left(1 + \frac{3}{16}Re\right)^{1/2} \qquad (2.44)$$

2-5-3 挾砂水流基本特性

挾砂水流之基本特性，以含砂量及黏滯性係數爲主。

一、含砂量表示方法

含砂量係指挾砂水流中含有的泥砂量多寡，通常有三種表達方式，即

(一) 體積百分比（C_d）：泥砂體積與總體積之比，即

$$C_d = \frac{V_s}{V} \qquad (2.45)$$

式中，$C_d = 1 - n$，n = 孔隙率。

(二) 重量百分比（C_w）：泥砂重量與總重量之比，即

$$C_w = \frac{W_s}{W} \qquad (2.46)$$

(三) 混合百分比（C_m）：泥砂重量與總體積之比，即

$$C_m = \frac{W_s}{V} \qquad (2.47)$$

挾砂水流單位重與含砂量存在以下關係，即

$$\gamma_m = \gamma_w + \gamma_s - \gamma_w)C_d = \gamma_w + (1 - \gamma_w/\gamma_s)C_m \qquad (2.48)$$

三種不同泥砂含量表達方式之間具有以下關係

$$C_m = \gamma_m C_d \qquad (2.49)$$

$$C_w = \frac{\gamma_s C_d}{\gamma_w + (\gamma_s - \gamma_w) C_d} = \frac{C_m}{\gamma_w + (1 - \gamma_w / \gamma_s) C_m} \qquad (2.50)$$

二、黏滯性係數

水流中含有泥砂之後，會使得整個混合體的黏滯性係數提高。當固體泥砂含量所占比例很小時，混合體的黏滯性增加並不顯著，Einstein（1941）在假定固體是無黏性的球體顆粒，且粒徑均勻一致，固體體積占混合體的比例很低（$< 10\%$），即固體顆粒之間的距離很大，顆粒之間無相互影響的條件下，其相對黏滯性係數可表

$$\mu_r = 1 + 2.5 C_d \qquad (2.51)$$

式中，μ_r = 挾砂水流黏滯性係數與純液體同溫度黏滯性係數之比。如固體顆粒仍爲均勻無黏性的球體，只是含量提高，此時任一顆粒的存在都會影響到附近的其他顆粒，即顆粒之間開始有力的作用和傳遞，故上式必須加以修正。通常採用下列公式

作爲高濃度條件下的修正公式。即

$$\mu_r = 1 + k_1 C_d + k_2 C_d^2 + k_3 C_d^3 \qquad (2.52)$$

式中，k_1、k_2、k_3皆爲常數，其中$k_1 = 2.5$；$k_2 = 14.4$（Wan & Wang, 1994）。Tomas（1965）提出

$$\mu_r = 1 + 2.5C_d + 10.05C_d^2 + 0.00273\exp(16.6C_d) \qquad (2.53)$$

不過，當水中泥砂顆粒較細，且其含砂量使水流具有塑性流的性質時，相對黏滯性係數可表爲（錢寧、萬惠民，1958）

$$\mu_r = (1 + 2.5C_d)^{-2.5} \qquad (2.54)$$

式中，k = 待定係數隨含砂水流的物理化學性質而異，介於2.4～4.9之間。

2-6 山地河川與平原河川之異同

山地河川（mountain river）係指位於河川上游集水區內之自然溪谷，具有坡陡流急、多岩塊巨礫等基本特點，因多位處上游集水區，或謂野溪（torrent）（農業委員會，2016）。山地河川的形成一方面與地殼構造運動相關，一方面也受到水流在由構造運動（tectonics）所形成的原始地形上不斷侵蝕有關。雖然兩者都進行得極爲緩慢，但山地河川就是受水流不斷縱向切割和橫向拓寬而逐步發展形成的。

由於臺灣地區約有2/3土地位於山坡地的範圍，也就是說多數河川上游屬於廣義的山地河川範圍，使得山地河川水砂輸移及產砂規律對於中、下游平原河川的水砂災害規模具有一定程度的影響和重要性。

相較於平地河川，位處河川上游集水區的野溪或山地河川在平面形態上亦具有順直、辮狀及蜿蜒等基本河型；同時，在縱、橫向斷面形態上因水流作用而也都有不同程度的變化。但是，山地河川和平原河川在河床演變上是存在著一些差異。錢寧等（1989）研究指出，山地河川異於平原河川的幾項特點，包括：

一、山地河川位於地形陡峭地區，而平原河川位於地形較爲平坦地區。在河床高程變動的總體趨勢來看，前者係以沖刷下切爲主，後者則以淤積抬升爲主。

二、除了局部河段及土石流潛勢溪流外，山地河川河床變形幅度小於平原河川河床，其變形速度也慢得很多。

三、山地河川邊界受岩性及構造影響較大，內動力（如火山、地震等）過程在塑造河流地貌上留下較明顯的痕跡。

四、深切河谷較爲發育，高灘地一般不很常見，支流匯入處皆有沖積扇，急流深潭或河幅寬窄沿程相間；由於河床形態極不規則，也較平原河川多元複雜，常有水潭（pool）、緩流（slow run）、急流（rapids）、岸邊緩流（slack）、迴流（backwater）等多元流況出現。

五、除深切河谷外，受到陡坡水流直進特性之影響，河流總的走向偏屬順直型發展，彎曲係數（河流長度與河谷長度之比）多小於1.3。

儘管存在著若干差異，但總的來說這些差異多數是來自河床坡度和地質之懸殊性。長谷川和義（1990）認爲，山地河川與平原河川之河床坡度分界約爲1/20，而福原隆一（1992）則以河床坡度1/50作爲分界。水土保持局（2013）於氣候變遷下之野溪特性與河川界點探討中，進行平原河川與山地河川（野溪）差異性的比較，如表2-9所示。表中，山地河川河床坡約在1/50～1/25以上，河寬約在50m～100m以上，寬深比約大於20，床砂組成則以小砂礫爲主。

在流量歷線峰值的分布上，山地河川也與平原河川存在很大的差異。洪峰流量的陡漲猛落是山地河川重要的水文特徵，如圖2-22爲於相同流量條件下山地河川及平原河川流量歷線型態上之差異。山地河川集水區，由於坡度陡、河槽比降大，匯流速度快，集水區對降雨的調蓄作用極爲微弱，流量歷線呈陡漲陡落的鋸齒形趨勢，變幅甚大，但其持續時間一般都不是很長。一般丘陵及平原河川集水區的坡度、河槽比降適中，匯流速度較大，集水區對降雨具有一定的調蓄作用，表現在流量歷線上的漲勢和落水都比山區集水區要緩和一些，上漲時間也延遲。對於平原型集水區，其坡度和河槽的比降都比較緩，匯流時間長，集水區和河槽對水流的調蓄作用較大。表現在流量歷線上，漲水段和落水段都比較緩，洪峰值降低，上漲時間延遲，匯流時間增長。

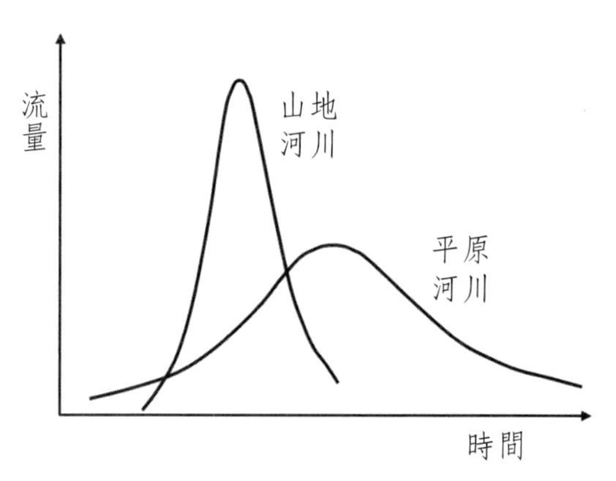

圖2-22　山地河川與平原河川流量歷線示意圖

表2-9　臺灣河川與野溪差異性比較表

項目	野溪（山地河川）	平原河川
坡度	較陡：1/50～1/25以上	較緩：1/50～1/25以下
床砂顆粒	較大：30至40公分以上	較小：30至40公分以下
河寬	較小：50至100公尺以下	較大：50至100公尺以上
寬深比	較小：10以下	較大：10以上
流速	流速較大	流速較小
河谷類型	偏向V型河谷	偏向U型河谷
河川級序	以j級河川為例，多數為第1級、第2級等初級河	第j級、第j-1級、部分第j-2級河
集水區面積	第2級河集水區面積約在5000公頃以下	第2級河集水區面積約在5000公頃以上

資料來源：農業委員會水土保持局，2013

雖然從定性角度區分山地和平原河川已有比較統一的認知，惟因各國在地形及水文環境上的不同，使在定量區分上卻仍存在一些差異。從土砂運移及肇災類型的總體趨勢來看，山地河川位於地形陡峭地區，在水流作用過程係以侵蝕產砂爲主，其肇災方式多屬水砂災害，而平原河川位於地形較爲平坦的下游地區，自山區攜出的土砂沿程落淤，抬升河床，且造成流路的不穩定，加上集水面積和水流流量均大的情況下，其肇災方式則以洪水災害爲主要。因此，河川肇災方式隱含了河床坡度、流量及床砂組成等因子的多種組合，而與河川斷面和集水面積等具體條件直接相關，可為山地河川和平原河川分界提供理論的依據。

參考文獻

1. 王鑫，1998，臺灣的地形景觀，渡假出版社有限公司。
2. 李光敦，2005，水文學，五南圖書出版公司。
3. 吳健民，1991，泥沙運移學，中國土木水利工程學會。
4. 汪靜明，1990，河川魚類棲地生態調查之基本原則與技術，森林溪流淡水魚保育訓練班論文集，臺灣省農林廳林務局，臺北市。
5. 沈哲偉、羅文俊、蕭震洋，2013，莫拉克颱風災區土石流發生因子之特性～以地形因子、降雨強度及崩塌率進行探討，農業工程學報，59(1)：26～48。
6. 周毅、洪明瑞，1996，大地工程原理（中譯本），高立圖書有限公司（原著：Das B. M.）
7. 易任、王如意，1982，應用水文學上冊，國立編譯館出版。
8. 胡春宏，2005，黃河水沙過程變異及河道的複雜響應，科學出版社。
9. 黃乃安，1994，工程地質學，水利電力出版社。
10. 張光科，1999，山區河流若干特性研究，四川聯合大學學報（工程科學版），3(1)：11～19。
11. 農業委員會，2016，水土保持技術規範。
12. 農業委員會水土保持局，2013，氣候變遷下之野溪特性與河川界點探討。
13. 賴柏溶，2012，以測高曲線探討台灣主要河川集水區演育情況，國立交通大學土木工程學系碩士論文。
14. 錢寧、萬惠民，1958，渾水的黏性及流型，泥沙研究，3(3)：52～57。
15. 錢寧、張仁、周志德，1989，河床演變學，科學出版社。
16. 經濟部水利署，2007，水利工程技術規範-河川治理篇（草案）上冊。
17. 經濟部中央地質調查所，2015，臺灣地質知識服務網地質百科，經濟部中央地質調查所全球資訊網。
18. 末次忠司，2010，河川技術，鹿島出版社。

19.長谷川和義，1990，山地河川の形態と流わ。

20.福原隆一，1992，山地渓流の形状に関する研究，京都大学農学部卒業論文，48p。

21.Davis, W. M., 1899, The geographical cycle. Geography Journal 14: 481-504.

22.Einstein, H. A., 1941, The viscosity of highly concentrated underflow and its influence on mixing, Trans., Amer. Geophys. Union, 22: 597-603.

23.Goldstein, S., 1929, The steady flow of viscous fluid past a fixed spherical obstacle at small reynolds Number, Proceedings of the Royal Society of London, Series A, 123: 225-235.

24.Horton, 1945, Erosional development of streams and their drainage basins; hydrophysical approach to quantitative morphology, Geol. Soc. America Bull., 275-370.

25.Howard, A.D. , 1967, Drainage analysis in geologic interpretation: a summation. Bulletin of American Association of Petroleum Geology., 51: 2246-59. [Some basic drainage patterns were described and related to geological conditions.]

26.Kunzig, R. ,1989, Wandering river, Discover, 10(1): 69-71.

27.Lane, E. W., 1957, A study of the shape of channels formed by natural streams flowing in erodible material, Missouri River Division Sediment Series No. 9, U.S. Army Engineering Division Missouri River, Corps of Engineers, Omaha, Nebraska.

28.Olson, R. M. & Wright, S. J., 1990, Essentials of engineering fluid mechanics, 5th Edition, Harper & Row Publishers, New York, 421-430.

29.Oseen, C. W., 1927, Neuere Methoden and Ergebnisse in der Hydrodynamik, Akademische Verlag, Leipzig.

30.Rosgen, D. L. & Silvey, H. L., 1996, Applied river morphology, Pagosa Springs, CO: Wildland Hydrology Books. 10Whiting, P. J., & Brad.

31.Schiller, L., & A. Naumann, 1933, Uber die grundlegenden Berechnungen bei der Schwerkraftaufbereitung, Z. VDI, 77.

32.Strahler, A. N., 1952, Hypsometric (area-altitude) analy sis of erosional topography, Bid. Geol. Soc. Anetn 63: 1117-1142.

33.Tomas, D. G., 1965, Transport characteristics of suspensions, Part VIII, A Note on the Viscosity of Newtonian Suspensions of Uniform Spherical Particle, J. Colloid Sci., 20, 267.

34.Wan, Z. & Wang, Z., 1994, Hyperconcentration flow, Institute of Water Conservancy and Hydroelectric Power Research, Beijing, People’s Republic of China.

第3章 水文觀測與分析

集水區土砂運移的關鍵外營力，除了地震之外，降雨所形成的直接逕流為其主要動力來源。在整個降雨逕流過程中，由於水流作用力在不同區位進行著各種水力侵蝕行為，甚至引發崩塌、土石流、河道沖淤等土砂災害問題。因此，建構集水區降雨與逕流關係，實為解析集水區水砂變化規律的重要基石。

3-1 降雨逕流過程

從降雨至形成下游出口斷面流量的整個過程，稱為降雨逕流過程（rainfall-runoff process），它包含兩個重要的階段，一是降雨在集水區坡面產生逕流的過程，此現象稱為產流階段（runoff yield stage）；另一是坡面上的直接逕流（含地表逕流及中間流），通過不同介質界面或經過坡面調蓄，依時序匯入水系而形成下游出口斷面的總流量，此過程稱為集流階段（converge stage），如圖3-1所示。實際上，降雨形成逕流過程是集水區對降雨的一次再分配過程。

降雨在集水區的產流是形成下游出口斷面流量的重要組成部分。產流現象及其過程隨集水區地形、土壤、植被、土地利用以及流域氣候和降雨特性等情況而定，相當複雜。在一般情況下，降雨開始時，雨水落到不同的地面，接著通過多種的途徑，部分蒸發返回大氣，部分遭植物截留，部分滲透到地下，也有部分填補地面的窪地；當降雨持續，地面開始出現一層薄薄的地表逕流（runoff），並往下流向地面的溝槽。阻礙降雨形成逕流的過程有三種，分別為截留（interception）、窪蓄（depression storage）和入滲（infiltration）等，這些過程對地表逕流的形成是一種損失，如圖3-1所示。截留係指被植物或其他物體攔截而無法到達地面的水，最後皆以蒸發方式返回大氣；窪蓄係指集水區上無數大小不等的窪地（大到湖泊沼澤，小到土壤小坑）中保持的水分，窪地中的水在降雨期間雖處於動態更替之中，但總有一定的蓄水量無法流出，最終消耗於蒸發和入滲，這部分水對於逕流而言，是一種損失；穿過地表進入土壤的水分稱爲入滲，它可能是一種降雨損失，但也可能成爲逕流的一部分，端視地面條件而定；當滲入土壤的水，通過龜裂縫、樹根洞、蟲穴等大孔隙迅速滲透到某個相對不透水層上，形成臨時飽和層，並沿地表傾斜方向的土層流動進入河道，成爲中間流（interflow）或地表下逕流（subsurface runoff），並與地表逕流成爲河道水流的主要來源；不過，入滲較深的雨水成爲土中水分而貯蓄之，剩餘者繼續往下滲漏（percolation），成爲降雨逕流損失。

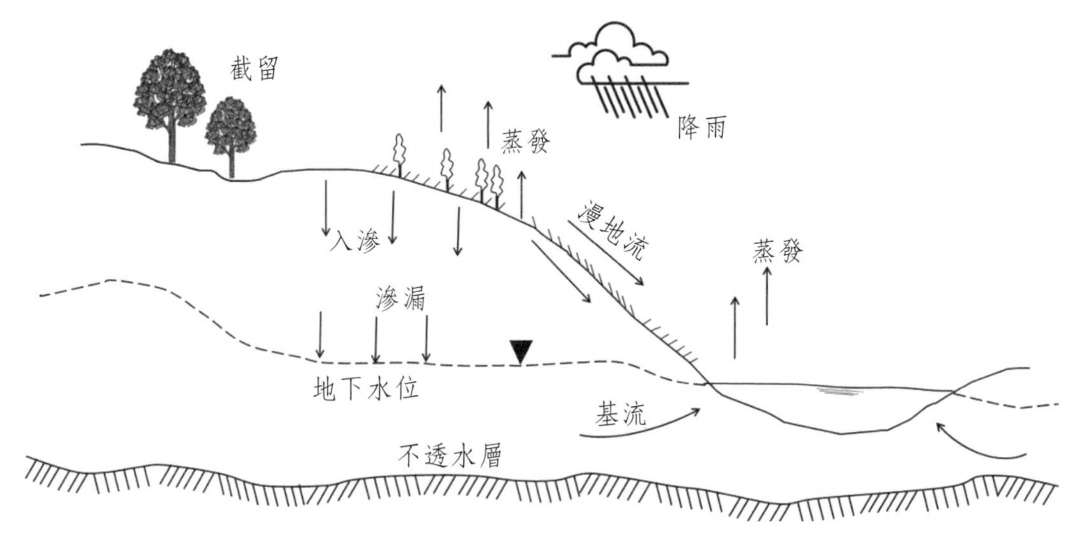

圖3-1 降雨逕流過程示意圖

當雨水扣除損失之後的有效降雨，在坡面上產生地面逕流及中間流，再通過不同介質界面，或經過坡面調蓄，分時段匯入水系而形成水系總入流，是爲坡地集流過程。某一時段的水系總入流，在經過水系調蓄，從上游往下游，從支流向主流匯集到集水區出口後流出，這種在水系內匯流過程稱爲水系集流。顯然，水系在集流過程中，沿程不斷有坡面漫地流和地下水流匯入；對於比較大的集水區，水系集流時間長，調蓄能力大，所以在降雨和坡面漫地流終止後，它們產生的洪水還會持續一段時間。

一次降雨過程，經過植物截留、地面窪蓄、入滲蒸發等損失後，進入水系的水量自然比降雨總量少，而且經坡地和水系集流再分配作用，使出口斷面的逕流過程遠比降雨過程變化緩慢，歷時增長，時間滯後，如圖3-2清楚顯示了這種關係。

3-2 水文觀測與分析

水文觀測（hydrologic observation）係指採集分析與水體有關數據的一項工作。與降雨逕流有關的水文觀測項目，主要包含降水量、蒸發量、入滲量、水位、流量及泥砂量等，而本節則側重與土砂災害問題相關之降雨量、水位、流速、流量、泥砂量及河床沖刷深度等項目。

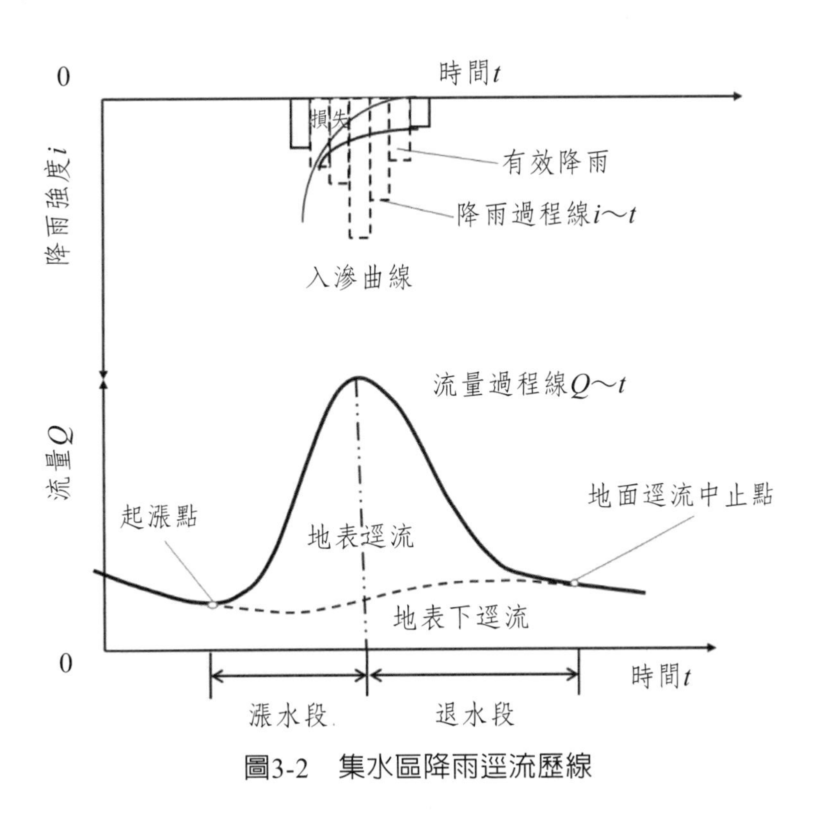

圖3-2　集水區降雨逕流歷線

3-2-1 降雨觀測與分析

水分以各種形式從大氣降落到地面，稱之為降水（precipitation）。降水主要的形式有雨、雪、霧、雹、霰、霜、露等。降水的形成主要是由於地面暖濕氣團在各種因素的影響下迅速升上高空，由於高空氣壓減低，體積膨脹，使氣團在上升過程中產生動冷卻（dynamic cooling），當溫度降到露點以下時，氣團中的水汽便凝結成水滴或冰晶，形成雲層，雲中的水滴冰晶隨著水汽不斷凝結而增多，同時還隨著氣流而運動，相互碰撞而增大，直到它們的重量不能爲上升氣流浮托時，在重力作用下降落形成降水。顯然，源源不斷的水汽輸入是降水形成的構成要件，氣流上升產生動冷卻則是形成降水的必要條件。依引起低處暖濕氣流上升的原因，常將降水區分爲地形雨（orographic rain）、對流雨（convectional rain）及氣旋雨（cyclconic rain）等三種類型，不同類型的降雨過程對逕流形成和大小皆各有其特點。

一、降雨觀測（rainfall observation）

降雨的計量係以降落在地面上的水體深度表示，常以mm爲單位。降雨觀測方式可以概分爲普通雨量計觀測、雷達降水觀測及氣象衛星降雨估計等。

(一) 普通雨量計觀測：在雨量站、氣象站或水文站等地面觀測站點，用於測量雨量的儀器，稱爲雨量計，包括非自記及自記雨量計（hyetometrograph）兩種類型，前者係由一個圓筒形容器和一根有刻度的量尺組成，而後者是以傾斗式爲主。本型自記雨量計之量測係通過內部一組不等高之承雨斗承接定量之雨水後，自行下降傾倒並觸發訊號，依觸發次數及時間間距，可以計算降雨量及其與時間之關係。通常雨量計多採用精度1.0mm傾斗，上部圓形開口200mm，20mm以下雨量量測精度±0.5mm以內，20mm以上雨量量測精度±3%以內。

雖然降雨觀測非常簡單，但實際上它存在嚴重的系統誤差。標準雨量站中雨量計常置於一定地面高度以上，來防止雨滴的擊濺或人爲干擾；但由於測量儀器的存在，卻成爲風速場中的一個障礙。當風在經過雨量筒上方的時候就有尾漩渦發展，漩渦會將直徑較小的雨滴帶走，從而減少了進入雨量筒的雨量。因此，測得的雨量值和實際的雨量值之間的差異，會隨著風速的增加而提高，以及雨量計距地面高度增加而增加。根據不同情況，降雨量的誤差可能在2～10%之間。

(二) 雷達降水觀測（rainfall radar observation）：雷達降水觀測技術在全球的應用已十分廣泛，近年來都卜勒雷達技術的發展大大提高了降水測量精度，可以達到5分鐘的時間分辨率和1～10,000km^{2}的空間分辨率。雷達遙

測定量降水估計係依雷達回波率與降雨率之間的經驗關係進行估算，即

$$R = a\ Z^b \tag{3.1}$$

式中，R = 降雨率；Z = 雷達回波率；a、b = 待定係數，由實測資料率定。儘管雷達觀測還存在一些技術和精度問題，但由於雷達降雨觀測具有實時直接測出降雨的空間分布，以及跟蹤暴雨時、空分布特點等優勢，它仍是未來降雨觀測技術的發展方向之一。

(三) 衛星影像估計（satellite images estimate）：衛星影像觀測可用於大尺度的水文氣象觀測方式。早期利用衛星影像進行降雨研究，係以可見光（IR，Infrared）及紅外線頻道（VIS，Visible）建立雲頂溫度與地面降雨的經驗關係，但是這種關係並不直接可靠，往往隨著季節和地域變化而改變；此外，可見光頻道受限於只能白天使用，且可見光與紅外線頻道僅能觀測到雲頂資訊，與降雨量之相關性較低。近年衛星儀器製作愈來愈精細，加上微波具有可穿透雲層觀測到雲層下之降雨情況，目前已有許多研究使用紅外線觀測與微波觀測的相對優勢來聯合估計地面降水量。

(四) 定量降雨估計與分類技術（Quantitative Precipitation Estimation and Segregation Using Multiple Sensors；QPESUMS）：自2002年起，由中央氣象局、美國劇烈風暴實驗室（NOAA/NSSL，National Severe Storms Laboratory）、經濟部水利署及行政院農業委員會水土保持局共同開發建置，整合多重觀測資料（包含雷達、雨量站與閃電等），並結合地理資訊系統（GIS，Geographic Information System），以加強對於颱風、梅雨、午後對流等災害性天氣的即時性觀測能力。本系統重要發展基礎來自雷達觀測資料，但雷達觀測仍有許多問題需解決，例如回波反演關係式（Z～R）的求取與統計特性分析、地形與地面雜波的處理、地形阻擋下適當回波資料之選取等，必需經過雷達資料品質控管解決問題。

二、降雨過程的時間變化

雖然雨量計屬於點的量測設備，惟因其量測值可以代表廣域之雨量變化（空間一致性假設），使得降雨量觀測值及其時間過程和趨勢，對山坡地土砂災害預測及分析上具有無可取代之地位。一般從雨量計觀測的雨量時間資料，主要是以降雨強

度及累積雨量爲主。

(一) 降雨強度（rainfall intensity）：將時段降雨量除以其時段長，可得單位時間的平均降雨量，稱爲降雨強度，常以mm/hr計。以降雨強度爲縱座標時間爲橫座標可繪出一場降雨的降雨強度歷線或組體圖，如圖3-3所示。

(二) 累積雨量（cumulative rainfall）：係指一定時間內累計的雨量值，可由降雨強度歷線按時程累加而得，如圖3-3所示。圖中，累積雨量歷線的斜率即爲相應的降雨強度。一般演算時通常以10分鐘、1小時、3小時、6小時、12小時、24小時雨量及日累積雨量等爲主。

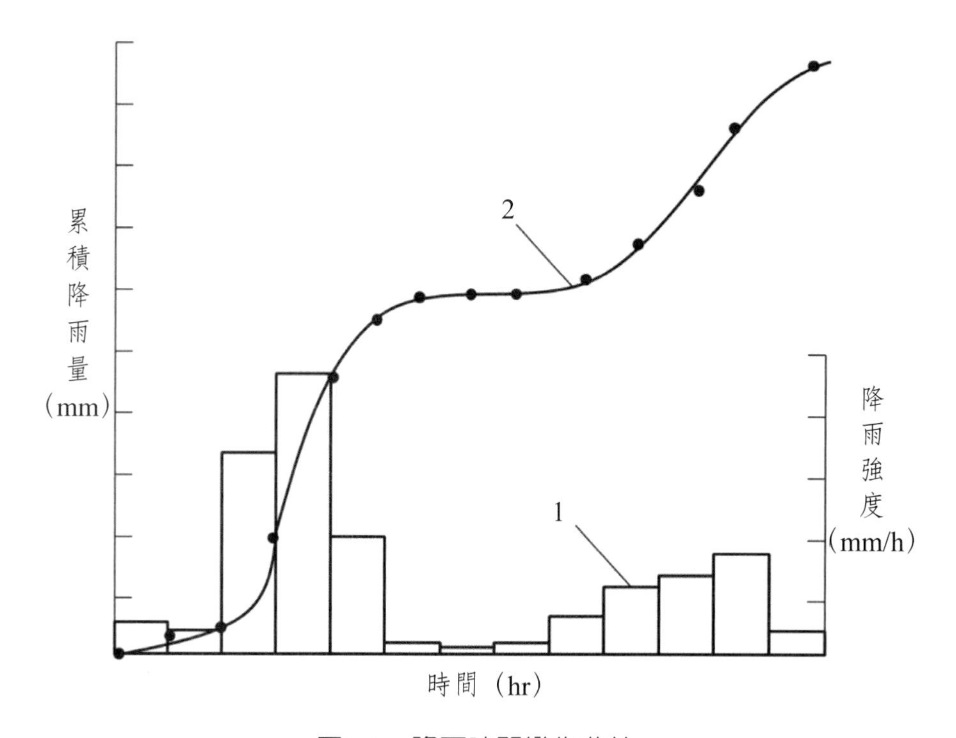

圖3-3　降雨時間變化曲線

三、雨量記錄可靠度分析

考量雨量站位置因人爲之疏忽或觀測方法之不適當，皆可能導致雨量記錄之誤差，因而在使用雨量資料分析水文問題之初，爲檢討雨量站記錄之可靠性及一致性，通常採用雙累積曲線法（double mass curve）進行檢討，藉以修正雨量記錄。

雙累積曲線法係假設在同一集水區或同一水文氣象條件下，降雨中心所及範圍內，相鄰數雨量站應在相同機率下接收雨量，亦即其中一站接收到降雨時，其餘各站亦同時接收到降雨。這樣，將此相鄰數雨量站視爲具有相同降雨環境的群組，任一雨量站的年平均雨量與各站年平均雨量應具有相同的變化趨勢，如圖3-4爲雙累積曲線圖。圖中，縱座標爲某雨量站歷年年雨量累積值，而橫座標爲與該雨量站同一群組歷年各站平均年雨量的累積值（通常均自最近年代反時序累積），倘若曲線斜率固定不變，表示雨量記錄可靠性高；惟當曲線斜率改變而產生折點時，表示在此點前後之雨量觀測可能存在誤差。

因雨量資料誤差導致斜率不一致，故必須予以修正，使之成爲同一斜率之直線。修正方法係將相關比值改變之年雨量乘以修正係數，即$(Y_2 - Y_1)/(Y'_2 - Y_1)$，如圖3-4所示。

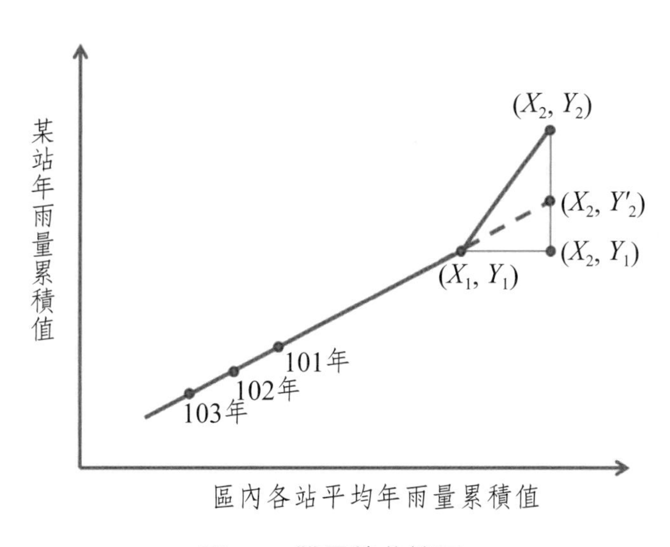

圖3-4　雙累積曲線圖

四、雨量記錄補遺

雨量記錄向爲重要的水文分析資料之一，其完整性是不容忽視的。造成雨量紀錄的不完整或遺漏，主要的原因包括：(1)人爲因素遺失記錄或因事故未能讀取當時雨量記錄，(2)雨量計機件故障。因此，當發生雨量記錄遺漏時，必須設法將此遺失的雨量記錄，由附近雨量記錄較完整之各雨量站，以分析方法塡補回來。

較常用雨量記錄補遺方法有內插法（interpolation method）、標準比例法

（normal ratio method）及迴歸法等。如圖3-5爲某集水區內設有A、B、C及X等四雨量站，其中A、B、C爲雨量記錄完整之雨量站，假設已知各站之年平均雨量分別N_A、N_B、N_C及N_X，且某次暴雨P_A、P_B、P_C皆已知，惟P_X遺失。

(一) 內插法：如N_A-N_X、N_B-N_X、N_C-N_X皆不超過N_X之10%者，則可以直接採用內插法推估X站某次暴雨所遺失之雨量記錄，即

$$P_X=\frac{1}{3}(P_A+P_B+P_C) \tag{3.2}$$

式中，P = 補遺站之補遺雨量。

(二) 標準比例法：如N_A-N_X、N_B-N_X、N_C-N_X任何一組差數超過N_X之10%者，則必須採用標準比例法，即

$$\frac{P_X}{N_X}=\frac{1}{N}\sum_{n=1}^{n}(\frac{P_n}{N_n}) \tag{3.3}$$

式中，N_X = 補遺站有記錄年間之平均雨量；P_n = 補遺站擬補遺其間之相鄰測站雨量；n = 相鄰測站數；N_n = 相鄰各測站有記錄期間之平均雨量。標準比例法不僅可以補遺年雨量記錄，亦可補遺月、旬、日等短期記錄，惟其準確性隨補遺資料時間的縮短而降低，故使用本方進行補遺時應注意：

1. 所選鄰近測站須連續不斷有十年以上的雨量記錄者爲佳，且不得少於五年，補遺站最少應有三年以上記錄。
2. 有關雨量站的雨量記錄宜先鑑定與比較，或用雙累積取線法分析其可靠性。
3. 各鄰近雨量站的環境、觀測設備與方法、觀測時間與維護狀況等愈相似，計算平均雨量之年數久，其補遺所得結果愈準確。
4. 歷年平均值應盡量用對應年份（即補擬遺站之有記錄年份）之雨量來計算。
5. 避免採用山區雨量站資料，補遺平地雨量站之雨量記錄。
6. 向風面雨量站不可補遺背風面雨量站之雨量記錄。

(三) 迴歸法：迴歸法係將補遺站（X站）與一處相鄰測站（Y站）之相同時間（年、月、旬、日等）雨量逐年點繪於直角座標上，依其分布繪出迴歸曲線，即可求得補遺站所缺漏之雨量記錄，如圖3-6所示。本法係根據同年

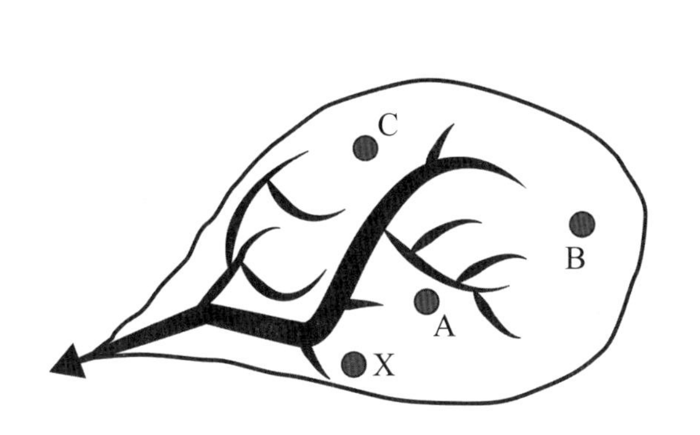

圖3-5　集水區雨量站分布示意圖

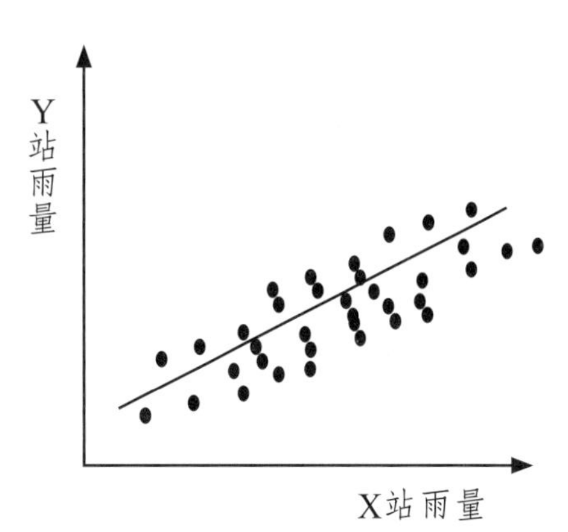

圖3-6 迴歸法補遺雨量記錄

相同期間之雨量記錄繪製迴歸曲線，如補遺站之觀測資料太少即無法採用，故補遺站至少要有四年以上之雨量記錄。此外，鄰近地區如有其他雨量站可資參考時，亦可分別繪製各迴歸線求出補遺值，並加以平均或選出相關性較佳之鄰近測站，由該站進行補遺。

五、集水區平均雨量

降雨量分析的目的是掌握降雨在時間與空間尺度上的分布與變化特徵，從而爲洪水預報、旱情預報、水資源評價等提供降雨資訊。由於雨量站觀測到的降雨量僅代表其周圍小面積內的降雨量，故稱爲點降雨量。在集水區尺度上進行各種水文分析時，皆須應用集水區平均雨量進行相關的演算，也就是面平均雨量（mean precipitation over an area），這可由集水區內各個點降雨量應用以下四種方法推估其平均雨量，力求貼近實際的降雨狀況。

(一) 算術平均法（arithmetical-mean method）：係將集水區內各雨量站記錄累加再以其站數除之。表爲方程式可寫爲

$$\overline{P}=\frac{1}{N}\sum_{i=1}^{N}P_i \tag{3.4}$$

式中，$\overline{P}$ = 集水區平均雨量（mm）；P_i = 第i雨量站之平均雨量；N = 雨量站數。此方法之優點爲快速，適用於地形平坦，雨量變化小之區域。因未考慮雨量站控制範圍、地形變化及雨量站海拔高度等因素，準確性較差。

(二) 徐昇氏多邊形法（Thiessen polygons method）：係考量各雨量站雨量觀測的有效範圍（或控制範圍）不同，而將各雨量站所控制的範圍進行面積加權，如圖3-7所示，可表爲

$$\overline{P}=\sum_{i=1}^{N}P_i\frac{A_i}{A} \tag{3.5}$$

式中，A_i = 第i個雨量站所控制的面積；A = 總面積。其計算方法係將N雨量站連接，構成多個三角形，再畫出每一個三角形三邊之垂直平分線，三條垂直平分線必交於一點，即三角形之外心。連接各三角形之外心，即可形成n個多邊形網（polygons networks），每個多邊形網內必涵括一個雨量站，而多邊形網面積即爲該雨量站所控制之面積。徐昇多邊形法精確度較平均法爲佳，惟其仍未考慮地形之變化，且少有彈性，如其中一站遷動，整個多邊形網即得重新繪製，有拔一髮而動全身之缺點。

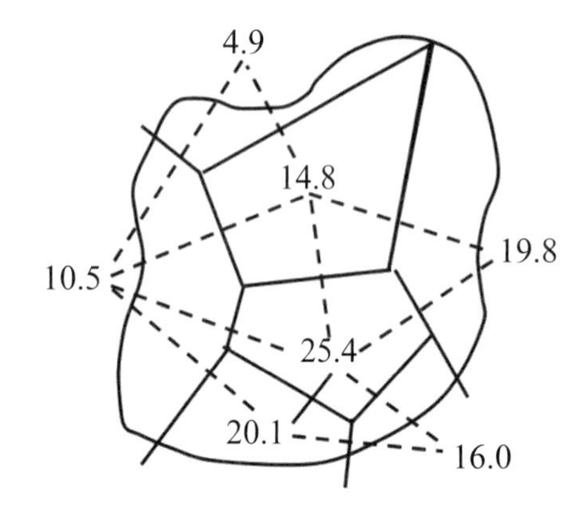

觀測降雨量（P_i）	面積權重（A_i/A）	P_iA_i/A
14.8	0.29	4.3
19.5	0.16	3.1
4.9	0.07	0.3
10.5	0.19	2.0
25.4	0.15	3.8
20.1	0.12	2.4
16.0	0.02	0.3
		$\overline{P}$ = 16.2mm

圖3-7 平均雨量計算示意圖

(三) 高度平衡多邊形法（height-balance polygons method）：本法多用於地勢崎嶇、山嶺險阻之區域，各雨量站不但經過加權分配，且加以高程之修正。該法爲先標明各雨量站之標高，然後連接相鄰兩站，取其標高中點處不一定爲該點兩站連接線之中點。接著，連接各標高中點成甚多個三角形，在做各三角形之內角等分線，交於各三角形之內心，連接各內心可圍住一雨量站，此面積即爲雨量站所控制之面積。其計算與徐昇多邊形法相同。此法之優點爲考慮雨量站之標高及所控制之面積，適合地形崎嶇多變

之地區，惟其應用手續繁瑣費時。

(四) 等雨量線法（isohyetal method）：為求集水區平均雨量最精確之方法，如圖3-8所示。該法係將不同等雨量線（isohyets）所圍成之面積A，由求積儀（planimeter）測出，然後乘上該兩等雨量線之平均值，最後累加其總和，再以面積除之；以公式表示可寫為

$$\bar{P} = \sum_{i=1}^{N}[(P_{i-1} + P_i)\ A_i / 2] / \sum_{i=1}^{N} A_i \tag{3.6}$$

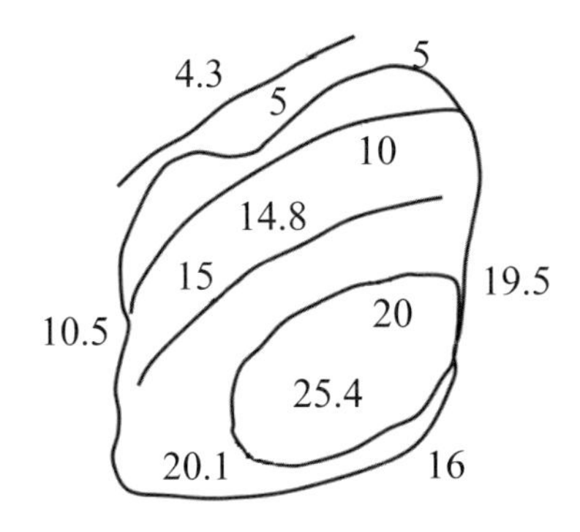

觀測降雨量 (P_i)	面積權重 (A_i / A)	平均雨量 ($\bar{P}$)	$P_i A_i / A$
> 20	0.3	22.7	6.8
10	0.58	15.0	8.7
5.0	0.12	7.5	0.9
			$\bar{P}$ = 16.4mm

圖3-8　等雨量線平均雨量法

上述各種推算方法在實際設計中的應用都頗為廣泛，並沒有明確的使用標準。客觀分析和地理統計學（geostatistics）研究提出了一種更客觀的插值方法，稱為最優線性無偏估計法（the best linear unbiased estimator），或克利金法（Kriging method）。這是一種取權重的過程，在降雨波動的空間結構的基礎上，以及誤差估計的基礎上，決定權重的取值。由於複雜的山地地形影響，使降雨的空間分布變得極為複雜，難以準確掌握，將地形效應與客觀分析相結合已成為研究降雨空間分布的趨勢之一。

3-2-2 河川水位觀測

河川水位（water stage）係指河川某定點自由水面與已知基準面比較之相對高度。其中，基準面有兩類：一為絕對基準面，一般皆以海平面作為絕對基準面；另一種為暫定基準面，指為計算水位或高程而暫時設定的基準面，常以河床或位於河

床以下一定距離處作為暫定基準面，如以固定河床（rigid riverbed）作為暫定基準面，則相對於水面高程可得水體深度（depth）。

水位站常設置在河道順直、斷面比較規則、水流穩定、無分流、橫流和無亂石阻礙的河段；同時為使水位與流量關係穩定，宜避開回水、上下游築壩、引水等因素的影響。

水位測定可採用人為間斷測讀的水尺（water gauge）或由自記水位計施測。水尺是傳統的直接觀測儀器，其水位值為水尺上的讀數加水尺零點高程。自記水位計能夠記錄水位的連續變化，具有連續、精確、節省人力等優點，同時應用無線傳輸方式（如3G、衛星、無線電等）可以將水位變化即時回傳。依水位量測原理，自記水位計可以概分為浮筒式、電極觸針式、壓力式、超音波式、雷達波式等類型，它們皆能即時反應水面漲落變化的量測儀器。其中，浮筒式或壓力式設置之靜水塔，易受底部淤積泥砂而影響水位施測；超音波式較易受溫度與水面狀況等環境因素影響，且資料穩定性較其他方式量測差。近年來，水位觀測較常採用雷達波式水位計。茲分述如下：

一、浮筒式水位計

浮筒式水位計（float-type water stage gauge）發展至今已有百年歷史，主要是利用機械原理，因水面升降會使浮筒產生變動，再透過引線與配重砝碼，帶動轉輪進行水位紀錄。但會受到浮筒與井壁摩擦所形成之遲滯現象影響，而使量測數據出現誤差。

二、電極觸針式水位計

由Grant（1978）研製而成的電極觸針式水位計（electrode stylus type water stage gauge），其觀測原理為當電極觸針接觸到水面時，會使設備呈現導電的狀態，因此測定出水面的位置。本型水位計多用於水井水位之判讀，因電極觸針針頭之特性，可用於較小管徑之水位測量。本型水位計主要以馬達牽引自動記錄水位變化，但因馬達具有延遲之問題。因此，在短時間內，水位若變動過大之區域，則不建議採用此水位計（陳家榮，2012）。

三、壓力式水位計

壓力式水位計（pressure-type water stage gauge）屬於間接量測儀器，主要是利用感應器感應水位升降產生的壓力變化，將訊號轉換成水位高度，並且透過纜線回傳資料，如圖3-9所示。早期壓力式水位計因壓力感測元件及電子訊號轉換技術不佳等因素，儀器誤差量甚大。近年來則隨著電子科技的進步，已可將壓力轉換成電子信號，再透過有線或無線的傳輸方式將觀測資料回傳，並記錄儲存於後端平台。由於感測元件之改進、電子訊號轉換效能提升、設備與電腦系統聯結等優勢之下，壓力式水位計量測精度大幅提升而被廣泛使用。但是，感測元件易受水溫以及密度影響量測精度，因此必須建立量測參數進行定期檢校修正（陳家榮，2012）。

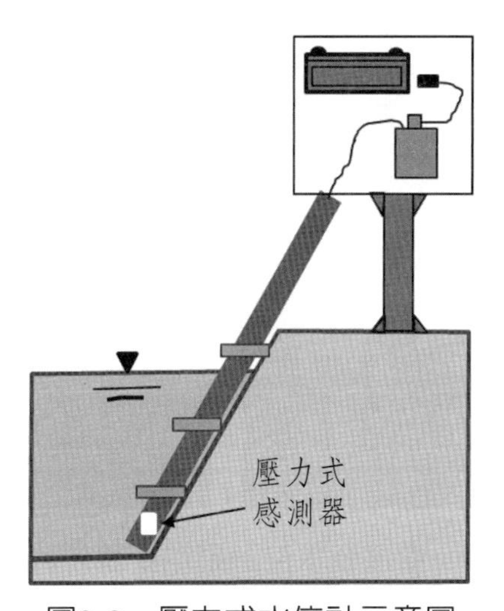

圖3-9　壓力式水位計示意圖

資料來源：蔡宗旻，2004

四、超音波式水位計

超音波式水位計（ultrasonic-type water stage gauge）在水上某一固定位置裝設超音波發射探頭，向下發射超音波，由於水和空氣的密度、波速差異甚大，使超音波遇到水面後立即反射，再透過聲波接收探頭接收來自水面的反射波，可得超音波探頭至水面間的距離爲$y = vt / 2$（t = 超音波自探頭發射至接收到反射波的時間；v = 超音波於空氣中的速度）。這樣，當已知超音波探頭高程爲y_o，則水面水位為（$y_o - y$）。蔡宗旻（2004）認為超音波式水位計對溫度過於敏感，導致量測結果誤差甚大，因而發展出改良式超音波水位計量測法，但在自動化監測上，對於資料異常處理仍須人為判讀修正。

五、雷達波式水位計

雷達波式水位計（radar-type water stage gauge）向水面發射高頻雷達波，其頻率位於9.55GHz和10.55GHz之間，並透過天線接收水面的反射波，藉此量測水面的距離，其量測原理超音波水位計類似。雷達波式水位計有不易受外在環境濕度、溫度、粉塵等，影響準確性之優點，但儀器價格昂貴且構造精密，若雷達波發射器發生故障，其修復不易（陳家榮，2012），如照片3-1為雷達波水位站外觀。

照片3-1　雷達波水位計現地安裝外觀示意圖

六、各類型自記式水位計比較分析

總結上述各類型自記水位計之優缺點及其適用性，如表3-1所示。表中，雷達波水位計除了價格昂貴外，其相關性能及適用性皆明顯優於其他類型。

表3-1　各類型自記式水位計比較一覽表

儀器名稱	量測型式	優點	缺點	適用性
浮筒式	接觸式	1. 精確度高 2. 可於水位塔鋼管設置水尺，做為現場水位校檢 3. 故障率較低	1. 易受淤砂與洪水破壞 2. 水位變動劇烈時，易使鋼索脫落而中斷觀測	1. 機械式 2. 量測範圍約3～20m 3. 需固定於不易移動的水位塔上
電極觸針式	接觸式	1. 結構簡單 2. 易維修	水位若變動過大之區域量測較不準確	大多用於水井水位判讀，且電極觸針之特性，適用於較小管徑之測量
壓力式	間接量測	1. 可抗酸性腐蝕 2. 靈敏度高 3. 穩定性好 4. 可佈置多測點	1. 用於水工模型可能會出現負壓 2. 受水面高度、溫度、鹽度、大氣壓及淤積泥砂的影響，需作水溫及氣壓校正	1. 量測範圍約200m 2. 可用於海水環境
超音波式	非接觸式	可隨河床水流變化，移動探頭位置	觀測結果易受環境的干擾	1. 量測範圍約11m 2. 需要較大的電力
雷達波式	非接觸式	1. 精確度高 2. 較不受溫度、風與水氣影響	成本高，不易維護	量測範圍約30m

資料來源：1. 楊富堤，2009；2. 蔡宗旻，2004。

3-2-3 水流流速觀測

流速係指水流單位時間所運行的距離，其測定方式包括浮標法、旋杯式流速儀、聲波都卜勒流速儀等。茲簡述如下。

一、浮標法

浮標法（float method）可分爲1.表面浮標、2.雙浮標，及3.浮桿浮標等三種，如圖3-10所示。浮標法使用方便，製作簡單，且取材也容易，但僅能測到表面流速。在洪水流速尚可使用流速儀時，通過浮標與流速儀的相互配合，經重覆施測之後，可求出該測站浮標之修正係數，往後就可用以計算全深平均流速之依據。

日本依不同形式之浮標訂定其適用之水深與修正係數，如表3-2所示。美國墾務局（USBR）Water Measurement Manual中提及關於明渠流的量測方法，表示表面浮標浸沒深度須小於1/4水深，而浮桿浮標浸沒深度須大於1/4水深，其中表面浮標之修正係數，如表3-3所示。

表3-2　日本現行各類標準浮標修正係數

標準浮標種類	適用水深（m）	標準浮標修正係數
水面浮標	≤0.7	0.85
0.5m浮標	0.7～1.3	0.88
1.0m浮標	1.3～2.6	0.91
2.0m浮標	2.6～5.2	0.94
4.0m浮標	≥5.2	0.94

資料來源：經濟部水利署（2010）

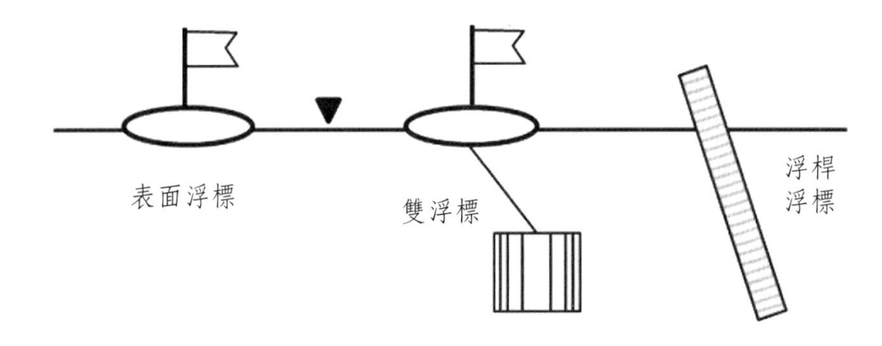

圖3-10　浮標種類示意圖

資料來源：經濟部水利署（2010）

表3-3　美國墾務局表面浮標修正係數

平均水深（*ft*）	修正係數
1	0.66
2	0.68
3	0.70
4	0.72
5	0.74
6	0.76
9	0.77
12	0.78
15	0.79
> 20	0.80

source：Bureau of Reclamation, 2001

二、旋杯式流速儀

旋杯式流速儀（cup-type current meter）利用旋杯受水流沖擊形成角動量產生對承軸的旋轉，藉以量測水流流速。旋杯轉速可由計速器測出，與流速間具有一函數關係；流速愈大，旋杯轉速也愈快。此函數經過校正後可用來將量測所得之轉速轉換爲流速。本型流速儀較常採用者爲普萊氏（Price）流速儀，它主要是由旋杯、機軸、接觸器及尾翼所組成，如照片3-2所示。透過圓錐型杯在流水中旋轉，轉動一回與轉動五回以電接發信高音，再以聽筒計算其脈動，並以碼表測定施測時間，依據檢定驗證之係數所示計算式得出流速。普萊氏流速儀具有輕而堅固與靈敏耐用等特點，其觀測範圍介於0.30～4.00m/s之間，精確度甚高，量測誤差小於2%。

三、聲波都卜勒流速剖面儀

聲波都卜勒流速剖面儀（Acoustic Doppler Current Profiler, ADCP；如照片3-3所示）係利用都卜勒效應量測水流流速，主要是透過聲納發射器（transmitter）發出一固定頻率的波源，當波源和觀察者間有相對運動時，觀察者所接收波的頻率和

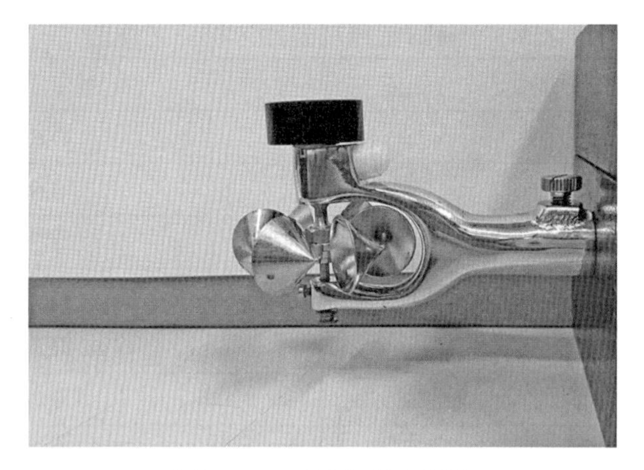

照片3-2　普萊氏流速儀

資料來源：經濟部水利署，2010

照片3-3　聲波都卜勒流速剖面儀（ADCP）

波源頻率會產生變化。對逐漸接近之相對運動，觀察者所接收波之頻率變高，波長變短；對逐漸遠離之相對運動，觀察者所接收波之頻率變低，波長變長。依此原理，ADCP由其發射器向水中發出固定頻率之波源，此波源被水流挾帶的懸浮固體顆粒反射至接收器。假設懸浮顆粒運移速度與水流流速一致時，反射聲波與原發射聲波頻率之差值，即可轉換爲水流流速。

ADCP的優點可在同一時間量測同一軸上之剖面流速，並減少野外量測時間與人員操作誤差，其所測得之流速資料則儲存於數值紀錄器或電腦上，利於電腦的流速資料庫之建立。

3-2-4 河川流量計算

河川流量（flowrate）是水文觀測中最重要的環節，係指單位時間通過河流某斷面之水體積，其單位常以m^3/s（或cms）計，可表爲

$$Q = AV \qquad (3.7)$$

式中，Q = 流量；V = 斷面平均流速；A = 過水斷面面積。流量測定方法頗多，對於流量較小的滲流或實驗室小型渠槽，可以採用直接量測法（direct measure method）；它是由一已知容積的容器承接水流，記錄其經過時間，由容器中水的容量除以時間，即爲該時間內的平均流量；對於較大流量的河川，常以測定流速來推估水流流量，如面積流速積分法、中斷面法等。

一、面積流速積分法

面積流速積分法（velocity-area method）爲流量測定方法中最精確方式之一。

(一) 在已知過水斷面上布置數條垂直測線，如圖3-11所示。於各垂線上依不同水深施測其對應流速，依據測線上流速值繪製斷面等流速曲線圖，如圖3-12所示。在圖下方以縱軸表示流速，橫軸表示等流速曲線所包圍之面積，此面積總和即爲該斷面之流量。

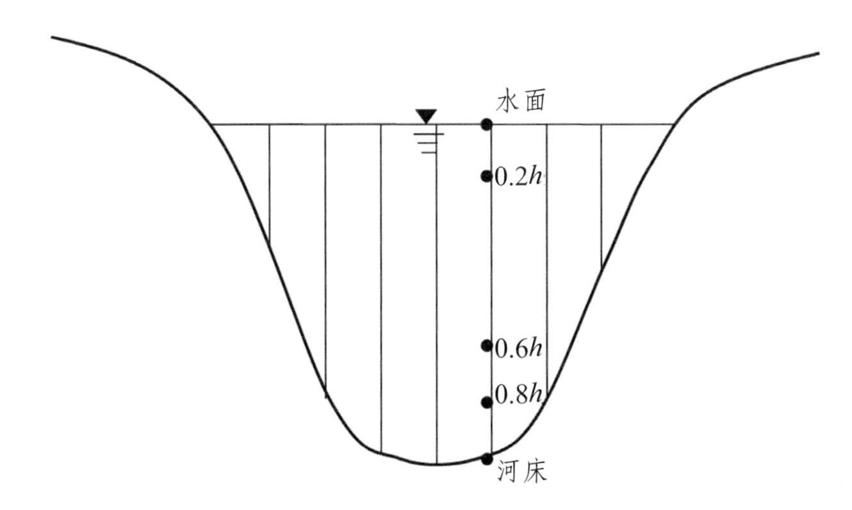

圖3-11　斷面垂線及測速點布設示意圖

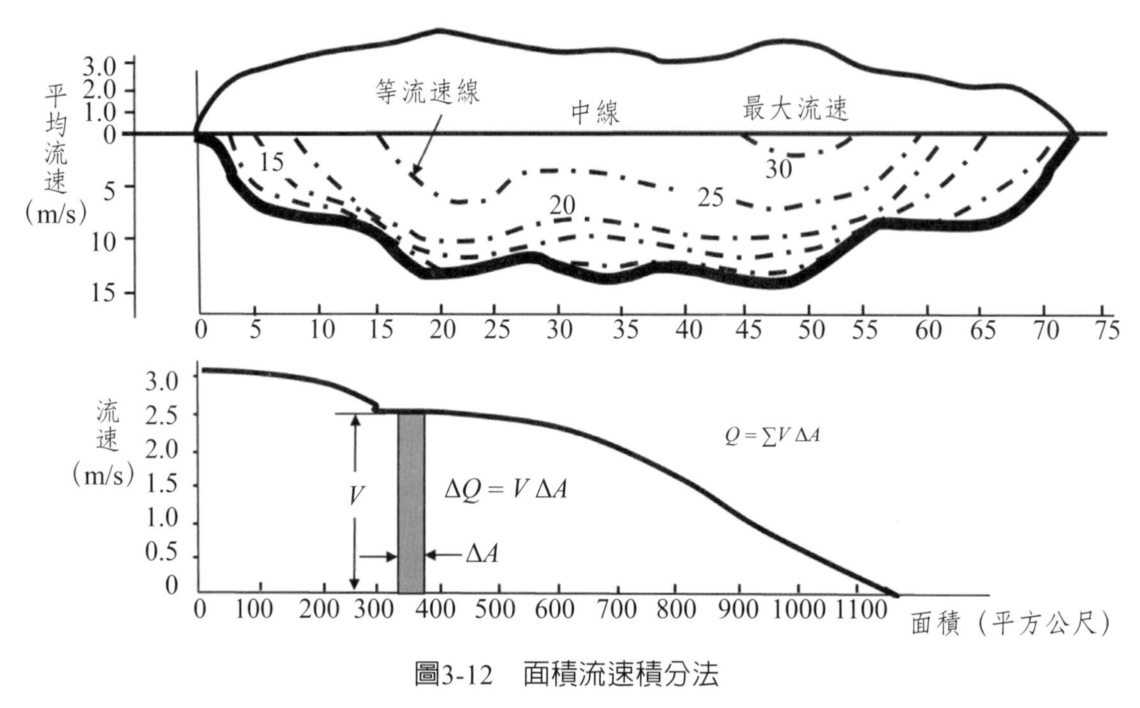

圖3-12　面積流速積分法

資料來源：王如意、易任，1982

(二) 垂線上，依不同深度選定測速點，常分爲一點法、二點法及三點法，如表3-4所示。表中，爲適合不同水深的測速點布設方式以及相應的垂線平均流速的計算公式。

表3-4　垂線測速點布設及其平均流速計算

方法	距水面位置	適合水深	垂線平均流速計算式
一點法	0.6h	< 1.5m	$V_a = V_{0.6}$
二點法	0.2h、0.8h	1.5～2.0m	$V_a = 0.5(V_{0.2} + V_{0.8})$
三點法	0.2h、0.6h、0.8h	2.0～3.0m	$V_a = 0.25(V_{0.2} + 2V_{0.6} + V_{0.8})$ 或$V_a = (V_{0.2} + 2V_{0.6} + V_{0.8})$

註：h = 垂線水深。

二、中斷面法

中斷面法（mid-section method）係將已知不規則之天然河川劃分爲若干斷面，如圖3-13所示。測量各斷面寬度及左、右兩側之水深，可得過水斷面某一部分的面積可表爲

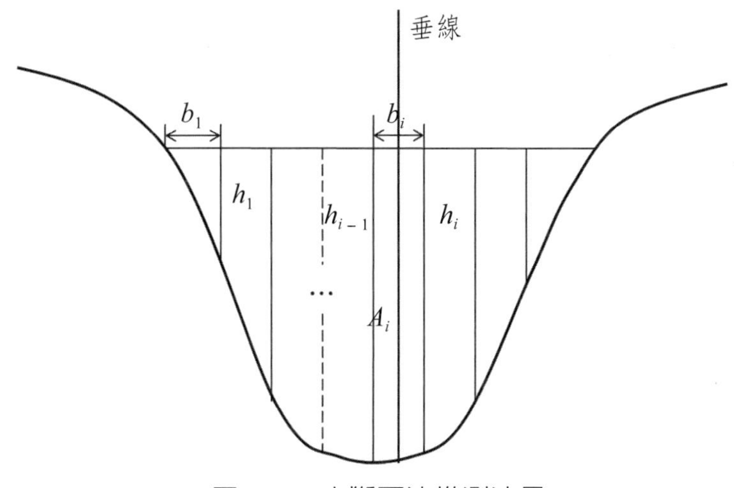

圖3-13　中斷面法推測流量

$$A_i = \frac{1}{2} b_i (h_{i-1} + h_i) \qquad (3.8)$$

再施測位於$b_i / 2$處各垂線上之平均流速（參見表3-3），則可得該斷面流量為

$$Q = A_1 V_1 + A_2 V_2 + \cdots\cdots = \sum_{i=1} A_i V_i \qquad (3.9)$$

使用中斷面法之優點為迅速，缺點為精密度較差。

此外，亦有應用水流通過河工構造物的特性推估計算水流流量。例如，當水流以亞臨界流接近防砂壩時，由於水面驟然跌降而轉為超臨界流，其間必然通過一臨界流斷面（瓶頸斷面，choke）；假設該臨界流斷面位於防砂壩壩頂，則於壩頂處設置水位計測定其對應水位或水深，即可依下式推估其水流單寬流量

$$Q = \sqrt{g\, b^2\, h_c^3} \qquad (3.10)$$

式中，b = 防砂壩壩頂寬度；h_c = 臨界水深（實測水深）。

3-2-5 泥砂觀測

根據2-3-3節，河流泥砂運動方式可以概分為懸浮載及推移載，其中懸浮載又包含了坡面土壤侵蝕而來的沖洗載。因此，傳統河流泥砂觀測主要以懸浮載及推移載為對象，但是受到泥砂沿著剖面的分布特性，以及觀測設備的限制，通常需要分別採用不同的觀測設備進行採樣分析。

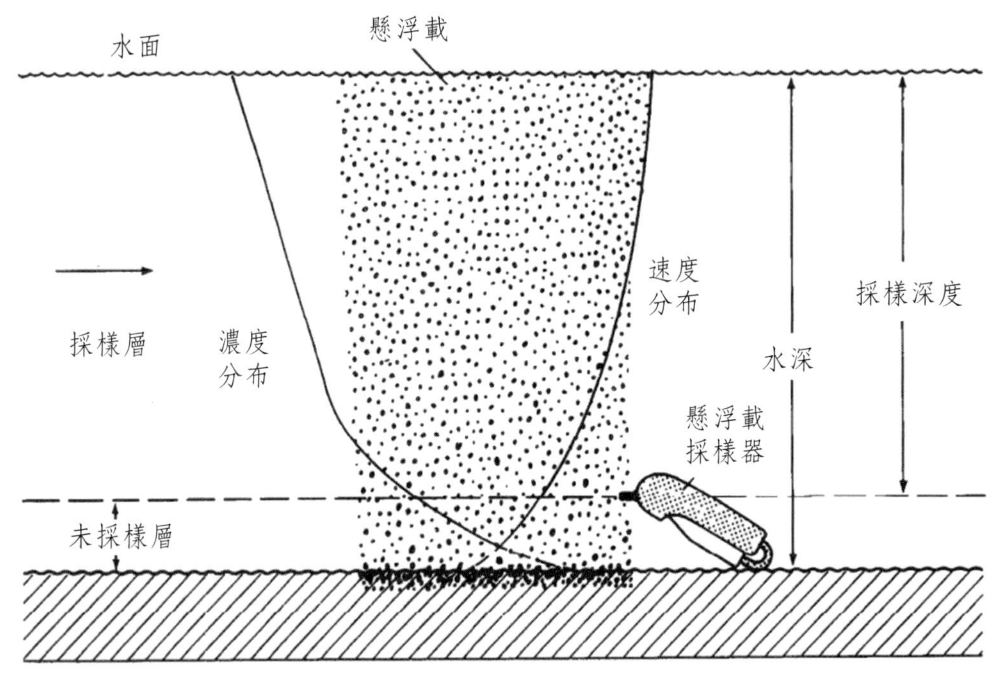

圖3-14 推移載與懸浮載採樣區示意圖

Source：Edward and Glysson, 1999

一、懸浮載觀測

懸浮載係指懸浮於水體中隨水流往下游輸運之泥砂。懸浮載濃度自水面往底床增大，其變化可利用特別設計之採樣器，沿著垂線直接採取垂線上具有代表性之懸浮載樣品，如圖3-14所示。美國地質調查所（U.S. Geological Survey, USGS）。USGS基此需要發展出點採樣法（point integrating sampling）與全深採樣法（depth integrating sampling），如表3-5所列爲USGS懸浮載（全深與點）及床砂質採樣器各型號、操作方式、重量、河底無法量測距離及理論最大可採樣深度等資訊。

USGS懸浮載採樣器以空殼鉛魚裝載採樣瓶，前部設有突出之鼻管，以供挾砂水流流入採樣瓶，上部則有供排氣之出口，如照片3-4所示。採樣器有調壓管與鼻管相連，以壓縮容器內空氣使與周遭靜水壓力維持平衡，使挾砂水流保持原流速與含砂濃度通過鼻管流入採樣瓶。採樣器利用鉛魚重量與流線型尾翼來降低對流場之干擾及維持鼻管與流線平行。採樣器沉入水中後，挾砂水流將自鼻管流入容器；容器中之空氣則逐漸被排出而爲挾砂水流所取代。

全深取樣器（depth integrating sampler）設計用於量測全垂線水深直接取樣，於垂降及抬升過程中連續取樣，以取得代表此垂直位置之綜合性代表水樣，但無法反映濃度隨深度之分布，如照片3-4所示。

表3-5　USGS懸浮載採樣器規格特性及適用範圍

採樣器型號	操作方式	重量(lb)	鼻管離河床高度（mm）	最大水深(m)	最大流速(m/s)	備註
DH-48	Wading rod	4.5	6.35	2.74	2.71	全深取樣
DH-59	handline	22	4.76	4.57	1.52	全深取樣
D-49	Cable reel	50	0.40	15	6.6	全深取樣
D-74	Cable reel	62	0.33	15	6.6	全深取樣
D-96	Cable reel	132	0.33	39～110	6.6	全深取樣
P-72	Cable reel	41	0.40	50.9	6.6	點取樣
P-61	Cable reel	105	0.35	120	6.6	點取樣
P-63	Cable reel	200	0.50	120	5.3	點取樣

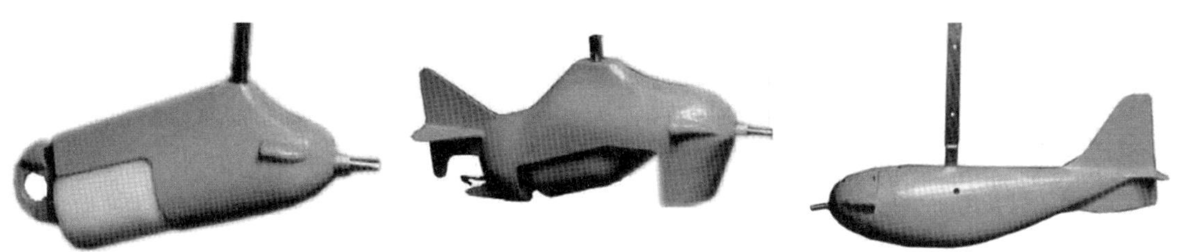

(a)US DH-48　(b)US DH-59　(c)US DH-49

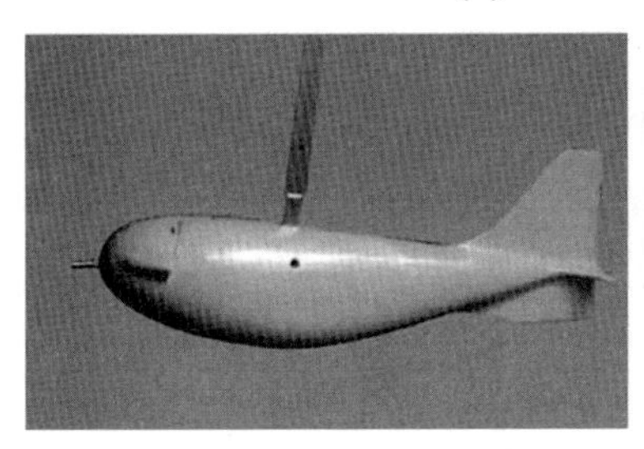

(d)US D-74　(e)US D-96

照片3-4　USGS懸浮載全深採樣器

Source：Edward and Glysson, 1999

點取樣器（point integrating sampler）設計用於量測全垂線水深直接取樣，垂降至特定深度後，由纜繩或採電動方式將採樣瓶瓶口開啓一段預定時間或至充滿取樣瓶，以取得此特定深度之代表性水樣，如照片3-5所示。與懸浮載全深採樣器相比，點採樣器較具彈性，設計亦較爲多樣性，其可用於採取由水面至水底僅數公分之間，代表某深度平均濃度的水體樣品，採樣深度一般較全深採樣器爲深。

(a)US P-61-A1

(b)US P-63

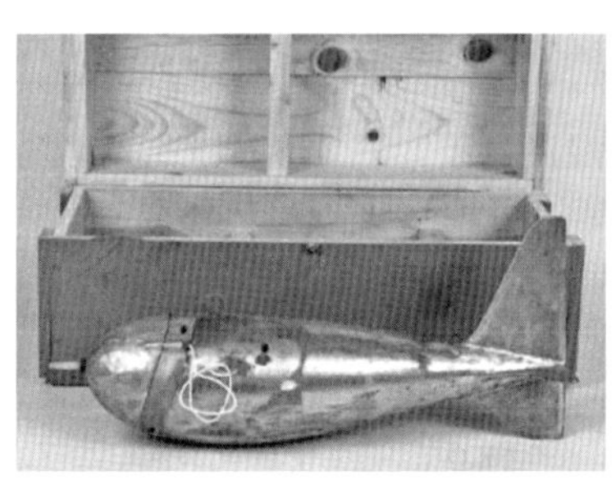
(c)US P-72

照片3-5　USGS懸浮載點採樣器

Source：Edward and Glysson, 1999

其他直接取樣法，如自動抽水式採樣器、泵浦式採樣器等，利用抽水設備直接抽取含砂水流進行垂線全深採樣或點採樣，然而由於抽水取樣過程，無可避免對流場造成擾動，故此類方法量測之準確性較差。

除了前述直接採樣方法之外，尚有一些間接量測法。直接量測法不論取樣瓶法或自動抽水式採樣器、泵浦式採樣器等，受限於取樣後之分析作業，皆不易自動化，除了耗費時間與人力成本外，試體可能因採樣時擾動而失去代表性，致使無法確定量測之準確度。此外，人工取樣的方法，須另進行分析作業，無法立即獲得試驗結果，亦即無法即時反應洪水、颱風時的現地狀況。（程運達，2009）

間接量測法係利用聲波、雷射、gamma或X-rays核子輻射、可見光或紅外線及光譜分析之光學原理等物理性質與含砂濃度之間的關聯性，據以間接推估泥砂濃度。這些間接物理量的量測技術，部分已相當成熟且已商業化。但是，因屬間接量測水中泥砂濃度，可能受到泥砂粒徑組成、礦物成分、溫度、流速等其他因子影響，故必須針對觀測標的進行率定，才能有效推估觀測的泥砂濃度。

目前較容易取得商業化含砂濃度自動化觀測設備之技術原理，主要有光學、音波、雷射等三大類；此外，近幾年國內外仍持續進行相關的研究發展，有核能法、差壓式、電容式及時域反射法（TDR），有關懸浮載泥砂濃度間接量測技術之比較，如表3-6所示。

表3-6　懸浮載量測技術比較表

技術方法	操作原理	優點	缺點
聲波（acoustic）	利用反射聲波決定粒徑分布及濃度。	於寬廣之垂向範圍具良好之空間與時間解析、非侵入式。	反射訊號與泥砂參數之關係不易解讀、高濃度時訊號衰減量大。
採樣瓶（bottle sampling）	使用取樣瓶沒入水流中取樣後分析。	受普遍認可、經得起時間考驗之方法、可量測濃度與粒徑分布、大部分量測技術均利用採樣瓶法量測結果進行檢校。	空間解析度稍差、侵入式、水樣需於試驗室分析、並需要現場操作人員。
泵浦取樣（pump sampling）	以水泵浦自水流中取樣後分析。	受普遍認可、經得起時間考驗之方法、可決定濃度與粒徑分布。	空間解析度差、侵入式、資料須在試驗室分析、水樣擾動性大。
雷射聚光反射（focused beam reflectance）	根據雷射反射時間量測泥砂顆粒。	不受粒徑大小影響、適用寬廣之粒徑尺寸及濃度範圍。	成本昂貴、侵入式、僅能單點量測。
雷射繞射（laser diffraction）	根據雷射折射角量測泥砂顆粒。	不受粒徑大小影響。	可靠性較低、成本昂貴、侵入式、僅能單點量測。
核子技術（nuclear）	利用gamma或X-rays之反射或透射量測泥砂顆粒。	耗電量低、適用寬廣之粒徑尺寸及濃度範圍。	靈敏度低、輻射源衰減問題、侵入式、僅能單點量測。
光學式（optical）	利用可見光或紅外光之反射或透射量測泥砂顆粒。	操作簡易、空間解析度高、允許遠端配置及資料擷取、價格較不昂貴。	易受粒徑分布影響、侵入式、僅能單點量測、儀器易受污染。
遠距光譜反射（remote spectral reflectance）	遙測水體對光線之反射及散射程度。	可量測寬廣範圍區域。	解析度低、較不適合用於渠流流場、易受粒徑大小影響。
*TDR時域反射法（time domain reflectometer）	利用電磁波量測所得到之之電學性質決定含砂濃度。	具有良好時間解析度，可遠端自動化觀測，量測靈敏度高。	侵入式量測、受溫度影響大，但可利用溫度感測補償。泥砂粒徑分布寬廣時，濃度量測準確性會降低，無法同時測得泥砂粒徑分布。

資料來源：程運達，2009

總之，現有商業化儀器，其量測值易受懸浮載粒徑的影響，且（或）量測範圍太小，無法滿足泥砂濃度變化較大的河川環境。此外，洪水期間爲河川含砂濃度觀測之主要時段，但洪水時之高流速與挾帶之石塊與雜物等漂流物，容易撞擊損壞精密儀器，現有之商業儀器多屬侵入式，儀器主要的觀測元件多置於水面下，可維護性較差，同時限於儀器購置費用昂貴，無法於同一觀測位置設置多組設備，通常無法兼顧現地觀測之空間解析度。

二、推移載觀測

推移載係指沿著河床滾動或躍動的泥砂。推移載採樣相當困難，因爲任何採樣器在放置於或靠近底床時，均將干擾水流與推移載之運移；此外，推移載輸移量均隨時間與空間而變化，惟有在較長採樣時距之情況下，才能克服推移載輸移量之間竭性和隨機性誤差。現有推移載觀測可概分爲直接及間接觀測兩大類型。

(一) 直接觀測：係量測推移載單位時間通過特定斷面之量體。此類方法乃將採樣器或特殊機械安置於河床底部，直接收集隨水流運移之推移載泥砂顆粒。推移載取樣器於距離底床數公分深度的區間內取樣，該區間是點取樣器或全深取樣器無法取樣的位置，由於此區間含有無法懸浮的大型顆粒在此區間運移，也正是高泥砂濃度的位置。正因如此，推移載取樣器的設計方式與點取樣器或全深取樣器並不相同，它不採取水體，而是利用網格收集袋採取篩濾的方式，篩除水體而留下推移載顆粒。依據設計原理、構造及操作方法，現行可區分爲可移動補捉器（portable trap-type sampler）、陷阱式採樣器（pit-type sampler）及荷重式採樣器（non-intrusive type sampler）等。

1. 可移動補捉器：可分爲籃式（basket type）、淺盤式（pan type）及壓差式（pressure difference type）等三種。（蘇重光、謝蒼明，1985）

(1) 籃式採樣器係以金屬絲網做成的籃子，重量較大，且前面有入口。採樣時將籃子置於底床，讓泥砂由入口流進籃內。其中，懸浮載細顆粒由籃網之格孔流出，推移載粗顆粒則被截留在籃內。採樣器入口流速因受籃網之影響而變小。此種採樣器亦可做成盒式。一般而言，籃式較盒式爲優。籃式採樣器之採樣效率隨著籃內推移載累積量之增加而變小。

(2) 淺盤式採樣器：具有一底盤及兩個邊板，底盤設有橫向隔板，其縱剖面呈楔形。當置於河床時，多以楔尖逆切於水流，推移載沿著盤頂向下游移動並落於橫向底板。此型以波里阿可夫（Polyakov）採樣器最著名。

(3) 壓差式採樣器：根據王文江（2013）指出，目前廣為使用的是1971年所發展的Helley-Smith型壓差式採樣器。此採樣器具有進流管、採樣網袋及骨架，可在粒徑小於38mm及流速低於3.0m/sec之條件下進行採樣。進流管入口斷面為7.6cm×7.6cm，出口斷面積與入口斷面積之比值為3.22；採樣網袋之斷面積為1,903cm^2，長為46cm，以橡膠圈套在進流管後端。根據實驗室試驗結果顯示，本型採樣器平均採樣效率約為160%；在不同床質與推移載條件下之調查結果指出，7.6cm×7.6cm進流管採樣器對砂質與細礫質之採樣效率約為150%，但粗礫則接近於100%。目前7.6cm×7.6cm進流管及出口斷面積與入口斷面積比值為1.0之採樣器，已被USGS編為BL-84及BL-H84型號，如照片3-6及照片3-7所示。（BL：推移載；H：手提）

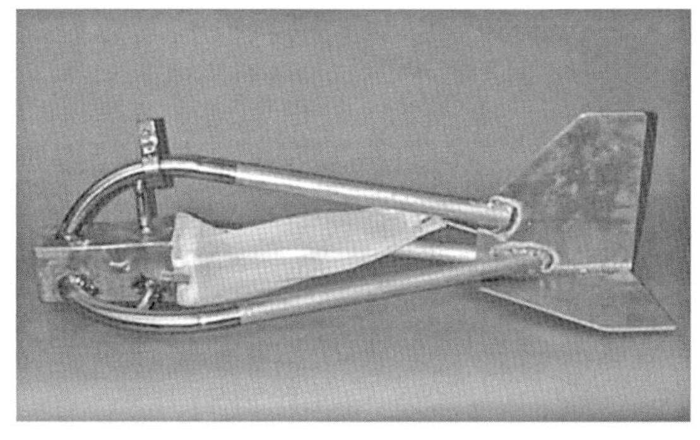

照片3-6　USGS推移載採樣器US BL-84

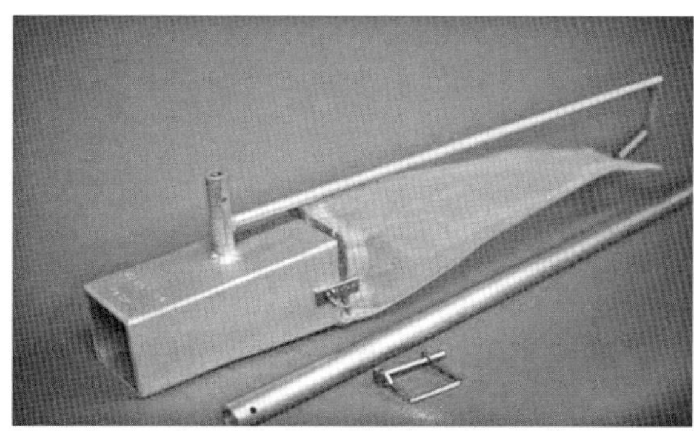

照片3-7　USGS 推移載採樣器US BLH-84

2. 陷阱式採樣器（pit-type sampler）：係於河床上設置槽箱或槽孔，使移動的推移載跌入。跌入的泥砂於一定時段由箱中騰空或由槽孔抽汲或以履帶輸送上岸。本型採樣器僅適用於較小型的河川。

3. 荷重感測器：蘇重光、謝蒼明（1985）於河床上安裝荷重感測器，藉以量測通過其上的推移載單位面積重量及其平均流速，並代入Yalin

（1972）推移載輸移率公式，即

$$q_b = G_b U_b \qquad (3.11)$$

計算實測之推移載輸移率。式中，q_b = 單寬推移載輸移率；G_b = 單位面積推移載重量；U_b = 推移載平均流速。隨後，他們於1986年發展改良型推移載量測裝置，採用超音波都卜勒效應計測通過重力感測裝置上推移載平均速度U_b。

(二) 間接觀測：係以量測其他物理量後再轉換爲推移載爲主。此法所得的數據資料基本上是比較穩定的，惟其可靠性低。

1. 聽音器（noise detector）：係記錄推移載運動過程所產生的音波，推估其推移載輸移率。此裝置組成簡單，包括一水中播音器、擴音器及錄音機。
2. 描跡顆粒（tracer particles）：係將帶有特殊標示的顆粒放入流水中形成推移載，藉由追蹤標示顆粒之行進狀況，以推估實際推移載之運移量。一般，常以磷光劑、放射性、磁性等作爲標示。
3. 紊流槽（turbulence flume）：在湍流或河流橫斷面收縮處，推移載常會因紊流加劇而暫時變爲懸浮載，故可設計類似功能的紊流槽，以懸浮載方式度量推移載。
4. 水底攝影法（underwater photography）：以水底攝影機擷取河床推移載之運移情形，應用該法除攝影機外，尙需有照明設備，皆裝於支撐之架構上，再從船上放入水底，一切操作由船上人員遙控之。分析時，係從影片中觀察推移載移動方式、強度、數量，並推估其速度及計算推移載運移率。
5. 水中感音法（hydrophone method）：係運用麥克風原理收集各體顆粒與金屬構件發生碰撞時所發出的聲響，並依固體顆粒粒徑與碰撞後產生的聲響頻率差異，通過訊號轉換方式換算每種聲響的撞擊次數，間接量測河床推移載流量。與水中感音法類似的方法，包括奧地利及瑞士使用的地聲感測法（geophone method）。Rickenmann et al.（2012）於瑞士中部Alptal河谷的Erlenbach集水區的河道特定地點建立一U型斷面，並在U型斷面表面埋設地聲感測器、攝影機及推移載通過收集箱（metal

basket），藉此推估集水區河道之河床載運移，如圖3-15所示。透過每次土砂運移事件的地聲訊號、推移載運移量及有效逕流量，則可據以建立推移載運移量推估公式，即

$$F_s = 0.0093 V_{re} \quad (3.12)$$

式中，F_s = 推移載運移量（measured sediment deposit volume, m^3）；V_{re} = 有效逕流量（effective runoff volume, m^3）。

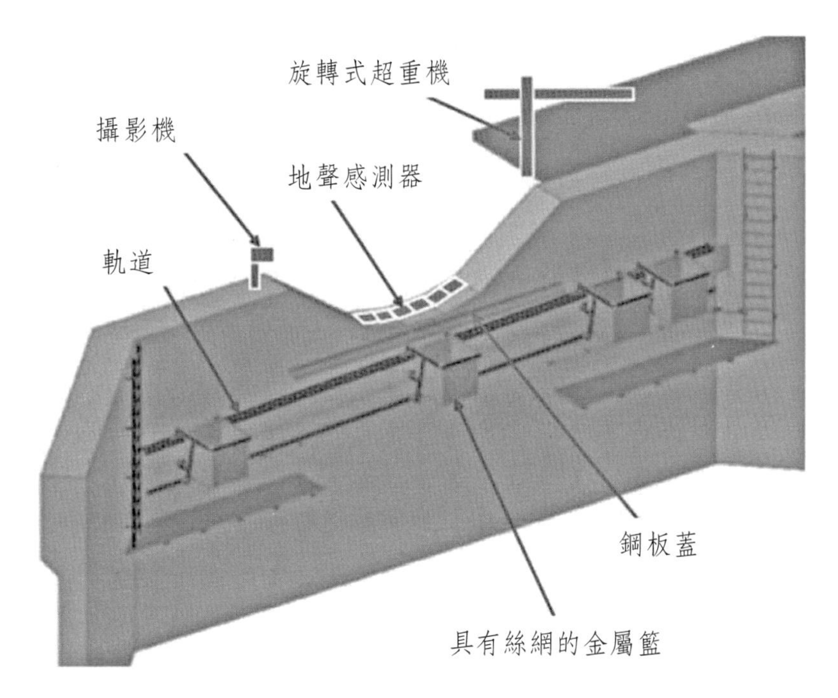

圖3-15　Erlenbach集水區河道設置推移載運移監測斷面示意圖

資料來源：Rickenmann et al., 2012

根據堤大三等（2014）通過實際量測結果提出，水聲計與地聲計皆可獲得良好的量測效果，其中水聲計可以量測到最小4mm左右的粒徑，而地聲計僅能量測到10mm以上的粗顆粒；同時水聲計每單位時間接收的訊號量大於地聲計，差異約600倍左右，不過在泥砂量大的情況下，水聲計感應訊號仍有其極限；地聲計在大粒徑塊石條件下的保護效果佳，但水聲計的設置地點限制較少。

三、河床質調查

河床質（bed material）調查旨在採集河床泥砂進行其粒徑分布。一般調查種類有表面粒徑及採樣孔兩種方式（水土保持技術規範，2016），前者調查結果可以提供河床護甲層分布、曼寧粗糙係數（Manning's n）及泥砂顆粒起動條件估算等用途，而後者主要是作爲河道輸砂及沖淤演算之用。

(一) 採樣孔調查：採樣孔位置選定在沖淤嚴重河段，過去曾受洪水影響之河床面，每1.0公里調查1處以上。採樣孔至少爲1.0平方公尺之正方形，深度至少60公分（如遇岩盤左右移動量測）；同時，將挖出的泥砂進行野外粗顆粒篩分析（註：宜排出超過10公分以上的粗顆粒），細粒徑以四分法採取樣品攜回室內分析；並記錄採樣孔尺寸，推算採樣體積，記錄最大石徑之尺寸。

(二) 表面粒徑調查：

1. 另取2個副斷面，合計共5個斷面。
2. 每一個斷面以等間隔（或整數距離）之測點，量測在該測點上之泥砂粒徑，每一個斷面以不少於5個測點，測點之間隔不得超過5.0公尺。
3. 每一測點量測10公分以上之粒徑，依統計資料繪製粒徑分布曲線圖。

3-2-6 河床沖刷深度觀測

山地河川位處流域的上游，坡度陡峭，水急流短，水流處於不飽和狀態，使得其發育總的趨勢係以沖刷下切爲主，屬於沖刷型河川（incised stream），故有關沖刷深度的發展及量測，就顯得極爲重要了。現行量測河床沖刷深度的相關儀器種類很多，包括沖刷磚、聲納及透地雷達沖刷探測器、水下攝影機、重力式沖刷監測計、溫度式沖刷監測計、電磁式反射儀、磁性滑動套環、光纖光柵沖刷監測系統、壓電片式沖刷監測計等（侯鈞哲，2011），惟大部分儀器設備皆需以固體邊界爲支柱，藉以量測構造物周邊河床的沖刷深度，如橋墩、護岸等，其中僅沖刷磚（scour brick）可不受架設區位限制，適於量測河床任意區位之沖刷深度。沖刷磚係於預定施測河段的河床面開挖至預定深度後，埋設多個磚塊使之成串，由於每個磚塊具有固定高度，故洪水之後於埋設處開挖並計算流失磚塊之數量，即可估算沖刷深度。以沖刷磚量測河床沖刷屬於早期常用的觀測方法，但卻是相當實用，不過因必須開挖河床而顯得麻煩，且僅能量測洪水過程的最大沖刷深度，而無法取得全洪程的沖刷深度歷線，為其較不利之處。隨著電子及通訊技術的發展，目前已有在磚塊內預埋無線電發射器或其他裝置，當水流沖刷磚塊而使之移動時，會立即發射無線電訊號，能夠測知哪個磚塊的移動時間，可以即時記錄洪水上升過程的沖刷深度與時間關係。雖然現階段已有許多沖刷監測儀器可偵測河床沖刷的變化，但必要時仍需要應用沖刷磚量測方法進行驗證。

3-3 設計水文量

3-3-1 設計水文量的意義及內容

從暴雨致災的角度來看，山地河川及其所在集水區經常面臨兩種不同災害情境：一是在極端暴雨的作用下，誘發坡面土體的異常變形，包括崩塌、地滑、土石流等；二是由暴雨匯流成為河川洪水，引發洪水氾濫或破壞河工構造物。雖然這兩種情境肇災的方式不同，但激發它們變成災害的根源都是來自暴雨。因此，依照邊坡斜面及河川肇災的水文量特徵，將它們區分為設計暴雨及設計洪水，茲分述如下：

一、設計暴雨

邊坡土體在暴雨作用下可能引發崩塌、地滑、土石流等坡地土砂災害。為了確保環境的安全，在預測和警戒設計時，必須訂定出某一標準的雨量警戒基準值，在這個標準以下的暴雨量，促發足以造成坡地土砂災害的機率或規模相對較低，此即在一定標準下之設計暴雨（design storm）。一般而言，標準愈高，愈是少見，警戒發布頻率低，但其致災（發生）規模可能愈大，遭崩塌等被害的風險就愈高；反之，標準較低，雖是常見，警戒發布頻率高，但規模及危害程度皆小，承受的風險亦小。因此，設計暴雨之於邊坡土體運移致災的關鍵在於減災，它關切的是在可承擔的風險之下，選定適當的暴雨警戒基準值，並通過非結構性措施的運作，以防止災害的發生。

二、設計洪水

防砂工程、橋梁、道路及坡面排水等工程，在未來長期服務過程中，隨時都會面臨著土石流、山地洪流等水砂作用而有遭到破壞之虞，其中影響其安全的主要因素是洪峰流量和洪水位；水庫設施則需推求設計洪峰量、洪水量及其歷線。爲了保證工程的安全，在規劃設計時，都必須選取某一標準的洪水作爲防禦對象，使各項工程遭遇這個標準以下的洪水時不會被破壞，此即在一定標準的設計洪水（design flood）。一般而言，標準愈高，愈是少見，設計的工程也就愈安全，被洪水破壞的風險就愈小，但耗資也愈大；反之，標準較低，耗資減少，但安全程度也隨之降低，承受的風險加大。相較於設計暴雨，設計洪水的主要關鍵在於治災，它是透過結構性工程措施達成防減災之目的。

3-3-2 設計暴雨及洪水的計算方式

就已知的集水區推求設計暴雨或洪水時，首先會依據實測水文資料的不同，選擇適當的模型進行推求。其中，設計暴雨必然是從暴雨資料中推求，而設計洪水量則有兩種計算途徑，包括：

一、由流量資料推求：當設計斷面有足夠的實測流量資料時，可應用水文統計原理直接由流量系列推求設計洪水量。

二、由暴雨資料推求：當河道斷面實測流量不足，但有比較完整的降雨量觀測資料時，即可根據降雨逕流形成過程，應用逕流歷線等間接方式，由設計暴雨推估設計之有效降雨量及設計洪水，而設計洪水之洪峰流量即爲設計洪水量，如圖3-16所示。

考量山地河川因位處較偏遠的山區，多數欠缺水文站，即缺少斷面實測流量資料。因此，後續所討論的方法基本上是針對僅有暴雨量資料的情況。

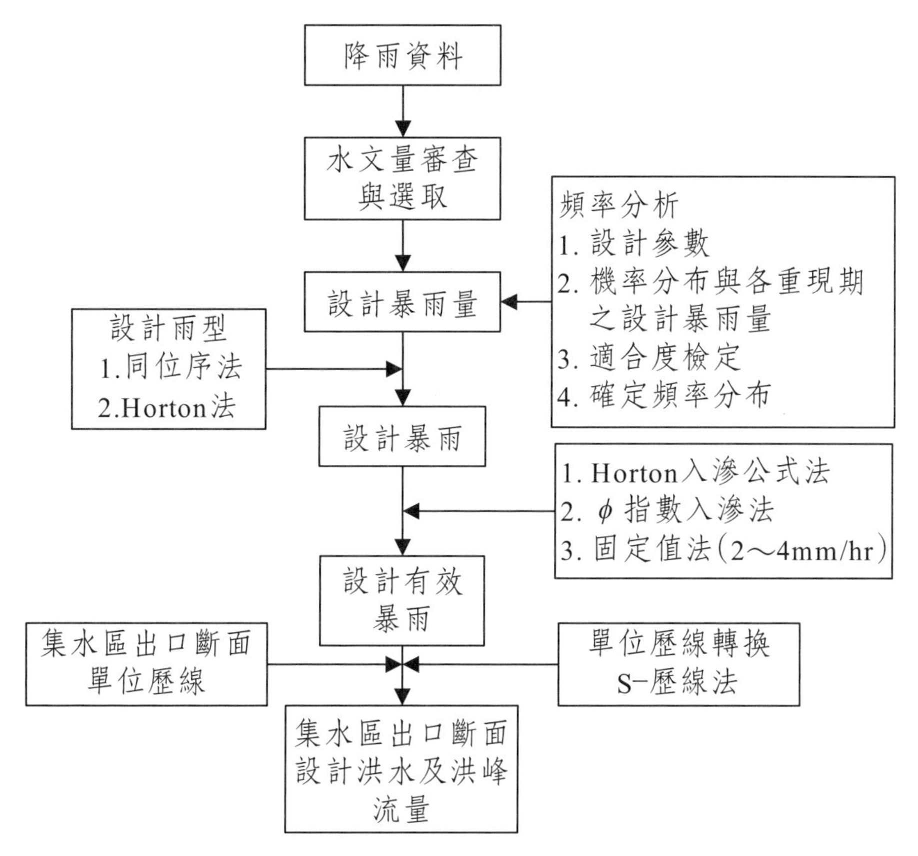

圖3-16　降雨資料推求設計洪水流程

3-4 設計暴雨

水文現象與一切的自然現象一樣，在其發生發展過程中，既有必然性的一面，也有隨機性的特點。由於自然界水文循環的結果，必然會引起降水而產生逕流，水文現象在很多情況下，具有以年為週期的週期性變化，例如臺灣地區河川豐、枯流量的時間分布，就具有一定的必然性；但是，影響水文現象的因素眾多，各因素本身在時間和空間上不斷地發生變化，使得直接觀測水文事件數據時似乎無規律可循，它們在時程和數量上的變化過程伴隨週期性出現的同時，也存在著一定程度的不確定性特點，此即水文事件的隨機性。因此，採用機率論及數理統計的方法對這種具有隨機特性的水文事件進行研究，是有其必要的。

3-4-1 水文資料選取

水文資料選取通常係從歷年水文事件的時間系列中，依分析目的採用適當的方式選取全部或部分水文資料進行分析。其中，全部紀錄選取法係將紀錄年限內所有的水文事件的水文資料皆取出加以分析，由於資料量很大，分析過程繁瑣費時，於頻率分析中不用此法。事實上，一般水文分析皆僅針對特殊的極端事件感到興趣，故通常只要選取一定延時大於某一特定值的水文資料序列，稱之爲部分延時序列（partial duration series），它可概分爲兩種選取類型即

一、超過一定量選取法（partial-duration series）：本法僅選取超過某特定的水文量，而不考量其發生時間間隔。可分爲年超過量及非年超過量選取法，前者係選取某特定值，使得水文量資料中超過該特定值之資料數恰等於紀錄年數，後者則不必然平均一年取出一個，完全視分析需求而定。年超過量選取法之優點爲考慮水文事件之大小順序，而不論其發生時間，缺點爲不一定每年取出一個雨量資料，有時一年數個，較不客觀，分析時較費時。

二、極端值選取法（extreme-value series）：在紀錄年限內，於固定期間選取水文量紀錄之極端值，如極大值（用於洪水、暴雨頻率分析）或極小值（乾涸頻率分析）。若採用每年僅選取水文量紀錄中的極大值，則稱爲年最大值選取法。這種資料選取的優點，是每年僅選出一個極端值，較爲客觀；缺點則有時一年內連續發生數次極端降雨事件，只沿用此選取法，有時會有掛一漏萬之虞。

一般而言，用於頻率分析時，通常採用年最大值選取法，即由集水區內水文紀錄至少達20年之雨量站，求得歷年水文事件的各延時之最大值，然後按各指定的延時，如10分鐘、1.0、3.0、6.0、12.0、24.0小時等，選取每年的各延時的最大值，組成相應的統計序列。

不過，在進行水文量資料的選取時，必須先行針對水文（降雨）資料的遺漏和可靠性進行檢核。例如，雨量資料可能因事故未能讀取當時雨量記錄，或因人爲因素、雨量計機件故障而遺漏記錄時，可採用內插法或標準比例法等進行補遺；此外，有關雨量紀錄的可靠性或一致性檢核，可用雙累積曲線法進行分析（參考3-2節）。

3-4-2 機率與頻率

隨機事件出現的可能性大小，稱為事件的機率（probability）。通過多次重複試驗來估計事件的機率，稱為頻率（frequency）。設事件A在n次的隨機試驗中出現了m次，則

$$K(A)=\frac{m}{n} \tag{3.13}$$

式中，$K(A)$= 事件A在n次試驗中出現的頻率；n = 隨機試驗次數。當試驗次數n不大時，事件的頻率出現明顯的隨機性，但當試驗次數n增加到相當大時，事件的頻率就會漸趨穩定；當試驗次數趨近於無窮大時，頻率就會趨近於機率，一般將這樣估計的機率稱為統計機率或經驗機率。在水文事件中，多數事件的機率是未知的，只能通過逐年資料的累積，用頻率來推知機率。總之，機率是表示某一隨機事件在客觀上可能出現的程度，是一個穩定的常量，頻率是個經驗值，隨著試驗次數的增多而趨近於機率值。

3-4-3 隨機變數的機率分布

若隨機事件的每次試驗結果可用一個數值x來表示，則x隨試驗結果的不同而取不同的數值。在每次試驗中，究竟出現哪一個數值則是隨機的，但取得某一數值具有一定的機率，這種變量稱為隨機變數（random variable）。隨機變數可分為兩類，即離散型（discrete）隨機變數和連續型（continuous）隨機變數，前者係指在某一隨機變數相鄰兩數值之間，不存在中間數值，這種隨機變數稱為離散型隨機變數；例如，擲一顆骰子，出現的點數中只可能是1、2、3、4、5、6共六種可能性，而不可能取得相鄰兩數間的任何中間值。如果隨機變數可取得一個有限區間的任何數值，即相鄰兩個取值之間的差值可以小到無窮小，這種隨機變數稱為連續型隨機變數。水文現象大多屬於連續型隨機變數。例如，流量可以在零和極限值之間變化。

隨機變數的取值與其機率是一一對應的，一般將這種對應關係稱為隨機變數的機率分布（probability distribution）。設離散型隨機變數X，它可能取的值是x_1、x_2、⋯、x_n、⋯，用p_i表示取值的機率，即

$$p(X = x_i) = p_i \ (i = 1、2、\cdots) \tag{3.14}$$

顯然，隨機變數取任何可能值時，其機率都不會是負，即$p_i \geq 0$；隨機變數取遍所有可能值時，相應的機率之和等於1，即$\sum p_i = 1.0$。

對於連續型隨機變數，因其取某一給定值的機率等於零，在水文上僅討論隨機變數x取大於或等於某值的發生機率，表達爲

$$p(X \geq x_i) = p_i \tag{3.15}$$

茲舉出以下範例說明連續型隨機變數機率分布曲線。已知將某水文站57年降雨資料以$\Delta x = 100$mm爲級距進行分組，並由大到小進行排列，如表3-7所示。

表3-7 50年年雨量分組頻率計算表

年降雨量（mm） 組距（$\Delta x = 100$mm）	出現次數	累計次數	對應頻率	平均頻率密度	累計頻率
	n_i	Σn_i	Δp_i	$\Delta p / \Delta x$	p（%）
2101～2200	1	1	1.75	0.000175	1.75
2001～2100	2	3	3.51	0.000351	5.26
1901～2000	4	7	7.02	0.000702	12.28
1801～1900	7	14	12.28	0.001228	24.56
1701～1800	12	26	21.05	0.002105	45.61
1601～1700	16	42	28.07	0.002807	73.68
1501～1600	11	53	19.30	0.001930	92.98
1401～1500	3	56	5.26	0.000526	98.24
1301～1400	1	57	1.75	0.000175	100.00
合計	57		100.0		

以降雨量爲縱座標，機率密度爲橫坐標，可以繪出頻率密度直方圖，如圖3-17(a)所示。圖中，各個長方形面積表示各組的頻率，各長方形面積之和等於1.0。這種頻率密度隨著隨機變數取值而變化的圖形，稱爲頻率密度圖。如資料年數無限增多，分組組距無限縮小，頻率密度直方圖就會變成光滑的連續曲線，頻率趨於機率，則稱爲機率密度曲線（probability density curve），如圖3-17(a)中虛線所示鐘型曲線。

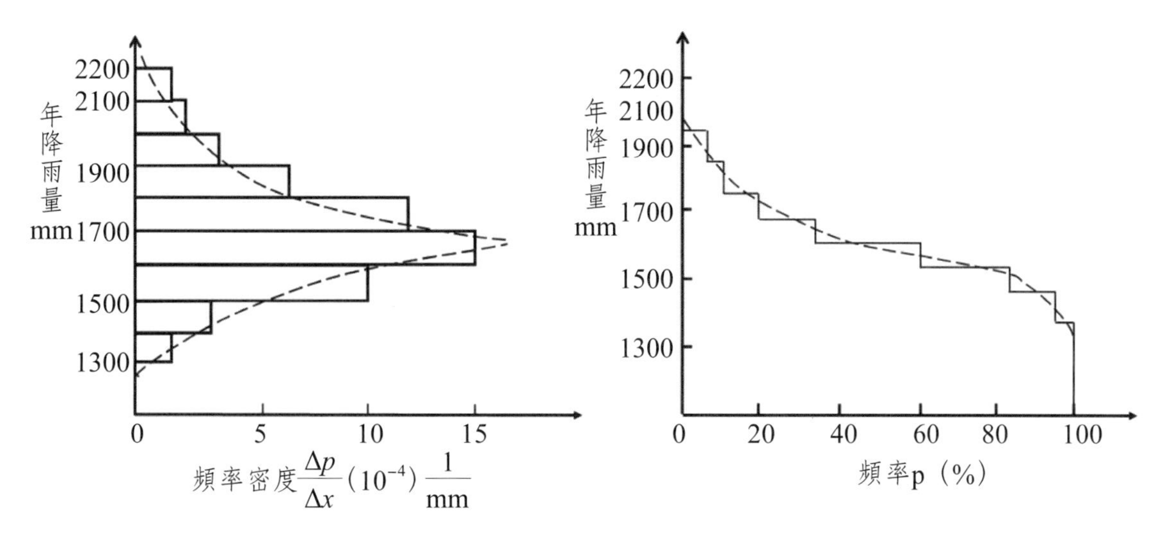

圖3-17　某水文站年雨量頻率密度圖和頻率分布圖

以降雨量為縱座標，累計頻率值為橫坐標，如圖3-17(b)所示。圖中，如資料年數無限增多，分組組距無限縮小，圖3-17(b)就會變成光滑的連續曲線，頻率趨於機率，則稱為機率累積分布曲線（probability cumulative distribution curve），其函數表達式為：

$$p(X \geq x_i) = F(x) = \int_x^{\infty} f(x)\,dx \tag{3.16}$$

圖3-18給出了機率密度曲線和機率累積分布曲線的關係。累積分布函數$F(x)$表示隨機變數$X \geq x_i$的機率，圖3-17(b)在水文學上通常稱為隨機變數的累積頻率曲線。

3-4-4 隨機變數的統計特徵及參數

在統計學中用以表示隨機變數分布特徵的某些數字，稱為隨機變數統計參數。如果知道分布函數的類型，還可以根據統計參數求出分布函數。水文學主要關注的分布特徵是位置特徵、離散特徵及對稱特徵。

一、位置特徵參數

係描述隨機變數在數軸上的位置的特徵數，主要有平均數、中位數及衆數等。

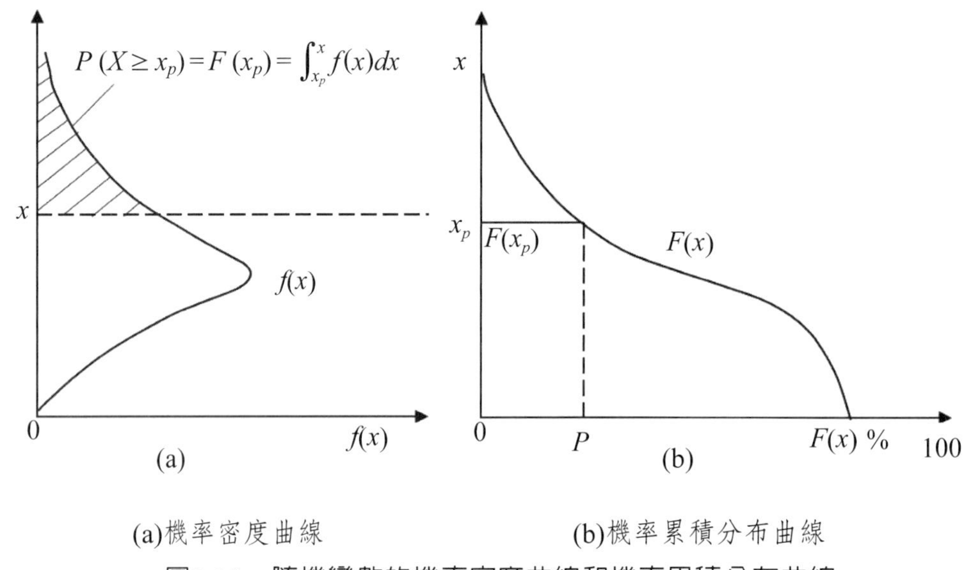

(a)機率密度曲線　　(b)機率累積分布曲線

圖3-18　隨機變數的機率密度曲線和機率累積分布曲線

(一) 平均數：或稱數學期望（expected value），係表整個隨機變數系列的中點或中央趨勢（central tendency），為隨機變數對原點的一次矩（重心）。對連續型隨機變數，可表為

$$E(X) = \mu = \int_a^b x\ f(x)\ dx \tag{3.17}$$

式中，a、b = 隨機變數X取值的上、下限。對離散型隨機變數，統計樣本的樣本值x_i的平均值、可表為

$$\bar{x} = \frac{1}{n}\sum_{i=1}^{n} x_i \tag{3.18}$$

式中，n = 樣本數。

(二) 眾數（mode）：係表機率密度分布峰點所對應的隨機變數值，記為$M_o(x)$。對於離散型隨機變數，$M_o(x)$是使機率$p(X = x_i)$等於最大時所對應的x_i值，即當$p_i > p_{i+1}$且$p_i > p_{i-1}$時，p_i所對應的x_i值，如圖3-19(a)所示。對於連續型隨機變數，眾數$M_o(x)$是機率密度函數 $f(x)$為最大值時所對應的x_i值，如圖3-19(b)所示。

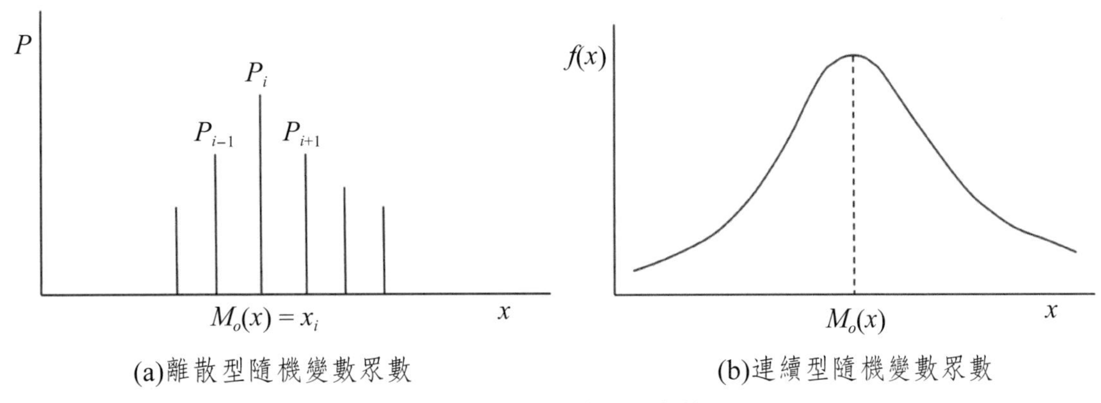

圖3-19　隨機變數之眾數

(三) 中位數（median）：係將機率密度分布分為兩個相等部分的隨機變數值，記為$M_e(x)$。對於離散型隨機變數，將所有隨機變數的可能取值按大小次序排列，位置居中的隨機變數值，即為中位數$M_e(x)$。對於連續型隨機變數，中位數$M_e(x)$應滿足

$$\int_a^{M_e(x)} f(x)\,dx = \int_{M_e(x)}^{b} f(x)\,dx = \frac{1}{2} \qquad (3.19)$$

即隨機變數大於或小於中位數的機率均為1/2，如圖3-20所示。

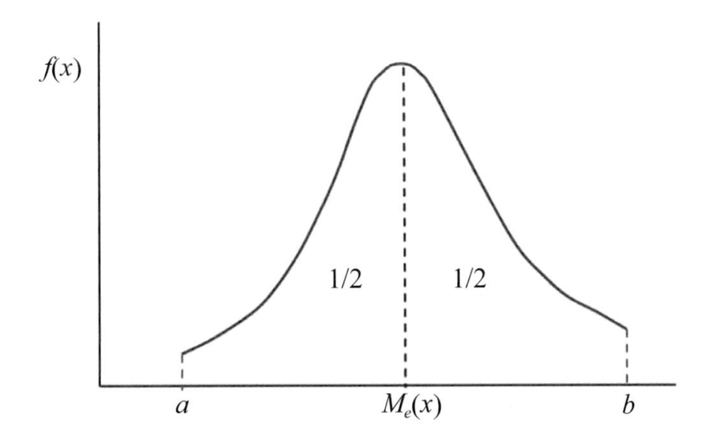

圖3-20　隨機變數的中位數

二、離散特徵參數

係刻畫隨機變數分布離散（dispersion）程度（相對於隨機變數平均值的差距），通常採用以下幾種參數。

(一) 標準偏差（均方差）（standard deviation）：隨機變數的離散程度是用相對於分布中心來衡量的。設隨機變數的平均數爲μ代表分布中心，因此離散特徵參數可用相對於分布中心的離差來表示。隨機變數與分布中心的離差爲$(x - \mu)$。因爲隨機變數的取值有些大於μ，有些小於μ，故離差有正有負，從機率統計上其平均值爲零。爲了使離差的正、負值不致於相互抵消，一般取$(x - \mu)^2$的平方值的平方作爲離散程度的度量標準，稱爲標準差或均方差，記爲σ，即

$$\sigma = \sqrt{E(x-\mu)^2} \tag{3.20}$$

顯然，標準差σ值愈大，分布愈分散；σ值愈小，分布愈集中。式中，$E(x - \mu)^2 = \sigma^2$，爲$(x - \mu)^2$的數學期望，稱爲變異數（variance），可表爲

$$\sigma^2 = \int_{-\infty}^{\infty}(x-\mu)^2 f(x)dx \tag{3.21}$$

而樣本統計之變異數則可表爲

$$s^2 = \frac{1}{n-1}\sum_{i=1}^{n}(x_i - \bar{x})^2 \tag{3.22}$$

上式係依據樣本的隨機系列所獲得，它與相應的總體同名參數是不相等的，但我們希望由樣本系列計算出來的統計參數與總體更接近些，故將分母以$n - 1$替代n以確保樣本統計能保持無偏估計（unbiased）。

(二) 變異係數（coefficient of variation）：標準差雖然可以表徵隨機變數的離散程度，但用標準差來比較均值不同的兩個隨機變數系列的離散程度，則不太合適。因此，必須採用相對性的指標來比較兩個系列的離散程度，即以均方差和均值的比，表示分布的相對離散程度稱爲變異係數，記爲C_v

$$C_v = \sigma / E(x) = \sigma / \mu \tag{3.23}$$

式中，C_v值愈大，分布愈分散；C_v值愈小，分布愈集中。樣本系列之無偏估計變異係數，可表爲

$$C_v = \frac{s}{\overline{x}} = \frac{1}{n-1}\sqrt{\sum_{i=1}^{n}(\frac{x_i}{\overline{x}}-1)^2} \quad (3.24)$$

三、對稱特徵參數

變異係數只能反映隨機變數系列的離散程度，不能反映系列對均值的對稱（symmetry）程度。在水文統計中，通常採用無因次的偏態係數（coefficient of skew，C_s）作爲衡量系列不對稱（偏態）程度，其表達式爲

$$C_s = \frac{E(x-\mu)^3}{\sigma^3} \quad (3.25)$$

當系列對於μ對稱時，$C_s = 0$，此時隨機變數大於均值與小於均值的出現機會相等，即均值所對應的頻率爲50%。當系列對於$\overline{x}$不對稱時，$C_s \neq 0$，其中若正離差的立方占優勢時，$C_s > 0$，稱爲正偏；若負離差的立方占優勢時，$C_s < 0$，稱爲負偏。正偏情況下，隨機變數大於均值比小於均值出現的機會小，亦即均值所對應的頻率小於50%；負偏情況下，則正好相反。不同機率密度曲線的C_s如圖3-21所示。而樣本系列之無偏估計偏態係數，可表爲

$$C_s = \frac{n}{(n-1)(n-2)s^3}\sum_{i=1}^{n}(x_i-\overline{x})^3 \quad (3.26)$$

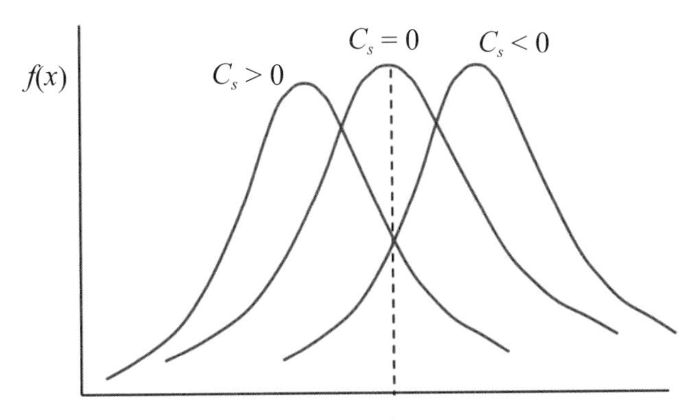

圖3-21　不同機率密度曲線下的偏態係數

3-4-5 經驗機率

一、經驗機率（empirical probability）計算公式

設有一水文事件計有n項觀測數據，從大到小按順序排列，將最大值指定爲$m = 1$，次大值指定爲$m = 2$，依此類推排列，故最小值應爲$m = n$。由統計理論，當水文系列即屬總體時（即n很大時），則樣本系列中大於或等於某一變量值x_T的出現次數m與樣本總量的比值，即

$$P(X \geq x_T) = \frac{m-a}{n+1-2a} \tag{3.27}$$

式中，P = 變量大於或等於某一變量值x_T的超越機率（exceedance probability）；m = 由大到小排列的序號，即在n次觀測資料中出現大於或等於某一值x_T的次數；n = 樣本系列總量；a = 係數，Hazen（1914）建議$a = 0.5$，Weibull（1939）建議$a = 0$，Cunnane（1978）建議$a = 0.4$；目前較常用係以韋伯（Weibull）公式爲主，即

$$P(X \geq x_T) = \frac{m}{n+1} \tag{3.28}$$

二、重現期

每一水文事件的發生都有某種程度的可能性，有的可能大些，有的可能性小些。在水文資料頻率分析上，常常要決定等於或大於某特定延時的水文事件多少年發生一次，稱爲重現期距（recurrence interval），而此重現期距的平均值（期望值）稱爲重現期（return period），以T表示。通常T以年計，可表爲事件重覆出現的平均間隔時間，即平均隔多少時間出現一次，故有時也稱之爲頻率（frequency）。

等於或大於x_T之水文事件平均T年發生一次，其在一年內發生之機率可表爲：

$$p(X \geq x_T) = \frac{1}{T} \tag{3.29}$$

同理，任一年不發生水文事件等於或大於x_T的機率爲

$$p(X < x_T) = 1 - \frac{1}{T} \tag{3.30}$$

此外，在未來的n年內，皆不發生水文事件等於或大於x_T的機率爲

$$R = 1 - (1 - \frac{1}{T})^n \quad (3.31)$$

式中，R = 風險（risk）。

三、經驗機率分布曲線

已知某地年降雨量有13次的觀測數據，如表3-8所示。將觀測數據由大到小排列，則依式（3.27）經驗機率公式可得各觀測數據之超越機率，且由此於機率紙上可繪出一機率分布曲線，或稱點繪機率（plotting probability），如圖3-22所示。可見，機率紙上之機率分布曲線係由觀測資料繪製而成，它是水文頻率計算的基礎。

經驗（或點繪）機率分布曲線計算工作量小，繪製簡單，查用方便；若設計機率（或重現期）在其範圍內，精度應能滿足設計要求。但由於水文觀測系列一般不長，而水文計算中常常需要推求平均100年發生一次以上的設計值。因此，必須將點繪機率分布曲線外延，而徒手外延又十分困難，任意性太大。因此，爲避免曲線外延的任意性，常借助數理統計學中的一些機率分布曲線進行外延，這種機率分布曲線稱爲理論的連續機率分布曲線（continuous probability distribution curve）。

表3-8　經驗頻率計算表

年降雨量x	出現次數	大於或等於x的次數m	經驗頻率P（%）	重現期（T）
1510	1	1	7.14	14.0
1360	1	2	14.29	7.0
1210	1	3	21.43	4.67
1080	1	4	28.57	3.5
950	1	5	35.71	2.8
920	1	6	42.86	2.33
850	1	7	50.00	2.0
832	1	8	57.14	1.75
802	1	9	64.29	1.56
750	1	10	71.43	1.4
710	1	11	78.57	1.27
690	1	12	85.71	1.17
650	1	13	92.86	1.08

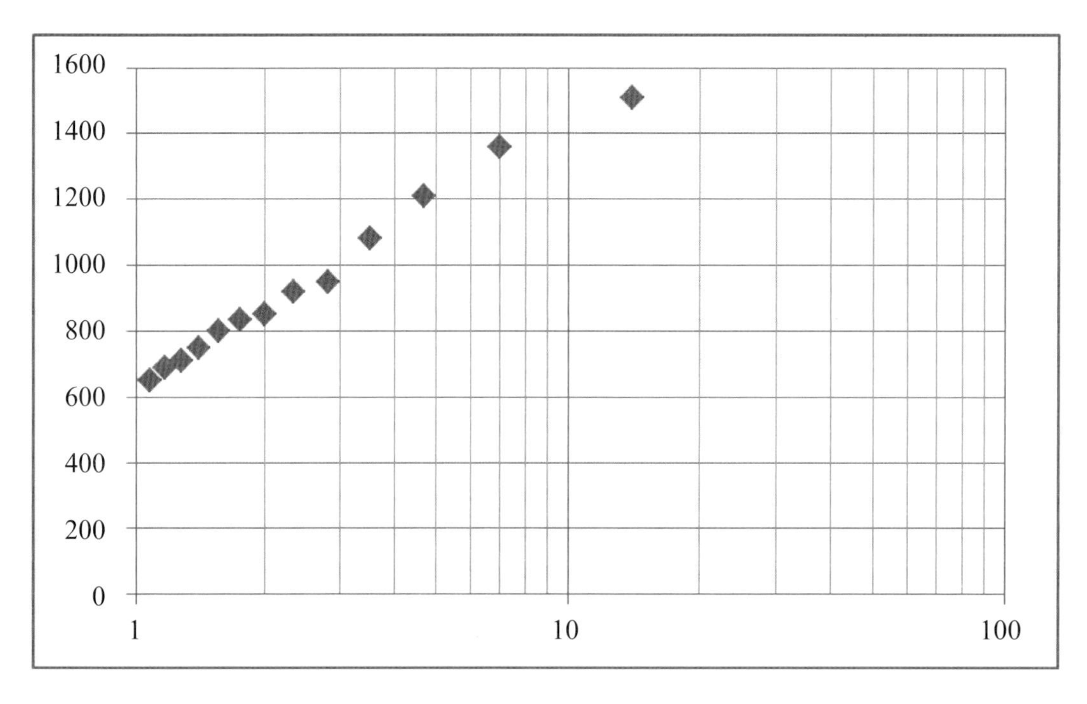

圖3-22 經驗頻率分布曲線

四、頻率分析通式

水文現象在發生發展過程中，受到多因素的影響，且各個因素在時間上不斷地發生變化，所以受其控制的水文現象也處於不斷變化之中。它們在時程和數量上的變化過程，伴隨週期性出現的同時，也存在著一定程度的不確定性特點，使得它們具有高度的統計性質。因此，爲表達這樣的隨機特性，對於某特定重現期的水文量，可表爲

$$x_T = \mu + k_T \sigma \tag{3.32}$$

上式爲頻率分析之通式。式中，x_T = 具重現期T之水文量；μ = 水文資料的平均值；σ = 水文資料的標準偏差；K_T = 頻率因子（frequency factor），爲重現期T和機率分布的函數。式中，μ及σ可由水文資料求得，而對於某特定重現期，頻率因子會隨著不同的機率分布而改變。因此，只要確認水文資料的機率分布，並推求其統計特性參數，則當給定一特定重現期時，即可利用式（3.32）計算出相應的設計水文量x_T。

3-4-6 理論連續機率分布曲線

水文計算中使用的機率分布曲線統稱爲水文頻率曲線，比較常用者包括常態分布、對數常態分布、皮爾遜III型分布、對數皮爾遜III型分布及極端值分布等，茲簡述如下：

一、常態分布與對數常態分布

自然界許多隨機變量如水文測量誤差、抽樣誤差等一般服從或近似常態分布，常態分布的機率密度函數可表爲

$$f(x)=\frac{1}{\sigma\sqrt{2\pi}}\exp[-\frac{1}{2}(\frac{x-\mu}{\sigma})^2]\text{，}-\infty\leq x\leq\infty \tag{3.33}$$

式中，μ = 水文資料平均值；σ = 水文資料標準偏差。上式只包含兩個參數，即均值μ和標準偏差σ。因此，當隨機變量服從常態分布時，只要求出其均值及標準偏差，則其分布便可以完全確定下來。常態分布的密度曲線具有以下幾個特點：

(一) 單峰，只有一個衆數。

(二) 對於均值對稱，即偏態係數$C_s=0$，呈左右對稱的鐘形曲線。

(三) 曲線兩端趨於無限，並以x軸爲漸近線。

(四) 常態分布的密度曲線與x軸所圍成的面積應等於1.0。

在繪製常態分布曲線時可以定義標準常態變數（standard normal variable, z），即

$$z=\frac{x-\mu}{\sigma}=K_T \tag{3.34}$$

則式（3.33）可簡化爲標準常態機率密度函數

$$f(z)=\frac{1}{\sqrt{2\pi}}e^{-z^2/2}\text{，}-\infty\leq x\leq\infty \tag{3.35}$$

故標準常態累積分布函數可表爲

$$F(z)=\int_{-\infty}^{z}\frac{1}{\sqrt{2\pi}}e^{-z^2/2} \tag{3.36}$$

上式並無解析解，$F(z)$值須以查表方式獲得，如表3-9所示。由於符合常態分布的

水文量，其分布應對稱於均値，但是很多水文量常呈向右偏斜分布，此時可以考慮採用對數常態分布（lognormal distribution），其定義係$y = \log x$代入常態分布，則機率密度函數可表爲

表3-9　常態累積分布函數（$F(z)$）

z	.00	.01	.02	.03	.04	.05	.06	.07	.08	.09
0.0	0.5000	0.5040	0.5080	0.5120	0.5160	0.5199	0.5239	0.5279	0.5319	0.5359
0.1	0.5398	0.5438	0.5478	0.5517	0.5557	O.5596	0.5636	0.5675	0.5714	0.5753
0.2	0.5793	0.5832	0.5871	O.5910	0.5948	0.5987	0.6026	0.6064	0.6103	0.6141
0.3	0.6179	0.6217	0.6255	0.6293	0.6331	0.6368	0.6406	0.6443	0.6480	0.6517
0.4	0.6554	0.6591	0.6628	0.6664	0.6700	0.6736	0.6772	0.6808	0.6844	0.6879
0.5	0.6915	0.6950	0.6985	0.7019	0.7054	0.7088	0.7123	0.7157	0.7190	0.7224
0.6	0.7257	0.7291	0.7324	0.7357	0.7389	0.7422	0.7454	0.7486	0.7517	0.7549
0.7	0.7580	0.7611	0.7642	0.7673	0.7704	0.7734	0.7764	0.7794	0.7823	0.7852
0.8	0.7881	0.7910	0.7939	0.7967	0.7995	0.8023	0.8051	0.8078	0.8106	0.8133
0.9	0.8159	0.8186	0.8212	0.8238	0.8264	0.8289	0.8315	0.8340	0.8365	0.8389
1.0	0.8413	0.8438	0.8461	0.8485	0.8508	0.8531	0.8554	0.8577	0.8599	0.8621
1.1	0.8643	0.8665	0.8686	0.8708	0.8729	0.8749	0.8770	0.8790	0.8810	0.8830
1.2	0.8849	0.8869	0.8888	0.8907	0.8925	0.8944	0.8962	0.8980	0.8997	0.9015
1.3	0.9032	0.9049	0.9066	0.9082	0.9099	0.9115	0.9131	0.9147	0.9162	0.9177
1.4	0.9192	0.9207	0.9222	0.9236	0.9251	0.9265	0.9279	0.9292	0.9306	0.9319
1.5	0.9332	0.9345	0.9357	0.9370	0.9382	0.9394	0.9406	0.9418	0.9429	0.9441
1.6	0.9452	0.9463	0.9474	0.9484	0.9495	0.9505	0.9515	0.9525	0.9535	0.9545
1.7	0.9554	0.9564	0.9573	0.9582	0.9591	0.9599	0.9608	0.9616	0.9625	0.9633
1.8	0.9641	0.9649	0.9656	0.9664	0.9671	0.9678	0.9686	0.9693	0.9699	0.9706
1.9	0.9713	0.9719	0.9726	0.9732	0.9738	0.9744	0.9750	0.9756	0.9761	0.9767
2.0	0.9772	0.9778	0.9783	0.9788	0.9793	0.9798	0.9803	0.9808	0.9812	0.9817
2.1	0.9821	0.9826	0.9830	0.9834	0.9838	0.9842	0.9846	0.985O	0.9854	0.9857
2.2	0.9861	0.9864	0.9868	0.9871	0.9875	0.9878	0.9881	0.9884	0.9887	0.9890
2.3	0.9893	0.9896	0.9898	0.9901	0.9904	0.9906	0.9909	0.9911	0.9913	0.9916

z	.00	.01	.02	.03	.04	.05	.06	.07	.08	.09
2.4	0.9918	0.9920	0.9922	0.9925	0.9927	0.9929	0.9931	0.9932	0.9934	0.9936
2.5	0.9938	0.9940	0.9941	0.9943	0.9945	0.9946	0.9948	0.9949	0.9951	0.9952
2.6	0.9953	0.9955	0.9956	0.9957	0.9959	0.9960	0.9961	0.9962	0.9963	0.9964
2.7	0.9965	0.9966	0.9967	0.9968	0.9969	0.9970	0.9971	0.9972	0.9973	0.9974
2.8	0.9974	0.9975	0.9976	0.9977	0.9977	0.9978	0.9979	0.9979	0.9980	0.9981
2.9	0.9981	0.9982	0.9982	0.9983	0.9984	0.9984	0.9985	0.9985	0.9986	0.9986
3.0	0.9987	0.9987	0.9987	0.9988	0.9988	0.9989	0.9989	0.9989	0.9990	0.9990
3.1	0.999	0.9991	0.9991	0.9991	0.9992	0.9992	0.9992	0.9992	0.9993	0.9993
3.2	0.9993	0.9993	0.9994	0.9994	0.9994	0.9994	0.9994	0.9995	0.9995	0.9995
3.3	0.9995	0.9995	0.9995	0.9996	0.9996	0.9996	0.9996	0.9996	0.9996	0.9997
3.4	0.9997	0.9997	0.9997	0.9997	0.9997	0.9997	0.9997	0.9997	0.9997	0.9998

Grant & Leavenworth (1972)

$$f(y)=\frac{1}{x\,\sigma_y\sqrt{2\pi}}\exp[-\frac{1}{2}(\frac{y-\mu_y}{\sigma_y})^2]\text{，}0\le y\le\infty\text{，}0\le x\le\infty \quad (3.37)$$

式中，u_y = 隨機變數y之期望值；σ_y = 隨機變數y之標準偏差。因對數常態分布之下邊界爲0，故較常態分布更適於表示水文量的分布，且當水文量取對數之後，其向右偏斜之現象將會降低。

二、皮爾遜III型分布與對數皮爾遜III型分布

皮爾遜III型分布（Pearson type Ⅲ distribution），亦稱爲三參數Gamma分布，其機率密度函數可表示爲

$$f(x)=\frac{\alpha^{\beta}}{\Gamma(\beta)}(x-\gamma)^{\beta-1}\exp(-\frac{x-\gamma}{\alpha})\text{，}x\ge\gamma \quad (3.38)$$

式中，$\Gamma(\cdot)$ = Gamma函數；α = 尺度參數；β = 形狀參數；γ = 位置參數。各項參數推估值如下所示：

$$\alpha=\frac{\sigma}{\sqrt{\beta}} \quad (3.39)$$

$$\beta = (\frac{2}{C_s})^2 \qquad (3.40)$$

$$\gamma = \mu - \sigma\sqrt{\beta} \qquad (3.41)$$

皮爾遜III型分布之頻率因子K_T可由表3-10查得。當水文量偏度很大時，可將變數x取對數（$y = \ln x$）後滿足皮爾遜III型分布，則變數x滿足對數皮爾遜III型分布（Log Pearson type Ⅲ distribution）其機率密度函數可表爲

$$f(x) = \frac{\alpha^{\beta}}{x\,\Gamma(\beta)}(y-\gamma)^{\beta-1}\exp(-\frac{y-\gamma}{\alpha})，\log x \geq \gamma \qquad (3.42)$$

式中，$y = \ln x$；$\alpha = \sigma_y / \sqrt{\beta}$；$\beta = (\frac{2}{C_{sy}})^2$；$\gamma = \mu_y - \sigma_y\sqrt{\beta}$。因此，可依據皮爾遜III型分布之推求步驟，求得其推估水文量與頻率因子之關係式可表示爲

$$x_T = \exp(\mu_y + K_T\,\sigma_y) \qquad (3.43)$$

根據經濟部水利署（2007）指出，降雨頻率分析原則上應以對數皮爾遜III型分布爲主，惟當資料取對數後之偏態係數爲負値時，對數皮爾遜III型分布會產生一上限値，此時應考量水文量之合理性，如遇有不合理情形（如觀測事件大於分布上限値），則避免採用此一分布。

表3-10　皮爾遜Ⅲ型分布之頻率因子K_T

Skew coefficient	Recurrence interval,year							
	1.0101	1.2500	2	5	10	25	50	100
	Percent chance							
C_s	99	80	50	20	10	4	2	1
3.0	-0.667	-0.636	-0.396	0.420	1.180	2.278	3.152	4.051
2.8	-0.714	-0.666	-0.384	0.460	1.210	2.275	3.114	3.973
2.6	-0.769	-0.696	-0.368	0.499	1.238	2.267	3.071	3.889
2.4	-0.832	-0.725	-0.351	0.537	1.262	2.256	3.023	3.800
2.2	-0.905	-0.752	-0.330	0.574	1.284	2.240	2.970	3.705
2.0	-0.990	-0.777	-0.307	0.609	1.302	2.219	2.912	3.605
1.8	-1.087	-0.799	-0.282	0.643	1.318	2.193	2.848	3.499
1.6	-1.197	-0.817	-0.254	0.675	1.329	2.163	2.780	3.388
1.4	-1.318	-0.832	-0.225	0.705	1.337	2.128	2.706	3.271

Skew coefficient	Recurrence interval,year							
	1.0101	1.2500	2	5	10	25	50	100
	Percent chance							
C_s	99	80	50	20	10	4	2	1
1.2	-1.449	-0.844	-0.195	0.732	1.340	2.087	2.626	3.149
1.0	-1.588	-0.852	-0.164	0.758	1.340	2.043	2.542	3.022
0.8	-1.733	-0.856	-0.132	0.780	1.336	1.993	2.453	2.891
0.6	-1.880	-0.867	-0.099	0.800	1.328	1.939	2.359	2.755
0.4	-2.029	-0.855	-0.066	0.816	1.317	1.880	2.261	2.615
0.2	-2.178	-0.850	-0.033	0.830	1.301	1.818	2.159	2.472
0	-2.326	-0.842	0.	0.842	1.282	1.751	2.054	2.326
-0.2	-2.472	-0.830	0.033	0.850	1.258	1.680	1.945	2.178
-0.4	-2.615	-0.816	0.066	0.855	1.231	1.606	1.834	2.029
-0.6	-2.755	-0.800	0.099	0.857	1.200	1.528	1.720	1.800
-0.8	-2.891	-0.780	0.132	0.856	1.166	1.448	1.606	1.733
-1.0	-3.022	-0.758	0.164	0.852	1.128	1.366	1.492	1.588
-1.2	-3.149	-0.732	0.195	0.844	1.086	4.282	1.379	1.449
-1.4	-3.271	-0.705	0.225	0.832	1.041	1.198	1.270	1.318
-1.6	-3.388	-0.675	0.254	0.817	0.994	1.116	1.166	1.197
-1.8	-3.499	-0.643	0.282	0.799	0.95	1.035	1.069	1.087
-2.0	-3.605	-0.609	0.307	0.777	0.895	0.959	0.980	0.990
-2.2	-3.705	-0.574	0.330	0.752	0.844	0.888	0.900	0.905
-2.4	-3.800	-0.537	0.351	0.725	0.795	0.823	0.830	0.832
-2.6	-3.889	-0.499	0.368	0.696	0.747	0.764	0.768	0.769
-2.8	-3.973	-0.460	0.384	0.666	0.702	0.712	0.714	0.714
-3.0	-4.051	-0.420	0.396	0.636	0.660	0.666	0.666	0.667

三、極端值I型分布

極端值I型分布（Extreme value type I distribution, EV1），亦稱為Gumbel分布，其機率密度函數如下所示

$$f(x) = \alpha \exp\{-\alpha(x-\beta) - \exp[-\alpha(x-\beta)]\} \tag{3.44}$$

式中，α = 尺度參數；β = 位置參數；參數推估可表示為

$$\alpha = \frac{\pi}{\sqrt{6}\sigma} \tag{3.45}$$

$$\beta = \mu - \frac{0.5772}{\alpha} \tag{3.46}$$

其累積機率函數可表示為

$$F(x) = \exp\{-\exp[-\alpha(x - \beta)]\} \tag{3.47}$$

若重新定義：

$$y = \alpha(x - \beta) \tag{3.48}$$

則變數y與重現期T之關係為

$$y_T = -\ln(-\ln\frac{T-1}{T}) \tag{3.49}$$

由式（3.45）、式（3.46）及式（3.48）可得

$$x_T = \mu + \sigma\frac{\sqrt{6}}{\pi}(y - 0.5772) \tag{3.50}$$

將上式與式（3.32）比較，可得極端值I型分布之頻率因子為

$$K_T = \frac{\sqrt{6}}{\pi}\{-\ln[-\ln(1-1/T)] - 0.5772\} \tag{3.51}$$

3-4-7 理論頻率分布曲線適合度檢定

當水文系列發生機率假設為某種機率分布時，必須經由適合度（goodness of fit）檢定，以決定所使用的機率分布模式是否可被接受。常用之機率分布的適合度檢定方法為χ^2檢定（Chi-square test）。

本法是在計算樣本的發生機率與所假設分布的理論機率值的差異，以確定所假設的機率分布是否合理。在進行χ^2檢定之前，需先將水文資料予以分組資料，分組數目可依下式計算

$$k = 1 + 3.3\log n \tag{3.52}$$

式中，k = 區間組數；n = 觀測樣本數。原則上，每一組別之資料數不得少5個，若資料數少5個，則需將相鄰組別的資料併為一組再進行分析。若觀測資料可分為k組，則樣本之發生機率與所假設分布之理論機率的χ^2值可表為

$$\chi^2 = \sum_{i=1}^{k} \frac{(O_i - E_i)^2}{E_i} \tag{3.53}$$

式中，O_i = 觀測資料在第i分組內的實際觀測數量（observed value）；E_i = 假設機率分布在第i分組內的期望發生數量（expected value）。應用統計理論可推導出可被接受的理論χ^2值，若上式所得的計算值大於理論χ^2值，則表示所假設的機率分布並不適合此水文資料。

理論的χ^2值爲自由度（degree of freedom）及信賴水準的函數，如表3-11所示。自由度可表爲

$$v = k - m - 1 \tag{3.54}$$

式中，m = 假設理論機率分布的參數個數，如常態分布$m = 2$，皮爾遜III型分布$m = 3$。信賴水準β（confidence level）是因水文觀測資料的不確定性，所導致分析結果的可信賴程度。檢定時必須選定信賴水準大小，信賴水準β常表示爲$1 - \alpha$，α稱爲顯著水準；顯著水準的意義爲發生錯誤估計的機率，典型統計分析所採用的信賴度值$\beta = 95\%$，此時顯著水準爲$\alpha = 5\%$。

表3-11　χ^2分布函數

v	$\beta = 0.01$	0.02	0.05	0.10	0.20	0.30	0.50	0.70	0.80	0.90	0.95	0.98	0.99
1	0.000157	0.000628	0.0393	0.0158	0.0642	0.148	0.455	1.074	1.642	2.706	3.841	5.412	6.635
2	0.0201	0.0404	0.103	0.211	0.446	0.713	1.386	2.408	3.219	4.605	5.991	7.824	9.210
3	0.115	0.185	0.352	0.584	1.005	1.424	2.366	3.665	4.642	6.251	7.815	9.837	11.341
4	0.297	0.429	0.711	1.064	1.649	2.195	3.357	4.878	5.989	7.779	9.488	11.668	13.277
5	0.554	0.752	1.145	1.610	2.343	3.000	4.351	6.064	7.289	9.236	11.070	13.388	15.086
6	0.872	1.134	1.635	2.204	3.070	3.828	5.348	7.231	8.558	10.645	12.592	15.033	16.812
7	1.239	1.564	2.167	2.833	3.822	4.671	6.346	8.383	9.803	12.017	14.067	16.622	18.475
8	1.646	2.032	2.733	3.490	4.594	5.527	7.344	9.542	11.030	13.362	15.507	18.168	20.090
9	2.088	2.532	3.325	4.168	5.380	6.393	8.343	10.656	12.242	14.684	16.919	19.679	21.666
10	2.558	3.059	3.940	4.865	6.179	7.267	9.342	11.781	13.442	15.987	18.307	21.161	23.209
11	3.053	3.609	4.575	5.578	6.989	8.148	10.341	12.899	14.631	17.275	19.675	22.618	24.725
12	3.571	4.178	5.226	6.304	7.807	9.034	11.340	14.011	15.812	18.549	21.026	24.054	26.217
13	4.107	4.765	5.892	7.042	8.643	9.926	12.340	15.119	16.985	19.812	22.362	25.472	27.688
14	4.66	5.368	6.571	7.790	9.467	10.821	13.339	16.222	18.151	21.064	23.685	26.873	29.141
15	5.229	5.985	7.261	8.547	10.307	11.721	14.339	17.322	19.311	22.307	24.996	28.259	30.578
16	5.812	6.614	7.962	9.312	11.152	12.624	15.338	18.418	20.465	23.542	26.296	29.633	32.000
17	6.408	7.255	8.672	10.085	12.002	13.531	16.338	19.511	21.615	24.769	27.587	30.995	33.409

v	$\beta = 0.01$	0.02	0.05	0.10	0.20	0.30	0.50	0.70	0.80	0.90	0.95	0.98	0.99
18	7.015	7.906	9.390	10.865	12.857	14.440	17.338	20.601	22.760	25.989	28.869	32.346	34.805
19	7.633	8.567	10.117	11.651	13.716	15.352	18.338	21.689	23.900	27.204	30.144	33.687	36.191
20	8.26	9.237	10.851	12.443	14.578	16.266	19.337	22.775	25.038	28.412	31.410	35.020	37.566
21	8.897	9.915	11.591	13.240	15.445	17.182	20.337	23.858	26.171	29.615	32.671	36.343	38.932
22	9.542	10.600	12.338	14.041	16.314	18.101	21.337	24.939	27.301	30.813	33.924	37.659	40.289
23	10.196	11.293	13.091	14.848	17.187	19.021	22.337	26.018	28.429	32.007	35.172	38.968	41.638
24	10.856	11.992	13.848	15.659	18.062	19.943	23.337	27.096	29.553	33.196	36.415	40.270	42.980
25	11.524	12.697	14.611	16.473	18.940	20.867	24.337	28.172	30.675	34.382	37.652	41.566	44.314
26	12.198	13.409	15.379	17.292	19.820	21.792	25.336	29.246	31.795	35.563	38.885	42.856	45.642
27	12.879	14.125	16.151	18.114	20.703	22.719	26.336	30.319	32.912	36.741	40.113	44.140	46.963
28	13.565	14.847	16.928	18.939	21.588	23.647	27.336	31.391	34.027	37.916	41.337	45.419	48.278
29	14.256	15.574	17.708	19.768	22.475	24.577	28.336	32.461	35.139	39.087	42.557	46.693	49.588
30	14.953	16.306	18.493	20.599	23.364	25.508	29.336	33.530	36.250	40.256	43.773	47.962	50.892

由於上述適合度檢定法僅適用於排除不合適的機率分布假設，卻無法提供精確標準以決定最適切之機率分布（McCuen, 1998）。因此，藉由韋伯法（Weibull method）作爲機率分布公式選定之點繪方法，並採用標準誤差SE（standard error）進行機率分布最適性之評估（經濟部水利署水利規劃試驗所，2006），即

$$SE = \sqrt{\frac{\sum_{i=1}^{n}(x_i - \hat{x}_i)^2}{n}} \tag{3.55}$$

式中，SE = 標準誤差；x_i = 利用韋伯法將樣本數由大至小排序，並對照各重現期所對應之紀錄水文量；$\hat{x}_i$ = 應用機率分布所推求之相對應水文量。若該機率分布檢定結果之SE值，爲所有機率分布檢定結果中之最小值，則該機率分布即具有最適性。

3-4-8 設計暴雨演算

爲整合前述應用各種機率分布推估特定重現期之設計暴雨深度，這裡舉出了某地區已知水文事件年降雨量紀錄（參見表3-12）爲案例，分別採用各種機率分布找出重現期分別爲10年、50年及100年之設計暴雨，其計算流程如圖3-23所示。

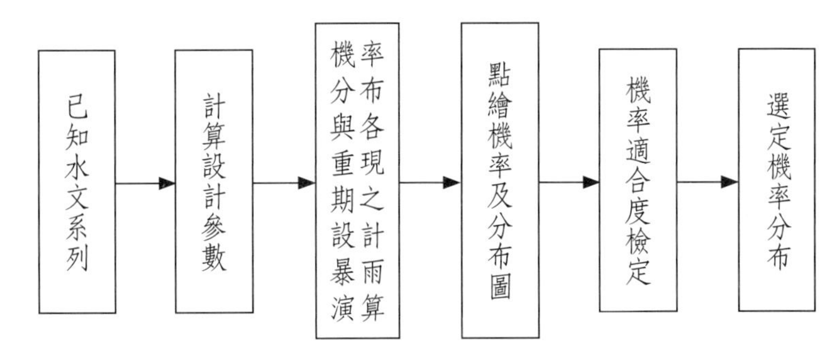

圖3-23　設計暴雨計算流程

表3-12　某水文事件年降雨量觀測數據一覽表

年份	1959	1960	1961	1962	1963	1964	1965
降雨量（mm）	2091	1781	2608	2338	2154	1982	1999
年份	1966	1967	1968	1969	1970	1971	1972
降雨量（mm）	1457	1632	1925	2480	2184	2365	2838
年份	1973	1974	1975	1976	1977	1978	1979
降雨量（mm）	2828	2125	2037	1981	1582	2232	2145
年份	1980	1981	1982	1983	1984	1985	1986
降雨量（mm）	2730	2563	2378	1902	2135	2265	1934
年份	1987	1988	1989	1990	1991	1992	1993
降雨量（mm）	2101	2529	2545	2156	2730	2654	2438
年份	1994	1995	1996	1997	1998	1999	2000
降雨量（mm）	1927	2140	2645	2739	2693	2591	2832
年份	2001	2002	2003	2004	2005	2006	2007
降雨量（mm）	1540	1905	2030	1785	1690	1900	2300
年份	2008	2009	2010	2011	2012	2013	21014
降雨量（mm）	2510	2950	2340	2100	1920	2310	1950

一、統計參數計算

統計參數	原始資料 (x)	對數資料 (y)
平均值	$\bar{x} = 2225.38$	$\bar{y} = 3.34142$
變異數	$s^2 = 135141.3$	$s^2 = 0.005387$
標準差	$s = 367.6$	$s = 0.0734$
偏態係數	$C_s = 0.035$	$C_s = -0.305$

二、各機率分布設計暴雨演算

(一) 常態分布與對數常態分布

已知$T = 10$，$F(z) = 0.9$；$T = 50$，$F(z) = 0.99$；$T = 100$，$F(z) = 0.999$。由表3-9可分別查得：$K_{10} = 1.282$；$K_{50} = 2.054$；$K_{100} = 2.326$。

1. 常態分布

$$P_{10} = 2225.38 + 1.282 \times 367.6 = 2697\text{mm}$$
$$P_{50} = 2225.38 + 2.054 \times 367.6 = 2980\text{mm}$$
$$P_{100} = 2225.38 + 2.326 \times 367.6 = 3080\text{mm}$$

2. 對數常態分布

$$y_{10} = 3.34142 + 1.282 \times 0.0734 = 3.436；P_{10} = 10^{3.436} = 2723\text{mm}$$
$$y_{50} = 3.34142 + 2.054 \times 0.0734 = 3.492；P_{50} = 10^{3.492} = 3105\text{mm}$$
$$y_{100} = 3.34142 + 2.326 \times 0.0734 = 3.51；P_{100} = 10^{3.51} = 3236\text{mm}$$

(二) 極端值I型分布

$$K_{10} = \frac{\sqrt{6}}{\pi}\{-\ln[-\ln(1-\frac{1}{T})]-0.5772\} = 1.3046；P_{10} = 2225.38 + 1.3046 \times 367.6 = 2705\text{mm}$$

$$K_{50} = \frac{\sqrt{6}}{\pi}\{-\ln[-\ln(1-\frac{1}{T})]-0.5772\} = 2.5923；P_{50} = 2225.38 + 2.5923 \times 367.6 = 3718\text{mm}$$

$$K_{100} = \frac{\sqrt{6}}{\pi}\{-\ln[-\ln(1-\frac{1}{T})]-0.5772\} = 3.1367；P_{10} = 2225.38 + 3.1367 \times 367.6 = 3378\text{mm}$$

(三) 皮爾遜III型分布與對數皮爾遜III型分布

已知偏態係數及各重現期，由表3-10可查得：$K_{10} = 1.285$；$K_{50} = 2.072$；$K_{100} = 2.352$。

1. 皮爾遜III型分布

$$P_{10} = 2225.38 + 1.285 \times 367.6 = 2698\text{mm}$$
$$P_{50} = 2225.38 + 2.072 \times 367.6 = 2987\text{mm}$$
$$P_{100} = 2225.38 + 2.352 \times 367.6 = 3090\text{mm}$$

2. 對數皮爾遜III型分布

經由查表方式，可得$K_{10} = 1.244$；$K_{50} = 1.887$；$K_{100} = 2.1$。

$$y_{10} = 3.34142 + 1.244 \times 0.0734 = 3.433；P_{10} = 10^{3.433} = 2710\text{mm}$$
$$y_{50} = 3.34142 + 1.877 \times 0.0734 = 3.48；P_{50} = 10^{3.48} = 3020\text{mm}$$
$$y_{100} = 3.34142 + 2.1 \times 0.0734 = 3.5；P_{100} = 10^{3.5} = 3162\text{mm}$$

三、點繪機率

年降雨量x	出現次數	大於或等於x的次數m	經驗頻率P (%)	重現期T
2950	1	1	0.018	57.000
2838	1	2	0.035	28.500
2832	1	3	0.053	19.000
2828	1	4	0.070	14.250
2739	1	5	0.088	11.400
2730	1	6	0.105	9.500
2730	1	7	0.123	8.143
2693	1	8	0.140	7.125
2654	1	9	0.158	6.333
2645	1	10	0.175	5.700
2608	1	11	0.193	5.182
2591	1	12	0.211	4.750
2563	1	13	0.228	4.385

年降雨量x	出現次數	大於或等於x的次數m	經驗頻率P（%）	重現期T
2545	1	14	0.246	4.071
2529	1	15	0.263	3.800
2510	1	16	0.281	3.563
2480	1	17	0.298	3.353
2438	1	18	0.316	3.167
2378	1	19	0.333	3.000
2365	1	20	0.351	2.850
2340	1	21	0.368	2.714
2338	1	22	0.386	2.591
2310	1	23	0.404	2.478
2300	1	24	0.421	2.375
2265	1	25	0.439	2.280
2232	1	26	0.456	2.192
2184	1	27	0.474	2.111
2156	1	28	0.491	2.036
2154	1	29	0.509	1.966
2145	1	30	0.526	1.900
2140	1	31	0.544	1.839
2135	1	32	0.561	1.781
2125	1	33	0.579	1.727
2101	1	34	0.596	1.676
2100	1	35	0.614	1.629
2091	1	36	0.632	1.583
2037	1	37	0.649	1.541
2030	1	38	0.667	1.500
1999	1	39	0.684	1.462
1982	1	40	0.702	1.425
1981	1	41	0.719	1.390
1950	1	42	0.737	1.357
1934	1	43	0.754	1.326
1927	1	44	0.772	1.295

年降雨量x	出現次數	大於或等於x的次數m	經驗頻率P（%）	重現期T
1925	1	45	0.789	1.267
1920	1	46	0.807	1.239
1905	1	47	0.825	1.213
1902	1	48	0.842	1.188
1900	1	49	0.860	1.163
1785	1	50	0.877	1.140
1781	1	51	0.895	1.118
1690	1	52	0.912	1.096
1632	1	53	0.930	1.075
1582	1	54	0.947	1.056
1540	1	55	0.965	1.036
1457	1	56	0.982	1.018

四、點繪機率分布圖

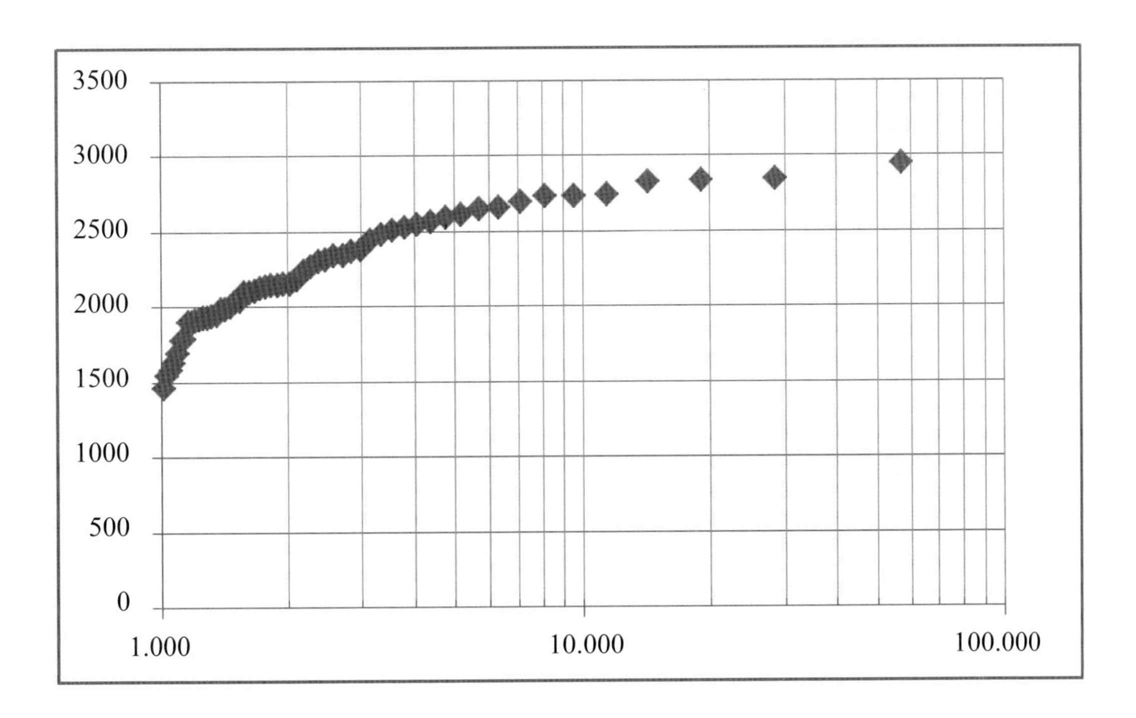

五、χ^2檢定

紀錄資料計有56筆，依式（3.52）計算可得$k = 6.8$，故將56筆紀錄資料依下表分組，能使各組的觀測數目皆大於5筆，故無須合併即可進行分析。

(1) 組別	(2) 範圍	(3) O_i	(4) y_i	(5) $P(X \le x_i)$	(6) ΔP	(7) E_i	(8) χ^2
1	< 1800	7	−0.9066	0.0841	0.0841	4.71	1.1139
2	1800～2000	11	−0.2092	0.2915	0.2074	11.62	0.0326
3	2000～2200	12	0.4882	0.5413	0.2498	13.99	0.2831
4	2200～2400	8	1.1856	0.7367	0.1954	10.94	0.7908
5	2400～2600	7	1.8830	0.8589	0.1222	7.81	0.0832
6	> 2600	11	3.1034	0.9561	0.0972	6.94	2.3752
合計		56				56	4.6787

(一) 極端值I型分布適合度檢定

1. 由式（3.45）及式（3.46）分別計算

$$\alpha = \frac{\pi}{\sqrt{6 \times 367.6}} = 3.487 \times 10^{-3}$$

$$\beta = 2225.38 - \frac{0.5772}{3.487 \times 10^{-3}} = 2060$$

2. 第(4)欄位為遞減變量$y = \alpha(\alpha - \beta)$；

   例如，當$i = 2$時，$y_2 = (2000 - 2060) \times 3.487 \times 10^{-3} = -0.2092$

3. 第(5)欄位為極端值I型分布之累積機率；

   例如，當$i = 2$時，$P(X \le x_i) = \exp(-\exp(-y_2)) = 0.2915$；

4. 第(6)欄位為增量機率函數；例如，當$i = 2$時，$\Delta P = 0.2915 - 0.0841 = 0.2074$；

5. 第(7)欄位為期望發生數量；例如，當$i = 2$時，$E_2 = 0.2074 \times 56 = 11.6$；

6. 第(8)欄位為χ^2值；例如，當$i = 2$時，$\chi^2 = (11 - 11.6)^2 / 11.6 = 0.033$，其累計值為4.6787；

7. χ^2檢定之自由度$v = 7 - 2 - 1 = 4$，若取信賴水準為95%，經查表3-11得

$\chi^2_{4,\,0.95} = 9.488$，由於$\chi^2$值計算4.6787大於理論值，故極端值I型分布適用於此一水文紀錄資料。

(二) 常態分布適合度檢定

(1) 組別	(2) 範圍	(3) O_i	(4) z_i	(5) $P(X \le x_i)$	(6) ΔP	(7) E_i	(8) χ^2
1	< 1800	7	−1.157	0.1453	0.1453	8.14	0.1588
2	1800～2000	11	−0.613	0.2699	0.1246	7.98	1.1429
3	2000～2200	12	−0.069	0.4725	0.2026	11.35	0.0377
4	2200～2400	8	0.475	0.6826	0.2101	11.77	1.2052
5	2400～2600	7	1.019	0.8459	0.1633	9.14	0.5030
6	> 2600	11	1.563	0.9757	0.1298	7.63	1.4885
合計		56				56	4.5362

1. 水文紀錄之統計參數：$\bar{x} = 2225.38$；$s = 367.6$
2. 第(4)欄位爲標準常態變數；例如，當$i = 2$時，$z_2 = (2000 - 2225.38)/367.6 = -0.613$；
3. 第(5)欄位爲常態分布之累積機率；以z_i查表3-而得。
4. 第(6)欄位爲增量機率函數；例如，當$i = 2$時，$\Delta P = 0.2699 - 0.1453 = 0.1246$；
5. 第(7)欄位爲期望發生數量；例如，當$i = 2$時，$E_2 = 0.1246 \times 56 = 6.98$；
6. 第(8)欄位爲χ^2值；例如，當$i = 2$時，$\chi^2 = (11 - 7.98)^2 / 7.98 = 1.1429$，其累計值爲4.5362；
7. 檢定之自由度$v = 7 - 2 - 1 = 4$，若取信賴水準爲95%，經查表3-11得$\chi^2_{4,\,0.95} = 9.488$，由於$\chi^2$值計算4.5362小於理論值，故常態分布適用於此一水文紀錄資料。

六、選定頻率分布

根據上述分析結果常態分布及極端值I型分布皆能滿足χ^2檢定，惟仍須通過標準誤差來決定最適切之機率分布，如下表所示。其中，常態分布標準誤差小於極端值I型分布，故選用標準誤差值較小的常態分布作爲代表分布。

機率分布	10年	50年	100年	標準誤差（SE）
韋伯法機率分布	2732	2922	3119	～
常態分布	2697	2980	3080	45
極端值I型分布	2705	3178	3378	211

3-5 設計洪水演算

當獲得了集水區設計暴雨之後，其設計洪水的推求還必須通過雨型設計、推估設計有效降雨量和匯流演算等步驟。

3-5-1 設計雨型

雨型係指總降雨量在降雨延時內之時間分布型態，一般常用的設計雨型（design hyetograph）包括同位序平均法、序率馬可夫（SSGM）雨型與Horner公式雨型法等三種類型，以獲得不同重現期之降雨時間分布。其中，以同位序平均法及Horner公式雨型法較爲常用，茲分述如下：

一、同位序平均法

根據經濟部水利署（2007），同位序平均法（identical ranking method）係選擇數場具代表性的暴雨事件，採降雨延時24、48或72小時之時雨量，推求各場暴雨事件之逐時流域平均雨量；再計算各場暴雨事件之逐時降雨量占總降雨量百分比，依大小順序排列並予以級序後，計算各場暴雨同級序降雨百分比之平均值，再將此平均值雨量百分比按中央集中型配置降雨時間分配型態。由於中央集中型的雨型分配係經人為重組安排，一般可形成較大洪峰流量，就水文設計而言較為安全保守，故廣為採用。雨型除中央集中型外，也可能有前進集中型或延後集中型，可分析暴雨事件降雨累積曲線得知，視實際情形採用。其設計步驟如下：

(一) 選擇數場暴雨事件作為雨型分析之代表事件。

(二) 應用算術平均法、徐昇氏多邊形法或等雨量線法，推求各場暴雨事件之逐時平均降雨量。

(三) 計算各場暴雨事件每小時之降雨百分比，由大至小排列，並予以排序。

(四) 將同一排序之降雨百分比相加後除以暴雨事件場數，以計算各排序降雨百分比之平均值。

(五) 將步驟(四)所求得之最大降雨百分比置於總延時之中間，而後將其它降雨百分比由大至小交替置於該最大值之兩側，即可形成所欲推求之延時的設計雨型百分比分配。

(六) 將不同重現期之總降雨量，依上述求得之設計雨型百分比分配，即可求得不同重現期下之設計暴雨。

二、Horner公式雨型法

對於無適當降雨資料地區，得以Horner降雨強度公式進行雨型設計。它是直接利用降雨強度－延時－頻率曲線，所發展而成的設計雨型方法。若以24小時雨型為例，其推求步驟如下（經濟部水利署水利規劃試驗所，2006）：

(一) 計算集水區集流時間，並依集流時間t_c選擇雨型之單位時間間距t_r，即(a)當$t_c \geq 6$hr，$t_r = 60$min；(b)當6hr $> t_c \geq$ 5hr，$t_r = 50$min；(c)當5hr $> t_c \geq$ 4hr，$t_r = 40$min；(d)當4hr $> t_c \geq$ 3hr，$t_r = 30$min；(e)當3hr $> t_c \geq$ 2hr，$t_r = 20$min；(f)當2hr $> t_c \geq$ 1hr，$t_r = 10$min；(g)當1hr $> t_c$，$t_r = 5$min。

(二) 參考「臺灣地區雨量測站降雨強度－延時Horner公式分析」（經濟部水利署，2003）查詢特定雨量站之Horner公式之常數。

(三) 利用該雨量站之Horner公式計算各延時（t_r, $2t_r$, ……, $24hr$）之降雨強度，其對應之該延時降雨量（即降雨強度與延時之乘積），再將每相鄰延時的降雨量相減，即得24小時雨型之每一單位時間的降雨量。

(四) 將每個單位時間的降雨量除以24小時總降雨量，可得各個單位時間的降雨百分比，將降雨百分比之最大值放置在中間（第12小時），再依右大左小依序排列，即可完成尖峰在中央的24小時雨型。

茲以後龍溪流域爲例，分別說明採用同位序平均法及Horner公式法分析一日降雨雨型之結果。（經濟部水利署第二河川局，2104）

一、同位序平均法

自歷年颱風事件中選取9場代表性的颱洪事件，篩選各雨量站降雨延時爲一日完整且較具代表性之颱風暴雨求其百分比，如表3-13所示；再依同位序平均法求其平均值，並依中央集中型，將各位序之百分比重新排列，即得後龍溪之一日暴雨時間雨量分配型態，如圖3-24所示。

二、Horner公式法

Horner降雨強度公式可表爲

$$I = \frac{a}{(t+b)^k} \quad (3.56)$$

式中，I = 降雨延時t分鐘內之平均降雨強度（mm/hr）；t = 降雨延時（min）；a、b、k = 常數。茲引用和興站極端值I型Horner公式係數，如表3-14所示。依集流時間選取雨型單位時間刻度t_r，並以中央集中雨型繪製24小時Horner設計雨型，重現期距100年之一日暴雨雨型分配，如圖3-25所示。

表3-13　後龍溪流域河口一日暴雨時間雨量分配型態計算成果表

位序	尼爾森 (74.08.22)			莎拉 (78.09.11)			歐菲莉 (79.06.23)			楊希 (79.08.18)			道格 (83.08.06)			荻安娜 (84.06.08)			楊妮 (87.09.28)			瑞伯 (87.10.15)			桃芝 (90.07.30)			平均百分比	位序	雨型百分比 (%)
	雨量	排序	(%)	雨量	排序	(%)	雨量	排序	(%)	雨量	排序	(%)	雨量	排序	(%)	雨量	排序	(%)	雨量	排序	(%)	雨量	排序	(%)	雨量	排序	(%)			
1	11.25	46.39	9.04	6.56	31.29	13.04	1.38	27.5	13.27	4.57	42.81	10.06	2.33	32.93	10.9	8.27	11.39	9.31	5.66	12.47	12.87	2.8	39.09	15.83	0.28	66.56	18.09	12.49	22	0.52
2	10.87	41.14	8.02	4.94	29.01	12.1	12.1	19.61	9.46	11.97	37.27	8.76	4.59	28.89	9.57	6.21	9.97	8.15	2.51	12.34	12.74	3.46	32.21	13.04	0	65.32	17.75	10.99	20	0.86
3	11.25	40.46	7.89	3.47	22.76	9.49	13.42	18.41	8.88	15.43	29.37	6.9	14.74	28.04	9.29	2.48	8.27	6.76	1.45	10.9	11.24	1.15	30.64	12.4	0.15	61.63	16.75	10.07	18	1.31
4	10.4	36.86	7.18	3.72	22.09	9.21	15.93	18.22	8.79	19.59	27.67	6.5	10.82	27.76	9.19	1.43	8.25	6.74	0.77	9.23	9.52	1.87	25.86	10.47	0.97	35.7	9.7	8.43	16	1.72
5	8.66	33.57	6.54	4.13	20.91	8.72	18.41	17.81	8.59	23.93	26.44	6.21	13.49	20.16	6.68	5.9	8.1	6.62	4.21	7.31	7.54	0.47	23.31	9.44	1.16	30.14	8.19	7.79	14	2.38
6	13.15	30.05	5.86	3.64	19.44	8.1	19.61	15.93	7.69	16.52	26.1	6.14	28.04	18.26	6.05	8.1	7.83	6.4	2.06	6.16	6.35	0.16	21.28	8.61	1.75	23.56	6.4	6.62	12	2.86
7	14.34	29.63	5.77	1.37	15.84	6.6	6.21	13.42	6.48	42.81	24.97	5.87	27.76	16.68	5.53	4.02	7.14	5.83	1.68	5.66	5.84	0.66	14.51	5.87	2.93	21.97	5.97	6.2	10	3.69
8	19.09	24.0	4.68	1.43	13.73	5.72	9.75	12.1	5.84	37.27	23.93	5.62	18.26	15.85	5.25	7.83	6.55	5.36	1.01	5.57	5.75	0.32	13.29	5.38	8.34	17.67	4.8	5.05	8	5.05
9	13.31	22.14	4.32	2.74	8.74	3.64	17.81	9.75	4.71	26.1	21.12	4.96	15.85	15.82	5.24	8.25	6.46	5.28	0.64	4.21	4.35	0.45	12.95	5.24	8.41	8.41	2.29	4.77	6	6.62
10	15.47	21.8	4.25	8.74	7.93	3.31	27.5	8.39	4.05	29.37	19.59	4.6	16.68	14.74	4.88	7.14	6.45	5.27	0.53	3.93	4.06	2.46	8.2	3.32	21.97	8.34	2.27	3.69	4	8.43
11	15.33	19.09	3.72	4.61	6.56	2.74	18.22	6.35	3.06	24.97	16.96	3.99	15.82	14.1	4.67	6.46	6.21	5.08	0.15	2.76	2.85	3.86	3.86	1.56	30.14	7.39	2.01	3.6	2	10.99
12	12.34	17.3	3.37	1.05	4.94	2.06	6.35	6.21	3.00	21.12	16.52	3.88	32.93	13.49	4.47	6.55	5.9	4.82	0.08	2.51	2.59	3.86	3.86	1.56	66.56	6.97	1.89	2.88	1	12.49
13	22.14	15.47	3.01	2.08	4.87	2.03	4.15	5.9	2.85	9.33	15.43	3.63	28.89	10.82	3.58	1.69	5.61	4.59	2.17	2.17	2.23	12.95	3.46	1.4	65.32	2.93	0.8	2.86	3	10.07
14	29.63	15.33	2.99	3.5	4.61	1.92	1.96	4.45	2.15	9.06	13.71	3.22	20.16	10.54	3.49	0.65	5.36	4.38	7.31	2.06	2.12	13.29	2.8	1.13	61.63	1.81	0.49	2.4	5	7.79
15	41.14	14.34	2.8	7.93	4.13	1.72	2.75	4.33	2.09	12.78	12.78	3.00	10.54	10.52	3.48	2.54	5.34	4.37	12.34	1.97	2.04	21.28	2.64	1.07	35.7	1.75	0.48	2.38	7	6.2
16	46.39	14.26	2.78	13.73	3.72	1.55	8.39	4.15	2.01	7.15	11.97	2.81	14.1	5.57	1.84	5.61	4.02	3.29	10.9	1.68	1.73	32.21	2.46	0.99	17.67	1.48	0.4	1.84	9	4.77
17	40.46	13.31	2.59	20.91	3.64	1.52	3.77	3.77	1.82	27.67	9.63	2.26	10.52	5.5	1.82	5.36	2.54	2.07	12.47	1.45	1.51	39.09	1.87	0.76	23.56	1.47	0.4	1.72	11	3.6
18	36.86	13.15	2.56	22.09	3.5	1.46	4.45	3.39	1.63	26.44	9.33	2.19	5.57	4.59	1.52	6.45	2.48	2.02	2.76	1.35	1.41	30.64	1.52	0.62	7.39	1.35	0.37	1.47	13	2.88
19	30.05	12.34	2.41	19.44	3.47	1.45	5.9	2.75	1.33	7.85	9.06	2.13	5.5	2.33	0.77	0.66	1.69	1.37	9.23	1.01	1.04	25.86	1.15	0.47	6.97	1.16	0.31	1.31	15	2.4
20	33.57	11.25	2.19	29.01	2.74	1.14	4.33	1.96	0.94	9.63	7.85	1.85	1.13	1.76	0.58	0.06	1.43	1.17	6.16	0.77	0.79	23.31	0.66	0.28	1.81	0.97	0.26	0.99	17	1.84
21	24.0	11.25	2.19	31.29	2.08	0.87	3.39	1.38	0.67	13.71	7.15	1.69	0.69	1.44	0.48	0	0.66	0.54	5.57	0.64	0.66	14.51	0.47	0.19	0.92	0.92	0.25	0.86	19	1.47
22	21.8	10.87	2.12	22.76	1.43	0.6	0.57	0.82	0.4	16.96	6.04	1.43	0.35	1.13	0.37	9.97	0.65	0.53	3.93	0.53	0.54	8.2	0.45	0.18	1.47	0.28	0.09	0.68	21	0.99
23	17.3	10.4	2.03	15.84	1.37	0.57	0.03	0.57	0.28	5.21	5.21	1.23	1.44	0.69	0.23	11.39	0.06	0.05	1.97	0.15	0.15	1.52	0.32	0.13	1.35	0.15	0.04	0.52	23	0.68
24	14.26	8.66	1.69	4.87	1.05	0.44	0.82	0.03	0.01	6.04	4.57	1.07	1.76	0.35	0.12	5.34	0	0	1.35	0.08	0.08	2.64	0.16	0.06	1.48	0	0	0.39	24	0.39
總和	513.1	513.1	100	239.9	239.9	100	207.2	207.2	100	425.5	425.5	100	301.9	301.9	100	122.4	122.4	100	96.91	96.91	100	247	247	100	367.9	367.9	100	100	—	100

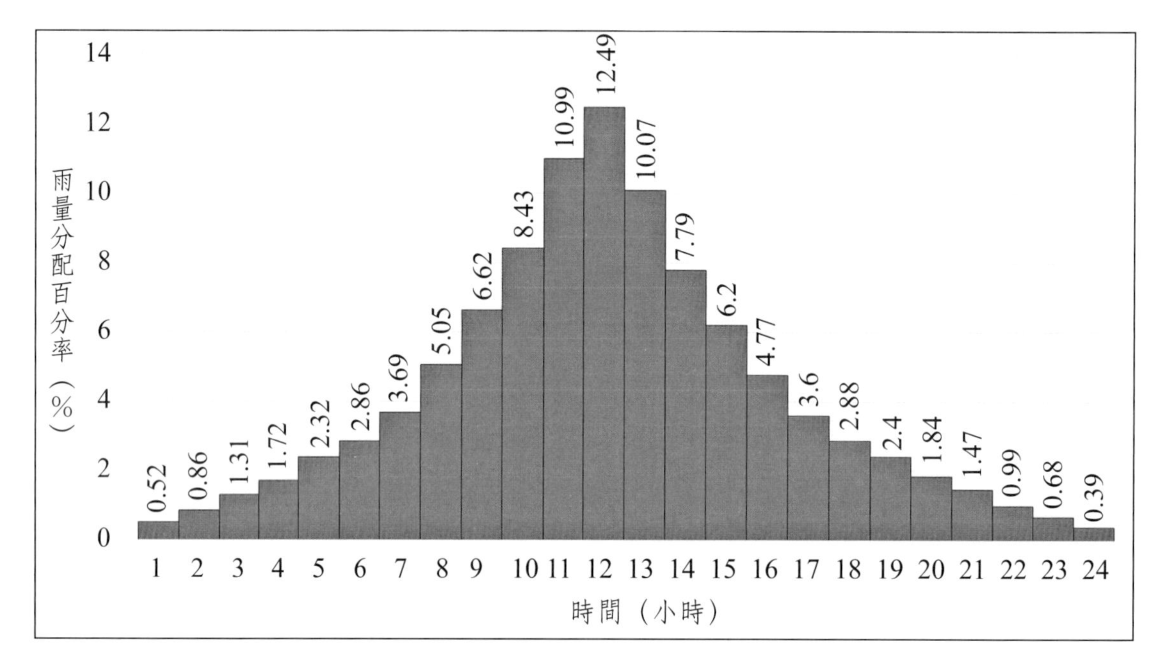

圖3-24 後龍溪流域位序法一日雨型分配圖

表3-14 Horner 公式之係數表（和興站）

重現期	a	b	k
2年	1282.775	7.456	0.65
5年	1112.601	20.342	0.577
10年	1107.416	18.021	0.55
25年	1145.32	16.296	0.528
50年	1186.77	15.392	0.515
100年	1237.24	14.775	0.506
200年	1290.589	14.254	0.498

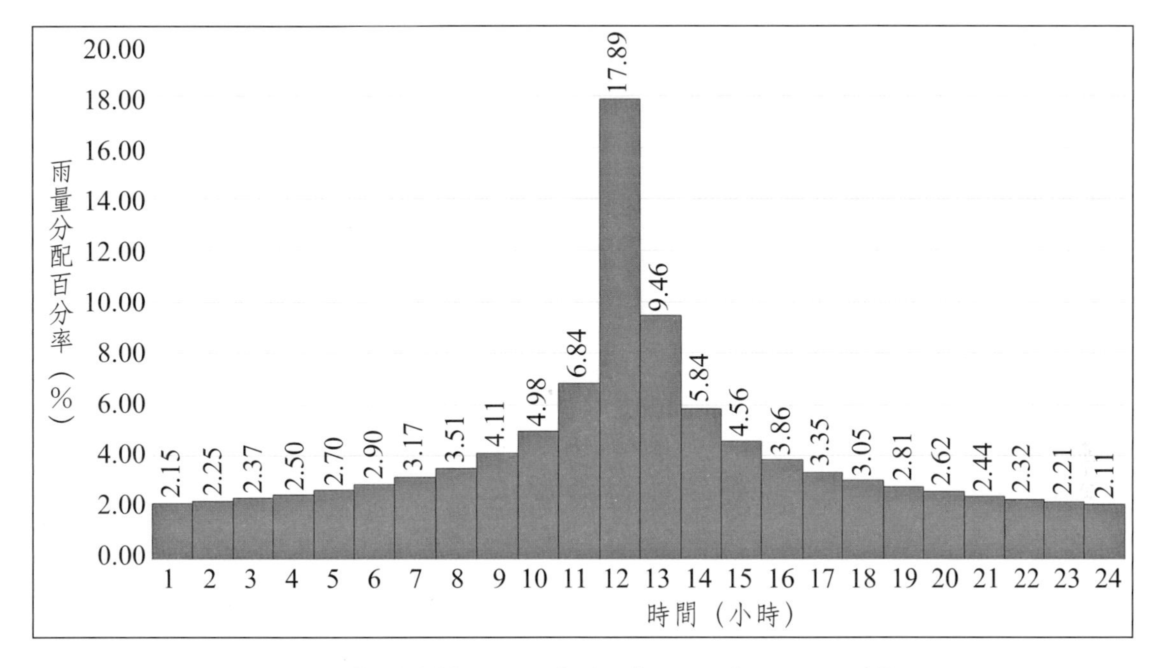

圖3-25　後龍溪流域Horner法重現期距100年一日雨型分配圖

3-5-2 設計有效降雨推估

設計暴雨扣除相應的降雨損失即得設計有效降雨（effective rainfall），主要的計算方法包括Horton入滲公式法、ϕ指數入滲法、SCS入滲公式法及固定值法等，其中以Horton入滲公式法及ϕ指數入滲法較為簡易常用，惟經長期演算及經驗歸納結果顯示，臺灣地區降雨損失多數介於2～4mm/hr之間，因而目前普遍皆採用固定值法（即2～4mm/hr）推估設計有效降雨。這裡則簡單介紹Horton入滲公式法及ϕ指數入滲法，以為參考。

一、Horton入滲公式法

Horton（1939）觀察土壤水分入滲速率，並以指數遞減型式表示如下

$$f(t) = f_c + (f_o - fe)e^{-kt} \tag{3.57}$$

式中，f_c = 平衡入滲率（equilibrium infiltration rate）；f_o = 起始入滲率（initial infiltration rate）；k = 入滲常數。初期之入滲率通常較高，而逐漸減少接近於固

定値，此固定速率f_c等於土壤飽和時之水力傳導度K_{sat}，如圖3-26所示。

二、ϕ指數入滲法

入滲指數是指假設在整個暴雨延時內的入滲率始終保持爲定値，如圖3-26所示。因此，入滲指數會低估降雨初期之入滲率，而高估降雨末期之平衡入滲率。入滲指數適合應用在長延時暴雨或降雨臨前狀況爲土壤水分含量較高的集水區，雖然此種方式忽略掉入滲率在時間上之變化，但大致仍能符合實際工程計算之要求。最常使用之入滲指數爲ϕ指數（ϕ-index），其定義爲降雨率扣除固定入滲率即爲實際發生之逕流體積（或深度），一般以試誤法（trial-and-error procedure）進行計算。

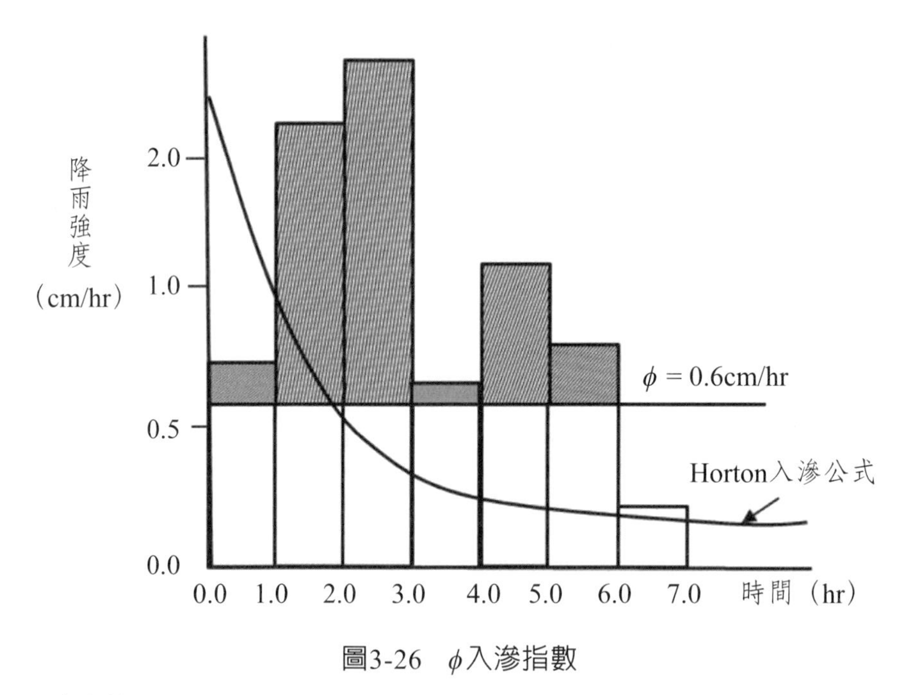

圖3-26 ϕ入滲指數

資料來源：李光敦，2002

3-5-3 逕流歷線

處理集水區設計有效降雨之後，接著就要將有效降雨轉化爲集水區出口的設計洪水及其歷程，即所謂的集流計算。目前集水區集流計算的方法很多，如單位歷線法（unit hydrograph method）、瞬時單位歷線法（instantaneous unit hydrograph method）等。本處則以介紹說明單位歷線法爲主。

一、單位歷線定義及假設

單位歷線法係Sherman（1932）基於線性及非時變性的假設，係指在給定的集水區上於單位時段內時空分布均勻的一次降雨產生的單位有效降雨量（一般爲10mm），在集水區出口斷面所形成直接逕流歷線。根據這個定義，說明給定集水區的直接逕流歷線形狀反映了該集水區所有物理特徵的影響，又在給定時段內和集水區面積上一次降雨產生的單位有效降雨量應分布均勻，並且符合以下假定：

(一) 同一集水區時空分布均勻的有效降雨，其降雨延時T相同，所形成的直接逕流歷線的基期也相同。

(二) 線性假設：相同基期之直接逕流歷線，其縱軸之大小與具相同有效降雨延時之直接逕流量成正比。

(三) 非時變性假設：對同一流域或集水區，可由其過去之水文記錄推定其單位歷線，以供未來水文設計之應用。

二、單位歷線的推求

單位歷線的假設存在線性及非時變性的重要特性，因而推求單位歷線的理想條件是降雨所產生的直接逕流歷線，係由單場強烈的短延時，且時間和空間皆均勻分布在整個集水區內的暴雨所產生者爲佳。一般而言，產生直接逕流歷線的短延時有效降雨不超過兩場時，可採用分析法推求平均單位歷線；惟當有效降雨不超過三場時，通常採用試誤法推求之。

分析法係根據單位歷線基本假設，逐一求解的方法，其推求步驟如下：

(一) 由集水區雨量站於某次暴雨形成之河川流量歷線記錄，描繪出其逕流歷線，再分離出基流量及直接逕流量（DRH）。

(二) 用求積儀直接量取直接逕流歷線下之面積或用數學方法求之，即得直接總逕流量，再除以集水區面積，可得單位面積逕流深度，以R表示。

(三) 於降雨組體圖中，繪一水平線使此線上方之超滲降雨P_E等於直接逕流深度R，則其經過之延時即爲有效降雨延時T。

(四) 由單位歷線之線性特性，每一時間之縱座標爲直接逕流歷線之縱座標除以直接逕流深度，即單位歷線$U(T, t) = \dfrac{DRH(t)}{R}$。

(五) 單位歷線下所含之體積必等於一單位之逕流深度，可用此概念檢驗所求是否正確。

表3-15爲某集水區面積爲132km^2，於一場短延時暴雨實測之降雨量及其各時段逕流量，如表3-15第(1)、(2)及(3)等欄位，其單位歷線推求方法如下：

(一) 將「總逕流量減去基流量」可得「直接逕流量」，即

第(3)欄位 － 4=第(4)欄位

採用直線分割法分離基流，表中逕流量過程的起漲點流量爲6cms，故以此作爲基流量。

(二) 由第(4)欄位計算直接逕流總體積量

$$R = 3600 \times \sum_{i=1}(4)_i = 10.566 \times 10^6 \text{ m}^3$$

表3-15　單位歷線推求

時間 (hr)	降雨量 (mm/hr)	逕流量 (cms)	直接逕流量 (cms)	單位歷線 (cms)	有效降雨量 (mm/hr)
(1)	(2)	(3)	(4)	(5)	(6)
0～1	11	6	0	0	2
1～2	15	6	0	0	6
2～3	7	109	103	13	
3～4	4	1340	1334	167	
4～5	1	576	570	71	
3～6		329	323	40	
3～7		244	241	30	
7～8		180	174	22	
8～9		128	122	15	
9～10		50	44	6	
10～11		30	24	3	
11～12		6	0	0	

(三) 將直接逕流總體積除以集水區面積，可得直接逕流深度

$$3600 \times \sum_{i=1}(4)_i / 132 \times 10^6 = 8 \text{ cm}$$

(四) 將直接逕流量（第(4)欄）除以直接逕流深度（即8cm），可得集水區之單位歷線，即

$$\text{第(5)欄位} = \text{第(4)欄位}/8$$

(五) 因直接逕流深度等於有效降雨深度，故若以ϕ指數法配合第欄位反覆試算，可得$\phi = 9$mm/hr，即

$$\text{有效降雨深度} = (11 - 9) + (13 - 9) = 8\text{mm/hr}$$

表中顯示原降雨延時爲5小時，惟有效降雨延時減少爲$T = 2$小時。

(六) 因單位歷線逕流深度爲10mm，故將第(5)欄位累加除以集水區面積，可得

$$3600 \times \sum_{i=1}(5)_i / 132 \times 10^6 = 10 \text{ mm}$$

單位歷線之所以能成爲一般工程常用的逕流分析方式，乃基於該方式簡捷易用。由於非時變性的假設，所以認定水文環境不會隨時間發生明顯的改變，因此可以藉由集水區過去水文紀錄，推測該地區目前可能發生的水文情況。更由於線性的假設，故可藉由已知的單位歷線，以線性正比與疊加之方式，推求該集水區之直接逕流歷線。應用單位歷線法配合有效降雨所得之直接逕流歷線，若再加上河川基流量，則可得到河川的洪水流量歷線（total runoff hydrograph）。

三、單位歷線的轉換

應用單位歷線時，往往因實際降雨有效延時和單位歷線的有效降雨延時不同而引起誤差。例如，實際降雨有效延時短，所用的單位歷線有效降雨延時長，則推算的洪峰流量會偏低，反之偏高。解決的辦法是用*S*-歷線法（S-hydrograph method）將已知有效降雨延時T單位歷線轉換爲所需的有效降雨延時單位歷線，以符合實際需要。

S-歷線爲單位歷線各時段累積直接逕流與時間的關係曲線。它由一系列單位歷線加在一起而構成，每一條單位歷線比前一條滯後Δt小時，如圖3-27所示。

爲一延時爲無限的相等有效降雨延時降一單位有效降雨強度所產生之各個單位

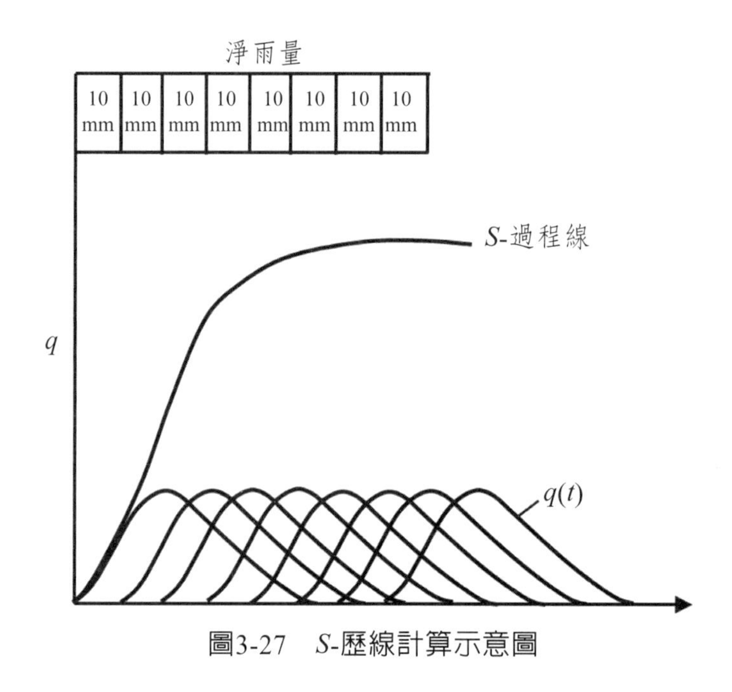

圖3-27　S-歷線計算示意圖

歷線所累加而成之直接逕流歷線，如圖3-27所示。圖中，係一場降雨延時爲T小時之暴雨所形成的單位歷線，在發生連續降雨的情形。若將此連續降雨的逕流歷線疊加，至某一時刻，集水區有效降雨參加集流以後，逕流量就成了不變的常數，其形狀如S。具體計算如表3-16，茲說明如下：

將兩條T小時單位歷線的S-歷線繪在同一圖上，並錯開欲推求單位歷線的有效降雨延時Δt，如圖3-28所示。這樣，將$s(t)$與$s(t-\Delta t)$歷線相減，即爲前Δt小時所產生的逕流歷線。惟兩條S-歷線間逕流總量相當於$T/\Delta t$倍的單位有效降雨量（10mm），故將各縱座標値分別乘以$T/\Delta t$，可得Δt小時單位歷線，可表爲

$$u_{\Delta t}(t)=\frac{T}{\Delta t}[s(t)-s(t-\Delta t)] \tag{3.58}$$

式中，T = 原單位歷線之降雨延時；Δt = 擬轉換之降雨延時；$s(t)$ = 利用原單位歷線所得之S-歷線；$s(t-\Delta t)$ = 原S-歷線時間軸挪後Δt時距；$u_{\Delta t}(t)$ = 轉換延時爲Δt之單位歷線。表3-16爲已知6小時單位歷線轉換爲3小時單位歷線之計算例。

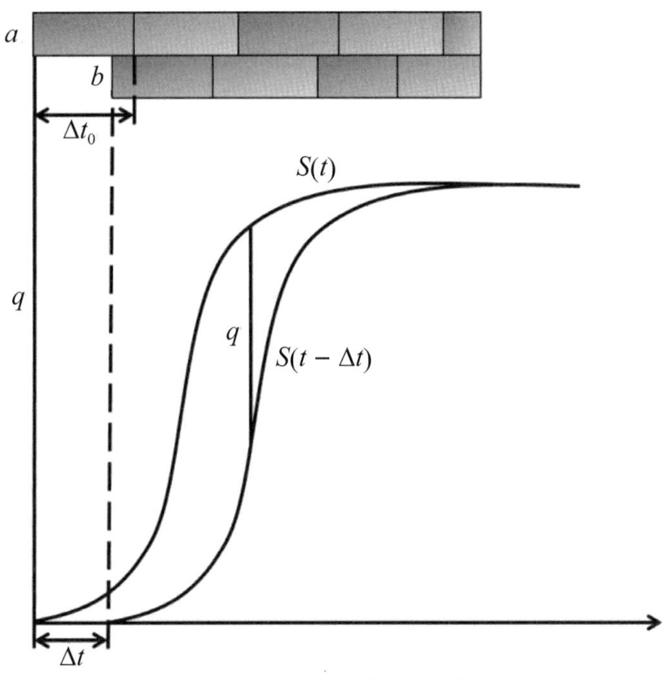

圖3-28　S-歷線轉換示意圖

表3-16　單位歷線有效延時轉換計算例表

時段Δt (6小時)	原單位歷線 (cms)	$s(t)$ (cms)	$s(t-3)$ (cms)	$s(t)-s(t-3)$ (cms)	3小時 單位歷線（cms）
0	0	0			
	185	185	0	185	370
1	430	430	185	245	490
	580	765	430	335	670
2	630	1060	765	295	590
	515	1280	1060	220	440
3	400	1460	1280	180	360
	320	1600	1460	140	280
4	270	1730	1600	130	260
	230	1830	1730	100	200
5	180	1910	1830	80	160
	160	1980	1910	70	140

時段Δt (6小時)	原單位歷線 (cms)	$s(t)$ (cms)	$s(t-3)$ (cms)	$s(t)-s(t-3)$ (cms)	3小時 單位歷線(cms)
6	118	2028	1980	48	96
	90	2070	2028	42	84
7	70	2098	2070	28	56
	50	2120	2098	22	44
8	40	2138	2120	18	36
	27	2147	2138	9	18
9	16	2154	2147	7	14
	7	2154	2154	0	0
10	0	2154	2154	0	0
		2154	2154	0	0

3-5-4 集水區出口斷面流量歷線

在給定的集水區上，當已知延時單位歷線為已知時，則由設計有效暴雨，假設各單位有效降雨量所產生的出流過程互不干擾，集水區出口斷面的流量等於各單位時段有效降雨量所形成的流量之和，可表為

$$Q_i = \sum_{j=1}^{m} I_j \; q_{i-j+1} \tag{3.59}$$

式中，Q = 出口斷面各時段末流量；q = 單位歷線各時段末流量；I = 時段有效降雨量；m = 有效降雨量時段數；n = 單位歷線時段數。具體推算實例，如表3-17所示。

表3-17　應用單位歷線推算流量歷線

時間	設計有效暴雨(mm)	單位歷線(cms)	部分逕流(cms)					$\sum$(cms)	基流量(cms)	流量歷線(cms)
			$I_1q(t)$	$I_2q(t)$	$I_3q(t)$	$I_4q(t)$	$I_5q(t)$			
1	1.8	0								
2	10.3	0							50	50

時間	設計有效暴雨(mm)	單位歷線(cms)	部分逕流(cms)					Σ (cms)	基流量(cms)	流量歷線(cms)
			$I_1q(t)$	$I_2q(t)$	$I_3q(t)$	$I_4q(t)$	$I_5q(t)$			
3	14.7	380	68.4					68.4	50	118.4
4	3.4	1000	180	391				571	50	621
5	1.6	340	61.2	1030	559			1650	50	1700
6		190	34.2	350	1470	129		1980	50	2030
7		140	25.2	196	500	340	60.8	1120	50	1170
8		110	19.8	144	279	116	180	719	50	769
9		90	16.2	113	206	64.6	54.4	454	50	504
10		70	12.6	92.7	162	47.6	30.4	345	50	395
11		50	9.0	72.1	132	37.4	22.4	273	50	323
12		30	5.4	51.5	103	30.6	17.6	208	50	258
13		20	3.6	30.9	73.5	23.8	14.4	146	50	196
14		10	1.8	20.6	44.1	17.0	11.2	94.7	50	144.7
15		0		10.3	29.4	10.2	8.0	57.9	50	107.9
16					14.7	6.8	4.8	26.3	50	76.3
17						3.4	3.2	6.6	50	56.6
18							1.6	1.6	50	51.6

3-6 小型集水區設計洪水量計算

在工程實務上，經常需要推估小型集水區之洪峰流量，以利相關工程規劃及設計，但是因欠缺水文站及實測流資料，而難以進行推估。因此，對於集水區面積小於10km^2（1,000ha）或集流時間小於1.0小時之小型集水區，考量具有：1.降雨於時間與空間的分布均勻；2.降雨延時通常大於集流時間；及3.可以忽略河川調蓄效應等特點，得採用合理化公式（Rational formula）推估集水區特定出口之洪峰流量（水土保持技術規範，2016）。有別於小型集水區，對於中型集水區（集水區面積大於1,000ha）的洪峰流量演算，因降雨的時變性效應甚為明顯，故需採用能夠反應時變性降雨強度的方法，例如單位歷線法或瞬時單位歷線法等。至於集水區面積超過中型集水區上限的大型集水區，因區域內降雨的時空方布不均勻，故需先將集水區劃分爲數個中、小型集水區再進行降雨逕流分析。

根據水土保持技術規範第17條得知，洪峰流量之估算，有流量實測資料時，得採用單位歷線分析；面積在1,000公頃以內者，無流量實測資料時，得採用合理化公式計算。因此，以集水區面積的水文特性考量時，小型集水區可以採用合理化公式法進行洪峰流量的設計，而中型集水區的洪峰流量演算，因降雨的時變性效應甚爲明顯，所以需採用能夠反應時變性降雨強度的方法，如單位歷線法或瞬時單位歷線法等。至於集水區面積超過中型集水區上限的大型集水區，因區域內降雨的時空方布不均勻，故需先將集水區劃分爲數個中、小型集水區再進行降雨逕流分析。

3-6-1 合理化公式

合理化公式是一種運算極爲簡便的集水區洪峰液量推估該法，普遍應用在欠缺實測流量資料之小型集水區中。

一、合理化公式

在假定集水區上有效降雨強度不隨時間與空間變化的條件下，則於集水區下游出口斷面處之設計洪峰流量，可表爲

$$Q_p = C\,\bar{I}\,A \tag{3.60}$$

式中，Q_p = 洪峰流量；C = 逕流係數（runoff coeff.），係反應集水區降雨損的無因次係數，與地面條件相關；$\bar{I}$ = 平均設計降雨強度（$= R_e/t_c$）；t_c = 集流時間（time of concentration），從集水區分水嶺最遠點沿主流集流至出口斷面的時間；R_e = 在t_c時段內的有效降雨（mm）；A = 集水區面積。上式係基於等號左右兩側因次相等的基本特點而謂之合理化公式。合理化公式的基本假設有三：

(一) 均勻降落於集水區內某已知強度降雨所能產生之洪峰流量，必須是降雨延時（t）等於或大於集流時間（t_c）；換言之，一穩定均勻降雨強度將造成集水區設計出口點之逕流，在集流時間時達到最大流量。

(二) 推求之洪峰流量與設計降雨強度具有相同之重現期。

(三) 逕流係數不隨降雨特性而改變，此係數通常決定於集水區地表之不透水程度與入滲容量。

上式係適用於降雨延時$t \geq t_c$的情況下，惟當$t < t_c$時〔參見圖3-29（駒村富士彌，1978）〕，集水區僅有部分面積匯流形成洪峰流量的情況，則洪峰流量的計算公式可表為

$$Q_p = C\frac{R_{ec}}{t}A_e \tag{3.61}$$

式中，R_{ec} = 在t時段內的有效降雨（mm）；A_e = t時段內最大的集流面積，$A_e < A$。不過於小集水區，為簡化計，一般皆假設$R_e / t_c \approx R_e / t$。

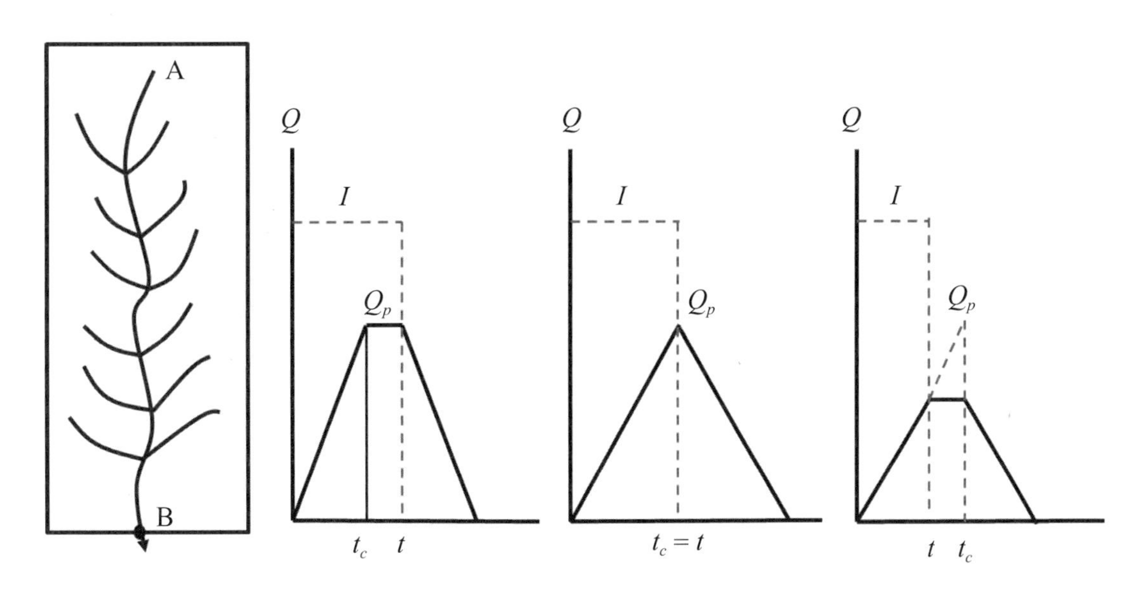

圖3-29　集流時間示意圖

由於合理化公式之計算相當簡單，所以在都市排水及山坡地水土保持工程中廣為使用。但是，如何選定適當的逕流係數及設計降雨強度推估公式，實為應用合理化公式推求洪峰流量的關鍵所在。

二、逕流係數

逕流量與降雨量之比值稱為逕流係數，可表為

$$C=\frac{逕流深度}{降雨深度} \tag{3.62}$$

它與集水區面積、形狀、地質、地形、植被覆蓋、土地利用、前期降雨情況等相關，可以查表方式決定之，如表3-18至3-20所示。其中，應用合理化公式於水土保持相關工程或土地開發設計時，其逕流係數應依表3-21適當選用之。

表3-18 都市下水道設計逕流係數參考表

土地使用類型	逕流係數
商業區	0.60
住宅區（密集）	0.50
住宅區（密集）	0.30
工業區	0.40
綠地	0.10

資料來源：王如意、易任，1982

表3-19 一般河川及地形之逕流係數

集水區狀況	逕流係數
急峻之山地	0.75～0.90
第三紀層山地	0.70～0.80
有起伏之土地及森林	0.50～0.75
平坦之耕地	0.45～0.60
灌溉中的水田	0.70～0.80
山地河川	0.75～0.85
平地河川	0.45～0.75
集水區一半以上是平地之大河川	0.50～0.75

資料來源：王如意、易任，1982

表3-20　美國加州公路局之逕流係數

坡度 (%)	土地利用	土壤種類		
		有起伏的平原	砂土或砂質壤土	黑土、黃土（不透水性）
平坦地 0～1	林地		0.15～0.20	0.15～0.20
	牧草地		0.20～0.25	0.25～0.30
	耕地		0.24～0.35	0.30～0.40
起伏地 1～3.5	林地		0.15～0.20	0.18～0.25
	牧草地	0.25～0.30	0.30～0.40	0.35～0.45
	耕地	0.40～0.45	0.45～0.65	0.50～0.75
丘陵地 3.5～5.5	林地		0.20～0.25	0.25～0.30
	牧草地		0.35～0.45	0.45～0.55
	耕地		0.60～0.75	0.70～0.85
山地	林地			0.70～0.80
	裸地			0.80～0.90

資料來源：王如意、易任，1982

表3-21　水土保持技術規範之逕流係數

集水區狀況	陡峻山地	山嶺區	丘陵地或森林地	平坦耕地	非農業使用
無開發整地區之逕流係數	0.75～0.90	0.70～0.80	0.50～0.75	0.45～0.60	0.75～0.95
開發整地區整地後之逕流係數	0.95	0.90	0.90	0.85	0.95～1.00

註：開發中之C值以1.0計算；資料來源：水土保持技術規範，2016

三、平均設計降雨強度

應用合理化公式的主要關鍵，在於推估平均設計降雨強度。如前所述，不論是設計暴雨或洪水，都必須設法推求其特定延時和重現期的暴雨深度及洪峰流量；換言之，推估平均設計降雨強度時必須將特定延時及重現期一併地納入，才能依式（3.60）獲得其相應的洪峰流量。這樣，根據降雨強度－延時－頻率公式（intensity-duration-frequency equation, IDF），可表爲

$$I = \frac{c\,T^m}{(t+b)^k} \qquad (3.62)$$

式中，I = 單位時間降雨量（mm/hr），即降雨強度；t = 降雨延時（min）；a、b、c、m、k = 待定常數；T = 重現期。通常，降雨強度－延時－頻率公式以採用Horner公式爲宜，設計時以挑選集水區內或鄰近區域測站近年更新之Horner公式爲主，惟若無較新的Horner公式可資參考，亦可參考水利署92年2月「臺灣地區雨量測站降雨強度-延時Horner公式分析」或前經濟部水資源局90年12月「水文設計應用手冊」。若缺乏Horner降雨強度公式，或集水區欠缺實測資料時，可以採用物部公式由日雨量資料推求各延時之降雨強度，即

$$I_t = \frac{r_{24}}{24}(\frac{24}{t})^{2/3} = \frac{1}{24}(\frac{24}{t})^{2/3} r_{24} = C_t\, r_{24} \qquad (3.63)$$

式中，I_t = t時間內平均降雨強度（mm/hr）；r_{24} = 日雨量（mm）；t = 集流時間或洪峰到達時間（hr）；C_t = 係數。上式於降雨延時較小時，C_t值較臺灣一般情形爲大，故不宜在較小集水區或集流時間較短中使用（廖培明，1998）。此外，根據水土保持技術規範第16條（2016），提出以集水區年平均降雨量（P）爲參數的無因次降雨雨強度公式，即

$$I_t^T = (G + H\,\log T)\frac{A}{(t+B)^c} I_{60}^{25} \qquad (3.64)$$

式中，$I_{60}^{25} = (\frac{P}{25.29+0.09\,P})^2$；$A = (\frac{P}{-189.96+0.31\,P})^2$；$B = 55$

$C = (\frac{P}{-381.71+1.45\,P})^2$；$G = (\frac{P}{42.89+1.33\,P})^2$；$H = (\frac{P}{-65.33+1.83\,P})^2$

式中，P = 年平均降雨量（mm）；t = 有效降雨延時（min）；T = 重現期距（年）。上式表徵小集水區短歷時的設計暴雨時、空分布均勻。

四、集流時間

集流時間（time of concentration）是一種理想化的概念，係指逕流從集水區上最遠的點流到特定出口斷面所需的時間，而最遠的點流到特定出口斷面指的不是距離，是逕流集流的時間（Maidment, 1993）。更恰當的定義應該是，超滲降雨開始時刻到全集水區的逕流都流到出口斷面處的時刻。基於以上概念，集流時間計算公式可表爲

$$t_c = \frac{L}{V} \tag{3.65}$$

式中，t_c = 集流時間；L = 逕流流動長度；V = 逕流流速。考量逕流從集水區坡面流至河道的過程中，水流流速會有很大的變異而影響集流時間的計算，故通常會依流動條件採用分段計算方式，以獲得集水區的總集流時間，即

$$t_c = t_s + t_r + t_y + t_d \tag{3.66}$$

式中，t_s = 薄層漫地流運行時間；t_r = 淺層集中水流運行時間；t_y = 管流運行時間；t_d = 渠道運行時間。通常，在集水區內多簡化為兩種分段，其中由逕流從坡面流入河道的時間，屬於坡面漫地流段，稱為流入時間（inlet time）；而由河道最上游流至下游出口的時間，屬於明渠流段，稱為流下時間（travel time）；集流時間即為流下及流入時間之和，即

$$t_c = t_s + t_d \tag{3.67}$$

式中，t_s = 流入時間；t_d = 流下時間。因此，集流時間可以採用漫地流及渠流流速推估，或其他經驗公式推估。

(一) 漫地流及渠流流速推估

坡面漫地流係指水流由集水區邊界流至排水管或河道的流動型態。在大型集水區，漫地流運行時間所佔的比例相對較小，而在中小型集水區中，漫地流為主要的流動型態。一般，坡面漫地流流段的流動距離很短，以不超過300ft為原則（ODOT, 2014）。漫地流流速計算通式，可表為

$$V = k\, S_o^{1/2} \tag{3.68}$$

式中，S_o = 漫地流平均坡度；k = 待定常數，如表3-22所示。

表3-22 漫地流速度常數k值

地表形態	覆蓋情形	k（m/sec）
森林	茂密矮樹叢	0.21
	稀疏矮樹叢	0.43
	大量枯枝落葉	0.76
草叢	百慕達草	0.30
	茂密草叢	0.46
	矮短草叢	0.64
	放牧地	0.40
農耕地	有殘株	0.37
	無殘株	0.67
農作物	休耕地	1.37
	等高耕	1.40
	直行耕作地	2.77
道路鋪面		5.22

資料來源：經濟部水利署水利規劃試驗所，2006

ODOT（2014）以運動波方程推估流入時間，即

$$t_s = 0.93\frac{\ell_1^{0.6} n_1^{0.6}}{I^{0.4} S_1^{0.3}} \quad (3.69)$$

式中，t_s = 流入時間（min）；ℓ_1 = 坡面漫地流流動距離，小於或等於300ft；n_1 = 坡面Manning's粗糙係數，如表3-23所示；I = 降雨強度（in/hr）；S_1 = 坡面平均坡度。必須注意的是，上式包含未知的降雨強度，故應與降雨強度公式聯立採用試誤法進行求解。不過，坡面漫地流流段受到諸多因素影響，不容易獲得比較一致的結果，因而也有採用比較簡化的方式，水土保持技術規範（2016）即設定漫地流平均流速約介於0.3～0.6m/sec之間，且在坡面上漫地流流動長度不得大於300m，屬於開發坡面，亦不得大於100 m。

表3-23　坡面漫地流Manning's粗糙係數

地面條件（最大水深 = 1 inch）	Manning's n_1
路面和屋頂	0.014
城市商業區	0.014
砂礫表面	0.02
公寓住宅區	0.05
工業區	0.05
城市居住區	0.08
草地，牧草和牧場	0.15
農村區	0.24
操場，薄草坪	0.24
公園及墳場，厚草皮	0.40
林地和森林	0.40

明渠流流段流速可以直接採用曼寧公式（Manning formula）計算，即

$$V = \frac{1}{n_2} R^{2/3} S_2^{1/2} \tag{3.70}$$

式中，R = 水力半徑（= A/P；P = 潤周長；A = 通水斷面積）；n_2 = 渠道Manning's粗糙係數。此外，Kraven公式（水土保持手冊，2006）建議採用下列公式計算流下時間

$$t_d = \ell_2 / W\ (hr) \tag{3.71}$$

式中，t_d = 流下時間（hr）；ℓ_2 = 河道或排水路流動長度；W = 水流流速，可依表3-24推估。

表3-24　河道坡度與水流流速關係表

H/ℓ_2	1/100以上	1/100～1/200	1/200以下
W(m/sec)	3.5	3.0	2.1

註：H/ℓ_2 = 河道坡度；
　H = 集水區河道或排水路最上游點至控制點之高程差。

另，Rziha採用以下公式推求水流流速（W），可表爲（水土保持手冊，2006）

$$W = 20(H/\ell_2)^{0.6} \quad (\text{m/sec}) \tag{3.72}$$

$$W = 72(H/\ell_2)^{0.6} \quad (\text{km/hr}) \tag{3.73}$$

上式爲目前較常用的流下時間公式。

(二) 其他經驗公式

1. 美國加州公路Kirpich公式（1940）（經濟部水利署水利規劃試驗所，2006）

$$t_c = 0.0078\varepsilon\, L^{0.77}\, S^{-0.385} \tag{3.74}$$

式中，t_c = 集流時間（min）；L = 流路長度（ft）；S = 平均坡度（ft/ft）；ε = 修正係數，如表3-25所示。上式係以美國田納西州（Tennessee, USA）七個鄉村集水區（rural watershed）資料所建立，其中集水區面積介於0.4～44.8ha，河道坡度介於3～10%。不過，上式已廣泛被應用於都市集水區推估漫地流及河道水流之集流時間，且應用於農業集水區時，其面積可達80ha以上。

表3-25　Kirpich公式修正係數

ε值	說明
1.0	具有明確的渠道漫地流在裸露的地表上流動以及已修剪植被的路側溝渠
2.0	草地上的漫地流
0.4	混凝土或瀝青路面上的漫地流
0.2	混凝土渠道

2. Bransby-Williams公式（GEO, 2013）

$$t_c = 0.14465\, L\, A^{-0.1}\, S^{-0.2} \tag{3.75}$$

式中，t_c = 集流時間（min）；L = 集水區最上游的點至下游出口間的流路長度（m）；A = 集水區面積（m^2）；S = 平均坡度（m/100m）。根據香港GEO研究指出，應用上式推估集水區集流時間往往會有高估的問題。

3. Papadakis & Kazan公式（1986）：由美國22洲84個面積小於5.0km²鄉村集水區的實測資料獲得

$$t_c = 0.66\ L^{0.5}\ n^{0.52} S^{-0.31}\ I^{-0.38} \qquad (3.76)$$

式中，t_c = 集流時間（hr）；L = 流路長度（ft）；S = 平均坡度；n = 渠道Manning's粗糙係數；I = 降雨強度（in/hr）。

4. Chow, V. T.（1962）：應用於面積介於0.01～18.5km²的鄉村區，其坡面介於0.0051～0.09之間。

$$t_c = 0.1602\ L^{0.64}\ S^{-0.32} \qquad (3.77)$$

式中，t_c = 集流時間（hr）；L = 流路長度（km）；S = 平均坡度（m/m）。

5. Ventura公式（Mata-Lima et al., 2007）：以義大利鄉村資料建立的經驗公式

$$t_c = 4A^{0.5}L^{0.5}H^{-0.5} \qquad (3.78)$$

式中，t_c = 集流時間（hr）；L = 流路長度（km）；A = 集水區面積（km²）。

6. 陳樹群、謝永能公式（2008）：以運動波理論推導之漫地流與渠道流集流時間公式，配合敏感度分析進行簡化，並建立下列公式

$$t_c = 0.8\left(\frac{n_1^2\ \ell_1^2}{S_1}\right)^{0.3}(1 + k\ F^{-0.6}) \qquad (3.79)$$

式中，t_c = 集流時間（min）；n_1 = 漫地流粗糙係數；ℓ_1 = 漫地流長度（m）；S_1 = 漫地流坡度；F = 集水區形狀係數；k = 係數，隨集水區地文因子及Manning's粗糙係數改變而變化，介於0.1～0.4之間。

表3-26爲彙整各國應用合理化公式推估洪峰流量時集水區面積之上限，以及採用之集流時間公式。

表3-26 各國使用合理化公式之集水區面積上限及集流時間公式

國家別	集水區面積上限	集流時間公式
臺灣	$10km^2$	Rziha公式、Kraven公式及Kirpich公式
香港	$1.5km^2$	Bransby-Williams公式
澳洲	$5km^2$	運動波公式
法國	～	運動波公式
加拿大	$10km^2$	Bransby-Williams公式、運動波公式
美國	$0.8km^2$	Papadakis & Kazan公式、Kirpich公式及運動波公式
英國	$1.5km^2$	Bransby-Williams公式

Source: GEO, 2013.

3-6-2 三角形單位歷線法

雖然以合理化公式推求設計洪峰流量，具有簡便之優點，惟卻欠缺各洪水流量與時間之關係，於是同樣具有簡便特點之三角形單位歷線，就具有一定的應用優勢。三角形單位歷線係於集水區欠缺實測流量的狀況下，爲設計其洪水及推估洪峰流量，假設集水區流量歷線（過程線）呈三角形分布，如圖3-30所示。這樣，由三角形面積可得

$$Q_p = \frac{2QA}{t_b + t_r} \tag{3.80}$$

式中，Q_p = 洪峰流量（cms）；Q = 總逕流水深（mm）；A = 集水區面積（km^2）；t_p = 歷線開始至到達洪峰流量時間（hr）；t_r = 到達洪峰流量時間至歷線終端（hr）；t_b = 歷線時間基期（$= t_p + t_r$）（hr）。當總逕流水深（Q）等於單位有效降雨深度（R_e）（一般取10mm），則上式稱之爲三角形單位歷線（triangular unit hydrograph）。三角形單位歷線法概念相當簡單，用途卻頗重要，適用於海洋島嶼型小集水區的洪峰流量設計，尤其在欠缺實測資料的上游集水區，更屬重要。

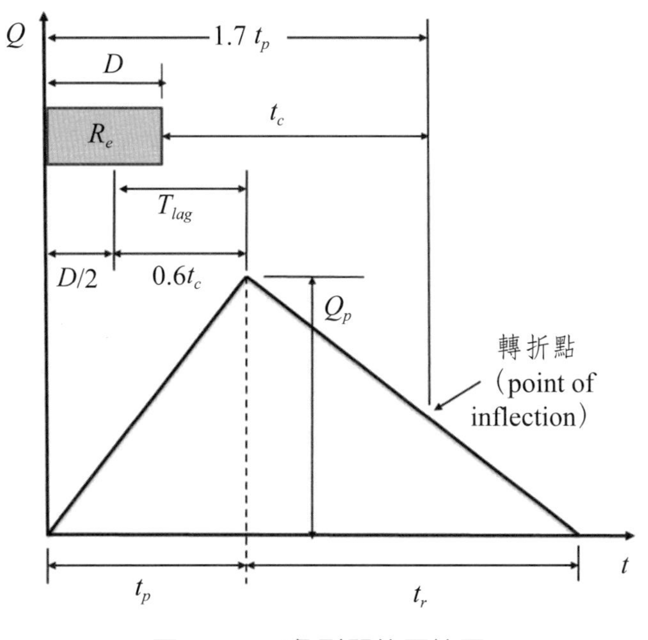

圖3-30　三角形單位歷線圖

依圖3-30得知，洪峰流量到達時間t_p可表爲

$$t_p = \frac{D}{2} + t_{lag} \tag{3.81}$$

式中，D = 有效降雨延時（hr）（duration of unit excess rainfall in hour）；t_{lag} = 稽延時間（hr）（lag time in hour），爲有效降雨中心至洪峰流量到達時間，可表爲（Mockus 1957; Simas 1996）

$$t_{lag} = 0.6t_c \tag{3.82}$$

式中，t_c = 集流時間（hr）。Viessman et al.（2003）認爲，集流時間與洪峰流量到達時間t_p和有效降雨延時之間具有如下關係，即

$$t_c = 1.7t_p - D \tag{3.83}$$

由式（3.81）及式（3.82）代入式（3.83）可得

$$D = 0.2t_p \tag{3.84}$$

$$D = 0.133t_c \tag{3.85}$$

另，設$t_r = mt_p$，且Mockus（1957）提出，m = 1.67，則三角形單位歷線洪峰流量

及洪峰流量到達時間可分別表爲

$$Q_p = \frac{0.208 \cdot A \cdot R_e}{t_p} \tag{3.86}$$

一、洪峰係數修正

式（3.86）中係數0.208稱爲洪峰係數（peaking factor），係反應集水區內保留或遲滯水流的能力，與集水區特性相關。根據「美國國家海洋及大氣總署」單位歷線技術手冊建議，針對集水區不同土地利用型態，應修正式（3.86）中的係數值，以符合集水區逕流特性，如表3-27所示。（經濟部水利署水利規劃試驗所，2012）

表3-27　三角形單位歷線洪峰係數與m值修正表

土地使用狀況	洪峰係數	$m = T_r / T_p$
標準SCS	0.208	1.67
都市地區：陡坡	0.247	1.25
都市與鄉村混合區	0.172	2.25
鄉村：陡坡	0.129	3.33
鄉村：緩坡	0.086	5.5
鄉村：平地	0.043	12.0

二、有效降雨延時（D）計算

由式（3.85）得知，由集流時間可以推估有效降雨延時，惟考量臺灣地區集水區面積較小之實際問題，於是經濟部水利署提出了適用於臺灣地區有效降雨延時的推估方式，並將三角形單位歷線更名爲修正三角形單位歷線（modify triangular unit hydrograph）。一般，修正三角形單位歷線有效降雨延時之推估方法有三，包括：

(一) 集流時間推定：依據$D \leq 0.133 t_c$原則，由已知的集流時間推定有效降雨延時，如表3-28所示。

表3-28　有效降雨延時推估

集流時間	$D \leq 0.133t_c$	採用值（min）	採用值（hr）
$t_c \geq 6$ hr	$D > 48$ min	60	1.0
$3.0 \leq t_c < 6.0$ hr	$24 \leq D < 48$ min	48	0.8
$1.0 \leq t_c < 3.0$ hr	$8 \leq D < 24$ min	24	0.4
$t_c < 1.0$ hr	$D < 8$	9	0.15

資料來源：經濟部水利署，水利工程技術規範-河川治理篇（草案）（上冊），2007。

由於上游集水區面積小，坡度陡，其集流時間常小於1.0小時，如依表3-28選取有效降雨延時，在進行S-歷線轉換時必須採用內差方式，較爲費時且複雜。爲此，參考Viessman et al.（2003）建議，即有效降雨延時只要不大於$0.17t_c$皆屬容許之範圍而修改表3-28，修改結果如表3-29所示。

表3-29　有效降雨延時推估

集流時間	$D \leq 0.133t_c$	採用值（min）
$t_c \geq 6$ hr	$D > 48$ min	60
$5.0 \leq t_c < 6.0$ hr	$40 \leq D < 48$ min	50
$4.0 \leq t_c < 5.0$ hr	$32 \leq D < 40$ min	40
$3.0 \leq t_c < 4.0$ hr	$24 \leq D < 32$ min	30
$2.0 \leq t_c < 3.0$ hr	$16 \leq D < 24$ min	20
$1.0 \leq t_c < 2.0$ hr	$8 \leq D < 16$ min	10
$t_c < 1.0$ hr	$D < 8$ min	5

資料來源：經濟部水利署水利規劃試驗所，臺灣地區主要河川流域水文與水理設計分析系統平台建立（2/3），2012。

(二) 固定時間間距：依據$D \leq 0.133t_c$推估有效降雨延時後，依計算D值坐落在1 hr、1/2 hr、1/4 hr、1/8 hr、1/16 hr等間距內，擇其一爲有效降雨延時。例如，集流時間1.0小時，可得$D = 0.133$，則實際選定$D = 1/8$。該法尤適合應用於集流時間小於1.0hr的小集水區。（經濟部水利署水利規劃試驗所，2006）

三、流量歷線推求

使用修正三角形單位歷線推定流量歷線時需配合雨型及推算其時間間距，如果設計雨型時間間距與修正三角形單位歷線之有效降雨延時一致時，修正三角形單位歷線不需再經過S歷線轉換，即可配合求得之設計雨型，進行水文設計（規劃設計）或由實際降雨量（集水區演算）推估洪峰流量歷線及其相應之洪峰流量。

(一) 設計洪水：水土保持於設計規劃階段（如集水區規劃、土地開發、滯洪設施等）均需要推求集水區或開發基地之設計洪水。一般的作法是依據實測水文資料的不同，選擇適當的水文模型進行推求。但是在缺少溪流斷面實測流量，而有比較完整的降雨量觀測資料時，通常會應用單位歷線法等間接方式，由適當之頻率分布推估各重現期特定延時之有效設計暴雨（集水區降雨入滲損失約爲2～4mm/hr），並結合選定之單位歷線推估設計洪水歷線，而設計洪水歷線之洪峰流量即爲設計洪峰流量。

(二) 集水區土砂演算：於集水區土砂問題分析時，常需要推估一次性暴雨作用下集水區土砂收支關係及其變化規律，包括土砂生產量、流失量及殘留量間的消長關係。這種暴雨產砂過程的水文分析，皆由實際暴雨結合該集水區之單位歷線，推估其洪水流量歷線及其洪峰流量。

參考文獻

1. 王文江，2013，水利工程中之泥沙問題，中興工程科技研究發展基金會。
2. 王如意、易任，1982，應用水文學～上冊，國立編譯館出版。
3. 李光敦，2005，水文學，五南圖書出版公司。
4. 侯鈞哲，2011，重力式壓電片沖刷監測預警系統，中央大學土木工程學系碩士論文。
5. 程運達，2009，河砂運移調查及量測技術之研究，行政院及所屬各機關出國報告，經濟部水利署水利規劃試驗所。
6. 張智威，2012，應用ADCP於量測天然河川流速分布之研究—以曾文溪流量站為例，國立成功大學碩士論文。
7. 蔡宗旻，2004，超音波水位計量測方式改良及水位數據之品管檢核，成功大學海洋所，碩士論文。

8. 陳家榮，2012，LED光源影像應用於水位量測之研究，交通大學土木工程學系，碩士論文。
9. 陳樹群、謝永能，2008，集水區型態對集流時間影響之研究，中華水土保持學報，39(1)：83～93。
10. 楊富堤，2009，水利署水文觀測系統儀器傳輸整合之執行成果，98年度農田水利自動測報暨地理資訊系統技術應用研討會。
11. 農業委員會水土保持局、中華水土保持學會，2006，水土保持手冊。
12. 農業委員會，2016，水土保持技術規範。
13. 廖培明，1998，水文調查分析講義，臺灣省水利規劃試驗所。
14. 經濟部水利署，2003，臺灣地區雨量測站降雨強度一延時Horner公式分析。
15. 經濟部水利署，2007，水利工程技術規範～河川治理篇草案（上冊）。
16. 經濟部水利署，2010，因應氣候變遷河川流量觀測技術研發及建置先期計畫。
17. 經濟部水利署水利規劃試驗所，2006，區域排水整治及環境營造規劃參考手冊。
18. 經濟部水利署水利規劃試驗所，2006，河川治理與環境營造規劃參考手冊。
19. 經濟部水利署水利規劃試驗所，2012，臺灣地區主要河川流域水文與水理設計分析系統平台建立（2/3）。
20. 經濟部水利署第二河川局，2104，103年度後龍溪恭敬橋上游河中島防洪安全評估。
21. 蘇重光、謝蒼明，1985，適用於濁水溪上游河道推移質採樣器之研究設計，行政院國家科學委員會，防災科技研究報告74～08。
22. 堤大三、野中理伸、水山高久、藤田正治、宮田秀介、市田児太朗，2014，掃流砂観測におけるプレート型ジオフォンとパイプ型ハイドロフォンの比較，京都大学防災研究所年報，57B，385～390。
23. 駒村富士彌，1978，治山・防砂工學，森北出版株式會社。
24. Bureau of Reclamation, 2001. Water Measurement Manual. 3rd ed., revised reprint, U.S. Government Printing Office, Washington DC, 20402.
25. Chow, V.T., 1962, Hydrologic determination of waterway areas for the design of drainage structures in small drainage basins. Engineering Experiment Station Bulletin n.462. Urbana, Ill.:University of Illinois College of Engineering, 104 p.
26. Cunnane, C., 1978, Unbiased plotting positions-A review, J. Hydrol., 37:205-222.
27. Edward, T. K. and G. D. Glysson, 1999, Techniques of Water-Resources Investigations of the U.S.

Geological Survey, Book 3, Applications of Hydraulics, Chapter C2.

28. GEO ,2013, Review of Methods in Estimating Surface Runoff from Natural Terrain, Geotechnical Engineering Office Report No. 292, Hong Kong.

29. Grant, D.M., 1978, Open channel flow measurement handbook, Instrumentation Specialties Company, Lincoln.

30. Horton, R. E., 1939, Analysis of runoff-plot experiments with varying infiltration capacity, Trans. Amer. Geophys. Un. 20, Part IV, 693-711.

31. Hazen, A., 1914, Storage to be provided in impounding reservoirs for municipal water supply, Trans. Amer. Soc. Civ. Eng. Pap., 1308: 1547-1550.

32. Kirpich, Z. P., 1940, Time of concentration of small agricultural watersheds, Civil Engrg. (N. Y.), 10(6), 362.

33. Maidment D.R., 1993, Handbook of hydrology, McGraw Hill, Inc., New York.

34. Mata-lima, H., Vargas, H., Carvalho, J., Gonçalves, M., Caetano, H., Marques, A. and Raminhos, C., 2007, Comportamento hidrológico de bacias hidrográficas:integração de métodos e aplicação a um estudo de caso. Revista Escola de Minas, 60(3).

35. McCuen, R.H., 1998, Hydrologic analysis and design. prentice Hall, Upper Saddle River, New Jersey, 07458, 2nd edn.

36. Mockus, V., 1957, Use of storm and watershed characteristics in synthetic hydrograph analysis and application. Paper presented at the annual meeting of AGU Pacific Southwest Region.

37. Oregon Department of Transportation, 2014, ODOT Hydraulics Manual-Hydrology.

38. Papadakis, C., and N. Kazan., 1986, Time of concentration in small rural watersheds. Technical report 101/08/86/CEE. College of Engineering, University of Cincinnati, Cincinnati, OH.

39. Rickenmann, D., Turowski, J. M., Fritschi, B., Klaiber, A., Ludwig, A., 2012, Bedload transport measurements at the Erlenbach stream with geophones and automated basket samplers, Earth Surface Processes and Landforms, 37:1000-1011.

40. Simas, M., 1996, Lag time characteristics in small watersheds in the United States. A dissertation submitted to School of Renewable Natural Resources, University of Arizona, Tucson, AZ.

41. Weibull, W., 1939, A statistical theory of the strength of materials, Ing. Vetensk. Akad. Handl., 151: 1-45.

42. Yalin, M. S., 1972, Mechanics of Sediment Transport.

第4章 土壤侵蝕

降雨在集水區不同地面區位發生各種類型的土壤侵蝕（soil erosion）和流失（soil loss）現象，並引起河道不同程度的沖淤變形，爲河道孕育出水砂災害的有利環境，一旦土砂沖淤達到一定的限度就會通過劇烈的洪災或土砂災害表現出來；同時，土壤侵蝕和流失帶來的地表裸露及貧瘠化，亦將引起土地生產力下降、水源涵養能力降低、生態環境惡化等後果，形成惡性循環，更進一步惡化了水砂災害的頻率和規模。因此，對於集水區各種類型的土壤侵蝕及流失過程的清楚認識，是減少下游土砂沖淤，減輕和防止水患及保育水土資源之重要基石。

4-1 土壤侵蝕涵義

對土壤侵蝕基本涵義的闡述，隨著不同專業及學科研究方向的偏重程度不同也略有差異。從地質學角度，通常將土壤侵蝕描述爲地表風化引起的綜合性形態變化現象；因而，有人就將土壤侵蝕視爲土壤及岩石的破壞和地表形態塑造的整個過程，也有人把土壤侵蝕簡單地視爲一種純粹的地質過程，而忽略了人類活動的作用過程，但多數人還是認爲土壤侵蝕是地表面遭受各種外力作用，引起的地形演化及其土砂移動的各種情境。美國水土壤保持學會（1971）認爲，土壤侵蝕是水、風、冰或重力等營力對陸地表面的磨蝕，或者造成土壤、岩屑的分散與移動。英國學者Hudson在土壤保持（1971）一書中定義爲：就其本質而言，土壤侵蝕是一種夷平過程，使土壤和岩石顆粒在外營力的作用下發生運轉、滾動或流失；風和水是使顆粒變鬆和破碎的主要營力。美、英學者對土壤侵蝕定義的特點，既包含了土壤及其母質，也包含了地表裸露岩石，但均忽略了沉積過程。周恆（1976）所作的定義認爲，當雨滴（rain drop）降落地面或水流（water-flowing）在地表面足以推移土粒、有機質、溶解養分（nutrients）等均為土壤侵蝕；實際上，山崩、地滑、土石流等亦屬土壤侵蝕之一環節，至於因侵蝕而生之土壤劣化，肥力消失，仍屬於土壤侵蝕之範疇。辭海（2000）將土壤侵蝕定義為：土壤及其母質在水力、風力、重力、凍融等外營力作用下，被破壞、剝蝕、搬運和沉積的過程，可分為水力侵蝕（water erosion）、風力侵蝕（wind erosion）及重力侵蝕（gravity erosion）等三種類型。水土保持手冊（2006）對土壤侵蝕的解釋是：土壤受外力（主要如雨水、逕流、風力）的剝蝕作用及地震、海浪、重力、溫度變化等衝擊後，自固結之土體分離、搬移與沉積的現象。

總結以上的說明，土壤侵蝕可以作這樣的定義：通過風力、重力、水力等各種外營力的作用，導致土壤產生分離剝蝕、搬運及沉積的綜合過程，它主要包括了：1.風力及水力（含雨滴）作用移動的土壤（水力及風力侵蝕）；2.重力作用引起的岩（土）體移動（重力侵蝕）；及3.水的溶解作用等三大部分。因此，這裡所指的土壤為包括岩石、岩屑、砂礫及岩石經風化所形成的土壤與化學物質。

一般而言，造山運動促使地面隆起成為高山，經過一定的地質作用形成河川，以及在河川水流的不斷切割而發生崩塌、地滑和其他形式的岩（土）體移動，這些過程對加寬河谷和減緩斜面坡度發揮了很大的作用。塊體移動是這個階段的主要侵蝕過程，惟它具有臨界坡度，當邊坡斜面坡度隨著侵蝕的進行而趨於臨界坡度時，坡面就會變得比較穩定。在塊體移動階段，儘管風力、水力和溶解作用仍然活躍，但相對於塊體移動來說，這些作用引起的土壤侵蝕只是次要的，可以忽略不計。

相對於迅速的塊體移動，一旦坡面達到穩定，一些緩慢的土壤侵蝕過程和淋溶作用（leaching）就成為支配地位了。在這些地方，降雨入滲土壤中，並緩慢地在土壤和岩石縫隙中流動，在緩慢的流動過程中，攜帶極少量的土壤物質，甚或不攜帶土壤物質，只能十分有效地從土壤和岩石中溶解物質。這一過程，不僅能使地面降低，而且還能逐漸把基岩轉化為新的土壤。在潮濕的溫帶地區，降雨強度適中，土壤可滲性佳，絕大部分降雨沿著地表以下的路徑流動，淋溶作用也許就成為地形演化的主要過程。不過，當大部分的降雨在地表上形成逕流時，因逕流的水力作用能夠把土壤帶走，同時在與表土接觸的1至2小時內就能侵蝕不少溶解物質。這樣一來，地表逕流占有優勢的地方，由水力所引起的土壤侵蝕勢必成為主要的侵蝕過程，而淋溶作用則顯得微小。

上述對於土壤侵蝕的描述，都僅著重於地表無機土壤顆粒移動的物理過程，而將土壤侵蝕引起土壤養分流失和劣化問題給忽視了。土壤中富含有機質〔如腐殖質（humus）及尚未被分解的原有生物體〕、無機質（如岩石礦物）、水分及空氣等植物所需的養分，是植物生產的基盤，不僅提供糧食生產，更具有國土保安、水源涵養、水及大氣之淨化、氣候之緩和、生態及景觀之保育等功能。其中，土壤有機質是土壤養分的寶庫，也是土壤良好品質的關鍵，有利土壤團粒的形成，保持較高的土壤可滲透性。但是，因土壤有機質常聚集於近地表層，似乎首先遭到侵蝕作用而流失。因此，廣義的土壤侵蝕係指由水、重力和風等外營力引起的水土資源和土地生產力的破壞和損失。

4-2 土壤侵蝕、流失與生產

在土壤侵蝕理論中，土壤侵蝕量（soil erosion）、土壤流失量（soil loss）及土砂生產量（sediment yield）是一組概念完全不同的術語。土壤侵蝕量（尤指水力侵蝕量）係指在外營力（雨滴或逕流）作用下，坡面土壤分離位移的總量，而土壤侵蝕量中被輸移離開某一特定坡面或田面的數量，稱爲土壤流失量；土砂生產量則是指輸移至某一流域或集水區特定出口斷面的土砂量（或輸砂量）。由於大部分坡面具有地形的不規則性，使侵蝕物質在搬運過程中不能避免地有沉積發生，於是坡面侵蝕量往往不同於此坡面下游面的土壤流失量。

以集水區的觀點，由於集水區係由坡面及河道兩個地貌單元所組成，基於水理上的基本差異，將坡面土壤侵蝕量中輸移匯入河道的土壤數量，稱之爲坡面土壤流失量，而殘留沉積在坡面上未進入河道的土壤，則不被計入坡面土壤流失量；匯入河道之後，與水流共同對河床引起沖淤變化，並流出特定出口斷面的土砂數量，謂之土砂生產量（或產砂量），如圖4-1爲集水區水力侵蝕產砂模型。

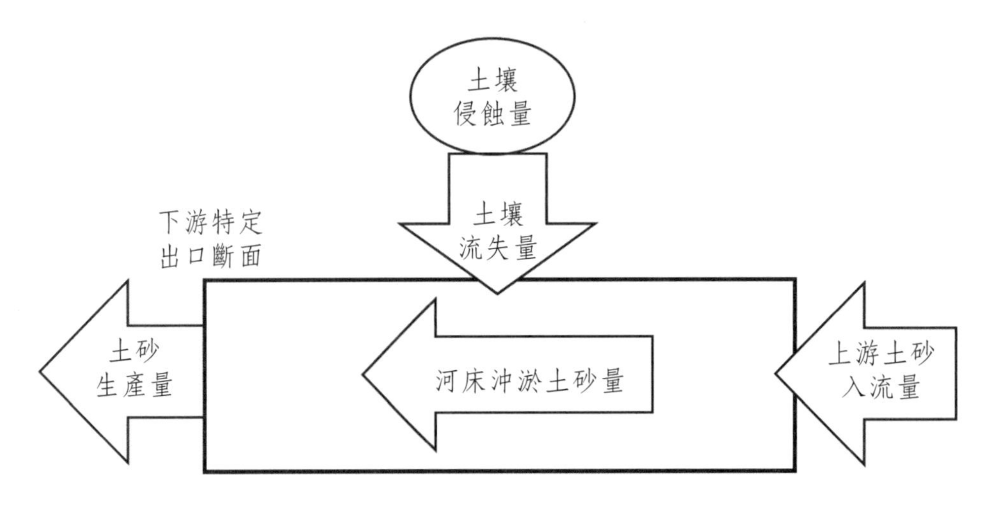

圖4-1 集水區水力侵蝕產砂模型

4-3 土壤侵蝕程度

土壤侵蝕模數（modulus of soil erosion）係表徵土壤侵蝕程度的重要指標之一，它是計量在單位時間及單位面積內遭受侵蝕的土壤數量，其單位一般可表為ton/ha/yr。另外，亦有採用集水區單位面積上的年（月、場）平均土壤侵蝕深度來反映土壤侵蝕量之大小。不過，對一已知坡面，土壤侵蝕量是一種相對標準的衡量結果，它是相對侵蝕背景條件下的土壤侵蝕之嚴重性，其表示方法是以土壤侵蝕模數作為主要指標，同時又以環境因子（包括植被覆蓋程度坡度土地類型等）作為參考指標，綜合劃分侵蝕級別或程度。因為，儘管侵蝕模數可能不大，但對於土層厚度淺薄的坡面而言，侵蝕所造成的危害卻是很大的，即侵蝕程度是很高的。因此，在實際評量某集水區的土壤侵蝕程度時，不能僅以侵蝕模數作為唯一的指標。

4-4 土壤侵蝕類型

土壤侵蝕主要是土壤及其母質在水力、風力、溫度和重力等外營力作用下被破壞、剝蝕、搬運和沉積的全部過程，其侵蝕對象不只限於土壤，還包括土壤層下部的母質或淺層基岩。實際上，土壤侵蝕的發生除受到外營力影響外，同時也受到人爲不合理活動等的影響。根據土壤侵蝕研究和防治重點的不同，其類型有多種劃分的方式，其中較爲常用的有以侵蝕速度和外營力種類進行劃分。

4-4-1 依侵蝕速度分類

依據土壤侵蝕發生的速度，可將其劃分爲正常侵蝕與加速侵蝕兩種。

一、正常侵蝕

地球上任何陸地，任何時間，土壤侵蝕作用均不斷在進行。在自然狀態沒有人爲活動干預的情況下，純粹由自然因素引起的土壤侵蝕過程，其侵蝕速度是非常緩慢的，此現象稱之爲正常侵蝕（normal erosion）。因屬自然界中地質演變之一環，係自然界保持均衡狀態下，原有良好植被未被破壞時發生之土壤侵蝕，故也稱之爲地質侵蝕（geological erosion）或自然侵蝕（natural erosion）。

在人類出現以前，這種侵蝕就在地質作用下，緩慢的，有時又很激烈的以上萬年甚至更長的時間爲週期進行著，常和自然土壤形成過程取得平衡，亦即下層土壤與母岩經風化作用生成之土壤，足以抵償被侵蝕所損失之土壤。正常侵蝕的土壤顆粒移動過程極爲緩慢，幾乎不易被察覺，因而它不僅不會傷害到地表土壤及其母質，有時反而對土壤起到更新作用，使土壤肥力在土壤侵蝕過程中得以提升。不過，由於區域性降雨、土壤、地形等特性存在著一些差異，使得各地區對於正常侵蝕率的合理範圍也很不一致，而多數認爲5.0ton/ha/yr（或0.357mm/yr）以下爲合理，惟在較淺薄土層的正常侵蝕率，甚至低於1.0ton/ha/yr，如表4-1中各國原始自然區之土壤侵蝕模數（Morgan, 2005）。

表4-1　各種地表條件下之土壤侵蝕模數

國家別	自然區（natural）	耕作區（cultivated）	裸露地（bare soil）
	ton/ha/yr		
美國	0.03～3.0	5～170	4～9
象牙海岸	0.03～0.2	0.1～90	10～750
奈及利亞	0.5～1.0	0.1～35	3～150

國家別	自然區（natural）	耕作區（cultivated）	裸露地（bare soil）
	ton/ha/yr		
印度	0.5～5.0	0.3～40	10～185
衣索匹亞	1.0～5.0	8～42	5～70
比利時	0.1～0.5	3～30	7～82
英國	0.1～0.5	0.1～20	10～200
中國	0.1～2.0	150～200	280～360

資料來源：Morgan, 2005

二、加速侵蝕

隨著人類對土地的依賴程度，各項活動逐漸破壞了陸地表面的自然狀態，如在坡地上挖填土方、墾殖、伐木等加速和擴大地表土壤破壞和移動過程，直接或間接加劇了土壤侵蝕速度，使土壤侵蝕流失的速度大於土壤生成速度，導致土壤肥力每況愈下，理化性質劣化，甚至使土壤遭到嚴重破壞，這種侵蝕過程稱之爲加速侵蝕（acceleration erosion）或非自然侵蝕（abnormal erosion），其年侵蝕率範圍參見表4-1。表中，各國耕作區年最大土壤侵蝕量介於20～200ton/ha/yr之間，而周天穎及葉美伶（1997）探討水里溪集水區檳榔種植區研究結果，年最大土壤侵蝕量約10.83ton/ha/yr（或0.77mm/yr），介於表4-1耕作區的合理範圍。不過，總的趨勢耕作區與裸露區皆高於自然區，顯示人爲或其他因素（如崩塌）的擾動，加速了土壤侵蝕的發展。經濟部水利署北區水資源局（2008）利用銫-137核種量測技術推估石門水庫白石溪及三光溪集水區於年土壤侵蝕量，分別爲10及6.7ton/ha/yr，其中在耕作區部分，白石集水區達44ton/ha/yr，而三光集水區爲19.5ton/ha/yr，大致介於各國的估計範圍；林地土壤侵蝕程度則與各國自然區相當，如表4-2所示。

表4-2 石門水庫白石及三光集水區土壤侵蝕量測結果一覽表

類型	白石集水區	三光集水區
集水區面積（km^2）	108	104
侵蝕區總侵蝕量（ton/yr）	111,187	89,853
土壤流失量（ton/yr）	108,346	69,809

類型	白石集水區	三光集水區
平均土壤流失量（ton/ha/yr）	10	6.7
農地（ton/ha/yr）	44	19.5
林地（ton/ha/yr）	4.5	7.2

當今人類為了增產糧食或滿足不同目的需求，而加速對各種土地的農業及非農業開發行為，這些行為都不同程度地加劇了土壤侵蝕和流失的發展，包括土壤肥力下降，生產能力降低，甚至引發崩塌、地滑、土石流等坡地土砂災害，所有這些都是加速侵蝕的惡果。由於人類活動所造成的土壤侵蝕，破壞了人類賴以維生的環境條件，土壤不斷流失，也意味著人類不斷喪失生存的基礎。鑑此，為了降低土壤侵蝕的負面衝擊，於是有了控制土壤侵蝕（control soil erosion）的需求，它是以各種水土保持治理措施來緩和因人為擾動而引發的加速侵蝕。

4-4-2 依侵蝕營力分類

依據土壤侵蝕定義，存在多種誘發土壤侵蝕的外營力，包括風、水、地震、海浪、重力、溫度等，其中又以水力侵蝕（water erosion）及風力侵蝕（wind erosion）最為重要。

一、風力侵蝕

空氣流動時具有一定的動能，作用於物體時就形成風力，當風力大於地表面土粒的抵抗力時，即形成風力侵蝕，簡稱風蝕。因此，風蝕是地表土壤被風力破壞、搬運和沉積現象。風蝕在廣大的面積上都會發生，尤其甚行於乾旱和半乾旱地區。一般情況下風速大於4～5m/sec時，就可能產生風蝕，表土乾燥疏鬆，顆粒過細時，風力小於4m/sec時也能形成風蝕；如果遇有特大風速，也常吹起粒徑1.0mm以上的砂石，形成所謂的飛砂走石或揚塵（aeolian dust），如照片4-1為濁水溪西濱大橋上游揚塵現況。

照片4-1　濁水溪西濱大橋上游揚塵現況

二、水力侵蝕

水力侵蝕係由降雨雨滴作用下所形成的雨滴飛濺侵蝕，以及在地表逕流作用下土層表面被侵蝕成各種地貌形態，包括紋溝、小溝及坑溝等，簡稱水蝕，如照片4-2所示。它係由水滴打擊地面之動能與地面逕流之剪力作用，使地表土體產生分離、搬運及沉積的過程。

照片4-2　邊坡水力侵蝕現況

三、重力侵蝕

由岩（土）體組成的斜坡係由內摩擦阻力、顆粒間的凝聚力和生長在其上的植物根系固結力來維持穩定。一旦因重力作用失去塑性平衡，產生破壞、位移和沉積的現象，謂之重力侵蝕（gravity erosion）。當土石介質鬆散或地層易滑、自由面陡、地面缺乏植被時，只要受到地震、降雨、地表逕流或地下水、波浪、人工挖掘和爆破等任何一種或多種營力作用時，便可能激發重力侵蝕或塊體移動（mass movement）。重力侵蝕主要的型式包括崩塌、地滑及大規模崩塌等。地滑係指斜坡上的土體在重力作用下，塊體沿著軟弱面呈整體且緩慢的下滑現象，而規模較大及高速滑動的地滑，稱爲大規模崩塌；崩塌（或淺層崩塌）則是指陡坡上的岩土體失去平衡，在重力作用下，突然脫離母體崩落的現象，包括河岸崩塌及山腹崩塌兩大類型。

臺灣山高坡陡，地質脆弱，加上降雨相當集中，原本就是屬於水力侵蝕及重力侵蝕的高敏感區，加上人們對土地之依賴和過度開發，以及對地球表層岩石圈和生物圈改造程度的不斷地增強，已成爲土壤侵蝕的主要激發和影響因素，更使得各種土壤侵蝕呈現加劇之趨勢。

4-5 土壤侵蝕過程

土壤侵蝕一般要經過三個階段或作用，包括剝蝕、搬運和沉積等作用。

一、剝蝕作用

剝蝕作用（denudation）係指太陽、風、雨、水流等各種自然營力對地面的破壞作用，按其作用的過程又可分爲風化作用及伴隨雨滴對地表土壤的分散作用和水流搬運作用過程所產生的磨蝕作用。

(一) 風化作用（weathering）：指暴露在地表的岩石因受各種因素（大氣、水、生物等）的作用，其形狀、結構、成分發生改變的現象，是剝蝕作用的一個重要環節。產生風化作用的因素很複雜，風化作用的形式也具有多種樣態，總的來說可分爲物理風化、化學風化及生物風化等三種。

1. 物理風化（physical weathering）作用：係指物質只有外觀形態的改

變，而沒有化學成分的改變，故亦稱之為機械風化作用。引起物理風化作用的原因很多，如風吹、雨打、日晒等皆可使岩石破裂，其中尤以溫度劇烈變化最為主要。溫度的變化，常常引起礦物與岩石體積的膨脹和收縮，也常常引起岩石隙縫中水的凍結和融化，而這些變化就造成岩石和礦物的破碎和裂解，加上這些隙縫彼此相連，久而久之，這些風化裂隙日益擴大、增多，進而使岩石表面層層脫落，其結果是堅硬完整的岩石崩解成大大小小的碎塊。通常，在物理風化強烈的區域，在坡腳、山麓和河谷中常常產生大量的碎石和岩屑，這些都是土石流的物質來源。

2. 化學風化（chemical weathering）作用：係指自然界中岩石及礦物由於空氣中的水溶液、氧、二氧化碳的作用，引起岩石及礦物的破壞作用，謂之。化學風化作用不僅使岩石或礦物發生破碎，而且也使其化學成分發生改變。

3. 生物風化（organic weathering）作用：係指生物在其生命週期中對岩石、礦物所產生的破壞作用，謂之。這種風化作用可以是機械的，也可以是化學的。前者主要表現在生物的成長過程中，其根系對岩石有擠壓和劈裂作用，使岩石裂隙擴大，從而引起岩石的崩解；後者則是植物和細菌在新陳代謝中，常常析出有機酸、硝酸、碳酸等溶液而腐蝕岩石；此外，生物死亡後經過緩慢腐爛分解，形成一種暗黑色的肢狀物質，稱為腐殖質，它一方面供給植物不可或缺的鉀鹽、磷鹽、氮的化合物和各種碳水化合物，另一方面腐殖質本身就是一種有機酸，對岩石和礦物具有腐蝕作用。

(二) 分散作用（detachment）：係指由雨滴落下的動能直接作用於表層土壤，以及風、水流對地面作用力超過其抗蝕力時，破壞土壤微結構，使土壤顆粒發生分離，其單位時間的分散量，謂之分散率（detachment rate）。由風、雨滴、水流產生的分散作用與地面條件關係密切，包括地表植生狀況、土壤種類、雨滴大小、密度等皆影響其分散能力。

(三) 磨蝕作用（abrasion）：係指風、水流所搬運的土粒、沙粒、岩屑和碎石等於行進過程中，對地表層進行摩擦，使地表物質脫離原來位置，謂之。需要強調的是，磨蝕作用係指風、水流所攜帶物質與地表撞擊，從而使地表物質脫離原有位置，並非是風、水流本身對地面物質的作用結果。

二、搬運作用

搬運作用（transportation）係將風化的鬆散物質，由原來的位置搬運到附近或更遠的地方，並堆積起來的過程。通常，進行搬運的自然營力有風、水及重力等。搬運作用與風化作用的關係十分密切，搬運愈強烈，愈徹底，新鮮岩石暴露在地表的機會就愈多，進一步風化的可能性就愈大；反之，搬運作用微弱或搬運不夠徹底，新鮮的岩石就被厚重的風化產物包藏起來，使之與地表的大氣、水隔絕，風化的強度就會減弱。反過來說，風化也爲搬運準備了物質條件，風化作用決定著搬運量的多寡，風化愈強烈，風化產物愈多，則搬運的可能性就愈大；同理，風化作用弱，爲搬運提供的物質就少，則搬運的可能性也愈小。因此，搬運和風化作用常處於相互制約之中。

三、沉積作用

風化產物經過一段時間和距離的搬運之後，遇有特定環境時，因搬運能力減弱不能負荷，或搬運介質的物理化學性質條件發生變化，或是由於生物的作用，被搬運的物質在新的環境下堆積起來，謂之沉積作用（deposion）。搬運物沉積在陸地上，可爲區域改良土壤的質地；沉積在河道上，在一定條件下就可能影響其排洪功能，不過中下游河川洪氾平原即是由土砂長期沉積而成。

4-6 水力侵蝕型態及其影響因子

水力侵蝕，或簡稱水蝕，係由降雨雨滴打擊地面之動能與地面逕流之剪力作用所激發，它是一個極其複雜的能量轉換及耗散過程。例如，從空中降落到地面的雨滴，由於重力作用，在降落過程中轉化爲動能，到達地面時，會以極大的衝擊力撞擊土壤顆粒，從而使土壤顆粒遭受濺散，土壤結構亦遭到破壞。另外，由降雨所形成的地表逕流，或稱坡面漫地流（overland flow），自坡面高程差而獲得一定的勢能，使在流動過程中得以轉化爲動能，以搬運由雨滴所分離的土粒；隨著降雨持續的進行，水流動能也不斷地增加，加上地面土壤顆粒組成的影響，水流逐漸由分散的漫地流轉爲集中的細（股）流（trickle），流速也隨之增大，當流速達到足以起動坡面土壤顆粒的臨界值時，將分離並搬運地表土壤顆粒，並隨著水流一起沿著坡面流下，最終進入河道。這種由降雨雨滴、坡面漫地流及集中水流所形成的土壤侵蝕現象，統稱爲水力侵蝕，如圖4-2所示。

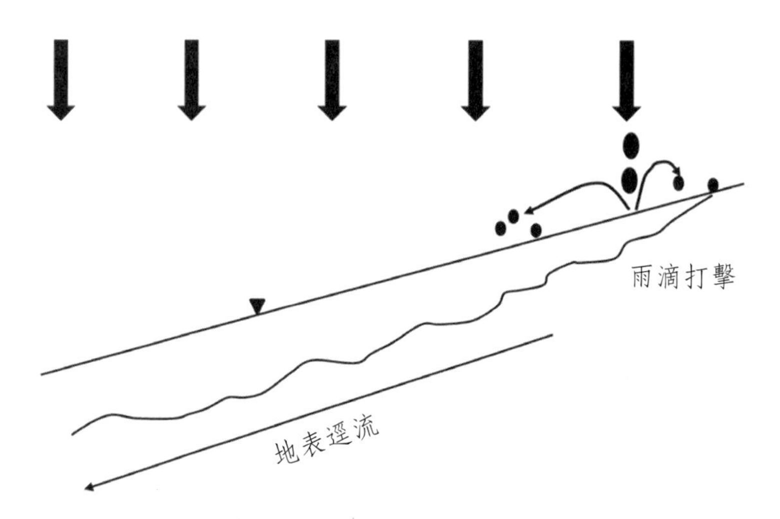

圖4-2 雨滴飛濺侵蝕與坡面水流侵蝕示意圖

4-6-1 水力侵蝕類型與分布

如圖4-3爲集水區剖面上之水力侵蝕模型。圖中，於近嶺頂區段爲地勢平緩的坡面，屬於坡面起始段，無或甚少地表逕流匯集，故該區段主要以雨滴飛濺侵蝕（splash erosion）爲主；到坡面的中段，地表水流逐漸匯集，當水流足以攜離土壤時，坡面就會由漫地流侵蝕而形成層狀侵蝕（sheet erosion）；水流不斷地往坡下匯集，侵蝕力量也逐漸提高，加上地面凹凸不平，水流集中成爲細流對地面進行更明顯的侵蝕作用，於是沿著下邊坡形成紋溝侵蝕（rill erosion）及溝狀侵蝕（gully erosion）。坡面上的淺溝往往通過跌坎與河谷邊坡上的蝕溝相連，而蝕溝同時緊鄰溪流，使得此處水流侵蝕作用相當強烈，經常發生河岸崩塌、地滑、土石流等現象。

總之，由降雨在集水區坡面地貌單元上的不同區位激發之土壤侵蝕，具有不同的形式，大致可概分爲雨滴飛濺及坡面逕流侵蝕兩大類型，而坡面逕流侵蝕又可分爲漫地流侵蝕（即層狀侵蝕）及集中逕流侵蝕（含紋溝及溝狀侵蝕）等型態。

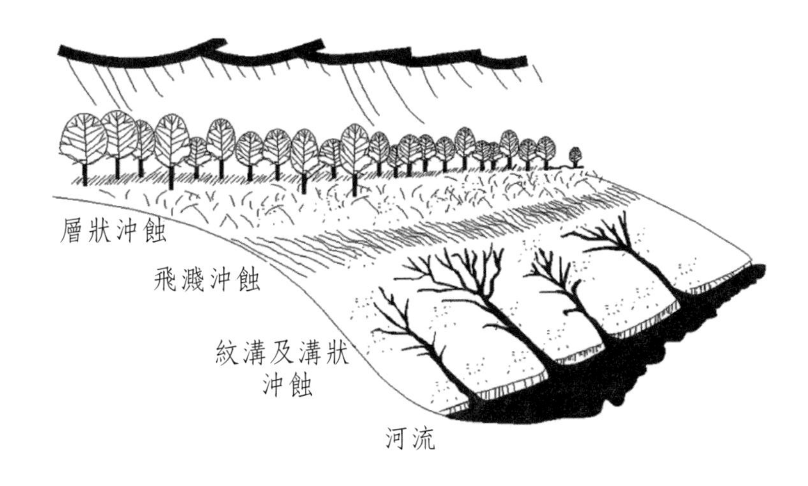

圖4-3　集水區坡面水力侵蝕模型

Source：Sain & Barreto, 1996

4-6-2 水力侵蝕影響因素

影響水力侵蝕因素可分爲自然因素及人爲因素兩個方面，自然因素是水力侵蝕發生、發展的潛在因素，包括氣候、土壤抗侵蝕力、地形、植被等，而人爲因素是水力侵蝕發生、發展和保持水土的主導因素。

4-6-2-1 氣候因子

水力侵蝕與當地的氣候條件的關係極爲密切，氣候條件既影響水力侵蝕的型式，又影響水力侵蝕的量體。例如，在氣候濕潤的地區，降水量大，易引起水力侵蝕；但由於氣候條件較好，植物生長和植被復育較快，即使形成加速侵蝕，其發展亦將迅速停止；相反，在乾旱地區，地面植被缺乏，土壤抗蝕性較差，逕流形成較快，因而水力侵蝕發生的可能性大，發展速度也快。

影響水力侵蝕的氣候因子大體可分爲直接的和間接的兩種情況。所謂直接的影響，是指氣候因子本身即是造成土壤破壞和水力侵蝕的直接動力，這主要是由於降雨所引起；所謂間接的影響，是指氣候因子（如降雨、溫度、日照等）對於植物的生長、植物的類型、岩石的風化、成土過程和土壤性質等產生的影響，進而間接的影響水力侵蝕的發生和發展過程。這裡將著重介紹降雨對水力侵蝕的直接影響。

一、降雨強度及降雨量

降雨強度是指單位時間內的降雨量。降雨強度對水力侵蝕的影響極大，水力侵蝕隨著降雨強度的增加而增加。這是因爲：1.暴雨在單位時間內降水量大，往往超過土壤的滲透能力，產生逕流，而逕流是層蝕和溝蝕的動力；2.暴雨的雨滴大，動能也大，所以雨滴的飛濺侵蝕作用也強。

降雨量與水力侵蝕之間的關係不很密切，這是因爲在降雨強度很小的情況下，即使降雨量較大，因大部分甚至全部消耗在入滲、蒸發和植被的吸收上，因而不產生或只產生微弱的逕流，水力侵蝕輕微。但是，在降雨強度不變的情況下，降雨量愈大，地表逕流愈多，土壤侵蝕量愈大。

二、前期降雨

本次降雨以前一定時間內的降雨，謂之前期降雨；它使土壤維持較高的含水量，倘遇有暴雨時，很容易形成地表逕流造成土壤侵蝕。在各種因素相同的情形下，前期降雨的影響主要表現爲降雨產流過程。

4-6-2-2 土壤因子

土壤因子是土壤侵蝕推估模型中的必要參數，雖然它與坡面地形、坡度、人爲干擾程度（如耕作）等有關，惟仍以土壤性質對它的影響最爲顯著，包括土壤質地、團粒結構、抗剪強度、滲透能力、土壤有機和化學成分等。

土壤具有抗分離與抗輸移的雙重特性，兩者的強弱皆取決於土壤性質。土壤抗分離性是指土壤抵抗逕流的分離和懸浮能力，其大小主要取決於土壤結構；土壤單位重愈大，膠結物愈多，抗分離性愈強；腐殖質能把土粒膠結成穩定的團粒結構，因而含腐殖質多的土壤，抗分離性愈佳。

土壤抗輸移性係指土壤遭受坡面逕流沖刷時所產生的一種阻抗反應，它主要表現在土壤顆粒粒徑與逕流流速間之關係。當土壤顆粒粒徑愈大，土壤可以抵抗水流剪應力作用而不易遭水流帶走。

綜合以上，除了與地表被覆及耕作方式有關外，與土壤侵蝕有關的之土壤性質，包括：

一、土壤顆粒組成

土壤中的礦物顆粒，又稱土粒。土粒的大小及其組合千差萬別，土壤中大小不同的礦物顆粒的組成比例，稱爲土壤顆粒組成。粒徑組成影響其穩定性，當組成愈不均勻時，由於小顆粒可以填充空隙，使顆粒間接觸面積增大，相互結合就會更爲緊密，故其穩定性愈佳；反之，粒徑組成愈均勻者，其穩定性愈低。此外，砂性土壤顆粒較粗，土壤孔隙大，因而透水比較容易，不易發生逕流，即使砂粒直徑小於0.3mm，也不易被水流侵蝕（Morgan, 1977）或遭受雨滴擊濺。

二、土壤結構

土粒排列組合狀況，稱爲土壤結構。土粒有兩種排列狀況，一種是單一土粒一個挨一個地排列，這種土壤孔隙率小且密實，透水性差，土壤結構性不佳；另一種是具有較高有機質和黏粒（含量>30%）膠結在一起的土壤，凝聚力較大，可以組成穩定的團粒結構（crumb structure），這種土壤質地疏鬆，結構良好，透水性與保水量佳，對雨滴打擊和飛濺侵蝕阻力較大。游繁結及尹承遠（1990）從實驗獲得土壤侵蝕深度與土壤平均滲透率之反比例關係，且從土壤平均滲透率的分布狀況，可以大致預測紋溝形成之位置；同時，平均滲透率對土壤侵蝕深度之影響，大致隨坡度之增加而增大。

此外，土壤黏土顆粒含量超過30～35%的土壤，凝聚力較大，並形成穩定的土壤團粒結構，這種團粒結構對雨滴打擊和侵蝕的阻力較大。

三、地面石礫化

布滿石礫的地表面不僅土壤受到石礫保護，且有助於雨水的入滲，降低地表逕流，故土壤不易遭受水流侵蝕流失。

四、土壤剖面構造

從地面到母質層的垂直剖面上常常出現不同的發育層次，這就是土壤剖面構造。如果土壤剖面上下各層的透水性不一致，土壤透水性常常爲透水性最小的一層所決定，透水性較小的土層距地面愈近，愈容易引起比較強烈的土壤侵蝕。此外，土壤剖面也決定著侵蝕深度。如果穩定的基岩距地表面近，則只能發生紋溝侵蝕。

五、前期土壤含水量

當雨水降到已經濕潤的土壤上產生的逕流量，要比降落在比較乾燥的土壤上產生的逕流量大得多，其土壤侵蝕量就可能因而提高。在英國，冬春兩季常常發生侵蝕，主要是這期間土壤蒸發值最小，土壤長時間保持飽和狀態。

總之，質地疏鬆並有良好結構的土壤，透水性強，不易產生逕流或產生的逕流較少；而構造堅實的土壤，則透水性差，容易產生逕流及沖刷。因此，在水土保持工作中必須採取改造土壤質地、結構的措施，改善土壤的物理性狀，以提高土壤的透水性和保水量。

4-6-2-3 地形因子

地形是影響水力侵蝕的重要因素之一，地面坡度、坡長及坡形等都對土壤侵蝕有著極大的影響。

一、地形效應

土壤侵蝕量隨著地面坡度及坡長的增加而提高。逕流所具有的能量是其質量與流速的函數，而流速的大小則主要決定於逕流深度、地面坡度和糙度。因此，地面坡度是決定逕流侵蝕能力的基本因素之一。在一定的水深條件下，陡坡水流對地表就具有更大的剪應力，也就具有更大的分散能力。同時，當坡度愈陡，土壤顆粒在沿著坡向的分力也愈大，土粒穩定性降低，更易遭受侵蝕。因而，在一定範圍內，坡度愈大，坡面逕流的侵蝕量就愈大。

在地面坡度一定的條件下，土壤侵蝕的強度取決於坡長。由於在較長坡面上的逕流有較大的累積，增加了逕流的侵蝕能力和輸移能力，使得在一般情況下，單位面積上的土壤侵蝕量基本上是隨著坡長的增加而增加的。

Wischmeier & Smith（1958）提出的通用土壤流失方程（USLE）中，將坡長與坡度歸併爲地形因子，並以（*LS*）的形式表徵，給出的地形因子（*LS*, topography factor）。其中，坡長因子可表爲（Wischmeier & Smith, 1978）

$$L = \left(\frac{\ell}{22.1}\right)^k \tag{4.1}$$

式中，ℓ = 坡長（m）；k = 指數，與坡面坡度相關，可寫為

$$k = \begin{cases} 0.5 & S_o > 5\% \\ 0.4 & S_o = 3.5 \sim 4.5\% \\ 0.3 & S_o = 1.0 \sim 3.0\% \\ 0.2 & S_o < 1.0\% \end{cases} \tag{4.2}$$

式中，S_o = 坡面坡度（%）。坡度因子計算式為（McCool et al., 1987; Liu et al., 1994）

$$S = \begin{cases} 10.80 \sin\theta + 0.03 & \theta < 5^\circ \\ 16.80 \sin\theta - 0.50 & 5^\circ \le \theta < 10^\circ \\ 21.91 \sin\theta - 0.96 & \theta \ge 10^\circ \end{cases} \tag{4.3}$$

Zingg（1940）從實驗中建立了土壤流失量與地面坡度和坡長之關係，即

$$E \propto \ell^{\varepsilon} \tan^{m}\theta \tag{4.4}$$

式中，E = 單位面積土壤流失量；θ = 坡面傾斜角；m = 坡度指數，m = 1.4；ε = 坡長指數，ε = 0.6。Zingg（1940）的研究成果雖然已被多數研究者認同，但對於式中坡度和坡長指數的取值，卻有一些不同研究成果。

(一) 坡度指數（m）：雖然坡度指數是反應坡面坡度對土壤侵蝕之影響，惟亦與降雨條件、土壤顆粒粒徑及坡形等因素相關，如表4-3所示。Hudson & Jackson（1959）從Zimbabwe實驗站的資料分析發現，坡度指數$m \approx 2.0$，表徵在熱帶地區強降雨條件下，坡度對土壤侵蝕量的影響很高。土壤顆粒粒徑對坡度指數也有一定的影響，根據Gabriels et al.（1975）研究指出，當土壤顆粒直徑為0.05mm時，m = 0.6；當土壤顆粒直徑為1.0mm時，m = 1.7。在已知的坡度下，坡度指數m與坡形（slope shape）也有一定的關係，D’Souza and Morgan（1976）建議，凸坡時，m = 0.5；直坡時，m = 0.4；而凹坡時，m = 0.14。

表4-3 坡度指數與土壤顆粒粒徑及坡形之關係

研究者	影響因素		坡度指數
Gabriels et al.（1975）	土壤顆粒粒徑（mm）	0.05	0.6
		1.0	1.7
D'Souza and Morgan（1976）	坡形	凸坡	0.5
		直坡	0.4
		凹坡	0.14

坡度指數隨著坡面坡度（坡角）的上升或下降，並非呈現單調的上生或下降趨勢。Horváth & Erodi（1962）研究指出，當坡角$\theta = 0 \sim 2.5°$時，$m = 1.6$；坡角$\theta = 3 \sim 6.5°$時，$m = 0.7$；坡角$\theta > 6.5°$時，$m = 0.4$。類似的研究結果，Odermerho（1986）也提出：

$$m = \begin{cases} 1.09 & \theta = 1.4 \sim 6.0° \\ 1.80 & \theta = 6.0 \sim 8.5° \\ -2.08 & \theta = 8.5 \sim 11.0° \\ -1.39 & \theta = 11.0 \sim 26.5° \end{cases} \quad (4.5)$$

綜合上述研究結果得知，坡度指數（或土壤侵蝕量）與坡面坡度間具有類似鐘形曲線關係，即隨著坡度的增加，初期呈現坡度指數（或土壤侵蝕量）快速的提高，直到達某一臨界坡度時，坡度指數（或土壤侵蝕量）卻隨著坡度的增加而快速地降低。顯然，坡度指數（或土壤侵蝕量）與坡度之間具有一個臨界坡度，當坡度大於此一臨界值後，坡度指數（或土壤侵蝕量）反而隨坡度增大而減少。

Horton（1945）提出了摩阻侵蝕力概念，認爲坡面逕流的摩阻剪應力即爲侵蝕的作用力，故由流體力學得知，水流在流動過程中作用在邊界單位面積上所產生的摩阻侵蝕力爲

$$\tau_f = \gamma_w \Delta h \sin\theta \quad (4.6)$$

式中，Δh = 距分水嶺x處的地表水深；θ = 坡面傾角。通過一定的推導過程，Horton建立了摩阻侵蝕力公式，即

$$\tau_f = \gamma_w \frac{(q_w\ x\ n)^{3/5}}{\tan^{0.3}\theta}\sin\theta \qquad (4.7)$$

式中，q_w= 逕流率，指單位流程上的單寬流量；n = 曼寧粗糙係數；x = 坡長。因坡面水流的侵蝕作用並不是隨著坡角θ增大而一直增大的。令

$$f(\theta) = \frac{\sin\theta}{\tan^{0.3}\theta} \qquad (4.8)$$

對上式微分，並取$df(\theta)/d\theta = 0$，可得$\theta = 40°$時，$f(\theta)$存在最大值，即摩阻侵蝕力達到極值，此時土壤侵蝕量可以達到最大，惟超過該坡角，土壤侵蝕量反而下降。

儘管不同學者得出的臨界坡度不一樣，但這個臨界坡度顯然是存在的。臨界坡度存在的原因，除了水力阻力隨著坡度變化的基本規律之外，還與它的承雨面積有關。對於一定坡長的坡面，坡度愈大，其承雨面積就愈小，遭雨滴直接作用及形成逕流量就相對減少。如圖4-4爲一均勻坡面，設降雨強度爲i，坡角爲θ，設土壤入滲率爲零時，坡面單寬流量q可表爲

$$q = i\ell\cos\theta \qquad (4.9)$$

式中，$\ell\cos\theta$ = 坡面單寬面積在水平方向的投影，即承雨面積；ℓ = 坡長。因$q = uh$，故以曼寧阻力公式代入上式，可得逕流水深爲

$$h = (n\ i\ \ell)^{0.6}\frac{\cos^{0.6}\theta}{\sin^{0.3}\theta} \qquad (4.10)$$

由上式可知，坡面逕流深h表現爲隨坡度增大而減小的變化規律；同時，上式也表明，坡面粗糙係數、降雨強度、逕流長度等皆對坡面逕流深度有一定程度的影響，一般逕流深隨坡面粗糙係數、降雨強度和逕流長度的增加而增大。

綜上所述，坡度愈陡，一定坡長上的坡面逕流量就愈少。由此可知，之所以存在一個坡面流侵蝕的臨界坡度，正是由於承雨面積和諸如坡面流流速、剪應力、水力阻力等水力要素與坡面之間的關係相疊加的結果。必須特別說明的是，大於臨界坡度時水力侵蝕量雖然減少，但此時可能會發生更爲嚴重的崩塌或地滑問題。

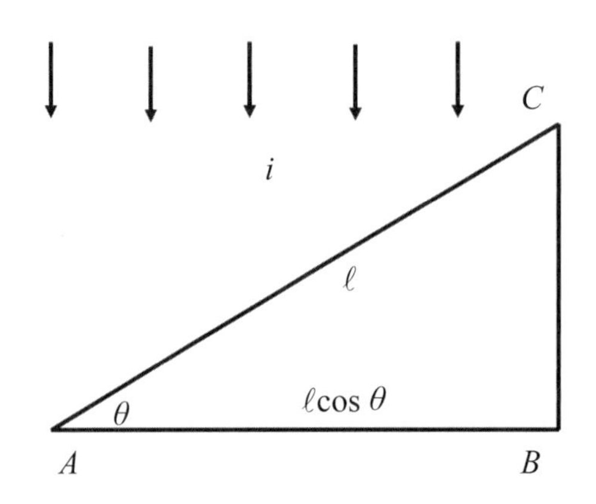

圖4-4　坡面承雨面積隨坡度的變化

此外，坡度對飛濺侵蝕過程具有顯著影響。向坡頂方向的濺蝕量隨坡度的增加呈現減少趨勢，向坡腳方向的濺蝕量隨著坡度的增大呈先增大後減少的變化規律。此乃由於在相同的坡長條件下，當坡度增加時，一方面承雨面積減小，另一方面重力沿坡面方向的分量增大，降低了土壤的穩定性，有利濺散土粒向坡腳方向運移。因此，隨著坡度增加，重力分量增大的作用先發揮主導作用，超過臨界坡度或侵蝕轉折坡度後，承雨面積減少，降低雨滴濺蝕作用，使濺蝕量反而降低。

總之，在一定條件下，坡度對坡面流土壤侵蝕的影響主要表現在五個方面（姚文藝及湯立群，2001）：一是土壤顆粒的重力沿坡向的分力隨坡度增加而增大，引起土壤顆粒的穩定性降低；二是坡面流剪應力隨著坡度增加而增大，增加了坡面逕流的分散能力；三是坡度增大後，增加了坡面流流速，減少了入滲量，相對增大了逕流量；四是隨坡度增大，土壤顆粒重力沿坡向的分力增加，因而受雨滴濺散的土壤顆粒向坡下運動的會比向上坡的多，從而相對增加了坡面輸移量；五是坡度增大，反使承雨面積減少，從而減少了一定坡長上的坡面逕流量，降低了坡面流侵蝕能力。

(二) 坡長指數：式（4.4）中，坡長指數$\varepsilon = 0.6$係坡面漫地流在坡度大於3°，且坡長介於10～20m的條件下獲得。Wischmeier and Smith（1978）提出，坡長指數與坡度的關係可表爲

$$\varepsilon = \begin{cases} 0.4 & \theta = 3^{\circ} \\ 0.3 & \theta = 2^{\circ} \\ 0.2 & \theta = 1^{\circ} \\ 0.1 & \theta < 1^{\circ} \end{cases} \quad (4.11)$$

Kirkby（1971）建議，在雨滴飛濺侵蝕區，$\varepsilon = 0$，在漫地流區或層蝕區，$\varepsilon = 0.3 \sim 0.7$，而於發生紋溝區域，坡長指數$\varepsilon$可以提升至1.0～2.0之間，這表徵坡長指數隨著沿坡面之距離而改變。在沒有紋溝產生的坡面，坡長大於10m時，其坡長指數ε可能為負值，顯示土壤侵蝕量增加不會太大。因為增加坡長將會在一定程度上影響逕流速度，而逕流深度的較大累積反過來將對雨滴打擊起緩衝作用。此時，當坡長大於某一值後，土壤侵蝕量增加並不明顯。

二、坡形效應

由分水嶺開始，隨著坡長的增加，坡度常常發生變化。在這種情況下，要研究單因子（不論坡長或是坡度）對土壤侵蝕的影響都是極其困難的，只有將坡長和坡度結合起來研究兩個因素的綜合作用，才能得到比較理想的結果。坡長與坡度的綜合體現即為坡形（topography）。在自然界中，山地、丘陵的坡形雖然十分複雜，但總的說來不外乎以下四種：直線形斜坡、凸形斜坡、凹形斜坡和階段形斜坡等。以下分別介紹這四種坡形對土壤侵蝕的影響，如圖4-5所示。

(一) 直線形斜坡：直線形斜坡係指從分水嶺開始到坡腳處的坡度，基本上是均一且不發生變化的。在自然界中，直線形斜坡很少。這種斜坡距分水嶺愈遠，匯集的地表逕流就愈多，土壤侵蝕也就愈嚴重，斜坡下半部常出現彼此交叉排列的紋溝和蝕溝。

(二) 凸形斜坡：這種斜坡在鄰近分水嶺的地面坡度較為平緩，隨著距分水嶺距離的增加，坡度也隨之增加。由於坡度和坡長同時增加，引起逕流量及其流速的迅速增加，反應在土壤侵蝕上，其量體也隨著坡長亦不斷提高。凸形斜坡下部常以蝕溝形式為主。

(三) 凹形斜坡：凹形斜坡坡度演變與凸形斜坡截然不同，在斜坡上半部鄰近分水嶺附近坡度較陡，而當距分水嶺較遠時，坡度則趨於平緩。因此，在斜坡的下半部，雖然其斜坡坡長增加，但由於坡度減緩，不僅不產生侵蝕作

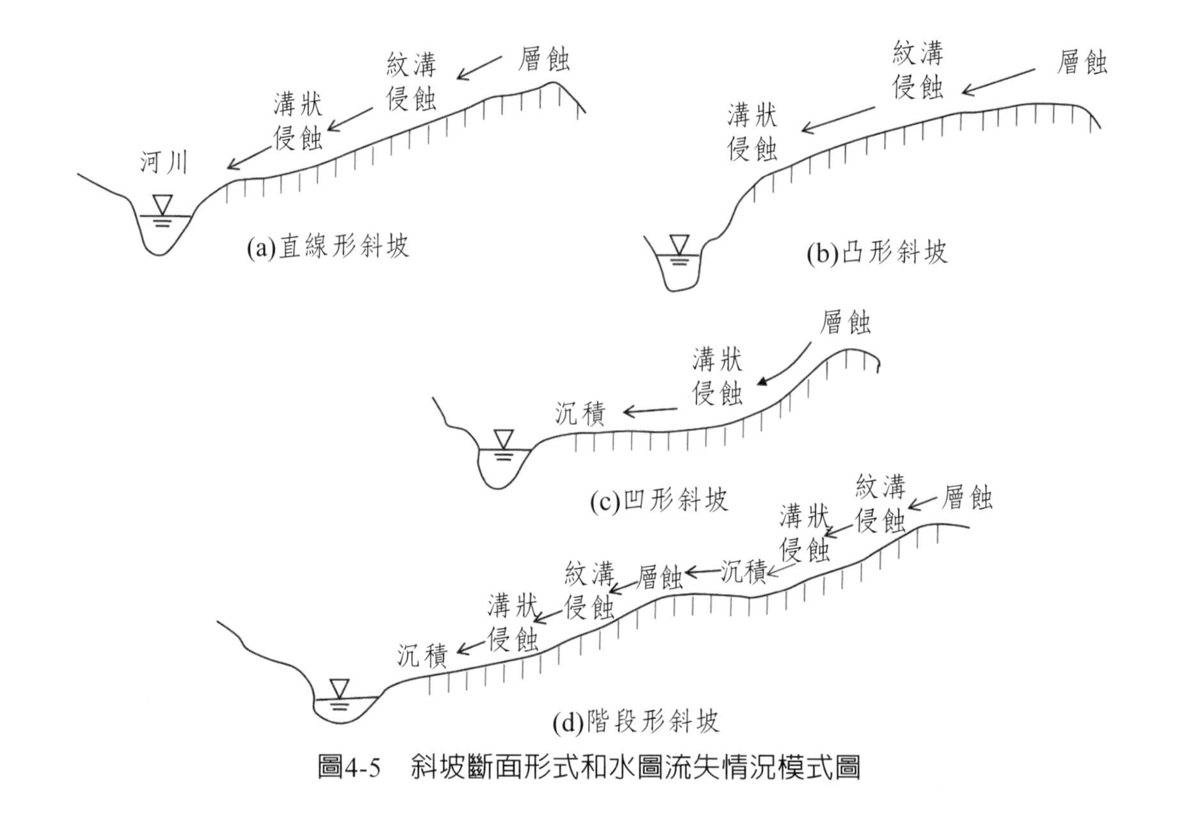

圖4-5　斜坡斷面形式和水圖流失情況模式圖

用，而且往往以沉積作用爲主。

(四) 階段形斜坡：階段形斜坡是凸、凹形斜坡交替出現的複式斜坡。這種坡形的土壤侵蝕特點是陡坡段侵蝕，緩坡段沉積，又沖又淤。總的來說，它比上述兩種坡形的土壤侵蝕情況輕微，只有在遠離分水嶺的陡坡段，土壤侵蝕才會比較嚴重。

從地形對土壤侵蝕的影響可以看出，地形是土壤侵蝕發生和發展的基礎。在實際工作中，改變地面坡度，截短坡長，利用坡向，改造小地形等，都是控制地表逕流、防治土壤侵蝕的有效方法。

4-6-2-4 地質因子

對土壤侵蝕產生影響的地質因素主要是岩性和構造運動。

一、岩性

岩性（lithology）即岩石的基本特性，如岩石風化性、岩層分布、岩石滲透性、岩石堅硬性等皆爲岩石的基本特性。岩石對風化過程、風化產物和土壤類型及抗蝕能力都有重要影響；對於溝狀侵蝕的發生、發展，以及崩塌、地滑、土石流的形成也有密切關係。因此，一個地區的土壤侵蝕狀況常受到岩性的很大制約，其中影響最大的是岩石的風化性。

(一) 岩石風化性：容易風化的岩石常常遭受到強烈侵蝕。影響岩石風化的因素很多，有岩石礦物本身的特性，如組成、顏色、結構等，也有外界的因素（即環境條件）。一般說來，當岩石處於與其生成環境條件不同的情況時，它就很不穩定，就會產生風化，以達到新條件下的平衡。例如，花崗岩、片麻岩、類結晶岩的造岩礦物主要是長石和石英，長石和石英的物理、化學性質不同（如長石膨脹係數爲$17\times10^{-5}K^{-1}$，石英爲$31\times10^{-5}K^{-1}$），晝夜寒暑溫差變化引起的熱漲冷縮，使岩石易於發生相對錯動和碎裂，從而促進風化作用加強。此外，花崗岩爲塊狀構造，風化作用不受岩體組合結構限制，風化作用有效面積和風化深度比其他岩石大。因此，這類岩石風化強烈，風化層較深厚。

(二) 岩層分布：當上下兩岩層呈不整合接觸（新、老地層的分布不平行，地層時代也不連續的接觸關係），而且下層岩層表面不平，層間的摩擦阻力大，就形成相對穩定狀態，不易產生崩塌或地滑；反之，當上下兩層岩層呈整合接觸（新、老地層的分布完全一致，互相平行，地層時代連續的接觸關係），岩層又與山腹的傾斜方向相同，而且傾角又在20°以下時，就形成有利於崩塌發生的條件；尤其是當下層基岩的透水性小於上層岩石時，由上方滲入的水分將沿著下層表面流動，有效降低兩接觸面間的摩阻係數，爲崩塌和地滑創造出更爲有利的條件。如果位於下層且透水性小的岩層處於未膠結或半膠結狀態，或當上層滲流水分中含有黏粒濾積在下層表面時，即使下層厚度很薄或數量很少，也會成爲地滑滑動面上的「潤滑劑」，常對地滑起直接觸發的關鍵作用。

(三) 岩石堅硬性：堅硬的岩石可以抵抗很大的侵蝕作用，阻止溝岸擴張、溝頭前進和溝底下切，並間接地延緩溝頭以上坡面的侵蝕作用。鬆軟的岩石往往由於某些特殊性質，如可壓縮性（泥灰岩、頁岩等），可軟化性（黏土岩），以及可溶性（鹽岩、石膏等），不僅強度低，而且抗水蝕性能也低。所以，由這類岩石構成的河床，溝道下切很深，溝岸擴張和溝頭前進很快，崩塌、地滑等也較爲活躍。

(四) 岩石透水性：這一特性對降水的滲透、地表逕流和地下水的形成及其作用有著顯著影響。當地面爲疏鬆多孔、透水性強的物質時，往往不易形成較大的地表逕流。在深厚的砂或礫石層上，基本沒有逕流發生。當淺薄土層以下爲透水性很差的岩層時，即使土壤透水性很好，由於土壤迅速達到飽和，也可發生較大的地表逕流和侵蝕。

二、新構造運動

新構造運動是引起侵蝕基準面變化的根本原因。土壤侵蝕及流失地區如果地面上升運動比較顯著，就會引起該地區侵蝕的復活，促使蝕溝和斜坡上的一些古老蝕溝再度活躍，從而加劇坡面的土壤侵蝕。

4-6-2-5 植被因素

植物被覆是自然因素中對防治土壤侵蝕具有積極作用的因素，幾乎在任何條件下都有減緩土壤侵蝕的作用。植被一旦遭到破壞，土壤侵蝕就會發生，並急劇發展。植被的水土保持作用主要有以下幾個方面。

一、攔截雨滴

植物的地上部分能夠攔截雨滴，減小雨滴降落速度和降雨強度，削弱雨滴對地面的打擊力量和破壞作用。植被覆蓋愈大，攔截雨滴的效果愈好，尤以茂密的森林最顯著。郁閉了的樹冠像雨傘一樣承接雨滴，使雨水通過樹冠和樹幹緩慢流落地面，從而減弱了降雨對地面土壤的打擊。

根據觀測，在降雨初期或降雨強度微小時，雨滴被樹冠截留率可達100%；降雨強度較大時，其截留率可能僅達25%。臺灣植被覆蓋良好的地區，平均截留率約30%（林信輝，2013）。這些被林冠截留的雨水，除小部分蒸發到大氣中外，其中大部分經過樹葉一次或幾次截留以後，慢慢滴落或沿樹幹下流。樹冠的這種作用，除了減少雨滴的直接擊濺作用外，還具有減小了林下的逕流量和逕流速度，以及延遲了集流時間。草地攔截雨滴的作用雖不像林地那樣效果顯著，但其在削弱雨滴對地面的直接打擊、減小逕流速度、防止雨滴飛濺侵蝕和層蝕等方面的作用也非常之大。一般而言，植物覆蓋可以抵抗降雨衝擊的程度，在地表植生覆蓋達70%或以上時，能產生最大的保護效果。

雖然植被可以攔截雨滴，以及使雨滴裂解成沖擊土壤能量很小的極小水滴。但是，雨滴也可能以集水的形式沿樹幹流到地表，同時有些雨滴可能會在葉子邊緣匯聚爲更大的水滴，然後落到地表，使地表遭受更大的打擊。因此，在土壤沒有直接保護層的情況下，樹冠的存在甚至可能使侵蝕更強烈。例如，除去林下植物和枯枝落葉後，林地侵蝕量是裸露地的6倍。因此，保留枯枝落葉和增加林下植物對減小侵蝕是極爲重要的，在估算林木的減蝕效益時，應當考慮到林下地表的狀況。

二、調節地表逕流

林地、草地中常常形成一層枯枝落葉層，尤其是人爲活動較少的林地，其枯枝落葉層很厚，腐爛後形成鬆軟的一層，像海綿一樣覆蓋在地面，承受並涵蓄雨水。林信輝（2013）指出樹林與草地所覆蓋的小集水區的年逕流量約爲年降雨量的10～20%，惟在耕作地區及都市地區之逕流量，分別爲降雨量的30～40%及60～70%。何智武等（1986）於室外試驗結果發現，暴雨後完整植生覆蓋區與8%、15%、30%等不同開發度地區的逕流率，分別爲0.24、0.31、0.37及0.48；換言之，當開發面積達全部面積的30%時，其逕流率可以高出植生覆蓋區約兩倍之多。

枯枝落葉層吸水飽和後，多餘的水分通過枯枝落葉層滲入土壤中變爲地下水，因而大大減少了地表逕流。枯枝落葉層調節地表逕流作用的大小，取決於本身的厚度和性質。枯枝落葉層愈厚，分解的愈好，愈鬆散，調節地表逕流的作用就愈大。就林地而言，林種、樹種組成及其林齡不同，枯枝落葉物調節地表逕流的作用也不同。一般說來，混交林的枯枝落葉層比純林的厚度大，調節地表逕流的作用也大；闊葉林比針葉林的枯枝落葉層厚度大，調節地表逕流的作用也大；林齡大的比林齡小的枯枝落葉層厚度大，調節地表逕流的作用也大。此外，林信輝（2013）比較一般森林地與裸露地之蓄水功能發現，一般森林地雨量之1/4爲樹冠截留量，1/4爲地表逕流，1/4入滲後留於土壤中，1/4入滲後成爲地下水，而裸露地則是1/2爲地表逕流，2/5由地面蒸發，1/10爲地下水；由此可見，森林地與裸露地之涵養水源效益相差達5倍之多。

植被對坡面流土壤侵蝕的主要影響，一方面可以阻截部分降雨能量，使土壤表面免於雨滴直接擊濺；另一方面增加地表糙率和下滲，從而減少逕流總量和降低逕流速度，並能形成低窪蓄水區使泥砂沉積，減少土壤侵蝕。

Wischmeier（1975）建議土壤侵蝕量與植被覆蓋率之關係，如圖4-6所示，表爲方程式可寫爲

$$SLR = e^{-jC} \tag{4.12}$$

式中，SLR = 植被覆蓋狀況與裸露地之土壤流失量比；C = 植被複蓋率；j = 係數，介於0.025～0.06，一般取用0.035。

在良好的草地及林地上，地表逕流和土壤侵蝕量分別不到裸露地的5.0%和1.0%；當植被覆蓋率小於70%之後，逕流和土壤侵蝕就會迅速增加。Noble（1965）在分析美國猶他州一些小流域侵蝕與植被覆蓋度的關係後認爲，表土侵蝕量與植被覆蓋度之間呈指數關係。Trimble and Mendel（1995）發現在美國猶他州及蒙大拿州，當地面覆蓋自100%減少至1.0%時，其侵蝕率可以增加近200倍。隨著地表植被覆蓋度的減小，侵蝕作用迅速增加。當植被覆蓋度低於8%時，植被在控制侵蝕方面的作用不大；但當植被覆蓋率超過60%以後，繼續增加植被，對減少侵蝕的作用也不大。（王禮先等，1985）

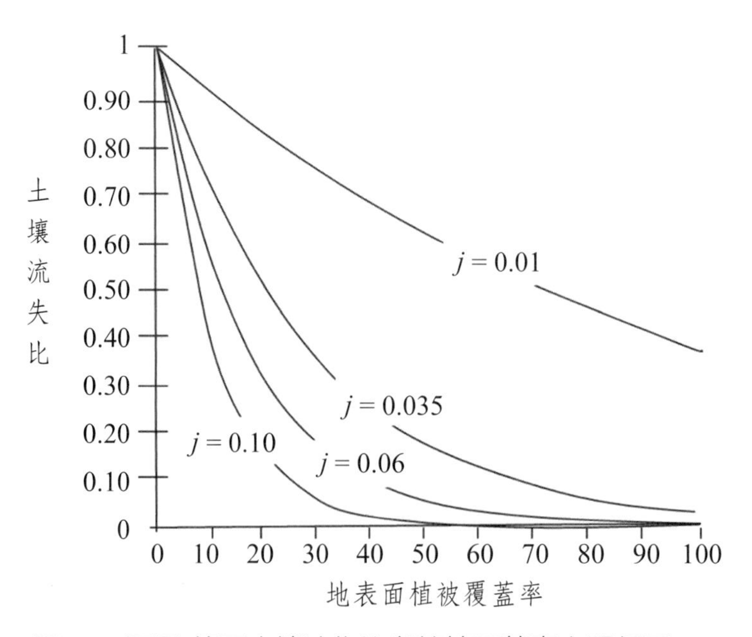

圖4-6 不同j值下土壤流失比與植被覆蓋率之關係圖

李寅生（1995）也表明，中國黃土地區的土壤侵蝕量與林草地覆蓋率之間也具有指數函數關係，即

$$W_e = ae^{-b\beta} \quad (4.13)$$

式中，W_e = 土壤侵蝕量；β = 林草地覆蓋率；a、b = 參數。根據Knott（1973）指出，於綠地、農耕地、裸露地的土壤侵蝕量，分別為382、25,400及32,750ton/mi^2/yr。林信輝及高齊治（1999）研究結果，西南部泥岩地區不同植被類型的土壤侵蝕量差異很大，其中刺竹林地331.5ton/ha/yr，刺竹林砍伐後復育之複層植被25.52ton/ha/yr，兩者相差約13倍。

地表植被還可以增加地表糙率，從而減少逕流總量和降低逕流速度對土壤侵蝕發生的影響。它還能形成低窪蓄水區使泥砂沉積。另外，植物枯枝落葉覆蓋層還有很大的蓄水功能，積蓄部分水分使之不能形成地表逕流。植物根系腐敗以後，遺留的孔道，也可有效的增進土壤的通透性能。

三、穩固土體

不論木本植物還是草本植物，都有穩固土體的作用。一般說來，草本植物的根系分布淺，穩固土體作用主要表現在土壤表層，防治雨滴飛濺侵蝕和層蝕的作用顯著；木本植物根系強大，分布較深，能構成密集的根網，其穩固土體作用的大小與其樹種、林種有密切關係。深根性樹種比淺根性樹種穩固土體作用好，混交林比純林固持土體作用好，天然林比人工林固持土體作用好。

四、改良土壤性狀

林木、草本植物對土壤的影響與農作物不同，農作物從土壤中吸收有機物和無機物來成就自身，成熟後被人們收穫，僅有一小部分有機物質殘留土壤之中。而林木和草本植物雖然也從土壤中吸收有機物質，但比農作物要少得多，而歸還給土壤的有機物質要比農作物多很多。

植物改良土壤性狀的另一方面，是植物根系能給土壤增加根孔，提高土壤的孔隙率，加上土壤結構的改善，必然提高土壤的透水性和保水量。由於林地和草地的透水性和保水量的增大，地表不易產生逕流，即使產生逕流，其流量也小，所以林地、草地的土壤侵蝕量較輕微。

4-6-2-6 人類活動因素

自然因素是土壤侵蝕發生、發展的潛在因素，而人爲因素是土壤侵蝕發生、發展和保持水土的主導因素。這就是說，人爲因素對土壤侵蝕的影響比自然因素對土壤侵蝕的影響更顯著、更重要。這是因爲：1.特定的自然因素對土壤侵蝕的影響幾乎是不變的，而人爲因素對土壤侵蝕的影響則是多變的；2.自然因素對土壤侵蝕的影響隨著人爲因素的變化而變化，土壤侵蝕或加劇，或減小。例如，某一集水區或地區，在沒有人類經濟活動參與的情況下，其氣候、土壤、地形、地質、植被等自然因素前後的變化是很小的：但是，一旦人類經濟活動介入，自然條件對土壤侵蝕的影響也就不一樣了，原來茂盛的草原經墾殖後，由於植被遭到破壞土壤侵蝕將會加劇；原來的坡耕地修成水平梯田，土壤侵蝕就會減弱或得到停止。

人類活動對土壤侵蝕的作用是可以加速的，也可以是減緩的，主要取決於人類活動的目的和方式。

一、人為因素對土壤侵蝕的影響

自從人類出現以來，就不斷地以自己的活動對自然界施加影響，打破了自然界所保持的各種因素間的相對平衡，促使土壤侵蝕現象由正常侵蝕狀態向加速侵蝕狀態轉化。人類不合理的經濟活動是造成加速侵蝕的根源，概括起來主要有以下幾點：

(一) 擴大農業經營範圍。由於傳統觀念的影響，有些農民不是以少種高產取得豐收，而是試圖廣種多收的方式生產糧食，以致於開墾種地，擴大了農業經營面積的現象相當普遍，結果是植被破壞、土壤翻鬆，土壤侵蝕加劇。

(二) 破壞森林。森林具有很高的蓄水保土作用，但是濫墾濫伐導致了森林覆蓋率的降低，加劇了土壤侵蝕。

(三) 不合理的耕作方式。等高耕作是保持水土的有效方法，但由於習慣影響而多採行順坡耕作。於順坡耕作區域，遇有暴雨時，逕流順坡而下，沖刷土壤，加速土壤侵蝕。據有關資料分析，順坡耕作的土壤流失量大約爲等高耕作土壤流失量的2倍左右。

(四) 築路、開礦。隨著交通運輸事業和礦業的發展，築路、開礦對水土保持工作帶來的危害愈來愈嚴重。

二、人為因素在降低土壤侵蝕的積極作用

在開發活動中，人類能否掌握和運用客觀規律是加速土壤侵蝕抑或促進水土保持的關鍵。人類不合理的經濟活動之所以加劇土壤侵蝕的發展，其根本原因是人們對土壤侵蝕的客觀規律沒有很好地認識、掌握和運用。但是，人們一旦認識了土壤侵蝕的規律，就可以有意識、有目的地控制和改造影響土壤侵蝕的自然因素，發揮人的主觀作用，達到興利除害、保持水土的目的。關於人爲因素的積極作用可概括爲下列幾點：

(一) 改變地形條件。地形條件是可以通過多種工程技術措施加以局部改變的。例如，於坡面沿著近似等高線方向修建平台階段、山邊溝、寬壠階段及採取水土保持等高耕作等，皆可起著減緩坡度、截短坡長、改變小地形的功能，從而可以減輕或防治土壤侵蝕。在陡坡地上植生造林，也可達到保持水土、促進林木生長的目的。在坑溝或野溪上採用整流、防砂壩等工程措施，可以抬高侵蝕基準面，從而達到控制溝床沖刷下切、溝岸擴張、溝頭溯源之目的。

(二) 改良土壤性狀。自然界中之所以發生土壤侵蝕現象，主要是因爲侵蝕力大於抗蝕力所致。土壤抗蝕力與土壤的質地、團粒結構等特性有關，而土壤這些性狀可以通過人們的主觀作爲來加以改善。例如，在砂性土壤中適當摻入黏土，在黏性土壤中適當摻入砂土，增施有機肥料，深耕深鋤等措施，都可改良土壤性狀，增加有機質及團粒結構，提高土壤透水性及蓄水保肥能力，增加土壤抗蝕抗衝的能力。

(三) 改善植被狀況。植被可以攔截雨滴、調節地表徑流、固結土體、改良土壤，具有很好的蓄水保土作用。而植被狀況可以通過造林植生、農作物合理密植、間作、輪作等人爲措施予以改善。因此，改善植被狀況是人們對水土保持一個最重要的作用。

(四) 削弱氣候因素的作用力量。人類目前暫時還不能改變降雨條件，但能根據降雨規律，在出現暴雨和雨量集中的季節，增加地面植被。如實行適當的輪作制度，大面積植樹造林等，實際上就等於改變了降雨強度。

通過以上分析可以看出，人爲因素對水土保持有積極的一面，人們通過改變地形條件、改良土壤性狀和植被狀況等有效措施，並把這些措施合理的、綜合的、因地制宜地結合起來，形成一個完整的、合理的水土保持防護體，就可以達到保持水

土、保護生態環境的目的。

4-6-3 土壤侵蝕關鍵因子

儘管影響侵蝕的降雨、土壤、地形、植被等自然因素，都可能具有不同程度的空間變化，對坡面土壤侵蝕過程的影響機理也非常複雜。然而，坡面地表逕流的土壤侵蝕過程，實質上仍是一種能量傳遞和轉化過程。降雨是能量的輸入，坡度是影響坡面地表逕流水力比降和能量大小的邊界因子，表徵了坡面地表逕流能量的沿程積累；植被是坡面地表逕流的水力糙度因子，表徵了坡面地表逕流能量的沿程耗散；土壤是坡面侵蝕的對象，表徵了坡面地表逕流能量的耗散和轉遞；而人類活動的效應，則是對坡面地表逕流能量傳遞和轉化過程中的一種干擾。可見，這些因子的綜合作用制約了坡面地表逕流能量傳遞過程的規律，這一規律又決定了坡面地表逕流侵蝕過程的基本規律。因此，對於一已知區域而言，坡面土壤侵蝕最終係以降雨和地表逕流作用爲主的侵蝕力（erosivity）和地面土壤抵抗侵蝕作用的抗侵蝕力（erosibility）相互作用的產物，即

土壤侵蝕（流失）= f（降雨侵蝕力、土壤抗侵蝕力）　　（4.14）

侵蝕力爲降雨及地表逕流引起侵蝕之潛能，對一定之土壤條件，不同降雨和地表逕流所形成之侵蝕力潛能不同，其侵蝕量必然不同。抗侵蝕力爲土壤受創性，亦可稱爲侵蝕率，即在一定降雨條件下土壤抵抗侵蝕之能力，與土壤種類有關。對土壤而言，影響此特性之原因有二：一爲土壤內在之基本特性，如土壤之物理化學特性，二是對土壤所處的外在環境，包括土壤位處之坡度、坡長、植被覆蓋情形及土地經營利用程度等。因此，控制土壤侵蝕量（或流失）之影響因子亦可表爲

土壤侵蝕（流失）= f（降雨侵蝕力、土壤內在特性、地形因子、覆蓋與管理因子、土地經營及利用因子）　　（4.15）

4-7 雨滴飛濺侵蝕

雨滴具有質量，降落時具有速度，因此具有動能。由雨滴落下的動能直接打擊地表，破壞地表土壤微結構，使土壤顆粒發生分離及躍移的過程，稱為雨滴飛濺侵蝕（raindrop splash erosion），主要發生在降雨和地表逕流形成之初，是坡面水力侵蝕的開始。

4-7-1 雨滴飛濺侵蝕過程

降雨初期，雨滴打擊地表使土壤顆粒躍移脫離地表，但由於被濺起的土壤顆粒所具有的動能有限，當其躍移至一定高度後，受重力作用而以近似拋物線運動形式返回地面，同時部分土壤顆粒因變成糊狀泥漿而填塞表層土壤孔隙，使表層土壤形成地表結皮（seal）。地表結皮具有兩個相反的作用，在結構上具有保護土壤層之效果，減少後續地面水流的侵蝕量；但它又阻礙坡面水流入滲，使超滲逕流量增加，又有利於侵蝕的發生。

隨著降雨的持續，地表產生滯蓄水層，逐漸形成地面逕流，將土壤結皮濕潤泡散，並為其所攜帶。當逕流水深很小時，較大的雨滴仍能擊穿水層，濺起土粒，但此時雨滴動能的一部分將耗於擾動水層，使逕流紊動增大，故雨滴的飛濺侵蝕作用會因逕流深度的增加而減小，直到水層增加到一定的深度，雨滴動能被逕流完全吸收，無法直接作用於土壤表層上，此時雨滴飛濺侵蝕近乎停止。根據研究結果顯示，當逕流水深超過3倍、等於（Palmer, 1964）、1/5倍（Torri & Sfalanga, 1986）、1/3倍（Mutchler & Young, 1975）的雨滴直徑時，飛濺侵蝕就消失。雖然這些研究結果差異頗大，不過雨滴飛濺侵蝕與坡面逕流水深成負相關的總體趨勢，則是一致的。因此，位於坡面上端地勢平緩，地表逕流較少的嶺頂附近，飛濺侵蝕才占有主導地位，如圖4-3所示。

一般來說，僅靠雨滴飛濺侵蝕作用是不會引起集水區土壤的流失或生產，它必須依賴降雨所形成的坡面漫地流，搬運被雨滴分離的物質，或沉積在低平處，或隨著水流輸移至集水區出口，才能構成集水區的土壤流失過程。

4-7-2 雨滴終端速度

雨滴降落的初期係屬加速運動，隨著速度的增加，受到空氣的阻力也愈來愈大，當其重力與空氣阻力平衡時，雨滴即以均勻速度下降，這個速度稱爲終端速度（terminal fall velocity），它與雨滴的直徑相關。一般而言，降雨強度愈大，雨滴的直徑愈大，其終端速度和雨滴動能就愈大，對地表土壤顆粒的侵蝕力也就愈大。因此，研究雨滴終端速度是瞭解雨滴侵蝕機理和雨滴對坡面漫地流阻力的影響作用，是探討土壤侵蝕的基礎工作。

對於雨滴終端速度問題，早就有人從觀測及試驗中進行研究。Van Dijk（2002）認爲雨滴終端速度主要是由雨滴的直徑所控制，可表爲

$$v_k = 0.0561 d_r^3 - 0.912 d_r^2 + 5.03 d_r - 0.254 \tag{4.16}$$

式中，v_k = 雨滴終端速度（m/sec）；d_r = 雨滴直徑（mm），與降雨強度相關，可表爲

$$d_{50} = \alpha i^{\beta} \tag{4.17}$$

式中，d_{50} = 雨滴中值粒徑（mm）；i = 降雨強度（mm/hr）；α、β = 待定係數，其中α值約介於0.80～1.28，而β值約介於0.123～0.292。吳嘉俊及王阿碧（1996）建立屏東老埤地區自然降雨之雨滴中值粒徑與降雨強度關係，可表爲

$$d_{50} = 1.4417 + 0.4412 \ln(i) - 0.0795 i^{0.5} \tag{4.18}$$

上式係連續三年共計收集714場降雨事件，其中最大瞬間降雨強度爲163.04 mm/hr，最小瞬間降雨強度爲0.85mm/hr，而雨滴中值粒徑介於0.57～0.74mm。

4-7-3 降雨動能

雨滴降落時具有一定的動能，稱爲降雨動能（E, kinetic energy of rainfall）。降雨動能與雨滴質量（即雨滴的大小）、降落速度、方向、雨滴形狀及分布等有關，其中影響降雨動能的重要因素是雨滴質量及其終端速度，可表爲

$$E = \frac{1}{2} M v_k^2 \tag{4.19}$$

式中，M＝雨滴質量。對於直徑爲d_r、密度爲ρ_w的單顆雨滴，上式可近似表爲

$$E = \frac{\rho_w}{12} \pi d_r^3 v_k^2 \tag{4.20}$$

降雨動能係在一定的降雨強度下全部雨滴的能量，爲表徵降雨侵蝕力的合適指標。但實際上，雨滴質量和終端速度都是不易測得的數據，所以研究降雨動能時多數是尋求以降雨強度來表示。Wischmeier & Smith（1958）分析其他研究者發表的雨滴終端速度的報告，提出了一個描述某次降雨過程中，降雨動能與其強度具有正比例相關的迴歸方程式：

$$E = 0.119 + 0.0873 \log i_x \tag{4.21}$$

式中，E = 某次降雨過程中某時段的降雨動能（MJ · ha/mm）；i_x = 某次降雨過程中某階段降雨強度（mm/hr）。不過，上式在較高的降雨強度下，會有高估土壤流失量之虞。因此，Wischmeier & Smith（1978）認爲上式僅適用於降雨強度$i_x \leq$ 76mm/hr的情況下，至於$i_x >$ 76mm/hr時，降雨動能E = 0.283。對於熱帶性降雨條件，Hudson（1965）給出了以下的方程式

$$E = 0.298(1 - \frac{4.29}{i_x}) \tag{4.22}$$

McGregor & Mutchler（1976）認爲Wischmeier & Smith所提出的降雨動能公式於較大的降雨強度時會有高估的可能，於是應用美國密西西比州Holly Springs地區降雨資料提出下列公式：

$$E = 0.273 + 0.2168 e^{-0.0481 i} - 0.4126 e^{-0.072 i} \tag{4.23}$$

據研究發現，當降雨強度介於25～75 mm/hr時，降雨動能曲線的走勢變化較激烈；當降雨強度漸趨增大時，降雨動能的變動幅度漸小，且呈下降趨勢（吳嘉俊及王阿碧，1996）。

關於一場暴雨條件下之降雨動能與降雨強度間的關係，也有很多的研究者提出不同公式，其中Van Dijk et al.（2002）提出以下通式，即

$$E = 28.3[1 - 0.52 \exp(-0.042 i_x)] \tag{4.24}$$

吳嘉俊及王阿碧（1996）應用屏東老埤地區自然降雨建立降雨動能公式，即

$$E = 0.119 + 0.0873\log i \quad i < 4\text{mm/hr} \tag{4.25}$$

$$E = 0.276 - \frac{0.520}{i} + 1.146\,e^{-i} \quad i \geq 4\text{mm/hr} \tag{4.26}$$

式中，E = 降雨動能（MJ/ha/mm）。此外，他們也比較Wischmeier & Smith（1958）、McGregor & Mutchler（1976）及Hudson（1965）等人的降雨動能公式，結果發現Hudson降雨動能公式普遍低估，而其他公式均能獲得滿意的模擬結果。

4-7-4 降雨侵蝕力

降雨侵蝕力係指雨滴分散和擊濺土壤顆粒的作用力。Ellison（1944）通過大量試驗證實，降雨侵蝕力與降雨雨滴能量有關。之後，Wischmeier（1958）也通過降雨試驗發現，降雨動能與其30min降雨強度的乘積和土壤侵蝕量之間的關係最為密切，可以反映一場降雨的侵蝕能力，因而提出了著名的降雨侵蝕力指數表達式，即

$$R = Ei_{30} \tag{4.27}$$

式中，E = 一次暴雨的總動能（j/m^2）；i_{30} = 降雨過程中連續30分鐘最大降雨強度（cm/hr）；R = 降雨侵蝕力指數。根據式（4.27），可以計算出一場暴雨的侵蝕力，也可以將某一時段內所有暴雨的侵蝕力指數值加起來，得到週、月或年的侵蝕力指數值。

4-7-5 雨滴飛濺侵蝕量

雨滴飛濺侵蝕量包括了土粒遭雨滴分散的分散量及濺向四周的搬運量，它是雨滴與地表土壤顆粒發生碰撞並相互作用過程的結果，除了與雨滴本身的特性有關外，還與諸多因素相關。

雨滴侵蝕的分散率（D_r, detachment rate）係指雨滴擊濺土壤顆粒使之脫離原有位置的數量，與降雨動能相關。Meyer & Wishmeier（1969）提出，降雨分散率可表為

$$D_r = k_1 A_i i^2 \quad (4.28)$$

式中，A_i = 坡面面積；k_1 = 係數。Morgan（2005）總結一些研究者的研究成果提出，於裸露地表條件下的分散率，可表爲

$$D_r \propto i^a S_o^c \quad (4.29)$$

$$D_r \propto E^b S_o^c e^{-dh} \quad (4.30)$$

式中，S_o = 坡面坡度；E = 降雨動能（J/m^2）；h = 表面流水深（m）；a、b、c、d = 待定係數，經彙整以往研究成果如表4-4所示。

從坡面剖面來看，地表土壤遭雨滴擊濺後向上坡及下坡飛散的數量與其坡度息息相關。一般，被雨滴擊散的土粒往下坡躍移數量大於往上坡數量，故向下坡的雨滴飛濺淨侵蝕量（T_r），可表爲

表4-4　式（4.29）及（4.30）中各項係數一覽表

係數	建議值
a	a = 2.0（一般） a = 2.0 − (0.01×% clay)（Meyer，1981）
b	介於0.8（沙質土壤）～1.8（黏土）（Bubenzer & Jones, 1971），平均值b = 1.0
c	c = 0.2～0.3（Quansah, 1981；Torri & Sfalanga, 1986）
d	d = 2.0，對於不同質地的土壤其值介於10.9～3.1（Torri et al., 1987b）

$$T_r \propto i^{\delta} \theta^{\chi} \quad (4.31)$$

式中，δ = 1.0（Meyer & Wischmeier, 1969）；χ = 1.0（Quansah, 1981; Savat, 1981）。不過，在較陡的坡面上，χ值會下降。Mosley（1973）認爲，當斜面坡度上升至20度時，χ = 0.8，而Moeyersons和De Ploey（1976）提出，當斜面坡度上升至25度時，χ = 0.75。Foster and Martin（1969）and Bryan（1979）亦發現，當坡度達18度時，飛濺侵蝕量隨坡度增加而提高，惟當超過此一坡度後，飛濺侵蝕量卻是減少的。Defersha et al.（2011）利用三種土壤樣本進行試驗發現，當坡度從9%提高至25%時，雨滴飛濺侵蝕量亦隨之提高，惟當坡度自25%上升至45%時，雨滴飛濺侵蝕量卻是下降的。大陸西北水土保持所通過試驗也發現類似的結果，但它的臨界坡度爲26.3度，當坡度小於26.3度時，隨著坡度的增加，飛濺侵蝕量是

增加的；當坡度大於26.3度時，隨著坡度的增加，飛濺侵蝕量是減少的（湯立群，1995）。

不過，張科利及細山田健三（1998）通過人工降雨模擬試驗，仔細觀測降雨過程中不同方向上飛濺侵蝕強度的變化。根據各影響因子間相互消長及相互制約的關係，分析了雨滴飛濺侵蝕發生的過程特徵及其變化規律，探討坡度對雨滴飛濺侵蝕的影響作用，建立了裸坡且降雨條件一定的前提下，飛濺侵蝕強度與坡角之間的關係式，即

$$T_{rc} = -0.0463S_0^2 + 15.3S_o - 47.42 \quad (4.32)$$

$$T_{ru} = -14.14 + 0.455S_o \quad (4.33)$$

$$T_{rd} = -24.55 + 7.568S_o \quad (4.34)$$

$$T_{rt} = -1.34S_0^2 + 48.57S_o - 14.16 \quad (4.35)$$

式中，T_{rc} = 水平方向飛濺侵蝕量（g/hr/m^2）；T_{ru} = 上坡方向飛濺侵蝕量；T_{rd} = 下坡方向飛濺侵蝕量；T_{rt} = 單位面積總飛濺侵蝕量；S_o = 坡面傾角（°）。根據以上分析結果，不同方向上的飛濺侵蝕強度隨坡度的變化有不同的規律性。但各方向上（等高線方向和順坡方向）的飛濺侵蝕量與坡度之間都存在有密切的相關。其中，與土壤侵蝕直接相關的向下坡飛濺侵蝕量與坡度呈線性相關，而單位面積上的總飛濺侵蝕強度則隨坡度呈二次方正比例關係。

如前所述，雨滴飛濺侵蝕與逕流水深呈負相關，地表逕流愈多，逕流覆蓋面積愈大，雨滴飛濺侵蝕愈小。不過，雨滴飛濺侵蝕作用不僅可以直接爲坡面提供輸移物質的來源，還會增加坡面逕流的紊動性。雨滴的這種雙重作用，可大大提高坡面逕流的侵蝕能力。許多的研究結果發現，有雨滴參與所造成的侵蝕量，比無雨滴參與所造成的侵蝕量大10～20倍，甚至50～60倍。根據吳普特（1997）的試驗研究，消除雨滴打擊影響後，坡面逕流侵蝕量平均降低程度爲63.45%，最高可達83.9%。

4-8 坡面漫地流侵蝕

在降雨的初期，降雨量不大，雨滴可以產生飛濺侵蝕作用。但是，隨著雨量的

增加，當降雨強度超過地表窪蓄能力和土壤入滲率時，坡面開始出現積水，並在重力作用下順著坡面流動形成水深很淺，呈薄層狀或片狀的漫地流，飛濺侵蝕作用就逐漸地減弱消失。當漫地流的侵蝕力大於土壤抗侵蝕力時，土壤顆粒就會失穩，開始被侵蝕外移，並隨著漫地流搬運流失，此過程謂之層狀侵蝕（sheet erosion）。層狀侵蝕的侵蝕深度不大，但侵蝕範圍較廣，無顯著之侵蝕痕跡，不易為人查覺，然而因農作物生長所需之養分隨表土沖失而去，形成地力衰退，土壤劣化，損失甚大，極難恢復。

4-8-1 坡面漫地流水力特徵

層狀侵蝕是由坡面漫地流對土壤的分散和輸移過程，其動力來源是漫地流的作用力，因而對漫地流水力學特性的研究，一直是釐清層狀侵蝕過程和規律的關鍵課題。但是，漫地流水深一般很小，受降雨影響顯著，流動邊界條件複雜，與傳統明渠水流（open channel flow）相比，漫地流具有許多特殊的水力特性。（姚文藝及湯立群，2001）

一、漫地流在流動過程中，一方面得到降雨的補給，另一方面又消耗於土壤的入滲，不論降雨或入滲，在時間和空間上都是變化的。因此，漫地流往往為非均勻、非穩定流，即使在無入滲的水泥、柏油路面或機場上的水流，僅受降雨的影響，亦是如此。

二、在山頂近分水嶺處，漫地流水深很小，水流雷諾數處在傳統明渠層流的範圍內，惟受到雨滴的擾動作用，實際上是一種攪動的層流流態。隨坡長增加，水深增大，雷諾數可逐漸增大至紊流區內，加上不規則地形的影響及降雨的擾動，水流結構將完全處於紊流狀態。

三、由於坡度沿程變化較大，加上局部地形起伏的影響，使水深時而大於，又瞬間低於臨界水深；水流可為緩流，亦可為急流，在急流向緩流轉變處也會有水躍的產生。

四、因漫地流水深很小，邊界粗糙和微地形的變化都會對其流動特性產生顯著作用，而發生重大的變化。

五、因水深很小，雨滴的打擊會增強水流紊動，提高水流阻力，並影響其水力特性。這些影響，又隨著水深、坡度等因素而改變。

總之，漫地流的水力特性受到諸多因素的影響，包括降雨強度和延時、土壤質地或種類、前期水文條件、植被密度和種類，以及地貌特性、坡度及坡長等，其中尤以地表凹凸不規則起伏，以及降雨直接擾動的影響，皆嚴重干擾破壞漫地流的均勻性及穩地性。由於它具有複雜的動力特性，要從純理論分析、野外觀測和試驗研究，對漫地流中的變量給予精確定義，或用普通水力學的方法來計算坡面漫地流及其特徵，都會遇到很多的困難。因此，為解決實際的問題，多數研究坡面漫地流的水力規律時，仍然沿用二維明渠流的阻力概念和表達式，即

$$\frac{\tau}{\rho_w V^2} = \frac{f}{8} = \frac{g}{C^2} = \frac{g\, n^2}{y^{1/3}} \tag{4.36}$$

式中，τ = 水流剪應力；ρ_w = 水體密度；V = 水流平均流速；f = Darcy-Weisbach阻力係數；C = 蔡司（Chezy）係數；n = Manning's 粗糙係數；y = 水深。Shen & Li（1973）通過室內人工降雨水槽試驗，將雷諾數R_e < 900時的Darcy-Weisbach阻力係數f表示為無降雨時之阻力係數f_o與降雨增加的阻力係數Δf_o之和，即

$$f = f_o + \Delta f_o \tag{4.37}$$

通過迴歸分析得到

$$\Delta f_o = \frac{24}{R_e} + \frac{27.162\, i^{0.407}}{R_e} \tag{4.38}$$

上式表明，降雨強度愈大，因降雨增加的阻力係數亦隨之提高。當R_e > 2,000時，阻力係數f表示為

$$f = 1.048 f_e \tag{4.39}$$

式中，f_e = 相同流量及雷諾數R_e下無降雨時的Darcy-Weisbach阻力係數。當雷諾數R_e = 900～2,000時採用內插法近似估算可得

$$f = 0.0392\left(\frac{R_e}{2000}\right)^{-1.252\ln(0.68+0.77\, i^{0.407})} \tag{4.40}$$

姚文藝及湯立群（2001）利用試驗結果提出坡面漫地流受降雨影響時之阻力係數，當R_e < 800時，降雨對阻力係數具有一定的影響，可表為

$$f = \frac{24}{R_e} + \frac{34.453\, S_o^{0.403} i^{0.743}}{R_e} \tag{4.41}$$

而當雷諾數$R_e > 2,000$時，降雨強度對阻力係數f可以忽略不計，則

$$f = \frac{(1.340 + 3.514\,\Delta)\,S_o^{0.465}}{R_e^{0.5}} \quad S_o > 3° \tag{4.42}$$

$$f = \frac{0.285}{R_e^{0.25}} \quad S_o \le 3° \tag{4.43}$$

式中，Δ = 坡面糙度（mm）；i = 降雨強度（mm/min）。

坡面漫地流阻力受降雨的影響，直接表現在流速的變化上。根據研究表明，降雨能夠降低水流流速，在整個水深上，各點流速都會受降雨影響而減少，愈接近水流表面，這種影響愈趨明顯。因此，爲使問題簡化，多數研究皆以人工降雨方式來探討穩定條件下坡面漫地流的水理規律，並得到一些平均流速公式的表達形式，即

$$V = k\,q^n S_o^m \tag{4.44}$$

式中，q = 單寬流量；S_o = 底床坡度；k = 反映阻力係數的指標。上式採用單寬流量（q）作爲自變數，而不是一般常用的水深（y），主要是因坡面水深很小，且坡面又總是高低不平，y值幾乎無法量測，而在試驗中單寬流量卻是比較容易測定的。江忠善及李秀英（1985）將坡面漫地流作爲不穩定流進行處理，通過實測資料的分析，得出：

$$V = 2.0\,q^{0.5}\,S_o^{0.35} \tag{4.45}$$

式中，V = 漫地流流速（cm/sec）；q = 單寬流量（cm^3/sec/m）；S_o = 底床坡度（%）。上式適用於層流，也適用於紊流，其差別在於係數k及指數m、n值不同而已。Oregon Department of Transportation（ODOT, 2014）指出，一般坡面漫地流流段的流動距離很短，以不超過300ft爲原則，其流速計算通式，可表爲

$$V = k\,S_o^{1/2} \tag{4.46}$$

式中，k = 待定常數，參見表3-22。不過，有些仍直接採用Manning公式（運動波方程式）推估坡面漫地流平均流速公式

$$V = \frac{1}{n}\,y^{0.67} S_o^{0.5} \tag{4.47}$$

式中，n = Manning's粗糙係數；y = 水深。上式適用於完全紊流（fully turbulent flow）流況下。

4-8-2 層狀侵蝕量

當水流沿著坡面向下的方向逐漸匯集，其攜帶雨滴飛濺侵蝕產物的能力不斷加強，並最終能夠直接剝離分散表層土壤而引起坡面的層狀侵蝕，並使坡面微地形的沿程變化。漫地流分散地表土壤的臨界條件，可以根據土壤起動條件來判斷。據研究，地表土壤顆粒的起動與水流流速相關，可表為

$$u_c = k_1 \, d_s^{1/2} \tag{4.48}$$

式中，u_c = 起動流速；d_s = 土砂顆粒粒徑；k_1 = 係數，與土壤質地相關。土砂顆粒起動之後，先將細粒土砂攜帶以去，隨著水深增大再加上雨滴對地表水之擾亂作用，而使地表水形成紊流狀態，此時流體作用力大增，水流對土粒之曳引力（tractive force）益形顯著，非但可以將大量分散之土粒搬運以去，甚至可使粗大之石礫移動，如圖4-7所示。

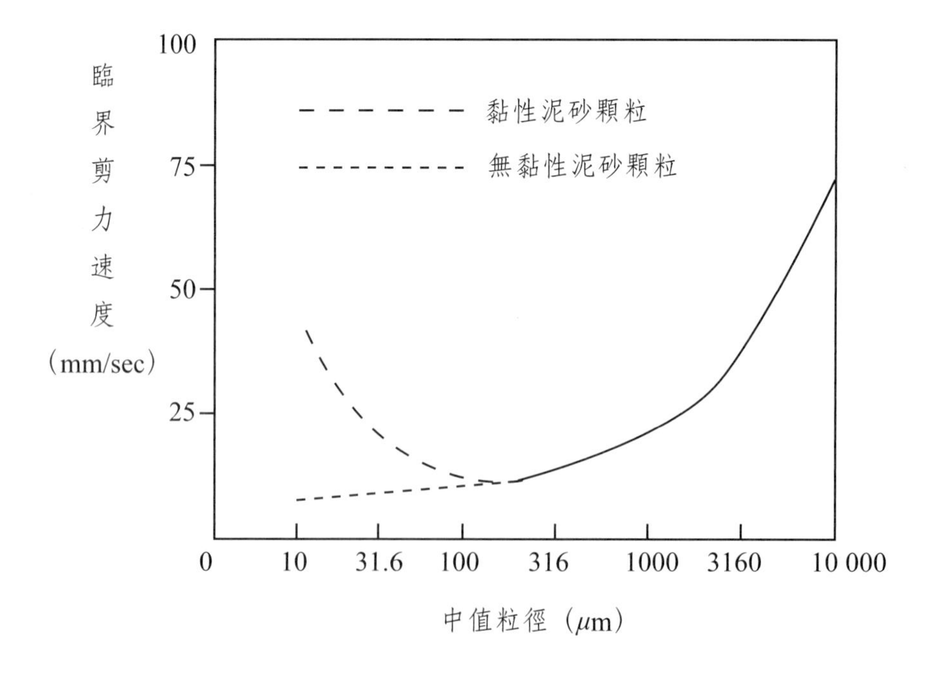

圖4-7　剪力速度與土壤質地關係圖

Source: Savat, 1982

Meyer & Wischmeier（1969）認爲，漫地流分散率（D_f）與水流流速的平方成正比，故由式（4.44）可得

$$D_f \propto S_o^{2m}\ Q^{2n} \tag{4.49}$$

Quansah（1985）從實驗中獲得分散率表示式，即

$$D_f \propto S_o^{1.44}\ Q^{1.5} \tag{4.50}$$

上式適用於黏土至砂土的土壤質地。式（4.50）僅考慮水流直接作用於地表面的條件，而忽略了雨滴對地表逕流的干擾。因此，Quansah（1985）提出考慮降雨雨滴的影響，可表爲

$$D_f \propto S_o^{0.64}\ Q^{1.2} \tag{4.51}$$

這表明雨滴衝擊抑制水流分散土壤顆粒的能力。Zhang et al.（2003）分別採用水流流量、流速、剪應力及坡度等因子建立漫地流分散率之迴歸方程，包括：

$$D_f = 5.43 \times 10^6 Q^{2.04} S_o^{1.27} \tag{4.52}$$

$$D_f = 6.20 V^{4.12} \tag{4.53}$$

$$D_f = 0.2065\tau - 0.8237 \tag{4.54}$$

$$D_f = 0.0428(\tau V)^{1.62} \tag{4.55}$$

式中，D_f = 漫地流分散率（kg/s/m）；Q = 水流流量（cms）；V = 平均流速（m/s）；τ = 剪應力（pa）；τV = 河川功率（stream power）（kg/m）。Meyer & Monke（1965）從實驗中發現，分散率與水流中攜帶的泥砂量有關。Foster和Meyer（1972）提出，在上述方程中分散率（D_f）僅適用於清水流狀況下的分散能力。事實上分散率應表爲水流最大泥砂體積濃度（C_{max}）與實際泥砂體積濃度（C）之差，即

$$D_f \propto (C_{max} - C) \tag{4.56}$$

上式表明，當水流中含砂量增加時，分散率下降，且當達到最大含砂量時，分散率等於零。

層狀侵蝕量既涵括了水流對地表土壤的剝離輸移量，也包含雨滴飛濺侵蝕的量體，而當坡面出現紋溝侵蝕（rill erosion）時，層狀侵蝕也發生在紋溝間的侵蝕

量。於是，Meyer and Wischmeier（1969）提出層狀侵蝕水流搬運能力（transporting capacity of flow）可表爲

$$T_f \propto Q^{5/3} S_o^{5/3} \tag{4.57}$$

Morgan（1980a）引入水力輸砂模型建立水流搬運能力的表達式，即：

$$T_f = 0.0085 Q^{1.75} S_o^{1.625} d_{84}^{-1.11} \tag{4.58}$$

$$T_f = 0.0061 Q^{1.8} S_o^{1.13} n^{-0.15} d_{35}^{-1.0} \tag{4.59}$$

式中，d_{84}、d_{35} = 粒徑分布累積曲線上84%及35%所對應之粒徑。以上各式皆僅單獨考量漫地流的作用，而沒有特別就降雨對漫地流影響進行探討。因此，Quansah（1982）結合漫地流與降雨給予水流搬運能力的表達式：

$$T_f \propto Q^{2.13} S_o^{2.27} \tag{4.60}$$

相較於式（4.57），在相同流量與坡度時，水流搬運能力大爲提升，顯示降雨對層狀侵蝕的影響很大。因此，從式（4.51）得知，水流分散率隨著雨滴的干擾而降低，惟水流輸移泥砂能力卻得到增強（Savat，1979；Guy & Dickinso1990；Proffitt & Rose，1992），其增強的程度取決於土壤的阻抗、雨滴直徑、地表逕流深度及水流速度等。Govers（1990）研究發現，漫地流最大泥砂體積濃度（C_{max}）與單位河川功率（VS, unit stream power）有關，可表爲

$$C_{max} = a(VS - 0.4)^b \tag{4.61}$$

式中，a、b = 待定係數，與泥砂顆粒有關。Everaert（1991）證實，沒有考量雨滴的衝擊情況下，係數b值介於1.5～3.5之間，分別對應中值粒徑（d_{50}）自33～390mm。降雨雨滴對細顆粒泥砂的影響可以忽略不計，但對於粗顆粒泥砂部分會使b值從3.5降至1.5；換言之，降雨雨滴對水流中粗顆粒泥砂的輸移能力存在一定的影響。

在紋溝發生的區域，Meyer et al.（1989）用一個冪函數的經驗式，表達紋溝間地表侵蝕率：

$$A_f = a i^b \tag{4.62}$$

式中，A_r = 給定降雨時段的紋溝間侵蝕率；a、b = 與土壤性質有關的常數；i = 降

雨強度。WEPP 侵蝕模型把紋溝間侵蝕率表為

$$A_f = K_i i^2[1.05 - 0.85\exp(-4\sin\theta)] \quad (4.63)$$

式中，K_i = 紋溝間土壤抗侵蝕因子；θ = 坡面傾角。Clinton et al.（1993）研究WEPP模型紋溝間侵蝕率時，認為將參數改變更能符合實際，其表達式為：

$$A_f = K_i Q S_o \quad (4.64)$$

綜合上述，針對層狀侵蝕（指逕流產生後還未出現紋溝侵蝕的情況下）的定量研究成果還很少，雖有一定的量化描述，也多帶有區域性的半經驗式。WEPP 模型是新的侵蝕預報模型，但是一方面模型裡還有經驗性的因子，另一方面該模型眞正用於實際的研究成果還不多見，其精確性有待商榷。另外，作為引起層狀侵蝕作用的動力源的漫地流研究，由於其水力學特性的複雜，試驗技術的困難，雖取得一些成果，但要從機理上進行必要的闡述，還需要對漫地流水力學和漫地流輸砂力學進行深入研究。

4-9 紋溝侵蝕

隨著坡面漫地流動能的不斷增強，在不平坦地表面及其不均勻土壤抗侵蝕能力的綜合影響下，平均分散在坡面上的漫地流會逐漸集中形成很多的細流（trickle），開始對地表土壤及其母質進行集中侵蝕而形成很多的小坑穴，坑穴之間不斷貫通就形成了細溝，因規模較小，且受多股細流侵蝕，其分布若手指分歧，謂之紋溝侵蝕（rill erosion）或指狀侵蝕（finger erosion），它是繼層狀侵蝕之後發生的侵蝕形態。

關於紋溝的描述，陸兆熊等（1991）認為在降雨條件下，坡面出現1～2cm的小溝即是紋溝侵蝕的開始。唐克麗（1990）的研究認為紋溝的寬、深變化在1～10cm，而鄭粉莉等（1987）的描述則是：紋溝侵蝕深度一般不超過30cm，寬度可達50cm，而大多數的紋溝深度小於20cm、寬度小於30cm。水土保持手冊（2006）以寬1.0m、深30cm為限，若超過即為溝狀侵蝕。在坡面土壤侵蝕過程中，紋溝侵蝕的溝槽縱剖面與所在斜坡縱剖面一致，並能為當年犂耕恢復平整，故維持的時間

很短。

紋溝侵蝕的發生取決於坡面水流的水力學特性和坡面土壤條件。細流沿著坡面匯集了水流，使其侵蝕能力獲得顯著的提升，因而從坡面下部向坡頂發展（溯源侵蝕），其發展速率與土壤黏粒含量、高度、水流流量及流速等有關（De Ploey, 1989a），當坡面水流達到一定水力學臨界條件後，才會發生紋溝侵蝕。Rauws and Govers（1988）提出，除了地表土壤含較高的黏土顆粒外，發生紋溝侵蝕的臨界剪力速度（u_{*c}）與土壤剪力強度（τ_s）呈線性相關，即

$$u_{*c} = 0.89 + 0.56\tau_s \tag{4.65}$$

研究發現，當剪力速度達3～5cm/sec是紋溝侵蝕發生的臨界條件。另一種類似的推估方法，是應用水流剪應力（τ_f）和土壤剪力強度（τ_s）間的消長關係（Savat, 1979），表爲紋溝侵蝕發生的臨界條件（Torri et al., 1987a），即

$$\tau_f / \tau_s > 0.0001 \sim 0.0005 \tag{4.66}$$

紋溝水流已屬於集中水流，當水流剪應力大於土壤剪力強度時，水流對土壤分散率實爲水流剪應力大於土壤顆粒臨界剪應力的那部分水流剪應力，才是起動地表土壤的主要關鍵，因此可表爲（Foster, 1982）

$$D_f = K_r(\tau_f - \tau_s) \tag{4.67}$$

式中，D_f = 紋溝分散量（kg/m^2）；τ_f = 沿坡面向下運動的逕流所具有的剪應力；τ_c = 土壤顆粒臨界剪應力；K_r = 反映紋溝水流用於其他方面能量損失的參數。

Meyer et. al.（1975）認爲，存在著發生紋溝侵蝕的臨界流量，並以紋溝內流量（Q_r）與紋溝發生的臨界流量（Q_c）的差値作爲變量，建立了估算紋溝分散量（D_f）模型，即

$$D_f = K_r(Q_r - Q_c) \tag{4.68}$$

同時，Govers（1992）實驗發現，紋溝水流流速與流量可表爲

$$V = 3.52Q^{0.294} \tag{4.69}$$

由上式可將式（4.61）修改爲

$$C_{max} = a(3.52Q^{0.294} - 0.0074)Q \tag{4.70}$$

式中，a = 係數與地表土壤顆粒粒徑相關；而0.0074爲單位河川功率臨界值。

此外，Nearing et. al.（1989a）認爲，紋溝水流侵蝕力可採用水流剪應力大於土壤臨界剪應力，以及輸砂能力大於實際輸砂量的概念來確定，並提出如下模型：

$$D_f = K_r(\tau_f - \tau_s)(1 - G_s / T_f) \quad (4.71)$$

式中，G_s = 實際輸砂量；T_f = 輸砂能力；K_r = 土壤抗侵蝕係數。由於紋溝既是坡面土壤侵蝕的重要產砂源，占坡面土壤侵蝕70～90%（吳普特，1997），同時又是坡面土壤侵蝕產物的輸送通道，因而紋溝侵蝕在坡面土壤侵蝕中十分重要，使得上式成爲美國水蝕預報模型（WEPP）的物理基礎。

Foster & Meyer（1977）將分散量直接表爲水流剪應力的冪函數，即

$$D_f = a\tau^{1.5} = a(\gamma_w\, y\, S_o)^{1.5} \quad (4.72)$$

式中，a = 係數。由Darcy-Weisbach公式

$$y = (\frac{f}{8\, g\, S_o})^{1/3} q_w^{2/3} \quad (4.73)$$

代入式（4.72），可簡化爲

$$D_f = a(\gamma_w\, y\, S)^{1.5} = C_f\, q_w\, S_o \quad (4.74)$$

式中，f = Darcy-Weisbach阻力係數。除了上式之外，分散量亦有採用有效剪應力（$\tau - \tau_c$）的冪函數，即

$$D_f = K_d(\tau - \tau_c)^b \quad (4.75)$$

式中，τ_c = 水流臨界剪應力；K_d = 係數；b = 冪指數。

4-10 溝狀侵蝕

由於地表抗侵蝕能力的不均勻，使坡面漫地流可能在抗侵蝕性較弱的地方首先找到突破口，形成小坑穴；坑穴不斷貫通就形成了紋溝，隨著降雨的持續，過水斷面不斷地加深和擴寬，向著周圍附近的紋溝進行襲奪、兼併，使紋溝幾何規模逐漸

發育而形成各種規模的大溝，且不能用耕犁等方式掩蓋者，謂之溝狀侵蝕（Gully Erosion），或簡稱爲溝蝕，其所形成的溝渠，稱爲蝕溝。

水土保持手冊（2006）採用蝕溝深度及集水面積，將蝕溝區分爲大溝（large gully）、中溝（medium gully）及小溝（small gully）等，如表4-5所示，Thomas（1997）亦採類似方式進行區分。農委會水土保持局（2007）認爲溝寬大於1.0m者，即屬溝狀侵蝕。張科利（1991）認爲蝕溝深度常介於0.3～3m之間，以1～2m者居多，常發生於20～30°的坡面上。水土保持手冊（2006）定義蝕溝是指溝寬10m以下，集水區面積小於10ha的溝渠。據此，爲統一定義，這裡認爲溝寬介於1～5m，溝深大於0.3m的坑溝，謂之蝕溝。

表4-5　依蝕溝尺度區分

蝕溝分類	蝕溝深度（m）		集水面積（ha）		流量（cms）
	Thomas	水保手冊	Thomas	水保手冊	
小溝	< 1.5	< 1.0	< 10	< 2	< 0.1
中溝	1.5～3.0	1.0～5.0	10～30	2～10	0.1～1.0
大溝	> 3.0	> 5.0	> 30	> 10	> 1.0

相較於紋溝侵蝕，溝狀侵蝕的基本特點，是不僅向下侵蝕表土或岩層，而且向側向產生侵蝕，並不斷地改變蝕溝的形態。溝狀侵蝕自始至終都是侵蝕與沉積相伴而行，侵蝕作用的同時亦伴隨沉積作用，這兩種作用的相互消長和強弱的交替形成溝狀侵蝕的全部過程，使蝕溝的形態不斷變化。現在所見到的蝕溝形態只是其變化過程中的某時間段的結果，而非最終形態。因此，溝狀侵蝕對坡面土壤穩定的破壞程度遠高於紋溝侵蝕，對於耕地、灌溉渠道、橋涵等構造物都有很大的危害。

4-10-1 蝕溝的發育過程

蝕溝由短變長、由窄變寬、由淺變深、由發展到衰退的過程，表現爲蝕溝加長、加寬、加深的發展和停頓的全部過程，而蝕溝迅速發展的階段也正是溝頭前進，溝底下切和溝岸擴張的時期。

一、蝕溝縱斷面的形成

蝕溝形成的開始階段係以加長發展最爲迅速，這是因爲集中水流在沿著坡面方向的分力大於土壤抵抗力的結果。由於在坡面裸露處坡度局部變陡，水流侵蝕力加大而形成水蝕穴。水蝕穴繼續加深與擴大，逐漸形成溝頭及跌水狀；跌水一經形成，溝頭破壞和前進的速度愈加顯著；此時，溝頭的沖刷作用一方面表現爲水流對溝頭土體的直接沖刷破壞，另一方面表現爲水流經過跌水形成漩渦後有力地沖淘溝頭基部，從而引起溝頭土體的崩塌，促使溝頭溯源侵蝕的加速進行。一旦溝頭跌水形成後，溝底的縱斷面線與當地的坡面坡度不相一致的狀態就明顯的表現出來。由於此時進入溝內的水流充沛，溝底與侵蝕基準面間的高差較大，縱坡較陡，因而蝕溝內水流對溝底的下切作用也較顯著，但溝底下切比溝頭前進爲慢。在侵蝕發展的初期，溝蝕作用以溝頭前進爲其主要形式，如圖4-8所示。

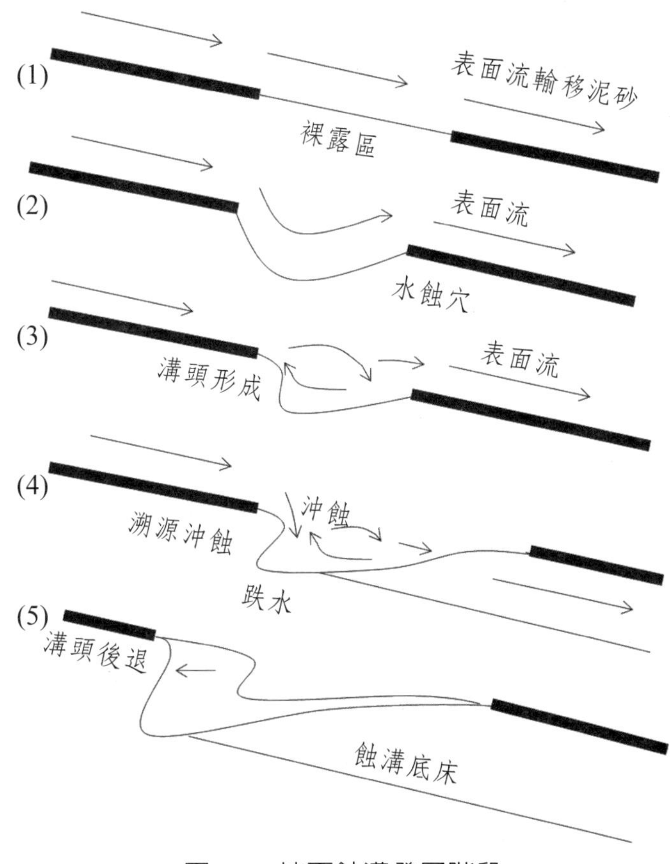

圖4-8　坡面蝕溝發展階段

Source: Leopold et al. 1964

但是，隨著溝頭猛烈伸展的結果，大量水流進入溝內，溝底母質不斷遭受破壞，往往在溝底縱斷面某些轉折點上，形成新的甚至是多個跌水。在此情況下，不僅溝頭以較快速度向上進展，而且溝底下切作用也在多數地點同時力圖減緩溝底與侵蝕基準面間的高差而劇烈加強。在這一時期，侵蝕的發育往往達到高峰。隨著溝頭前進及其分支的形成，蝕溝下游溝底縱坡減緩，進入溝頭的水流流速也減小，蝕溝的侵蝕曲線即逐漸形成下凹的弧形狀。此時，蝕溝溝頭停止前進，溝底停止下切，溝口附近已有相應的土粒沉積，在溝口以外多已形成沖積扇，此時蝕溝的縱斷面呈現穩定的狀態。

總之，蝕溝縱斷面的形成過程正是溝頭前進，溝底下切的反覆過程。在整個侵蝕作用和蝕溝縱斷面形成的過程中，侵蝕最活躍的地段始終在溝頭以下一段距離的範圍之內。

二、蝕溝溝岸擴張的過程

蝕溝在溝頭前進和溝底下切的同時，也在進行著溝岸擴張的過程。在水流沖刷溝底的過程中，亦使兩側溝岸迅速形成並擴大。溝岸的擴張速度決定於組成的母質性質和溝底下切作用的進展情況。當母質爲疏鬆的砂質土時，因其崩塌作用較活躍而使溝岸擴張較快；而當母質爲黏質土壤時，其擴張就變得比較緩慢。

溝底下切和溝頭前進最活躍的時候，也正是溝岸全線快速擴張的時期。此時，溝岸擴張所形成的堆積物迅速經由溝底水流的沖刷和搬運，從而又爲新的溝岸擴張創造了條件。但是，當蝕溝下切作用減弱、溝頭前進變緩時，蝕溝溝岸崩塌所形成的堆積物鮮少爲水流所攜帶，在其堆積過程中逐漸使溝坡趨於自然傾斜角，有利於溝岸穩定。因此，溝岸擴張作用的急速進展階段及其衰微階段，基本上與溝頭前進、溝底下切的變化過程相符合，只是在溝頭前進和溝底下切停止後，由於水流彎曲而行之故，仍然存在局部的溝岸擴張現象。

歸納以上對蝕溝發育各階段的某些特徵，可以將蝕溝發育概分爲四個階段，包括：

(一) 蝕溝發育的第一階段：

1. 尚未形成明顯的溝頭跌水，溝底的縱斷面線與當地地面的斜坡的縱斷面線基本相似。
2. 蝕溝橫斷面多呈三角形，當溝底爲堅硬母質構成時，這一階段可保持很長時間；但當溝底為疏鬆母質時，就會很快轉入第二階段。

(二) 蝕溝發育的第二階段：

1. 形成明顯的溝頭跌水，溝頭前進，溝底下切與溝岸擴張均甚激烈。
2. 溝底縱斷面線顯然與當地地面的斜坡縱斷面線不相一致，溝底縱坡甚陡，且不光滑。
3. 蝕溝橫斷面呈狹U字形，溝底與水路難以區分。

(三) 蝕溝發育的第三階段：

1. 蝕溝上游，溝頭停止前進或進展微弱，溝底與水路沒有明顯分界，橫斷面呈狹U字形。
2. 蝕溝的中游，溝底與水路已可分開，水路彎曲，溝岸水沖處局部崩塌較嚴重，溝底下切減弱，橫斷面呈U字形。
3. 蝕溝下游，溝寬增加，溝岸因水流彎曲沖淘而有局部崩塌現象；溝底縱坡趨緩，溝底和水路已可明顯分開；溝口開始有泥砂沉積，形成沖積扇；橫斷面多呈U字形，個別蝕溝呈寬U字形。
4. 整個發育是以溝岸局部擴張為主，溝頭前進和溝底下切均處於次要地位。

(四) 蝕溝發育的第四階段：

1. 溝頭接近分水線，溝底縱坡接近或相當於臨界侵蝕曲線。
2. 溝岸大致接近於自然傾斜角或呈穩定的陡壁。
3. 蝕溝橫斷面呈寬U字形。
4. 加速侵蝕停止，侵蝕作用表現為正常侵蝕。

在自然界，由於蝕溝所處位置不同，母質不同，以及其他條件上的差異，其外部形態往往也是千差萬別的，因而上述蝕溝發育的四個階段不足以說明所有的蝕溝，只是概括了比較典型的蝕溝發育狀況。

蝕溝形成的主要原因是過多的地表逕流，其中氣候變遷及土地利用改變是造成逕流量增加的關鍵，前者可能是因降雨量增加或地面植被減少所致，後者則可能是包括砍伐森林，燃燒植被和過度放牧等都可以造成更大的逕流量。

4-10-2 蝕溝發育過程的觀測

爲了獲得蝕溝侵蝕量及其侵蝕流失過程的規律，必須實施現地觀測。以往較常採用侵蝕針或其他方式直接量測溝道表面高程之變化，或從既有的航空照片、衛星影像、無人載具（UAV）及空載光達（LiDAR），或兩者結合，來研判蝕溝斷面的變化。實踐表明，利用無人載具（UAV）或空載光達（LiDAR）是較爲有效的手段，這也是目前判定蝕溝發育地區土壤侵蝕量的常用方法。圖4-9及圖4-10係利用降雨事件前、後1m×1m空載光達（LiDAR）數據製作之高精度立體地圖，經由前、後期立體地圖套疊對比，即能繪出蝕溝橫斷面及縱剖面的變化情形。

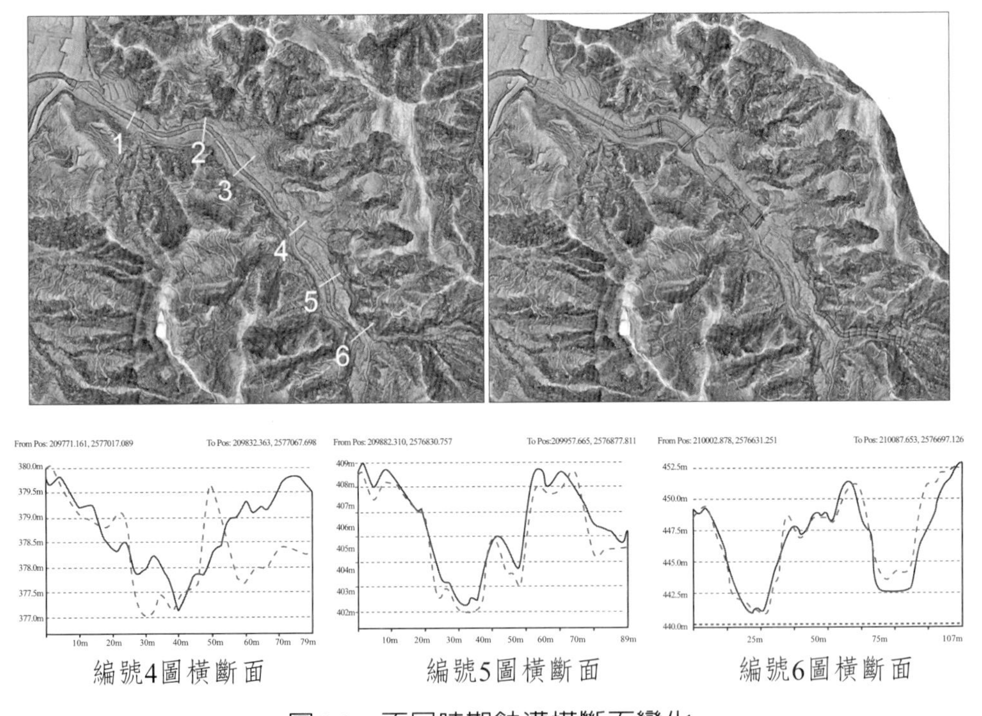

圖4-9 不同時期蝕溝橫斷面變化

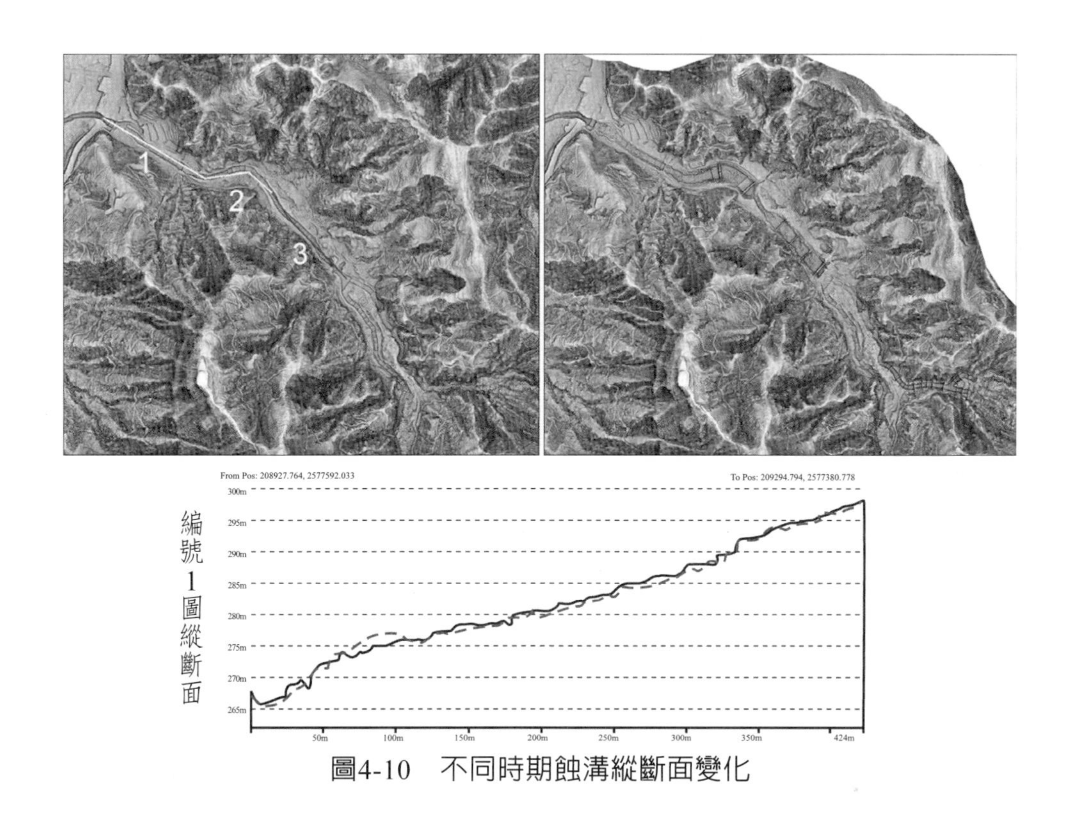

圖4-10　不同時期蝕溝縱斷面變化

4-11 土壤流失量推估

土壤侵蝕量推估研究是土壤侵蝕學科的前沿領域及其定量研究的有效手段，其研究能夠推動土壤侵蝕防治工作，從而促進水土保持管理工作的科學化和定量化。其中，美國於20世紀70年代以前，利用大量小區觀測資料和模擬降雨試驗資料建立了通用土壤流失方程式（USLE），用於推估紋溝及紋溝間的年平均土壤流失量。通過參數值的變化，可以確定採用的作物和管理措施，以便使推估的土壤流失量減少到某一土類的容許土壤流失量水平；由於該模型形式簡單，計算方便，已廣爲世界各國使用。但該模型僅適用於平緩坡地，加上該模型缺乏對侵蝕過程及其機理的深入剖析，使得推廣應用上受到一定的限制。70年代以後，美國應用現代化的試驗測試手段和計算機模擬技術，建立了修正的通用土壤流失方程。在此基礎上，從1985年開始，美國農業部投入大量的人力物力進行水力侵蝕預報模型（WEPP）的研究，它是迄今爲止描述水力侵蝕相關物理過程及參數最完整的模型。

4-11-1 通用土壤流失方程式

有關土壤侵蝕與流失的經驗推估模型研究，被認爲是由Wollny於19世紀後期開始進行（王禮先等，1985）。1915年美國森林局在美國首先開始定量試驗；1917年Miller針對農作物及輪作對侵蝕和逕流的影響作了小區試驗研究。當然，早期的這些研究結果實際上是定性的，但也就是在這一期間開展了對影響土壤侵蝕的許多因子的基本瞭解。隨著數據的積累和發展，逐步建立土壤流失量預報的經驗方程式；其中，Zingg（1940）最早將土壤流失量與坡度和坡長聯繫起來的。他應用小區的模擬降雨和野外條件，證實坡度增加1.0倍，土壤流失量增加2.61～2.80倍；而斜坡水平長度增加1.0倍，逕流中的土壤流失量增加3.03倍，這個關係式可表爲

$$A_z = C_o S_o^m L^{n-1} \tag{4.76}$$

式中，A_z = 單寬坡面在單位面積上的平均土壤流失量；C_o = 常數；L = 坡長；m及n分別爲1.4和1.6。Smith（1941）根據作物輪作及土壤處理的四種組合評價了土壤保持措施的作用，並確定了：(1)等高耕作的土壤流失量是順坡耕作的57%；(2)輪作條狀耕種的土壤流失量是順坡耕作的25%；及(3)梯田上的土壤流失量是順坡耕作的3%。Wischmeier et al.（1958）將美國21個州36個地區所獲得約8,000多個小區一年的土壤侵蝕研究資料進行彙整，對各種影響土壤流失量的因子重新評價，導出了應用廣泛的通用土壤流失量方程式，而目前應用最廣泛的土壤流失量推估方法，係以Wischmeier and Smith（Wischmeier et al., 1958；Wischmeier and Smith, 1965、1978）所提出作爲一種預報紋溝間（interrill）和紋溝（rill）侵蝕的年平均土壤流失量方程式，可表爲

$$A_m = R_m \times K_m \times LS \times C_m \times P_m \tag{4.77}$$

上式即爲通用土壤流失方程式（Universal Soil Loss Equation , USLE）。式中各項因子茲說明如下。

一、年土壤流失量

年土壤流失量（soil loss, A_m）代表某一具體農地或坡面在特定的降雨、作物經營方式及所採用的水土保持措施的條件下，單位面積上產生的年土壤流失量，單

位ton/ha/yr。當上式用於選擇合適的農業措施時，A_m值就為容許土壤流失量。

二、降雨與逕流侵蝕指數

降雨與逕流侵蝕指數（R_m）表示在標準試區條件（即坡長22.1m，坡度9%均勻坡面，順坡耕作，連續兩年休耕）下，降雨對土壤的侵蝕指標，單位$10^6 \cdot J \cdot$ mm/ha/hr/yr。降雨與逕流侵蝕指數對土壤的侵蝕包括兩個方面，一是降雨的雨滴動能對土壤的擊濺，二是降雨形成逕流後逕流的紊動對泥砂的搬運。根據大量研究資料顯示，在降雨以外其他因子不變的情況下，R_m值與降雨的總動能和30分鐘的最大降雨強度有關。因此，R_m是暴雨動能和最大30分鐘降雨強度的函數，它確定了雨滴擊濺及逕流擾動對田面土壤顆粒遷移的綜合影響，可表為

$$R_m = \frac{1}{100}\sum E \cdot i_{30} \tag{4.78}$$

式中，E = 某次暴雨過程中某個階段降雨量所產生的動能；i_{30} = 某次降雨過程中連續30分鐘最大降雨強度。一次降雨過程中連續30分鐘最大降雨強度i_{30}，可以從自記雨量計記錄曲線上查得，而降雨過程中某階段所產生的動能E可表為

$$E = E_o \Delta V_x \tag{4.79}$$

式中，ΔV_x = 某降雨時段之降雨深度（mm）增量。E_o可依據式（4.21）推估之。由式（4.78）及式（4.79），可以將任一時段內降雨侵蝕指數（R_m）相加，以得到某時段內降雨侵蝕指數，如表4-6所示。這樣，本次降雨侵蝕指數可寫為

$$R_m = \frac{1}{100}\sum E \cdot i_{30} = 98.42 \times \frac{4}{100} = 3.937\ \text{J} \cdot \text{mm} \cdot \text{m}^{-2} \cdot \text{hr}^{-1}$$

表4-6　某次降雨之動能計算例

起迄時間	t (hr)	ΔV_x（mm）	i（mm/hr）	E_o	E
2：00～4：00	2.0	1.0	0.5	9.27	94.41*1 = 9.27
4：00～4：30	0.5	1.0	2.0	14.53	14.53*1 = 14.53
4：30～5：00	0.5	2.0	4.0	17.16	17.16*2 = 34.31
5：00～7：00	2.0	3.0	1.5	13.44	136.87*3 = 40.31

$\sum E = 98.42\ \text{J} \cdot \text{m}^{-2}$

利用上述方法，可以計算出某一地區一次降雨事件的降雨侵蝕指數，也可以通過逐次計算而求出每旬、每月及每年的侵蝕指數。某一地區多年的侵蝕指數加上一起，除以年份，即爲年平均降雨侵蝕指數，亦即通用土壤流失方程式中的R_m值。應用各地區的R_m值，可繪製某範圍內的R_m值等值線圖。此外，聯合國農糧組織還推薦了以月及年平均降雨量推估年平均R_m值，即

$$R_m = \sum_{i=1}^{12} 1.735 \times 10^{\left(1.541g\frac{P_i^2}{P} - 0.8188\right)} \tag{4.80}$$

式中，P_i = 月平均降雨量（cm）；P = 全年平均降雨量（cm）。

國內部分，黃俊德（1979）利用臺灣各地8處測候所20年自記日雨量資料，與全臺200個雨量站之月雨量資料，依據Wischmeier and Smith（1958）降雨動能公式（即）推算出臺灣地區降雨侵蝕指數圖（R_m），而盧光輝（1999）亦採用Wischmeier and Smith（1958）降雨動能公式，利用近20年（1977～1994年）全臺各測站收集的降雨紀錄修訂降雨侵蝕指數。盧昭堯等（2005）係以臺中、南投、北部陽明山、臺北市區、基隆、宜蘭、花蓮、臺東、新竹、嘉義等地區天然雨滴粒徑分布，而屏東地區則參考吳嘉俊及王阿碧（1996）建立之屏東老埤地區降雨動能公式，推算降雨侵蝕指數R_m值，以及年降雨侵蝕指數與年降雨量之關係式，如表4-7所示。

范正成等（2009）以中央氣象局臺北站之歷年雨量資料（1961～2007年）及盧昭堯等（2005）提出之降雨動能公式，利用月雨量、月降雨強度與月降雨侵蝕指數間之關係，以迴歸分析法建立臺北地區降雨侵蝕指數推估公式，即

$$R_{mj} = 0.002P_j^{2.235} \tag{4.81}$$

$$R_{mj} = 0.134(P_j \cdot i_j)^{1.28} \tag{4.82}$$

式中，R_{mj} = 月降雨侵蝕指數（MJ · mm/ha/hr/yr）；P_j = 月平均降雨量（mm/hr）；i_j = 月降雨強度（mm/hr），係爲月雨量除以月降雨延時之商數。楊斯堯等（2010）收集曾文水庫集水區十分鐘和時雨量資料，並分別推算其降雨侵蝕指數，結果顯示兩者之間具有非常密切之關係，十分鐘降雨侵蝕指數約爲時降雨侵蝕指數的1.52倍。李明熹等（2014）以隘寮溪集水區爲研究區域，採用區域內6個雨量站10年（2002～2011年）的10分鐘雨量資料，分割出2,266場有效降雨事件，分別建立以下關係式，即

表4-7　降雨動能與降雨強度、年降雨侵蝕指數與年降雨量之關係式

降雨動能與降雨強度關係式			年降雨侵蝕指數與年降雨量關係式		
地區	$E_o = a + b \log i$		降雨氣候分區	$R_m = a P^b$	
	a	b		a	b
臺北陽明山	873.77	416.52	北部地區（臺北試區）	0.000911	1.71557
臺北地區	745.58	350.51	東北部地區（基隆試區）	0.000013	2.18615
基隆地區	836.32	323.08	宜蘭地區（宜蘭試區）	0.000103	1.99179
花蓮地區	781.58	267.22	花蓮地區（花蓮試區）	0.000891	1.78248
臺東地區	756.30	230.33	臺東地區（臺東試區）	0.003030	1.65534
新竹地區	785.82	229.55	西北部地區（新竹試區）	0.000294	1.91672
臺中地區	830.16	274.65	中部地區（臺中試區）	0.003265	1.62653
嘉義地區	808.35	321.81	中南部地區（嘉義試區）	0.001170	1.79835
屏東地區	930.96	238.54	南部地區（高雄試區）	0.006666	1.58975
南投蓮花池地區	897.65	242.73	中部、中南部山區（南投蓮花池試區）	0.020653	1.35072
臺灣地區	883	313			

註：1.E_o（ft・tonf・acre^{-1}・in^{-1}）；R_m（100ft・tonf・in・acre^{-1}・hr^{-1}yt^{-1}）；i（in・hr^{-1}）；P（mm）。
2.高雄試區降雨資料係以高雄氣象站歷年降雨資料為主。

$$R_{md} = 0.66 P_d^{1.60} \tag{4.83}$$

$$R_{mm} = 0.87 P_m^{1.42} \tag{4.84}$$

$$R_{my} = 0.52 P_y^{1.29} \tag{4.85}$$

式中，R_{md}、P_d = 日降雨侵蝕指數與日降雨量；R_{mm}、P_m = 月降雨侵蝕指數與日降雨量；R_{my}、P_y = 年降雨侵蝕指數與日降雨量。

三、土壤侵蝕性指數

土壤侵蝕性指數（K_m）為平均年土壤侵蝕量（A_m）與單位降雨侵蝕指數（R_m）之比，單位t・ha・hr・yr/10^6/J/mm/ha/hr。土壤侵蝕指數為土壤抵抗侵蝕之分離及搬運作用的一種量化指標，它與土壤本身特性有關。一般而言，影響K_m值的土壤特性有土壤的質地、結構、有機質含量、滲透性等。土壤侵蝕指數的確定可採用兩種方法，一是在標準試區實測法，二是用列線圖法（nomograph）或公式推估。

(一) 實測法：在標準試區下方設置沉砂槽，降雨時地面產生逕流，土壤被侵蝕至下方沉砂槽內，然後稱重烘乾，測得土壤流失量A_m。因實驗試區處在標準條件下，通用土壤流失方程式中的LS、C及P等因子皆為1.0，故公式就成為$A_m = R_m K$。這樣，測得A_m值後，只要再計算降雨侵蝕指數R_m值，便可求出K_m值。

(二) 公式法：Wischmeier et al.（1971）及Wischmeier & Smith（1978）根據土壤的5個參數提出K_m值的計算式，即

$$K_m = 0.1317\frac{2.1\times10^{-4}[d(d+e)]^{1.14}(12-a)+3.25(b-2)+2.5(c-3)}{100} \quad (4.86)$$

式中，a = 有機質含量（%），當土壤之有機質含量超過4%時，仍以4%計算；b = 土壤結構參數（參見表4-8）；c = 土壤滲透性參數（參見表4-7）；d = 土壤坋粒（silt）及極細砂（粒徑：0.002～0.1mm）含量（%）；e = 土壤粗砂（粒徑：0.1～2.0mm）含量（%）。不過，上式僅能應用於$d < 70\%$的條件。

表4-8　土壤結構及滲透性參數

土壤結構參數			土壤滲透性參數		
參數值	土壤	粒徑（mm）	參數值	滲透速度	mm/hr
1	極細顆粒	<1.0	6	極慢	<1.25
2	細顆粒	1～2	5	慢	1.25～5.0
3	中或粗顆粒	2～10	4	中等慢	5.0～20.0
4	塊狀或片狀或粗顆粒	>10	3	中等	20.0～62.5
			2	快	62.5～125.0
			1	極快	>125.0

國內部分，萬鑫森及黃俊義（1981）推估臺灣西北部及南部坡地土壤侵蝕指數與土壤流失量，而將K_m值分為低蝕性（K_m < 0.2）、中蝕性（K_m = 0.2～0.4）及高蝕性（K_m > 0.2）等三個等級；而臺灣現行使用通用土壤流失方程式之土壤侵蝕性指數（K_m）資料，係萬鑫森及黃俊義（1989）利用Wischmeier & Smith（1978）列線圖，推算得臺灣280處土

壤侵蝕性指數K_m值；經分析，臺灣地區K_m值約73%是小於0.3，而且變化幅度很小，多介於0.11～0.4之間；此外，$K_m < 0.026$者，為低蝕性土壤；$K_m = 0.026 \sim 0.052$者，為中蝕性土壤；$K_m > 0.052$者，為高蝕性土壤（水土保持手冊，2006）。近期研究中，林俐玲及張舒婷（2008）選定Wischmeier et al.（1971）、Torri et al.（1997）及美國農業部（USDA）發展之幾何平均粒徑公式等三種估算公式進行對比分析。其中，美國農業部（USDA）利用幾何平均粒徑（D_G）觀念（Shirazi and Boersma,1984），使用全球225個土樣，並僅考慮含石量（> 2mm）總重小於10%之土壤時所迴歸而得到土壤侵蝕性指數計算公式（萬鑫森及黃俊義，1989）：

$$K_m = 1.00001298\{0.0034 + 000405\ \exp[(-0.5((\log D_G + 1.69)/0.7010)^2]\} \quad (4.87)$$

$$D_G = \exp[\sum_i f_i \ln(\sqrt{d_i\ d_{i-1}}) \quad (4.88)$$

式中，f_i = 各粒徑等級之含量比；d_i = 第i等級內粒徑分布之最大值；d_{i-1} = 第i等級內粒徑分布之最小值。Torri et al.（1997）使用全球資料庫中596筆土樣資料，考慮土壤Naperian 對數幾何平均粒徑（D_g）、有機質含量（OM）及黏粒含量（C_c）等經迴歸分析得：

$$\begin{aligned} K_m &= 0.0293(0.65 - D_g + 0.24\,D_g^2) \\ &\times \exp\{-0.0021\frac{OM}{C_c} - 0.00037(\frac{OM}{C_c})^2 - 0.402\,C_c + 1.72C_c^2\} \end{aligned} \quad (4.89)$$

式中，OM = 有機質含量（%）；C_c = 黏粒含量。式（4.87）及式（4.89）中之D_G與D_g，因計算應用之故，而有$D_G = \exp D_g$。林俐玲及張舒婷（2008）利用石門水庫上游集水區之50個點位之土樣進行不同公式估算結果之探討。結果顯示，Wischmeier 公式考慮因子較廣，為廣泛使用之公式，Torri et al.（1997）公式及幾何平均粒徑公式於粗質地土壤估算成果較為不佳，但於土壤資料缺漏時，仍不失為簡單易用之公式。

四、地形因子

通用土壤流失方程式中，地形因子係由坡長及坡度組合而成。坡長係指從地表逕流的起點至坡度降到足以發生沉積的位置或逕流進入一個規定渠道的入口的距離，其中渠道也許是一個水文網的一部分，或者是一個人工渠道。坡度是田面或部分坡面的傾角，通常用%表示。不過，通常把它們作爲一個獨立的地形因子LS來估算，表徵特定坡面單位面積上土壤流失量與標準試區單位面積土壤流失量之比，其計算式可表爲

$$LS = (\frac{\ell}{22.1})^{k}(65.41\sin^{2}\theta + 4.56\sin\theta + 0.065) \quad (4.90)$$

式中，ℓ = 坡長（m）；θ = 坡度（°）；k = 指數，與坡面坡度（S_o）相關，其關係如式（4.2）。式（4.90）是在單向規則的坡面上發展起來的，故它們只適用於這類坡面。當應用於凹型坡面時，會有高估的問題；反之，應用於凸型坡面時，則有低估之虞。因此，在應用時必須注意複雜坡面地形因子的推估問題，其具體調整方法參見水土保持手冊坡地保育篇（2006）。

五、覆蓋與管理因子

覆蓋與管理因子（C_m）係表在相同的土壤、地形和降雨等條件下，實際耕作地上的土壤流失量與連續休耕地上的土壤流失量之比。依現地上不同種類之植生、生育狀況、季節、覆蓋及敷蓋程度而定。C_m值愈大，代表土壤流失量愈嚴重，休耕地處於裸露狀態，沒有植被，土壤流失量嚴重，C_m = 1.0；開挖整地處C值不得小於0.05，而生長茂密的林地，因植被良好，C_m = 0.01。

由於植生或作物的植物冠層遮蔽（canopy cover）與生長或收成後的殘株敷蓋（residual mulch）屬於兩種不同的保護土壤方式，故通用土壤流失方程式特將覆蓋與管理因子以次因子（subfactor）的方式來分別表示植物冠層遮蔽（CC）及殘株敷蓋（CS），而代表該覆蓋與管理方式的C值即爲各次因子之乘積，亦即$C_m = CC \times CS$，其具體推估方法參見水土保持手冊坡地保育篇（2006）。

六、水土保持處理因子

水土保持處理因子（P_m）係表有水土保持措施土地上的土壤侵蝕量與順坡耕作的農田上的土壤侵蝕量之比，故P_m值主要是根據水土保持措施來選取適當的值；措施好的P_m值小，惟開挖整地處P_m值不得小於0.5，未採取任何水土保持措施者、或棄土場、或陸砂及農地砂石開採處，P_m = 1.0。具體推估方法參見水土保持手冊坡地保育篇（2006）。

通用土壤流失方程式是以推估集水區長期平均（年）的土壤流失量爲主，不適

用於推估單場暴雨作用下的土壤流失量。因此，採用Williams and Berndt（1977）提出之修正土壤流失方程式（MUSLE），即

$$A_s = 11.8(V_{eff} \times Q_p)^{0.56} \times K_m \times C_m \times P_m \times LS \quad (4.91)$$

$$V_{eff} = \int_{t_1}^{t_2} Q\, dt \quad (4.92)$$

式中，A_s = 一場暴雨所產生土壤流失量（ton）；V_{eff} = 有效逕流量（Effective Rainfall）（m^3）；Q_p = 洪峰流量（Peak Flow Discharge）（cms）；Q = 每小時流量（cms）；t_1、t_2 = 事件起迄時間；其他參數同通用土壤流失方程式。何幸娟（2012）探討神木集水區年土壤流失量與單場降雨事件之土壤流失量差異程度，發現莫拉克颱風造成土壤流失量（以MUSLE推估）約占全年（以USLE推估）之15%以上。

4-11-2 修正通用土壤流失方程式

隨著計算機技術的發展，大量觀測數據的更新，對土壤侵蝕理論認識的深入，以及在應用USLE過程中出現的一些問題，故美國農業部於1985年發表新一代的土壤流失推估方程式，即修訂通用土壤流失方程式（Revised Universal Soil Loss Equation, RUSLE）。修正通用土壤流失方程式具有兩個較爲突出的特點，包括：

一、建立了計算機模型，並爲使用者提供技術和使用手冊。模型還提供了一些主要參數和變量的數據庫，供使用者根據實際情況選擇使用。

二、根據已有研究成果，細化了各個因子的計算過程。

(一) 將降雨與逕流侵蝕指數的計算擴展到西部地區，同時考慮了融雪侵蝕和窪地集水的影響。

(二) 土壤侵蝕性指數計算考慮了季節變化的影響，並給出了一些特殊類型土壤的可蝕性值。

(三) 在坡度和坡長因子計算時，分別考慮了紋溝侵蝕和紋溝間侵蝕的差異，以及不同類型坡的組合；其中，坡長因子可表爲

$$L = \left(\frac{\ell}{72.6}\right)^k \quad (4.93)$$

式中，ℓ = 坡長（ft）；k = 待定指數，可依下式計算

$$k = \frac{B}{1+B} \tag{4.94}$$

式中，B = 紋溝與紋溝間侵蝕之比值，可表為（McCool et al., 1987）

$$B = (\sin\theta \ / \ 0.0896)/[3.0(\sin\theta)^{0.8} + 0.56] \tag{4.95}$$

當坡長大於15ft時，其坡度因子S可表為

$$S = \begin{cases} 10.8\sin\theta + 0.03 & S_o < 9\% \\ 16.8\sin\theta - 0.5 & S_o \geq 9\% \end{cases} \tag{4.96}$$

(四) 將覆蓋與管理因子的比值表改為由前期土地利用、地表覆蓋、作物覆蓋、地表糙度和土壤水分等5個次因子乘積形式的計算公式。

(五) 在水土保持措施中，不僅將以前包括的措施如等高耕作、帶狀耕作和梯田計算進行了改進，而且增加了其他一些措施。

(六) 在上述所有各個因子的計算中，都充分考慮了季節變化或農事活動的影響。降雨侵蝕力的季節變化以半個月為基本時段分別計算，如果其中有作物輪作或農事活動，還可在半個月內進行時段劃分，以便按照這一時段計算覆蓋與管理因子和水土保持措施因子。這樣，便可足以反映不同時期由於自然和人類活動影響造成的地表狀況變化對土壤流失量的影響。

4-11-3 土壤侵蝕指標模式

陳樹群等人（1998）為改善USLE於臺灣地區之適用性，以PSIAC（PSIAC, 1968）的概念為基礎，同時運用臺灣地區多年來對土壤侵蝕的野外觀測成果，再考量影響土壤侵蝕的重要因子為依據，發展本土化土壤侵蝕指標模式（Soil Erosion Index Model，SEIM）。本模式採用土壤性質、降雨、地形狀況、土地利用方式及地表植生覆蓋等作為影響土壤侵蝕的主要因子，其架構如圖4-11所示。

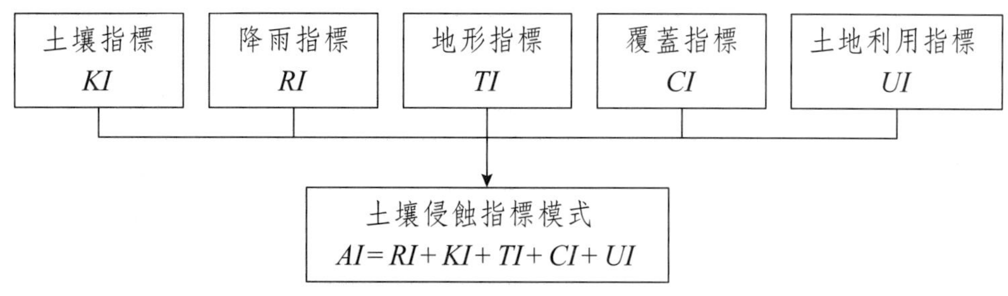

圖4-11　土壤沖蝕指標模式架構流程圖

一、土壤指標

土壤指標（KI）推估方式有二：1.由土壤分類經查表4-9取得對應之土壤指標KI值；及2.直接以USLE之土壤侵蝕指數（K_m）代入下式推估之，即

$$KI = Int(200K_m) + 1 \tag{4.97}$$

二、降雨指標

降雨指標（RI）係依據月降雨偏差值S_p（單位：mm）與年降雨量P（單位：m），重新整理合併可得到降雨指標公式，即

$$RI = Int(\frac{P\,S_p}{62.5}) + 1 \tag{4.98}$$

三、地形指標

地形指標值（TI）係以集水區平均坡度爲因子，代入下式求得。利用地形指標關係整理出常用坡度之地形指標對照，如表4-10所示。

$$TI = Int(10 \times S_o) + 1 \tag{4.99}$$

表4-9　臺灣地區各主要土類土壤指標值

土壤分類	KI	土壤分類	KI
玄武岩石質土	6	片岩暗色崩積土	10
玄武岩暗色崩積土	5	片岩淡色崩積土	8

土壤分類	*KI*	土壤分類	*KI*
玄武岩淡色崩積土	6	片岩黃壤	11
玄武岩鹼性黃壤	5	片岩紅壤	9
玄武岩酸性黃壤	9	東北部黏板岩非石灰性老沖積土	12
玄武岩紅壤	7	東北部黏板岩石灰性老沖積土	11
玄武岩黑色土	8	東北部黏板岩非石灰性新沖積土	13
火成岩石質土	5	東北部黏板岩石灰性新沖積土	7
火成岩黑色土	4	版岩石質土	6
玢岩紅壤	8	板岩暗色崩積土	10
砂頁岩老沖積土	12	板岩淡色崩積土	8
砂頁岩非石灰性新沖積土	13	板岩黃壤	11
砂頁岩含石灰結核新沖積土	12	板岩紅壤	9
砂頁岩石灰性新沖積土	10	海岸山脈母岩沖積土	8
含石灰結核台灣黏土	8	火成岩泥岩混合淡色崩積土	10
北部砂頁岩沖積土	4	火成岩泥岩混合黑色土	11
砂頁岩幼黃壤	9	砂頁岩泥岩混合石質土	10
砂頁岩石質土	6	砂頁岩泥岩混合暗色崩積土	11
砂頁岩暗色崩積土	7	砂頁岩泥岩混合淡色崩積土	8
砂頁岩淡色崩積土	14	砂頁岩泥岩混合黃壤	9
砂頁岩黃壤	7	洪積母質紅壤	7
石灰岩黃壤	9	洪積母質黃壤	10
石灰岩紅壤	7	洪積母質淡色崩積土	11
尼岩石質土	13	紅壤母質沖積土	6
東北部片岩非石灰性沖積土	12	低腐植質黏化土	5
東北部片岩石灰性沖積土	14	有機質土	5
片岩老沖積土	11	洪積物石灰岩混合黃壤	7
片岩非石灰性新沖積土	11	洪積物砂頁岩混合黃壤	9
片岩石灰性新沖積土	3	砂頁岩石灰岩混合黃壤	11
片岩石質土	6		

表4-10　常用坡度地形指標值表

平均坡度	TI	平均坡度	TI
＜10%	1	50～60%	6
10～20%	2	60～70%	7
20～30%	3	70～80%	8
30～40%	4	80～90%	9
40～50%	5	＞90%	10

四、覆蓋指標

覆蓋指標（CI）初值係以覆蓋率C_x值為參考因子。若已知地表覆蓋率C_x代入下式中即可求得CI值。根據臺灣不同地表及植被狀況下，整理出常見之覆蓋指標，如表4-11所示。

$$CI = 21 - Int(20 \times C_x) \quad (4.100)$$

表4-11　適用於臺灣地區覆蓋指標值表

分類	地表及植被狀	C_x	CI
林地	針葉林	100	1
	闊葉林	100	1
	竹林	100	1
草生地	百喜草	100	1
	高爾夫球場	100	1
	戀風草	100	1
	南非鴿草	100	1
	雜草地	93	2
	柏氏小槐花	91	3
	大葉爬地藍	88	3
有樹冠之農園	檳榔	82	5
	香蕉	74	6
	茶	73	6
	柑橘	63	8
	果樹	63	8

分類	地表及植被狀	C_x	CI
農墾地	水稻	82	5
	牧草地	73	6
	特用作物	63	8
	鳳梨	63	8
	雜作	56	10
	花生	50	11
	玉米	50	11
	蔬菜類	39	13
有敷蓋之非農業用地	水泥地	100	1
	瀝青地	100	1
	建屋用地	100	1
	雜石地	100	1
	墓地	100	1
裸露地		0	20
水體		100	1

五、土地利用指標

土地利用指標（UI）係根據不同土地利用方式對土壤侵蝕之關係，如表4-12求算權值（U_o），代入式（4.101）獲得不同土地利用指標

$$UI = Int(U_0/8.5) + 1 \tag{4.101}$$

表4-12 不同土地利用下之土壤沖蝕量（日本林野廳，1987）

土地利用型態	土壤侵蝕量（ton/ha）	權值U_o
森林地	1.8	1.0
草生地	2.1	1.2
農墾地	14.8	8.3
裸露地	87.1	48.4
荒廢地	306.9	170.5

或是利用何智武及陳文杰（1986）研究開發度對泥砂產量之影響，其中開發度之定義爲道路（或平台）和其上下邊坡崩塌面積及裸露地面積之總和與集水區全面積之百分比，如表4-13所示。

表4-13　常用土地利用指標值表

土地利用型態	*UI*
森林地（針葉、闊葉、雜林、竹林）	1
草生地	1
農耕地（果園、蔬菜園、茶園、牧草原）	2
低密度開發區（開發度低於20%）	3
中密度開發區（開發度介於20%與40%之間）	7～9
高密度開發區（開發度高於40%）	19～20
裸露地	6～7
崩塌地	20

六、土壤沖蝕指標

綜合上述各指標，代入下式可得集水區土壤侵蝕綜合指標（AI），即

$$AI = KI + RI + TI + CI + UI \tag{4.102}$$

由上式與實測土壤侵蝕量SE經迴歸分析求得之迴歸式，便可求得集水區之土壤侵蝕量SE（$ton \cdot ha^{-1}$）。陳樹群等人（1998）應用臺灣地區北、中及南部三個試區之實測土壤侵蝕量，以及推估土壤侵蝕綜合指標建立了下列公式

$$\begin{aligned} SE &= 6\times10^{-7}AI^{5.12} \quad R^2 = 0.88 \quad \text{for} \quad AI \geq 50 \\ SE &= 0.233AI^{1.83} \quad R^2 = 0.94 \quad \text{for} \quad AI \geq 50 \end{aligned} \tag{4.103}$$

指標法的特點是簡易，且直接採用本土實測資料進行建模，具有較高的區域適用性。不過，僅採三個試區和天然小集水區及水庫集水區進行驗證，在通用性上宜應持續驗證。

4-11-4 土壤侵蝕水力模型

除了集水區地表土壤流失量的估算外，土壤侵蝕亦與非點源污染（non-point source pollution）問題息息相關。非點源污染是當今世界上普遍存在的一個嚴重環境問題，它係指降雨期間遭地表水流淋洗沖刷進入水體的地面污染物，包括土壤泥砂顆粒、氮磷等營養物質、農藥殘留等。這一類型的污染係伴隨降雨全面產生，沒有集中而明確的發生地點，故稱為非點源污染。由於非點源污染與土壤侵蝕關係密切，在一些非點源污染預報模型中皆涉及了土壤流失量的估算，包括農業管理系統中的化學污染物逕流負荷和流失模型（Chemicals Runoff and Erosion from Agricultural Management Systems, CREAM）、農業非點源污染模型（Agricultural Non-point Source Model, AGNPS）、農田尺度的水力侵蝕預測模型（Water Erosion Prediction Project, WEPP）、流域非點源污染模擬模型（Areal Nonpoint Source Watershed Environment Response Simulation, ANSWERS）等涉及了坡面土壤流失的相關演算。其中，WEPP模型是美國新一代土壤水力侵蝕預測模型。

WEPP模型是建立在水文學與土壤侵蝕科學基礎之上的連續模擬模型，模型將整個流域劃分為3個部分：坡面、渠道和攔蓄設施，將土壤侵蝕過程劃分為分散、搬運和沉積，模型包括了侵蝕與沉積過程、水文循環過程、植物生長及殘餘過程、水的利用過程、水力學過程、土壤過程等。它具有以下三個特點：1.模型能很好地反映侵蝕產砂的時空分布；2.模型的外延性好，易於在其他區域應用；及3.模型能較好地模擬出泥砂的輸移過程，包括某一特定點的侵蝕產砂資訊。WEPP模型侵蝕部分將坡面地表逕流分為紋溝間逕流和紋溝逕流，預先確定紋溝密度，並假定所有紋溝流量相同。土壤侵蝕用兩種方式表達：1.紋溝間，土壤顆粒由於雨滴打擊和分散的作用而剝離；2.紋溝內，土壤顆粒由於集中水流的作用而分散、運輸或沉積。侵蝕計算以單位溝寬或單位坡面寬為基礎。WEEP描述坡面泥砂運動乃基於非時變狀態下之連續方程，表達式如下：

$$\frac{d\,G_s}{d\,x} = D_i + D_f \tag{4.104}$$

式中，G_s = 單位寬度單位時間的輸砂量（kg/s/m）；x = 水流沿下游方向距離（m）；D_f = 紋溝單位寬度分散或沉積率（kg/s/m）；D_i = 單位寬度紋溝間（inter-rill）坡面向紋溝輸運的泥砂量（kg/s/m）。紋溝間侵蝕是坡面溝間侵蝕的泥砂進入紋溝的過程，紋溝間分散率與降雨強度、土壤可蝕性和土壤糙度有關，永遠是個正值。Liebenow et al.（1990）提出了被WEPP水蝕預測模型採用的層蝕經驗模型，即

$$D_i = K_i\ i^b\ S_f \quad (4.105)$$

式中，K_i = 層蝕分散力係數；i = 降雨強度（mm/hr）；b = 降雨均勻性係數；S_f = 坡度因子。紋溝內單位寬度分散或沉積率可表爲

$$D_f = D_c(1 - G_s / T_T) \quad (4.106)$$

式中，T_T = 紋溝逕流輸砂能力（kg/(sec · m)）；D_c = 紋溝逕流分散率（kg/(sec · m^2)），可表爲

$$D_c = K_r(\tau - \tau_c) \quad (4.107)$$

式中，K_r = 紋溝可蝕性因子；τ_c = 紋溝臨界剪應力；= 逕流剪應力。紋溝逕流輸砂能力可表爲

$$T_T = K_r\ \tau^{1.5} \quad (4.108)$$

式中，K_t = 輸移（或沉積）係數。當紋溝內輸砂量G_s大於紋溝逕流輸砂能力T_T時，紋溝以沉積爲主，侵蝕率爲負値，方程式爲

$$D_f = \frac{\beta\ u_s}{q}(T_T - G_s) \quad (4.109)$$

式中，β = 雨滴飛濺紊動係數（一般取0.5）；u_s = 泥砂有效沉降速度（m/sec）；q = 紋溝單位寬度逕流量（m^3/(sec · m)）；K_t = 泥砂沉積係數。因此，非時變狀態下泥砂平衡方程式可表爲

$$\frac{d\ G_s}{d\ x} = K_r(\tau - \tau_c)(1 - \frac{G_s}{T_T}) + K_i\ i^b\ S_f \quad \text{侵蝕} \quad (4.110)$$

$$\frac{d\ G_s}{d\ x} = \frac{\beta\ u_s}{q}(T_T - G_s) + K_i\ i^b\ S_f \quad \text{沉積} \quad (4.111)$$

不過，WEPP模型存在的問題是方程表現的是一種非時變條件，而實際上侵蝕過程是一個隨時間而不斷變化的時變過程。這種變化過程主要表現在坡面及侵蝕溝的坡度不斷隨時間和空間發生變化，從而坡面及侵蝕溝的水流及其動力特性也將隨著時

間和空間不斷變化。模型在概念上是基於物理過程，但表達式並非完全基於物理過程，如溝內可蝕性參量仍爲經驗公式，而且推算以土壤質地爲基礎，忽略了土壤結構的影響。此外，由於WEPP模型涉及衆多的子模型和參數，使模型的實用性受到限制，必須建立完善相應的資料庫，並進行參數的修正、模型的調試。

4-12 水力侵蝕量量測

坡面水力侵蝕現象是一種極爲複雜的物理過程，它夾雜了自然與人爲兩種不同面向的影響因素，而各項因素之間又有不同程度的互制和依存關係，使得目前對水蝕機制瞭解的還不夠透徹，其量體不易採用數學模型直接推估。因此，常採用現地量測、同位素追蹤技術、空載攝影測量技術等方法進行推估。

4-12-1 現地量測

水力侵蝕現地量測主要是依據抽樣量測的統計學原理來進行，即量測具有代表性的事件（含如區段、時段等），經過統計分析，找出一般規律。量測樣本的多少，視工作任務、性質、要求及實際情況而定，通常不應少於樣本的統計要求。現地量測主要有測量學、水文學、地貌學、土壤學等方法。

一、測量學方法

此類方法通過研究單位面積上水力侵蝕量（常用侵蝕掉的土層厚度來表示），計算整個集水區（或區域）內的土壤侵蝕量。水力侵蝕厚度可以利用多種測量學方法取得。根據所採用測量手段的差異，又可以分爲以下兩種方法：

(一) 高程實測法：在區域內均勻布置觀測點（一般按一定密度的空間網格均勻布置），確定合理的樣本數（樣本數要能夠滿足精度要求，能夠代表研究區域眞值的平均值的最少樣本數），在一定時間間隔的起迄時間，分別精確測量各個觀測點的高程值，確定在此時間段內各個觀測點高程的降低值，利用統計學方法求得區域平均侵蝕厚度。

(二) 直接丈量法：此方法是用鋼卷尺直接量測觀測點的侵蝕厚度。雖然是最原始的方法，但也是很有效的研究方法，且理論上成熟，特別在人類容易涉足的地方，是一種廣泛適用的方法。在測量溝頭延伸速度、面蝕速度等研究中，有其他方法不可比擬的優越性。例如傳統的侵蝕針法（erosion pins）、鐵釘法（或竹筷法），通過實踐證明都是有效的研究方法。

侵蝕針法是將細長光滑的金屬杆（測針或測釬）插入坡面或溝谷底部，觀察測針出露或埋淤的高（深）度，推算出坡面、溝床沖、淤侵蝕程況，如圖4-12所示，較適合應用於小範圍之研究，不但可區分出不同侵蝕作用，例如紋溝侵蝕及紋溝間侵蝕，同時也可偵測出研究區內土壤侵蝕與沉積的細部變化情形，也常用於難以進行定量觀測的陡坡或沖淤交替的地段（如溝床）。不過，此方法不適合應用於定期耕犁的農地。

無論大小尺寸及以何種材料製成的侵蝕針及其改良形，使用時須將其直接插入土壤表面，除了會破壞原有地面土壤的物理性質外，也會干擾表面逕流路徑等，對於水力侵蝕量的估算均會有所影響。所以測針盡可能細小光滑，但要有一定強度，不被彎曲或折損，以減少阻力和避免掛淤污物。測針長度視剝蝕（淤積）情況決定，一般為十幾釐米到幾十釐米，有的1.0m以上。利用測針測量時，還可附帶一個如墊圈的金屬片，金屬片中心有一個小孔，其孔徑略大於測針直徑，與測針串在一起，可以上下移動。有了金屬片，測量精度更加可靠準確。

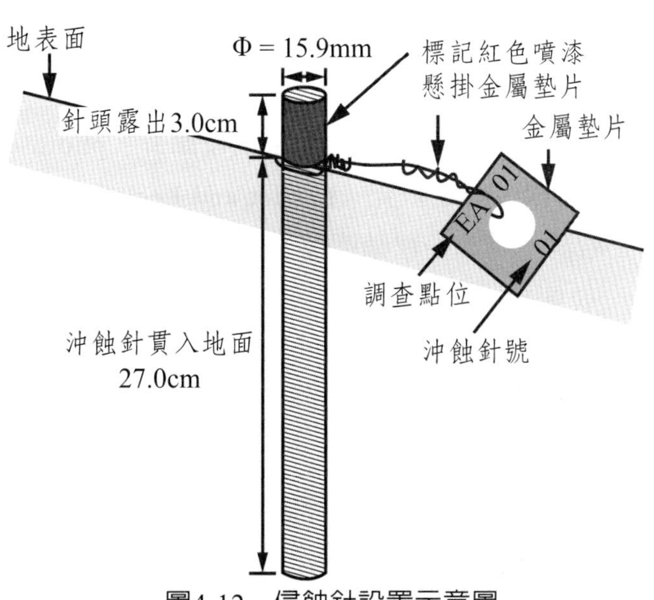

圖4-12　侵蝕針設置示意圖

資料來源：許振崑等，2014

侵蝕針的布設多採用方格網狀排列，當在坡面中布設時，沿縱橫斷面成排排列，間距視地表變化和量測要求而定，一般不超過5～10m；Mtakwa et al.（1987）建議在20m²的小區域內，至少需要使用20根侵蝕針。測針布設後，依次編號並記錄布設出露的長度，經過一次侵蝕後，重新量測出露長度，就可得到該次侵蝕量。

在實際應用上，Crouch（1987）即利用長1.5m的侵蝕針，研究蝕溝邊坡演變並推估侵蝕量；而林俊全（1995）也應用侵蝕針分別探討利吉與月世界泥岩地區的侵蝕量和蝕溝的演變；許振崑等（2009）利用侵蝕針量測不同邊坡條件下雨量與土壤侵蝕深度，以及不同植生狀況（整治邊坡、自然邊坡及裸露邊坡）受雨水淋洗後的土流失情況。何幸娟（2012）以侵蝕針量測愛玉子溪及出水溪集水區之自然和裸露邊坡的侵蝕量，經於98年12月至99年3月期間四次量測結果顯示，兩子集水區之自然邊坡抗侵蝕能力均較裸露邊坡爲佳，其中裸露邊坡平均侵蝕深度爲4.63mm，約高於自然邊坡（平均侵蝕深度爲3.0mm）1.54倍。同時，邊坡表土侵蝕深度與累積降雨量關聯性，可分別表爲

愛玉子溪集水區：$$\log(Y) = 0.012976X + 1.8304 \qquad (4.112)$$

出水溪集水區：$$\log(Y) = 0.010995X + 2.2271 \qquad (4.113)$$

式中，Y = 新增土壤侵蝕量（mm）；X = 累積雨量（mm），$X \leqq 300$mm。林韋成（2014）以侵蝕針量測數據爲分析資料基礎，建立特定雨場或連續降雨引致土壤侵蝕深度經驗推估式。

除了傳統侵蝕針外，新近改良發展的光電子侵蝕針（photo-electronic erosion pins）則被應用於監測河岸侵蝕之研究（Lawler and Leeks, 1992）。此儀器的最大突破在於可連續自動觀測，屬於一種動態連續觀測法，可偵測侵蝕作用在時間下的變異情形，有別於一般傳統的靜態量測法，只能估算兩次量測期間的平均侵蝕情形。

二、水文學方法

(一) 水文資料法：水文資料法係以實際觀測的長期水文泥砂資料爲基礎，在已知測量斷面上量測通過該斷面的泥砂量，分析計算某集水區在某時段土壤流失量的平均、最大、最小特徵值。由於目前水文泥砂測量技術的不完

善，往往漏測了通過斷面的推移載泥砂，所以求得的往往是相對侵蝕量。如果要用某一集水區內懸移載泥砂量來推估該集水區的侵蝕量，首先要解決泥砂遞移率（SDR）的問題。研究證明，泥砂遞移率與集水區面積及地文因子相關。所以在瞭解流域集水區泥砂遞移率的前提下，利用各水文站的長期觀測資料來研究該集水區的水力侵蝕量是可行的方法。

(二) 淤積法：淤積法是通過量測水庫、塘及壩等攔蓄工程的淤砂量，並結合集水區內影響水力侵蝕因素的調查，計算分析水力侵蝕量。利用淤積法調查量測水力侵蝕量，要特別注意調查淤砂年限內的情況，如淤砂時間、集流面積、有無分流、有無溢流損失及利用消耗等。對於水庫淤積調查，若有多次溢流或底孔排水、排砂，就難以取得可靠的數據。

4-12-2 同位素追蹤技術

同位素追蹤技術在土壤侵蝕研究中的應用始於20世紀60年代原子爆炸後，而以70年代採用Cs（銫）-137追蹤技術的研究較爲活躍。此外，亦有採用Be-7、Pb-210、Ra-226研究土壤侵蝕過程河流泥砂的沉積或來源等。Be-7是宇宙線與大氣層作用產生並降落到地面的短壽命核元素，半衰期爲53.3年，具有季節性環境微粒遷移的示蹤價值；Pb-210是自然環境中存在的天然放射性核元素，其半衰期爲22.3年，主要用於沉積速率的測定。採用Be-7和銫-137複合可以確定和預測集水區的泥砂來源，也有利用銫-137、Pb-210和Ra-226等三種核元素描述河流泥砂來源。

目前最常使用在土壤侵蝕方面的放射性核種爲銫-137（Loughran, 1989; Hornung, 1990）。銫-137爲一人造的放射性元素，半衰期爲30.2年，主要因爲核爆試驗而釋放於大氣中，經由大氣循環而逐漸分布於全球各地。當銫-137隨大氣落塵或降雨落於地表後，因爲強烈附著於土壤顆粒及有機質而不易被釋出，且不易與土壤起物理或化學變化的特性，故可當作土壤運移良好的追蹤劑（tracer）。銫-137在空間上的重新分布情形主要與土壤移動有關，而土壤顆粒的移動係受到侵蝕、搬運與沉積作用及人爲的耕種所致，故經由銫-137在空間上的重新分布情形，可以推估土壤侵蝕與沉積在空間上的變化情形，因而廣泛地被應用於土壤侵蝕方面的研究（Ritchie and McHenry, 1990）。

銫-137在地表環境中進行遷移，土壤顆粒吸附的銫-137塵埃，通過暴雨隨同逕流泥砂遷移到坡面下方，或進入河、湖、水庫而沉積。根據環境中銫-137含量的差異，可據以推估土壤侵蝕（或沉積）量，即（經濟部水利署北區水資源局，2008）

$$E_r = -\frac{10}{N-1963}\frac{1}{b}\ln(1-\frac{C_R - C_E}{C_R}) \qquad (4.114)$$

式中，E_r = 土壤侵蝕量（−）或沉積量（+），ton/ha/hr；N = 公元年；C_R = 土壤中不發生侵蝕或沉積的理想銫-137含量或參考點銫-137含量，bq/m^2；C_E = 目前土壤中的銫-137含量，bq/m^2；b = 與銫-137含量沿著土壤剖面相關的係數。

李建堂（1999）利用銫-137元素之空間分布，建立歷年土壤侵蝕率曲線，再用以估算土壤侵蝕量；謝正倫（2008）利用Ra-226了解進入水庫內之土砂量多寡及其發生位置。Blake et al.（1999）利用Be-7作爲研究短時距土壤侵蝕之追蹤劑；經濟部水利署（2007）於石門水庫集水區利用銫-137及崩塌地現場調查，推估集水區土壤侵蝕量與崩塌地產砂量。但是，銫-137 技術則不適合應用於酸性土壤地區及蝕溝和河岸侵蝕之研究（李建堂，1997）。

4-12-3 空載攝影量測

空載攝影量測法包括航空照片法、遙測技術及遙測空載雷射測距技術（light detection and ranging, LiDAR）等。這些方法可用於偵測較大範圍地表地形之變遷及分布，但受限於高程精度，一般皆僅能推估崩塌、河道沖淤變化爲主。其中，近年來比較普遍使用的是空載光達測量技術。它係使用飛機裝載雷測觀測器具，利用紅外線進行頻率每秒20到40萬次的雷射掃瞄點雲，藉由雷射反射時間可以計算出觀測儀器與地表的距離，再經過GPS的定位，便可以計算出地表觀測點的高程與位置。利用LiDAR觀測的掃瞄點雲數據，可以產製集水區數値高程模型（Digital Elevation Modeling, DEM）、地形陰影圖與等高線地形圖等。此外，無人機測量技術（UAV）是新近常用的測量方法。這種方法是利用小型飛機，在一定的時間間隔內進行兩次或多次攝影，再於室內利用儀器對兩套照片或多套照片進行高程測量，求取相鄰兩次攝影時間間隔內地面高程差値，得到該時間間隔內土壤侵蝕厚度値。此方法在技術上較爲成熟，缺點是高程精度及作業面積有限，研究週期較長等。高程精度主要受飛機攝影比例尺的影響，攝影間隔時間的選擇對於其精度也有影響，間隔太短，高程差不明顯，測量效果較差，但時間間隔太大，又不利於迅速地掌握土壤侵蝕量的變化。

參考文獻

1. 王禮先、吳斌、洪惜英，1985，土壤侵蝕（中譯本），水利電力出版社。（原著：M.J. Kirkby & R.P.C. Morgan）
2. 李寅生，1995，關於林草地減沙效益計算研究，中國水土保持，2：9-10。
3. 李明熹、林煥軒、詹于婷，2014，利用日、月及年降雨量估算年降雨沖蝕指數，中華水土保持學報，45(2)：103-109。
4. 李建堂，1997，土壤沖蝕的量測方法，國立臺灣大學理學院地理學系地理學報，23：89-106。
5. 李建堂，1999，銫137技術應用於土壤沖蝕研究之回顧與展望，臺灣大學地理學系地理學報，26：25-44。
6. 江忠善、李秀英，1985，坡面流速試驗研究，中國科學院西北水土保持研究所集刊，(7)：46-52。
7. 何幸娟、林伯勳、冀樹勇、尹孝元、施美琴、羅文俊，2012，神木集水區土壤沖蝕特性，中華水土保持學報，43(3)：275-283。
8. 何智武、陳文杰，1986，坡地開發對地表逕流及沖蝕星關性之試驗研究，營建世界，60：37-42。
9. 吳嘉俊、王阿碧，1996，屏東老埤地區雨滴粒徑與沖蝕動能之研究，中華水土保持學報，27(2)：151-165。
10. 林信輝、高齊治，1999，西南部泥岩地區刺竹根力特性之研究，中華水土保持學報，30(1)：107-115。
11. 林信輝，2013，坡地植生工程，五南圖書出版公司。
12. 林俐玲、張舒婷，2008，土壤沖蝕性指數估算公式之研究，中華水土保持學報，39(4)：355-366。
13. 林俊全，1995，泥岩邊坡發育模式之研究，國立臺灣大學理學院地理學報，18：45-58。
14. 林章成，2014，石門水庫集水區土壤沖蝕與水文地文影響因子研究，淡江大學土木工程學系碩士班學位論文。

15. 周天穎、葉美伶，1997，水里溪集水區檳榔種植對土壤沖蝕之影響及其經濟分析，中華水土保持學報，28(2)：87-97。
16. 周恆，1976，土壤沖蝕之原理與分類，國立中興大學教材，教務處出版組。
17. 吳普特，1997，動力水蝕實驗研究[M]，西安，陝西科學技術出版社。
18. 范正成、楊智翔、劉哲欣，2009，台北地區降雨沖蝕指數推估公式之建立及歷年變化趨勢分析，中華水土保持學報，40(2)：113-121。
19. 姚文藝、湯立群，2001，水力侵蝕產砂過程模擬，黃河水利出版社。
20. 游繁結、尹承遠，1990，滲透對小蝕溝形成之探討，中華水土保持學報，21(2)：57-87。
21. 張科利、細山田健三，1998，坡面濺蝕發生過程及其坡度關係的模擬研究，地理科學，18(6)：561-566。
22. 張科利，1991，淺溝發育對土壤侵蝕作用的研究，中國水土保持，1：17-19。
23. 湯立群，1995，坡面降雨濺蝕及其模擬，水科學進展，6(4)：304-310。
24. 陸兆熊、蔡強國、朱同新，1991，黃土丘陵溝壑區土壤侵蝕過程研究，中國水土保持，11：19-22。
25. 唐克麗，1990，黃土高原地區土壤侵蝕區域特徵及其治理途徑，中國科學技術出版社，北京，63-65。
26. 黃俊德，1979，台灣降雨沖蝕指數之研究，中華水土保持學報，10(1)：127-142。
27. 許振崑、林伯勳、鄭錦桐、冀樹勇，黃文洲、尹孝元，2009，石門水庫集水區土壤沖蝕量評估及現地試驗監測，第十三屆海峽兩岸水利科技交流研討會。
28. 楊斯堯、詹錢登、黃文舜、曾國訓，2010，運用時雨量推估降雨沖蝕指數，中華水土保持學報，41(3)：189-199。
29. 萬鑫森、黃俊義，1981，台灣西北部土壤沖蝕性及流失量之估算，中華水土保 持學報，12(1)：57-67。
30. 萬鑫森、黃俊義，1989，台灣坡地土壤沖蝕，中華水土保持學報，20(2)：17-45。
31. 農業委員會水土保持局、中華水土保持學會，2006，水土保持手冊。
32. 農業委員會水土保持局，2007，水保名詞中英定義對照。
33. 鄭粉莉、唐克麗、周佩華，1987，坡耕地細溝侵蝕的發生、發展和防止途徑的探討，水土保持學報，1(1)：36-48。
34. 經濟部水利署北區水資源局，2008，石門水庫集水區產砂量推估與數位式集水區綜合管理研究計畫。

35. 經濟部水利署，2007，石門水庫集水區泥砂產量推估之研究（3/3）。

36. 陳樹群、簡如宏、馮智偉、巫仲明，1998，本土化土壤沖蝕指標模式之建立，中華水土保持學報，29(3)：233-247。

37. 盧光輝，1999，降雨沖蝕指數之修訂，中華水土保持學報，30(2)：87-94。

38. 盧昭堯、蘇志強、吳藝昀，2005，臺灣地區年降雨沖蝕指數圖之修訂，中華水土保持學報，36(2)：159-172。

39. 謝正倫，2008，水庫濁水現象之研究子計劃-水庫集水區細微土砂來源之空間分布特性之分析，國科會研究成果報告，計畫編號NSC 95-2625-Z-006-003。

40. 辭海編輯委員會，2000，辭海，上海，上海辭書出版社。

41. Blake, W. H., Walling, D. E., and Q. He, 1999, Using 7Be as a tracer in soil erosion investigations, Applied Radiation and Isotopes, 51: 599-605.

42. Bryan, R.B., 1979, The influence of slope angle on soil entrainment by sheetwash and rainsplash, Earth Surface Processes 4: 43-58.

43. Bubenzer, G.D. & Jones, B.A., 1971, Drop size and impact velocity effects on the detachment of soil under simulated rainfall, Transactions of the American Society of Agricultural Engineers 14: 625-8.

44. Clinton C T, & Bradford J M., 1993, Relationships between rainfall intensity and the interril l soil loss-slope steepness ratio as affected by antecedent water content, Soil Science, 156(6): 405-413.

45. Crouch, R. J., 1987, The relationship of gully sidewall shape to sediment production, Austalian Journal of Soil Research, 25:531-539.

46. Defersha, M. B., Quraishi, S., and Melesse, A., 2011, The effect of slope steepness and antecedent moisture content on interrill erosion, runoff and sediment size distribution in the highlands of Ethiopia, Hydrol. Earth Syst. Sci., 15: 2367-2375.

47. De Ploey, J., 1989a, A model for headcut retreat in rills and gullies, Catena Supplement 14: 81-6.

48. D' Souza, V. P. C.; Morgan, R. P. C.,1976, A laboratory study of the effect of slope steepness and curvature on soil erosion.Journal of Agricultural Engineering Research 21(1): 21-31.

49. Ellison. W. D., 1944, Studies of raindrop erosion[J] . Aric. Eng., 25: 131-136.

50. Everaert, W., 1991, Empirical relations for the sediment transport capacity of interrill flow, Earth Surface Processes and Landforms 16: 513-32.
51. Foster, R.L. & Martin, G.L., 1969, Effect of unit weight and slope on erosion, Journal of the Irrigation and Drainage Division ASCE 95: 551-61.
52. Foster, G.R. & Meyer, L.D., 1972, A closed-form soil erosion equation for upland areas, In Shen, H.W. (ed.), Sedimentation. Department of Civil Engineer-ing, Colorado State University, Fort Collins: 12.1-12.19.
53. Foster, G.R., Meyer, L.D. and Onstad, C. A., 1977, An erosion equation derived from basic erosion principle, Trans of the ASCE, 20(4).
54. Foster, G.R., 1982, Modeling the erosion process. In Haan, C.T., Johnson, H.P. and Brakensiek, D.L. (eds), Hydrologic modeling of small watersheds. American Society of Agricultural Engineers Monograph 5: 297-380.
55. Gabriels, D., Pauwels, J.M. and De Boodt, M. 1975. The slope gradient as it affects the amounts and size distribution of soil loss material from runoff on silt loam aggregates. Mededelingen Fakulteit Landbouwwetenschappen, Rijksuniversiteit Gent 40: 1333-8.
56. Govers, G., 1990, Empirical relationships for the transporting capacity of overland flow, International Association of Hydrological Sciences Publication 189: 45-63.
57. Govers, G., 1992, Relationship between discharge, velocity and flow area for rills eroding loose, non-layered materials, Earth Surface Processes and Landforms 17: 515-28.
58. Guy, B.T. & Dickinson, W.T., 1990, Inception of sediment transport in shallow overland flow, Catena Supplement 17: 91-109.
59. Hornung, M., 1990, Measurement of nutrient losses resulting from soil erosion, In: Harrison, A. F., Ineson, P. and Heal, O. W., 1990, Nutrient Cycling in Terrestrial Ecosystems, London: Elserier, 80-102.
60. Horton, R.E., 1945, Erosional development of streams and their drainage basins: a hydrophysical approach to quantitative morphology, Bulletin of the Geological Society of America 56: 275-370.
61. Horváth, V. & Ero di, B., 1962, Determination of natural slope category limits by functional identity of erosion intensity. International Association of Scientific Hydrology Publication 59: 131-43.

62. Hudson, N.W. & Jackson, D.C., 1959, Result achieved in the measurement erosion and runoff in Southern Rhodesia, University of Cape Town.
63. Hudson, N.W., 1965, The influence of rainfall on the mechanics of soil erosion with particular reference to Southern Rhodesia, MSc Thesis, University of Cape Town.
64. Hudson, N., 1971, Soil Conservation, London: BT Batsford Ltd.
65. Kirkby, M.J. 1971. Hillslope process-response models based on the continuity equation. In Brunsden, D. (ed.), Slopes: form and process. Institute of British Geographers Special Publication 3: 15-30.
66. Knott, J.M., 1973, Effects of urbanization on sedimentation and flood flows in Colma Creek Basin, California: U.S. Geol. Survey open-file report, 54 p.
67. Lawler, D. M. & Leeks, G. J. L., 1992, River bank erosion events on the upper Severn detected by the Photo-Electronic Erosion Pin (PEEP) system. In: Bogen, J., Walling, D. E. and Day, T. (eds) Erosion and Sediment Transport Monitoring Programmers in River Basins, International Association of Hydrological Sciences Publication, 210: 95-105.
68. Leopold, L.B.,Wolman, M.G. and Miller, J.P., 1964, Fluvial processes in geomorphology, Freeman, San Francisco.
69. Liebenow, A.M., Elliot, W. J., Laflen, J. M. and Kohl, K. D., 1990, Interrill erodibility: collection and analysis of data from cropland soils, Transactions of the ASAE 33(6): 1882-1888.
70. Liu, B. Y., Nearing, M. A. and Risse, L. M., 1994, Slope gradient effects on soil loss for steep slopes, Transactions of the ASAE, 37: 1835-1840.
71. Loughran, R.J., 1989, The measurement of soil erosion, Progress in Physical Geography, 13(2): 216-232.
72. McGregor, K. C. & Mutchler, C. K., 1976, Status of the R Factor in Northern Mississippi, In: Soil Erosion: Prediction and Control, SCSA, Ankeny, IA, 135-142.
73. McCool, D. K., Brown, L. C., Forster, G. R., Mutchler, C. K. and Meyer, L. D., 1987, Revised slope steepness factor for the Universal Soil Loss Equation, Transactions of the ASAE, 30: 1387-1396.
74. Meyer, L.D. & Monke, E.J., 1965, Mechanics of soil erosion by rainfall and overland flow, Transactions of the American Society of Agricultural Engineers 8: 572-7.
75. Meyer, L.D. & Wischmeier, W.H., 1969, Mathematical simulation of the process of soil erosion

by water, Transactions of the American Society of Agricultural Engineers 12: 754-8, 762.

76. Meyer, L.D., Foster, G.R. and Römkens, M.J.M., 1975, Source of soil eroded by water from upland slopes, In Present and prospective technology for predicting sediment yields and sources. USDA-ARS Publication ARSS-40: 177-89.

77. Meyer, L.D. & Harmton, W. C., 1989, How row sideslope length and steepness affect sideslope erosion, Trans ASAE, 24: 1472-1475.

78. Moeyersons, J. & De Ploey, J., 1976, Quantitative data on splash erosion simulated on unvegetated slopes, Zeitschrift für Geomorphologie Supplementband 25: 120-131.

79. Morgan, R.P.C., 1977, Soil erosion in the United Kingdom Field Studies in the Silsoe Area 1973-75, National College Agricultural Engineering, Occasional Paper 4, 41pp.

80. Morgan, R.P.C., 1980a, Field studies of sediment transport by overland flow, Earth Surface Processes 3: 307-16.

81. Morgan, R.P.C., 2005, Soil Erosion and Conservation, 3rd ed. Blackwell Publishing, 304.

82. Mosley, M.P., 1973, Rainsplash and the convexity of badland divides, *Zeitschrift für Geomorphologie Supplementband* 18: 10-25.

83. Mtakwa et al, P. W., Lai, R. and Sharma, R. B., 1987, An evaluation of the Universal Soil Loss Equation and field techniques for assessing soil erosion in a tropical alfisol in western Nigeria, Hydrological Processes, 1:199-209.

84. Mutchler, C.K. & Young, R.A., 1975, Soil detachment by raindrops, In Present and prospective technology for predicting sediment yields and sources. USDA-ARS Publication ARS-S-40: 113-17.

85. Nearing, M.A., Deer-Ascough, L. and Chaves, H.M.L., 1989a,WEPP model sensitivity analysis. In Lane, L.J. and Nearing, M.A. (eds), USDA Water Erosion Prediction Project: hillslope model documentation. USDA-ARSNSERL Report 2: 14.1-14.33.

86. Odemerho, F.O., 1986, Variation in erosion-slope relationship on cut slopes along a tropical highway, *Singapore Journal of Tropical Geography* 7: 98-107.

87. Oregon Department of Transportation, 2014, ODOT Hydraulics Manual-Hydrology.

88. Palmer, R.S., 1964, The influence of a thin water layer on water-drop impact forces, International Association of Scientific Hydrology Publication 65: 141-8.

89. Proffitt, A. & Rose, C.W., 1992, Relative contributions to soil loss by rainfall detachment and

runoff entrainment, In Hurni, H. and Tato, K. (eds), Erosion, conservation and small-scale farming. Geographica Bernensia, Bern: 75-89.

90. Quansah, C., 1981, The effect of soil type, slope, rain intensity and their interactions on splash detachment and transport, Journal of Soil Science 32: 215-24.

91. Quansah, C., 1982, Laboratory experiments for the statistical derivation of equations for soil erosion modelling and soil conservation design. PhD Thesis, Cranfield Institute of Technology.

92. Quansah, C., 1985, Rate of soil detachment by overland flow, with and without rain, and its relationship with discharge, slope steepness and soil type, In El-Swaify, S.A., Moldenhauer, W.C. and Lo, A. (eds), Soil erosion and conservation. Soil Conservation Society of America, Ankeny, IA: 406-23.

93. Rauws, G. & Govers, G., 1988, Hydraulic and soil mechanical aspects of rill generation on agricultural soils, Journal of Soil Science 39: 111-24.

94. Ritchie, J.C. & McHenry, J. R., 1990, Application of radioactive fallout caesium-137 for measuring soil erosion and sediment accumulation rates and patterns: a review, Journal of Environmental Quality, 19:215-33.

95. Sain, G.E., & Barreto, H.J., 1996, The adoption of soil conservation technology in El Salvador: Linking productivity and conservation, Journal of Soil and Water Conservation, Vol51(4): 313-321.

96. Savat, J., 1979, Laboratory experiments on erosion and deposition of loess by laminar sheet flow and turbulent rill flow, In Vogt, H. and Vogt, Th. (ed.), Colloque sur l'érosion agricole des sols en milieu tempéré non Mediterranéen. L'Université Louis Pasteur, Strasbourg: 139-43.

97. Savat, J., 1981, Work done by splash: laboratory experiments, *Earth Surface Processes and Landforms* 6: 275-83.

98. Savat, J., 1982, Common and uncommon selectivity in the process of fluid transportation: field observations and laboratory experiments on bare surfaces, Catena Supplement 1: 139-60.

99. Shen, H. W. & Li, R. M., 1973, Rainfall effect on sheet flow over smooth surface. J. Hyd. Div. Proc. ASCE., 99(HY-5): 1367-1386.

100. Shirazi, M. A. & Boersma, L., 1984, unifying quantitative analysis of soil texture. Soil Science Society of America Journal 48: 142-147.

101. Smith, D. D., 1941, Interpretation of soil conservation data for field use, Agric. Eng. 22: 173-175.

102.Thomas, Donald B. (ed.), 1997, Soil and Water Conservation Manual for Kenya, Soil and Water Conservation Branch, Ministry of Agriculture, Livestock Development and Marketing, Government of Kenya.

103.Trimble, S. W. and Mendel, A. C., 1995, The cow as a geomorphic agent-a critical review, Geomorphology, 13: 233-253.

104.Torri, D. & Sfalanga, M., 1986, Some problems on soil erosion modelling, In Giorgini, A. and Zingales, F. (eds), Agricultural nonpoint source pollution: model selection and applications. Elsevier,Amsterdam: 161-71.

105.Torri, D., Sfalanga, M. and Chisci, G., 1987a, Threshold conditions for incipient rilling, Catena Supplement 8: 97-105.

106.Torri, D., Poesen, J. and Borselli, L., 1997, Predictability and uncertainty of the soil erodibility factor using a global dataset, Elsevier Sci. B. V., 31: 1-22.

107.Van Dijk, A.I.J.M., Bruijnzeel, L.A. and Rosewell, C.J., 2002, Rainfall Intensity-kinetic energy relationships: A critical literature appraisal, Journal of Hydrology 261: 1-23.

108.Willias, J. R. & Berndt, H. D., 1977, Sediment yield prediction based on watersd hydrology, Trans. Am. Soc, Agric. Engrs 20(6): 1100-1104.

109.Wischmeier, W.H. & Smith, D.D., 1958, Rainfall energy and its relationship to soil loss, Transactions of the American Geophysical Union 39: 285-91.

110.Wischmeier, W.H., 1975, Estimating the soil loss equation's cover and management factor for undisturbed area. In Present and prospective technology for predicting sediment yields and sources. USDA ARS Publication ARS-S-40: 118-24.

111.Wischmeier,W.H., Johnson, C.B. and Cross, B.V., 1971, A soil erodibility nomograph for farmland and construction sites. Journal of Soil and Water Conservation 26: 189-93.

112.Wischmeier,W.H. & Smith, D.D., 1978, Predicting rainfall erosion losses, USDA Agricultural Research Service Handbook 537.

113.Zhang, X., Zhang, Y.,Wen, A. and Feng, M., 2003, Assessment of soil losses on cultivated land by using the 137Cs technique in the upper Yangtze River basin of China, Soil and Tillage Research 69: 99-106.

114.Zingg, A.W., 1940, Degree and length of land slope as it affects soil loss in runoff. Agricultural Engineering 21: 59-64.

第5章 地滑、大規模崩塌與淺層崩塌

由岩（土）體組成的自然斜坡是由內摩擦阻力、顆粒間的凝聚力及其植物根系固結作用來維持穩定，一旦受到地震、降雨或其他外力作用而破壞了穩定狀態之後，就會在重力的牽引之下，引發崩塌、地滑、落石等岩（土）體移動變形現象。由於這類的岩（土）體運移皆以塊體運動爲主，且與重力條件相關，不同於水力侵蝕產砂現象，故統稱爲塊體運動（mass wasting, mass mevement）或重力侵蝕。塊體運動的形式很多，速度差異也很大，有些慢到難以查覺，如潛移（creep）；有些則幾乎是在瞬間產生，如落石。在坡面水土流失嚴重區域，塊體運動與水力侵蝕之間存在互相影響、互相促進的複雜而密切的關係；例如，溝狀侵蝕高度發育的坡面，往往是塊體運動相當活躍的地區。雖然坡面塊體運動或變形過程屬於一種自然的地質現象，但也是上游集水區最常見的自然災害之一，它分布廣，危害大，常給上游地區的聚落、交通、能源、公共設施、環境及資源帶來極大的威脅，也提高下游都市環境的暴雨洪災潛勢，爲地方經濟及人民生命財產造成巨大的損失。

5-1 斜面塊體運動分類

斜面塊體運動類型普遍採用Varnes（1978）提出的分類模型，如表5-1所示；Varnes係以材料別（material type）及其運動方式（movement type）將塊體運動分成各種類型。茲分述如下：

一、運動方式分類：依運動型態可區分爲六種。

(一) 落石（rock falls）：指位於山坡表層岩（土）體疏鬆破碎的岩屑，在重力作用下以自由落體方式墜落或沿著坡面滾動或彈跳至地面者，如圖5-1(a)所示。

(二) 傾覆（topples）：指陡坡或峭壁上的土石或岩塊過度傾斜，致使重心延線超過塊體基部，即因自重產生驅動力繼而發生破壞者，如圖5-1(b)所示。

(三) 滑動（slides）：指坡面岩（土）體沿著某一滑動面向下坡以剪切的方式移動者，可分爲圓弧型（rotational）和平面型（translational）滑動兩種類型，通常發生在坡度較緩的地形，如圖5-1(c)所示。

(四) 側滑（lateral spreads）：指位於滑動面底下軟弱的岩層，因發生可塑性移動而影響其上覆之堅硬岩層，以幾乎水平方向的移動，如圖5-1(d)所示。

(五) 流動（flows）：指坡面岩（土）體像可塑性流體一般發生連續性的運動，其速度可從每秒數公分至每秒數百公尺，如圖5-1(e)所示。如果在沒有水的情形下，因重力作用慢慢向下坡流動，稱之爲潛移（creep）；雖移動速度很慢，每年只有數公厘至數公分，但已足夠造成結構物的損害。

表5-1　邊坡各種組成材料移動方式分類表

<table>
<tr><th colspan="2" rowspan="3">運動型態</th><th colspan="6">材料種類</th></tr>
<tr><th colspan="2" rowspan="2">岩石</th><th colspan="4">工程土壤</th></tr>
<tr><th colspan="2">岩屑</th><th colspan="2">土壤</th></tr>
<tr><td colspan="2">墜落</td><td colspan="2">岩石墜落（a）</td><td colspan="2">岩屑墜落（b）</td><td colspan="2">土墜落（c）</td></tr>
<tr><td colspan="2">傾覆</td><td colspan="2">岩石傾覆（d）</td><td colspan="2">岩屑傾覆（e）</td><td colspan="2">土傾覆（f）</td></tr>
<tr><td rowspan="2">滑動</td><td>圓弧型</td><td rowspan="2">岩石滑動</td><td>(g)</td><td rowspan="2">岩屑滑動</td><td>(h)</td><td rowspan="2">土塊滑動</td><td>(i)</td></tr>
<tr><td>平面型</td><td>(l)</td><td>(k)</td><td>(l)</td></tr>
<tr><td colspan="2">側滑</td><td colspan="2">岩石側滑（m）</td><td colspan="2">岩屑側滑（n）</td><td colspan="2">土側滑（o）</td></tr>
<tr><td colspan="2" rowspan="2">流動</td><td colspan="2" rowspan="2">岩石流動（p）</td><td colspan="2">岩屑流動（q）</td><td colspan="2">土流動（r）</td></tr>
<tr><td colspan="4">土壤潛移</td></tr>
<tr><td colspan="2">複合型運動</td><td colspan="6">綜合兩種或兩種以上之運動方式（s）</td></tr>
</table>

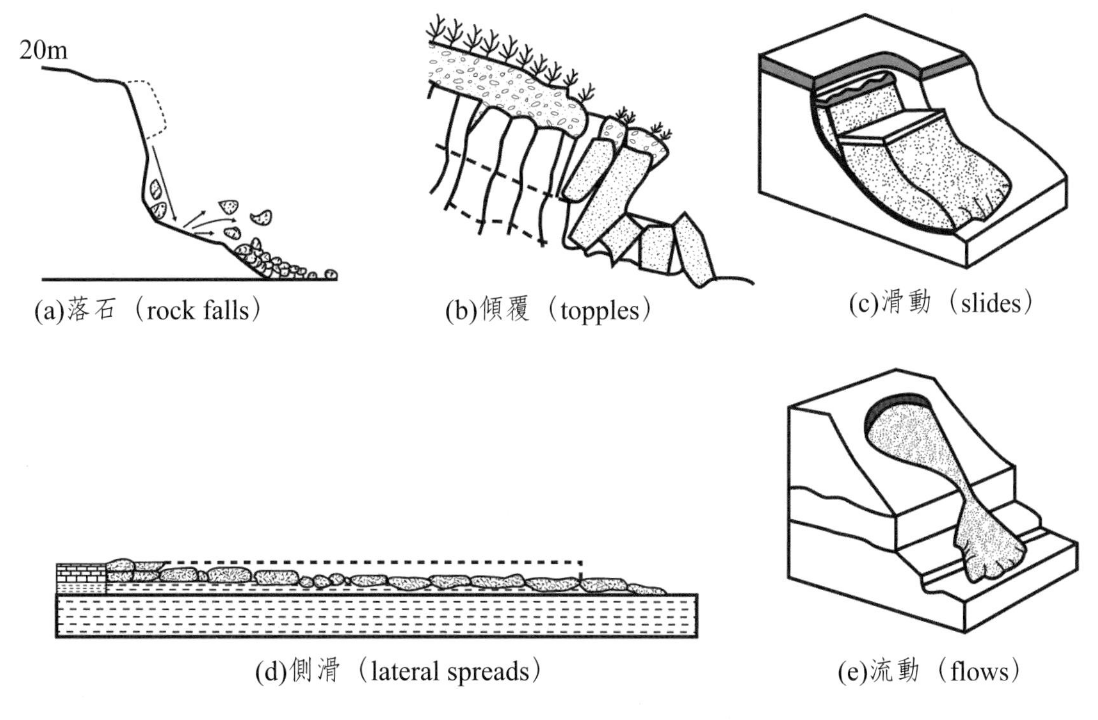

(a)落石（rock falls）　(b)傾覆（topples）　(c)滑動（slides）

(d)側滑（lateral spreads）　(e)流動（flows）

圖5-1　Vaners崩塌分類示意圖

Source: Cooper, R.G. (2007)

(六) 複合型運動（complex and compound）：包括以上兩種或兩種以上的運動型態者，稱之。

二、邊坡移動材料分類：可區分為岩石、岩屑及土壤等三種。

(一) 岩石（rock）：指未移動前為完整的塊體（intact rock）。

(二) 岩屑（debris）：材料組成中，粒徑大於2.0mm者，約占20～80%，其餘材料粒徑小於2.0mm。

(三) 土壤（earth）：材料組成中，粒徑小於2.0mm者，超過80%以上。

除了Varnes外，Wlodzimierz（2006）也以岩石邊坡為對象，在長期受重力作用的影響下，因產生張力裂隙（tension crack）而導致破壞的類型，如圖5-2所示。圖中，類型1～3與Vaners（1978）的傾覆和滑動分類類似，而類型4則為較大規模的滑動。

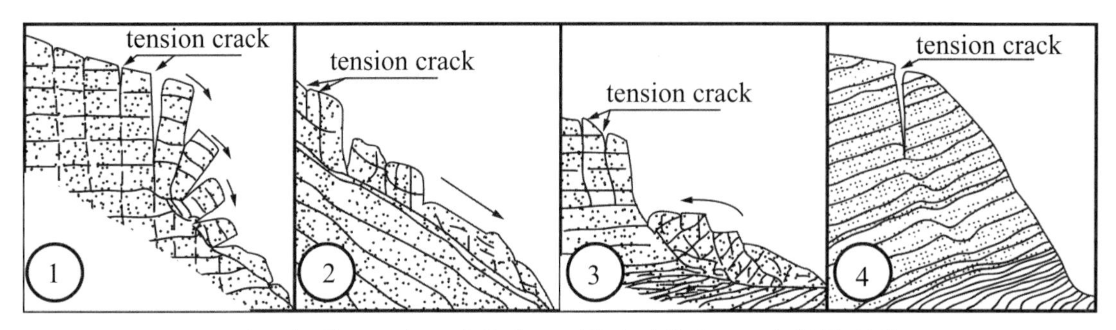

1.岩石傾覆；2.平面型滑動；3.圓弧型滑動；4.大規模滑動

圖5-2　岩石邊坡破壞類型

Source: Wlodzimierz (2006)

松村和樹等（1988）將陡坡地（高度5m以上，且坡度達30度以上之斜坡面）土體崩塌區分爲表層滑落型崩塌、岩盤崩塌、大規模崩塌及崖崩等四類，如圖5-3所示；其中，表層滑落型崩壞相當於岩屑崩塌或淺層崩塌，岩盤崩壞與岩體崩滑相同，而大規模崩塌即爲深層崩塌（今村寮平，2012）。土質工學會（土砂災害の予知と対策，1985）將斜面運動簡單地區分爲地滑、崩塌、土石流等三大類，其中崩塌包括Varnes分類法（表5-1）中之a、d、g、j、h及k等運動型態，而地滑與i、l、h及k等運動型態類似。

分類	淺層崩塌	岩盤崩塌	大規模崩塌	崖崩
正視圖		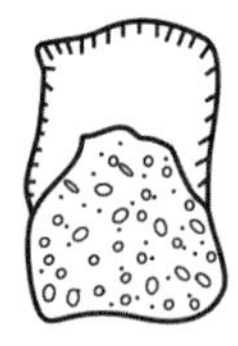	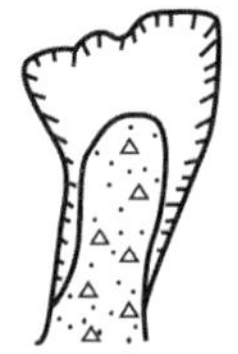	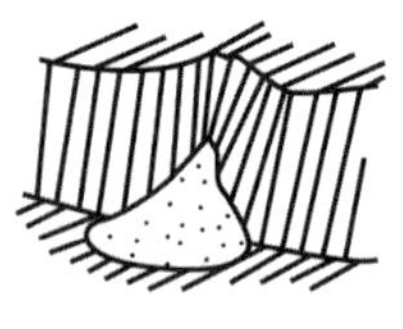
部面圖		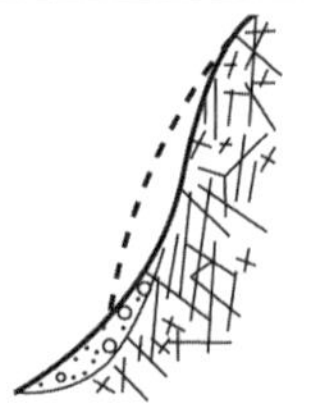	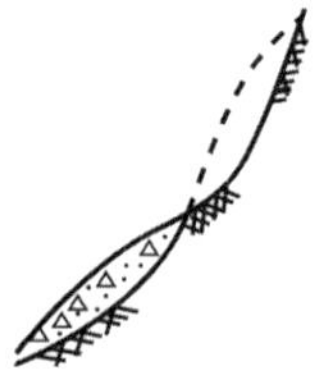	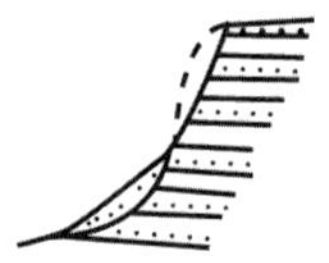

圖5-3　崩塌地分類

資料來源：松村和樹等，1988

國內部分，陳宏宇（1998）以Varnes分類法爲基礎，將斜面運動型態區分爲落石、翻覆、滑動（又分爲順向坡滑動及楔型滑動）及土石流等四種。周南山（2005）歸納出臺灣常見的坡面土體破壞類型，包括淺層土壤滑動破壞、土石流、表層土壤沖蝕、近圓弧型滑動破壞、地層潛變位移、順向坡滑動破壞、落石等七種類型；其中，淺層土壤滑動破壞、表層土壤沖蝕、近圓弧型滑動破壞及地層潛變位移等屬於土壤邊坡的破壞類型，順向坡滑動破壞及落石屬於岩層邊坡的破壞類型，而土石流則屬於土石混合的邊坡破壞類型；這裡特別指出的是，周南山（2005）爲國內少數將表層土壤沖蝕歸類爲邊坡破壞類型者。

周南山（2005）的分類方式相當複雜，而比較簡單的分類係將斜面塊體運動中之傾覆、滑動及側滑等統稱爲崩塌（landslide）（水土保持技術規範，2016），它是指邊坡土石之崩落或滑動現象，主要分爲陷落、山崩及地滑等類型，而水土保持手冊（2006）亦將崩塌概分爲地滑、山崩、崩坍、落石等類型。不過，楊樹榮等（2011）指出，廣義的山崩或地滑（landslide）泛指坡地上的岩石、岩屑及土壤等受到重力作用，而產生向下運動的現象；同樣的物理現象，在土木工程界常被稱之爲「坍方」或是「邊坡破壞」，坍方多指公路沿線的山崩，在水土保持界則被稱之爲「崩塌」。顯然，不論是山崩、地滑、坍方或崩塌等皆代表相同意義的術語，只是在不同領域採取的名詞略有差異而已。

事實上，除了落石及土石流外，邊坡上岩石和岩屑（含土壤）的破壞型式還是有明顯的區別的。表5-2爲楊樹榮等（2011）彙整比較臺灣各相關政府單位的山崩分類。表中，各單位皆沿用Varnes的材料類別，即將材料分爲岩石、岩屑及土等三種類型；但在運動型態上，則有比較大的差異；其中，經濟部中央地質調查所將之區分爲落石（含岩石墜落及傾覆）、岩體滑動（rock collapse）、岩屑崩滑（以工程土壤爲主）及土石流等四種運動型態，其內涵玆簡述如下：（費立沅，2009）

一、落石（rock falls）：指岩塊或岩體自陡峻岩壁上分離後，以自由落體、滾動或彈跳等方式快速向下移動之現象。落石發生要件除了要具備陡峭的地形外，尙包括岩體的性質，如富含節理之堅硬岩層所形成的陡峭崖坡。落石災害常見於基隆及臺北地區之坡地。

二、岩體滑動（rock slides）：屬於規模較大、滑動面深度較深的坡面破壞類型，其深度常深入岩層內，規模可達數十公頃以上。在臺灣大規模的岩體滑動多係由順向坡地形產生的平面型滑動，如草嶺及九份二山之山崩。

表5-2 各政府單位山崩分類方法

<table>
<tr><th colspan="2" rowspan="4">運動型態</th><th colspan="3">經濟部中央地質調查所</th><th colspan="3">農委會水土保持局</th><th colspan="3">內政部營建署</th></tr>
<tr><th colspan="3">材料種類</th><th colspan="3">材料種類</th><th colspan="3">材料種類</th></tr>
<tr><th rowspan="2">岩石</th><th colspan="2">工程土壤</th><th rowspan="2">岩石</th><th colspan="2">工程土壤</th><th rowspan="2">岩石</th><th colspan="2">工程土壤</th></tr>
<tr><th>岩屑</th><th>土</th><th>岩屑</th><th>土</th><th>岩屑</th><th>土</th></tr>
<tr><td colspan="2">墜落</td><td rowspan="2">落石</td><td colspan="2" rowspan="4">岩屑崩滑</td><td rowspan="2">落石</td><td colspan="2" rowspan="2">崩塌</td><td rowspan="2">落石</td><td colspan="2" rowspan="2">淺層崩塌</td></tr>
<tr><td colspan="2">傾覆</td></tr>
<tr><td rowspan="2">滑動</td><td>圓弧型</td><td rowspan="2">岩體滑動</td><td rowspan="2">岩體滑動</td><td colspan="2" rowspan="2">地滑
大規模崩塌</td><td rowspan="2">～</td><td colspan="2">弧形崩塌</td></tr>
<tr><td>平面型</td><td colspan="2"></td></tr>
<tr><td colspan="2">流動</td><td colspan="3">土石流</td><td colspan="3">土石流</td><td colspan="3">土石流</td></tr>
</table>

三、岩屑崩滑（debris slides）：為風化土層、岩屑、崩積層或鬆軟破碎等地質材料發生崩落或滑動現象。岩屑崩滑的移動物質為岩屑（debris）或土壤（earth），其移動方式在陡坡地為崩落，在緩坡地則為滑動。在坡度較陡的坡地發生者，多因豪雨或地震作用而誘發；豪雨會造成土體之飽和含水，有時甚至會因過多的含水而轉化為土石流。岩屑崩滑後之裸露坡面常呈細長條狀，而崩滑下來的土石則多堆積於崩崖趾部或坡腳處。

內政部營建署簡單地將山崩區分為淺層崩塌、弧形崩塌、落石及土石流等四類，而水土保持局在岩石材料的運動型態劃分，與地質調查所相同，惟在工程土壤的運動型態，考量2009年莫拉克颱風造成小林村之大規模崩塌危害事件，不僅在崩滑規模，甚至在運動速度上，皆不同於以往的土體崩塌災害，因而有必要將之細分為崩塌、地滑及大規模崩塌等三種類型，其目的在於區隔崩塌，地滑及大規模崩塌間的差異及其成災的特性。

在斜坡上岩（土）體破壞與運動之現象，有時候不容易去區別崩塌、地滑及大規模崩塌間的實質差異，最主要是它們發育的環境條件非常相近，除非是落石型崩塌與地滑存在顯著的差異外，滑動式的崩塌（含大規模崩塌）與地滑有時候是不容易區隔的。今村寮平（2012）認為大規模崩塌（large-scale landslife）即為深層崩塌（deep-seated landslide），但是松浦純生（2014）認為大規模崩塌與深層崩塌之間還是略有不同，大規模崩塌係指崩塌土砂量超過10萬m^3或面積達1.0ha以上的崩塌地，而深層崩塌則特別強調滑動面深入岩盤的崩塌現象。王文能等（2011）採用具體尺度定義大規模崩塌，當崩塌長度及寬度皆大於100m，崩塌深度超過10m，總崩塌量超過10萬m^3，即謂之大規模崩塌。經濟部中央地質調查所（2013）認爲大規模崩塌的崩塌面積應大於10ha，滑動深度超過10m或崩塌土方量達10萬m^3以上。一般而言，崩塌面積與其深度多呈正比例關係，即崩塌面積愈大，其深度就愈深；從這個觀點及上述定義來看，大規模崩塌與深層崩塌應無實質上的區別。

另外有一種看法是，認爲傳統「走山」及「地滑」即爲大規模崩塌（水土保持局，大規模崩塌防減災技術發展與應用，2015）。不過，根據圖5-4得知，大規模崩塌（或深層崩塌）在土體規模上與地滑相當，皆有較大規模的土體滑移，但在移動速度上，大規模崩塌土體移動速度卻是遠高於地滑。後藤宏二（2012）亦明確指出，大規模崩塌的主要特徵有三：1.崩壞的初期呈整體滑動，但在滑動的過程中土體將隨之破碎；2.崩移土塊移動呈高速移動；及3.崩壞區幾呈裸露狀態，多數大規模崩壞土塊皆移出破壞區。

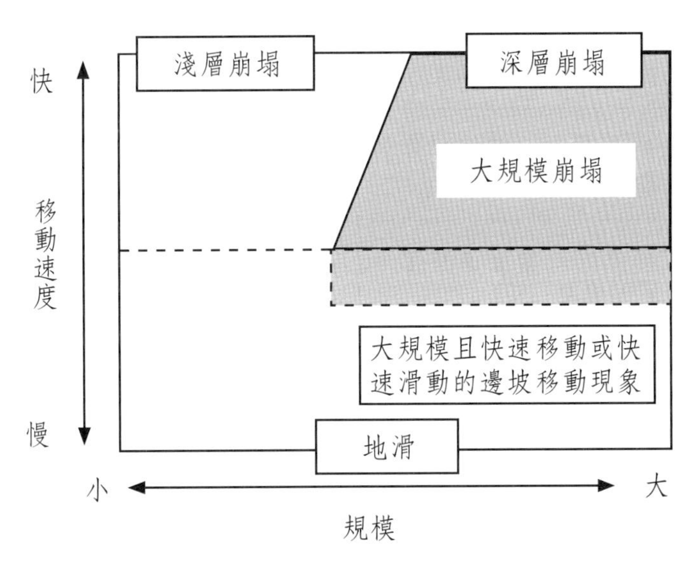

圖5-4　淺層崩塌、大規模崩塌、深層崩塌及地滑間規模與移動速度之差異

資料來源：日本林野廳，2014

筆者參考了今村遼平（2012）現地調查及相關研究成果，從變形原因、變形形式、土質、地形、活動狀況、滑動速度、誘因、規模、徵候、滑動面、堆積結構、運動形式及裂縫等面向，區分了地滑、崩塌及大規模崩塌之間的差異性，如表5-3所示。表中，地滑與崩塌的區別有多個方面：

表5-3 地滑、淺層崩塌與大規模崩塌之區別

項目	地滑	崩塌	大規模崩塌（崩塌性地滑）
變形原因	特定的地質或地質構造處（如破碎帶、第三紀層、地質構造線及溫泉地帶）	與地質關聯少	地質及地質構造的因素
變形形式	土塊的擾動少，保持原形居多	每個土塊都受擾動	每個土塊都受擾亂
土質	以黏性為滑動面	砂質土發達	有黏性為滑動面
地形	發生在10～30度的緩傾斜面，特別上方是台地狀地形場合居多	20度以上的陡坡地常發生	多發生在20度以上的陡坡地
活動狀況	持續性、再發性	突發性	持續性、突發性
移動速度	0.01～10mm/日比較多，一般情況速度小	在10mm/日以上，速度極大（相當大）	速度相當快
誘因	地下水影響大	會受下雨或強降雨影響	受到強降雨或地震的影響
規模	在1～100ha，規模大	規模小	規模大
徵兆	發生前，會發生裂縫、凹陷處隆起，地下水變動	徵兆少，突發性的滑落	具有裂縫、凹陷處隆起，地下水變動等徵兆，突發性的滑落
滑動面	只有主崩崖露出，其他部分全部被滑動體所覆蓋	完全露出	只有主崩崖露出，其他部分全部被滑動體所覆蓋
運動方式	水平位移量大於垂直位移量，以水平運動為主	垂直位移量大於水平位移量，以垂直運動為主	垂直與水平位移量皆大
堆積結構	沿著滑動面作整體性滑落，堆積物具有原來岩（土）體的上下層位	以墜落、傾倒、滾動、翻轉方式為主，呈錐形堆積，有一定分選	以墜落、傾倒、滾動、翻轉方式為主，呈錐形堆積，有一定分選
裂縫	裂縫與變形存在一定的規律	發生前、後裂縫多呈不規則分布	裂縫與變形存在一定的規律

一、變形原因：地滑係沿著剪應力大於岩（土）體強度的軟弱帶滑動；崩塌是因坡體下部的岩（土）體結構遭到破壞，上部岩（土）體失去支撐而斷裂，並急劇地倒塌和崩落而下。

二、變形形式：地滑體滑動時仍保持一塊或分爲幾大塊、無傾倒、無翻轉，多次滑動時大多數仍沿原滑動面滑動；崩塌塊體各自分離，同時翻轉、傾倒、分散堆於坡腳下，崩塌發生一次就產生新的裂面。

三、土質：地滑體滑動面多為黏土層；崩塌則多發生於砂質土中。

四、地形：地滑發生的斜坡坡度介於10～30度之間緩坡斜面；崩塌多發生在坡度大於20度、坡高大於30m的坡面。

五、活動狀況：地滑滑動在時間軸上具有持續性及再發性之特徵；崩塌則以突發性為主。

六、滑動速度：地滑滑動速度極慢，在發展階段多介於0.01～10mm/day；而崩塌因屬突發性，故速度極快。

七、誘因：地滑多因降雨和地下水影響而快速發育，其中尤以地下水為主；崩塌為受降雨過程或地震的影響為顯著。

八、規模：地滑規模大，可達百公頃，而崩塌規模小。

九、徵兆：地滑發生前，會發生裂縫，下緣隆起及地下水位變動等徵兆；崩塌多為突發性，徵兆少。

十、滑動面：地滑體滑動時，只有主崩崖露出，其他部分全部被滑動體所覆蓋；崩塌體則完全脫離母體而露出。

十一、堆積結構：地滑體沿著滑動面作整體性滑落，堆積物具有原來岩（土）體的上下層位；崩塌物從陡坡上崩滑下來，以墜落、傾倒、滾動、翻轉方式出現，接著又以跳動、滾動的方式繼續滑落，崩塌物結構零亂，雜亂無章，呈錐形堆積，有一定分選，小的堆積在錐頂，大的堆積在趾部。

十二、運動方式：地滑體水平位移量大於垂直位移量，以水平運動為主，大多數地滑體的重心位置變位不大；崩塌體的垂直位移量大於水平位移量，以垂直運動為主。

十三、裂縫：地滑體上的縱橫裂縫與變形存在一定的規律；崩塌體上在崩塌未發生時，裂縫形狀不規則且紊亂成網，崩塌發生後，崩塌體主要界面受下部結構先遭破壞的岩石影響，在坡頂上出現的裂縫與鬆弛張開的現象常不規則，只是大體上有一走向範圍。

至於大規模崩塌之相關特徵，則是介於地滑與崩塌之間，其中與地滑的顯著差異在於它們的滑動速度，使得它們對保全對象的危害程度也有懸殊的不同。但侯進雄及費立沅（2013）認為大規模崩塌並非突然形成的，而是有一段長時間的孕育過程，在孕育期間滑動體以緩慢的速度向下坡滑動，此階段謂之「地滑」，當條件許可時即轉化為快速、長距離的移動而成為大規模崩塌。這表明，大規模崩塌亦屬地滑的一種類型，只是它是在既有的地滑地形或地表變形，以及具有可持續而快速滑動的自由面條件下，突然遭到特大外力（如地震、超大暴雨等）作用激發，繼而產生大規模土塊的快速滑崩現象，故日本亦有稱之為「崩塌型地滑」。因此，對於大規模崩塌潛感勢區的空間分布預測，可以通過對地滑地形或相關地表微變形程度予以精確地判釋，而這點認知對大規模崩塌的預警和防治是相當重要的。

總結以上的說明與分析，同時考量國內習慣用法，這裡將由重力作用為主的斜面塊體運動概分為：淺層崩塌（shallow landslide）、地滑（landslide）和大規模崩塌（large-scale landslide）等三大類型。其中，淺層崩塌（含落石、岩屑及岩體崩滑）係指在土壤覆蓋或風化嚴重岩層處的岩（土）體沿著坡面向下運動的現象，如圖5-5(a)所示；通常會發生在上層具有高滲透係數的土壤，而下層卻是低滲透係數的土壤地區，其深度多不超過5.0m（林信輝及林妍琇，2009；松浦純生，2014），不過Van Asch et al.（1999）調查降雨促發崩塌地發現，降雨導致表層土壤飽和而使抗剪強度下降，促發淺層崩塌深度多不超過2.0m。

地滑係指斜坡岩（土）塊在重力作用下沿著其內部的一個（或幾個）軟弱面（帶）發生剪切而產生整體性緩慢的下滑現象，而大規模崩塌（日本謂之深層崩塌）則是在地滑區域或潛在地滑區域內之全部或一部分岩（土）體遭特大外力作用而產生快速滑崩者，如圖5-5(b)所示。例如，1999年九份二山及草嶺大規模崩塌即屬地震所引發，而高雄小林村則為2009年莫拉克颱風特大豪雨所激發，它們共同的特徵是規模大、暴發突發、運移快速，且土體破壞範圍內皆屬裸露坡面，與傳統地滑或淺層崩塌現象完全不同。

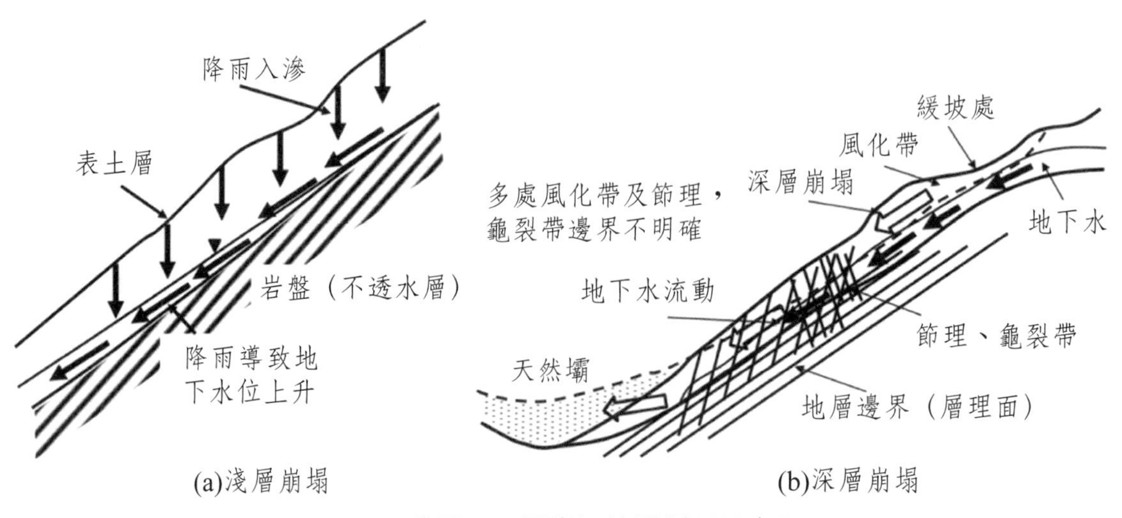

圖5-5　淺層及深層崩塌地層剖面示意圖

資料來源：地質情報ポータルサイト

5-2 地滑

當構成斜坡岩（土）塊在重力作用下失穩，並沿著其內部的一個（或幾個）軟弱面（帶）發生剪切而產生的整體性下滑現象，稱之爲地滑（landslide）；其下滑的土體，稱爲滑動體（landslide mass，main body）。地滑主要的運動特徵是滑移，而在滑移過程中，由於滑動體內各個塊體間作相對平行運動，塊體之間無明顯的撞擊和翻滾現象，故一般情況下滑動體仍能保持一個整體，但難免會發生不同程度的變形和解體，造成特殊的結構和外貌特徵，此爲地滑運動過程中各種特徵的整體表現。

臺灣本島在複雜的地質因素影響下，已存在多起地滑災害事件，其中以臺中市梨山地滑地爲臺灣地區最早實施全面性調查及防治之地滑地案例，如照片5-1所示。梨山地滑地位於臺中市和平區中橫公路（台8線）與宜蘭支線（台7甲線）交會處，於1990年4月間因連日之豪雨發生嚴重的地滑災害，造成台7甲線路基下陷，交通因而中斷，在地滑地上段冠部之台8線公路、梨山賓館等建築物均有嚴重下陷或龜裂的情形發生，滑動區界面積約達230ha，涵括了松茂地區、老部落地區及新佳陽地區等。

(a)梨山地滑地全景

照片5-1　梨山地滑地全景（王文能攝）

(b)梨山管理所活動中心

(c)多處路面沉陷龜裂

照片5-1　梨山地滑地全景（王文能攝）（續）

根據工研院能源與資源研究所（梨山地區地層滑動調查與整治方案規劃，1993）調查結果，推測梨山地滑地在過去曾發生過大規模的岩盤地滑，造成一馬蹄形陡坡（古滑落崖）下之凹地內，有一向北延伸出之平緩小山脊（古滑動體），形成凸狀台地地形之地滑地形。古滑動體的材料較周圍岩層破碎，易受地表水、地下水或降雨等所滲透而風化或黏土化，而發展成一系列十數個較小的滑動體，再度活動，形成現在之風化岩地滑，如圖5-6為地滑分區圖。各滑動體趾部附近，除了偶爾出現壓力裂縫外，地表並未見有明顯的上拱或隆起現象，表示其破壞面並非弧形，而是為一椅子形，且因位移量大於下陷量，故於後緣冠部易出現陷落型張力裂縫帶。本地滑地位於一易於匯集地表逕流之凹地形內，構成滑動體材料係以風化而破碎的板岩為主體，夾雜黏土質土壤，組織疏鬆，透水性極佳。滑動面多發育於地表下30～60m左右的風化岩層內。

隨著邊坡的滑動，滑動體頭部因受張力作用，裂縫較為發達，透水性亦較佳，及至趾部因受壓縮之故，透水性則較差，因此地下水體常易沿冠部張力裂縫帶、側邊裂縫（side crack）等分布，且地下水位變化較大。

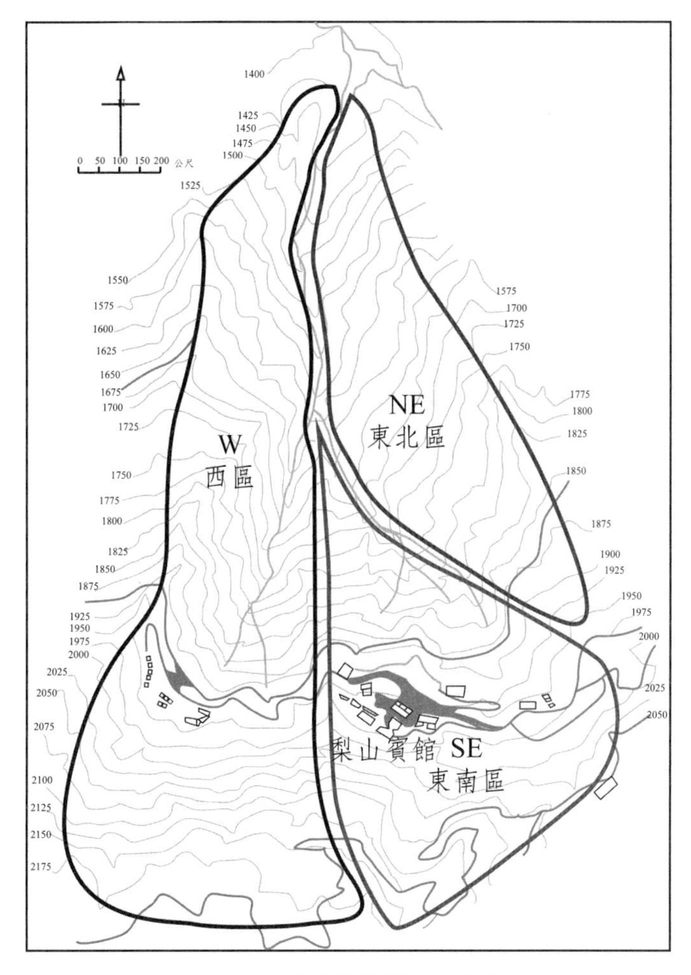

圖5-6　梨山地滑分區圖

資料來源：經濟部中央地質調查所，臺灣山崩災害專輯(一)，2000

5-2-1 地滑地形特徵

自然邊坡地滑地形具有各種各樣的形態，它是一個複雜的三維立體概念，如圖5-7爲一個發育完全的典型地滑地形。Bonzanigoet al.（2007）從地形學上將地滑地分成崩崖、滑動體、側翼及趾部等四個部位，惟滑動體與側翼皆屬地滑陷落區，因而這裡將它們合併，故地滑地主要包含崩崖（或滑落崖，landslide scarp）、陷落區（zone of depletion）及隆起區（zone of accumulation）等三大部分。

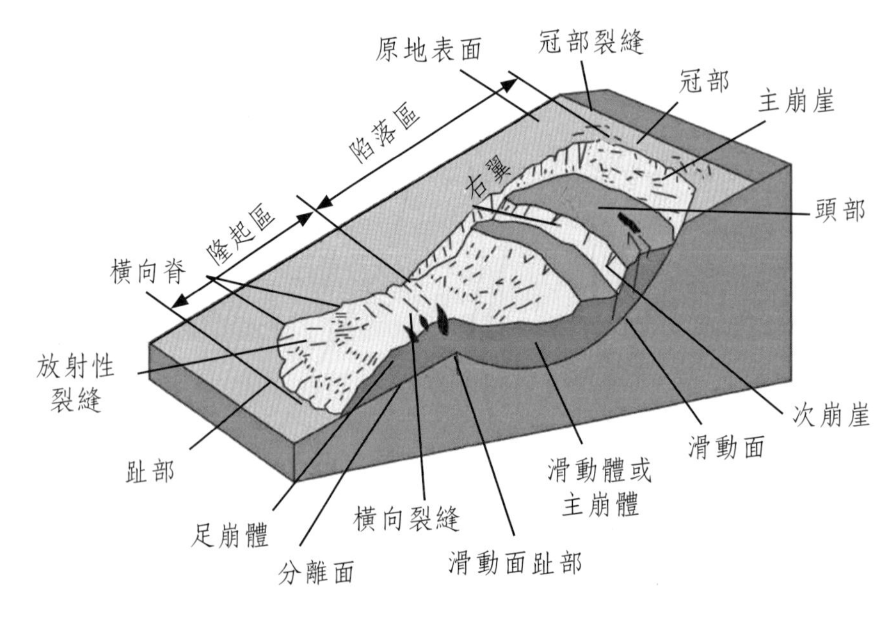

圖5-7　地滑微地形特徵示意圖

Source: Highland & Bobrowsky, 2008；鈴木隆介，2000

一、地滑地範圍

地滑土體與不動地面的交線，稱為地滑地範圍。它具有三種不同意涵，如圖5-8所示：①地滑發生區的區界；②滑離原始位置後的滑動土體，與不動地面間的邊界線；③包含滑動土體及地滑發生區的全部範圍，一般皆依此範圍界定地滑地範圍。地滑地範圍還可以細分為三部分，包括：1.地滑上段或後緣：指地滑地後緣冠部產生張力裂縫的區界，這是地滑地的最高點；2.崩崖外側：指地滑土體兩側的區界，以剪力作用為主，常有裂縫產生，稱為側邊裂縫（side crack），且與地滑土體間具有一定的高程落差，愈往下游落差愈小；3.地滑下段或前緣：指地滑土體最前端的周界。

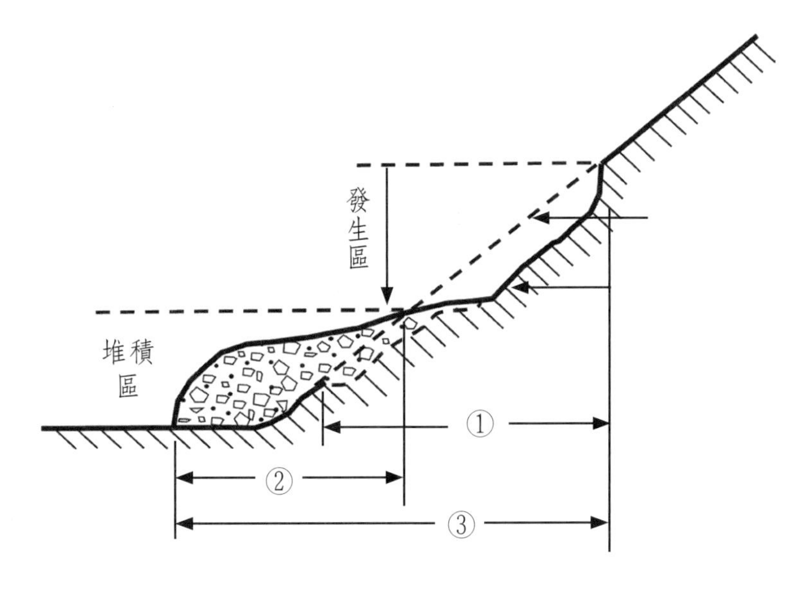

圖5-8　地滑區界示意圖

二、崩崖特徵

由於滑動速度的差異，滑動土體沿著滑動方向上常解體為數段，每段地滑土體的前緣都形成下錯台階，這些台階稱為崩崖或滑落崖（scarp）。其中，位於地滑地上段冠部（crown）的圓弧型崩崖，稱為主崩崖（main scarp），而位於陷落區的台階，稱為次崩崖（minor scarp）。主崩崖係地滑土體與地面不動土體脫離之後，在位於上段冠部處的不動土體，且暴露在外面的陡坡斜面而具有較大的落差，坡度一般介於60度至80度之間。主崩崖上如呈裸露者，即屬新的地滑地：反之，如植生已呈茂密狀，則可能為早期形成者，惟其坡面經雨水長期的侵蝕而產生一些小蝕溝。通常，一次地滑產生的崩崖高差可高達2～3m，甚至更高，倘若崩崖高差達10m以上，可以認定為將經年累月持續不斷滑落所致。此外，愈往下方，次崩崖的落差逐漸變小。

三、滑動土體特徵

地滑土體與底部不動部分之界面，稱為滑動面（surface of rupture），它是坡體沿一與外界貫通的剪切破壞面。滑動土體可概分兩大區塊，一是位於滑動面上的主崩體（main body），常呈階梯狀台地，坡度較原地表面來得緩和，屬於地滑地上的陷落區，外觀呈畚箕狀凹陷地形、植生林相改變，並與周圍林相不協調；另一是位於下段分離面上，常因滑動體擠壓作用而於縱剖面上形成丘狀隆起地形，在平面則呈舌狀形態，屬於地滑地上的隆起區，具有與滑動方向呈直交的橫斷裂縫（transverse crack），及在隆起部前端放射狀壓縮裂縫（radial crack）分布。

由於滑動土體的高程下降和水平方向的位移，在地滑土體與主崩崖間被拉開，或有次一級地滑土體沉陷而形成的封閉窪地，稱爲地滑窪地（landslide depression）。大型地滑地的窪地在滑動方向上的寬度可達數十公尺，甚至上百公尺。在地滑窪地，由於地下水常沿著地滑裂縫滲出或由於地下水通道改變，原含水層的水體由主崩崖滲出，並積水形成濕地或水池。

滑動土體表面參差不平，崎嶇粗糙，在高程上可能出現上凹、下凸的坡型，兩側可能有溝谷發育，並有雙溝同源的水系特徵（潘國樑，1999）。因此，地形圖等高線上具有以下的特徵：

(一) 滑動土體與周圍的地形相較之下，等高線顯得紊亂，不規則。

(二) 滑動土體因位移造成等高線錯移之波浪狀現象。

(三) 斜坡上下兩段等高線凹凸方向相反，並形成一台地狀緩坡。

(四) 滑動土體呈現多處凹凸不規則或錯動型態的台階狀地形，顯示此地滑經多次反覆活動。

(五) 周圍呈略高之崖狀，中央爲下凹之平緩斜坡，並可能有積水成池而成圈谷狀。

四、地滑下段或前緣隆起區特徵

位於地滑地下段或前緣具有舌狀形態，此爲地滑剪出口高於坡腳時經常會見到的形狀；當地滑土體從坡腳處或坡體前面的平坦地面剪出，且滑動距離不大時，常因土體擠壓作用而形成隆起的丘狀地形，其外圍前緣處稱爲趾部（toe）。地滑土體趾部常遭水流侵蝕或人爲整平，結果造成地滑地繼續下滑的現象。

5-2-2 地滑成因

地滑發生的環境條件有自然及人爲因素，亦可以劃分爲潛在及誘發條件，如圖5-9所示。潛在條件是斜坡本身具有的特徵，包括有利於地滑發生的地質及地形條件，對於每一個地滑地是不可或缺的，故具備了這些條件，斜坡上的岩（土）體就具備了地滑的潛勢；誘發條件是通過斜坡的內部特徵才能起作用的那些外在因素，包括水體、地震、加載等因素，促使潛在條件產生質和量的改變，導致下滑力與抗滑力互爲消長，從而促發斜坡岩（土）體的滑動，不過，地滑的發生並不需要滿足所有的誘發條件，而只要有其中的某一項或某幾項誘發條件激發潛在條件發揮作用，即可發生地滑，如圖5-9所示。（張展，1994）

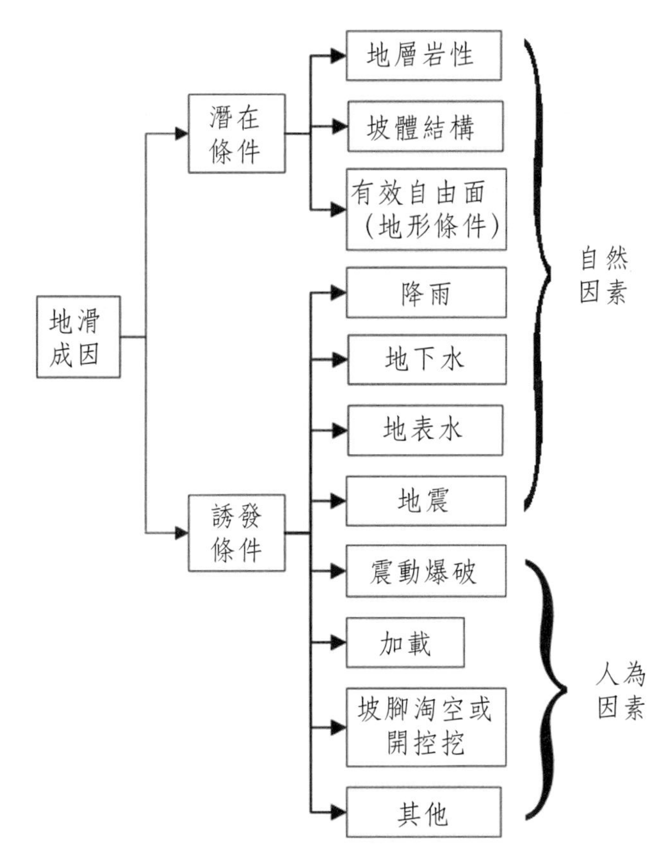

圖5-9　地滑成因的環境條件

5-2-2-1 潛在環境條件

一、地質條件

大量實際資料表明，地滑地分布具有很明顯的區域集中性，而這種集中特性又與某些地層的區域分布幾乎完全一致，故將這類地層稱爲易滑地層，如圖5-10爲易滑地層的地質柱狀圖。玉田文吾（1980）將易滑地層分爲三類，包括第三紀層地滑、崩積土地滑及岩盤內地滑；其中，第三紀層由崩積土與泥岩間夾雜高度風化的泥岩，成爲主要的滑動面；崩積土地滑主要發生由各種細顆粒沉積物組成的坡面上，而岩盤內地滑則以砂岩、頁岩、泥岩互層爲主，同時存在各種軟弱結構面，包括斷層面、岩層面、節理面及不整合面等。

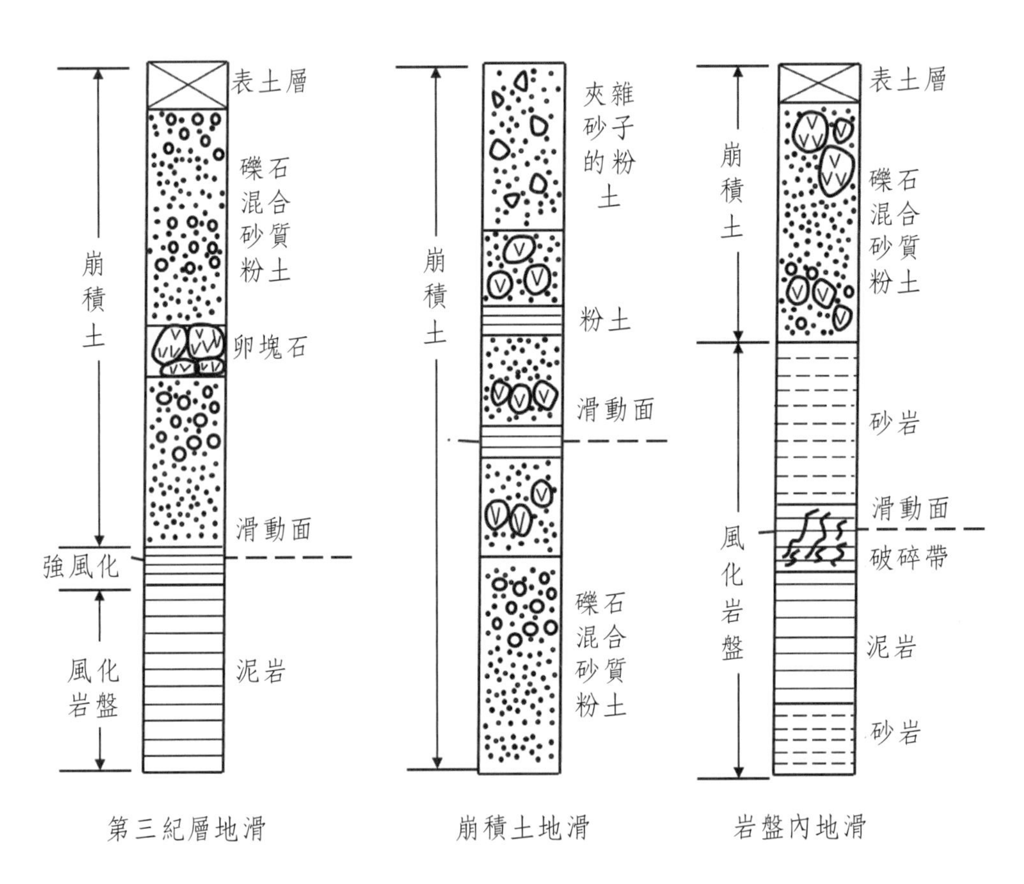

圖5-10　各類型地滑地質柱狀模型

資料來源：玉田文吾，1980

唐邦興等（1994）認爲理想易滑地層剖面，包括本地地層（原地層）和外來地層兩大類，如圖5-11所示。其中，本地地層包括殘積層、易滑基本地層及基岩等；外來地層包括了坡積層和沖積層、洪積層。在理想的易滑地層剖面中，其可能發生滑動破壞的位置包括：1.沖（洪）積層沿著與坡積層的界面滑動；2.坡積層內部發生滑動；3.坡積層沿著與殘積層的界面滑動；4.殘積層沿著與基本易滑地層界面滑動；5.易滑地層內部產生順向坡滑動；6.易滑地層內部產生剪切滑動；及7.易滑地層沿著與基岩的界面滑動等。在實際的剖面中可能缺少其中的某一層或幾層。在這種情況下，地滑同樣可以在不同岩性、不同堆積界面上發生。

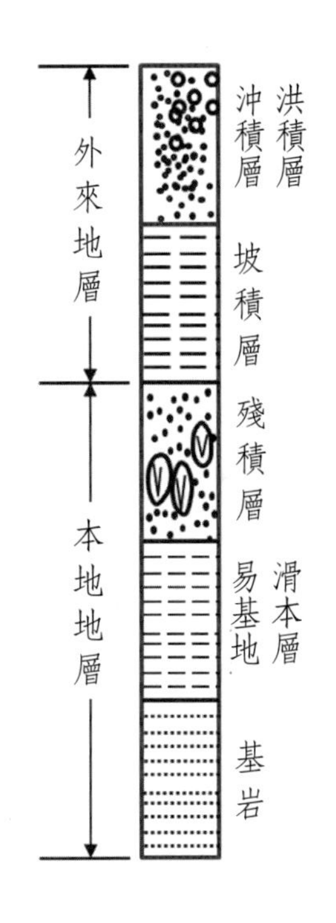

圖5-11　易滑地層的理想剖面示意圖

資料來源：唐邦興等，1994

易滑地層之所以容易產生地滑，決定因素是其岩性條件。易滑地層係由黏土（clay）、泥岩（mudstone）、頁岩（shale）、泥灰岩（marl）及變質岩（metamorphic），如片岩（schist）、板岩（slate）、千枚岩（phyllite）等所組成，或由上述軟岩與一些硬岩互層組成，或由某些質地軟弱、易風化成泥的岩漿岩（如凝灰岩）組成。因此，易滑地層的岩性組成具有如下特點：

(一) 決定這些地層易滑性質的主要方面是其中的軟弱岩層，因其抗風化性能差，風化產物中含有較多的黏土、泥質顆粒。如頁岩黏粒含量可達30%，甚至在泥岩中可超過50%以上。易滑地層中富含黏土礦物，故具有很高的親水性、脹縮性、崩解性等特徵。

(二) 這些地層的軟岩及其風化產物，一般抗剪性能較差，遇水侵潤後即產生表層軟化和泥化。

(三) 由於岩性、顆粒成分和礦物成分的差異，導致了水文地質性能的差異。細顆粒的泥質—黏土質軟層既是吸水層，又是相對隔水層。

(四) 黏土成分的高脹縮性，使岩土在乾濕交替情況下，裂縫迅速發生並擴大，各種地表水很容易順此進入坡體，有利於地滑的發育。

二、坡體結構條件

作爲發育地滑的背景條件，坡體結構條件與地滑的關係主要表現在區域性剪裂帶的分布。剪裂帶（fault shearing zone）係指由多條同時發生、延伸方向基本一致（指主要斷層）的斷層組成的帶狀。地層岩體經斷層作用而形成的線狀破碎帶，稱爲斷層破碎帶，其寬度由數公尺至數十公尺不等，與斷層規模有關。剪裂構造對地滑的形成及分布有著明顯的影響，並起著一定的控制作用。剪裂帶在地表往往呈帶狀展布，其通過區域地殼受到構造應力的作用而發生破裂，岩體之間發生擠壓，變得十分破碎，軟弱結構面發育，岩石破碎，斷層及裂隙發育，有利於加速風化進程，形成帶狀風化，也利於地下水的匯集，其結果是殘積、坡崩積碎石土層增厚，一般都有數十公尺，甚至達到百公尺以上，此即爲剪裂帶內利於地滑地發育的原因所在。

三、地形和有效自由面條件

(一) 地形條件

1. 坡度：地滑發生的有利地形是山區，凡有斜坡的地方就有可能產生地滑。25～45度的斜坡發生地滑的可能性最大；45度以上的斜坡發生地滑的可能性相對較低，多爲岩（土）體的崩塌。根據地滑所處斜坡坡度特徵，可將斜坡分爲三級：（張展，1994）

(1) 地滑少發地形，斜坡坡度小於10度。此種坡度的斜坡一般不會產生地滑，但在特殊情況下也可能產生。如斜坡爲鬆散的黏性土，在綿雨、久雨的作用下，土壤中孔隙被水充滿，使可能滑動的滑移面上內摩擦角降低到10度以下，此時這個斜坡就有可能發生地滑。不過，滑動速度很慢，滑動的規模也很小。

(2) 地滑多發地形，斜坡坡度10～20度。據前面的統計分析，斜坡坡度在10度以上就有少量的地滑發生，到17度左右就有顯著的增多，到20度左右是個突變點，地滑數量急遽增多，分析其原因是受不連續結構面上的強度控制。據中生代岩層層面的強度試驗和崩積碎土石天然狀態的強度試驗，剪切面上的內摩擦角約介於18～20度之間，所以在20度以下的斜坡上有地滑發生，但是不很多。

(3) 地滑易發地形，斜坡坡度大於20度。大於20度的斜坡角度範圍似乎太大，應該再予以細分。但是經野外實地測量和室內地形圖量測，自然界斜坡的平均坡度大多在40度以下，同時20～30度間的斜坡是地滑分布的高密集區，而30度以上的斜坡，地滑分布就逐漸減少；隨著坡度的增加發生，地滑的可能性降低，而發生崩塌的可能性卻是增加的。

2. 坡形：自然界的斜坡形態多種多樣，可從以下兩方面分析。

(1) 橫向斜坡型態：斜坡橫向上（與斜坡面垂直方向）有凸型坡、凹型坡和順直坡等類型。其中，凸型坡較陡峭，利於崩塌、地滑的發育；凹型坡大多是古崩積層或老地滑地崩崖，利於地表水（地下水）的匯集，可能誘發老地滑地的復活；順直坡一般說來是較穩定的。

(2) 縱向斜坡型態：斜坡縱向上（順著斜坡面方向）可分爲線狀陡坡型、階梯狀陡坡型、緩坡—陡坡型和陡坡—緩坡型等四種型態。其中，階梯狀陡坡型和緩坡—陡坡型兩種斜坡是有利於地滑地的發育，緩坡—陡坡型還利於崩塌的發生。許多坑溝源頭地形也屬緩坡—陡坡型，由於強烈的溝頭溯源侵蝕作用，使其地形極容易產生地滑。陡坡—緩坡型是河流寬谷段典型的斜坡形態，一般不會有大規模的崩塌及地滑發生。線狀陡坡型通常不會發生地滑和崩塌。應注意的是，當橫向凸型坡與縱向緩坡—陡坡型構成的坡形，則是地滑發生的最佳坡形。

(二) 有效潛在自由面條件

促發地滑的必要空間條件，是滑動體下邊坡要有足夠讓潛在滑動面得以暴露或剪出的坡面，稱爲有效潛在自由面，否則即使存在自由面，但軟弱結構面沒有暴露出或坡體無法剪出，也就不可能促發地滑。一般形成有效自由面的基本條件，包括：

1. 自由面與滑動面的傾斜方向一致或接近一致。

2. 坡體軟弱結構面暴露在自由面的某個高度上。

河道及坑溝的沖刷下切作用是造成有效潛在自由面的主要因素。許多地滑地都發生在河道或坑溝兩岸陡峭的斜坡上，地滑剪出口往往與地滑發生時的河道、坑溝侵蝕基準面接近，就是河道及坑溝提供有效潛在自由面的良好例證。隨著人類工程活動的迅速發展，大量的深開挖工程與河道坑溝沖刷下切作用相類似，爲地滑的發生提供了有效潛在自由面。

5-2-2-2 地滑成因的誘發條件

圖5-9舉出了一些發生地滑的誘發條件。這些誘發因素依增大下滑力和減小抗滑力劃分爲兩大類，則能夠誘發地滑的作用機理可以歸納爲下列8種：1.減小抗剪強度；2.削弱下邊坡抗滑力；3.破壞坡體完整性（增大、擴大節理裂隙）；4.增大坡體載重；5.增大孔隙水壓力；6.增大靜水壓力；7.增大動水壓力；8.增大對地滑的頂托力，如表5-4所示。

表5-4　地滑誘發因素及作用機理

誘發因素	主要作用機理			
	增大下滑力		減小抗滑力	
	直接作用	間接作用	直接作用	間接作用
地下水	增加坡體重量	～	～	減小滑動面抗剪強度
地表水入滲	增加坡體重量	～	減小滑動面抗剪強度	～
震動	增加沿著滑動面方向的分力	～	～	破壞坡體完整性
暴雨	～	增大動、靜水壓力及坡體重量	～	～
坡腳淘空或開挖	～	破壞坡體完整性	削弱下邊坡抗滑能力	～
加載	增大坡體載重	～	～	～
坡前水位上升	～	增大對滑動體的上揚力	～	減小滑動面的抗剪強度

誘發因素	主要作用機理			
	增大下滑力		減小抗滑力	
	直接作用	間接作用	直接作用	間接作用
坡前水位突降	增大動水壓力	～	～	～
風化作用	～	減小滑動面抗剪強度	破壞坡體完整性，增大孔隙水壓	～

一、有一部分誘發因素對發生地滑有直接的作用，如地下水。還有更多的誘發因素對於地滑的發生只起著間接作用，例如降水、各種坡面上的地表水體及地震等；其中，因地震引發大規模地滑案例首推草嶺山崩。雲林縣草嶺山崩是臺灣有記錄以來最大且重複發生頻度最高的山崩。此地最早山崩據傳是發生於民國前50年（1862年）的地震（1862年6月6日）引起的，惜未留下記錄；第二次山崩是發生於民國30年12月17日嘉義大地震所引起，此次山崩下滑土石體積量約為1億至1.5億立方公尺；第三次山崩是發生於民國31年8月10日的一場豪雨，將上一年地震造成之鬆動土石推動下滑造成，下滑體積約為1.5億至2億立方公尺；第四次山崩發生於民國68年8月15日的豪雨造成，下滑量約為5百萬立方公尺。最近的一次山崩是由1999年9月21日集集大地震所誘發，下滑量約為1.2億立方公尺，並造成36人死亡。

二、有些誘發因素對於地滑的作用機理不止一種效應，可能具有兩種或兩種以上的複合效應。例如，坡腳處的下切作用或人為的深開挖工程，不僅削弱了下邊坡的抗滑力，而且增大了地下水的水力坡度，加大了動水壓力，甚至促進了坡體的開裂，破壞了坡體的完整性，進而為物理風化，化學風化，以及各種地表水體的下滲都有著加速的作用。

三、有些誘發因素只有在特定的條件下才有利於地滑的發生，另一些條件下並不利於地滑的發生，甚至還有相反的作用，即促進了斜坡向穩定方向轉移。例如，地震力的作用所產生的瞬間應力，可使坡體結構產生破壞和變形，這是地震力的作用方向與坡向接近一致時的表現；地震力的另一部分作用恰恰相反，有利於坡體穩定。又，森林對於地滑的發生也有兩種相反的作用；有利於斜坡穩定的作用是其根系盤結層內的表土結構強度大為提高；而不利的因素就更多一些，如林木本身重量，傳遞給坡體上風荷載，樹根對岩體的機械分裂作用和化學侵蝕等。事實上，颱風降雨過程許多發生在林區表層地滑的滑動面，都是根系盤結層的底面發育的。

5-2-3 地滑地發育方式

潘國樑（1999）依照力學性質指出，地滑發育可分為牽引式地滑及推移式地滑的發育方式。

一、牽引式地滑

當斜坡土體滑動面傾角相對較均勻、平緩，或前緣自由面條件較佳（如斜坡土體前緣為一陡坎），或前緣趾部受流水沖刷淘蝕、水庫水位變動、坡腳被人為移除等因素影響時，在重力作用下坡體變形滑動往往從前緣（下部）發生，使上部失去支撐而變形滑動，其滑動面係沿這滑動方向的反方向延伸，具有這種滑動特性者謂之牽引式地滑（retrogressive-type landslide）。前緣岩（土）體發生局部垮塌或滑移變形後，形成新的自由面，使上部失去支撐而由此導致緊鄰前緣的岩（土）體又發生局部垮塌或滑移變形，依此類推。在宏觀上表現出從前緣向冠部擴展的漸進後退滑動模式；這種類型的滑動速度比較緩慢，多具上小下大的塔式外貌，橫向張力裂縫發育，表面多呈台階狀，如圖5-12所示。

二、推移式地滑

推移式地滑（advancing-type landslide）的滑動係上段岩層滑動，擠壓中、下段產生變形，其滑動面沿著滑動方向延伸；促使斜坡變形破壞的作用力來源，主要來自於邊坡上部不恰當的負載（如建築、棄碴、填土等）或其他自然因素作用下，邊坡的上段因變形而發生滑移，如圖5-13所示。因此，在坡體變形過程中，其上段冠部（後緣）因存在較大的下滑推力而首先發生拉裂和滑動變形，並產生拉張裂縫。隨著時間的延續，上段冠部岩（土）體的變形不斷向下和兩側（平面）以及坡體內部（剖面）發展，變形量級也不斷增大，並推擠中、下段下邊坡的岩（土）體產生變形。這種滑移型態速度一般較快，滑動體表面波狀起伏，多見於有堆積物分布的斜坡地段。

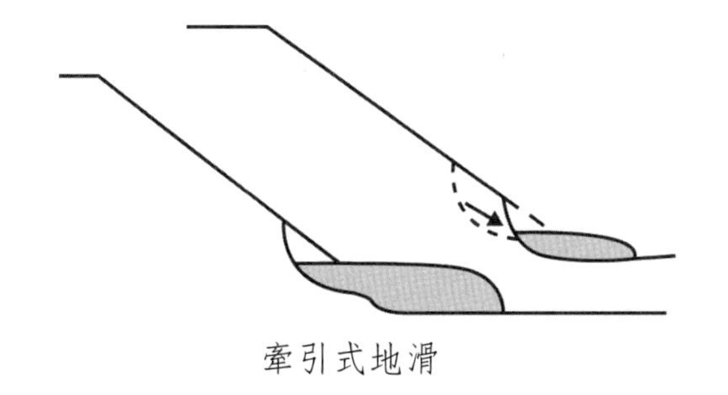

圖5-12　牽引式地滑示意圖

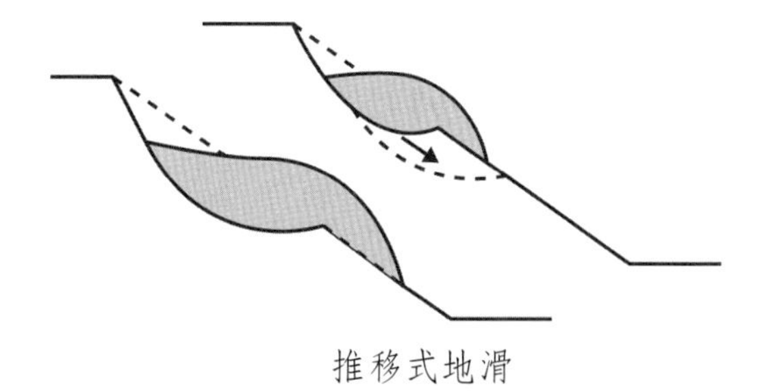

圖5-13　推移式地滑示意圖

source: Cooper, R.G. , 2007

5-2-4 地滑滑動面常見形式

以滑動面形態劃分可分爲圓弧形、平面形、階梯形、連續曲面形和楔形等五種類型。（曾裕平，2009）

一、圓弧形滑動面：一個典型的圓弧形或旋轉形地滑地滑動面呈弧形，凹口向上如碗狀，爲坡體中最大剪應力面。地滑土體受重力的作用，在坡腳附近出現剪應力集中，當剪應力超過土體的抗剪強度時，即可能造成該部位岩（土）體剪切滑動。與此同時，坡體自我應力調整使得上段冠部（即坡頂）出現拉張應力而產生拉張裂縫。隨著時間的延續，冠部拉張裂縫不斷向坡體深部發展，而坡腳的剪切滑動範圍也不斷向上游側擴大，一旦兩者呈近似圓弧型曲面貫通，地滑隨即發生。圓弧形地滑多出現在相對均質的土質邊坡和強烈風化的破碎岩石斜坡上，如土壤、填土或非常破碎的岩層，如圖5-14所示。

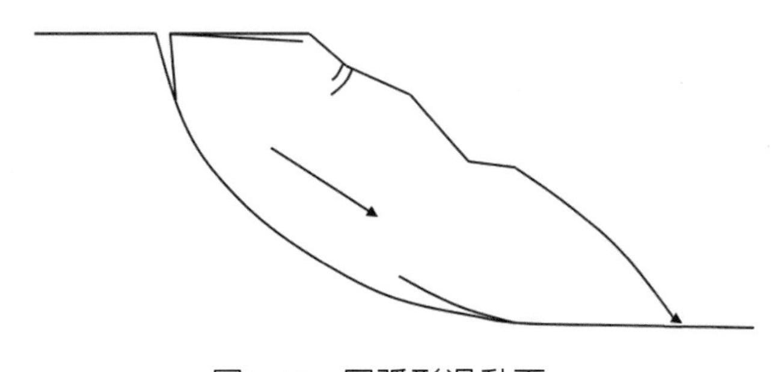

圖5-14　圓弧形滑動面

二、平面形滑動面：滑動面爲一平直面，它多沿著岩層層面（尤其是砂岩在上、頁岩在下的界面）或其他不連續面滑動，如節理面、斷層面或土壤與岩盤的界面等，如圖5-15所示。

(一) 鬆散堆積物（包括坡積、崩積、洪積物及人工堆積物）沿下伏平直的堆積面滑動，如圖5-15(a)所示。

(二) 較堅硬的岩層（如砂岩、石灰岩等）或互層岩層沿下伏軟弱岩層（如泥岩、頁岩、泥灰岩等）或層間軟弱帶滑動，如圖5-15(b)所示。

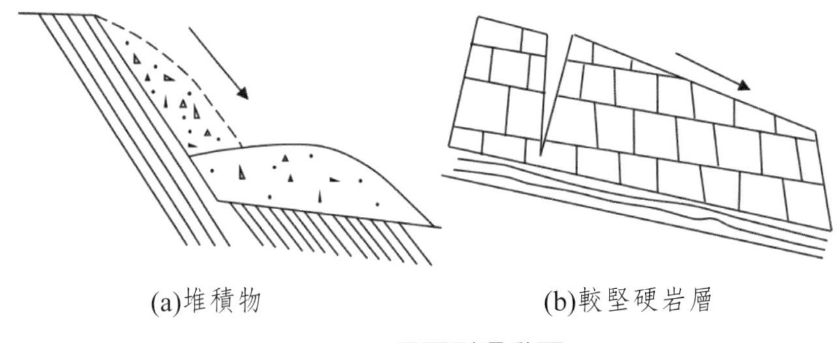

圖5-15　平面形滑動面

三、階梯形滑動面：滑動面爲若干個平直面的組合而成。它可以是基岩頂面的剝蝕面、不同成因或成分的堆積面，也可以是基岩中層面或構造結構面的組合面，如圖5-16所示。

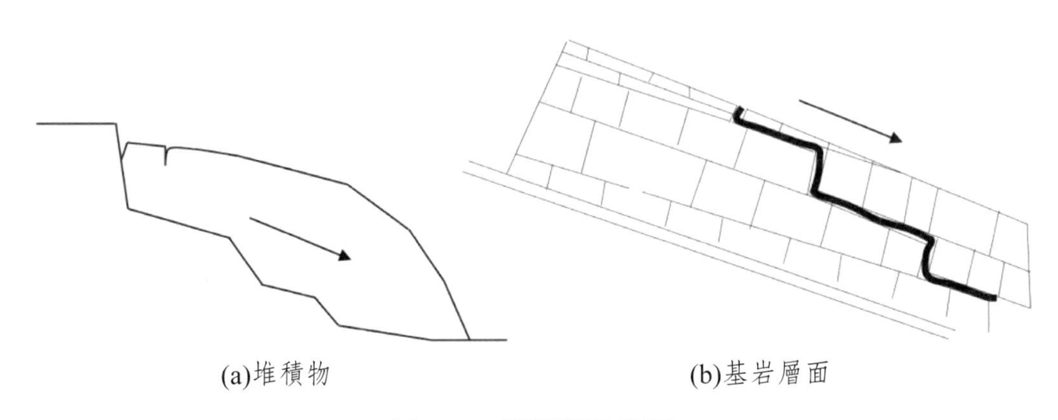

圖5-16　階梯形滑動面

四、連續曲面形滑動面：滑動面爲傾向溝谷等自由面的上陡下緩逐漸變化的軟弱岩層或層間錯動，常常是向斜的一翼，形成大型或特大型岩石順向坡地滑，如圖5-17所示。由於上陡下緩的坡體結構，山坡上部對下部存在巨大的推力，一旦坡腳穩固條件被破壞，就會形成大規模的順向坡地滑。

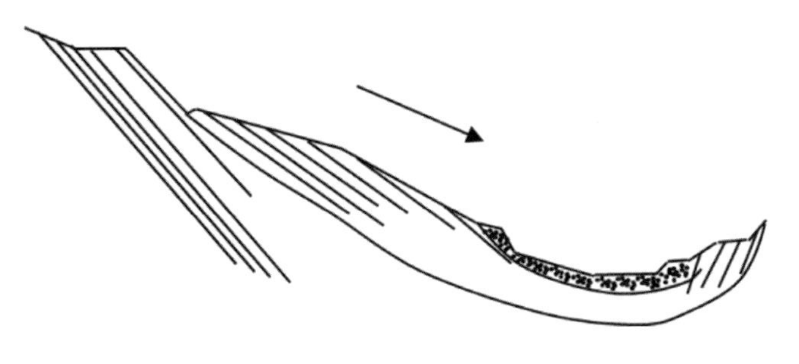

圖5-17　連續曲面形滑動面

五、楔形滑動面：岩體由於受層面與節理、節理與節理或斷層與節理等的切割，兩組切割面形成楔型，岩體沿著楔型面雙面滑動，如圖5-18所示。圖中，滑動體沿著A和B兩組切割節理向自由面方向滑動。

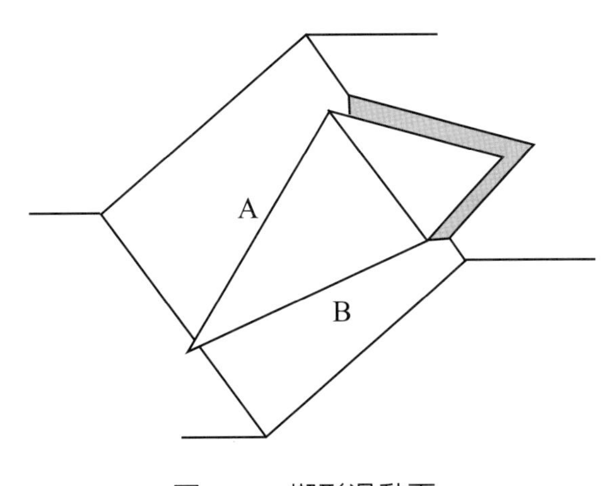

圖5-18　楔形滑動面

事實上，自然界很少存在單一型式的滑動面，同一個滑動體可能主要的滑動爲弧型滑動，但到前半部則可能轉爲平面型式，或者後半部爲平面型滑動，到了前半部就轉爲弧型滑動。

5-2-5 地滑地表觀變形跡象與特徵

5-2-5-1 地滑裂縫的形成

地滑土體在激烈滑動之前，會在地表上產生一系列的裂縫，它們係反映了下滑力與抗滑力的消長關係。坡體應力在隨時間不斷地變化和調整過程中，於不同部位產生不同性質的作用力（拉、壓、剪等），並由此在相應部位產生與作用力性質相對應的變形，形成不同性質的裂縫。根據相應部位的受力狀況，地滑裂縫可以劃分爲以下四種類型。（曾裕平，2009）

一、上段後緣冠部張力裂縫

在地滑變形發展過程中，地滑土體的後緣冠部受拉而產生一系列的張力裂縫，其中一條與主崩崖相吻合，稱爲主裂縫；部分較小型的拉張裂縫，則分布在地滑土體之外有一定距離的地方。土質地滑地和岩質地滑地的後緣張力裂縫在發生崩滑前的尺度，具有顯著的差異，前者後緣張力裂縫一般可達十數公尺，而後者後緣張力裂縫往往在十數釐米時就可能下滑，並且坡度愈陡，後緣張力裂縫下滑臨界寬度愈小。

隨著變形的不斷發展，後緣張力裂縫一般會逐漸變寬、下錯、相互貫通，並形成下錯台階。後緣張力裂縫是定性判定斜坡所處演化階段和穩定性的重要標誌。由於張力裂縫的寬度與地滑規模、水平位移、滑動面傾角有關。通常滑動規模大，水平位移距離長，滑動面傾角較緩者，其拉張裂縫寬度較大。因此，其寬度及發展變化情況往往是地滑監測和預警的重要指標。圖5-19和5-20是兩類不同運動模式地滑地後緣張力裂縫的發育模型。

(一) 圖5-19爲鬆散土質地滑地在滑動土體下滑力作用下，後緣張力裂縫逐漸變化擴展的情況。在初期變形時張力裂縫的長度、寬度和深度都較小，主要爲斷續分布的多條小裂縫；隨著變形的發展，各斷續狀的小裂縫相護連接，張力裂縫長度橫向變長，同時由於坡體前移，裂縫寬度加大，深度加深；當變形持續進行，張力裂縫規模不斷增大，且速率增大呈加速上升趨勢，直至最後整體失穩破壞後，在張力裂縫部位形成主崩崖。

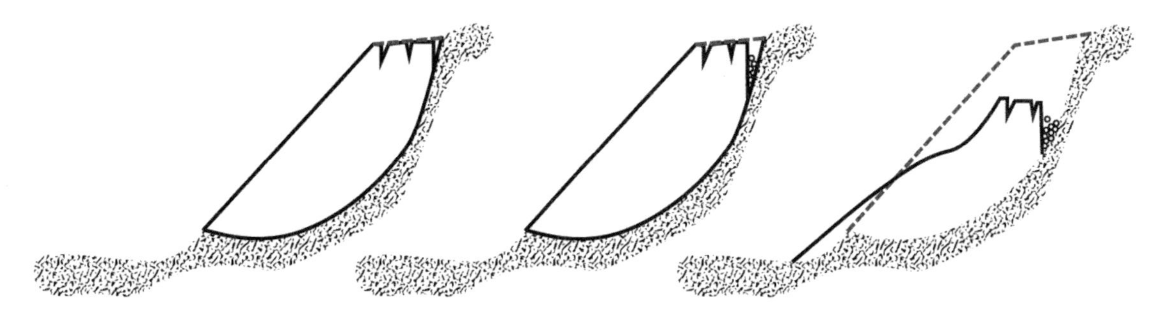

圖5-19　推移式地滑張力裂縫變化模型

(二) 圖5-20是滑動面爲直線形的平推式地滑，多發生於較小的傾角，往往不會大於10度，甚至爲反傾坡。此類地滑爲平直的順向坡岩質地滑，通常是因爲坡體後緣部位存在貫通性裂縫，在暴雨期間，大量雨水進入裂縫，使縫內水位急聚升高，形成較大的側向靜水壓力。同時，裂縫內的水進入滑動土體底部，產生垂直於滑動面的上揚力。當裂縫內水位上升到某一臨界高度時，滑動土體在後緣側向靜水壓力和底部上揚壓力的共同作用下，快速起動並向自由面方向推出。水頭因後緣張力裂縫拉開而迅速降低，後緣側向推力迅速減弱，滑動土體很快停止運移，同時留下後緣很大的張力裂縫槽溝。隨著時間的延續，後緣張力裂縫兩側坡體將產生局部垮塌，並堆積於張力裂縫槽溝內，使其逐漸被塡充變淺。

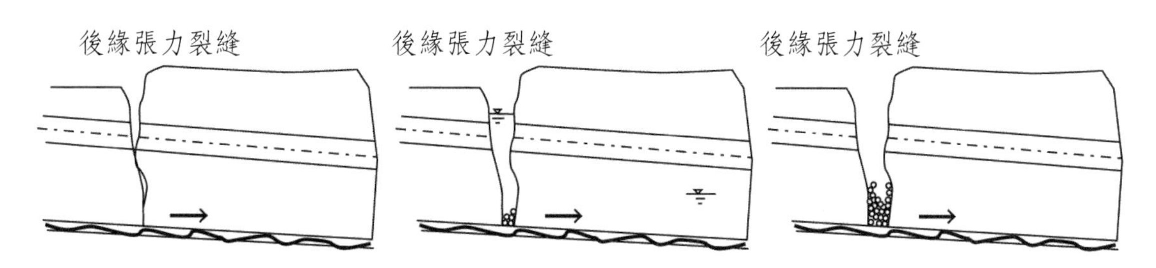

圖5-20　平推式地滑張力裂縫變化模型

二、側邊裂縫（side crack）

當地滑地變形到一定程度並產生整體性的滑動時，側緣邊界受到剪應力的作用而形成剪張裂縫。側邊剪張裂縫開始表現爲斷續的羽狀（雁行狀）排列，隨著變形的發展，這些雁列狀裂縫進一步擴展、張開，同時滑動土體也在逐漸下錯。一般情況下，在地滑中段、上段兩側都可能出現拉張裂縫和壓力裂縫，最終發育成地滑土體的側邊剪張裂縫。

三、前緣隆脹裂縫

當地滑累積變形很大時，後緣及中部滑動土體向下推擠作用，使前緣發生移動。若地滑前緣不具良好的自由面條件或受其他因素的阻擋，則前緣土體將向上隆起，並由此形成橫向張力裂縫和縱向放射狀裂縫。反之，如果地滑地前緣具有較好的自由面條件，當變形發展到前緣時，滑動土體可直接從剪出口向外滑移，不會形成前緣隆脹裂縫，如圖5-21所示。

(一) 橫向裂縫（transverse crack）：地滑土體在下滑過程中，如果土體於下段受阻或上段滑動速度較快，其下段則發生向上鼓起並開裂，形成橫向弧形裂縫。這些拉張裂縫大體上垂直於地滑土體的滑動方向，但兩頭尖端的彎曲方向恰與拉張裂縫相反，向地滑上段彎曲，有時交互排列成網狀。

(二) 放射狀裂縫（radial cracks）：因地滑下段滑離原位後，在兩側沒有限制的情況下地滑土體向兩側自由擴散而形成的。在地滑中軸部位，這些裂縫方向與滑動方向平行，在滑坡下段呈放射狀分布。

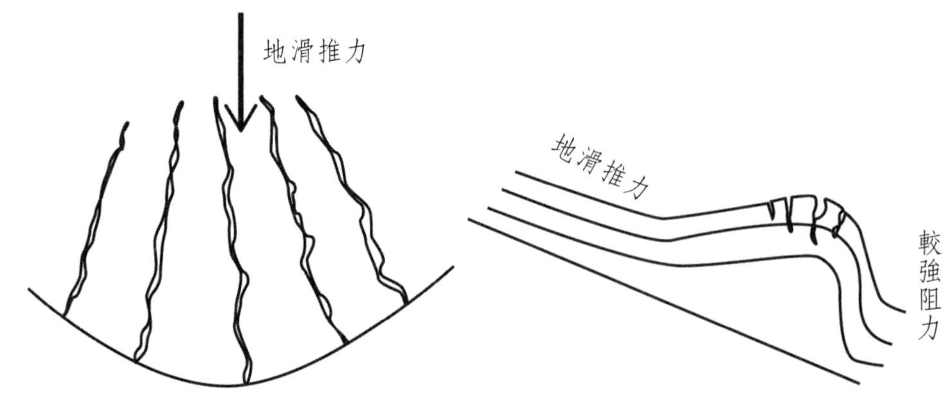

圖5-21　地滑地前緣隆脹裂縫

5-2-5-2 地滑裂縫形成特徵

斜坡在整體失穩之前，一般要經歷一個較長的變形發展演化過程。大量的地滑實例表明，不同成因類型的地滑，在不同變形階段會在地滑土體不同部位產生拉應力、壓應力、剪應力等的局部應力集中，並在相應部位產生與其力學性質對應的裂縫。這表明，裂縫的產生、發展不是隨機散亂的，它出現的順序、位置及規模具有一定的規律，與坡體地滑的受力和演化階段息息相關。

茲分別就推移式及牽引式的地滑運動類型，說明其裂縫形成的特性。

一、推移式地滑

(一) 後緣冠部拉張裂縫：斜坡在重力或外營力作用下，穩定性逐漸降低。當穩定性降低到一定程度後，坡體開始出現變形。推移式地滑的中上段滑動面傾角往往較陡，滑動土體所產生的下滑力往往遠大於相應段滑動面所能提供的抗滑力，由此在坡體中下段產生下滑推力，並形成上段後緣冠部拉張應力區。因此，推移式地滑的變形一般首先出現在坡體上段，且主要表現爲沿滑動面的下滑變形。下滑變形的水平分量使坡體上段出現基本平行於坡體走向的拉張裂縫，而垂直分量則使坡體上段岩（土）體產生下陷變形。隨著變形的不斷發展，一方面拉張裂縫數量增多，分布範圍增大；另一方面，各個裂縫長度不斷延伸增長，寬度和深度加大，並在地表相互連接，形成坡體上段的弧形拉張裂縫。在拉張變形發展的同時，下陷變形也在同步進行，當變形達到一定程度後，在地滑土體上段往往會形成多級弧形拉張裂縫和下錯台階，在地貌上表現爲多級崩崖，如圖5-22所示。從地表地形來看，地滑中上段主要表現爲拉裂和下陷的變形破壞跡象。

(二) 中段側邊剪張裂縫：地滑土體上段發生下滑變形並逐漸向前滑移的過程中，隨著變形量級的增大，上段滑移變形及所產生的推力將逐漸傳遞到坡體中段，並推動滑動土體中段向前產生滑移變形。在此過程中，中段滑動土體將在其兩側邊界出現剪應力集中現象，由此形成剪切錯動帶，產生側邊剪張裂縫，如圖5-22所示。隨著中段滑動體不斷向前滑移，側邊剪張裂縫呈雁行排列的方式不斷向前擴展、延伸，直至坡體下段。一般條件下，側邊剪張裂縫往往在滑動體的兩側同步對稱出現。惟如果滑動體滑動過程中具有一定的旋轉性，或坡體各部位滑移速率不均衡，也會在滑動體一側先產生，然後再於另一側出現。

(三) 下段隆脹裂縫：如果地滑土體下段自由面條件不夠好，或滑動面在下段具有較長的平緩段甚至逆坡段，滑動體在由上向下的滑移過程中，將會受到下段抗滑段的阻擋，並在阻擋部位產生壓應力集中現象。隨著滑移變形量不斷增大，其推力不斷向前緣傳遞，無法繼續前行的岩（土）體只能以隆脹的形式平衡不斷從後面傳來的推力，並由此在坡體下段產生隆起區。隆起區的岩（土）體在縱向（沿滑動方向）受中後段推擠力的作用產生放射形縱向隆脹裂縫，而在橫向上岩（土）體因彎曲變形而形成橫向隆脹裂縫，如圖5-22所示。

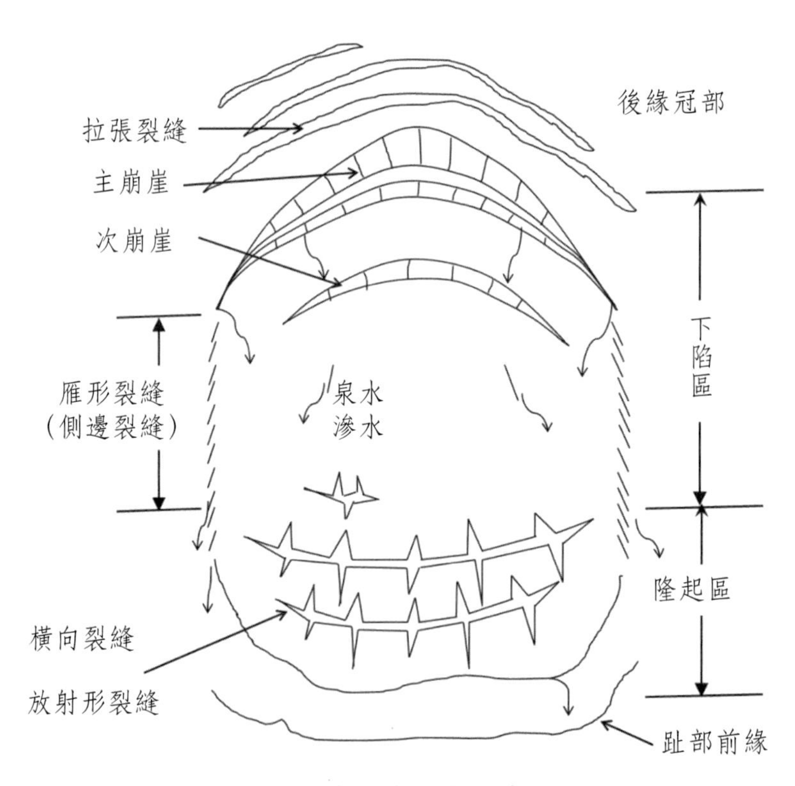

圖5-22　推移式地滑裂縫

資料來源：潘國樑，1999

當上述各種裂縫陸續出現時，表明坡體滑動面已基本貫通，坡體整體失穩破壞的條件已經具備，地滑即將發生。

二、牽引式地滑

(一) 下段及自由面附近拉張裂縫：當坡體下段自由面條件較好，尤其是坡腳受水流（水庫）侵蝕、人工開挖切腳等因素的影響時，在坡體下段坡頂部位出現拉應力集中，並產生向自由面方向的拉裂—錯落變形，出現橫向拉張裂縫。

(二) 下段前緣局部塌滑、裂縫向後擴展：隨著變形的不斷增加，下段裂縫不斷增長、加寬、加深，形成下段次級滑動土塊，如圖5-21所示。隨著下段次級滑動土塊不斷向前滑移，逐漸脫離母體，為其岩（土）體的變形提供新的自由面條件。緊鄰該滑動土塊的坡體失去下段岩（土）體的支撐，逐漸產生新的變形，形成拉張裂縫，並向後擴展，形成第二個次級滑動土塊，依此類推，逐漸形成從前至後的多級弧形拉張裂縫、下錯台階和多級滑動土塊。

當坡體由下往上的滑移變形擴展到一定部位時，受斜坡體地質結構和物質組成等因素的限制，變形將停止向後的繼續擴展，進一步的變形主要表現為呈疊瓦式向前滑移，直至最後的整體失穩破壞。當然，如果整個坡體的坡度較大，或岩（土）體力學參數較低，坡體穩定性較差時，也有可能出現從下向上各次級滑動土塊各自依次獨立滑動，而不一定以整體滑動的形式出現。

大量的地滑實例表明，當地滑進入加速變形階段後，各類裂縫便會逐漸相互互連接、貫通。但是，斜坡的變形破壞機制和過程非常複雜，各個地滑的特性明顯，在實際的變形過程中，推移式和牽引式地滑往往存在時間和空間上的轉換，在不同時間段和不同空間部位的地滑裂縫體系可能會有所變化。

5-2-5-3 地滑體上構造物變形

在地滑體上或其附近的構造物或建築物，如房屋、擋土牆、道路等，由於剛性和脆性的特徵，在地滑變形過程中往往較岩（土）體更容易產生明顯的變形和可見的裂縫。在不穩定邊坡上修建的住房可能會遭受局部或完全破壞，因為地滑會使房屋的地基、牆面、周圍設施、地上和地下設施等失穩或破壞；同時，地滑對某些線狀設施（如污水管、水管、電線管，以及道路等）的破壞，可能會造成一定損害。因此，從其外觀準確識別其特徵，有助於地滑地變形類型及程度之判定。

一、牽引式地滑滑動體剪出口前緣的構造物會被推擠而發生外鼓、彎曲變形。

二、推移式地滑滑動土體中、前緣構造物會被推擠而產生外鼓、外傾變形。

三、當構造物下方土體發生滑動時，構造物會發生開裂，產生裂縫。依據裂縫得形態可以判斷構造物下方土體的滑動類型：

(一) 當位於後緣冠部的牆面裂縫總體傾向坡內時，表坡體滑動屬於推移式地滑，而位於中、前部擋土牆則發生向坡下傾倒，如圖5-23(a)所示。

(二) 當位於後緣冠部牆面裂縫總體傾向坡外時，表坡體滑動屬於牽引式地滑，位於中、下部擋土牆則發生向坡上傾倒，如圖5-23(b)所示。

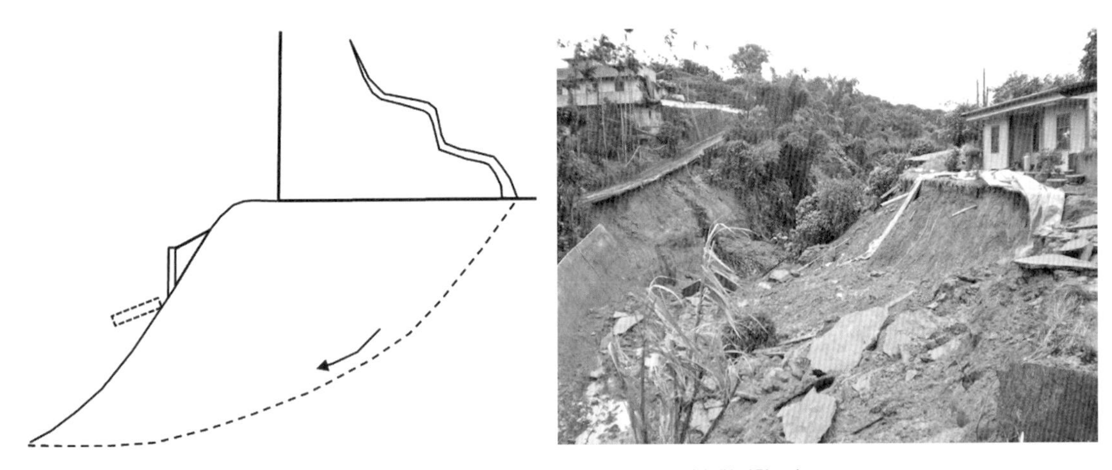

圖5-23(a) 推移式地滑體上建築物變形

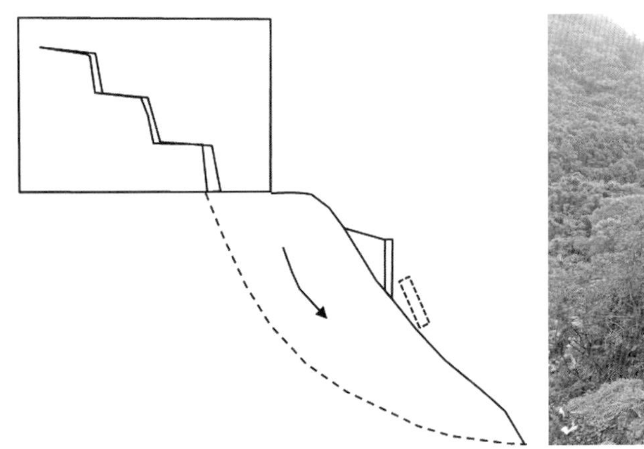

圖5-23(b) 牽引式地滑體上建築物變形

5-2-5-4 林木歪斜及弧形樹幹

除了地滑裂縫可以反應地滑變形特徵之外，於地滑體上的林木歪斜狀和弧形樹幹作爲另一種地滑表觀變形跡象，也可以反應地滑體變形的狀況。

一、地滑體上的林木間的排列情況，可以反應地滑的變形程度。一般，地滑在蠕動或緩慢滑動時，由於土體的移動，地滑體上的樹木根系發生移位，導致樹木發生歪斜。若地滑變形大，樹木歪斜也大，甚至倒伏在地。

二、地滑經過變形後，地滑體樹木根系移位後在短時間內發生歪斜，但如果此後地滑逐漸穩定，則地面以上的樹木仍能直立生長，形成弧形樹幹，且指向滑動方向。弧形樹幹表明地滑變形一段時間後，進入了相對穩定狀態。

5-2-6 地滑潛感區的空間預測

地滑潛感區位的空間預測能夠爲工程活動選擇穩定性較好的地段，保障生命和財產盡可能免遭地滑災害之襲擊，對土地合理使用也具有重要的指導作用。地滑地的形成除自然因素作用外，重要的是人爲因素的參與，兩者聯合作用的結果，急速加劇了自然斜坡和已有地滑地的演化進程。根據地滑成因得知，多數地滑的發生與人類活動強度有關。其中，大部分是在自然條件已存在地滑內在潛勢的情況下，由於不合理的人類工程活動，而加速或觸發了地滑災害的發生。例如，水庫區的庫岸地滑、道路兩側不當開挖邊坡的失穩等。有的則完全由不合理的工程活動所導致，如礦場邊坡失穩、山坡地集約化開挖整地等。所以，從減災的目的出發，地滑地潛感區分布的空間預測是有其必要的。

關於地滑潛感區空間分布的預測，雖已有大量的研究成果，但多數依據地形地貌的變形程度，或依據數理統計賦予參數權値和常數，因屬於因素組合分析，具有一定的經驗特性，其科學性、實用性、準確性皆有待考驗。不過，從地滑地表觀的地形地貌變形狀況，來分析研判地滑地的形成及發育階段，已廣泛地被應用。根據大量研究資料顯示，可以將地滑的發生、發展及消亡等過程劃分爲三個階段，包括發生前、變動階段、反覆滑動及消亡階段等。但是，宏觀上只能從微地形上察覺到地滑各個階段的一些特徵。

一、發生前階段（地滑地形成的空間預測）

鈴木隆介（2000）列出了地滑地形成前可能存在之微地形特徵，包括主崩崖、山頂緩坡面、裂縫、小崖、二重或多重山脊線、線狀凹地、弧形滑動體、坡趾隆起、坡面側邊蝕溝、岩盤潛變現象及其他舊有崩塌地地形，如圖5-24所示。

(一) 裂縫、段差地形：斜坡面構成的岩盤的下方因重力向下位移構成斜坡形成的裂縫，沿著等高線多呈現圓弧狀。裂縫向著河谷側的斜坡面，因向下的變位而呈段差地形。

(二) 線狀凹地、二重山脊：斜坡面的凹地形狀幾乎是直線狀連續的分布地形，稱爲線狀凹地。山區的山脊可看出的平行兩列山脊地形，稱爲二重山脊。山脊如果是複數時，稱爲多重山脊。這些岩盤變形現象，可以推斷是重力（引力）斷層造成的。

(三) 小崩塌：斜坡面上方與中間部土塊變動，在下邊方則因河川侵蝕發生的小規模崩塌。

(四) 山頂緩斜坡：在山區脊線附近，相較於與周圍斜坡面具有明顯的緩坡面。

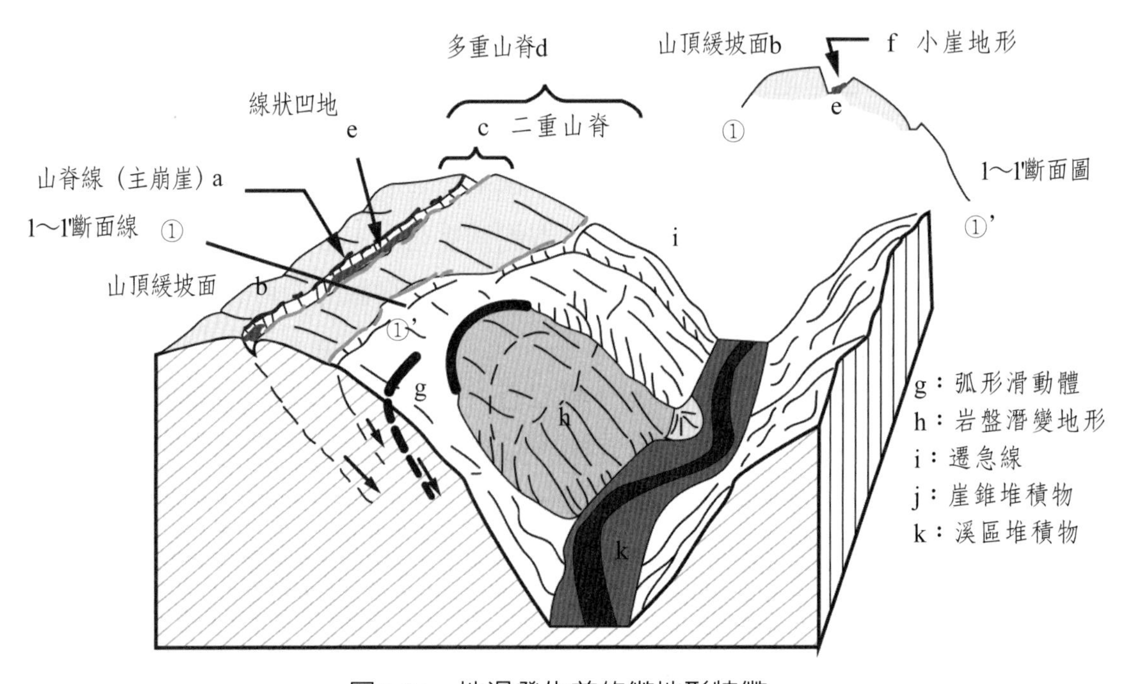

圖5-24 地滑發生前的微地形特徵

資料來源：鈴木隆介，2000

大範圍的平坦斜坡面，多是熔岩形成或是雨水容易穿透的地形。

(五) 線性構造：被構造應力所支配的各種直線狀構造地形，如斷層、節理、岩層面的區分線。

此外，亦可採等高線及縱斷面圖表示，如圖5-25所示。

地形分類	等高線形狀	縱斷面形狀	說明
二重山脊，逆向小崖		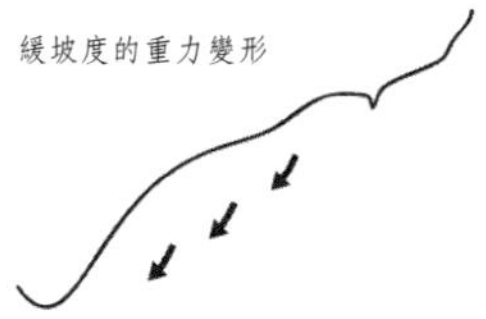 緩坡度的重力變形	頭部有二重山脊，逆向小崖等前兆現象，剪切面逐漸開成。難於從地形圖上判讀為滑塌體。
凸狀山脊型地形	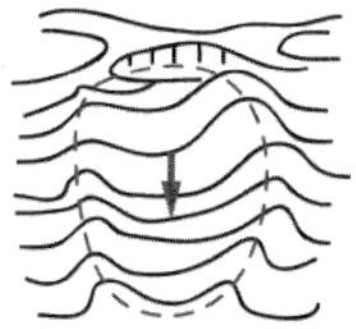	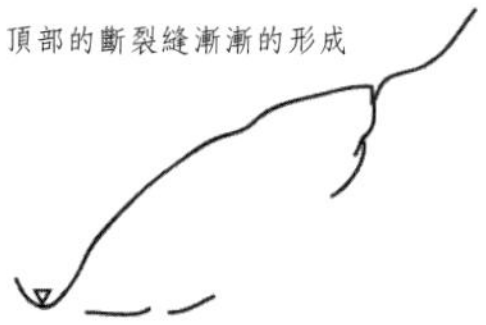 頂部的斷裂縫漸漸的形成	
凸狀台地型地形	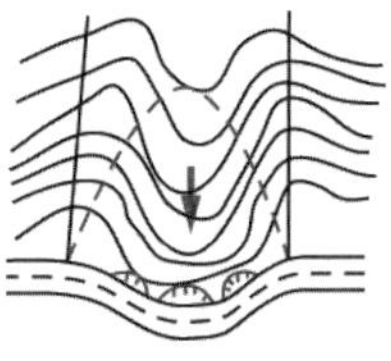	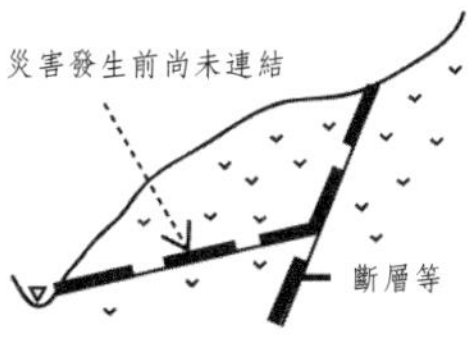 災害發生前尚未連結 斷層等	在凸狀山脊頭部兩側溪谷發達。但還未開成滑落崖。

圖5-25　地滑發生前等高線及縱斷面特徵

資料來源：鈴木隆介，2000

二、滑動階段

地滑地總體周界輪廓已出現，周界裂縫由羽狀而逐漸連通，可見前緣（下段）橫向裂縫，後緣冠部張力裂縫與側邊裂縫已有高程落差，地滑體中段（下陷區）出現次崩崖及台階，常發生分階、分層、分塊的解體現象，具有典型地滑地形（參見5-2-1節），如圖5-26所示。

地形分類	等高線形狀	縱斷面形狀	說明
凸狀台地型地形	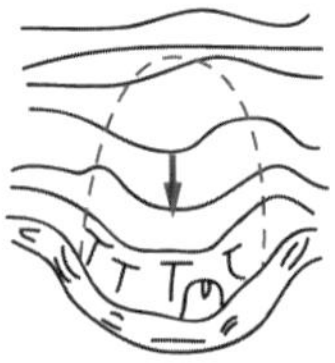	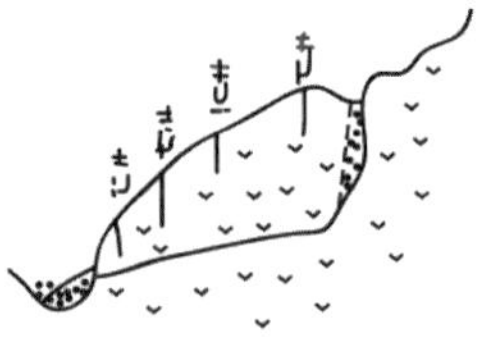 岩盤型的滑坡體生成	初次地滑發生，亦稱為一次地滑。如屬高速滑動，也被稱為崩塌型地滑。
凸狀山脊型地形	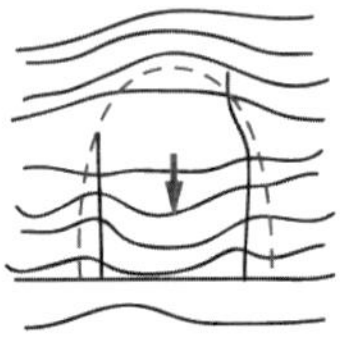	 風化岩石形態的變形	

圖5-26　地滑滑動階段

資料來源：鈴木隆介，2000

三、重複滑動及消亡階段

通常，屬於牽引式地滑會在一次滑動之後重複發生滑動，同時朝後緣冠部發展而擴大其崩壞範圍。當各種變形及裂縫因外力作用的減弱而消失，或因沖刷作用而發展成沖蝕溝，可以見到地滑窪地及濕地，典型地滑地形特徵逐漸消失，甚至只殘留有堆積物特徵，但總體上向著穩定方向轉化，直到完全穩定爲止，如圖5-27所示。

地形分類	等高線形狀	縱斷面形狀	說明
多個丘狀台地型地形	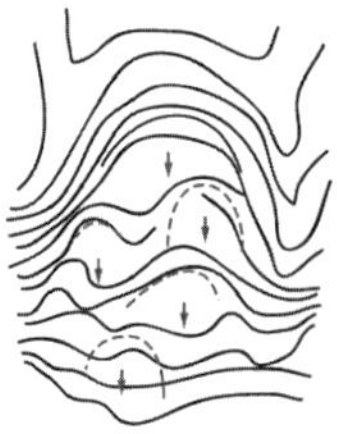	 多個塊狀形的崩積土	重複滑動到消滅的過程，亦被稱為再活動型地滑，或二次地滑。
凹狀緩坡地型地形	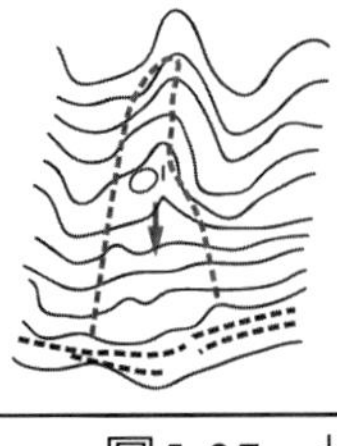	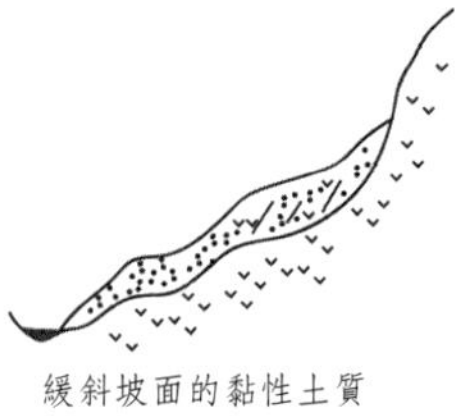 緩斜坡面的黏性土質	

圖5-27　地滑重複滑動及消亡階段

資料來源：鈴木隆介，2000

綜合各階段微地形判釋結果，可以將地滑地及其潛在地滑地概分為（水土保持局，102年高屏溪山坡地大規模崩塌致災潛勢調查評估，2013）：1.近期發生之疑似地滑地（類型A）；2.早期發生之地滑地（類型B）；及3.潛在地滑地（類型C）等三種類型，如表5-5所示。

(一) 近期發生之大規模崩塌（類型A）：具有典型地滑地形特徵（參考5-2-1節），因屬近期發生，坡面明顯裸露，仍存在部分裂縫，且地滑土體中段坡面上較無不安定的堆積物，故此類型地滑地再發生性相對的較低。

(二) 早期發生之疑似地滑地（類型B）：具有典型地滑地形的特徵，惟崩崖已有植生覆蓋，各種裂縫皆已消失，且筆蝕溝發展，相較於類型A之地滑地，為相對穩定之類型。

(三) 潛在地滑地（類型C）：具有主崩崖、山頂緩坡面、裂縫、小崖、二重或多重山脊線、線狀凹地、弧形滑動體、坡趾隆起、坡面側邊蝕溝、岩盤潛變現象及其它舊有崩塌地等微地形特徵。

表5-5　地滑發育類型分類表

類型	類型說明	發育階段	說明
A	近期發生之地滑地	已滑動	1.具地滑地微地形特徵 2.有明顯裸露 3.部分裂縫存在
B	早期發生之疑似地滑地	已滑動	1.具地滑地微地形特徵 2.大部分已植生復育 3.各種裂縫消失且已有蝕溝發展
C	潛在地滑地	具地滑徵兆，但尚發生	具有主崩崖、山頂緩坡面、裂縫、小崖、二重或多重山脊線、線狀凹地、弧形滑動體、坡趾隆起、坡面側邊蝕溝、岩盤潛變現象及其它舊有崩塌地等微地形特徵

資料來源：農業委員會水土保持局，102年高屏溪山坡地大規模崩塌致災潛勢調查評估，2013

5-2-7 地滑發生的時間預測

地滑發生時間的預報預測是一項極為困難課題。由於地滑地質過程、形成條件、誘發因素的複雜性、多樣性及其變化的隨機性、不穩定性，從而導致地滑動態資訊極難捕捉，加之地滑動態監測結果的預測理論還不夠成熟，使得地滑發生時間的預測一直被認爲是不易克服的前沿課題。此外，地滑監測費用高、週期長，也是制約地滑發生時間預測研究進展的因素之一。

回顧以往研究成果，多數學者認爲日本學者齋藤迪孝（Satio, 1965）在20世紀60年代提出的地滑預報經驗公式，可以作爲地滑預報研究工作的先驅。在此之後，經過廣大學者的苦心探索，各種地滑預報模型如雨後春筍般獲得較大的發展。依其理論及方法可以概分爲定量及定性預報模型兩大類。

一、地滑定量預報模型

地滑形成與變形過程是斜坡岩（土）體蠕動變形的過程。過去數十年中，以黏彈塑性力學爲基礎，揭示岩（土）體變形時間效應的蠕動變形（流變）理論，一直是地滑滑動時間預測預報研究的基礎。據大量監測結果表明，在地滑的孕育和發展演變過程中，從開始出現變形到最終的失穩破壞，由外在變形的累積位移與時間曲線可以明顯分爲三個不同階段，如圖5-28所示。圖中，係由駒村富士彌（1978）提出，並通過日本的地滑實例作了論證。他是根據斜坡坡度與土體內摩擦角定義邊坡的穩定條件，即

$$f_1(\theta, \varphi) = \tan\theta - \tan\varphi - \frac{C_h}{\gamma_s H \cos^2\theta} \tag{5.1}$$

式中，H = 土體厚度；γ_s = 土體單位重；θ = 斜坡傾角；φ = 土體內摩擦角；C_h = 土體凝聚力（cohesion）。由上式，當函數 $f_1(\theta, \varphi) < 0$時，表示作用在斜坡上的剪應力小於土體的抗滑力，這種情況下不產生地滑。因此，當 $f_1(\theta, \varphi) > 0$時，斜坡土體即產生滑動，並推導獲得兩函數關係：

$$f_2(\theta, \varphi) = \tan\theta - \tan\varphi - \frac{m_2 C_h}{\gamma_s H \cos^2\theta} \tag{5.2}$$

$$f_3(\theta, \varphi) = \tan\theta - \tan\varphi - \frac{m_3 C_h}{\gamma_s H \cos^2\theta} \tag{5.3}$$

式中，m_i = 修正係數，且$m_3 > m_2$。依據函數$f_2(\theta, \varphi)$及$f_3(\theta, \varphi)$的正負關係，即可確定地滑活動速度及其類型，包括：

(一) $f_2(\theta, \varphi) < 0$且$f_3(\theta, \varphi) < 0$：地滑運動方程可表爲

$$U = A_1(1 - e^{-ct}) \quad (5.4)$$

式中，A_1 = 係數。這時地滑的移動量，隨著時間的延長，其趨近於某一定值，呈現所謂的減速蠕動型（decreasing creep type）地滑。

(二) $f_2(\theta, \varphi) > 0$且$f_3(\theta, \varphi) < 0$：地滑運動方程可表爲

$$U = A_1(1 - e^{-ct}) + A_2 t \quad (5.5)$$

式中，A_2 = 係數。上式爲等速蠕動型（steady creep type）的方程式，故$f_2(\theta, \varphi) > 0$，$f_3(\theta, \varphi) < 0$成爲表達等速蠕動型地滑的發生條件。

(三) $f_2(\theta, \varphi) > 0$且$f_3(\theta, \varphi) < 0$：地滑運動方程可表爲

$$U = A_1(1 - e^{-ct}) + A_2 t + (A_3 t)^a \quad (5.6)$$

式中，A_3 = 係數。此即所謂的加速蠕動型（increasing creep type）地滑的方程式，即$f_2(\theta, \varphi) > 0$，$f_3(\theta, \varphi) > 0$成爲加速蠕動型地滑的發生條件。

若將函數$f_1(\theta, \varphi) = 0$、$f_2(\theta, \varphi) = 0$、$f_3(\theta, \varphi) = 0$的曲線繪出，並劃分出各函數的正或負的區域，則各種類型的地滑的發生條件即可由圖5-28表示出來。從此圖上可預測出，內摩擦角小，在陡坡地上發生地滑的情況發展成爲加速蠕動型的地滑；內摩擦角大，在緩坡地上發生的地滑，變成減速蠕動型，很難發展成爲崩潰的程度。

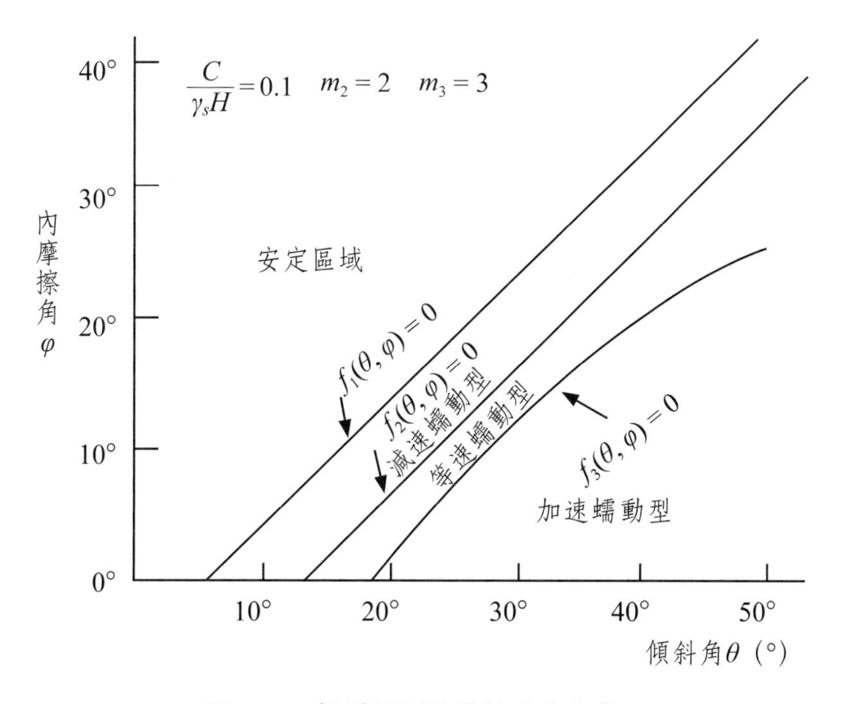

圖5-28　各種類型地滑地發生條件

從斜坡變形程度來看，鬆散土質斜坡和具有漸變特徵的岩質斜坡的地滑孕育和演化，一般需經歷很長時間的變形與應變能的積累，其滑動面往往具有蠕變特點，即從開始出現變形到最終失穩破壞，多需經歷初始（漸速）變形、等速變形和加速變形等三個階段，如圖5-29爲典型變形（累積位移）—時間曲線。此三階段過程被視爲是地滑滑動時間預測預報的基本標準。（Satio, 1965；曾裕平，2009）

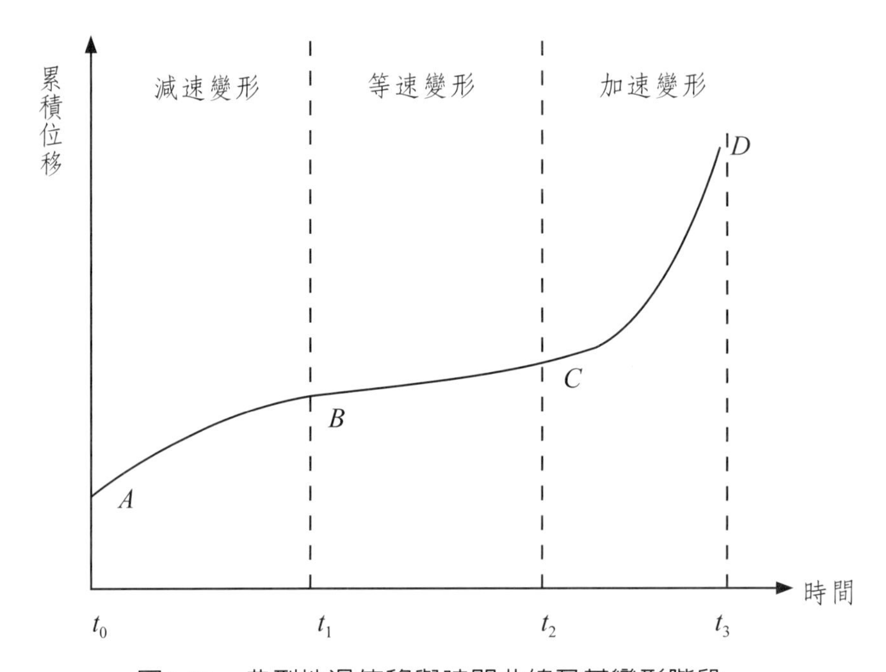

圖5-29　典型地滑位移與時間曲線及其變形階段

資料來源：Satio, 1965；曾裕平，2009

(一) 初始變形階段（AB段）（primary creep or deformation stage）

對應地滑滑動體的初始起動階段。在斜坡的演變過程中，隨著河谷深切作用，坡度不斷變陡，坡體內應力不斷調整，並逐漸進入下滑力與抗滑力近似相等的階段，此時若遇某種相對較強的外力因素（如降雨、地震等）的突然加載，斜坡可能突然開始滑動，出現明顯的變形跡象。隨著引起滑動體突然起動的外力因素的減弱和消失，其變形也逐漸減緩，故初始變形階段的位移—時間曲線總體表現爲一下凹曲線，屬於減速滑動階段（decreasing creep stage）。此階段經歷的時間特長，至少百年以上，長的達數萬年，故地表變形速率難以用肉眼觀察。

(二) 等速變形階段（BC段）（secondary or steady-state creep stage）

對應滑動體的等速滑動階段。滑動體經過初始變形階段之後，坡體內潛在滑動面開始形成，此時土體應力調整主要集中在潛在滑動面上。隨著潛在滑動面的破裂，下滑力緩慢增大，但土體應力調整的結果使得抗剪強度逐漸提高，並趨向峰值增長，故抗滑力由初始變形階段小於下滑力的狀態很快過度到近似等於下滑力的狀態。等速變形階段位移—時間曲線總體趨勢爲一傾斜直線，宏觀變形速率也基本保持不變，只是變形曲線偶而會因爲外力因素的干擾和影響呈現些微波動。

(三) 加速變形階段（CF段）（tertiary or increasing creep stage）

對應滑動體的加速滑動階段。滑動體經過等速變形階段之後，潛在滑動面上的抗剪強度達到最大值，此後逐漸降低至殘餘值。但下滑力仍在隨著在滑動面的破裂而增大。因此，加速變形階段滑動體下滑力要明顯大於抗滑力，其位移—時間曲線總體表現爲一上凹曲線，宏觀變形速率也逐漸增大。當滑動體進入此階段時，坡面位移變形與時間呈指數上升，經歷的時間很短（間歇性緩慢滑動除外），少則幾分鐘，多則20～30分鐘，劇烈的變形已無法捕捉到，災害即已形成。

據此，由地滑變形破壞過程的三個階段，齋藤迪孝（Saito，1965）將有關地滑及其環境的各類參數，用測定的量予以數值化，並採嚴格的推理方法，特別是數學、物理方法，進行精確分析，得出確定性預報模型，並提出均質坡面地滑預測經驗公式，即

$$\log t_r = 2.33 - 0.916 \log \varepsilon \pm 0.59 \quad \text{（等速變形階段）} \quad (5.7)$$

$$t_r - t_1 = \frac{0.5(t_2 - t_1)^2}{(t_2 - t_1) - 0.5(t_3 - t_1)} \quad \text{（加速變形階段）} \quad (5.8)$$

式中，ε = 地滑裂縫移動速度（mm/min）；t_r = 預測地滑發生時間（min）。圖5-30爲齋藤迪孝爲式（5.8）之圖解法，茲說明如下：

1. 於加速變形曲線上，由已知的A_1及A_2求取在縱座標上的中點A_1''。
2. 由A_1''劃水平線與加速曲線相交於A_2，且與自A_3平行縱軸的延長線交於A_3''。
3. 取線段$A_1''A_2''$及$A_1''A_3''$的中點分別爲M及N。
4. 以線段MA_2及NA_2爲半徑，A_2爲圓心畫弧，在A_2t_2延長線上分別交於M''及N''。

5. 通過M''繪出平行橫軸之延長線，並與$A_1''N''$延長線相交點對應的時間，即為破壞時間t_r。

同時，齋藤迪孝還將連續10天移動速度1.0mm/day以上、連續2天移動速度10mm/day以上、連續2小時移動速度2.0mm/hr以上視為發生地滑的信號。上式為預測地滑發生時間的始端，尤其是應用此理論成功地預測了1970年1月2日發生的日本飯山線高場山地滑之後，更受到重視。

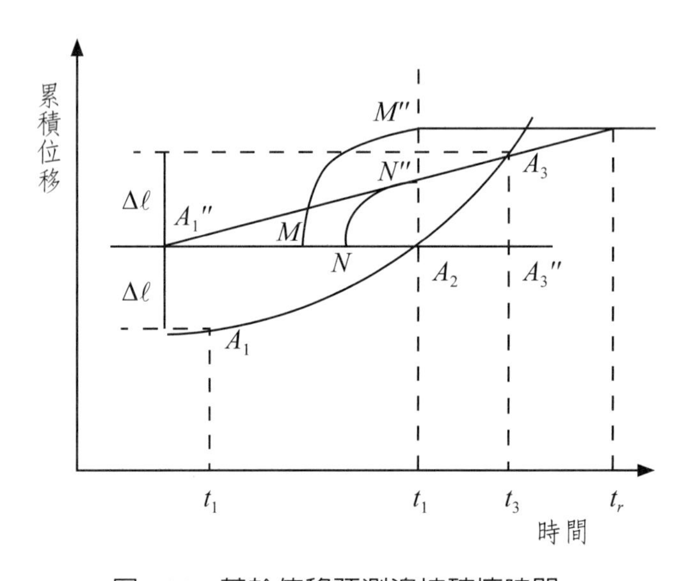

圖5-30　基於位移預測邊坡破壞時間

從圖5-29得知，在斜坡的整個發育演化過程中，位移—時間曲線的斜率是在不斷變化，尤其是斜坡變形進入加速變形階段後，曲線斜率往往會不斷增加，到最後臨近崩滑階段，變形曲線近乎垂直，其與橫坐標的夾角接近90度。根據斜坡演化過程中這種變形特點，有以位移—時間曲線的切線角來進行地滑的預測預報。

位移切線角係指位移—時間曲線中，某一時刻變形曲線的切線與橫坐標之間的夾角，實質上就是位移—時間曲線上某一時刻的曲線斜率。王家鼎、張倬元（1999）通過大量地滑實例的統計分析得出，黃土斜坡在失穩破壞前的位移切線角一般為89～89.5°，而齋藤迪孝（Saito, 1965）大約在89.12°。不過，位移—時間曲線之縱橫坐標因次不同，如果將縱橫坐標的任一坐標作拉伸或壓縮變換，位移—時間曲線雖然仍保有三階段的演化特徵，惟同一時刻的位移切線角則會隨著拉伸或壓縮而發生變化，欠缺唯一性。為此，曾裕平（2009）應用圖5-29等速變形階段位

移與時間呈線性關係的特點，推定其速率（v），同時將圖中縱坐標轉換爲時間的因次，即

$$T(i) = \frac{\Delta S(i)}{v} \tag{5.9}$$

式中，$\Delta S(i)$ = 某一單位時段（一般採用一個監測週期，如一天、一週等）內斜坡位移變化量；v = 等速變形階段之位移速率；$T(i)$ = 變換後與時間同因次的縱坐標值。這樣，切線角可表爲

$$\alpha_i = \arctan[\frac{T(i) - T(i-1)}{t_i - t_{i-1}}] \tag{5.10}$$

顯然，根據上述定義有：當$\alpha < 45°$時，斜坡處於初始變形階段；當$\alpha \approx 45°$時，斜坡處於等速變形階段；當$\alpha > 45°$時，斜坡處於加速變形階段。

此外，許強（2016）應用斜坡土體之下滑力（T）及抗滑力（R）關係（參見圖5-31），建立位移—時間曲線的趨勢型態，如圖5-32所示。同時，他定義了位移—時間曲線各時間點的加速度值（a）及穩定係數（K）即

$$a = \frac{T - R}{m} \tag{5.11}$$

$$K = \frac{R}{T} \tag{5.12}$$

式中，m = 土體質量；G = 滑動體重量；ϕ = 靜摩擦角；C = 凝聚力。

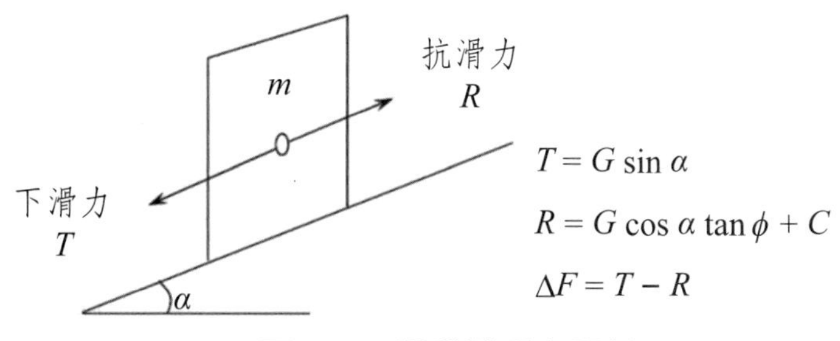

圖5-31　滑動體受力關係

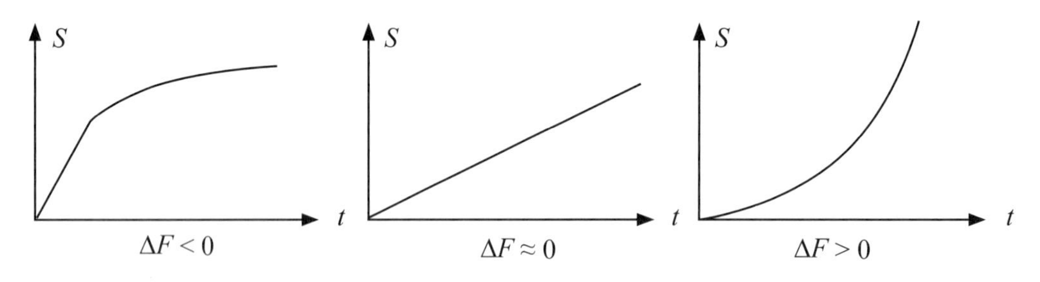

圖5-32 滑動體受力與位移時間曲線關係

總結位移—時間曲線上之切線角、土體下滑力與抗滑力、加速度及穩定係數等四種表達方式，以及各表達方式在三個變形階段的消長關係，可以建立對應各階段起始時刻的時間預測模型，包括中長期預測、短期預測（以上皆屬預報）和滑動預測（屬於警報）等三個階段，如圖5-33所示。

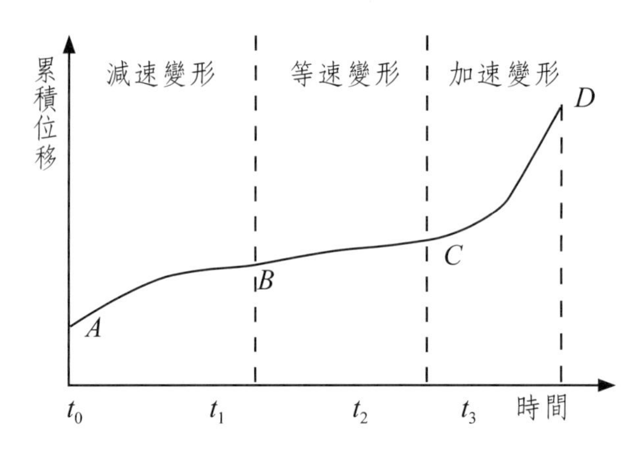

階段	初始（A-B）	等速（B-C）	加速（C-D）	臨滑（D）
切線角	$\alpha < 45°$	$\alpha \approx 45°$	$\alpha > 45°$	
受力狀況	$R > T$	$R \approx T$	$R < T$	$R << T$
穩定係數	$1.05 \le K$	$1.0 \le K \le 1.05$	$K \le 1.0$	$K \le 0.95$
加速	$a < 0$	$a \approx 0$	$a > 0$	$a >> 0$
預報類型	中長期預報		短期預報	滑動警報
警報形式	黃色		橙色	紅色
警報級別	注意		警戒	危險

圖5-33 各變形階段地滑發生預測值及其警戒程度

(一) 中長期（黃色）預報：係指地滑尚不具備肉眼可觀察到的變形或破壞跡象時，對地滑後續變形行爲或破壞時間的趨勢預測作爲；時間尺度上相當於等速變形階段，其期限一般約在一年以上。

(二) 短期預報（橙色）：係指地滑已經表現出肉眼可辨識到的變形或破壞時，對地滑在短期內變形行爲或破壞趨勢所做出的預報；時間尺度上一般對應於等速變形階段後期至加速變形初期之間，其期限一般約在1～2個月之內。

(三) 滑動預報（紅色）：係指斜坡體的變形破壞現象發展到非常明顯時，對地滑發生時間所做出的預報；時間尺度上對應於加速變形的後期，其期限約在幾天之內。

根據大梨山地區地滑地S-2自動監測站鄰近GPS點位歷年位移累積資料得知（水土保持局，104年度大梨山地區地滑地監測管理及系統維護資料分析，2015），於2008年11月之前，累積位移屬於加速變形階段，直到2012年6月之前，卻進入一段等速變形階段，顯示此期間地表位移呈現比較穩定地變形，惟自2012年6月以後，S3點位呈現震盪減速變形，如圖5-34所示。從地表累積位移資料顯示，本地區地表位移變形應屬推移式地滑的擠壓型態，因上、下游滑動面尚未貫通，抗滑段對地滑體的阻抗尚能維持本地區一定程度的穩定，但整體地表仍處於滑動變形。宜需持續加強監測。

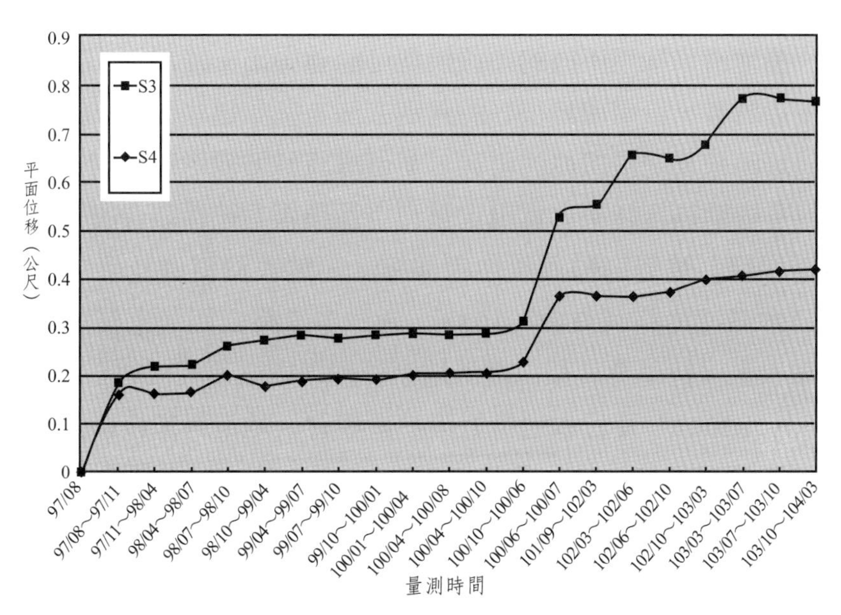

圖5-34　S-2自動監測站鄰近GPS點位歷年位移累積

不過，採用邊坡位移觀測資料推估其變形破壞時間，不僅在同一邊坡體不同部位的觀測點位移大小可能存在差異，變形速率也必然不同。因此，單純從位移速率的大小去判斷地滑是否發生，難免會作出不準確的預測結果。

除了採用外觀地表位移變形模型進行發生預報外，亦有以統計預報模型。它主要是運用現代數理統計的各種統計方法和理論模型，著重於對現有地滑及其地質環境因素和其外界作用因素關係的宏觀調查與統計，獲得其統計規律，並用於擬合不同地滑的位移—時間曲線，根據所建模型做外推進行預報，例如模糊數學模型、時間序列預報模型、指數平滑法、黃金分割法等。此外，也有引用了對處理複雜問題比較有效的非線性科學理論而提出的地滑預報模型，例如非線性動力學模型、神經網絡模型等非線性預報模型進行發生預報。

二、地滑地定性預報模型

根據實際案例顯示，儘管很多學者已提出了數十種地滑定量預報預測的理論模型，但完全依靠這些模型並不能完全解決地滑發生時間的預報問題，主要是因各個地滑體所處的環境條件及本身結構特徵的差異，使得地滑體的變形演化規律具有極強的區域特徵，任何一種地滑定量預報模型不可能適用於所有地滑的預測預報，往往僅能適用於某一類地滑或某一演化階段的預測預報，而上述各種地滑定量預報模型究竟適用於哪種類型或那個演化階段的地滑預報，目前並沒有獲得足夠的資料予以證實，這就導致人們在眞正採用定量模型進行地滑預報時具有很大的盲目性。此外，對於同一個地滑，採用不同的預報模型可能會得出千差萬別的預測結果，究竟哪些結果更接近眞實，目前尙無很好的判別方法。基於這些原因，有必要重視對地滑宏觀變形破壞跡象及地滑徵兆的研究，並倡導將斜坡變形破壞的宏觀資訊與地滑相關監測資料有機地結合起來，實現定量和定性預報系統性結合的綜合預報方法。

目前普遍採用斜坡變形監測以地表伸縮計、地表傾斜儀及管中傾斜儀等爲主要，茲參考日本高速道路調查會（1988）、日本道路公团（土質地質調查要領，1992）、中華水土保持學會（梨山地滑地區管理準則之研究(二)，1999）、Flentje and Chowdhury（2002）及日本地滑對策技術協會（地滑對策技術設計實施要領，1978）等地滑監測管理基準值，彙整如表5-6所示。表中，各國對於地滑監測管理基準皆存在差異，主要在於當地地形、地質及其他人爲因素等考量而訂定適於當地條件的基準值，惟仍可從中歸納出：當1.地表位移量大於100 mm／日；或2.地表傾斜量達10～50sec／日；或3.管中傾斜量大於10mm／日時，地表可能已處於急速變形階段。

表5-6　地滑監測管理基準值

監測項目	管理應變基準（註6）				備註
	潛在	注意	警戒	危險	
地表伸縮計	～	0.5～10mm／日	>10mm／日	>50mm／日	註1
	>10 mm／月	5～50mm／5日	10～100mm／日	>100mm／日	註2
	～	0.5～25 mm／日	5～100mm／日	50～500mm／日	註3
	<10mm／月	10～30mm／月	30～300mm／月	>300mm／月	註4
	>0.02mm／日 >0.5mm／月	>0.1mm／日 >2.0mm／月	>1.0mm／日 >10mm／月	>20mm／日 >500mm／月	註5
地表傾斜儀	～	5～10sec／日	～	10～50sec／日	註1
	10～50sec／10日	～	～	～	註2
	～	5～10sec／日	－	10～50sec／日	註3
管內傾斜儀	～	0.5～1mm／日	2～3mm／日	－	註1
	>1 mm／10日	5～50mm／5日	～	～	註2
	～	0.5～1mm／日	2～5mm／日	>10 mm／日	註3
降雨量（累積雨量）	～	～	10～20mm/hr （50 mm）	>20mm/hr （100mm）	註1
	～	～	10～20mm/hr （10～50 mm）	20mm/hr （100mm）	註3

(一)註1=日本高速公路調查會，1988；註2=日本道路公団土質地質調查要領，1992；註3=中華水土保持學會，1999；註4= Flentje and Chowdhury, 2002；註5=日本地滑協會，1978。
(二)註6：潛在=稍有，持續監測；注意=略顯著，緩慢運動中；警戒=顯著，活潑運動中；危險=非常顯著，急速崩壞。

除了相關基準值外，參考日本高速公路道路調查會（危險地動態觀測施工相關研究(3)報告書，1988）採用地滑滑動前伴隨明顯的宏觀變形破壞跡象及前兆，研判地滑之穩定性，有利於提供災前警戒及疏散等應變措施，包括：

(一) 地表變形：包括地滑地後緣冠部的位移跡象和裂縫發育，滑動體上的地物變形，包括建築物開裂、道路錯斷、樹木傾斜等，以及前緣隆起，逕流沖刷、泉水出露等，如表5-7爲由地滑前緣、滑動體及後緣冠部等區位的各種變形跡象研判其穩定程度。

(二) 臨滑急劇變形階段：

1. 斜坡坡腳突然坍方，上邊坡不斷有落石：當斜坡變形到地滑（崩塌）發生前幾天，由於應力向坡腳移動，斜坡坡腳像自由面隆出鼓脹，或坡腳滲出水含有細粒泥砂，而坡腳陡峻的地方偶會有小規模崩塌。斜坡體上邊坡會有落石不定時掉落，且持續發生。
2. 地下水異常：斜坡體的變形將使原地下水的補給，排泄通道受阻而產生許多異常現象。如井泉水突然變乾涸；井泉水突然變渾濁；原無地下水出露的地方，突然流出泥水；原乾燥的地方突然變成沼澤、濕地。若用溫度計測定地下水溫，突然升高也屬異常現象。
3. 動物異常：包括蛇、鼠出洞，魚群聚集，雞飛犬吠等。
4. 地聲：包括岩（土）體移動、破裂、摩擦發出的聲響、建築物倒塌、滾石發出的聲響等。
5. 地氣：包括地滑區冒出的有味道或無味道的熱氣等。

表5-7　地滑穩定性調查研判參考表

區位	不穩定	普通穩定	穩定
前緣	前緣自由面高度較大，坡度較陡，且常處於地表逕流的沖刷之下，有變形趨勢，並有季節性泉水流出，岩土體潮濕，飽水。	前緣自由面高度較大，有間斷季節性的地表逕流流出，岩土體較濕，斜坡坡度在30～45度之間。	前緣較緩，自由面高度較小，無地表逕流流經及繼蓄變形的跡象，岩土體乾燥。
滑動體	平均坡度大於40度，坡面上有多條新發育的裂縫，其上建築物、植被有新的變形跡象。	平均坡度介於25～40度之間，坡面上局部有小的裂縫，其上建築物、植被無新的變形跡象。	平均坡度小於25度，坡面上無裂縫發育，其上建築物、植被未有新的變形跡象。
後緣	後緣崩崖上可見擦痕或有明顯位移跡象，有裂縫發育。	後緣崩崖有不明顯的變形跡象，有斷續的小裂縫發育。	後緣崩崖上無擦痕和明顯位移跡象，原有的裂縫已被充填。

5-3 大規模崩塌

根據表5-3得知，大規模崩塌（large-scale landslide）與地滑的主要差別，在於前者係在已完全或部分發育的地滑地上發生崩塌形式的一種致災性塊體運動，具有暴發突然、崩滑土體破碎、崩滑速度快、且發生前少有徵兆等多項特點，故又稱爲「崩塌型地滑」。這表明，大規模崩塌具有地滑地形的典型特徵，又呈現崩塌快速移動的致災特性，對影響範圍保全對象具有毀滅性之破壞，它的危險性更甚於地滑及崩塌。

5-3-1 危害方式

大規模崩塌除了具有龐大的崩滑土體外，其危害關鍵在於運動快速及影響範圍廣，兼具了崩塌與土石流的危害特性。根據日本國土交通省（2012）從崩塌土體運動過程及相關案例歸納，大規模崩塌的危害方式有三，如圖5-35所示：

一、土石流型：係崩塌土體自河溪谷坡滑落溪床後，在溪床坡度及水流的配合下轉化形成土石流的一種危害類型，其危害範圍可以傳遞至溪流下游谷口扇狀地，

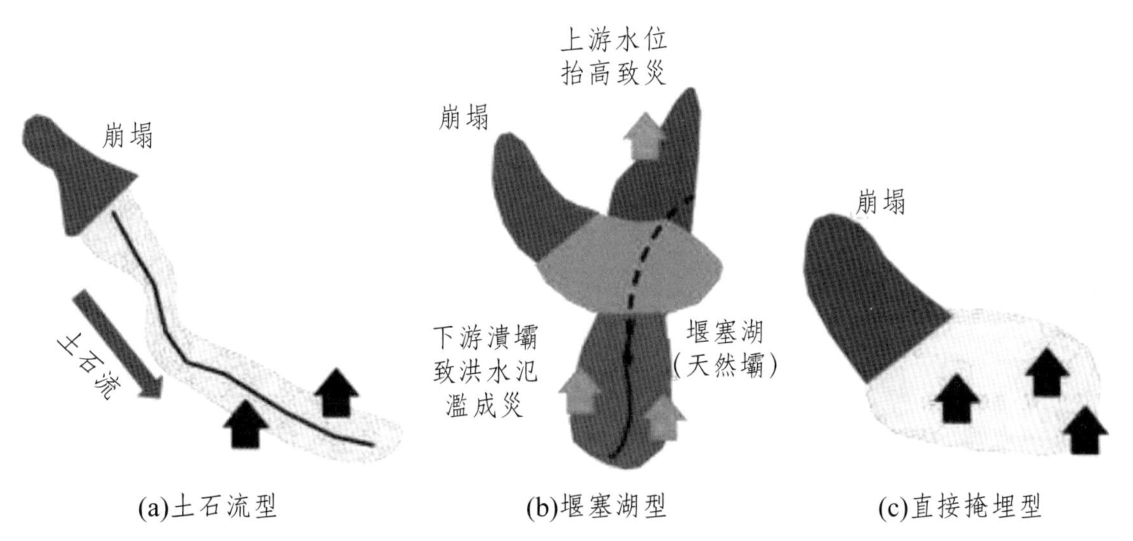

(a)土石流型　(b)堰塞湖型　(c)直接掩埋型

圖5-35　大規模崩塌致災類型

資料來源：日本國土交通省，深層崩壊に対する国土交通省の取り組み，2012

屬於一種複合型土砂災害；另一種類似的危害方式，係坡面發生大規模崩塌之後，在重力及水力的配合之下，崩塌土體向著下游作長距離的輸移而成災，崩塌土體的水平位移遠大於垂直位移，屬於坡面型土石流，相關案例如屏東縣老佛山土石流、菲律賓雷伊泰島等。

二、堰塞湖型：係崩塌土體自河溪谷坡滑落溪床後，龐大的土體堵塞河道而阻斷水流，形成臨時壩或天然壩的一種危害類型。相關案例如雲林縣草嶺、南投縣國姓鄉九份二山等。

三、直接掩埋型：係崩塌土體直接掩埋摧殘其下游影響範圍內各種保全對象的一種危害類型；此類型與土石流型之坡面型土石流類似，惟其輸移距離較短，通常多位於坡面趾部附近，相關案例如國道3號3.1K、高雄甲仙區小林村等。

臺灣近期發生的大規模崩塌案例，以2009年高雄甲仙區小林村爲代表，它是由莫拉克颱風所挾帶的強降雨所造成，崩塌範圍達59.2ha，崩滑土體達$25.51 \times 10^6 m^3$（劉哲欣等，2011）。根據李錫堤等（2009）調查結果顯示，小林村大規模崩塌發生於8月9日清晨6時許，從高出村落約500～900m的山坡開始發生崩塌，大量的崩滑土石快速向下流動，一部分土石翻越590高地而掩埋了村落，大部分土石繼續沿山溝向下流動，進入旗山溪主流而堵塞河道並形成堰塞湖，如圖5-36所示。此次巨災的癥結點有三：1.地質構造上，滑動區北側地層層面與南側東西向節理暨小斷層共同形成一組向西傾斜且呈虛懸狀態的不利岩楔；2.發生滑動的溪溝源頭儲積甚厚的新、舊崩積層，有利於地表水的入滲，使新鮮頁岩上方的破碎頁岩與崩積物容易含水飽和；3.滑動區坡高太高，衝擊能量太大，擴大了災害的程度。國內近年其他大規模崩塌案例，如表5-8所示；表中，多數大規模崩塌皆由921強烈地震所引發，顯示臺灣地區引發大規模崩塌土砂災害之外營力係以強地震和強降雨爲主。

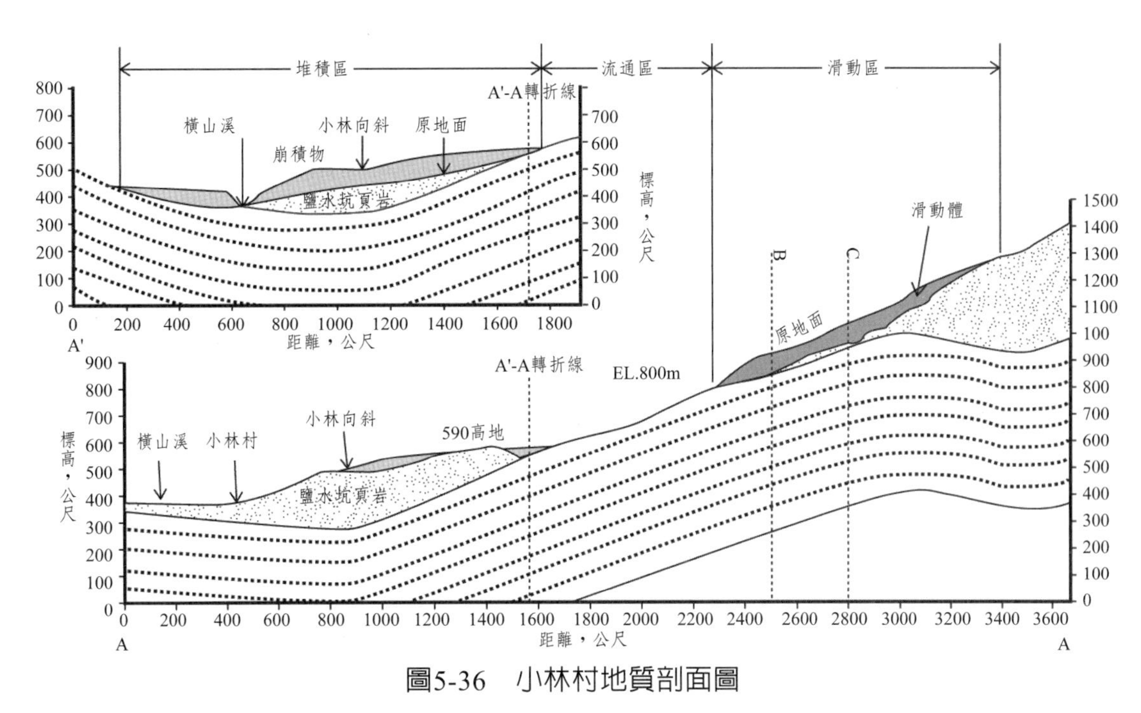

圖5-36　小林村地質剖面圖

資料來源：李錫堤等，2009

表5-8　歷年國內大規崩塌案例

名稱	位置	傷亡人數	滑動範圍(ha)	地層	滑動深度(m)	地層傾角	坡腳是否切除	誘發原因
草嶺	雲林縣古坑鄉	39人罹難	400	卓蘭層	～	12～15°	○(溪流)	921地震
國道三號3.1k處	新北市	4人罹難	1.42	大寮層	15～20	12～15°	○(人為)	地下水
高雄小林村	高雄市甲仙區	462人罹難	59.2	糖恩山砂岩	80	20～30°	×	颱風豪雨
南投縣和雅地區	南投縣鹿谷鄉	～	～	桂竹林層	～	23°	×	921地震
南投縣九份二山	南投縣	39人罹難	102.5	樟湖坑頁岩	34	24°	×	921地震
南投縣紅菜坪	南投縣	～	100	大坑層	～	13°	○(溪流)	921地震

5-3-2 地形特徵

典型地滑地或具有地滑潛感邊坡土體受到外力作用而引發高速的大規模崩塌的必要條件有二：一是滑動面通過的岩層脆性較強或沿滑動面具有糙面摩擦特性，在滑動面貫通之前，可承受較高的下滑力，一旦滑動面貫通，其抗滑力急遽下降，使滑動體獲得較大的動能，因而滑動常常是突發而快速的；二是滑動體剪出口與地表堆積面的高程差，這是主要關鍵因素。

按照地滑體剪出口距離下游堆積面的高度，可以分爲高位地滑地（high-locality landslide）和低位地滑地（low-locality landslide）兩種，前者係指當地滑剪出口距離前緣運動堆積平面有一定的高度（參見圖5-36小林村大規模崩塌滑動體最高點高程約1300m，而小林村高程約介於400～450m之間），而後者爲地滑剪出口距離前緣運動堆積平面高度爲零或較低的狀況。低位地滑地剪出口一般發生在坡腳，滑動面呈圓弧形，沒有滑行距離或影響範圍，基本上地滑土體可以保持完整，且地滑區仍然遭土體所覆蓋，此種垂直變位大於水平位移的大規模土體破壞性狀，即爲典型的地滑（landslide）。高位地滑地在運動過程中，如果地形條件好，滿足順暢滑動條件，則地滑土體在下滑時基本不發生碰撞或發生較小碰撞小，能夠保持滑動土體的完整性，雖然滑動土體在下滑過程中要出現解體，但沿著滑動面上的各個滑動土塊之間能夠保持步調基本一致；如果地形條件不佳，且具有較大的高程差，則地滑土體在下滑過程中，可以是：1.與地面進行劇烈碰撞解體，再進行滾動或滑動；2.在下滑過程中，遇有合適的峽谷地形條件，地滑土體物質經過滑落後堆積；3.在自由面條件佳的情況下，凌空飛躍之後與地面劇烈碰撞後解體，再進行滾動或滑動。由此可見，高位地滑在滑動過程中，其崩滑土體多數會有解體現象，且無法保持完整性，符合了大規模崩塌的基本定義（參考5-1節）。綜合上述，產生大規模崩塌的地形條件有三：

一、地滑地：在斜坡體中具有（至少）一個獨立的地滑地單元。

二、足夠的坡長：具有能夠保證上述單元在變形破壞後的滑動過程中，可以取得足夠滑動距離的坡長。

三、足夠的坡度：不僅在地滑起動的瞬間，且在沿著斜坡滑動時，都必須滿足下滑力大於抗滑力的條件。

5-3-3 運動特徵

當斜坡岩（土）體的下滑力大於抗滑力時，傳統地滑地的運動特徵是，滑動土體發生沿著滑動面出現向下緩慢滑移的現象，滑動體的垂直位移大於水平位移，重心略微降低，滑動速度相對緩慢，滑動距離短，致災範圍和危害性也相對較小，在滑動中滑動土體整個形態基本保持不變。不過，當地滑地剪出口與下游堆積面間具有一定的高差時（屬高位地滑地），因抗滑力與下滑力互為消長而導致斜坡岩（土）體順著滑動面開始滑動，其滑動速度可以概分為四個階段，包括：

一、加速階段

處於高位的地滑土體皆具有一定的重力勢能，當它從高處下滑到低處時，勢能便部分的轉化為動能，表現出一定的速度和加速度。

二、等速階段

滑動體在滑移的過程中保持近似等速運動的主要機理，係滑動體底部與地面間形成類似氣墊的效應，使滑動土體可以克服坡面摩擦阻力而維持等速運動。氣墊效應有兩種方式，一是「汽化」，即滑動土體在坡面上高速滑動過程，具有相當高的速度並產生巨大的熱量，使得坡面附近的地下水發生汽化，且不易散溢便形成氣墊；另一種是「氣封」，即滑動土體下滑時，其下空氣難以迅速排除，有可能形成氣墊，氣墊能起到頂托滑動土體的作用，使其保持已獲得的高速度。

三、減速及停積階段

當滑動土體流經坡面到達坡下堆積面時，由於勢能減低，且來自滑動體內固體物質間的撞擊、滾動、摩擦等作用，使滑動體呈現減速運動，直到停積。大規模崩塌的運動過程決定了它的堆積形態和危害範圍，其高速特徵，使滑動土體重心迅速降低，並發生整體性被破壞和崩解現象，且呈平鋪式堆積在較大的範圍。

5-3-4 潛勢度分析

通過各種判釋或分析方法確定高位地滑地之位置和範圍，取得了大規模崩塌地空間預報的具體成果，是坡地防災的主要關鍵之一。但是，對於具有發生大規模崩塌之高位地滑地，還必須進一步分析其潛勢度，以提供相關防災作爲之參採。

大規模崩塌潛勢度係指地滑地暴發大規模崩塌的機率，當潛勢度愈高，表暴發大規模崩塌的機會就愈大；反之，則減小。但是，大規模崩塌現象是相當複雜的，這種複雜性表現在其成因、類型、運動過程及同人類的關係等方面，通常要動用多種分析手段才能達到分析的目的。實際的情況是，即使採用了多種多樣的分析手段，所獲得的分析結果之間卻也存在很多的矛盾或差異，反而不易得到統一的認識。因此，這裡列舉了兩種採用微地形地貌特徵分析引發大規模崩塌潛勢度的方法，以供參考。

5-3-4-1 微地形分析模型

日本林野廳（2015）認爲地表微地形特徵係地質特性之延伸，因而應用空載光達（LiDAR）資料產製高精度之立體微地形圖（例如紅色立體地圖等），針對潛在的危險坡面進行微地形特徵判讀。同時，依判讀結果採用層級分析法（analytic hierarchy process, AHP）分析了地滑地發生大規模崩塌之潛勢度。潛勢度的判定是按參與評估的各個項目之權重分數，經合計算出該危險坡面的權重總得分，用以界定危險坡面的潛勢等級。茲就參與評估的各個因子及其判釋方法，簡述如下。

一、坡面形狀

利用坡面縱斷面的線形進行評估。依線形可區分爲凸型、平直型及凹型的坡面形狀，並分別給予潛勢度權重分數。由於凸形坡面上會有許多的不安定物質堆積，其崩塌潛勢度較高，故權重分數高於其他兩種形狀，如圖5-37所示。

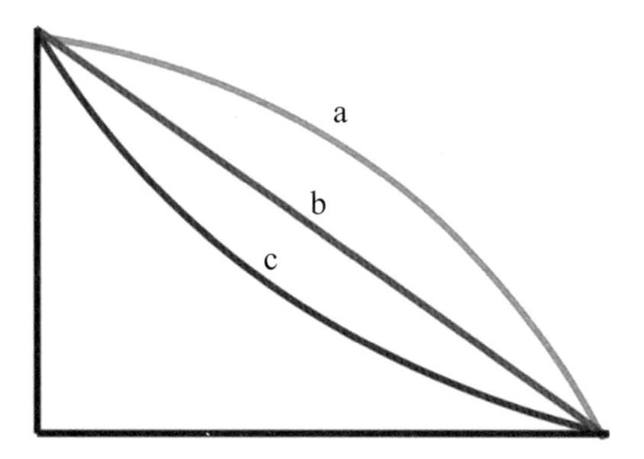

圖5-37　坡面形狀（a為凸型、b為平直型、c為凹型）

二、坡面坡度

坡面坡度愈大就愈不安定。一般，坡度在15度以下，發生崩塌機率比較小，大於35度的坡面發生崩塌機率就很高。

三、坡面起伏

坡面最高點與最低點的高程差，稱爲起伏量。一般，起伏量愈大，不安定程度愈高，且其崩塌的影響範圍也愈廣愈遠。

四、裂縫、階梯狀地形

因重力作用下而使地表出現裂縫，甚至出現階梯狀地形者，稱之爲崩崖。圖5-38至圖5-39爲應用高精度紅色地圖判釋結果，而圖5-40係爲裂縫及階梯地形之斷面圖。

五、線狀凹地、二重山脊

線狀凹地通常是因重力作用下，形成平行於山線附近的凹地，它大部分是連續分布的，被認爲是一系列重力變形所導致，若多個線狀凹地造成小山脊，就形成二重山脊或多重山脊坡面地形，如圖5-41至圖5-46所示。

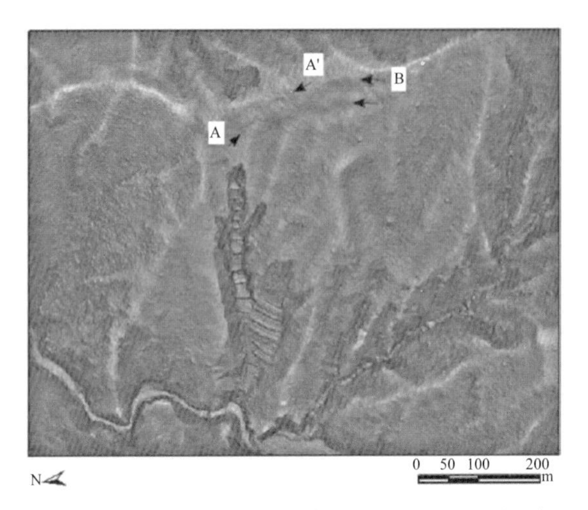

圖5-38 A～A'為裂縫，B為階梯狀地形

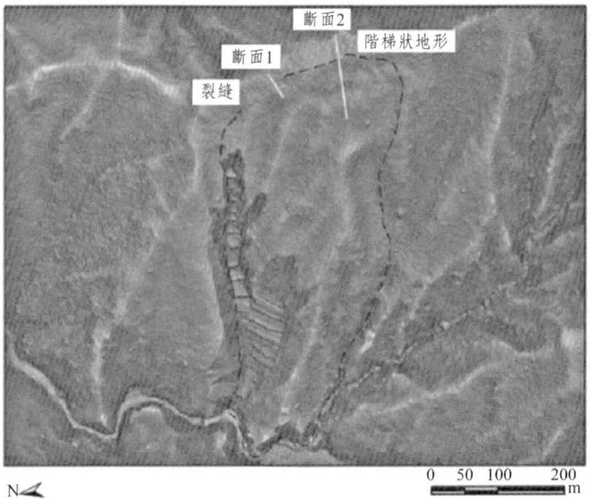

圖5-39 裂縫與階梯狀地形判釋圖

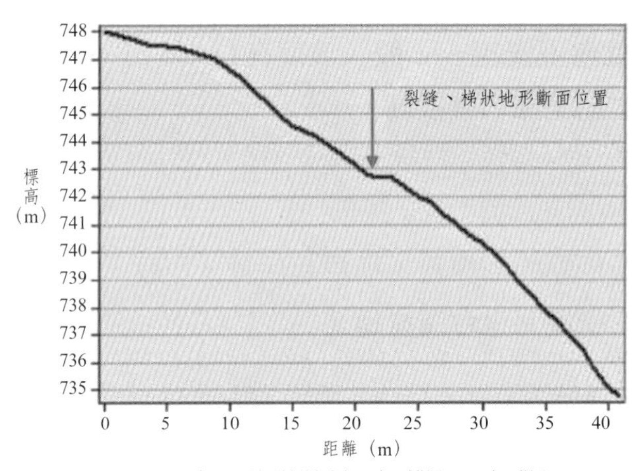

圖5-40 裂縫及階梯狀地形（斷面1）斷面圖

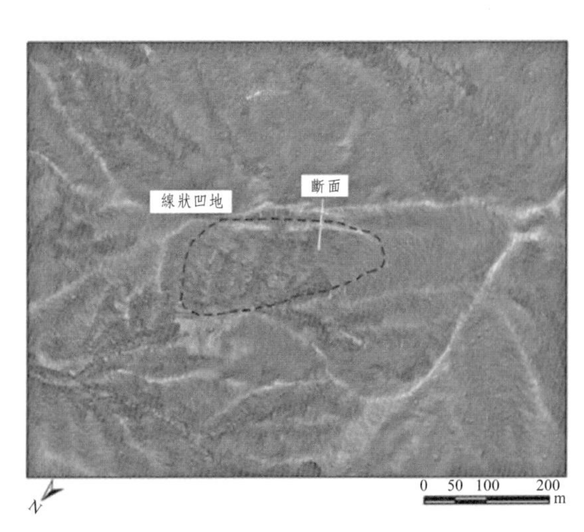

圖5-41 線狀凹地判釋圖

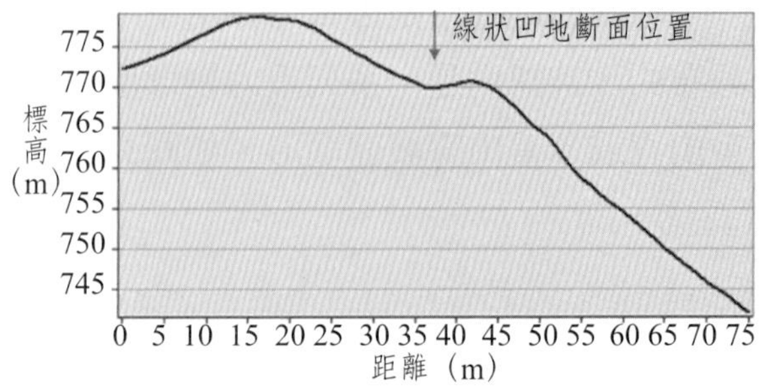

圖5-42線狀凹地斷面圖

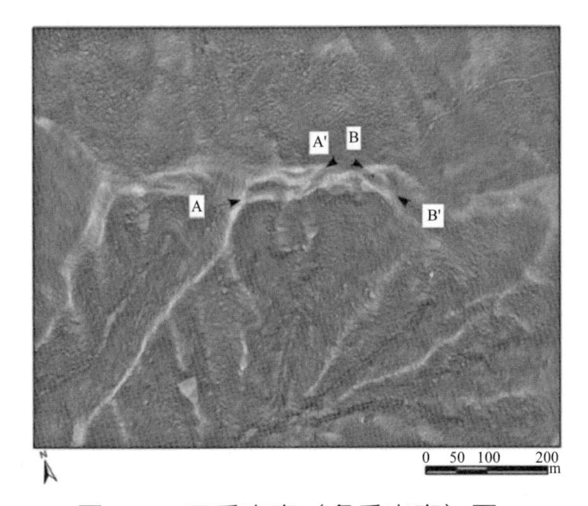

圖5-43 二重山脊（多重山脊）圖

圖5-44 二重山脊（多重山脊）判釋圖

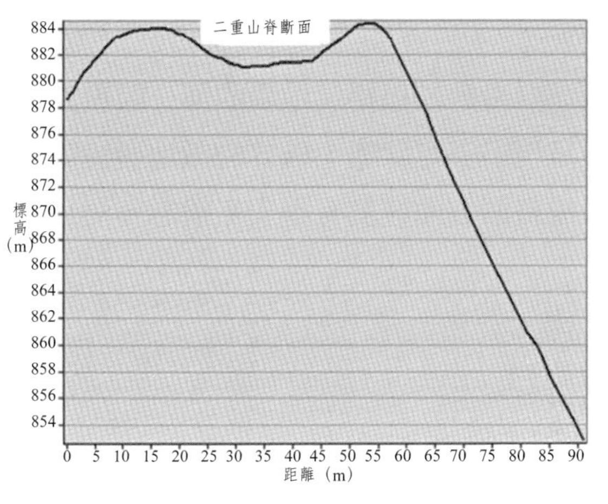

圖5-45 二重山脊（斷面1）斷面圖

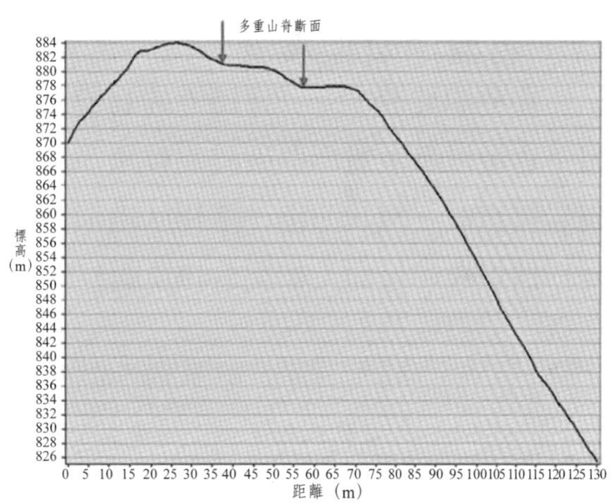

圖5-46 多重山脊（斷面2）斷面圖

六、崩崖

發生在坡面上的崩塌所形成的崖狀地形。

七、小型淺層崩塌

常發生在坡面底部，大部分是風化及地表水侵蝕所造成，如圖5-47及圖5-48所示。

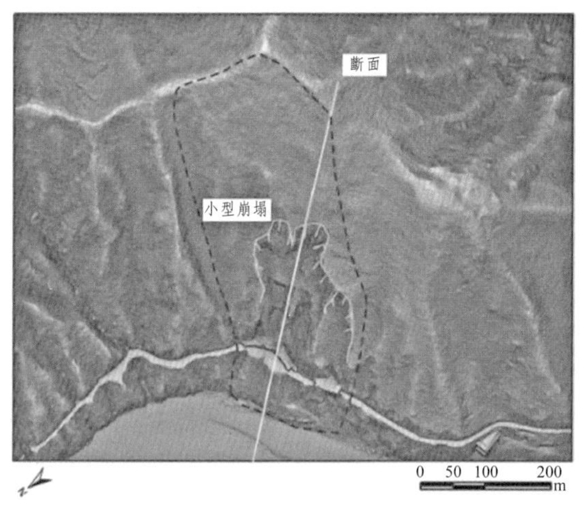

圖5-47 坡面上小型淺層崩塌判釋圖

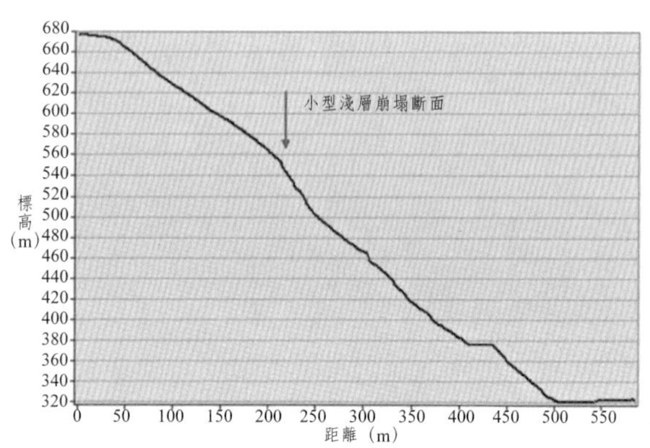

圖5-48 坡面上小型淺層崩塌斷面圖

八、岩盤潛變型坡面

在整個坡面上有一連續性的岩盤，目前並無滑動，但接近地表的部分因重力作用下會慢慢發生變形與破碎的現象，使坡面呈現不安定狀態，破碎的微地形特徵出現岩盤露頭、線狀凹地、階梯狀地形等，造成整個坡面坡度有不安定情形，而且不是一個平緩的坡面，如圖5-49及圖5-50所示。

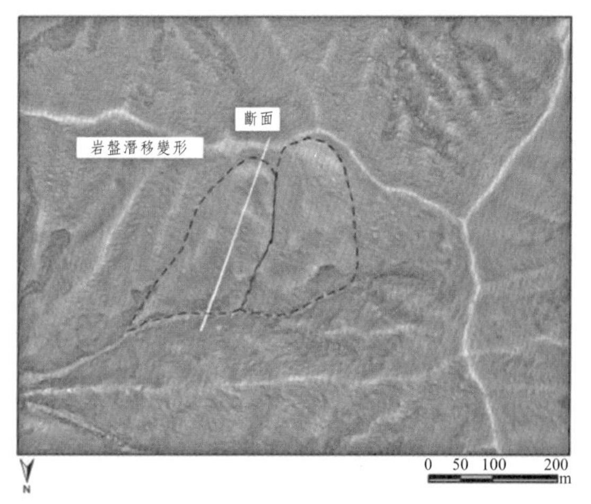

圖5-49 坡面上岩盤潛變變形判釋圖

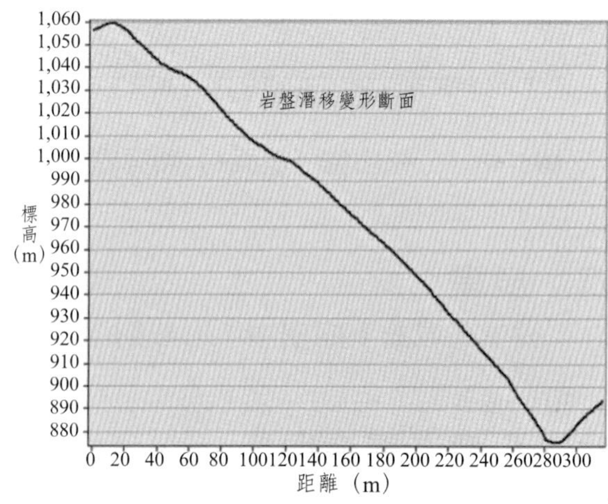

圖5-50 坡面上岩盤潛變變形斷面圖

九、山頂緩坡面

山頂山脊線周遭附近有一平緩地形，顯示先前遭遇侵蝕作用造成，形成一不安定地形，大部分發生在火山系地區居多，如圖5-51及圖5-52所示。

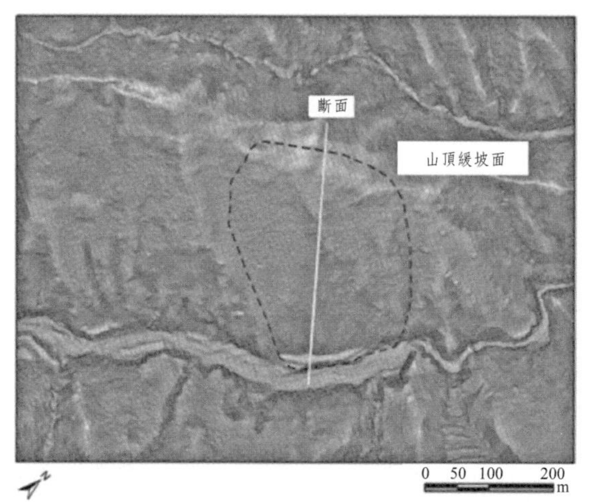

圖5-51　山頂緩坡面判釋圖

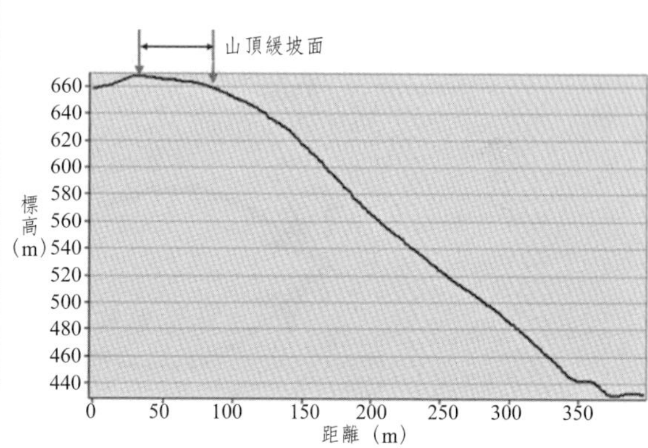

圖5-52　山頂緩坡面斷面圖

十、線性構造

爲一個潛在的地質結構，通常線性構造包括斷層、斷裂帶、岩脈、山脊鞍部、河谷等所產生的輪廓線。必須注意的是，線性構造必須從大範圍區域才可判釋出來，如圖5-53至圖5-54所示。

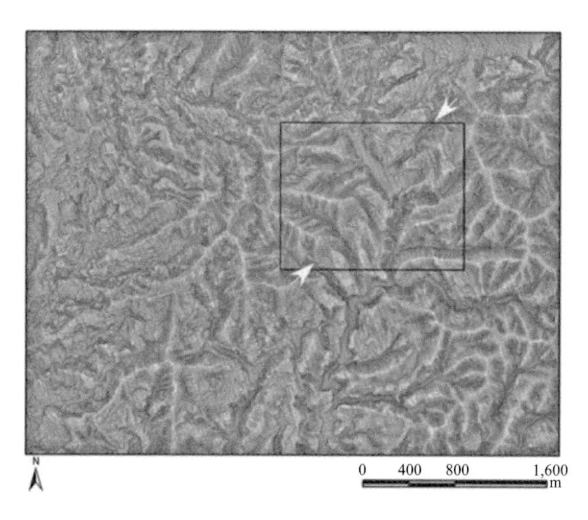

圖5-53　線性構造（黑色框內）圖

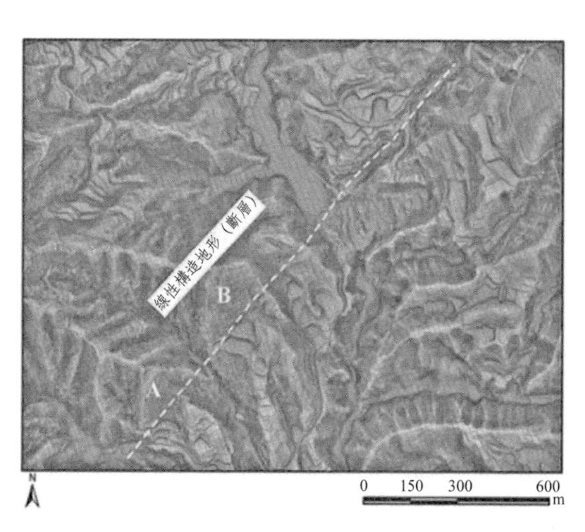

圖5-54　線性構造地形判釋圖

十一、坡面趾部侵蝕狀況

坡面趾部受溪流的侵蝕程度，包括強烈、稍強、弱、無等進行區分，如圖5-55所示。

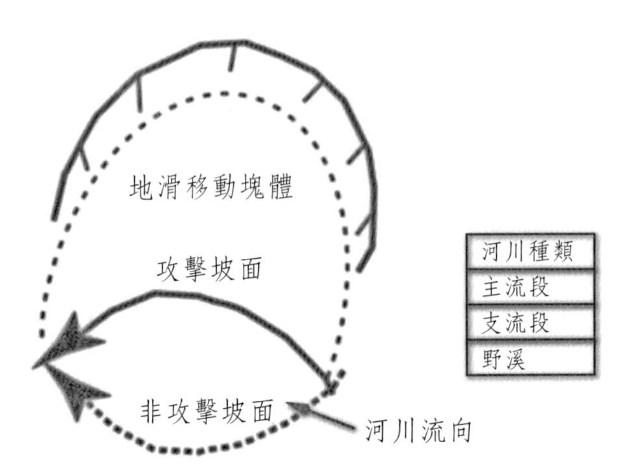

圖5-55　坡面趾部侵蝕狀況評估說明圖

十二、坡面側邊侵蝕狀況

坡面兩側（或單側）遭水流侵蝕而形成蝕溝，依其侵蝕程度進行潛勢度評估，如圖5-56所示。

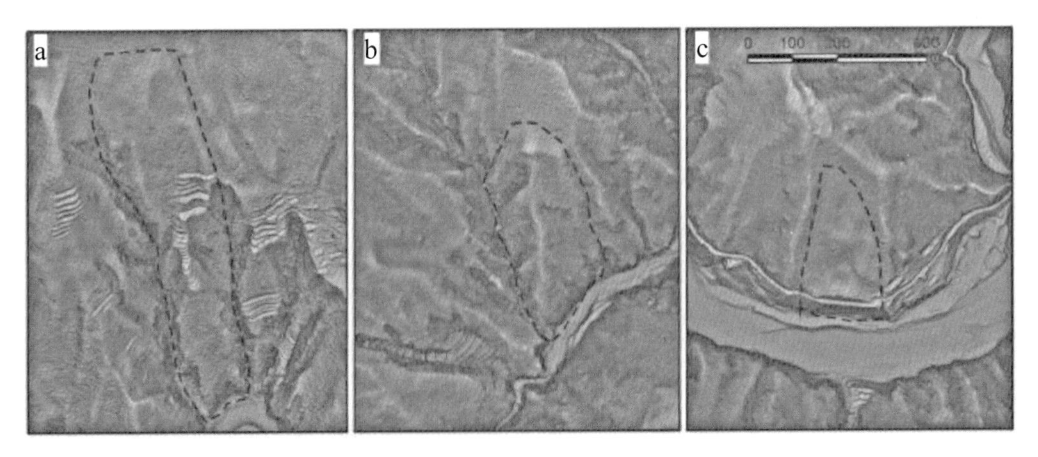

圖5-56　坡面側邊侵蝕狀況評估說明圖

十三、坡面趾部隆起形狀

坡面趾部隆起係地滑微地形的表徵，依其隆起程度給予不同潛勢度評估；若隆起地形陡峭且落差大，則潛勢度最高，如圖5-57所示。

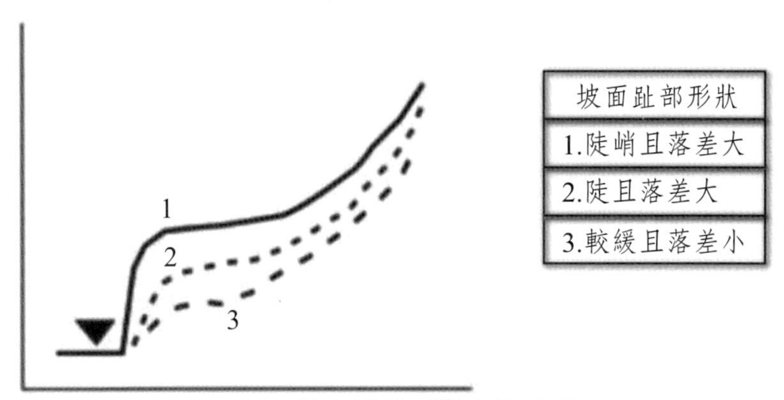

圖5-57　坡面趾部形狀評估說明圖

十四、地質條件

依據大規模崩塌的地質形態發生率給予不同程度的潛勢度評估，相較其他項目，本項條件的重要性偏低。

十五、地質構造

地層傾斜方向與坡面的傾斜方向在45°以內時，即爲順向坡。135～225°屬逆向坡，除此之外皆歸屬其他。在颱風或地震發生的大規模崩塌地多數是順向坡構造的坡面，如圖5-58所示。

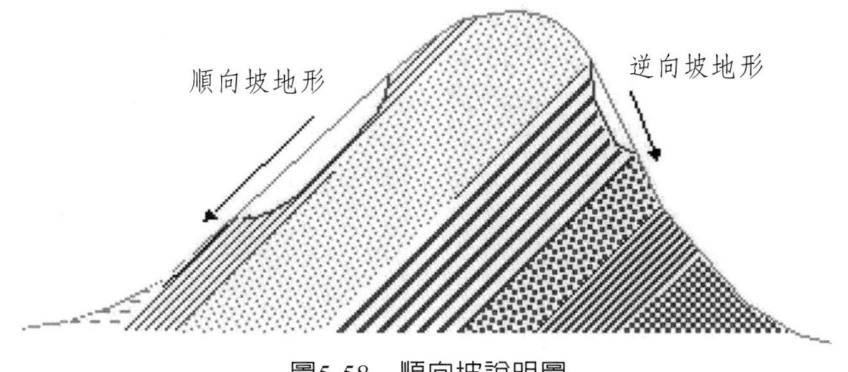

圖5-58　順向坡說明圖

十六、地滑地形

地滑地形的特徵是頂部有崩崖發生，中間部分是凹凸不平整的緩坡，下半部或底部有隆起的地形，如圖5-59及圖5-60所示。

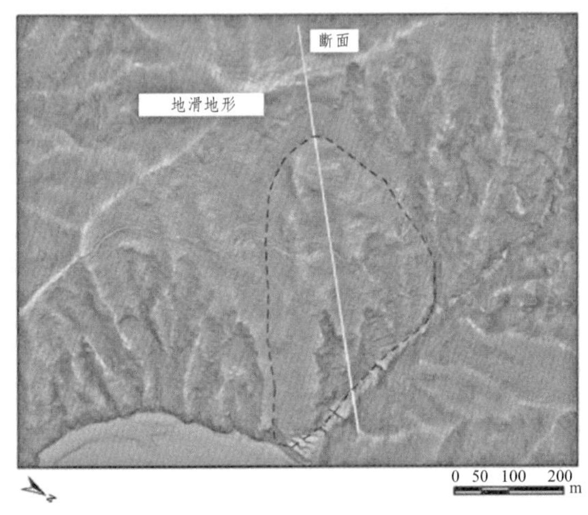

圖5-59　地滑地形判釋圖

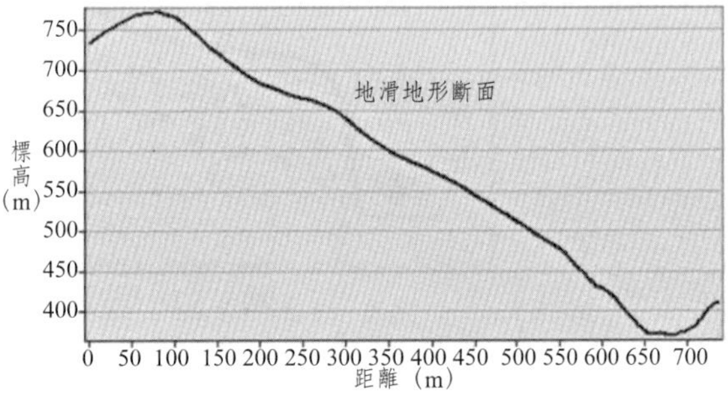

圖5-60　地滑地形斷面圖

十七、蝕溝

蝕溝是由週期性的水流在地表侵蝕所形成的溝槽，一般呈V字型。它的存在表明，坡面有地表水的侵蝕作用。在圈繪過程中沒有嚴密的，具體的規模標準，主要根據蝕溝新鮮程度來圈繪，如圖5-61及圖5-62所示。

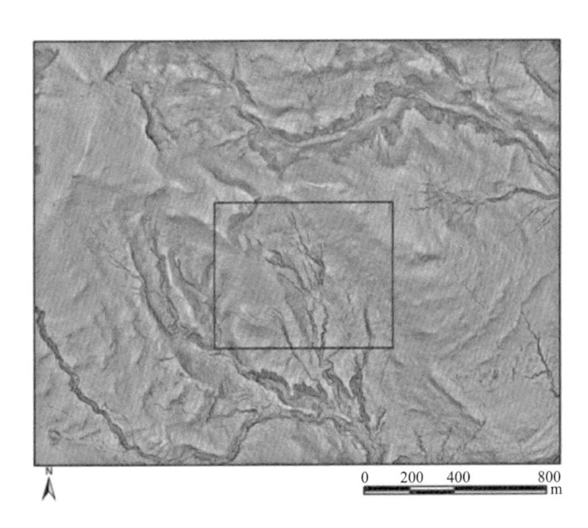

圖5-61　蝕溝地形（黑色框內）分析圖

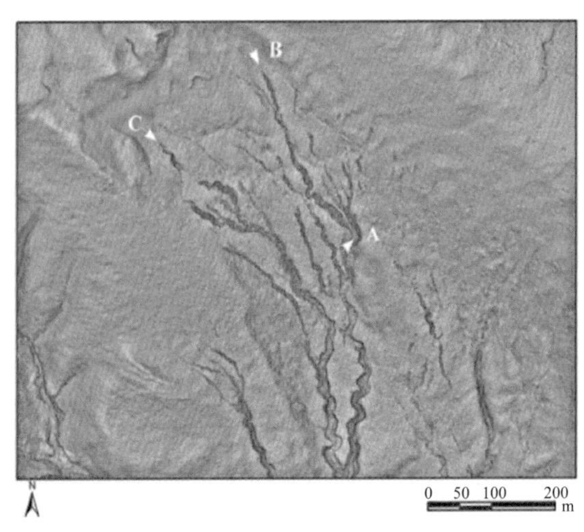

圖5-62　蝕溝地形放大分析圖

綜合以上各種微地形的判釋，並加以分級（計分四級），同時採用層級分析法給定各評估項目分級及其對應權重，如表5-9所示。表中，大規模崩塌評估各項目中，以坡面變形的影響最大，依次是坡面趾部侵蝕狀況、坡面趾部形狀、地質構造及坡面側邊侵蝕狀況等。因此，就已知坡面單元進行評估時，依獲得總分界定其潛勢度之高低，如表5-10所示。

總結上述微地形判釋方式，其中坡趾侵蝕程度及隆起形狀欠缺可量化之判釋標準，而地質條件異於臺灣地區，使在運用時必須加以精進。

表5-9　潛在大規模崩塌潛勢度判定（AHP）之評估項目與其階層構造及權重分析表

編號	第一級評估項目	第二級評估項目	第二級權重	第三級評估項目	第三級權重	第四級評估項目	第四級權重	評估權重分數總和（權重2*權重3*權重4）
1	大規模崩塌潛勢度判定	坡面形狀	0.024	凸型	0.633	-	-	0.015
				平緩型	0.261	-	-	0.006
				凹型	0.106	-	-	0.002
2		坡面傾斜	0.068	小於15度	0.085	-	-	0.006
				15～25度	0.140	-	-	0.009
				25～35度	0.233	-	-	0.016
				大於35度	0.542	-	-	0.037
3		坡面起伏	0.068	100m以下	0.067	-	-	0.005
				100～200m	0.148	-	-	0.010
				200～300m	0.291	-	-	0.020
				300m以上	0.494	-	-	0.033
4		坡面形變	0.253	裂縫、階梯狀地形	0.292	上半部	0.633	0.047
						中間部	0.260	0.019
						下半部	0.106	0.008
				線狀凹地、二重山脊	0.181	30m以上	0.724	0.033
						10～30m	0.193	0.009
						10m以下	0.083	0.004
				滑落崖	0.181	明顯	0.633	0.029
						不太明顯	0.260	0.012
						不明顯	0.106	0.005

編號	第一級評估項目	第二級評估項目	第二級權重	第三級評估項目	第三級權重	第四級評估項目	第四級權重	評估權重分數總和（權重2*權重3*權重4）
	大規模崩塌潛勢度判定			小型淺層崩塌	0.186	上半部	0.106	0.005
						中間部	0.260	0.012
						下半部	0.633	0.030
				岩盤潛移型坡面	0.113	-	-	0.029
				山頂緩坡面	0.026	-	-	0.007
				線性構造	0.026	-	-	0.007
5		坡面趾部侵蝕狀況	0.169	強烈	0.566	-	-	0.095
				稍強	0.274	-	-	0.046
				弱	0.113	-	-	0.019
				無	0.046	-	-	0.008
6		坡面側邊侵蝕狀況	0.113	兩側有溪流	0.615	-	-	0.070
				單側有溪流	0.319	-	-	0.036
				無溪流	0.066	-	-	0.007
7		坡面趾部形狀	0.165	陡峭且落差大	0.643	-	-	0.106
				陡且落差大	0.283	-	-	0.047
				較緩且落差小	0.070	-	-	0.012
8		地質	0.024	沉積岩 I（新第三紀）	0.131	-	-	0.003
				沉積岩 II（老第三紀）	0.205	-	-	0.005
				火山系	0.592	-	-	0.014
				花崗岩（包含變質岩）	0.072	-	-	0.002
9		地質構造	0.117	順向坡	0.738	-	-	0.086
				逆向坡	0.094	-	-	0.011
				其他	0.168	-	-	0.020

資料來源：日本林野廳（2015）

表5-10 潛勢度分級及其權重得分界定

等級區分	權重得分界定值
A	> 0.323
B	0.27～0.323
C	0.209～0.27
D	< 0.209

資料來源：日本林野廳（2014）

5-3-4-2 多因子分析模型

王成華及孔紀名（2001）從地形、地層岩性、斜坡構造外部及斜坡變形現狀等因子著手，應用數理統計、模糊數學與專家經驗相結合的綜合分析方法，採用黃金分割（golden section）的原理，建立了大規模崩塌發生的危險斜坡判別的指標體系和潛勢度判別模型。

一、危險斜坡判別指標

(一) 內部分子

大規模崩塌發生前危險斜坡判別的內部因子，包括地形、地層岩性及斜坡結構和構造等因子，缺一不可。

1. 地形因子：在大規模崩塌形成的地形因子中有實際意義的指標是坡高、坡度和坡形，如表5-11所示。

表5-11 地形因子

類型	項目	數值	說明
基本地形	相對坡高	> 300m	極有利於地滑的發生
		100～300m	有利於地滑的發生
		< 100m	一般較不會有地滑的發生
	平均坡度	> 45°	極有利於地滑的發生
		25～45°	有利於地滑的發生
		< 25°	一般較不會有地滑的發生

類型	項目	數值	說明
斜坡形態	縱向坡形	緩坡陡坡形（含階梯形斜坡）	有利於地滑的發生
		線狀陡坡形	一般較不會有地滑的發生
	橫向坡形	凸形坡	有利於地滑的發生
		平直坡	一般較不會有地滑的發生
		凹形坡	不會有地滑的發生

2. 地層岩性因子：地層岩性因子包括基本岩性、風化程度和斜坡岩性組合等，如表5-12所示。

表5-12　地層岩性因子

類型	說明
基本岩性	具脆性的堅硬岩（如花崗岩、石灰岩、砂岩和變質岩等）
	具脆性的軟岩（如半成岩、黃土等）
	一般軟岩土地層（黏性土、泥頁岩地層）
風化程度	強風化岩體：岩體錘擊即碎，成棕色碎屑
	弱風化岩體：岩體不易擊碎，但節理發育
岩性組合	軟硬相間順向坡（主指斜坡下部為軟地層）
	軟硬相間逆向坡
	同一岩性斜坡

3. 斜坡結構及構造：主要指可供斜坡發育成爲大規模崩塌的軟弱結構面。斷層直接作用的斜坡，軟弱結構面一般都會具備，其他環境中的斜坡岩體是否具備大規模崩塌發育所需的軟弱結構面，需進行詳細調查測量。按大規模崩塌發育所需軟弱結構面的完善程度分爲：

(1) 完善結構面。

(2) 較完善結構面。

(3) 幾乎缺少結構面，即可供地滑發育利用的結構面不明顯。

(二) 外部因子

與大規模崩塌發育有關的外部因子，包括地震、降雨量、地下水作用、削弱坡腳及加載作用等五項因子，其中降雨量和地震是個不確定因子，很難在一個具體地方確定其作用程度和指標，屬於動態因子。但它在大規模崩塌的形成和發生時間上，又是一個十分重要的外部條件。表5-13爲外部因子的判別原則。

表5-13　外部因子

類型	項目	說明
地下水作用	自然地下水作用	地下水強作用：有明顯地下水溢出
		地下水弱作用：無明顯地下水溢出
	滲漏地下水作用	強滲水作用：斜坡中、上部蓄水塘、池嚴重滲水
		弱滲水作用：斜坡中、上部蓄水塘、池無明顯滲水
削弱坡腳	河水沖刷坡腳	強沖蝕：流水頂沖
		弱沖蝕：流水側蝕
	人工開挖	高開挖：開挖高度10m以上
		低開挖：開挖高度10m以下
加載作用	自然加載	強加載：斜坡上段每年都有大量崩塌物壓在上面
		弱加載：斜坡上段每年有少量崩塌物下來
	人為加載	大量建築堆填：斜坡中上部建大量高樓大廈和建材物資倉庫
		少量建築堆積：斜坡上建有一般民用房屋

(三) 斜坡變形現狀

斜坡變形是大規模崩塌發育必要的過程，依據其變形現狀可分析判定危險斜坡的危險程度和大規模崩塌發育所處的階段。不僅如此，它還是危險斜坡判別的重要標誌和輔助手段。按斜坡變形程度可分爲：

1. 強變形斜坡：斜坡中、上段有明顯的弧形張力裂縫，且近期有加寬變形的現象；斜坡前緣有凸出或少量坍塌的跡象。斜坡體上房屋等設施也有少量變形。

2. 中強變形斜坡：斜坡體中、上段有延伸不十分明顯的弧形裂縫，近期也無明顯的加寬加深變形現象。
3. 弱變形斜坡：斜坡體近期無明顯變形裂縫，也無因斜坡變形引起的其他變形現象。

二、危險斜坡數理分析與判別模型

綜合以上各項指標及因子，應用數理分析判別法，將若干判別因子的定性分析轉化爲數量統計分析，這是一種定量的判別方法。

(一) 判別因子的作用分析

危險斜坡的判別因子可分爲三級：

1. 一級判別因子：係指危險斜坡判別的內部條件（因子）、外部條件（因子）和斜坡變形現狀因子，它們在危險斜坡判別中所起的作用是：內部條件 > 外部條件 > 斜坡變形現狀。
2. 二級判別因子：在每一個一級判別因子中，根據其作用類別可進行二級判別因子劃分。如內部條件中可分爲地形，地層岩性和斜坡結構構造等3個二級因子，它們在危險斜坡判別中的作用是：地形 > 地層岩性 > 斜坡結構、構造；參與危險斜坡判別的外部條件中的二級因子有3個：即地下水作用、削弱坡腳和加載作用等，在危險斜坡判別中，很難分出作用大小，故以作用等同對待。斜坡變形現狀僅有強弱之分，亦不進行二級因子劃分。
3. 三級指標：按上述劃分原理，將二級因子的每一類型，按其在地滑形成中的作用程度進行三級指標劃分。如地形因子中的坡度，地形平均坡度小於25°的斜坡一般不會形成地滑，就以這個指標爲基礎，將斜坡平均坡度分爲< 25°、25～45°、> 45°等三級。依此類推將其他二級因子中的三級指標逐一劃出。

(二) 因子權重與判別指標體系

1. 因子權重：因子權重是表示各因子在危險斜坡判別中的作用大小，是一個相對比較的數據，是定性分析過程的定量表示。其中，黃金分割法分析某一自然現象的形成時，有主要原因（因子）、有次要原因（因子），其數學分割可用0.618的比例係數進行分割。而地滑形成和發生前的危險斜坡判別，也存在主要、次要的問題，故可以採用黃金分割原理來確定各因子間比較關係和因子的權重。

2. 危險斜坡判別指標體系：按上述分析和因子權重的確定方法，若將危險斜坡判別的內部條件的權重定爲10，則外部條件的權重爲6.18，斜坡變形現狀因子的權重應爲3.82。同理，可將二級判別因子的權重分割出來。如內部條件中的地形、地層岩性和斜坡結構構造的作用指數分別爲5.00、3.09、1.91；外部條件中的地下水、削弱坡腳和加載作用等3個二級因子很難區分主、次，故採用等同平分處理，3個二級因子的權重皆爲2.06。用同樣的分割原理，將危險斜坡判別的三級因子的權重分割出來，如表5-14所示。

表5-14　大規模崩塌危險斜坡判別指標體系

<table>
<tr><th>一級指標</th><th>二級指標</th><th colspan="3">三級指標</th></tr>
<tr><td rowspan="16">內部因子
10.0</td><td rowspan="11">基本地形
5.00</td><td rowspan="3">相對坡高
1.91</td><td>>300m</td><td>1.91</td></tr>
<tr><td>100～300</td><td>1.18</td></tr>
<tr><td><100m</td><td>0.73</td></tr>
<tr><td rowspan="3">平均坡度
1.18</td><td>>45°</td><td>1.18</td></tr>
<tr><td>25～45°</td><td>0.73</td></tr>
<tr><td><25°</td><td>0.45</td></tr>
<tr><td rowspan="5">斜坡形態
1.91</td><td rowspan="2">縱向坡形
1.18</td><td>緩坡陡坡形（含階梯狀陡坡）1.18</td></tr>
<tr><td>線狀陡坡形　0.73</td></tr>
<tr><td rowspan="3">橫向坡形
0.73</td><td>凸形　0.78</td></tr>
<tr><td>平直　0.45</td></tr>
<tr><td>凹形　0.28</td></tr>
<tr><td rowspan="5">地層岩性
3.09</td><td rowspan="3">基本岩性
1.55</td><td colspan="2">具脆性堅硬岩 1.55</td></tr>
<tr><td colspan="2">具脆性軟岩 0.96</td></tr>
<tr><td colspan="2">軟岩土地層 0.59</td></tr>
<tr><td rowspan="2">風化程度
0.95</td><td colspan="2">強風化 0.95</td></tr>
<tr><td colspan="2">弱風化 0.59</td></tr>
</table>

一級指標	二級指標	三級指標	
		斜坡岩性組合 0.59	軟硬相間順向坡 0.59
			軟硬相間逆向坡 0.36
			同一岩性斜坡 0.23
	岩層結構、構造 1.91	完整結構面 1.91	
		較完整結構面 1.18	
		缺少結構面 0.73	
外部因子 6.18	地下水作用 2.06	自然地下水作用 1.08	地下水強作用 1.03
			地下水弱作用 0.64
		滲漏地下水作用 1.03	強滲水作用 1.03
			弱滲水作用 0.64
	削弱坡腳 2.06	河水沖蝕 1.03	強沖蝕 1.03
			弱沖蝕 0.64
		人工開挖 1.03	強開挖 1.03
			弱開挖 0.64
	加載作用 2.06	自然加載 1.03	強加載 1.03
			弱加載 0.64
		人為加載 1.03	大量建築物堆積 1.03
			少量建築物堆積 0.64
斜坡變形現狀 3.82	強變形斜坡 3.82		
	中強變形斜坡 2.36		
	弱變形斜坡 1.46		

3. 危險斜坡的判別模型

令A_i^j表示某一級之判別因子，由內部因子相對坡高至斜坡變形現狀，共選了15個因子，故$i = 1、2、3、\cdots、15$，而j表示每個因子作用程度分級，如相對坡高分爲三級，則j爲1、2及3；地下水作用分爲強作用和弱作用二級，則j爲1及2。對任何一個斜坡都可用表5-14所列的指標體系建立危險斜坡判別因子的權重集，即

$$A_i^j \rightarrow A_1^j、A_2^j、\cdots、A_{15}^j \quad (5.13)$$

已知斜坡發生大規模崩塌的潛勢度大小，可以表爲

$$DS = \sum_{i=1}^{15} A_i^j / \sum_{i=1}^{15} N_i = (A_1^j + A_2^j + \cdots + A_{15}^j) \sum_{i=1}^{15} N_i \quad (5.14)$$

式中，DS = 斜坡發生大規模崩塌潛勢度；$\sum_{i=1}^{15} N_i$ = 15個判別因子權重之和，由表5-14得知，$\sum_{i=1}^{15} N_i = 20$。上式爲斜坡發生大規模崩塌潛勢度判別模型，據調查歸納結果顯示，大規模崩塌發生的斜坡潛勢度可分爲三級，即

(1) 高潛勢（極危險）斜坡，$DS > 0.7$。

(2) 中潛勢（危險）斜坡，$DS = 0.4 \sim 0.7$。

(3) 低潛勢（相對穩定）斜坡，$DS < 0.4$。

5-3-5 大規模崩塌崩滑距離（runout）或危害範圍推估

大規模崩塌或淺層崩塌的防治問題，不僅要解決坡體穩定性問題，同時對於確定的滑動體因客觀因素而不能使其穩定時，在一定的邊界條件還需要作出影響範圍的預測，以維護保全對象之安全。因此，大規模崩塌災害防治需要先行探討其破壞後滑動體所能達到的最遠距離，提供作爲圈繪其影響範圍之重要依據。依據推估方式可概分爲經驗模型、質點運動解析及數學模擬等方式。

一、經驗模型法

經驗模型法係通過對崩塌（含大規模及淺層崩塌）的幾何特徵（如坡高、坡度、滑距、體積等）的統計分析，推估崩塌滑動距離（L，即崩塌後緣冠部拉裂面頂點至滑動體堆積的水平距離）的經驗公式。日本砂防學會（1992）指出，大規模崩塌及地滑滑動距離與其所在坡面坡度有關，如圖5-63所示。目前比較常用的典型經驗推估方式係以接觸角（α，reach angle）模型（Scheidegger, 1973；Li, 1983；Corominas, 1996）爲主，如圖5-64所示。

接觸角係指崩塌源區與塊體運移最遠距離的連線與水平面的夾角，即等價摩擦係數（angle the equivalent coefficient of friction）（$= H/L$；H = 崩塌後緣冠部拉裂面頂點至滑動體堆積面的垂直落差）。據大量研究發現，不論是大規模崩塌或是較小規模的淺層崩塌（含落石），其接觸角與崩塌體積存在如下式之關係，即

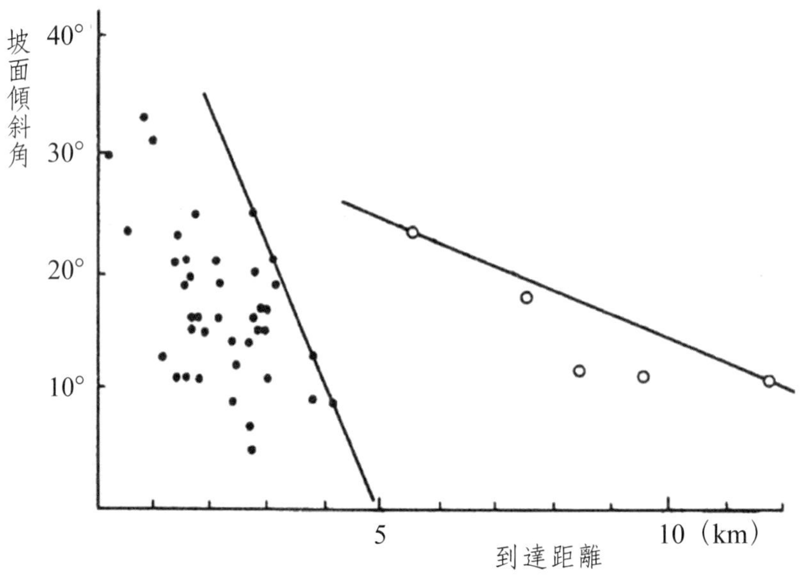

圖5-63 大規模崩塌及地滑滑動距離與其所在坡面坡度關係示意圖

資料來源：日本砂防學會，1992

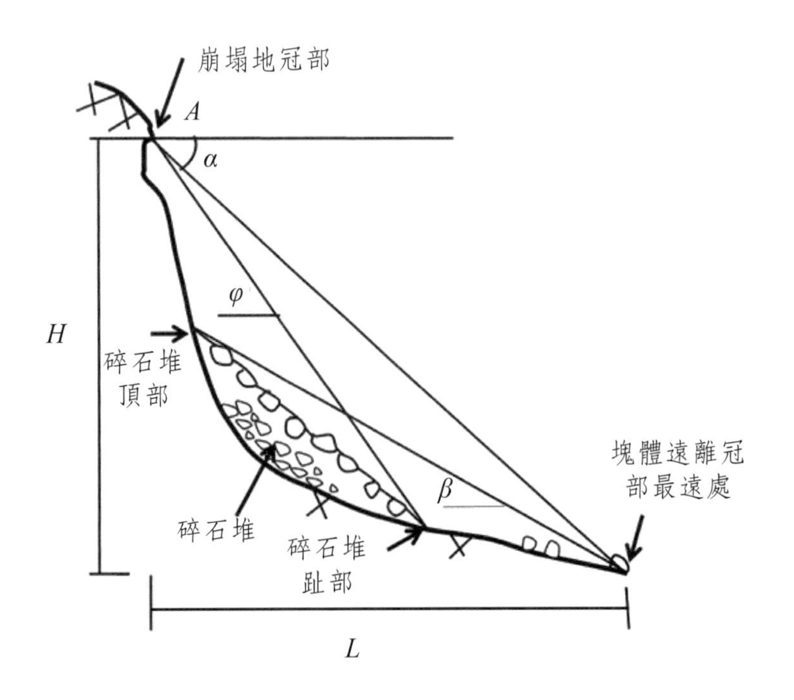

圖5-64 接觸角模型

$$\log \tan\alpha = A + B \log V \quad (5.15)$$

式中，V = 滑動體體積（10^3m^3）；A、B = 常數。如表5-15爲幾位研究者提出的推估公式。其中，Scheidegger（1973）係統計了世界上33個大規模崩塌的資料，建立的推估關係式。該法值得參考的是，以不同類型大規模崩塌爲基礎資料，建立的同類型崩塌地或地滑地的統計回歸公式，針對性很強。

表5-15　式（5.15）中係數及值

研究者	A	B	R
Scheidegger, 1973	0.624	–0.1567	0.82
Li Tianchi, 1983	0.664	–0.1529	0.78
Nicoletti & Sorriso-Valvo, 1991	0.527	0.0847	0.37
Corominas, 1996 (mean)	–0.047	–0.085	0.79

Jaiswal et al.（2011）應用印度Nilgiri地區55筆地滑資料，獲得其滑動距離與滑動體體積之關係，即

$$L = V^{0.55} \quad (5.16)$$

式中，V = 滑動土體體積（m^3），介於100～100×10^3m^3；L = 滑動距離（m），介於45～560m之間。

上述各推估公式皆建立在滑動土體體積（V）及（或）其崩塌後緣冠部拉裂面頂點（即圖5-72中A點）爲已知的先決條件下，在實務應用上是存在一定的困難度。因此，日本脅森寬（1989）避開滑動土體這一因素，而利用33個不同滑動體積地滑地之實測資料，提出一種地滑滑距預測公式，即

$$\frac{H}{L} = 0.73 \tan\varphi - 0.07 \quad (5.17)$$

式中，φ = 發源區坡度角，爲崩塌後緣冠部拉裂面頂點至坡腳的連線與水平線之夾角，如圖5-72所示。同時，他也分析滑動土體體積自10至10^9m^3的地滑地資料，提出了與式（5-15）類似的公式，即

$$\log(\frac{H}{L}) = -0.094 \log V + 0.1 \quad (5.18)$$

式中，V = 滑動土體體積（m^3）。此外，Davies（1982）和Li（1983）亦粗略地提出大規模崩塌碎屑可能淤埋的面積（A_H），即

$$\log A_H = 1.9 + 0.57\log(V) \tag{5.19}$$

水土保持局（大規模崩塌防減災技術發展與應用，2015）則是參考Scheidegger（1973）公式作爲推估大規模崩塌之最大滑動距離，而式中崩塌體積以下列公式推估之，即

$$V = 0.1025\ A^{1.401} \tag{5.20}$$

式中，V = 滑動土體體積（m^3）；A = 崩塌面積（m^2）。另，建議大規模崩塌土體之最大堆積寬度（W_{max}）約等於崩塌地寬度（W_L）的1.5～2.0。

日本國土交通省防砂部（土砂災害警戒區域等における土砂災害防止対策の推進に関する法律施行令，2001）在土砂災害防止法中，對於可能發生崩塌災害的陡坡地（坡度30°以上，且坡高5m以上的邊坡），亦採用類似接觸角模型概念，建議將可能的影響範圍劃分爲土砂災害警戒區域（黃色警戒區）及土砂災害特別警戒區域（紅色警戒區），如圖5-65所示。其中，緊鄰陡坡地上游面10m的範圍內，以及陡坡地下游堆積平面，2倍陡坡地高度的距離（以50m爲限），皆屬土砂災害警戒區域；若陡坡地發生崩塌時，其土石移動對建築物及居民生命具顯著危害的區域，即爲土砂災害特別警戒區域。

對於地滑區域，則建議以地滑區址部起算一個地滑長度（L）（不超過250m）之範圍，爲其最大滑動距離，屬於土砂災害警戒區域，如圖5-66所示。圖中，設定址部下游60m範圍內爲土砂災害特別警戒區域。

類似的作法，如香港土木工程拓展署土力工程處（2016）根據香港地區山坡山泥傾瀉災害的歷史災點所做的分析結果，如圖5-67所示。

國內部分，相關研究並不多。農業委員會水土保持局（集水區整體調查規劃工作參考手冊，2010）從地形圖上判釋崩塌地的所在位置，並依據崩塌地影響範圍及其範圍內保全對象類型，將該崩塌地危險度劃分爲A、B、C及D等四級；其中，A級爲急需處理、B級爲需處理、C級爲暫緩處理及D級爲自然復育等，各級區分如表5-16及圖5-68所示。

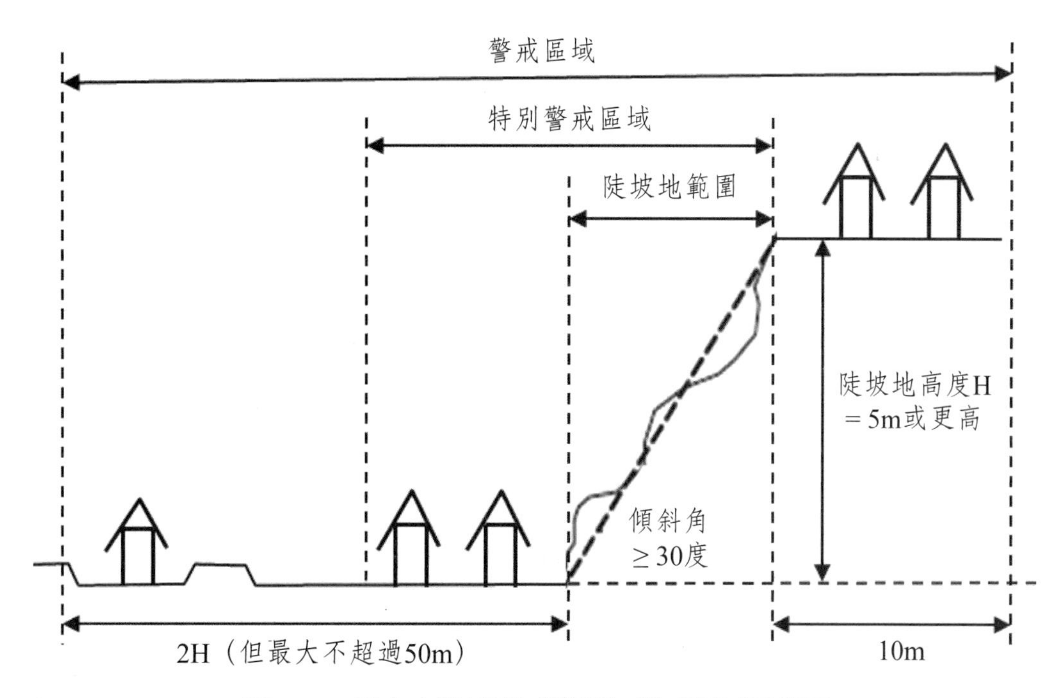

圖5-65　日本土砂災害（崩塌）警戒區域示意圖

資料來源：日本國土交通省防砂部，2001

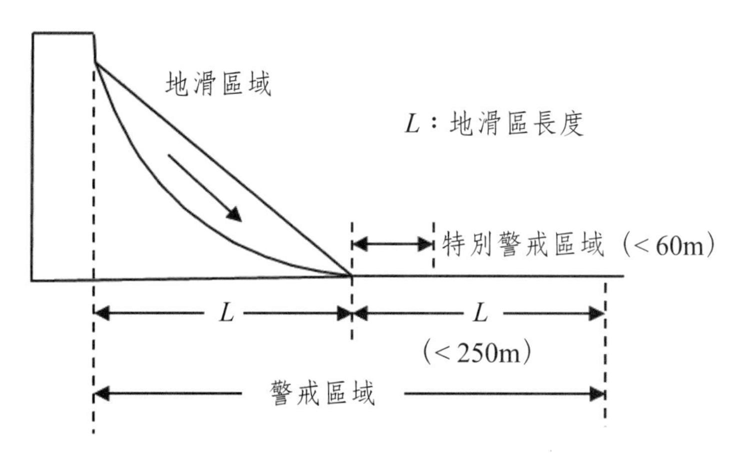

圖5-66　日本地滑警戒區域示意圖

資料來源：日本國土交通省防砂部，2001

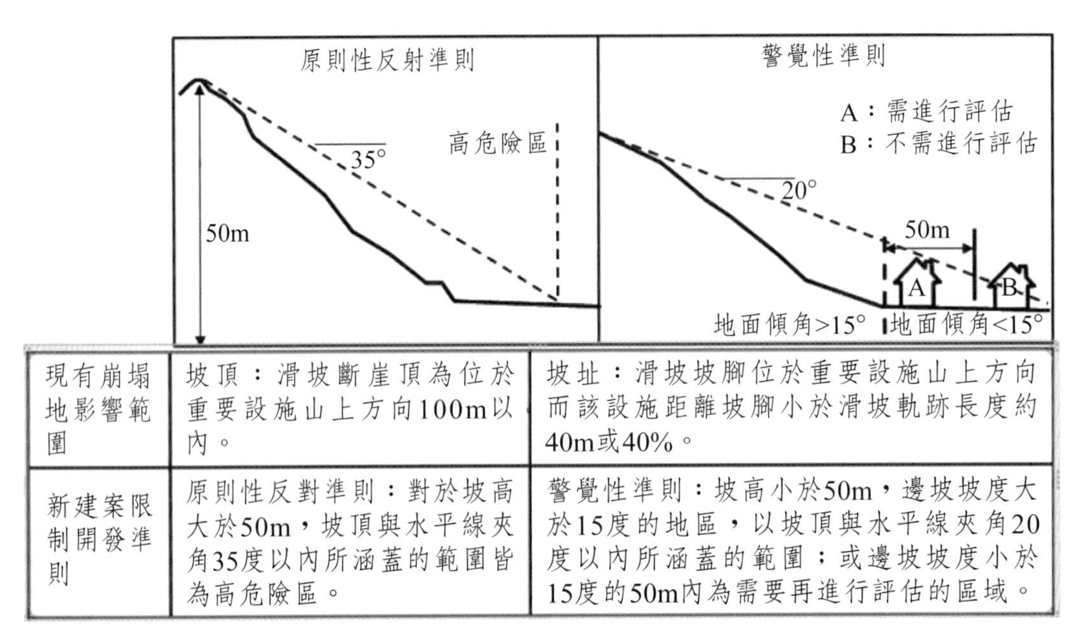

現有崩塌地影響範圍	坡頂：滑坡斷崖頂為位於重要設施山上方向100m以內。	坡址：滑坡坡腳位於重要設施山上方向而該設施距離坡腳小於滑坡軌跡長度約40m或40%。
新建案限制開發準則	原則性反對準則：對於坡高大於50m，坡頂與水平線夾角35度以內所涵蓋的範圍皆為高危險區。	警覺性準則：坡高小於50m，邊坡坡度大於15度的地區，以坡頂與水平線夾角20度以內所涵蓋的範圍；或邊坡坡度小於15度的50m內為需要再進行評估的區域。

圖5-67　香港山泥傾瀉災害現有崩塌地及新建案限制開發示意圖

資料來源：土木工程拓展署土力工程處，2016

表5-16　崩塌地危險度分級準則

與崩塌距離		左述範圍內設施種類			
下邊坡	上邊坡	公共設施（或聚落）		一般建築	其他
＜2H	＜1H	A	B	C	D
2H～5H	1H～3H	C		D	
A級	崩塌體上邊坡冠部起算至H範圍以內，或下邊坡趾部起算至2H範圍內，若有公共設施（如道路、醫院、學校等）、聚落或社區，且經現場調查該崩塌地活動徵兆明顯者。				
B級	崩塌體上邊坡冠部起算至H範圍以內，或下邊坡趾部起算至2H範圍內，若有公共設施，惟活動徵兆不明顯者。				
C級	崩塌體上邊坡冠部起算至H範圍以內，或下邊坡趾部起算至2H範圍內，若有一般建物（非公共設施或聚落，如農舍、工寮、倉庫等）；或距離崩塌體上邊坡1H～3H間，或距下邊坡趾部2H～5H間，若有公共設施者。				
D級	凡不屬於前述狀況者。				
註：H＝坡面坡度變化點至地面之高度差。					

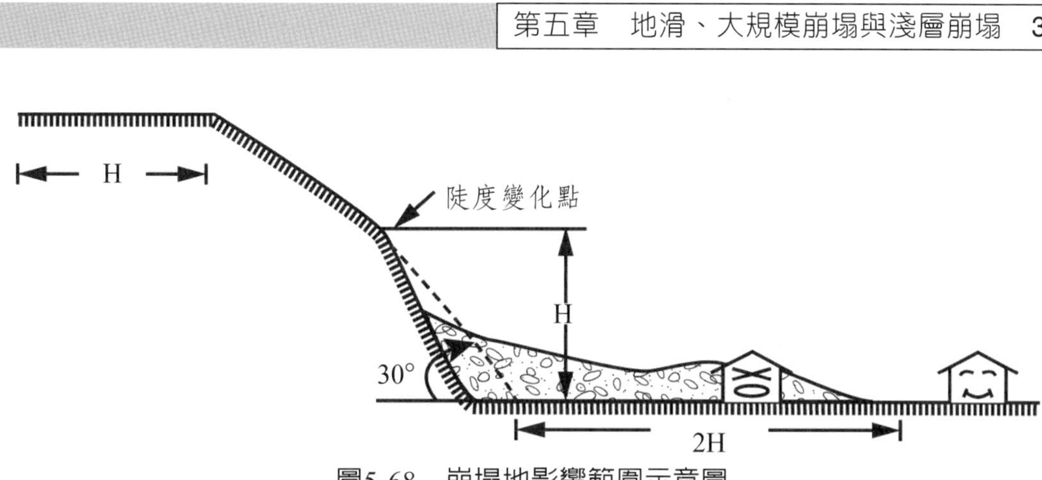

圖5-68　崩塌地影響範圍示意圖

資料來源：農業委員會水土保持局，集水區整體調查規劃工作參考手冊，2010

上述各經驗模型通常比較簡單，易於運用，模型所需要的數據也比較容易獲得。但經驗模型只能對崩塌的運移路徑或滑動距離作出簡單的推估，且模型的推估預測結果與實際狀態有時並不能很好地吻合；另外，由於不同研究區的地質和地形環境存在差異，經驗模型的通用性較差。

二、質點運動解析法

質點運動解析法係通過求解崩塌體滑動過程中的物理控制方程（如質量守恆、能量守恆等）確定崩塌土體崩滑距離。滑動摩擦模型是比較常見的解析法，它是將崩塌土體視爲質點，認爲崩塌土體運動過程中的動能消耗於克服摩擦力所作的功，即

$$\frac{1}{2}\frac{dv^2}{ds} = g(\sin\theta - \tan\phi_b \cos\theta) \qquad (5.21)$$

$$\tan\phi_b = (1 - r_u)\tan\theta \qquad (5.22)$$

式中，v = 滑動速度；s = 運移距離；θ = 坡面傾角；ϕ_b = 崩塌土體與底床接觸面之有效摩擦角；ϕ = 崩塌土體與底床接觸面之內摩擦角；g = 重力加速度；r_u = 孔隙水壓力係數。曾裕平（2009）以高位地滑破壞而產生大規模崩塌的假想條件，建立整體無碰撞及碰撞模型之滑動距離推估模式：

(一) 整體無碰撞模型：這類地滑的地形條件佳，包括坡面順直、坡度較緩及連續滑動條件，坡腳和水平地面相接或很近，滑動體的運動不存在或少有崩落現象，其滑動距離（ℓ）可表爲

$$\ell = f\,(\frac{1}{f} - \cot\theta) \qquad (5.23)$$

式中，f = 摩擦係數（= $\tan\phi$；ϕ = 滑動路徑內摩擦角或安息角）；θ = 斜坡傾角，如圖5-69所示。上式，係通過一定的簡化過程所建立，故必須符合以下假設條件：

1. 滑動體運動過程中，整體運動，一起下滑。
2. 滑動體屬於剛體，體積不變。
3. 滑動過程中，岩（土）體與底面的摩擦係數爲定值。
4. 不計滑動過程的能量損失。

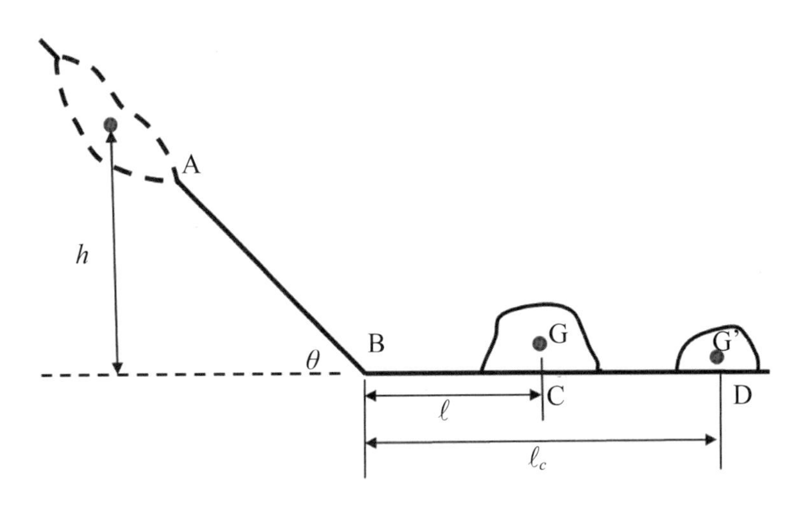

圖5-69　高位地滑滑動模型（碰撞及無碰撞）

資料來源：曾裕平，2009

(二) 整體碰撞模型：這類地滑的地形條件亦佳，坡面順直，具有連續滑動的條件，但坡度較陡，滑動體在坡腳B點發生碰撞，並解體如圖5-69所示。圖中，D點爲解體後的滑動體運動的最遠距離，則滑動體滑動滑至B點速度及滑動距離可分別表爲

$$v = \sqrt{2\,g\,h(1 - \frac{f}{\tan\theta})} \qquad (5.24)$$

$$\ell_c = \frac{v_1^2}{2\,g\,\mu} = h(\frac{1 - f\,\cot\theta}{\mu})(\frac{\lambda\cos\theta + \sqrt{\sin^2\theta\,\rho(\lambda - \lambda^2)}}{\lambda})^2 \qquad (5.25)$$

式中，v = 滑動體到達坡腳B的速度；h = 滑動體重心高度；μ = 地面滾動摩擦係數，如無滾動時，$\mu = f$；λ = 解體後較小滑動體係數（= 0.3～0.5）；ρ = 能量恢復係數，如表5-17所示。其中，地面滾動摩擦係數μ可依斜坡坡度推估，即

$$\mu = \begin{cases} 0.41 + 0.043\,\theta & 0 < \theta \le 30^\circ \\ 0.543 - 0.048\,\theta + 0.000162\,\theta^2 & 30^\circ < \theta \le 60^\circ \\ 1.05 - 0.0125\,\theta + 0.0000025\,\theta^2 & 60^\circ < \theta \le 90^\circ \end{cases} \qquad (5.26)$$

表5-17　恢復係數

順序	山坡表層覆蓋物情況	恢復係數
1	基岩外露	0.7
2	密實的岩塊堆積層	0.5
3	長有草皮的光滑坡面	0.3
4	鬆散的坡積層，堆積層等	0.3
5	基岩埋藏不深（≤ 0.5m）的山坡	0.5

通過以上理論推導結果顯示：

1. 坡度愈緩，滑動距離愈小，當坡度緩至一定程度時，滑動距離爲負值，說明坡體不能下滑。
2. 坡體愈高，滑動距離愈大；愈低，滑動距離愈短。
3. 摩擦係數愈大，滑動距離愈短；反之，滑動距離愈遠。
4. 碰撞時的滑動距離與恢復係數和碰撞解體係數有關。恢復係數愈大，距離愈遠；解體後較小滑動體係數愈小，滑動距離愈遠。

上述質點運動解析模型將崩塌土體視作一個質點，在模型的構建過程中沒有考慮崩塌土體的體積，且計算參數的選取對預測結果的準確性存在重要影響。

三、數值模擬法

數值模擬法係通過對崩塌發生和運移的一系列控制方程〔如應力平衡方程、應變協調方程、岩（土）體本構關係、邊界條件等〕進行數值求解，確定崩塌發生的速度、位移、應力、應變等物理量。目前使用的數值計算方法主要有基於連續

介質的應力應變分析方法和基於非連續介質的應力應變分析方法。其中，基於連續介質分析方法的主要包括有限元素法（FEM）和快速Lagrangian（FLAC）分析法；基於非連續介質分析方法的主要有離散元素法（DEM）、不連續變形分析法（DDA）等。

5-4 淺層崩塌

陡峻邊坡上節理比較發育的岩（土）體沿著某個面很小或沒有剪切位移的情況下從邊坡分離下移的過程，稱爲淺層崩塌（shallow landslide）。崩塌的過程表現爲岩（土）體順坡猛烈翻滾、跳躍並發生撞擊，最後堆積於坡腳形成崖錐（talus）。根據經濟部水利署北區水資源局（石門水庫集水區產砂量推估與數位式集水區綜合管理研究計畫，2008）研究結果顯示，應用放射性核種方法進行現場土壤樣本探討石門水庫白石溪與三光溪集水區產砂量來源發現，白石溪集水區（108km^2）主要泥砂來源爲崩塌地，占73%；土壤沖蝕量108,346 ton/yr占該集水區總產砂來源13%；蝕溝占11%。三光溪集水區（104km^2）淨土壤沖蝕量69,809 ton/yr，占該集水區2007年總產砂38.0%；崩塌地產砂量54.0%；蝕溝產砂9.0%。由此可知，崩塌爲集水區土砂的主要來源，它對於集水區坡面穩定和河道沖淤變遷問題起著重要的影響地位。

5-4-1 崩塌成因與影響因素

崩塌是邊坡岩（土）體被某些誘發因素激發失穩產生滑動的一種地質現象，是地質災害的主要類型，尤其以暴雨引發崩塌數量最多，其中淺層崩塌分布最廣，對區域穩定、安全及環境生態影響也最大。總體而言，崩塌發育過程係暴雨或連續降雨過程迅速抬高地下水位，一方面增加了潛在崩塌體的重量，另一方面裂縫或結構面含水飽和後，其間的抗拉、抗剪強度大爲降低，引發岩（土）體的崩塌下滑；此外，暴雨期間因河道水流水位抬高，流速大增，使得河岸土體淘刷而導致河岸土體崩滑。因此，引發坡面岩（土）崩塌的主要因素可區分爲潛在因素與誘發因素，而誘發因素又包含自然因素與人爲因素兩種。

一、潛在因素

(一) 地質條件：構成斜坡岩體的岩性、斷層、節理、裂隙等的發育程度，對崩塌發生有直接的影響。在斷層、節理、裂隙發育的斜坡上，岩石破碎，很容易發生崩塌；當位處順向坡之岩層，常沿著其層面發生崩塌；軟硬岩性的岩層相間時，較軟的岩層容易風化形成凹坡，堅硬岩石形成陡壁或突出成懸崖，也易發生崩塌。詹勳全等（2015）統計分析2004至2010年間181處淺層崩塌區位的地質分布特性發現，181處崩塌地主要分布於19種地質岩性，其中北區以廬山層為主要崩塌地發生之地質、中區為四稜砂岩、南區為三峽群及其相當地層、東區則為廬山層及大港口層；整體而言，地質為三峽群及其相當地層者，占整體崩塌地之25.97%，其次為廬山層之15.47%，由於三峽群及其相當地層主要為砂岩、頁岩及砂頁岩互層，且頁岩部分膠結情形較弱，材料強度較低，易風化破碎，而廬山層主要為硬頁岩、板岩、千枚岩及硬砂岩互層，岩體強度受劈理控制，部分地區易破碎風化，顯示崩塌發生與地質特性有相當的關聯性。

(二) 地形因素：地形因素以斜面坡度及高程兩項因素對崩塌的影響最為明顯。當坡度達到一定角度時，斜坡岩（土）體切向分力能克服摩擦力而向下運動，如圖5-70所示；但是岩層的強度愈高，才能存在於陡峻的坡面，其發生崩塌的機率就愈低；這表明，易發崩塌的坡度應介於某一範圍，高於或低於該範圍者，其發生崩塌的機會就會大為降低。根據日本調查結果顯示，以坡度介於30～50度之間發生崩塌的次數最高（土質工學會，1986）；Keefer（2000）及Parise and Jibson（2000）針對1989美國加州地震誘發崩塌的邊坡坡度多介於30～40度；Fuchu et al.（1999）在火成岩地區的研究中發現，邊坡坡度介於30度至40度間最容易發生崩塌；李德河（1996）針對阿里山公路低海拔路段的調查發現，自然邊坡發生崩壞處大約介於30度到70度間，其中以40度至44度間最多，45度到59度間次之。而經過人工開後整地後的邊坡崩塌處較少，但崩塌地的發生坡度卻有降低的趨勢，以30度到34度間最多；鍾育櫻（2005）研究陳有蘭溪集集地震後之崩塌，指出桃芝颱風崩塌地多位於坡度50度以上與20度以下之坡面。詹勳全等（2015）統計分析2004至2010年間181處淺層崩塌區位分布特性結果發現，坡度50度以下占全部崩塌地之87.3%，尤其30～

40度更高達32.0%，且20～30度間亦占29.3%，如圖5-71所示。陳聯光等（2010）歸納莫拉克颱風崩塌地的坡度分布亦發現，坡度介於20～50度間約占全部崩塌地之80%，尤其是30～40度更高達35%。由此可知，崩塌好發坡度應介於30～40度之間，而坡度50度及20度爲其上、下限。

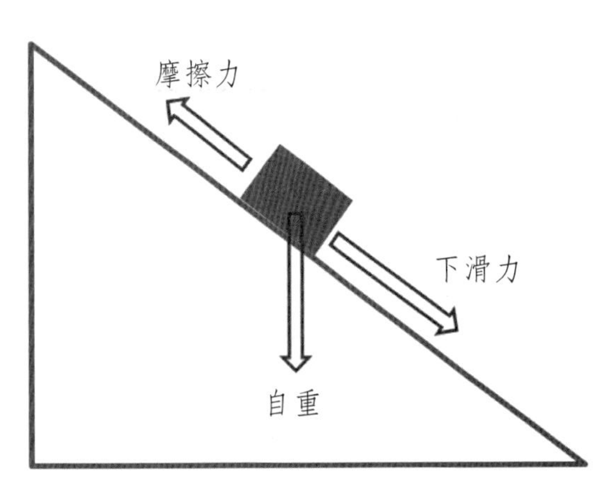

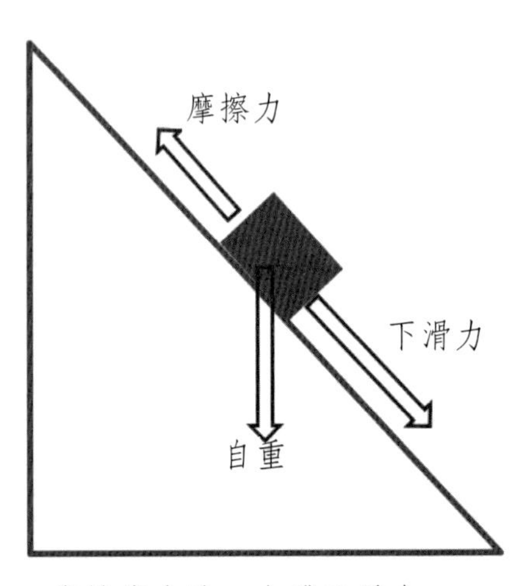

圖5-70　坡面坡度對土體滑動的影響

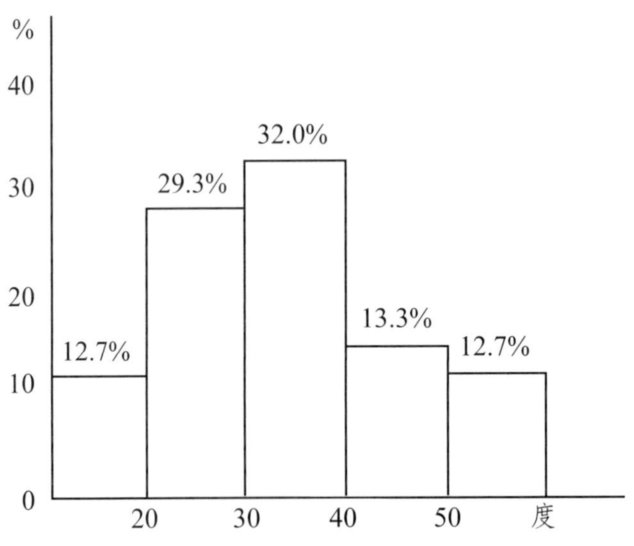

圖5-71　臺灣地區淺層崩塌地形坡度分布圖

在崩塌地高程分布方面，詹勳全等（2015）指出85.1%之崩塌地發生於高程小於1200m（低海拔地區）之邊坡，此區間亦爲一般山坡地開發與聚落之所在，開發密度相對於中高或高海拔地區較高，顯示臺灣山區淺層崩塌除受風化作用等自然因素影響外，亦可能受其他不同因子所影響；此外，陳聯光等（2010）歸納莫拉克颱風崩塌地的高程因素得知，崩塌地75%分布於2000m至200m之間，尤其是600m至1600m間約占全部崩塌地之50%。

(三) 高陡的自由面（free face）：統計資料表明，絕大多數崩塌發生在高度大於20m的斜坡上，而且坡高愈大，崩塌的機率愈大，崩塌的規模也愈大。因此，高山峽谷段，曲流的凹岸，坑溝溝壁，陡崖等處都是容易發生崩塌的地帶。

二、誘發因素

(一) 自然因素

1. 氣候與降雨：在日夜溫差較大的區域，物理風化作用強烈降低了岩石的抗剪強度，易產生崩塌。降雨誘發崩塌有四種作用方式：(1)對邊坡岩（土）的加載作用，飽和岩（土）體增大單位重，產生動、靜水壓力；(2)降雨侵蝕坡腳，破壞坡體，改變邊坡結構；(3)雨水入滲，弱化岩（土）體，黏土礦物的水化作用導致黏聚力降低，甚至消失，降雨改變邊坡力學性能；及(4)滑動體的漸進性破壞和滲透力的作用。換言之，降雨對崩塌的誘發作用是十分突出的，約90%以上的崩塌發生在雨季或滯後雨季。

   田中茂（1975）提出累積雨量達180～500mm，小時雨量30～80mm，且持續時間約3至6小時，則有可能引發崩塌；Brand et al.（1984）通過對香港崩塌案例的研究指出，崩塌的降雨強度臨界值可能是70mm/hr，若日降雨量低於100mm，則不大可能誘發崩塌；日降雨量高於200mm時，將會有大量崩塌產生；Mark & Richard（1998）通過對當地降雨和崩塌資料進行分析，認爲當前期雨量 ≥ 300mm，暴雨量 ≥ 250mm，即短時間內的降雨量大於年平均降雨量的30%時，崩塌將大規模發生；Dai and Lee（2001）分析香港1984～1996年間崩塌地與降雨的關係發現，崩塌地數量與雨量大小呈二次或三次方關係，如圖5-72所示；其中，以最大12小時降雨、最大5小時

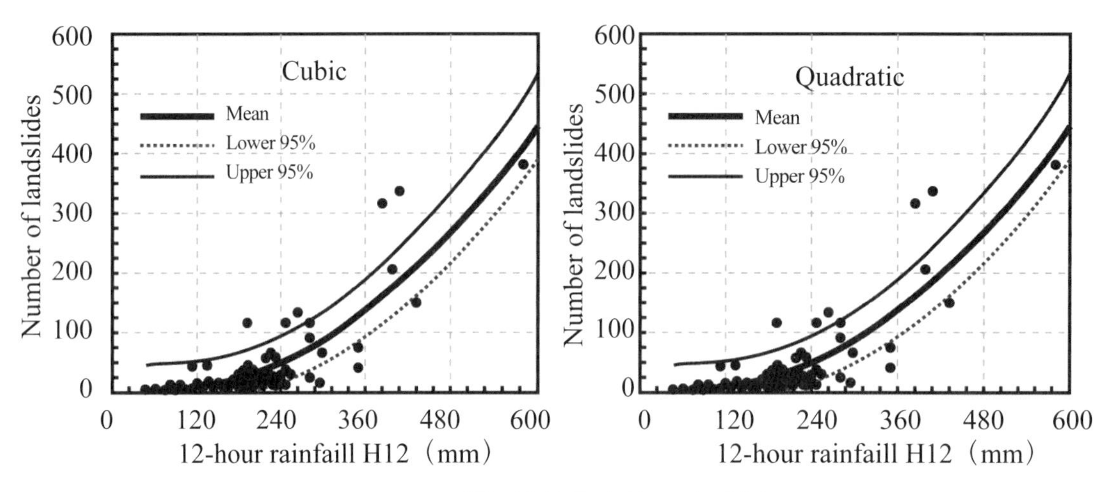

圖5-72　崩塌地數量與降雨之關係

source: Dai and Lee (2001)

降雨與臨前30日降雨等爲主要，並且崩塌體積大於50m^{3}的崩塌地，通常與長延時降雨因子（最大24小時降雨）較爲相關。Deb & El-kadi（2009）模擬美國夏威夷極端降雨（Extreme Rainfall）引發崩塌的日降雨量約爲200至300mm；大陸西南幾省一次性暴雨累積200～250mm以上，日降雨量在150mm以上，就會發生大量的崩塌；

謝正倫（1992）根據花東地區土石流發生與降雨研究結果，認爲平均降雨強度超過27mm/hr視爲可能產生土石流或上游崩塌的降雨強度門檻；陳聯光等（2010）統計莫拉克颱風崩塌地的降雨量特性發現，累積雨量超過400mm與900mm時，分別爲兩波降雨觸發崩塌之重要臨界點，而當颱風所挾帶強降雨與長延時累積降雨占全年總降雨量比例大於30%，且集中於山區時，將有可能引致大範圍坡地災害。

2. 地震：地震是誘發坡地崩塌的三大自然因素之一，地震時造成的崩塌與豪雨時造成的崩塌情形並不一致，從崩塌的位置來看，地震造成的崩塌大部分發生在山頂或是山腹的凸部較多，而豪雨造成的崩塌則發生在山腹的凹部，如照片5-2爲921地震後南投縣草屯鎮九九峰崩塌現況。根據中央氣象局統計近100年來災害性地震，發生坡面崩塌的地震規模幾乎都在5.5以上，震度在4.0以上。Keefer（1994）蒐集世界各國地震所引發的崩塌資料經迴歸分析獲得（參見圖5-73）：

照片5-2　921地震後南投縣草屯鎮九九峰崩塌現況

資料來源：林昭遠教授

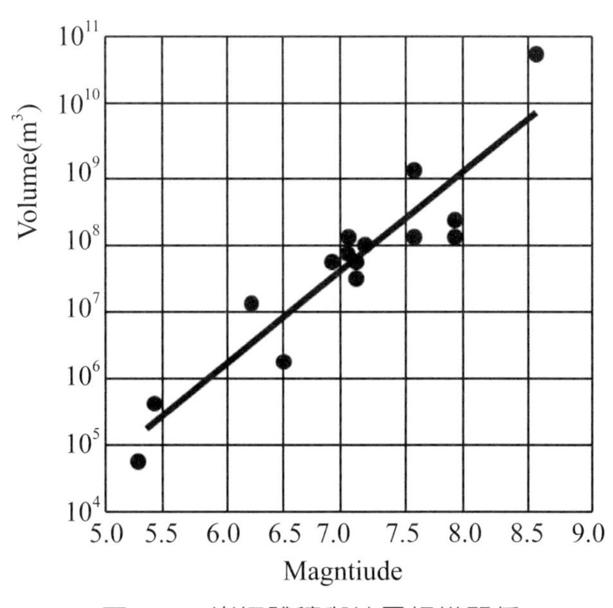

圖5-73　崩塌體積與地震規模關係

source: Keefer (1994)

$$\log V_L = 1.45M - 2.5 \tag{5.27}$$

式中，V_L = 崩塌體積（m^3）；M = 地震規模。王文能等（2000）調查921地震引發21,969處崩塌，其面積達11,300ha，主要分布在雙冬斷層及梨山斷層之間的區塊；同時指出地震崩塌具有：(1)多為小規模淺層崩塌；(2)多發生於坡頂及陡崖邊緣；及(3)多發生於節理發達之砂岩礫岩及臺地礫石堆積層等地區之特性。林慶偉等（2002）統計集集大地震崩塌地坡度分布多介於20～50度之間，其中以30～40度居多。Chang et al.（2007）認為在強震發生6年內，強震仍會影響到此處降雨誘發崩塌地的位置。陳樹群等人（2012）也發現在集集地震後，神木集水區誘發崩塌之降雨門檻值降低。

(二) 人為因素

在進行各種工程建設時，如不顧及地形條件恣意開挖、闢建道路、邊坡加載、缺乏護坡措施等，常導致邊坡失穩而發生崩塌。

雖然在地質、地形、自由面及各種外營力作用等綜合影響下引發了崩塌，但各個因素對崩塌的作用及時間卻是不同的，如圖5-74所示。崩塌發生的直接因素，主要是受到外力或地質作用，使得邊坡坡度或自由面增加；岩盤風化作用導致、值強度下降；以及降雨或地震促使土體內孔水壓上升等。這些影響因素中，部分因素在

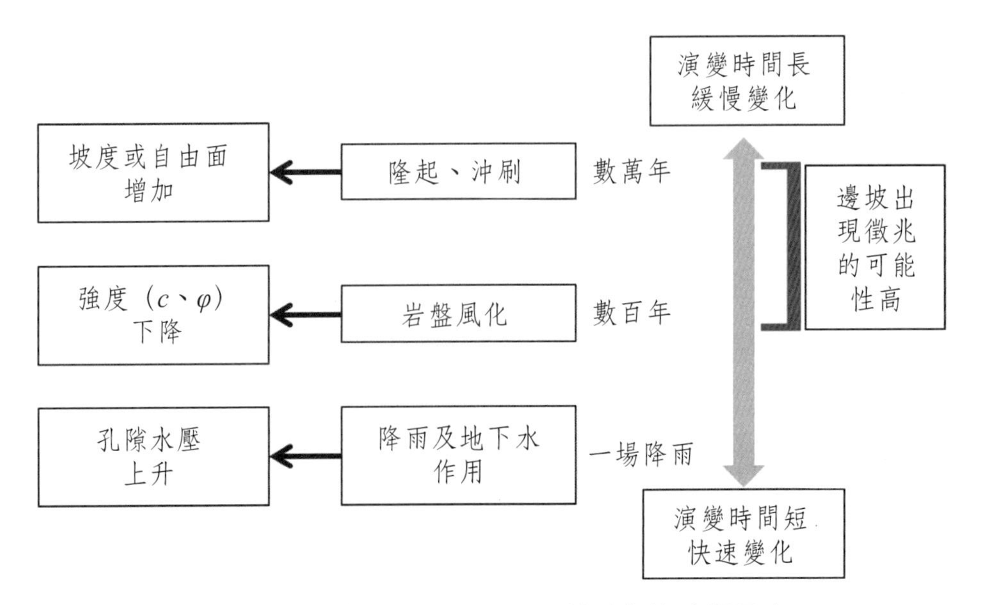

圖5-74　崩塌外營力類型及其發生的時間尺度

發育過程需要長時間的累積和孕育，故在邊坡上可能會出現一些徵兆，只要遇有足夠大的降雨就可能因而促發崩塌。

5-4-2 崩塌地形狀

崩塌地形狀係崩塌機制、坡面地質和地形等因素的綜合體現，其形狀特徵可據以推論崩塌的產生原因。水土保持局（集水區整體治理方法與環境地質實務應用，2010）依據崩塌地裸露範圍的形狀，可概分爲槽形、三角形及梯形等類型。茲分述如下。

一、槽形崩塌地

崩塌滑動體沿著與等高線近似垂直的方向崩落，所形成狹長形的崩塌地，或謂崩蝕溝。槽形崩塌地多發生在上緩下陡的凸坡面，乃岩體安息角因雨水入滲而降低所致；崩塌區下方之槽溝爲崩塌土石的輸送和侵蝕區，常引起溝岸崩塌。槽形崩塌地依其形態亦可分爲三種形狀：

(一) 洩槽形崩塌地：崩塌滑動體下洩過程強烈侵蝕滑動路徑上的地表岩（土）體，形成如洩槽般的崩塌地，如照片5-3所示。

照片5-3　洩槽形崩塌地（新竹縣五峰鄉桃山村）

(二) 蝌蚪形崩塌地：頭大尾小的槽形崩塌地，形狀如蝌蚪，稱之。此類型崩塌地主要是由於崩塌滑動體在滑移過程經過地面抗蝕性較高的輸送區，因不易產生侵蝕擴床，導致崩塌地呈頭大尾小的形狀，如照片5-4所示。

照片5-4　蝌蚪形崩塌地（臺中市和平區梨山村）

(三) 樹枝形崩塌地：樹枝狀崩塌地係由多個發生在不同坡面的淺槽形崩塌地所組成，它的特徵是崩塌滑動體皆於下游匯集在一起，如照片5-5所示。

二、三角形崩塌地

崩塌地的上、下端寬度具有比較顯著的差異，構成近似三角形的外觀，稱之。依其上、下端寬度的分布可概分爲正三角形、倒三角形及菱形等。

(一) 正三角形崩塌地：形狀呈上窄、下寬的正三角形的崩塌地，如照片5-6所示。此類崩塌地主要是因坡腳遭水流沖刷流失或被挖，除產生滑動自由面而引發崩塌，最常見於兩條坑谷之間的山坡面及溪床凹岸。

(二) 倒三角形崩塌地：底邊在上，頂角朝下的倒三角形崩塌地，如照片5-7所示。實際上是蝌蚪形崩塌地的頭部，故其下方恆接土石輸送槽溝。倒三角形崩塌地多由底邊土體失穩所引發，以道路路段和階地崖之下邊坡爲主要發生區。

照片5-5　樹枝狀崩塌地（臺中市和平區博愛村）

照片5-6　三角形崩塌地（坡腳遭挖除而產生滑動自由面所致）（新北市萬里區萬里村）

(三) 菱形崩塌地：菱形崩塌地係由一正三角形和一倒三角形共有底邊所形成，此底邊則爲易崩路段，如照片5-8所示。因此，菱形崩塌地多爲陡坡地道路上邊坡崩塌土石，流入或排入道路下邊坡而成。

照片5-7　石門水庫上游產業道路下邊坡倒三角形崩塌地（新竹縣尖石鄉秀巒村）

照片5-8　菱形崩塌地（新竹縣尖石鄉玉峰村）

三、梯形崩塌地

梯形崩塌地可視爲高度相同的多個三角形崩塌地所組成，如照片5-9所示。多個三角形崩塌地之所以連接而呈梯形，是因其地質均一，坡面平直，且坡面上端冠部爲山嶺線或階地面等平坦地形面。崩塌機制爲坡腳自然流失或挖除產生滑動自由面而引發崩塌爲主，地震崩塌亦爲原因之一。

照片5-9　大安溪上游馬達拉溪河岸礫石階地崖梯形崩塌地（苗栗縣泰安鄉梅園村）

5-4-3 崩塌的力學機理

根據土力學的原理，若將斜坡上可能發生崩塌的滑動面視爲圓弧形，則滑動面上方土塊的穩定條件，可表爲

$$\frac{M_2}{M_1} = F_S \tag{5.28}$$

式中，F_S = 安全係數（safety factor）：M_1 = 土塊下滑力對滑動面圓弧中心的力矩：M_2 = 土塊抗滑力對滑動面圓弧中心的力矩。理論上，當$F_S < 1.0$時，土塊將產生崩塌；當$F_S > 1.0$時，土塊是穩定的。通常，計算安全係數F_S時，係將滑動圓弧包圍起來的土塊分割成爲適當寬度的單元，計算其單元的力矩，然後對其求和，如圖5-75所示。圖中，令孔隙水壓$u = 0$，且安全係數$F_S = 1$時，則斜坡處於崩塌的臨界狀況的基本條件，可表爲

$$\frac{L}{\sum W_i \sin\theta_i} C + \frac{\sum W_i \cos\theta_i}{\sum W_i \sin\theta_i} \tan\varphi = 1 \tag{5.29}$$

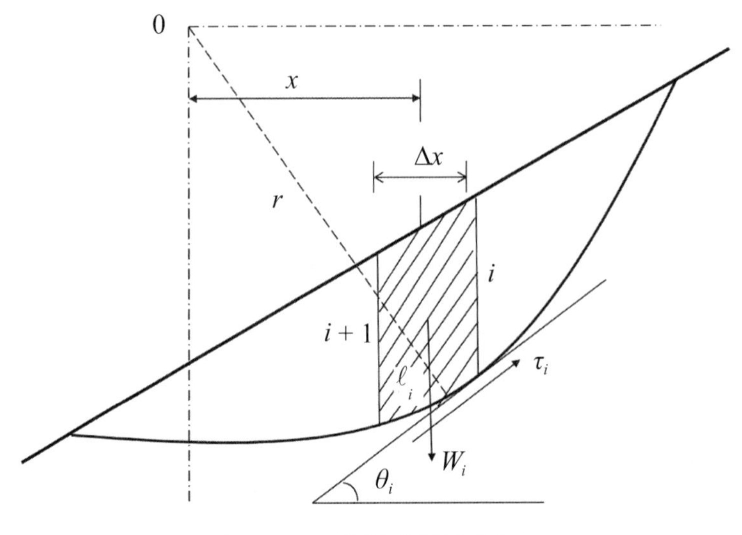

圖5-75　崩塌分析示意圖

式中，C = 凝聚力；φ = 內摩擦角；L = 滑動面長度；W_i = 單元土體重量；θ_i = 單元土體滑動面與水平方向之夾角。對於已知的斜坡及土塊滑動面，可測量出滑動面長度L、$\sum W_i \cos\theta_i$ 及 $\sum W_i \sin\theta_i$，則由上式得知，影響安全係數F_S 僅隨著凝聚力C和內摩擦角φ（或者$\tan\varphi$）而變化，與土塊基本特性有關。這樣，由上式可繪如圖5-76爲一直線，於該直線右側，表$F_S > 1.0$，左側表$F_S < 1.0$，故可以判定土塊的穩定或不穩定狀況。

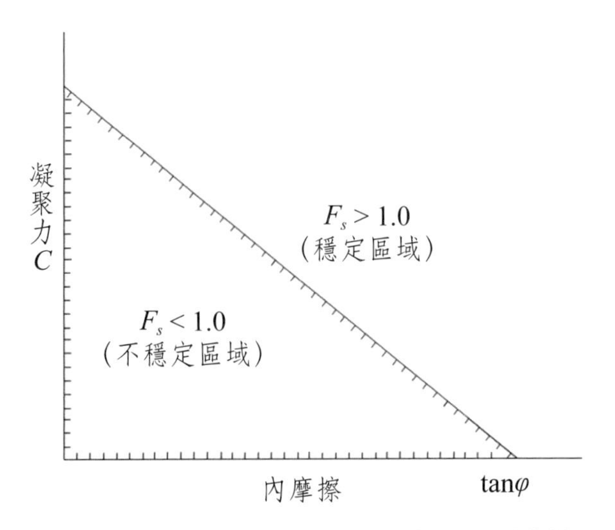

圖5-76　根據$C - \varphi$確定土塊穩定的判別曲線

5-4-4 崩塌發生潛勢推估模型

崩塌防治的首要課題是要確定崩塌可能的發生區位，亦即坡面上崩塌潛感區的空間分布與預測問題。但是，集水區因降雨或是其逕流誘發崩塌之機理，在坡面的不同區位（如溪谷區及坡面區）皆有其特殊的條件和機制，難以建立統一的模型進行推估。目前比較常用的推估模型和方法，包括：

一、主觀推斷分析模型

係指根據專家判斷評價崩塌的發生潛勢，包括地形地質分析和因子指標疊加兩種方法。地形地質分析中，專家根據地形地質特徵，通過類比分析判斷，直接對研究區進行評價。這種方法嚴重依賴於專家經驗，不同專家得到的評價結果可能有較大的差異。因子指標疊加法按崩塌誘發因子的重要性，對其進行分級並賦予權重，進而對各個因子進行加權疊加，根據疊加結果將研究區劃分爲不同的潛勢級別。因子指標疊加分析法操作簡單，易於實現，其難點在於因子指標的選取和權重的確定。

二、定率模擬分析模型

以促發崩塌的物理機制爲基礎，通過計算崩塌安全係數或分析其應力應變狀態，確定崩塌的發生潛勢。本法的優點在於其可以對崩塌的發生機理進行深入研究。但是，這種方法需要標準的土力學參數輸入，如斜坡幾何形態、岩（土）體強度、孔隙水壓力等。定率模擬法分析結果的準確性和可靠性端視研究區工作的詳細程度及參數的獲取情況而定。因此，這種方法比較適用於小範圍的詳細研究。

Montgomery & Dietrich（1993）將坡地水文模型與無限邊坡穩定模型相結合，給出了淺層崩塌起動的臨界降雨強度計算公式。水文模型係參考於O'loughlin（1986）提出單元崩塌土體達飽和狀態時，具有

$$(Aq/b) \geq TM \tag{5.30}$$

式中，M = 局部地表面坡度（$= \sin\theta$）；q = 直接逕流量（即爲降雨量扣除蒸發散量及深層排水損失）或有效降雨強度；A = 單元上坡集水區域面積，表示對寬度爲b的單元的地下逕流有補給的坡上單元面積；A/b = 比集水區面積，爲地形指標；T = 土壤傳導度，於崩塌土體的深度方向上均勻分布，即不隨深度而產生變化。當崩

塌土體處於極限平衡狀態時，可得濕潤指標w爲

$$w=\frac{h}{Z}=\frac{q\,A}{T\,b\,M}=\frac{\gamma_s}{\gamma_w}(1-\frac{\tan\theta}{\tan\phi})/(1+\frac{\tan\theta}{\tan\phi}) \tag{5.31}$$

式中，h = 地下水位高度；Z = 土層厚度；ϕ = 靜摩擦角；θ = 坡面傾角。上式地形指標（A/b）及土壤水分濕潤指標（h/Z）爲構成崩塌的誘因；當地形指標值愈大，表地形易集中水流而濕潤指標$w \geq 1$，表土壤水分達飽和，則該單元易發生崩塌。因此，由地形及土壤水分濕潤指標將集水區邊坡崩塌穩定條件分成四部分，如表5-18所示。表中，邊坡處於不穩定條件下的臨界降雨量可表爲

$$q_{cr}=\frac{T\,b}{A}\frac{\rho_s}{\rho_w}\sin\theta(1-\frac{\tan\theta}{\tan\phi}) \tag{5.32}$$

表5-18　集水區邊坡穩定條件(1)

邊坡穩定	條件	邊坡穩定	條件
無條件不穩定	$\tan\theta > \tan\phi$	不穩定	$\frac{A}{b} \geq (\frac{T}{q})\frac{\rho_s}{\rho_w}(1-\frac{\tan\theta}{\tan\phi})\sin\theta$
無條件穩定	$\tan\theta \leq \tan\phi(1-\frac{\rho_w}{\rho_s})$	穩定	$\frac{A}{b} < (\frac{T}{q})\frac{\rho_s}{\rho_w}(1-\frac{\tan\theta}{\tan\phi})\sin\theta$

類似理論如徐美玲（1995）利用達西定律、質量連續方程式及庫倫摩爾破壞定律等爲基礎，建立了無限邊坡淺層崩塌臨界濕潤指標

$$w_{cr}=\frac{C_h+C_r}{\rho_w\,g\,h\cos^2\theta}-\frac{\rho_s}{\rho_w}(\frac{\tan\theta}{\tan\phi}+1) \tag{5.33}$$

式中，C_h = 土壤黏聚力；C_r = 植物根部對土壤所提供的結持力（1,000～5,000Nt/m^2）。當上式成立時，該邊坡即有發生崩塌之可能。Tucker et. al.（1998）以孔隙水壓預測坡度穩定性，即

$$\frac{A}{b} \geq \frac{\rho_s}{\rho_w}\frac{T}{p}(1-\frac{\tan\theta}{\tan\phi})\sin\theta \tag{5.34}$$

式中，p = 孔隙水壓。不過，上式須在單元坡度大於或等於二分之一土壤安息角的情況下才適用。Montgomery et al.（1998）結合水文模式及無限邊坡穩定模式，並假設飽和傳導度爲土壤深度函數，進而導出：

(一) 臨界降雨量

$$q_{cr} = \frac{T\ b\sin\theta}{A}[\frac{C_h}{\rho_w\ g\ Z\cos^2\theta\tan\phi} + \frac{\rho_s}{\rho_w}(1 - \frac{\tan\theta}{\tan\phi})] \tag{5.35}$$

(二) 無條件穩定坡度

$$\tan\theta < \frac{C_h}{\rho_s\ g\ Z\cos^2\theta} + (1 - \frac{\rho_w}{\rho_s})\tan\phi \tag{5.36}$$

(三) 無條件不穩定坡度

$$\tan\theta \geq \tan\phi + \frac{C_h}{\rho_s\ g\ Z\cos^2\theta} \tag{5.37}$$

筆者（2003）將地表逕流結合無限邊坡土體崩壞模型，如圖5-77所示。設想在無限邊坡厚度均匀之堆積土層H，坡度為θ，孔隙水沿著斜面之滲流角度為α（α角為滲流方向與地表面之夾角），且浸水土體顆粒為飽和。考慮水流在河床表面上下之可能變化及其對作用於土層推移力與土層本身阻抗力之影響，令地下水流高度比〔$m_o = z_d/z$；z_d = 地下水位與地表面之距離；z = 可能移動層厚度（或不安定土層厚度），且$z = 0 \sim H$〕及地表逕流深度比（$n_o = h_o/z$；h_o = 地面逕流水深）兩比值分別表示水流於斜面土層表面之上、下的分布狀況，並具有如下之性質：

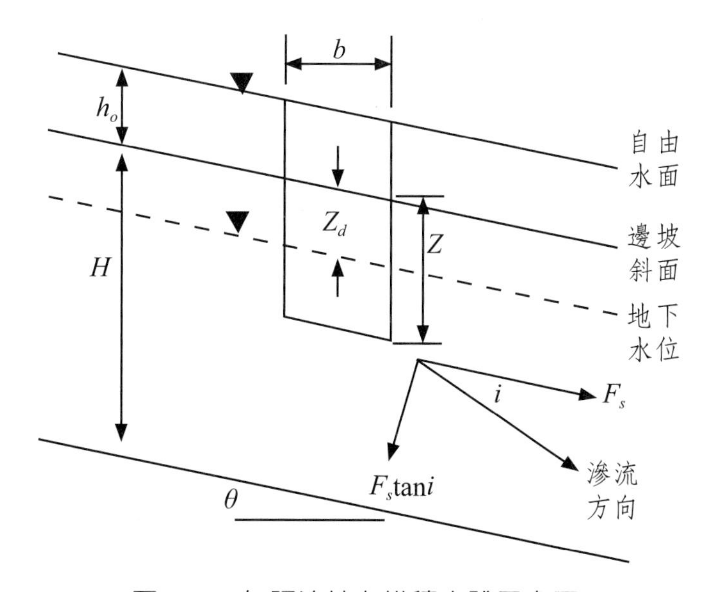

圖5-77　無限邊坡上堆積土體示意圖

(一) 當$0 < m_o < 1$時，表在地表面上無任何水流（$h_o = 0$），只有於可能移動層內存在著孔隙水流，此時地表逕流深度比$n_o = 0$。

(二) 當$m_o = 0$時，表地水位與地表面齊平，且土體內部已達完全飽和，若此時地表面仍無地表逕流，則地表逕流深度比$n_o = 0$；惟若已形成地表逕流時，則$n_o \neq 0$，且$n_o = h_o/z$。

(三) 當$m_o = 1$時，表斜面土層在可能移動層厚度z內無任何孔隙水，此時地表逕流深度比$n_o = 0$。

由圖5-86得知，作用在自由體圖上的推移力（resultant driving force）及阻抗力，可分別爲表爲

$$T = [(\rho_s - (1 - m_o)\rho_w)C_m + (1 - m_o)\rho_w + n_o\rho_w]zg\sin\theta \quad (5.38)$$

$$R = C_h + [(\rho_s C_m - m_o)\rho_w C_m)z\cos\theta + \rho_w(1 - m_o)z\sin\theta\tan i]g\tan\phi + (\rho_s - \rho_w)C_o\cos\theta n_o z\tan i + \eta(\rho_s - \rho_w)d_s \quad (5.39)$$

式中，C_h = 黏聚力；i = 滲流方向與坡面間之夾角；d_s = 特徵粒徑；η = 待定係數；C_m = 靜止土體最大泥砂體積濃度；C_o = 地表入流水流之泥砂體積濃度，若清水流（clear water flow）入流，則$C_o = 0$；ρ_m = 土體飽和密度（$= (\rho_s - \rho_w)C_m + \rho_w$）。對斜面土層而言，它的穩定條件決定於推移力和阻抗力間之大小。令推移力與阻抗力之比値爲土體崩壞係數（failure factor），即

$$F_f = \frac{T}{R} \quad (5.40)$$

式中，F_f = 崩壞係數；當$F_f \geq 1.0$時，即表斜面堆積土體處於臨界崩壞狀態，此時只要些微外力作用，即可能產生土體的崩壞。

考量位於山腹邊坡斜面上之堆積土體，由於坡度極爲陡峭，即使在暴雨過程，其地表逕流水深仍遠較於河道水流深度爲小，對斜面土體穩定性之直接影響相當有限；惟地表下水流則因可以大大降低土體之抗剪強度，對趨動土體崩壞具有直接之影響，是山腹邊坡斜面土體崩壞的主要因素。據此，在不考慮地表逕流之影響，而於$0 < m_o \leq 1$和$n_o = 0$條件下，且令土壤水分濕潤指標$m = (H - Z_d)/H = 1 - m_o$，則簡化式（5.38）及式（5.39）可得山腹邊坡斜面土體推移力及阻抗力可分別表爲

$$T = [(\rho_s - m\rho_w)C_m + m\rho_w]gH\sin\theta \quad (5.41)$$

$$R = C_h + [(\rho_s - m\rho_w)C_m\, gH\cos\theta + \rho_w mH\sin\theta\ \tan i]g\tan\phi \qquad (5.42)$$

代入式（5.40），則土體崩壞係數為

$$F_f = \frac{[(\rho_s - m\,\rho_w)\,C_m + m\,\rho_w]\tan\theta}{[\omega(\rho_s - m\,\rho_w)\,C_m + m\,\rho_w\ \tan\theta\tan i]\tan\phi} \qquad (5.43)$$

式中，ω = 土體黏聚力係數（≥ 1.0），可表為

$$\omega = 1 + \frac{C_h}{(\rho_s - m\,\rho_w)\,C_m\ H\cos\theta\tan\phi} \qquad (5.44)$$

如圖5-78為於各種斜面坡度下，崩壞係數（F_f）與孔隙水流深度比（m）之關係圖。圖中，斜面坡度愈陡，土體穩定性低，而地下水愈豐富（即濕潤指標m值愈大），土體穩定性亦呈下降趨勢。

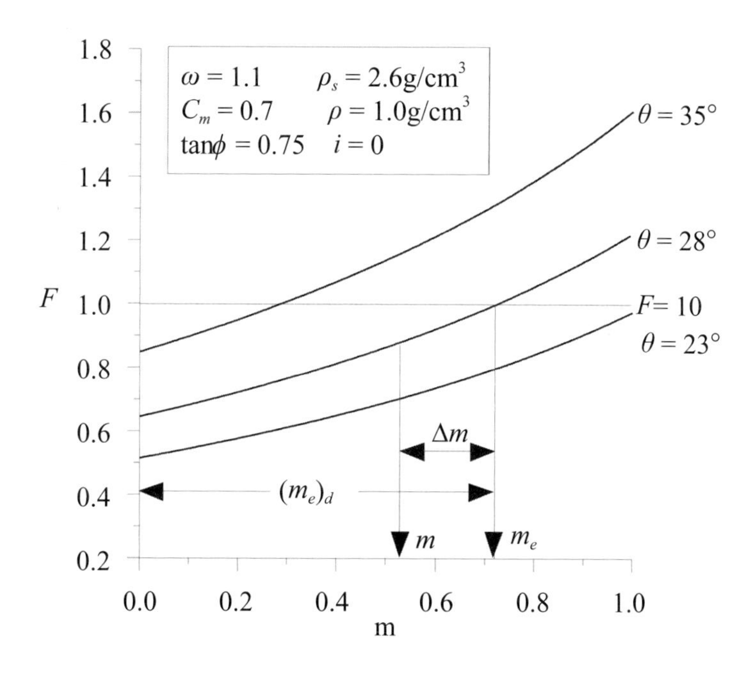

圖5-78　崩壞係數與孔隙水流深度比之關係圖

此外，將式（5.43）以土壤水分濕潤指標表示，即

$$m = \frac{\rho_s\,C_m\,\omega\tan\phi - F_f\,\rho_s\,C_m\,\tan\theta}{F_f\,\rho_w\,\tan\theta(1 - C_m) + \rho_w\,\tan\phi(\omega\,C_m - \tan\theta\tan i)} \qquad (5.45)$$

設$F_f = 1$、土層黏聚力$C_h = 0$及滲流方向平行於坡面（即$i = 0$），則式（5.45）可寫爲

$$m = \frac{\rho_s}{\rho_w}(1 - \frac{\tan\theta}{\tan\phi})/(\frac{\tan\theta}{C_m \tan\phi} - \frac{\tan\theta}{\tan\phi} + 1) \quad (5.46)$$

以臨界坡度表示，上式可寫爲

$$\tan\theta = \frac{\rho_s/\rho_w - m}{m/C_m + \rho_s/\rho_w - m}\tan\phi \quad (5.47)$$

令$\eta = \frac{\tan\theta}{C_m \tan\phi} - \frac{\tan\theta}{\tan\phi} + 1$且$\eta > 1$。參考Dietrich et. al.（1993）無限邊坡穩定模式，依土壤水分濕潤指標的變化，依式（5.46）將集水區邊坡土體穩定條件分成四部分，如表5-19所示。

表5-19　集水區邊坡穩定條件(2)

邊坡穩定	條件	邊坡穩定	條件
無條件不穩定	$\tan\theta > \tan\phi$	不穩定	$m \geq \frac{\rho_s}{\rho_w}(1 - \frac{\tan\theta}{\tan\phi})/\eta$
無條件穩定	$\tan\theta \leq \tan\phi(1 - \frac{\eta\rho_w}{\rho_s})$	穩定	$m < \frac{\rho_s}{\rho_w}(1 - \frac{\tan\theta}{\tan\phi})/\eta$

設崩壞係數$F_f = 1.0$時，土壤水分濕潤指標$m = m_e$，代入式（5.45）並整理可得濕潤指標增量爲

$$\Delta m = m_e - m = \frac{(F_f - 1)(Y W_2 + X W_1)}{(X + Y)(F Y + X)} \quad (5.48)$$

式中，$X = \rho_w \tan\phi(\omega C_m - \tan\theta \tan i)$；$Y = \rho_w \tan\theta(1 - C_m)$；$W_1 = \rho_s C_m \tan\theta$；$W_2 = \rho_s C_m \tan\phi$。如圖5-86所示，若將濕潤指標表徵爲土體前期之含水狀況，當前期土體含水量愈高時（即m值愈大），因孔隙水流深度比增量Δm小，則只要少量的降雨入滲水量就可造成土體的崩壞，這顯示上式可以定量地表達前期降雨對土體崩壞之影響程度。設斜面不安定土層初始條件爲乾燥時，即濕潤指標$m = 0$，代入式（5.43）可得

$$F_{fd} = \frac{\omega \tan\phi}{\tan\theta} = \frac{W_2}{W_1} \tag{5.49}$$

式中，F_{fd} = 土體初期條件爲乾燥狀態之崩壞係數。將上式代入式（5.48）可得初期斜面爲乾燥土體於崩壞時之濕潤指標，可表爲

$$(m_e)_d = \frac{W_2 - W_1}{X + Y} \tag{5.50}$$

由於地下水位變動係由降雨所致，故根據Keefer et al.（1987）從靜力學觀點建立降雨強度及延時與土石流發生之關係，並提出下列關係式，即

$$(I - I_o)T \geq h_c \tag{5.51}$$

式中，I = 降雨強度；I_o = 降雨損失，係指降雨過程無法入滲土壤之水體，包括地表逕流、蒸發、窪蓄等損失量；T = 有效降雨延時；h_c = 土層到達臨界孔隙壓力所需要之水量（$\approx \Delta mH$）。上式表明，當有效入滲量（$I - I_o$）大於或等於土層到達臨界孔隙壓力所需要之水量（h_c）時，斜面土層會因此崩壞。

美國地質調查所（USGS）所發展以網格爲單位之TRIGRS（Transient Rainfall Infiltration and Grid-Based Regional Slope-Stability Model）淺層崩塌物理模式，係考慮暫態降雨所造成水分入滲於淺層表土影響邊坡穩定性之分析，其降雨入滲機制來自於Iverson（2000）所提出的理查方程式之線性解來進行延伸，並結合無限邊坡理論（Infinite slope stability theoty）去計算該邊坡的穩定性。陳嬑璇等（2013）採用動態水文模式（TRIGRS）評估高屏溪流域邦腹北溪子集水區因莫拉克颱風引發山崩之降雨特性；不過，根據鐘欣翰（2008）及尹立中（2013）指出TRIGRS模式限制有：1.假設土壤處於飽和或近飽和狀態，且屬同質等向性土壤，對於非同質、異向性或乾枯的土壤都可能導致最後的解析有誤；2.模式對於參數的起始條件非常敏感；3.若降雨強度大於土壤的水力傳導係數，無法入滲至土壤的雨量，則會沿著邊坡表面逕流而下，雖然TRIGRS利用簡單的方法去尋找地表逕流路徑及流量，但並未考慮逕流的蒸發量；4.模式允許網格之間有不同的水力擴散速率及水力傳導係數，故網格與網格之間可能會因爲相異的水文特性，導致在鄰近邊界的位置引起不均衡的側向力及非平面的破壞；5.由於TRIGRS模式是架構在無限邊坡穩定分析之下，因此該模式假設邊坡發生滑動時是以平移型滑動爲主。倘若現地

發生非平移型滑動時，TRIGRS模式所計算出來的邊坡安全係數將小於其他的穩定分析模式。

三、統計分析模型

係以數理統計及以往崩塌案例爲依據，對各影響因子進行迴歸統計分析，以篩選相關因子及給定權重和評分的方式，建構崩塌影響因子與發生潛勢和位置分布的評估模式。茲以證據權模型（weight-of-evidence model）與羅吉斯迴歸模型（logistic regression model）分別說明統計分析模型的基本概念。

(一) 證據權模型：本模型是一種綜合各種證據來支持一種假設的定量方法。該法係以貝葉斯統計模型爲基礎，通過對已經發生的崩塌目錄與影響因子間（如坡形因子：坡度、坡向、地層岩性等）進行空間關聯分析，求取各個影響因子對崩塌發生的貢獻度（即權重），最後將各個影響因子賦予相應權重並予以加總，得到崩塌潛勢圖。許喬泰（2011）以2004年艾利颱風與2005年泰利颱風誘發陳有蘭溪集水區內崩塌爲例，選取岩性、水系距離、道路距離、構造距離、坡度、坡向、高程、坡型、植生指數（NDVI）等崩塌影響因子繪出崩塌潛勢圖。

(二) 羅吉斯迴歸模型：羅吉斯迴歸是近年常被使用於建構崩塌潛勢評估模式的理論（陳樹群及馮智偉，2005；張弼超，2005；Chang et al., 2007；李錫堤等，2008；李嶸泰等，2012；范正成等，2013；吳俊鋐，2014）。建構過程乃將資料庫進行羅吉斯分析過程，並將資料分爲連續變數（continuous variable，例如高程、坡度或降雨量等）及類別變數（categorical variable，例如坡向及地層等）等兩種，經羅吉斯迴歸找出自變數（崩塌相關因子）及應變數（崩塌與否）之最適方程式（fitting equation），便可依據該方程式繪製崩塌潛勢圖。范正成等（2013）即應用羅吉斯迴歸模型分析，可表爲

$$\begin{aligned} Z = & -13.121 + 17.516\times[\text{坡向}] + 0.181\times[\text{坡度}] + \\ & 0.320\times[\text{水系比}] + 0.022\times[\text{道路比}] + 0.5080\times \\ & [\text{岩性}] + 0.009\times[\text{連續二日雨量}] \end{aligned} \tag{5.52}$$

$$P = \frac{\exp(Z)}{1+\exp(Z)} \tag{5.53}$$

取$P \geq 50\%$作爲崩塌發生之門檻值。由於統計分析模型基於數理統計技術，很大程度上保證了崩塌潛勢分析結果的客觀性。但是，此類方法受數據品質的嚴重制約，包括崩塌目錄不完整、數據精度不夠都將對分析結果產生嚴重的偏差。另外，對某些描述性影響因素如岩性、土地利用類型、植被覆蓋等的量化存在較大的主觀性。

(三) 經驗模型：村野義郎（1966）針對豪雨引發崩塌進行統計分析發現，累積雨量愈大時，集水區崩塌面積率愈大，且崩塌地個數愈多，其公式可表爲

$$\frac{s}{A} = \frac{s}{n}\frac{n}{A} \tag{5.54}$$

式中，s = 崩塌面積；A = 集水區面積；n = 崩塌地數量。打荻珠男（1971）利用村野義郎公式，求得崩塌率與引發崩塌之臨界降雨關係式，即

$$\frac{s}{A} = 10^{-6}K(P - P_o)^2 \tag{5.55}$$

式中，P = 累積降雨量（mm）；P_o = 發生崩塌之臨界降雨量（mm）；K = 待定係數。根據打荻式於日本數個流域的調查分析結果，K = 0.5～4.5；P_o = 250～450mm。打荻式公式優點在於，聯結集水區崩塌率與降雨量之關係，可以提供後續預測不同降雨量條件下集水區內可能之崩塌率，相當簡便。

基於對降雨事件的直接觀測和統計，建立崩塌發生與降雨門檻值（rainfall thershold）之間的關係式。所謂降雨門檻值係指降雨導致斜坡發生破壞的臨界值，其下限是斜坡沒有變形破壞或瀕臨破壞；上限是斜坡已經發生變形破壞。降雨門檻值可以從降雨入滲、水文水力條件和邊坡岩（土）體失穩機理上著手建立，分析得出基於崩塌過程模型的物理性降雨門檻值。而經驗（統計）性降雨門檻值包括不需要嚴格的數學推導和物理規律，是一種基於宏觀崩塌區域和降雨數據的統計模型，且數據客觀易得，因此經驗性降雨門檻值發展較爲成熟。

推估引發崩塌的降雨門檻值已由Canie（1980）首先提出。他蒐集73組引發淺層崩塌的降雨強度（I，mm/hr）及其延時（D，hr）的關係，提出以

下關係：

$$I = 14.82D^{-0.39} \tag{5.56}$$

基於以上關係，當$I < 14.82D^{-0.39}$時，不會發生崩塌。Guzzetti（2007）分析大量獨立的降雨誘發崩塌事件，可以分別得到四種不同的崩塌降雨門檻值關係式，包括1.降雨強度－延時關係；2.累積降雨量－延時關係；3.累積降雨量－降雨強度關係；及4.基於降雨誘發崩塌的總降雨量。在幾種關係門檻值中，降雨強度－延時關係式是使用頻率最高者，可表爲：

$$I = a + bD^{c} \tag{5.57}$$

式中，I = 誘發崩塌降雨事件降雨強度，短延時取峰值降雨強度，長延時取平均值，mm/hr；D = 誘發崩塌的降雨事件延時，hr；b、c = 統計參數；$a \geq 0$。累積降雨量－延時關係式，可以下式表示

$$E = a + bD^{c} \tag{5.58}$$

式中，E = 累積降雨量，mm。同理，累積降雨量－降雨強度關係式，只需用平均降雨強度I代替式（5.58）中的降雨延時D，即

$$I = a + bE^{c} \tag{5.59}$$

由式（5.57）及式（5.58）獲知，臨界降雨強度隨著降雨延時的增加而減少，而臨界累積雨量隨著降雨延時的增加而增加。這表明，隨著降雨延時的持續，誘發崩塌的平均降雨強度逐漸降低，總累積雨量卻是增加。陳洪凱等（2012）對經驗性降雨門檻值的研究現狀進行了彙整分類及總結，如表5-20所示。

表5-20　降雨促崩門檻值研究彙整

類型	適用國家及地區	公式形式	取值條件
降雨強度—延時	世界範圍	$I = 14.82D^{-0.39}$	$0.167 < D < 500$
	世界範圍	$I = 2.20D^{-0.44}$	$0.1 < D < 1,000$
	臺灣地區	$I = 115.47D^{-0.8}$	$1 < D < 4000$
	波多黎各	$I = 91.46D^{-0.82}$	$2 < D < 312$
	牙買加	$I = 53.531D^{-0.602}$	$1 < D < 120$
	美國華盛頓州西雅圖地區	$I = 82.73D^{-1.13}$	$22 < D < 55$
	日本四國	$I = 1.35 + 55D^{-0.545}$	$24 < D < 300$
	中國浙江寧海縣	$I = 26.5939D^{-0.545}$	$1 < D < 48$
累積雨量—延時	世界範圍	$E = 14.82D^{0.61}$	$0.167 < D < 500$
	世界範圍	$E = 4.93D^{0.504}$	$0.1 < D < 100$
	葡萄牙里斯本地區	$E = 70 + 0.2625D$	$0.1 < D < 2,400$
	義大利托斯卡納地區	$E = 1.0711 + 0.1974D$	$1 < D < 30$
降雨強度—累積雨量	日本四國	$I = 1000E^{-1.23}$	$100 < E < 230$
	中國川北地區	$I_{24} = 235 - 0.96E$	$0 < E$

四、其他

除了上述三種方法外，很多其他理論和方法也被引入崩塌潛勢分析，如不安定指數法（簡李濱，1992）、類神經網路（張舜孔，2002；林彥亨，2002；盧育聘，2003）、模糊數學、灰色系統等，這些理論和方法都爲崩塌潛勢分析提供了一些的途徑。

總結崩塌發生潛勢的多種推估模型，皆建立在崩塌係由降雨所促發的假設上（不考慮地震時），亦即存在降雨促發邊坡崩塌的必然性，只要降雨條件滿足模型的最低需求，就一定會產生邊坡斜面的崩塌。但是，降雨促發崩塌的必然性論點及其關係式，還是不夠成熟的，不僅是因爲崩塌地區位不同（尤指坡面及河谷兩岸），其促發機制不同，且促發條件也往往受到水流力、入滲等外營力影響而有很大的隨機性；另，崩塌是邊坡斜面的一種解壓減能現象，當邊坡發生崩塌之後，因地形坡度、土壤厚度、植被覆蓋等各種條件幾已發生質或量的變化，甚至趨近於穩定坡度時，除非發生特大降雨事件，否則短時間內對一般外力作用具有一定的崩塌免疫性；換言之，對已發生崩塌的邊坡斜面，在短時間內即便再度發生同樣的降雨條件，甚至更大的降雨事件，也可能無法再度促發崩塌。由此可見，排除地震作用，目前多種降雨促發崩塌模型皆陷入了「崩塌一定是由降雨所致，但降雨不一定可以促發崩塌」的認知盲點。

以式（5.52）爲例，等號右邊除了降雨和斜面坡度因素外，其餘皆與座落區位及其地形特性相關，包括坡向、道路比、岩性等因子，而這些因子對一已知邊坡斜面是固定不變的；這樣，只要在短時間內發生多場降雨事件滿足式（5.52）之降雨量條件，就會在同一區位發生多次的崩塌，顯然這與實際狀況不相吻合。因此，包括式（5.52）至式（5.59）皆存在前述的盲點，亦即降雨與崩塌之間存在著必要非充分的關係，這爲崩塌發生潛勢的推估帶來了很大的不確定性。

5-4-5 降雨促崩規模分析

由降雨促發崩塌（或大規模崩塌）的土體規模，係推估其移動距離或影響範圍的主要依據（參見5-3-4節），與崩塌風險估計息息相關。一般，推估崩塌土體規模皆採用間接方法，即以崩塌面積或崩塌地平均深度估計崩塌土體體積。

最簡易推估崩塌土體體積的方法，係以崩塌地平均深度與其崩塌面積之乘積獲得。Linda & Okunishi（1983）針對日本愛知縣崩塌地調查結果，提出風化層厚度與平均坡度關係，如圖5-79所示。如將風化層厚度視爲潛在崩塌量，則風化層厚度可視爲崩塌深度，由已知風化層面積即可推求崩塌體積量。不過，依林伯勳等（2011）以鑽掘法針對石門水庫集水區內不同岩層坡面的實際量測結果，坡度與其土層厚度的關係不夠明顯，顯示由斜面坡度推估土層厚度或崩塌深度之方法，仍須持續蒐集現地加以分析。

類似Linda & Okunishi（1983）的推估方法，係由斜面坡度推估其可能的崩塌深度，從而獲得崩塌體積〔林伯勳等，2011；經濟部水利署水利規劃試驗所，氣候變遷下台灣南部河川流域土砂處理對策研究——以高屏溪爲例（總報告），2011；農業委員會水土保持局，高屏溪及林邊溪集水區土砂收支管理模式建置，2015〕。Khazai and Sitar（2000）依據不同坡度給予可能的崩塌深度，而陳樹群（2010）利用石門水庫玉峰溪集水區2006年正射影像、$5^m \times 5^m$DEM，二十五萬分

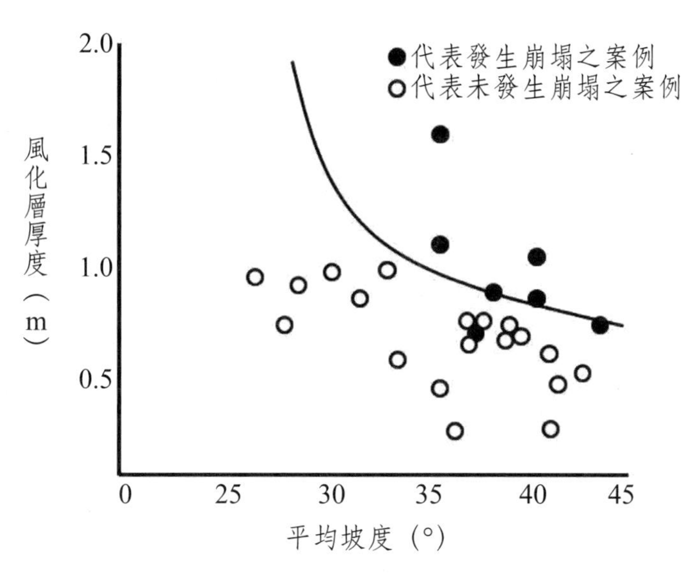

圖5-79　日本愛知縣崩塌地邊坡風化層厚度與坡度關係

資料來源：Linda & Okunishi, 1983

表5-21　斜面坡度與崩塌深度參考表

坡面坡度（度）	Khazai and Sitar（2000）	陳樹群（2005）*
< 20	2.0	1.82
20～30		3.09
30～40	1.5	3.63
40～50	1.0	2.68
> 50		1,73
*：係石門水庫玉峰溪集水區及大甲溪集水區之平均值		

一地質圖及崩塌圖層等資料萃取崩塌地之相關參數，並提出斜面坡度與崩塌深度之關係，如表5-21所示。

莊智瑋及林昭遠（2010）認為，採用Khazai and Sitar方法推估崩塌土方量會有低估現象，故經修正後提出

$$V_L = 5.792V_{LK} - 45366 \quad (5.60)$$

式中，V_{LK} = Khazai and Sitar方法所推估之崩塌土方量，V_{LK}介於8×10^3～

$120 \times 10^4 m^3$。不過，由崩塌地所在坡面的坡度及深度關係，推估崩塌體積方法因略嫌簡略，故僅能取的一個非常概略的推估成果。

此外，應用崩塌地實測資料直接建立崩塌面積與體積之關係式，是目前國際上最為廣泛應用的方法。該法係假設崩塌地有自我相似的特性（self-similar behavior）（Guzzetti et al., 2009），意指大面積與小面積的崩塌地形狀具有一定的相似特性，崩塌地的長度、寬度和深度間相互成正比，崩塌面積的0.5次方與深度成正比，而崩塌體積又等於其面積與深度的乘積，故當崩塌地呈現完整的自我相似的特性時，崩塌體積與其面積的1.5次方成正比。Guzzetti et al.（2014）研究義大利Umbria地區677處崩塌地樣本，發現崩塌地面積（A_L）與體積（V_L）呈現冪次關係，如圖5-80所示，其關係可表為

$$V_L = 0.074 \times A_L^{1.45} \tag{5.61}$$

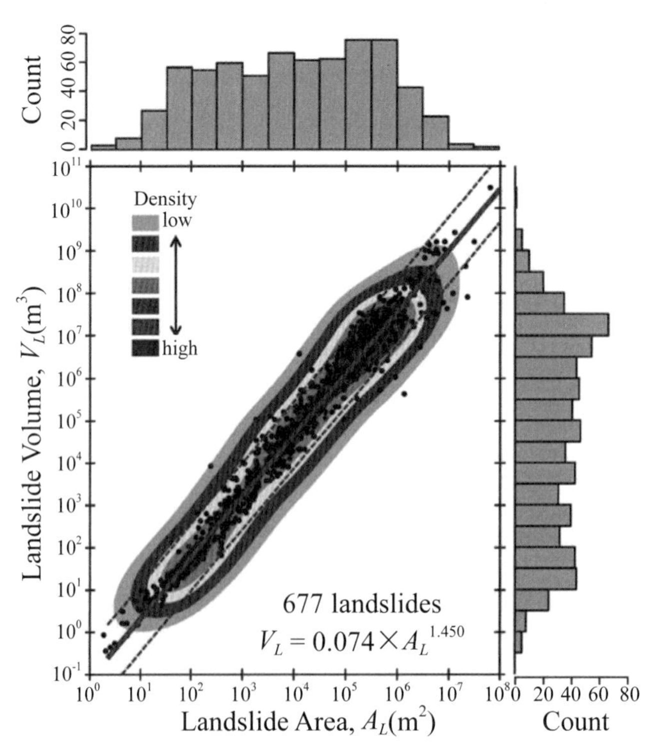

圖5-80　崩塌面積與體積之冪次關係

Source: Guzzetti, F, 2014

上式判斷係數r^2 = 0.97；其中，崩塌地面積介於2×10^3～1×10^{6}m^2。其他，包括義大利、日本、紐西蘭、中國大陸等地區的類似研究成果，經彙整如表5-22所示。表中，指數多介於1.0～2.0之間，而係數則有比較大的差異，顯示各國推估公式存在明顯的差異，這是因爲除了崩塌面積外，崩塌地體積亦受到其他因子所影響，包含岩性、坡度、植被等。例如，Klar et al.（2011）利用力學理論分析結果發現，淺層崩塌體積與面積關係會受到土壤黏滯係數與土壤密度影響，其關係式可表爲：

$$V_L = 0.53(\frac{C_h}{\rho_s})\ A_L^{1.32} \qquad (5.62)$$

式中，C_h = 土壤黏聚力係數（N/m^2）；ρ_s = 土壤密度（g/cm^3）。

表5-22　崩塌體積與面積關係一覽表

編號	方程式（m^3）	最小面積（m^2）	最大面積（m^2）	資料來源
1	$V_L = 0.074A_L^{1.45}$	2×10^0	1×10^9	Guzzetti et al. (2009a)
2	$V_L = 0.148A_L^{1.368}$	2.3×10^0	1.9×10^5	Simonett (1967)
3	$V_L = 0.234A_L^{1.11}$	2.1×10^0	2.0×10^2	Rice et al. (1969)
4	$V_L = 0.329A_L^{1.3852}$	3.0×10^1	5.0×10^2	Innes (1983)
5	$V_L = 0.1549A_L^{1.0905}$	7.0×10^2	1.2×10^5	Guthrie and Evans (2004)
6	$V_L = 0.02A_L^{1.95}$	$>10^6$	～	Korup (2005)
7	$V_L = 4.655A_L^{1.95}$	5×10^5	2×10^8	ten Brink et al. (2006)
8	$V_L = 0.39A_L^{1.31}$	1×10^1	3×10^3	Imaizumi and Sidle (2007)
9	$V_L = 0.0844A_L^{1.4324}$	1×10^1	1×10^9	Guzzetti et al. (2008)
10	$V_L = 0.19A_L^{1.19}$	5×10^1	4×10^3	Imaizumi et al. (2008)
11	$V_L = 0.328A_L^{1.104}$	1.1×10^1	1.5×10^3	Rice and Foggin (1971)
12	$V_L = 0.242A_L^{1.307}$	2×10^5	6×10^7	Abele (1974)
13	$V_L = 0.769A_L^{1.25}$	5×10^4	3.9×10^6	Whitehouse (1983)
14	$V_L = 1.862A_L^{0.898}$	5×10^1	1.6×10^4	Larsen and Torres Sanchez (1998)
15	$V_L = 1.036A_L^{0.88}$	2×10^5	5.2×10^4	Martin et al. (2002)
16	$V_L = 12.273A_L^{1.047}$	3×10^5	3.9×10^{10}	Haflidason et al. (2005)
17	$V_L = 0.106A_L^{1.388}$	～	～	Parker et al. (2011)

編號	方程式（m³）	最小面積（m²）	最大面積（m²）	資料來源
18	$V_L = 0.517A_L^{1.077}$	1.1×10^1	3.7×10^5	陳毅青（2012） 臺灣北部地區
19	$V_L = 0.202A_L^{1.268}$	8.7×10^2	9.4×10^5	陳毅青（2012） 臺灣南部地區
20	$V_L = 0.05A_L^{1.5}$	10^1	10^6	Hovius et al.（1997）
21	$V_L = 0.015A_L^{1.606}$	10^1	10^5	陳樹群等（2010） 石門水庫玉峰溪
22	$V_L = 0.04A_L^{1.38}$	10^2	10^5	陳樹群等（2010） 石門水庫集水區
23	$V_L = 1.92A_L^{1.10}$	10^2	2×10^5	陳樹群等（2010） 大甲溪集水區

資料來源：Guzzetti, F, 2014；陳毅青，2012；陳樹群等，2010

國內部分，經濟部地質調查所（引用水土保持局，高屏溪及林邊溪集水區土砂收支管理模式建置，2015）統計臺灣323處崩塌地（以LiDAR或全測站測量）資料，建立崩塌面積（A_L，m²）與體積（V_L，m³）之冪次關係，即

$$V_L = 0.075A_L^{1.4397} \tag{5.63}$$

上式與式（5.60）頗為相近。相同的崩塌地數據，如以地質分區，則在不同地質區崩塌面積與體積雖然仍維持冪次關係，惟其係數及指數略有不同，如表5-23所示。

表5-23　地質分區分類之崩塌體積與面積關係式

地質特性	崩塌面積與體積關係式
板岩區	$V_L = 0.0544A_L^{1.4718}$
阿里山塊	$V_L = 0.0875A_L^{1.4382}$
海岸山脈及縱谷	$V_L = 0.4068A_L^{1.1980}$
高山區	$V_L = 0.2116A_L^{1.2828}$
變質岩區	$V_L = 0.030A_L^{1.5112}$

農業委員會林務局（國有林莫拉克風災土砂二次災害潛勢影響評估，2012）蒐集2,540處崩塌地資料，依據西部麓山地區、雪山山脈帶、脊樑山脈帶、中央山

脈東翼地區及海岸山脈地區等五種地質分區，也分別建立了崩塌體積與面積之關係式，如表5-24所示。

在無法或不易取得崩塌前、後的數值地形時，應用崩塌面積概略性地推估其平均崩塌體積是目前普遍的作法。但是，這種方法在區域針對性特別顯著，於氣候及地質土壤條件一致的小區域內頗爲適用，當涵蓋範圍愈大，因地面自然條件的差異愈明顯，其產生偏差也就愈顯著。

表5-24　地質分區分類之崩塌體積與面積關係式

地質分區	樣本數	關係式	判斷係數	標準誤差
西部麓山地區（III）	157	$V_L = 0.099A_L^{1.356}$	0.85	0.29
雪山山脈帶（Iva）	1,996	$V_L = 0.238A_L^{1.188}$	0.89	0.27
脊樑山脈帶（IVb）	304	$V_L = 0.607A_L^{1.073}$	0.85	0.28
中央山脈東翼地區（V）	37	$V_L = 0.351A_L^{1.132}$	0.92	0.22
海岸山脈地區（VII）	46	$V_L = 0.337A_L^{1.147}$	0.87	0.27
全部樣本	2,540	$V_L = 0.24A_L^{1.191}$	0.89	0.28

5-5 河岸崩塌

在天然河道中，由於水流和河岸的相互作用而使岸坡失穩的自然現象，稱爲河岸崩塌，如照片5-10所示。由河岸崩塌所崩落的土體，或堆積於溪床，或隨洪流而下，均能引起河床冲淤、流路擺動及河型的發展與變動，是河床演變過程中一種重要的現象，同時也是河道一種典型的自然災害。以南投縣埔里鎮眉溪集水區爲例，根據歷年衛星影像判釋結果，河岸崩塌面占集水區總崩塌面積皆超過50%以上，平均可達67%，如表5-25所示。

由於河岸崩塌具有突發性、劇烈性及歷時短等特點，不僅直接危害河岸附近農田、建築物之安全，同時也造成河床激烈演變、影響防洪和河勢的穩定。因此，河岸崩塌如果沒有得到適當的控制，就可能引發較大規模的河勢調整，使河道處於極度不安定的演變過程。

照片5-10　河岸崩塌

表5-25　南投縣埔里鎮眉溪集水區歷年崩塌面積區位分布一覽表

年份	崩塌面積（萬m^2）			
	河岸崩塌面積	其他區位崩塌面積	總崩塌面積	河岸崩塌面積占集水區面積百分比（%）
90年	65.8	54.4	120.2	54.7
93年	101.7	82.3	184.0	55.3
95年	51.1	25.1	77.2	65.2
97年	118.7	45.5	165.2	71.9
98年	115.6	31.7	148.3	78.6
100年	57.0	28.2	85.2	65.9
101年	78.1	34.3	111.4	70.1
102年	91.6	32.5	124.1	74.8
平均	85.1	41.9	127.0	67.0

5-5-1 河岸崩塌原因

影響河岸崩塌的因素多而複雜，一般認爲與縱向水流強度、橫向環流強度、深泓離岸距離和頂沖部位的變化、河彎形態、岸坡形態、河岸土質條件、地下水滲流作用、風浪、河砂開採等多種因素有關。其中，從水流條件觀點認爲，主流貼岸引起河岸崩塌段近岸河床刷深，岸坡變陡，當岸坡坡度超過穩定的臨界值時，岸坡即失去平衡而產生河岸崩塌。對於一定的河岸組成，近岸水流強度愈大，岸坡愈陡，愈容易發河岸崩塌。從土力學河岸穩定的觀點，認爲引起岸坡失穩的主要因素有岸坡土體本身的物理性質、狀態指標、強度指標及其變化；河床的沖刷深度；河道水位的變化及引起的滲透水壓力等。枯水期河岸土體較乾，單位重較小，土體側向土壓力較小，而內摩擦角及凝聚力一般較浸水飽和時爲大，亦即其抗剪強度較大，河岸相對穩定。洪水期河岸土體經水浸泡飽和後，一般及値會有所降低，從而抗剪強度降低。退水時，岸坡土體處於濕單位重，側向土壓力相對較枯水時大，同時岸坡土體向河槽方向的滲透水力坡降增大，滲透水壓力加大，此時河岸極易發生崩塌。

因此，河岸崩塌的發生由兩個方面所決定。一方面河岸下方的溪流，在汛期時，河床深槽貼近河岸，通過由強烈淘刷改變河岸邊坡幾何形態，間接改變了邊坡土體的受力條件而誘發河岸崩塌，如坡腳側向淘刷後退，這類型崩塌除了與河道水深及流速有關外，河岸邊坡土體的內部構造及其實際坡度變化爲造成崩塌的主要因素，如圖5-81(a)～(f)所示。另一方面河岸坡度極陡，甚至大於飽和土體的安息角，在降雨或地震等條件的誘發之下，由重力作用產生崩塌，這類崩塌皆與土力學性質有關的因素，包括土體單位重、黏聚力、內摩擦角等，它們在時間上均隨土體含水量而變化，一般多發生於邊坡的上方，沒有受到河道水流的直接影響，如圖5-81(g)及(h)所示；因此，河岸陡峭的坡度造成重力沿著斜坡方向的分力大，是導致河岸崩塌發生的主要動力因素，而降雨逕流主要是起到誘發的作用。

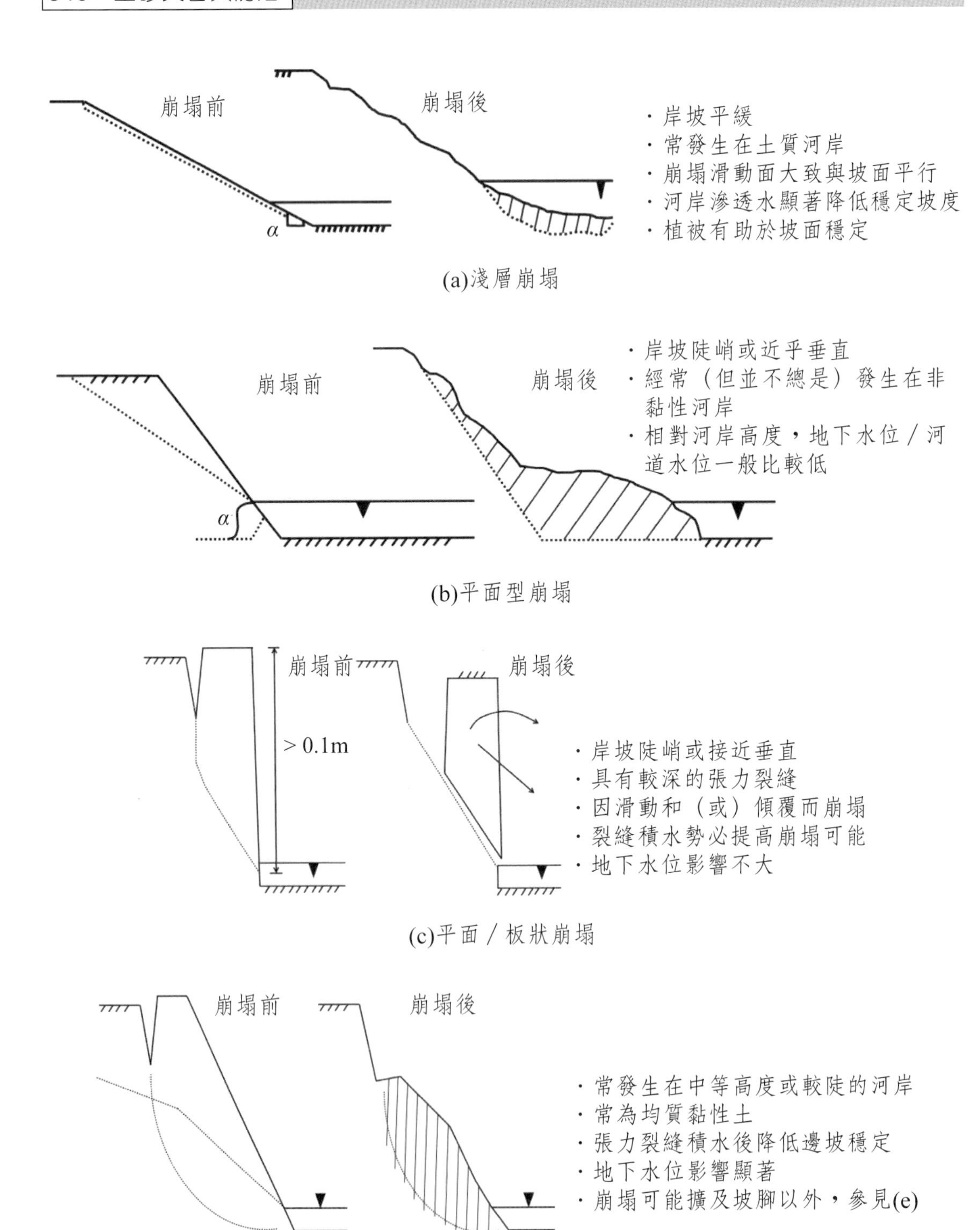

圖5-81　河岸崩塌類型（續）

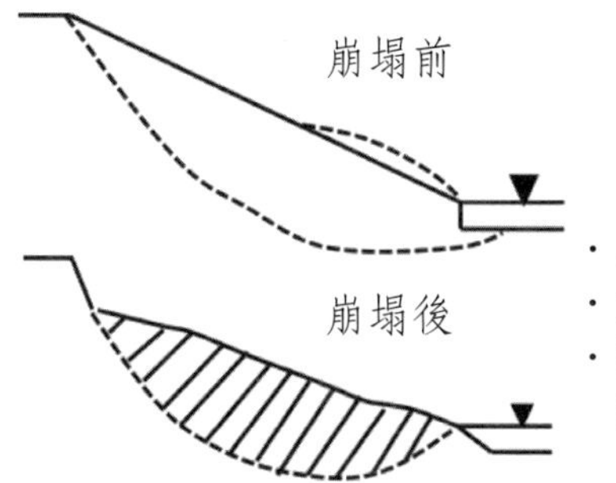

- 岸坡沖刷引發崩塌
- 大規模的崩滑
- 裂縫貫通，坡趾部隆起，或發生顯著滑動，預示即將發生崩塌

(e)沿軟弱帶的圓弧崩塌

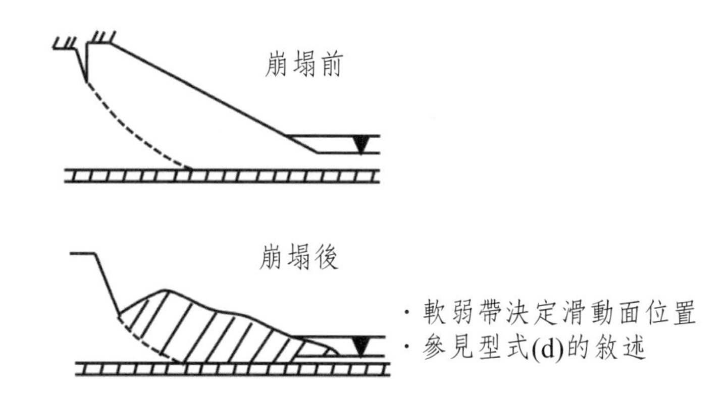

(f)大規模圓弧崩塌／地滑

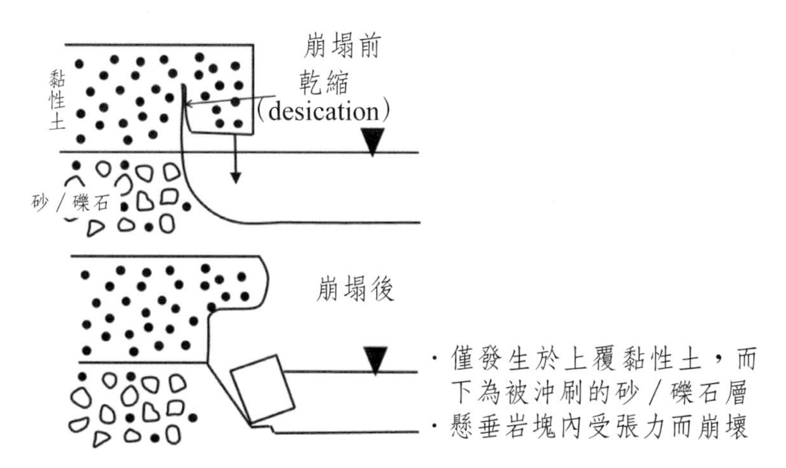

(g)異質河岸組成崩塌（張力）

圖5-81　河岸崩塌類型（續）

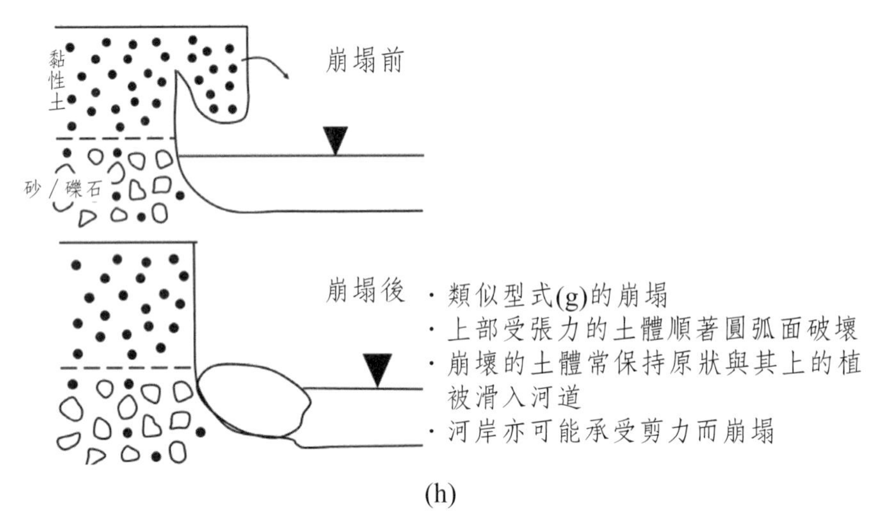

(h)

圖5-81　河岸崩塌類型（續）

Source: Hemphill & Bramley, 1989

總之，由降雨及其引發的逕流誘發河岸崩塌，主要有以下三個方面，包括：

一、降雨滲入河岸土體內，使得土體重力增大，同時也使黏聚力減少，降低土體的抵抗滑動的力量，從而發生河岸崩塌。

二、降雨逕流從坡面匯入河道之後，由於坡度由緩轉陡，沖蝕力大增，導致河岸土體發生強烈沖蝕而發生崩塌。

三、降雨匯集大量逕流，使河道水流淘刷河岸下方兩側坡腳，加大了河岸坡度，導致上方土體失去支撐而失穩崩落溪床。

在實際發生的諸多案例中發現，河岸邊坡幾何形態受河道水流作用而改變，誘發土體崩塌是野溪河岸崩塌的主要類型，且往往導致河岸邊坡上方土體因失去支撐而失穩滑崩。在土體自重、滲流、外部荷重及河道水流等多種因素的作用下，坡腳處土體將首先出現裂隙或陷坑，以至形成破壞面，並沿著破壞面出現土塊傾倒與崩落，不僅使其上部土體失去支撐，同時也縮短了入河滲流的長度，上部土體隨即依次產生失穩，逐步出現傾倒崩落，每次土塊的傾倒崩落都相當於一次平面滑動破壞，隨著時間的增長，土塊崩落現象逐步向上發展，最終河岸邊坡整體破壞，形成下緩上陡的坡面形態。

河岸發生崩塌後的岸坡斷面形態多數呈現上陡下緩的折線形態，下部爲穩定的緩坡，上部土體直立呈暫時性穩定狀態。此類河岸崩塌主要特徵有以下幾點：

一、土體破壞主要是垂向傾倒與崩落，亦即破壞土體垂直位移遠大於水平位移。
二、岸坡土體在一段時間內會發生間歇性的多次崩落，間隔時間長短不規則，隨降雨量、河道水流及岸坡土體等條件而定，呈現隨機的漸進式破壞，每次土塊的傾倒與崩落都相當於一次滑動破壞，破壞面基本是平面或平緩的曲面。
三、崩落的土體部分被水流搬運至下游，部分堆積在坡腳處逐漸形成新的穩定坡度，上部土體一般仍維持陡立的暫時性穩定狀態，但隨時可能出現新的崩塌。

5-5-2 河岸崩塌的力學模式

綜上所述，岸坡穩定不僅與水流條件相關，還與河岸組成有關，河岸組成是河岸崩塌發生的材料基礎和首要條件。引起河岸崩塌的直接原因是組成河岸的土體失穩所致。土體的穩定性取決於土體的穩定坡度和實際坡度之間的對比關係，當實際坡度緩於穩定坡度的時候，河岸是穩定的；反之，則是不穩定的。

河岸土體的穩定坡度主要決定於土壤物理特性，此外還與水流、氣候、植被、人類活動等外部因素有關。當土體組成發生液化，必然改變土體的穩定坡度，此時即使河岸實際坡度未變陡或變化很小，一旦當前穩定坡度的變化超越了河岸實際坡度的臨界值，就會發生崩塌。

河岸的實際坡度則取決於水流條件和河岸土體的抗沖能力，主要與岸體土層的組成及結構、水流沖刷強度、風浪作用及作用範圍等有關。在土體的實際坡度逐漸變陡的過程中，河岸就由原來的穩定狀態逐步向不穩定發展，發展到了一定程度也會發生崩塌。

Osman et al.（1988）結合邊坡土體之鈉離子吸附率（sodium adsorption ratio, SAR）及水流中鹽分含量（salt concentration, CONC）利用邊坡穩定性分析方法，推求水流沖刷作用的河岸崩塌問題，如圖5-82所示。為簡化分析，在這裡對河岸崩塌的過程進行以下處理：
一、河岸土壤組成為黏性均質土，崩塌滑動面經過岸腳。
二、暫不考慮植被、土壤逕流、地下水位及滲流的影響。
三、河流岸坡較陡，岸坡與水平方向夾角$\alpha > 60°$。

經過一定的推導過程，Osman et al.（1988）河岸崩塌的關係式，即

$$\frac{H_2}{H_1}=\frac{\left[\frac{\lambda_2}{\lambda_1}\pm\sqrt{\left(\frac{\lambda_2}{\lambda_1}\right)^2-4\left(\frac{\lambda_3}{\lambda_1}\right)}\right]}{2} \tag{5.64}$$

$$\lambda_1=(1-K_2)(\sin\beta\cos\beta-\cos^2\beta\tan\phi) \tag{5.65}$$

$$\lambda_2=2(1-K)\frac{C_h}{\gamma_s H_1} \tag{5.66}$$

$$\lambda_3=\frac{(\sin\beta\cos\beta\tan\phi-\sin^2\beta)}{\tan\alpha} \tag{5.67}$$

式中，α = 河岸崩塌前邊坡坡角；β = 滑動面與水平夾角；ϕ = 土體內摩擦角；C_h = 土體黏結性係數；H_2 = 沖刷後之河岸高；H_1 = B與C間之高差；γ_s = 土體單位重；y = 張力裂縫深度（= KH_2）。由於河岸遭水流沖刷下切且岸線後退，導致河岸邊坡實際坡度逐漸趨陡，直到大於穩定坡度時，即發生生崩塌，而該臨界河岸坡度可表為

$$\beta=\frac{1}{2}\{\tan^{-1}[\frac{H_2}{H_1}(1-K^2)\tan\alpha]+\phi\} \tag{5.68}$$

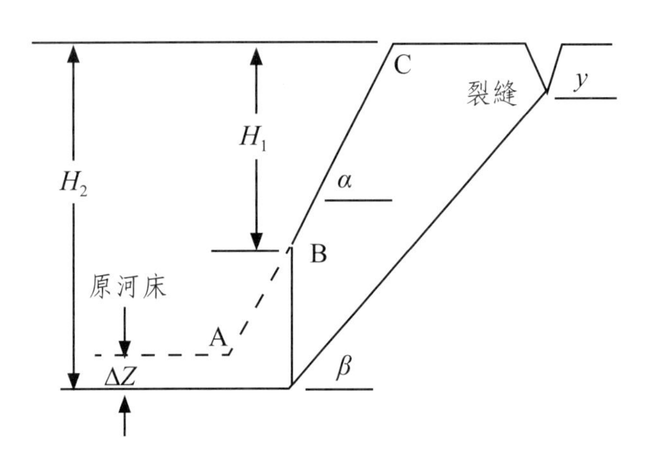

圖5-82　河岸邊坡土體崩塌示意圖

以Osman et al.（1988）概念出發，設想一岸坡高度為H_0，角度為a的陡峭邊坡（a大於60°），土體破壞形式為平面破壞，假設岸坡土體屬弱黏性土體，土體凝聚力$C_h\approx 0$，且忽略水流滲流的影響，如圖5-83所示。考慮水流對河床向下沖刷，致使邊坡土體之自由面高度（h）增加，造成河道邊坡失穩，其關係可表為

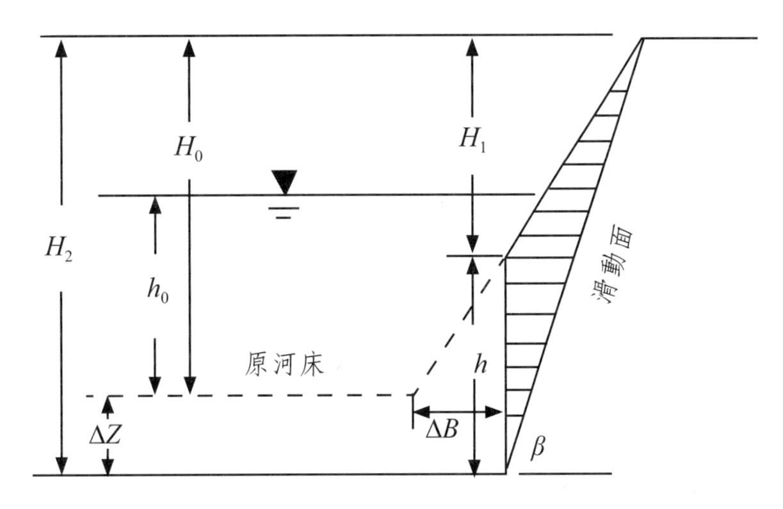

圖5-83　河岸邊坡崩塌示意圖

$$\frac{H_1}{H_2}=\frac{-\frac{\delta_2}{\delta_1}\pm\sqrt{(\frac{\delta_2}{\delta_1})^2-4\frac{\delta_3}{\delta_1}}}{2} \tag{5.69}$$

$$\delta_1=\gamma_{sat}\frac{\tan\phi}{\tan\alpha}-\gamma_{sat}\frac{\tan\beta}{\tan\alpha}-\gamma_w \tag{5.70-a}$$

$$\delta_2=2\gamma_w \tag{5.70-b}$$

$$\delta_3=\gamma_{sat}-\gamma_{sat}\frac{\tan\phi}{\tan\beta}-\gamma_w \tag{5.70-c}$$

且

$$\beta=\tan^{-1}(\frac{H_1}{H_2}\tan\alpha) \tag{5.71}$$

另，側向淘刷深度ΔB可表爲

$$\Delta B=\frac{H_o-H_1}{\tan\alpha} \tag{5.72}$$

根據Osman（1988）由室內模型試驗獲得：

$$\Delta B=\frac{C_t\ (\tau-\tau_c)e^{-1.3\tau_c}}{\gamma_s} \tag{5.73}$$

式中，C_t = 與土體物理化學特性有關的係數，C_t = 4.64×10^{-4}；τ = 水流剪應力（N/m^2）（= $\gamma_w h_o S_o$；S_o = 河床坡度）；τ_c = 土體起動剪應力（N/m^2），可表爲（唐存本，1963）

$$\tau_c = 66.8 \times 10^2 \times d + \frac{3.67 \times 10^{-6}}{d} \tag{5.74}$$

式中，d = 泥砂粒徑（m）。綜合以上，由式（5.69）、式（5.71）及式（5.72）等可分別求解河床下切深度（ΔZ）、滑動面坡度（$\tan\beta$）及H_1值。

山地河川河床沖刷下切引發河岸崩塌或地滑爲其是典型的演變特徵。假設不考慮側向淘刷深度時，即$\Delta B = 0$，隨著河床下切深度的發展，河岸實際坡度亦隨之不斷提高，終至超過已知河岸組成的穩定坡度而發生河岸崩塌，如圖5-84所示。這表徵，河岸土體的穩定性取決於土體的穩定坡度和實際坡度之間的對比關係，當實際坡度緩於穩定坡度的時候，河岸是穩定的；反之，則是不穩定的。土體的穩定坡度主要取決於土壤的物理特性，此外還與水流、氣候、植被、人類活動等外部因素有關。當土體組成發生液化，必然改變土體的穩定坡度，此時即使河岸實際坡度未變陡或變化很小，一旦當前穩定坡度的變化超越了河岸實際坡度的臨界值，就會發生崩塌。

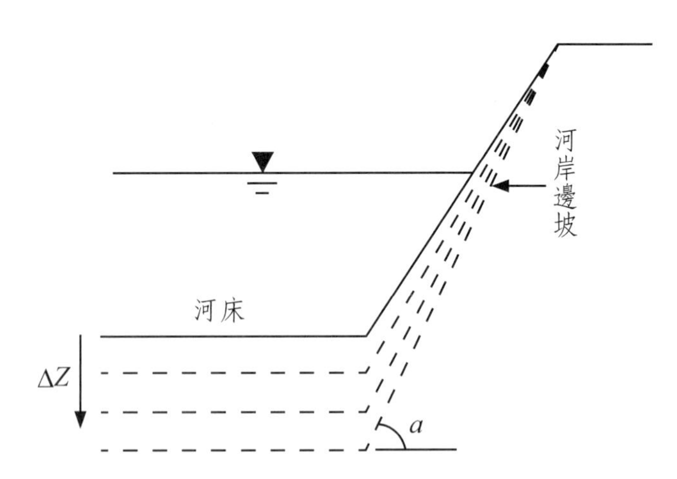

圖5-84　河床下切深度與河岸邊坡坡度關係示意圖

參考文獻

1. 工研院能源與資源研究所，1993，梨山地區地層滑動調查與整治方案規劃。
2. 土木工程拓展署土力工程處，2016，香港天然山坡山泥傾瀉災害，香港特別行政區政府。

3. 王文能、尹承遠、陳志清、李木青，2000，九二一地震崩塌地的分佈與特性，第二屆海峽兩岸山地災害與環境保育學術研討會論文集，中華水土保持學會編印，223-233。
4. 王文能、陳樹群、吳俊鋐，2011，大規模崩塌潛感區（中譯本），中華水土保持學會及科技圖書股份有限公司出版。原著：千木良雅弘，2008。
5. 王成華、孔紀名，2001，高速滑坡發生的危險斜坡判別，工程地質學報，9(02)：127-132。
6. 王家鼎、張倬元，1999，典型高速黃土滑坡群的系統工程地質研究，成都，四川科學技術出版社。
7. 中華水土保持學會，1999，梨山地滑地區管理準則之研究(二)。
8. 尹立中、劉哲欣、吳亭燁，2013，降雨引致淺層崩塌物理模式分析尺度探討—以高屏溪美輪山子集水區為例，社團法人中華水土保持學會102年度年會。
9. 李錫堤、費立沅、李錦發、林銘郎、董家鈞、張瓊文，2008，石門水庫集水區的山崩與土石流潛感分析，第六屆海峽兩岸山地災害與環境保育學術研討會。
10. 李錫堤、董家鈞、林銘郎，2009，小林村災變之地質背景探討，地工技術，122：87-94。
11. 李德河，1996，賀伯颱風引致阿里山公路低海拔路段邊坡變動之觀測調查，地工技術，57：81-91。
12. 李嶸泰、張嘉琪、詹勳全、廖珮妤、洪雨柔，2012，應用羅吉斯迴歸法進行阿里山地區山崩潛勢評估，中華水土保持學報，43(2)：167-176。
13. 吳俊鋐，2014，以崩塌率為依據建構邏輯式迴歸崩塌潛勢評估模式，中華水土保持學報，45(4)：257-265。
14. 林信輝、林妍琇，2009，道路護坡植生工法，2006生態工程研討會。
15. 林伯勳、許振崑、冀樹勇，2011，集水區土壤厚度經驗式應用分析，中興工程季刊，111：35-45。
16. 林彥享，2002，運用類神經網路進行地震誘發山崩之潛感分析，國立中央大學應用地質研究所碩士論文。
17. 林慶偉、謝正倫、王文能，2002，集集地震對中部災區崩塌與土石流之影響，集集地震對中部災區崩坍與土石流之影響，臺灣之活動斷層與地震災害研討會，124～134。
18. 周南山，2005，山區道路邊坡災害防治，森林遊憩設施規劃設計與施工研習會暨94年度林務局育樂工程計畫內容說明報告。

19. 侯進雄、費立沅，2013，臺灣大規模崩塌調查的發展現況，地質，32(1)：39-43。
20. 徐美玲，1995，預測潛在岩屑滑崩的網格式數值地形模式，國立臺灣大學地理學系地理學報，19：1-15。
21. 唐存本，1963，泥沙起動規律，水利學報，2：1-12。
22. 連惠邦，2003，水力類土石流形成模式，中華水土保持學報，34(4)：369-379。
23. 莊智瑋、林昭遠，2010，利用DEM萃取集水區崩塌深度空間變異情形-Khazai and Sitar修正關係式。
24. 許喬泰，2011，利用證據權模型繪製崩塌潛感圖，成功大學地球科學系碩士論文，88pp。
25. 許強，2016，滑坡災害監測預警與應急處置，成都理工大學地質災害防治與地質環境保護國家重點實驗室。
26. 范正成、楊智翔、張世駿、黃效禹、郭嘉峻，2013，氣候變遷對高屏溪流域崩塌潛勢之影響評估，中華水土保持學報，44(4)：335-350。
27. 張展，1994，山洪泥石流滑坡災害及防治，國家防汛抗旱總指揮部辦公室及中國科學院成都山地災害與環境研究所，科學出版社。
28. 張舜孔，2002，類神經網路應用在阿里山公路邊坡破壞因子之分析研究，國立成功大學土木工程研究所碩士論文。
29. 張弼超，2005，應用羅吉斯迴歸法進行山崩潛感分析—以臺灣中部國姓地區為例，國立中央大學應用地質研究所碩士論文。
30. 曾裕平，2009，重大突發性滑坡災害預測預報研究，成都理工大學工學博士學位論文。
31. 費立沅，2009，臺灣坡地災害與地質敏感區的關係，地質，28(1)：16-22。
32. 楊樹榮、林忠志、鄭錦桐、潘國樑、蔡如君、李正利，2011，臺灣常用山崩分類系統，THE 14TH CONFERENCE ON CURRENT RESEARCHES IN GEOTECHNICAL ENGINEERING IN TAIWAN，25-26。
33. 農業委員會，2016，水土保持技術規範。
34. 農業委員會水土保持局，2015，高屏溪及林邊溪集水區土砂收支管理模式建置。
35. 農業委員會水土保持局、中華水土保持學會，2006，水土保持手冊，中華水土保持學會出版。
36. 農業委員會水土保持局，2010，集水區整體調查規劃工作參考手冊。
37. 農業委員會水土保持局，2010，集水區整體治理方法與環境地質實務應用。

38. 農業委員會林務局，2012，國有林莫拉克風災土砂二次災害潛勢影響評估。
39. 農業委員會水土保持局，2013，102年高屏溪山坡地大規模崩塌致災潛勢調查評估。
40. 農業委員會水土保持局，2015，104年度大梨山地區地滑地監測管理及系統維護資料分析。
41. 詹勳全、張嘉琪、陳樹群、魏郁軒、王昭堡、李桃生，2015，臺灣山區淺層崩塌地特性調查與分析，中華水土保持學報，46(1)：19-28。
42. 經濟部中央地質調查所，2000，臺灣山崩災害專輯(一)，地質災害報告第一號。
43. 經濟部水利署北區水資源局，2008，石門水庫集水區產砂量推估與數位式集水區綜合管理研究計畫。
44. 經濟部水利署水利規劃試驗所，2011，氣候變遷下台灣南部河川流域土砂處理對策研究—以高屏溪為例（總報告）。
45. 經濟部中央地質調查所，2013，莫拉克中部、東部災區潛在大規模崩塌地區調查成果說明，行政院莫拉克颱風災後重建推動委員會第47次工作小組會議。
46. 潘國樑，1999，山坡地永續利用，詹氏書局。
47. 劉哲欣、吳亭燁、陳聯光、林聖琪、林又青、陳樹群、周憲德，2011，臺灣地區重大岩體滑動案例之土方量分析，中華水土保持學報，42(2)：150-159。
48. 陳洪凱、魏來、譚玲，2012，降雨型滑坡經驗性降雨閾值研究綜述，重慶交通大學學報（自然科學版），31(5)：990-996。
49. 陳宏宇，1998，山崩，地球科學園地，6：12-21。
50. 陳樹群、馮智偉，2005，應用Logistic迴歸繪製崩塌潛感圖—以濁水溪流域為例，水土保持學報，36(2)：191-206。
51. 陳樹群、翁愷翎、吳俊鋐，2010，玉峰溪集水區崩塌特性與崩塌體積之探討，中華水土保持學報，41(3)：217-229。
52. 陳樹群、陳少謙、吳俊鋐，2012，南投縣神木集水區崩塌特性分析，中華水土保持學報，43(3)：214-226。
53. 陳聯光、林聖琪、林又青、王俞婷、林祺岳、陳如琳，2010，莫拉克颱風降雨與崩塌分佈特性探討，中央氣象局天氣分析與預報研討會。
54. 陳毅青，2012，降雨誘發崩塌侵蝕之規模頻率及其控制因子，臺灣大學工學院土木工程學系博士論文。
55. 陳嬿璇、譚志豪、陳勉銘、蘇泰維，2013，降雨誘發山區淺層滑坡之臨界雨量研析，中華水土保持學報，44(1)：87-96。

56. 盧育聘，2003，類神經網路於公路邊坡破壞潛能之評估，立德管理學院資源環境研究所碩士論文。

57. 鍾欣翰，2008，考慮水文模式的地形穩定分析—以匹亞溪集水區為例，國立中央大學應用地質研究所碩士論文。

58. 鍾育櫻，2005，921集集大地震前後降雨型崩塌地特徵之比較，臺灣大學地理環境資源學研究所碩士論文。

59. 謝正倫、江志浩、陳禮仁，1992，花東兩縣土石流現場調查與分析，中華水土保持學報，23(2)：109-122。

60. 簡李濱，1992，應用地裡資訊系統建立坡地安定評估之計量方法，國立中興大學土木工程學系碩士論文。

61. 土質工學會，1985，土砂災害の予知と対策，土質工學會編。

62. 日本地滑對策技術協會，1978，地滑對策技術設計實施要領，1(2)。

63. 日本道路公団，1992，土質地質調查要領，公団。

64. 日本高速道路調查會，1986，危險地動態觀測施工相關研究(3)報告書，日本道路公團。

65. 日本國土交通省，2012，深層崩壊に対する国土交通省の取り組み，国土交通省、国土保全局。

66. 日本國土交通省防砂部，2001，土砂災害警戒區域等における土砂災害防止対策の推進に関する法律施行令，日本國土交通省防砂部頒佈國內法令。

67. 今村寮平，2012，地形工學入門，鹿島出版社。

68. 玉田文吾，1980，第三紀層地すべりの素因と地質學的背景，新砂防，33(1)：26-30。

69. 田中茂，1975，集中豪雨と災害，水利科學，19(3)。

70. 打荻珠男，1971，ひと雨による山腹崩壞について，新砂防，23(4)：21-34。

71. 林野廳，2015，大規模崩壊潛在斜面危険度判定マニコアル（案）。

72. 村野義郎，1966，山地崩壞に關する二，三の考察，建設省土木研究所報告第130號。

73. 鈴木隆介，2000，建設技術者のための地形図読図入門第3巻，段丘・丘陵・山地，古今書院，東京。

74. 松村和樹、中筋章人、井上公夫，1988，土砂災害調查マニユアル，鹿島出版社。

75. 松浦純生，2014，山タに潛む深層崩壊の危險性—如何にその兆候を捉え、將來に備えるか，高知サピアセソーズ。

76. 財團法人砂防學會，1992，砂防學講座第3巻一斜面の土砂移動現象，山海堂。
77. 脅森寛，1989，滑坡滑距的地貌預預測，鐵路地質與路基，(3)：42-47。（王念秦譯）
78. 後藤宏二，2012，深層崩壊～その実態と対応，国土交通省国土技術政策総合研究所講演会。
79. 駒村富土彌，1978，治山・防砂工學，森北出版株式會社。
80. Bonzznigo, L., Eberhardt, E. and Loew, S., 2007, Long-term investigation of a deep-seated creeping landslide in crystalline rock. Part I. Geological and hydromechanical factors controlling the Campo Vallemaggia landslide, Can. Geotech. J., 44: 1157-1180.
81. Brand, E.W., Premchitt, J. and Phillipson, H. B., 1984, Relationship between rainfall and landslides in HongKong, Toronto: Proceeding of 4th International Symposium Landslides, 377-384.
82. Caine, N., 1980, The rainfall intensity-duration control of shallow landslides and debris flows, Geografiska Annal, 62A: 23-27.
83. Chang, K., Chiang, S., and Hsu, M., 2007, Modeling typhoon- and earthquake-induced landslides in a mountainous watershed using logistic regression, Geomorphology, 89: 335-347.
84. Cooper, R.G. ,2007, Mass Movements in Great Britain, Geological Conservation Review Series, No. 33, Joint Nature Conservation Committee, Peterborough, 348 pp.
85. Corominas, J., 1996, The angle of reach as a mobility index for small and large landslides. Canadian Geotechnical Journal 33: 260-271.
86. Dai, F. & Lee, C., 2001, Frequency–volume relation and prediction of rainfall-induced landslides. Engineering geology, 59(3): 253-266.
87. Davies, T.R.H., 1982, Spreading of rock avalanche debris by mechanical fluidization, Rock Mechanics 15: 9-24.
88. Deb, S.K., & El-kadi, A.I., 2009, Susceptibility assessment of shallow landslides on Oahu, Hawaii, under extreme-rainfall events, Geomorphology 108: 219-233.
89. Dietrich, W. E., Wilson, C. J. and Montgomery, D. R., 1993, Analysis of erosion thresholds, channel network and landscape morphology using a digital terrain models, The Journal of Geology, 101: 259-278.
90. Flentje, P. & Chowdhury, R., 2002, Frequency of Landsliding as Part of Risk Assessment. Australian Geomechanics News, Volume 37 Number 2, May, pages 157-167. Australian Geomechanics Society, Institution of Engineers, Australia.

91.Fuchu, D., Lee, C.F. and Sijing, W., 1999, Analysis of rainstorm-induced slide-debris flows on natural terrain of Lantau Island, Hong Kong. Engineering Geology 51: 279–290

92.Guzztti, F., Peruccacci, S. and Rossi, M., 2007, Rainfall thresholds for the initiation of landslides, Meteorology and Atmospheric Physics, 98(3 /4) : 239-267.

93.Guzzetti, F., Ardizzone, F., Cardinali, M. Rossi, M. and Valigi, D., 2009, Landslide volumes and landslide mobilization rates in Umbria, central Italy, Earth and Planetary Science Letters, 279(3-4): 222-229.

94.Guzzetti, F., Ardizzone, F., Cardinali, M., Rossi, M., Valigi, D., 2014, Landslide volumes and landslide mobilization rates in Umbria, central Italy, Earth Planet Sci Lett, 279(3-4):222-229.

95.Hemphill, R. W. & Bramley, M. E., 1989, Protection of River and Canal Banks, a Guide to Selection and Design. CIRIA Water Engineering Report, Butterworths. 200 pp.

96.Highland, L.M, & Bobrowsky, P., 2008, The landslide handbook-A guide to understanding landslides, Reston, Virginia, U.S. Geological Survey Circular 1325, 129p.

97.Iverson, R.M., 2000, Landslide triggering by rain infiltration, Water Resources Research, 36(7): 1897-1910.

98.Jaiswal, P., Westen, C.J. and Jetten, V., 2011, Quantitative estimation of landslide risk from rapid debris slides on natural slopes in the Nilgiri hills, India, Hazards Earth Syst. Sci., 11: 1723-1743.

99.Keefer, D.K., Wilson, R.C., Mark, R.K., Brabb, E.E., Brown, W.M., Ellen, S.D., Harp, E.L., Wieczorek, G. F., Alger, C.S. and Zatkin, R.S., 1987, Real-time landslide warning during heavy rainfall. Science 238 (4829): 921–925.

100.Keefer, D.K., 1994, The importance of earthquake-induced landslides to long-term slope erosion and slope-failure hazards in seismically active regions. Geomorphology 10(1-4): 265-284.

101.Keefer, D.K., 2000, Statistical analysis of an earthquake-induced landslide distribution - the 1989 Loma Prieta, California event, Engineering Geology, 58: 231-249.

102.Khazai, B. & Sitar, N., 2000, Assessment of seismic slope stability using GIS modeling. ,Annals of GIS , 6(2): 121-128.

103.Klar, A., Aharonov, E., Kalderon-Asael, B., and Katz, O., 2011, Analytical and observational relations between landslide volume and surface area. Journal of geophysical research, 116(F2): F02001.

104.Li, T., 1983, A mathematical model for predicting the extent of a major rockfall, Zeitschrift für

Geomorphologie 24: 473-482.

105.Linda, T. & Okunishi, K., 1983, Development of Hillslopes due to Landslides, Geomorphology, Supplementband, 46: 67-77.

106.Mark, E.R. & Richard, G.L., 1998, Real-time monitoring of active landslides along Highway 50, E1 Dorado County[J], California Geology, 5l(3): 17-20.

107.Montgomery, D.R. & Dietrich, E.E., 1993, A physically based model for the topographic control on shallow landsliding, Water Resource Research, 30(5): 1153-1171.

108.Montgomery, D.R., Sullivan, K. and Greenberg, H.M., 1998, Regional Test of A Model for Shallow Landsliding, Hydrological Processes, 12: 943-955.

109.Nicoletti, P.G. & Sorriso-Valvo, M., 1991, Geomorphic controls of the shape and mobility of rock avalanches, Geological Society of America Bulletin 103: 1365-1373.

110.O'loughlin, E.M., 1986, Prediction of surface zone in watural catchments by topographic analysis, Water Resources Research, 22(5): 794-804

111.Osman, A.M. & Thorne, C.R., 1988, River bank stability analysis I: Theory, J. Hydr. Engrg. ASCE. 114(2): 134-150.

112.Parise, M., & Jibson, R.W., 2000, A seismic landslide susceptibility rating of geologic units based on analysis of characteristics of landslides triggered by the January 17, 1994, Northridge, California, earthquake, Engineering Geology, 58: 251-270.

113.Scheidegger, A., 1973, On the prediction of the reach and velocity of catastrophic landslides, Rock Mechanics, 5: 231-236.

114.Saito, M., 1965, Forecasting the time of occurrence of a slope failure. In: Proceedings of the 6th International Conference on Soil Mechanics and Foundation Engineering.

115.Tucker, G.E. & Bras, R.L., 1998, Hillslope Processes, Drainage Density, and Landscape Morphology, Water Resources Research, 22(5): 794-804.

116.Van Asch, TWJ. Buma, J. and Van Beek, L., 1999, A view on some hydrological triggering systems in landslides. Geomorphology, 30(1): 25-32.

117.Varnes, D.J., 1978, Slope movement types and processes. In Schuster, R.L and Krizek, R.J. (Editors) 1978: Landslides Analysis and control. Transportation Research Board Special Report 176, National Academy of Sciences, Washington, 11-33.

118.Wlodzimierz, M., 2006, Structrual control and types of mevement of rock mass in anisotropic rocks: case studies in the Polish Flysch Carpathians Original Research Article, Geomorphology, 77(1-2): 47-68.

第6章 土石流與山地洪流

6-1 土石流定義及其基本特徵

土石流（debris flow）是山地河川常見的一種自然地質現象，不過因部分土石流的流動快速，可以在短時間內沖出大量的泥砂巨礫，或淤埋，或撞擊，皆能引發區域性重大的土砂災害，因而地質學家將土石流視爲不良地質過程，並與崩塌、地滑合稱爲地質災害（geological disaster）。由於土石流擁有多種樣貌的流動特徵，不僅含砂量特高，且水砂之間的作用也相當地複雜，使得世界各國對土石流的命名很不統一。例如，美國由火山爆發引起的土石流稱爲lahar，其他原因引發的土石流亦有稱爲debris flow、mudflow、mudslide、debris avalanche等；在日本稱爲土石流；在歐洲各國稱土石流爲山洪。除了命名外，對於土石流的定義亦有很大的差異。池谷浩（1978）認爲土石流並非由水搬運固體物質，而是含水的粥狀泥砂在重力作用下產生運動的現象；Takahashi（1991）提出土石流必須具備三個特性：1.土石流是泥砂、石塊等固體物質與水的混合物，在重力作用下發生運動的一種連續體；2.土石流是一種流動現象，在運動過程，其內部一方面產生連續變形，另一方面又以相當的速度移動；3.水在土石流中具有重要的作用。美國地質調查所（USGS, 2006）認爲，有些地滑（landslide）運動緩慢，持續時間和變形過程長，有些地滑爆發突然，運動迅速，常造成財產損失和人員傷亡，土石流（debris flow or mudflow or debris avalanche）就是這類高速地滑最常見的表現形式，它多由暴雨誘發，使位於陡坡上的土體經崩落、滑動、液化等過程轉化而成，從陡峻的溝谷沖瀉而出，流入下游寬平的扇狀地，其泥砂濃度範圍可以從稀泥漿變化至像水泥砂漿一樣，含大量泥砂塊石的黏稠漿體。錢寧、王兆印（1984）認爲，土石流是發生在溝谷和坡面上的飽和小至黏土，大至巨礫的固液兩相流（two-phase flow），液相是水和細顆粒泥砂摻混而成的均質漿液，固相是較粗的泥砂顆粒。不過，水土保持手冊（2005）認爲，目前對於土石流運動行爲和材料組成間之關係的瞭解程度還是相當有限，尚無法對其不同材料和運動機制作更嚴謹之分類，故現階段仍以土石流作爲統稱，並定義爲土、砂、礫石等材料與水混合物，以重力作用爲主，水流作用爲輔之高濃度水流。

從上述衆多土石流定義來看，雖然出發點略有不同，但歸納起來不外乎兩種，一種是從土石流發生的地質過程，另一種是從氣象水文過程描述土石流的流動現象。對臺灣土石流研究者，則側重於土石流的水力過程，認爲土石流是一種飽含泥、砂、礫及巨石等物質與水之混合物，以重力作用爲主，水流作用爲輔的一種高濃度且流動快速的兩相流，具有明顯或至少可以辨識的坑溝流路，其下游側經常有舌狀或耳狀堆積區，且堆積區前緣有巨大石礫聚集。

不過，以上的定義還是沒有較好地釐清土石流與一般挾砂水流、高含砂水流、崩塌地滑之間的差異性。圖6-1爲流體、固體與土石流之間的水砂關係。圖中，當水流流速達到一定的水平時，可以沖起河床及兩岸的少數土砂進入水流中，隨著水流速度的上升，水流能夠沖起更多的土砂而以懸浮和推移方式向下游輸移，形成一般挾砂水流（sediment-laden flow）；當水流挾砂的量體沿程匯集來自兩側支流和坡面水砂而持續增加，使得水流因泥砂含量而逐漸改變其本質（量變引起質變），造成水流挾砂能力獲得進一步的提升，達到高含砂水流（平原河川）及土石流（山地河川）的含砂量水平；另一方面，當位處陡坡環境的固體物質，因降雨或其他外力作用而失穩崩壞形成崩塌或地滑，並沿著坡面作緩慢或快速運動；在運動過程中，大量固體物質與水體混合後，在重力作用的配合下轉化成爲土石流或泥流。由此可見，土石流係介於水體和固體之間既屬含砂水體、亦可趨近固體含水的一種高含砂水流（hyper-concentration flow），它的某些性狀和力學行爲必然不同於水體和固體。爲此，吳積善等（1993）提出土石流三個基本性質並與一般挾砂水流、高含砂水流、崩塌地滑相區分，包括：1.土石流具有土體之結構性質：表徵結構性的特徵值是屈服剪應力τ_B，一般挾砂水流是沒有結構性的，其屈服剪應力$\tau_B \approx 0$；2.土石流具有水體之流動性質：表徵流動性的特徵值是流速梯度du/dy（u = 離底床y處的水流流速），這一性質是與崩塌、地滑區分的重要指標；3.土石流具有發生在陡坡地形的性質：包括較大的流動坡度及含有極爲寬廣的粒徑組成，這些性質可區分高含砂水流與土石流間的差異。

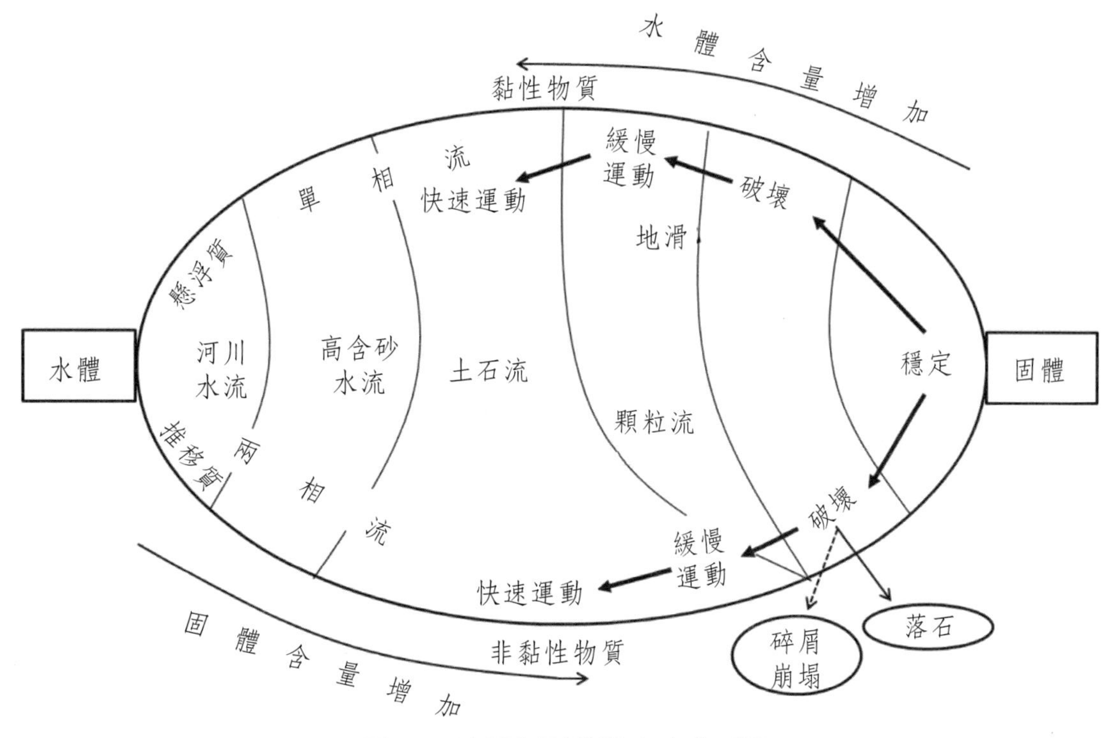

圖6-1　流體與固體間之流動型態

資料來源：Coussot, P.& Meunier, M.,1996.

總之，土石流好發於坡陡流短的山地河川，使得土石流活動過程相當短暫，一般數分鐘至數十分鐘便告結束；此外，具有顆粒粗、含砂量高及速度快等特點，不僅運動過程的直進性強，遇阻不繞流直接撞擊，致災強度特大，且能夠瞬間摧毀沿途流路上的各種設施；於流路上遇有坡度減緩或河幅展寬的地形時，流速會因此迅速降低，大量土砂便快速地擴散和落淤，形成大範圍的淤積區，淤埋途經流路上的各種設施，甚至堵塞流路，造成後續水流溢出兩岸而危害附近的各項公共設施。

6-2 土石流危害方式

土石流對鄰近區域環境之危害方式，可以區分爲淤積、沖刷、撞擊及磨蝕等四種主要形式，可能爲單一形式，但多數是多種形式綜合作用結果而造成災害。

一、淤積：土石流淤積作用主要出現於溪流坡度驟減、或河幅展寬、或兩者兼具的地形條件，尤其在溪流下游出谷後的寬平地形所形成的扇狀地，是土石流主要的淤積區域。

(一) 中、上游河段局部淤積：當土石流行進過程中遇有地形改變（主要是部分河段坡度變緩），則可能在河道上產生局部或暫時性的淤積。這些淤積體很容易受到後續水流動壓力作用而再度起動，形成更大規模的土石流；或因淤積體淤塞河道斷面，使得後續水流發生改道或溢淹的情形，危害河岸周邊房舍或因此沖毀橋梁，如照片6-1爲2012年因蘇拉颱風侵台而造成花蓮縣秀林鄉和中社區左側野溪土石流災害。

(二) 下游寬平河段淤積：土石流進入具有寬平的下游河段時，因坡度減緩，或兩側河岸束狹作用消除，河幅放寬，便在寬平河段上發生強烈的淤積現象，並逐漸形成扇狀地形。由於扇狀地向爲耕地、聚落及各項設施的集散區，使得土石流在扇狀地的淤埋作用常引發毀滅性的災難，如照片6-2所示。

照片6-1 土石流淤埋成災現況

照片6-2　臺南市羌黃坑扇狀地遭土石流淤埋情形

(三) 堵塞擠壓主河道：當支流土石流短時間沖出大量土砂進入主流時，因水流一時無法將入流土砂帶走，使主流的部分或全部斷面遭到堵塞。河道部分阻塞不僅束縮主流通水斷面，同時將主流的水流逼向對岸，引發其嚴重淘刷，或河岸崩塌後退，或危害沿岸各種設施，皆造成一定規模的水砂災害，如照片6-3所示；而全部斷面遭堵塞則可能形成臨時壩或堰塞湖，其後果可能帶來兩種災害：一是堰塞湖淹沒河道沿岸的耕地聚落及交通設施等保全對象，二爲堰塞湖潰決形成強大的潰壩洪流，對河道下游將產生嚴重的危害，如照片6-4所示。

照片6-3　土石流擠壓導致對岸發生河岸崩塌現象

照片6-4 支流土石流形成堰塞湖

二、沖刷：土石流的沖刷作用主要表現在上游段的河床下切及中游段的側蝕擴床兩個面向。

(一) 土石流上游沖刷下切作用：土石流沖刷下切之所以出現在上游河道，係由於上游坡度陡峭，河谷狹窄，在水流集中沖刷之下，不僅使床面刷深，且兩岸谷坡加大，自由面增高，導致河谷崩塌機會提高，爲引發更大規模土石流提供了有利的條件，如照片6-5所示。

(二) 土石流中游側蝕擴床作用：土石流對河道中游的沖刷作用，包括河床下切、局部沖刷及側向淘蝕擴床等。本河段因坡度較上游段緩和，多屬土石流的輸送段，有沖有淤，沖淤交替，但總的趨勢是沖多淤少，如照片6-6爲土石流對中游輸送段的側蝕擴床作用。

照片6-5　上游河道沖刷下切情形

照片6-6　土石流的側蝕擴床現象

三、撞擊：土石流的撞擊作用係以其攜出的巨礫和流體撞擊力為主。

(一) 巨礫撞擊力：土石流在行進時較大石塊多聚集於前端頭部處，加上具有很強大的動能與直進性，撞擊力特強。由於巨礫撞擊屬於點撞擊力，往往讓流經路線上的構造物被撞擊毀損，如照片6-7為建築物遭土石流巨礫撞擊後牆面破損的情形。

照片6-7　建築物遭撞擊毀損情形

(二) 流體撞擊力：土石流具有很高的土石含量和單位重，在高速流動下的流體撞擊力相當強，不僅可以直接撞斷橋梁，甚至將之整個浮托起來；此外，當遇有阻礙物（如河彎段、橋墩、河工構造物等）時，因流體動能瞬間轉換爲位能，土石流會沖起或爬高，如屬彎道或低矮河岸時（即溢流點），則可能有大量流體挾帶土砂溢出或沖上河岸，或淤埋沿岸保全對象，或使兩岸堤岸潰決改道，如照片6-8爲2001年南投線信義鄉郡坑溪土石流溢出左岸形成一條新的流路（虛線），造成下游重大的傷亡事件。此外，土石流進入河彎段，凹岸單寬流量突增，水位及流速增加，造成凹岸處的強烈局部沖刷或大量流體沖上凹岸，從而導致凹岸上的構造物遭受破壞。

四、磨蝕：含有大量土石的水流在高速流動時，不斷地摩擦堤岸、固床工、防砂壩等混凝土構造物表面，造成表面材料剝落析離而破壞構造物之正常機能，如照片6-9所示。

土石流不僅對區域環境構成有形的危害，對於由生物與環境所組成之生態系統影響更是嚴重。土石流活動是水土流失的一種比較激烈的方式，其活動過程中快速遷移和變形的水體和泥砂石塊等固體物質，都是生態系統中環境因素的重要成分，也是形成土石流的兩個最主要的條件。土石流活動首先破壞了這兩個成分，從而使集水區生態系統中的生物及環境因素隨之發生改變，伴隨生物量的減少或消失，使生態系統失去平衡，並朝著惡性循環方向發展。

照片6-8　花蓮縣秀林鄉和中部落土石流溢出河岸形成新的流路

資料來源：農業委員會水土保持局花蓮分局，2013

照片6-9　防砂壩外觀遭磨蝕現狀

6-3 臺灣歷年重大土石流事件

自從1990年花蓮銅門發生土石流災害，瞬時流出約五萬多立方公尺的土方，並造成29人死亡、6人失蹤及多人受傷和無家可歸的慘重損失之後，1996年賀伯颱風挾帶著特大豪雨，誘發了南投縣境內新中橫公路沿線數十處規模不一的土石流，再度重創附近村落造成41人死亡及道路和農業方面的嚴重損失；在2001年及2004年連續兩年在陳有蘭溪沿岸又陸續發生數起土石流的危害事件，以及2008年和2009年辛樂克及莫拉克颱風進一步造成空前的土砂災害事件，土石流儼然成爲臺灣本島山坡地土砂災害的代名詞，而備受重視。

臺灣歷年較嚴重的數十起土石流事件多由颱風降雨所誘發，這裡舉出了1990年花蓮銅門、2004年臺中市和平區松鶴一溪、2009年那瑪夏鄉南沙魯村、2009年臺東縣大武鄉大鳥村及2015年桃園市復興區羅浮里野溪等土石流事件，簡述其成災狀況。

一、1990年花蓮縣秀林鄉銅門村土石流事件

1990年6月23日歐菲莉颱風登陸花蓮地區，爲花蓮地區帶來嚴重的水患及多起土石流災害。根據花蓮雨量站雨量資料顯示，激發土石流之降雨強度約達106mm/hr，日雨量約490mm。其中，秀林鄉銅門村爆發土石流，造成12鄰與13鄰遭土石淤埋，導致房舍全毀24間、半毀11間、死亡29人、失蹤6人、受傷7人、無家可歸有68人，損失相當慘重。

銅門村位於木瓜溪南側之山腳下，其上游源頭賀田山向北蜿蜒經過銅門村12、13鄰流入木瓜溪，全溪長約2,000m，集水區面積約49ha，源頭標高1,220m，與木瓜溪匯流口標高160m，高差達1,060m，平均坡度達36.4%，形狀係數僅約0.125，屬於狹長型之幼年期地形。據調查顯示，本次土石流流出土方約達5.6萬m^3，淤積長度約120m，寬度約70m，厚度介於1～6m不等，岩塊粒徑介於1.0～4.0m，並挾雜著大量細顆粒之土石材料。溪流岩層分布以石英雲母片岩及大理岩爲主，其中分布於溝谷之大理岩岩性堅硬，而分布於兩側谷坡之石英雲母片岩，則片理發達，呈破碎狀；溪流上游溪床傾角介於20～30度之間，河幅約在1～3m左右，呈V形溪谷，而下游溪床傾角降至5度，河幅約8.0～25.0m，呈現小型扇狀地

形。因此，花蓮銅門村土石流事件係在溝谷地形及破碎地質的潛在環境下，遭到強降雨的激發而爆發土石流災害，屬於典型土石流致災事件。

二、2004年臺中市和平區松鶴一溪

2004年7月2日敏督利颱風過境帶來豪大雨，導致松鶴一溪、二溪發生嚴重土石流災害，洪水土砂沖毀松鶴地區2座橋梁，除河道淤滿土石外，鄰近溪流兩岸之建築物（共60戶遭掩埋、170戶遭洪水土砂侵入）、果園與道路均受到波及，再加上大甲溪松鶴段溪水高漲，德芙蘭橋與長青橋均無法通行，導致松鶴部落完全與外界隔絕。同年8月24日艾利颱風侵台，降下驚人豪雨，松鶴一溪上游段堆積之土石遭沖刷下移，河道再度淤塞，掩埋鄰近溪流住戶共12戶，如照片6-10所示。

王景平等（2005）通過災害歷史及相關圖資資料發現，松鶴部落上游集水區於921地震時已有大量崩塌跡象，雖然2001年桃芝颱風部分土石向下搬運，少量土石已搬運至谷口，惟敏督利颱風爲本地區帶來超大豪雨，促發大量土石向下游流動而引發土石流。經統計，松鶴部落附近阿眉雨量站於敏督利颱風期間總累積雨量達1,648mm，降雨強度達111mm/hr，導致河道由原有寬度約10餘公尺擴大至約百公尺，而造成本地區嚴重的災害事件。

(a)敏督利颱風

(b)艾利颱風

照片6-10　臺中市和平區松鶴一溪土石流事件

三、2009臺東縣大武鄉大鳥村

臺東縣大武鄉大鳥村旁野溪於2009年8月8日約15：00時爆發土石流，初估崩塌面積約2.5ha，攜出土石約達27萬m^3，造成大鳥聯外道路受阻中斷約400m，建物遭淤埋全毀計8棟、20棟半毀，24棟民宅遭土石侵入，淤埋果園約1.5ha、聯外道路遭土石淤埋約400m，河道遭土石堵塞長度約1,000m，如照片6-11所示。經由現地勘查結果顯示，野溪下游鄰近保全對象住戶之橋涵及溪谷出口處明顯之扇狀土石堆積特徵，初步研判此次災害應屬土石流災害類型。該野溪集水區地質屬沖積層與潮州層，主要岩性有泥、砂、礫石及部分爲硬頁岩，偶可見板岩塊，故易發生崩解破壞，初步推測因莫拉克颱風帶來之超大豪雨，使上游集水區坡地產生崩塌或既有崩塌範圍擴大，大量崩塌土石堆積於溪床，且溪床坡度提供足夠之勢能進而導致土石流發生。

照片6-11　臺東縣大武鄉大鳥部落土石流事件

資料來源：農業委員會水土保持局，2009

四、高雄市那瑪夏區南沙魯村

南沙魯村那托爾薩溪因莫拉克颱風帶來之超大豪雨導致上游山坡崩塌，並於2009年8月9日下午爆發土石流，大量土石沿河道而下，並沖毀掩埋台21線約1,000m，以及80戶民宅農舍，如照片6-12所示。經現地調查發現，莫拉克颱風爲本區帶來達1,600mm之超大豪雨，初步推測因集水區產生崩塌，崩塌土石混合溪水形成土石流直衝而下，村南（民族國小處）位於那托爾薩溪轉彎處，大量土石流宣洩不及而直衝村南方向，致使部分民宅遭土石流沖毀，如照片6-13所示。此外，村北（三景宮北側）野溪亦因莫拉克颱風帶來之超大豪雨，導致山坡地崩塌，大量土石傾洩而下，土石堆積造成台21線進入村中之交通中斷。

照片6-12　高雄市那瑪夏區南沙魯村那托爾薩溪土石流

資料來源：農業委員會水土保持局，2009

照片6-13　高雄市那瑪夏區南沙魯村那托爾薩溪土石流全景

資料來源：農業委員會水土保持局，2009

五、桃園市復興區羅浮里野溪

2015年8月8日蘇迪勒颱風侵臺期間，桃園市復興區因超大雨量而造成羅浮里合流部落一處潛勢溪流（桃市DF034）爆發土石流，於台7線21k附近溢流後，堆積於下邊坡之合流部落，估計土石堆積面積達5,200m^2，土方量約達13,000m^3，並造成15戶民宅受損，所幸當地居民已於前一日（8月7日）下午全數撤離，共25人，故未造成傷亡，如照片6-14所示。

照片6-14　桃園市復興區羅浮里合流部落野溪土石流

資料來源：農業委員會水土保持局，2015

6-4 土石流分類

由於土石流從發生前的各種自然現象的作用過程，至流動過程流體的屬性以及地面條件的制約，使得土石流現象擁有多種樣貌和特性，因而有很多分類的方式。按現有文獻，比較常見且重要的分類係以固體物質組成、地貌條件、固體物質提供方式及動力學特徵等爲主。

6-4-1 依固體物質組成分類

土石流的流動特徵與其顆粒組成密切相關，它不但影響土石流體積濃度的變化，而且在某種程度上可以具體反映其運動機理及動力作用。因此，按顆粒組成將土石流進行分類具有多重的意義，相當重要。一般，依顆粒組成可概分爲泥流、土石流及水石流等三類，如圖6-2所示。

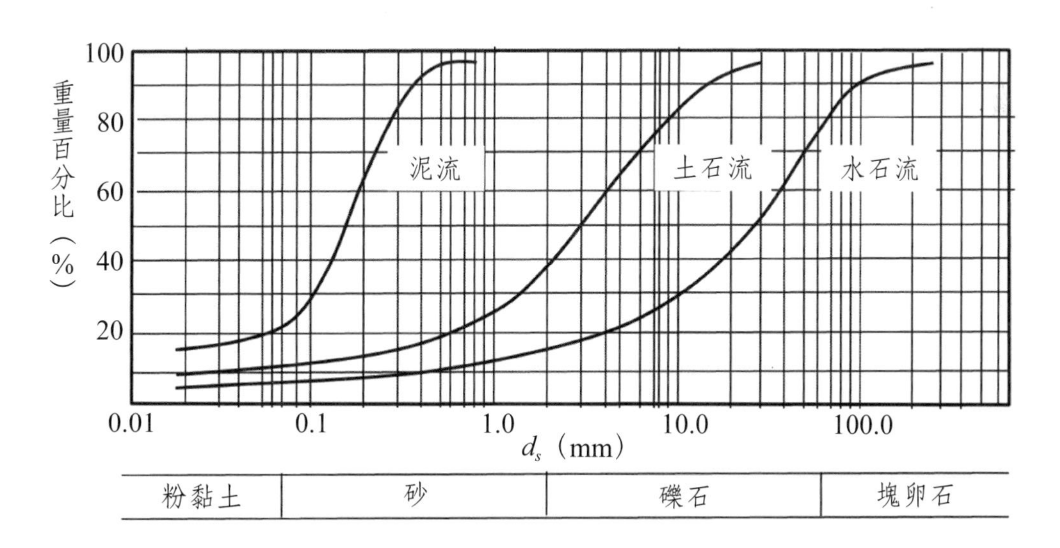

圖6-2 不同類型土石流固體物質級配示意圖

一、泥流（mud flow）

粒徑$d_s < 0.1$mm以下的細顆粒泥砂含量超過50%，且粒徑$d_s > 2.0$mm以上的粗顆粒泥砂含量少於10%者（水土保持手冊，2005）。這種流型係由水體和細顆粒泥砂混合而成的泥漿體爲主，屬於單相流（one-phase flow）。

二、土石流（debris flow）

粒徑$d_s < 0.1$mm的細顆粒泥砂含量介於10～50%，且粒徑$d_s > 2.0$mm的粗顆粒泥砂含量介於10～50%者。這種流型由大小顆粒的塡充作用，使得粒間孔隙變得很小，從而導致水砂混合體具有較高的泥砂含量，屬於兩相流（two-phase flow），其中液相部分係以水體和細顆粒泥砂混合而成的泥漿體爲主，而固相係由粗顆粒泥砂組成。

三、水石流（stony debris flow）

或稱礫石型土石流，其粒徑$d_s < 0.1$mm的細顆粒泥砂含量小於10%，且粒徑$d_s > 2.0$mm的粗顆粒泥砂含量超過50%者（水土保持手冊，2005）。這種流型亦屬於固液兩相流，其中液相部分係以水體爲主，並由粗顆粒泥砂組成的固相作爲運動的主導因素。在流變模型上，多認爲屬於非牛頓流體中的膨脹流體（Takahashi, 1978）。

不過，這種分類方式在粗、細粒徑及其含量的標準較爲分歧。費祥俊及舒安平（2004）以粒徑2.0mm，以及含量界限分別取2%和80%進行劃分，如表6-1所示。表中，各種類型土石流最小泥砂體積濃度皆爲0.27。

表6-1　按固體顆粒組成之土石流分類

項目	泥流	土石流	水石流
單位重（t/m^3）	1.46～1.80	1.46～2.40	1.46～1.90
體積濃度	0.27～0.47	0.27～0.83	0.27～0.53
粒徑$d_s > 2.0$mm顆粒百分比含量（%）	<2	2～80	>80
主體顆粒	黏粒、粉砂	黏粒、粉砂、砂粒、礫石	礫石、卵塊石
溝道縱坡	較緩	介於較緩及較陡之間	較陡

類似的分類，詹錢登（2004）以泥砂顆粒含量作爲分類之標準，而將水砂混合流體概分爲挾砂水流、高含砂水流、土石流及地滑等四類，如表6-2所示。

表6-2　泥砂含量與流體運動形態

泥砂含量（%）	比重	運動形態
0～3	1.0～1.05	挾砂水流
3～27	1.05～1.45	高含砂水流
27～75	1.45～2.24	土石流
75～100	2.24～2.65	崩塌、地滑

6-4-2 依地貌條件分類

依據土石流發生的地貌形態而將之區分溪流型及坡面型土石流，雖然只是發生區域特徵略有差異，但卻使它們之間的集水區、堆積物及致災等特徵存在著很大的不同。

一、溪流型土石流

溪流型土石流（channelised debris flow）的發生、運動和堆積過程皆在一條發育較爲完整的溪谷內進行，具有較爲完整的發生段（區）、輸送段及堆積段（區），固體物質主要來自河床質及兩岸邊坡崩塌，如圖6-3所示。於1/25,000地形圖上具有明顯溪谷地形，且可看出土石流之發生段（區）、輸送段及堆積段（區）者；此類型土石流流路較長，集水區面積較大，堆積物前端之礫石呈規則性的排列。

二、坡面型土石流

坡面型土石流（hillslope debris flow）係發育在山坡的中、上部有一定集水條件的凹型坡面，在暴雨的激發下凹型坡面內的土體飽水後突然變形起動，由崩塌土體的位能快速轉化成爲動能的一次滑動與流動堆積，它是固體碎屑物、水及氣體所組成的混合流體，介於塊體運動與挾砂水流之間。這類土石流具有以下特徵：

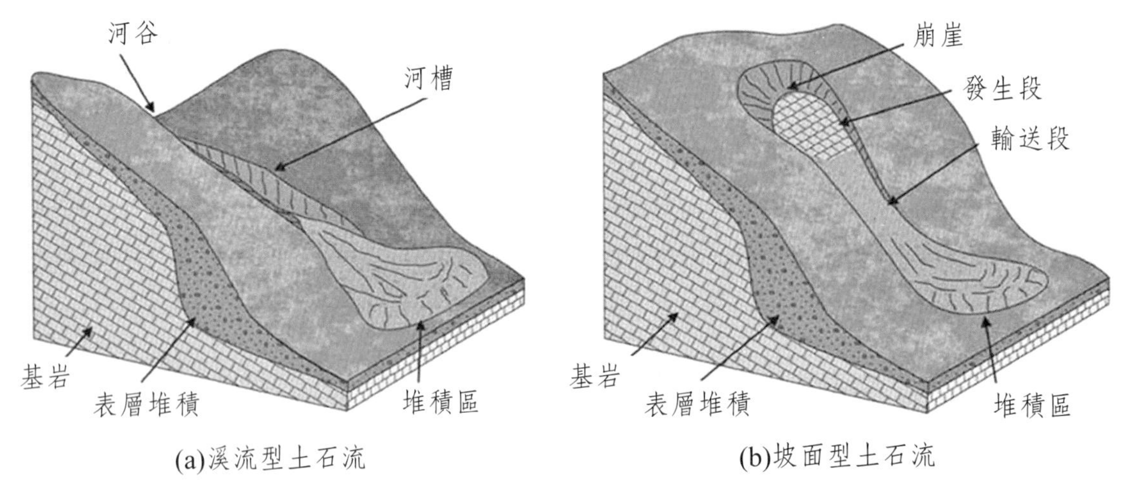

(a)溪流型土石流　(b)坡面型土石流

圖6-3　溪流型與坡面型土石流示意圖

Source: Nettleton, I. M. et al., 2005

1. 在向下運動過程會在坡面上留下長條狀的侵蝕深槽，最後土體停積在坡腳下方或更遠處，堆積範圍與坡面坡度相關，土體的水平位移遠大於垂直位移，或直接進入支流轉化爲溪流型土石流。
2. 土石流固體物質來自坡面，流量不大，其發生和運動過程皆沿著坡面或蝕溝進行，發生段（區）和輸送段不易區分。
3. 因坡度陡，流速快，來勢猛，土石多爲一次性搬運，稜角均較明顯，往往只要幾分鐘的時間就可以造成巨大損失。

根據Highland & Bobrowsky（2008）地滑分類得知，岩屑流（debris avalanche）不論在運動型態及致災規模皆與坡面型土石流相當類似（註：岩屑流係指具有高自由面邊坡上所發生的大規模且高速的山體崩壞現象，在運動過程會帶走堆積在邊坡上的破碎岩屑），例如發生在2006年2月菲律賓南雷德島的山體崩滑現象，即屬典型的岩屑流，如照片6-15所示。

由於坡面型土石流於1/25,000地形圖上無明顯溪谷地形，故其發生區位不易在土石流發生之前加以判釋。爲此，陳天健等（2015）提出一量化辨別公式，利用河道長度及集水區面積兩參數區分溪流型與坡面土石流，即

$$Z = 0.17x + y - 870 \tag{6.1}$$

式中，x = 集水區面積（m^2）；y = 河道長度（m）。當$Z < 0$時，土石流屬坡

照片6-15　2006年2月發生在菲律賓南雷德島之岩屑流

Source: Highland & Bobrowsky, 2008

面型；反之，當$Z > 0$時，則爲溪流型。不過，根據劉成、徐剛（2006）調查發現，發生坡面型土石流的集水區面積都很小，通常介於5000～50,000m²，而小於20,000m²以下者約占63%，其坡度則介於25～35度居多。

表6-3係就集水區與流路、堆積物及致災等特徵，彙整了溪流型與坡面型土石流在這些方面的表現和差異。此外，從土石流泥砂供給方式區分，溪流型土石流泥砂來源爲由溪床或坡面崩滑土體所提供，它的形成過程也是泥砂累積的過程；坡面型土石流則以崩塌土體爲主，其發生及發展皆極爲快速，很少甚至沒有土體在坡面上的累積過程。

表6-3　溪流型及坡面型土石流之各項特徵

類型 特徵	溪流型土石流	坡面型土石流
集水區與流路特徵	集水區面積大，具有完整的發生段（區）、輸送段及堆積段；於發生段（區）有規模不一的塌滑土體，輸送段因坡度有急有緩，溪床有沖有淤；堆積段呈扇狀或帶狀的規則性排列。	無明顯集水區，坡面蝕溝高度發育，土石流發生後蝕溝下切擴床相當顯著；溝淺、坡陡、流短，溝坡與坡面基本一致，無明顯的輸送段及堆積段；坡面崩蝕土體的水平位移大於垂直位移。
堆積物特徵	磨圓度較佳，稜角不明顯。	磨圓度差，稜角明顯，粗大顆粒多搬運至錐體下方，多屬一次性搬運。
致災特徵	規模大，來勢猛，過程長，強度大。	規模小，來勢快，過程短，衝擊力大。

6-4-3 依土砂料源分類

依據土石流形成過程土砂料源的提供方式，可以概分為崩塌型、潰壩型、溪流沖刷型、地滑型及混合型等五種類型。由於不同的土砂料源，促發土石流的機理不同，在探討土石流形成機理時，這種分類是極為重要的。

一、崩塌型土石流

豪雨時，山腹斜面上土體因吸收大量水分而發生崩塌。在崩塌之同時，一方面土體含水量超高，或地表水之不斷供應，使該崩塌土體含水量突增而成流體狀；另一方面崩塌處下方邊坡提供了足夠的坡度及坡長，使在流動中不斷積累其規模，進而轉化成為土石流，謂之崩塌型土石流（hillside collapse type debris flow）。一般，常見於第四紀沉積物發育，風化強烈的板岩、片岩等為主的裸露坡面。

二、潰壩（臨時壩）型土石流

溪流兩側谷坡土體因發生大規模崩塌而崩落溪床，雖然部分崩落土體被水流攜走，惟因土體數量龐大，使得大部分的土體堆積在溪床上，並將溪谷或河道予以阻攔而形成臨時壩或天然壩。由於疏鬆土體組成的臨時壩或天然壩阻擋其上游來水，使壩前水位逐漸提高，隨著降雨不斷地供應水體，水位迅速提高之後，在水壓力及滲流水之聯合作用下而致潰壩，並形成土石流。這種由潰壩所形成的土石流，謂之潰壩型土石流（dam break type debris flow）。

三、溪床沖刷型土石流

溪床沖刷型土石流（stream bed liquefaction type debris flow）的產生係由水流沖刷河床質引起的。它必須在具有一定集水面積的溪谷內產生足夠的水量，才可能帶走溪床上的大量鬆散厚層堆積河床質，並混合成漿體而轉變成土石流。

四、地滑型土石流

地滑型土石流（landslide type debris flow）通常發生在位於高位的地滑地，於久雨之後又遭大雨或直接由颱風暴雨侵襲，使地滑地因大量雨水滲透及地下水作用而發生滑動，而滑動體在滑動過程中遭到強烈擾動充分液化。當它到達溪床時滑動體已充分流體化而變成土石流，繼續沿著溪床向下流動。

五、混合型土石流

混合型土石流（compounded type debris flow）的土砂料源相當多元。通常在颱風暴雨侵襲之下，首先由溪流上游溯源侵蝕、崩塌、地滑等方式瞬間提供大量固體物質，並與溪流水流充分混合之後，沿著溪流向下流動；在行進過程中，受到地形條件的制約，或沖刷溪床堆積土體，或瞬間淤塞，而引發不同類型的土石流。

6-4-4 依動力學特徵分類

本分類係依據雨水在地面土體的分布性狀，以及其對土體作用力的差異，而區分為土力類和水力類土石流，前者與雨水入滲和土體基本特性（黏聚力係數及靜摩擦係數）相關，而後者則取決於集中水流的流速及流量。

一、土力類土石流

土力類土石流（soil-mechanical type debris flow）係由於土體含水飽和後，因其抗剪強度減弱，導致坡體失去平衡，沿著較陡的坡面運動而形成土石流；其中，土體運動並不是由水體提供動力，而是靠其自重沿坡面的分力引起和維持運動的。這類土石流可能發生於降雨過程中，也可能發生在降雨結束之後，破壞力很大。

二、水力類土石流

水力類土石流（hydraulic-driven type debris flow）多發育在山地河川中，靠著特大洪水沖起大量河床質而形成的；尤其是在布滿頑石巨礫抗沖覆蓋床面上，一旦遭洪流破壞而引起床面泥砂沖刷的連鎖效應時，可能因而引發大規模的土石流運動。不過，此類型土石流的土砂料源，也有部分是來自河谷邊坡滑崩的碎裂土體，通過其運動慣性衝擊溪床上堆置的土砂，再與河道水流混合推移作用，進而轉化成為土石流。這種經由坡面土體崩塌而與河道水流結合的土石流，兼具土力類和水力類土石流的基本特徵，有時候是不容易區別的。

6-5 土石流發生條件

土石流分類中，不論是由溪床堆積土砂遭水動力沖刷，或臨時壩潰決，或崩塌（或地滑）土體在運動過程因地形和水體供給等方式而形成土石流者，其發生條件不外乎是由土砂料源、地形條件、水源條件等多項因素的綜合作用，缺一不可。

6-5-1 土砂料源

鬆散固體物質係土石流形成之潛在條件。根據土石流發生時的土砂料源可以區分為兩大類型：一是由溪床堆積物供給，這部分的土砂係由溪流上游或兩側谷坡長期崩滑累積下來，暫時堆積在溪床上；另一是由坡面或溪流兩側谷坡崩塌（或地滑）土體直接轉化而來。不過總的來說，土石流土砂料源必然是由上游坡面及河岸崩塌（含地滑）產砂為主，所以土石流發育地區多為崩塌、地滑頻發地區。崩塌（或地滑）的形成，係取決於集水區的地質特徵，包括岩性、構造、新構造運動、地震及火山活動等內應力作用，以及風化、各種重力作用、流水侵蝕搬運堆積等外力作用。其中，岩石性質、地質構造及地震等決定著參與土石流形成之鬆散固體物質數量多寡及類型特徵。

一、岩石性質

岩石性質係指岩石種類、軟硬程度、完整性及厚薄等，與其所在地層相關。岩石有軟、硬之分，其耐風化和抗侵蝕能力差別很大，如表6-4所示。硬質岩石結構緊密，耐風化侵蝕；軟質岩石結構密實性差，孔隙多，風化侵蝕快速，易於形成深厚的風化層。在三大類岩石中，火成岩全部屬於硬質岩石，而多數沉積岩及變質岩屬軟弱岩石。林慶偉（2010）統計荖濃溪流域內的岩性與崩塌和土石流發育之關係時發現，崩塌大多發生於板岩、砂頁岩及變質砂岩，而土石流主要發生在板岩區，砂頁岩區次之。

表6-4　主要岩石及其性質

分類	火成岩	沉積岩	變質岩
硬質岩石	花崗岩、花崗斑岩、閃長岩、輝長岩、安山岩、玄武岩等	石英砂岩、硅質礫岩、石灰岩	片麻岩、大理岩、白雲岩、石英岩
軟質岩石	～	頁岩、泥岩、泥灰岩、含煤地層、半成岩、第四系鬆散層、黃土	板岩、片岩、千枚岩

資料來源：康志成等，2004

二、地質構造及地震

(一) 地質構造類型有剪裂、斷層及褶皺等，對土石流形成發育具有直接影響的是剪裂作用。剪裂在地表往往呈帶狀分布，在剪裂帶內軟弱結構面發育，岩石破碎，斷層及裂隙發育，有利於加速風化進程，形成帶狀風化。因此，剪裂帶上風化層深厚，地滑、崩塌等重力侵蝕發育，鬆散固體物質特別豐富。根據林銘郎及陳宏宇（2002）研究指出，臺灣地區土石流潛勢溪流多位於地質構造複雜、岩石破碎風化、地震頻繁、山崩災害多的地區。陳宏宇等（1999）更指出，由不連續面所組成具潛在性之順向坡，楔形坡及翻覆坡破壞模式之岩坡，可以成爲提供土石流堆積地質材料之主要土石流來源之一。

(二) 地震對土石流形成主要反映在短時間內可以增加大量的鬆散固體物質。由於地震具有破壞斜坡穩定性，造成山體開裂，土石體鬆動，甚至觸發崩塌地滑，提供大量鬆散固體物質和驟發性水源，直接影響土石流的形成與發展。1999年9月21日臺灣中部地區發生芮氏規模6.3的強烈地震，造成非常嚴重的崩塌地滑現象，邊坡斜面上堆積大量崩鬆散的土石，導致促發土石流的雨量門檻值發生了變化。依據詹錢登（2004）統計顯示，雲林縣、彰化縣、南投縣及臺中縣等地區於921地震後土石流發生的日雨量大約在17～116mm之間，遠小於地震前激發土石流之115～546mm的日雨量；地震後各土石流發生地區的降雨強度介於1.42～9.27mm/hr，降雨延時爲6.5～42.5小時，而地震前土石流發生地區的降雨強度爲4.69～20.8mm/hr，降雨延時爲9～86小時。這些資料在在顯示，地震後激發土石流所需的臨界降雨量及降雨強度皆明顯下降，也就是說只要較低的降雨條件就可能激發土石流。

總之，在地質構造複雜、剪裂皺褶發達、地震多、邊坡穩定性差、岩層破碎或崩塌地滑頻發的地區，能為土石流的形成提供豐富的鬆散土石。此外，人類活動（例如山坡地不當利用與開發、森林濫砍濫伐、山坡地道路開發、工程棄土及礦區棄渣處理不當等），亦能為土石流的形成提供大量鬆散土石。

6-5-2 集水區地文條件

集水區係由坡面及溪流單元所組成，它們的地形條件對土石流發生具有兩種作用：一是提供足夠數量的水體和土體；二是為土石流提供足夠的勢能，賦於土石流一定的侵蝕和搬運的能力。土石流之所以常爆發於山區，就是這些地區具備了上述兩個條件。

一、集水區坡面特徵

可能發生土石流的集水區坡面特徵，包括坡面地形、集水區面積及其形狀係數等，這些特徵提供了爆發崩塌、地滑的地形條件。具有這種地形的坡面面積愈大，下移土層厚度愈大，土體補給量便愈大，進而導致土石流爆發的規模和頻率也愈大，其災害就愈大。

(一) 坡面地形特徵

1. 相對高度（起伏量）：是決定勢能之大小的關鍵因素之一，相對高度愈大，勢能就愈大，形成土石流的動力條件愈是充足。
2. 坡面坡度：坡面坡度的陡緩，影響鬆散固體物質的分布及聚集。凡是土石流發育的坡面坡度較陡，一般介於25～45度之間，因為大於45度的山坡為基岩裸露，殘土量少，小於45度的山坡，風化層較厚，鬆散物質較豐富。

(二) 集水區面積與形狀

在溪床坡度足以誘發土石流的條件下，集水區面積不僅與土石流土砂料源相關，而且也決定了逕流的集流條件。對暫時溪或間歇溪而言，因溪床常有豐富的堆積物質，當遇有驟然暴雨供以大量水體時，就很容易發生土石流。因此，對某已知溪流的特定暴雨來說，集水區面積與土石流發生率間應有一定的關聯性。游繁結（1992）以德基水庫集水區爲對象，配合相關地形圖及地質圖資料，利用地理資訊系統分析集水區土石流之相關規律發現，土石流潛在發生區之集水區面積小於2.0km^2，而山口伊佐夫（1985）調查日本土石流案例也提出，最常發生土石流之集水區面積爲0.3km^2，並以1.2km^{2}以下最容易發生。圖6-4爲日本高知地區的災害調查結果（盧田和男等，1987；馮金亭及焦恩澤譯），圖中存在著以下的趨勢：集水區面積愈大，暴雨匯流愈高，可以在坡度相對較小條件下發生土石流，故隨著集水區面積增加，土石流發生的溪床坡度會有減小的趨勢；但是，如果集水區面積太大，屬於常流水的溪流時，因土砂石礫不容易在溪床上淤積，較不易形成土石流。由此得知，土石流潛勢溪流的集水區面積，一般不是很大，這是因爲單位面積之最大固體補給量與降雨匯流量皆隨著集水區面積的增大而減小所致。因此，土石流易發區域的集水區面積存在著統計上的上限值，在日本15度以上集水區面積介於10～30ha之間最容易發生土石流，而流出土砂量規模約在10,000m^{3}左右居多。

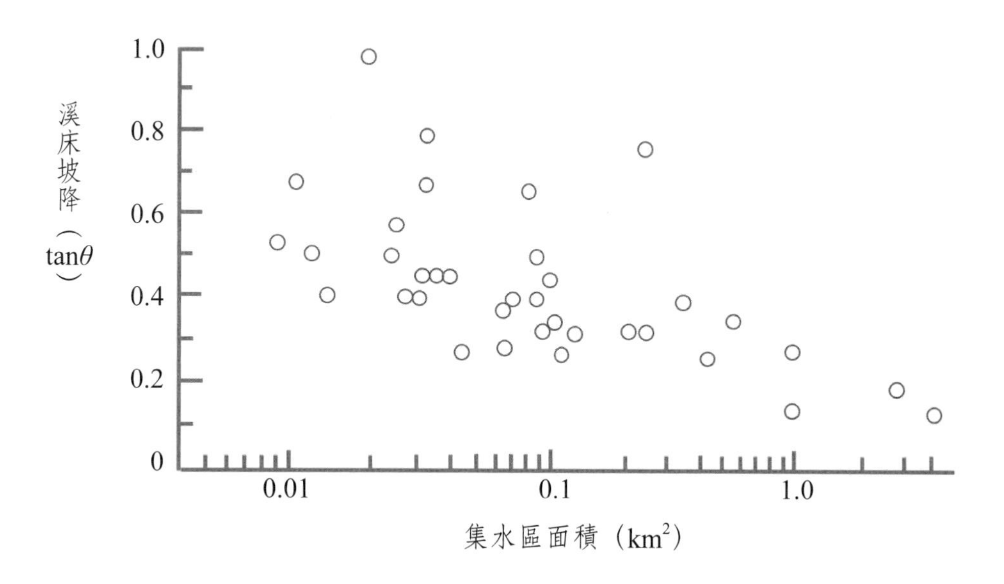

圖6-4　仁淀川集水區土石流發生之溪床坡降與集水區面積關係

集水區形狀與暴雨逕流過程相關，多以形狀係數（form factor, F）表示。集水區形狀係數係指集水區面積與集水區長度平方之比值，爲1932年由荷頓氏（Horton）所提出。一般，形狀係數愈小，集水區愈趨狹長，其尖峰流量較小，且流量歷線較爲平緩，惟狹長形的集水區坡面及溪流坡度較陡，易生崩塌而使土石堆積於溪床上，提供土石流發生之土砂料源。尹承遠等人（1993）認爲，形狀係數介於0.13～0.34之間易生土石流，而水土保持局（2010）認爲形狀係數小於0.7者，易有土石流發生，這表徵狹長型的溪流集水區較常發生土石流。一般，最有利於土石流流體匯流之集水區形狀，包括漏斗形、櫟葉形、桃葉形、柳葉形及長條形等。

二、溪流特徵

(一) 溪谷形態：土石流溪谷和普通溪谷的發育過程大致相同；從橫剖面來看，有V形谷、U形谷及複合形等之分；從縱剖面上，溪谷的形成和發展是水流侵蝕作用及溯源侵蝕的綜合結果。與普通溪谷明顯不同的是，土石流溪谷的集水區面積較小，侵蝕、搬運及堆積的鬆散物質量較大，溯源侵蝕快，故溪谷形成與發育較普通溪谷快速。土石流潛勢溪流之集水面積、溪長及河床坡度是表徵其溪谷形態的三個重要參數。

(二) 溪床坡度：坡度是提供土石流發生及流動的動力來源，坡度陡的地區較容易發生土石流。當土石流流經坡度較陡的地方時，由於其強大的侵蝕力，會沖起河岸及河床物質，使土石流規模逐漸擴大；反之，當土石流流經坡度較緩的地方時，由於勢能減小，部分土石會開始沉積，土石和水體相繼分離，使土石流規模逐漸減小，甚至停止流動。

由於發生區域的降雨、地質、溪谷、植被、及人爲開發程度等背景條件不同，各國有關土石流發生坡度的經驗也很不一樣。

在日本方面，谷勳（1968）爲1953年9月兵庫縣發生的20起土石流進行了研究得出的結論是，受嚴重侵蝕部分的坡度爲15～19度。蘆田和男等（1976）以航空照片判讀爲基礎，調查高知縣仁淀川流域34處土石流發生區（如圖6-5所示），最小溪床傾斜角度約5.7度，且多數集中在10度以上，以14～15度之間居多；不過，蘆田和男等（1976）也認爲，在上游坡面發生崩塌時，究竟是直接形成土石流，還是再一次堆積之後得到新的動力來源才形成土石流，僅僅從現場發生的跡象要來進行研判是有其困難的。

國內部分，游繁結及陳重光（1987）研究南投信義豐丘土石流，顯示該

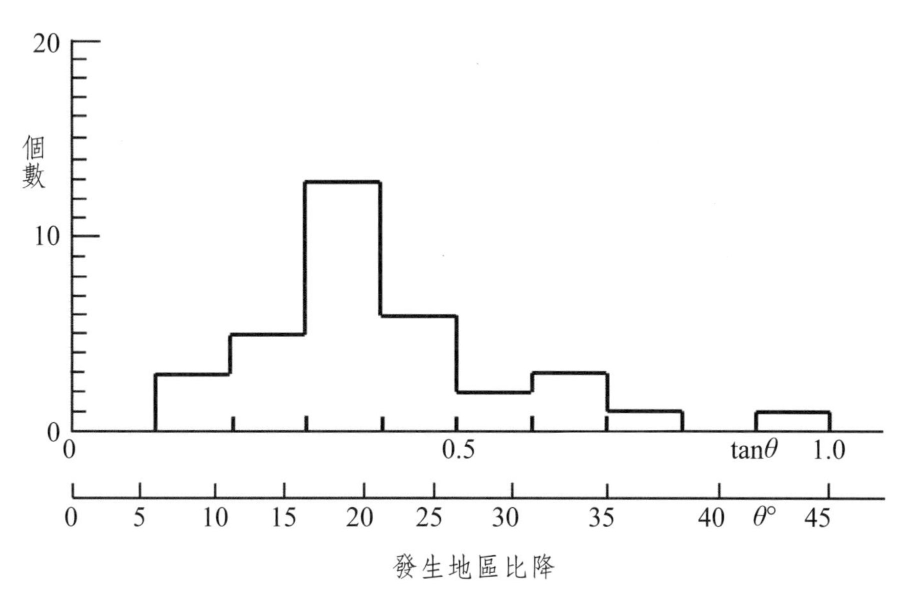

圖6-5 仁淀川集水區土石流發生地區之坡度分布

區於1984年之土石流係發生在坡度23度的溪床；游繁結（1992）調查德基水庫集水區提出，以平均坡度15～30度之溪谷最易發生土石流；謝正倫等（1992）調查花蓮地區土石流發生坡度約介於10～25度之間；尹承遠等（1993）整理本省過去十餘年土石流發生區之相關資料亦發現，地形傾斜角度均在11度以上。因此，以國內歷年各土石流災區的現地經驗歸納，土石流常發生於溪床傾斜角15度以上，而溪床傾斜角大於10度，則具有土石流發生潛勢。

總結國內、外的相關調查及研究結果，對於由溪床堆積物形成的土石流而言，常以溪床坡度15度作為土石流發生的臨界值（Rickenmann and Zimmermann, 1993；Takahashi, 1981），其坡度範圍約介於15～30度之間。

6-5-3 降水條件（誘發條件）

土石流形成的基本要件中，水體不僅是土石流體的重要組成部分，更是激發土石流的直接條件，而水體的主要來源最為普遍的是降雨，地下水、泉水和堰塞湖潰決等也能成為土石流的水體來源。引發土石流所需要的水量，各地不一，主要取決於地形坡度、鬆散土體性質及降雨特性。若土體顆粒細、疏鬆、含水量高、且具有較陡的地形，僅需少量的水即能引起土石流；反之，則需要較多的水量方能引起土石流。惟一般山地河川集水區都具備發生土石流的水源條件。

對一已知的溪流而言，其集水區內的固體物質條件與溪床地形條件，在正常情況下的一定時期內，可視爲相對穩定，變化不大，但是集水區內的降雨條件，隨時間的變化卻非常大。在亞熱帶地區，形成暴雨土石流的激發條件是降雨，臺灣地區的許多土石流，也都是由於不同降雨條件所造成的。由此可知某一特定集水區內，土石流的發生與規模大小，決定於集水區內的降雨條件。

蘆田和男等（1977）對小豆島以往發生的土石流紀錄的研究結果發現，累積雨量達300～500mm，每小時雨量達40～50mm是發生土石流的臨界雨量條件。奧田節夫等（1977）觀察燒岳的上上堀澤，10分鐘降雨量在4mm以上時就可能激發土石流；10分鐘降雨量在7mm以上時，100%發生土石流。游繁結、陳重光（1987）引述日本川上浩（1981）的研究結果，日本宇原川土石流發生降的雨條件有三種：1.降雨強度30～40mm/hr以上的降雨，持續下3～6hr，即會發生土石流；2.降雨強度雖小於30～40mm/hr，但持續下3～6hr後，累積雨量達150～200mm以上，即會發生土石流；及3.累積雨量達400mm以上，一定會發生土石流。謝正倫等（1992）曾經分析花東地區土石流發生與降雨關係，結果顯示降雨強度大於27mm/hr，且累積雨量超過360mm時，即有誘發土石流的可能。

6-5-4 環境因素

土石流形成之地質、地形及降水等三大要件，是土石流形成的內在因素，是一個長期穩定的地質作用過程，但是土石流產生的規模、次數、活躍程度等又受到當地周圍環境（自然、生態及地質等環境）和人類經濟活動的影響，這是土石流形成的外在因素。

一、地理環境因子

相同條件，由於環境的差異，土石流發生頻度及規模就會大相徑庭。土石流形成的環境因素應該是涵括自然環境、地質環境及生態環境等，惟其量化實屬複雜，故一般以當地森林覆蓋情況表徵環境的差異性。

以森林植被種類之影響來看，以亞熱帶熱帶常綠闊葉林的防護效果最佳，針葉林、次生的針闊葉林、幼林、疏林等，其作用效應就是不成熟的常綠闊葉林。以森林覆蓋分析，覆蓋率愈大，且覆蓋均勻，其保土蓄水，防止土壤沖蝕的作用十分明顯。據研究指出，森林覆蓋率小於30%，對暴雨洪水削減作用不大；大於60%，對防止層狀及溝狀沖蝕效果明顯，故對土石流的抑制和削減作用很強。

但是，森林植被覆蓋對地滑崩塌的穩定效果相當有限，特別是深度大於約3m以上的中厚層崩塌，森林起不到穩坡功能。因此，對以地滑崩塌爲主提供鬆散固體物質來源的土石流，森林抑制土石流的作用極其有限。

從削減土石流水體補給量來看，當暴雨特別大或持續時間較長時，森林及林下土壤持水入滲能力達到飽和，暴雨會全部轉爲坡面逕流，並匯成強勁的溪谷逕流，森林就起不到削減山洪的作用。此即說明，以暴雨山洪爲動力的土石流，儘管中上游森林茂密，土石流仍然將發生。

二、人類社會因子

人類活動對土石流發生、發展的影響有消極和積極兩個方面。對土石流進行預防及治理是屬於積極方面，但人類經濟活動（如不當開發利用、濫墾濫伐、道路維護、工程棄土、礦碴處理不當等）卻增加土石流的發生頻度及規模，而且這種消極影響隨著人口增長和土地利用變得愈來愈強烈。

6-6 土石流流動特性

土石流是一種高濃度的水砂混合兩相流，其外觀有如工程上之預拌混凝土，因而將之比喻爲「天然預拌混凝土」的流動現象。它主要的運動特徵，是具有大塊石集中且呈隆起的先端部（forefront），以及泥砂含量很高的後續水流，而以段波形態作高速運動的流動體，如圖6-6所示。由於速度快，含砂量高，使得流動過程中，遇彎走直，遇阻不繞流，直進性特強，破壞力極大，異於一般挾砂水流與土體崩塌，如表6-5爲土石流與一般挾砂水流之基本差異。表中，不論是土砂搬運方式、搬運力量、礫石分布、泥砂顆粒組成、堆積性狀、泥砂含量、河床沖刷型態及流體運動型態等各個面向，土石流皆異於一般挾砂水流。另外，在坡度較爲平緩河

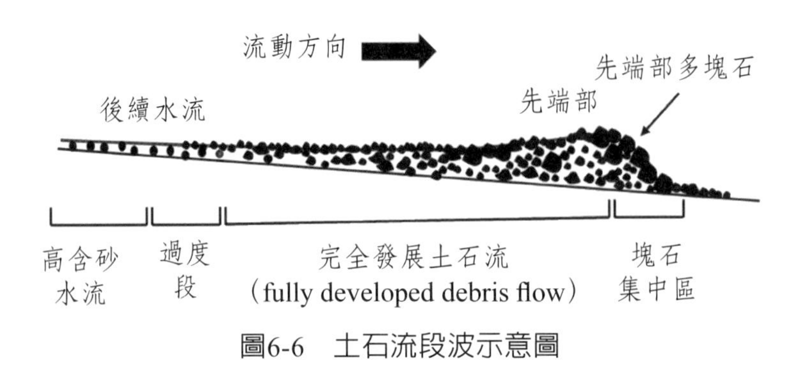

圖6-6 土石流段波示意圖

Source: Hungr, et al., 2001

表6-5 土石流與一般挾砂水流之區別

特性	土石流	挾砂水流
搬運方式	集體搬運	個別搬運
搬運力量	以土體為主	以水體為主
礫石分布	巨礫集中在前端	無明顯分布特徵
顆粒組成	粒徑組成寬廣，小至黏土、大至塊石巨礫	粒徑組成較均勻
堆積性狀	整體堆積，粗顆粒堆積在前端	沿流動方向堆積，具分選性，粒顆粒分布於前端
泥砂含量	體積濃度約在0.27以上	體積濃度低
河床沖刷型態	河床及兩岸皆呈強烈沖刷，植生連根帶走	具有一般沖刷及局部沖刷特徵，仍有植生狀況
流體黏滯性	高黏滯性流體	低黏滯性流體
運動型態	具直進性，遇阻不繞流	依情況而定

段所形成粘土顆粒含量高的泥流，因流速不快，其流動特徵不同於高速行進的土石流類型，致災方式多以淤埋爲主。

據長期觀測，土石流比較突出的運動規律大致可以歸納出下列幾項特點，包括：

一、阻力與流速

土石流係飽含固相泥砂及液相漿體的兩相流，其中漿體是由土石流中較細的泥砂顆粒和水體所組成，以懸浮方式運動，其流動速度基本上與流體運動速度相一致，故僅消耗水流的動能；土石流中較粗的固相泥砂顆粒，則以推移形式運動，顆粒之間與顆粒和河床之間在運動過程中不斷地相互碰撞摩擦，故必須消耗極大的勢能，其運動阻力遠大於懸浮載的運動阻力；換言之，土石流運動阻力除了由土石流體與固體邊界間的摩擦阻力所提供外，多數是來自於顆粒之間相互作用及土石流漿體的高黏性阻力，這與一般挾砂水流不同。雖然土石流運動阻力很大，但因多發生於坡度陡峭的野溪，所以流速相當高，實測表明其流速可達5～20m/sec，以致於在彎道處能夠激起很高的浪頭，遇到阻礙也可以爬升。

二、巨大石礫的輸移特性

巨大石礫聚集於土石流的先端部，是土石流一項很特別的特徵，如照片6-16所示。之所以有巨大石礫聚集在土石流的先端部，存在兩種理論：

照片6-16　土石流巨礫聚集先端部

Source: Illgraben debris flow video *Posted by dr-dave*

(一) 賓漢流體（Bimham fluid）懸浮理論：認為土石流液相漿體屬於非牛頓流體，具有較高的單位重及浮力，可以使粗大石礫保持懸移；但是由表6-1得知，各類型土石流泥砂體積濃度皆在0.27以上，當$C_d = 0.27$，即含砂量$S = 716\text{kg/m}^3$，此時固體顆粒與水的重量比約為0.27×2.65：0.73 ≈ 1：1，很難想像以1份水能夠支撐並帶動等重量的固體顆粒，甚至泥砂體積濃度達0.8時，更難想像以20%的水支撐80%的固體，固體與水的重量比約為10.6：1。顯然，此時固體顆粒間已密實相互支撐，作整體運動，而非由液相漿體使其保持懸浮。

(二) 固體顆粒碰撞理論：按照Bagnold顆粒碰撞產生離散應力的概念，認為土石流中粗大石礫係由離散應力支撐向著表面移動，其下方騰出的孔隙立即被較小的泥砂顆粒所填充，使得粗大石礫無法向下移動而呈現懸移現象。

目前普遍也都認為顆粒間碰撞所產生的離散應力，是造成粗大顆粒以懸浮方式運移的主要原因。從Bagnold顆粒碰撞理論得知，離散力與顆粒粒徑成正比，較大的石礫會取得較大的離散力支撐，使粗大石礫多聚集在土石流表面附近，因表面流速較大，如圖6-7所示。這些粗大石礫會被推移向前端移動，並聚集在前端，直到這些粗大石礫跌落與河床接觸摩擦而減速，再遭後續的土石和漿體覆蓋淹沒於土石流中，沿著河床緩慢地移動，而後再次由顆粒間碰撞獲得支撐向上的力量，回到土石流表面。這樣，這些粗大石礫如同坦克車的履帶一樣週而復始的運移，不斷聚集在先端部，使土石流具有很大的撞擊力，瞬間撞擊力可達百噸以上。

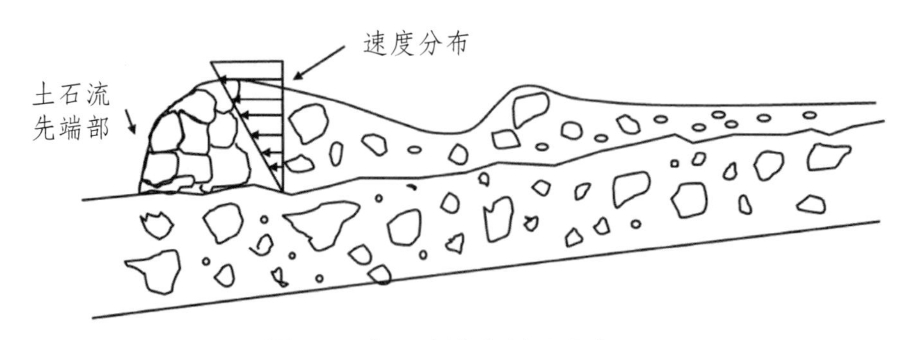

圖6-7　土石流速度剖面示意圖

三、強烈的沖淤現象

土石流的另一項特點，是強烈沖淤的程度遠遠超過一般挾砂水流。在溪流的上游，不僅要接納蓄積來自兩岸崩滑而來的泥砂，也要進行泥砂的輸移，因而成為集水區泥砂滯留和輸移的重要通道；這樣，在長時間演化和調整過程，這通道就會逐漸保有來砂和輸砂之間的動態平衡狀態，但是這種河道自然調節的河勢會被土石流快速沖刷作用所破壞。在超過設計標準的降雨條件下，沖刷侵蝕作用破壞了維持河道平衡的河床結構及抗沖覆蓋層（pavement），使之發生潰決性輸移而發展成為土石流。這種沖刷侵蝕作用往往可以在短時間內將河床斷面擴大數公尺至十數公尺，使土石流如滾雪球般地迅速成長而流出谷口堆積致災。以新北DF230（台9甲10.2K）為例，受到2015年8月蘇迪勒颱風高強度降雨（累積雨量約442mm）影響而發生土石流；據衛星影像判釋發現，土石流發生前輸送段僅為約2.0m寬的小坑溝，但土石流發生之後最大寬度約達28m，擴寬程度為原寬度的14倍之多，其刷寬擴床能力極為驚人，如照片6-17所示（農業委員會水土保持局，2016）。

照片6-17　新北DF230沖刷擴床

資料來源：農業委員會水土保持局，2016。

不過，土石流在中、上游河道的沖刷方式與其發生頻率有關。對每年或數年內都會發生土石流的高頻率土石流溪流，由於經常性的土石流沖刷作用，其河床上堆積材料所剩無幾，因而形成土石流的固體物質主要是來自兩岸河谷的崩塌產物。另外，幾十年或百年以上才爆發一次土石流的低頻率土石流溪流，理論上經過長期的積累，其床面應該滯留豐富的鬆散土層，提供水流沖刷侵蝕而形成土石流。

從歷年土石流發生之紀錄來看，我國土石流溪流多屬低頻率之發生特性，但是臺灣地區年平均降雨量達2,500mm，且每年皆有超出設計標準的颱風豪雨作用，這種高頻率、低輸砂的洪流作用，使得上游河道床面積累的鬆散土砂厚度還是相當有限，形成土石流的的固體物質主要來源仍以兩岸河谷的崩塌、地滑為主，河床沖刷供砂為輔，屬於高頻率土石流溪流之土砂供給方式，異於其他地區。

基於山地河川兩岸崩塌產砂的土石流形成模型，對於一次土石流事件中，在高頻率和低頻率土石流溪流的侵蝕量和輸砂量不一定相等。以泥砂遞移率表徵輸砂量與侵蝕量之比值，那麼在低頻率的土石流溪流，未發生土石流時，因侵蝕量大於輸砂量，其泥砂遞移率應該遠小於1.0；當土石流爆發時，其泥砂遞移率則接近1.0，顯示土石流作用過程的高泥砂輸移能力。根據土石流流量公式得知（Takahashi, 1991）

$$Q_D = \frac{C_m}{C_m - C_d} Q_p \tag{6.2}$$

式中，Q_D = 土石流流量；C_d = 土石流泥砂體積濃度（volumetric concentration of sediment）；C_m = 靜止土體泥砂體積濃度（the grain concentration in volume in the static debris bed）。假設土石流泥砂體積濃度達$C_d = 0.9C_m$（Takahashi, 1978）時，土石流流量可以在相同地形及河道條件下達到一般挾砂水流的10倍，顯示土石流極高的輸移能力。

山地河川河床沿程坡度變化很大，時而陡峭，時而平緩，具有多個遷緩或遷急斷面，使得土石流在流動過程中隨著河床坡度的改變，也呈現時而快速流動、時而停積的陣流（intermittent-flow）流動型態，相當不穩定，這是土石流異於一般挾砂水流的另一項特點。

6-7 土石流淤積特性

當土石流向下游運移時，遇有溪流邊界條件（如溪床坡度減緩或河幅展寬）

的突然改變而發生脫水或勢能驟減時，由於土石流沒有足夠的勢能支撐輸移大量土砂，因而部分土砂就沿程快速落淤，流量及流速也迅速降低，流動體如同汽車緊急煞住般呈現整體淤塞停積，便形成一個由谷口爲起點向外擴散的堆積地形，因形如扇子，故稱之爲土石流扇狀地。如照片6-18爲發生於1996年南投縣信美鄉豐丘土石流之堆積性狀。由於土石流扇狀地係由多次流向不定的土石流段波（wave），以輻射狀擴散淤積形成。淤積進行時，因坡度變爲平緩，流速降低，對混凝土結構物之破壞力減弱，惟仍具有極大的淤埋能力。

土石流扇狀地的形成是相當複雜的，它是土石流流態、流量、總輸砂量、粒徑組成、谷口下游地形寬平程度等要素綜合作用的結果。一般而言，谷口愈是寬平，土石流流到此處都要降低流速和搬運能力，流速降低是由於坡度減緩、兩側束狹消失以及土石流中的水體滲出分離，導致泥砂濃度增加，阻力變大所致。因此，土石流不僅在谷口扇狀地上有局部或整體停積的特徵，而且存在著巨礫塊石沿程有規律的落淤現象。一個典型土石流段波（參見圖6-6）形成的扇狀地，具有三個明顯的區塊，如圖6-8所示。圖中，土石流自扇頂開始淤積，其前端較大的土石隨之落淤，形成巨礫塊石區，它是土石流塊石落淤的地段和土石流體大量停淤區；粗砂區，它是土石流停積後，由粗礫中擠出的泥漿液及後續水流越過扇狀地向下繼續漫流地段；細砂區，是土石流吸出的水分向扇的邊緣區散流的高含砂水流區。當後續土砂流量大時，越過扇狀地後會攜走細小土砂而出現新的沖蝕溝，並形成天然堤防。

照片6-18　南投縣信義鄉豐丘土石流堆積性狀

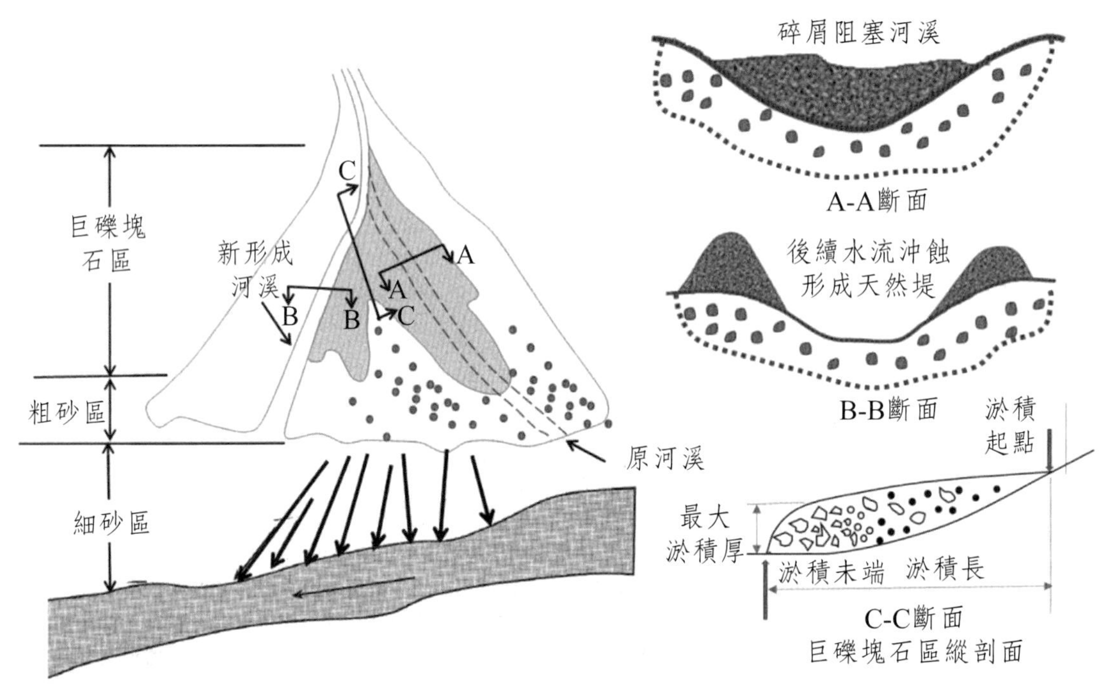

圖6-8　典型土石流扇狀地

一、扇狀地縱向特徵：土石流扇狀地縱向特徵主要表現在它的縱坡變化。扇狀地縱向形態具有較平坦或中間微微隆起的頂面，兩側成較陡的斜坡，扇緣成陡坎。根據現地調查資料，土石流扇狀地縱剖面坡度於上部約介於8～10%，中部約介於5～6%，在扇狀地下部約在3%以下（Kang, Zhicheng, 1997）。

二、扇狀地縱向粒徑分布：土石流中粗大石礫的輸移或停積，主要是受到石礫間碰撞離散力、土石流動壓力及沿程勢能等綜合作用的結果。在坡度較爲陡峭的溪流中，以勢能爲主的土石流前端多聚集粗大石礫，故當土石流出谷後遇有寬平地形時，因流速急劇下降而呈整體性的停積現象，此時扇狀地前緣及兩側聚集了粗大石礫，如圖6-9所示。不過，當土石流流體中粗大石礫係由石礫間碰撞離散力及推移力所主導時，當遇有坡度減緩或寬平地形時，因離散力及推移力降低，使土石流中粗大石礫沿程落淤，這種粗大石礫在土石流扇狀地上從扇頂開始由大到小落淤，反映了土石流進入谷口下游寬平地形的流速和流深不斷減小的趨勢。

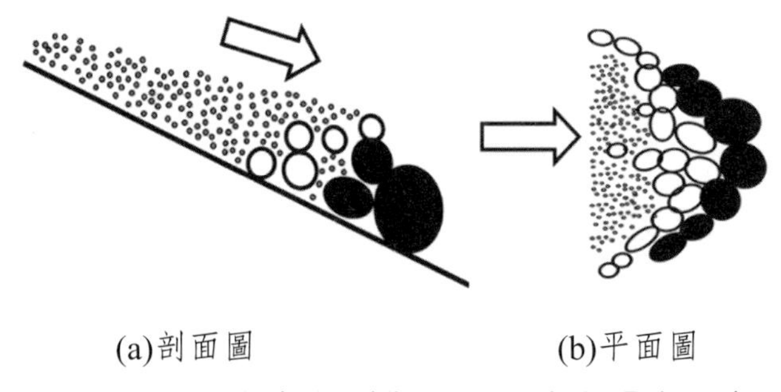

(a)剖面圖　　(b)平面圖

圖6-9　土石流停積時之縱向及平面粒徑分布示意圖

三、扇狀地形狀：扇狀地形狀主要是受到土石流流態、粒徑組成、土砂規模、谷口下游微地形和傾斜方式等因素影響，而有各種不同形狀，其中比較常見的有扇形、舌形、耳形等。例如，谷口下游寬平地形的傾斜方向與土石流主流方向一致者，就很容易形成扇形或舌形扇狀地。此外，微細土砂含量高且黏稠性大的土石流，常會形成數個舌狀堆積。

四、扇狀地沖淤過程：土石流扇狀地經過上游流出的土石流不斷地加積擴大，使得扇頂河床高程持續上升而抬高沖刷基準面，引起其上游河床的淤積，導致來砂量減少；當來砂量減少到一定程度時，流體轉而沖刷下切，使扇狀地上逐漸沖出一個深槽，沖刷基準面也就開始降低；但是，隨著沖刷基準面下降，上游來砂量也隨之增加，轉而引起深槽回淤和扇狀地進一步淤高，這樣週而復始的沖淤變化始必然反映在扇狀地的堆積形態上。

五、扇狀地剖面粒徑分布：扇狀地剖面粒徑分布性狀是鑒別土石流流態及類型的重要證據之一。一般土石流扇狀地剖面上泥砂顆粒的分布層次不明顯，礫石分選性差，大石塊常有磨痕，也會出現泥包礫之現象，如圖6-10所示。

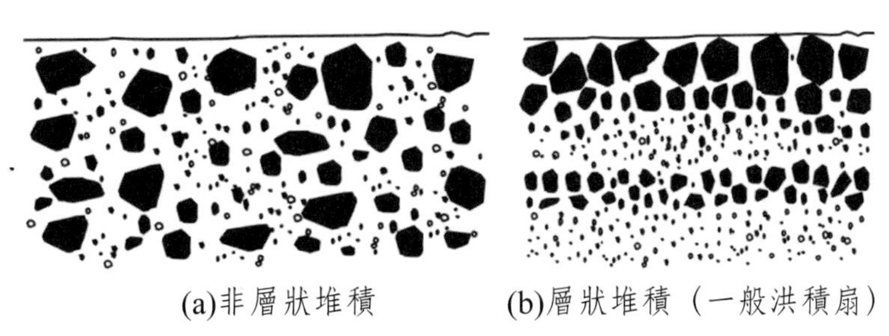

(a)非層狀堆積　　(b)層狀堆積（一般洪積扇）

圖6-10　扇狀地剖面粒徑分布

六、土石流堆積作用對主流之影響：土石流將大量土砂攜出谷口後，除了部分停積在扇狀地上外，多數土砂流入主流，特別是粗顆粒部分的補給和扇狀地的變化，對主流將產生重大之影響。

(一) 山地河川一般均處於沖刷下切狀態，但是土石流發育的山區，由於土石流大量固體物質的湧入，特別是粗粒泥砂的進入，而主流的溪床坡度又不能將其疏導，以致使下切溪床急劇淤高。在汛期時，淤積的泥砂會被帶到下一級更大的主流，因其坡度更爲平緩，泥砂淤積問題亦相當顯著。

(二) 由於一次土石流攜出過多的土砂，遠遠超過主流的輸砂能力，便阻塞河道，而在上游造成堰塞湖。

6-8 土石流泥砂體積濃度

土石流內含大量的土砂石礫，使其表現出來的運動行爲和特徵有別於一般挾砂水流，顯然泥砂含量的多寡，是決定土石流特殊性質的關鍵因素之一。一般，表達土石流泥砂含量方式有二：一是以單位體積土石流體中固體物質所占的體積比表示，即泥砂體積濃度（C_d）；二是以單位體積土石流體的質量表示，即單位重（γ_m，specific weight），兩種表達方式具有以下的關係

$$\gamma_m = (\gamma_s - \gamma_w)C_d + \gamma_w \tag{6.3}$$

式中，γ_m = 土石流體單位重；γ_s = 固體物質單位重（$= \rho_s g$）；γ_w = 水體單位重（$= \rho_w g$）。

6-8-1 土石流最小泥砂體積濃度

土石流的特點之一是泥砂體積濃度很高，但是究竟要達到多大的泥砂體積濃度，才能突出土石流特有的運動特徵，在以往的研究中是比較欠缺的。土石流因含有大量的固體泥砂顆粒，使得在運動過程會顯現出哪些定性的（qualitative）或定量的（quantitative）特性，在過去研究中常以不同方式被提出，包括：

一、以目測或攝影機方式鑑別土石流：係對運動中的大量泥砂和水體進行觀察，從

而描述屬於土石流的定性特徵。例如，高橋保（1977）首先利用攝影機觀測室內渠槽所形成的土石流，並依段波的形成、粗顆粒泥砂和水體的相對位置，將泥砂顆粒運動方式區分成三種流態，而陳重光（1988）也利用同樣方法進行區分，如圖6-11所示。

二、以泥砂體積濃度鑑別土石流：由於土石流和一般挾砂水流間最顯著的不同點，乃在於固體泥砂含量差異頗大，故從流體泥砂體積濃度之大小來界定土石流是最直接的方法。採用這種方式的最大優點是，除了不會影響對土石流之定性描述外，還提供了具體的數據可資判斷。例如，水山高久（1980）於長、寬之渠槽中經試驗觀察也提出，當渠槽坡度$\tan\theta \geq 0.25$（$\theta = 14°$）時，泥砂顆粒可以分散於全流深中而形成典型土石流之流動形態，其泥砂體積濃度$C_d = 0.3$；鄭瑞昌（1987）根據室內實驗成果，提出土石流泥砂體積濃度$C_d \geq 0.151$；山口伊佐夫（1985）認爲土石流的泥砂體體積濃度應介於0.4～0.5；詹錢登（2004）、費祥俊及舒安平（2004）認爲，土石流最小的泥砂體積濃度$C_d \geq 0.27$；水土保持手冊（2005）給出了土石流密度範圍介於$\rho_m = 1.4$～$2.3 g/cm^3$之間。

三、其他：錢寧及王兆印（1984）曾以$C_dS_o = 0.038$作爲土石流與高含砂水流的指標，惟水流泥砂含量與溪床坡度呈反比例關係是違背了實際狀況；朱鵬程（1995）則以$C_d = 0.35$，且$S_o = 2.1\%$，作爲土石流下限值。

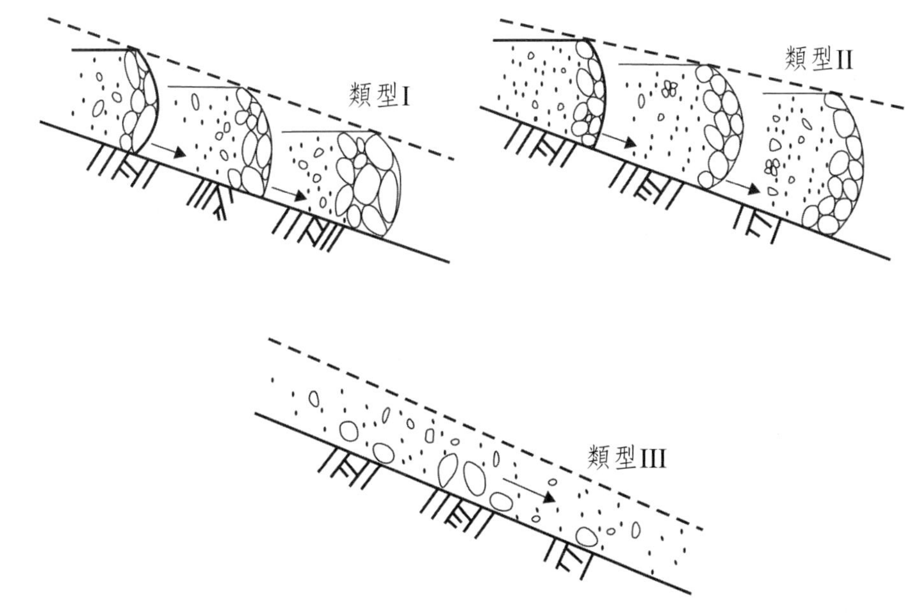

圖6-11　土石流流動類型圖示分類法示意圖

歸納上述三種判別方式，大致上可以區分成兩大類型：第一種類型是從流體的物理特性出發，如採用泥砂體積濃度（或單位重）或（及）溪床坡度者，惟這方面的研究多藉由觀察和歸納等方式獲得，欠缺學理的根據，以致於其成果頗為分歧；另一種類型則是通過目測方式，從流體運動特徵作定性描述後加以區分，但是因具有強烈的主觀認定問題，且缺乏學理的論述，亦難以被普遍接受。

錢寧（1989）認為土石流是固體泥砂顆粒含量很高的水砂混合物，具有強大的動力，且其固體物質主要不是由水流搬運，而是依賴固體物質本身在陡峻地形條件下所具有之勢能。換言之，屬於土石流運動之基本特徵，是維持其運動之能量有相當大的比例是取自於固體顆粒本身之勢能。倘若一般挾砂水流是以液相水體作為輸運固體泥砂顆粒的主要部分，則對土石流而言，固體土砂礫石將取代水體作為整個流體的主要部分，而液相水體部分則只扮演固體泥砂顆粒間之潤滑劑。據此，筆者（1997）應用水砂混合流體中的水、砂能量分配模型，假設單位體積之水砂混合流體，運行單位距離後其固體泥砂顆粒所提供之能量（E_s）大於或等於水體之能量（E_f）時，則該水砂混合流體就具有土石流流動形態，即

$$E_s \geq E_f \tag{6.4}$$

建立了具有土石流流動形態之水砂混合流體的最小泥砂體積濃度為

$$C_{d\min} \geq \frac{\rho_w}{\rho_s + \rho_w} \tag{6.5}$$

式中，$C_{d\min}$ = 土石流最小泥砂體積濃度。類似的結果，係假設土石流流體中固體顆粒所提供的剪應力大於水所提供的剪應力，也建立了與式（6.5）相同的公式。令水砂混合流體中水體及固體泥砂顆粒密度，分別為ρ_w = 1.0g/cm^{3}和ρ_s = 2.65g/cm^{3}時，代入上式可得

$$C_{d\min} \geq 0.27 \tag{6.6}$$

此結果與詹錢登（2004）與費祥俊及舒安平（2004）的建議值是一致的。

6-8-2 土石流最大泥砂體積濃度

雖然土石流泥砂含量極高，不過它還是有一定的極限。對一已知泥砂顆粒組成

的土石流流體，當顆粒之間呈現靜止而緊密接觸排列時，具有最小的孔隙率，其相應的泥砂體積度達到極值，謂之靜止土體最大泥砂體積濃度（C_m）。根據泥砂體積濃度定義，它與顆粒之間的孔隙率具有以下關係

$$C_m = 1 - n_p \tag{6.7}$$

式中，n_p = 孔隙率（Porosity），與泥砂顆粒組成、排列方式、團粒結構等相關。Takahashi（1991）由實驗中發現，土石流最大泥砂體積濃度與靜止土體最大泥砂體積濃度之間具有

$$C_{d\max} \leq 0.9 C_m \tag{6.8}$$

王玉章及康志成（1991）採用比表面（A_s）來反映泥砂顆粒組成中兩個主要變量，即泥砂顆粒大小及其相應的百分比，可表爲

$$A_s = 6\sum_{i=1}^{m} \frac{P_i}{d_i} \tag{6.9}$$

式中，A_s = 比表面（mm^{-1}），係指單位體積內固體顆粒的總表面積；d_i、P_i = 顆粒組成第i組的分組粒徑和相應的百分含量；m = 劃分的粒徑組數。通過44組天然土石流樣本及實驗分析，尤其偏重比表面受到細顆粒泥砂的影響（小於2.0mm）建立了土石流最大泥砂體積濃度與比表面之線性關係，即

$$C_{d\max} = 0.86 - 0.00033 A_s \tag{6.10}$$

同時，也分別應用比表面及最大泥砂體積濃度與土石流樣本之單位重（或泥砂體積濃度）由迴歸分析建立以下經驗公式，即

$$\gamma_m = 1.7(0.8 - 0.00044 A_s) + 1 \tag{6.11}$$

$$\gamma_m = 2.21(C_{d\max} - 0.2) + 1 \tag{6.12}$$

費祥俊及舒安平（2004）設想密度相同的粗、細兩組顆粒，其粒徑相差懸殊，粗、細顆粒泥砂最大濃度分別爲C_{mL}及C_{mS}，其中粗顆粒所占比例爲X，這樣兩種顆粒充分混合後的最大泥砂體積濃度爲

$$C_{d\max} = \left[\frac{X}{C_{mL}} + \frac{(1-X)}{C_{mS}}\right]^{-1} \tag{6.13}$$

當粗顆粒含量占優勢時，$X \geq C_{mL}$，此時粗顆粒間的孔隙被細顆粒部分或全部填滿，使得粗顆粒的最大濃度變爲，代入式（6.13）可得

$$C_{d\max} = [\frac{X}{C_{mL} + (1-X)} + \frac{(1-X)}{C_{mS}}]^{-1} \quad (6.14)$$

設已知$C_{mL} = 0.6$，$C_{mS} = 0.45$，由上式可繪出$C_* = f(X)$曲線，如圖6-12所示。圖中，當$X = 0.78$時，$C_{d\max} = 0.695$。

6-8-3 土石流平衡泥砂體積濃度

Takahashi（1980）應用巴格諾（Bagnold）高泥砂含量固液兩相流的本構關係

$$\tau = -P_d \tan\alpha \quad (6.15)$$

式中，τ = 粒間離散剪應力（inter-particle dispersive shear stress）；P_d = 粒間離散應力（inter-particle dispersive stress）；$\tan\alpha$ = 動摩擦係數，當水流處於完全慣性區（fully inertial range）時，$\tan\alpha \approx 0.32$（Bagnold, 1954）。經由土石流固液兩相的動量守恆方程導出了土石流平衡泥砂體積濃度公式

$$C_d = \frac{\rho \tan\theta}{(\rho_s - \rho_w)(\tan\alpha - \tan\theta)} \quad (6.16)$$

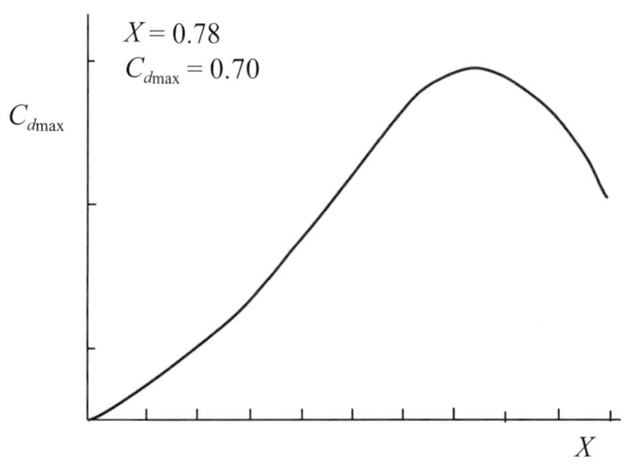

圖6-12　$C_{d\max}$與X關係圖

式中，C_d = 平衡泥砂體積濃度；θ = 溪床傾斜角度。由於土石流經常發生在溪床傾角$\theta \geq 15°$的陡峻地形上，使得應用上式在計算泥砂體積濃度時，因合理值範圍相當有限而難以符合實況。例如，取$\tan\alpha = 0.32$、$\tan\theta = 0.268$（$\theta = 15°$）、ρ_s = 2.6g/cm^{3}及ρ = 1.0g/cm^{3}代入式（6.16），則平衡泥砂體積濃度$C_d = 3.2$，該值已超出泥砂體積濃度之合理值，實際上是不存在的。爲此，他進一步假設$\tan\alpha = \tan\phi$（$\tan\phi$ = 靜摩擦係數；ϕ = 靜摩擦角）（Takahashi, 1978），故將上式改寫爲

$$C_d = \frac{\rho \tan\theta}{(\rho_s - \rho_w)(\tan\phi - \tan\theta)} \tag{6.17}$$

因分母限制，上式僅適用於10～20°之間。不過，Chen（1988）曾對此提出看法認爲，土石流既已達穩定均勻流況，其流動型態自應處於完全慣性狀態，固體泥砂顆粒間的摩擦作用理當採用動摩擦係數作爲參數，較爲合理，而非靜摩擦係數。此外，受到分母（$\tan\phi - \tan\theta$）的影響，在實際應用時常出現高估或低估土石流平衡泥砂體積濃度問題。

歐國強及水山高久（1994）於流槽通過實驗方式研究土石流先端部及其後續水流兩部分之整體平均泥砂體積濃度，並建立了以溪流坡度爲主的泥砂體積濃度經驗公式，即

$$C_{dT} = \frac{4.3\,C_m\,(\tan\theta)^{1.5}}{1 + 4.3\,C_m(\tan\theta)^{1.5}} \tag{6.18}$$

式中，C_{dT} = 土石流整體（包括先端部及後續流）平均泥砂體積濃度。

上述土石流平衡泥砂體積濃度理論皆建立在水石流的基本假設下，謝修齊及沈壽長（2000）將土石流組成成分劃分爲兩個主要組成部分，一部分是由水同細顆粒相混合構成的，在運動中不相分離的漿體；另一部分是扣去漿體內的顆粒後剩下的粗顆粒部分，則式（6.17）同樣適用於黏性土石流運動，此時式（6.17）可改寫爲：

$$C_{dL} = \frac{\rho_f \tan\theta}{(\rho_s - \rho_f)(\tan\phi - \tan\theta)} \tag{6.19}$$

式中，C_{dL} = 粗顆粒部分之泥砂體積濃度；ρ_f = 漿體密度。因土石流體內固體物質總的濃度C_{dt}應爲粗顆粒濃度度C_{dL}與漿體中的細顆粒濃度C_{dS}之和。而細顆粒濃度C_{dS}與漿體密度ρ_f之間有如下關係：

$$\rho_f = (\rho_s - \rho_w)C_{dS} + \rho \tag{6.20}$$

故土石流總濃度可表爲

$$C_{dt} = C_{dL} + C_{dS} = \frac{\rho \tan\theta + (\rho - \rho_f)\tan\phi}{(\rho_s - \rho_w)(\tan\phi - \tan\theta)} \tag{6.21}$$

上式若在水石流情況時，即$\rho_f = 0$，就與計算式（6.17）完全一致。

6-9 土石流發生模式

土石流是自然地形的演化行爲，它受到各種環境和人爲因素的直接或間接影響，使其發生和發展具有高度的不確定性，以現今的研究水平，仍無法有效地掌握或做好預測。目前比較可以被接受的定性論點是認爲，在一些河溪或自然邊坡斜面上，倘若具有足夠的重力條件（或地形條件）及固體土砂料源，在一定強度或累積雨量的激發之下就可能發生土石流；其中，重力條件及土砂料源在一定的空間和時間上具有不變或微變的特徵，屬於土石流發生的潛在因素，而降雨因隨著時間和空間變異，爲主要的激發因素。

中筋章人等（1977）調查日本仁淀川集水區140個土石流災害地區發現，誘發土石流的土砂料源供給方式，以土體崩塌（含大規模崩塌、源頭崩塌及小規模崩塌等）及溪床堆積物流動爲主，其中由土體崩塌誘發土石流的比例高達95%。因此，依固體土砂料源供給方式，土石流形成模型往往被區分爲三種類型：1.溪床土砂沖刷型：豪雨時，因河溪流量激增，使水流得以沖刷堆積在溪流兩岸或溪床上較爲鬆散之土體，並混合成漿狀體而形成土石流；2.崩塌（或地滑）轉化型：崩塌或地滑土體在滑動過程中，因土體結構破壞崩解，呈破碎鬆散狀，孔隙增多，同時沿程獲得地面水的補充而形成土石流；3.臨時壩潰決型：溪流兩側岸坡土體發生較大規模的崩塌滑落溪床，雖然部分崩落土體被水流攜離，惟因土體數量龐大，使得大部分的土體堆積在溪床上而形成臨時壩或天然壩（natural dam）。由於臨時壩或天然壩攔阻其上游之水流，使之水位逐漸提高，隨著降雨不斷地供應水量，水位迅速提高之後，在水壓力及滲流水之聯合作用下而致潰決，並形成土石流。第2及3類型皆屬崩塌土體在不同區位轉化爲土石流的過程，故可以一起歸類爲崩塌（或地滑）型土石流，其差別在於轉化過程及發生區位的差異而已。

6-9-1 溪床沖刷型土石流

溪床沖刷型土石流多數在平直溪床及沿程堆積層厚度均勻的假設條件下，針對上游來水量一定時所建立的土石流形成理論，亦為目前發展比較成熟的力學模型。綜觀目前的研究成果，多數是以無限邊坡堆積土體之穩定分析作爲理論基礎，配合孔隙水滲流狀況或地表逕流水深之變化，建立土體崩壞形成土石流之臨界條件，並經由渠槽試驗模擬土石流流態予以驗證。但是，從力學的角度來看，溪床崩壞土體土石流化是由兩種性質不同的過程所組成，一是必須具有足以破壞堆積土體原有穩定狀態之向下推移力，該力通常是由固體泥砂顆粒與液相水體在溪床坡度的配合下所形成；其次是要具有維持這些溪床上被沖刷外移的土砂可持續運動的動力，以形成土石流。這表明，溪床崩壞土體和崩壞土體土石流化是兩個不同層面的問題，其行爲機制自是不同，不能相互混淆。惟目前相關研究都只著重於土體崩壞機制之探討，而忽略了促成崩壞土體土石流化之力學規律。

根據圖5-86，設想斜面堆積土體表層出現地表逕流之狀況，此時地表逕流深度比$n_o \neq 0$，且地下水流高度比$m_o = 0$，令崩壞係數$F_A \geq 1.0$，使斜面堆積土層處於臨界崩壞狀況，則由式（5.38）及式（5.39）代入式（5.40）可簡化爲

$$\left(\frac{a_L}{h_o}\right)_c = \frac{C_0(\gamma_s-\gamma_w)(\tan\alpha-\tan\theta)-\gamma_w\tan\theta+[C_h+\eta(\gamma_s-\gamma_w)d_s]/(h_0\cos\theta)}{C_m(\gamma_s-\gamma_w)(\tan\theta-\tan\phi)+\gamma_w(1-\tan i\tan\phi)} \quad (6.22)$$

式中，n_o = 地表逕流深度比（$= h_o/a_L$）；m_o = 地下水流高度比（$= z_d/a_L$）；γ_m = 飽和單位重。當溪床坡度、水體及土體物理特性均已知時，由上式得知，土體臨界相對移動厚度隨著入流水流泥砂體積濃度C_o的增加而降低。設若水流爲清水，且溪床無任何泥砂起運時，因$C_o = 0$及$a_L = 0$，則由式（6.22）可得

$$\gamma_w\tan\theta-\frac{C_h+\eta(\gamma_s-\gamma_w)\,d_s}{h_o\cos\theta}=0 \quad (6.23)$$

若取$C_h = 0$時，上式經整理可寫爲

$$\frac{\gamma_w\,h_o\sin\theta}{(\gamma_s-\gamma_w)\,d_s}=\eta \quad (6.24)$$

上式即為謝爾德數（Shield's parameter），當水流處於完全紊亂流況時，係數η = 定值（0.04～0.06）。此外，當溪床泥砂開始起動並成為水流的一部分時，若入流水流泥砂體積濃度達到飽和，即$C_o = C_d$（C_d = 平衡泥砂體積濃度），溪床泥砂沖淤即處於一種動態平衡狀態，此時土層移動厚度（或沖刷深度）$z = 0$。據此，代入式（6.22）經整理可得

$$(\frac{a_L}{h_o})_c = \chi \frac{C_d - C_o}{C_m} \tag{6.25}$$

式中，$\chi = \dfrac{(\gamma_s - \gamma_w)(\tan\theta - \tan\alpha)}{(\gamma_s - \gamma_w)(\tan\theta - \tan\phi) + \gamma_w \tan\theta\,(1 - \tan i\,\tan\phi)/C_m}$，且$\chi$值大於零。上式為土體臨界相對移動深度之表示式，表明當入流水流泥砂體積濃度C_o為已知，地表水流沖刷床面泥砂達平衡濃度C_d時之土體相對沖刷深度。

假設邊坡斜面土層符合：1.砂性土壤，即$C_h \approx 0$；2.滲流方向行於斜面，即$i = 0$時，則由式（6.22）可簡化為

$$\tan\theta_c \geq \frac{[(\gamma_s C_m - (1 - m_o)\gamma_w C_m]\tan\phi}{\{[\gamma_s - (1 - m_o)\,\gamma_w]C_m + \gamma_w(1 - m_o) + n_o\,\gamma_m\}} \tag{6.26}$$

上式為無限邊坡上溪床堆積土體崩壞之臨界坡度通式。根據n_o及m_o間的關係，可以建立無限邊坡堆積土層於各種狀況下的崩壞模型，包括：

一、邊坡堆積土體內無水流之狀況，即$m_o = 1$，且$n_o = 0$，則由式（6.26）式可得

$$\tan\theta_c \geq \tan\phi_d \tag{6.27}$$

式中，$\tan\phi_d$ = 乾土靜摩擦係數。上式說明，在無水流狀況下，當堆積土體內部泥砂顆粒間之靜摩擦係數小於其所處於之地形坡度時，土體即發生崩壞。

二、若水位恰好位於地表面（即$m_o = 0$且$n_o = 0$）時，則式（6.26）可表為

$$\tan\theta_c \geq \frac{(\gamma_s - \gamma_w)\,C_m}{(\gamma_s - \gamma_w)C_m + \gamma_w}\tan\phi \tag{6.28}$$

此式與齊藤、陳世芳、Harris和Cernica等研究結果一致（黃宏斌，1991）。若邊坡堆積土層僅浸水（此時所有的流體均呈靜止狀態），可得

$$\tan\theta_c \geq \tan\phi \tag{6.29}$$

完全浸水邊坡與無水流邊坡之臨界坡度相同，是屬堆積土體之崩塌現象。惟浸水邊坡必須考慮浸水時之靜摩擦角ϕ。

三、若水位介於溪床表面與土層底床之間，即$0 < m_o < 1$時，在考慮土層內部滲流影響之情況下，由式（6.26）可得

$$\tan\theta_c \geq \frac{[(\gamma_s C_m - (1-m_o)\gamma_w C_m]\tan\phi}{\{[\gamma_s - (1-m_o)\gamma_w]C_m + \gamma_w(1-m_o)\}} \quad (6.30)$$

四、當地表逕流深度爲h_o時，$m_o = 0$且$n_o = h_o/a_L$，則由式（6.26）可簡化得

$$\tan\theta_c \geq \frac{(\gamma_s - \gamma_w)C_m}{(\gamma_s - \gamma_w)C_m + \gamma_w(1 + h_o/a_L)}\tan\phi \quad (6.31)$$

上式與Takahashi（1978）、江永哲及吳正雄（1985）、林柄森等（1993）等人之研究成果一致。

令不安定土層厚度$a_L = nd_s$（d_s = 堆積層泥砂的代表粒徑），如果$n < 1$時，則該堆積層係處於穩定狀態，即便有泥砂顆粒發生運動，也只是床面水流曳力和升力所形成的推移質運動，屬於一般挾砂水流。因此，已知$a_L = d_s$時，由式（6.26）可得

$$\tan\theta_{c2} \geq \frac{(\gamma_s - \gamma_w)C_m}{(\gamma_s - \gamma_w)C_m + \gamma_w(1 + h_o/d_s)}\tan\phi \quad (6.32)$$

上式表明，堆積層移動厚度$a_L \geq nd_s$，且$n \geq 1$，乃成爲水砂混合水流轉化爲土石流流動形態之必要條件。此外，即使滿足$n \geq 1$的狀況下，當不穩定土層厚度a_L遠小於地表逕流深度h_o時，也因顆粒間碰撞所產生的離散應力不足以將顆粒均勻地擴及整個流動層中，只能集中於河床附近運移，這與「水和砂礫混成一體而流動」的土石流定義不一致，故稱爲未完全發展土石流（immature debris flow）。因此，作爲土石流，必須是$a_L > kh_o$（k爲接近於1的常數）。再者，堆積土層處於崩塌的臨界條件式

$$\theta_c = \phi \quad (6.33)$$

以及泥砂運移臨界條件爲（Ashida et al., 1977）

$$\frac{\rho_w h_o \sin\theta_{c1}}{(\rho_s = \rho_w)\, d_s} = 0.034\cos\theta_{c1}\{\tan\phi - \frac{\rho_s}{\rho_s - \rho_w}\tan\theta_{c1}\}10^{0.32(d_s/h_o)} \quad (6.34)$$

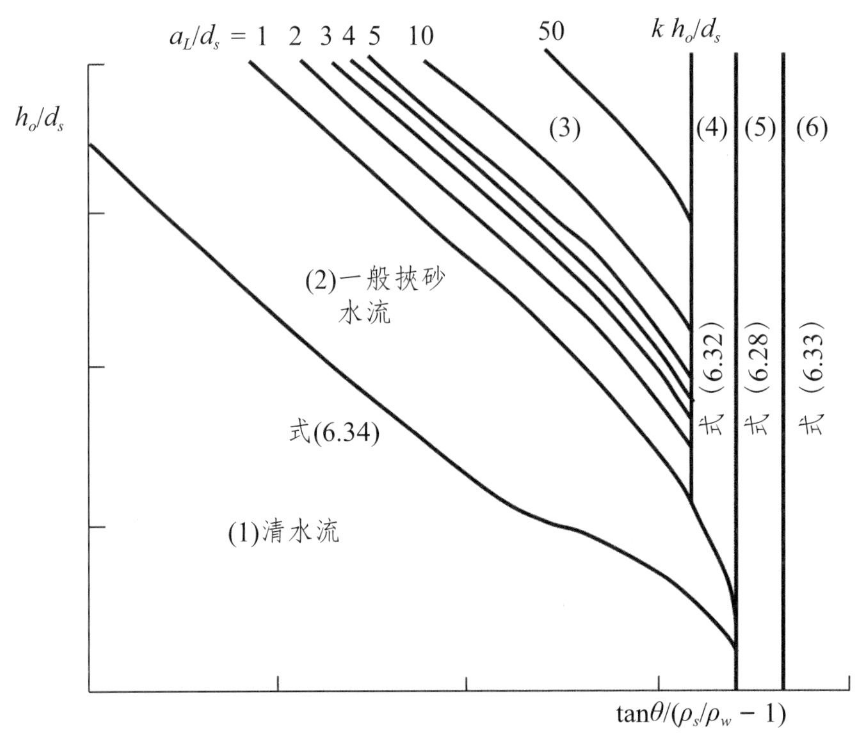

圖6-13　砂質河床水流流動型態之發生條件

Source：Takahashi, 1991.

這樣，令C_m = 0.7、ρ_s = 2.65g/cm^3、ρ_w = 1.0g/cm^3、d_s/h_o = 0.7及$\tan\phi$ = 0.8，由式（6.28）、式（6.32）、式（6.33）及式（6.34）等可繪出圖6-13各曲線之分布。圖中，區域(1)爲清水流區、區域(2)爲一般挾砂水流、區域(3)未完全發展土石流區、區域(4)爲水力類土石流區、區域(5)土力類土石流區及區域(6)爲無堆積層區。

6-9-2 崩塌（含地滑）型土石流

係指岩（土）體沿著坡面或滑動面先發生地滑或崩塌，而後直接或間接發展成爲土石流；在發展的過程具有兩個階段，包括斜面土體受降雨作用後產生滑動破壞開始，然後在一定的地形及降雨條件下轉化爲特定流體形式的運動的全過程。這類土石流依發生區位和時間可區分三種，包括：

一、斜面崩塌土體在滑崩過程直接轉化爲土石流，一般稱爲坡面型土石流。這類土石流多因位於高位岩（土）體受降雨入滲及重力的雙重影響發生破壞後，在地形的配合下轉化成爲土石流。由於崩滑距離較短，在含水量有限的情形下，這類土石流的影響範圍不大，不過因流動速度快，衝擊力強，破壞力也就相當可觀。這類土石流的主要關鍵，在於邊坡斜面發生了一定規模的土體崩塌，且崩塌土體位於坡面的高位處，取得有利的勢能，直接形成坡面型土石流。不過，由於坡面型土石流與洩槽形及蝌蚪形崩塌（參考5-4-2節）之間難以明確地辨別，故可以直接採用5-4-4節無限邊坡土體破壞模式，並輔以立體地圖微地形判釋，分析坡面土體的穩定性，以研判其發生崩塌或土石流之可能性。

二、崩塌土體直接滑落至溪床後，依溪流水流強度及溪谷斷面形態，具有兩種可能的情況：

(一) 當崩塌土體進入溪流時，借助滑動中所獲得的動能，在一定水流強度時繼續沿著溪流下游流動而轉變成土石流。這類土石流的土砂料源，除了來自斜面崩塌土體外，亦有因崩塌土體高速撞擊而破壞溪床表面上穩定的粗化層，當表面粗化層一旦被破壞，位於底部的細顆粒泥砂缺乏粗顆粒泥砂的保護亦將迅速被帶走，而形成土石流。依據溪床沖刷型土石流之形成機制，谷坡崩滑土體土石流化的有利區位，以溪床平均坡度達10度以上，集水面積約在3.0ha以上，且屬峽谷型河段者，具有較高的發生潛勢。不過，谷坡崩滑土體的土石流化機制相當複雜，它是多因素相互藕合、交織、共同作用的結果，存在著高度的不確定性，惟比較確定是位於溪床平均坡度10度且集水面積約在3.0ha以上的河段，因谷坡土體崩塌而形成土石流的機率是相當大的。

(二) 崩塌土體滑落至溪床後，由於當時水流強度不足，加上溪幅不大，滑崩土體逐漸累積而形成臨時性堆積體或臨時壩，堵塞溪流，俟水流強度增大後，臨時堆積體潰決形成土石流。

6-9-3 臨時壩潰決型土石流

因河岸崩塌或支流匯入大量土砂所形成自然橫向阻塞河谷的臨時堆積體，稱之爲臨時壩（temporary dam）或天然壩（natural dam）或堰塞壩（landslide dam）。Costa & Schuster（1988）經比較分析各國相關資料，指出崩塌地滑堆積物形成堰塞壩的地形地貌條件：多數分布在高低不平的山區，峽谷陡峭，且有河流經過；地質現象活躍，有豐富的壩體物質來源，如大量破碎的岩石碎屑物等。匡尚富（1994）認爲斜面崩塌土體堵塞河道形成臨時壩，必須具備四個基本條件，包括：1.發生坡面崩塌；2.崩塌土體能到達河床及對岸；3.到達河床的土體不因河流來水作用而流動化形成土石流而被帶走；及4.河流水流的挾砂能力、沖刷能力較小，不能將崩塌土體瞬時沖走。聶高衆等（2004）分析大陸自1856年以來所產生的100多處地震形成的臨時壩，提出地震造成臨時壩的三個條件，包括：1.地震區內有河流經過；2.河道兩側有山體河床海拔明顯低於周邊山體；3.由於地震產生了山體地滑崩塌且堵塞河道。

Takahashi（1991）依臨時壩上游水位上升速度與壩體內滲流前進速度之關係，將臨時壩潰決破壞方式概分爲溢流侵蝕破壞（erosive destruction due to overtopping）、滲流作用引發的瞬間滑崩破壞（instantaneous sliding collapse）及漸近破壞（progressive failure）等三種類型，如圖6-14所示。臨時壩壩體主要是岩土體快速堆積所致，因而其結構較爲鬆垮，組成物質鬆散，膠結不良，基本上處於非固結或者固結不良狀態，而且與人工壩體相比，沒有心牆防止滲流管湧，也沒有溢流設施來穩定上游水位，故壩體可能會由於越頂溢流、管湧或者滲透而破壞潰決，若其下游溪床具有足夠的坡度和坡長（運行距離）時，則此潰決的土石與水流混合極有可能轉化成爲土石流。

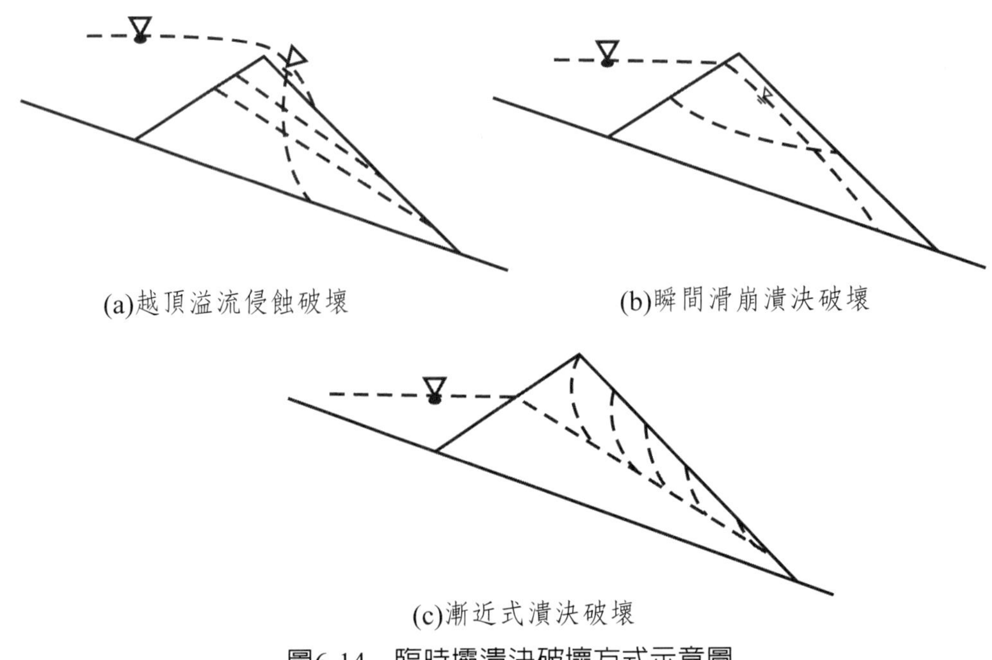

圖6-14　臨時壩潰決破壞方式示意圖

Source: Takahashi, 1991

一、越頂溢流侵蝕破壞

此類堰塞壩體透水係數往往較小，壩體材料黏聚力較大，隨著上游不斷來水，其水位上升速度遠比壩體內部浸潤線的抬升速度爲快，最後造成水流越頂溢流而導致壩體土砂逐漸被侵蝕下移，在溪床坡度及坡長的配合之下，可能轉化成爲土石流，如圖6-14(a)所示。堰塞壩體遭水流侵蝕速度隨時間變化，初期壩體表層附近土壤含水量未達到飽和，屬半乾燥狀態下的侵蝕，侵蝕速度較爲緩慢，惟隨著時間推移，壩體內浸透水水位上升和表面水流的滲透作用，使壩體內部逐漸達到飽和，侵蝕速度因而增大，並自壩體表層向下層侵蝕，最終導致堰塞壩體侵蝕殆盡。駒村富士彌（1978）假定溪床存在近似臨時壩，如圖6-15所示。已知臨時壩高度爲H，當上游產生越頂水深爲h時，其破壞條件可表爲

$$\frac{h}{H} \geq \frac{\cos^2\theta\sin(\alpha-i)}{2\sin(\alpha-\theta)\cos i\sin\theta}[(\frac{\gamma_m}{\gamma_w}-n)\tan\phi-\frac{\gamma_m}{\gamma_w}\tan\theta] \tag{6.35}$$

已知孔隙率$n = 0.4$；$\alpha = 35°$；$i = 6°$；$\gamma_m = 2.0\text{g/cm}^3$及$\gamma_w = 1.0\text{g/cm}^3$，可得臨時壩潰決時相對水深（$h/H$）與溪床傾角（$\theta$）之關係，如圖6-16所示。

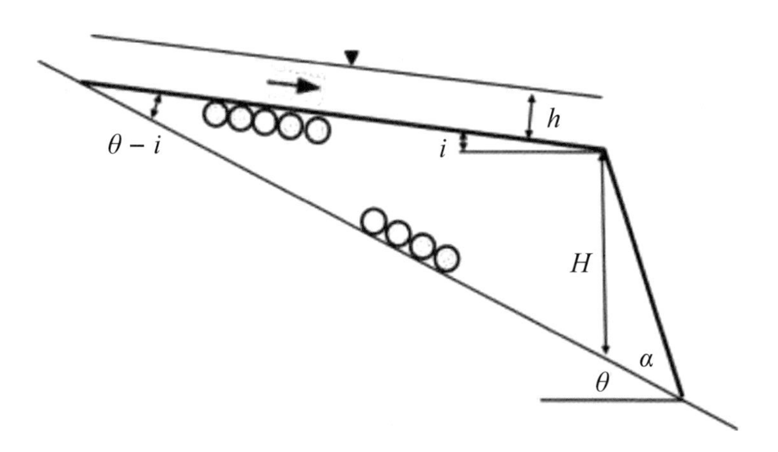

圖6-15　臨時壩堆積示意圖

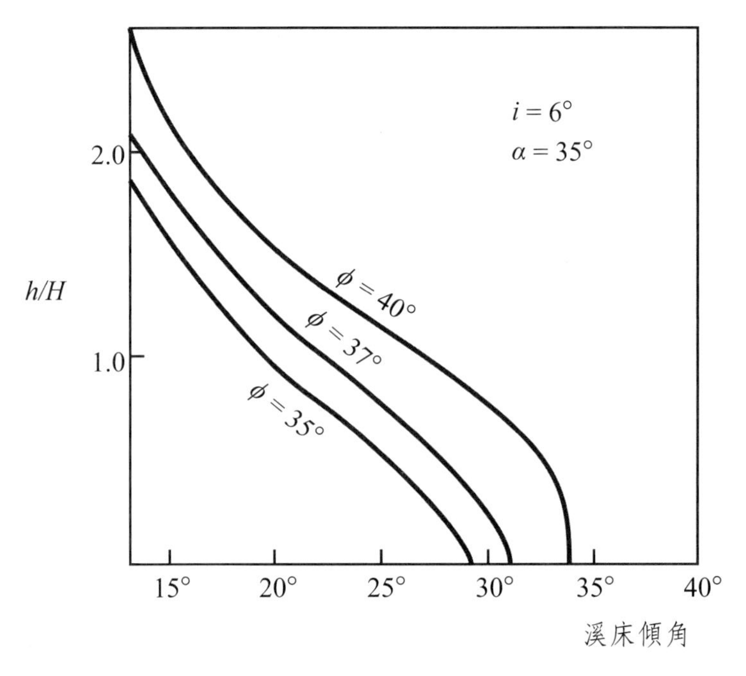

圖6-16 臨時壩潰決條件

資料來源：駒村富士彌，1978

二、瞬間滑崩潰決

當上游的不斷來水，蓄水水位以比較大的速度上升，同時堰塞壩體浸潤線以近似平行於壩體下游坡面抬升，在浸潤線尚未在下游坡面溢出之前，水位已近壩頂將要發生溢流時，壩體突然崩潰，如圖6-14(b)所示。該潰決過程往往是在壩體透水性較好，壩體材料強度極弱的情況下，由於壩體內滲流水位上升，使得壩體本身荷重增加，同時飽和部分的土體，因滲透水的浮力作用，顆粒間的摩擦阻力降低，導致壩體變得不穩定而沿著某一滑動面產生滑動。

三、漸近破壞

與上述兩種類型比較，形成漸近破壞的壩體材料具有較好的透水性，而壩體強度較低，當上游來水量較小時，就很容易出現這種類型的潰決現象。由於透水性特佳，壩體浸潤線向下游的推進速度較快，在蓄水水位不高時，浸潤線已到達壩體下游坡面，而產生管湧或形成表面流而侵蝕壩體。漸近破壞過程之初，係於坡腳部分發生的小型崩塌，但因浸透水流不足，無法推移崩塌土體而堆積於潰決位置下游側；隨著浸透水流的增加，溯源侵蝕現象持續進行至壩頂時，壩體突然發生整體潰決，並與上游水流摻混形成強烈土石流。

6-10 土石流力學機構

表徵流體受剪應力作用所產生的速度梯度（或剪應變率）特性，稱爲流體的流變特性（rheological property），而表示這種特徵的方程式，稱爲流變方程（rheological equation），其中與時間無關的流變方程可表爲

$$\tau = \tau_B + K(\frac{du}{dy})^n \quad (6.36)$$

式中，τ = 剪應力（shear stress）；du/dy = 速度梯度或剪應變率（shear rate）；τ_B = 屈服剪應力（yield stress）；K = 稠度係數（coeff. of consistency）；n = 流動指數（plastic index）。

一、當流動指數$n = 1$時，上式可寫爲

$$\tau = \tau_B + \eta \frac{du}{dy} \quad (6.37)$$

式中，η = 剛度係數（coeff. of rigidity）；τ_B = 賓漢屈服剪應力。上式即爲賓漢流體（Bingham fluid）流變方程，如圖6-17所示。賓漢體流變曲線是一條在剪應力軸上有一截距τ_B的直線，當作用剪應力$\tau < \tau_B$時，流體不能克服黏滯阻力而發生流動，其剪應變率$du/dy = 0$，只有當剪應力$\tau > \tau_B$時，流體才會開始變形運動。

二、當流動指數$n = 1$，且$\tau_B = 0$時，剪應力與剪應變率呈線性關係，稱爲牛頓流體（Newtonian fluid），可表爲

$$\tau = \mu \frac{du}{dy} \quad (6.38)$$

式中，μ = 黏滯性係數（coeff. of viscosity）。對已知的流體，在一定溫度下，μ值爲常數。當泥砂含量較低，或細顆粒泥砂含量很少時，$\tau_B \approx 0$，其剪應力與剪應變率關係服從上式的直線關係，如圖6-23所示。

三、當$\tau_B = 0$時，流動指數$n < 1$，稱爲僞塑性流體（pseudo-plastic fluid），其流動曲線的斜率隨剪應變率的增加而減小，直到高剪應變率時達到極限斜率爲止；其中，流動指數$n > 1$，稱爲膨脹流體（dilatant fluid），如圖6-17所示。

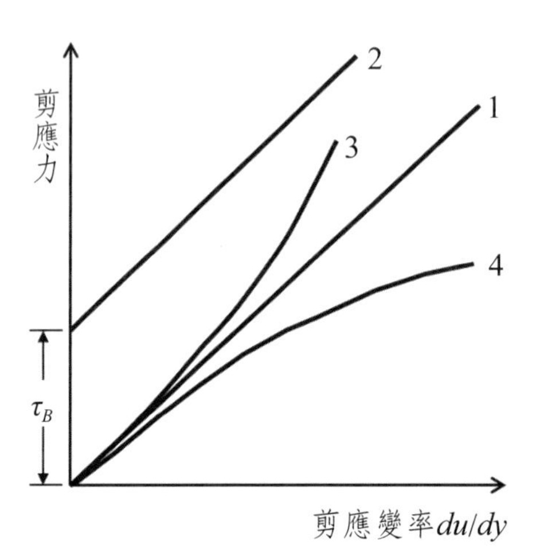

圖6-17　流體流變曲線示意圖

6-10-1 賓漢流體模型

賓漢體模型係考量剪應力作用在含有高濃度的水砂混合流體時，不僅要克服流體的黏滯性（即剛度係數），同時還要克服由於細顆粒泥砂形成的絮網結構及粗顆粒泥砂內部摩擦而產生的屈服剪應力，才能使流體滿足式（6.37）而產生連續的剪應變形。因此，賓漢流體模型的流變性質，實際上是剛度係數和屈服剪應力的變化規律。1970年Johnson et al.（姚德基及商向朝，1981）首次應用賓漢黏性流體模型（Bingham viscos fluid model）建立了土石流運動方程，求解土石流最大流速，同時觀察到的一些土石流現象，如土石流先端部巨礫聚集、大顆粒支撐結構和流體中存在的非變形剛塞體（rigid plug）現象，皆可以用賓漢體模型得出較合理的物理力學解釋。

一、剛度係數

剛度係數係指流體各層相互平移所產生的內摩擦力，與層間的接觸面積及沿著厚度方向的速度增量成正比，其單位是$P_a \cdot$ sec。Einstein（1941）於清水中加入濃度爲C_d的無粘性球形顆粒，且粒徑均勻一致，當C_d很小時，即顆粒之間距離很大無相互影響的條件下，導出了經典的相對黏滯性係數公式

$$\mu_r = 1 + 2.5C_d \tag{6.39}$$

式中，μ_r = 相對黏滯性係數，爲混合體黏滯性係數（η）與純液體同溫度的黏滯性係數（μ_o）之比，$\mu_r = \eta/\mu_o$。但是，上式公式僅適用於低濃度的非黏性均勻球形顆粒的流體條件，將之應用於高泥砂濃度的土石流時，必須加以修正。錢寧（1989）在式（6.39）的基礎下，於含有高濃度黏性非均勻的混合液，從細到粗分成i組的均勻泥砂（每組泥砂粒徑大致均勻）並逐次加入液體中，同時考量混合液中的黏性顆粒被一層束縛水所包圍，以及在一定濃度下顆粒之間的相互影響，其相對黏滯性係數可表爲

$$\mu_r = 1 + 2.5C_{de} = 1 + 2.5mC_d \tag{6.40}$$

式中，C_{de} = 有效體積濃度較實際體積濃度大；m = 有效體積濃度係數（coeff. of effective concentration），$m > 1.0$。這樣，通過一定的推導過程，可以建立適用於高泥砂濃度的相對黏滯性係數公式，即

$$\mu_r = (1 - C_{de})^{-2.5} = (1 - mC_d)^{-2.5} \tag{6.41}$$

這裡需要處理的是，各種條件下有效體積濃度係數的確定。錢寧（1989）認爲，混合液的有效體積濃度與其體積濃度、顆粒機械組成及黏性泥砂顆粒含量有關。康志成等（2004）通過試驗發現，相對黏滯性係數（relative viscosity ceoff., μ_r）隨混合體泥砂含量的增加而增大，且當泥砂含量爲固定時，顆粒機械組成愈粗，其相對黏滯性係數愈大，如圖6-18所示。他同時提出了以下公式推定有效體積濃度係數m值，即

$$m = M + \left(\frac{0.15}{C_d}\right)^{1.65} \qquad C_d = 0.15 \sim 0.31 \tag{6.42}$$

$$m = M + 0.3\left(\frac{0.31}{C_d}\right)^{7.23} \qquad C_d > 0.31 \tag{6.43}$$

式中，M = 最大（極限）體積濃度（C_m，limiting concentration）的倒數。

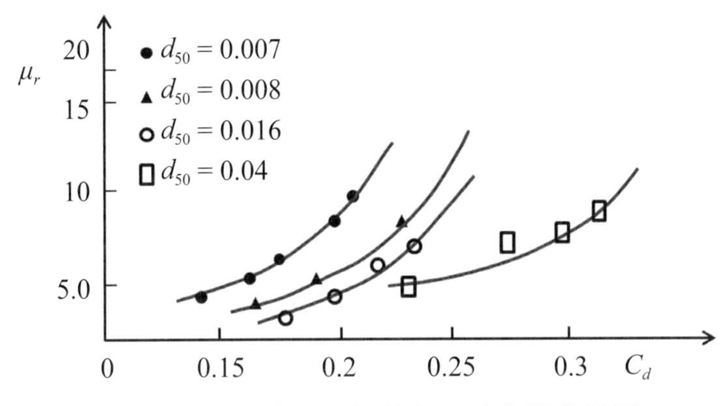

圖6-18　相對黏滯性係數與泥砂含量之關係

資料來源：康志成等，2004

因此，將式（6.42）或式（6.43）代入式（6.41），即可推估土石流漿體之剛度係數。費祥俊、舒安平（2004）也提出類似的公式

$$\mu_r = (1 - k\frac{C_d}{C_m})^{-2.5} \tag{6.44}$$

式中，k = 修正係數。根據試驗結果，可得k值的表達式，即

$$k = 1 + 2(\frac{C_d}{C_m})^{0.3}(1 - \frac{C_d}{C_m})^4 \tag{6.45}$$

以上公式已綜合考量了固體顆粒機械組成、級配及其他一些顆粒特性，對於一定的水質條件和礦物組成的土石流體來說，可以節省工作量很大的土石流體樣品黏度試驗，具有一定的普遍適用價值。

二、屈服剪應力

賓漢屈服剪應力τ_B係指破壞漿體結構所需要最小的力，它與漿體濃度、顆粒級配組合（含顆粒大小、形狀、黏土含量等）、水質和黏土礦物等因子有關，其中以漿體濃度及泥砂顆粒組合特性為主。

一般認為，屈服剪應力τ_B係由漿體中細顆粒泥砂的絮凝作用所形成，它主要是由於顆粒之間能夠形成一個有聯繫的整體或結構，而這種結構又是由顆粒之間的黏著力將它們聯繫起來的；而漿液中較粗顆粒本身的重量往往大於它們之間的黏著力，即便它們可以也會相互碰撞和吸引，還是呈現分離無法形成結構。但是從試驗中發現，粗顆粒泥砂組成也存在屈服剪應力τ_B（康志成等，2004），如圖6-19所示。圖中，具有以下特點：1.在同一顆粒級配條件下，屈服剪應力τ_B值隨著濃度的增加而增加；2.顆粒級配愈大，屈服剪應力τ_B值愈小；3.顆粒級配愈大者，必須在較大的漿體濃度時才會出現屈服剪應力τ_B，其原因在於漿體濃度很高時，顆粒之間相互接觸碰撞，並產生摩擦力的緣故，惟τ_B的絕對值要比顆粒級配較細者小得多。

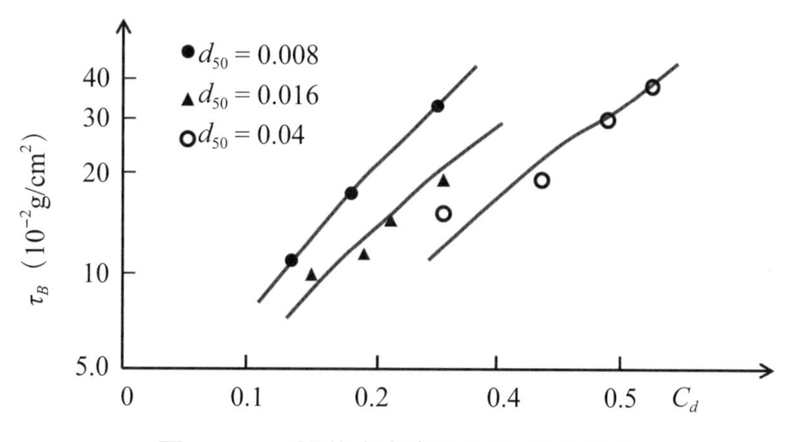

圖6-19　屈服剪應力與泥砂濃度之關係

資料來源：康志成等，2004

為了建立屈服剪應力τ_B統一的表達式，必須將影響τ_B值的兩個主要因素都反映在同一表達式中。因此，定義土石流活動係數為（康志成等，2004）

$$Y = 1 - \frac{C_d}{C_m} \tag{6.46}$$

當土石流活動係數愈大，表明顆粒之間比較鬆散，顆粒活動性強，故破壞顆粒結構的力，即τ_B值也將愈小；反之，τ_B值較大。經試驗可得

$$\tau_B = \exp(4.113 - 0.961Y) \tag{6.47}$$

上式表明，τ_B值與土石流活動係數呈反比例關係。

三、賓漢體運動速度

當賓漢體模型之剛度係數（η）和屈服剪應力（τ_B）為已知時，於$0 \le y \le h_o$非流核區二維穩定均勻流垂向流速分布可表為（參見圖6-20）（費祥俊、舒安平，2004）

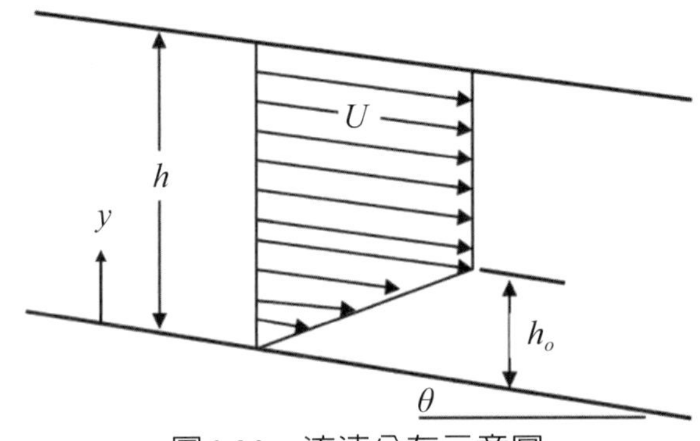

圖6-20　流速分布示意圖

$$u=\frac{\gamma_m h_o^2 \sin\theta}{\eta}[\frac{y}{h_o}-\frac{1}{2}(\frac{y}{h_o})^2] \quad (6.48)$$

式中，非流核區深度

$$h_o=h-\frac{\tau_B}{\gamma_m \sin\theta} \quad (6.49)$$

於$h_o \le y \le h$流核區為

$$u=\frac{\gamma_m h^2 \sin\theta}{2\eta} \quad (6.50)$$

垂向平均流速為

$$U=\frac{\gamma_m h_o^2 \sin\theta}{\eta}(\frac{1}{2}-\frac{1}{6}\frac{h_o}{h}) \quad (6.51)$$

6-10-2 膨脹流體模型

Takahashi（1978）的研究表明，對於一些欠缺細顆粒，且顆粒粗大的水石流，可以用膨脹流體進行模擬，並認為土石流先端部的巨礫聚集是由於流體中顆粒間的碰撞所形成。隨後，他借用Bagnold（1954）提出的離散應力概念，於1980年提出了土石流膨脹流體模型（Bagnold dilatant fluid model），建立土石流運動方程，求解了土石流平均速度和流體深度。這一模型提供了土石流起動和堆積的臨界條件，解釋了流體中有時不存在非變形剛塞體現象的成因機理和流體紊動對流體阻力的影響，並對土石流中大顆粒支撐結構的物理力學機理給出了新的解釋。該理論認為，土石流是一種膨脹流體，其液相可以當作理想流體（牛頓流體），黏滯性可以忽略不計，而剪應力主要是由顆粒間的碰撞所產生。它提供了運動阻力和使礫石不沉積的支撐力機理，並且表明了土石流不同於水流的運動速度分布。

Bagnold（1954）在兩個同心圓中間注入牛頓流體，並混入直徑0.132cm的中性懸浮顆粒，旋轉同心圓使流體產生流動，結果發現高濃度固體顆粒間發生碰撞而而造成動量傳遞，使沿著水流方向顆粒動量交換產生顆粒離散剪應力（τ），與水流垂直方向顆粒動量交換產生顆粒離散應力（P），當固體顆粒的慣性力起主導作用時，兩者關係可表爲

$$\tau = -P\tan\alpha \tag{6.52}$$

式中，τ = 水砂混合流體全部剪應力，係泥砂顆粒間及粒間液相剪應力之和，即$\tau = T_s + T_w$。動摩擦係數與Bagnold數相關，其中Bagnold數可寫爲

$$N = \frac{\rho_s \lambda^{1/2} d_s^2}{\mu_f} \frac{du}{dy} \tag{6.53}$$

當$N < 40$時，$\tan\alpha \approx 0.75$；當時$N \geq 450$，$\lambda < 12$，$\tan\alpha = 0.32$，而$\lambda > 12$，$\tan\alpha \approx 0.40$。式中，μ_f = 流體黏滯性係數；d_s = 固體顆粒粒徑；λ = 線性濃度（linear concentration of solid），可表爲

$$\lambda = [(\frac{C_m}{C_d})^{1/3} - 1]^{-1} \tag{6.54}$$

顆粒離散應力（P）可表爲

$$P = \alpha_i \rho_s \lambda f(\lambda) d_s^2 (\frac{du}{dy}) \cos\alpha \tag{6.55}$$

式中，α_i = 待定係數。事實上，Bagnold數與雷諾數相類似，爲慣性力與黏性力之比值，且當$N > 450$時，即屬完全慣性區（fully inertial range）；而$N < 40$時，爲宏觀黏性區（macro-viscous range）。依據Bagnold的實驗結果，提出以下的半經驗公式

$$\tau \approx T_s = a_i \sin\alpha \rho_s \lambda^2 d_s^2 (\frac{du}{dy})^2 \quad N > 450 \tag{6.56}$$

$$\tau = 2.25 \lambda^{1.5} \mu_f \frac{du}{dy} \quad N < 40 \tag{6.57}$$

一、固體顆粒碰撞模型

對於根據Bagnold的實驗，在不考慮粒間液相作用時（即$T_w = 0$），Takahashi（1978）提出下列公式，即

$$a_i \sin\alpha\, \rho_s\, \lambda^2\, d_s^2 (\frac{du}{dy})^2 = g\sin\theta \int_y^h [(\rho_s - \rho_w)C_d + \rho_w]dy \tag{6.58}$$

設泥砂體積濃度C_d = 定值及a_i = 定值，則已知$y = 0$時，$u = 0$，上式經積分可得

$$u = \frac{2}{3 d_s \lambda}\{\frac{g\sin\theta}{a_i \sin\alpha}[C_d + (1 - C_d)\frac{\rho_w}{\rho_s}]\}^{1/2}[h^{3/2} - (h-y)^{3/2}] \tag{6.59}$$

在表面處$y = h$，$u = u_s$，由上式可得

$$\frac{u_s - u}{u_s} = (\frac{h-y}{h})^{3/2} \tag{6.60}$$

斷面平均流速爲

$$U = \frac{2}{5 d_s \lambda}\{\frac{g\sin\theta}{a_i \sin\alpha}[C_d + (1 - C_d)\frac{\rho_w}{\rho_s}]\}^{1/2} h^{3/2} = \frac{3}{5}u_s \tag{6.61}$$

由上式得知，當粒徑愈大，泥砂體積濃度愈高，則流速愈小。其中，d_s爲土石流泥砂顆粒之平均粒徑（m），可表爲

$$d_s = \sum_{i=1}^{n} P_i\, d_{si} \tag{6.62}$$

式中，i = 土體顆粒分組數，從1到n；P_i = 第i組顆粒在級配曲線上所佔的重量百分比；d_{si} = 第i組顆粒的平均粒徑（m），$d_{si} = (d_{sM} + d_{sm})/2$；$d_{sM}$ = 該組顆粒的最大粒徑；d_{sm} = 該組顆粒的最小粒徑；a_i = 常數，當$1/\lambda > 0.071$時，$a_i = 0.042$，當C_d值大於此式之限值時，a_i值則隨C_d值的增大而急劇增大。

松村和樹及水山高久（1990）認爲大規模的土石流運動，由於內部紊亂動能的增強，使得離散剪應力和紊動剪應力對土石流流動機構皆起相當程度的影響，因而有必要對膨脹流體模式作部分的修正；他採用輕質材料及天然泥砂於定床上進行土石流縱剖面流速分布的試驗，並提出以下公式

$$u = \frac{2}{3 d_s}[\frac{g\sin\theta\, C_d(\rho_s - \rho_w)}{\varepsilon\,\lambda^2 \sin\alpha + \rho_w(\frac{1-C_d}{C_d})^2}]^{1/2}[h^{3/2} - (h-y)^{3/2}] \tag{6.63}$$

筆者（1994）根據泥砂顆粒運動之特性，認爲土石流運動時主要是受顆粒間相互碰撞及摩擦所產生的粒間離散剪應力及摩擦阻力所控制，同時假設摩擦阻力隨著水深呈二次曲線分布，經一定的理論推導，可得無因次流速分布方程式爲

$$\frac{u}{u_*}=(\frac{\rho_d h^2}{\eta \rho_s d_s^2 \lambda^2 \sin\alpha})^{1/2}\{\frac{1-2\beta(1-x)}{4\beta}\sqrt{(1-x)(1-\beta+\beta x)} -\frac{1}{8\beta^{1.5}}\sin^{-1}[2\beta(1-x)-1]-\frac{1-2\beta}{4\beta}\sqrt{1-\beta}+\frac{1}{8\beta^{1.5}}\sin^{-1}(2\beta-1)\} \quad (6.64)$$

式中，u_* = 摩擦速度（$= (gh\sin\theta)^{0.5}$）；ρ_d = 土石流密度（$= (\rho_w - \rho_s)C_d + \rho_w$）；$\rho_s$ = 泥砂密度；ρ_w = 水密度；C_d = 土石流泥砂體積濃度；β = 摩擦阻力係數；$x = y/h$；h = 土石流流深。

二、固體顆粒碰撞與摩擦混合模型

含有固體泥砂的流體在運動過程中，固體顆粒間相互碰撞的同時，亦免不了存在相互摩擦的現象，故其本構關係可表爲（費祥俊、舒安平，2004）

$$\tau=\tau_B+\varepsilon(\frac{du}{dy})^2 \quad (6.65)$$

假設τ_B及ε爲定值，由上式可得速度分布

$$u=\frac{2}{3}\sqrt{\frac{\gamma_m \sin\theta}{\varepsilon}}[H^{1.5}-(H-y)^{1.5}] \quad 0\le y\le H \quad (6.66)$$

表面流速

$$u_s=\frac{2}{3}\sqrt{\frac{\gamma_m \sin\theta}{\varepsilon}}H^{1.5} \quad (6.67)$$

速度剖面如圖6-20所示，存在一流核區，於$H \le y \le h$時，流速相等。平均流速爲

$$U=\frac{2}{3}\sqrt{\frac{\gamma_m \sin\theta}{\varepsilon}}H^{1.5}(1-\frac{2}{5}\frac{H}{h})=(1-\frac{2}{5}\frac{H}{h})u_s \quad (6.68)$$

6-10-3 宏觀黏性模型

由於固體顆粒的存在，使顆粒相互碰撞或摩擦進行動量交換，導致固液混合物

流動時剪應力的增加，連帶地也使液相剪應力增加，因而存在宏觀黏性模型，其主要表現爲液相黏性的增大。假設液相部分仍維持牛頓體的特性，即

$$\tau = \mu_m \frac{du}{dy} \qquad (6.69)$$

式中，μ_m = 流體內含有固體時的黏滯性係數。假設μ_m = 定值，則上式可表爲

$$\gamma_m (h-y)\sin\theta = \mu_m \frac{du}{dy} \qquad (6.70)$$

積分上式可得垂向流速分布公式爲

$$u = \frac{\gamma_m h^2 \sin\theta}{\mu_m}[\frac{y}{h} - \frac{1}{2}(\frac{y}{h})^2] \qquad (6.71)$$

當$y = h$時，表面流速爲

$$u_s = \frac{1}{2}\frac{\gamma_m h^2 \sin\theta}{\mu_m} \qquad (6.72)$$

平均流速爲

$$U = \frac{1}{3}\frac{\gamma_m h^2 \sin\theta}{\mu_m} = \frac{2}{3}u_s \qquad (6.73)$$

6-11 土石流流速經驗公式

除了各種流體模型之理論公式外，亦有採用曼寧公式（Manning's formula）或蔡司公式（Chezy's formula）形式推求土石流流速，即

$$U = \frac{1}{n_d} R^{2/3} S_o^{1/2} \qquad (6.74)$$

$$U = C_c R^{1/2} S_o^{1/2} \qquad (6.75)$$

式中，n_d = 土石流曼寧粗糙係數，與其流動邊界及流體條件相關；C_c = 蔡司係數；R = 水力半徑（$= A/P$）；P = 潤濕周；S_o = 溪床坡度。以往的研究係利用不同的觀測資料進行統計回歸分析，調整公式中R及S_o的指數，從而擬合出適合該觀測區域的土石流流速計算公式，但這些公式往往有地域局限性。此外，式（6.74）及

式（6.75）僅適用於一維、定床、直線河道的清水流或低泥砂濃度水流的狀況，故於土石流流況下必須加以調整，可寫爲

$$U = m_c R^x S_o^y \tag{6.76}$$

式中，m_c = 待定係數，與x和y有關。Rickenmann（1999）通過大量的實測資料提出

$$U = 2.1 Q_p^{0.33} S_o^{0.33} \tag{6.77}$$

式中，Q_p = 土石流洪峰流量。不過，他也應用土石流觀測及實驗資料代入式（6.74）推估n_d值，結果獲得n_d = 0.1。Prochaska et al.（2008）總結相關研究結果，採用土石流流深與其坡度之乘積，提出表6-6的相關成果。

表6-6　土石流流速一覽表

力學模型	水深（m）與坡度（m/s）乘積	參考文獻	公式
膨脹流體（Dilatant）	$h^{3/2}S^{1/2}$	Hungr et al.（1984）；Lo（2000）	$U = 0.55h^{3/2}S^{1/2} + 4.56$
牛頓體（紊流）（Manning）	$h^{2/3}S^{1/2}$	Lo（2000）；Rickenmann（1999）	$U = 4.47h^{2/3}S^{1/2} + 1.71$
牛頓體（紊流）（Chezy）	$h^{1/2}S^{1/2}$	Rickenmann（1999）	$U = 6.53h^{1/2}S^{1/2} + 1.03$
經驗（Empirical）	$h^{2/3}S^{1/5}$	Lo（2000）	$U = 3.32h^{2/3}S^{1/2} + 0.70$
經驗（Empirical）	$h^{0.3}S^{1/2}$	Rickenmann（1999）	$U = 8.9h^{0.3}S^{1/2} + 1.6$

Source: Prochaska et al., 2008

Julien（2010）利用超過350組現場及實驗資料推估土石流平均流速，結果發現土石流平均流速與剪力速度之比約等於10，少數超過30，且與相對潛度（relative submergence，h/d_{50}）呈正比例相關，可表爲

$$\frac{U}{u_*} = 5.75 \log(\frac{h}{d_{50}}) \tag{6.78}$$

且$U/u_* \approx 10$，很少超過30。不過，Yu（2012）從以往的研究成果認爲，U/u_*與h/d_{50}具有反比例關係，主要是由於土石流流速（U）隨著粗顆粒粒徑（d_{50}）的增大而增加，它們具有以下的關係

$$\frac{U}{u_*} = 27.57\left(\frac{d_{50}}{h}\right)^{0.245} \tag{6.79}$$

$$\frac{U}{u_*} = 10\left(\frac{C_d}{S_o}\right)^{1/3}\left(\frac{d_{50}}{h}\right)^{1/6} \tag{6.80}$$

如圖6-21為U/u_*與h/d_{50}之關係圖。

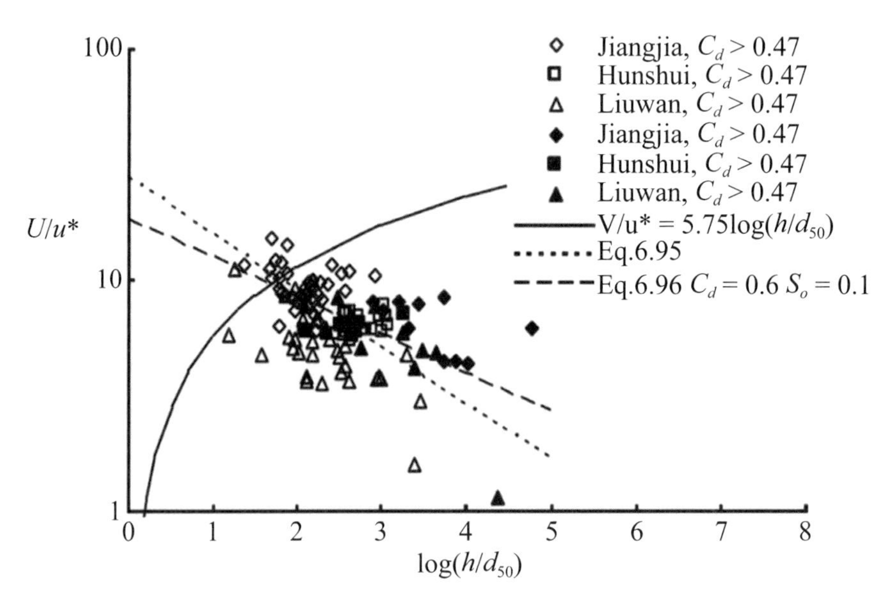

圖6-21　U/u_*與h/d_{50}之關係圖

source: Yu, 2012

6-12 土石流流量計算

土石流流量是反映其規模的重要指標，但由於影響因素眾多，尤其受到溪流地形坡度的影響，使得在流動過程中產生塞車現象而暫時停積，等到積累了一定的能量後再次流動，故其計算要比相同頻率的洪水流量複雜得多。土石流在均勻的斜坡上流動時，由於溪床坡度或其他原因造成流量或流速降低，使原來部分屬於懸移輸送的固體顆粒轉為推移形式輸送，導致阻力大增，在現有的溪床坡度下不能被輸移而驟然沉積下來，但後續水流持續推進，致使沉積體上游水位不斷壅高，到了一定程度時，足以使沉積體物質重新進入運動。換言之，當遇有勢能降低或阻力增大時，輸砂能力受到限制，土石流流態會自動地通過能量的轉換與積累，在連續流與陣流之間進行交替，直到能量積累到很大的時候，足以克服各種阻力單元，則以連續流方式向下輸移，甚至可以在較小的地形坡度下形成高強度土石流，並造成不同規模的土砂災害。

Takahashi（1991）設定土石流以連續流方式行進時，其流量可以由平均流量表達。考量坡度爲θ的均勻河床形成近似穩定的土石流，將t時刻的流動縱剖面形狀的簡化模型如圖6-22中的實線部分，而在Δt時刻後的形狀用虛線表示，則依水、砂連續性方程分別爲

$$(U - U_s)hC_d = U_s DC_m \tag{6.81}$$

$$(U - U_s)h(1 - C_d) + U_s h_o = U_o h_o + (1 - C_m)U_s DS_b \tag{6.82}$$

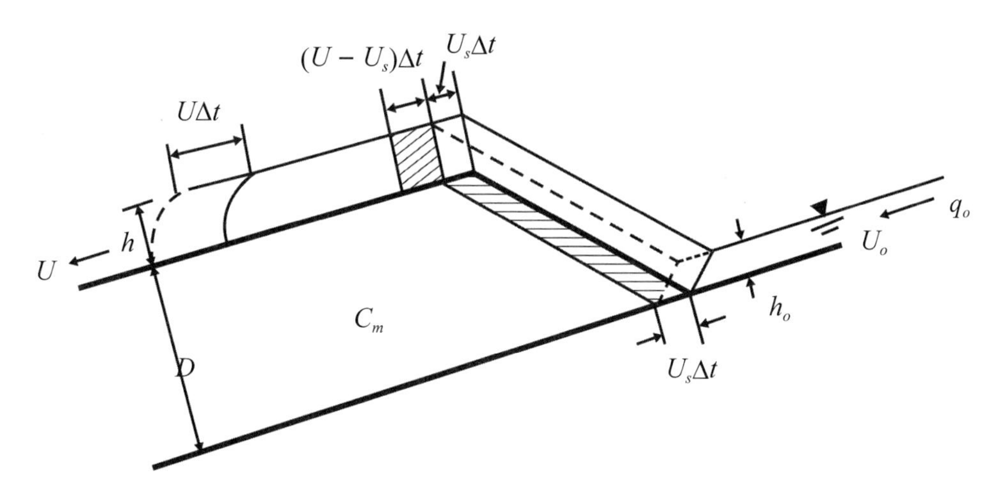

圖6-22　近似穩定土石流行進模型

source: Takahashi, 1991

式中，U_s = 不產生侵蝕流動部分尾部的行進速度；S_b = 土石流形成前河床飽和度（degree of saturation）；U = 土石流流速；h = 土石流流深；U_o = 上游入流水流流速；h_o = 上游入流水深。由上式可去除，可得

$$q_D = \frac{C_m}{C_* - [S_b + (1 - S_b)C_m]C_d + (\frac{h_o}{D})(\frac{U - U_o}{U})C_d} q_o \tag{6.83}$$

式中，q_D = 單寬土石流流量（$= Uh$）；q_o = 上游供給水流單寬流量（$= U_o h_o$）。當 $U \approx U_o$且$D > h_o$，$S_b \approx 1.0$時，上式可簡化爲

$$q_D = \frac{C_m}{C_m - C_d} q_o \tag{6.84}$$

上式爲土石流流量公式。不過，土石流流量係由清水流量和固體顆粒流量兩部分組成，按配方法原理，設土石流流量爲Q_D，其中清水流量爲Q_w，固體顆粒流量爲Q_s，則Q_D對Q_w的比值應存在以下關係

$$Q_D = Q_w + Q_s \tag{6.85}$$

$$\frac{Q_D}{Q_w} = \frac{1}{1 - C_d} \tag{6.86}$$

式中，$C_d = Q_s/Q_D$。上式即爲土石流流量最基本和簡潔的表達式，它將複雜的土石流流量過程大大地簡化了。對於一定頻率的降雨條件，上式中清水流量可用已有的水文學計算方法進行計算，此處不再贅述。根據上式，當清水流量爲固定時，土石流的平均流量將與土石流泥砂體積濃度有關，而土石流泥砂體積濃度又與溪流的輸砂能力及固體物質的補給能力有關。因此，土石流平均流量不僅受溪流水力要素影響，而且與土石流泥砂體積濃度和顆粒組成有關（費祥俊、舒安平，2004）。顯然，這裡的關鍵是，土石流泥砂體積濃度C_d的計算方法。

6-13 土石流流出土砂量推估

土石流流出土砂量（debris-flow volumes）係指一次土石流過程流出的總土砂量，或稱爲土石流規模。土石流可能發生的規模或攜出總土砂量，不僅與工程防護措施的設計標準有關，亦影響非工程預防措施的相關規劃，是重要的土石流運動參數之一。

土石流可能發生規模的估算，可依據地形圖、現場調查及過去土石流記錄等資料予以決定。惟因土石流具有很大的變異性，即使在相同的降雨、地形及土砂供給條件下，其發生規模亦難以掌握。目前有幾種推估的方法，茲分述如下：

一、溪流不安定土砂推估法

溪流不安定土砂係指在降雨過程中可能逕流攜出下游基準點以下的土砂量。一般，可以分別採取現地調查方式推估集水區內可能移動土砂量及公式推估計畫規模可搬運土砂量，並取其較小值作爲土石流一次可攜出之土砂量。（日本建設省河川局砂防部，1989）

(一) 集水區內可能移動土砂量推估

1. 通過現地調查方式，推估集水區重要溪流及其兩岸蝕溝之可能移動土砂量，包括溪床堆積土砂量及可能崩塌土砂量之和，即

$$V_T = V_b + V_a \tag{6.87}$$

式中，V_T = 可能移動土砂量（m^3）；V_a = 可能崩塌土砂量（m^3）；V_b = 溪床堆積土砂量（m^3）。由圖6-23得知，可能崩塌土砂量及溪床堆積土砂量可分別表爲

$$V_a = \sum_i (A_{si} \times L_{si}) \tag{6.88}$$

$$V_b = A_b \times L_b \tag{6.89}$$

式中，A_s = 蝕溝崩塌斷面積（m^2）；L_s = 蝕溝長度（m）；A_{be} = 溪床堆積土砂之平均斷面積（m^2）（$= B \times D_b$）；B = 溪床堆積土砂之平均溪床寬度（m）；D_b = 溪床堆積土砂之平均堆積深度（m）；L_b = 溪床堆積土砂長度（m）。

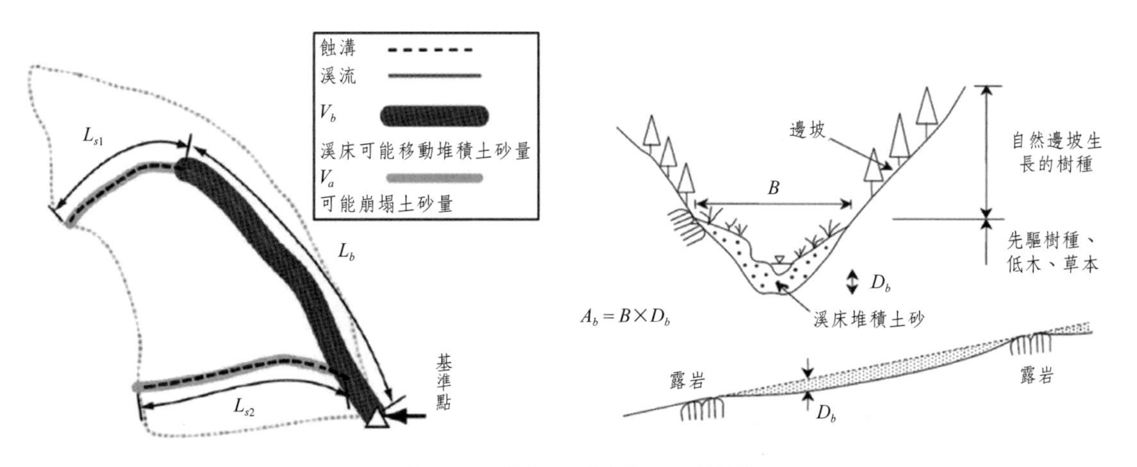

圖6-23　溪流可能移動土砂量

2. 若推算正確之可能崩塌土砂量有困難時，可以採用下式推算土石流可能移動土砂量，即

$$V_T = A_T \times L_T \qquad (6.90)$$

式中，A_T = 溪床平均斷面積（= $B_{bed} \times D_b$）；B_{bed} = 溪床平均寬度；L_T = 溪流總長度，係自谷口至集水區最遠處沿流路所量測之距離，有支流時亦應加上其長度（m）。

(二) 計畫規模可搬運土砂量推估

此推估法係直接應用下列公式進行推算，即

$$V_{TC} = f_r \frac{10^3 \times R_t \times A}{1 - P_r}[\frac{C_{DE}}{1 - C_{DE}}] \qquad (6.91)$$

式中，V_{TC} = 土石流能夠搬運之土砂量（m^3）；C_{DE} = 平衡泥砂體積濃度；R_t = t小時之降雨量，mm；A = 集水區面積（km^2）；P_r = 溪床堆積土砂之孔隙率；f_r = 修正係數，介於0.5至0.1之間。

二、集水區崩塌土砂量推估法

由崩塌土砂直接形成之土石流者，可依其量體推估土石流可能流出土砂量。高橋保（2004）提出土石流流出土砂量與上游崩塌土砂量之關係，即

$$V_{SF} = 6.59\, V_{\ell s}^{0.750} \qquad (6.92)$$

式中，V_{SF} = 土石流流出土砂量（m^3）；$V_{\ell s}$ = 崩塌土砂量（m^3）。連惠邦等（2000）提出土石流流出土砂量（V_{SF}）與崩塌土砂量（$V_{\ell s}$）之比，與溪床坡度和崩塌地點相關，可表為

$$\frac{V_{SF}}{V_{S\ell}} = 49.4\,(\tan\theta)^{3.14}(\frac{\ell_g}{\ell_o})^{0.28} \qquad (6.93)$$

式中，ℓ_g = 崩塌處與谷口距離；ℓ_o = 土石流達擬似平衡所需之距離。

三、集水區面積推估法

土石流流出土砂量係指土石流流出谷口的總土砂量，主要是受集水區面積大小

所控制，雖然料源區內的岩性和氣候也起一定的作用，但總的趨勢是流出土砂量和集水區面積具有以下關係：

$$V_{SF} = cA^{n} \quad (6.94)$$

式中，A = 集水區面積；c、n = 待定係數。水原邦夫（1990）調查1972～1985年14年間663場土石流流出土砂量與集水區面積之關係，給出了以下公式

$$V_{SF} = 11400A^{0.583} \quad (6.95)$$

式中，A = 集水區面積（km^2）。如以溪床平均傾角15度以上之集水區面積（A_{15}，或稱有效集水面積）分析，則土石流土砂流出量可表為

$$V_{SF} = 14600A_{15}^{0.583} \quad (6.96)$$

VanDine（1985）分析加拿大Howe Sound地區土石流規模發現，發現流出土方量與集水區面積不僅關係常密切，且大致呈線性關係，即

$$V_{SF} = 10000A \quad (6.97)$$

式中，V_{SF} = 土石流流出土砂量（m^3）；A = 集水區面積（km^2）。土質工學會（1985）採用溪流坡度10度以上的集水區面積（A_{10}，km^2）及其清水流洪峰流量（Q_p，cms）給出了以下公式

$$V_{SF} = 18000A_{10}^{0.5}Q_p^{0.5} \quad (6.98)$$

國內部分，謝正倫等（1999）參考日本國土建設省（1989）自500處土石流現場調查結果獲得集水區面面積與其流出土砂量之關係，如圖6-24所示。圖中，通過最小二乘法迴歸獲得50%不被超過機率之迴歸方程式，再由相同斜率分別求出各種不被超過機率之迴歸式，如表6-7所示。其中，謝正倫（1999）點繪我國實測土石流流出量發現，多數居於不被超過機率為90%的高標準，因而建議採用超過機率90%對應的迴歸方程式推估土石流流出土砂量，即

$$V_{SF} = 70992A^{0.61} \quad (6.99)$$

式中，A = 集水區面積（km^2）。

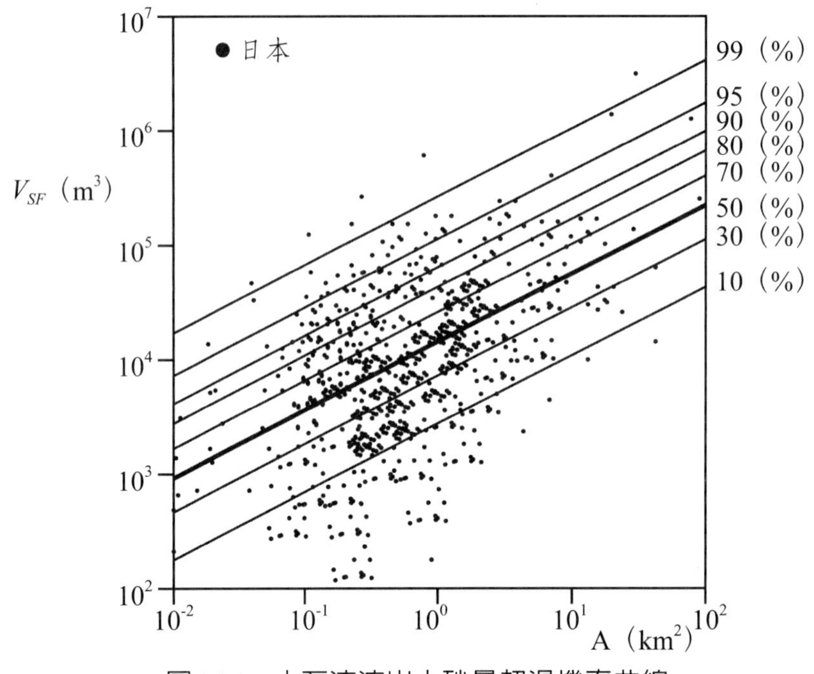

圖6-24　土石流流出土砂量超過機率曲線

資料來源：日本建設省河川局砂防部，1989

表6-7　日本土石流流出土砂量迴歸式一覽表

流出土砂量不被超過機率（%）	迴歸方程式
50	$V_{SF} = 13600A^{0.61}$
70	$V_{SF} = 27064A^{0.61}$
80	$V_{SF} = 40800A^{0.61}$
90	$V_{SF} = 70992A^{0.61}$
95	$V_{SF} = 113968A^{0.61}$
99	$V_{SF} = 274720A^{0.61}$

6-14 土石流撞擊力推估

土石流撞擊力（impact force）係指土石流運動過程中對所觸及的一切物體產生的作用力，可分爲流體撞擊力和巨礫撞擊力兩種；前者係屬面的撞擊力，與壩體安定性相關，而後者爲點的撞擊力，爲評估混凝土材料的耐撞程度，與混凝土強度和厚度相關，而與壩體整體安定性較無直接關係。據研究指出，土石流流體撞擊力約爲10～5×10^{3}kN/m^2，而巨礫撞擊力則爲10^2～10^{4}kN/m^2，其規模高於流體撞擊力約在1～2個級距之間（引述黃宏斌等，2007）。

一、土石流流體撞擊力

土石流流體撞擊力係與流體性質、流深及流速等因子相關，可表爲

$$P_f = K\frac{\gamma_m}{g}hu^2 \tag{6.100}$$

式中，P_f = 與作用面垂直之土石流單寬流體撞擊力（t/m）；γ_m = 土石流單位重（t/m^3）；h = 土石流流深（m）；u = 土石流流速（m/s）；K = 係數，介於0.5～2.0之間。根據黃宏斌等（2007）綜整土石流流體撞擊力的相關研究成果，如表6-8所示。表中，各家公式多數符合式（6.100）土石流流體撞擊力通式，不過Lichtenan（1973）、Armanini and Scotton（1993）及Scotton and Deganutti（1997）等建議在低流速時，以靜水壓力公式（不考慮流速影響）表現障礙物受力之情形；山口伊佐夫（1985）還考慮撞擊角度；游繁結（1992）及宋義達（1990）經由水槽試驗，以粒徑因子進行修正；林弘群（1994）及Zanuttigh and Lamberti（2006）則同時考量了流體動壓力與主動土壓力。

表6-8　各家土石流流體撞擊力公式一覽表

作者	模式
Lichtenan（1973）	$P_f = K\rho g\frac{h^2}{2}$；$K = 7～11$
Armanini and Scotton（1993）	$P_f \approx 9\rho g\frac{h^2}{2}$
Scotton and Deganutti（1997）	$P_f = K\rho g\frac{h^2}{2}$；$K = 5～15$

作者	模式
日置、大手（1971）	$P_f = K\frac{\gamma}{g}u^2$
武居有恒（1979）	$P_f = 0.5K_o\rho u^2(\pi R^2)$
水山高久（1979）	$P_f = \frac{\gamma}{g}qu$
山口伊佐夫（1985）	$P_f = K\frac{\gamma}{g}hu^2\sin\theta$
仲野公章、右近則男（1986）	$P_f = K\frac{\gamma}{g}u^2$
游繁結（1992）	$P_f = \sqrt{D_{\max}}\rho\frac{u^2}{2g}$
Armanini and Scotton（1993）	$P_f = K\rho hu^2$；$K = 0.7\sim2.0$
Daido（1993）	$P_f = K\rho hu^2$；$K = 5\sim12$
宋義達（1990）	$P_f = (0.067 + 0.004\,D_{50}) + 0.85 + 0.07\rho\frac{u^2}{g}$
林弘群（1994）	$P_f = 2\frac{\gamma}{g}u^2 + K_a\gamma H$
農業委員會水土保持局（2001）	$P_f = K\cdot\frac{\gamma}{g}\cdot h\cdot u^2$
Zanuttigh and Lamberti（2006）	$P_f = K\frac{(1+\sqrt{2}Fr)^2}{2}\rho gh^2$
K = 修正係數；K_o = 撞擊抵抗係數；K_a = Rankine主動土壓力係數；h = 土石流流深（m）；u = 土石流流速（m/s）；ρ = 土石流密度（kg/m^3）；γ = 土石流單位重（ton/m^3）；R = 礫石半徑（m）；$D_{\max}$ = 土石流最大粒徑（m）；D_{50} = 中值粒徑；Fr = 福祿數；H = 壩前土石淤積高度（m）；g = 重力加速度（m/s^2）。	

表6-8中各家公式中，修正係數K多介於0.5～2.0之間。仲野公章等（1986）以細砂進行試驗得K = 0.5～1.0，平均值約為0.6；水山高久（1979）引述雪崩之衝擊動壓K = 2.0。它們之間的差異主要為試驗或分析之土砂材料、粒徑不同，以及土石流流體重量密度不均勻，造成土石流流體撞擊力之空間變異性。

二、土石流巨礫撞擊力

巨礫撞擊力多數採用完全彈性碰撞理論進行推估，其通式可表為

$$F = \chi u^{1.2} R^2 \tag{6.101}$$

式中，F = 礫石撞擊力（t）；R = 塊石半徑（m）；u = 土石流先端部流速（m/s）；χ = 待定係數。表6-9爲各家巨礫撞擊力公式（水土保持局，2001；黃宏斌等，2007）。

表6-9　各家土石流巨礫撞擊力公式一覽表

作者	模式	說明
水山高久（1979）	$F = 241u^{1.2}R^2$	完全彈性球體假設之理論式
	$F = 48.2u^{1.2}R^2$	經日本燒月土石流資料修正
山口伊佐夫（1985）	$F = 462u^{1.2}R^2$	完全彈性球體假設之理論式
	$F = 50u^{1.2}R^2$	經日本妙高高原土石流資料修正
農業委員會水土保持局（2001）	$F = 20.2u^{1.2}R^2$	完全彈性球體假設之理論式
黃宏斌等（2007）	$F = 30.8u^{1.2}R^2$	完全彈性球體假設之理論式

以農業委員會水土保持局（2001）土石流巨礫撞擊力公式爲例，假設土石流巨礫對壩體混凝土的撞擊屬於完全彈性碰撞時，則土石流巨礫撞擊力可表爲（水土保持局，2001）

$$F = 0.2N\omega^{3/2} \tag{6.102}$$

其中，$\omega = \left(\dfrac{5U_d^2}{4\eta\ N}\right)^{2/5}$；$N = \left(\dfrac{8\,D_E}{9\pi^2(k_1+k_2)^2}\right)^{1/2}$；

$\eta = \dfrac{1}{M_d}$；$k_1 = \dfrac{1-\nu_1^2}{\pi E_1}$；$k_2 = \dfrac{1-\nu_2^2}{\pi E_2}$。

式中，M_d = 礫石質量（kg）；ν_1 = 混凝土泊松比（Poisson's Ratio）；ν_2 = 礫石泊松比（Poisson's Ratio）；E_1 = 混凝土楊氏模數（Young's Modulus）（kg · m^{-2}）；E_2 = 礫石楊氏模數（Young's modulus）（kg · m^{-2}）。若防砂壩材料爲混凝土，其楊氏模數$E_1 = 2\times10^9$kg · m^{-2}，$\nu_1 = 1/6$，而土石流巨礫若爲花崗岩時，楊氏模數$E_2 = 5\times10^9$kg · m^{-2}，$\nu_2 = 1/5$，且已知礫石質量爲$M_d = \gamma_s \dfrac{1}{6g}\pi D_E^3 = 141.44\,D_E^3$（$\gamma_s = 2650$kg · m^{-3}），將上述代入以上各式中，可得土石流巨礫撞擊力爲

$$F = 20.2u^{1.2}(D_E/2)^2 \tag{6.103}$$

按上式得知，推估土石流巨礫撞擊力時，必須先行確定其巨礫之特徵粒徑，稱之爲土石流巨礫撞擊力之設計粒徑（design diameter，D_E）。由於土石流可能攜出巨礫可能是來自溪床表面淤積物（最單純狀況），或被淤埋於溪床底部無法測得，或來自兩岸崩塌的產物，因具有高度的不確定性，很難透過理論或實測方式予以獲得，即使決定了土石流設計粒徑，亦無法事前加以驗證。因此，爲實務應用起見，目前較常用的方法是採用溪床表面調查法，即採集調查範圍內溪床表面大於20cm以上之巨礫群全部取樣，量測其粒徑（中軸徑或長、中及短軸徑之算術平均值），並按各粒徑級占全部樣本數之百分比，繪出其分布曲線如圖6-25所示。一般建議取D_{95}作爲設計粒徑，而調查範圍通常是取壩址上游10～20倍溪幅長度，如圖6-26所示。

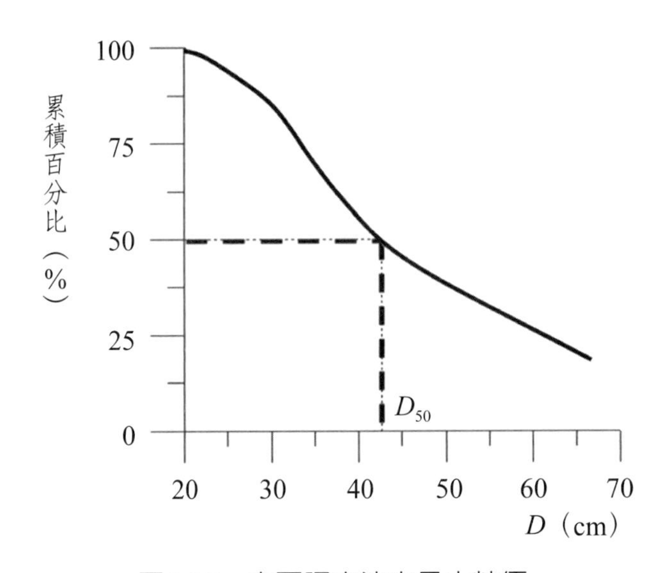

圖6-25　表面調查法之最大粒徑

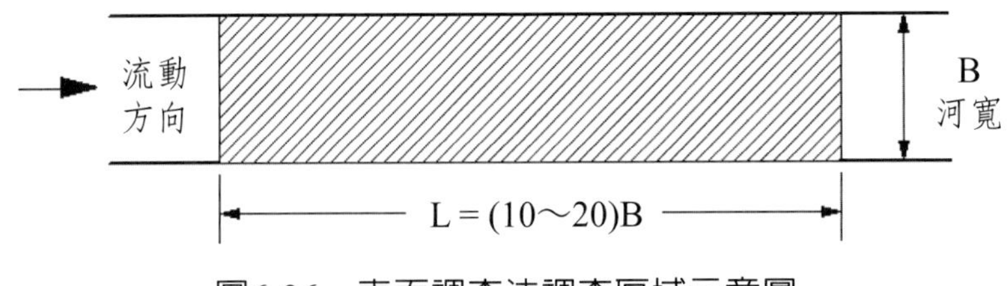

圖6-26　表面調查法調查區域示意圖

6-15 山地洪水

山地洪流或山洪（mountain flood, flash flood）係指發生在山地河川中快速、強烈的地表逕流現象，爲水災的一種表達形式，同時多由短延時的強降雨及長延時的颱風降雨所引發。其中，由短延時強降雨引發的山洪，具有爆發突然、水力沖刷強烈、衝擊力強等特點，在適當條件下可能伴隨或引發土石流、河岸崩塌、土砂淤積等災害，故具有危害性高、破壞力大及應變時間短等特點。例如：2000年7月22日之八掌溪事件、2015年07月19日苗栗縣南庄鄉風美溪上游、2016年4月臺東知本溪、2016年6月5日新北市坪林區牛寮溪等，皆爲由短延時強降雨引發的典型山洪致災事件。

顯然，山洪災害爲社會經濟及環境生態系統帶來的災害，除了對在河道內從事活動及沿岸保全對象的直接影響外，還惡化了下游水庫土砂淤積問題，誘發土砂災害，已成爲山地河川防災整治的突出問題之一。

6-15-1 山洪基本特性

在山洪的運動過程中，其含砂量沿程不斷地變化，在集水區上游因崩塌土體、殘土堆積物或洪水的強烈沖刷等因素，使大量泥砂在極短時間內加入山洪，導致單位重可以達到或超過$1.2t/m^3$，只要各項條件配合，就可能轉化成爲土石流，此爲山洪與下游地區洪水的顯著差異。隨著坡度的減緩，流動阻力增大，一些較粗的泥砂顆粒會逐漸沉降下來，而泥砂淤積阻塞河道或引起流路擺盪不穩，皆可能嚴重影響河道兩岸之安全。

在影響山洪的衆多因素中，暴雨是決定因素。山洪與暴雨兩者的時空分布關係密切，每年5至10月豐水季節是臺灣多數地區暴雨頻發時間，山洪災害也大多集中在這一時期，其中尤以7至9月最多。暴雨和地形的有利組合也爲山洪爆發提供了條件；山區迎風面因地形的抬升作用，暴雨發生的頻率高，強度大，更易引發山洪。此外，山洪具有重發性，在同一集水區，甚至同一年內都可能發生多次山洪災害。

山洪常發生在面積較小的上游集水區內，在強烈的暴雨作用下，水流快速匯集形成山洪，很快地達到最高水位。洪水上漲歷時短於退水歷時，水流出現的最大流速與最高水位基本一致，且漲水時的流速大於退水時的流速，在水位流速關係圖上呈現一束圈（loop），反應山地河川水位與流速間的遲滯現象（hysteresis），如圖6-27所示。圖中，同一水位對應兩種不同流速，當洪水來臨時之流速比退水時的流速為大；同理，在同一流速下，當洪水退走時之水位比來臨時的水位為高。

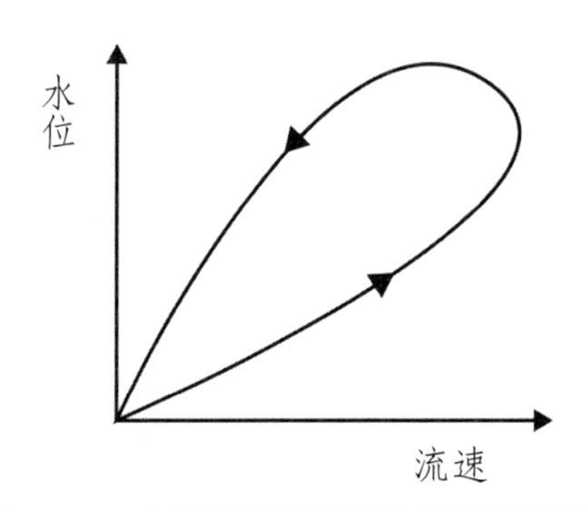

圖6-27　水位與流速關係曲線示意圖

從自然災害的角度來看，山洪在某種程度上是必然發生的，完全制止山洪的發生幾乎是不可能；同時，山洪也不是人類改造自然能力不夠所致；相反，當今山洪是人類活動所加劇的。因此，客觀認識山洪的形成及災害特徵問題，才能盡可能降低其致災規模及頻率。

6-15-2 山洪形成條件

山洪是一種地表逕流的水文現象，多發生於集水區面積較小的週期性水流的山地河川中，其形成條件可以區分為自然及人為因素。

一、自然因素

(一) 水源條件：山洪的形成必須有快速且強烈的水源供給，而暴雨就是唯一的水源。臺灣是一個多暴雨的國家，在每年5月至10月期間大部分地區都受到颱風暴雨影響。據統計，臺灣地區年平均降雨量分布或個別颱風或西南氣流帶來的暴雨，大多數均集中於中央山脈東西兩側的山麓上，正好也是主要水系的上游河段；大部分山區年平均降雨量均在2,000mm以上，部分高山地區更超過4,000mm，爲山洪發生提供了絕佳的水源條件。此外，3～6月梅雨鋒面、6～10月颱風及11～12月東北季風等所形成之短延時強降雨，亦爲水系上游河段帶來致災性的山洪。〔註：3小時累積雨量達130mm，謂之短延時致災性降雨（龔楚媖等，2012）〕

(二) 地面條件

1. 地形：臺灣地區高度1,000m以上高山地區占臺灣總面積的39.1%，高程介於100～1,000m的山地也占了31.8%。因此，由高山、山地及丘陵等構成的範圍超過全國面積的70%。陡峻的山坡坡度及河道比降爲山洪提供了充分的動力條件，使水流具有足夠的動力條件順坡而下，向河道匯集，快速形成強大的洪峰流量。

2. 地質：地質條件對山洪的影響主要表現在兩方面，一是爲山洪提供大量的固體物質，另一是影響集水區地表逕流的形成。由於臺灣主要水系都是起源於中央山脈脊稜，穿過容易破碎崩蝕或滑動的板岩地層，地表岩層破碎，崩塌、地滑、土石流等發育的地區，爲山洪提供了豐富的固體物質來源。此外，岩石的物理、化學風化及生物作用也形成鬆散的碎屑物，在暴雨作用下參與山洪的運動。

   岩石的透水性影響集水區的地表逕流量。一般而言，透水性佳的岩石（孔隙率大，裂縫發育）有利於雨水的入滲，在暴雨過程，一部分雨水滲入地下，表層水流也易於轉化成地下水，使地表逕流減小，對山洪的洪峰流量有削減的效果；而透水性差的岩石不利於雨水的滲透，地表逕流量大，速度快，有利於山洪的形成。

3. 土壤：山區土壤（崩積層）的厚度對山洪的形成有著重要的作用，當厚度越大，越有利於雨水的滲透和蓄積，減小和減緩地表產流，對山洪的形成有一定抑制作用；反之，對山洪則有促進作用。

4. 植被：森林植被對形成山地洪流有兩個面向。森林通過林冠截留降雨，枯枝落葉層吸收降雨和雨水在林區土壤中的入滲來削減雨量和降雨強度，從而影響地表逕流量。其次，森林植被增大地表糙度，減緩地表逕流流速，增加其下滲水量，從而延長了地表產流與匯流時間；此外，森林植被阻擋雨滴對地表的沖蝕，減少了集水區的產砂量。總之，森林植被對山洪有著一定的抑制作用。

二、人為因素

隨著經濟建設的發展和生活的需求，人類的經濟活動愈來愈多向山區拓展，活動增強，土地開發利用程度提高（坡地建築、休閒遊樂設施等），促發了地表逕流產量及泥砂量，減弱集水區的水文效益，從而有助於山洪的形成。

6-15-3 山洪災害特徵

爲減輕和避免山洪災害的規模及頻率，分析山洪災害的特點，將有助於對山洪的認識、評估、預防及治理等工作。山洪的形成、運動及致災特點不同於土石流、崩塌等災害，具有以下特徵，包括：

一、致災突然：由於山洪是由暴雨所引發，同時山區地形地貌複雜，山高坡陡，河床坡降大，山洪集流快，導致河川逕流匯集，水流陡漲湍急，常造成河岸崩塌，山體滑動，突發致災，防不勝防；換言之，形成山洪的暴雨多屬局部區域的強降雨，難以預報，即便大範圍的暴雨，也難以準確預報。

二、致災迅速：山洪歷時很短，致災亦相當快速，在山洪通過的瞬間河川斷面及兩岸已造成重大變形及危害。

三、致災形態多元：山洪致災的對象可區爲直接對象與間接對象，前者係以山洪發生時正在河道內從事各種活動的人員爲主，肇災集中且立即顯現；後者包括：1.水庫泥砂淤積減容；2.泥砂淤積抬高河床，不僅縮減通洪斷面，造成外水溢淹，且可能掩埋取水設施，使喪失取水功能；3.挾帶大量卵礫石沿程而下，撞毀堤岸而發生潰決；及4.淘刷兩岸導致河岸崩塌，水流含砂量大增，影響河道穩定及安全。

四、以衝擊及淤埋爲主：山洪具有較高的流速及挾帶大量的卵礫石，其崩壞形式以衝擊及淤埋爲主。因山洪一般都發生在陡峻的山區，一次山洪的總逕流量不大，造成區域性的洪水的可能性比較小。

6-15-4 山洪預報

臺灣地區是一個多暴雨的國家，尤其是盛行於夏季的午後短歷時對流降雨及長歷時颱風降雨，不僅強度大，而且發生頻次也很高，對臺灣地區防災整備影響甚巨。例如，2015年7月23日發生在臺北地區午後對流降雨，根據氣象局統計劍潭山雨量站時雨量達到112mm，而新北市三重在2小時之內，累積雨量亦達100mm；在颱風降雨部分，據統計臺灣地區過去40年整體降雨量並無顯著變化，但趨勢上颱風降雨量所占的比例自1970年代的15%提高至2000年代的30%，這反應豐水期集中降雨量變多，枯水期降雨量減少，季節降雨分布愈來愈不均勻。凡此因素皆導致山洪現象十分普遍，亦常造成河川環境安全的重大威脅。因此，實施山洪預報（flash flood forecasting）措施是減輕或消除山洪危害的重要工作之一。以山洪發生的時間與空間進行區分，可分爲發生區位的空間預報及發生時間的時間預報兩種。

一、空間預報

空間預報係指對於特定區域發生山洪的預報，它可以具體到一條溪流或溪流的某斷面。一般，山洪空間預報可參考溪流所在集水區的產匯流特性、歷史致災事件、溪流斷面及保全對象分布等因素，通過一定的水文學模型進行評定（參見第三章），並繪製山洪潛勢溪流及斷面分布圖，使在降雨之前即能確定某條溪流或某溪流斷面爆發山洪的可能性。

二、時間預報

除了採用氣象資料（如雷達、衛星雲圖、天氣圖等）進行長歷時的山洪預報外，可以依據實測雨量與警戒雨量的對比關係，進行短歷時（約30分鐘）山洪預報。警戒雨量係指在已知集水區內，自降雨開始後的一定時間，可以讓某已知斷面水位上升至某一限界水位者，其對應時雨量謂之山洪警戒雨量（warning or critical rainfall）；其中，限界水位值與集水區集流時間、河道斷面位置及保全對象應變避難時間等因素有關，具體數值應參考具體溪流訂定之。

參考文獻

1. 王玉章、康志成，1991，泥石流體的沉積穩定濃度與顆粒級配的關係，山地研究，9(3)，65-170。
2. 王景平、林銘郎、鄭富書、游明芳、周坤賢，2005，松鶴地區土石流災害歷史之探討，中華水土保持學報，36(2)，203-213。

3. 尹承遠、翁勳政、吳仁明、歐陽湘，1993，臺灣土石流之特性，工程地質技術應用研討會(V)論文集，工業技術研究院能源與資源研究所主辦，70-90。
4. 江永哲、吳正雄，1985，林口台地林地之地形因素與土石流發生關係之研究，中華水土保持學報，16(1)，48-58。
5. 朱鵬程，1995，渾水、含沙水流、泥石流的鑒別，泥沙研究，2，80-86。
6. 宋義達，1990，土石流衝擊力之探討，國立中興大學水土保持學研究所碩士論文。
7. 吳積善、田連權、陳志成、張有富、劉江，1993，泥石流及其綜合治理，科學出版社。
8. 匡尚富，1994，斜面崩塌引起的天然壩形成機理和形狀預測，泥沙研究，4，50-58。
9. 林弘群，1994，不同型式攔砂壩所受土石流衝擊力之研究，國立中興大學土木工程研究所碩士論文。
10. 林炳森、馮賜陽、李俊明，1993，礫石層土石流發生特性之研究，中華水土保持學報，24(1)，55-64。
11. 林銘郎、陳宏宇，2002，土石流災害之地質環境探討，土石流災害防救實務研習會，行政院農委會。
12. 林慶偉，2010，臺灣南部荖濃溪流域崩塌與土石流發生特性與觸發基準之研究(II)，行政院國家科學委員會專題研究計畫成果報告（精簡版）。
13. 姚德基、商向朝，1981，七十年代的國外泥石流研究，中國科學院成都地理研究所泥石流論文集(1)，科學出版社重慶分社，132-141。
14. 連惠邦、蘇重光、江永哲，1994，土石流流體機構之研究，中華水土保持學報，25(3)，151-160。
15. 連惠邦，1997，土石流定量判別模式，中華水土保持學報，28(2)，129-136。
16. 連惠邦、林柏壽、薛祖淇，2000，主動崩落型土石流流出特性之試驗研究，中華水土保持學報，31(3)，217-226。
17. 康志成、李焯芬、馬藹乃、羅錦添，2004，中國泥石流研究，科學出版社。
18. 費祥俊、舒安平，2004，泥石流運動機理與災害防治，清華大學出版社。
19. 游繁結，1992，利用地理資訊系統建立山坡地之土石流數值地理模式，81農建-9.1-林-26(5-7)，中興大學水土保持學系。
20. 游繁結、陳重光，1987，豐丘土石流發生之探討，中華水土保持學報，18(1)，76-92。
21. 黃宏斌，1991，土石流之發生模式探討，中國農業工程學報，37(4)，35-47。

22. 黃宏斌、楊凱鈞、賴紹文，2007，土石流對梳子壩之撞擊力研究，臺灣水利，55(1)，41-58。
23. 馮金亭、焦恩澤，1987，河流泥沙災害及其防治（中譯本），水利電力出版社。（原著：盧田和男、高橋保、道上正規）
24. 詹錢登，2004，豪雨造成的土石流，科學發展，374，14-23。
25. 農業委員會水土保持局、中華水土保持學會，2005，水土保持手冊。
26. 農業委員會水土保持局，2001，土石流防治工法之研究評估。
27. 農業委員會水土保持局，2009，98年土石流年報。
28. 農業委員會水土保持局，2010，研修土石流潛勢溪流影響範圍劃設方法。
29. 農業委員會水土保持局花蓮分局，2013，和中沿海及良里溪集水區災害治理調查規劃成果報告。
30. 農業委員會水土保持局，2015，桃園市復興區羅浮里合流部落土石流掩埋區～無人載具空拍速報。
31. 鄭瑞昌、江永哲，1987，土石流發生特性之初步研究，中華水土保持學報，17(2)，50-69。
32. 陳天健、王振宇、陳柏龍，2015，坡面型土石流之地形特徵與判別方法，中華水土保持學報，46(3)，133-141。
33. 陳近民、陳昆廷、臧運忠、郭玉樹、謝正倫，2015，天然壩破壞型式之研究中華防災學刊，7(1)。
34. 陳宏宇、蘇定義、陳琨銘，1999，土石流發生機制與地質環境之相關性，地工技術，74，5-20。
35. 陳重光，1988，土石流流速式之探討，碩士論文，中興大學水土保持學研究所，臺中。
36. 劉成、徐剛，2006，坡面泥石流活動與降水之間的關係初探，水文地質工程地質，4，94-97。
37. 錢寧、王兆印，1984，泥石流運動機理的初步探討，地理學報，39(1)，33-43。
38. 錢寧，1989，高含沙水流運動，清華大學出版社。
39. 謝正倫、江志浩、陳禮仁，1992，花東雨縣土石流現場調查與分析，中華水土保持學報，23(2)，109-122。
40. 謝正倫、吳輝龍、顏秀峰，1999，土石流特地水土保持區之劃定，第二屆土石流研討會論文集。

41. 謝修齊、沈壽長，2000，一種採用輸移濃度為主要參數的泥石流流量計算新方法，北京林業大學學報，22(3)，76-80。
42. 聶高眾、高建國、鄧硯，2004，地震誘發的堰塞湖初步研究，第四紀研究，24(3)，293-301。
43. 龔楚媖、于宜強、李宗融、林李耀，2012，短延時致災降雨事件分析，災害防救電子報，108。
44. 土質工學會，1985，土砂災害の予知と対策，土質工學會編。
45. 水原邦夫，1990，土石流による流出土砂量とその關連因子との關係，〔片岡順（研究代表者）：土石流の發生及び規模の予測に關する研究〕，科學研究費〔自然災害の予測と防災力〕研究成果，48-53。
46. 日本建設省河川局砂防部砂防課，1989，土石流對策技術指針（案），日本。
47. 日置象一郎、大手桂二、日浦啓全、奧村光俊、冨増栄三，1971，土石流に関する研究(Ⅲ)：一衝擊エネルギーの分布について，砂防学会誌，34(3)，1-10。
48. 池谷浩，1978，土石流の分類，土木技術資料，20(3)：44-49。
49. 池谷浩，1980，土石流對策のわめの～土石流災害調查法，山海堂。
50. 谷勳，1968，土石流（山津波）について，水利科學，60，109-126。
51. 山口伊佐夫，1985，防砂工學，現代林學講義，149-164。
52. 中筋章人等，1977，仁淀川流域土砂災害對策調查報告書。
53. 水山高久，1980，土石流から掃流に変化する勾配での流砂量，新砂防，116，1-6。
54. 水山高久，1979，砂防ダムに対する土石流衝擊力算定とその問題点，砂防学会誌，32(1)：40-49。
55. 仲野公章、右近則男，1986，砂質崩土の衝擊力に関する実験，砂防学会誌，39(1)：17-23。
56. 松村和樹、水山高久，1990，輕量材を用いた土石流の流動特性に關する實驗的研究，新砂防，43，1(68)，16-22。
57. 高橋保，1977，土石流の發生と流動に關する研究，京大防災年報，20(B-2)，405-435。
58. 高橋保，2004，土石流の機構と對策，近未來社。
59. 歐國強、水山高久，1994，土石流平均濃度の予測，新砂防，195，9-13。
60. 奥田節夫、諏訪浩、奥西一夫、仲野公章、横山康二，1977，土石流の總合的觀測，その3，1976年燒岳上夕堀澤，京都大學防災研究所年報，20(B-1)，237-263。

61. 駒村富士彌，1978，治山·防砂工學，森北出版株式會社。

62. 盧田和男、高橋保、奥村武信、横山康二，1976，台風5號、6號による仁淀川流域の土砂流出災害に關する研究，昭和50年度文部省科學研究費特別研究，昭和50年8月風水害に關する調查研究總合報告書，132-140。

63. 盧田和男、高橋保、澤田豊明、江頭進治、澤井健二，1977，小豆島の土砂災害について，文部省科學研究費特別研究，昭和51年9月台風17號による災害の調查研究總合報告書，109-115。

64. Armanini, A. and Scotton, P., 1993, On the dynamic impact of a debris flow on structures", Proceedings of XXV IAHR Congress, Tokyo (Tech. Sess. B, III), 203-210.

65. Ashida, K., Takahashi, T. and Mizuyama, T., 1977, Study on the initiation of motion of sand mixtures in a steep slope channel, J. JSECE, 29(4): 6-13(in Japanese).

66. Bagnold, R. A., 1954, Experiments on a gravity-free dispersion of large solid spheres in a Newtonian fluid under shear, Proc. Roy. Soc. London, Series A, 225, 49-63.

67. Costa, J. E. & Schuster, R. L., 1988, The formation and failure of national dams, Geological Society of America Bulletin, 100: 1054-1068.

68. Coussot, P., Meunier, M., 1996, Recognition, classification and mechanical description of debris flows, Earth-Science Reviews, 40: 209-227.

69. Daido, A., 1993, Impact force of mud debris flows on structures, Proceedings of XXV IAHR Congress, Tokyo(Tech. Sess. B, III): 211-218.

70. Einstein, H. A., 1941, The Viscosity of Highly Concentrated Underflow and its Influence on Mixing, Trans., Amer. Geophys. Union, 22: 597-603.

71. Highland L M, Bobrowsky P., 2008, The landslide handbook-A guide to understanding landslides, Reston, Virginia, U.S. Geological Survey Circular 1325, 129p.

72. Hungr, O., Evans, S.G., Bovis, M., and Hutchinson, J.N., 2001, Review of the classification of landslides of the flow type. Environmental and Engineering Geoscience, VII: 221-238.

73. Julien, P. Y. and Pari A., 2010, Mean Velocity of Mudflows and Debris Flows, J. Hydraul. Eng., 136(9): 676-679.

74. Kang Zhicheng, 1997, Kinetic analysis on Deceleration and deposition processes of viscous debris flow, Proceedings of FICDF, San Francisco, USA, 157-159.

75. Lichtenhan, C., 1973, Die Berechnung von sperren in beton und eisenbeton, in German, Kollo-

quium on torrent dams ODC 384.3, Mitteilungen der forstlichen bundes versuchsanstalt, Wien.

76. Prochaska, A. B., Santi, P. M., Higgins, J. D., and Cannon, S. H., 2008, A study of methods to estimate debris flow velocity, Landslides, 5: 431-444.

77. Rickenmann, D. and Zimmermann, M., 1993, The 1987 debris flows in Switzerland: documentation and analysis, Geomorphology, 8, 175-189, doi: 10.1016/0169-555X (93)90036-2.

78. Rickenmann, D., 1999, Empirical Relationships for Debris Flows, Natural Hazards 19: 47-77.

79. Scotton, P. and Deganutti, A. M., 1997, Phreatic line & dynamic impact in laboratory debris flow experiments, In: Chen, C.-L. (ed.), Proceedings of the 1st International conference on Debris-Flow Hazards Mitigation: Mechanics, Prediction & Assessment, San Francisco, CA, 777-786.

80. Takahashi, T., 1978, Mechanical characteristics of debris flow, J. of Hydr., ASCE, 104(HY8): 1153-1169.

81. Takahashi T., 1980, Debris flow on prismatic open channel, Journal of the Hydraulics Division, 106(HY3): 381 -396.

82. Takahashi, T., 1981, Estimation of potential debris flows and their hazardous zones: Soft countermeasures for a disaster, Journal of Natural Disaster Science, 3: 57-89.

83. Takahashi, T., 1991, Debris Flow, Disaster Prevention Reserach Institute, Kyoto University, Published for the International Association for Hydraulic Research, the Netherlands.

84. USGS, 2006, The U.S. Geological Survey Landslide Harzard Program 5-year 2006-2010.

85. VanDine, D.F.,1985, Debris flow and debris torrents in Southern Canadian Cordillera, J. Can. Geotech., 22: 44-68.

86. Yu, B., 2012, Discussion of "Mean Velocity of Mudflows and Debris Flows" by Pierre Y. Julien and Anna Paris, J. Hydraul. Eng., 138: 224-225.

87. Yu, F. C., 1992, A study on the impact forces of debris flow, Proc. NSC, Part A: Physical Science and Engineering, 16(1): 32-39.

88. Zanuttigh, B. and Lamberti, A., 2006, Experimental analysis of the impact of dry avalanches on structures and implication for debris flows, Journal of Hydraulic Research, 44(4): 522-534.

第7章 山地河川河床沖淤趨勢與推估

山地河川爲集水區的一個組成部分，它的許多性質及變化均與集水區因素無法切割。各級河川從上游至下游沿程疊加坡面地表逕流及各種崩蝕產砂，使得水流流量及其含砂量隨著集流和匯流過程逐漸增大，並形成含砂量很高的水流。在這個過程中，由於河床坡度、斷面幾何及泥砂粒徑組成的沿程變化，導致水流流量與輸砂量之間的不平衡及相互制約，造成河道在各個不同區位產生不同程度的沖淤變化，以取得新的平衡。顯然，從集水區的觀點，河床沖淤變化係爲適應集水區環境因素的改變而作出相應的調整機制，最終結果在於力求使來自集水區的水量和泥砂量能夠無礙地通過，河槽保持一定的相對平衡。不過，河床沖淤過程也引起構造物損毀、沿岸土地流失或邊坡土體崩塌及通洪能力下降等一些負面的衝擊，使得通過長期的沖淤變化來取得河床的相對平衡，在某些地方是無法滿足人們對安全的期待，因而有了河川保育治理需求。河川保育治理，作爲一種工程技術手段，其目的在於應用人爲的方式調控河床演變的方向，使之加速恢復一定的平衡狀態，讓人們的生活、生產及生態環境得以正常的發展。

7-1 山地河川河床沖淤演變趨勢

7-1-1 山地河川演變過程

山地河川受到河床坡度及輸砂不平衡的綜合影響，使其總的演變趨勢是以沖刷下切（degradation）爲主，但它卻是在快速沖刷下切、河幅拓寬、淤積抬升（aggradation）、動態平衡的循環中進行和發育。Wang et. al.（2009）認爲沖刷型河道（incised stream）有四個發育階段，包括：

一、快速沖刷下切。這是構造抬升，或是極端降雨引發超過標準的洪水流所帶來的直接後果，這個階段的河谷呈狹窄的V型。

二、河幅拓寬。河床持續地沖刷下切，使河岸邊坡的位能提高（增加有效自由面）而形成比較不穩定的斜面結構，易於失穩而導致崩塌地滑，河谷寬度隨之擴大，河谷形態變爲較寬的V型。

三、河床回淤抬升。當河岸發生崩塌地滑之後，大量土砂進入河道，水流一時無法將之排出，河段也就逐漸轉爲淤積抬升，此時河谷形態變爲U型。

四、動態平衡。河岸崩塌土砂中挾帶著大量的粗大石礫，可以在水流的沖刷作用下形塑各種抵抗水流沖刷的有利環境，包括減緩沖刷河段的河床坡降，或者由泥砂顆粒形成一些河床結構，來減緩其沖刷下切的發育趨勢，讓河道逐漸恢復動態平衡。

但是，當集水區條件有了改變，包括發生了構造運動（地震），或者氣候有了改變（極端降雨），或者侵蝕基準面有了升降，都會使集水區加諸於河段的水流及泥砂條件發生改變，河道動態平衡趨勢也因而產生了變化，重啓快速沖刷下切、河幅拓寬、淤積抬升及動態平衡的循環中，進行長時間的變動和調整。

7-1-2 山地河川河床調整機理

Lane（1955）認爲沖積型河道會通過河床坡降或床面泥砂組成特性來調整其沖淤趨勢，加速河道恢復一定的相對平衡，如圖7-1所示。以定性方程式表示，可寫爲

$$Q_s d_{50} \propto Q_w S_o \tag{7.1}$$

式中，Q_s = 輸砂量；d_{50} = 砂中值粒徑；Q_w = 水流流量；S_o = 河床坡降。顯然，由鬆散泥砂顆粒組成的河床，在一定的邊界組成條件下，當水流挾砂能力（sediment transport capacity）與水流實際挾砂量不平衡時，河段就會發生某種程度的沖淤現象，以調整河段底床坡度或形成抗沖的河床結構（streambed structures），來因應上游集水區水量和泥砂量的改變，取得新的平衡。

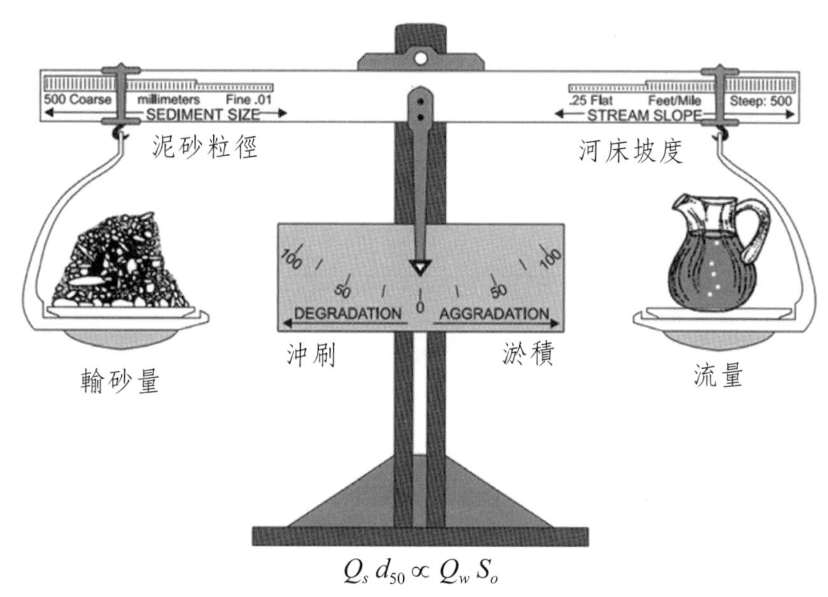

圖7-1　河道沖淤與上游來水來砂量關係概念圖

Source: Rosgen, 1996

一、河床坡度的調整

當水流挾砂能力大於水流實際挾砂量時，河段會以沖刷方式來調降河床坡度，直到水流剪應力小於或等於臨界剪應力，此時河段可以看成是平衡的，至少也是處於一種準平衡狀態（qausi-equilibrium state）；而調整之後的河床坡度，稱之爲平衡坡度（equilibrium slope）。平衡坡度係指在這個坡度條件下河床可以保持沖淤的動態平衡趨勢，如圖7-2所示。圖中，在下游沖刷基準面以上的影響範圍內，當實際坡度大於平衡坡度時，河段就會發生沖刷；反之，當實際坡度小於平衡坡度時，河段就會發生淤積。這種沖淤過程和河床坡度間的關係可以表爲

$$z_{ad} = L(S_{ex} - S_{eq}) \tag{7.2}$$

式中，z_{ad} = 沖淤深度；L = 沖刷基準面以上的影響長度；S_{ex} = 實際坡度；S_{eq} = 平衡坡度。

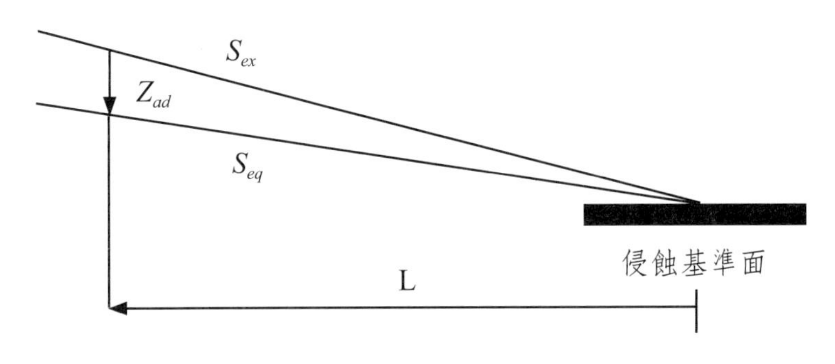

圖7-2　平衡坡度示意圖

Source: National Engineering Handbook, 2007

Lagasse et al.（2001）彙整不同河床質的平衡坡度推估方法，茲分述如下：

(一) 砂至較小礫石（Sand to fine gravel）：

1. 上游無泥砂供給時：Pemberton and Lara （1984）建議在無黏聚性泥砂顆粒粒徑介於$0.1 \leq d_{50} \leq 5.0$mm的河床質條件，可以採用臨界剪應力推估其平衡坡度，即

$$S_{eq} = \frac{\tau_c}{\gamma_w y} \tag{7.3}$$

式中，τ_c = 臨界剪應力，與中值粒徑及懸浮載濃度有關，如圖7-3所示（Lane, 1952）。

2. 上游泥砂漸次減少供給時：當上游集水區因造林、城市化、河流改道、泥砂開採或構築水庫等而使泥砂供給減少時，其平衡坡度可表為

$$S_{eq} = (\frac{a}{q_s})^{\frac{10}{3(c-b)}} q^{\frac{2(2b+3c)}{3(c-b)}} (\frac{n}{K})^2 \tag{7.4}$$

式中，q = 單寬流量；n = 曼寧粗糙係數；K = 1.0（公制）或1.486（英制）；q_s = 單寬挾砂能力，可表為

$$q_s = au^b y^c \tag{7.5}$$

$$a = 0.025n^{(2.39-0.8\log d_{50})}(d_{50} - 0.07)^{-0.14} \tag{7.6}$$

$$b = 4.93 - 0.74\log d_{50} \tag{7.7}$$

$$c = -0.46 + 0.65\log d_{50} \tag{7.8}$$

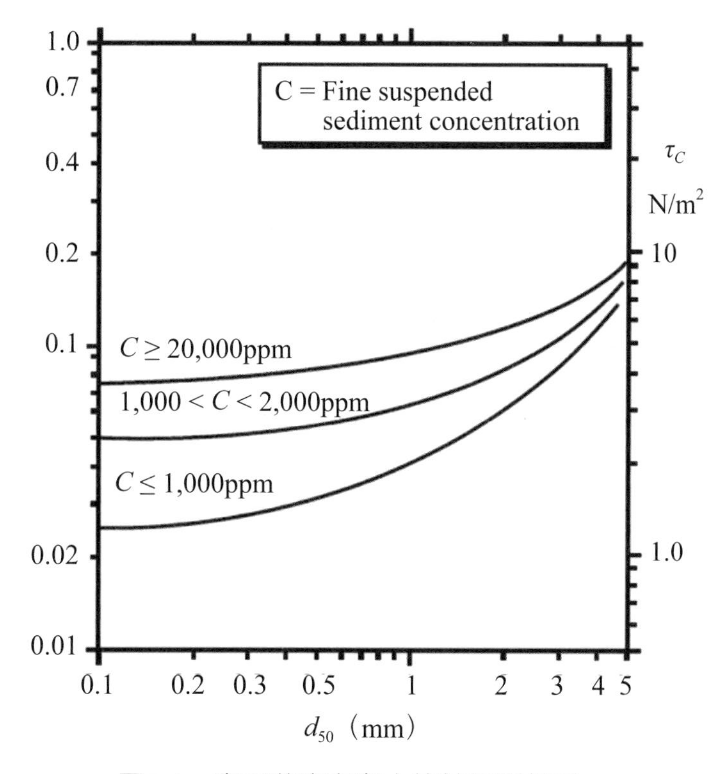

圖7-3　臨界剪應力與中值粒徑關係圖

式中，u = 平均流速；y = 平均水深。表7-1爲式（7.5）至式（7.8）中各項參數之適用範圍。

表7-1　式（7.5）至式（7.8）中各項參數之適用範圍

參數	適用範圍
d_{50}，mm	0.1～2.0
u，m/s	0.6～2.4
y，m	0.6～7.6
S	0.00005～0.002
n	0.015～0.045
福祿數	0.07～0.7
q_s，m²/s	0.37～17.6

(二) 較砂為粗（coarser than sand）的河床質，且上游無任何泥砂供給條件時

在這種河床質條件下，當輸砂率等於零或很小的情況下，其相應的坡度可視為平衡坡度。因此，可以應用各輸砂公式於輸砂率甚小的條件下推估平衡坡度，包括：

1. 基於Meyer-Peter and Muller輸砂公式

$$S_{eq} = K\frac{d_{50}^{10/7} n^{9/7}}{d_{90}^{5/14} q^{6/7}} \quad (7.9)$$

2. 基於Schoklitsch輸砂公式

$$S_{eq} = K(\frac{d_m}{q})^{3/4} \quad (7.10)$$

3. 基於Henderson輸砂公式

$$S_{eq} = KQ_d^{-0.46} d_{50}^{1.15} \quad (7.11)$$

式中，S_{eq} = 平衡坡度，當粒徑$d \le d_c$時，河床質不再移動的坡度；d_{90} = 對應於累加百分率p = 90%之粒徑；d_m = 平均粒徑；Q_d = 設計流量；K = 係數，如表7-2所示。

表7-2　係數K值

關係式	K值（公制）	參考文獻
Meyer-Peter and Muller	27.0	Lagasse, Schall, and Richardson（2001）
Schoklitsch	0.000293	Pemberton and Lara（1984）
Henderson	0.33	Henderson（1966）

二、河床結構的調整

山地河川河床演變的第2個階段，河岸崩塌能夠使大量邊坡土體進入河道，對於河床泥砂顆粒組成特性及分布會有很大的促進作用，尤其是在暴雨、地震等誘因下群發性的大規模崩塌中更為明顯。由於自河岸崩塌而來的土體中含有大量的石礫碎屑，當崩落土體淤積在河道時，遭水流沖刷產生分選作用，其中較弱的河床結構（由較小泥砂顆粒所組成者）在不斷的劇烈沖刷下被破壞、沖走，而較強的河床結

構得以保留；經過漫長時間的水流作用之後，汰弱留強，常常可以發育出特定的河床結構，它們是河床固體顆粒在水流作用下按一定規律排列形成的具有穩定河床的結構形態，一般表現爲床面上粗顆粒泥砂的集合體，具有抵抗沖刷的能力，同時也使得床面更爲凹凸粗糙。

從外觀形態上劃分，河床結構至少有以下幾種類型（Wang et. al., 2008），如照片7-1所示：1.階梯深潭結構。石塊集結沿著橫向堆疊成條狀，將上游壅高形成階梯，階梯下方因跌水沖刷形成深潭；2.肋狀結構。與階梯深潭結構類似，但未擴展到整個橫斷面，而是存在於某一岸邊，形成肋骨狀的排列；3.簇狀結構。係若干石塊堆積起來，互相倚靠，抵禦水流沖刷，爲最常見的河床結構之一。

(a)階梯-深潭結構　(b)肋狀結構　(c)簇狀結構

照片7-1　山地河川常見的幾種河床結構

資料來源：Wang et. al., 2008

因此，強烈的沖刷下切所導致的河岸崩塌，實際上是河流通過破壞作用來形塑較強的河床結構，作爲抑制水流的進一步沖刷的一種自我調節機制，它表現在一些深切河谷中大量頑石巨礫橫亙於河床上承受水流沖刷的現象。在這些河段的河道內發育了強度很高的巨石堆疊結構，從而維持了高坡降與高落差，並抑制了河道的溯源侵蝕。另一方面，河岸崩塌段與其他河段在河床結構強度上存在比較大的差異，使得河床結構乃至於坡降沿程分布更不均勻，具體反映在河道縱剖面上往往形成了許多規模不一的坡度轉折點，稱爲遷急點或裂點（knickpoint），如圖7-4所示。

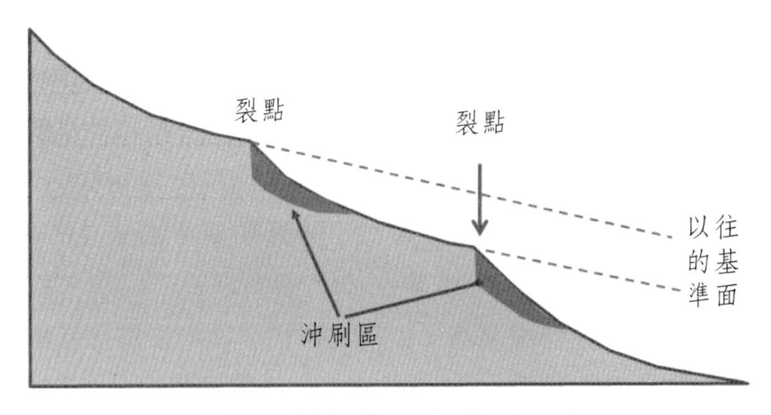

圖7-4 河道縱剖面裂點示意圖

河岸大型崩塌附近河段往往存在著天然裂點，這是由於崩塌土體所帶來的巨礫頑石進入河道後，形成較高強度的河床結構所致，從而可以維持較大的河床坡降。因此，河谷內經常性的大規模崩塌，具有催化河床結構發育的作用，也有助於河道縱剖面上裂點的形成。一些人工的防砂設施，如防砂壩、固床工等亦能起到類似河床結構的作用，形成裂點，以控制其上游河床的沖刷下切。

由此可見，沖刷型河流地貌演變過程中，實際上是沖刷下切、崩塌地滑、河床結構發育、抑制沖刷下切、動態平衡等作用的反覆循環。沖刷下切使得邊坡失穩現象，如崩塌、地滑等會在外來誘因下不斷地發生，其帶來的物質進入河道後，加速了河床粗化與河床結構的發育，反過來顯著地延緩了下切的發展。這一相互作用過程實際上是自然界對於河流下切的一種調整和抑制作用。該作用的存在使得大部分山地河川的下切作用不會無限制地進行下去，而是緩步下切並逐漸走向平衡。

7-2 河道沖刷

當河道水流挾帶泥砂量小於水流挾砂能力，或水流動能因外部環境改變而突然上升時，水流就會帶走從河床沖起的泥砂，此現象謂之河道沖刷（stream scouring）。山地河川水流實際挾帶的泥砂量往往小於挾砂能力，在欠缺卵石巨礫保護的河床，水流就會沖起河床上的泥砂，使河道發生長距離連續的沖刷，它的沖刷範圍可以達到河幅寬度的數十倍甚至百倍以上，謂之一般沖刷（general scour）。河道一般沖刷（含河岸淘刷）是山地河川河床演變的基本趨勢，在自然狀態下多數山地河川都屬於沖刷型河流（incised stream）。

基本上，幾乎所有河流都是由原始地表平面的水流侵蝕下切作用，才逐步形成河谷、分水嶺等基本的河川地貌。在這一過程中，河谷邊坡坡度隨著沖刷下切作用，不僅增大了邊坡的有效自由面，也使坡度變得愈加陡峭，在重力作用下邊坡可能非常不穩定，易於失穩與解體，解體後的石塊將崩入谷底。特別是在一些外來誘因如暴雨、地震作用下，由於受到高強度、高頻率的動力影響，常常出現大規模的山地土砂災害，如崩塌、地滑、土石流等。

但是，這些來自河谷邊坡的大量鬆散土砂，有一部分會被沖刷帶走，但其中較大粒徑的泥砂（如塊石、卵石）則可能停留於河床上。經過較長時間的演變過程，邊坡物質對河床質間歇性地補給，而水流發揮篩選功能，其分選作用將使得床砂對河流下切的抑制效應愈來愈明顯，即河床質中粗顆粒泥砂的比例及巨石的集中程度將不斷提高，自身變得愈加牢固穩定，從另一方面又主動保護了下層河床及間隙中的細顆粒泥砂不被沖刷殆盡，從而緩和了河道的沖刷下切趨勢。在天然深谷河床中常常能觀察到較多的巨型石塊與卵石，有時還形成有序的河床結構，這在許多有強烈沖刷下切特徵的山地河川中十分常見。

總之，地殼抬升導致的地勢高差與溯源侵蝕是河流下切的動力來源，下切深度得以不斷增大，而由於床砂持續自動調整與穩定，河床對水流沖刷也愈來愈適應，使得下切速率漸漸減小。受這一機制影響，在環境條件基本不變的理想狀況下，河流系統的演化方向將是趨於動態平衡的。然而，河流系統朝向動態平衡的發展過程需要較長時間的演化，往往是無法滿足人類對居住環境的安全需求，而必須施以特定的人為防護措施，包括渠道化、兩岸襯砌、截彎取直和其他增加水流強度的措施，減少或斷絕泥砂補給等，這將進一步惡化河床的穩定趨勢，重新引起河道的一般沖刷現象。

在相同的水流條件下，當遇有橫向阻水構造物（如防砂壩、固床工等）時，因通水斷面突然改變，局部水流紊動增強，水流沖刷河床的能力獲得提升，則會在構造物下游河床造成有限範圍的沖刷現象，謂之局部沖刷（local scour）。橫向阻水構造物下游河床的局部沖刷現象，主要是造成構造物基礎裸露，更大程度阻礙水域生物縱向廊道的暢通，但相對於河道長距離沖刷，局部沖刷問題是可預知的，且其影響範圍是有限的。

7-2-1 河道一般沖刷

河道一般沖刷係指在具有相同水砂條件的河槽內發生10～50倍河寬以上連續沖刷的現象，如照片7-2所示。當洪水來臨時，水流速度和紊動強度迅速增大，挾帶泥砂的能力（水流挾砂力）雖也相應提高，惟水流實際挾帶的泥砂量還小於水流挾砂力，因而必須通過沖刷河床泥砂來補充水流中的含砂量，力求輸砂平衡。這種河道洪水沖刷不是局部通水斷面變化所引起的，故在順直、彎道、沒有構造物的河段均可能發生。

不過，在山地河川中因部分河段河床基岩裸露或塊石堆集結而形成抵抗沖刷的基準面，使得河道一般沖刷出現斷斷續續的現象，最後形塑出類似階梯狀的河床剖面結構。在山地河川中，河槽內一般沖刷的發生原因有三，包括（王兆印等，1998）：

照片7-2　大甲溪河床一般沖刷

一、特大洪水

在陡峭的山地河川經過洪水長期的沖刷作用下，床面泥砂通過變形和重組而形成一種抵抗沖刷的舖面形態，包括抗沖覆蓋層（pavement）、粗粒化層（amouring）、階梯狀地貌結構等，制約水流的沖刷作用，以維持河道斷面的長期穩定趨勢。但是，當遇有特大洪水（如莫拉克颱風降雨條件）時，強烈的洪水流可能會破壞原有床面穩定的地貌結構，包括頑石巨礫皆能隨著水流不斷地流出，形成連鎖性的河床沖刷現象，此時河床高程可能在一夕間就遭沖刷下降數公尺以上，甚至床面堆積層完全被水流攜出，使得基岩裸露，如照片7-3爲南投縣國姓鄉九份二山韭菜湖溪床面沖刷下切之現況。

照片7-3　南投縣國姓鄉九份二山韭菜湖溪河床沖刷嚴重下切現象

二、高含砂水流

當洪水流中泥砂含量達到某種程度時，其流體本質會發生改變。這種因量變到質變的具體表現，主要是增加了流體的黏滯性（viscosity），有效降低泥砂沉降速度（或增進流體的懸浮能力），因而大大提升水流挾帶泥砂的能力，並形成高含砂水流（high-concentration flow）。高含砂水流具有很高的挾砂能力，如同土石流一般，能夠沿程沖起床面泥砂進入水流中，不僅提高其泥砂含量，同時也增強它對床面泥砂的輸移能力。

三、河道渠化

所謂渠化係指將各種型態的天然河道按人的意志或專業改造成順直、束窄的渠道，兩岸用堤岸範束，使水流不能沖刷河岸而擺動。渠化工程是河道整治的一種常見的方式，包括截彎取直、順直河道、築堤壩束窄河道、護岸防沖等，將蜿蜒河流改造成直線或折線型的人工河流，並且把自然河流的複雜形狀變成梯形、矩形及弧形等規則的幾何斷面，以達到防洪減災之目的。美國密西西比河中游過去槽淺灘寬，水流分散，流路不穩，自十九世紀末美國開始整治這條河，在196km河段鋪築了護岸，修建總長約146km的丁壩，將這段河道完全渠化，結果導致整個河段主槽發生了顯著的沖刷，深度超過2.0m（文獻引自黃金池等，1998）。

河道一般沖刷的相關研究不多。Blench（1969）應用印度灌溉渠道砂質粒徑0.1～0.6mm及Gilbert（1914）水槽礫石粒徑0.3～7.0mm等試驗資料，提出水面下平均沖刷深度可表爲

$$Z_{t(mean)} = 1.20\frac{q^{2/3}}{d_{50}^{1/6}} \quad [0.06 < d_{50}(\text{mm}) < 2.0] \tag{7.12}$$

$$Z_{t(mean)} = 1.23\frac{q^{2/3}}{d_{50}^{1/12}} \quad [d_{50}(\text{mm}) \geq 2.0\ \text{mm}] \tag{7.13}$$

式中，$Z_{t(mean)}$ = 水面下平均沖刷深度之水深（m）；q = 單寬流量（m^2/sec）；d_{50} =河床質中徑（mm）。Blodgett（1986）曾定時觀測21個測點的河道一般沖刷變化，並將之與河床質中值粒徑點繪於直角座標中，可概略推估平均與最大沖刷深度與河床質中值粒徑之關係（參見圖7-5）

$$Z_{t(\max)} = 1.42\, d_{50}^{-0.115} \tag{7.14}$$

$$Z_{t(mean)} = 6.5\, d_{50}^{-0.115} \tag{7.15}$$

式中，$Z_{t(mean)}$ = 參考高程以下之平均沖刷深度；$Z_{t(\max)}$ = 參考高程以下之最大沖刷深度；d_{50} = 河床質中值粒徑。

Pemberton and Lara（1984）整合Blench（1970）and Lacey（1931）提出了天然河道一般沖刷深度的通式，可表爲

$$Z_{t(\max)} = KQ_d^a W_f^b d_{50}^c \tag{7.16}$$

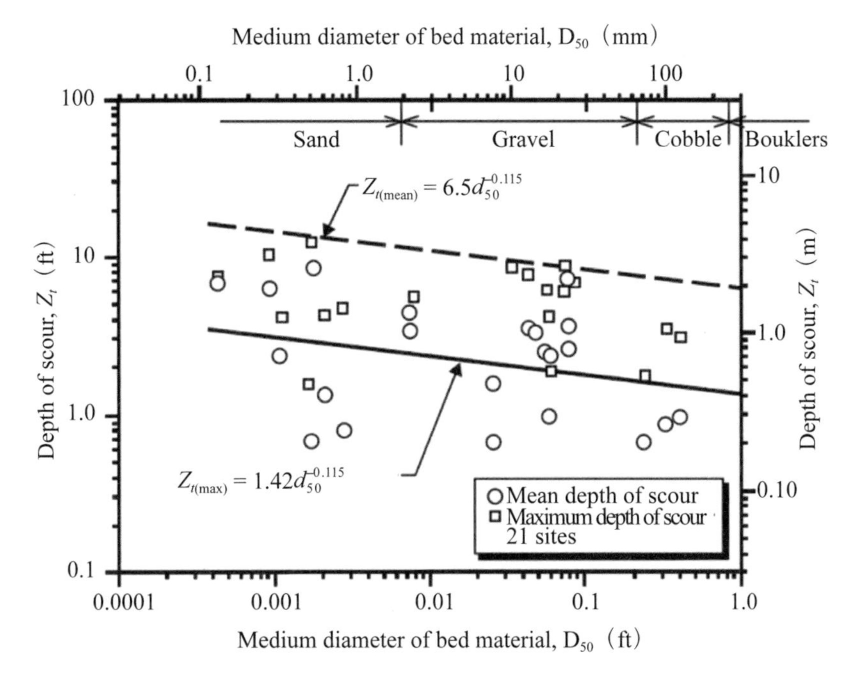

圖7-5　沖積河道沖刷深度觀測值與中值粒徑之關係

式中，Q_d = 設計流量（cms）；W_f = 設計流量時之水流寬度（m）；d_{50} = 河床質中值粒徑（mm）；K = 係數；a、b、c = 指數。上式係數及各指數如表7-3所示。Maza Alvarez and Echavarria Alfaro（1973）也建立了類似的公式，即

$$Z_{t(\max)} = 0.365\frac{Q^{0.784}}{W^{0.784}d_{50}^{0.157}}\quad (d_{75} < 6.0\text{ mm}) \tag{7.17}$$

式中，Q = 水流流量（cms）；W = 水面寬度（m）。

表7-3　Lacey與Blench關係式之常數

條件	Lacey				Blench			
	K	a	b	c	K	a	b	c
直線河段	0.030	1/3	0	−1/6	0.162	2/3	−2/3	−0.1092
一般彎道	0.059	1/3	0	−1/6	0.162	2/3	−2/3	−0.1092
嚴重彎道	0.089	1/3	0	−1/6	0.162	2/3	−2/3	−0.1092
90度彎道	0.119	1/3	0	−1/6	0.337	2/3	−2/3	−0.1092
垂直岩壁	0.148	1/3	0	−1/6				

王兆印（1998）經由模型試驗建立不同比重和粒徑的無黏性泥砂及各種清水流條件的床砂沖刷率公式，即

$$S_r = 0.218\frac{\gamma_w}{\gamma_s-\gamma_w}\frac{S_o^{0.5}}{d_{50}^{0.25}}[\gamma_w\, q\, S_o - 0.1\frac{\gamma_w}{g}(\frac{\gamma_w}{\gamma_s-\gamma_w}g\, d_{50})^{1.5}] \quad (7.18)$$

式中，S_r = 水流在單位時間內從單位面積河床上沖刷帶走的泥砂重量（沖刷率，kg/m^2/sec）；d_{50} = 中值粒徑（m）；S_o = 河床坡度。經濟部水利署水利規劃試驗所（2010）於大甲溪公路橋上下側主深槽河床分別埋設沖刷磚，觀測颱洪時之最大一般沖刷深度，並獲得短期河床一般沖刷公式可表爲

$$Z_{t(\max)} = 2.80\frac{q^{0.80}\,S_w^{0.35}\,\sigma^{0.62}}{d_{50}^{0.28}} \quad (7.19)$$

式中，$Z_{t(\max)}$ = 颱洪洪峰流量附近最大沖刷深度（m）；q = 全斷面單寬流量（m^2/sec）；S_w = 洪峰流量時之水面坡降；σ = 泥砂粒徑幾何因子（= $\sqrt{d_{84}/d_{16}}$）；d_{50} = 河床質中徑（mm）。上式爲短期一般沖刷公式，退水後仍可能回淤，非屬長期一般沖刷。

劉懷湘等（2013）定量研究河流縱向坡降與沖刷深度關係，採用長江、黃河流域主要支流的平均下切深度$Z_{t(mean)}$、研究河段與源頭的距離L與其平均坡降S_o進行統計分析，如圖7-6所示。圖中，在宏觀上$Z_{t(mean)}/L$愈大（即流量愈小、下切愈深，多爲源頭段快速下切的V 型河谷；反之，則多爲山區出口段寬淺的U 型河谷），相應河段的河道坡降也愈大，兩個參數間呈現良好的線性關係。

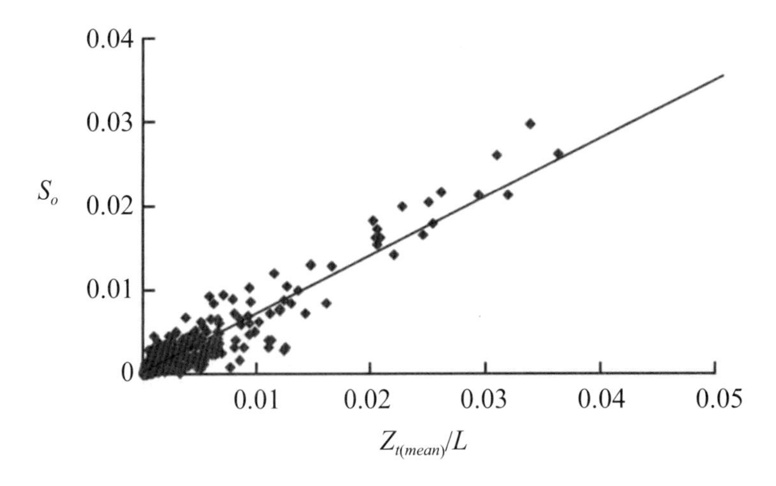

圖7-6　沖刷下切河流縱坡降與沖刷深度之關係

7-2-2 河道局部沖刷

當水流通過河道斷面局部窄縮段（如橋墩斷面）及橫向阻水構造（如防砂壩、堰、丁壩等）時，局部流速及紊動會變得很強，因而造成河床局部的沖刷現象而形成局部沖刷坑。這種沖刷的範圍不長，與產生沖刷的構造物的幾何尺度在同一量級。沖刷起來的泥砂搬運到沖刷坑下游，或持續輸往下游，或立即沉積下來。在山地河川中比較常見的局部沖刷，以跨河、縱向順水及橫向阻水等構造物爲主。這裡將側重介紹溪流縱、橫向構造物的局部沖刷問題。

一、縱向順水構造物的局部沖刷

縱向順水構造物（如護岸）的修建，雖然可以使河道橫向變形受到抑制，惟縱向沖刷則會有顯著的加劇，同時在護岸起迄點附近未受保護河段，也會有河岸淘刷後退問題。如照片7-4所示，當河道兩岸構築護岸之後，遇有水流挾砂量不足時，由於得不到兩岸泥砂的補充，只能沖刷河床，尤其在天然河床與剛性護岸的界面附近（護岸起、迄處），會有極爲顯著的沖刷現象，經常造成護岸基礎的裸露和懸空，最後導致破壞。因此，在有護岸保護的河段多配合修建橫向阻水構造物（如固床工），以形成整流工程來抵禦水流的縱、橫向侵蝕；不過必須注意的是，配合橫向阻水構造物雖能控制河床的持續下切，只不過在橫向阻水構造物下游面河床靠近護岸處的局部沖刷，也一樣會造成護岸基礎裸露，如照片7-5所示。

照片7-4　護岸起迄點未受保護河段沖刷

照片7-5　護岸與橫向構造物下游沖刷

二、橫向阻水構造物局部沖刷

橫向阻水構造物（如防砂壩、固床工、丁壩、跌水工等），因過水斷面上下游高程突然改變，使局部水流動能提高，水流沖刷河床的能力變得很強，在構造物下游面河床勢必造成局部沖刷。一般，橫向阻水構造物的沖刷程度，與構造物高度、河床質組成、水流及河道條件等相關。例如，固床工（groundsill）與河床間的高度落差較小，轉換為水流沖刷動能通常不會很大，即便河床坡度陡峭，其下游河床沖刷範圍仍然有限。

(一) 防砂壩下游河床局部沖刷

防砂壩係我國山地河川最重要的防砂工程之一，對穩定及調節上游河道泥砂問題具有極為重要之功能。不過，防砂壩將上游影響河段內的高程落差集中，使得過壩水流以自由射流方式自壩頂直接衝擊其下游河床，造成河床局部沖刷並形成沖刷坑（scour hole），對壩體安定產生一定的威脅，是影響防砂壩安定的重要議題之一，如照片7-6防砂壩下游河床沖刷情形。

照片7-6　防砂壩下游河床沖刷現象（下切約5.0公尺）

由於防砂壩將河床沿程落差集中，使過壩水流因高水頭落差轉換爲高速水流之衝擊動能，復因高速射流產生之非對稱性漩渦、底部射流和可動邊界間的交互作用，使水流沖刷力大大提高，沖刷河床形成局部沖刷坑，如圖7-7所示。圖中，在初期沖刷階段，下游水墊（water cush）較淺，入射水流對河床面的衝擊破壞力極強，沖刷發展相當快速，據研究表明沖刷坑深度與沖刷時間的1/3次方成正比（劉沛清，1994）；隨著沖刷坑的發展和水墊深度的不斷增大，入射水流的衝擊能量被沖刷坑內水體所消耗，其沖刷能力也逐漸減弱，沖刷坑的發展漸趨平穩，此爲沖刷後期。Rajaratnam and Beltaos（1977）認爲沖刷後期沖刷深度與沖刷時間的對數或1/6次方成正比。最後，當入射水流的沖刷能力與河床泥砂的抗沖能力相近時，沖刷坑不再發展而處於一種動態平衡狀態，同時沖刷坑內的水流也趨於穩定，並呈現出較爲穩定的三種形態，包括自由射流區、衝擊區和底床高速區等。其中，衝擊區是造成最大沖刷深度的主要因素，而沖刷坑底部A點向著下游B點方向沿著底床的高速水流區，係將河床泥砂攜離沖刷坑的主要作用力，其他包括向上游的底床高速區及自由射流區所引起的兩股渦流（G和C區），則是主要的耗能區。因此，橫向阻水構造物（或防砂壩）下游河床局部沖刷係由射流、河床及水墊等特性所左右，是一個相當複雜的物理過程。

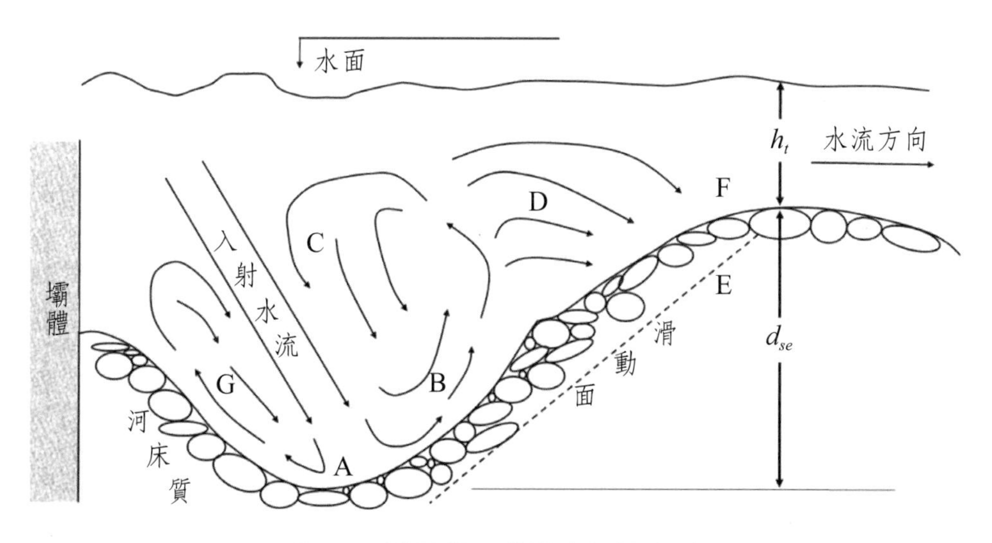

圖7-7　防砂壩下游河床局部沖刷

根據以往研究，推定防砂壩下游河床最大局部沖刷坑深度可概分爲經驗（empirical）及半經驗（semi-empirical）估算公式。

1. 經驗公式：本類型係通過整理室內和原型觀測資料來建立估算沖刷坑最大沖刷深度之經驗公式。Mason and Arumugam（1985）認爲這類公式多數具有以下的形式

$$t_s = k_r \frac{q^x h_d^y}{d^z} \qquad (7.20)$$

如圖7-8所示，t_s = 最大沖刷水深（= $d_{se} + h_t$；d_{se} = 沖刷坑深度；h_t = 尾水深）（m）；h_d = 上下游水位差（m）；d = 河床泥沙粒徑（m）；q = 入射水流單寬流量（m^3/sec/m）；k_r = 與河床特徵有關的經驗係數；x、y、z = 指數。

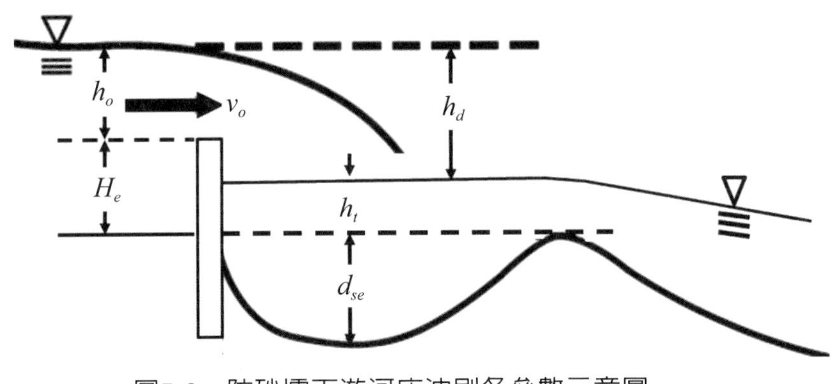

圖7-8　防砂壩下游河床沖刷各參數示意圖

如表7-4給出部分公式的各個指數和係數（Heng, et al., 2013）。表中，發現大多數公式中的指數x、y、z取值範圍：x = 0.5～0.7；y = 0.1～0.5；z = 0～0.5。Mason and Arumugam（1985）也通過分析給出各個指數的推薦值，包括：

(1) x值在模型中取0.6；在原型中取0.5。

(2) y值在模型中取0.1～0.2；在原型中取0.5。

(3) z值在模型及原型中取0.1～0.3。

Mason and Arumugam（1985）通過分析三十餘家的經驗公式，發現大多數公式中的指數x、y、z取值範圍爲：x = 0.5～0.7；y = 0.1～0.5；z = 0～

0.5。並通過分析給出的推薦值為：

除了上式公式外，異於式（7.21）者彙整如表7-5所示。Heng, et al.（2013）舉出溢洪道上挑射流對下游底床沖刷的實際案例，包括沖刷深度介於18～94m及流量介於1,000～8,182cms，對表7-4及表7-5中各公式進行檢驗。結果顯示，以Mirskhulava（1967）在各種統計誤差的檢定上具有很好的模擬成果，其次是Taraimovich（1978）。不過，Heng, et al.（2013）最後也總結出一個新的且較Mirskhulava（1967）公式為佳的沖刷公式，即

$$t_s = 7.4834 \frac{q^{1.4652}}{g^{0.7326} h_t^{1.1978}} \tag{7.21}$$

表7-4　經驗公式（7.21）中之相關指數及係數

編號	作者	年代	k_r	x	y	z	d_m
1	Schokltsch	1932	0.521	0.57	0.20	0.32	d_{90}
2	Veronese-A	1937	0.202	0.54	0.225	0.42	d_m
3	Veronese-B	1937	1.90	0.54	0.225	0	～
4	Eggenburger	1942	1.44	0.60	0.50	0.40	d_{90}
5	Hartung	1959	1.40	0.64	0.36	0.32	d_{85}
6	Franke	1960	1.13	0.67	0.50	0.50	d_{90}
7	Damle-A	1966	0.652	0.50	0.50	0	～
8	Damle-B	1966	0.543	0.50	0.50	0	～
9	Damle-C	1966	0.362	0.50	0.50	0	～
10	Chee and Padiyar	1969	2.126	0.67	0.18	0.063	d_m
11	Bisaz and Tschopp	1972	2.76	0.50	0.25	1.0	d_{90}
12	Chee and Kung	1974	1.663	0.60	0.20	0.10	d_m
13	Martins-B	1975	1.50	0.60	0.10	0	～
14	Taraimovich	1978	0.633	0.67	0.25	0	～
15	Machado	1980	1.35	0.50	0.3145	0.0645	d_{90}
16	SOFRELEC	1980	2.30	0.60	0.10	0	～
17	INCYTH	1981	1.413	0.50	0.25	0	～
18	Suppasri	2007	0.15	0.38	0.75	0	～

註：d_m＝河床泥砂平均粒徑（m）。

表7-5 防砂壩下游局部冲刷公式一覽表

作者	年代	公式
Veronese	1937	$t_s \le 1.9\, q^{0.54} h_d^{0.225}$
Jaeger	1939	$t_s = 0.6\, q^{0.5} h_d^{0.25} (h_t / d_m)^{0.333}$
Mikhalev	1960	$t_s = \dfrac{1.804 q \sin\theta_T}{1 - 0.215 \cot\theta_T} \left(\dfrac{1}{d_{90}^{0.33}\ h_t^{0.50}} - \dfrac{1.126}{h_d} \right)$
Rubinstein	1965	$t_s = h_t + 0.19 \left(\dfrac{h_d + h_t}{d_{90}} \right)^{0.75} \left(\dfrac{q^{1.20}}{h_d^{0.47}\ h_t^{0.33}} \right)$
Mirskhulava	1967	$t_s = \left(\dfrac{0.97}{\sqrt{d_{90}}} - \dfrac{1.35}{\sqrt{h_d}} \right) \dfrac{q \sin\theta_T}{1 - 0.175 \cot\theta_T} + 0.25 h_t$
Martins	1973	$t_s = 0.14 N - 0.73 \dfrac{h_t^2}{N} + 1.7 h_t$ ； $N = (Q^3\ h_d^{1.5} / d_m^2)^{1/7}$
Martins	1975	$t_s = 1.5\, q^{0.6} h_d^{0.1}$
Masons	1985	$t_s = 3.27 \dfrac{q^{0.6} h_d^{0.05} h_t^{0.15}}{g^{0.3} d^{0.1}}$
Masons	1989	$t_s = 3.39 \dfrac{q^{0.6} (1+\beta)^{0.30} h_t^{0.16}}{g^{0.3} d^{0.06}}$
Bormann and Julien	1991	$t_s = k_r \dfrac{q^{0.6} h_d^{0.5}}{g^{0.3} d^{0.4}} \sin\theta_T$
陳正炎等	1993	$t_s = 4.10 \dfrac{q^{0.64} H_e^{0.315} S_o^{0.216}}{g^{0.32} d^{0.257}}$
Modify Veronese	1994	$t_s = 1.9\, q^{0.54}\ h_t^{0.225} \sin\theta_T$
Rajaratnam & CHamani	1995	$t_s = 0.47 \dfrac{q^{0.5} h_d^{0.25} h_t^{0.5}}{g^{0.25} d_{50}^{0.5}} + 0.7 h_t$
Hoffmans	1998	$t_s = \kappa \sqrt{\dfrac{q\, u_T \sin\theta_T}{g}}$
Liu	2005	$t_s = \sqrt{h_t^2 + k_t^2 \dfrac{q \sqrt{h_d}}{\sqrt{g}}}$ ； $t_s = t_T \sin\theta_T \left(\dfrac{k_e^2}{k_t^2} \right)^{1/m}$

θ_T = 射流入射點與水平夾角（°）；S_o = 溪床坡度；H_e = 有效壩高（m）；d = 河床粒徑（m）；d_m = 泥砂平均粒徑（m）；β = 空氣與水之比；u_T = 入射水流流速（m/s）；κ = 與d_{90}有關的係數；k_t = 水力因子；k_e = 底床沖刷因子；t_T = 入射水流厚度（m）；m = 與下游水墊有關的指數。

2. 半經驗公式：採用自由射流理論配合渠槽試驗所建立之半經驗估算公式，包括Tsuchiya & Iwagaki（1967）、林拙郎（1974）、Spurr（1985）、吳金洲（1990）、楊書昌（1991）、陳正炎等（1993）、蘇重光及連惠邦（1993）等。其中，林拙郎（1974）採用邊界層理論分析沖刷坑之剪力分布，再配合勢能理論，建立自由射流在水墊中的最大沖刷深度公式：

$$\frac{t_s}{d_m \sin\alpha} = 1.63[\frac{q\, v_o}{g\, d_m^2}(\frac{D}{d_m})^{0.13}]^{2/3} \quad (7.22)$$

式中，d_m = 河床泥砂平均粒徑（m）；α = 過壩水舌入射點與水平之夾角；q = 過壩水流單寬流量；$v_o = \sqrt{2\, g\, H_e}$；D = 水舌厚度（$= q/v_o$）。Spurr（1985）應用能量概念來解釋沖刷現象，它通過工程類比和沖刷能量指標ESI（energy scour index）來綜合估算河床的平衡沖刷深度。蘇重光、連惠邦（1993）以自由射流理論建立防砂壩下游河床局部沖刷之最大沖刷坑深度為

$$\frac{h_t + d_{se}}{h_o} = 0.91(\frac{v_o}{\overline{u_c}})\sqrt{1+\frac{2}{F_r^2}} \quad (7.23)$$

式中，h_t = 沖刷坑下游水深（m）；h_o = 壩上游水深（m）；v_O = 壩上游平均坡度（m/s）；$\overline{v_o}$ = 底床顆粒起動流速（m/s）；F_r = 沖刷坑福祿數（$= u_1/\sqrt{gh_d}$）；h_d = 壩上下游水位差（m）。

事實上，通過壩頂流出之自由射流與其下游底床條件，以及水流之含砂量，皆密切影響自由射流對下游底床局部沖刷的發生及發展結果，此為相當複雜的物理過程。因此，不論是經驗公式或半經驗公式在應用時都有一定的限制。此外，由於山地河川坡度較為陡峭，水流動能原本就相當強烈，加上橫向阻水構造物提升其局部沖刷動能，在一些條件配合之下也可能變成河道一般沖刷問題。當河道建置防砂壩之後，因過度集中河床落差，使得過壩跌水水流流速提高而對下游河床產生強烈的沖刷現象。在沖刷的初期，於壩體下游面形成局部沖刷坑，來消耗過壩跌水的沖刷動能，直到沖刷坑下游面的堆積丘不再有變化時，沖刷坑形狀及體積就會趨於穩定，沖刷即停止。但是，在河床較為陡峻的山地河川中，隨著過壩水流的持續沖刷，局部沖刷坑下游面的堆積丘相當不穩定，同時會逐漸向下游推移發展，這使得沖刷影響範圍也隨之擴大，直到河床坡度變緩，床質粗化，水流沖刷動能減弱，河道才能漸趨穩定。不過，此時防砂壩下游河床高程已經形成較長距離的沖刷下切，

不僅造成防砂壩基礎裸露而危及其安定，下游兩岸邊坡的淘刷問題，也提高了兩岸邊坡的不穩定。

(二) 固床工下游局部沖刷

與防砂壩一樣，固床工屬於全斷面橫向阻水構造物，惟其與河床間的高度落差小於防砂壩，如圖7-9所示。

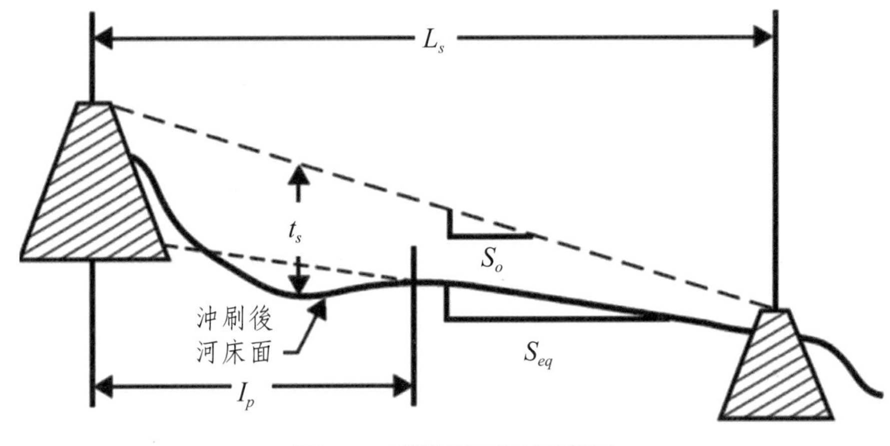

圖7-9　系列固床工示意圖

Lenzi et al.（2002）參考其他研究者研究成果及由系列實驗結果，提出適用於緩坡（坡度 ≤ 0.02）及陡坡（坡度 ≥ 0.08）的系列固床工間之下游沖刷公式。

1. 緩坡河道（$S_o \le 0.02$）：緩坡河道的沖刷深度及沖刷坑長度，可分別表爲

$$\frac{t_s}{H_s} = 0.180\frac{(S_o - S_{eq})L_s}{(\rho_s / \rho_w - 1)\, d_{50}} + 0.369 \tag{7.24}$$

$$\frac{I_p}{H_s} = 1.87\frac{(S_o - S_{eq})L_s}{(\rho_s / \rho_w - 1)\, d_{50}} + 4.02 \tag{7.25}$$

$$S_{eq} = \frac{(\rho_s / \rho_w - 1)\, \theta_c\, d_{50}}{y} \tag{7.26}$$

2. 山區陡坡河道（$S_o \ge 0.08$）：陡坡河道沖刷深度及沖刷坑長度可分別表爲

$$\frac{t_s}{H_s} = 0.436 + 0.06[\frac{(S_o - S_{eq})L_s}{(\rho_s / \rho_w - 1)\, d_{95}}]^{1.4908} + 1.4525[\frac{(S_o - S_{eq})\, L_s}{H_s}]^{0.8626} \tag{7.27}$$

$$\frac{I_p}{H_s} = 4.48 + 2.524[\frac{(S_o - S_{eq})L_s}{(\rho_s / \rho_w - 1)\, d_{95}}]^{1.129} + 0.023[\frac{(S_o - S_{eq})\, L_s}{H_s}]^{-1.808} \tag{7.28}$$

式中，$H_s = 1.5(q^2/h)^{1/3}$；q = 單寬流量（m^2/s）；S_{eq} = 平衡坡度；θ_c = 無因次臨界剪應力，可表為

$$\theta_c = \frac{0.24}{d_*} + 0.055[1 - \exp(-0.02d_*)] \tag{7.29}$$

$$d_* = d_{50}(\frac{1.65\,g}{v^2})^{1/3} \tag{7.30}$$

式中，d_* = 無因次泥砂顆粒粒徑。

(三) 丁壩壩頭局部沖刷

丁壩為由河岸伸向河心方向，在平面上與河岸構成T字形的橫向構造物，係由與河岸相接的壩根、伸向河心的壩頭及壩頭與壩根之間的壩身等組成，如圖7-10所示。

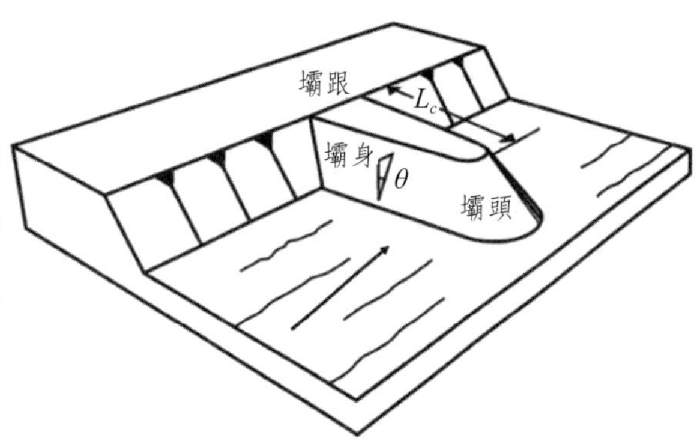

圖7-10　丁壩（花蓮苓雅溪上游）

丁壩局部沖刷以壩頭周圍的河床為主，其發生的主要原因，在認知上存在一些不同的看法，主要有以下幾種觀點：

1. 一般情況下，在丁壩壩頭附近會形成靠近河底流向下游的漩渦，在這種漩渦作用下丁壩壩頭周圍河床上的泥砂被沖向下游，逐步形成沖刷坑。
2. 由於丁壩對水流的阻礙作用。丁壩壩頭附近形成壓力差，從而部分水流轉而向下運動形成下潛水流，引起丁壩壩頭沖刷。
3. 由於丁壩的存在，使得壩頭附近的單寬流量增大，沖刷能力增強，泥砂被沖

起帶向下游，逐步形成冲刷坑。

4. 在丁壩壩頭附近，在下潛水流和繞過壩頭的水流及它們的相互作用所產生的漩渦綜合作用下，引起了壩頭的冲刷。

雖然上述幾種觀點略有差別，但都和丁壩改變了附近水流結構有直接的關係。對於丁壩頭部的局部冲刷研究的主要問題是冲刷坑的最大深度問題。以往的研究多數著重於冲刷深度與水流條件的關係，有以單寬流量表達者，例如Ahmad（1953）提出

$$t_s + y = k_a q^{2/3} \tag{7.31}$$

式中，t_s = 最大冲刷深度；y = 從原河床起算之水流深度；q = 丁壩處單寬流量；k_a = 定値，與水流強度及丁壩傾角相關。而Kuhnle et al.（2002）以接近水流深度及壩身長度爲參數，建立最大冲刷深度及冲刷體積簡易的推估公式，即

$$\frac{t_s}{y} = K_1\left(\frac{L_c}{y}\right)^a \tag{7.32}$$

$$\frac{V_s}{y} = K_2\left(\frac{L_c}{y}\right)^b \tag{7.33}$$

式中，L_c = 丁壩壩身長度（m）；V_s = 冲刷體積（m^3）。式中，K_1爲一無因次係數，與水流密度、水深、泥砂顆粒粒徑及級配、河槽和丁壩幾何等因素有關；Kuhnle（2002）建議，當水位低於丁壩時，K_1 = 2.0；而當丁壩浸沒於水流中時，K_1 = 1.41。無因次指數a隨（L_c/y）而改變，當L_c/y < 1.0時，a = 1.0；當L_c/y = 1.0～25.0時，a = 0.5；當L_c/y > 25.0時，a = 0。無因次係數K_2及指數b係與丁壩和接近水流之夾角有關，當丁壩與水流垂直時，K_2 = 17.106及b = −0.781；當丁壩與水流夾45度或135度時，K_2 = 12.11及b = 0。Rahman and Haque （2004）建議當L_c/y < 10時，係數K_1應修正爲

$$K_1 = 0.75\left(1 + \frac{2\tan\phi}{\tan\theta}\right)^{-0.5} \tag{7.34}$$

式中，ϕ = 靜摩擦角；θ = 丁壩壩身斜坡角度，如圖7-10所示。

由於丁壩對水流的阻滯效應與橋台（abutment）類似，故可以引用一些橋台局部冲刷的研究成果，提供參考。Melville（1997）採用因次分析及實驗方式，建立了適用於清水流及挾砂水流之冲刷深度公式

$$t_s = K_{h\ell} K_I K_d K_s K_\theta K_G \tag{7.35}$$

式中，$K_{h\ell}$ = 水流深度與橋台長度影響因子（flow depth – abutment length factor）；K_I = 水流強度影響因子（flow intensity factor）；K_d = 泥砂顆粒粒徑影響因子（sediment particle size factor）；K_s = 橋台形狀影響因子（abutment shape factor）；K_θ = 橋台排列影響因子（abutment alignment factor）；K_G = 河槽形態影響因子（channel geometry factor）。Melville（1997）就各項影響因子的計算，建議如下：

1. $K_{h\ell}$值：

$$K_{h\ell} = \begin{cases} 2L_c & L_c\ y < 1.0 \\ 2\sqrt{y\,L_c} & 1 < y/L_c < 25 \\ 10y & y/L_c > 25 \end{cases} \tag{7.36}$$

式中，L_c = 橋台深入河道長度；y = 水流接近水深。

2. K_I值：

$$K_I = \begin{cases} 1 & \dfrac{u-(u_a-u_c)}{u_c} \ge 1 \\ \dfrac{u-(u_a-u_c)}{u_c} & \dfrac{u-(u_a-u_c)}{u_c} < 1 \end{cases} \tag{7.37}$$

式中，u_c = 泥砂顆粒中值粒徑d時之臨界流速；u_a = 泥砂顆粒粒徑d_a時之臨界流速（d_a = 非均勻泥砂粗化層中值粒徑）。上式臨界流速可分別表爲

$$\frac{u_c}{u_{*c}} = 5.75\log(5.53\frac{y}{d}) \tag{7.38}$$

$$\frac{u_a}{u_{*ca}} = 5.75\log(5.53\frac{y}{d_a}) \tag{7.39}$$

式中，u_{*c} = 臨界剪力速度。其中，$d_a = d_{max}/1.8$（Chin et al., 1994）（d_{max} = 非均勻泥砂中之最大粒徑）。

3. K_d值：

$$K_d = \begin{cases} 1.0 & \dfrac{L_c}{d} > 25 \\ 0.57\log(2.24\dfrac{L_c}{d}) & \dfrac{L_c}{d} \le 25 \end{cases} \tag{7.40}$$

床砂屬非均勻泥砂時，$d = d_a$。

4. K_s值：當橋台垂直於堤岸時，依其形狀可由表7-6選取K_s值，即

表7-6　形狀因子

形狀	圖示	K_s
垂直牆		1.0
半圓形牆		0.75
Wing-wall		0.75
斜坡（H：V） 0.5：1 1：1 1.5：1		0.6 0.5 0.45

Source:after Melville,1992

由於較長的橋台長度時，形狀因子會變得不重要，故Melville（1997）提出修正形狀因子，即

$$K_{sm} = \begin{cases} K_s & L_c / y \le 10 \\ K_s + 0.667(1 - K_s)(\dfrac{L_c}{10\,y} - 1) & 10 < L_c / y < 25 \\ 1.0 & L_c / y \ge 25 \end{cases} \quad (7.41)$$

5. K_θ值：由橋台與水流方向間之夾角（θ）（參見圖7-11），推估橋台排列影響因子K_θ，如表7-7所示。

表7-7　排列因子（after Melville, 1992）

θ	30	60	90	120	150
K_θ	0.90	0.97	1.0	1.06	1.08

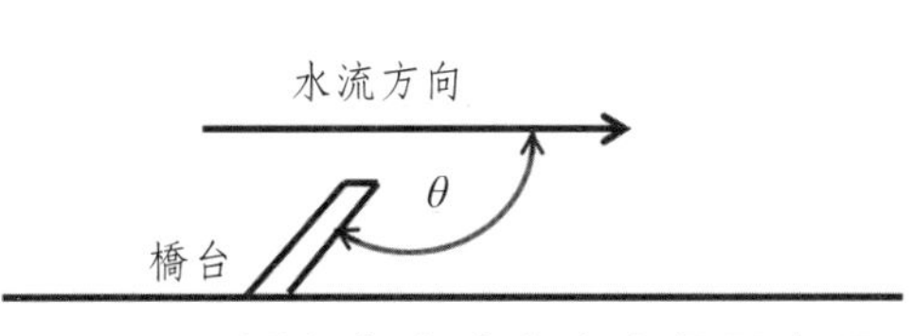

圖7-11　橋台與水流方向夾角示意圖

因表7-7僅適用於較長的橋台狀況（$L_c/y \geq 3$），故對於較短的橋台，Melville（1992）建議採用下公式計算，即

$$K_\theta^* = \begin{cases} K_\theta & L_c/y \geq 3 \\ K_\theta + (1-K_\theta)(1.5 - \frac{L_c}{2y}) & 1 < L_c/y < 3 \\ 1.0 & L_c/y \leq 1 \end{cases} \quad (7.42)$$

6. K_G值：

$$K_G = \sqrt{1 - \frac{B^*}{B}[1 - (\frac{y^*}{y})^{5/3}\frac{n^*}{n}} \quad (7.43)$$

式中，B、B^* = 主河槽及洪水平原寬度；y、y^* = 主河槽及洪水平原水深；n、n^* = 主河槽及洪水平原曼寧粗糙係數。

此外，基於橋台阻礙水流而導致水流剪應力增加的前提下，Lim（1997）提出清水流條件下之橋台沖刷公式

$$\frac{t_s}{y} = K_s(0.9X_a - 2) \quad (7.44)$$

$$X_a = \tau_{*ca}^{-0.375} F_{da}^{0.75} (d/y)^{0.25}[0.9(L_c/y)^{0.5} + 1] \quad (7.45)$$

式中，τ_{*a} = Shield's水流參數（$= u_{*c}^2/(\Delta gd)$）；u_{*c} = 泥砂顆粒臨界剪力速度（critical shear velocity for sediment particles）；Δ = 泥砂顆粒相對密度（relative density of sediment particles）（$= \rho_s/\rho_w - 1$）；K_s = 橋台形狀係數，參見表7-6；F_{da} = 泥砂顆粒福祿數，可表為

$$F_{da} = \frac{u}{\sqrt{\Delta g d_a}} \quad (7.46)$$

宗紹利等（2007）通過因次分析及實驗建立沖刷之經驗公式，即

$$\frac{t_s}{y} = 1.71F_r^{0.41}(\frac{B_h}{B_h - L_c})^{0.57}(\frac{u}{\sqrt{g\,d}})^{0.69} - 1 \quad (7.47)$$

式中，$F_r = u/\sqrt{g\,y}$，反應了河道上游接近水流對沖刷深度的影響；B_h = 河寬；$B_h/(B_h - L_c)$ = 丁壩對河寬的壓縮比，反映了丁壩幾何尺寸對沖刷深度的影響；$u/\sqrt{g\,d}$ = 斷面流速與床砂起動流速比值，反映了泥砂條件對沖刷深度之影響。

7-3 河道土砂淤積

儘管山地河川總的趨勢是朝向沖刷發育，不過當挾砂水流在運動過程中，因外部環境改變而影響內部輸砂能力，使水流中的泥砂發生落淤沉積者，或是河岸突發性的崩塌現象，大量土體瞬間崩落河道之後，水流在短時間內無法完全輸移者，就會發生河道土砂淤積（sediment deposition）而導致萎縮的問題。外部環境改變包括河道坡度減緩、橫斷面變寬、河床阻力突增、流路急彎等單獨或複合狀況，皆屬之。

雖然土砂淤積問題在山地河川發育過程中，僅僅屬一個常見而短期的現象，但是它對河道具有利、弊兩重性。其中，中下游河川洪氾平原即是由土砂長期淤積塑造而成，這是有利的部分；惟其弊的部分主要表現在降低河道設施的機能，包括：

一、河道土砂淤積：可能會導致河道底床高程抬升、過流斷面積縮小、排洪輸砂能力下降及同流量水位抬升等問題，也可能阻塞擠壓水流，導致水流流向改變而引發河岸崩退，這兩種情況皆會引起洪水挾砂對沿岸保全對象的重大危害問題。

二、水庫土砂淤積：對山地河川而言，水庫如同一座大型的沉砂池，它可以快速地降低來自庫區上游河道高速的水流，使得水流所挾帶的大量土砂因流速降低而沉降，不僅在短時間內使庫區原水水質濁度上升，同時沉降土砂亦逐步填高庫底高程，使庫容縮小而影響水庫壽命。例如：石門水庫受到2004年艾利颱風高強度降雨影響，統計自2004～2007年間總土砂淤積量增加約3,883萬m^3，約占總土砂淤積量9,497萬m^3之40%；曾文水庫於2009年莫拉克颱風時，使水庫增加約9,108萬m^3的土砂淤積量；2015年蘇迪勒颱風造成台北水源特定區南勢溪上游大規模河岸崩塌，導致水質濁度提高，並且超出淨水廠處理限度，影響了大台北市連續多天的供水品質問題。

近幾年來，受到人為因素及降雨極端化的雙重影響，使得山地河川水砂條件發生了變異，不僅產生為數眾多的大規模河岸崩塌或土石流產砂，同時河床演變脫離長期演化下所建立的相對平衡狀態，出現通洪斷面縮小、排洪輸砂能力下降等河道基本功能衰退的演變現象。因此，山地河川土砂淤積是集水區水砂變異的延伸，亦為各種土砂災害（如崩塌、地滑、土石流等）表現的方式之一。但是，河岸崩塌又是河床結構發育的重要環節，河床穩定的必要過程。

7-3-1 土砂淤積類型

山地河川土砂淤積類型可以依據它的發展方向、速度、成因及河道型態等因素加以分類。茲綜述如下：

一、依發展方向分類（空間特性）

從山地河川土砂淤積沿著水流方向上的形成特徵，可區分為沿程淤積、溯源淤積及複合型淤積等三種類型。

(一) 沿程土砂淤積：當挾砂水流的輸砂量大於其挾砂能力時，泥砂會沿著水流方向逐漸落淤，淤積體自上而下逐漸變薄，成為楔形，淤積物的組成是運動著的泥砂中較粗的部分，並沿程逐漸變細。經過沿程土砂淤積，河道坡降將大於原河床坡降，河流挾砂能力也將有所提升。如坡降急遽變緩、河幅迅速展寬等河段，皆可能發生這種型態的土砂淤積問題。

(二) 溯源土砂淤積：當河道侵蝕基準面抬升時所產生的土砂淤積現象，最典型的例子就是建造水壩後引起的壅水淤積。由於河道下游壅水造成了水深增加，流速減緩，水流挾砂能力降低，使土砂先從下游產生淤積，然後再逐漸向上游發展，淤積厚度下游大於上游。在天然河道上，有時因水砂的不平衡形成了局部的淤積體，這種淤積體在一定時間內也會抬高河床侵蝕基準面的作用，並向上游傳遞其影響。如支流土石流匯入主流、彎曲河段、河道阻礙物（如防砂壩、潛壩、固床工、橋梁、巨石等）等均屬之。

(三) 複合型土砂淤積：複合型土砂淤積為沿程淤積和溯源淤積兩種型態之綜合

體；當發生沿程土砂淤積時，因局部抬高河床高程，使其上游水流深度增加，流速減緩，水流挾砂能力因而降低，形成溯源土砂淤積；另一種情形是橫向阻構造物（如防砂壩）上游因土砂溯源淤積，使其貯砂空間淤滿之後，因河床坡度減緩，造成水流挾砂能力下降，於淤砂範圍內發生了沿程土砂淤積情形。

二、依發展速度分類（時間因素）

山地河川土砂淤積程度與其時間發展的長短，可區分爲瞬間型及漸進型土砂淤積。

(一) 瞬間型土砂淤積：係在一場或多場颱風豪雨之後，因來自上游大量土砂入流而導致淤積，其發生原因多與河段特性和上游入流土砂量相關。在臺灣地區山地河川經常出現瞬間型的土砂淤積事件，例如：民國97年辛樂克颱風為南投縣仁愛鄉塔羅灣溪集水區帶來連續48小時約1,000mm的降雨量，致使上游發生大規模的土石崩塌，並形成堰塞湖，隨後潰堤，洪水挾帶著崩落的土石，長驅直入廬山溫泉區，約30m寬、約5m深的河道迅速地被土石填滿，淤積高度達到7、8m的土石，更隨著洪水沖毀堤岸兩旁的建築物，如照片7-7所示。河道瞬間土砂淤積屬於高強度的河床演變過程，其衍生的災害問題包括山洪氾濫、淤埋房舍、毀岸沖堤等更甚於河床沖刷。因此，除了全河段採取必要的清疏作爲，力求短期間內打通部分通洪斷面外，消除上游入流土砂量（基本土砂控制），是降低土砂淤積的不二途徑。

(a)颱風前

(b)颱風後

照片7-7　辛樂克颱風前、後南投縣仁愛鄉廬山溫泉吊橋上游河道土砂淤積比較

(二) 漸進型土砂淤積：由於河段坡降過於平緩，或有機物（或異物）提高水流阻力，或斷面局部束縮等原因，使水流挾砂經過長時間（年計）落淤累積而逐漸造成土砂淤積情形，如照片7-8所示。該類型土砂淤積多因河道內在因素（如坡降、寬度等）所致，加上部分異物及有機物等外在因素的介入，而提高了河道兩岸溢淹之風險。雖然可實施有機物清除，以恢復其通洪能力，惟內在因素沒有排除，漸進型土砂淤積問題仍然無法杜絕的。

照片7-8　河道漸進型土砂淤積

三、依成因分類

土石淤積成因可概分為自然淤積及人為淤積兩種類型。

(一) 自然土砂淤積：因溪床坡度遷緩、河幅展寬、河道彎曲、河幅束縮段上游等自然因素的單一或綜合影響下，使水流挾砂能力下降或產生變化而引起河道土砂淤積者，稱之。通常，自然因素造成的河道土砂淤積具有重發性，即便通過清疏方式排除淤積土砂，惟經過一段時間之後就會逐漸地或瞬間發生土砂回淤現象，屬於土砂淤積潛勢河段，其設施整治宜從河道觀點進行整體性的規劃和處理，才能有效緩解此現象。

(二) 人為土砂淤積：為配合人們的生活或生產需求，於河道內建設了相關的人為構造物，包括橋梁、橫向構造物（如防砂壩、潛壩、滯洪設施、透過性壩、固床工、丁壩等）等，造成河道土砂淤積者，稱之。部分構造物刻意造成土砂淤積以提高其機能，例如防砂壩、潛壩、透過性壩、固床工、丁壩等橫向構造物，故在設計時就必須加以考量土砂淤積後的衝擊面，避免促發災害；部分構造物是不允許發生土砂淤積的，例如橋梁、滯洪設施等，惟因具有部分的阻水效應，只要上游來砂量大時，土砂淤積問題是難以避免的。

7-3-2 河道土砂淤積潛勢河段及其致災特徵

從影響範圍來看，河道土砂淤積致災程度甚於沖刷；從發生區位來看，土砂淤積致災程度與發生區位密切相關；從發生條件來看，多屬自然因素所造成，不易透過人為方式加以改善緩解其淤積潛勢。因此，根據上述各種土砂淤積型態的分類結果，探討易致生土砂淤積的五種河段類型及其致災特徵，包括支流大量匯入主流河段、易生河岸崩塌河段、河床坡度變緩或河幅展寬河段、河彎段、橫向構造物上游河段等，茲分述如下：

一、支流大量土砂（如土石流）匯入主流河段

支流挾砂水流或土石流匯入主流時造成匯流口附近河段的土砂淤積，主要原因多為匯流口坡度急遽變緩或河幅突擴所致。不論支流水流挾砂量之多寡，當遇有這種地形變化時，皆足以降低水流挾砂能力而使土砂落淤堆積，如照片7-9為2007年8月21日聖帕颱風高雄縣六龜鄉（現高雄市六龜區）寶來溫泉區寶來一橋上游野溪爆發大量土石流匯入荖濃溪主流河道。隨著支流不斷匯入土砂，匯流口土砂淤積範圍逐漸擴大，甚至阻塞主流部分過流斷面，不僅擠壓主流流路偏向對岸而引發河岸淘刷致災，且可能導致主流於匯流口處，因過流斷面被阻塞而使水位抬高，造成朝著上游方向發展的溯源型土砂淤積現象，嚴重影響上游兩岸保全對象之安全。支流土砂匯入引發土砂淤積潛勢的河段，屬於自然因素所造成，無法完全依賴人為設施加以杜絕，除了於支流實施土砂減量之抑制設施外，提高匯流處的土砂清疏頻度，則是減低災害發生的重要措施之一。

照片7-9 支流匯入主流河段之土砂淤積現象

二、河岸崩塌易發河段

根據5-6節得知，河岸崩塌可概分爲兩種類型：1.因河道水流淘刷促使河岸邊坡幾何形態的變化而誘發崩塌，這類崩塌與河道水深和流速直接相關，通常崩塌區多位於河岸下邊坡處；2.河岸坡面受到地質、坡度及降雨入滲等因素之影響，導致邊坡土體直接崩落於河床，這種崩塌多發生於邊坡的上方，沒有受到河道水流的直接影響，惟有時候因下邊坡土體遭水流淘刷滑崩之後，上邊坡土體失去支撐而一起崩滑進入河道。

由於河岸崩塌屬於河道直接土砂崩落量，或停積在崩落處形成堰塞湖，或抬高河床高程瞬間縮減通洪斷面，或隨著洪流向下游輸移淤積下游河段，皆可能引發河道土砂淤積的致災模式，如照片7-10爲高雄市桃源區塔羅留溪之河岸崩塌。河岸崩塌致生土砂淤積之潛勢河段，雖然屬於自然因素所造成，惟通常可以通過人爲設施介入而得到緩和，如護岸、山腹工等措施均能有效降低河岸崩塌規模及頻率。

照片7-10　高雄市桃源區塔羅留溪河岸崩塌造成河道嚴重土砂問題

三、河道底床坡度或（及）河幅變化河段

雖然河床坡度趨緩或河幅遽變（展寬或束縮）導致土砂淤積現象，與支流土砂匯入引發土砂淤積的機理完全相同，但是因發生位置不同，其致災方式顯有差異，如照片7-11所示。當挾砂水流在流動過程中，遇有河床坡度遽減或河幅突然變寬或變窄的河段時，由於水流速度急速降低及分散，使得水流中的土石因而沉降落淤，倘若上游不斷地供給土砂，則河段土砂淤積程度會快速發展，最後將導致河道通水斷面縮減，甚至後續土砂向河岸低窪處堆積，使河道幾乎消失不見；倘若河道水流屬於土石流流態時，則整體土砂可能因此發生凍結效應，整個河道斷面立即遭到土砂阻塞，後續水流則向河道兩岸任意擺盪，嚴重影響兩岸之安全。這種土砂淤積潛勢河段亦爲自然因素所造成，且不易透過人爲設施介入而獲得改善，比較普遍的作法是控制其上游集水區土砂生產，並加速河道淤積土砂之清疏作業。

類似現象如水庫泥砂淤積問題，它是河道水流突然進入一個很大的水體，使其流速迅速降低而造成泥砂的落淤堆積，惟不同於上述河道土砂淤積問題，水庫泥砂淤積主要是影響其本身的蓄、供水功能，並不危害其周遭環境，同時它在清淤的困難度上更甚於河道。

照片7-11　高雄市六龜區新發大橋附近河道突闊處之土砂淤積致災

四、河彎段

河彎段於凸岸的土砂淤積機理已如前述。由於河彎段土砂淤積現象亦屬自然因素所造成，不易通過人爲整治措施獲得改善，其作法除了加強平時的土砂清疏作業外，放寬河彎段斷面，緩和凹岸沖刷，就能有效降低凸岸的土砂淤積程度，如照片7-12所示。

五、橫向或跨河構造物上游河段

橫向構造物對水流產生高度的阻水效應，使其上游面常形成土砂淤積河段。以防砂壩及橋涵爲例分別說明土砂淤積的機理及其影響。

(一) 防砂壩：防砂壩屬於河道橫向構造物，因抬高了河床侵蝕基準面，使其上游面產生溯源型的土砂淤積現象。但是，防砂壩上游土砂淤積是發揮其功能的主要過程，它是透過河床土砂淤積抬高河床高程，藉以支撐兩岸邊坡土體，維持其長期的穩定；換言之，它所造成的土砂淤積是刻意形塑的，是提高其整治河道功能的必要結果。

照片7-12　高雄市六龜區荖濃溪寶來溫泉附近彎道土砂淤積

(二) 橋涵構造物：通常跨河構造物（如橋梁、箱涵等）多束縮河道斷面，且易受到異物阻塞，使其上游河段產生不同程度的壅水現象，導致水流流速降低，泥砂落淤沉積，如照片7-13所示。類似橋涵構造物的土砂淤積現象，包括河道滯洪設施、過水路等皆屬溯源型土砂淤積，並屬人爲因素所造成的土砂淤積，除非是拆除恢復河道原狀，否則此類型土砂淤積問題必然存在。

7-3-3 清疏減淤效率

在一定水文和地形條件下，當河道一時無法適應上游水少、砂多的不平衡入流狀況時，就會通過土砂淤積來調整河床形態，以適應來水來砂條件及人爲作用的變化，企圖恢復自然條件下的那種相對平衡狀態。這是一種恢復穩定的自然調整過程，一般需要很長的時間，這對受到土砂淤積問題威脅之沿岸保全對象而言，是無法滿足其生活上之期待，因而採行一定強度的人爲清疏減淤（dredging for deposi-

照片7-13　山地河川跨河構造物上游段淤積致災現況

tion reduction）工程，力求恢復河道排洪能力，已成爲河道土砂淤積問題短期處理的主要手段了。據統計，2009年莫拉克風災造成大甲溪、濁水溪、烏溪、頭前溪、曾文溪、高屏溪、花蓮溪、淡水河等水系152條山地河川約2,407萬m^3的淤積土砂，而至2015年止，水土保持局已辦理1,025件清疏工程，總清疏土砂量約達4,943萬m^3。

以屏東縣來義鄉來社溪爲例，說明現階段河道清疏減淤的主要問題。來社溪集水區（編號：1760002）位處屏東縣來義鄉，集水區面積約爲4,424.28ha，屬於林邊溪流域的一脈。依據2009年莫拉克風災後崩塌地圖資進行判釋，本區計有102處崩塌地，裸露面積約達343.11ha，崩塌率高達7.76%，屬於嚴重崩塌區域，且由於部分土砂隨著水流輸出，導致來社溪至義林大橋間約8.0公里的河段發生了嚴重的土砂淤積，如照片7-14所示。由於通洪斷面幾乎被土砂所淤埋，河道過流斷面已無法排泄上游的來水來砂，於是辦理了清疏工程。但是，因上游土砂量仍多，水砂不平衡的現象尚未恢復災前之準平衡狀態，即便自2009～2016年間辦理13件清疏工程，總清疏量體高達332萬m^3，仍然無法達到安全通洪之清疏目標，清疏河段常在一次颱風降雨事件之後，就產生嚴重的土砂回淤問題。

照片7-14　原東縣來義鄉來社溪土砂淤積現況

表面上，通過人爲清疏減淤方式可以短時間內恢復部分河段之排洪能力，降低洪水溢淹之威脅，但是河道發生土砂淤積問題除了部分是本身地形因素外，多數是其上游水砂係數因人爲干預或氣候變遷而發生變異（水砂係數 = 平均含砂量與平均流量之比），使在短時間內出現大量土砂匯入所致，當這個問題在短期間無法得到較好的處理之前，企圖利用清疏措施達到減淤效果，就必須掌握清疏河段河床演變之基本規律，因應現地條件研擬適當的清疏減淤措施。

一、清疏減淤效率

河道土砂清疏係指以工程方法清除疏通河床上之土石、有機物等堆積物，以恢復其排洪輸砂之基本功能，減免洪水溢淹致害；換言之，河道土砂清疏目的在於減少土砂淤積，或謂清疏減淤，讓河道能夠快速恢復排洪輸砂之相對平衡狀態。一般，清疏減淤效果可以採用清疏減淤比表示，它係指在相同的水、砂及工程邊界條件下，與不清疏相比，清疏後研究河段的土砂淨增減量與清疏量之比，即相當於減少單位淤積量所需的清疏量，可表爲（姚文藝等，2003）

$$\beta=\frac{V_{sd}}{V_{so}-V_{s}} \tag{7.48}$$

式中，β = 清疏減淤比；V_{sd} = 清疏土方量；V_{so}、V_{s} = 研究河段清疏前、後同一段時段、同一侵蝕基準面下的河道冲淤量。顯然當清疏前的淤積量V_{so}大於清疏後的淤積量V_s，即$V_{so} - V_s > 0$時，清疏是有減淤效果的；當$\beta = 1.0$時，減淤量與清疏量相等；$\beta < 1.0$時，減淤量大於清疏量；$\beta > 1.0$時，減淤量小於清疏量；$\beta \rightarrow \infty$時，即V_{so}與V_s接近，說明清疏後並未減輕河道的土砂淤積程度。

假設河道清疏後遭遇洪水作用，於清疏河段及其上、下游會有土砂冲淤互現現象，如圖7-11所示。對於同一起始邊界條件而言，圖中V_{su}為清疏河段上、下游側可能產生的冲刷量，V_{sh}為回淤量，V_{sb}為清疏河段相對於清疏後邊界條件下的回淤量。這樣，按清疏減淤比定義，V_s可表為

$$V_s = V_{sh} - V_{su} - (V_{sd} - V_{sb}) = V_{sh} + V_{sb} - V_{su} - V_{sd} \tag{7.49}$$

令$V_{st} = V_{sh} + V_{sb} - V_{su}$，$V_{st}$即為研究河段在同樣水砂條件下，相對於清疏後邊界條件的淤積量，或謂清疏工程實施後在一段時間內實測到的淤積量。因此，清疏減淤比中之V_s應該在V_{st}的基礎上再減去清疏量V_{sd}，則清疏減淤比可表為

$$\beta = \frac{V_{sd}}{V_{so} - V_s} = \frac{V_{sd}}{(V_{so} - V_{st}) + V_{sd}} \tag{7.50}$$

此外，為表徵清疏後的減淤程度，令在一定河段、時間及水砂條件下，研究河段實際淨減少的土砂淤積量與清疏量之比值，稱為減淤效率（efficiency of dredging），可表為

$$\eta = \frac{V_{sd} + V_{su} - V_{sb} - V_{sh}}{V_{sd}} \tag{7.51}$$

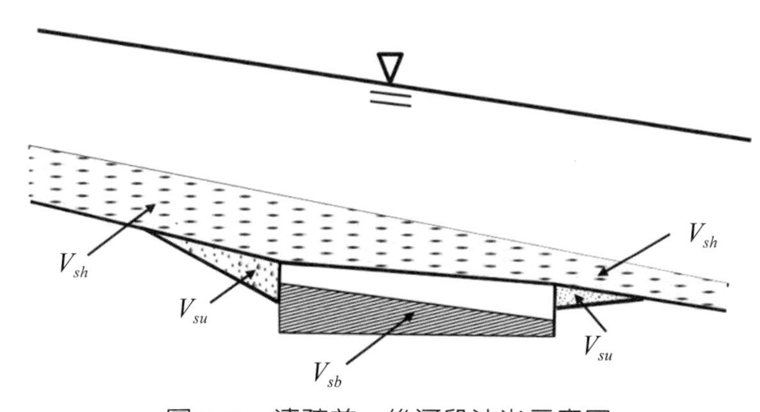

圖7-11　清疏前、後河段冲淤示意圖

由上式得知，當$\eta > 1.0$時，表包括清疏量在內的全河段的總減淤量大於清疏量，即$V_{su} > V_{sb} + V_{sh}$；當$\eta = 1.0$時，說明河段總減淤量與沖刷量相等，或河段減少的土砂淤積量等於清疏量。將上式改寫為

$$\eta = \frac{1}{\beta} - \frac{V_{so}}{V_{sd}} \tag{7.52}$$

式中，V_{so}/V_{sd} = 清疏強度。令$\kappa = V_{so}/V_{sd}$，則上式可表為

$$\eta = \frac{1}{\beta} - \kappa \tag{7.53}$$

顯然，當清疏強度一定時，要提高減淤效率，就需要減小清疏減淤比和增大清疏量。當清疏強度一定時，以β為自變數，對上式微分可得

$$\frac{d\eta}{d\beta} = -\frac{1}{\beta^2} \tag{7.54}$$

由上式，隨著β的增加，減淤效率η的遞減率將隨β的平方而變化。因此，清疏減淤比β對減淤效率η影響很大。從式（7.51）得知，要提高清疏效率，就要力求減少清疏後的回淤量V_{cb}。

二、清疏後河床調整機理

由人為清疏方式恢復河道部分通洪能力，是清疏手段的基本目的，但是能否同時起到清疏減淤之效果，就必須對河床調整機理有一定的認識。清疏以後，由於河床邊界條件的改變，在一定的水砂條件下，必然在清疏河段產生一定數量的回淤，同時在清疏河段上、下游發生一定的沖刷，為盡量減少在清疏河段的回淤量，提高清疏減淤效果，可以從能量的角度分析河床演變的內在規律。

姚文藝等（2003）認為，提高清疏減淤效率的基本條件，必須維持一定的水流挾砂力。因此，從能量損失觀點，建立了水流挾砂力不降低時，河床坡降必須滿足下式，即

$$S_o \geq S_w + S_e \tag{7.55}$$

式中，S_o = 河床坡降；S_e = 斷面單位能量坡降；S_w = 摩阻坡降，表沿程水頭損失的坡降，為克服摩擦力而做功，可表為

$$S_w = \frac{q^2}{C^2}\left(\frac{\xi^2 L}{V_{sd}}\right) \tag{7.56}$$

式中，q = 單寬流量；C = 蔡司（chezy）係數；V_{sd} = 清疏量，表爲清疏河段長度L、寬度B及深度h之乘積；ξ = 斷面河相係數（$=\sqrt{B}/h$）。由上式，當單寬流量和河床邊界糙率一定時，對於一定的清疏量，要使S_w盡量減小，就要盡量使清疏斷面設計爲窄深型；同時，需要在滿足河相關係的前提下又要盡量使清疏長度短一些；當清疏長度一定時，清疏量不能太小，清疏斷面也不能太小；清疏斷面一定時，要盡可能放大清疏量。

對於S_e，主要取決於水流的流態。因此，要使其盡量減小，就要盡量消除或減弱清疏河槽尾端與原河床間銜接處的底坎，對水流的阻滯壅水作用，或者說最大限度地控制壅水現象。從這個觀點，對清疏河段下游河段進行適當的疏通整平，是很有必要的。對於提高清疏減淤效果有一定的作用。

總之，若要取得較大的清疏減淤效果，就要盡量減少清疏河段的回淤量。爲此，在清疏方案設計中，優化清疏河槽之水力幾何要素，選擇適當的清疏方式是非常重要的。從定性觀點，清疏斷面形態應以窄深型爲佳，即ξ應比較小；清疏河段長度要適度控制，但清疏量又不能太少；換言之，在清疏斷面一定的條件下，清疏長度又不能太短；此外，還應對清疏河段下游河段進行適當的疏通整平措施。

參考文獻

1. 王兆印、黃金池、蘇德惠，1998，河道沖刷和清水水流河床沖刷率，泥砂研究，1，1-11。
2. 吳金洲，1990，堰壩溢流水舌對下游河床沖刷之研究，逢甲大學土木及水利工程研究所碩士論文。
3. 宗紹利、吳宋仁、秦宗模，2007，山區航道丁壩沖刷深度研究，水運工程，3，69-72。
4. 姚文藝等，2003，黃河下游河道挖河減淤機理及泥沙處理對環境的影響，黃河水利出版社。
5. 黃金池、王兆印、劉之平、孟國忠、梅云新，1998，水流沖刷與管道埋設，中國建材工業出版社。
6. 楊書昌，1991，無護坦堰壩下卵石河床局部沖刷之研究，逢甲大學土木及水利工程研究所碩士論文。

7. 劉沛清，1994，挑射水流對岩石河床的沖刷機理研究，清華大學工學博士學位論文。
8. 劉懷湘、王兆印、陸永軍、余國安，2013，下切性河流的床沙餉應與縱剖面調整機制，水科學進展，24(6)，836-841。
9. 陳正炎、郭信成、鐘文傳，1993，堰壩投潭沖刷坑特性因子之研究，中華水土保持學報，24(2)，81-89。
10. 經濟部水利署水利規劃試驗所，2010，大甲溪河段輸砂特性試驗研究(3/3)。
11. 蘇重光、連惠邦，1993，防砂壩下游天然河床受壩頂溢流沖刷之研究，台灣水利季刊，41(2)，35-41。
12. 林拙郎，1974，砂防ダム下流部における洗掘深さについて，新砂防，27(2)，10-19。
13. Ahmad, M., 1953, Experiments on design and behavior of spur dikes. Proceedings, Minnesota International Hydraulics Convention, International Association of Hydraulic Research, Minneapolis, Minnesota.
14. Blench, T., 1969, Mobile-bed fluviology, University of Alberta Press, Edmonton, Canada.
15. Blodgett, J.C., 1986, Hydraulic characteristics of natural open channels, Volume 1 of "Rock Riprap Design for Protection of Stream Channels Near Highway Structures," U.S. Geological Survey, Water-Resources Investigations Report 86-4127, prepared in cooperation with the Federal Highway Administration.
16. Bormann, N. E., and Julien, P. Y., 1991, Scour Downstream of Grade-Control Structures, Journal of Hydraulic Engineering, 117(5), 579-594.
17. Chin, C. O., Melville, B. W. and Raudkivi, A. J., 1994, Streambed armoring, J. Hydr. Eng., ASCE, 120(8), 899-918.
18. Gilbert, K. G., 1914, The transportation of debris by running water, U. S. Geological Survey Professional Paper 86.
19. Heng, S., Tingsanchali, T. & Suetsugi, T., 2013, Prediction formulas of maximum scour depth and impact location of a local scour hole below a chute spillway with a flip bucket, WIT Transactions on Ecology and The Environment, 172: 251-262.
20. Kuhnle, R. A. Alonso, C. V., and Shields, F. D., Jr., 2002, Local scour associated with angled spur dikes, J. of Hydraulic Engineering, ASCE, 128(12), 1087-1093.
21. Lagasse, P.F., Schall, J.D. and Richardson, E.V., 2001, Stream stability at highway structures, Hydraulic Engineering Circular No. 20, Third Edition, FHWA NHI 01-002. Federal Highway

Administration, Washington, DC.

22. Lane, E.W., 1955, The Importance of Fluvial Morphology in Hydraulic Engineering, American Society of Civil Engineering, Proceedings, 81, paper 745: 1-17.

23. Lenzi, M.A., Marion, A., Comiti, F. and Gaudio, R., 2002, Local scouring in low and high gradient streams at bed sills, J. Hydr. Res., IAHR, 40(6), 731-739.

24. Lim, S.Y., 1997, Equilibrium clear-water scour around an abutment, J. Hydraul. Eng., ASCE, 123(3), 237-243.

25. Martins, R., 1975, Scouring of rocky riverbeds and free-jet spillways, Int. Water Power Dam Constr., 27(5), 152-153.

26. Mason, P.J.,1984, Erosion of Plunge Pools Downstream of Dams Due to the Action of Free-Trajectory Jets, Proc. Instn. Civ. Engrg., Part 1, 76, 523-537.

27. Mason, P. J., and Arumugam, K., 1985, Free jet scour below dams and flip buckets, J. Hydr. Engrg., ASCE, 111(2), 220-235.

28. Maza Alvarez, J.A. and Echavarria Alfaro, F.J., 1973, Contribution to the study of general scour, Proc. International Symposium on River Mechanics, IAHR, Bangkok, Thailand, 795- 803.

29. Melville, B.W., 1992. Local scour at bridge abutments. J. Hydraul. Eng., 118(4): 615-631.

30. Melville, B. W., 1997, Pier and abutment scour: integrated approach. Journal Hydraulic Engineering, 123(2), 125-136.

31. National Engineering Handbook, 2007, Scour Calculations, Technical Supplement 14B.

32. Neill, C. R., 1964, River bed Scour, a review for bridge engineers, Contract No. 281, Res. Council of Alberta, Calgary, Alberta, Canada.

33. Pemberton, E.L. and Lara, J.M., 1984, Computing degradation and local scour", Technical Guideline for Bureau of Reclamation, Engineering and Research Centre, Bureau of Reclamation, Denver, Colorado, USA.

34. Rahman M.M. and Haque M.A., 2004, Local scour at sloped-wall spur-dike-like structures in alluvial river, J. of Hydraulic Engineering, ASCE, 130(1), 70-74.

35. Rajaratnam, N. & Chamani, M. R., 1995, Energy loss at drops, J. Hydr. Res., 33(3): 373-384.

36. Rajaratnam. N., and Beltaos. S., 1977, Erosion by impinging circular turbulent jets, J. Hydraul. Div., ASCE, 103(10), 1191-1205.

37. Rosgen D., 1996, Applied Fluvial Morphology. Wildland Hydrology Books, Pagosa Springs,

Co.

38. Spurr K. J. W., 1985, Energy approach to estimating scour downstream of a large dam, Water Power & Dam Construction. July, 81-89.

39. Tsuchiya, Y. and Iwagaki Y., 1967, On the mechanism of the local scour from flows downstream of an outlet, Proc. Of the 12th Congress, JAHR, 3, 55-65.

40. Veronese, A., 1937, Erosion of a bed downstream from an outlet. Colorado A&M College, Fort Collins, Colo.

41. Wang, Z.Y., Peng, C. and Wang R.Y., 2009, Mass movements triggered by the Wenchuan Earthquake and management strategies of quake lakes[J], International Journal of River Basin Management, 7(4) , 391-402.

42. Wang Z.Y, Melching C. S. and Duan X.H,, 2008, Ecological and hydraulic studies of step-pool system, Journal of Hydraulic Engineering, ASCE, 130(7), 792-800.

第8章 集水區產砂規律模擬

集水區土砂的崩蝕（係指各類土壤侵蝕、崩塌及地滑等）、搬運及堆積過程是與時間和空間有關的開放系統。首先是集水區通過降雨及其產出的坡面逕流的綜合作用，將自坡面不同區位崩蝕而起的土砂攜入河川，然後經由河川水流的輸移，使泥砂在下游水庫、河口或寬平河段等地區堆積起來。

在這個過程中，由衆多不規則主、支流連接而成的水系，負責輸移從上游往下游沿程疊加來自坡面和河谷兩岸水、砂量體，同時也不斷地調整適當的斷面形態、粒徑組成及底床坡度，來因應集水區來水量及來砂量的改變；換言之，這個過程是在坡面和河道載體下進行著水、砂的生產和輸送過程，而水、砂在輸移過程又反過來影響載體的演變特性。因此，集水區產砂過程是由各種不同崩蝕類型和河道土砂沖淤所組成的一個極爲複雜的過程，它關係著河道上、下游之間水砂災害的傳遞和平衡問題，是河道挾砂水流演算不可或缺的關鍵內容。

8-1 集水區產砂過程與土砂收支方程

集水區土砂在不同地貌單元及河道發生不同形式的崩蝕、搬運及堆積等物理過程，它們之間的量體消長符合質量守恆定律，可表爲

$$O_V = A_V - S_V \tag{8.1}$$

式中，A_V = 集水區土砂流失量，包括雨滴飛濺、層狀、紋溝、溝狀及崩塌等各種崩蝕土砂量，以及河床沖刷量；O_V = 集水區土砂生產量（產砂量、輸砂量）（sediment yield），係指在某一給定的時間內，從流域或集水區某特定出口斷面流出的總土砂量；由於土砂在沿著坡面及河道運移的過程中，部分土砂會在集水區的不同位置沉積下來，於是只有部分崩蝕的土砂會被帶到這個特定斷面，此部分的

土砂謂之產砂量；S_V = 集水區土砂殘留量，包括殘留在坡面上，以及河道底床淤積土砂量。上式，因已涵括了集水區各種土砂崩蝕、生產及殘留等量體之平衡關係，故稱之爲集水區土砂收支方程式（sediment-budget equation in basin）。

如以特定河段爲單元，除了沿著坡面進入河段的侵蝕土砂外，還有自其上游和支流進入的土砂量，其土砂收支方程式可寫爲

$$O_V = A_{LV} + A_{UV} - S_{RV} \tag{8.2}$$

式中，A_{LV} = 自坡面進入河段的各種崩蝕土砂量和河床沖刷量，前者即屬坡面土壤（砂）流失量；A_{UV} = 分析河段上游及支流入流土砂量；S_{RV} = 河道底床淤積土砂量。如圖8-1爲集水區及河道土砂收支概念圖。

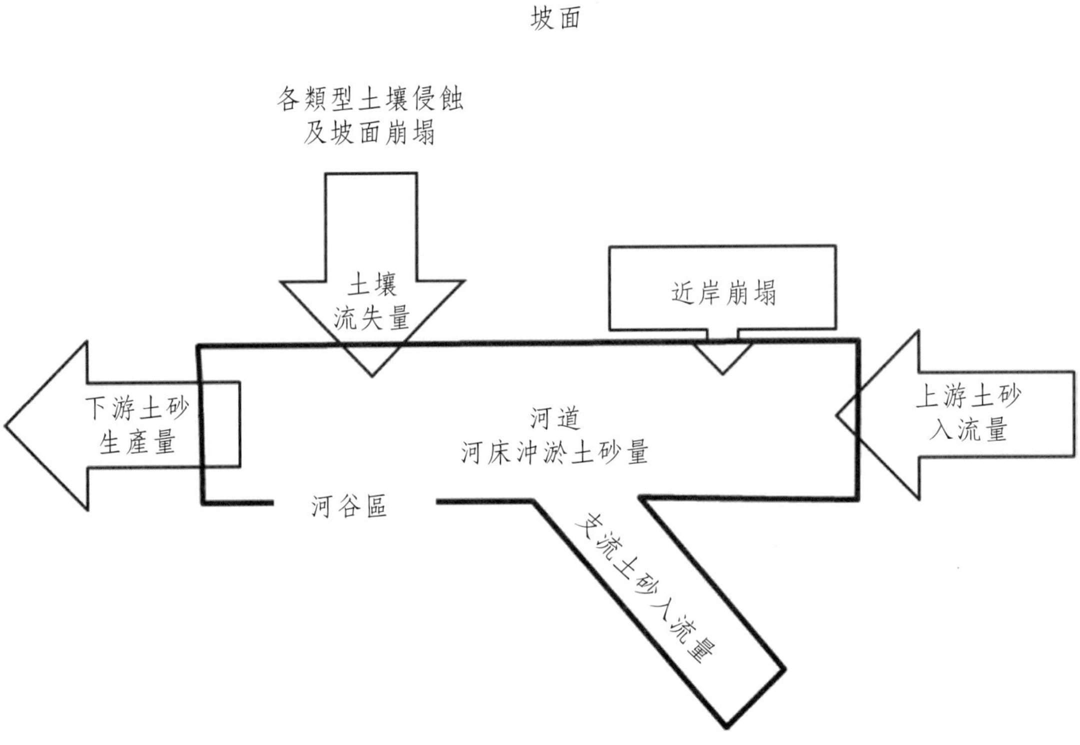

坡面
各類型土壤侵蝕
及坡面崩塌
土壤
流失量
近岸崩塌
下游土砂
生產量
河道
河床沖淤土砂量
上游土砂
入流量
河谷區
支流土砂入流量

圖8-1　集水區及河道之土砂收支概念圖

表面上，式（8.1）及式（8.2）的形式極爲簡明，各個參數的定義也相當明確，惟事實上它只是一個概念模型，式中除了各個參數的泥砂量體不易直接推求外，這些泥砂的發生和輸移還是時間與空間的函數，即便有了各個參數的土砂量

體，也不能直接相加減，圖8-2就給了清楚的說明。圖中，集水區土砂收支過程爲一開放系統，系統的輸入就是降雨，當降雨輸入系統後（圖8-2(a)），地面隨即發生不同程度和類型的土壤侵蝕（圖8-2(a)），並且隨著坡面漫地流的形成和匯入河道，於集水區下游出口斷面形成挾砂水流流量歷線（圖8-2(b)）；當降雨持續的進行，坡面土壤侵蝕量也相應地增加，直到雨量累積達到某一臨界值時，集水區不同區位的邊坡可能暴發規模不一的崩塌或既有崩塌地擴大（圖8-2(a)），這些崩塌土砂或沿著坡面流入河道，或直接崩落於河道，都將引起河道床面的沖淤變形，使得集水區出口斷面的流量歷線峰值及泥砂量迅速提高，可爲下游地區帶來一定的衝擊（圖8-2(b)）。由此可見，各種類型土壤侵蝕和崩塌發生的時間及空間分布，相當程度地影響下游出口斷面挾砂水流歷線的型態，肯定無法直接使用集水區土砂進、出的黑盒模型獲得較好的模擬結果；換言之，由於式（8.1）及式（8.2）中各個參數間的因果關係是相當複雜的，不能逕行相加減。

綜上所述，降雨對集水區系統具有兩個重要的意義：一是降雨逕流關係，這是集水區的產、匯流過程；另一是土砂運移關係，這是集水區的產砂過程。以目前的研究水準，集水區降雨逕流關係的模擬，可以採用多種的水文模型進行分析（參見第三章），而對於集水區土砂侵蝕流失及生產過程的模擬，不僅在坡面土壤侵蝕量、崩塌土砂量及土石流攜出土砂量等推估上仍然存在一些瓶頸，包括土砂自坡面進入河道的界面銜接和時間、空間的分布問題，以及水流對河道底床泥砂的沖淤過程，皆是影響整個土砂收支關係的關鍵所在。

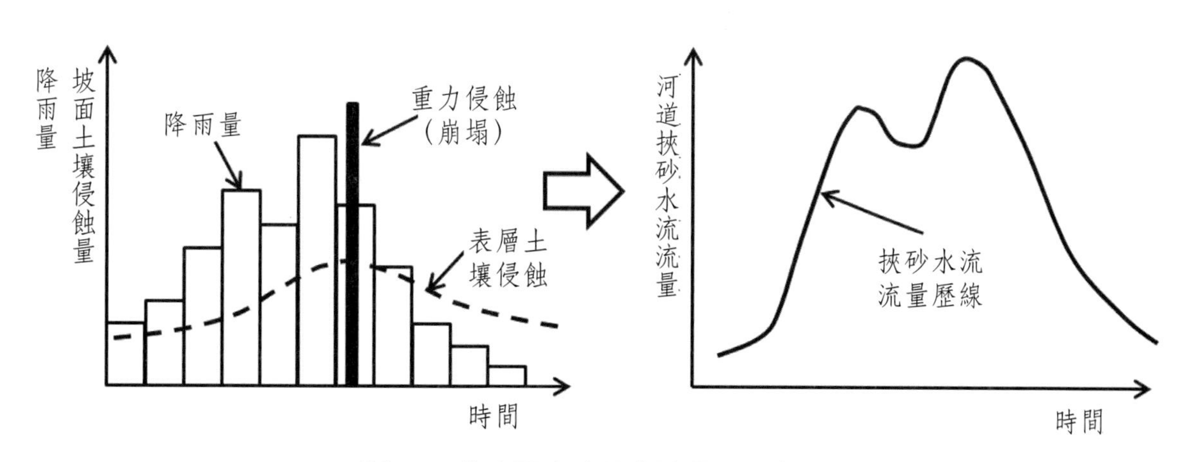

圖8-2　集水區產流及產砂過程示意圖

8-2 集水區產砂量推估模型

取得集水區產砂量的最直接方法，就是對集水區特定出口斷面的懸移載及推移載作直接且長時間測定。但是，這種方法不僅費時費力，且測定結果因觀測儀器設備及檢定問題，其觀測資料的合理性及正確性也經常備受質疑，除非特殊需求，否則較少被採用。除了直接量測外，一般集水區產砂量的推估皆以間接方式，包括公式簡估模型、統計經驗模型、物理成因模型、泥砂遞移率及數值高程模型等多種方式。茲分述如下。

8-2-1 公式簡估模型

公式簡估法係直接以式（8.1）為基礎，由其中兩個已知的變數來推估另一變數，它不考慮集水區各種土砂量的運移在時間和空間上的變異性。一般的作法，是先行推估集水區土砂崩蝕量及下游特定斷面產砂量，再代入式（8.1）中推估土砂殘留量。例如，集水區土砂流失量可以分別由萬用土壤流失公式（USLE）及已知舊崩塌地崩塌量（由崩塌面積、坡度及其對應之平均崩塌深度推估之，參見表5-21）；土砂生產量則以何黃公式或Schoklitsch公式（水土保持技術規範，2016）推估，惟於陡坡且無河道粒徑調查時，亦可以採用Takahashi（1982）輸砂平衡濃度公式概估產砂量即

$$C_{d\infty} = \exp\left(1.73\ln\theta - 5.83\right) \tag{8.3}$$

式中，$C_{d\infty}$ = 水流泥砂體積濃度；θ = 河道底床平均坡度（°）。這樣，當分別獲得集水區土砂流失量及生產量後，即可代入式（8.1）推估集水區土砂殘留量。

農業委員會林務局（2012）提出簡易方程式估算歷年土砂殘留變化量，即

$$S_V(t) = M_H(t) + S_V(t-1) - O_V(t) \tag{8.4}$$

式中，M_H = 崩塌土砂量；t = 時間（年）。上式表明，當年的土砂殘留量為當年新增崩塌量加上前一年的土砂殘留量，並且減掉當年的產砂量。土砂殘留比則為最後一年的土砂殘留量除以所有時間的總崩塌量，若當土砂殘留量小於零時，則將土砂殘留量視為零。

但是，本模型欠缺對坡面土砂進入河道的時、空變異問題的考量。由於土砂（含河谷邊坡崩塌土體）自坡面進入河道過程存在很複雜的時、空的變異性，例如降雨引發坡面土砂運移時，它在什麼時候（何時）、什麼地方（何處）、多少量體進入河道等行爲皆相當程度影響著河道水流的輸砂和河床沖淤反應，因而也會改變集水區下游出口產砂量的變化規律。不過，本模型計算相當簡易，在一些準確性要求不高的情形下還是被使用。

8-2-2 集水區產砂統計模型

集水區泥砂在崩蝕、輸送及堆積等過程受到地形地貌、地質條件和人爲因素的制約，其土砂運移方式不僅有很大的差異，而且它們在空間和時間上的運移特性更是複雜多變，甚至不存在統一的運移規律。因此，集水區產砂統計模型就將集水區視爲一個黑盒（black box），而以多樣簡易的經驗方程形式表現，其中建構集水區年產砂量（SY）直接與其面積（A）或產流量（Q_W）關係者，是一種比較簡單的模型。例如，泥砂手冊（1992）蒐集各國分析結果，由集水區面積直接推估其輸砂模數（sediment transport modulus, SSY），如表8-1所示；表中，各方程式在形式上及計算上具有簡便之特點，廣獲其他研究者採用。

Morris and Fan（1997）引用Strand and Pemberton（1987）使用美國半乾旱地區28個水庫集水區，面積介於1.0～100,000km^{2}的數據，建立了：

$$SSY = 1098A^{-0.24} \tag{8.5}$$

式中，SSY = 輸砂模數（m^3/km^2/yr）或比產砂量（specific sediment yield）；A = 集水區面積（km^2）。Avendaño Salas et al.（1997）利用西班牙Upper Llobregat集水區60組實測資料回歸分析也獲得：

$$SSY = 4139A^{-0.43} \tag{8.6}$$

式中，SSY的因次爲Mg/ha/yr。同時，他進一步將SSY值依大小概分爲三個群組，分別迴歸分析各群組年產砂量（SY）與集水區面積之關係，如表8-2所示。

表8-1 集水區產砂與面積經驗公式

來源	位置	集水區面積（km^2）	集水區數目	方程式$SSY = aA^b$		年份
				a	b	
Scott, K.M.	南加利福尼亞	8～103.6	8	1801	−0.215	1968
Fleming, G	極大部分美洲、非洲、英國		235	140	−0.0424	1969
Starand, R.I.	美國西南部		8	1421	−0.229	1975
Khosla, A.N.	世界各地		89	3225	−0.28	1953
Joglekar, D.V.	95（美）、24（印）、10（歐）、5（澳）、5（非）	<2590	139	5982	−0.24	1960
Varshney, R.S.	北印度山區集水區 北印度平原 北印度平原 南印度平原 南印度平原	<130		3950 3920 15340 4600 2700	−0.311 −0.202 −0.264 −0.468 −0.194	1970

註：SSY = 輸砂模數（m^3/ha/yr）；A = 集水區面積（km^2）

表8-2 年產砂量與集水區面積之關係

組別	SSY（Mg/ha/yr）	方程式（SY，Mg/yr；A，km^2）	R^2	n
1	< 1.5	$SY = 617A^{0.67}$	0.77	20
2	1.5～10.0	$SY = 202A^{1.07}$	0.92	33
3	> 10.0	$SY = 3137A^{0.87}$	0.91	7

de Vente & Poesen（2005）綜整各國集水區輸砂模數與其面積之關係，如圖8-3所示。圖中，各經驗式差異頗爲顯著，顯示其在不同地區移用上的限制性。此外，Ciccacci et al.（1987）由義大利20個集水區應用排水密度推估輸砂模式，即

$$SSY = 10^{0.34D_a + 1.52} \tag{8.7}$$

式中，因次爲Mg/km^2/yr；D_a = 排水密度（drainage density）。上式係採用集水區地文因子，在推估上亦屬簡便。

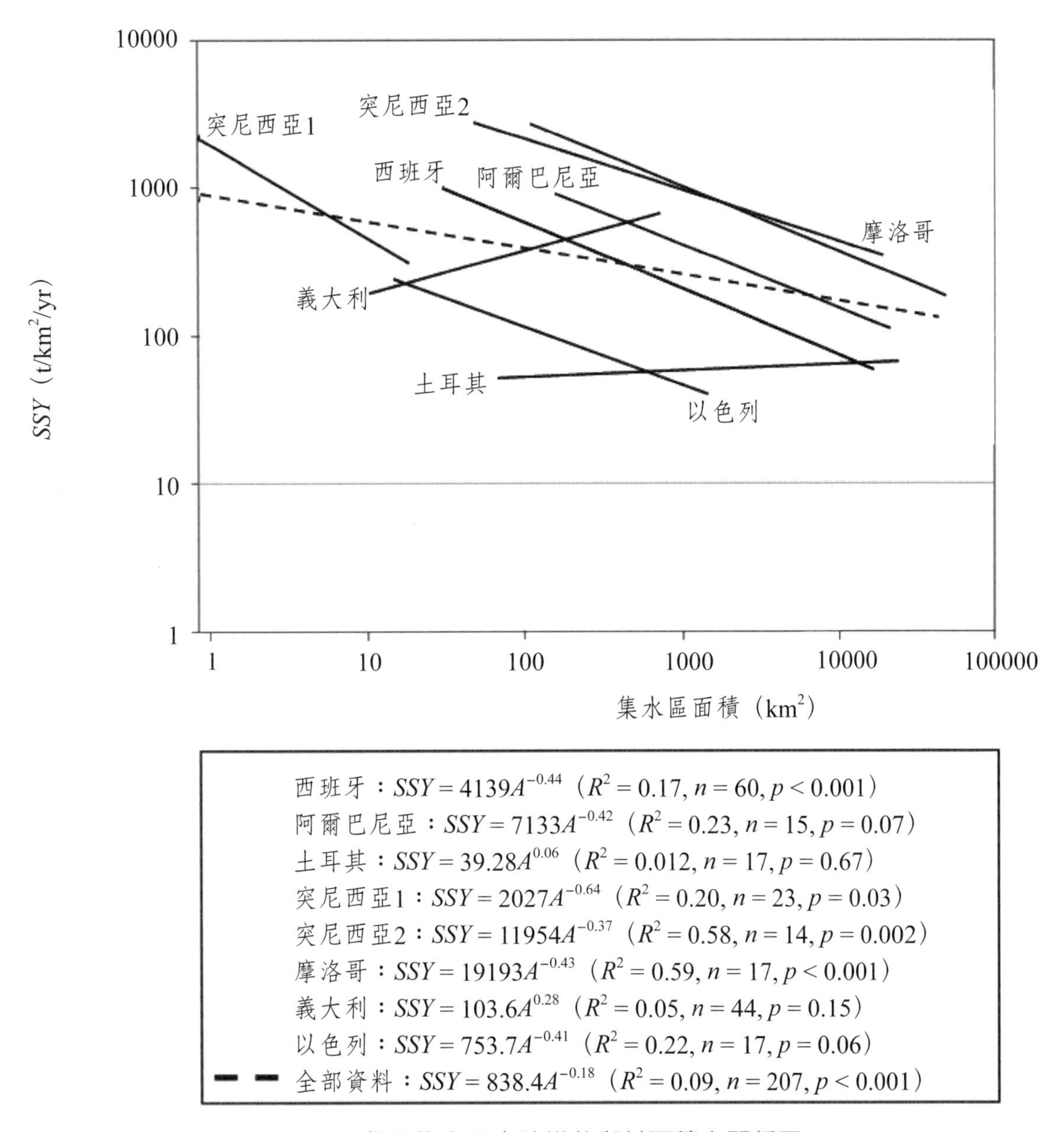

圖8-3　各國集水區產砂模數與其面積之關係圖

必須注意的是，集水區輸砂模數（SSY）與其面積係呈反比例關係，惟以年產砂量或輸砂量（SY）計量時，則它隨集水區面積而增大。例如，Wuttichaikitcharoen and Babel（2014）利用主成分分析法建立年產砂量之關係式

$$SY = 28.74A^{1.1636} \tag{8.8}$$

式中，SY = 年產砂量（suspended sediment yield, ton/yr）；A = 集水區面積（km^2）。

Webb et al.（2001）利用37組水庫年產砂量資料提出類似的模型，即

$$SY = 193A^{1.04} \tag{8.9}$$

式中，SY因次為Mg/yr。其他分析模型，如Webb et al.（2001）應用一次降雨事件的實測資料，依下式推估其產砂量

$$SY_o = a\,Q_p^b \tag{8.10}$$

式中，SY_o = 一次降雨產砂量（Mg/event）；Q_p = 洪峰流量（cms）；a = 係數，介於404～1987；b = 指數，介於1.09～1.45。

由式（8.10）比較年產砂量得知，由一次降雨事件推估集水區產砂量時，降雨相關因子起著極為重要的影響，這不同於年產砂量多以集水區面積為自變數的推估模型，而未慮及降雨因素，其原因在於降雨條件在長時間的統計趨勢上具有一定的穩定性。但是，近年來受到氣候變遷極端降雨因素的影響，以一次性降雨事件推估集水區產砂量，在防減災規劃及處理作為上，較長時間平均的結果更為重要。

在國內部分，吳建民（1978）依據臺灣79個河川流量及含砂量測站之相關資料，提出年產砂量SY（ton/yr）與集水區面積A（km^2）關係

$$SY = 3080A^{1.154} \tag{8.11}$$

黃金山（1985）由水庫泥砂淤積資料推估其上游集水區之產砂量，分別提出適用於臺灣北部及南部之水庫上游集水區比產砂量（SSY，$m^3/km^2/yr$）與集水區面積（A，km^2）之關係，即

$$SSY = (48{,}000 \sim 37{,}500)A^{-0.2464}\text{（南部）} \tag{8.12}$$

$$SSY = (20{,}000 \sim 850)A^{-0.2464}\text{（北部）} \tag{8.13}$$

經濟部水資會（1993）在臺灣東部區域重要河川進行產砂量推估研究，建立集水區年產砂量推估公式為：

$$SY = 0.073A^{0.75} \tag{8.14}$$

$$SY = 0.017Q_w^{0.86} \tag{8.15}$$

式中，SY因次爲10^6ton/yr；Q_w = 逕流量（10^6m^3/yr）；A = 集水區面積（km^2）。郭聯德（1994）以花蓮壽豐溪出口至花蓮溪河口爲對象，建立年產砂量推估公式，即

$$SY = 0.065A^{0.68} \tag{8.16}$$

式中，SY因次爲10^6ton/yr；A = 集水區面積（km^2）。陳樹群等（2001）以集水區面積爲指標，針對全省主要水庫集水區進行年產砂量推估，經迴歸分析後可得

$$SY = 0.424A^{0.8982} \tag{8.17}$$

式中，SY = 年產砂量（10^4m^3/yr）；A = 水庫集水區面積（km^2）。

回顧前述內容，不難看出多從單一因子來探討集水區產砂現象，雖然是必要的，但集水區產砂是多因子綜合作用的結果，故僅從單一因子來探討其現象，顯然是不夠全面的。因此，從多種因子出發及定量角度來研究集水區產砂現象及規律更爲重要。何智武及段錦浩（1983）採用石門、德基、曾文及霧社等四水庫之年平均降雨量P（1000mm）、集水區平均坡度S（%）及森林覆蓋率C（%）等三個因子推導求年平均泥砂產量SY公式，即

$$SY = 0.875\ P^{3.09}C^{-1.53}S^{3.3} \tag{8.18}$$

林俊輝（1984）亦由石門、德基、曾文、霧社等水庫相關資料提出：

$$SSY = 0.01341\ P^{3.26}C^{-1.43}S^{3.23} \tag{8.19}$$

林長立（1985）採用石門、德基及曾文等三個水庫之實測泥砂資料，分別建立各集水區比產砂量SSY（ton/km^2/yr）之關係，即

石門：

$$logSSY = -7.57 + 1.54logP + 5.54logS - 29logC \tag{8.20}$$

德基：

$$logSSY = -33 + 16logP + 16.5logS - 12.2logC \tag{8.21}$$

曾文：

$$logSSY = 1.31 + 3.42logP + 0.499logS - 4.83logC \tag{8.22}$$

阮香蘭（1992）以石門水庫之坡地沖蝕量及緊鄰河道崩塌量作爲集水區年產砂量SY（ton/yr），推求其與年平均降雨量P（mm）、產砂指標SI及地貌係數G（10^4m^2）等關係，

$$SY = -16898040 + 0.0085P + 2499060SI + 5300G \qquad (8.23)$$

除了上述各種推估公式外，多因子統計模型中就以美國通用土壤流失方程式（USLE）最具代表性。它是在大量有關土壤流失量的單因子統計模型的基礎上，逐漸發展起來的。自六十年代後期以來，通用土壤流失方程式已成爲廣泛應用的侵蝕模型。但是，通用土壤流失方程只限於模擬分析坡面紋溝及紋溝間的土壤侵蝕，欠缺對河谷區河岸崩塌地滑和河道底床的沖淤模擬，還不能表徵集水區產砂的完整面貌。

集水區產砂統計模型是由集水區地文或其他因子應用統計相關的方法推估下游某出口的土砂生產量，其結構簡單，使用方便，在制定公式使用的資料範圍內有足夠的精度，在實務上已得到廣泛的應用。但它們是以黑盒模型來處理，缺乏充分的物理基礎，外延效果差，在作地區移用和延伸時精度難以控制，不能反映崩蝕產砂的時、空變化過程和人類活動影響後所發生的變化。以美國通用土壤流失方程式爲典型的經驗性模型，儘管它已經成爲土壤侵蝕量推估和水土保持設計的有效依據，並已取得很大的成功，但由於通用土壤流失方程式存在科學基礎較差的缺點，亦受到批評。

8-2-3 集水區產砂物理模型

本模型係由集水區實際發生的水砂物理過程爲基礎，用一個或多個數學方程加以描述，並用一定的數值方法加以求解，各項參數具有物理意義；換言之，它是基於崩蝕力學、水力學、水文學及泥砂運動力學等基本理論，利用各種數學方法，將集水區崩蝕、水砂匯流、泥砂堆積及產砂的物理過程，經過簡化所建立起來的產砂模型。

該類模型在形式上可區分集塊型及分散型，前者對資料要求嚴格，考慮因素衆多，但模型結構複雜，參數多，實際應用困難；後者則是克服前者的很多不足，將集水區分爲許多網格單元，使每一個網格單元上的影響因素各有偏重，並分別予以

模擬，最後再將各網格單元併接起來，計算出集水區產砂及產流量。由於本模型既考慮泥砂崩蝕及運移的物理概念，又適當借用水文學的方法，靈活性較大，便於在實務上應用推廣。

本模型源於Ellison（1947）將土壤侵蝕劃分爲降雨分離、逕流分離、降雨輸移和逕流輸移等四個子過程，爲土壤侵蝕物理模型的研究指明了方向。Foster and Meyer（1972）根據侵蝕泥砂來源將坡面侵蝕劃分爲紋溝間侵蝕和紋溝侵蝕，假定在近似穩定流的條件下，由泥砂輸移連續方程建立了坡面侵蝕泥砂連續方程

$$\frac{dG}{dx} = D_r + q_s \tag{8.24}$$

式中，G = 單寬輸砂率；x = 紋溝長度；D_r = 紋溝流分離速率或沉積速率；q_s = 紋溝間泥砂輸入速率。紋溝流分離速率與逕流分離能力、挾砂力、實際輸砂率密切相關，其關係可用下式描述

$$D_r = D_c(1 - \frac{g}{T_c}) \tag{8.25}$$

式中，D_c = 逕流分離能力；g = 實際輸砂率；T_c = 逕流挾砂力。在特定土壤和水動力條件下，逕流分離能力D_c和逕流挾砂力T_c可視爲常數，因此式（8.25）表明紋溝流分離速率與實際輸砂率之間呈簡單的線性遞減關係。式（8.24）和（8.25）的建立，已爲基於侵蝕過程土壤侵蝕物理模型的發展奠定了理論基礎。

自20世紀80年代初到20世紀末，衆多基於土壤侵蝕過程的物理模型相繼問世，比較代表性的模型有WEEP模型、AGNPS模型等，如表8-3所示。

農田尺度的水力侵蝕預測模型（Water Erosion Prediction Project, WEPP）是建立在水文學與土壤侵蝕科學基礎之上的連續模擬模型，模型將整個流域劃分爲3個部分：坡面、渠道和攔蓄設施，將土壤侵蝕過程劃分爲分散、搬運和沉積，模型包括了侵蝕與沉積過程、水文循環過程、植物生長及殘餘過程、水的利用過程、水力學過程、土壤過程等。它具有以下三個特點：1.模型能很好地反映侵蝕產砂的時空分布；2.模型的外延性好，易於在其他區域應用；及3.模型能較好地模擬出泥砂的輸移過程，包括某一特定點的侵蝕產砂資訊。

表8-3 集水區整合型土砂運移數值模式一覽表

名稱	降雨逕流模式	土砂流失類型	土砂輸送計算	空間網格類型	模擬時間尺度	開發者
AGNPS	SCS理論 運動波理論	土壤沖蝕	輸砂公式	分散式	單一暴雨	Young et al. 1989
DWM	入滲率 水筒模式 貯留公式	土壤沖蝕	參數迴歸	集塊式	長時間模擬	Wang et al. 2006
EUROSEM	入滲率 運動波理論	蝕溝沖蝕	最小能量法	分散式	單一暴雨	Morgan et al. 1998
ISMM	SCS理論 運動波理論	土壤沖蝕 崩塌	輸砂公式 平衡輸砂公式	集塊式	長時間模擬	Shieh et al. 2002
SWAT	SCS理論 運動波理論	土壤沖蝕	輸砂公式	集塊式	長時間模擬	Arnold et al. 1990, 1998
WEEP	SCS理論 運動波理論	土壤沖蝕	輸砂公式	分散式	長時間模擬	Flanagan et al. 2001

資料來源：流域土砂經理推動之研究（1/2），經濟部水利規劃試驗所，2015。

農業非點源模型AGNPS係由美國農業部與明尼蘇達污染物防治局聯合開發的事件導向的分布式模型。本模型由水文、侵蝕、沉積和化學遷移四大模塊組成，以模擬農業用地的氨、氮等非點源污染爲目標，其中採用SCS逕流曲線計算逕流量，採用USLE模型計算土壤流失量，而泥砂傳輸模塊採用穩態的連續性方程模擬流失的土壤在集水區內的傳輸情況，並計算集水區最終輸出的泥砂量。該模型將集水區離散化爲土地利用、水文、土壤等網格來解決空間的異質性，集水區產生的污染物質，以遞移的方式流經每一個網格，最後流出集水區出口。

其他研究，例如日本舛屋繁和等（2006）提出以流域尺度之土砂數值模式，其中包含降雨～逕流、坡面產砂、坡面土砂進入河道量體及河道輸砂等相關演算。宮﨑遼等（2008）以一維漸變流動床模式，且採用Meyer-peter and Muller方程式，以及平野粒徑分布公式，模擬小丸川集水區土砂收支關係。

國內部分，經濟部水利署（2002）利用集水區與河道間之銜接介面程式加以銜接藕合，不過介面程式如何銜接及處理土砂進入河道的過程則屬黑盒作業，如圖8-4所示。謝正倫等（2009）以數值模式建立集水區土砂收支關係；其中，土砂運

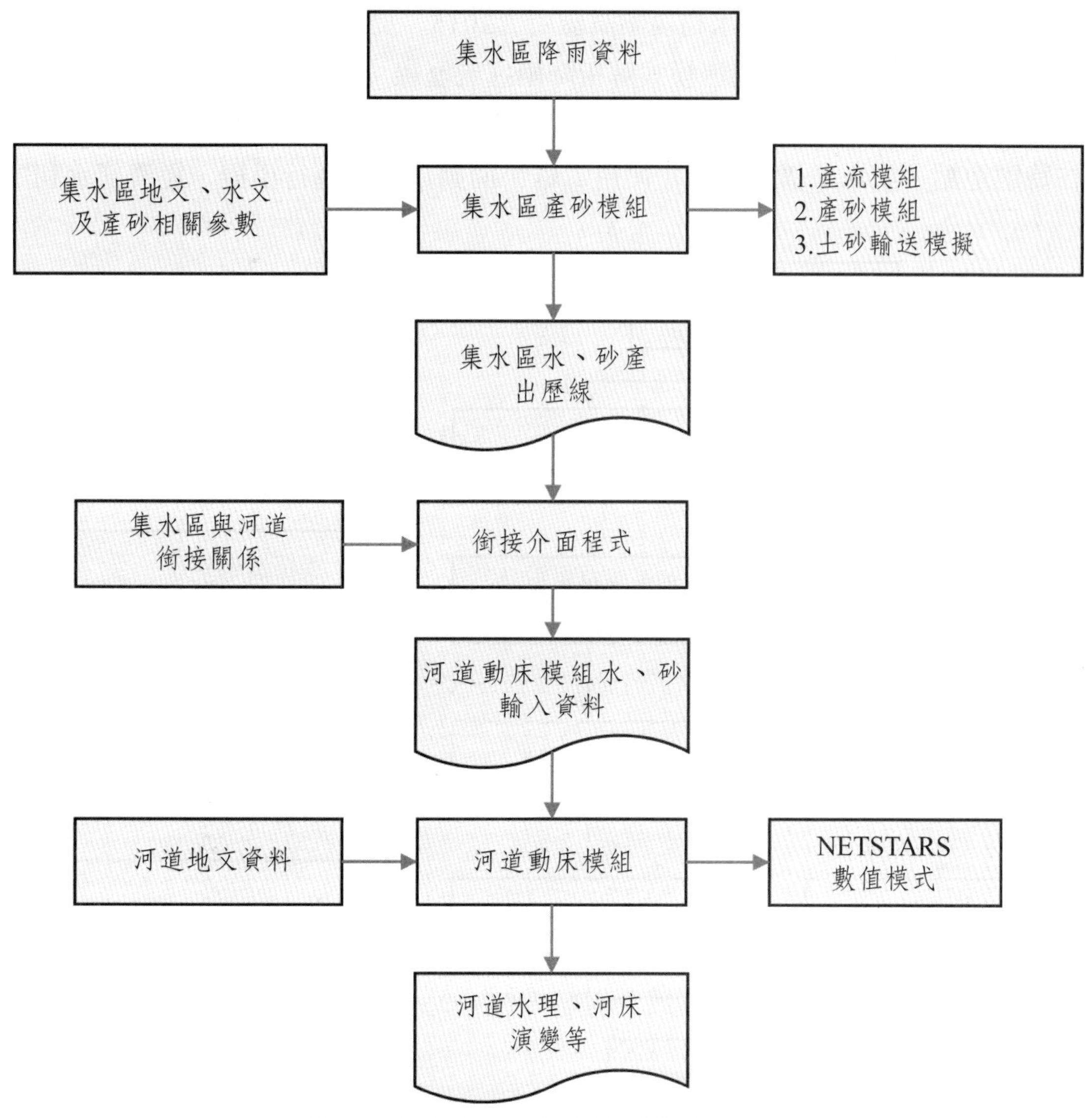

圖8-4　集水區土砂管理模式之運作流程

資料來源：流域土砂管理模式之研究（3/3），2002

移包含地表漫地流、地下水流、地表沖蝕、淺層崩壞與河道水砂輸送等模組，而水理及河道土砂輸送則包含變量流、非均質輸砂、底床變動與粒徑篩選等模組。經濟部水利署水利規劃試驗所（2014）分別採用USLE推估坡面土壤流失量，以及由打荻珠男經驗公式配合崩塌面積與體積關係式，推估已知降雨量條件下可促發之崩塌體積量；接著，以一維河道動床數值模式模擬分析集水區土砂收支關係，如

圖8-5所示。經濟部水利署水利規劃試驗所（2015）提及日本安倍川流域土砂量化方法，包括：1.利用降雨逕流模式解析降雨逕流歷線；2.利用監測及歷年土砂資料推估年平均土砂流失量；及3.利用一維河道動床及輸砂模式模擬河床沖淤現象，僅在特別地點（如水工構造物）才使用二維平面動床模式進行模擬。經濟部水利署

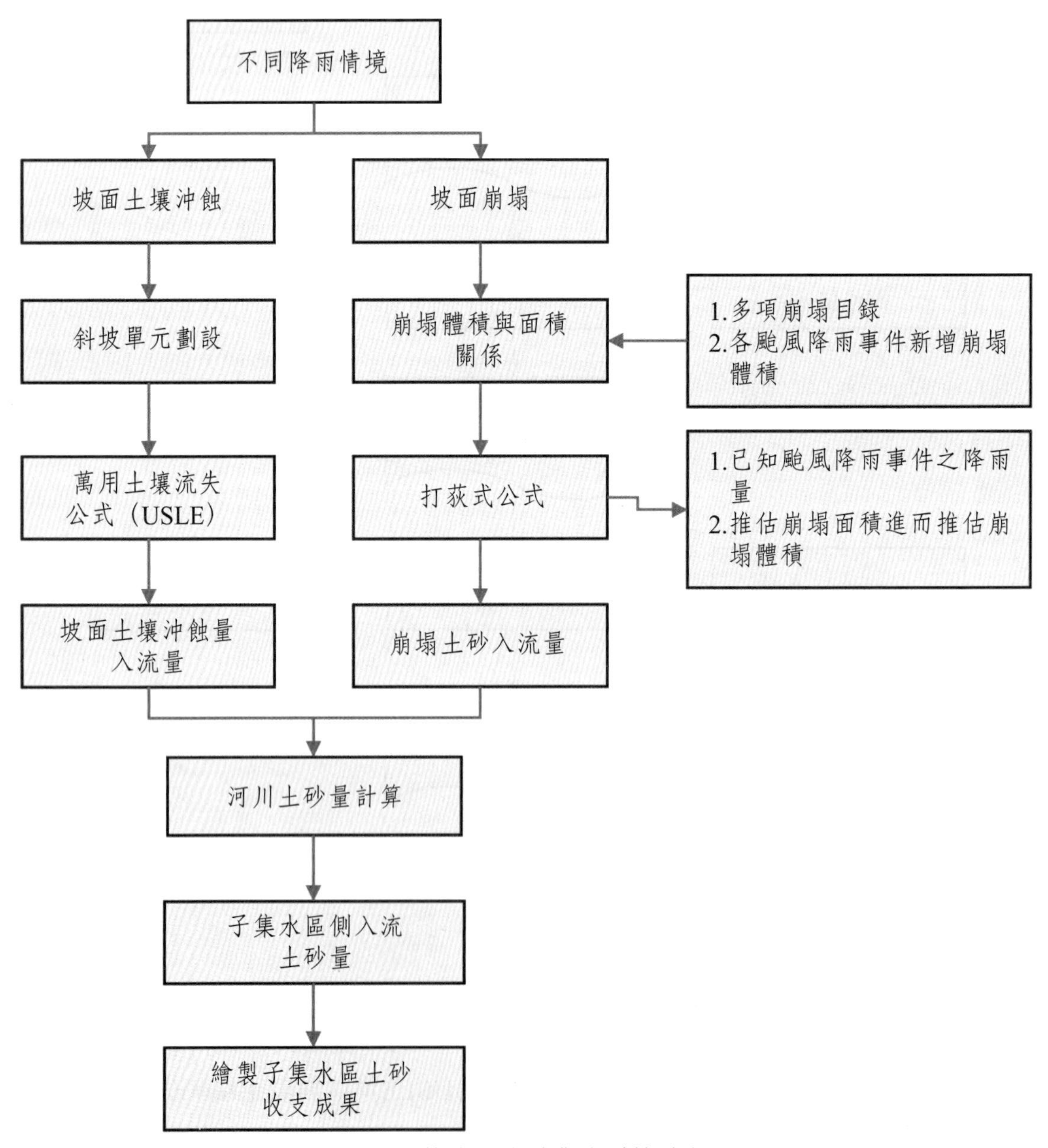

圖8-5　集水區土砂收支計算流程

資料來源：重要河川流域土砂調查及其影響災害潛勢因應研究（1/3），2014

（2015）以曾文水庫上游集水區為對象探討入庫土砂量，其演算方式與前述大致相同，惟在邊坡崩塌部分係採無限邊坡穩定理論模擬邊坡崩塌潛勢，同時考量其遞移率，以推估崩塌土砂流失量。相較於經濟部水利署（2002）的演算法，經濟部水利署（2014、2015）皆未考慮坡面與河道間之水、砂銜接問題。

評析國內各種數值模型，除了採用黑盒般的介面程式處理坡面與河道的銜接藕合問題，而難窺坡面（含河岸崩塌）土砂對河道土砂輸移的全貌外，應用演繹法推估降雨與崩塌的必然關係，也是不符合集水區斜面岩（土）體崩塌的基本物理特性。以打荻珠男經驗公式〔參見式（5.55）〕為例，它是擬合集水區一次性降雨時產生崩塌面積的經驗公式，存在以下的問題，包括：

一、僅能推估降雨促發集水區之崩塌總面積，無法獲得個別崩塌地之位置及面積，故難以估算其進入河道的時間、空間及其對應量體。

二、推估崩塌土砂體積時，除了採用均一崩塌深度（與簡易推估法類似）與其面積的乘積外，亦有應用集水區崩塌體積與面積之經驗式〔式（5.61）或表5-22〕；集水區所有崩塌地的崩塌深度皆一致的假設，合理性不足，而式（5.60）係由個別崩塌面積推估其對應體積，不能以集水區總崩塌面積直接代入推估之。

三、參數具有地域性限制，不能作區域性移用及延伸。

四、依據公式，只要降雨量大於臨界降雨量，即可促發崩塌。這樣，倘若在短時間內連續發生數場大於臨界降雨量的降雨事件時，據以推估的崩塌面積或體積，若崩塌地位置均不同，經多場降雨事件所累積的崩塌面積，可能涵蓋整個集水區，此為不合理之一；若部分崩塌地位置相同，同一位置發生多次崩塌，其崩塌總深度如何估算，此亦不合理。

五、類似打荻珠男經驗公式，包括直接採用降雨因素推估集水區可能的崩塌面積或體積者，皆存在邏輯上的盲點。排除地震因素，坡面崩塌必然是由降雨所促發，但是降雨卻不一定能夠產生崩塌，它具有高度的不確定性，不適宜採用定率形式的公式（如打荻珠男經驗公式）予以推估。

集水區產砂物理成因模型，運用數學方程描述流域上崩蝕產砂的主要物理過程，再用比較嚴格的數值解法計算水砂運動過程。模型的物理基礎強，外延精度高，有利於地區移用和延伸，可以模擬侵蝕產砂的時空變化，並可通過參數反映人類活動影響後水砂的變化。但該模型仍存在若干問題，包括：

一、成因性愈強的模型，對基本資料的要求愈高。

二、有些重要的侵蝕產砂過程還沒有單獨描述，例如各種常用模型皆未專門描述並模擬崩塌地滑的產砂過程。

三、模型在各種侵蝕產砂過程沒有合理描述前提下之所以都有較好的模擬結果，主要是因爲產砂模型各方程都帶有若干係數，而這些係數又是通過集水區實測產砂量資料率定，這在研究方法和技術途徑上都是允許的，但帶來的問題是不同地區不同的研究物件，其參數可能是不一樣的，這就給模型的移用帶來一些不便。

四、欠缺各項水土保持措施的減水減砂效果的模擬。

8-2-4 泥砂遞移率

泥砂遞移率（sediment delivery ratio, SDR）係指在一定時段內通過河道某一已知斷面的實測輸砂量（產砂量）與該斷面以上集水區總崩蝕量（含溪床沖刷量）之比值，它是土砂崩蝕量與輸砂量之間的轉換係數。在某已知斷面上游土砂崩蝕量可以估算的情況下，如果知道集水區泥砂遞移率，就可以預報下游的輸砂量，從而滿足規劃或設計之需求。一般，由式（8.1）可定義集水區泥砂遞移率爲

$$SDR = \frac{O_V}{A_V} = \frac{SSY}{A_V} \qquad (8.26)$$

如以河段爲對象，則由式（8.2）可得河道泥砂遞移率爲

$$SDR_S = \frac{O_V}{A_{LV} + A_{UV}} \qquad (8.27)$$

泥砂遞移率具有多重作用，它可以反映集水區內泥砂的輸移狀況，爲表徵集水區崩蝕產砂強度，也是連接集水區坡面土砂崩蝕及河道輸砂的關鍵，以及研究集水區崩蝕與產砂關係的重要參數。由式（8.26）及式（8.27）可知，泥砂遞移率$SDR \leq 1.0$，其數值表現可以具體反映集水區水流的輸砂能力，當數值愈大，表明水流輸砂能力愈強，數值愈小，水流輸砂能力愈弱；也可以用來評估集水區水土保持保育治理效果，數值愈大，設施治理效果愈差，數值愈小，設施治理效果愈好。

泥砂遞移率的計算必須要具備有斷面以上集水區的土砂崩蝕量和通過斷面的輸砂量，這兩個條件要在同一個集水區同時存在是很難的。因此，必須通過其他途徑近似獲取崩蝕量，從而結合已有的產砂量，推估集水區泥砂遞移率，或者通過影響泥砂遞移率的因素相關分析，建立泥砂遞移率的經驗計算公式。

據研究指出，影響泥砂遞移率的因素包括自然因素和人爲因素兩方面。從大尺度上來看，自然因素包括時間長度、水文氣象、空間位置、土壤地質及植被等。隨著研究尺度的細化，這些因素也就進一步具體化爲集水區面積、起伏量（relief）、河道長度、分岔比（bifurcation ratio）、主河道距離、泥砂來源與質地（Renfro, 1975; Bagarello et al., 1991），以及土地利用、植生覆蓋面積變化等。人爲因素包括人類各種積極（植樹造林、工程攔蓄等）或消極（過度放牧、濫墾濫伐等）影響土壤侵蝕的活動。本質上來講，人爲因素必須通過改變自然因素來影響崩蝕產砂過程，故人爲因素的影響是間接的。

在求得泥砂遞移率的情況下，選擇與泥砂遞移率相關性最好的一個或多個因子作爲自變量，建立泥砂遞移率與主要影響因子的經驗模型，是目前比較普遍的作法。例如，以單因子爲主的經驗模型，包括集水區面積、起伏量比、主流長度等，如表8-4所示（賴益成，1998）。其中，集水區面積往往是作爲主要的控制因子（Roehl, 1962）。當集水區平均輸砂模數變化不大時，泥砂遞移率與集水區面積具有冪函數關係，即

表8-4　基於單因子泥砂遞移率計算公式

地區	SDR公式	作者
臺灣地區10座在槽水庫	$SDR = 249.14A^{-0.316}$	陳樹群、賴益成（2006）
14個集水區	$logSDR = 1.7935 - 0.1491logA$	Renfro（1975）
美國東南山麓	$logSDR = 1.91349 - 0.33852log10A$	Roehl（1962）
	$logSDR = 2.88753 - 0.8329log(R/L)$	
	$logSDR = 1.62791 - 0.64818logL$	
美國德州Brushy河	$SDR = 0.627S_a^{0.403}$	Walling & Berndt（1972）
美國堪薩斯州	$logSDR = 2.94259 - 0.82362logR/L$	Maner（1958）
曾文水庫及其他八座水庫集水區	$SDR_S = 129.02(L/\sqrt{S_r})^{-0.19}$ $SDR = 165.67A^{-0.24}$	賴益成（1998）

〈附註〉
SDR = 集水區泥砂遞移率；SDR_S = 河道泥砂遞移率；A = 集水區面積；R/L = 起伏量比；R = 起伏量；L = 主河道長；S_a = 主流坡度；G = 集水區分水嶺平均高程與其出口高程之差；L_a = 集水區最大長度，即平行於主河道的集水區分水嶺與其出口兩點間的距離；S_r = 河床坡度。

資料來源：賴益成，1998

$$SDR = a\ A^{b} \tag{8.28}$$

式中，A = 集水區面積（km^2）；a、b = 經驗係數。根據統計迴歸結果，指數b介於−0.01～−0.25之間，表明泥砂遞移率隨集水區面積增加而減小，此乃因集水區面積愈大，其平均坡度愈小，且蓄積泥砂的地方愈多，導致泥砂遞移率降低，如圖8-6所示。

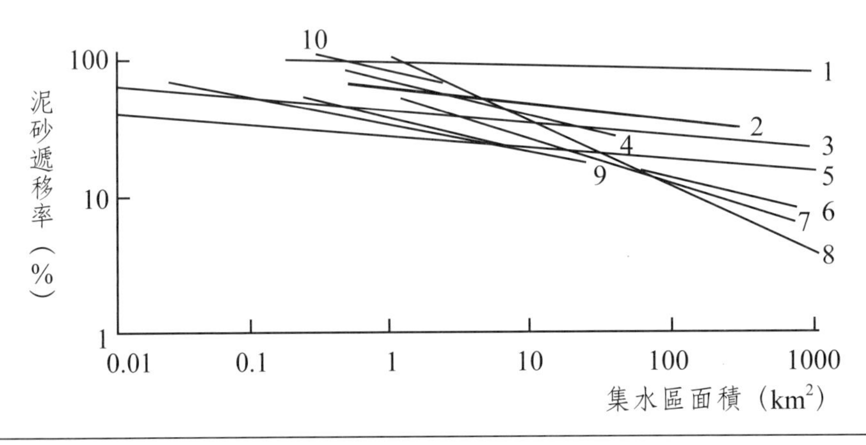

1 = 中國陝西省北部；2 = 美國德克薩斯州黑土草原；3 = 美國愛荷華州西部玉米帶；4 = 美國德克薩斯州；5 = 美國愛荷華州草原；6 = 美國中部和東部；7 = 美國德拉瓦州草原；8 = 原蘇聯（USSR）；9 = 美國密蘇里州黃土丘陵；10 = 美國愛荷華州Mule河。

圖8-6　泥砂遞移率與集水區面積關係

儘管式（8.28）簡單，但卻是忽略了集水區土砂輸移的過程，僅能適用於環境因素差異較小的中小型集水區，而它的可靠性隨著集水區面積增加、地形變化越趨複雜而降低，從而有了多因子經驗模型，包括泥砂遞移率與集水區面積、河道密度、地形起伏比、集水區加權平均分分岔比等多因子關係式，茲綜整如表8-5所示（賴益成，1998）。表中，各經驗公式爲由地貌及自然地理環境單因子及多因子所建構，因各種地理參數的不確定性，而將其外延至其他地區和集水區是困難的。

此外，採用土壤流失～泥砂遞移率（MUSLE-SDR）法推估集水區產砂量，也得到了廣泛的應用。Williams（1975）認爲，如果集水區泥砂來源均勻分布，並且集水區的主要支流具有水力相似性，則MUSLE可應用到較大的集水區；對於均質集水區，可利用小集水區水砂資料推算較大集水區的產砂量；對於非均質集水區，則可利用網格法推算集水區出口斷面的產砂量（胡春洪，2005）。但是，土壤流

表8-5 基於多因子泥砂遞移率計算公式

地區	SDR公式	作者
臺灣地區10座在槽水庫	$SDR = 126.22A^{-0.35}S^{0.22}$	陳樹群、賴益成（2006）
德基水庫	$SDR = 574.38 + 0.022\ A - 179(S_a / S) - 648.12\ C$	吳宗寶（1994）
石門水庫	$SDR_S = 334 - 84(S_a / S) - 325\ C + 375(V_c / Q_{st})$	阮香蘭（1992）
石門水庫	$SDR_S = -15.638 + 5.9692(S_o / S_a) + 66.8314(R/L) + 12.197\ B_r$	劉永得（1989）
濁水溪流域	$SDR = -29.1 + 110.2(S_o / S_a) + 112.8(R / L)$	陳中憲（1988）
中國大理河流域	$SDR = 0.657A^{-0.014}R_c^{0.962}H^{0.152}$	胡春宏（2005）
美國密西西比州Pigeon Roost河	$SDR = 0.488 - 0.0064A + 0.010RO$	Mutchler and Bowie（1976）
美國德州	$SDR = 1.366 \times 10^{-11} A^{-0.0998} (R / L)^{0.363}\ CN^{5.444}$	Williams（1977）
美國東南山麓	$log SDR = 4.5 - 0.23 log 10A - 0.51\ log(L / R) - 2.79\ log B_R$	Roehl（1962）
美國堪薩斯州	$log SDR = 2.962 + 0.869\ log R - 0.854\ log L$	Maner（1958）
曾文水庫及其他八座水庫集水區	$SDR_S = 149.9\ d_{50}^{-0.03}(L / \sqrt{S_r})^{-0.21}$ $SDR = 36.97(W / (2\sqrt{S})^{-0.46} R_c^{0.52}$	賴益成（1998）

〈附註〉
B_R＝分岔比；CN＝SCS curve number；RO＝年逕流量；R_C＝河川密度；S_O＝觀測區段平均坡度；S＝集水區平均坡度；V_C＝防砂壩年平均攔砂量；Q_{st}＝年平均泥砂產量；C＝覆蓋率；H＝多年平均逕流深度（mm）；d_{50}＝中值粒徑；W＝集水區平均寬度。

資料來源：賴益成，1998

失～泥砂遞移率法及其發展受到一定的限制，不僅是缺乏每次降雨崩蝕產砂過程的觀測資料，而且對一已知集水區而言，泥砂遞移率大小隨時間變化而略有不同。Wolman（1977）認為，在水系各主、支流內泥砂運動的週期性滯留，崩蝕和搬運是動態的和不連續的，其泥砂遞移率的數值存在一定的變動趨勢。但從長時間來看，某集水區的泥砂遞移率存在一個平均值，故往往是根據一段時期內的實測數據來計算集水區的平均泥砂遞移率。

從以上泥砂遞移率計算公式構建方法來看，具有以下幾項特點：1.純物理分析過程推導泥砂遞移率計算公式非常少，大部分計算方法是根據集水區實測水文地文資料，經統計方法得出經驗公式，或者結合泥砂輸移物理過程，分析集水區實測水文資料，迴歸得出經驗公式；2.影響泥砂遞移率的各個影響因子所占有權重不確定，即無法界定各個影響因子對泥砂遞移率的影響程度，究竟哪個影響因子較重要，哪個較不重要，還沒有一致的看法；3.泥砂遞移率計算公式適用範圍較窄，在某一研究區域構建的計算模式不能推廣至其他區域；及4.欠缺對泥砂來源的具體討論，尤其是臺灣地區山地河川激烈的沖刷現象及高比例的近河岸（谷坡）崩塌，皆造成集水區泥砂遞移率隨著時間的顯著變動。

8-2-5 數值高程模型（DEM）概估法

由空載光達（LiDAR）測量資料製作降雨事件前、後之數值地形模型（DEM）或紅色立體地圖，經套疊後可得集水區內之土砂崩蝕量、殘留量及其發生區位分布。圖8-7爲對阿里山鄉茶山村頓阿巴娜溪集水區兩處大規模崩塌地分別採用前、後期數值高程模型進行相減，圖中淺紅色區域表示無顯著地形地貌改變；淺藍色區域表地表高程下降，屬於土壤侵蝕區域；而深綠色區域表地表高程上升，爲土砂殘留堆積區域。

應用空載光達測量資料製作降雨事件前、後高精度的數值地形模型（DEM），確實可以求解土砂收支方程式〔即式（8.1）〕，相當簡便，惟必須擁有事件發生前、後之空載光達資料，除了經費較爲龐大外，因其垂直精度僅達15cm左右，無法據以推估表層土壤沖蝕量。

8-3 集水區產砂規律的數值模型

儘管WEEP、AGNPS等基於物理機理的數值模型已得到普遍的應用，但由於模型參數確定的問題，以及推估崩塌產砂的不合理性，使在應用上無法滿足需求，尤其是忽略了集水區不同區位崩塌對下游產砂量的顯著差異，無法完整地呈現集水區的產砂規律。據研究指出，崩塌區位與集水區產砂量密切相關。其中，遠離河道的坡面崩塌土砂，多由坡面漫地流或小型集中水流輸移進入河道，其顆粒粒徑較細小，此種崩塌區位稱之爲離河岸崩塌（landslide in hillslope）；與離河岸崩塌相對應者，稱爲近河岸崩塌或河谷區崩塌（landslide in valley），其主要特點是崩塌土砂會立即或經幾場降雨作用後滑落進入河道，由於未經水流篩分，進入河道的土

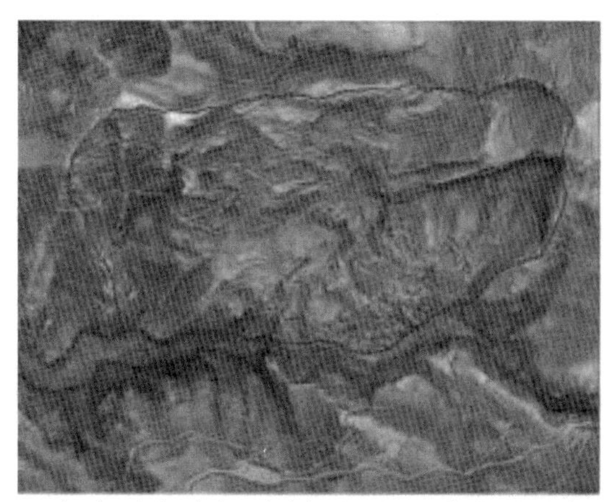
99年度（內政部圖資）紅色立體地圖圖資

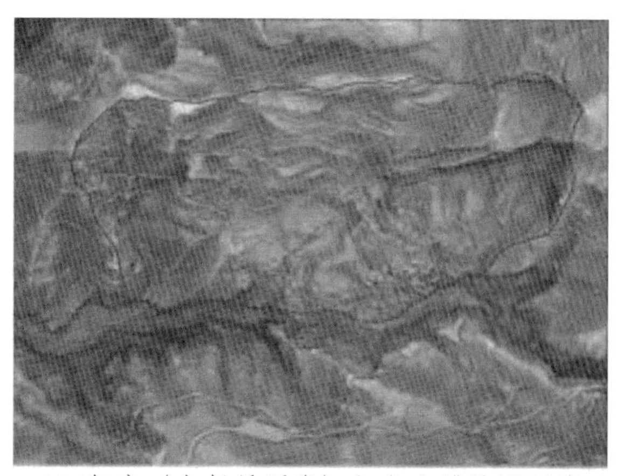
104年度（水保局圖資）紅色立體地圖圖資

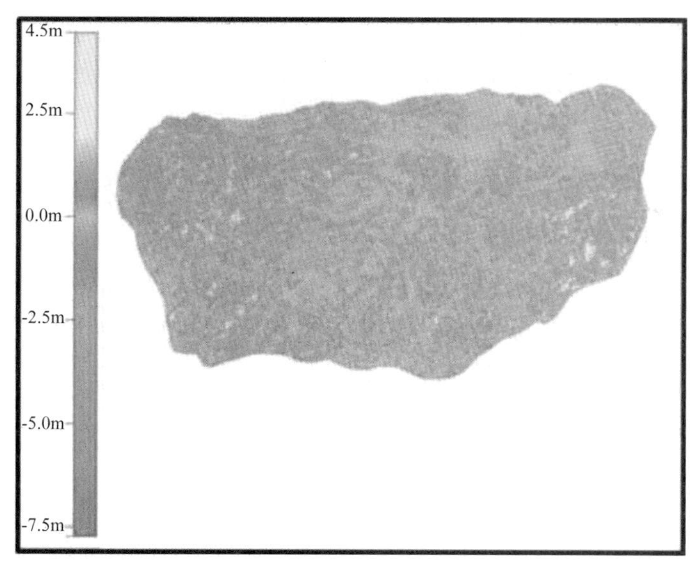

圖8-7　阿里山鄉茶山村頓阿巴娜溪集水區99年及104年紅色地圖比對分析

砂粒徑較爲粗大。根據經濟部水利署北區水資源局（1990）調查報告指出，石門水庫集水區的土砂來源以近河岸崩塌爲主，約占總土砂量達75%；另，曾文水庫集水區河岸崩塌則高達80%以上（經濟部水利署水利規劃試驗所，2012）。此外，利用2014年數值地形分析石門水庫近河岸崩塌亦高達78%（農業委員會水土保持局，2016）。這表明，臺灣地區上游集水區受到坡度、地質及強烈水流沖刷等多因素的綜合影響，使得河岸崩塌一直是集水區產砂的主要來源。

8-3-1 集水區產砂規律之簡化模型

集水區坡面逕流、土壤崩蝕、河道輸砂及其底床沖淤等物理過程，構成了一個複雜且多變的不連續變化。例如，集水區於降雨過程中分別在坡面及河谷兩岸發生崩塌，前者崩塌土砂必須經由地表逕流輸移至河道內，故有遞移率問題，而後者係直接崩落於河道內，其對河道的影響完全不同於前者；此外，它們發生的時間在一定程度上也會影響河道輸砂規律，倘若再考慮崩塌發生的位置（模式預測），那整個問題就顯得更為複雜了。換言之，集水區產砂規律模擬的關鍵在於以下兩個面向，即：

一、坡面與河道界面銜接的時、空不確定性因素：

由於土砂自坡面進入河道的過程中，不僅無法獲知其進入的時間和位置，且進入河道土砂量的時間和空間分布，更具有高度的變異性和不確定性，因而存在時間與空間的藕合問題，此為影響整個系統演算的關鍵所在。

二、受到觀測條件及基礎資料的限制，一個較大的集水區的各個水系相互銜接的條件和有關數據相當欠缺，過於複雜的數學模型帶來的計算量及準確性是無法被接受的。因此，除非在模型遵守物理機理和形式簡單之間找到合適的演算技術，否則數學模型的適用性及有效性仍可能被質疑。

鑑此，借鑒相關學科已有的成果，將集水區簡化為坡面區及河谷區兩大地貌單元，如圖8-8所示。圖中，坡面區土壤係以漫地流沖刷輸移為主，而河谷區則是側重谷坡重力侵蝕。

一、坡面區土壤侵蝕流失簡化模型

於中小型集水區的坡面水力侵蝕類型係以層狀及紋溝侵蝕為主，漫地流及紋溝集中水流為造成侵蝕之主要動力來源。不過錢寧（1957）指出，河道水流中極細粒泥砂主要是從集水區坡面經漫地流沖刷輸移帶入河道，且極大部分的細粒泥砂常能一瀉千里，故稱之為沖洗載（wash load）。雖然也有少數粒徑較粗的泥砂經紋溝集中水流沖刷進入河道，但這些泥砂的數量極微。Simons and Senturk（1977）認為，沖洗載因粒徑極為細小，在水流中僅有少量能夠沉積在河床上，一般以粒徑0.0625mm（砂與粉土之分界）為河床質載（即推移載與懸移載之和）與沖洗載的分界。惟目前比較普遍的區分方式有二：一是將床砂級配中占重量百分比為5%

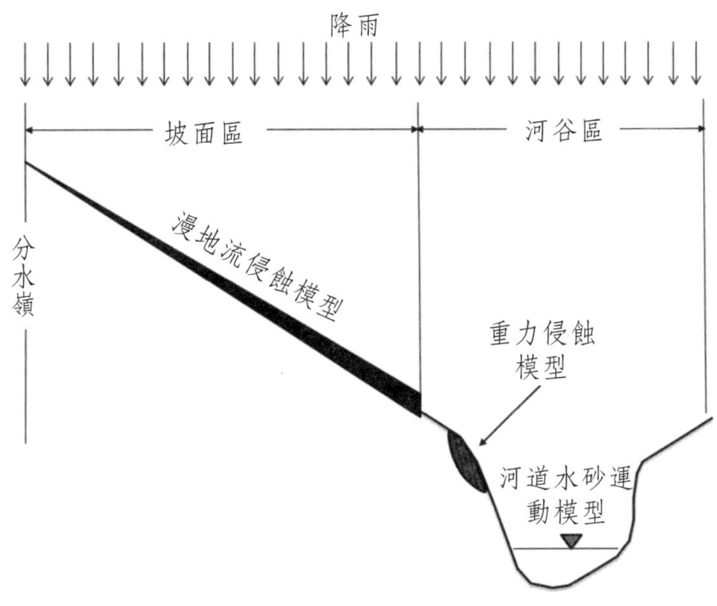

圖8-8　集水區坡面及河谷地貌單元侵蝕模型

資料來源：王光謙、李鐵鍵，2009

（或10%）相應的粒徑d_5（或d_{10}）作爲臨界粒徑，將懸浮載中大於床砂粒徑d_5（或d_{10}）的粗顆粒泥砂視爲河床質載，而將小於d_5（或d_{10}）的細顆粒泥砂看成冲洗載。

在河道輸砂特性中，沖洗載不僅具有「多來多排」之特點，其泥砂遞移率$SDR \approx 1.0$，且不起塑造河床之作用，亦即沖洗載對河道的沖淤影響是可以忽略不計的。不過，對水庫集水區而言，這部分的土砂卻是造成水庫庫容淤積及濁度上升之主要原因所在。

這樣，位於坡面區土壤侵蝕爲以漫地流沖刷輸移爲主，其侵蝕量可以採用萬用土壤流失公式（USLE）或其他相關公式進行估算；同時，因屬河道水流沖洗載的主要來源，具有來多少、排多少之輸砂特點，不會引起床面泥砂的沖淤變化，故於河道動床數值模型中可予以忽略。

二、河谷區崩塌簡化模型

河谷區主要包括河道及其兩岸邊坡（參見圖8-8），其中兩岸邊坡侵蝕以崩塌（屬於近河岸崩塌）及各級蝕溝爲主，而崩塌類型包括：1.因地質、地形及降雨等因素所造成之山腹崩塌；及2.因水流淘刷河岸所形成之谷坡崩塌。由於這部分的崩塌土砂可以在一場暴雨過程或極短時間內匯入河道，又泥砂顆粒粒徑分布相當寬廣且粗大，對河床沖淤、河道斷面形態及穩定等起著重要的關鍵作用。雖然在谷坡區也存在著各級蝕溝，惟相較於崩塌土砂量，其侵蝕量實微不足道。

關於崩塌土砂量的推估，雖然目前也有嘗試建立一些崩塌的推估方式，如打荻珠男經驗公式（經驗模型）、無限邊坡土體穩定理論（定率模型）、羅吉斯迴歸（統計模型）等方法。不過總的來說，這些演繹模型在基本理論的合理性，以及預測崩塌發生的空間和時間的能力仍有待探討，其通用性顯有不足之處；換言之，對於河谷區崩塌的預測，不只是因為它的發生機制多元且複雜，包括在降雨過程中，何處、何時發生和匯入河道等問題，以目前的研究水平仍然難以突破。

三、河床變形與上游來水來砂量關係

既然現階段直接推估河谷區崩塌的理論及實務水平有待持續強化，那麼掌握集水區產砂規律的另一個途徑，只能以歸納方式從河床變形的一些特徵來尋求解決之道。

沖積河流河床演變的總體趨勢，在力求使來自上游的水量和砂量能夠通過河段下洩時，經由河床坡降、底床泥砂顆粒粒徑、斷面形態等因子的因應和調整，讓河流保持一定的相對動態平衡；一般，來自上游的水流所挾帶的泥砂，不可能總是正好和河槽在這樣的水流下的挾砂能力相等，河槽免不了會以沖淤變化作出調整，使其輸水及挾砂能力能與其時其地的來水來砂條件相適應。這樣，當上游來砂量大於水流挾砂能力時，水流會調降輸砂量而於主槽發生淤積，水流趨於分散，但床砂也會進一步細化，以適應水流挾砂能力；反之，當上游來砂量小於水流挾砂能力時，水流會從河床獲取泥砂而使主槽發生沖刷，斷面趨於窄深，與之同時床砂朝向粗化，來抑制泥砂的大量流失。

從另一個角度來看，在一定的水流流量下，進出河段有一定的泥砂量；如果這兩部分的泥砂量不等，河流就要進行調整；它是通過沖淤變化，改變河床形態和邊界條件組成來調整河流的挾砂能力，以期使自河段下洩的泥砂量能夠盡量和進入河段的泥砂量相等。設想當河段上游入流水砂量為已知時，河段因河谷區崩塌或支流而有大量土砂匯入，水流輸移泥砂量大增，一時無法與當地水流挾砂能力相適應，此時主槽底床會沿程發生淤積抬升作出短期的調整。這表明，只要在某已知斷面上掌握降雨事件前、後的河床高程變動，就可以通過適當的演算法反推歸納其上游可能的總來砂量，包括河谷區崩塌量。

總結以上的評析，由坡面區漫地流侵蝕和河谷區崩塌，以及河流因應上游來水量和來砂量所起的沖淤變形，其土砂收支方程式可分別寫爲

$$K_V - A_{VC} = J_V \qquad (8.29)$$

$$(E_{VI} + E_{VS} + A_{VC}) \pm G_V = O_V + A_{VC} \qquad (8.30)$$

式中，K_V = 坡面區土壤侵蝕量，含飛濺、層狀、紋溝等侵蝕量及離河岸崩塌量等；A_{VC} = 坡面區土壤侵蝕（K_V）中進入河道的土砂量，即坡面區土砂流失量；J_V = 坡面區土砂殘留量；E_{VI} = 從分析河段上游控制點進入的土砂量；E_{VS} = 自河道兩側支流或河谷區崩滑進入河道之土砂量；G_V = 河床土砂淤積量（以正値表示）或沖刷量（以負値表示）。式（8.29）可以直接應用MUSLE進行推估，而式（8.30）則必須採用河道動床數値模式進行模擬分析。

8-3-2 河床變形數値模擬

河流爲適應上游來水、來砂量及其過程而以沖淤變形作出調整，其調整規律（含沖淤規模及位置）的定量推估除了通過野外觀測或實驗室水力模型試驗外，比較常用的是採取數値模擬方法。數値模擬係指定量描述特定的物理過程，並能回答某些特定現象的方法，它的主要關鍵在於建立完整的控制方程式和封閉條件以及有效的演算方法。這裡採用National Center for Computational Hydroscience and Engineering一維動床水系模式（CCHE1D）作爲河道水理和輸砂的模擬（Wu & Vieira, 2002）。

一、水流基本方程

在沖積河流上，水流通常是不穩定的漸變流，和水流相關聯的泥砂沖淤過程也是隨時間而變化的。對於不穩定水流，可以採用聖凡南（Saint-Venant）方程式包括水流連續方程和運動方程的方程組來表達，其控制方程式可表爲

水流連續方程

$$\frac{\partial A}{\partial t} + \frac{\partial Q}{\partial x} = q \qquad (8.31)$$

水流運動方程 $$\frac{\partial}{\partial t}\left(\frac{Q}{A}\right)+\frac{\partial}{\partial x}\left(\frac{\beta Q^2}{2A^2}\right)+g\frac{\partial h}{\partial x}+g\left(S_f-S_0\right)=0 \tag{8.32}$$

式中，x = 空間座標；t = 時間座標；A = 通水面積；Q = 流量；h = 水深；S_0 = 河床縱坡；β = 動量修正因子；g = 重力加速度；q = 單位河長的側向入流流量；S_f = 摩擦坡度。式（8.32）在水力學上稱之爲動力波（dynamic wave）方程，係基於下列假設推導而得，即1.河道基本順直和均勻，可視爲一維水流流動；2.水面曲度很小斷面中各點可以按靜水壓力分布考慮；及3.阻力係數可以利用穩定流阻力公式計算。不過爲簡化演算模型，亦有以運動波（kinematic wave）或擴散波（diffusive wave model）模型模擬水流運動規律，惟爲了完整模擬各種水理條件，這裡選用動力波模型進行後續的分析。

二、河道輸砂方程

一般而言，在水砂由上游往下游的演進過程中，水流中粗顆粒泥砂沿程落淤，而細顆粒泥砂則隨著水流向下游輸移，使得泥砂顆粒粒徑逐漸細化，從而表現出泥砂遞移率隨集水區面積的增大而減少的規律。另一方面從時間變化來看，洪水漲落過程造成特定河段泥砂沖淤隨著時間變化，並在不同的來水來砂條件下引起不同的河床變形。這種不平衡的輸砂特性可以具體反應河道範圍內不同位置的沖淤分布，以及各河段的沖淤變化過程，可表爲一維緩變量流輸砂連續方程，即

$$\frac{\partial(AC_{tk})}{\partial t}+\frac{\partial Q_{tk}}{\partial x}+\frac{1}{L_s}(Q_{tk}-Q_{t*k})=q_{lk} \tag{8.33}$$

式中，A = 通水面積；C_{tk} = 第k組粒徑的斷面平均泥砂濃度；Q_{tk} = 第k組粒徑的實際輸砂率；Q_{t*k} = 第k組粒徑的平衡輸砂率（挾砂能力）；L_s = 不平衡調適長度，q_{lk} = 單位河道長度的河岸或支流的入流或出流泥砂量。式（8.33）視通用的輸砂控制方程，適用於推移載（bed load）、懸浮載（suspended load）、沖洗載（wash load），或是前三者總合之全砂載（total load）等，其差異僅在於演算式（8.33）所採用的輸砂公式與非平衡調適長度；例如，模擬山地河川時，式（8.33）中宜採用適合粗顆粒運移特性的輸砂公式，而模擬水庫淤泥放淤或水庫排砂，式（8.33）中採用適合細顆粒運移特性的輸砂公式。不過，因本模式無法將推移載與懸浮載劃分，故將之以河床質載（bed-material load）合併處理，即河床質載（Q_{tk}）係包括

推移載及懸浮載。對沖洗載而言，因非平衡調適長度達無限大，使得上式等號左側泥砂交換項等於零。河床質載的平衡輸砂率可表為

$$Q_{t*k} = p_{bk} Q^*_{tk} \tag{8.34}$$

式中，Q^*_{tk} = 第k組粒徑的潛勢河床質載平衡輸砂率，由輸砂公式所演算；p_{bk} = 當地河床質層（bed-material gradation）。第k組粒徑的河床變形可表為

$$(1-p')\frac{\partial A_{bk}}{\partial t} = \frac{1}{L_s}(Q_{tk} - Q_{t*k}) \tag{8.35}$$

或與泥砂連續方程〔即式（8.31）〕結合，寫為以下形式

$$(1-p')\frac{\partial A_{bk}}{\partial t} + \frac{\partial (AC_{tk})}{\partial t} + \frac{\partial Q_{tk}}{\partial x} = q_{lk} \tag{8.36}$$

式中，p' = 河床質孔隙率〔= $0.245 + 0.0864/(0.1d_{50})^{0.21}$（Komura and Simmons, 1967）；d_{50} = 河床質中值粒徑（mm）〕；$\partial A_{bk}/\partial t$ = 第k組粒徑之沖淤變化率。

三、輸砂公式的選擇

在求解河道輸砂方程時，通常假定河段出口處水流的挾砂量處於飽和狀態，河段內的泥砂沖淤量就是上游來砂量和本河段水流挾砂力的差值。為此，正確選擇輸砂公式，對河床變形計算是一個重要的問題。不過，現有的輸砂公式之間差別很大，造成數學模型計算精度不高和應用範圍的限制。在一維水流條件已經將河槽三維問題予以簡化，倘若還在追求精度而採用複雜的輸砂公式，有時並不一定能夠提高計算的總體精度的。因此，Takahashi（1982）提出形式簡單的平衡輸砂公式，即

$$C_d = \exp(1.73 ln\theta - 5.83) \tag{8.37}$$

式中，C_d = 泥砂體積濃度（m^3/m^3）；θ = 河槽底床坡度（°）。上式係為Shieh（1997）以Takahashi（1982）實驗資料為基礎修正之平衡濃度公式，適用於河床坡度大於5°之山地河川，可求得不同河床坡度之輸砂平衡濃度，再配合流量計算輸砂量，惟此公式僅較適用於床質以礫石、粗砂等粗顆粒為主的河道。但是，過度簡化的輸砂公式會使其缺少和某些因素的關聯。以上式為例，輸砂公式和泥砂顆粒粒徑無關，顯然這樣的公式無法計算河床粗化等問題。因此，現行比較常用的輸砂公

式皆考慮了泥砂顆粒徑問題，包含SEDTRA module（Garbrecht et al., 1995）、Wu et al. formula（2000）、modified Ackers-White formula（Proffitt & Sutherland, 1983）及modified Engelund-Hansen formula（Wu and Vieira, 2002）等。

(一) SEDTRA module輸砂公式：SEDTRA module公式為Garbrecht et. al.（1995）提出，其主要特點係根據不同泥砂粒徑大小選用輸砂公式：

1. 粒徑在0.01mm至0.25mm，使用Laursen（1958）輸砂公式。
2. 粒徑在0.25mm至2mm，使用Yang（1973）輸砂公式。
3. 粒徑在2mm至50mm，使用Meyer-Peter & Mueller（1948）輸砂公式。

總輸砂率係將依粒徑組成分別推求其輸砂率再予以累加而得，即

$$C_{*_t} = \sum_k p_k C_{*_k} \tag{8.38}$$

式中，C_{*_t} = 以重量計的總輸砂率（ppm）；C_{*_k} = 第k組粒徑的輸砂率；p_k = 第k組粒徑的組成百分比。

(二) Wu et. al.（2000）輸砂公式：本公式包含推移質與懸浮質輸砂率，可分別表為

$$\frac{q_{bk}}{p_{bk}\sqrt{(\gamma_s/\gamma-1)gd_k^3}} = 0.0053\left[\left(\frac{n'}{n}\right)^{3/2}\frac{\tau_b}{\tau_{ck}}-1\right]^{2.2} \tag{8.39}$$

$$\frac{q_{sk}}{p_{bk}\sqrt{(\gamma_s/\gamma-1)gd_k^3}} = 0.0000262\left[\left(\frac{\tau}{\tau_{ck}}-1\right)\frac{U}{\omega_{sk}}\right]^{1.74} \tag{8.40}$$

式中，q_{bk} = 第k組粒徑的推移質單寬輸砂率（m^2/s）；q_{sk} = 第k組粒徑的懸浮質（Suspended load）單寬輸砂率（m^2/s）；p_{bk} = 第k組粒徑的組成百分比；n = 河床曼寧糙度係數（the Manning's roughness coefficient for the bed）；n' = 顆粒曼寧糙度係數（the Manning's coefficient due to the grain roughness of the bed），$n' = d_{50}^{1/6}/20$；τ = 作用在底床與邊壁的總水流剪應力，$\tau = \gamma RS$；τ_b = 作用在底床的水流剪應力，$\tau_b = \gamma R_b S$；R = 河道水力半徑（the hydraulic radius of channel）；R_b = 底床水力半徑（the hydraulic radius for the channel bed），$R_b = (nU)^{3/2}/S^{3/4}$；S = 能量坡度（the energy slope）；U = 平均流速；ω_{sk} = 第k組粒徑的泥砂沉降速度；τ_{ck} = 顆粒起動的臨界剪應力（the critical shear stress for the incipient motion），可由下式決定：

$$\tau_{ck} = 0.03\left(\frac{p_{hk}}{p_{ek}}\right)^{0.6}(\gamma_s - \gamma)d_k \qquad (8.41)$$

$$p_{hk} = \sum_{j=1}^{N}\frac{p_{bj}d_j}{(d_k + d_j)} \qquad (8.42)$$

$$p_{ek} = \sum_{j=1}^{N}\frac{p_{bj}d_k}{(d_k + d_j)} \qquad (8.43)$$

式中，d_k = 第k組粒徑的平均粒徑；p_{hk} = 第k組粒徑的泥砂遮蔽效應之可能性（the hiding possibilities）；p_{ek} = 第k組粒徑的泥砂顯露效應之可能性（the exposure possibilities）。

(三) Modified Ackers and White輸砂公式（Proffitt and Sutherland, 1983）：通過Bagnold的河流功率（stream power）觀念，Ackers & White 在1973年提出了均勻泥砂與非均勻泥砂的總輸砂率公式。而Proffitt & Sutherland在1983年對該公式進行調整，用於計算非均勻泥砂的總輸砂率，如下所示：

$$G_{gr,k} = C\left(\frac{F_{gr,k}}{A} - 1\right)^{m} \qquad (8.44)$$

$$F_{gr,k} = \varepsilon_k \frac{U_*^n}{[(\gamma_s/\gamma - 1)gd_k]^{1/2}}\left[\frac{V}{\sqrt{32}\log(10h/d_k)}\right]^{1-n} \qquad (8.45)$$

$$G_{gr,k} = \frac{C_k h}{p_{bk}d_k\gamma_s/\gamma}\left(\frac{U_*}{V}\right)^{n} \qquad (8.46)$$

式中，U_* = 剪力速度（$=\sqrt{ghS}$）；A、C、m及n等均為係數。

(四) Modified Engelund and Hansen輸砂公式：本公式係Engelund與Hansen在1967年通過Bagnold的河流功率（stream power）觀念，經過若干簡化原則後提出的輸砂公式。惟為應用於非均勻泥砂中，該公式已進行調整，可表為：

$$f'\phi_k = 0.1(\varepsilon_k \tau_{*k})^{5/2} \qquad (8.47)$$

$$f' = \frac{2gRS}{U^2} \qquad (8.48)$$

$$\phi_k = \frac{q_{t*k}}{p_{bk}\sqrt{(\gamma_s/\gamma - 1)gd_k^3}} \qquad (8.49)$$

式中，f' = 摩擦係數（the friction factor）；ϕ_k = 無因次輸砂率；q_{t*k} = 第k組粒徑的河床質載（bed-material load）單寬輸砂率（m^2/k）；τ_{*k} = 無因次剪應力，$\tau_{*k} = \tau_0/[(\gamma_s - \gamma)d_k]$；$d_k$ = 第k組粒徑的平均粒徑；U = 平均流速；R = 水力半徑；S = 能量坡度（the energy slope）ε_k = 非均勻床砂遮蔽與顯露效應之修正因子，可寫爲：

$$\varepsilon_k = \left(\frac{p_{ek}}{p_{hk}}\right)^m \qquad (8.50)$$

$$p_{hk} = \sum_{j=1}^{N}\frac{p_{bj}d_j}{(d_k + d_j)} \qquad (8.51)$$

$$p_{ek} = \sum_{j=1}^{N}\frac{p_{bj}d_k}{(d_k + d_j)} \qquad (8.52)$$

式中，p_{hk} = 第k組粒徑的泥砂遮蔽效應之可能性（the hiding possibilities）；p_{ek} = 第k組粒徑的泥砂顯露效應之可能性（the exposure possibilities）；m = 指數，採用0.45。

四、不平衡調適長度（adaptation length, L_s）

不平衡調適長度係表徵挾砂水流自不平衡狀態調整至平衡狀態所需的流動長度，這是非常重要的參數。不過，長期以來皆只能從經驗中獲得，且不同研究者的研究結果差異頗大，主要與泥砂顆粒粒徑相關。由於L_s值對數值演算的穩定性極爲重要，較小的L_s值應採較小的網格尺度及時間步長。故爲節省演算時間，在一般情形下需要採用較大的L_s值。因此，根據泥砂不同的運移方式可分別寫爲

(一) 推移載：對推移載而言，不平衡調適長度與河床形態及河槽幾何相關。假如係砂丘主導河床形態時，不平衡調適長度可表爲砂丘長度，即（Van Rijn, 1984）

$$L_{s,b} = 7.3\, c_\ell\, \bar{h} \qquad (8.53)$$

式中，$\bar{h}$ = 河槽水流平均深度；c_ℓ = 經驗係數（= 1.0）。假如是交替砂洲（alternated bars）爲主導時，不平衡調適長度可表爲交替砂洲長度，即（Yalin, 1972）

$$L_{s,b} = 6.3\, c_\ell\, \bar{B} \tag{8.54}$$

式中，$\bar{B}$ = 河槽平均寬度。此外，Rahuel et. al.（1989）提出，$L_{s,b} = 2\Delta x$（Δx = 計算網格長度）。一般，式（8.53）適於實驗案例，式（8.54）適於自然河川。

(二) 懸浮載：懸浮載的不平衡調適長度，可表爲

$$L_{s,s} = \frac{uh}{\alpha \omega_{sk}} \tag{8.55}$$

式中，u = 水流流速；h = 水流深度；ω_{sk} = 泥砂沉降速度；α = 不平衡調適長度。Han et al.（1980）and Wu and Li（1992a, 1992b）建議，當河床處於沖刷強烈時，α = 1.0；當河床處於強烈淤積時，α = 0.25；當河床處於微弱的沖淤狀況時，α = 0.5。特別注意的是，因已將推移載及懸浮載合併成爲河床質載，故選以推移載及懸浮載中的較大值作爲不平衡調適長度值。

(三) 沖洗載：由於山區河川沖洗載始終處於不飽和狀態，其不平衡調適長度（$L_{s,w}$）相當大，故$1/L_{s,w} = 0$。

五、河床變形數值模擬程序

考量山地河川坡度陡峭，水流縱向（沿著流動方向）流速遠高於橫向與垂向流速，故採以一維河道動床數值模式進行分析模擬。在數值演算模型的結構中，根據水流入流歷線求得河段的出流歷線，再根據一定的水流條件和來砂過程計算河段的泥砂輸出歷線和河段內的泥砂沖淤量。爲了簡化計算流程，水砂運動的模擬可以分別求解，並由上而下依順序逐河段完成演算；同時，上游河段的水砂過程輸出作爲相鄰下游河段的輸入，主、支匯流點的水砂過程可以直接疊加。最後，雖然目前對挾砂水流的認識仍然有限，理論上還有不少基本問題有待解決和深入，但已有的一些理論和經驗已經在一定程度上滿足工程實踐的需要。

8-3-3 集水區產砂數值模式框架結構

本數值模式係以河床演變結果反推歸納其上游的各種土砂運移的變化規律，它包含了坡面及河道兩大單元，配合相關地文、水文、河床質、斷面測量、數值高程地形等數據資料，模擬分析一場暴雨過程集水區之土砂收支關係，如圖8-9所示。圖中，集水區土砂收支數值簡化模式包含模型庫、數據庫、應用庫及後處理系統等；其中，模型庫爲模式演算的核心，包括水文、坡面及河道等模型，提供適當的理論和模擬方法，對集水區的降雨逕流及泥砂運移進行模擬演算；數據庫係通過調查彙整集水區基本地文、水文、圖資等數據，提供模型庫演算分析時之輸入參數；應用庫主要是將模式建立起來的集水區土砂收支關係及其變化規律，應用於各種實務需求，如土砂管理（保育治理規劃）、保土蓄水效益分析、災害預測等；最後，統計分析系統係採用各種統計分析方法，將集水區基本資料與土砂收支關係進行關聯性分析及可視化展現。

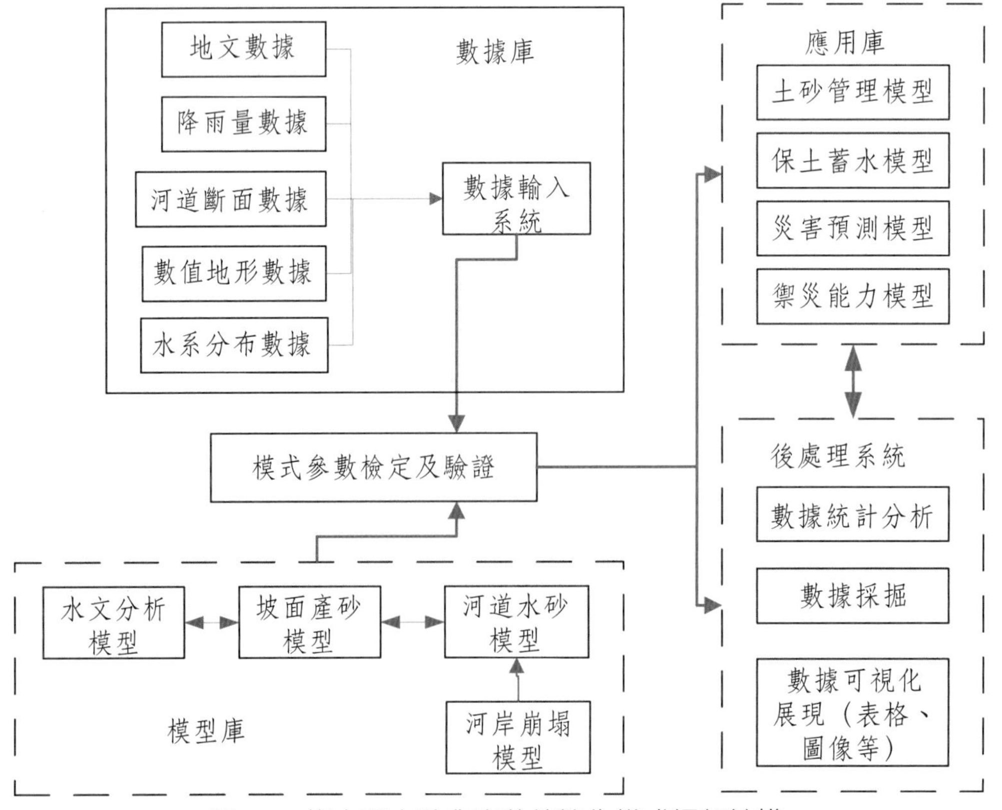

圖8-9　集水區土砂收支數值簡化模式框架結構

8-4 案例模擬分析

茲以南投縣埔里鎮眉溪集水區爲例，模擬分析各支流集水區之產砂規律。

8-4-1 眉溪集水區基本資料

眉溪集水區係指眉溪與本部溪匯流口以上之集水區，位於南投縣仁愛鄉西側，鄰近埔里鎮市區，集水區面積約7,581公頃，其位置如圖8-10所示。眉溪集水區主要是由主流及其他三條主要的支流包括東眼溪、合望溪及南山溪等所組成，如圖8-11所示。

眉溪集水區歷經2004年敏督利、2008年辛樂克及2009年莫拉克等風災的侵襲，發生了群發性的邊坡崩塌問題，導致集水區內各主、支流土砂生產極端異常，而在主、支流匯流口附近河段及主流南豐橋以上河段的通水斷面幾乎被土砂所淤

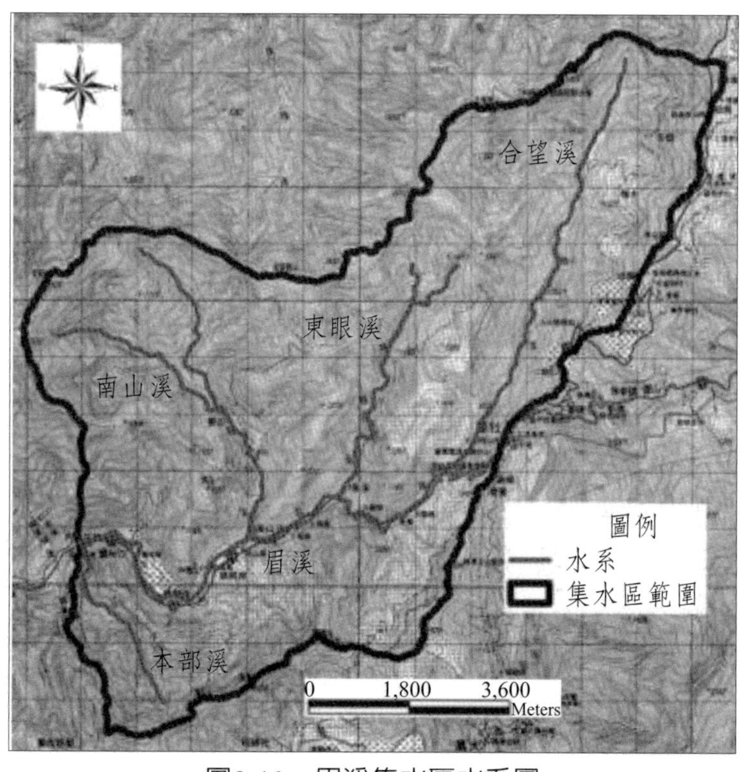

圖8-10　眉溪集水區水系圖

埋，造成沿岸保全對象的嚴重災害。圖8-12為眉溪集水區南豐橋上游河段自2004年至2013年間河床土砂淤積之變動情形。

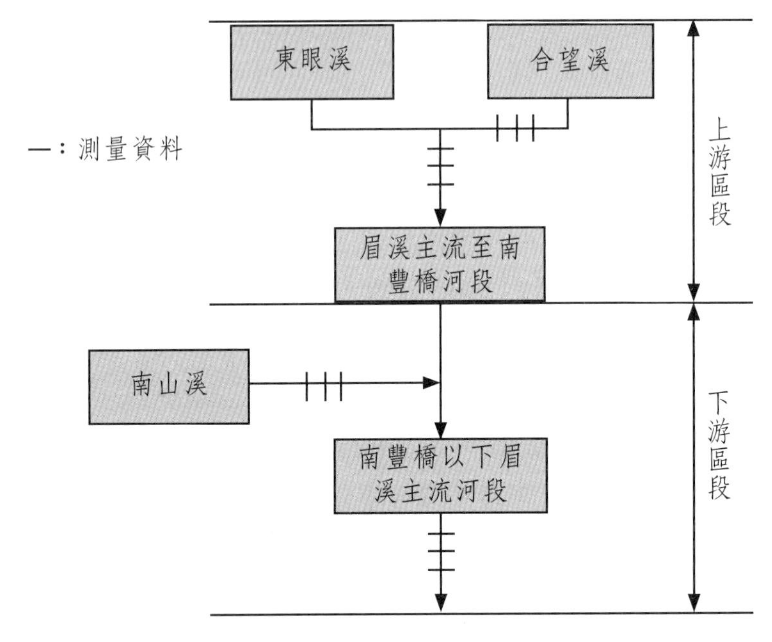

圖8-11　眉溪集水區主、支流分布示意圖

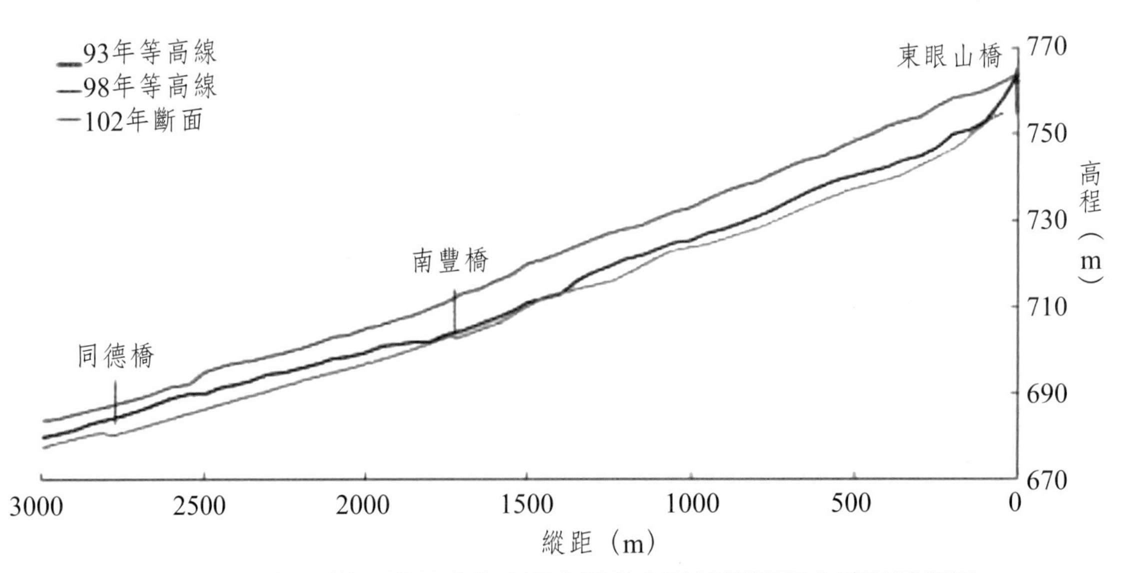

圖8-12　南投縣埔里鎮眉溪集水區南豐橋上游河段河床土砂淤積情形

8-4-2 數值模擬結果

本案例爲模擬分析2009年眉溪集水區未實施全面治理設施之前，各主流集水區之土砂收支規律。根據資料顯示，眉溪集水區於2008年分別遭遇卡玫基、鳳凰、辛樂克及薔密等四場颱風降雨事件侵襲，其累積降雨量如表8-6所示。因此，應用修正三角形單位歷線模擬分析集水區降雨逕流關係，以及修正土壤流失公式（MUSLE）估算坡面土壤流失量，再由河道數值模式結合土砂運移簡化模型，可得集水區各類型的土砂量，如表8-7所示。表中，2008年連續四場颱風降雨爲各支流集水區帶來大量降雨及產砂量，具有：

表8-6　2008年颱風降雨事件累積降雨量

2008年颱洪事件	累積降雨量（mm）
卡玫基颱風	387.2
鳳凰颱風	153.6
辛樂克颱風	986.5
薔密颱風	387.8

一、各支流集水區河床土砂淤積量皆高於沖刷量，顯示上游集水區土砂崩蝕相當旺盛；同時，各支流集水區平均土砂遞移率（土砂生產量與流失量之比）皆在70%以上，這顯示出兩個意義，即1.眉溪各支流集水區河道對土砂的調節功能並不顯著，導致多數流失土砂皆流至下游眉溪主流，使得主流承受大量土砂而發生嚴重的淤積塞河問題；2.各支流集水區河道坡度陡峻，具有很大的挾砂能力，故必須朝向調降其挾砂能力，以提高對土砂的調節功能。

二、各支流集水區土砂流失區域均以河谷崩塌產砂爲主，占總土砂流失量至少80%以上，甚至高達95%。溫惠鈺等（2009）應用HSPF水文模式，同時考慮坡地崩塌量與表層土壤流失量，結果發現考量崩塌地土砂流失量後，研究區土砂流失量會比僅有表層土壤流失量時高出約3～12倍，顯示崩塌土方量對於集水區土砂流失量的貢獻，有顯著之影響。

三、根據圖8-13眉溪集水區97年崩塌地圖層得知，各支流集水區河岸崩塌面積分別爲東眼溪21.0ha、合望溪30.5ha及南山溪41.3ha；對比各支流集水區河岸崩塌

表8-7　南投縣埔里鎮眉溪集水區產砂模擬結果一覽表

溪流（萬）	東眼溪				合望溪				南山溪			
	卡玫基	鳳凰	辛樂克	薔密	卡玫基	鳳凰	辛樂克	薔密	卡玫基	鳳凰	辛樂克	薔密
坡面土壤流失量	0.8	0.3	1	0.5	2.1	0.8	3.2	1.4	1.7	0.6	2.2	1
河谷區崩塌量	11.5	5.1	28.6	12.8	15	6.2	37.3	15.5	13.5	5.7	34.5	14.3
河床沖刷量	0.3	0.3	0.7	0.7	1.1	0.6	2	1.2	0.4	0.3	0.6	0.5
坡面土砂流失總量	12.6	5.7	31.3	14	18.2	7.6	42.5	18.1	15.6	6.6	37.3	15.8
河谷區土砂流失量與總流失量比（%）	91.27	88.47	94.57	91.43	82.42	81.58	87.76	85.64	86.54	86.36	92.49	90.51
河床淤積量	4	1	6.2	1.6	6	2	12	3.9	4.1	1.2	7.2	2
河床淨沖刷（–）或淤積（+）量	3.7	0.7	5.5	0.9	4.9	1.4	10	2.7	3.7	0.9	6.6	1.5
集水區出口土砂生產量	8.9	5	25.8	13.1	13.3	6.2	32.5	15.4	11.9	5.7	30.7	14.3
集水區遞移率（%）	70.6	87.7	82.4	93.6	73.1	81.6	76.5	85.1	76.3	86.4	82.3	90.5
累積降雨量（mm）	387.2	153.6	986.5	387.8	387.2	153.6	986.5	387.8	387.2	153.6	986.5	387.8
降雨體積	376	149	958	378	1144	454	2915	1149	704	279	1793	707
單位降雨體積土砂流失量	0.0335	0.0383	0.0327	0.0370	0.0159	0.0167	0.0146	0.0158	0.0222	0.0237	0.0208	0.0223
單位降雨體積土砂生產量	0.0237	0.0336	0.0269	0.0347	0.0116	0.0137	0.0111	0.0134	0.0169	0.0204	0.0171	0.0202

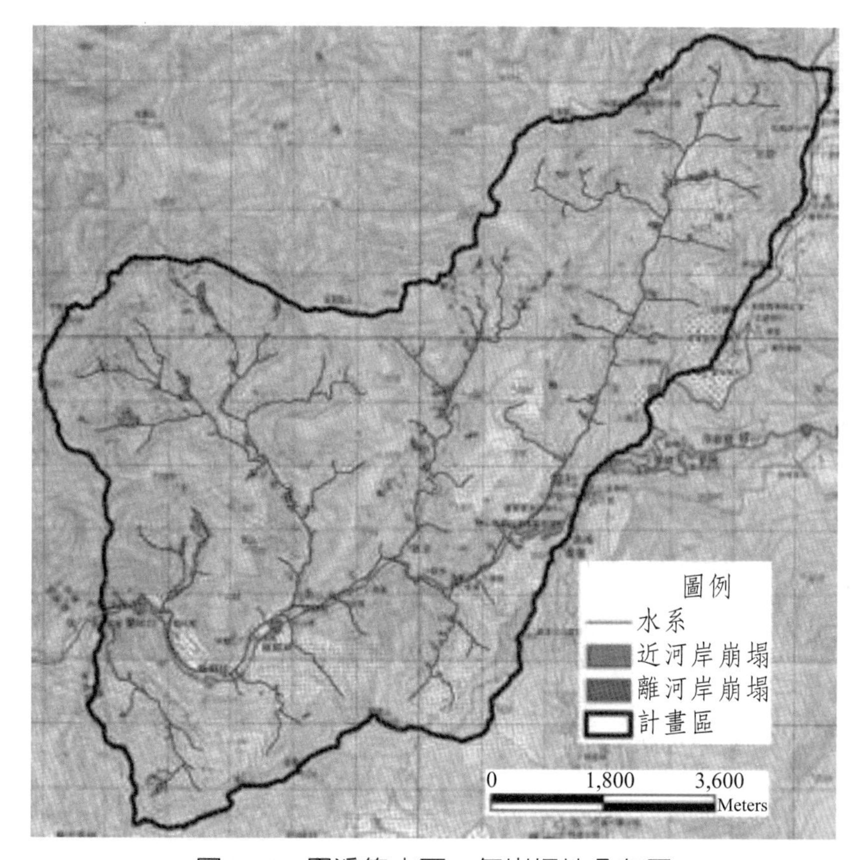

圖8-13　眉溪集水區97年崩塌地分布圖

量可得，各支流集水區河岸崩塌平均深度分別爲東眼溪2.8m、合望溪2.5m及南山溪1.6m。

四、由單位降雨體積之土砂流失量和生產量得知，以東眼溪的土砂流失及生產量爲最，其平均值達0.0354m^3/m^{3}及0.0277m^3/m^3。

綜合以上分析得知，集水區產砂數值模式係在集水區土砂運移簡化模型及其下游河床高程變動與其上游土砂運移之關聯性的兩個重要基礎上，不僅避免直接推估集水區崩塌土砂流失量（以目前的研究水平，仍無法較好的模擬預測），同時也避開坡面與河道間水、砂在時間、空間的耦合問題，使集水區土砂收支分析過程得以合理化和簡單化，並取得較爲精確之結果。

8-4-3 集水區土砂流失與生產推估

參照眉溪集水區之分析模型和流程，擇定20處山地河川集水區進行土砂收支之分析，其結果如表8-8所示。表中，除了列出各集水區面積、主流長度、溪床坡度等資料外，通過集水區土砂收支數值簡化模式之模擬與分析，分別獲得各集水區降雨量與其相應之土砂生產和流失量。

根據集水區產砂特性得知，它是多種因素綜合作用的結果，而與降雨量、集水區面積、溪床平均坡度及溪流長度等因素有關，表為函數關係可寫為

$$SY_o = f(P, A, L, S_o) \quad (8.56)$$

式中，SY_o = 土砂生產量（萬m^3／次）。這樣，運用表8-8中相關因子依上式建立多元迴歸方程為

$$SY_o = 1.29A + 0.05P - 0.47L + 17.54S_o - 5.23 \qquad r^2 = 0.99 \quad (8.57)$$

上式，檢驗結果F值為2616。迴歸的效果甚佳，SY_o計算值與實測值的比較，如圖8-14所示。由式（8.57）得知，一次降雨事件，土砂生產量隨著集水區面積、降雨量及溪床坡度的增加而提高，但是溪流長度愈長，因土砂遞移率愈小，使得下游土砂生產量減少。

同理，自坡面進入溪流土砂流失量或崩蝕量，主要受到集水區面積及降雨量影響，經多元迴歸分析可得

$$SL_o = 2.23A + 0.08P - 8.22 \qquad r^2 = 0.99 \quad (8.58)$$

式中，$S_\theta = \tan\theta$。上式，檢驗結果F值為611。迴歸的效果甚佳，SL_o計算值與實測值的比較，如圖8-15所示。上式表明，當集水區為已知時，土砂流失量隨著降雨量的增加而增加，且集水區面積愈大，其土砂流失量就愈高。

表8-8　二十處山地河川集水區土砂生產與流失量分析一覽表

溪流名	主流長度 L（km）	溪流平均坡度 S_o（m/m）	集水區面積 A（km^2）	降雨量 P（cm）	坡面平均傾角 θ（°）	河寬 B（m）	土砂流失量（萬m^3）	土砂生產量（萬m^3）
竹縣DF040	2.78	0.34	3.37	141.50	29.48	20	11.44	10.97
桃縣DF035	4.54	0.24	5.84	176.80	34.29	40	14.46	13.42
照安坑溪	2.66	0.06	2.20	96.40	27.55	10	2.54	2.33
竹縣DF037	1.96	0.29	1.27	61.30	29.84	20	4.28	3.74
寶里苦溪	7.17	0.17	12.88	131.00	35.28	20	18.56	16.87
玉蘭溪	1.36	0.08	1.42	68.40	25.67	12	1.85	1.26
竹縣DF023	4.08	0.13	4.61	3.60	28.57	25	0.78	0.55
梗枋北勢溪	3.52	0.17	3.61	51.70	26.20	15	3.92	3.36
林美溪	4.18	0.11	4.38	70.30	24.89	20	4.00	3.39
大灣溪	3.29	0.11	6.19	61.90	28.52	60	8.81	5.75
竹縣DF043	1.60	0.38	0.73	141.51	35.51	30	10.12	9.61
油羅溪	14.69	0.11	77.38	181.40	32.55	70	182.48	98.26
竹縣DF067	0.97	0.32	0.27	101.00	21.56	15	4.64	4.58
竹縣DF061	1.83	0.35	0.58	101.00	32.43	25	7.67	7.03
梗枋南勢溪	6.38	0.07	8.65	50.90	29.67	20	8.81	7.04
大進野溪	2.71	0.07	3.47	20.80	22.70	20	1.95	1.15
竹縣DF068	1.18	0.24	0.51	101.00	22.40	17	3.25	3.09
新寮溪	5.66	0.11	8.47	128.10	30.76	45	14.11	9.77
竹縣DF058	1.53	0.35	0.56	101.00	33.92	11	4.81	4.36
那羅溪	9.23	0.13	28.73	148.50	33.40	50	64.00	38.40

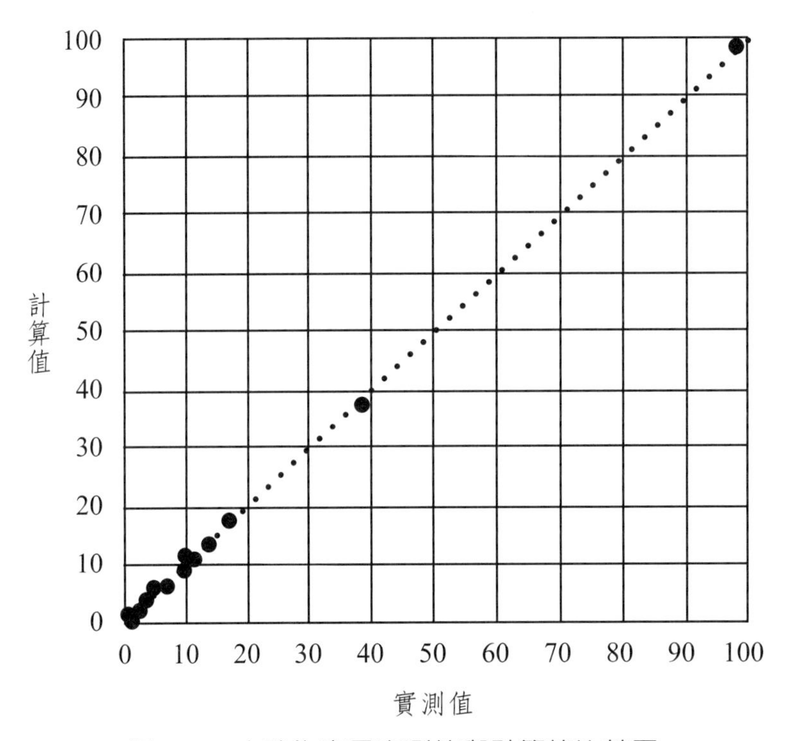

圖8-14 土砂生產量實測值與計算值比較圖

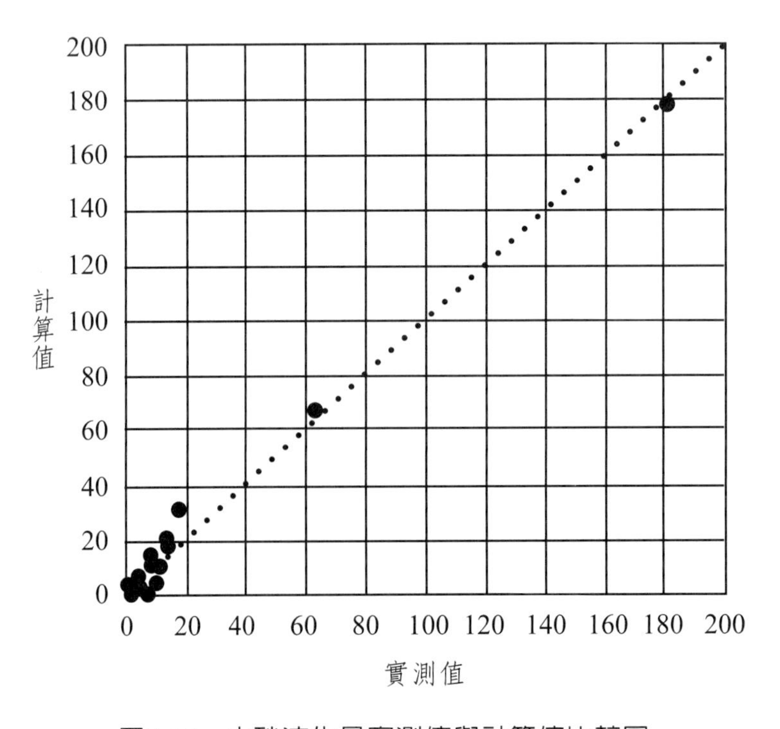

圖8-15 土砂流失量實測值與計算值比較圖

參考文獻

1. 中國水利學會泥沙專業委員會，1992，泥砂手冊，中國環境科學出版社。
2. 阮香蘭，1992，石門水庫集水區之河相與輸砂特性研究，國立中興大學水土保持學研究所碩士論文。
3. 何智武、段錦浩，1983，國姓水庫集水區泥砂產量之試驗分析研究，國立中興大學水土保持研究所。
4. 吳建民，1978，台灣地區河川輸砂量之推估公式，集水區及河川之經理研討會論文集，國立臺灣大學水資源研究小組，184-206。
5. 林長立，1985，石門、德基及曾文水庫集水區泥砂產量型態之初步研究，國立中興大學水土保持研究所論文。
6. 林俊輝，1984，國姓水庫集水區泥沙產量推估之研究，國立中興大學水土保持學研究所碩士論文。
7. 胡春宏，2005，黃河水沙過程變異及河道的複雜響應，科學出版社。
8. 黃金山，1985，水庫防淤以建立臺灣水資源用續發展利用系統的研究。
9. 郭聯德，1994，花蓮溪集水區泥砂產量與河床疏浚模擬之研究，中興大學水土保持研究所碩士論文。
10. 溫惠鈺、許世孟、陳耐錦，2009，集水區土砂產量推估之研究-以花蓮萬里溪流域為例，THE 13TH CONFERENCE ON CURRENT RESEARCHES Aug. 26-28 2009 IN GEOTECHNICAL ENGINEERING IN TAIWAN。
11. 農業委員會，2016，水土保持技術規範。
12. 農業委員會水土保持局，2016，105年石門水庫集水區土砂流失監測、模擬及預報分析。
13. 農業委員會林務局，2012，國有林莫拉克風災土砂二次災害潛勢影響評估。
14. 經濟部水利署北區水資源局，1990，石門水庫集水區第二階段治理規劃。
15. 經濟部水資局，1993，臺灣東部區域重要河川輸砂量研究。
16. 經濟部水利署，2002，流域土砂管理模式之研究(3/3)。
17. 經濟部水利署水利規劃試驗所，2014，重要河川流域土砂調查及其影響災害潛勢因應研究(1/3)。
18. 經濟部水利署水利規劃試驗所，2015，流域土砂經理推動之研究(1/2)。

19. 經濟部水利署水利規劃試驗所，2015，重要河川流域土砂調查及其影響災害潛勢因應研究(2/3)。

20. 陳樹群、何智武、沈學汶，2001，中小型水庫集水區治理成效及土砂整治率評估計畫，經濟部水資源局。

21. 錢寧，1957，關於床沙質和沖瀉質的概念的說明，水利學報，1，29-45。

22. 賴益成，1998，集水區泥砂遞移率之推估研究中興大學水土保持學碩士論文。

23. 謝正倫、蔡元融、陳俞旭，2009，集水區土砂生產及輸送模式之研究，臺灣水利，57(4)，14-26。

24. 宮崎遼、橋本晴行、原田民司郎，2008，小丸川における河床変動計算と土砂収支に関する一考察，第4回土砂災害に関するシンポジウム論文集。

25. 舛屋繁和、清水康行、ウォンサ サニット、村上泰啓，2006，流域規模での洪水流出および土砂流出特性について，水工学論文集，50。

26. Ackers, P. and White, W.R., 1973, Sediment transport: A new approach and analysis, J. of Hydraulics Division, ASCE, 99(HY11): 2041-2060.

27. Avendaño Salas C, Sanz Montero E, Cobo Rayán R, Gómez Montaña J. L., 1997, Sediment yield at Spanish reservoirs and its relationship with the drainage basin area, In Proceedings Nineteenth Congress-International Commission on Large Dams, Florence, Italy, Q.74-R. 54, 863-874.

28. Bagarello, V., Ferro, V. and Giordano, G., 1991, Contributo alia valutazione del fattore di deflusso di Williams e del coefficiente di resa solida per alcuni bacini idrografici siciliani. Rivista di Ingegneria Agraria, Anno XXII(4), 238-251 (in Italian).

29. Ciccacci, S., Fredi, P., Lupia Palmieri, E., and Pugliese, F., 1987, Indirect evaluation of erosion entity in drainage basins through geomorphic, climatic and hydrological parameters, International Geomorphology 1986 Part II, edited by: Gardiner, V., John Wiley and Sons Ltd, Chichester, 33-48,.

30. de Vente, J. & Poesen, J., 2005, Predicting soil erosion and sediment yield at the basin scale, Scale issues and semi-quantitative models, Earth-Science Reviews 71: 95-125.

31. Ellison, W.D., 1947, Soil erosion studies - Part I, Agric. Eng. 28:145-146.

32. Engelund, F. and Hansen, E., 1967, A monogragh on sediment transport in alluvial streams, Teknisk Vorlag, Copenhagen, Denmark.

33. Foster, G.R. & Meyer, L.D., 1972, A closed-form soil erosion equation for upland areas, In Shen, H.W. (ed.), Sedimentation. Department of Civil Engineer-ing, Colorado State University, Fort Collins, 12.1-12.19.

34. Garbrecht, J., Kuhnle, R. and Alonso, C., 1995, A sediment transport capacity formulation for application to large channel networks, J. of Soil and Water Conservation, 50(5): 527-529.

35. Han, Q.W., Wang, Y.C. and Xiang, X.L., 1980, Reservoir sedimentation, Technical Report, Hydrology Department, Commission on Yangtze River Water Resources. (in Chinese)

36. Komura, S. and Simmons, D.B., 1967, River-bed degradation below dams, J. Hydr. Div., ASCE, 93(4): 1-13.

37. Laursen, E., 1958, The total sediment load of streams, J. of Hydraulics Division, ASCE, 108, 36p.

38. Meyer-Peter, E. and Mueller, R., 1948, Formulas for bed-load transport, Report on Second Meeting of IAHR, Stockholm, Sweden, 39-64.

39. Morris G. L. & Fan J., 1997, Reservoir Sedimentation Handbook, McGraw-Hill, New York.

40. Proffit, G.T. and Sutherland, A.J., 1983, Transport of nonuniform sediment, J. of Hydraulic Research, IAHR, 21(1): 33-43.

41. Rahuel, J.L. and Holly, F.M., et al., 1989, Modeling of riverbed evolution for bedload sediment mixtures, J. of Hydraulic Engineering, ASCE, 115(11):1521-1542.

42. Renfro, G.W., 1975, Use of erosion equations and sediment-delivery ratios for predicting sediment, Sediment Yield, ARS-S-40.

43. Roehl, J.W., 1962, Sediment Source Areas, Delivery Ratios and Influencing Morphological Factors, IAHS Publ., No.59, Commission of Land Erosion, 20~213.

44. Simons, D. B. & Senturk, F., 1977, Sediment Transport Technology, Water Resources Publications, Fort Collins, Colorado.

45. Takahashi, T., 1982, Study on deposition of debris flows(3): Erosion of debris fan, Annuals of Disaster Prevention Research Institute. Kyoto Univ., Kyoto, Japan, 25B-2, pp. 327-348, 1982. (in Japanese)

46. Van Rijn, L.C., 1984, Sediment transport, part I: bed load transport, J. Hydr. Engi., ASCE, 110(HY10):1431-1456.

47. Webb, R.H., Griffiths, P.G., and Hartley, D.R., 2001, Techniques for estimating sediment yield

of ungaged tributaries on the southern colorado plateau, Proceedings of the Seventh Federal Interagency Sedimentation Conference, Reno, Nevada.

48. Williams, J. R., 1975, Sediment routing for agricultural watersheds, Water Resources Bulletin, 11:965-974.

49. Wolman, M.G., 1977, Changing needs and opportunities in the sediment field. Watershed Resour, Res. 13, 50-54.

50. Wu, W. and Li, Y., 1992a, A New One-Dimensional Numerical Modeling Method of River Flow and Sedimentation, Journal of Sediment Research, No. 1:1-8. (in Chinese)

51. Wu, W. and Li, Y., 1992b, One- and Two-Dimensional Nesting Mathematical Model for River Flow and Sedimentation" The F ifth International Symp. on River Sedimentation, Karlsruhe, Germany, 1:547-554.

52. Wu, W., Wang, S.S.-Y. and Jia, Y., 2000, Nonuniform Sediment Transport in Alluvial Rivers, J. of Hydraulic Research, IAHR, 38: No. 6.

53. Wu, W. & Vieira, D.A., 2002, One-dimensional channel network model CCHE1D 3.0, Technical Report No. NCCHE-TR- 2002-01, National Center for Computational Hydroscience and Engineering, University of Mississippi, University, MS.

54. Wuttichaikitcharoen, P. & Babel, M.S., 2014, Principal component and multiple regression analyses for the estimation of suspended sediment yield in ungauged basins of Northern Thailand, Water , 6, 2412-2435.

55. Yalin, M.S., 1972, Mechanics of Sediment Transport, Pergamon Press.

56. Yang, C.T., 1973, Incipient motion and sediment transport, J. of Hydraulics Division, ASCE, 99(HY10): 1679-1704.

第9章 集水區土砂管理模式

從集水區的自然環境來看，土砂收支方程給與了區內土砂崩蝕及生產之間的基本關係，只是集水區內經過人為介入之後，這種關係就會產生一些變化，而且變得更為複雜。例如，人們為了防止土砂造成災害，就在坡面及河道內施設各種防砂構造物，企圖控制土砂的流失，並取得降低土砂生產及維持河勢穩定的具體效果，以減少災害發生的頻率和規模。此時工程構造物的介入，勢必影響集水區原有的土砂收支關係，於是必須因應水砂環境的改變而建立起新的土砂收支關係，以符合實際狀況。因此，前一章集水區土砂收支的分析模型，除了建立已知起始和邊界條件下的土砂流失和生產之關係外，這裡將進一步應用這個分析模型，推估人為工程構造物介入之後集水區各種土砂間的變化和規律，藉以評析工程構造物之於集水區的影響和治理成效。

9-1 集水區土砂管理模式

在正常侵蝕的環境下，集水區土砂的流失和生產皆屬自然現象，基本上是不會引起集水區土砂災害的。不過，因氣候變遷、天然事件衝擊、人為不當介入等因素的單獨或綜合作用之下，可能引發有害的超量土砂的流失及生產問題。表面上，這些有害的超量土砂對人類生存環境的直接影響，小於下游都市的暴雨洪災，所以不易為多數人所注意。但是，現在的情況跟以往的環境有了顯著的改變。一些土地開發行為已經深入山坡地土砂災害的潛勢地區，包括集合式住宅社區、休閒遊憩區、公路網、觀光農場等，不僅使土砂災害潛勢區的人口增加，社經活動頻仍，以及接近土砂災害潛勢區的機會增多，導致原本不會直接肇災的崩塌和土石流事件，也因此成為災害的源頭，而為了防止這種災害發生的治理對策就變得格外重要了。此外，當超量土砂進入水庫之後，導致水質混濁和土砂淤積之類的新問題，使得水源保育的課題上也引起人們的關注。總之，由集水區土砂問題所引發的原生或衍生災害，雖然與自然環境條件相關，但多數是決定於人類的使用方式及強度，因而必須通過並實現有效的管理流程和作爲，以減緩災害對社會環境的衝擊和威脅，於是有了集水區土砂管理計畫（sediment management plan）的減災需求。

集水區土砂管理計畫係指以集水區尺度爲單元，針對生產及流失過剩而有害的土砂所制定的計畫，它是對集水區內各種有害土砂做出合理且有效的處置計畫，包括工程與及非工程措施計畫。其中，有害土砂係指集水區內不安定土砂經暴雨逕流作用而可能致災的土砂量，其致災形態包括崩塌、地滑、土石流、山地洪水、河道土砂沖刷和淤積變形等原生災害，以及水庫淤積、下游洪水氾濫等衍生災害。

參考日本建設省河川砂防技術基準計畫篇（社團法人日本河川協會，1997）得知，以工程爲主的集水區土砂管理計畫包含計畫控制點、防砂設施設計基準、計畫處理土砂量、防砂計畫和防砂工程設施計畫等環節，最後針對各種設施治理成效進行綜合的評估，如圖9-1所示。圖中，係根據集水區以往調查資料及土砂收支分析成果爲基礎，在一定的計畫規模下推定集水區土砂生產及流失之計畫量，據以提出防砂計畫及其相應的工程設施。

9-1-1 計畫控制點

計畫控制點（design control point）係指實施土砂管理計畫集水區（防砂計畫區域）下游出口，通常多銜接下游防洪計畫區域。不過，在防砂計畫區域內主、支流匯流口以及重要支流如有必要者，亦應設定補助控制點，如圖9-2所示。作爲防砂計畫控制點，不僅可以從其流出的水、砂變化，研判上游集水區之土砂收支與工程治理間之關聯性，同時也能提供評析流出水、砂對下游河道產生的可能衝擊。因此，它是防砂計畫區域與防洪計畫區域間逕流與土砂分擔的主要界點。

9-1-2 設施設計基準

設施設計基準（design stardard）係指設施基於安全和功能考量，設計時選取某一重現期（return period）（頻率年）洪峰流量作爲基準，而重現期之大小與經濟、環境、保全對象多寡及重要性等因素相關。由於設施設計基準係以工程構造

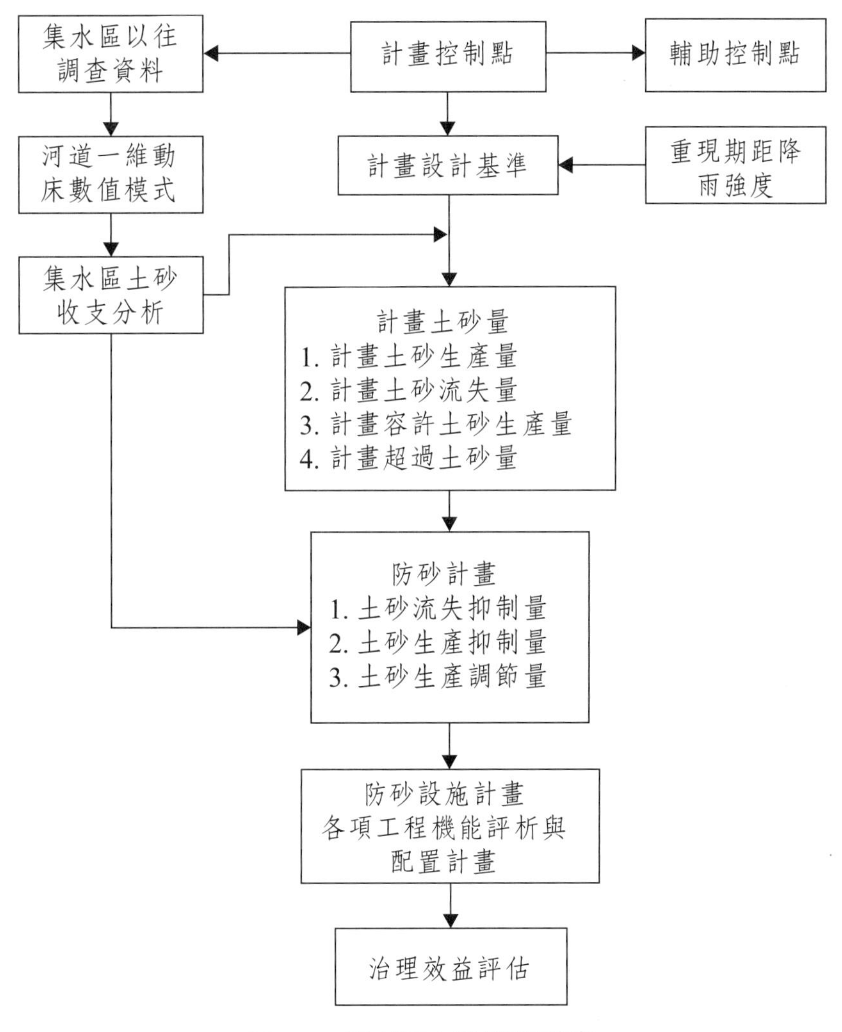

圖9-1　集水區土砂管理計畫

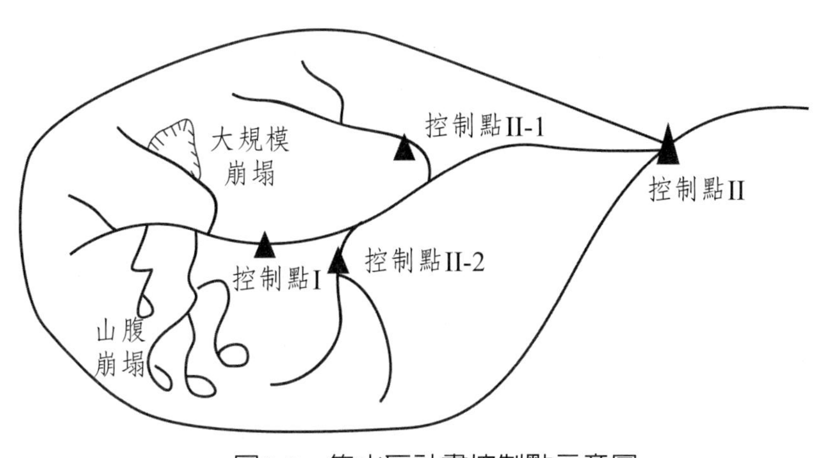

圖9-2　集水區計畫控制點示意圖

物為對象，強調工程設施之基本機能，卻忽略了對於特定土地及保全對象之保護需求。於是，為因應氣候變遷極端降雨之可能威脅，避免使保全對象及土地深陷各種不確定性之致災情境之中，而有了保護基準（protecting stardard）之概念。保護基準有別於設施設計基準，它是係從防災角度出發，以特定土地、設施或重要保全對象能夠在某一重現期暴雨或洪水作用下而不致生災害的安全基準，其重現期暴雨或洪水為以特定土地、設施或保全對象可容忍風險限度作為設定標準，一般皆高於設施設計基準，如表9-1給出了各國設計及保護基準（經濟部水利署水利規劃試驗所，2012）。

以土石流潛勢溪流為例，當土石流潛勢溪流採用50年重現期降雨強度之洪峰流量為設計基準時，在某種程度上它是保證各項防砂設施可以順利排除設計基準下之洪峰流量，但是當遇有超過基準的降雨量時，洪流挾帶著土砂可能溢出溪流而危及沿岸保全對象之安全；顯然，在設施設計基準的條件下，並不等同於其沿岸土地及保全對象之安全無虞。因此，除了設施設計基準外，於集水區土砂管理計畫內應依集水區各種保全對象之環境、重要性等因素之綜合考量，訂定合理之保護基準，以因應氣候變遷極端降雨之影響。

9-1-3 計畫處理土砂量

對集水區土砂管理計畫來說，掌握集水區內各種土砂流失及生產狀況，乃是落實土砂管理的基本課題之一，包括在一定的設計標準下，推定計畫土砂流失量、計畫土砂生產量、計畫容許土砂生產量及計畫超過土砂量等。根據松村和樹等（1988）的研究指出，集水區各項計畫土砂量不易通過理論方式獲得，多數是以調查歸納及經驗公式予以推估。茲簡述如下。

一、計畫土砂流失量

集水區計畫土砂流失量（design sediment loss）包括位於坡面上之表土侵蝕、淺層崩塌（含河岸崩塌量）及大規模崩塌等進入河道之土砂量，以及位於河道內之沖淘刷土砂量，其中又以崩塌量及河床沖淘刷量為土砂流失量的主體。

(一) 崩塌土砂流失量：係指自坡面及河岸新崩塌地、既有崩塌地擴大及既有崩塌地殘存土砂進入河道的總土砂量。在推估計算時，除了採取既往發生的

表9-1　各國河川排水設計與保護基準一覽表

國家	設計基準（重現期：年）		特殊保護基準（重現期：年）
	河川	排水	
臺灣	200年（淡水河） 100年（中央管河川） 25～50年〔縣（市）管河川〕 25～50年（直轄市管河川） 50年（野溪）	10年（區域排水） 10年（坡地農業使用） 25年（坡地非農業使用） 5年（雨水下水道） 50年（事業性海堤）	50～100年（易淹水地區重要聚落） 200年（捷運） 100年（科學園區）
日本	≥200年（A級） 100～200年（B級） 50～100年（C級） 10～50年（D級） ≤10年（E級）	東京地區10年（現行） 100 mm/hr（目標）	—
德國 英國	德國：100年 英國：100年（一般河川） 1000年（泰晤士河）	200年（市區排水幹渠系統） 50年（市區排水支渠系統） 50年（主要鄉郊區集水區防洪渠） 10年（鄉村排水系統） 2～5年（密集使用農地）	10年（鄉村） 20年（住宅區） 30年（市中心／工業區／商業區） 50年（地下鐵）
美國	工兵團規定： 200年（重要城鎮） 100年（一般城鎮） 50年（農村）	—	歷史最大洪水（一般地區） FEMA規定： 100年（洪氾區內建築物區） 100～500年（大城市、鐵路等重要保護對象）

資料來源：經濟部水利署水利規劃試驗所，2012

案例及地質別崩塌面積進行推定外，亦有採用降雨指標力學模式或機率模型等手法（參考4-6節），對於崩塌土砂搬運量則以事件發生前、後的航拍圖進行判釋而製成崩塌土砂搬運圖。

(二) 河道土砂沖淘量：包括河岸淘刷及河床沖刷之土砂量。

1. 河岸淘刷量：以分布在河岸鬆散的堆積物爲對象，以既有河寬與理論河寬之差進行推定。河道理論寬度可表爲

$$B_T = aQ^{1/2} \tag{9.1}$$

式中，Q = 計畫洪峰流量；B_T = 理論河寬；a = 待定係數，與集水區面積有關，約介於$a = 2\sim4$之間。當實際河寬$B_o \geq B_T$時，可不計河岸淘刷量；當實際河寬$B_o < B_T$時，須估計河岸淘刷量。

2. 河床沖刷量：除了掌握河床堆積物的量體外，在洪水發生時沖刷深度的推定是十分需要受到重視的要點。但是，合理的推定河床堆積物的沖刷深度卻是相當困難的，以目前的狀況來說還沒有正確的建立方法，而比較常被拿來使用的方法包括：

(1) 從既往河床變動的實際值來推定沖刷深度。

(2) 利用附近集水區或是類似集水區的既往實際值。

因第(1)項反映了河道特性的緣故，被認爲是比較妥當的方法。但是，實際上具備整個河床變動的完善資料者，亦是十分罕見的。

二、計畫土砂生產量

計畫土砂生產量（design sediment yield）係指由水流或土石流從計畫控制點搬運流出的土砂量，可以由既往災例實際發生的量體、歸納及物理學等手法推定之。

(一) 以過去災害的實際發生情形爲基準的手法

在擁有既往所發生過最大實際情況的數據資料時，可以利用這個數值來進行推估。在這種情形之下，採用鄰近集水區的實際數據資料，亦屬可行的推估方式。圖9-3即爲通過大量的實際案例資料與最大日雨量之間關係圖。

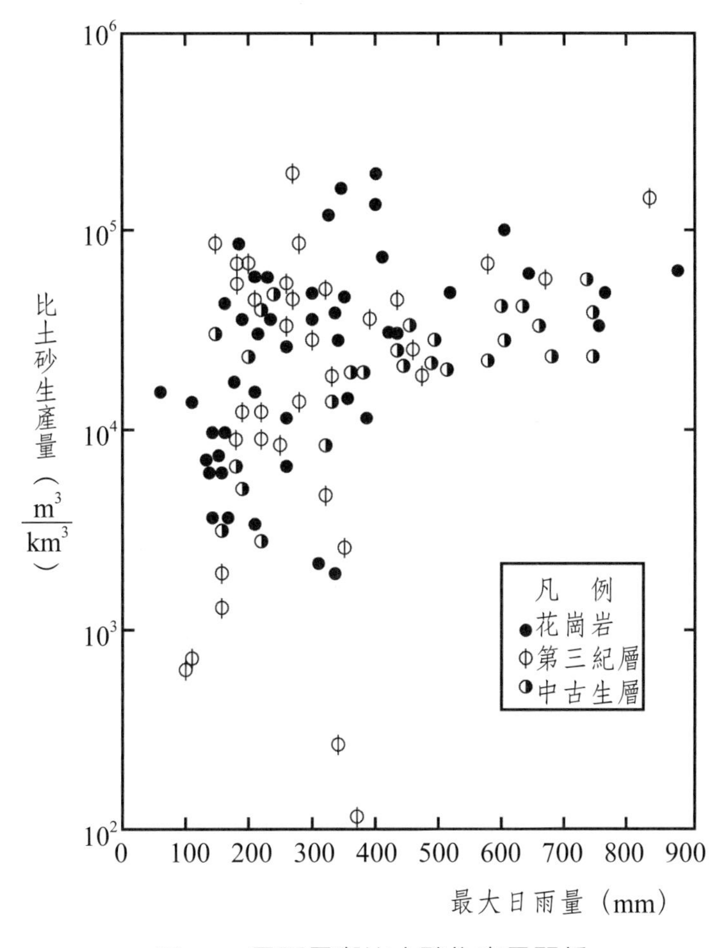

圖9-3　日雨量與比土砂生產量關係

另外，依據「建設省河川砂防技術基準（案）」，若沒有關於對象集水區內的土石流相關資料，也無法預測崩塌發生情況時，可以參考表9-2設定其土砂生產量。

使用本方法因忽略了集水區特性及降雨流出狀況，其準確性不高，但在欠缺可資參考的資料時仍不失爲權宜之法。

(二) 歸納方法：柿德市（1983）提出流出率法推估土砂生產量。本法係由已知集水區面積及河床坡度，分別依圖9-4獲得集水區面積係數及溪床坡度係數，相乘後得起伏量比，再由表9-3得流出率（R_f），則計畫土砂生產量可表爲

表9-2　計畫土砂生產量推定

類型	土石流集水區（標準面積1km²）	推移載流集水區（標準面積10km²）
	生產量（m³/km²/1次洪水）	生產量（m³/km²/1次洪水）
花崗岩地帶	50,000～150,000	45,000～60,000
火山噴出物地帶	80,000～200,000	60,000～80,000
第3紀層地帶	80,000～200,000	40,000～50,000
破碎帶地帶	100,000～200,000	100,000～125,000
其他地帶	30,000～80,000	20,000～30,000

註：1.河床載集水區：標準面積集水區為10km²，年超過機率為1/50的情況，惟如年超過機率為1/100的情況時，則生產量應乘上1.1倍。
2.當集水區面積是標準情況的10倍時，生產量為表格內數值的0.5倍，如為標準面積的1/10倍時，則以表格內數值的3倍計算。（建設省河川局防砂部）

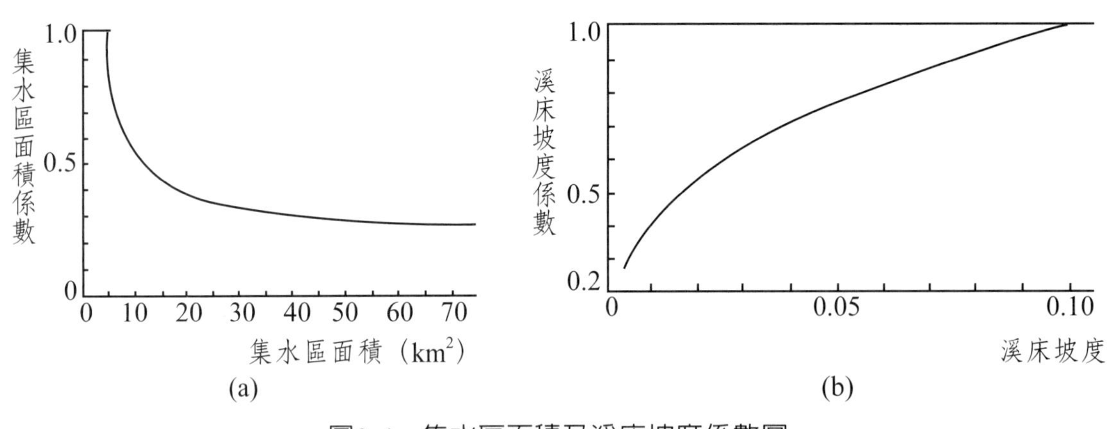

圖9-4　集水區面積及溪床坡度係數圖

表9-3　起伏量比與流出率關係

起伏量比（R_f）	流出率
$0.35 \le R_f$	0.8
$0.25 \le R_f < 0.35$	0.7
$0.15 \le R_f < 0.25$	0.6
$R_f < 0.15$	0.5

$$O_V = R_f L_V \qquad (9.2)$$

式中，L_V = 計畫土砂流失量。本法的問題點在於，從計畫土砂流失量推定計畫土砂生產量，又計畫土砂生產量與河道水流水理無關，皆屬本法存在的疑慮。

此外，蘆田和男及奧村武信（1977）由實際土砂生產情形建立其推估方程式，即

$$O_V = 10(ARI)^2 \qquad (9.3)$$

式中，A = 集水區面積（km^2）；R = 日雨量（mm）；I = 高程差200m間的平均河床坡度。

(三) 物理學方法：本法係運用河道輸砂理論，並將河道水流輸移泥砂形態概分為土石流（發生坡度$\tan\theta > 0.25$）、高含砂水流（發生坡度$\tan\theta = 0.25$～0.05）及推移載流（發生坡度$\tan\theta < 0.05$）等三種類型。以高含砂水流為例，水山高久（1980）通過實驗方式建立單寬輸砂量公式，即

$$q_s = 5.5q\tan^2\theta \qquad (9.4)$$

式中，q_s = 單寬輸砂量（cms/m）；q = 單寬水流流量（cms/m）；θ = 溪床傾角。

三、計畫容許土砂生產量

計畫容許土砂生產量（design allowable sediment volume）係指通過計畫控制點後對下游河道沒有負面影響的土砂量，與保全對象受害程度、水流挾砂力及其粒徑組成等相關，可表為

$$C_V = \beta O_V \qquad (9.5)$$

式中，β = 比例係數，β = 5～10%，一般採用10%，或以洪水總流量的1～3%作為容許土砂生產量。不過，還是要考量到下游河道的安定情形，異常土砂淤積或沖刷皆是造成災害的原因，故設定可接受的河床變動程度是相當重要的，過多或不足的土砂生產量都必須被考慮到。另一方面，在有土石流發生危險的溪流對策時，基本上是不容許有土石流形態的土砂流出來的。

四、計畫超過土砂量

計畫超過土砂量（design excess sediment）係指於通過計畫控制點之計畫土砂生產量與其容許土砂生產量之差，或謂生產過剩的有害土砂量，是防砂計畫中所要處理的對象。計畫超過土砂量爲計畫土砂生產量與計畫容許土砂生產量之差，即

$$H_V = O_V - C_V \qquad (9.6)$$

式中，H_V = 生產過剩之土砂量，屬於設施防砂計畫中預定處理的對象。

近年來，隨著有關災害案例資料的積存、現場土砂移動狀況的調查及相關研究的發展，雖然已經對於土砂生產的形態與數量有比較明確的把握，但是對於不安定土砂的崩蝕及搬運機制（即土砂流失），因有著非常複雜及許多原因所形成的現象，迄今對其質和量的變化規律，瞭解的程度還是相當有限，這使得對於各種計畫土砂量之推定，仍然存在一些不確定性及主觀性。因此，這裡避開採用上述的一些經驗模型來決定計畫土砂量，而改以實際的降雨量與集水區土砂流失和生產量間的關係（實施治理之前），推定一定計畫規模下之各種類型的計畫土砂量。

例如，由8-4節得知，眉溪集水區東眼溪集水區在2008年歷經連續四場颱風降雨的作用引發重大的土砂災害，因而通過前一章所提出的數值模擬取得了各支流集水區的土砂生產及流失之關係，如圖9-5及圖9-6給出了各重現期降雨量對應之土砂流失量及生產量的關係。

9-1-4 防砂計畫

由集水區土砂收支方程式得知，參與集水區系統的土砂單元，包括土砂生產量、殘留量及流失量等，但是這些土砂量體在沒有受到任何人爲控制或引導下，它們的時、空分布對人類的生活及生存帶來一定的威脅時，爲了緩解這種威脅因而有了各種防砂計畫的導入，企圖恢復集水區系統常態下的土砂收支規律。防砂計畫（design control sediment）係指在集水區內研擬合理而有效的各種設施來處理有害土砂量之計畫，可表爲（日本建設省河川砂防技術基準計畫篇，1997）

$$O_V = (A_V + A_{VU} - C_{VC})(1 - \alpha) - C_{VS} - C_{VR} \qquad (9.7)$$

$$A_{VE} = A_{VU} - C_{VC} \quad O_V \le C_V \qquad (9.8)$$

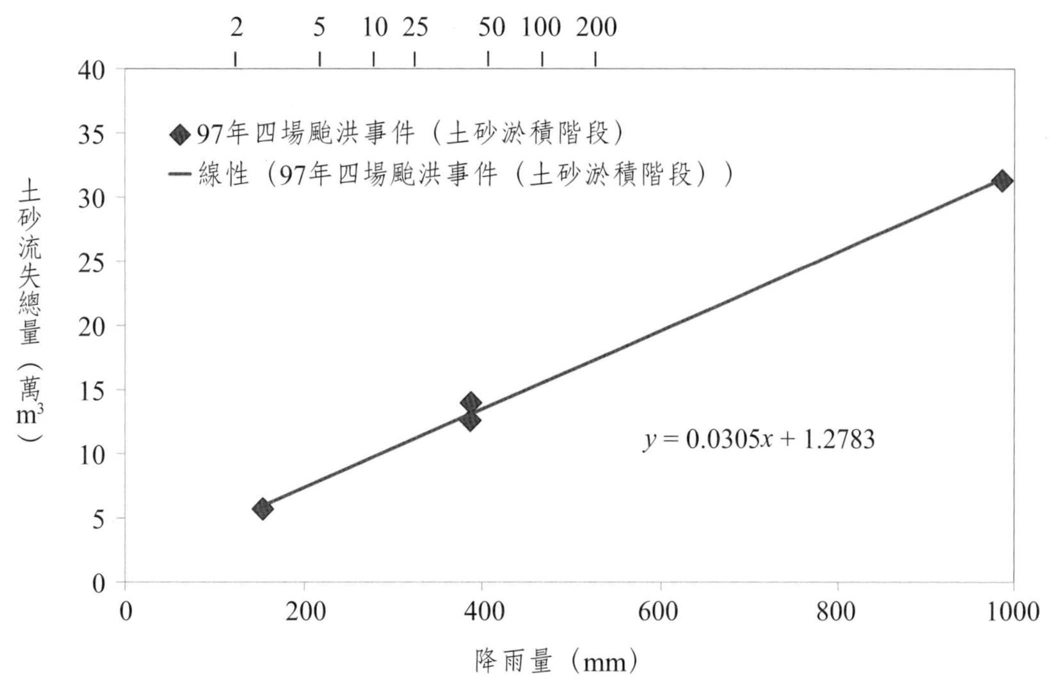

圖9-5　土砂流失量與降雨量之迴歸曲線

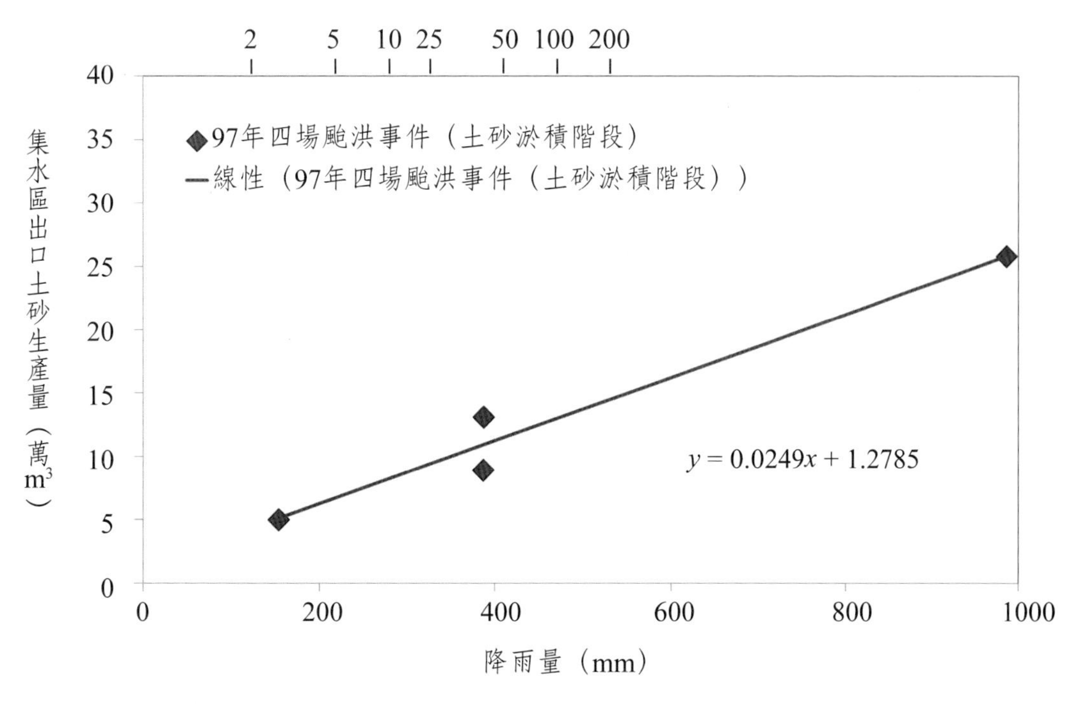

圖9-6　土砂生產量與降雨量之迴歸曲線

式中，O_V = 防砂處理計畫完成後的土砂生產量，包括通過計畫控制點之懸移載、推移載及沖洗載等；A_{VU} = 從分析河段上游入流的土砂生產量；C_{VC} = 計畫土砂流失抑制量（design sediment loss reduction）；α = 河道調節率，與河道形態、堆積物數量、堆積物的顆粒級配及粒徑等因素有關，介於0.11～0.42；C_{VS} = 計畫土砂生產調節量（design sediment yield control）；C_{VR} = 計畫土砂生產抑制量（計畫貯砂量）（design sediment yield reduction）；A_{VE} = 計畫完成後的土砂流失量。

茲以兩個上、下游銜接的河段或集水區來說明式（9.7）的基本內涵，如圖9-7所示。圖中，於集水區上、下游分別選定兩個控制點1及2，控制點1以上集水區具有大規模崩塌、山腹崩塌、河床和兩岸沖刷等土砂流失量A_{V1}，經相關防砂設施處理之後，取得了土砂流失抑制量（C_{VC1}）、土砂生產抑制量（C_{VR1}）、土砂生產調節量（C_{VS1}）等各項防砂成效，最終流出控制點I的土砂量爲O_{V1}，即

$$O_{V1} = (A_{V1} - C_{VC1})(1 - \alpha) - C_{VS1} - C_{VR1} \tag{9.9}$$

當水流經控制點I流出之後，控制點I及II間水區土砂生產量爲$A_{VU2} = O_{V1}$，並考量多條支流土砂入流之計畫土砂生產量$I_{V2} = (I_{V1} + I_{VII\text{-}1} + I_{VII\text{-}2})$，同樣經相關防砂設施處理，則土砂生產量

$$O_{V2} = (A_{VU2} + A_{V2} + I_{V2} - C_{VC2})(1 - \alpha) - C_{VS2} - C_{VR2} \tag{9.10}$$

式中，超過土砂量爲（$O_{V2} - C_{V2}$）。不過，在防砂處理計畫中不僅要推估通過主要和輔助控制點的土砂量，而且還必須研判生產的土砂對下游可能造成的危害程度；換言之，通過控制點的容許土砂生產量問題是集水區防砂處理計畫所須面對的課題之一。

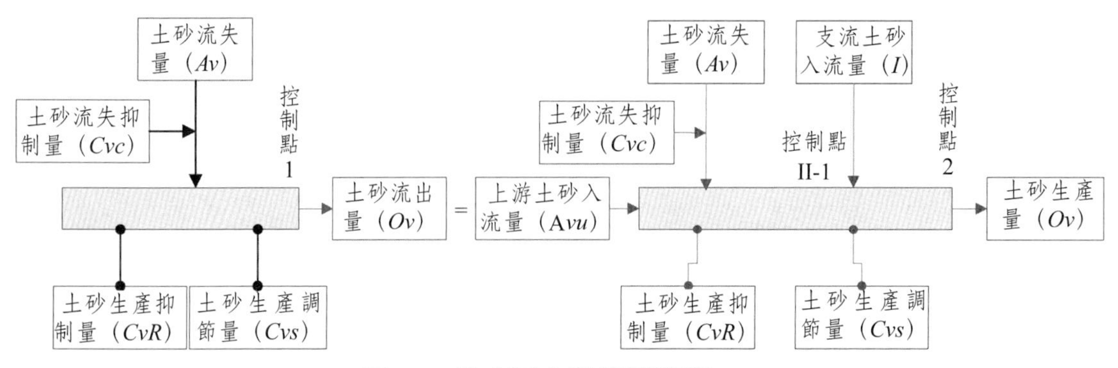

圖9-7　集水區土砂管理模型

一般，防砂處理計畫主要是依各種設施的防砂效能制定合理有效的處理計畫，其中防砂設施之防砂效能係以土砂生產抑制量（C_{VS}）、土砂流失抑制量（C_{VC}）及土砂生產調節量（C_{VR}）等為主要。茲以防砂壩（check dam）為例，簡述各種防砂量之內涵：

一、土砂生產抑制量（C_{VR}）：係指土砂自坡面或河道被外力沖起之後，在運移過程中遭人為設施所攔擋蓄積在一定的區域範圍內，而無法繼續的移動者，簡稱「攔（貯）砂量」。防砂壩抬高了侵蝕基準面，並於其上游形成貯蓄土砂之容積，具有攔蓄土砂，減少土砂大量生產流出機能，如圖9-8(a)所示。不過，這部分的機能除非是通過清淤騰空，否則在防砂壩全生命週期中，貯砂量為一固定量，可以河床及兩岸間的幾何關係直接估算之。

二、土砂生產調節量（C_{VS}）：係指土砂在運移過程，因人為設施影響而有部分土砂降低流速或暫時性停止運動，俟一段時間後少部分的土砂又重新移動。這種可以暫時性改變土砂運移慣性者，稱為土砂生產調節量，簡稱為「調砂量」。如圖9-8(b)為洪水流在防砂壩上游自陡坡河道進入緩坡河道時，因水流輸砂能力減弱而致土砂逐漸落淤；直到洪水退水時，部分淤積土砂會再度被攜出移往下游。洪水期間水流挾砂對壩體上游床面的沖淤現象，反應了防砂壩對水流挾砂具有一定的調節作用，且與上游來水量及來砂量直接相關。

三、土砂流失抑制量（C_{VC}）：係指人為設施具有抑制坡面表土侵蝕、崩塌等土砂流失。由於具有降低集水區坡面及河道各種土砂流失之意涵，故簡稱為「定砂量」。圖9-8(c)為防砂壩上游淤滿土砂之後，減低上游河岸邊坡之有效自由面，可以抑制邊坡土體崩滑之可能及規模。

上述攔（貯）砂量、定砂量及調砂量之總和，稱為設施防砂量，與防砂設施種類、構造規模及地面條件等因素相關，而其最終目的在於控制集水區的土砂沖刷流失，減緩河床演變的速度，以利河勢的穩定。

9-1-5 集水區土砂管理數值模式

集水區土砂管理計畫係在集水區的土砂收支規律上，建立治理設施導入之後，集水區土砂生產、殘留及流失等量體之關係，以及各量體對集水區及其下游的可能衝擊和影響；換言之，求解式（9.7）為建立集水區土砂管理模式的主要部分。但

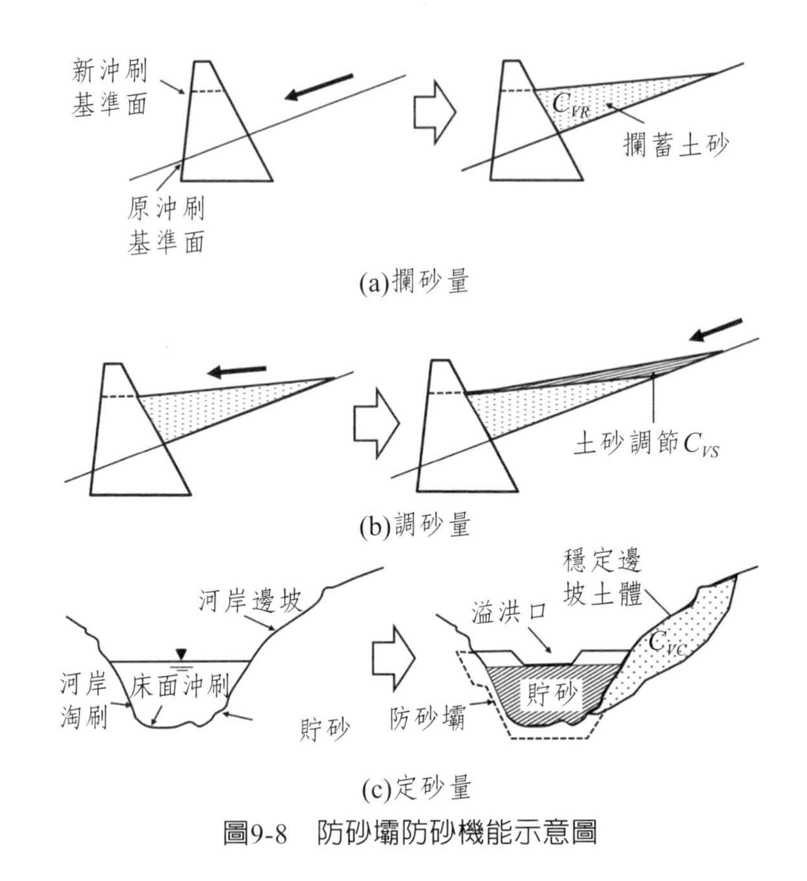

圖9-8 防砂壩防砂機能示意圖

是，式（9.7）僅爲土砂收支及工程設施治理成果之間的數量級關係，而未就坡面區及河谷區之間土砂的時間和空間變異及耦合問題，以及工程設施對各種土砂量體的影響進行深入探討，所以不能直接利用公式進行推估。因此，在推估集水區土砂收支規律及工程設施管理時，必須採用8-3節集水區土砂收支的數值模型，模擬分析集水區土砂的生產、流失及設施防砂量之間的關聯性及變化規律。

根據8-3節得知，集水區土砂收支數值模型係將集水區土砂流失概化爲坡面區和河谷區兩大區塊，前者係以坡面漫地流輸砂方式推估其土砂量，且其土砂量進入河道之後，因多屬細顆粒泥砂，對河道底床不起造床作用，在河道數值演算時可以忽略不計；後者則以式（8.1）爲基礎，針對河道內各項設施進行一維動床數值模擬，以推估其河床土砂沖淤量及集水區下游出口的土砂生產量，如圖9-9所示。這樣，按式（9.7）可以將河道系統簡化爲

$$C_V = E_V - T_V \tag{9.10}$$

式中，C_V = 計畫容許土砂生產量，屬於系統輸出的期望值；E_V = 廣義的計畫土砂

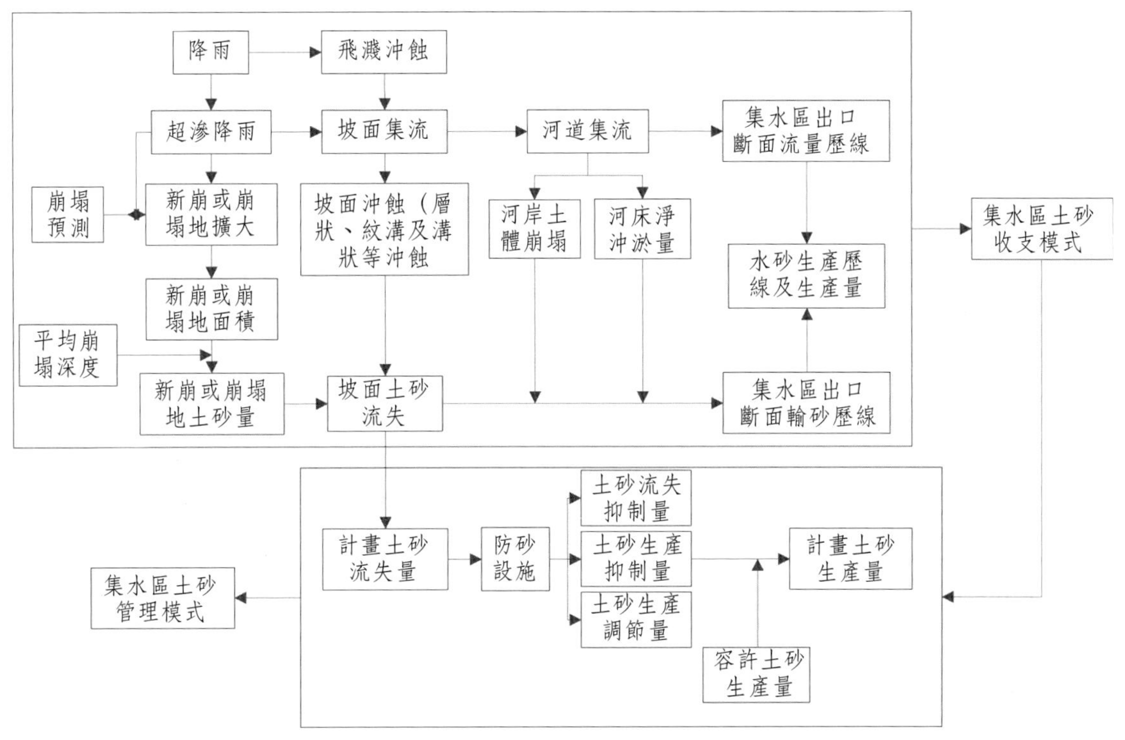

圖9-9　集水區土砂管理之數值模擬模型

流失量，為系統中輸入的部分，可表為

$$E_V = (A_{VU} + A_V + I_V)(1 - \alpha) + \alpha\ C_{VC} + S_{CO} \qquad (9.11)$$

式中，S_{CO} = 河床土砂沖刷量；T_V = 各項治理設施計畫防砂量之和（含定砂量、調砂量及攔砂量等），可寫為

$$T_V = C_{VS} + C_{VC} + C_{VR} \qquad (9.12)$$

因此，由數值模擬過程可以分別獲得在一定設計標準下的計畫土砂生產量（O_V或C_V）及計畫土砂流失量（E_V），再根據土砂生產過剩量（即$H_V = O_V - C_V$）決定人為治理強度（或管理強度）。

9-2 案例模擬分析

沿用8-4節眉溪集水區為案例模擬分析集水區之土砂管理模式。眉溪集水區於

2008年歷經連續四場颱風降雨侵襲之後，因各支流集水區因流失大量土砂，導致眉溪主流發生嚴重的土砂淤積而致災。爲此，自2009年起即陸續在各支流集水區開展多期整治工程，直到2013年止統計各支流集水區之主要防砂工程設施，以及土砂清疏約203.2萬m^3的土砂量。結果發現，本集水區於2013年起發生河床沖刷下切現象，造成兩側護岸基礎淘空，危及其安定。

據資料顯示，2009年至2013年間眉溪集水區合計發生了莫拉克、凡那比、0610豪雨、蘇拉、蘇力及潭美等六場颱風豪雨事件，而各支流集水區因已實施相關工程治理，故通過數值簡化模式演算各支流集水區土砂收支規律及其與設施治理成果（以防砂壩爲主）之關係，其結果如表9-4～9-6所示。表中，各項數值計算方式綜述如下：

一、治理起算點

以2009年作爲集水區之治理起算點，其相應已知之無因次平均土砂流失量（平均土砂流失量／降雨總體積）與生產量（平均土砂生產量／降雨總體積）分別列於表中第(1)列；

二、理論土砂流失量與生產量

由2009年後之各場實際降雨體積與治理起點之無因次平均土砂流失量與生產量相乘，可得治理前土砂流失量與生產量、如表中第(3)及(6)列；

三、實際土砂流失量與生產量

由數值模式推定在各場颱風降雨條件下之治理後土砂流失量及生產量、如表中第(4)及(7)列；

四、土砂流失及生產減少量

將第(3)列與第(4)列相減，第(6)列與第(7)列相減，分別得土砂流失及生產之減少量體，如表中第(5)及(8)列。

以東眼溪爲例，由表9-4顯示，2009年後土砂流失量及生產量分別減少約55.68萬m^3及38.74萬m^3；如以百分比計，治理起算點前四場連續颱風降雨之平均無因次土砂流失量約0.0354，而2009年至2013年間各場颱風降雨之平均無因次土砂流失量約0.0138，減少幅度高達39%，而下游出口土砂生產比也從0.0284降之0.0135，減少約47.5%，顯示此期間本集水區相關治理設施已發揮很好的土砂抑制效果。

依此類推，表9-5及表9-6分別合望溪及南山溪之分析結果。

表9-4　2009～2013年東眼溪土砂管理數值模擬結果一覽表

項目名稱（萬m^3）	莫拉克	凡那比	0610豪雨	蘇拉	蘇力	潭美
(1)治理起算點	無因次平均土砂流失量：0.0354					
	無因次平均土砂生產量：0.0284					
(2)降雨體積	537	102	863	324	431	209
(3)治理前土砂流失量	18.99	3.61	30.52	11.46	15.24	7.39
(4)治理後土砂流失量	7	2	11.1	4.5	4.1	2.9
(5)土砂流失減少量	12.03	1.61	19.42	6.97	11.16	4.49
(6)治理前土砂生產量	15.23	2.89	24.47	8.19	12.22	5.93
(7)治理後土砂生產量	6.8	1.9	11.1	4.5	4	2.9
(8)土砂生產減少量	8.43	0.99	13.37	4.69	8.22	3.03
(9)總防砂量（T_V）	20.42	2.6	32.79	11.65	18.36	7.52

註：(2) = 0.03537*(1)；(3)及(6) = 土砂收支模擬；(4) = (2) − (3)；(5) = 0.02836*(1)；(7) = (5) − (6)。

表9-5　2009～2013年合望溪土砂管理數值模擬結果一覽表

項目名稱（萬m^3）	莫拉克	凡那比	0610豪雨	蘇拉	蘇力	潭美
(1)治理起算點	無因次平均土砂流失比：0.0158					
	無因次平均土砂生產比：0.0125					
(2)降雨體積	1634	310	2627	986	1313	635
(3)治理前土砂流失量	26.76	5.08	43.03	16.15	21.51	9.40
(4)治理後土砂流失量	10	2.6	15.5	6.4	7.8	4.1
(5)土砂流失減少量	16.76	2.48	27.53	8.75	13.71	6.30
(6)治理前土砂生產量	18.86	3.58	30.32	11.38	15.15	7.33
(7)治理後土砂生產量	8.3	2.3	14.3	5.8	7.1	3.7
(8)土砂生產減少量	8.56	1.28	16.02	5.58	8.05	3.63
(9)總防砂量（T_V）	26.32	3.76	43.55	15.33	21.76	8.93

表9-6 2009～2013年南山溪土砂管理數值模擬結果一覽表

項目名稱（萬m^3）	莫拉克	凡那比	0610豪雨	蘇拉	蘇力	潭美
(1)治理起算點	無因次平均土砂流失比：0.0223					
	無因次平均土砂生產比：0.0187					
(2)降雨體積	1005	191	1616	607	808	391
(3)治理前土砂流失量	22.49	4.27	36.17	13.58	18.08	8.75
(4)治理後土砂流失量	8.9	2.3	13.5	6	6.1	2.7
(5)土砂流失減少量	12.59	1.97	22.67	7.58	11.98	6.05
(6)治理前土砂生產量	18.09	3.44	28.09	9.93	14.54	7.04
(7)治理後土砂生產量	8.8	2.2	13.4	5.9	5.9	2.7
(8)土砂生產減少量	8.29	1.24	15.69	5.03	8.64	4.34
(9)總防砂量（T_V）	20.88	3.21	38.35	12.61	20.63	9.39

9-3 集水區土砂流失抑制效益

長期以來，水土保持防砂設施多數著重於推估工程尺度的防砂效益，其中與其構造物外觀尺寸相關之攔砂量最爲普遍，其中以張三郎等（1996）及連惠邦等（2011）經驗公式爲主要。不過，此等經驗公式係直接以構造物表觀功能爲出發，除了攔砂量外，它忽略了相對於沒有實施防砂設施時的防砂效益。一般而言，防砂效益之良窳，係以集水區土砂流失量及下游特定出口斷面土砂生產量爲標的，且由治理前、後土砂流失及生產量的變量表現出來。例如，已知集水區某次降雨事件作用引發土砂流失量π_1，經過設施治理之後，再遭遇類似規模的降雨作用，其土砂流失量爲$\pi_2 < \pi_1$；這樣，比較集水區在這兩次降雨激發的土砂流失量，設施治理對土砂流失抑制效益（或抑制量）爲$\pi_1 - \pi_2$。顯然，在不同時間和治理強度的條件下，從土砂流失量變化表達設施治理效益，可以具體量化集水區土砂流失量隨著時間的演化趨勢。

9-3-1 土砂流失抑制量與治理之關聯性

爲便於說明，設想一種理想的狀況，已知某集水區經歷某特大降雨事件而促發大規模的土砂流失（含土壤侵蝕及邊坡土體崩塌），如圖9-10中的初始值。隨著時間的演進，倘若沒有任何人爲設施介入，由於集水區自然的復育能力，即便再遭遇一些不算大的降雨，其單位降雨體積所促發的土砂流失量（無因次土砂流失量）會隨著時間逐漸降低，集水區慢慢恢復穩定，如圖9-10中未實施治理的假想歷線。未實施治理假想歷線與初始值之差值，表示集水區沒有施予任何工程治理情況下之自然復育能力，它與集水區地形、微氣候、人爲開發程度等因素相關；在沒有足以改變地面土砂運移狀況的降雨條件下，自然復育能力會隨著時間逐漸增長，惟最終將趨於某定值。

但是集水區自然復育能力畢竟有其限度，在復育速度和程度上不一定能夠滿足人們的要求。因此，通過人爲方式實施了一些防砂設施，以加速控制土砂流失及集水區的穩定趨勢。以石門水庫上游集水區爲例，2004年因艾利颱風之後歷經多年人爲保育治理措施介入，而使單位降雨體積產生的水庫淤積量逐年降低，其降低趨勢如圖9-11所示。這樣，由人爲工程介入後的單位降雨體積土砂流失量也具有這種演變趨勢時，則可以圖9-10中已實施治理的假想歷線表示之。圖中顯示，已實施治理假想歷線的下降趨勢顯然是優於未實施治理者。

根據未治理及已治理之假想歷線，其治理效益具有兩種表達方式，包括：

一、絕對土砂流失抑制量：於同一時間下，未治理和已治理情況下無因次土砂流失量之差，謂之「絕對土砂流失抑制量」；它是在已治理假想歷線扣除自然復育能力（即未治理假想歷線），表徵實際治理效益。由於推定絕對土砂流失抑制量，必須同一時間擬合集水區在未治理和已治理情況下的無因次土砂流失量歷線，雖然在技術層面上可以通過長期觀測方式，分別建立未治理和已治理情況下之無因次土砂流失量歷線，但是未治理情況下無因次土砂流失量歷線的推定，在實務上是不容易的。

二、相對土砂流失抑制量：在已治理假想歷線上，任意選取兩不同時間無因次土砂流失量之差值，謂之「相對土砂流失抑制量」。它雖然只是單純表達兩個不同時間的無因次土砂流失量，但確已隱含了此期間因實施防砂治理之後的土砂流失減量，在效益的表達上更爲簡單明瞭，易於解讀。

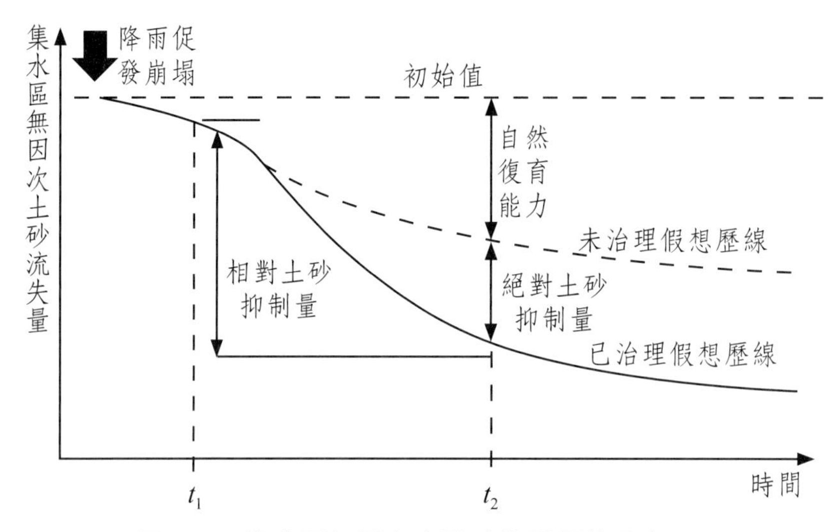

圖9-10　集水區無因次土砂流失量歷線示意圖

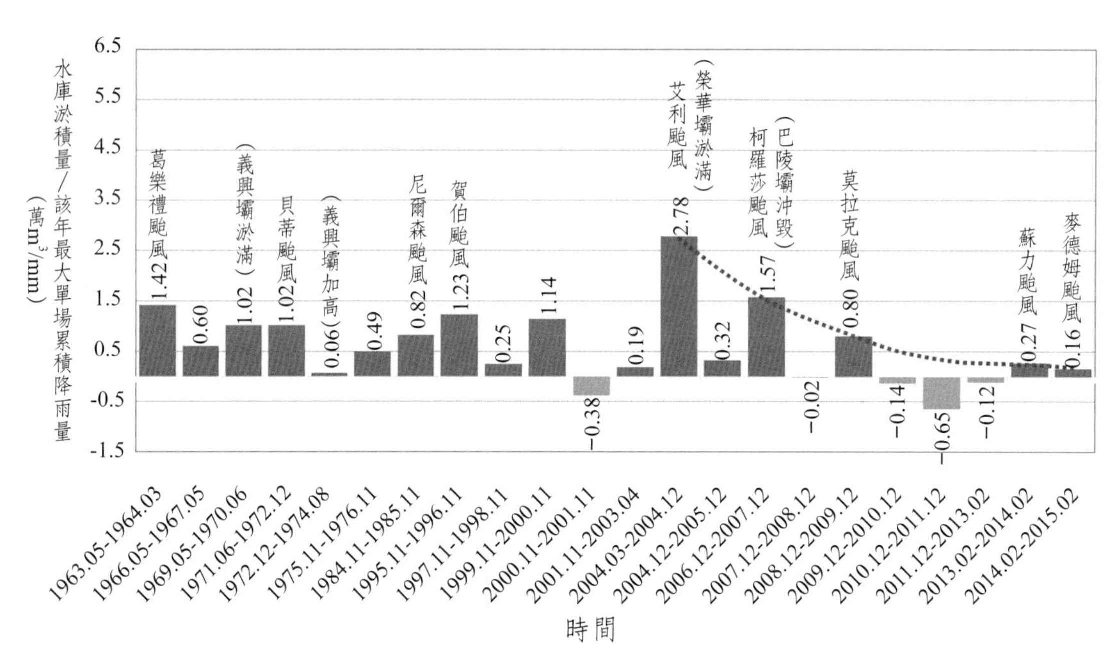

圖9-11　石門水庫無因次土砂流失量歷線圖

9-3-2 集水區土砂流失量推估

基於相對土砂流失抑制量作爲防砂設施防砂效益的表達方式，必須依據長期的降雨事件建立相應的無因次土砂流失量與時間及其對應降雨量之關係，如圖9-12所示。圖中，無因次土砂流失量係由前章土砂收支數值模式所推定，其中有效降雨事件係指足以引發集水區崩蝕的降雨事件。這樣，依循相對土砂流失抑制量之概念，在一定時間間距內累積土砂流失抑制量，可表爲

$$RP_T = \sum_{i=1}^{n}[(AP_i - AP_{(i+1)})P_{V(i)}] \tag{9.13}$$

式中，RP_T = 計量時間內之集水區累積土砂流失抑制量；AP_i = 第i場有效降雨事件之無因次土砂流失量；$AP_{(i+1)}$ = 第（$i+1$）場有效降雨事件之無因次土砂流失量；$P_{V(i)}$ = 第i場有效降雨事件之降雨體積；n = 計量期間有效降雨事件次數。不過，累積土砂流失抑制量雖可以表徵一定時間間距內總的土砂流失抑制量，卻無法看出相對於特定降雨事件的土砂流失抑制量。

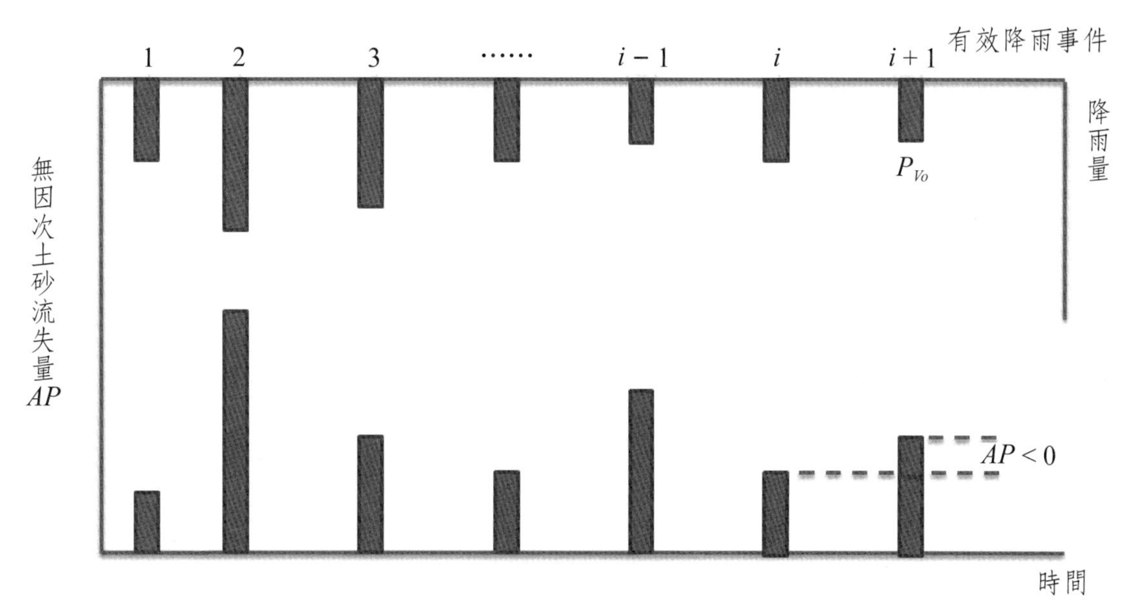

圖9-12　無因次土砂流失量與降雨量及時間關係

爲此，當已知AP_i爲第i時間有效降雨事件之無因次土砂流失量，而AP_{i-n}及$P_{V(i-n)}$爲第$i-n$時間有效降雨事件之無因次土砂流失量及其降雨體積，則兩降雨事件

之土砂流失抑制量ΔRP，可表爲

$$\Delta RP_i = (AP_{i-n} - AP_i)P_{V(i-n)} \tag{9.14}$$

本指標係比較兩降雨事件的土砂流失減量程度，在語意的表達上具有簡明易懂之優點。例如，表9-3中東眼溪集水區在2008年治理前單位降雨體積可以造成0.0354m^{3}的土砂流失，經過一定程度的治理之後，至2013年每單位降雨體積的土砂流失量爲0.0138m^3；這樣，已知2008年治理前造成土砂災害之累積雨量爲500mm，則治理前、後土砂流失量分別爲17.19萬m^{3}及6.7萬m^3；這表明，經過治理之後，集水區的防砂效益可達61%，如圖9-13所示。不過，上式可能爲正，亦可能爲負，主要是集水區土砂流失問題不僅與降雨量相關，也受到很多其他無法掌握或未知的因素所左右。

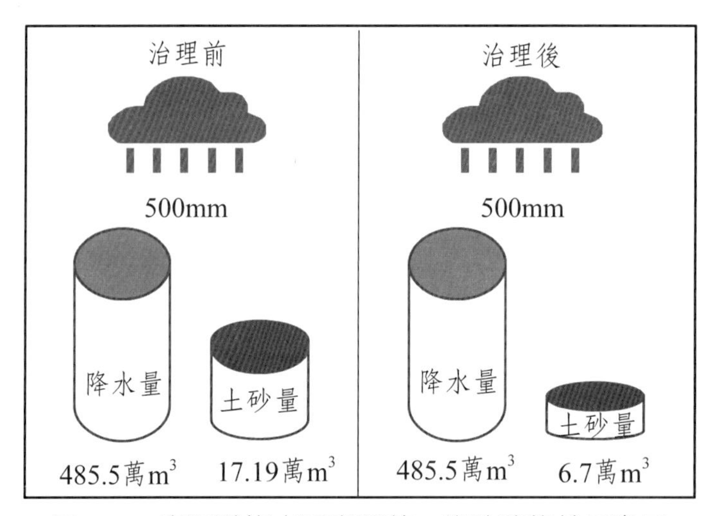

圖9-13　東眼溪集水區治理前、後防砂效益示意圖

9-3-3 案例分析

以眉溪集水區支流東眼溪爲例，以2009年集水區治理前無因次平均土砂流失量0.0354爲基準，直到2013年本集水區共歷經六場颱風降雨事件，各場降雨引發之無因次土砂流失量，按9-2節土砂收支數值模式推估，如表9-7所示。表中，如以102年潭美颱風作爲比較事件，則依式（9.14）得知，即便2009年降雨規模重現於

2013年潭美颱風，其土砂流失可以較2009年減少約10萬m^3。

表9-7　東眼溪定砂效益分析結果

項目名稱（萬m^3）	莫拉克	凡那比	0610豪雨	蘇拉	蘇力	潭美
(1)降雨體積	537	102	863	324	431	209
(2)實際土砂流失量	7	2	11.1	4.5	4.1	2.9
(3)無因次土砂流失比	0.0130	0.0196	0.0129	0.0139	0.0095	0.0139
(4)現況定砂效益（潭美颱風相較於治理前）	—	—	—	—	—	10

註：治理起點無因次平均土砂流失比0.0354；平均降雨體積＝465.25萬m^3。

9-3-4 集水區土砂流失抑制量預測

通過數值模式模擬分析各支流集水區之土砂流失量，分別如表9-4至9-6所示。表中，將土砂流失量與降雨量進行簡單的迴歸分析，如圖9-14至9-16所示，分別為東眼溪、合望溪及南山溪等眉溪支流集水區之設施治理前、後土砂流失量與降雨量之關係圖。圖中，除了表明設施治理前、後各支流集水區土砂流失量的顯著落差外，且隨著降雨量的增加，其治理效果益加顯著。從實務面來看，它是集水區的特性曲線，提供了由降雨量直接推估集水區土砂流失量之簡易途徑，但受到自然及人為因素的綜合影響，使該曲線不具備非時變屬性，故必須經常性地比對實際降雨量與土砂流失量之關係，以掌握集水區地形環境特性的即時演變資訊。

表9-8為眉溪集水區各支流集水區治理前、後降雨量與土砂流失量之關係式。例如，已知降雨量達300mm時，由表中相關公式可分別獲得各支流集水區設施治理前、後之土砂流失量及其抑制量，如表9-9所示。表中，眉溪各支流集水區治理前、後土砂流失抑制量皆高達58%以上，顯示治理成效顯著。

表9-8 各支流集水區設施治理前、後土砂流失量與降雨量之關係式

溪流名	治理情形	關係式 X= 一次性降雨量（mm）；Y= 土砂流失總量（萬m^3）
東眼溪	治理前	$Y = 0.0305X + 1.2783$
	治理中（後）	$Y = 0.0117X + 0.3209$
合望溪	治理前	$Y = 0.0415X + 1.7107$
	治理中（後）	$Y = 0.0166X + 0.7039$
南山溪	治理前	$Y = 0.0366X + 1.2877$
	治理中（後）	$Y = 0.0148X + 0.3053$

表9-9 各支流集水區設施治理前、後土砂流失量及其減量

降雨量（mm）	治理狀況	土砂流失總量（萬m^3）		
		東眼溪	合望溪	南山溪
300	治理前（2008年）	9.4	14.2	12.2
	治理後（2009～2013年）	3.8	5.7	4.7
土砂流失抑制量（%）		63.46	58.9	61.5

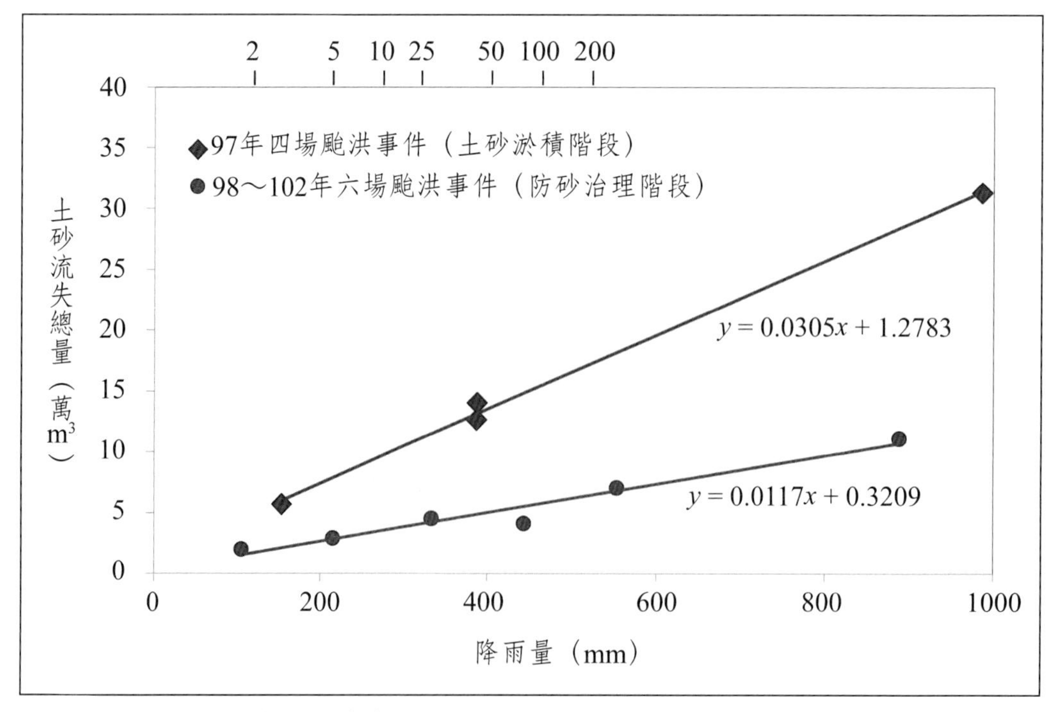

圖9-14 東眼溪集水區治理前、後降雨量與土砂流失量之關係

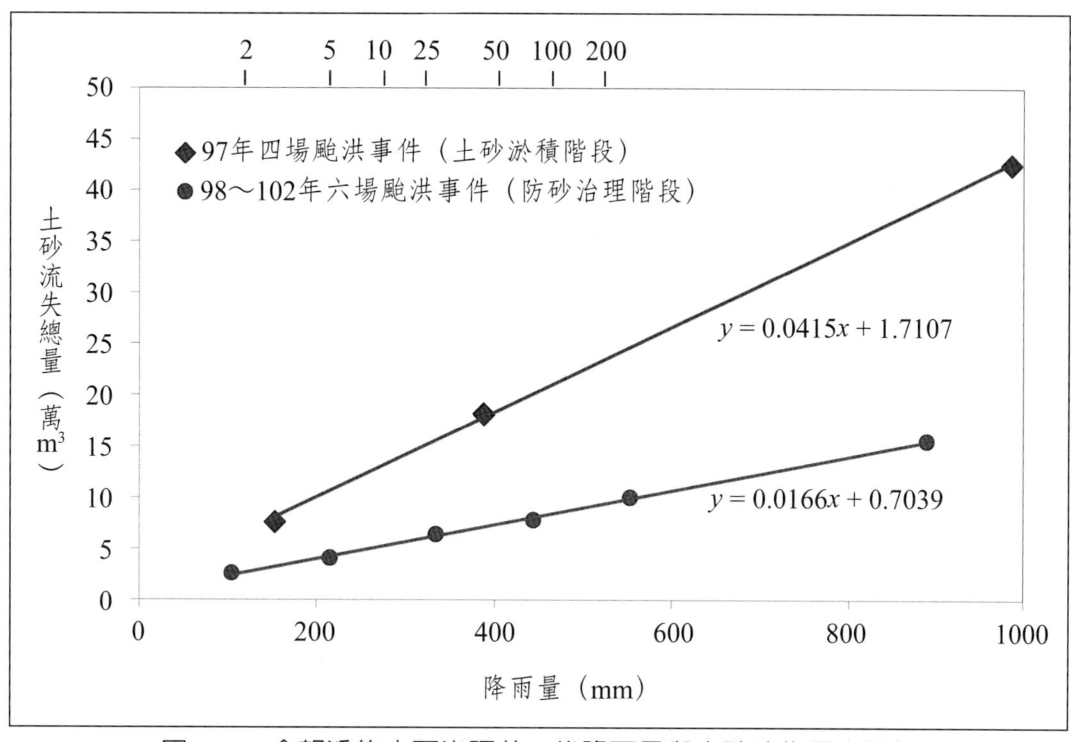

圖9-15　合望溪集水區治理前、後降雨量與土砂流失量之關係

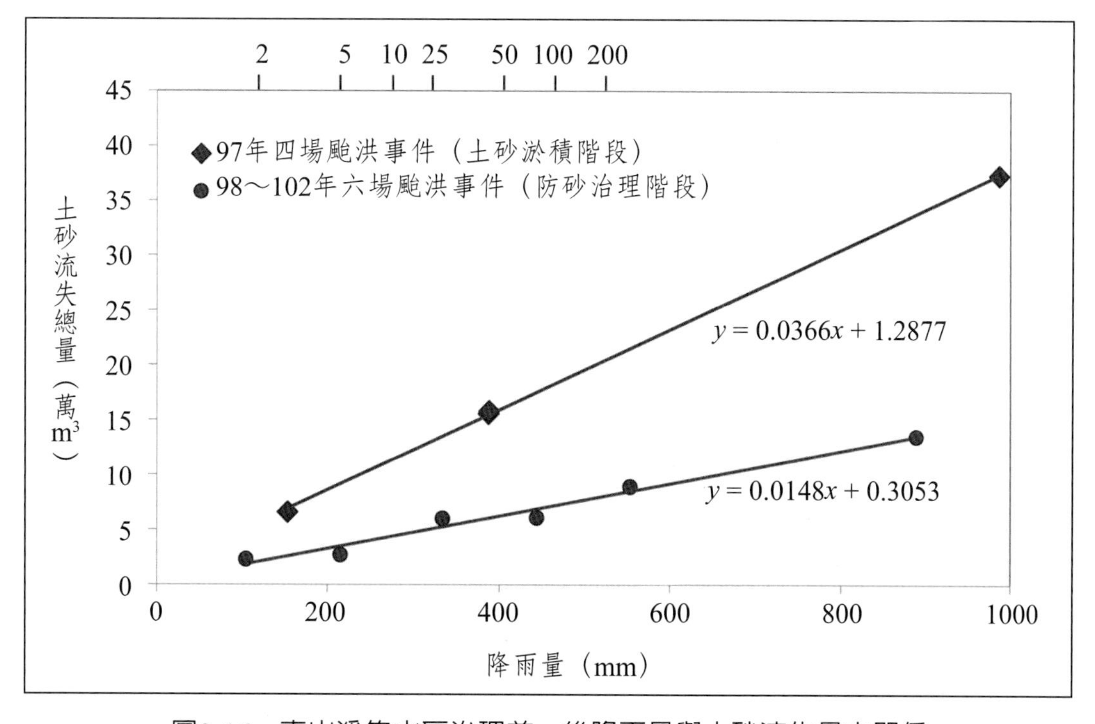

圖9-16　南山溪集水區治理前、後降雨量與土砂流失量之關係

9-4 防砂設施調砂效益

9-4-1 調砂量概念及定義

河道斷面形態、坡度及粒徑組成等特徵爲因應其上游來水來量的改變而作出適當的調整作爲，以暢通洪流及輸砂，但是當下游存在保全對象而必須改變這種自然調整機制時，就有必要依賴人爲設施加以控制，以符合需求。例如，水庫集水區入庫土砂量的調節及控制，向爲水庫壽命維護及蓄供水操作的最重要課題之一。通過河道防砂設施調節土砂生產量（以下簡稱調砂量），將一次性的土砂生產量調節爲多次分批流出，以降低對集水區下游河道、水庫或其他保全對象等威脅，謂之「防砂設施調砂效益」。

以防砂壩爲例，其調砂量係通過上游新的淤砂坡度對入流土砂的時間重分配過程，如圖9-17所示。當洪水挾砂進入防砂壩上游緩坡的淤砂河段範圍時，因坡度突然變得平緩，水流中的部分泥砂爲順應這種坡度的改變而發生落淤；隨著水流持續進入防砂壩上游緩坡河段，泥砂落淤也持續進行著，緩坡河段坡度因泥砂落淤的調整，而與挾砂水流終於取得了平衡，泥砂落淤現象停止，且在淤砂床面形成一楔形淤積體；直到洪水退走時，水流挾砂量降低，因而開始沖刷原先落淤在緩坡河段的楔形淤積土砂，使緩坡河段的坡度逐漸恢復原狀，此即防砂壩對上游入流土砂在時間上的重分配過程。

照片9-1及照片9-2分別爲日本高瀨川第3號防砂壩和臺灣南投縣埔里鎮東眼溪防砂壩。洪水期間調砂作用造成壩體上游溪床再度抬升，其河床位置約在紅色虛線處；而洪水後，細顆粒泥砂容易受沖刷，會隨著水流逐漸往下游運移，溪床深槽位置下降，恢復部分調砂空間。

圖9-18爲河道在有、無防砂壩情況下之土砂入流量與流出量關係。圖中，當入流量等於流出量時，河道處於輸砂平衡狀態（即O點）；惟當實際土砂入流量大於平衡態（即O點）土砂入流量時，河道處於超載狀態，故土砂生產量具有$O_{V（有防砂壩時）} < O_{V（無防砂壩時）}$；同理，當實際土砂入流量小於平衡態土砂入流量時，河道處於降載狀態，則土砂生產量仍然具有$O_{V（有防砂壩時）} < O_{V（無防砂壩時）}$。這表明，以平衡輸砂條件（即O點）爲基準，於降載流況（河道處於沖刷狀況）下，防砂壩具有減緩

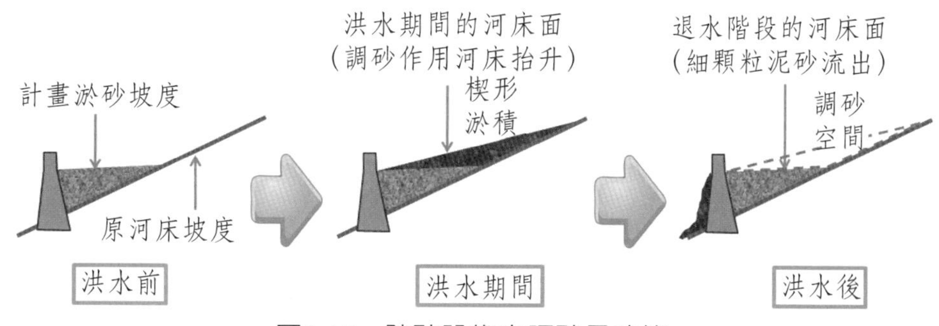

圖9-17　防砂設施之調砂量功能

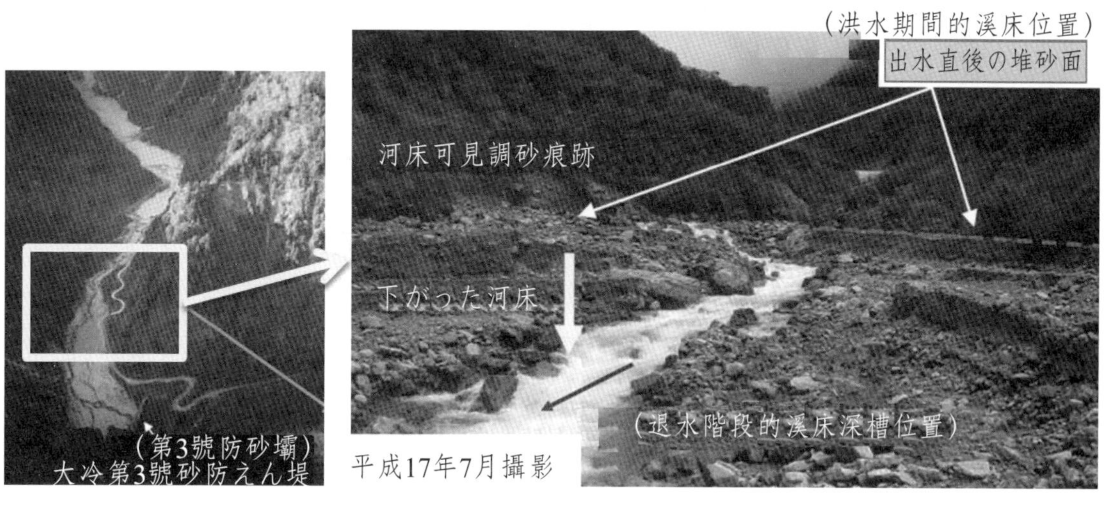

照片9-1　日本高瀨川第3號防砂壩

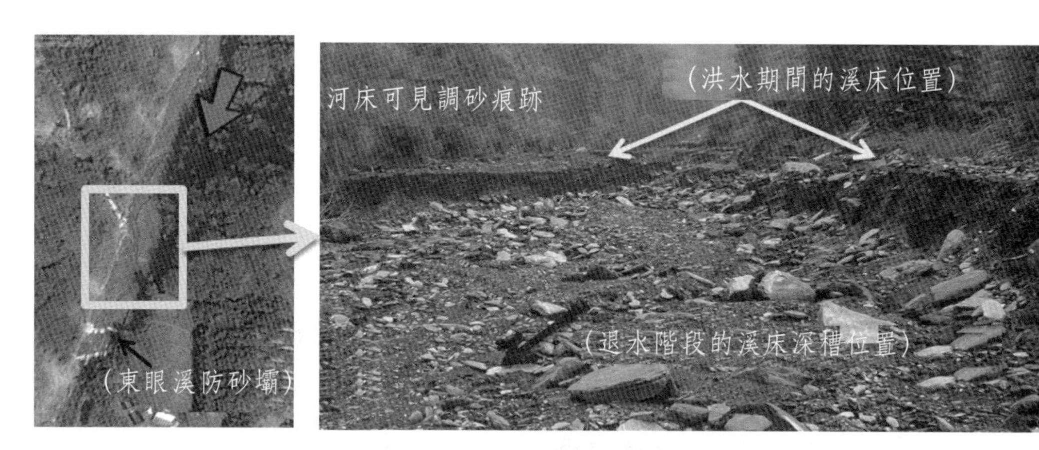

照片9-2　南投縣埔里鎮東眼溪防砂壩

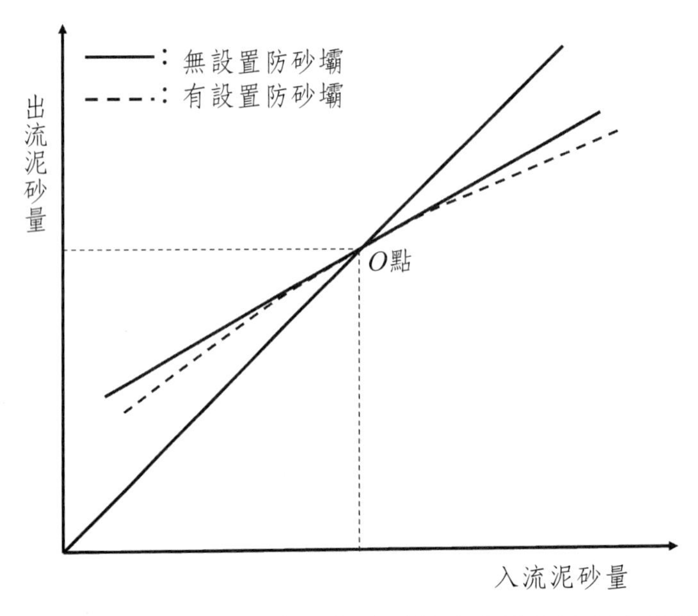

圖9-18 不同挾砂條件下有、無防砂壩之土砂入流與出流量關係

溪床沖刷功能，降低下游出流土砂量；而當處於超載流況（河道處於淤積狀況），防砂壩可以進一步增加土砂淤積，有效降低下游出流土砂量。因此，防砂壩具有因應上游來砂量而產生「增淤減沖」之調節功能，有效降低流出下游之土砂量體。

另，從防砂壩淤砂坡度功能來看，由於防砂壩上游淤砂坡度僅為原河床坡度的1/2～2/3之間（水土保持手冊，1995），較原河床坡度為平緩；這樣，當防砂壩上游河道來砂量大於水流挾砂力時，水流進入淤砂坡度範圍則有更為顯著的土砂淤積現象；當防砂壩上游河道來砂量小於水流挾砂力時，河道應處於沖刷下切的發展趨勢，不過淤砂坡度範圍內坡度較為平緩，加上防砂壩壩頂具有侵蝕基準面之功能，足以抑制水流對河床的沖刷，因而達成減少土砂被沖刷流出。總之，不論是處於沖刷或淤積階段，河道防砂設施皆具有抑制土砂流出量之功效，起著調節土砂之效益。

特別注意的是，當水、砂不平衡而使河道處於沖刷下切趨勢時，河道必須力圖讓水流恢復輸砂平衡，但是受到防砂壩抑制底床沖刷之影響，使得水、砂不平衡問題延伸至下游，最終導致河道下游底床之持續沖刷情形。

9-4-2 集水區調砂效益

根據圖9-17得知，當集水區土砂生產量處於超載狀況時，河道將通過設施工程及本身地形和斷面特徵來增加土砂淤積（增淤功能），以降低土砂生產量；反之，當集水區土砂生產量處於降載狀況時，河道將通過橫向阻水設施來抵抗水流沖刷（減沖功能），以降低土砂生產量。以防砂壩爲例，設壩體上游貯砂容積已淤滿時（攔砂量$C_{VR}=0$），則由式（9.10）及式（9.12）可寫爲

$$E_V - O_V = T_V = C_{VS} + C_{VC} \tag{9.15}$$

式中，T_V = 總防砂量；C_{VC} = 土砂流失抑制量；C_{VS} = 土砂生產調節量。上式，由9-2節及9-3節分別推定T_V及C_{VC}值，代入後即能推估調砂量C_{VS}，如表9-4至9-6中之土砂生產減少量。

9-4-3 集水區土砂生產量預測

集水區土砂生產量預測關係到流域整體治理的規劃方向及治理成效。例如，臺灣地區於2014年起推動流域綜合治理六年計畫，其中特別強調流域整體治理的必要性，更提出了河道從上游至下游各個界面間的水、砂分擔新思維。在土砂分擔部分，考量極端降雨事件引發大規模土砂流失之後，可以透過治理與管理手段，控制有害土砂的生產流出，將多餘的土砂由各界面範圍內的河道進行分擔和調節，力求河道整體的穩定及平衡。因此，問題的關鍵在於建立降雨量與土砂生產量間的關係上，只要能夠掌握集水區在一定的水文條件下，可以攜出的土砂量及其對河道和兩岸的影響程度，則可據以規劃相關治理及管理措施，使之達成土砂分擔的基本需求。如圖9-19至9-21爲應用表9-5至9-7數值模式模擬分析結果，經簡單的迴歸分析所建立的降雨量與集水區土砂生產量間的關係圖。圖中，除了表明治理手段對土砂生產量的調節效果外，也提供了由降雨量直接推估集水區土砂生產量之簡單方法，如表9-10爲眉溪集水區各支流集水區降雨量與土砂生產量之關係式。

例如，已知降雨量300mm時，由表9-9中相關公式可分別獲得各支流集水區設施治理前後之土砂生產量及其調砂效益，如表9-11所示。

表9-10 各支流集水區設施治理前、後土砂生產量與降雨量之關係式

溪流名	治理情形	關係式 X= 一次性降雨量（mm）；Y= 土砂生產量（萬m³）
東眼溪	治理前	$Y = 0.0249X + 1.2785$
	治理中（後）	$Y = 0.0117X + 0.25$
合望溪	治理前	$Y = 0.0312X + 1.9069$
	治理中（後）	$Y = 0.0152X + 0.5017$
南山溪	治理前	$Y = 0.0298X + 1.3656$
	治理中（後）	$Y = 0.0148X + 0.2303$

表9-11 各支流集水區設施治理前、後土砂生產量及其調砂效益

降雨量（mm）	治理狀況	土砂生產量（萬m³）		
		東眼溪	合望溪	南山溪
300	治理前（97年）	8.3	9.3	8.9
	治理後（98～102年）	3.8	5.2	4.7
調砂效益（%）		54.2	50.0	52.5

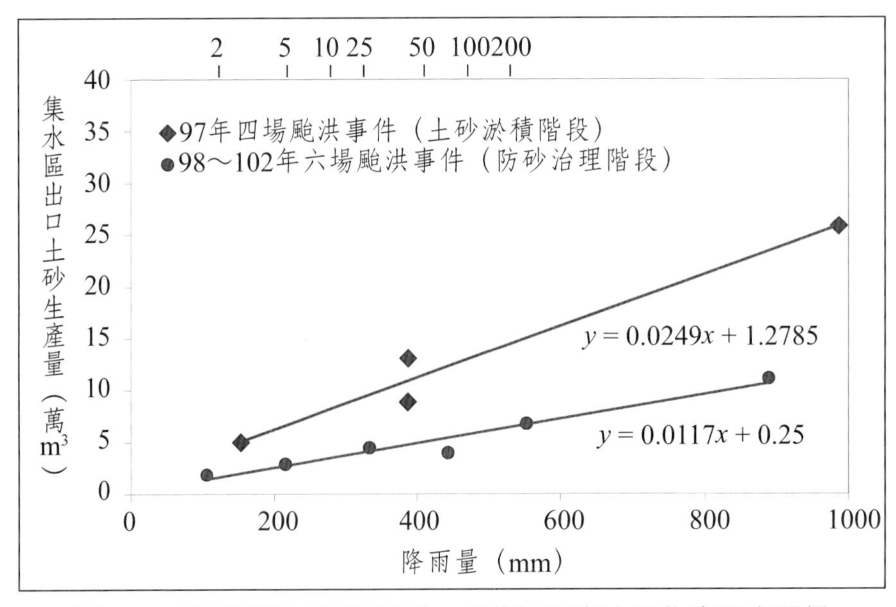

圖9-19 東眼溪集水區治理前、後降雨量與土砂生產量之關係

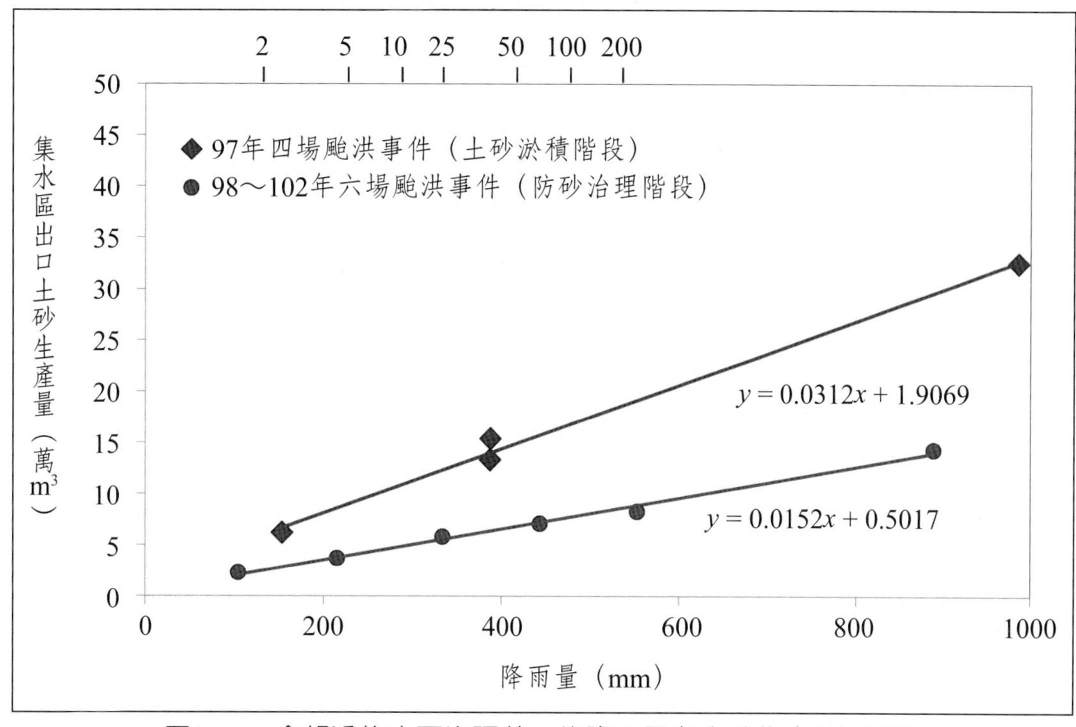

圖9-20　合望溪集水區治理前、後降雨量與土砂生產量之關係

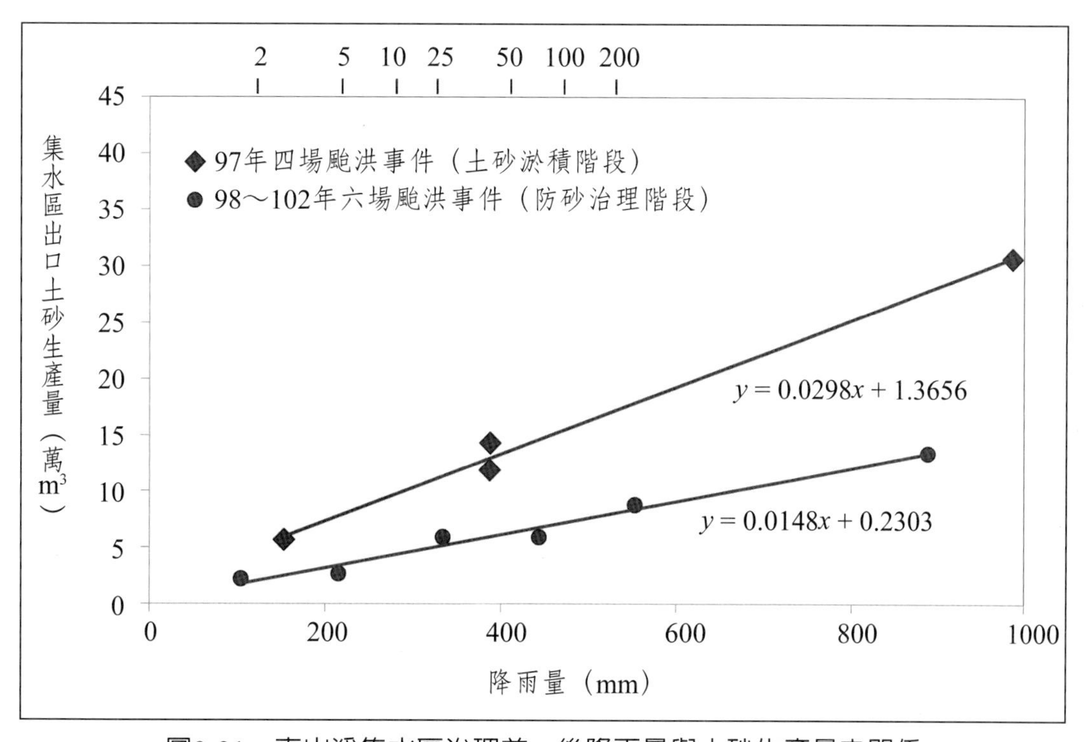

圖9-21　南山溪集水區治理前、後降雨量與土砂生產量之關係

參考文獻

1. 農業委員會水土保持局、中華水土保持學會，1995，水土保持手冊。
2. 經濟部水利署水利規劃試驗所，2012，易淹水地區防洪設計保護標準研究（2/2）。
3. （社）日本河川協會編、建設省河川局監修，1997，建設省河川砂防技術基準（案同解說）－計畫篇，山海堂。
4. 松村和樹、中筋章人、井上公夫，1988，土砂災害調查マニユアル，鹿島出版會。
5. 柿德市，1983，砂防計画論，全國治水砂防協会。
6. 蘆田和男、奥村武信，1977，豪雨時の流出土砂量に關する資料の解析研究，自然災害資料解析，4。
7. 高橋保，1982，土石流停止・堆積機構に關する研究(3)，京大防災年報，25B-2，327-348。

第10章 山地河川工程治理

山地河川水砂問題不止在於挾砂洪流的激烈沖淤而導致河道縱、橫斷面變形成災，土石流挾帶著超過設計標準的龐大土砂，可以在很短的時間內造成河道沖淤變形或擠壓流路，並將各種類型災害沿著河道向下游傳遞，包括水庫泥砂淤積、河堤潰決、河岸崩塌，洪水氾濫等，由此影響民衆的生活及生命財產。因此，即便施加於山地河川之治理規模遠不及下游平地河川，惟在氣候變遷極端降雨的衝擊之下，它們卻是防止下游引發更大規模的水、砂災害的主要關鍵，這使得山地河川治理理論及方法必須給與新的思考和作爲，不僅要考慮其河床演變趨勢的穩定性，防止大量土砂的流失和生產而危害下游廣大區域，也要考量採用減少環境衝擊的生態保育措施，以及採取迴避方式降低致災風險。於是，作爲山地河川土砂災害的防災對策存在兩種基本思維：一種是排除全部的外力因素，以消弭災害的發生；當無法完全做到時，控制調節其傳遞過程，或用堅固而有效的構造物保護生活場所，這是一種帶有積極抵禦思維的工程治理措施；另一種是應用對土砂災害發生的時、空分布特徵的了解，或其發生前的一些徵兆或條件，對生活及生產場所進行調整或組織性的疏散迴避，以防止傷亡損失，這是一種帶有避災思維的非工程防護措施。對於山地河川這種存在多種土砂災害類型的場域，基本上也是依照工程治理和非工程防護措施的彈性思維，因地制宜，就地選取適當方式研擬各項防災對策。

整體而言，山地河川治理係以挾砂洪流及土石流爲主要對象，前者旨在控制河道縱、橫向變形、抑制兩岸邊坡土體崩塌及防止土砂淤積等問題，後者必須考量河道地形、土砂來源及斷面形態等因素，劃分土石流的發生段（區）（source area）、輸送段（transportation section）及淤積段（區）（deposition area），再依據土石流在各區段的成災特徵給與適當治理對策。不過，並非所有的山地河川都具有土石流的發生潛勢及危害模型，故在治理對策上宜以挾砂洪流爲首要，於土石流潛勢溪流再特別考量土石流問題而施以適當之對策。

10-1 挾砂洪流治理原則與工程對策

10-1-1 治理原則

挾砂洪流治理係以穩定山地河川河床演變趨勢爲主，同時也要考慮採用減少環境衝擊的生態保育措施。爲此，治理時應該在把握主要原則的基礎上，採取相應的措施。

一、以集水區觀點的綜合治理策略

山地河川治理的整體布置，必須做到點、線及面的合理布局。

點就是要確定治理的重要河段和重點部位，一般以保全對象集中成片爲重要保護河段，而以易生地滑崩塌、沖刷區段爲重點治理部位，同時對部分河段的土砂運移恐有向下游傳遞致災之虞，或易遭阻塞而形成堰塞湖者，亦應特別加強處理。

線就是對河道的岸線、堤線進行上下游、左右岸的統籌布局。例如，應避免新建的堤岸縮減排洪斷面，阻礙排洪；在河幅不大的河段宜避免施作丁壩，防止挑流影響對岸的穩定；河道轉彎半徑不宜太小，應成一連續而平滑的拋物曲線，並注意上下游堤岸線的銜接和左右岸的協調等。

面就是不僅要從河道本身著手處理。河道的很多問題皆與集水區坡面的水、砂有關，包括坡面土壤侵蝕、水源涵養和蓄積、土地利用型態、開發程度等。因此，一方面在集水區內採取坡地保育（slopeland conservation），包括綠地保持（green-land conservation）（如植樹造林、植草）、藍帶維持（waters conservation）（如埤塘、濕地、水田）、海棉土地（sponge land）（提高入滲）、農地水土保持（soil and water conservation measures for farmland）、蝕溝治理（gully treatment）、安全排水（safety drainage）等措施，來攔截地面逕流及減少泥砂進入河道；另一方面進行河道整治，以降低水流流速，延長水流流動時間，提高河床阻力，維持河勢的穩定（river bed evolution）。

二、減緩沖刷，維持河勢穩定

河床演變（river bed evolution）的關鍵在於泥砂的沖刷，較少的泥砂沖刷，就能降低泥砂的運動和淤積，也就能讓河勢的變化趨於緩和，故控制沖刷是穩定河道的根本。

泥砂主要是來自上游集水區的坡面侵蝕，以及山地河川沖刷作用下造成河床及岸坡土體崩塌流失。因此，可以採取一系列的人爲措施，以河、坡兼治，一方面保育坡地水土資源，另一方面引導山地河川發育出抵抗沖刷的阻力結構，既能穩定河床，防止床面的下切和侵蝕，又能保持良好的河道生態。如果河床沖刷趨勢得以控制，底床高程能夠維持沖淤的動態平衡，河岸自由面不再增加甚至減少，侵蝕就失去了動力，河床變形趨勢就能緩和。總之，如果河道的上、下游和各支流的治理都向著降低挾砂能力的方向發展，同時加強河道抵抗沖刷能力，則整條河道的河勢就能維持長期穩定狀態。

(一) 形成有利抵抗沖刷之阻力結構：提高河道抵抗沖刷能力，減少泥砂的運移及穩定河勢的關鍵，在於河道必須形成具有較大阻力的構造。它的形成有兩種方式，一是自然形成者：在坡度較大的河道，經常出現一種階梯—深潭的河床結構，它是爲抵抗水流的沖刷作用，由一段陡坡和一段緩坡加上深潭相間連接而成，可以提高河床對水流的阻力，具有抵抗水流沖刷的功能；二是人力促成者：採用系列防砂壩或固床工等橫向阻水構造物，模仿自然階梯狀河床（即階梯—深潭）也可以達到強化河道的阻力結構，維持侵蝕基準面，繼而抑制泥砂的沖刷和輸送，抵抗沖刷下切。阻力意味著水流能量的消耗（如河中卵石），也意味著水流能量的儲存（如水庫），通過人爲管理河道的阻力分布，有效建置提高阻力之設施，對整體河勢的穩定具有重大意義。

河道阻力設施提高河床對水流的阻力及耗能，因而降低了水流流速，增加水流在河道上的流動時間。因此，包括河道渠化、截彎取直和清除障礙等有利洪水快速下洩的工程，皆不符合這個原則，在山地河川治理中不宜採用。（王兆印，2007）

(二) 避免河道渠化：河道渠化（river channel）是降低洪水位的一種做法。自然河道兩岸多爲凹凸不平的線形，許多大石塊和植被分布或鑲嵌在岸邊，既能降低近岸流速保護河岸，也能維持河勢的穩定。但是，目前山地河川構築堤岸多數採用混凝土材料，而且表面都十分光滑，雖然使水流能夠更快地通過，增加排洪效率，降低洪水位，惟光滑的堤岸使得近岸水流的速度增高，這樣就增加了水流沖刷堤岸及河床的風險，當遇有超大洪水就容易引發災害。因此，容許河岸的粗糙不平，促使高速水流不能靠岸，對保護河岸是非常重要的。

(三) 不宜清除障礙加速水流：清除障礙（clear the obstacles）是河道減阻的具體措施，初衷是清除河道中的障礙物，以利洪水能夠更快地下洩。實際上，河床上堆集了很多的塊石，形成階梯式的河床結構，增加對水流的阻抗，反而更有利於河勢的穩定；以往爲了形塑生態工程，將河床粗大塊石砌於河岸，造成不利於河勢穩定的弱床強岸，在河道治理時應盡量避免採用。另外，清除障礙則是將洪水由高水位轉化爲高流速的威脅，洪水的高水位威脅容易對付，只要提高堤岸高度就可以獲得較好的效果，但洪水高流速可以對河床其及兩岸的任一點造成沖刷破壞，其威脅更加危險；再者，高水位往往對於維持較高的生物多樣性是不可或缺的，但是高流速對河道生態系統會有更大的破壞。

(四) 避免截彎取直：彎曲是河道的自然現象，將蜿蜒彎曲的河道改成順直或截彎，是違背了河道的本性。截彎取直（Straighter）是透過人爲方式將彎曲的河道拉直，擴大了河道坡降，使水流流動速度加快，從而藉助水流加速沖刷水中及底床的沉積物，減少沉積物在河彎段的沉積。表面上，截彎取直有助於防止洪水泛濫，但是它不僅加劇了河岸淘刷及河床下切問題，由於截彎取直減少了河道長度和水流流動時間，加速水流向下游地區匯集提高洪峰流量，反而增加了下游地區淹水潛勢。例如，1994年基隆河下游台北市部分河段採用截彎取直的方式，將重現期200年的洪水範束起來，讓出了很多新生地，這些新生地像內湖、大直一帶的高級住宅區，在納莉颱風時引發嚴重的淹水災害，此爲與水爭地的後果。此外，截彎取直使水流能量集中，破壞力增加，高速洪水威脅也就增大。

三、兼顧水域生態棲息地的健康發展

生態系統是由生物和環境組成的綜合體，生物與環境之間是相互依存、相互影響的關係。沒有適宜的環境就沒有一定的生物，而失去了某些生物也就難以維持某種理想的環境。但是，溪流沖淤變遷、土石流及崩塌活動是河川上游集水區的主要災害類型，它演變過程的水體和泥砂石塊等固體物質的異常遷移，改變且惡化了集水區內的某些環境因素（水體和泥砂石塊都是生態系統中環境因素的重要因子），不僅破壞生物和環境間的和諧關係，從而伴隨生物量的減少和生物生態功能的破壞，使生態系統失去平衡，並朝著惡性循環方向發展，亦即環境退化，生物量減少，由各類生物維持生態平衡的功能減弱或消失，生態環境進一步惡化，水、砂災害更趨嚴重。

因此，通過水、砂災害保育治理措施改變集水區環境之惡性循環，是具有很高的生態效益；換言之，水、砂災害保育治理之生態效益，係指的是以人爲方式去改變生態系統中的生物因素或環境因素的某些因子，使生態系統趨向良性循環的作用與效果。這種在以安全設計爲基礎的傳統保育治理措施上，兼顧生態保育的相關理念及技術，是治河思維的一大突破。爲此，在相關保育治理設計時宜注意到以下幾個面向，包括：

(一) 維持河道水流流況的多樣化：多樣化的水流流況對水域生態影響很大。水域生態於成長階段乃至繁衍後代，對於水域棲地環境的需求不同，部分階段喜好棲息於高流速區，某些時期則會以慢流速區作爲生活的重心。汪靜明（2000）將水域流況區分爲深潭（pool）、深流（run）、淺瀨（riffles）、緩流（slow run）及岸邊緩流（slack）等五種流況；其中，淺瀨出現於水深小於30cm且流速大於30cm/sec的河段，其底質以巨礫（粒徑 > 25.6cm）與圓石（粒徑介於6.5～25.6cm）爲主，水面多出現水流撞擊大石頭所激起的水花；緩流出現於水深小於30cm且流速小於30cm/sec的河段，底質多屬砂土（粒徑 < 0.2cm）、礫石（粒徑介於0.2～1.6cm）與卵石（粒徑介於1.7～6.4cm）；深潭出現於水深大於30cm與流速小於30cm/sec的河段，因河床下切較深，底質多爲底石；深流常爲淺瀨與深潭中間的過渡型河段，出現於水深大於30cm與流速大於30cm/sec的區域；另，位於河道兩旁的緩流（流速小於10cm/sec），通常稱爲岸邊緩流。Leopold（1969）則以寬淺型河道的寬深比（b/h）及福祿數（F_r，Froude number）將河道水流流況概分爲深潭（深淵，pool）、淺瀨（riffles）、緩流及急流（rapids）等四種流況，如表10-1所示。

表10-1 各種物理棲地環境指標定義

型態	F_r	備註	型態	F_r	備註
淺瀨	$0.255 < F_r < 1.0$	b/h > 15	深潭	$F_r < 0.095$	水面坡降 ≈ 0 b/h < 15
緩流	$0.095 < F_r < 0.255$	15 < b/h < 30	急流	$F_r > 1.0$	無限制

註：$F_r = u/\sqrt{g\,h}$；u = 平均流速；h = 水深；b = 河寬。

河道流況多樣化除了符合水中生物的棲地需求外，生態工程中也強調讓河道流路保持蜿蜒曲折（蜿蜒度 ≥ 2.5），不僅增加水面面積，且讓水的表面積（或水流域或範圍）沿程變化。因此，河道渠化或截彎取直措施使河道均勻整齊歸一化的治理思路是不符合這個原則，不但減少蓄水、滯洪空間及加速下游洪峰到達時間，甚且渠化後的河道水流流況多樣性減少，使能提供的生物棲息地變得單一，水生物多樣性較低。

河道中存在著從浮游生物到底棲動物再到魚類的各種生物，其中底棲動物包括各種昆蟲如浮游石蛾、蜻蜓和腹足類等，處於河道生物鏈的中間環節，既爲魚類的餌料，又能消耗和轉化許多污染物質。事實證明，底棲動物物種豐富的河道的水生態環境和水質也都比較好，整個河道呈現健康的狀態；相反，不穩定且污染的河道中，底棲動物的物種少且單一。對底棲動物影響最大的是河床穩定和底質，卵石河床、浮泥及水生植物對底棲動物的生長繁衍最有利。因此，在山地河川中維持卵石河床穩定及促進水生植物生長的治理工程，對於淨化水質和維持良好的河道生態是最爲有利的。

(二) 維護生態廊道（ecological corridor）：生態廊道係指各種生態在活動或覓食的走道。其中，水生生物的走道，一般是指魚、蝦、鰻等物種的移動路線；就工程而言，主要須考量橫向構造物，如固床工、潛壩等體積大小、平滑度、斜率、落差高低等，盡可能降低對水生生物上、下游移動之難度，維持河道之縱向連續性。兩棲生物之走道，一般是指蟲、蛙、鳥獸等陸生動物之濱水路線，在治理上主要考量縱向構造物，如護岸、堤防的高差、斜率、粗糙度及岸坡隱蔽效果等，宜盡量排除影響動物橫向進出移動的難度。

(三) 保護或修復河岸帶（rigarian zone）緩衝區：河道生態棲地維護的另一項重點工作，是保護或修復河岸帶緩衝區。河岸帶生態系統的水文模式有利於植物、昆蟲、動物和微生物的快速繁殖和發育，其植物群落具有結構和分類的多樣性。具有一定寬度的河岸帶植被，不僅可以減少土壤侵蝕，降低非點源污染，調節河道逕流、泥砂及水溫，而且是河道有機物的主要來源，可以爲野生動物提供棲息地和遷移廊道，並有利於魚類等水生生物的發育（董哲仁、孫東亞，2007）。

河岸帶植物群落不僅會影響養分轉化和泥砂滯留，它對棲息地自然植物群落和動物群落也非常重要，可增加物理異質性及區域生物多樣性；例如，河岸帶植物有利於某些鳥類的遷入，一定寬度的植物群落帶有利於一些猛禽的生存。河岸帶對河道生態系統也是非常重要的；例如，樹葉落入河道會成爲河道的重要能量來源。此外，植物的遮蔽效應可以影響大型無脊椎動物及魚族群的生活，並可調整河道中大型植物的生長。

河岸帶緩衝區規劃中一項重要參數是其寬度需求。根據加拿大及美國東部地區開展的一些研究顯示，維繫鳥類種群所必須的緩衝區的最小寬度約介於40～150m之間，如表10-2所示。這些成果對於河道生態棲地維持或修復的規劃和設計具有一定的參考價值。

表10-2　河岸帶緩衝區鳥類廊道的最小寬度

作者	地理位置	最小寬度（m）
Darveau et al.（1995）	加拿大	60
Hodges and Krementz（1996）	美國左治亞州	100
Mitchell（1996）	美國新罕布什爾州	100
Tassone（1981）	美國維吉尼亞州	50
Whitaker et al.（1999）	加拿大	50
Hadar（1999）	美國奧勒岡州	40
Vander et al.（1996）	美國緬因州	150

Sourse：Fischer, 2000

(四) 落實生態工程技術：生態工程技術係指人類基於對生態系統的認知，爲實現生物多樣性保護及永續發展，所採取的以安全爲基礎、生態爲導向，對生態系統損傷最小的永續系統工程設計。它所遵循的原則可概括爲：規模最小化、外型緩坡化、界面透水化、表面粗糙化、材質自然化及成本經濟化等。

10-1-2 山地河川工程治理對策

山地河川作爲集水區的一個組成部分，它的許多性質及變化均與集水區因素無法切割。在一定的邊界組成的條件下，溪流所以要取得一定的幾何形態及坡降，水流所以要達到一定的速度，完全是爲了要放行來自上游的水量和泥砂量，使之通行無阻。但是，來自集水區的水流所挾帶的泥砂，受到集水區因素的改變（如土地開發利用、崩塌、地滑、土石流等），不可能總是和溪流在這樣的水流條件下的挾砂能力相等，使得溪流必須作出相應的調整，因而免不了會引起一定程度的沖淤變化，來取得新的平衡。顯然，從集水區的觀點，溪流沖淤變化係爲適應集水區因素改變而作出相應的調整機制，最終結果在於力求使來自集水區的水量和泥砂量能夠無礙通過，溪流保持一定的相對平衡。不過，溪流沖淤問題也可能引發一些負面的衝擊，包括洪流引發縱、橫向沖淘刷、洪水溢淹等災害類型爲主，而泥砂則是因與水體間的不平衡而衍生的各種災害，包括土石流、河岸崩塌及土砂淤積等，但多數河段則以水、砂並存之複合型災害類型出現的。

雖然部分河段可以通過長期的沖淤調整來恢復河道的自然面貌，惟在某些地方則是無法滿足人們對安全的期待，因而有了集水區保育治理需求。集水區保育治理，作爲一種工程技術手段，不僅要採用集水區坡面「逕流減量」的治理模式，以降低河道洪流之衝擊和危害，更應加強坡面及河道「土砂減量」措施，調整邊坡及河床變形的發展方向，避免引發更大規模的土砂災害，使之有利於人們的經濟活動，同時能夠提高保全對象的安全感受和環境生態的友善行爲。

據長期觀察及經驗積累，山地河川具有河岸侵蝕、河岸崩塌、縱橫向沖刷、土砂淤積及山洪等主要災害類型，其相關治理對策如表10-3所示。茲分述如下：

表10-3 山地河川挾砂洪流綜合治理對策一覽表

<table>
<tr><th rowspan="2">治理對象</th><th rowspan="2">發生原因</th><th colspan="2">河川對策</th><th rowspan="2" colspan="2">集水區水土保持對策</th></tr>
<tr><th>治理區位</th><th>工程對策</th></tr>
<tr><td rowspan="2">河岸蝕溝發達河段</td><td rowspan="2">坡面土壤侵蝕</td><td rowspan="2">陡峭河谷</td><td rowspan="2">系列防砂設施</td><td colspan="2">蝕溝治理（節制壩）</td></tr>
<tr><td colspan="2">造林、植生、縱橫向排水、坡面保護工（平台階段、山邊溝、梯框等）</td></tr>
<tr><td rowspan="3">縱（橫）向沖刷嚴重河段</td><td rowspan="3">1.屬於沖刷型河道
2.河道處於水多、砂少嚴重失衡的水砂條件</td><td>沖刷嚴重河段之上游側</td><td>滯洪設施（降低流量）、降低防砂強度（如放淤、設施改善等）</td><td>保育措施</td><td>植生、造林、綠地保全</td></tr>
<tr><td>沖刷嚴重河段</td><td rowspan="2">整流設施（中、下游）、系列防砂設施（上游）、基礎保護工（局部沖刷）</td><td rowspan="2">滯洪設施</td><td rowspan="2">蓄（滯）洪池、水田池塘濕地、截流分洪</td></tr>
<tr><td>沖刷嚴重河段之下游側</td></tr>
<tr><td rowspan="3">河岸崩塌嚴重河段</td><td rowspan="2">水流橫向淘刷</td><td>上游河段</td><td>防砂設施、系列防砂設施</td><td>保育措施</td><td>植生、造林、綠地保全</td></tr>
<tr><td>中、下游河段</td><td>整流設施（護岸、固床工、丁壩、跌水工等）</td><td>滯洪設施</td><td>蓄（滯）洪池、水田池塘濕地、截流分洪</td></tr>
<tr><td>山腹崩塌（降雨及地質因素）</td><td>～</td><td>～</td><td colspan="2">造林、植生、縱橫向排水、坡面保護工</td></tr>
<tr><td rowspan="3">土砂淤積嚴重河段</td><td>兩岸土體崩塌</td><td>淤砂河段</td><td>土砂清疏、排除淤砂因素（增強水力輸砂）、臨時性護岸</td><td rowspan="3" colspan="2">縱橫向排水、坡面保護工、坑溝整治等（崩塌地處理）</td></tr>
<tr><td rowspan="2">1.河道處於水少、砂多嚴重失衡的水砂條件
2.河流斷面因素</td><td>淤砂河段</td><td>土砂清疏、排除淤砂因素（如打通瓶頸段）、臨時性護岸、沉砂設施</td></tr>
<tr><td>淤砂河段上游</td><td>系列防砂設施、土砂清疏、沉砂設施</td></tr>
<tr><td rowspan="2">山洪易發河段</td><td>短延時強降雨</td><td colspan="2">以預警為主，如易發河段空間分布圖及預警措施</td><td>保育措施</td><td>植生、造林、綠地保全</td></tr>
<tr><td>長延時降雨（如颱風）</td><td colspan="2">以防止洪水溢淹為主，如提高護岸局部斷面設計基準、強化彎道凹岸治理〔加高護岸高度、加深基礎深度（或設置基礎保護工）、放寬河幅寬度等〕、排除淤砂因素、土石清疏</td><td>滯洪設施</td><td>蓄（滯）洪池、水田池塘濕地、截流分洪</td></tr>
</table>

註：1.野河治理工程旨在控制水流及泥砂運移，力求恢復河流穩定；集水區治理工程旨在保育水土資源、涵養水源及改變水流匯流條件，達成水砂減量之目的。
2.保全對象防護措施：(1)淤砂嚴重河段：聚落防護（如築堤）、填高地面高程、截流分洪（降低水患）；(2)沖刷嚴重河段：遷移後退、強化屋舍結構。

一、河岸蝕溝發達河段

位於山地河川兩岸坡度較爲陡峭之谷坡，常因降雨漫地流作用而產生地表土壤侵蝕，並逐漸發展成爲不同尺度的蝕溝，不僅造成表土流失而影響地力，且流失土砂直接滑落河道，或隨水流向下游輸移，或堆積於河床，爲下一波超大降雨洪流提供大量之土砂料源，孕育各種土砂災害發生的有利環境。

在治理上，除了對谷坡上的蝕溝進行基本控制外，亦應加強其表土之抗侵蝕能力，如植生、造林、坡面保護及縱橫向排水等，均能有效緩解谷坡之土壤侵蝕問題。此外，爲了避免蝕溝持續地發育而伴隨谷坡土體崩滑，在蝕溝發育嚴重區域亦應配合實施防砂措施（如系列防砂設施），以控制河床變形及穩定谷坡。

二、土砂淤積嚴重河段

當河道實際流出土砂量低於上游及其兩岸土砂入流量時（水流挾砂能力小於實際輸砂率），河床高程就會出現淤積抬升現象。河床土砂淤積依淤積速度可區爲短時間淤積及長時間淤積兩種，前者係在一場或多場颱風豪雨期間，因來自上游大量土砂入流而導致淤積，其發生原因多與河道特性和上游入流土砂量相關；後者則是因河道斷面發生局部淤塞，經過長時間（年計）積累而逐漸造成土砂淤積，該類型淤積多與河道因異物阻塞相關，只要清除河道上的異物即能暢通水流。至於短時間淤積類型，除了必要的清疏作爲外，減輕上游入流土砂量（基本土砂控制），並配合下游河道之清疏作業，打通河道瓶頸斷面，是緩解土砂淤積的不二途徑。

當河道因土砂淤積而致底床抬升或斷面束縮時，河道就會朝著調升河床坡度及窄縮河道斷面方向發展，藉以調整其沖刷能力，來適應河床的自然演變趨勢。但是，仰賴河床自動調整機制，以恢復河道原有通洪斷面，所須時程相當長，在具災害潛勢河段是難以被民衆所接受。因此，採用人爲方式減少土砂淤積量或提高水力輸砂能力，均爲短期可以達到立竿見影效果之處理對策。

(一) 河道工程對策：

1. 淤積河段的上游處：位於淤積河段上游之治理對策，旨在控制並降低土砂下移量，減少可能造成土砂淤積之砂源，包括系列防砂設施、護坡工程、沉砂設施、清疏工程等皆可發揮一定的效果。
2. 淤積河段：位於淤積河段之處理對策，係以防止溢淹及加速水力排砂能力爲主，包括清疏工程（減少淤積土砂量及開挖低重現期距洪峰流量通洪斷面）、堤岸設施、排除淤積原因、沉砂設施等。

(二) 集水區水土保持對策：淤積河段上游集水區之處理目標，在於減少土砂進入河道的數量，這是一種治本的對策，包括崩塌地處理、坡面保護工、坑溝整治、縱橫向排水等。

三、河岸崩塌嚴重河段

山地河川兩岸谷坡土體發生崩塌之原因有二，一是河岸土體受到水流不斷地淘刷，使得谷坡土體基腳流失而失去支撐，最終引發谷坡土體滑崩；二是基於地質因素，河岸谷坡土體受到降雨入滲影響，使得土體抗滑強度降低而導致土體崩塌。由於造成土體崩塌營力及機理不同，在治理上亦應有不同的作爲。

(一) 因水流淘刷引發河岸崩塌者：治理水流淘刷引發河岸崩塌問題具有兩項重點，一是必須提供河岸穩固之基腳支撐，以避免河岸淘刷不斷地發展（增大自由面）而擴大河岸崩塌之規模；二是應考量山地河川河床坡度選取適當工法。茲分述如下：

1. 上游河段：當水流淘刷引發河岸崩塌區位係位於山地河川之上游區段時，因多屬坡陡流急河段，且河床布滿石礫，故適合採用系列防砂設施，通過壩體上游淤砂作爲兩岸基腳支撐，減少河岸臨空面，以穩定河岸。

2. 中、下游河段：當水流淘刷引發河岸崩塌區位位於山地河川之中、下游河段時，因河床坡度較緩，崩落土砂易引發河道淤積而縮減其通洪斷面，甚至可能造成沿岸水砂複合型災害。因此，在治理時應視河道土砂淤積程度而實施適當工法，包括：

   (1) 土砂淤積不顯著者：實施整流工程（含護岸、固床工或丁壩等）。

   (2) 土砂淤積嚴重者：參考「土砂淤積嚴重河段」。

(二) 因地質因素引發河岸崩塌：屬於邊坡土體崩塌問題，應採崩塌地處理模式進行治理，包括植生、造林、縱橫向排水、坡面保護工等集水區水土保持措施。

四、縱、橫向沖刷嚴重河段

山地河川溪流河段多屬水流較爲湍急之區域，具有較爲強烈之沖刷能力，經常造成河道縱、橫向嚴重的沖刷現象，尤其當河道實際流出土砂量高於上游及其兩岸入流土砂量時（水流挾砂能力大於實際輸砂率），河床或兩岸就會出現沖、淘刷現象。但河床為了抵抗其沖刷傾向，會自動調整河道幾何、坡度及泥砂供給等條件，以減緩沖、淘刷問題，這包括調降坡度，以減少水流輸砂能力；河床粒徑逐漸粗化，以抵抗水流沖刷作用；河床逐漸形成階梯狀，以增加其阻抗力；擴大河幅，以降低水流作用力等，其演變方向皆朝土砂回淤趨勢發展。例如：在沖刷下切嚴重河段常發生兩岸邊坡土體滑崩，不僅擴展河幅減緩水流流速，亦能藉以補充泥砂，增加水中泥砂含量，以免河床持續地下切，此即河道自動調整機制。不過、河道需要長時間的自動調整才能取得沖淤動態平衡，因而在一些保全對象聚集的河段，常以人工方式構築整流工程控制沖刷問題。但是由於水流在整流工程設施範圍內得不到兩岸或河床泥砂的補充，必然會將河床沖刷現象向下游延伸和發展，並且導致構造物基礎裸露而致損毀。

導致河道實際流出土砂量高於上游入流土砂量的原因有三：1.水流通過已構築防砂工程河段時，或局部動能提高，或泥砂含量降低，使得水流挾砂力突升，導致其下游河床常會發生沖刷；2.集水區上游水源涵養功能降低，水量變多，導致水流挾砂力提高；及3.河道上游河床及兩岸土體相當穩定，具有較低的土砂入流量。

處於沖、淘刷河段之最佳因應對策，是盡量不要以人為方式控制其變化，而是讓河道能夠發揮其自動調整機制；惟考量沿岸保全對象之安危，不得不施以防護工程時，亦應朝向以下兩個面向思考

(一) 降低水流沖刷能量：通常消減水流集中流量或降低河床坡度均可減少水流之沖刷能量，這包括以減低逕流量之集水區水土保持對策：如植生造林、綠地保全、蓄（滯）洪設施、池塘水田濕地、截流分洪設施等，以及降低河川水流沖刷能力之河道工程對策：防砂工程（適於河道中、上游）、整流工程（適於河道中、下游）、沖刷河段上游設置滯洪壩等。

(二) 提高河道抗沖能力：以形塑階梯狀河床、粗化河床粒徑及護岸固床等均屬之，其處理係以河道對策為主，包括防砂工程及整流工程。不過，提高局部河段之抗沖能力，常會引發其下游河床之連續沖刷，故以工程構造物提高河床抗沖能力者，其治理河段應予擴大至下游河段，才不致將沖刷區位轉移至下游而衍生其他的問題。

五、山洪易發河段

一般，坡陡流短的野溪皆屬山洪之易發河段，治理時宜加以考量，包括：

(一) 短延時強降雨：山洪易發溪段均存在於坡度陡峭，洪水調蓄能力較低之小型小區，以現今對集水區特性的瞭解程度，已經可以事先圈繪一些山洪易發河段的空間分布圖。除此之外，加強山洪易發河段上游集水區的水土保持措施，包括綠地保持、藍帶維持、坡地保育措施等皆能提高集水區對降雨的調蓄能力，以降低山洪暴發的頻率和規模，同時佈設簡易的預警系統，也是緩解山洪致災的有利途徑之一。

(二) 長延時降雨：由颱風豪雨所引起的山洪，其規模和影響程度更甚於短延時強降雨，不僅引發河道強烈的沖淤變形，在部分河段亦可能導致洪水氾濫成災，包括通洪斷面不足（因土砂或漂流木淤塞、特大洪流）、洪流自彎道溢出、瓶頸斷面等，同時溢出河岸的洪流多以撞擊和淤埋方式造成災害。因此，工程治理時，除了必須排除瓶頸斷面及異物阻塞（清疏）問題外，加強彎道防護（包括平順彎道線形、擴大彎道溪幅寬度、加高凹岸堤岸高度、加強凹岸基礎保護等措施）及提高斷面設計基準（堤岸設計）等均能有效防範山洪危害問題。

總之，對於河谷區治理措施可以起著穩定河勢之效果，但是山地河川一般只占集水區面積的5%，僅於河谷區實施治理而忽略集水區坡面之水土保持措施，是無法減少坡面逕流量及其侵蝕程度，且生態環境也得不到改善。從本質上說，水土保持措施是通過改變坡面地表微地形（如梯田使坡長減小，坡度減緩到接近水平）或者改變地表覆蓋條件，增加降雨的入滲，使降雨逕流轉化爲枯水逕流；另外，由於坡度的減小和植被對地面保護作用的增強，從而降低坡面土壤侵蝕強度，使進入河道中的泥砂大幅減少。胡春宏（2005）研究指出，水土保持措施對河道的減砂減水功能不同，一般減砂百分比皆大於減水百分比；例如，慶南小河溝的減水量約55.6%，減砂量可達97.2%；離石王家溝的減水量約37.2%，減砂量達52.4%。顯然，水土保持措施具有減砂蓄水功能，使河道年均含砂量具有減低之趨勢。此外據研究指出，河谷區工程措施在投入初期有較好的治理效益，但在欠缺集水區坡面水土保持措施的配合之下，當遇有超過設計標準的大暴雨時，不僅無法遏止土砂的異常運移，而且常導致工程效能降低問題（如構造物毀損），將前期滯留的泥砂沖走，因而加劇河谷區崩蝕產砂的嚴重後果。因此，於河谷區實施工程治理措施是不夠全面的，結合集水區坡面水土保持措施，以標（治河）本（治坡）兼治，才能有效地穩定河床演變趨勢，抑制土砂的流失與生產所帶來的不良後果。

10-2 土石流防治原則與工程對策

土石流是一種致災性極高的土砂災害，可以通過淤埋、沖刷、撞擊及磨蝕等多種方式引發災害。因此，土石流防治必須根據土石流的發生條件、基本性質、發展趨勢和治理需要，採取集水區（含山地河川）工程治理措施、或區域性（包含數個集水區）非工程防護措施、或兩者兼施爲手段，以控制土石流發生和發展，減輕或消除對保全對象的危害，使被治理區域恢復或建立起新的良性生態平衡，改善環境。

10-2-1 防治原則

土石流防治應掌握以下三個基本原則，包括：

一、綜合評估，掌握重點

土石流的發生與特定的地質地形環境有關，故不論是颱風暴雨或區域性暴雨所激發的土石流事件皆具有空間的群發特性；換言之，通常土石流的發生不會是單一事件，它可能在一個集水區內爆發多次土石流，甚至在不同集水區同時爆發多起土石流，使得土石流的危害不會侷限於單一河川的有限範圍，而這也導致要在短時間內逐一完成整治，實有其困難，且成效亦爲有限。因此，土石流防治必須將區域內幾個集水區視爲一個整體，優先通過現地調查，深入了解衆多土石流潛勢溪流的再發生潛勢，分析評估其危害的方式和可能的風險；同時，考量土石流規模有大有小，危害有輕有重，治理有易有難，以及保全對象種類和重要性，據以選定保護對象統籌兼顧工程治理與非工程防護對策，研擬治理規模及保護水準之分級管理（中央與地方）和分期治理計畫（或劃定特定水土保持區），徹底杜絕土石流對保全對象及自然環境的影響和危害。

二、防護優先，防護和治理結合

在土石流災害發生後的短時間內，工程治理尚無法發揮治災功能時，應優先採取非工程防護措施，避免引起重複性致災事件，再依實際狀況適時導入工程措施，以防止土石流再次發生。

以非工程防護措施為優先的第一個要件，就是要開展土石流的監測警戒工作。土石流監測警戒工作包括兩項內容：一是以目前土石流潛勢溪流發育的環境背景資訊，配合必要之現地調查工作，進行區域性或單條土石流潛勢溪流的監測，隨時掌握其降雨及土砂動態，提供短期發生機率的預測與警戒；二是開展疏散避難的組織性迴避措施，減少人員的損傷。

以非工程防護措施為優先的第二個要件，就是要停止不合理的土地開發行為，減少水土流失，從而縮小土石流的規模和危害，使土石流活動強度逐漸降低到自然狀態下的水平。

但是，非工程防護措施只能減輕土石流的危害程度，不能削減土石流的活動強度，同時停止不合理的土地開發利用行為，也不能立即發揮保土蓄水之效益，它必須經過一段不算短的時間，慢慢地讓土地恢復平衡狀態。因此，非工程防護措施是無法替代土石流工程治理之功能，它們必須結合起來，才能有效地發揮防災治災之弘效。

三、治山治水兼顧，主次有別

土石流的形成與集水區的土砂料源和水體因素密切相關。其中，集水區陡峭的邊坡斜面既為土石流形成提供能量和能量轉化條件，又為土石流形成提供能量載體——鬆散土砂料源，使在足夠水量及水動力條件下激發土石流。因此，土石流潛勢溪流集水區的治理除了治水外，亦須兼顧治山。

集水區邊坡斜面的存在是土石流發生的基礎，植被破壞和土體失穩是土石流活動加強和發展的根本原因，故通過治山使遭受破壞的林地植被和邊坡土體得以復元，生態環境獲得重建，就能逐步恢復土砂固於山坡、水蓄於土的自然狀態；同時，土石流形成條件將被削弱，土石流活動強度自然會大為降低；在治山的同時，從坡面匯入河道的土砂及水量減少，為河道治理提供了良好的條件，這時對河道採取的相關治理工程，將會收到事半功倍之效果。

土石流形成的機理不同，其治理對策亦應有主要和次要之分。例如，對土力類土石流宜以治山（坡）爲主，採用源頭處理、攔擋、護岸、護坡及坡地保育等水土保持措施來穩定坡腳，降低坡面土壤侵蝕，減少鬆散土體來源，以控制形成土力類土石流最主要的元素——土體；對水力類土石流，宜以治水爲主，即採用引、蓄水工程及造林植生來調蓄逕流，削減洪峰，以控制形成水力類土石流的最重要元素——水體動力。

10-2-2 土石流溪流平面特徵

於土石流治理時，常常依據土石流河谷斷面、土砂補給、地形坡度、河床土砂粒徑分布等相關特徵，沿著流動方向將其劃分爲發生段（區）、輸送段、淤積段（含排導段）等區段，如圖10-1所示。各區段地形特徵茲分述如下：

一、發生段（區）

土石流發生段（區）是水源及土砂料源的供給區域。此區域不僅有利於降雨逕流的匯流，爲土石流形成提供充分的水源和動力，而且也是固體物質的來源。固體物質來源包括各類不良地質現象（如崩塌及地滑等）及發育完整的蝕溝，而土石流就是在這樣的環境下孕育和發生。此區域一般具有：1.河床坡度多高於15度；2.河床土層厚度可達數公尺，且床面布滿頑石巨礫或鬆散的細粒料源；3.河岸邊坡坡度大於45度（屬於重力侵蝕）；4.坡面岩層風化嚴重，岩屑分布普遍；及5.具有顯著的崩塌遺跡，崩塌頻度高等特性。

二、輸送段

土石流輸送段是提供土石流運動勢能的主要區段，位於土石流發生區段的下游。此區段多具有：1.河床坡度介於6～15度之間；2.河道平面順直，多屬V型斷面，床質較爲均勻；3.均勻流動，沖淤互現，含砂濃度呈動態平衡。但是，如果該河段河岸邊坡坡度相當陡峭，且岩體破碎或土壤鬆散，亦具有顯著的崩塌痕跡時，那麼就兼具了土石流發生段（區）和輸送段的河道特性。

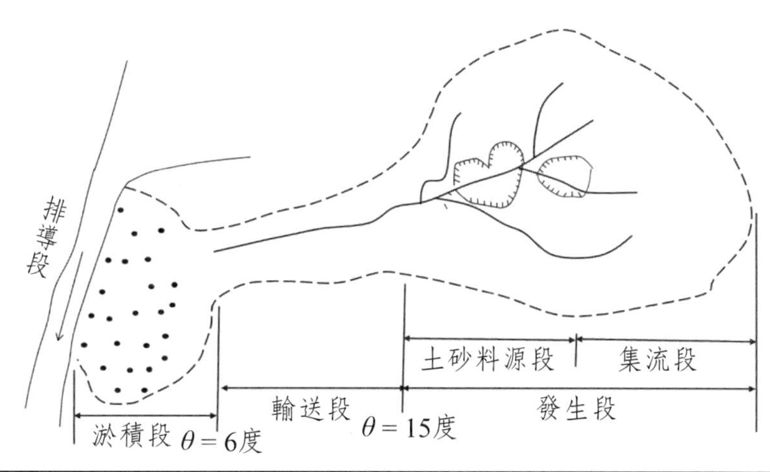

項目	淤積段（區）	輸送段	發生段（區）
底床坡度	<6度	6～15度	>15度
形成作用	土體淤積，水土分離	近似平衡輸移	土體失穩，水土混合形成土石流
沖淤變化	淤積為主	有沖有淤，以沖刷為主	強烈河岸崩塌（河岸坡度>45°），以沖刷為主
流路特徵	河道斷面寬淺，流路擺盪不定	河道平面順直，多屬V型斷面，床質較為均勻，糙度較小	河道平面彎曲，床面佈滿巨礫塊石，河床堆積層較厚，切割深，多跌坎
運動特性	運動減速至停積，含砂濃度減小至一般含砂水流	均勻流動，沖淤互現，含砂濃度呈動態平衡	水流不斷加速，河床侵蝕發育，水土混合使含砂濃度持續增加
動力作用	流動阻力>輸移力	流動阻力≈輸移力，	輸移力＞流動阻力
規模	含砂濃度降低，規模減小	含砂濃度及規模維持最大值	含砂濃度增加，規模逐漸變大

圖10-1　土石流河川各分段特性

三、淤積段（區）及排導段

當河床坡度小於6度時，因勢能減小，難以維持高濃度土石流作持續性的運動，若遇有河幅逐步擴大或扇狀地的地形，則土石流會很快地停積下來。因此，此區段一般具有：1.流動阻力大於輸移力；2.處於減速階段，含砂濃度逐漸降低至一般挾砂水流；3.兩岸多無束狹，流路易有擺盪；及4.土石流規模逐漸降低等特性。不過，若土石流屬礫石含量較小的泥流型態時，可在較小的河床坡度下維持運動；此外，為避免土石流因停積擴散而危及保全對象，通常在緊接淤積段的下游處會構築導流渠道，將濃度較低的水砂混合流體安全地引導排入主流，稱之爲排導段。

特別指出的是，隨著組成材料和發生案例的不同，圖10-1中各區段之河床坡度仍無統一的標準。例如，嶋大尚（2007）認爲土石流輸送段坡度介於10～20度，淤積段坡度介於2～15度，如圖10-2所示。

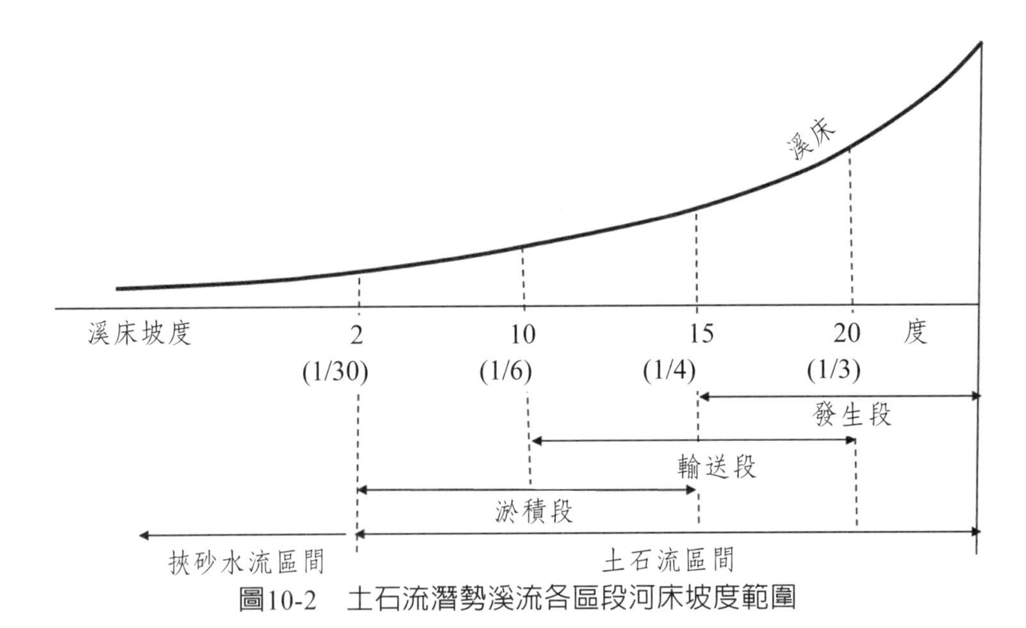

圖10-2　土石流潛勢溪流各區段河床坡度範圍

資料來源：嶋大尚，2007

10-2-3 土石流工程治理對策

土石流工程治理對策係指在土石流潛勢溪流上構築各種工程措施，藉以穩定邊坡，加固河床，控制土石流土砂攔出規模，有效降低土石流各種危害方式，以維護保全對象生命、財產、生活環境及自然生態環境等爲目的所制定之對策。其中，包括了坡面水土保持措施及河道治理工法兩大單元，前者係以坡面保土蓄水爲主，包含坡地各種保育措施及植生工程；後者則以控制引導土石流土砂運移爲主，包含抑制攔阻（防砂）、淤積及導流等工法，同時配合山地河川基本治理措施，如防砂、固床、整流等措施，以收土石流治理之弘效。

爲此，按照土石流河道發生段（區）、輸送段、淤積段（區）及排導段等區段之土石流流動特性，提出相應之工程治理對策，如圖10-3所示。

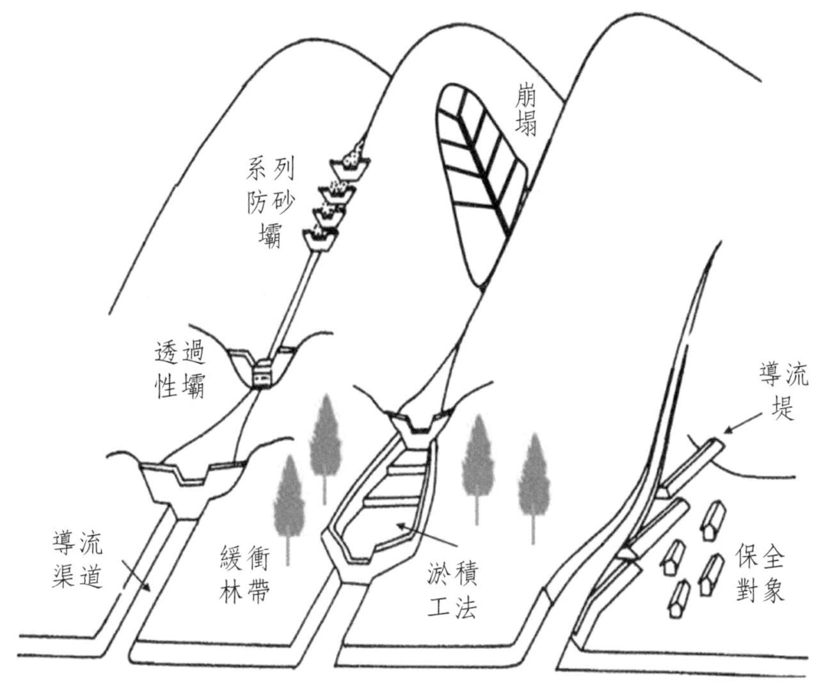

圖10-3　土石流潛勢溪流工程治理對策

資料來源：水土保持手冊，2005

一、土石流發生段（區）

本區段是土石流形成的主要區域，因而在治理對策上必須實施抑制工法（controlling works），確保土石流不會形成的單一或綜合工法，包括穩定邊坡、固床減沖、控制蝕溝發展及植生造林等治山、治河措施，以穩定河道邊界不安定土砂，減少土砂量源和水源的供給，有效防止土石流的形成。

二、土石流輸送段

位於河道的中、上游，是提供和維持土石流運動勢能的主要區段，使土石流具有較高的流速和沖刷動能，可以沿程沖起河床及兩岸的土砂，不斷地擴大其攜出土砂規模，屬於土石流快速發展的區段。因此，本區段必須從消能、轉化、分散及攔阻等四個面向實施治理，其中以攔阻工法（capturing works）將大量土砂予以攔蓄，是土石流輸送段最重要的治理措施。

攔阻土石流攜出的土砂，係應用系列非透過性或透過性壩，將土石流部分的土砂沿程攔截下來，使其穩定停（或蓄）積在壩體的上游面，除了可以減少土石流攜出土砂造成危害外，通過各式防砂壩攔截土石流中的巨礫群，將高衝擊動能的土石流予以減勢分離，降低其破壞力；同時，多數土砂被各式防砂壩攔蓄之後，加上河道適當的防沖配置下，沒有其他土砂料源供給，最終土石流在土砂濃度驟降而轉化為一般挾砂水流，緩解了土石流的危害規模。

三、土石流淤積段（區）及排導段

本區段多位於中、下游地形較寬平的區段。當土石流流經此段時，因地形多寬平，難以維持高濃度土石流作持續性的運動，多數土砂會很快地淤積擴散下來，形成大面積的扇狀地。雖然淤積擴散的土砂沒有動能造成衝擊破壞，但是它仍會通過大面積土砂淤埋方式肇災。此外，土石流後續濃度較低水流常會越過扇狀地持續往下游輸移，即便這部分的土砂已無土石流危害的強度及規模，惟仍具有很大威脅性，必須加以引導使之不致漫溢成災。顯然在此區段應以實施土砂淤積、分散及引導等為重點的治理策略。

(一) 淤積工法（depositing works）：在河谷較寬闊或下游出口之適當地點，選擇不具危險性之位置將土砂予以收容沉積，以消弭土石流於無害。

(二) 導流工法（direction works）：在一些可能遭到土石流危害的聚落或保全對象聚集的區域，為避免土石流的直接撞擊和淤埋致災，可以採用導流堤方式將土石流順勢引導至無保全對象的安全地方；或是針對土石流後續濃度較低的水流，利用導流渠道安全排導至下游主河道。

本區段亦應特別強化非工程之防護措施，包括監測預警、疏散避難、社區防災、避災演練等；但應要注意的是，非工程防護措施的實施不能只限於單一土石流潛勢溪流，而是要擴及到區域內所有可能遭土石流危害的河道，在土石流發生前採取適當的應變作為，有效減少災害的發生。

此外，土石流與山洪往往不易分清，在山洪過程中往往伴生有土石流，而土石流過程中也會有山洪問題。因此，土石流治理設施皆須具備抵禦山洪之能力。除了上述各種防治體系的具體措施外，通過嚴格的科學管理及有關法令的認眞執行，使激發土石流的人為因素被控制和消除。例如，合理開發水土資源、防止對生態環境破壞、嚴禁濫砍、濫伐及陡坡超限利用，禁止隨意大量棄石、棄土和其他有關破壞邊坡土體穩定之有害行為等；此外，推動特定水土保持區之劃定工作，可以有效管理和限制有害行為，亦有助於降低被害規模。

10-3 防砂工程

山地河川泥砂沖刷引起了河床變形，從而促發各類型土砂之異常運移、堆積和災害，使得實施以控制泥砂沖刷發生與發展之防砂工程（sediment control engineering），已成爲山地河川工程治理的首要工作之一。河道防砂工程，作爲一種工程技術手段，其目的在於控制河道演變的發展方向，使之有利於人們的經濟活動。因此，正確有效的河道防砂工程必須建立在對河道演變方向（沖刷或淤積）的掌握，才能夠提高保全對象的安全感受。

10-3-1 調控式防砂工程

於山地河川中，雖然受到河床坡度及輸砂不平衡的綜合影響，使其總的發展趨勢是以沖刷下切爲主，但是隨著與源頭之距離，河道沖刷形成的營力卻略有差異。位於河川源頭附近坡度較爲陡峭之河段上，雖然集水區面積小，逕流量不大，但在水流和重力的綜合作用下，河床斷面總是向著沖刷發育，幾乎沒有長期的穩定斷面（除非人爲介入控制），只有沖刷程度及其相應下移泥砂量多寡之分，而下移泥砂量又進一步主導其下游河段的沖刷和淤積現象。當泥砂料源充足，配合一定的降雨逕流作用，由河床沖刷及兩側岸坡重力侵蝕流失大量的土砂輸移至下游河段，使河道處於一種水少多砂的狀態；但是，當植被完整或邊坡基本穩定的環境下，即便遇有較大的降雨逕流，亦僅僅挾帶少量的泥砂下移，此時在這個河段上呈現的是相對穩定之狀態。

顯然，受制於降雨逕流與泥砂料源之消長關係，在這個河段上反覆進行著多砂、少砂的動態循環，並由此影響著下游河段的沖淤發展趨勢。因此，在這個河段上的工程治理關鍵，在於控制和調節泥砂的流失與下移量，以減緩對下河段河床穩定之改變和衝擊，故謂之調控式防砂工程。

調控式防砂工程係指在坡度較爲陡峭且不存在泥砂長時間淤積的環境條件下，應用各種類型防砂設施營造出抵抗水流沖刷的阻力結構，一方面防止大量泥砂因沖刷而流失，另一方面通過阻力結構調節延遲土砂遞移的速度和數量，避免大量土砂集中流出而造成下游水、砂量體的嚴重失衡。其中，於挾砂洪流河段係以防砂壩

照片10-1　屏東縣牡丹鄉里仁溪防砂壩工程

（check dam或sabo dam）爲主，而於土石流潛勢溪流上，除了防砂壩外，亦有採用透過性壩（permeable check dam）及部分透過性壩進行土砂的調節控制。

10-3-1-1 防砂壩

防砂壩係指高出河床且能夠藉由攔蓄土砂發揮穩坡、固床、防砂等效能之橫向阻水構造物，因土砂無法自壩體穿過，故亦稱之爲非透過性壩（impermeable check dam），爲山地河川控制調節土砂流失與運移的最主要工法之一，如照片10-1所示。照片中，防砂壩係由壩體及下游消能設施所組成，其中壩體部分包含溢洪口、壩翼及排水孔等，下游基礎保護工依採用的型式不同而有水墊、副壩及護坦等類型之分。

一、防砂壩功能

防砂壩的主要特點是壩體高出河床，使壩體與上游河床和兩岸邊坡之間構成一個可以貯蓄土砂的空間；當此貯砂空間蓄積土砂之後，會在原河床上形成新的河床面，且因新的河床面坡度小於原河床坡度，從而發揮了以下功能，包括：

(一) 減緩水流輸砂能力

當挾砂洪流從陡坡河段進入壩體上游緩坡河段時，因水流流速減緩，輸砂能力下降，導致水流挾帶的泥砂沿程落淤而減少土砂的流出量；反之，在洪水消退過程，淤積在壩體上游的部分土砂會再次被帶走，河床也逐漸恢復洪水前的樣態。此外，如屬土石流通過時，也能減緩土石流運動勢能，使部分土砂落淤，降低其攔出土砂規模，如圖10-4所示。根據9-4節得知，當防砂壩上游淤滿之後，對洪水挾砂具有增淤減沖的調節功能，屬於防砂壩動態防砂之機能。

(二) 抑制壩體上游縱、橫向沖刷

防砂壩抬高河床沖刷基準面，於基準面以下的河床及兩岸邊坡皆不會遭受水流沖刷；此外，當壩體上游蓄滿土砂之後，遭土砂所覆蓋的河床及兩岸部分邊坡，亦能免於水流直接沖刷，如圖10-5所示。因此，防砂壩宜建置於河道縱、橫向沖刷嚴重河段之下游側，以發揮其抑制土砂流失之功能。

(三) 穩定坡腳

承上所述，位於沖刷基準面以下或遭土砂淤埋範圍的兩岸邊坡，不再有被水流淘刷之虞。這表明，防砂壩可以鞏固其上游淤砂範圍（或影響範圍）之兩岸坡腳，防止河岸崩塌的持續擴大，如圖10-5(b)所示。不過，壩體上游新的河床面常因河幅擴大，水流變得比較擺盪不定，時而淘刷兩岸導致河岸產生新的崩塌。雖然因水流擺盪引發河岸崩塌規模，遠小於建壩前河岸崩塌規模（此種河岸崩塌係由河床沖刷下切及河岸淘刷的共同作用結果），惟仍應愼重處理過壩水流流心穩定的問題，以克服這類問題的產生。

(四) 控制水流流心

防砂壩溢洪口係爲順利排導洪水而設計，且因具有範束洪流作用，可以引導水流自溢洪口流出達成穩定流心之效果，如圖10-5(b)所示。對於防砂壩上游淤砂形成新的河床面，導致河幅擴大引發河岸崩塌問題，則應考量河幅寬度而採取溢洪口複式斷面設計，形塑深槽線，以穩定流心。

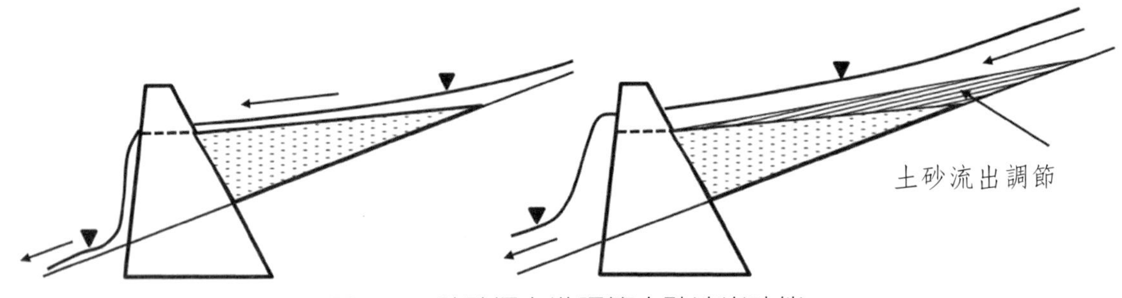

圖10-4　防砂壩上游調節土砂流出功能

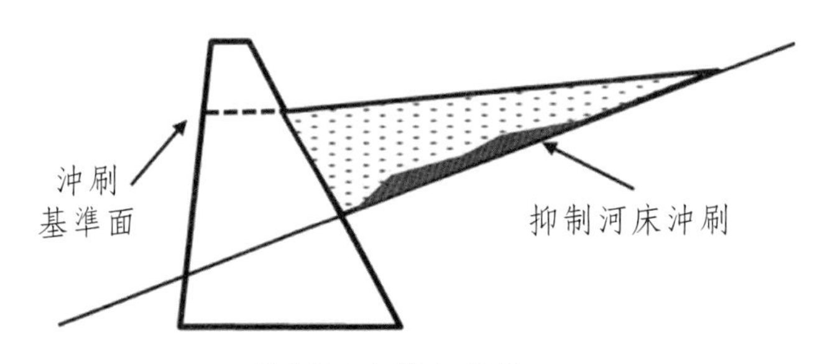

(a)抑制河床縱向侵蝕

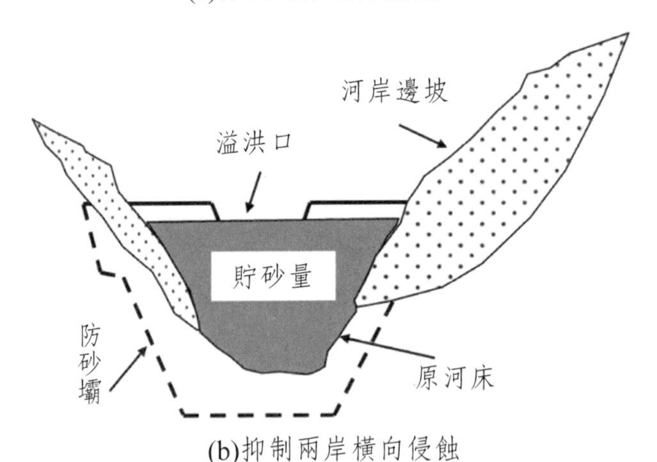

(b)抑制兩岸橫向侵蝕

圖10-5　防砂壩抑制河床及兩岸之縱、橫向侵蝕

(五) 沿程消能

於河床上構築連續數座防砂壩構成系列防砂壩，如圖10-6所示。系列防砂壩打造出近似階梯狀的河床結構，不僅可以有效消耗過壩水流能量，且具有減緩水流流速之功能，維持河勢的穩定。

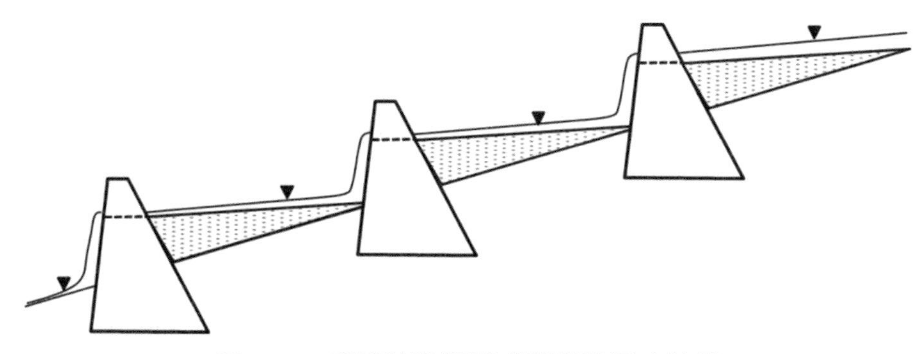

圖10-6　系列防砂壩形成階梯狀河床結構

(六) 攔蓄土砂

防砂壩上游具有一定的容積可以蓄積土砂，故以攔蓄砂石爲目的者，壩址宜選在河寬較狹窄（通常兩岸皆爲岩盤），且其上游寬闊、坡度平緩之地點。

(七) 抑制土石流

防砂壩上游土砂淤滿之後，不僅河床面坡度減緩，且河幅寬度亦略有放大，形成一種寬平的河床地形。這樣，當土石流自壩體上游陡坡束狹的河段進入近壩體之寬平河段時，因阻力增加，流速減緩，除了部分土砂落淤之外，其規模及撞擊力也會隨之下降，加上壩翼攔阻作用，亦能起到減勢及部分攔阻之效果，如圖10-7所示。假設土石流通過防砂壩時，其土砂不會自壩翼越壩，亦即土石流攜出的所有土砂除部分淤積於壩體上游側外，其餘土砂皆自壩體溢洪口流出；這樣，通過連續性方程可得土石流過壩前、後的流量比值爲

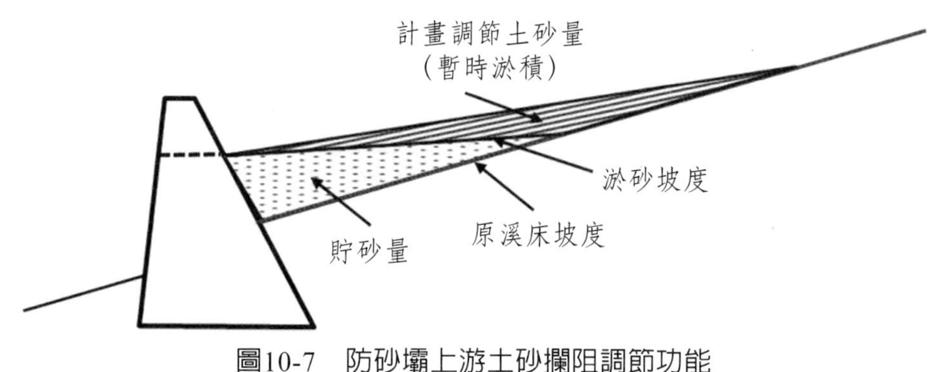

圖10-7　防砂壩上游土砂攔阻調節功能

$$\frac{Q_{de}}{Q_d} = K_o \frac{C_* - C_d}{C_* - C_{de}} \frac{W_o}{W_e} \tag{10.1}$$

式中，Q_{de} = 進入防砂壩上游淤砂範圍之土石流流量；Q_d = 未受防砂壩影響之土石流流量；W_e = 壩體上游淤砂範圍之平均河道寬度；W_o = 防砂壩溢洪口斷面底寬；C_{de} = 土石流流經壩體上游淤滿後河床之泥砂體積濃度；C_d = 未受防砂壩影響之土石流泥砂體積濃度；K_o = 待定係數（≈1.0）。上式，因$C_d > C_{de}$，且$W_e > W_o$，故$Q_{de}/Q_d < 1.0$，這表明防砂壩上游淤滿後亦能有效降低土石流的過壩流量。

綜上所述，防砂壩藉由壩體上游淤砂之後的減坡效應，起到了降低水流沖刷及穩定河岸邊坡之作用，顯示當防砂壩上游淤積的土砂愈多，才是其功能發揮之始，此與一般人認爲防砂壩淤滿之後就失去相關功能的錯誤認知相去甚遠。

二、計畫淤砂坡度

淤砂坡度（slope of sediment storage by sabo dam）係指防砂壩上游蓄積土砂所形成新的河床坡度，其延伸的範圍即爲防砂壩影響範圍，是系列防砂壩間距設計的重要參數之一，如圖10-8所示。Amidon（1947）分析100座集水區面積小於5km^{2}之防砂壩的平均淤砂坡度比S_r = 0.52（淤砂坡度比 = 新河床坡度與原河床坡度之比値），且當原河床坡度小於14%者，其平均淤砂坡度比S_r = 0.66，高於平均值，顯示壩體上游淤砂坡度比（S_r）有隨著原始坡度增大而減少之趨勢。Woolhiser（1965）歸納美國威斯康辛州現場資料，建立淤砂坡度比S_r公式，即

$$S_r = 0.591 + 0.00135B_d - 9.527H_e \tag{10.2}$$

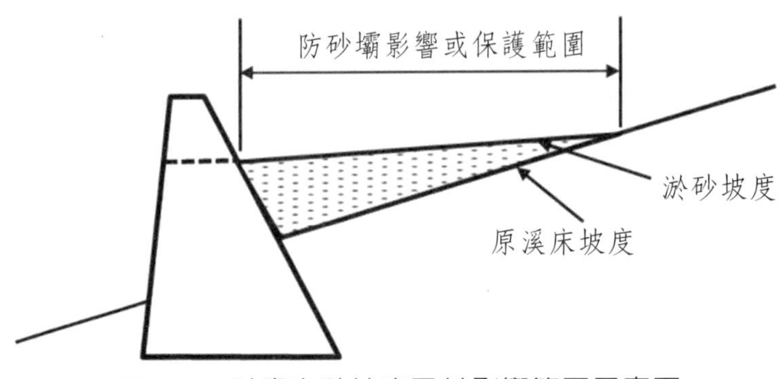

圖10-8　計畫淤砂坡度及其影響範圍示意圖

式中，B_d = 壩寬（m）；H_e = 有效壩高（m）。臺灣省農林廳山地農牧局（1981）調查實測全省1,385座防砂壩，結果顯示旱溪及間歇溪淤砂坡度比$S_r \approx 2/3$；如防砂壩上游有崩塌地時，則淤砂坡度比$S_r \approx 4/5$；終年有水之長流溪，淤砂坡度比$S_r \approx 1/2$。松村和樹等（1988）提出防砂壩計畫淤砂坡度比$S_r \approx 1/2$。葉昭憲（1988）以渠槽試驗方式建立淤砂坡度公式，表爲

$$S_r = 2.943\, H_e^{-0.4305} S_o^{-0.8938} \quad (10.3)$$

式中，S_o = 原河床坡度。水土保持手冊（2005）建議防砂壩計畫淤砂坡度可採用原河床坡度1/2～2/3，河床粒徑粗大者採用2/3，粒徑較小者用1/2，砂或泥岩之河床則採用接近水平或水平之計畫淤砂坡度。Nameghi et al.（2008）提出淤砂坡度爲原河床坡度、壩高及河道寬度的函數，可表爲

$$lnS_e = -2.27 + 1.38lnS_o - 0.56lnH_e + 0.25lnW_d \quad (10.4)$$

式中，S_e = 淤砂坡度（%）；W_d = 防砂壩上游河道寬度（m）。

根據前述各推估公式，防砂壩上游淤砂坡度比隨著壩體有效高度增加而減緩，除非泥砂顆粒細小的床質條件，否則它的變動空間已被限縮在0.50～0.67之間。但是，由於防砂壩係抬高河床沖刷基準面，其上游淤砂坡度不僅與其原河床坡度、粒徑組成及壩體高度相關，實際上它受到來自壩體所在集水區的來水及來砂量而調整，以適應集水區水砂條件的改變。因此，淤砂坡度比可表爲

$$S_r = f(S_o、d、H_e、Q_w、Q_s) \quad (10.5)$$

式中，Q_w = 壩址處水流流量；Q_s = 壩址處輸砂量。一般，流量愈大者，淤砂坡度愈小；輸砂量愈高者，淤砂坡度愈大。考量水流流量及輸砂量隨著壩址位置而改變，在實務推估時不易掌握，故以其壩址所在位置爲變數，將上式改寫爲

$$S_r = f(S_o、d、H_e、L_s) \quad (10.6)$$

式中，L_s = 壩址所在位置與源頭之距離，該值愈大，淤砂坡度愈小。

三、系列防砂壩功能與設計

沿著河道連續建置且上、下游壩體間相互制約的多座防砂壩，謂之系列防砂壩（a series of check dam）。系列防砂壩之於河道具有：1.穩定河床、降低水流流

速；2.擴大河岸保護範圍；及3.維持壩體安定等多項功能。茲簡述如下：

(一) 穩定河床、降低水流流速

系列防砂壩具有穩定河床、降低水流流速之功能。它的主要機理係仿照自然河道階梯狀河床（階梯－深潭）（step-pool）地貌構造之原理，使水流通過時產生逐層跌水消能，以減緩水流流速而達到穩定河床之功能，如圖10-9爲階梯狀河床結構示意圖。圖中，階梯－深潭是陡坡山地河川常見而又十分重要的河床微地貌形態，河床常由一段陡坡和一段緩坡加上深潭相間連接而成，在河道縱向呈現一系列階梯狀。階梯－深潭系統能有效耗散水流能量，控制河床沖刷下切，並維持良好的河道生態，因而是山地河川維持健康穩定的重要河床阻力結構。爲此，莊乙齊（2015）通過渠槽試驗方式探討系列防砂壩對消減水流能量和調節土砂下移之效能，如圖10-10所示。圖中顯示，單一防砂壩下游河床局部沖刷坑體積皆明顯大於系列防砂壩，惟系列防砂壩下游河床局部沖刷坑之總體積，卻與單一防砂壩下游河床局部沖刷坑體積相近；這說明，當河道邊界及水砂條件不變的情況下，水流總的能量維持恆定，反應在沖刷坑體積上，則系列防砂壩係將水流能量沿著流動方向重新分配，並通過各個防砂壩下游沖刷坑進行沿程消能，從而降低水流流速，減少水流輸砂能力，進而發揮調節延遲土砂向下游集中流出（即降低土砂遞移率），調整河床變形速率，以利河勢的穩定。

(二) 擴大河岸保護範圍

由於山地河川坡度較爲陡峭，單一防砂壩影響或保護範圍實在有限，必須連續施作數座防砂壩，以增大其對河岸邊坡的防護範圍，如圖10-11所示。圖中，系列防砂壩上游各淤砂坡度範圍的總和爲$\ell_1 + \ell_2 + \ell_3$，而河道沿岸崩塌地範圍爲ℓ_L，故有$(\ell_1 + \ell_2 + \ell_3) > \ell_L$。

(三) 維持壩體安定

從壩體防護觀點，系列防砂壩的布置主要考慮的就是壩體的影響範圍，即各壩體的間距必須小於壩體有效影響範圍，上游的防砂壩一定要在下游防砂壩的影響範圍內，這樣才能使下游防砂壩起到防護上游防砂壩之功能，如圖10-11所示。圖中，系列防砂壩間距（ℓ_1及ℓ_2）皆小於淤砂長度（即影響範圍，L），才能使下游

圖10-9　階梯式河床結構示意圖

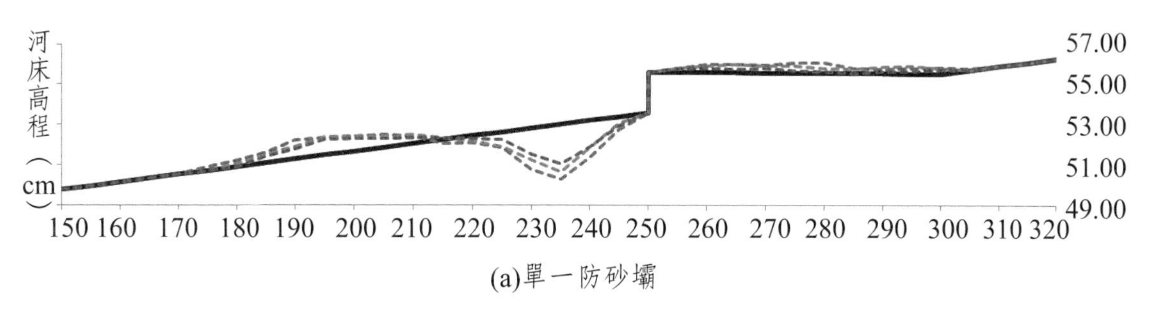

(a)單一防砂壩

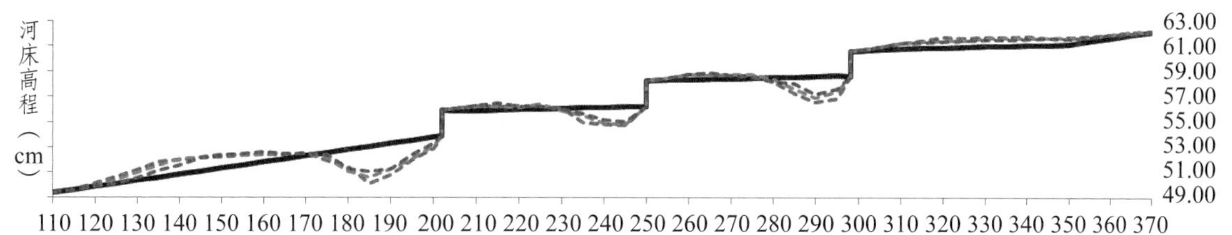

(b)系列防砂壩

圖10-10　單一與系列防砂壩下游河床局部沖刷坑比較圖

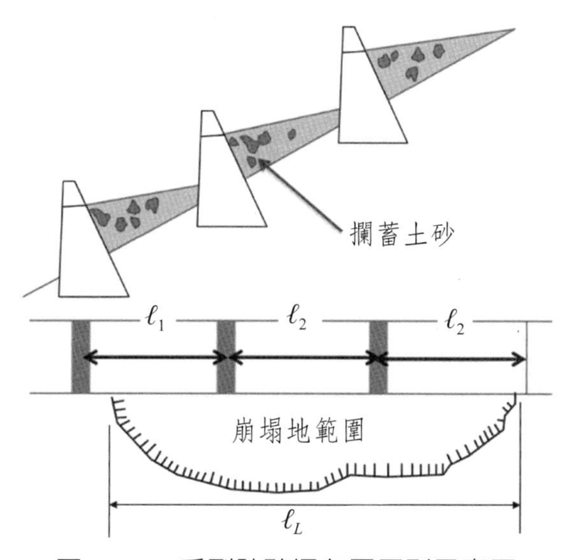

圖10-11　系列防砂壩布置原則示意圖

防砂壩起著保護上游防砂壩之功能，避免上游防砂壩下游局部沖刷坑之持續發展，而危及壩體安全。

由此可見，系列防砂壩各項功能的展現係建立在合理的間距上。Judd（1964）、Whittaker（1987）、Abrahams et al.（1995）等認爲在階梯狀河床之階梯間距與河床坡度間具有以下關係

$$L_{sp} = \frac{H_e}{a S_o^b} \tag{10.7}$$

其中，L_{sp} = 階梯與階梯間的距離；S_o = 河床平均坡度；H_e = 階梯高度；a、b = 待定常數係數。Whittaker（1987）蒐集紐西蘭26處階梯狀河段的資料，獲得以下公式

$$L_{sp} = 0.311 S_o^{-1.188} \tag{10.8}$$

Lenzi et al.（1999）從實驗中建立階梯與階梯之間距可表爲

$$\frac{H_e}{L_{sp} S_o} = 1.0 \sim 2.0 \tag{10.9}$$

D’Agostino and Lenzi（1999）於東阿爾卑斯山49處天然階梯狀河床性狀歸納出以下公式，即

$$\frac{H_e}{L_{sp} S_o} = 0.5 \sim 2.1 \tag{10.10}$$

其平均值$(H_e/L_{sp})/S_o$ = 1.4，而Abrahams et al.（1995）建議取$(H_e/L_{sp})/S_o$ = 1.5；另，Lenzi and D’Agostino（1998）也提出L_{sp} = $(0.5 \sim 1.6)B$（B = 河道寬度）。Maxwell and Papanicolaou（2001）於渠槽試驗中建立階梯間距之推估公式，即

$$L_{sp} = 7.39 \ln \frac{H_e}{S_o} - 5{,}52 \tag{10.11}$$

Akiyama and Maita（1997）提出最大階梯間距（$L_{sp(m)}$）公式，即

$$L_{sp(m)} = 0.096\, S_o^{-2.0} \tag{10.12}$$

以上介紹皆以階梯狀河川之階梯間距爲主，而水土保持手冊（2005）則直接建議系列防砂壩間距或影響範圍，可依下式計算，即

$$\ell \leq \frac{H_e}{S_o - S_e} \tag{10.13}$$

式中，S_e = 淤砂坡度；H_e = 系列防砂壩間之有效高度。參考式（10.7）將上式表為

$$\ell \le (1-S_r)^{-1}\frac{H_e}{S_o} \qquad (10.14)$$

式中，S_r = 淤砂坡度比，介於1/2～2/3之間。

綜上所述，各相關公式的來源及背景不同，在運用時必須注意其適用性，尤其應注意河床粒徑組成與分布特性。當河床粒徑愈粗，其間距可以適度放寬；反之，當河床粒徑愈細，則壩體間距宜趨保守。例如，已知河床坡度S_o = 10%及壩體間之有效高度H_e = 5.0m，則由各經驗公式推估系列防砂壩間距，如表10-4所示。表中，除了式（10.14）外，其餘公式的計算結果皆明顯偏小，因而在設計時可以採取式（10.14）且S_r = 1/2作為系列防砂壩壩體間距之設計標準。

表10-4　系列防砂壩間距推估

間距	式（10.14）	式（10.8）	式（10.9）	式（10.10）	式（10.11）	式（10.12）
ℓ（m）	100～150	4.8	25~50	24~100	23.4	9.6

四、防砂壩防砂量演算

松村和樹等（1988）認為防砂壩經由不同配置方式可以產生不同的防砂功能，包含土砂流失抑制量、攔砂量及土砂流出調節量等，如圖10-12所示。其中，陳正炎及張三郎（1996）參考日本防砂計畫之整備率概念，建立防砂壩攔（貯）砂量或土砂生產抑制量的推估公式

$$S_{V1} = 30\,H_e^2 B \qquad (10.15)$$

式中，S_{V1} = 攔（貯）砂量（m^3）；H_e = 有效壩高（m）；B = 壩體寬度（m）。連惠邦及蔡易達（2013）由防砂壩與河床斷面間的幾何關係，並配合現地調查實測資料，分別提出防砂壩攔（貯）砂量及土砂流失抑制量之推估公式，至於調砂量推估方式參考9-4節。

(一) 攔（貯）砂量：防砂壩與原河床和兩岸之間所蓄積之土砂量，如圖10-14所示。令淤砂坡度為原河床坡度的1/2，則貯砂量體（sediment storage）可表為

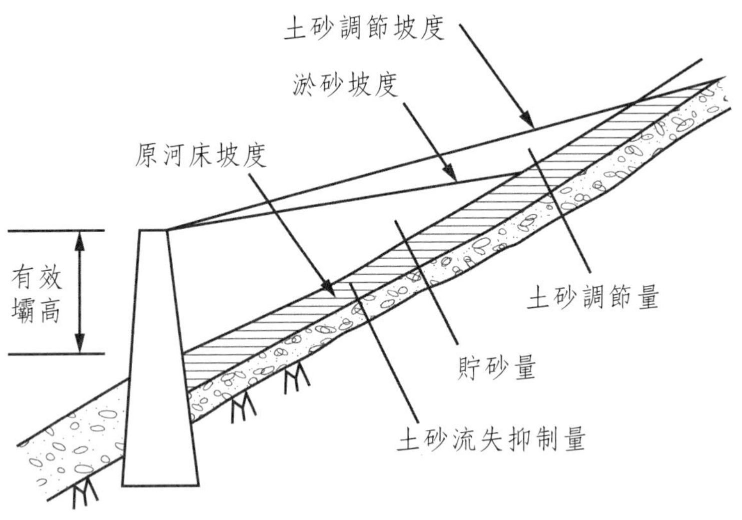

圖10-12 防砂壩貯砂量、調節量及抑制量示意圖

資料來源：松村和樹，土砂災害調查，1988

$$S_{V1} = nH_e^2\overline{B} \tag{10.16}$$

式中，S_{V1} = 防砂壩貯砂量（m^3）；$\overline{B}$ = 防砂壩上游淤砂範圍之平均河寬（m）；H_e = 壩體有效高度（m）。

(二) 土砂生產調節量：於防砂壩上游淤積土砂而調降其河床坡度的情況下，當挾砂洪流在防砂壩上游自陡坡河道進入緩坡河道時，使水流輸砂能力減弱導致土砂逐漸落淤，直到退水時，才有部分淤積土砂再度被攜往下游，這是防砂壩對上游來砂起到時間及空間的調節作用。令挾砂洪流來臨時大量土砂進入壩體上游緩坡段而產生新的淤積坡度S_c = (2/3)S_o，如圖10-13所示。由圖得知，防砂壩土砂生產調節量可表爲

$$S_{V2} = 0.5nH_e^2\overline{B} \tag{10.17}$$

式中，S_{V2} = 土砂生產調節量，簡稱調砂量。

(三) 土砂流失抑制量：防砂壩抑制兩岸土砂流失功能，係由其上游蓄積土砂後提供兩岸邊坡的基腳作用，使之得以發揮控制兩岸邊坡土體崩塌產砂之效能，如圖10-14爲兩岸邊坡土砂流失抑制模型。其中，圖10-14(a)爲防砂壩淤砂範圍（縱向影響範圍），圖10-14(b)爲河道任意橫斷面。假設：1.邊坡土體爲均質堆積物質組成；2.邊坡崩壞屬平面破壞模式（無限邊坡破

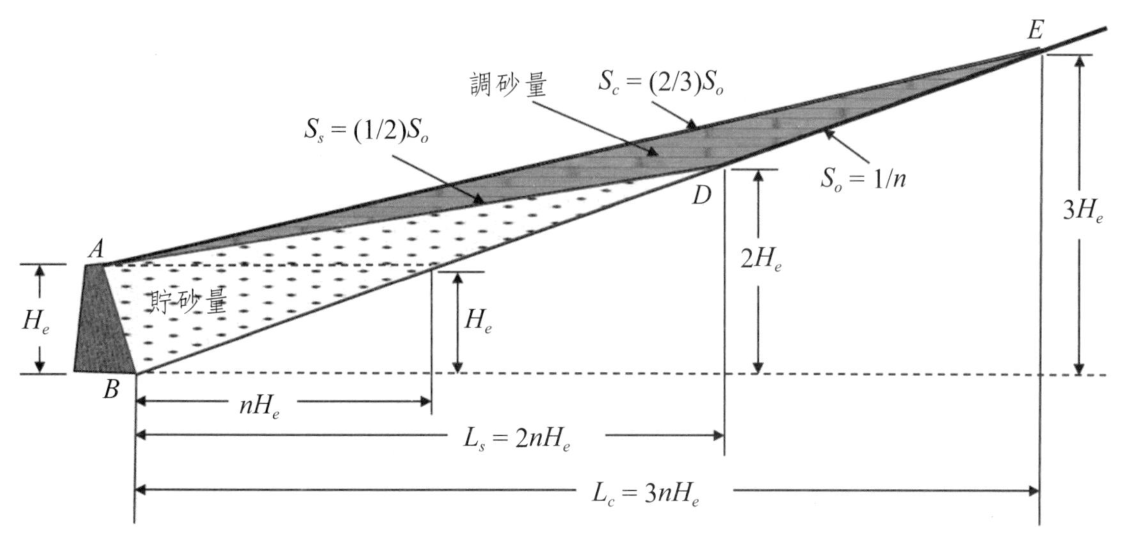

圖10-13 防砂壩上游貯砂容積示意圖

壞）；及3.坡頂附近無裂縫時，自坡頂向河床邊緣逐漸變厚，土體崩壞剖面呈三角形（註：如有裂縫時，C點應於裂縫處）。因此，分別於築壩前娥床可能沖刷深度（A點）及築壩後淤砂床面與側岸交點處（B點）向坡頂劃出一條延伸線，兩延伸線與坡頂形成一三角形範圍（即△ABC），即爲防砂壩可抑制之土砂生產面積，可寫爲

$$A = \frac{1}{2} y_m L_d \tag{10.18}$$

式中，y_m = 最大沖刷深度與有效壩高之和；L_d = A和C點間之水平距離。在淤砂範圍內兩岸坡面土砂流失抑制量（S_{V2}）則可表爲

$$S_{V2} = \sum_{i=1}^{n} \left(\frac{A_{SRi} + A_{SR(i+1)}}{2} + \frac{A_{SLi} + A_{SL(i+1)}}{2} \right) \ell_i \tag{10.19}$$

$$且 L = \sum_{i=1}^{n} \ell_i \tag{10.20}$$

式中，A_{SRi} = 第i斷面右岸可抑制崩塌面積；$A_{SR(i+1)}$ = 第（i + 1）斷面右岸可抑制崩塌面積；A_{SLi} = 第i斷面左岸可抑制崩塌面積；$A_{SL(i+1)}$ = 第（i + 1）斷面左岸可抑制崩塌面積；ℓ_i = 第i與（i + 1）斷面之間距；L = 淤砂範圍長度。必須注意的是，如側岸爲岩盤（屬岩體崩塌）時，或原河床面（築壩前）與側岸交點處之坡面坡度小於安息角時，均假設屬穩定邊坡。

防砂壩除了具有土砂抑制效能外（即△ABC），位於BC面以上至地表面間之

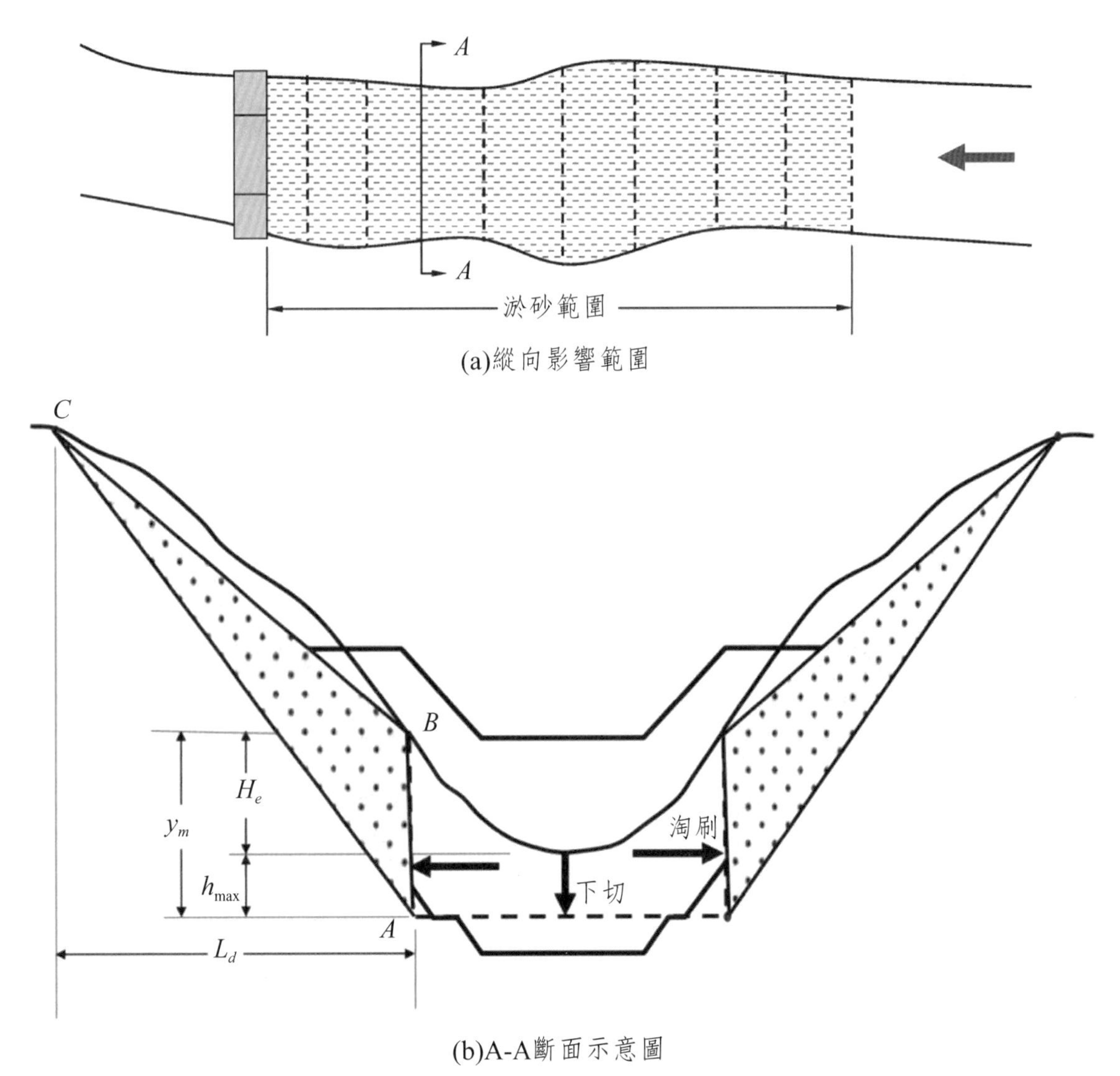

圖10-14　防砂壩上游兩岸坡面土砂抑制量縱橫向範圍示意圖

土砂量體，雖然不是直接由防砂壩保護，但當△ABC土體發生崩壞時，此部分土體亦無法維持安定，如圖10-14(b)所示；不過，即便△ABC土體可以維持安定，BC面以上的土體亦可能受到地表逕流侵蝕而逐漸流失。爲了區分這兩種土體之於防砂壩防砂機能，故將△ABC土體視爲由防砂壩直接的抑制土砂量，而BC面以上至地表面間之土體，則屬防砂壩間接的抑制土砂量。

五、防砂壩生態化之改善對策

防砂壩固然對山地河川穩坡固床起著很大的助益，但它也改變了壩體上、下游的水理及物理環境，在某種程度也可能影響水域生態棲息地的正常發展。因此，在一些具有特別需保護物種的河川水域棲地，藉由防砂壩外觀形式的改造措施，改善生態棲地的阻隔衝擊，已陸續被提出和實現。

根據張明雄及林曜松（1999）研究結果顯示，防砂壩對水域生態的影響包括洄游生物路徑阻隔、魚類棲息地單調化、水生生物族群基因庫縮小與區隔化等負面衝擊，導致水生生物豐富之河溪各種適生棲地消失。爲此，部分水生生物豐富的河溪，都會朝著設計魚類可以洄游通過壩體的魚道，改善其棲地環境。魚道是提供魚類之安全通道，常爲連續性和緩落差階梯型的溝渠狀結構，不僅讓水流對魚類的衝擊減至最低，並能提供魚類適當休息的空間、上溯的湧升流助力與隨波流下游的緩衝空間，能讓多數魚類順利通過此巨大的障礙物。但是，由於泥砂淤積、魚道下游河床沖刷及水路改道等諸多因素，多數防砂壩上的魚道設施多未能發揮應有的功能。

張世倉等（1998）調查烏石坑溪七座設有魚道的防砂壩，結果發現於枯水季時沒有一座魚道有流水，也就是都無法發揮功效，其原因包括有出入口淤積砂石及結構毀損。段錦浩、薛攀文（2000）認爲於防砂壩上建置魚道失敗的原因，包括：1.臺灣上游河道豐、枯水量過於懸殊，導致魚道內水理條件不佳；2.未考量河川流心變化太大，而採用固定式魚道，終究失敗；3.由於泥砂量太大，導致魚道進水口堵塞；4.設計時未慮及水流及卵塊石衝擊力，導致結構被破壞；5.直接引進國外用於水庫的魚道設計概念，未慮及防砂壩環境條件與水庫的差異，使得效果不如預期；6.欠缺生態性上的考量；及7.完工後欠缺維護管理及清理淤砂，使得魚道功能無法完全發揮等。

除了設置魚道外，近年來直接採取防砂壩壩體改善措施，亦取得一定的成效而逐漸被重視。照片10-2爲牡丹溪防砂壩改善模擬，它是將壩體下游面斜坡改造成爲階梯逐級跌水方式，兼具消能減沖和瀑氣增加水中溶氧，以營造近似魚道之功能，從而改善其棲地阻隔的負面效應（水土保持局，山地河川生態調查及棲地改善模式之建置，2003）。不過，在多砂的山地河川中，這種階梯式跌水構造很容易遭受高速挾砂水流的磨蝕或重擊而破損。另一種改善方式，係直接將壩體打除留出一深達底床的切口，排除壩體落差構成的縱向廊道阻隔影響，如照片10-3所示；或於切口上採用可調整開口之可拆卸式版形混凝土塊體，因應上游泥砂量而適度調整或拆卸，強化壩體調節控制泥砂下移之功能，如圖10-15所示。

另一案例是位於蘇澳鎮圳頭坑溪，係將原有的一座幾近損毀的防砂壩，以6座系列固床工進行生態改善。根據胡通哲及陳鴻烈（2007）調查統計，圳頭坑溪防砂壩自2004年壩體改善後約二個月於上游採樣站所採捕的魚類記錄，僅有鯝魚，明潭吻鰕虎2種，壩體改善後至2004年底（約7個月），首次發現有溯河洄游的臺灣吻鰕虎進入圳頭坑溪，至2005～2009捕獲的魚種中共有8種，增加河海間洄游的魚種（驢鰻、日本禿頭鯊）；此外，蝦蟹物種豐富（蝦5種、蟹3種）。2009的調查共有8種魚類，魚種數爲歷年最多的。這表明，河道構造物經過改善之後，確實是有助於水域生物棲地環境之恢復及正常發展。

(a)連續高壩不利魚類上溯

(b)階梯式壩取代高壩有利魚類上溯

照片10-2　牡丹溪防砂壩改善模擬

高山溪1號壩改善前（2000/04）

高山溪1號壩改善後（2001/12）

照片10-3　高山溪1號壩改善前、後現況

資料來源：王傳益等，2010，攔砂壩壩體移除之模型試驗——以七家灣溪一號壩為例

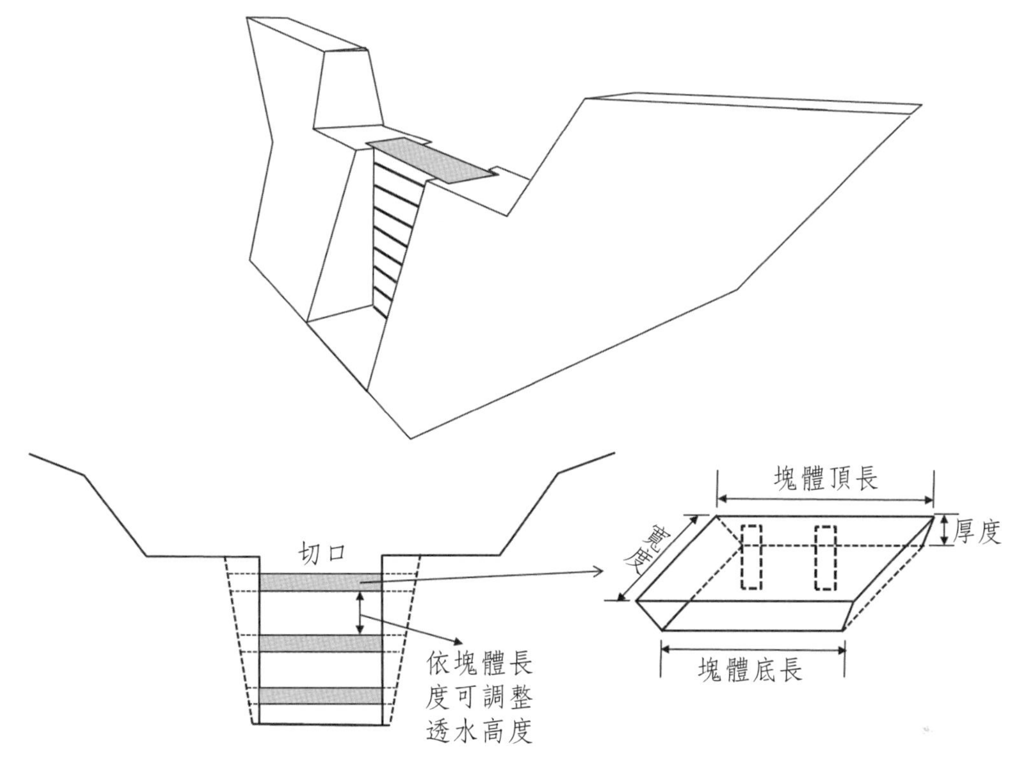

圖10-15 可調整式防砂壩示意圖

從上述三種防砂壩改善案例，除了第一種案例未見後續之調查評估外，其餘改善措施皆能取得生態棲息地之修復功效，惟因改變結構體之形式，在某種程度上也喪失了部分的防砂效益。因此，兼顧防砂及生態功能的防砂壩，或是發展具有防砂功能且較低生態衝擊的防砂構造物，例如因應河道土砂生產狀況設計可放（減）淤式的防砂壩、單切口或多切口式防砂壩等，則是未來可以積極發展的重點課題之一。

10-3-1-2 透過性壩

鑑於防砂壩對土石流過壩的反應和表現，可能無法充分滿足安全防禦之需求，故在一些山地河川以治理土石流為主的壩工設計，多以改善防砂壩壩體的通透性，形塑水、砂可以自由穿過的防砂壩壩體外型，讓挾砂洪流所攜出的土砂礫石不會淤積在壩體上游，俟土石流發生且通過時，可以有較多餘的貯砂容積，蓄積土石流攜出的大量土砂，達到消減土石流規模之目的。

透過性壩係以切口壩（opening dam）為主要，它是於防砂壩溢洪口下方壩體切出倒梯形或矩形之開口，並（或）在開口處採用混凝土或鋼構材料以構成各種透過壩型，包括梳子壩（slit dam）、鋼構壩（steel dam）及其混合型態等。

一、透過性壩功能

透過性壩是治理土石流的主要工法。李三畏於1986年提出透過性壩之防治概念，認為透過性壩可蓄積洪水時期大量泥砂，並利用低水或常水流量將泥砂慢慢地排出攜帶至下游；另外，也指出在土石流較易發生或漂木較多之河道，透過性壩將有較佳之防砂效果。隨後，江永哲等（1988、1989、1990、1993）透過渠槽之定性試驗，分別探討梳子壩、A型梳子壩、立體格子壩和水平透水柵等不同壩型對土石流之防治效果，並按照渡邊正幸所提出之四個基本機能進行分析，結果證實透過性壩確有防治土石流之功能。筆者等（1996、1997、1998、2000、2005）也通過渠槽試驗方式，分別就梳子壩、切口壩等進行相關研究，同時在1998利用土石流土砂和水體的質量守恆定律，建立了透過性壩防治土石流的效率評估指標，使透過性壩體幾何因子的設計得以開展。另外，林柄森等（1997、1999）亦曾針對不同形式的透過性壩體，探討其對土石流的防治效率，並嘗試將兩座不同形式之透過性壩體予以組合，不僅再度證實透過性壩可有效減少土石流攜出土砂總量，更提供了複合式防砂壩分工防治的理念。

透過性壩之於土石流的治理效能，係於土石流通過時，由壩體上游的有效貯砂空間，適時發揮攔阻土砂和延遲流出時間之效果，以避免土石流的發展和致災規模，如圖10-16所示。因而它具有下列各項功能，包括：

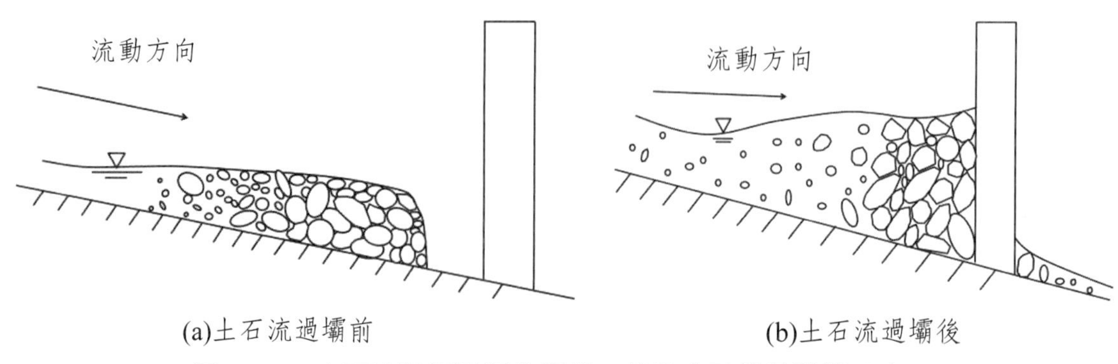

圖10-16　土石流通過透過性壩前、後的土砂堆積狀態示意圖

(一) 攔阻土石流或巨大岩塊，減少流出土砂量，不僅可減少流出土砂量，亦能使流出土石顆粒變小。

(二) 調節土石流及高含砂流之土砂輸出量。

(三) 延遲土石流或高含砂流流出扇狀地之時間。

(四) 轉化土石流成為一般挾砂水流。

(五) 壩體需經常維持通透，故不阻礙水流正常的流出和魚類生物之上溯，對河溪生態棲地環境之影響相當輕微。

以切口壩為例，根據切口壩渠槽實驗結果顯示，土石流自渠槽上游經水流沖刷床面泥砂形成後，隨著渠槽坡度的增加及沿程的挾砂作用，土石流先端部呈隆起狀且粗大泥砂顆粒聚集的現象就越趨明顯，使得土石流沿著渠槽向下游行進的過程中，遇有壩體阻礙時，其先端部多數的土砂因無法自由穿過而被停積於緊臨壩體之上游處，並將壩體開口予以阻塞，造成後續土砂沿著壩體向上游逐漸堆疊淤高，如圖10-17所示。即便有部分土砂越過淤高的河床穿過壩體流出，甚至破壞堆疊在壩體上游處附近停積的土砂而形成近似半球形陷坑，其泥砂體積濃度和土砂量亦已顯著減小，這種現象對底邊寬度較小的開口，如矩形開口及倒梯形開口尤為明顯。根據土石流過壩後停積在壩體上游處的土砂分布狀況得知，緊臨壩體上游處所停積的土砂，其粒徑較平均值大，且呈現上層細、下層粗的剖面分布形態，泥砂顆粒與壩體間相互擠壓疊置，從而形成一種相當穩固的堆疊結構，使得後續水流無法予以破壞，只能溯源堆積或部分越過淤高的河床流出壩體。在壩體上游土砂之堆積形態方面，具有以下三個特徵：

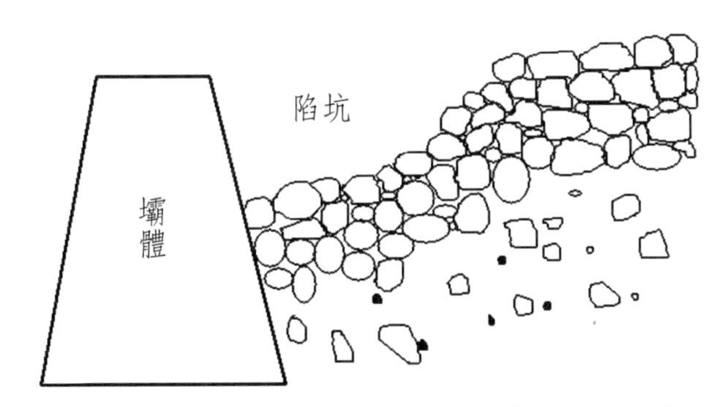

圖10-17　壩體上游停積土砂呈1/2球形陷坑示意圖

(一) 當壩體相對開口寬度（即開口寬度與土石流設計粒徑之比）較大時，在緊臨壩體上游處多數具有半球形陷坑，並從開口處向上游形成深槽。陷坑形成主要係由於後續水流越過淤高的床面時，在流出壩體的瞬間，因壩體束縮而使水流加速，造成緊臨壩體上游處原已停積的部分土砂被攜出所致。通常，相對開口寬度較大或倒梯形開口的壩體土砂堆疊結構較爲鬆散，較容易形成陷坑。由於陷坑存在與否，表徵壩體上游堆積土砂實施水力排砂之可行性，與透過性壩壩體設計關係密切。

(二) 壩體上游淤砂坡度多在原渠槽坡度之2/3上下振盪，這與防砂壩淤砂坡度的調查結果相符合。

(三) 若後續水流足夠大時，壩體上游淤砂會被水流沖刷，並自半球形陷坑向上發展出深槽，使得壩體上游河床形成兩岸淤高、中間（開口處）深切的河溪形態。

二、梳子壩

梳子壩（slit dam）係於切口壩開口處設置若干等間距或不等間距之矩形切口，狀似梳子，故稱爲梳子壩，是目前運用最普遍的土石流防治工法之一，如圖10-18及照片10-4所示。

梳子壩治理土石流的主要關鍵在於，維持其上游一定的庫容，以攔蓄土石流攜出的大量土砂，即使因攔蓄土石流導致淤積滿庫，只要適時配合土石清疏作業，仍能恢復其性能。但是，土石清疏工作能否順利進行是難以意料的，它受很多天然的和人爲的因素所影響。因此，在壩體設計上，仍應考慮壩體淤滿後提供穩定流路、排洪輸砂和穩坡固床等功能之必要性；換句話說，當梳子壩淤滿後，亦應具有防砂壩之功能。圖10-18即按這種概念所繪出之梳子壩示意圖，它除了開口寬度（b_{op}）及總開口寬度（$\sum b_{op}$）異於防砂壩外，其他幾何因子的設計方式均與防砂壩大致相同。

(一) 開口寬度設計

從透過性壩功能，在土石流未發生之前必須盡量保持其上游的有效貯砂容積，甚至維持空庫狀態，以貯存土石流所攜出的部分土砂量，才能降低土石流流出規模。因此，透過性壩壩體開口寬度設計的關鍵，在於挾砂洪流所攜出之土砂不要產生淤積，以免耗損其貯砂容積。

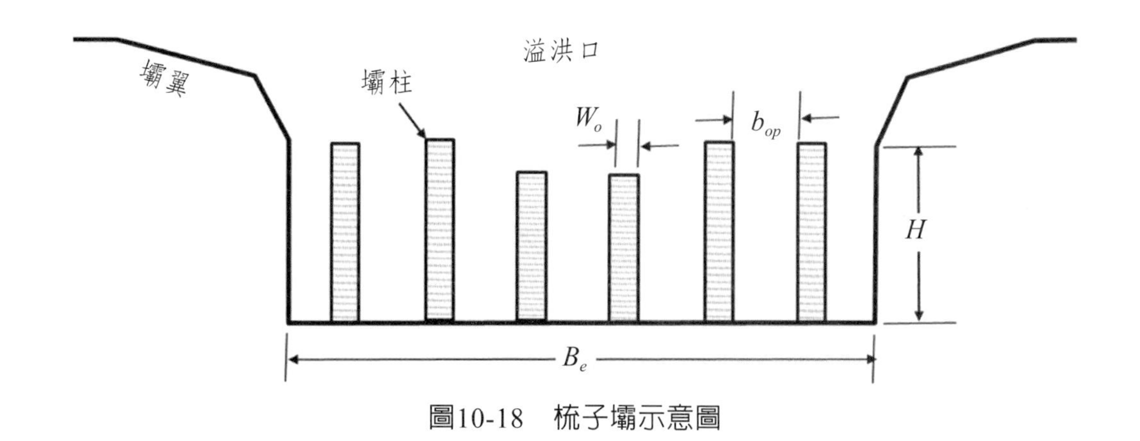

圖10-18　梳子壩示意圖

照片10-4　宜蘭縣南澳鄉碧候野溪梳子壩

透過性壩開口寬度設計在日本已獲得若干具體成果。渡邊正幸（Watanabe, 1980）提出梳子壩開口寬度（b_{op}）會影響土石流之貯砂效率，當相對開度（relative spacing）$b_{op}/D_{\max} < 2.0$（$D_{\max}$ = 最大泥砂顆粒粒徑）時，梳子壩可降低土石流尖峰流出土砂量達50%以上，如圖10-19所示。隨後，Ikeya and Uehara（1980）、Ashida and Takahashi（1980）及Mizuyama et al.（1988）陸續針對各種類型透過性壩進行研究，結果顯示壩體相對開度（relative spaceing of sabo dom）滿足

$$b_{op}/D_{\max} < 1.5 \sim 2.0 \tag{10.21}$$

時，對土石流所挾帶的大量土砂就能產生閉塞作用，故建議以此作爲壩體開口寬度之設計標準。

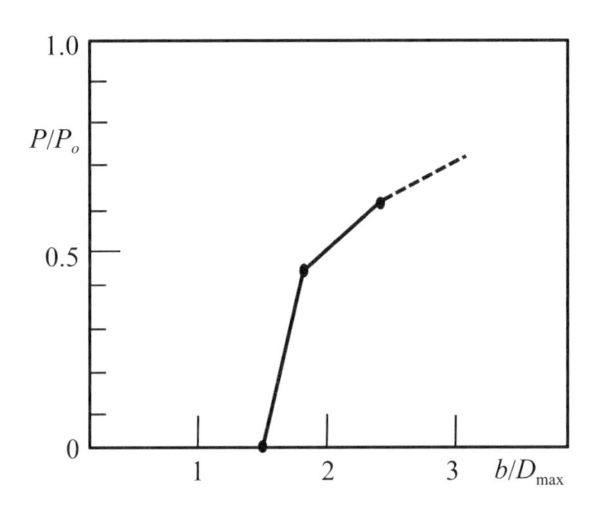

圖10-19　土石流尖峰土砂流出量與相對開度之關係圖

以土石流最大泥砂顆粒粒徑（$D_{\max}$）作爲壩體開口寬度設計，理論上雖是可行，但實務上在土石流未發生前確定其可能攜出的最大泥砂顆粒粒徑是相當困難。從另一角度來看，土石流發生前維持空庫的具體條件，係挾砂洪流攜出的最大粒徑不會在壩體上游發生淤積，或者是壩體開口寬度大於或等於挾砂洪流可能攜出之最大粒徑，就能達到降低壩體上游減淤或空庫的基本需求。爲此，對鬆散均勻的粗顆粒泥砂來說，其臨界拖曳力（critical tractive force）與粒徑之關係，可表爲Shield's起動拖曳力公式，即

$$\frac{\tau_{oc}}{(\gamma_s-\gamma_w)\,d_s}=f(\frac{U_*\,d_s}{\nu}) \tag{10.22}$$

式中，τ_{oc} = 臨界拖曳力（$=\gamma_w h_c S_o$；h_o = 水流深度；S_o = 河床坡度）；d_s = 泥砂顆粒粒徑；U_* = 剪力速度；ν = 水的運動黏滯性係數（kinematic viscosity）。上式，當泥砂處於起動條件時，作用在河床表層砂粒上的水流拖曳力與這一層床砂的重量的比值，應是砂粒雷諾數的函數。根據Shield's研究結果顯示，在砂粒雷諾數很大時，上式可表爲

$$\frac{\tau_{oc}}{(\gamma_s-\gamma_w)\,d_s}=0.04\sim0.06 \tag{10.23}$$

據此，設水流設計條件爲已知時，由上式可得最小寬口寬度爲

$$b_{\min}\geq d_s=\frac{\gamma_w\,h_o\,S_o}{(0.04\sim0.06)\,(\gamma_s-\gamma_w)} \tag{10.24}$$

此外，依據土石流潛勢溪流之地形條件及其可能促發的土石流規模，水土保持局（2001）提出壩體開口寬度之理論公式，即

$$b = \omega_o \frac{C_D}{C_* - C_D} h_d \tag{10.25}$$

式中，C_D = 土石流泥砂體積濃度；C_* = 靜止床面最大泥砂體積濃度；h_d = 土石流流深；ω_o = 河道實測粒徑修正係數。實務上，考量土石流可能攔出礫石粒徑的合理性及壩體開口寬度，一般取$b_{\min} \geq 2.0\text{m}$。

(二) 防治效率

Mizuyama et al.（1995）認爲透過性壩對土石流與挾砂洪流尖峰土砂量之調節效率，除了與相對開度有關外，亦受土石流臨前流體泥砂體積濃度（C_a）之影響，因而提出

$$P_Q = \frac{Q_a - Q_b}{Q_a} = 1 - 0.11(\frac{L_{\min}}{D_{95}} - 1)^{0.36} C_a^{\ -0.93} \tag{10.26}$$

以表明壩體防治效率與相對開度和土石流臨前泥砂體積濃度之關係，並提供壩體設計之參考。式中，P_Q = 尖峰土砂量減少率；Q_a = 過壩前土石流之尖峰土砂流量；Q_b = 過壩後之尖峰土砂流量；$L_{\min}$ = 格子最小間距；D_{95} = 95%泥砂顆粒粒徑；C_a = 土石流臨前泥砂體積濃度。Johnson and Richard（1989）指出，壩體高度、開口寬度及構築位置是設計梳子壩的三個主要因子，其中開口寬度影響了壩體上游貯砂能力及其防治效率。筆者等（1998）通過一定的理論推導建立土石流過壩前、後土砂量比值與其相應之泥砂體積濃度比值的關係式，可表爲

$$P = \lambda \frac{R(1 - C_a)}{1 - R\,C_a} \tag{10.27}$$

式中，λ = 水體流出比（water squeezed out ratio）（= 0.95～1.0），如圖10-20所示。P = 土砂流出率（sediment flow-out rate），爲土石流流出及進入壩體土砂量之比值（= V_{sb}/V_{sa}）；V_{sa}、V_{sb} = 土石流過壩前、後之土砂量；R = 泥砂體積濃度比（sediment concentration ratio）（= C_{db}/C_{da}）；C_{da}、C_{db} = 土石流過壩前、後之泥砂體積濃度。

此外，令貯砂率（sediment storage rate）爲壩體上游蓄積之土砂量與其最大貯砂容積之比值，表徵壩體之貯砂能力，即

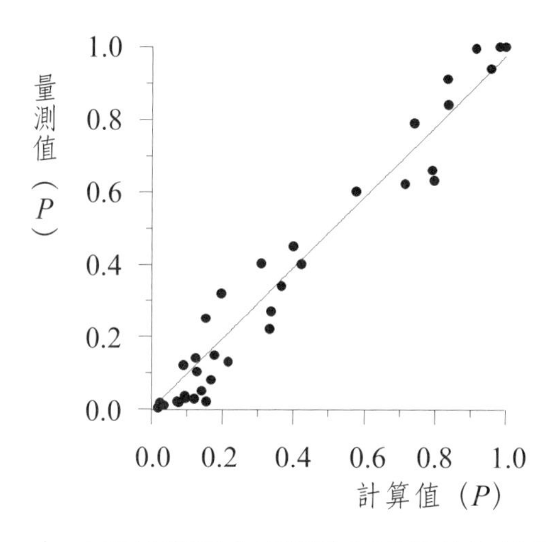

圖10-20　土砂流出量之實測值與計算值比較圖

$$S_T = \frac{V_{sa} - V_{sb}}{V_m} \tag{10.27}$$

式中，S_T = 貯砂率（0～1.0）；V_m = 壩體上游最大貯砂容積，與河床坡度、淤砂坡度、壩長及壩高等因素有關，對矩形等寬度且坡度均勻的河道而言，可表為

$$V_m = \frac{1}{2}\frac{B\,H_e^2}{S_o - S_e} \tag{10.28}$$

式中，B = 壩體寬度；H_e = 壩體有效高度；S_o = 河床坡度；S_e = 壩體上游淤砂坡度（$\approx(2/3)S_o$）。將土砂流出率（P）代入式（10.27），並整理可得

$$S_T = (1-P)\frac{V_{sa}}{V_m} \tag{10.29}$$

式中，V_{sa}/V_m係土石流攜出土砂量規模與壩體上游最大可能貯砂容積之比值，可以表徵土石流相對規模（relative scale of debris-flow）；此外，由式（10.29）得知，貯砂率亦受土砂流出率P之影響，而土砂流出率因與進出壩體泥砂體積濃度相關，加上Mizuyama（1995）經試驗證實，通過壩體的泥砂體積濃度與土石流速度無關。因此，貯砂率除了與壩體幾何形態和河道寬度相關外，亦受土石流相對規模和過壩前土石流泥砂體積濃度之影響，表為函數關係，可寫為

$$S_T = f_1(b,\ \sum b,\ B,\ D_r,\ V_{sa},\ V_m,\ C_{da}) \tag{10.30}$$

式中，$\sum b$ = 壩體總開口寬度；D_r = 特徵粒徑，為r%的泥砂顆粒粒徑。將上式利

用白金漢II定理進行因次分析，可得無因次方程式爲

$$S_T = f_2(\frac{b}{D_r}, \frac{\sum b}{B}, \frac{V_{sa}}{V_m}, C_{da}) \tag{10.31}$$

式中，b/D_r = 相對開度；$\sum b/B$ = 狹縫密度（slit density of slit dam）；V_{sa}/V_m = 土石流相對規模。經渠槽試驗結果，取特徵粒徑等於設計粒徑（即$D_r = D_R$；D_R = 設計粒徑），則貯砂率經驗公式經迴歸分析可得

$$S_T = \frac{4.38\,(V_{sa}/V_m)^{0.506}(1-\sum b/B)^{1.0} C_{da}^{0.808}}{(b/D_R)^{0.207}} \tag{10.32}$$

上式適用於b/D_R = 0.90～5.60、$\sum b/B$ = 0.45～0.85及V_{sa}/V_m = 0.4～5.0等條件，如圖10-21所示。上式表明，壩體貯砂率係隨著相對開度和狹縫密度增加而降低，且與土石流相對規模及過壩前泥砂體積濃度呈正比例相關，顯示當土石流相對規模或其泥砂體積濃度很大時，將使壩體貯砂率增加而逐漸趨近於1.0，壩體攔蓄土砂能力已達極致，後續接踵而來的土石流將越壩流出。

雖然梳子壩可以攔蓄土石流所攜出的部分土砂和粗大礫石，但其流出的土砂量如果還是很大時，則對下游地區仍具有高度的危險性。從安全上的考量，這意味著梳子壩必須被要求設計成具有攔蓄有害土砂量，而讓無害土砂量自由流出之功能。因此，假設土石流流經梳子壩後將被轉化成爲無害的一般挾砂水流，或者土石流經壩體攔蓄後流出之水砂混合流體泥砂體積濃度C_{db}必須滿足以下條件，即（Lien and

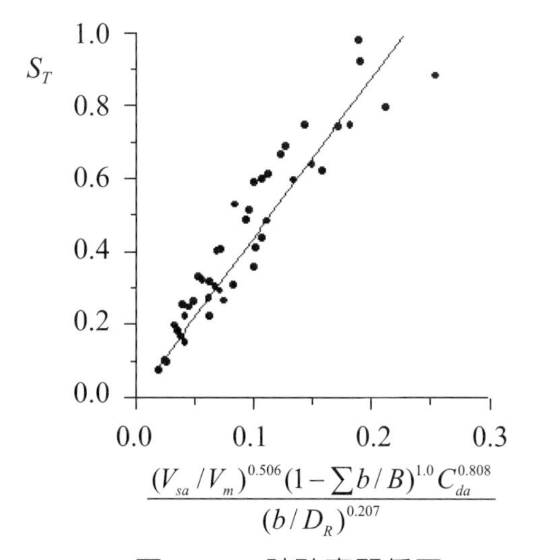

圖10-21　貯砂率關係圖

Tsai, 1999）

$$C_{db} \le C_{\min} = \frac{\rho_w}{\rho_s + \rho_w} \tag{10.33}$$

式中，$C_{\min}$ = 土石流最小泥砂體積濃度；ρ_s = 固體泥砂顆粒密度；ρ_w = 水體密度。將式（10.33）分別代入泥砂體積濃度比（R）及土砂流出率（P）中，可得

$$R_a = \frac{1}{(s+1)C_{da}} \tag{10.34}$$

和

$$P_a = \lambda \frac{1 - C_{da}}{s\, C_{da}} \tag{10.35}$$

式中，s = 比重（ρ_s/ρ_w）；R_a = 容許泥砂體積濃度比；P_a = 容許土砂流出率。

(三) 梳子壩設計與檢核

雖然梳子壩對土石流的攔蓄效率已被證實，惟在土石流潛勢溪流陡峻的河道上，單一梳子壩所能貯留的土砂量相當有限，難以發揮削減土石流致災規模，故爲達到治災減災目的，採用系列梳子壩來攔蓄更多的土砂，降低其破壞力，實有必要性。因此，應用前述土砂流出率、泥砂體積濃度比、貯砂率、容許土砂流出率和過壩前土石流泥砂體體積濃度等參數，通過系統性的整合應用，建立了新建梳子壩之開口設計模型，以及校核既有梳子壩之攔阻效率，如圖10-22所示。

1.新建單一梳子壩設計例

當一場土石流事件可能攜出之土砂規模相當有限時，可以考慮採用單一梳子壩來攔蓄土砂，達到消減土石流對下游地區之威脅。表10-5即應用前述設計模型（圖10-22）之單一梳子壩設計例，設計結果如圖10-23所示。

2.新建系列梳子壩之設計例

當土石流攜出之總土砂量遠大於單一壩體的貯砂量時（即$V_{sa} >> V_m$），應考量採用系列梳子壩進行防治。一般而言，系列梳子壩之壩體數目，係決定於通過壩體後水砂混合流體是否已被轉化爲無害之挾砂洪流，亦即系列梳子壩需要將有害的土砂量攔蓄，讓無害的土砂量自由流出，故系列梳子壩最後一支壩體的過壩土砂必須滿足之要求。下面的例子是系列梳子壩的標準設計流程，它的設計流程與單一梳子壩基本上是相同的，而系列梳子壩間之距離，原則上是以梳子壩上游最大可能貯砂

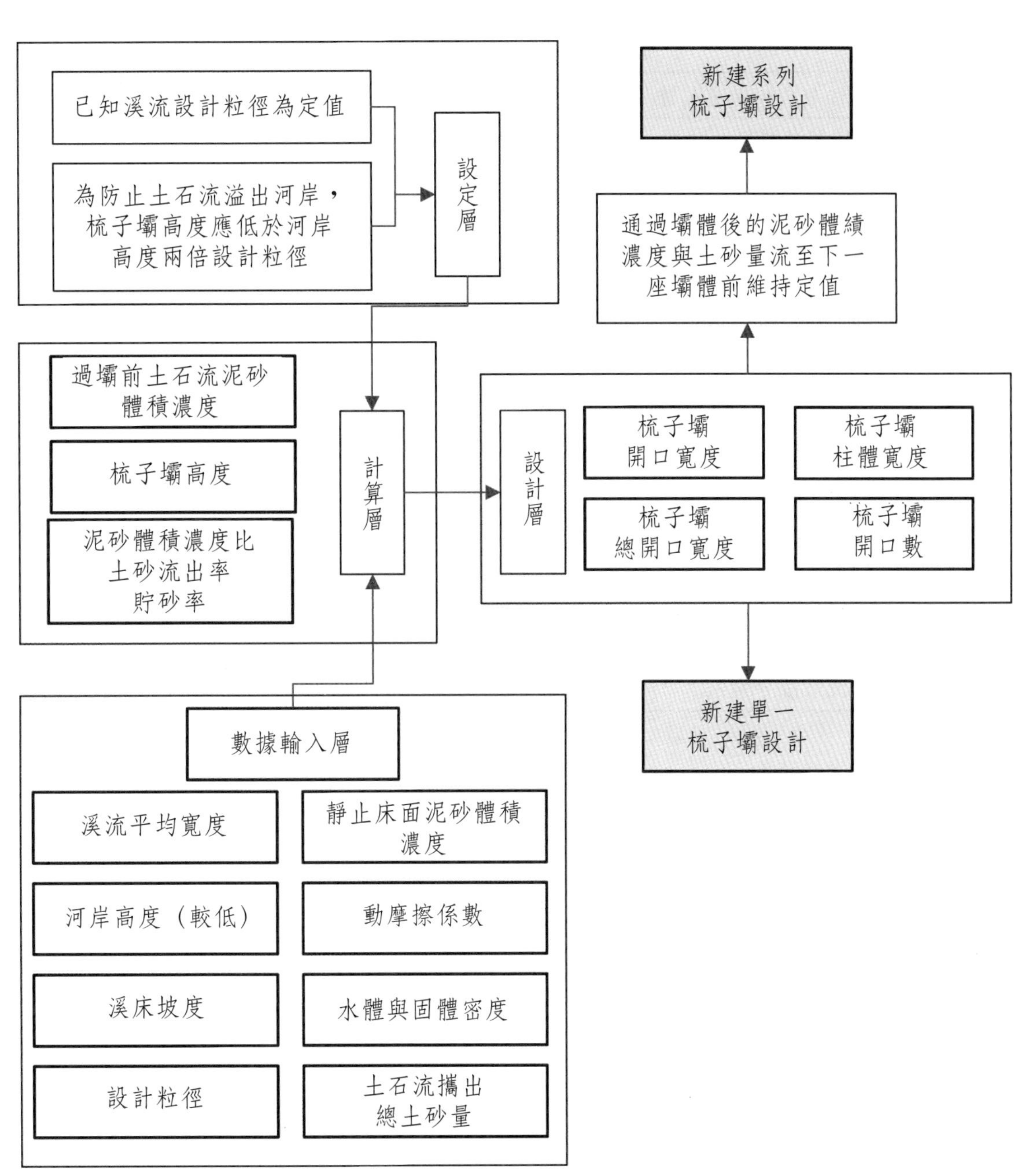

圖10-22　梳子壩設計模型

表10-5　單一梳子壩設計例

Step1：已知或設定特件	Step2：設定有效壩高
1.過壩前泥砂體積濃度$C_{da} = 0.51$； 2.壩體寬度$B = 50$ m； 3.河岸最低高度$H_b = 12$m； 4.原溪床坡度$S_o = 0.325$； 5.設計粒徑$D_R = 100$cm； 6.過壩前土石流攜出總體積量$V_{sa} = 16{,}000$m^3； 7.靜止床面土砂之最大泥砂體積濃度$C_* = 0.7$； 8.動摩擦係數$\tan\alpha = 0.32$； 9.固體及水體密度$\rho_s = 2.5$g/cm^{3}及$\rho_w = 1.0$g/cm^3	有效壩高 $= H_b - 2D_R = 10$m 選定有效壩高 = 8.0m $\Rightarrow V_m = 14.770$m^3；$V_{sa}/V_m = 1.08$ **Step3：選定泥砂體積濃度比R** 已知$R_a = 0.56$〔式（11.27）〕，故令$R = 0.4$ $\Rightarrow P = 0.234$及$S_T = 0.87$ **Step4：設計開口寬度(b)** 選定$b/D_R = 2$ $\Rightarrow b = (b/D_R)D_R = 2 \times 1 = 2$m **Step5：推估狹縫密度及總開口寬度** 由式（10.32）得： $\sum b/B = 0.62$及$\sum b = (\sum b/B)B \approx 30$m
圖10-23為綜合以上的演算結果。圖中顯示，梳子壩具有高度8.0m、開口間距2.0m、總開口寬度30m及貯砂量達14,770m^3； 壩體攔蓄土石流效率分別為：$P = 0.234$、$R = 0.4$及$S_T = 0.87$。	

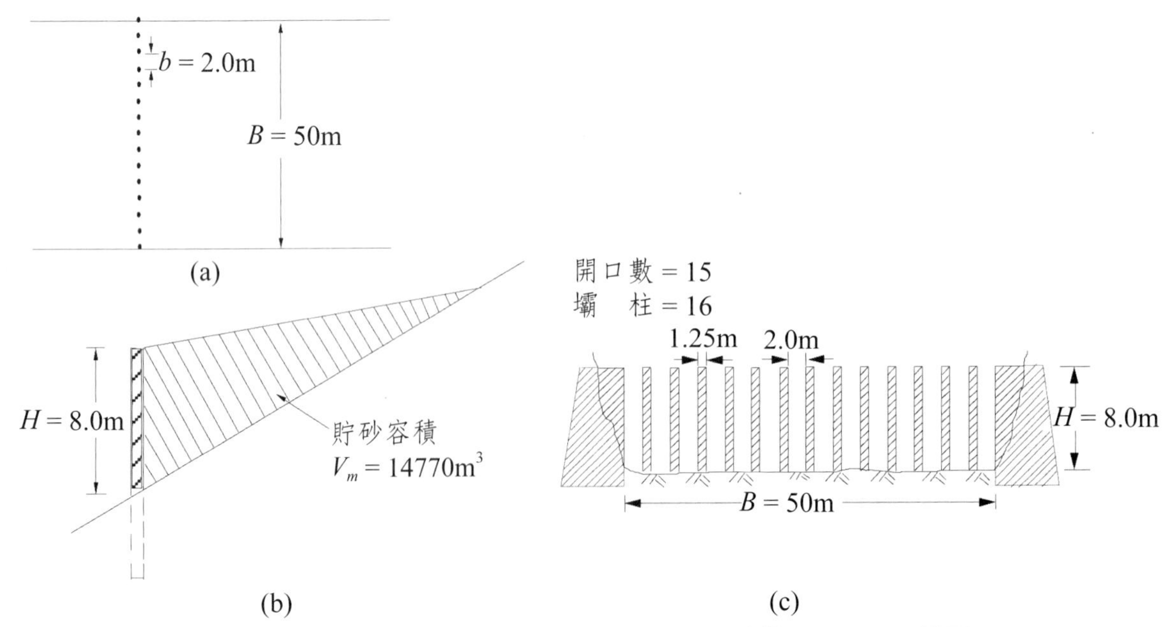

圖10-23　梳子壩壩體幾何形態(a)上視圖；(b)側視圖；(c)正視圖

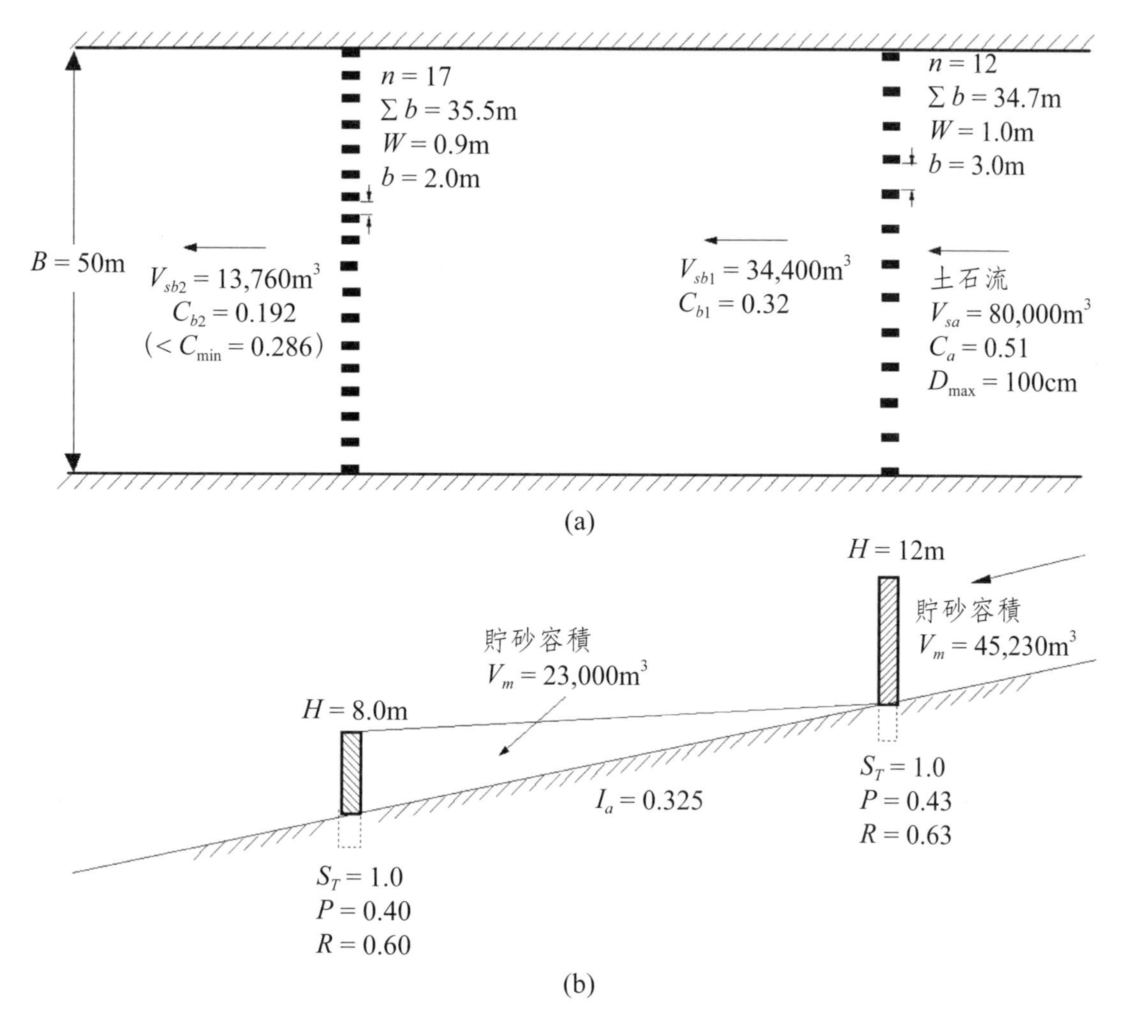

圖10-24 系列梳子壩壩體幾何形態(a)上視圖；(b)側視圖

容積之堆砂終點爲準。圖10-24爲顯示連續兩座梳子壩對土石流的攔蓄作用，以及其相關效率和壩體幾何形態。

3.校核既有梳子壩防治效率例

對既有梳子壩而言，當面臨不同規模的土石流時，究竟能夠發揮多少的防治效率，常須被校核。如圖10-25爲假設土石流發生之前，壩體上游呈空庫狀況，不蓄積任何土砂時，當土石流攜出之最大粒徑爲已知的情況下，壩體貯砂率S_T及土砂流出率P與土石流相對規模V_{sa}/V_m之關係。這樣，因既有壩體的開口間距、總開口寬度及壩高等均已知，當土石流所攜出的土砂量、過壩前泥砂體積濃度和可能的最大粒徑可以被測得時，則壩體的貯砂率和土砂流出率，即可由圖10-25直接獲得。例如，已知某梳子壩壩體幾何因子：b = 3m、$\sum b/B$ = 0.6、H = 15m及V_m = 75560m^3，而已知河道條件：B = 60m、tamθ = 0.325、C_* = 0.7及泥砂體積濃度C_{da} = 0.51。假如土石流攜出總土砂量V_{sa} = 10^{5}m^3，且設計粒徑D_R = 1.0m，則由圖10-25可分別獲得貯砂率S_T = 0.933及土砂流出率P = 0.295。至於泥砂體積濃度比可由過壩前泥砂體積濃度C_{da}及土砂流出率P求得，如若該值小於容許泥砂體積濃度比R_a，即表示本座梳子壩對這種規模的土石流，可以發揮極佳的防治效率。

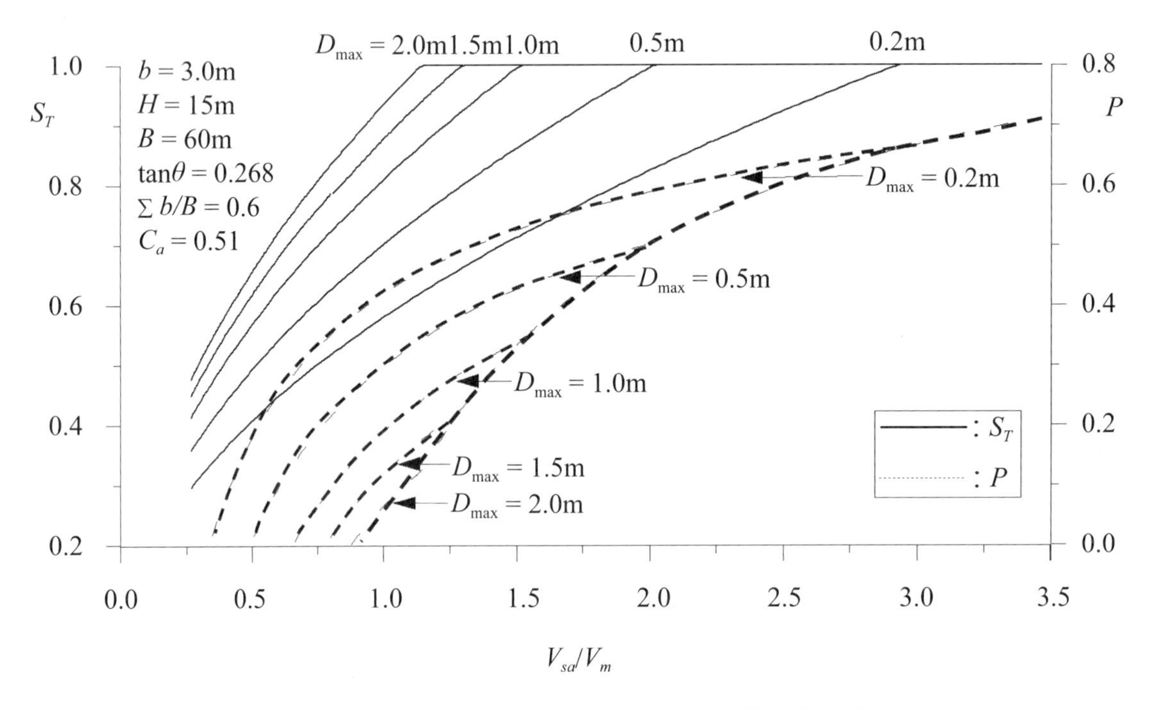

圖10-25　貯砂率和土砂流出率與土石流相對規模之關係圖

三、切口壩

切口壩亦屬非透過性壩之改良型式，如圖10-26所示，照片10-5爲南投縣中寮鄉粗坑溪切口壩。它的構造原理與傳統防砂壩幾乎一致，只是切口壩是在防砂壩溢洪口斷面處，切開一與河床幾乎齊平的矩形開口，留出很大的通透斷面，讓尋常挾砂洪流可以自由穿透壩體不致造成淤積，使壩體上游擁有足夠之貯砂空間，來攔蓄土石流攜出之大量土砂，有效降低其流出規模，以達到防災之目的；此外，切口壩因壩體需經常維持通透，不阻礙水流正常的流出和魚類生物之上溯，故對河道生態棲地環境之影響相當輕微。

切口壩矩形開口設計可以直接參考梳子壩，唯一不同的是貯砂率經驗公式，經迴歸分析可得

$$S_T = \frac{1.31\,(V_{sa}/V_m)^{0.52}}{(b_{op}/D_R)^{0.61}} \qquad (10.36)$$

式中，b_{op}/D_E = 相對開口寬度；其中，壩體開口最小寬度 $b_{op(\min)} \geq 2.0\text{m}$。

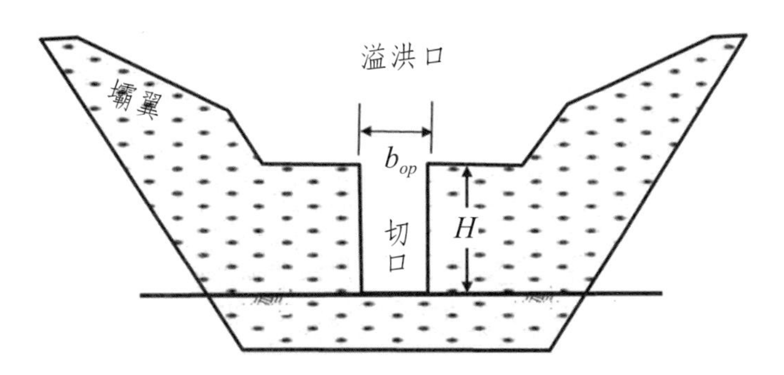

圖10-26　切口壩示意圖

照片10-5　南投縣中寮鄉粗坑溪切口壩

四、鋼構壩

鋼構壩（permeable steel dam）係指於切口壩開口上以各種鋼構件組立而成之橫向防砂構造物，除了具有調節攔蓄泥砂輸移機能外，亦能攔阻漂流木流出下游。根據構造形式，常用鋼構透過型設施又區分爲A、B型梳子壩及格子壩等，其主要

差異在於可承受土石衝擊能力之大小，如表10-6所示。

整體而言，鋼構壩有著高強度、高適用性、結構設計彈性大、品質均一、施工快速便捷、低生態衝擊等優點，且鋼製品形狀及尺寸選擇性多元化，材料重量較小，易於組裝與施工。但是，因容易受道土石撞擊而變形、淤積土石後不易清除、防鏽維護作業繁雜等爲其主要的缺點，故在應用時宜審慎考量之。

表10-6 不同透過性鋼構防砂壩種類

型式	說明	照片
A型	安定性較低；高度3m以下為宜	
B型	安定性較高；高度以4～6m為宜	
格子型	安定性最高；高度以7m以下為宜	

資料來源：水土保持局，鋼構防砂設施本土化可行性評估與設計手冊彙編，2013。

鋼構壩具有調節攔阻土砂運移及補捉漂流木之機能，故在壩址選定宜以土石流潛勢溪流輸送段爲佳，可採用單一或系列壩方式規劃，以提高補捉及調節土砂和漂流木效率。

五、部分透過性壩

總結防砂壩與各式透過性壩之優劣點，將之組合成爲部分封閉、部分通透之壩型，謂之部分透過性壩體（partially open-type dam），如圖10-27及照片10-6所示。圖中，下半部分爲一般防砂壩，屬於非透過性，上游處於土砂淤滿狀態，具備防砂壩之各項功能；而上半部分則爲由各種材料（混凝土、鋼構等）所構築之透過性壩，上游必須保持空庫，以發揮抑制土石流持續發展之功能。

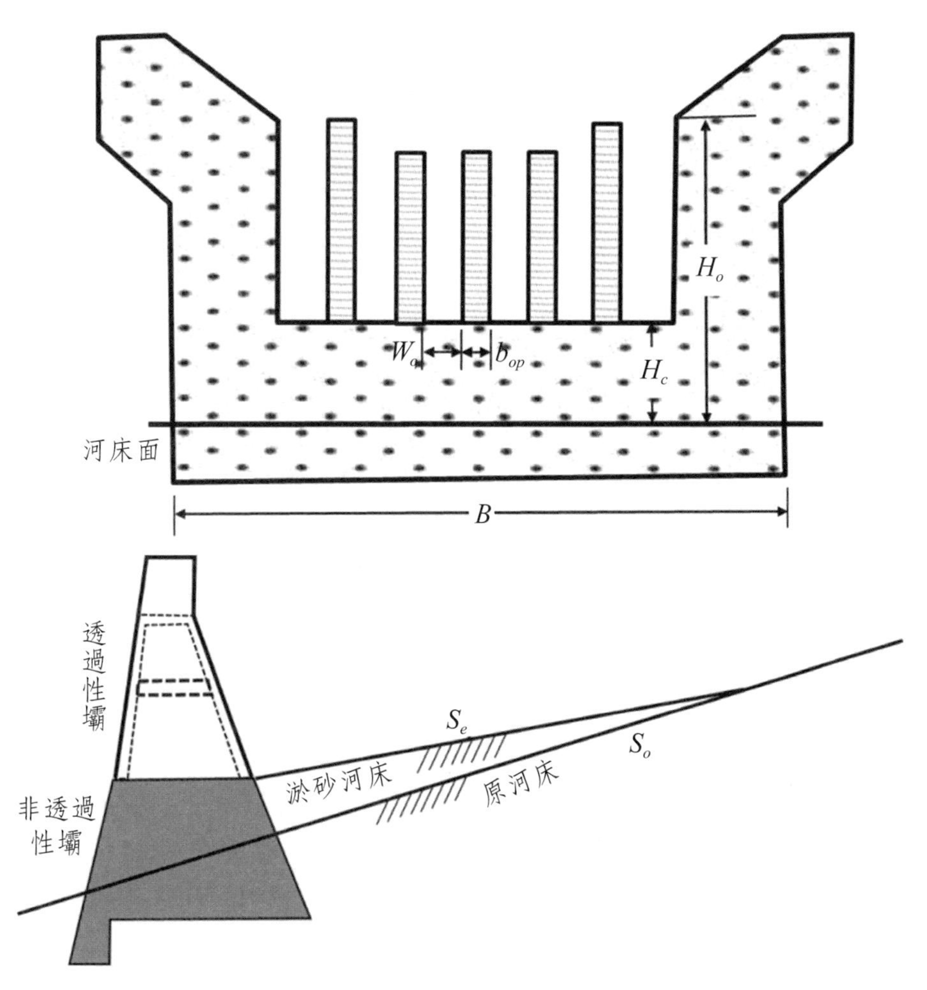

圖10-27　部分透過性非防砂壩示意圖

照片10-6　花蓮縣萬榮鄉嘉農溪部分透過性壩

部分透過性壩體兼具了防砂壩和透過性壩之優點，不僅可以通過防砂壩短期間內取得穩坡固床之效果，並減緩河床坡度，降低對透過性壩之撞擊力，同時利用透過性壩攔粗排細之特點，維持一定的貯砂容積，以攔阻土石流及補捉漂流木，達到減災防災之目的。

10-3-2 整流式防砂工程

位於河川源頭較遠且坡度較爲平緩的河段上，爲因應上游來砂量和來水量之改變，河段必須作出相對應之調整而引起不同程度的沖淤變化。一般，來自上游挾砂水流在運動過程中，由於河道外部環境改變而弱化了水流輸砂能力，使水流中的部分泥砂發生落淤沉積，或是上游發生河岸土體崩塌現象，大量土體隨著水流向下輸移而沿程淤積，這些都是泥砂淤積問題，可以通過人爲清疏或水力排砂方式緩和河道的泥砂淤積。另一方面，當河道水流實際挾砂量小於水流挾砂能力時，水流就會帶走從河床沖起的泥砂而產生河道沖刷，以取得一定的幾何形態及坡降來維持河勢穩定。但是，河道沖淤問題必然也會造成沿岸保全對象安全上的威脅，包括構造物損毀、沿岸土地流失、邊坡土體崩塌、洪水氾濫等問題，使得通過長期的沖淤變化來取得河道的平衡，在某些區域是無法滿足人們對安全的期待，因而有了河道泥砂沖淤治理工程，其中以調整水流，防止其縱、橫向泥砂沖刷者，稱之整流式防砂工程，簡稱整流工程（regulation engineering）。

整流工程係指以防止河道縱、橫向沖刷（或侵蝕）爲目的而由單一或多種工法組合之保護措施。一般，整流工程皆由縱向及橫向構造物所組成，其中縱向構造物以堤防及護岸爲主，而橫向構造物則以固床工、潛壩、丁壩等較常採用。因此，整流工程兼具了縱向構造物保護河岸免於被水流淘刷之功能，以及橫向構造物防止河床沖刷下切之優點，截長補短共同發揮抵禦水流對河道斷面之作用。

10-3-2-1 使用時機及種類

山地河川坡陡水急，河床縱、橫向變形相當激烈，其變形結果往往表現爲大規模土砂災害，對山坡地周遭環境帶來極大之衝擊。爲此，採用堤防護岸、固床工、丁壩等相關工程設施，控制減輕縱、橫向變形程度，已成爲山地河川治理挾砂洪流的主要工法之一。

位於山地河川上游河段，因河床下切嚴重，河岸崩塌相當發達，故常施以系列防砂設施抑制土砂流失，降低土砂的生產和流出；這樣，當上游河段經過系統性的治理之後，土砂流失和生產獲得了控制，流至下游的挾砂水流也逐漸從過飽和變爲未飽和流況。此時，爲了滿足水流挾砂需求，水流必須通過沖刷河床或淘刷河岸邊界獲得泥砂的補充，以調整水流挾砂量。不過，由於河岸淘刷往往衍生邊坡土體的崩塌，使得部分河段時而沖刷，時而淤積，流路變得擺盪不定，河勢相當不穩定，於是在河岸崩塌嚴重河段施以護岸設施，河床沖刷下切嚴重河段施以固床工，水流主流擺盪不定河段施以丁壩控制水流流向等，力求迅速恢復河勢的穩定。然而，河道自然條件千差萬別，任何一種工程防護措施都不是萬能的，也不可能一勞永逸；護岸雖然防護河岸免於淘刷崩塌，惟卻增加水流對河床的沖刷強度；固床工能夠控制河床下切，但卻也提高水流對河岸淘刷破壞之機率。由此可見，爲了減緩上游防砂工程對下游河床穩定之衝擊影響，由各種工程設施組合而成之整流工法，在控制河道變形上就變得相當重要了。

根據河道縱、橫向侵蝕變形問題，整流工法可以有適當的組合配置，包括：

一、護床型整流工法

護床型整流工法係以堤防或護岸及固床工組合而成，如照片10-7(a)所示。本類型組合工法常用於坡度陡或水流流量較大的順直河段，或各類防砂設施下游，用以增加河床阻力，抵抗水流沖刷。

二、消能型整流工法

消能型整流工法係以護岸及系列潛壩組合而成，如照片10-7(b)所示。本類型組合工法適用於坡度極陡、水流流量大且泥砂含量少的河段，利用跌水消能方式消減水流強烈的沖刷能力。

三、挑流護岸型整流工法

挑流護岸型整流工法係以護岸及丁壩組合而成，如照片10-7(c)所示。本類型組合工法特別針對流路經常發生偏流而攻擊河岸之河段，利用丁壩挑流改變水流方向，以達到保護河岸之目的；不過，山地河川因河幅狹窄不利於設置丁壩，一般於河幅寬度小於30m者，不宜使用之。

(a)護岸及固床工組合

(b)護岸及潛壩組合

(c)護岸及丁壩組合

照片10-7　各種類型之整流工法

10-3-2-2 護岸

護岸（revetment）係指為防止水流橫向淘刷而沿著河岸構築足以抵擋水流衝擊之縱向順水保護工，如照片10-8所示。由於具有保護河岸免於被淘刷之功能，故常設置於河岸淘刷嚴重河段，從而起到保護河岸，免於崩塌或土地流失之目的。例如，河彎段、土質鬆軟易受淘刷河段、沿岸具保全對象河段等。傳統護岸基於安全考量，均採用抗沖材料（如混凝土）直接覆蓋於河岸上，來提高結構強度和抗沖能力，惟卻忽視了水、陸域生態廊道的暢通，使得周邊動植物鏈發生阻隔，同時也引發了河水與地下水之間通道的不順暢性。

照片10-8　護岸

一、護岸水理特性

相較於丁壩對河岸發揮點、線的保護效果，護岸對河岸的保護則是比較全面性的。護岸對水流的干擾很小，不會改變水流流路的整體走向。儘管是彎道或順直河道的水流結構，基本上也不會有顯著的影響，只是在護岸施作後強化了河岸的穩定性，限制了河床橫向變形，凹岸崩塌相應減弱，河道外形基本穩定。但是，由於水流橫向沖刷受到限制，爲了滿足其挾砂的最低需求，便向河床取得泥砂的補充，使得護岸下方或凹岸深槽的沖刷問題，會變得比較嚴重一些，如照片10-9所示。

此外，通常護岸都會比天然河岸順直，且表面粗糙度也比較小，對水流的阻滯效果較低，水流流速會比施作前更快，不僅提高水流匯流速度及洪峰流量，也加劇了對下游河岸的淘刷和河床的下切。因此，沿著天然河岸施作護岸時，不宜刻意拉直，且糙化其表面，使水流停留在河道的時間拉長，皆有利於河勢的穩定。

照片10-9　護岸基腳淘刷

二、防砂量推估

護岸旨在保護河岸及穩定坡腳，與防砂壩一樣，皆能夠起著抑制河溪兩岸谷坡之土砂流失，如圖10-28所示。護岸對谷坡土砂流失抑制量之推估，可依式（10.18）推估之，其抑制量體則可依下式計算，即

$$S_{VR}=\sum_{i=1}^{n}\left(\frac{A_{si}+A_{s(i+1)}}{2}\right)\ell_i \qquad (10.37)$$

$$且 L_R=\sum_{i=1}^{n}\ell_i \qquad (10.38)$$

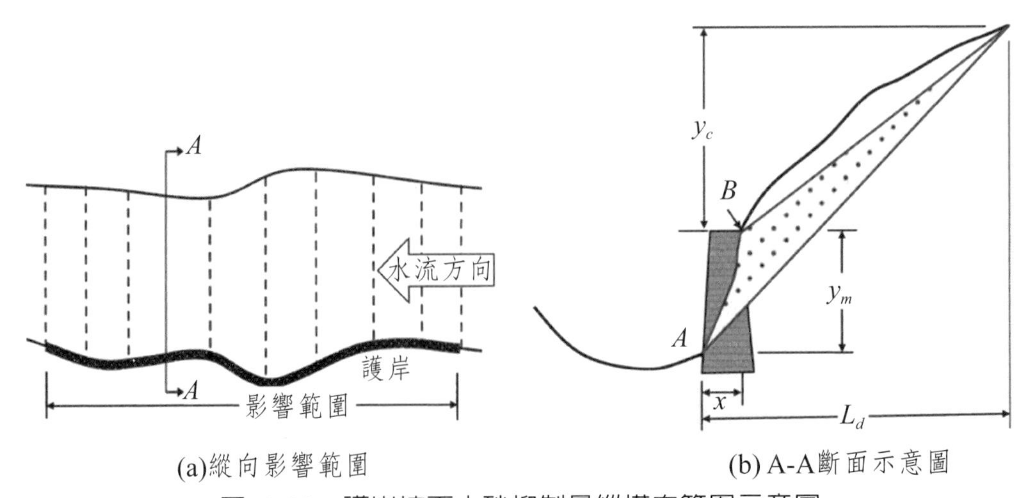

(a)縱向影響範圍　(b) A-A斷面示意圖

圖10-28　護岸坡面土砂抑制量縱橫向範圍示意圖

式中，A_{si} = 第i斷面右岸（或左岸）可抑制崩塌面積；$A_{(si+1)}$ = 第$(i+1)$斷面右岸（或左岸）可抑制崩塌面積；ℓ_i = 第i與$(i+1)$斷面之間距；L_R = 護岸長度。

三、護岸生態化對策

河岸是重要的生物棲息單元，是陸生、濕生植物的生長場所，以及陸地和水域生物的生活遷移區，一些動物在此覓食、棲息、繁衍和避難，但是人類爲了充分使用河川資源，而沿著河岸進行著不同規模和程度的土地利用行爲，於是有了河岸防護之需求。在水泥等現代材料出現之前，河岸防護工程主要採用木、石及土等天然材料，這對生物棲息地環境的衝擊比較小，不過伴隨混凝土材料的引進，以及岸坡安全穩固標準的提高，水泥化護岸就成爲河岸保護的主要工法。這些工程措施形塑的河岸環境與自然條件相背離，對河道產生了以下的負面效應，包括：

(一) 增加下游防洪壓力：護岸水泥化後，使得河道糙率變小，增大了水流流速和動能，加劇了對下游河道的沖刷下切，甚至威脅堤岸之安全。

(二) 破壞河岸生物賴以生存的基礎：剛性護岸阻止了河道與河畔植被的水循環，使很多植物喪失了生存空間，河岸帶生態功能退化，許多水域生物種群的棲息地環境遭到破壞，包括水路交界處流速、橫斷面流速分布、捕食壓力、日照遮蔽效果、躲避捕食者或洪水流的場所及來自坡面食物（餌）的供應等皆受到一定程度的影響和衝擊，如表10-7所示。

(三) 減弱水質的自淨能力：剛性護岸破壞了河岸植被，使水體與土地及其生物環境相分離，植物過濾河岸地表逕流、吸收水體無機物、減少河道沉積物的作用消失，水體不能及時調換，從而減弱了水質的自淨能力。

(四) 破壞自然景觀：傳統山地河川的治理工程很少結合地域的特點和實際情況考慮景觀效果。堤岸帶有明顯的人工痕跡，往往給人以單調、生硬的感覺，具有典型的工程技術特徵，這與人們追求回歸自然以及人與自然和諧相處的景觀需求和心理期待相違背。

表10-7　自然河岸與混凝土護岸之生態功能比較

項目	自然河岸	混凝土護岸
水路交界處流速	緩	急
橫斷面流速分布	多樣化	單一化
捕食壓力	低	高
日照遮蔽效果	有	無
躲避捕食者或洪水流的場所	有	無
來自坡面食物（餌）的供應	多	很少

鑑此，開展兼具生態保護及符合工程安全需求的生態化護岸技術，已經成爲河川整治工程的創新內容。護岸自然化及多樣化之設計，主要是改變生硬的表面和構造，讓植物可以生長、昆蟲魚蝦得以棲息避難，河川的景觀也會得到很大的改善。因此，生態化護岸設計時應從斷面、結構及材料等面向進行綜合的考量。

(一) 生態護岸設計考量

1. 設計原則：從水泥護岸轉換爲生態護岸的主要關鍵，必須在工程安全的基礎下，朝向規模最小化、外型緩坡化、界面透水化、表面粗糙化、材質自然化及成本經濟化等原則來進行設計。例如，避免採用單一定型斷面，盡量保持自然河道的複雜形狀，如照片10-10所示。有條件的根據水位不同，設置分級斜坡護岸，分級平台既可作爲枯水期的景觀休閒區，也可作爲洪水期的洩洪通道，若條件較差的可採用台階型斷面，這樣可爲水域動植物

照片10-10　自然河岸與混凝土護岸比較

創造適宜的生存環境。在結構型式上，爲突出河道橫斷面速度場的多樣性，在護岸臨水側表面宜保持一定的粗糙阻水特性，如砌塊石、喬灌木草或較爲粗糙的造型模版，如圖10-29所示；此外，採取緩斜面設計亦可降低橫向廊道阻隔之衝擊。針對山地河川水流流速較高等特點，護岸材料首先應滿足抗沖及耐久性要求，並在此基礎上營造出有利於生物繁衍的生態棲息地，如魚巢等。

2. 前期調查：當提出生態護岸設計方案時，在選用前應對工區進行調查，以確定生態工程技術之適用性。調查可分幾個方面，包括氣候、水文、水質、河勢變化規律及趨勢、岸坡土體的物理和化學性質、工區原生物種、治理資材、棲地衝擊等，以及是否需要相應的補償措施。
3. 植物種類的選擇：採用自然資材護岸時，特別是通過植被措施護岸時，不同植物材料的有效性，很大程度上取決於它們對水位和底土土質的適應性。根據不同水位，結合當地情況，將河岸帶分爲乾燥及偶然洪泛帶、潮濕及季節性洪泛帶、沿岸水位變動帶和淹沒帶等幾個區域，在不同區域選擇合適的植物物種，如圖10-30所示（董哲仁、孫東亞，2007）。一般來說，混合使用幾種不同的植物往往比使用單一植物種類更爲有利；另外，現場或現場附近已有的植物物種，對於護岸工程中植物種類的選擇具有很好的參考指標。

(二) 生態化護岸類型

山地河川具有源短流急、水位暴漲暴落、洪水時水流湍急、枯水時甚至可能斷流、河道兩岸土地較少等特點，皆不利於護岸型式的生態化。山本晃一（2003）將多自然護岸工程的類型分爲七種，如表10-8所示。坡度上從直立、陡坡及緩坡；結構上從基礎、護坡及反濾層；材質上從覆土、自然石、木樁、砌塊石及天然河岸，都可以因地、因河、因河段進行變化使用。

嚴格來說，山本晃一（2003）多自然護岸工程可概分爲兩大類：一是採用自然或人工資材仿自然護岸，以及由不同植被種類所營造的自然植生護岸。

1. 植生護岸：通常是在經過整平處理的岸坡上種植各種植物，通過植物根系能夠提高土體的抗剪強度，增強土體的黏聚力，從而使土體結構趨於堅固和穩定，達到保土蓄水、防止水土流失，並在滿足生態環境需要的同時進行景觀美化。這類護岸最貼近實際自然河道岸坡狀態，與河川生態系統的物質能量交換能力也最強，物種多樣性也最豐富，並且造價低廉。但是，因植被生長需要一定時間，不能馬上起到護岸作用，一般要在工程初期採取一些輔助措施進行臨時性的岸坡侵蝕防護。在岸坡淘刷侵蝕比較嚴重的

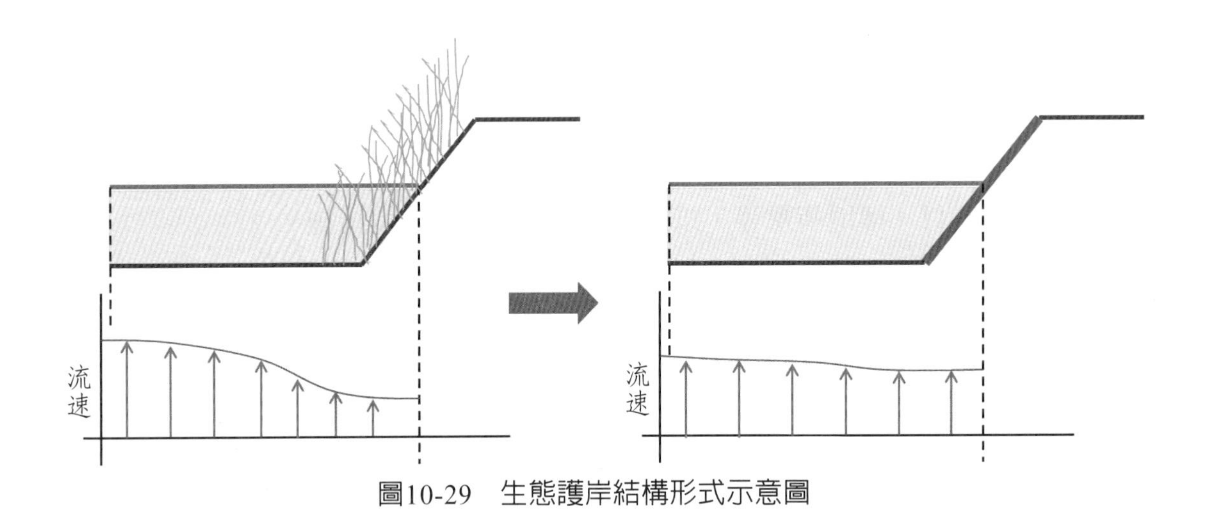

圖10-29　生態護岸結構形式示意圖

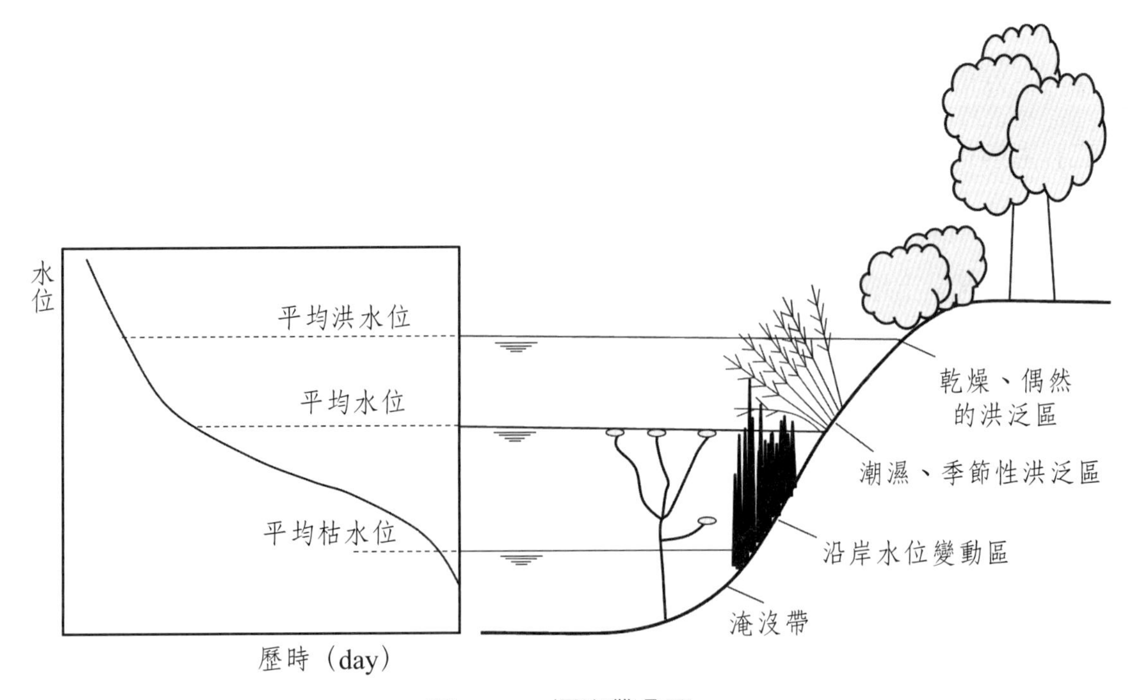

圖10-30　河岸帶分區

表10-8　生態護岸構造及生態意涵

護岸型式	主要構造	示意圖	環境保護及修復目的
砌石護岸	在坡度大於1：1的河岸上，利用預鑄砌塊石或塊石進行漿砌石，或砌塊石堆砌形成護岸	砌塊石或塊石 反濾層 背填土 洩水管	靠近水面的部分可以用有孔洞的砌塊石確保魚類的棲息環境；迎水面要使植物種子可以著床，保證植物的生長環境和昆蟲等的棲息環境
自然石護岸	在坡度緩於1：1.5的河岸上，利用巨石、塊石、卵石進行組合，讓其互相咬合而形成護岸	石塊 反濾層 沉木床	要在石塊之間的空隙中實施種子能夠著床的措施，保證植物的生長環境和昆蟲等的棲息環境
直立擋牆或樁護岸	能夠自立的混凝土擋牆或鋼板、鋼管樁直立擋牆。利用具有自立構造的鋼板樁、在水位以下可以設置拋石	鋼板樁	擋土牆前面鋪設拋石可以成為魚類等底棲生物的棲息地，也能成為濕生植物的生長地和昆蟲的棲息地
蛇籠護岸	利用鐵絲、編織物、土工織物製成籠 ，內部充填石塊、砂、土鋪設於迎水面岸坡	反濾層	蛇籠可以保證魚類和底棲生物的棲息地，也成為濕生植物的生長地和昆蟲的棲息地
網格充填護岸	利用鐵絲籠或其他方法做成網格，網格內充填石塊形成護岸	蘆葦	鐵絲籠可以保證魚類和底棲生物的棲息地，石塊縫隙也成為濕生植物的生長地和昆蟲的棲息地
堆石護岸	利用塊石或天然石塊在岸坡的迎水面堆砌形成護岸	塊石 反濾層	塊石可以保證魚類和底栖生物的棲息地，石塊縫隙也成為濕生植物的生長地和昆蟲的棲息地
植被護岸	利用自然植物或植物莖幹進行防護的護岸	灌木 蘆葦	通過植物的生長促進更多植物繁育，可以保證部分魚類和底棲生物的棲息地

區域，可先種植一些發育比較快，適於不同季節要求的草類或其他物種。此外，山地河川水流暴漲暴落的特性對植物種類的要求也比較嚴苛。因此，植生護岸多應用於河道流速平緩，水位起伏較小，淘刷侵蝕較低的河段。

2. 仿自然護岸：係針對植生護岸防沖能力較差的缺點，通過工程和植物的有機結合，構建一個利於植物生長，以及增強岸坡的穩定性和抗侵蝕能力。當植物生長後，通過根系加筋固結作用，亦能起到抑制暴雨逕流的侵蝕作用，包括乾砌石護岸（dry pitching stone revetment）、拋石護岸（riprap revetment）、箱籠護岸（box gabion revetment）、土石籠護岸（geotextile bags revetment）、混凝土型框護岸、地工沙腸袋護岸（geotextile tubes revetment）、加勁護岸（geosynthetic-wrap around revetment）、生態槽護岸（ecological tank revetment）等皆屬之。

總之，生態化護岸技術模仿河岸之自然規律，它所重建的近自然環境除了滿足以往強調的工程安全、土地保護、水土保持等功能，同時還兼顧維護各類生物適宜的棲息環境和景觀完整性之功能，使在工程安全和水域生態維持之間獲得較佳的平衡點。

10-3-2-3 固床工

固床工（ground sill）係指具有維持河床高程免於被洪水沖刷下切的一種橫向阻水構造物，高度以不高出河床1.0m為原則。一般，固床工皆與堤岸共構，且多以連續施設方式構成一系列固床工，以擴大其河床保護範圍，如照片10-11為系列固床工。

依據與河床面之相對高程，固床工具有三種建置方式，如圖10-31所示，包括：

一、高出河床面

固床工頂部與河床面間具有一定的高程落差者（圖10-31(a)），這是最常見的一種建置方式。將固床工頂部高出河床面之預定高度，使之兼具小規模貯蓄土砂及調整河床坡降和流速之功能。

照片10-11　系列固床工

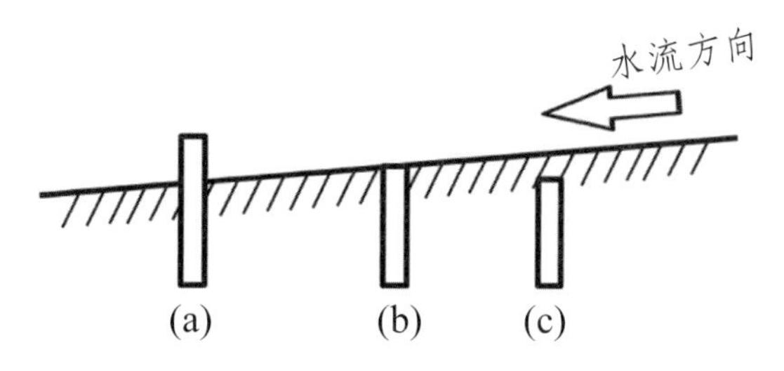

圖10-31　固床工頂部與河床面之相對高程

二、與河床面齊平

固床工頂部與河床面齊平者（圖10-31(b)），其目的在於形成沖刷基準面，以控制河床高程，常用於河岸高度不足、沖刷程度輕微、河床粒徑粗大等河道條件。

三、全部或部分低於河床面

固床工頂部全部或部分位於河床面以下者（圖10-31(c)），這是一種兼顧固床及生態棲息地維護的新工法。雖然固床工具有控制河道變形之功能，惟因常形成河床高低落差而增加水域生物上、下游移動之難度，破壞了河道縱向廊道之連續性，經常遭人所詬病。試想，水域生物移動係以常流水期間爲主，而固床工則於洪水期間才得以發揮功能，兩者間並無實質衝突之處。因此，將固床工頂部全部或部分設置於河床下之預定高程，在這個高程以上的河床是容許沖淤變形而不會影響河道之安全，且無任何高程障礙亦不會形成水域生物移動之阻隔，而在這個高程以下的河床，則爲固床工保護的主要部分。

當河川水流越過固床工時，會與固床工軸向呈垂直的方向流出，這是固床工導引水流之基本特性。因此，在平面布置上可依據水流流向而改變固床工的軸向，藉以分散或導引水流，減緩河床及河岸的沖、淘刷問題，如圖10-32所示。圖中，軸向與水流呈垂直者，屬於傳統之構築方式，而斜式、折式及拱式等皆由傳統固床工改良而來，其目的除了具有導引水流功能外，它們都可以在已知的河道斷面下，增加通水寬度而降低過流水位，有效緩和下游河床的局部沖刷程度。以折式固床工（圖10-32(c)）爲例，Kim et al.（2012）從實驗中發現，當固床工夾角時，下游床面具有較小的沖刷深度及範圍，如圖10-33所示。

一、系列固床工間距

系列固床工（a series of ground sill）係由保護河床免於被沖刷下切之多座橫向阻水構造物所組成，其對河床之穩定效能，與系列防砂壩類似，皆屬仿照階梯狀河床而施設。莫海龍（1987）研究粗粒化及階梯狀河床指出，固床工所造成的河

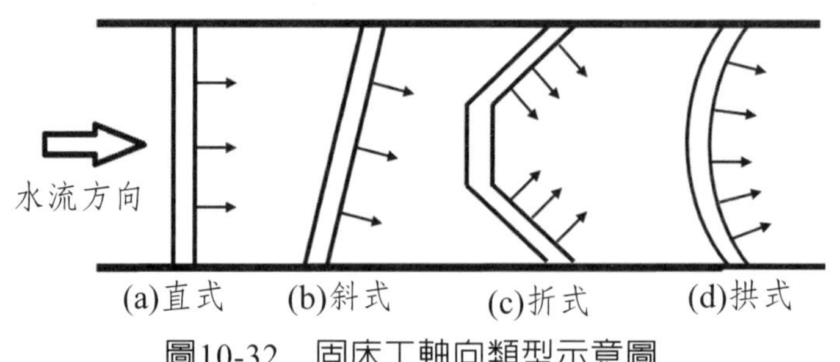

圖10-32　固床工軸向類型示意圖

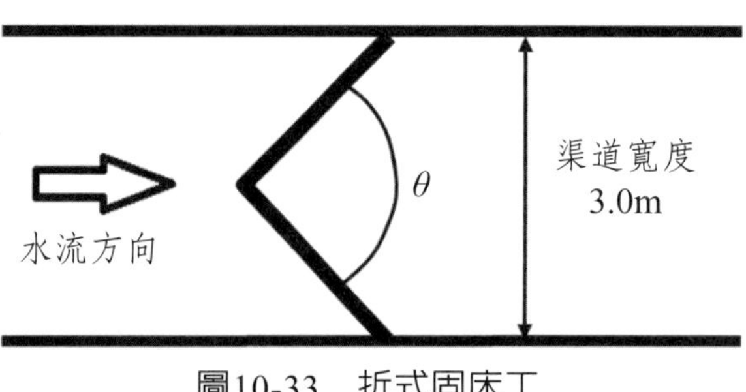

圖10-33　折式固床工

床型態與階梯狀河床相近，因而具有減少輸砂量、安定河床之效用，並根據山口伊佐夫（1976）利用泥砂顆粒臨界起動觀念推導出靜態平衡坡度之理論，來探討固床工之間距設計。不過，道上和玲木（1979）從理論及實驗方式，比較分析有、無設置固床工時河床的變形程度，如圖10-34所示；從圖中可以看出，固床工雖然能夠有效緩和其上游側河床沖刷程度，惟下游側河床沖刷卻變得更爲嚴重，筆者（2001）根據這種「先緩後沖」現象，提出了「沖刷區位轉移效應」觀念，認爲系列固床工不僅能夠將河道沖刷產砂區位轉移至其下游處，而且可以將河道上游土砂災害之高潛勢區移至下游低潛勢區河段，倘若下游河段床質良好，且無特別保全對象時，甚至可以使土砂災害消弭於無形。

除了建置區位應以河床已遭沖刷或有沖刷潛勢河段爲主外，系列固床工布置係以其間距爲首要。與其他橫向阻水構造物一樣，固床工對上游河床具有一段有限長度的影響範圍，在這個保護範圍內河床上的泥砂皆受其保護而不被水流沖刷外移，故系列固床工間距應小於固床工影響範圍，使後一座固床工一定要在前一座固床工的保護範圍內，這樣才能起到系列固床工的聯合作用。因此，系列固床工間距設計與其穩坡固床之效能密切相關，而效能之良窳端視其間距之設計是否得宜。根據水

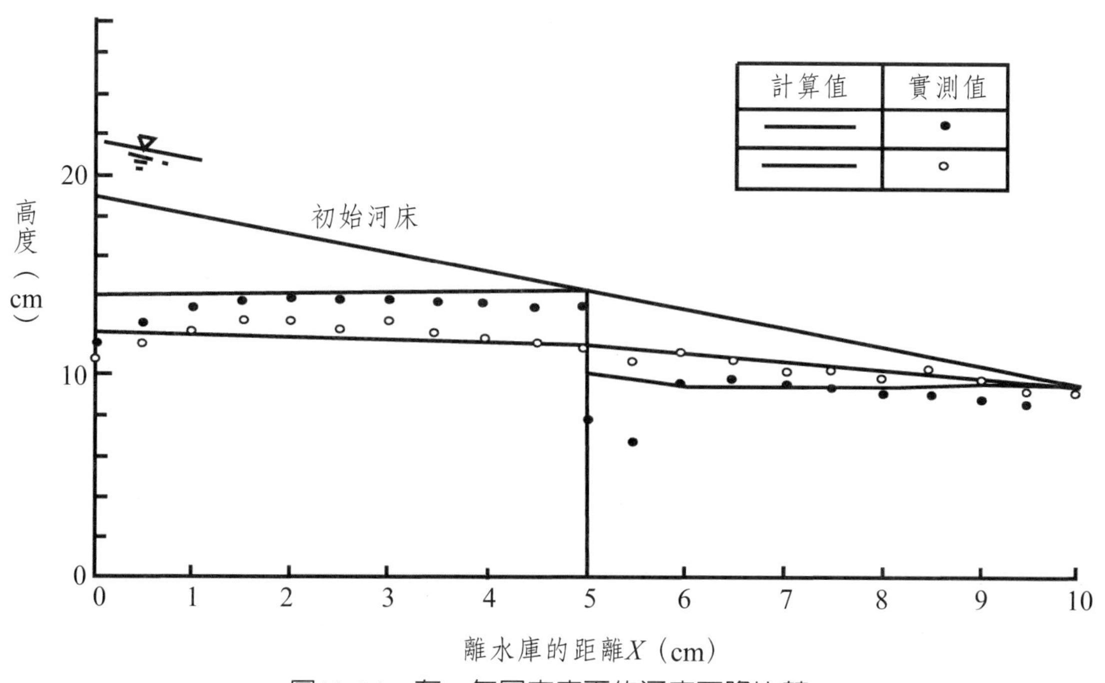

圖10-34　有、無固定床面的河床下降比較

土保持手冊（2005）系列固床工設計間距可表為

$$L_g = \frac{H_g}{(1-S_r)S_o} \tag{10.39}$$

式中，L_g = 固床工間距（m）；H_g = 固床工高度；S_o = 原河床坡度；S_r = 淤砂坡度比（$= S_d/S_o$；S_d = 計畫河床坡度）。池谷浩（1977）由河床安定坡降探討固床工間距，提出固床工間距與計畫河床坡度之關係

$$L_g = \begin{cases} (1 \sim 2)/S_d & 1/30 > S_d > 1/60 \\ (1 \sim 1.5)/S_d & S_d < 1/60 \end{cases} \tag{10.40}$$

除了未考慮固床工高度外，計畫河床坡度亦屬不易推估的參數，使得上式在實務應用上具有一定的盲點。木村喜代治、高橋迪夫及長林久夫（1990）假設河道為矩形斷面時，針對野外蜿蜒河道之水理特性進行理論推導，求得固床工間距公式

$$L_g = B(\phi\pi)^{2/3}(B/h)^{-1/3} \tag{10.41}$$

式中，B = 河道寬度（m）；ϕ = 流速係數（$= v/v_*$；v_* = 摩擦速度）；h = 斷面水深（m）。黃政達（1995）以動態平衡理論，利用動床試驗，配合野外實地調查資料予以修正，得到固床工間距之關係式，即

$$L_g = 4.67\, d_{65}^{0.14}\, h^{-0.73}\, S_o^{-0.45} \tag{10.42}$$

式中，d_{65} = 河床質代表粒徑（m）；S_o = 河床坡度（%）。由上式得知，當流動水深（h）增加或河床坡度愈陡時，固床工間距應予以縮小。以陡坡河道階梯狀河床結構推定其間距，依式（10.9），可得

$$L_g = (0.5 \sim 1.0)\frac{H_g}{S_o} \tag{10.43}$$

這樣，已知固床工高度1.0m及河床坡度為4.0%，且S_r = (1/2～2/3)，則由式（10.39）、式（10.40）及式（10.43）分別可得固床工間距，如表10-9所示。據實務經驗，固床工適當間距約介於25m至7.0m之間，間距大於25m時，恐無法發揮其預期功能，而小於7.0m，則有過度設計之虞。因此，由表10-9演算結果，式（10.43）推估結果較符合實際狀況。

表10-9　系列固床工間距計算表

固床工間距		式（10.39）	式（10.40）	式（10.43）
L_g（m）	$S_r = 1/2$	50	50～100	12.5～25.0
	$S_r = 2/3$	76	37～75	12.5～25.0

二、固床工生態化對策

雖然系列固床工在防砂機能上不及防砂壩，不過從減低生態環境棲息地的衝擊程度來看，某些河段確實可以採取系列固床工替代防砂壩，除了仍然可維持一定的防砂及固床效果外，最重要的是它可以降低對生態棲地的破壞。但是，系列固床工仍屬橫向阻水構造物，對河道縱向廊道的連續性必然存在一些影響，於是以改良其落差阻隔問題的多種改善方式乃應運而生。

以斜坡式混凝土鋪石固床工爲例，如照片10-12所示。本型固床工係於鋼筋混凝土上鑲嵌塊石構成一種緩斜坡的蓆墊，水流經過時會因塊石阻抗而激起水花，藉以提高河道溶氧及消能效果，不僅可以降低下游側河床的沖刷下切，同時形成類似魚道功能之緩坡急流，貫通上、下游間水域生態棲息地，有助於水域生物的迴游上溯；謝佩瑜（2008）以實驗方式比較得知，斜坡式固床工下游河床面沖刷坑規模較直立式固床工小，沖刷坑體積削減率爲50%以上。在河幅較寬廣的河段，宜保留供常流水流動之深槽，其設計坡度應視河床流速、坡度及魚類生態而調整，一般以10～15%爲原則，坡面以塊石（中徑30～50cm）排、砌或植石，並預留低水流量

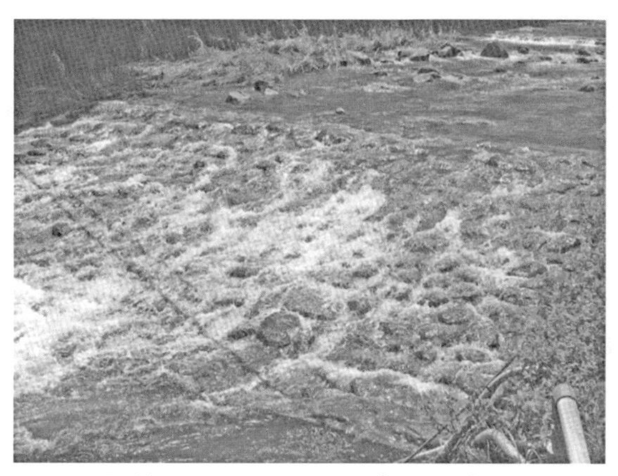

照片10-12　混凝土鋪石固床工

之水道，亦可以植石處理，常與階（梯）段式固床工配合構築。

其他型式，包括階梯式固床工、石樑固床工、踏步式固床工等皆屬降低生態廊道阻隔所採取的改良措施，如照片10-13爲其中幾種比較常用的固床工型式。

10-3-2-4 丁壩

丁壩（spur dyke）係由河岸伸向河心方向，在平面上與河岸構成T字形的橫向構造物，如照片10-14所示。丁壩是由三部分組成，與河岸相接的部分稱爲壩根，

(a)石樑固床工

(b)階梯式固床工

(c)踏步式固床工

(d)階段式固床工

照片10-13　各式生態化固床工

資料來源：農業委員會水土保持局，2003

伸向河心的頭部稱爲壩頭，壩頭與壩根之間的部分稱爲壩身。其主要功能有五：

一、護岸：改變水流方向，降低近岸水流流速，促進泥砂的掛淤及造灘，保護河岸和河床免受沖刷。

二、治導：挑改水流流向，導流歸槽，維護岸線建立正常河寬，以達治導之目的。

三、束縮：保持正常的河寬和水深，維持航道尺度。

四、導流集水，以利取水。

五、增強水流及地形的多樣性，改善河道的局部生態環境條件。

照片10-14　丁壩

丁壩種類可依結構、浸沒狀況、方向、構築材料等進行分類。從結構可分爲透水（permeable）及不透水（impermeable）丁壩，後者又稱固體丁壩；如水流越頂則稱浸沒（submerged）丁壩，否則稱非浸沒（non-submerged）丁壩；依構築材料可分爲混凝土，杩槎，蛇籠、排樁及拋石等類型丁壩；依壩軸與水流之交角可分爲向下游、直交與向上游等三種，如圖10-35所示。

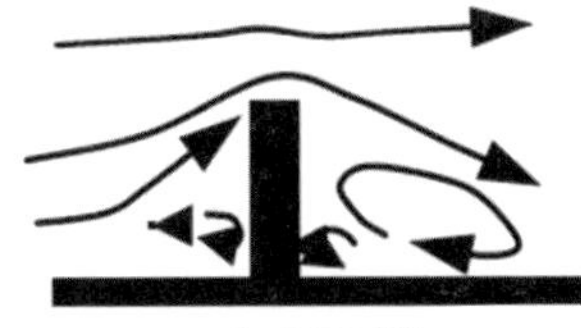

圖10-35　丁壩方向示意圖

透水丁壩主要用於河床質爲細砂或粉細砂的沖積平原河道上，可由單排或數排樁組成。與傳統不透水丁壩相比，透水丁壩具有一定的透水率，對水流有導有透，除了具有通過挑流控導河勢的作用外，還可以減緩過壩水流的流速，使泥砂在壩後沉積，有目的的落淤造灘；同時，還具有結構簡單，施工機械化程度高，壩頭局部沖刷深度小於一般不透水丁壩，壩身安全性高，維護容易，可適應各種洪水標準，是一種極具功能的河工構造物。

不透水丁壩主要功能在於挑離水流，並於壩田間促成淤積。浸沒式不透水丁壩，於下游側及壩頭發生刷深，應盡量避免這種方式的設計；非浸沒時，將沿壩體向河心流下，致使壩頭發生紊流且有激烈沖刷之現象，需要因應加固。一般不透水丁壩均爲浸沒式，宜採低壩。

透水與不透水丁壩之選擇，端視實地狀況而定。下游平原河川，床質較細之河道，可採用透水丁壩；坡降較陡，流勢或有漂流木及堆積質多之山地河川，基於構造物之安定及工法限制，可採較爲堅固之不透水丁壩。用作防護近堤河岸的丁壩，壩身與堤身相連，壩頂高程略低於堤頂高程，一般不被洪水淹沒；用於防護河灘崩塌，而離堤較遠的丁壩，壩身與河灘相連，壩頂高程與灘地齊平，當洪水漫灘時才被淹沒。

在河道中設置丁壩後，使得水流結構變得很複雜。首先影響的是丁壩周圍的流場，流場的改變引起河床的調整，直至達到新的平衡。所以研究丁壩對河床的造床作用，首先應對丁壩附近水流流態要有一個清晰的概念。

丁壩設置前、後的水流結構（或流場），如圖10-36所示。圖中，河道寬度爲B，丁壩長度爲ℓ，回流長度（丁壩影響長度）爲L。設置丁壩後，人爲增加了水流

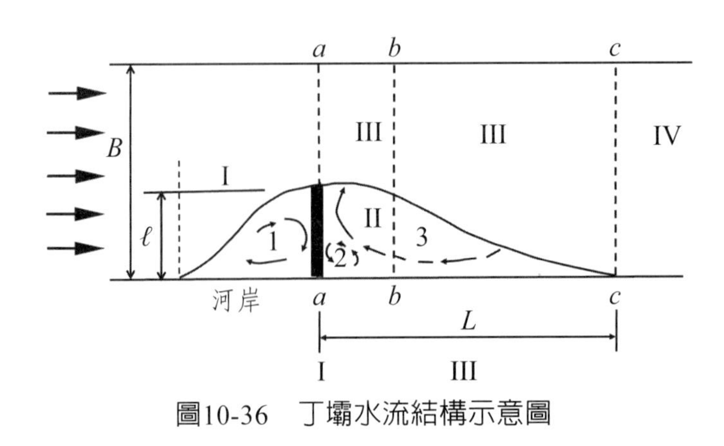

圖10-36　丁壩水流結構示意圖

的阻力，在丁壩的上游會形成壅水區（I區），並於壩上游產生1號回流區；回流區以外的水流由上游向丁壩斷面的運動過程中，逐漸被迫向河心方向流動，流速逐漸增大的同時局部水面降低，在壩前產生下射水流，使得壩頭附近的垂線流速分布趨於均勻，水面和河底的流速差減小；受壩頭處水流的壓縮，垂線平均流速在寬度方向上也發生了重新分配。在接近丁壩時出現反比降，迫使水流流向河心，繞過壩頭下洩。

當水流接近丁壩斷面（*a-a*斷面）時，流速加大，比降也加大。水流繞過丁壩後雖然失去了丁壩的制約，但是在慣性力的作用下，發生流線分離和水流進一步收縮現象，在丁壩下游側形成一個收縮斷面（*a-b*範圍），此時流線彼此平行，動能最大，流速最大。在收縮斷面下游，水流又逐漸擴散，動能減小而位能增大，故*b-b*斷面處以下的斷面爲擴散斷面（*b-c*範圍）。

收縮段長度（*a-b*）小於擴散段長度（*b-c*）。一般可取後者爲前者的兩倍（竇國仁，1978）；若丁壩束縮比ℓ/B很大，收縮段會明顯減小。IV區稱爲恢復區，位於III區末端*c-c*斷面下游。恢復區末端（指完全恢復到建壩前的水流狀態）距丁壩的長度可達30倍壩長以上，最大爲70倍壩長。這表明，水流繞過丁壩後，至少需要經過大約2.5倍回流長度（$\approx 2.5L$）的流程後，才能開始恢復到無壩時的水流特性。

水流在丁壩上下游形成幾個回流區（return flow zone），如圖10-36所示。丁壩下游大回流區3，小回流區2，丁壩上游小回流區1，在這些回流區內流速滯緩，泥砂容易落淤。回流區形成的主要原因，係丁壩設置後，壓縮了有效過水斷面，被壓縮的水流繞過壩頭後，產生水流邊界層的分離現象和漩渦，水流的流速場和壓力場都發生了明顯的變化，流動呈高度的三維性。受丁壩阻擋的水流，無論是下沉、上翻或者在平面上轉向後都將繞過壩頭而下洩，下洩水流與壩後靜止水流之間存在流速梯度，便產生了水流剪應力，這種剪應力對於丁壩來說就是一種沖刷作用，這種沖刷作用對丁壩壩頭尤爲顯著通過上述分析，丁壩附近的水流流態呈現出高度的三維性。這種水流結構對丁壩附近的泥砂和丁壩本身都具有很強的衝擊作用，一般在這種沖刷作用下壩頭附近都會形成局部沖刷坑。

丁壩設計主要有系列丁壩整體布置及獨立丁壩壩體設計兩大面向。

一、系列丁壩的整體布置

系列丁壩的整體布置是由丁壩水流特點所決定。由圖10-36得知，丁壩回流長度（re-circulation length或re-attachment length）或影響範圍係指丁壩下游回流末端至壩根之間的距離，它是丁壩布置的一個重要指標。系列丁壩中各丁壩間距的布置，主要考慮的就是丁壩的影響範圍，即丁壩之間的間距小於丁壩有效影響長度，後一座丁壩一定要在前一座丁壩的保護範圍內，這樣才能起到系列丁壩的聯合作用，這與系列防砂壩及固床工的有效影響範圍概念完全相同。

在過去的許多研究中，因對丁壩間距與其效能間的關係的瞭解還不很透徹，常採用等間距方式布置。實際上，系列丁壩上游側間距變化對壩後的防護範圍影響很大，而且數量不同的丁壩壩後的防護範圍又各不相同；若沿程丁壩皆採用等間布置，勢必造成部分丁壩作用未能完全發揮，增加工程造價，甚至影響治理效果，這些都是丁壩布置不合理所致。一般認爲，丁壩回流長度約爲丁壩長度的2～4倍之間，但實驗室水槽試驗結果提出$L/\ell \approx 10.0$，甚至達13倍，而韓玉芳及陳志昌（2004）基於實驗室試驗結果認爲，回流長度與相對河寬有關，可表爲

$$\frac{L}{\ell} = -1.7\ln\left(\frac{W}{y}\right) + 16.8 \tag{10.44}$$

式中，W = 河寬；y = 水深。Yazdi et al.（2010）以數值模擬方式提出，$L/\ell \approx 11.67$，而Ouillon and Le Guennec（1996）提出，$L/\ell \approx 1.5$。Shoji Fukuoka（1995）通過系統試驗研究，提出了彎曲河道中丁壩布置設計的基本方法，包括：

(一) 當時$D/\ell < 2.0$，丁壩之間會形成死水區。（註：D = 丁壩間距；ℓ = 壩長）

(二) 第一座丁壩的水流慣性作用很強，一般第一座丁壩與第二座丁壩的間距最大，約$D/\ell = 3.0$～5.0；在直線段河道中，間距$D = 8.0\ell$。

(三) 下游各座丁壩處於上游丁壩的緩流區內，受到上游丁壩的遮蔽作用，越過丁壩的水流慣性減弱，所以第二座丁壩和第三座丁壩的間距相應減小，約$D/\ell = 1.0$～1.5，以後各座丁壩的間距$D = 2.0\ell$。

這樣布置丁壩不僅使主槽水流平穩，河床能得到較充分的沖刷，而且壩田區也能得到較好的淤積。方明新及李曉軒（1999）在研究系列丁壩的總體布置時指出，自上游開始，第一座丁壩要布置在水流轉折點的上游，使得水流尚未沖刷堤岸

之前就能控制主流，起到因勢利導之作用。而後依次向下游布置，直到河彎結束爲止。下一個丁壩的壅水要剛好達到上一個丁壩，避免在上一個丁壩的下游產生水面跌落現象；繞過上一個丁壩之後形成的擴散水流的邊界線，大致達到下一個丁壩的有效長度的末端，以避免壩根沖刷；根據經驗一般取丁壩間距爲1～2倍壩長。Cao et al.（2013）由實驗發現，丁壩間距與水流福祿數相關，並提出

$$\frac{D}{\ell}=143.15\,F_r^2-94.39\,F_r+14.13\frac{B}{\ell}+278.02(\frac{B}{h})^{-0.53}-79.38 \qquad (10.45)$$

式中，F_r = 水流福祿數（$= Q/(Bh\sqrt{gh})$）；Q = 水流流量；h = 水流深度；B = 渠槽寬度。此外，水土保持手冊（2005）提出系列丁壩間距可採用下列爲原則，即：

(一) D/H = 10～30。

(二) 直岸：D/ℓ = 2.0～3.0。

(三) 凹直岸：D/ℓ = 1.5～2.0。

(四) 凸岸：D/ℓ = 2.5～3.5。

二、獨立壩設計

(一) 壩長的確定：丁壩的長度應根據堤岸、灘地與水道治理線距離而定。丁壩長度取決於岸邊至低水槽治理線之距離，如尚未作出系統的整治規劃，則應兼顧上下游和兩岸要求，按有利於導引水流的原則確定壩長，一般取ℓ = $(0.2\sim0.3)B$（註：B = 低水槽寬度）。通常保護堤岸爲目的者，採用20至40m，過長丁壩不但對上下游及對岸受災之虞且堤身易遭沖壞，維護亦較難，惟若爲挑流丁壩以維持低水路或爲計劃新河床者，則可採用較長之丁壩。特別注意的是，於河道寬度小於30公尺者不宜採用丁壩治理。

(二) 壩頂寬：應足以抵抗水流之衝擊及沖刷，可依下式計算

$$b = (H_1 + H_2)/3 \qquad (10.46)$$

式中，b = 壩頂寬；H_1、H_2 = 分別爲壩頭及壩跟高度。一般採用4～6公尺。

(三) 壩頭高：壩頭高度可依下式計算，或與河岸高齊平，即

$$H_1 = h_o + \Delta z \qquad (10.47)$$

式中，h_o = 壩頭處水深；Δz = 丁壩壅水高度。壩根高度可表爲

$$H_2 = H_1 + i_s L \quad (10.48)$$

式中，i_s = 由壩根向河心之縱坡。當$H_2 \geq P$時，採用計算值H_2；當$H_2 < P$時，則$H_2 = P$。P = 河底至河岸頂的垂直距離。

(四) 坡度：由壩根向河心之縱坡（i_s），考慮河床橫斷面與洪水坡降，一般採用1/30～1/100。

(五) 壩根護岸：丁壩壩根如不與堤防或護岸相接時，應施設壩根護岸，以免洪水繞襲壩後，導致丁壩孤立河中。一般，壩根護岸長度以丁壩爲中心上下游各約15公尺，或不得少於壩長之2/3，高度宜在洪水位以上。

(六) 護坦：係爲保護壩身免受水流淘深而平鋪於河床之措施，需具屈撓性及整體性，以適應河床變動；此外，爲防止與壩體脫離，亦需與壩體聯結。護坦厚度、長度及寬度等端視水流曳引力及沖刷情形而定，其工法與護岸工程之護腳工類似。

三、丁壩方向

在丁壩的布置上還要考慮丁壩的方向，如圖10-37所示。向上游之丁壩，由於水流越過壩體時，將趨近於與壩體成直角之方向往下流，可使水流趨向河心，並使下游之堤岸附近有較顯著之掛淤，但壩頭因抵抗水流激烈，較易被淘刷。向下游丁壩，水流越過壩頂時，會增加下游岸腳之沖刷，除非壩距較密可免水流直沖岸腳，或爲特殊理由容許引導進水以維持水深者，不宜隨意採用。直交丁壩適用於水流散亂或流向變遷無常之河段，一般最常採用，惟從效能則以採用略爲向上游的丁壩爲佳，其布置建議如下：

(一) 直岸：10～15度；

(二) 凹岸：10～12.5度；

(三) 凸岸：5～10度。

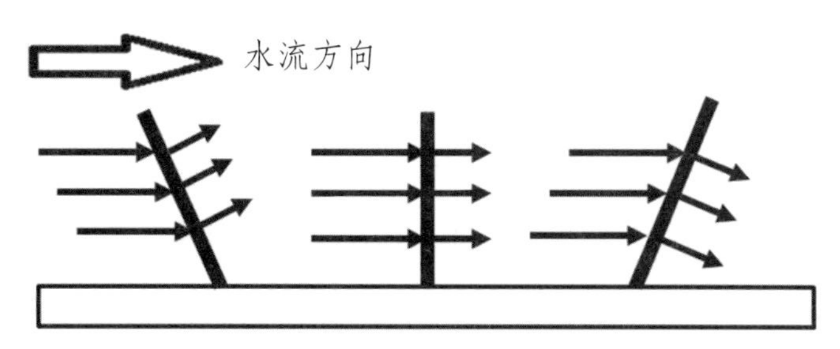

圖10-37　丁壩方向與越壩水流方向之關係

參考文獻

1. 方明新、李曉軒，1999，斜坡式短系列丁壩在治河中的應用，東北水利水電，11(11)，8-9。
2. 王兆印，2007，論河道治理的方向，清華大學水沙科學與水利水電工程重點實驗室，北京。
3. 王傳益、葉昭憲、鄭人豪、段紀湘、呂其倫，2010，攔砂壩壩體移除之模型試驗－以七家灣溪一號壩為例，水土保持學報，42(4)，423-437。
4. 江永哲、吳道煦，1990，A型梳子壩防治土石流功效之試驗，中華水土保持學報，21(2)，29-43。
5. 江永哲、連惠邦、吳道煦、李明晃、林裕益，1993，開放式防砂壩對土石流防治功效之探討，中華水土保持學報，24(1)，37-43。
6. 李三畏，1986，奧地利與臺灣地區之防砂工程，中華水土保持學報，17(2)：191-216。
7. 李明晃、江永哲，1989，立體格子壩防治土石流功效之試驗，中興大學農林學報，38(2)，191-216。
8. 林裕益、江永哲，1988，梳子壩調節土石流功效之試驗，中華水土保持學報，19(1)，40-57。
9. 林柄森、賴佳伴、劉貴慎，1997，開放式攔砂壩攔阻功效之研究，第一屆土石流研討會論文集，55-69。
10. 林炳森、林基源、林智勇、黃育珍，1999，複合斷面開放式壩攔阻功效之研究, 第二屆土石流學術研討會，花蓮，278-290。
11. 汪靜明，2000，大甲溪水資源環境教育，經濟部中區水資源局。

12. 段錦浩、薛攀文，2000，水土保持對棲地生態改善之研究(二)，行政院農委會補助研究計畫。

13. 胡春宏，2005，黃河水沙過程變異及河道的複雜響應，科學出版社。

14. 胡通哲、陳鴻烈，2007，粗坑溪、寒溪與圳頭坑溪生態環境調查與魚道工程規劃 ，臺灣林業33(3)，21-29。

15. 連惠邦，1996，梳子壩開口間距之研究(一)，行政院國家科學委員會專題研究計畫成果報告，計畫編號NSC85-2621-P-035-008。

16. 連惠邦、柴鈁武、林忠義，1998，梳子壩對土石流防治效率之實驗研究，中華水土保持學報，29(2)，127-139。

17. 連惠邦、柴鈁武、柯志宗，2000，土石流梳子壩之設計方法，中華水土保持學報，31(4)，257-265。

18. 連惠邦，2001，防砂壩下游河床演變及其整流工程配置模式之研究(二)，行政院農業委員會補助研究計畫成果報告。

19. 連惠邦，林澤松，2005，梳子壩攔阻土石流效果之模擬研究，15屆水利工程研討會，I20-26。

20. 連惠邦、蔡易達，2013，水土保持防砂工程防砂量計量模式之建立與應用，中華水土保持學報，4(4)，351-362。

21. 張世倉、李德旺、李訓煌，1998，烏石坑溪攔砂壩對河川生態的影響及其魚道效用之評估，中日河道生態保育研討會論文集，133-150。

22. 張明雄、林曜松，1999，攔砂壩對水生生物多樣性的影響，1999年生物多樣性研討會論文集，行政院農委會。

23. 莫海龍，1987，粗粒化現象及階梯狀河床之形成對推移質輸砂量影響之研究，中興大學水土保持學研究所碩士論文。

24. 柴鈁武、連惠邦，1997，切口式防砂壩對土石流之攔擋效率，中華水土保持學報，28(4)，341-351。

25. 柴鈁武、連惠邦，1998，梳子壩開口寬度設計模式，第一屆海峽兩岸山坡地災害與環境保育學術研討會，四川成都。

26. 莊乙齊，2015，防砂壩調節泥砂功能之研究，逢甲大學水利工程與資源保育學系碩士論文。

27. 黃政達，1995，由動床試驗探討固床工之間距，中興大學水土保持學研究所碩士論文。

28. 董哲仁、孫東亞，2007，生態水利工程原理與技術，中國水利水電出版社。
29. 農業委員會水土保持局，2001，土石流防治工法之研究評估。
30. 農業委員會水土保持局，2003，山地河川生態調查及棲地改善模式之建置。
31. 農業委員會水土保持局、中華水土保持學會，2005，水土保持手冊。
32. 農業委員會水土保持局，2003，鋼構防砂設施本土化可行性評估與設計手冊彙編。
33. 陳正炎、張三郎，1996，流量歷線作用於滯洪設施之模擬，中華水土保持學報，27(3)，235-244。
34. 臺灣省農林廳山地農牧局，1981，臺灣省防砂壩工程調查報告，農發會補助70農建-4.2-源-33(3)計畫執行報告。
35. 葉昭憲，1988，系列防砂壩之沖淤試 驗與初步規劃，國立中興大學水土保持研究所碩士論文。
36. 韓玉芳、陳志昌，2004，丁壩回流長度的變化，水利水運工程學報，9(3)，33-36。
37. 謝佩瑜，2008，斜坡式固床工對減緩河床沖刷效能之研究，逢甲大學水利工程與資源保育學系研究所碩士論文。
38. 山本晃一，2003，護岸水制の計畫設計，山海堂，東京。
39. 木村喜代治、高橋迪夫、長林久夫，1990，流路工における床固工の間隔に關する研究，新砂防，43(2)，20-24。
40. 松村和樹、中筋章人、井上公夫，1988，土砂災害調查マニュアル，鹿島出版社，日本，88-92。
41. 池谷浩，1977，砂防流路工之計畫和實務。
42. 道上正規、玲木幸一，1979，床固めの水理機能に關する研究，京都大學防災研究所年報22B-2：507-519。
43. 渡邊正幸、水山高久、上原信司，1980，土石流對策砂防設施に關する檢討，新砂防，115，40-45。
44. 嶋大尚，2007，土石流・流木対策の技術指針に關する講習會—計畫例・設計例—，（財）砂防・地すべり技術センター。
45. Abrahams, A.D., Li, G., Atkinson, J.F., 1995, Step-pool streams: Adjustment to maximum flow resistance. Water Resour. Res. 31: 2593-2602.
46. Akiyama, T. & Maita, S., 1997, Analysis of step-pool in small drainage basin, Proceedings of Annual Meeting, Japan Society of Erosion Control Engineering, 114-5. (In Japanese)

47. Amidon, R. E., 1947, Discussion of "Model Study of Vrown Canyon Debris Barriers" by K. J. Bermel and R. L. Sunks, Transactions, American Society of Civil Engineers 112:1015.
48. Ashida, K. and Takahashi, T., 1980, Study on Debris Flow Control-Hydraulic Function of Grid Type Open Dam, Annuals, Disaster Prevention Res. Inst., Kyoto Univ., 23B-2, 1-9. (in Japanese)
49. Cao, X., Gu, Z., and Tang, H, 2013,Study on Spacing Threshold of Nonsubmerged Spur Dikes with Alternate Layout, Journal of Applied Mathematics, 1-8.
50. D'Agostino, V. & Lenzi, M.A., 1999, Bedload transport in the instrumented catchment of the Rio Cordon Part II : Analysis of the bedload rate. Catena 36: 191-204.
51. Fischer, R. A.,2000, Widths of riparian zones for birds, EMRRP Technical Note Series, TN-EMRRP-SI-09, U.S. Army Engineer Research and Development Center, Vicksburg, MS.
52. Ikeya, H. and Uehara, S., 1980, Experimental Study about the Sediment Control of Slit Sabo Dams, J. of the Japan Erosion Control Engineering Society, 114, 37-44. (in Japanese)
53. Johnson, P. A., and Richard, H. M. 1989, Slit Dam Design for Debris Flow Mitigation, J. of Hydr. Engrg. ASCE, 115(9), pp.1293-1296.
54. Judd, H.E., 1964, A study of bed characteristics in relation to flow in rough high gradient natural streams, PhD dissertation, Utah State University, 182.
55. Kim, C., Kang, J. and Yeo, H., 2012, Experimental study on local scour in the downstream area of low drop structure types, Engineering, 4(8): 459-466.
56. Lenzi MA, D'Agostino V, Billi P., 1999, Bedload transport in the instrumented catchment of the Rio Cordon Part I: Analysis of bedload records, conditions and threshold of bedload entrainment. Catena 36: 171-190.
57. Lenzi, M.A. & D'Agostino, V., 1998, Dinamica dei torrenti con morfologia a gradinata e interventi di sistemazione dell'alveo. Quaderni di Idronomia Montana 17: 31-56. Cosenza: Bios.
58. Leopold, L. B., 1969, The rapids and the pools-Grand Canyon, U.S. Geological Survey Professional Paper 669, 131-145.
59. Lien, H. P. and Tsai, F. W. 1999, Volumetric Sediment Concentration in Debris Flow, International Journal of Sediment Research, 14(3), 23-31.
60. Maxwell, A. R., and Papanicolaou, A. N., 2001, Step-pool morphology in high-gradient streams, Int. J. Sediment Res., 16: 380-390.
61. Mizuyama, T., Suzuki, H., Oikawa, Y. and Morita, A. ,1988, Experimental Study on Permeable

Sabo Dam, J. of the Japan Erosion Control Engineering Society, 41(2), 21-25. (in Japanese)

62. Mizuyama, T., Kobashi, S. and Mizuno, H., 1995, Control of Passing Sediment with Grid-type Dams, J. of the Japan Erosion Control Engineering Society, 47(5), 8-13. (in Japanese)

63. Nameghi, A.E., Hassanli, A., Soufi, M., 2008, A study of the influential factors affecting the slopes of deposited sediments behind the porous check dams and model development for prediction, DESERT, 12: 113-119.

64. Ouillon, S. and LeGuennec, B., 1996, Modeling non cohesive suspended sediment transport in 2D vertical free surface flows, Journal of Hydraulic Research, 34 (2): 219-236.

65. Shoji Fukuoka（日），1995，彎曲河道中丁壩的布置，河口與海岸工程，5(2)：72-79。

66. Whittaker J G, Martin N R Jaeggi., 1982, Origin of Step-Pool System in Mountain Streams[R]. ASCE, HY6:758-773.

67. Whittaker, J.G., 1987, Sediment Transport in Step-pool Streams. Sediment Transport in Gravel-bed Rivers, eds. C.R. Thorne, J.C. Bathurst and R.D. Hey, John Wiley & Sons, Ltd., 545-579

68. Woolhiser, D.A. and A.T. Lenz, 1965, Channel gradients above gully-control structures, Journal of the Hydraulics Division. Proceedings of the American Society of Civil Engineers. HY3: 165-187

69. Yazdi J., Sarkardeh H., Azamathulla H. M., Ghani A. A., 2010, 3D simulation of flow around a single spur dike with free-surface flow, International Journal of River Basin Management , 8: 55-62.

第11章 土石流非工程防護措施

土石流可以在極短時間內攜出數以萬計的土砂，不僅毀損淤埋溪流下游聚落及各種保全設施，而且沿著溪流沖起大量土砂，導致兩岸瞬間崩退擴床，嚴重影響溪流沿岸民眾之安全。凡此現象，實非工程構造物可以完全控制的；相反的，多數工程構造物往往僅能發揮部分的攔擋調節功能，無法杜絕災害的發生，於是仰賴非工程防護措施的相關防災作為乃應運而生。所謂非工程防護措施，係指採取工程構造物以外的手段達到減災目的者，包括通過行政措施如土地利用限制、住宅遷移、組織性疏散避難等措施，以及採以土石流相關理論為基礎，判釋土石流潛勢溪流、劃設土石流影響範圍、訂定雨量警戒基準值、建置土砂（含土石流）觀測系統等，如圖11-1所示。一般，非工程防護措施可以單獨進行，亦可配合工程治理規劃和措施，加速土石流災害防治之效果。

11-1 土石流潛勢溪流判釋

11-1-1 土石流潛勢溪流及其判釋

從防減災的需求來看，找出哪些溪流具有土石流發生之潛勢，藉以掌握其空間分布及可能受災的保全對象，是土石流災害防制的首要課題之一。

一、土石流潛勢溪流

凡是曾經發生過土石流或有發生土石流潛勢的溪流，且具有需保全之對象者，謂之土石流潛勢溪流（potential debris flow torrent）。除非是曾經發生過土石流的溪流，一般在判釋土石流潛勢溪流皆參照土石流發生之基本條件，包括土砂料源、地形坡度及降水量等取出幾個比較簡單且易於量化的地形因子，從廣大山區中找出

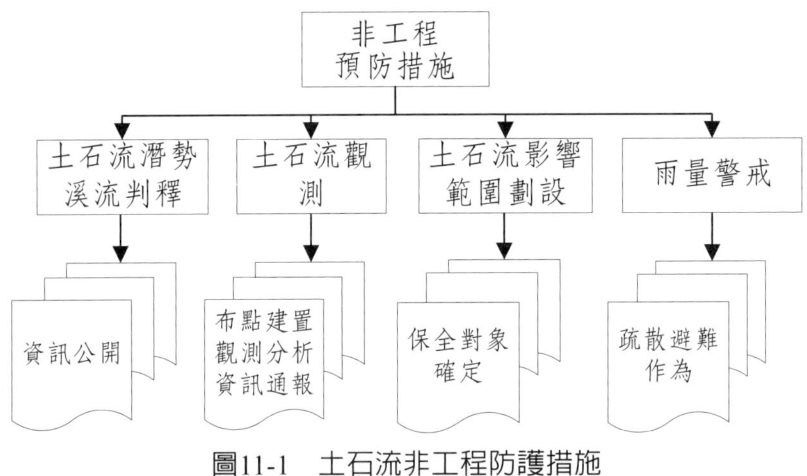

圖11-1　土石流非工程防護措施

土石流潛勢溪流之所在，其中溪床坡度及集水區面積是現階段判釋土石流潛勢溪流的兩個關鍵因子。

二、土石流潛勢溪流判釋方式

(一)國外判釋方式

日本對於土石流潛勢溪流（日本稱爲土石流危險溪流）的判釋並無統一的標準，其中央主管機關允許各地方政府自行決定判釋方法；例如，土砂災害用語定義，土石流危險溪流係指坡度在15度以上的溪流，且其影響範圍具有保全住戶或公共設施者，稱之；另外，亦有以谷口或扇頂以上集水區面積小於5km^{2}的谷型地形或溪流，或曾經發生土石流的溪流，定義爲土石流發生風險較高的溪流（岩手県県土整備部，2015）。在判釋上，一般係以1/25,000地形圖上之山谷地形配合土地利用現況與開發計畫等社會條件，作爲初步判定之依，如圖11-2所示；同時，由土石流潛勢溪流下游影響範圍內具有5戶以上之各種保全對象者，列爲第I級土石流潛勢溪流；1戶以上，未滿5戶者，爲第II級土石流潛勢溪流；目前雖無保全對象，但屬都市計畫區域未來可能有新的布局者列爲第III級土石流潛勢溪流。

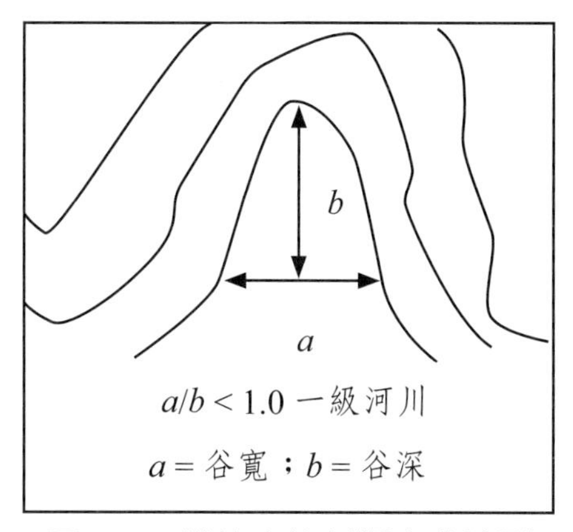

圖11-2　從等高線判斷山谷地形

Rickenmann et al.（2008）認為，當集水區面積小於2,500ha，且平均溪床坡度大於2.86°（≈5%）～5.71°（≈10%）時，就可能發生土石流。Montgomery and Foufoula-Georgiou（1993）分析Storm King Mountain 84場土石流發生區的坡度及其相應集水區面積，獲得以下關係

$$A_e = 1726(\tan\theta_e)^{-2.90} \qquad (11.1)$$

式中，A_e = 溪流上游土石流發生區以上之有效集水區面積（m^2）；θ_e = 土石流發生區溪床平均傾角。Horton et al.（2008）應用Rickenmann and Zimmermann（1993）的觀測資料，建立了極端條件下土石流發生區坡度及其相應集水面積的關係式

$$\begin{aligned} \tan\theta_e &= 0.31 A_e^{-0.15} \quad && A_e < 250\,ha \\ \tan\theta_e &= 0.26 && A_e \geq 250\,ha \end{aligned} \qquad (11.2)$$

將上式與式（11.1）進行比對發現，假設土石流發生區溪床坡度θ_e = 15°時，對應之有效集水面積分別為7.86ha和250ha，兩者之間存在很大的差異。嶋大尙（2007）統計日本第I級及第II級土石流潛勢溪流集水區面積（谷口以上），大於12.0ha者（谷口以上面積）約占63%，顯示多數土石流潛勢溪流集水區面積不會太大的事實。

(二)國內判釋方式

自1992年起，我國就開始進行土石流潛勢溪流空間分布的判釋工作，如表11-1

所示。表中，依據歷年重大災害而調整判釋條件，可以將土石流潛勢溪流判釋概分爲四個階段，包括：

1. 1992～1996年：受到1990年花蓮縣秀林鄉銅門土石流事件之影響，於1992年起開始著手進行土石流潛勢溪流之判釋工作。判釋條件係參考高橋保（1991）加以改良，其流程如圖11-3所示（蔡元芳等，2000）。圖中，係於1/25,000地形圖上初步判釋符合：溪床平均坡度大於10度且其集水面積達5公頃以上的溪流，再通過現地調查方式進行確認。此期間全臺共判釋劃設485條土石流潛勢溪流。

表11-1　土石流潛勢溪流判釋沿革

時間	條數	判釋條件	重大災害
1992～1996	485	1.溪床坡度大於15°，且其集水面積達5公頃以上。 2.溪床坡度大於10°，且其集水面積達5公頃以上。	賀伯颱風（1996）
1999	722	同上	921大地震
2001～2008	1,420	1.溪床平均坡度大於15°，且其集水區面積大於3公頃。 2.溪床平均坡度大於10°，且其集水區面積大於3公頃。 3.影響範圍內有3戶以上住戶或有道路、橋梁需保護者。	桃芝颱風（2001） 納莉颱風（2001）
2008	1,503	同上	辛樂克颱風（2008） 卡玫基颱風（2008）
2009～迄今	1,673	1.環境條件（以下皆須符合） (1)溪床平均坡度大於10°，且其集水區面積大於3公頃。 (2)景響範圍內有保全對象包含住戶、公共設施等。 2.災害條件（至少符合下列一項） (1)經遙測影像判釋災例報告及其他資料蒐集獲知近期集水區內有發生土砂災害者。 (2)經地質調查所確認，疑似土石流潛勢溪流之集水區或具有一定規模之地質災害者。	莫拉克颱風（2009）

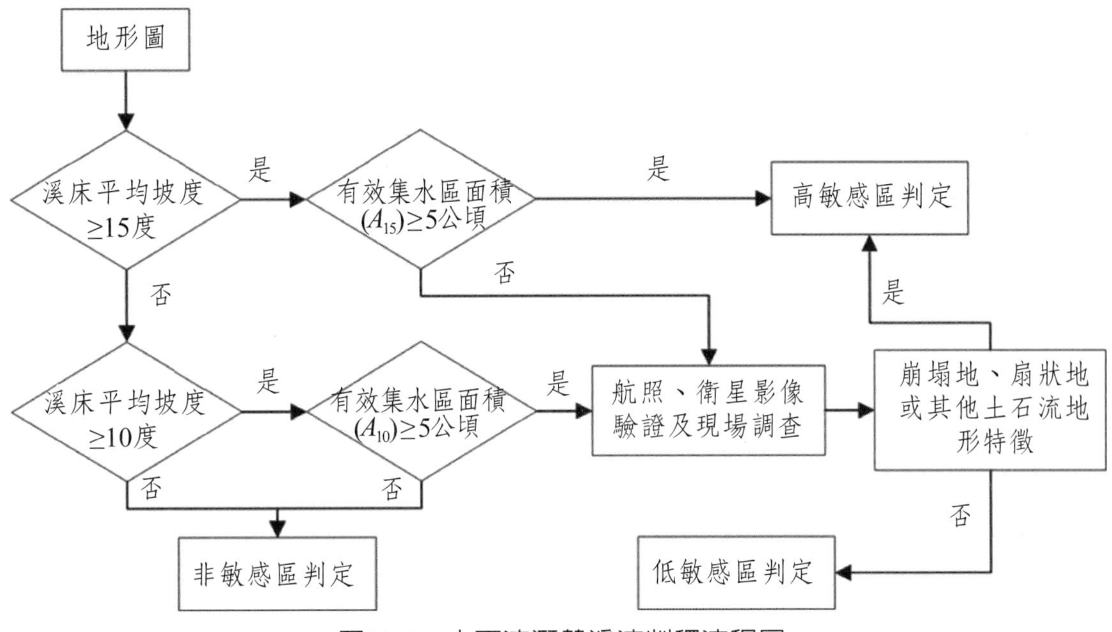

圖11-3　土石流潛勢溪流判釋流程圖

2. 1999年921震災後：依相同的判釋條件，重新辦理921重建區（包括苗栗縣、臺中縣、臺中市、南投縣、彰化縣、雲林縣、嘉義縣等七縣市）土石流潛勢溪流判釋。判釋結果，重建區土石流潛勢溪流由133條增加了237條成爲370條，全臺共計722條土石流潛勢溪流。
3. 2001～2008年：此期間受到921地震及2001年桃芝和納莉颱風的重創，使得部分坡地地形和產砂條件有了質與量的改變，因而重起調查及劃定調整工作。本次調整判釋的基礎，係將原判釋條件中之集水區面積大於5公頃，修訂成爲3公頃以上，以反應坡地實際的地文狀況。本階段於2002年共劃定土石流潛勢溪流共計1,420條，直到2009年新增83條，總計達1,503條土石流潛勢溪流。
4. 2009年迄今：因2009年8月莫拉克颱風豪雨造成南部山區地形地貌的嚴重變形，加上部分地區公布地質災害潛勢區。鑑此，因應極端降雨及地質災害潛勢區劃設，水土保持局（研修土石流潛勢溪流影響範圍劃設方法，2010）重新訂定了新增土石流潛勢溪流判定標準，如圖11-4所示。於是，自2010年起依據新的劃定條件陸續新增多條土石流潛勢溪流，直到2015年，全臺土石流潛勢溪流合計達1,673條。

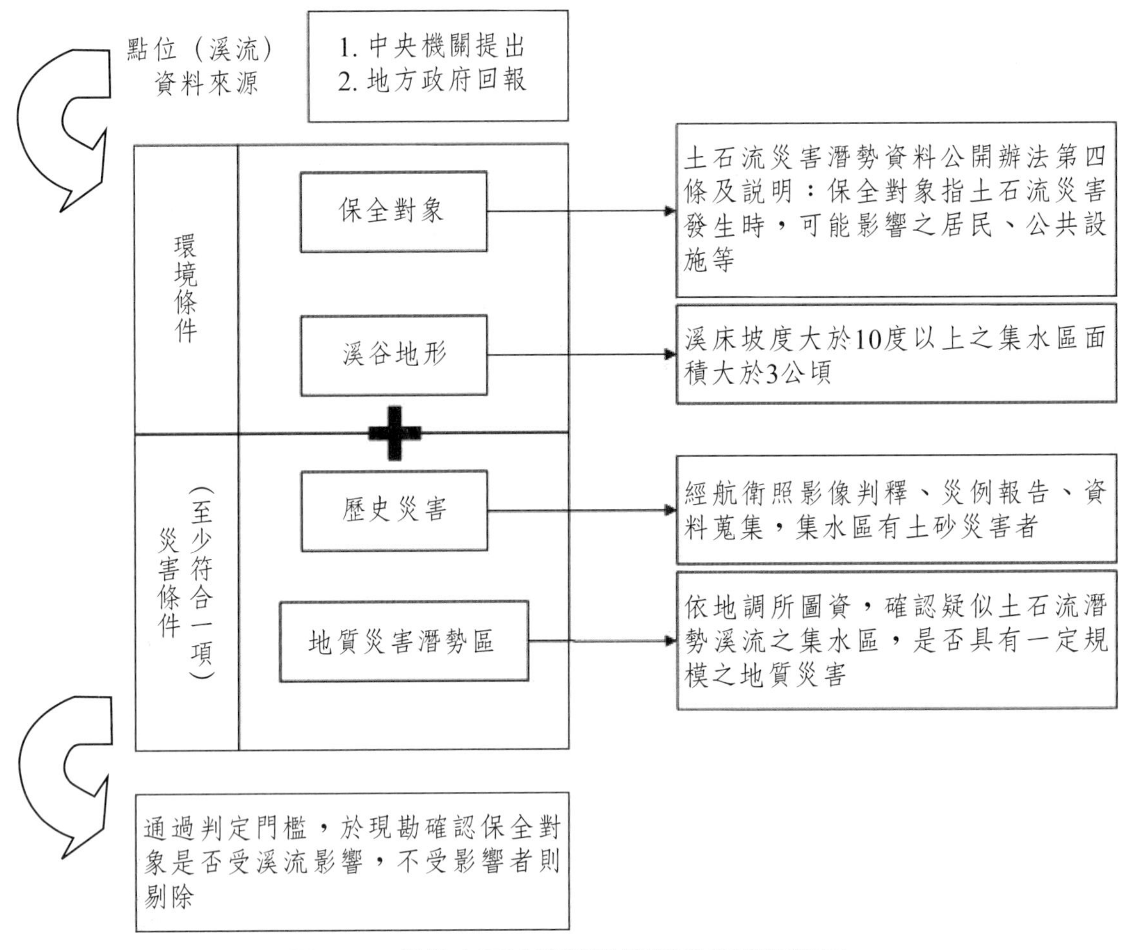

圖11-4　新增土石流潛勢溪流判釋標準流程圖

資料來源：水土保持局，研修土石流潛勢溪流影響範圍劃設方法，2010

除了前述各判釋條件外，水土保持局（研擬土石流潛勢溪流資料管理與更新，2006）分別以集水區面積、溪流長度、溪床平均坡度及集水區形狀係數等因子判釋土石流潛勢溪流，如圖11-5所示。惟於2010年再選取132條土石流潛勢溪流重新評析，結果發現只要將平均坡度及集水區面積稍加調整，即可獲得較好的模擬效果，故提出修改內容，如圖11-6所示。

盱衡國內對於土石流潛勢溪流判釋條件之沿革與發展，係以溪床坡度及其對應之集水區面積爲主要，同時考量歷史災害或地質災害潛勢區，使判釋土石流潛勢溪流之空間分布更趨嚴謹精確。因此，總結了以往的一些實際案例，對土石流潛勢溪流給出具體之定義，即：當溪床平均坡度10度以上之集水區面積超過3.0公頃或曾

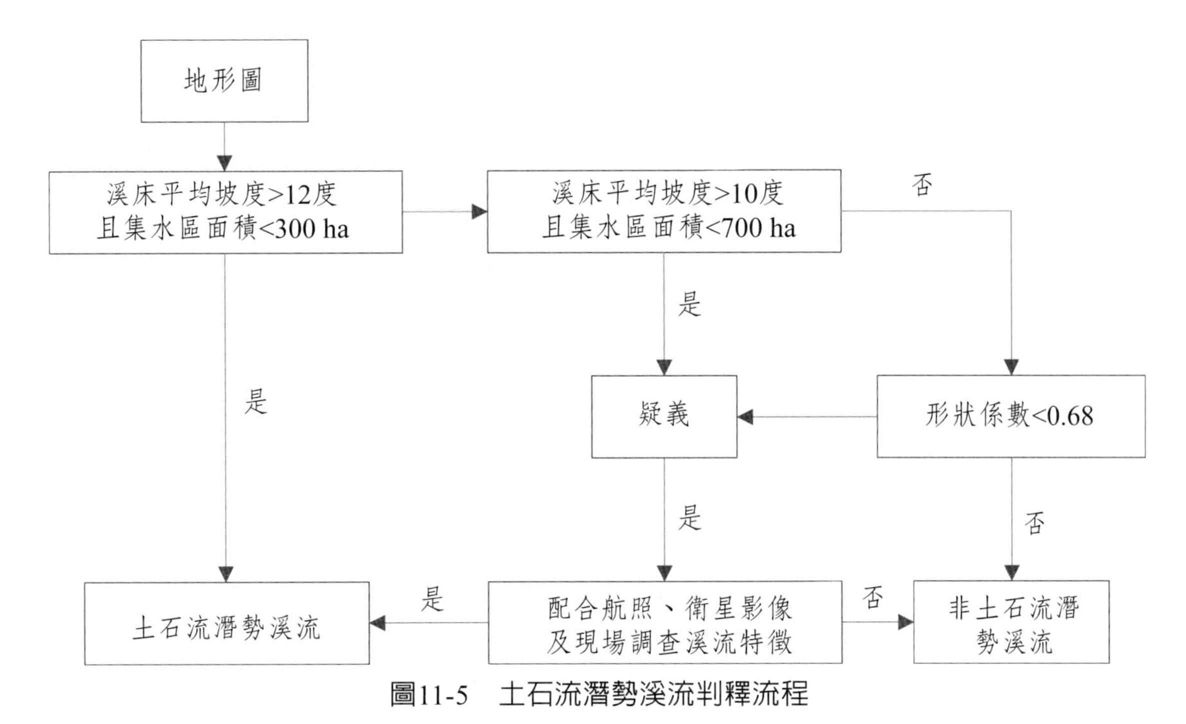

圖11-5　土石流潛勢溪流判釋流程

資料來源：水土保持局，研擬土石流潛勢溪流資料管理與更新，2006

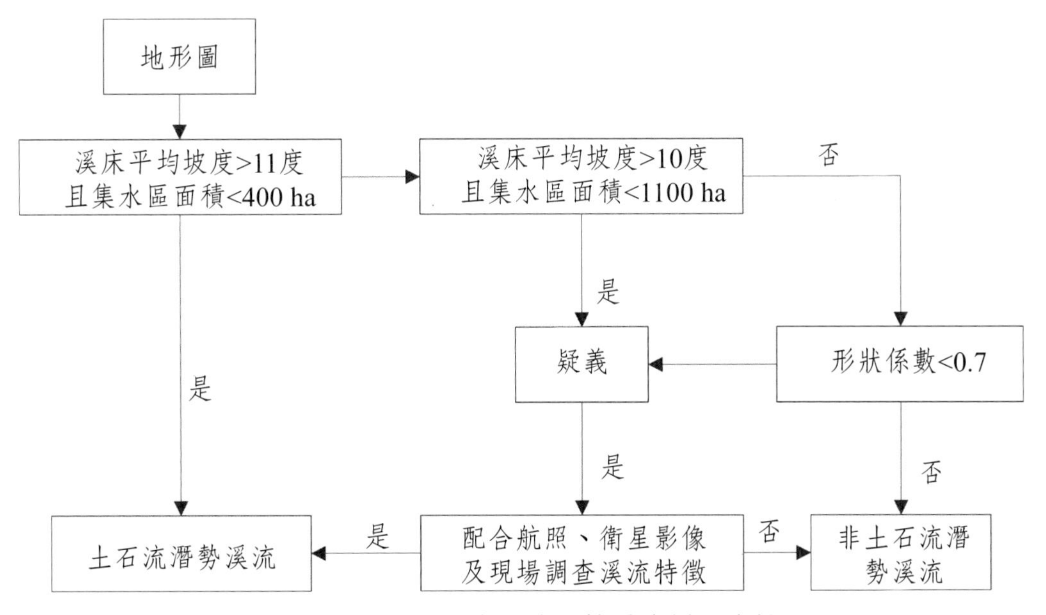

圖11-6　土石流潛勢溪流判釋流程

資料來源：水土保持局，研修土石流潛勢溪流影響範圍劃設方法，2010

經發生過土石流之溪流，且其影響範圍內具有住戶3戶以上或重要橋梁、道路設施需特別保護者，謂之。

11-1-2 土石流潛勢溪流判釋新思維

我國判釋土石流潛勢溪流之基本流程，係從溪流地形及其集水區之自然環境條件出發，再考量其影響範圍內是否具有保全對象而據以劃設。傳統作法是以1/25,000地形圖為底圖進行溪床坡度及其對應集水區面積之量化，不過可能是受限於底圖比例尺問題而難以準確地取得相關數據，使得判釋結果往往與實際情形產生一些落差，這可從近幾年來每逢颱風豪雨事件之後，再新增一些土石流潛勢溪流獲得證實。

也許是導因於環境基礎資料還不夠完整，或因氣候變遷極端降雨問題對山區環境的破壞速度和危害規模，已超出人們對環境變遷規律的認知水平，土石流發生的空間分布在這樣的環境條件下變得難以掌控。但是，這也表明，傳統土石流潛勢溪流的判釋方式應深刻體認自然環境的不確定性，而有必要調整其判釋流程，以確合環境實際的變遷趨勢。因此，這裡提出的思維是以保全對象為主體，採用適當的圖資作為底圖，優先找出集水區內各種保全對象（設施與聚落）所在區位，再就其附近環境地文和微地形特徵及其發育程度進行綜合性之判釋，直接劃設土石流潛勢溪流或其他土砂災害類型，這是有別於現階段採取的判釋流程及方式，其具體判釋作法，如圖11-7所示。茲簡述如下：

一、確定保全對象座落位置：選取適當圖資從大範圍進行各種保全對象分布定位；其中，保全對象係以聚落及重要公共設施（如橋梁、道路）為主。

二、保全對象周圍環境判釋：根據保全對象座落周圍環境，應用相關圖資確定：

(一) 災害條件：

1. 經濟部中央地質調查所圈繪山崩或土石流敏感區分布。

2. 歷史災害紀錄。

以上至少須滿足其中一項。

(二) 成災條件：

1. 溪流型土石流：保全對象位於土石流潛勢溪流之影響範圍者。其中，作為土石流潛勢溪流之基本條件，包括：(1)一級河溪；或(2)溪床坡度10

以上之集水區面積達3.0公頃以上之溪流者。

2. 坡面型土石流：保全對象鄰近坡面爲長而陡，坡度約介於15～35度之間，且具有各級蝕溝者。

(三) 滿足前述災害條件及成災條件者，得劃設爲土石流潛勢溪流。

三、現地勘評：只要滿足成災條件者，宜須再通過現地勘評予以確認。現地勘評係採用直觀微地形立體地圖爲底圖，依據各級蝕溝、崖錐堆積物、溪床堆積物、扇狀地、河階台地等微地形地貌之判釋結果進行現地查明確認。

四、一般溪流：非屬前述第二項及第三項者，稱爲一般溪流或坡面。

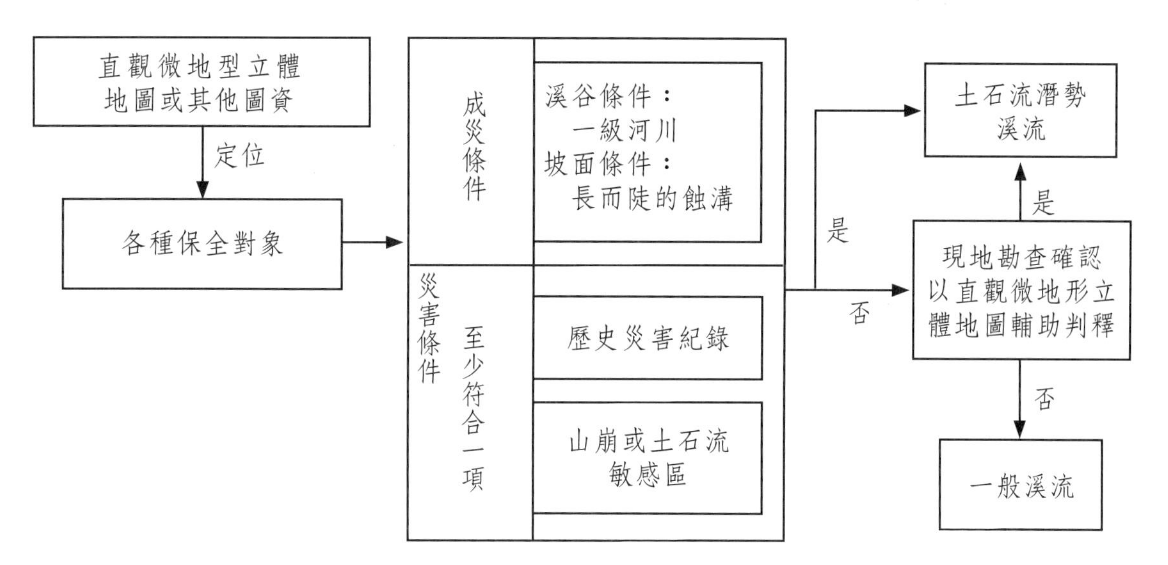

圖11-7　以保全對象為主之土石流潛勢溪流判釋流程與標準

11-2 土石流潛勢溪流影響範圍劃設

在人口愈來愈稠密的今天，人類活動愈發向著山坡地區擴展。當人居、道路交通、農地、學校及一些公共設施等人類生產和生活活動空間，侵入了土石流的影響範圍時，不僅要解決土石流發生問題，同時對於確定的土石流潛勢溪流因客觀原因而不能保證其穩定時，還需要作出土石流運動和淤積範圍的預測，包括土石流流出規模、影響範圍及其可能造成的災害等預測。顯然，這就是土石流運動空間範圍研究所涉及的基本問題。

土石流影響（淤積）範圍（或運動空間範圍）係指土石流在沖刷或淤積過程中可能危害的範圍，前者係指土石流在輸送段的沖刷擴床作用及範圍，後者則爲土石流自流路溢出（或稱溢流點，overflow point）而引發下游面、沿岸的一側或兩側遭到固體物質的撞擊或淤埋範圍。

11-2-1 土石流沖刷擴床之兩岸影響範圍推估

土石流在流動過程中的沖刷擴床作用是極爲複雜的物理行爲，不僅與土石流發生類型（溪流型及坡面型）相關，也受到土石流固體物質組成、土砂量、流速、單寬流量等，以及溪流本身的坡度、河幅、兩岸岩性和坡度坡高、河床堆積物等因素的綜合影響，以現階段的研究水準還是無法從理論上較好地預測。

根據松村和樹等（1988）之河制公式（regime equation），當兩岸爲鬆散可沖刷的堆積層時，理論河寬可表爲

$$B_T = \alpha Q_D^{0.5} \tag{11.3}$$

式中，Q_D = 土石流流量（cms）；B_T = 理論河寬（m）；α = 待定係數，與集水區面積有關，一般介於2～4之間。當實際河寬小於理論河寬（B_T）時，就可能產生沖刷擴床現象，其擴床程度可依上式推估，如圖11-8所示。圖中，溪流兩側影響範圍爲側淘寬度（$B_{s\ell}$或B_{sr}）與緩衝寬度（B_h）之和，而緩衝寬度（B_h）建議可取側淘寬度（$B_{s\ell}$或B_{sr}）之兩倍，即$B_h \approx 2.0B_{s\ell}$（或B_{sr}）。

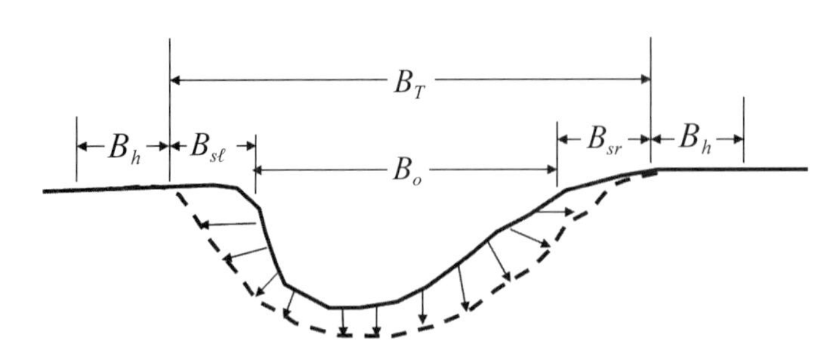

圖11-8　土石流沖刷擴床推估示意圖

11-2-2 土石流淤積擴散之影響範圍推估

引起土石流自流路溢出而向外擴散的關鍵，在於流路特性的改變，包括流路變得寬闊且平坦，以及流路彎曲、或溪岸高度不足、或溪床淤積抬升、或障礙物等，皆可能引起土石流的停積和向外擴散。事實上，這個問題的解決具有強烈的現實意義，即確定的影響範圍可以讓範圍內的民眾提前做好防範措施，將土石流所造成的損失降至最低，起到穩定人心的作用。

土石流因地形或流路因素而致淤積擴散產生的影響範圍，係屬一個確定的平面範圍，可以採用一些幾何特徵加以描述，包括寬度、厚度、長度（流動距離）、分散角及面積等，如圖11-9所示。

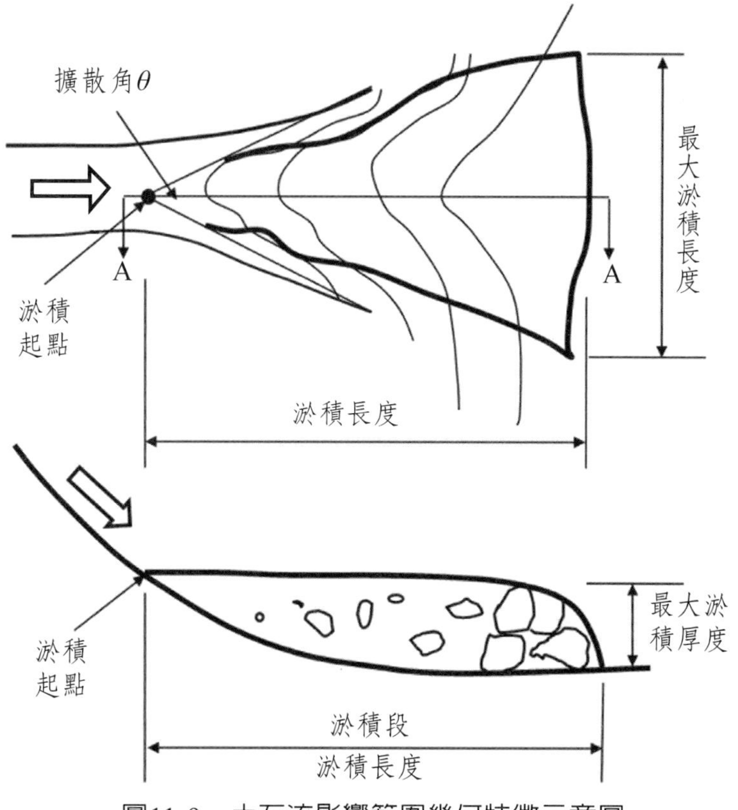

圖11-9　土石流影響範圍幾何特徵示意圖

一、最大淤積寬度

以土石流下游扇狀地為例，土石流淤積最大寬度係指土石流流經扇狀地停積後橫斷面之最大寬度。根據現場調查歸納結果，土石流自谷口流進寬平扇狀地後之最大擴張比ω = 5～6〔ω = 谷口下游淤積寬度（B_d）與谷口上游溪流寬度（B_u）之比〕，如圖11-10所示。小橋澄治（1979）依現場調查結果，提出扇狀地範圍為自谷口起向下游約為溪床寬度3倍之距離，並提出土石流淤積的最大寬度為

$$B_d = \alpha\sqrt{\frac{3Q_D}{L_d}} \quad \alpha = \begin{cases} 1.5 \sim 3.0 & A \le 1.0\,km^2 \\ 4.0 & A > 1.0\,km^2 \end{cases} \text{（花崗岩）} \qquad (11.4)$$

式中，B_d = 最大淤積寬度（m）；Q_D = 土石流流量（cms）；L_d = 最大淤積長度（m），可依池谷浩公式〔式（11.15）〕推算之；α = 待定係數；A = 集水區面積（km^2）。

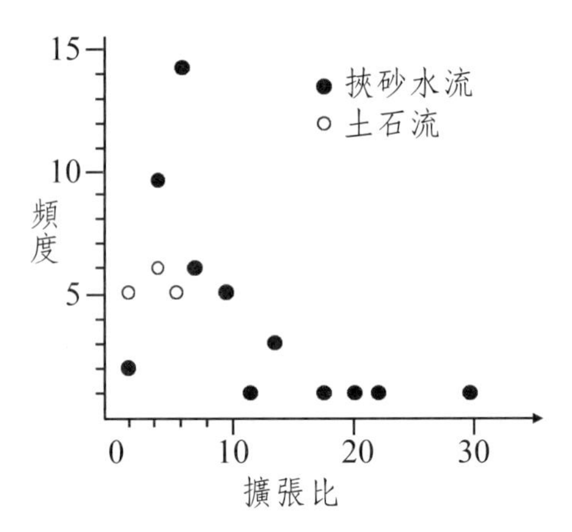

圖11-10　土石流擴張比頻度分布

資料來源：武居有恒監修，1982

游繁結（1992）從地形觀點，藉由渠槽試驗及現場調查案例，探討土石流之淤積型態，以補理論之不足。根據試驗所得之結果，可得下列迴歸公式：

$$\frac{B_d}{B_u} = 1.90 + 0.20\frac{L_d}{B_u} \qquad (11.5)$$

式中，B_u = 出口寬度；L_d = 土石流自谷口開始淤積至停止運動的淤積長度。由試驗數據得知，伸長比（L_d/B_u）愈長，則擴張比（B_d/B_u）愈寬，此現象說明較大流

速之土石流，因具有較大之動能，一旦脫離谷口的束縛之後，此較大之能量有助於土石流之橫向擴張作用。

二、淤積厚度

扇狀地厚度係由扇頂向著扇緣逐漸減小，主要取決於扇狀地原坡度、土石流規模及其粒徑組成等因子。當土石流流出土砂量、淤積長度及寬度爲已知時，則扇狀地平均厚度可表爲

$$\bar{h} = \frac{V_{SF}}{B_{dm}\, L_d} \qquad (11.6)$$

式中，V_{SF} = 土石流流出土砂量；$\bar{h}$ = 扇狀地平均淤積厚度；B_{dm} = 扇狀地平均淤積寬度。

三、土石流流動距離及淤積長度

土石流流動距離或淤積長度推估方式係以經驗模型及力學模型爲主。

(一)經驗模型

Corominas（1996）利用瑞士阿爾卑斯山71組土石流（包括岩屑滑動及崩塌，不包含泥流及泥土滑動）實測資料，迴歸出土石流流動距離（travel distance）經驗公式，即

$$L_t = 1.03\, V_{SF}^{0.105}\, H_t \qquad (11.7)$$

式中，L_t = 土石流流動距離（m），係指土石流起動位置至淤積前緣之水平距離；H_t = 土石流起動位置至淤積前緣之垂直高度（m）；V_{SF} = 土石流流出土砂量，介於10^2～$10^{10}$$m^3$之間。Rickenmann（1999）也利用160組瑞士阿爾卑斯山土石流實測資料提出類似的經驗公式：

$$L_t = 1.9\, V_{SF}^{0.16}\, H_t^{0.83} \qquad (11.8)$$

式中，L_t = 300～12,600m；H_t = 110～1,820m；$V_{SF} = 7 \times 10^2$～$10^6 m^3$。

當土石流遇有寬平河段或扇狀地時，會發生類似緊急煞車般的運動型態，並在短距離內停止運動而呈現淤積現象，其中自淤積起點（扇頂）至淤積體的前緣，謂之淤

積長度（deposion length）。劉希林及唐川（1995）採用多因子迴歸模型，提出最大淤積長度經驗公式，可表爲

$$L_d = 0.7523 + 0.006A + 0.126H_r + 0.0607L_m - 0.0192S_m \quad (11.9)$$

式中，L_d = 淤積長度（km），係指土石流自谷口位置至淤積前緣之水平距離；A = 集水區面積（km^2）；H_r = 集水區相對高差（km）；L_m = 主流長度（km）；S_m = 主流平均坡度（°）。黃宏斌及蘇峰正（2007）由實驗室渠槽試驗方式建立土石流淤積長度推估公式，即

$$L_d = 73.085\,\theta_u^{0.217} C_d^{-0.665} \quad (11.10)$$

式中，L_d = 淤積長度（m）；θ_u = 土石流輸送段傾角；C_d = 土石流泥砂體積濃度。上式比較特別的是，採用土石流泥砂體積濃度推估淤積長度。

以土石流流出土砂量推估淤積長度者，包括Rickenmann（1999）提出之土石流淤積長度公式

$$L_d = 15\,V_{SF}^{1/3} \quad (11.11)$$

Crosta et al.（2002）也提出類似的經驗公式，即

$$L_d = 7\,V_{SF}^{0.275} \quad (11.12)$$

Beguería et al.（2007）利用ALPS和PYRENEES實測資料，比較分析Rickenmann（1999）及Crosta et al.（2002）土石流淤積長度公式，並提出其相關公式，即

$$L_d = 4.98\,V_{SF}^{0.294} \quad (11.13)$$

水土保持局（機械化土石流潛勢溪流影響範圍劃設與分析，2012）除了引用陳晋琪等（2006）對土石流堆積長度的研究成果（$L_d = 10\,V_{SF}^{1/3}$），同時結合歷年調查資料給出了以下公式：

$$L_d = 22.79\,V_{SF}^{0.22} \quad (11.14)$$

式中，土石流流出土砂量V_{SF} = $136083A^{0.78}$。池谷浩（1982）以日本小豆島土石流災害爲研究對象，應用土石流流出土砂量及溪流平均坡度推估土石流淤積長度之經驗公式，可表爲

$$L_d = 8.6(V_{SF} \tan\theta_u)^{0.42} \quad (11.15)$$

式中，L_d = 淤積長度，以谷口或扇狀地起點（建議採用溪床傾角10度）至土石流淤積前緣間之水平距離；θ_u = 土石流輸送段（transportation zone）平均傾角（°）；V_{SF} = 土石流流出總土砂量（m^3）。

池谷浩公式已在臺灣地區普遍使用，但是江永哲及林裕益（1987）認爲上式計算值較實測值爲大；游繁結及林成偉（1991）及黃宏斌及蘇峰正（2007）更分別發現，應用池谷浩公式推估本省若干土石流扇狀地之淤積長度時，約高估2至4倍。究其原因，應該是推定土石流流出總土砂量存在較大的誤差所致。爲此，採用豐丘、十八重溪及銅門等土石流實測之淤積長度爲基礎（游繁結，1992），分別以式（6.93）、式（6.95）及式（6.97）代入池谷浩經驗公式〔式（11.15）〕及Rickenmann經驗公式〔式（11.11）〕推估土石流淤積長度，如表11-2所示。表中，除了十八重溪因出谷後隨即匯入陳有蘭溪，而無法反映其實際的淤積長度外，可得：

1. 基於池谷浩經驗公式者，式（6.93）及式（6.95）等皆低於實測值，而式（6.97）卻都高於實測值，這與前述各研究者對池谷浩淤積長度公式及採用式（6.97）推估谷口下游扇狀地淤積長度的評價結果是一致的。
2. 基於Rickenmann（1999）經驗公式者，於豐丘土石流淤積長度高於實測值，而銅門土石流則顯著低於實測值。

由此可見，土石流扇狀地淤積長度推估公式仍然存在一些差異，除了必須加強現地資料的蒐集和分析外，比較簡易而可行的推估作法，係由Rickenmann（1999）經驗公式結合水原邦夫（1990）土石流流出土砂量公式〔式（6.93）〕，建立以易於量測之集水區面積爲參數，即

$$L_d = 358A^{0.2} \quad (11.16)$$

推估土石流下游扇狀地之淤積長度。式中，L_d = 淤積長度（m）；A = 集水II面積（km^2）。

除了採用土石流流出土砂量外，亦有以更爲簡易之集水區面積因子推估土石流淤積長度。Rickenmann（1999）分析144組瑞士阿爾卑斯山土石流資料定義了最小運行角度（minimum travel angle）與集水區面積（A；km^2）之關係，即

表11-2　土石流淤積長度與流出總土砂量和集水區面積之關係

L_d與V_{SF}關係	V_{SF}與A關係	L_d與A關係	L_d（m）		
			豐丘（實測值＝320m）	十八重溪（實測值＝140m）	銅門（實測值＝400m）
$L_d=8.6(V_{SF}\tan\theta_u)^{0.42}$ 池谷浩（1982）	$V_{SF}=11400A^{0.583}$ 式（6.93）	$L_d=468.37\text{A}^{0.256}\tan\theta_d^{0.42}$	289	305	255
	$V_{SF}=10000A$ 式（6.95）	$L_d=411.6(A\tan\theta_d)^{0.42}$	276	302	200
	$V_{SF}=70992A^{0.61}$ 式（6.97）	$L_d=938\text{A}^{0.256}\tan\theta_d^{0.42}$	578	611	511
$L_d=15V_{SF}^{1/3}$ Rickenmann（1999）	$V_{SF}=11400A^{0.583}$ 式（6.121）	$L_d=358\text{A}^{0.2}$	397	414	310
	$V_{SF}=10000A$ 式（6.123）	$L_d=323\text{A}^{1/3}$	383	412	254
	$V_{SF}=70992A^{0.61}$ 式（6.129）	$L_d=621\text{A}^{0.2}$	688	719	538

註：豐丘土石流：集水區面積1.67km^2；輸送段平均坡度13度。十八重溪土石流：集水區面積2.08km^2；輸送段平均坡度13度。銅門土石流：集水區面積0.49km^2；輸送段平均坡度20度。

$$\tan\beta_{min} = 0.20A^{-0.26} \quad (11.17)$$

式中，β = 運行角度（travel angle）（= $\tan^{-1}(H/L)$）。上式可用於決定可能最大的運行距離（L_{max}）。根據Rickenmann（1999）的研究顯示，當土石流含有高比例的細顆粒材料時，$\tan\beta_{min}$ = 0.07；惟當土石流以粗顆粒材料爲主時，則$\tan\beta_{min}$ = 0.19（Rickenmann & Rimmermann, 1993）。Vandre（1985）以地形高差提出一簡易推估淤積長度的經驗公式，即

$$L_d = \omega\Delta H \quad (11.18)$$

式中，ΔH = 崩塌土體頭部至淤積起點間的高程差；ω = 經驗係數（= 0.4）。他進一步說明，當溪床坡度大於10度時，土石流處於無條件流動；當小於4度時，土石流處於無條件停止；介於4度至10度間時，可依上式進行淤積長度的推定。Prochaska et al.（2008）提出平均河道坡度法（average channel slope method）推估土石流流動距離，即

$$\alpha_1 = 0.8\beta_1 \quad (11.19)$$

式中，α_1 = 接觸角（reach angle）（°）；β_1 = 土石流起動位置與扇狀地頂部之水平夾角（°），如圖11-11給出了α_1及β_1之定義。圖中，H_T爲集水區分水嶺至扇狀地頂部之垂直高度。類似的做法，鐵永波等（2011）基於集水區面積大小分類的基礎上，利用汶川地震區北川縣境內51條土石流溪流沖出距離與集水區面積大小的關聯性進行分析，可得：

$$\alpha_2 = 0.826\beta_2 + \omega \qquad \omega = \begin{cases} 2.0 & 0 < A \le 200\ ha \\ -0.3 & 200 < A \le 500\ ha \\ -0.55 & A > 500\ ha \end{cases} \quad (11.20)$$

式中，α_2與β_2定義如圖11-12所示。式（11.18）至式（11.20）主要特點在於，它避開推估土石流體積量所引起的誤差，而直接採用地形概念推估土石流流動距離，相當簡易。

游繁結（1993）針對土石流在谷口扇狀地上的重複淤積特性進行試驗觀測發現，第二次淤積長度由於受到初次淤積之土石流錐形成一逆向坡之影響，以使谷口遷緩點之坡度變化程度較原地形爲大，有助於減速而提早淤積，故其淤積長度不會超過第一次淤積之長度，但淤積面積卻有稍微擴大之跡象，且有上溯之趨勢。因爲

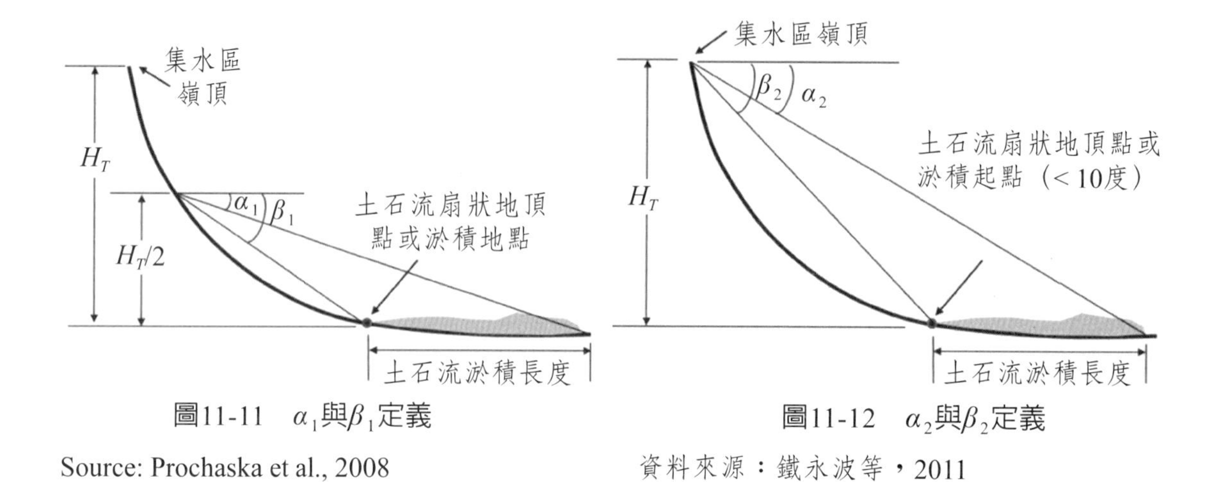

圖11-11　α_1與β_1定義

Source: Prochaska et al., 2008

圖11-12　α_2與β_2定義

資料來源：鐵永波等，2011

重複淤積之長度並未超過初次淤積之範圍，產生之土石流錐多分布於出口兩側，爲流路寬之1.5倍半圓內，故應用上式作爲推估土石流之淤積長度仍具有其安全性，並可以該長度爲半徑，以谷口爲圓心，繪出之半圓區，以做爲土石流之影響範圍。扇頂部之土石流淤積地形，因多次土石流流出之影響而改變，其變化以離出口1.5倍流路寬之範圍內較顯著。

(二)力學模型

奧田節夫（1973）以質點動力學之觀點，假設土石流先端部流量固定，由其流動距離推估淤積長度，結果獲得

$$L_d = \frac{1}{2k}\log\left(1+\frac{kV_0^2}{A}\right);\ A = g(\mu\cos\theta_d - \sin\theta_d) \tag{11.21}$$

式中，k = 抵抗係數（假設與速度成正比關係）；V_0 = 減速過程之初速度（m/sec）；μ = 動摩擦係數。以質點理論來解釋土石流停止淤積過程，於說服力上稍嫌不足，且動摩擦係數μ與抵抗係數k有其相關性，但不易求得，需靠經驗累積以驗證其準確性。Takahashi（1991）根據質量不滅原理與動量平衡之觀點，誘導出土石流淤積長度爲

$$L_d = \frac{V^2}{G} \tag{11.22}$$

$$G=\frac{(\rho_s-\rho_w)\,g\,C_{dd}\,\cos\theta\tan\phi}{(\rho_s-\rho_w)C_{du}+\rho_w}-g\cdot\sin\theta \tag{11.23}$$

$$V=U_u\cos(\theta_u-\theta)\left\{1+\frac{[(\rho_s-\rho_w)C_{dd}\,K_a+\rho_w]\cos\theta_u}{2[(\rho_s-\rho_w)\,g\,C_{dd}+\rho_w]}\frac{g\,h_u}{U_u^2}\right\} \tag{11.24}$$

式中，θ_u = 上游流路坡度；θ = 下游流路坡度（°）；h_u = 上游流深；g = 重力加速度（cm/sec^2）；ρ_s = 砂礫密度（g/cm^3）；ρ_w = 水之密度（g/cm^3）；K_a = 主動土壓係數；U_u = 上游流路之流速；C_{du} = 土石流於流動過程中之土砂體積濃度；C_{dd} = 土石流於淤積過程中之土砂體積濃度，如圖11-13所示。由上式得知，淤積長度受流速及上下游坡度變化大小之影響，當入流流速愈大，淤積長度愈長，而上下游坡度變化愈大，淤積長度則愈短。高橋保（2004）由實驗資料及Hungr et al.（1984）的現地調查資料比較式（11.22）之計算結果發現，現地實測流動距離多小於計算值，如圖11-14所示。

四、土石流扇狀地擴散角

當土石流流出谷口之後，因溪流兩岸束狹作用消失而呈擴散淤積，其擴散程度可以擴散角（diffusion angle, δ）表示，即

$$\delta=2\tan^{-1}(\frac{B_d}{2\,L_d}) \tag{11.25}$$

根據池谷浩（1982）針對日本全國土石流災害區的現地調查結果顯示，擴散角多介於10～60度之間，而大阪府都市整備部（2012）以淤積起點（谷口或坡度10度）爲頂點，以30度向下游劃出一扇狀區域，再以扇狀地內坡度2度之等坡度線爲土石流到達邊界，作爲土石流防災指定區域，如圖11-15所示。水土保持局（土石

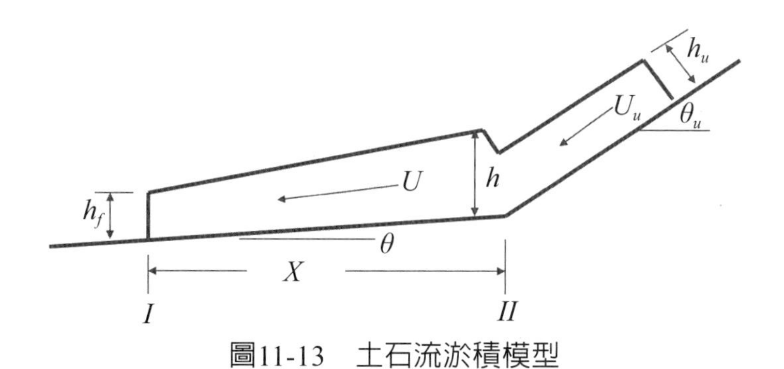

圖11-13　土石流淤積模型

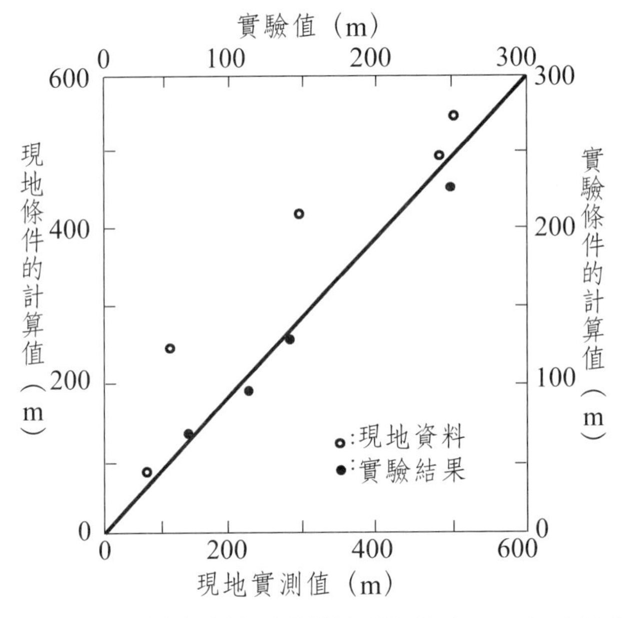

圖11-14　現地資料和實驗結果與式（11.22）之比較

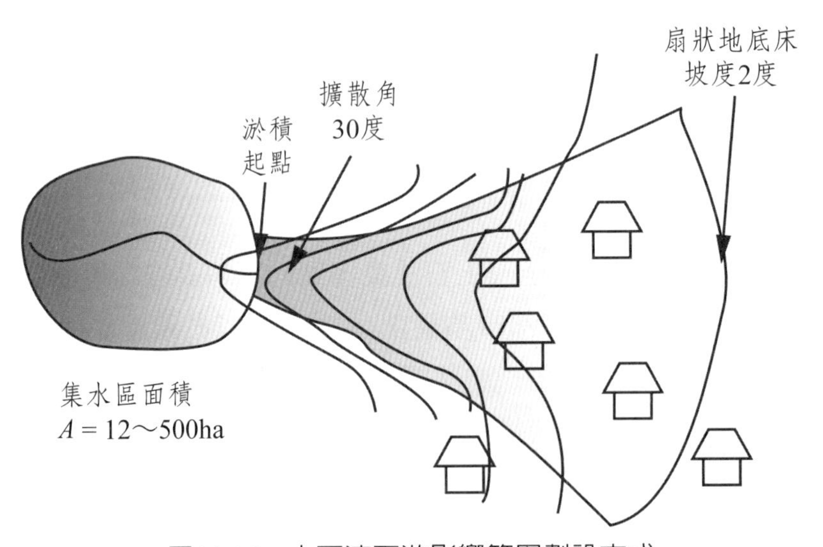

圖11-15　土石流下游影響範圍劃設方式

資料來源：大阪府都市整備部，2012；嶋大尚，2007

流潛勢溪流劃設作業手冊，2016）則以105度作爲擴散角。

五、土石流淤積面積（或範圍）

已知土石流淤積平均厚度爲$\overline{h}$，土石流流出土砂體積爲V_{SF}，則土石流淤積面積可表爲

$$A_d = V_{SF} / \overline{h} \tag{11.26}$$

在幾何相似的假設下，$\overline{h} \propto A_d^{0.5}$，則上式可寫爲

$$A_d = k\, V_{SF}^{2/3} \tag{11.27}$$

根據Crosta et al.（2002）由義大利北部兩處地點的實測資料與其他研究者資料，以上式形式爲基礎建立土石流淤積面積推估公式，如表11-3所示。表中，指數爲2/3時，係數*k*值範圍差異頗大，顯示各公式存在區域性之適用性問題而無法任意移用。

表11-3　土石流淤積面積推估經驗公式

資料來源	最佳迴歸的*k*	最佳迴歸的指數	R^2	指數為2/3時*k*值	R^2
Crosta（2002）	0.69	5.7	0.97	6.2	0.97
Iverson et al.（1998）	0.69	114	0.91	200	0.90
Capra et al.（2002）	0.91	0.3	0.87	54.9	0.79
Legros（2002）	0.88	0.7	0.97	40.4	0.91

11-2-3 土石流下游扇狀地影響範圍劃設方式

從防災實務需求及以往研究成果，目前土石流下游扇狀地影響範圍的劃設可區分初步劃設、現地勘查修正及室內編修等三個階段：（水土保持局，土石流潛勢溪流劃設作業手冊，2016）

一、初步劃設

初步劃設係屬室內作業，首先應選用適當地形圖爲底圖，並於圖上依序完成溢流點位置擇定、土砂流出量及淤積長度推估。

(一) 溢流點（overflow point）位置擇定：可能成爲溢流點者，包括坡度陡變處、地形開闊處起點、谷口、障礙物處或河彎處等區位，故土石流潛勢溪流溢流點通常不止一處；一般，溢流點下游面的一側或兩側多無束狹，可提供土石流溢出後擴散，並導致停積和致災。擇定溢流點之後，同時繪製溢流點以上集水區範圍及面積。

(二) 土砂流出量估算：依據謝正倫等（1999）之研究臺灣地區土石流土砂流出量可表爲

$$V = 70992A^{0.61} \tag{11.28}$$

式中，V = 土石流土砂流出量（m^3）；A = 溢流點以上集水區面積（km^2）。

(三) 淤積長度：影響範圍之劃設應以安全爲考量，可採用池谷浩公式〔即式（11.15）〕推估可能的淤積長度。

(四) 初步劃設：於確定溢流點位置及淤積長度之後，以溢流點爲頂點，依據土石流最大擴散角105度及計算所得淤積長度爲半徑，向下劃設扇狀形區域，即爲土石流之影響範圍。若當淤積長度已延伸至坡度2度以下的範圍時，則以坡度2度之等坡度線作爲土石流可到達的邊界。

二、現地勘查修正

現地勘查修正係參照前述初步劃設結果於現地進行修正，以供後續室內編修使用。若現場大幅調整溢流點位置，則須重新利用池谷浩淤積長度公式計算淤積長度及劃設影響範圍。依據現地地形、地貌，修正初步劃設之影響範圍，其修正依據爲：

(一) 優先參考歷史災害影響範圍進行修正，原則上應包含歷史災害範圍。

(二) 依據現地地形、地貌判斷於室內擇定之溢流點爲置是否適當，並於現地重新定位，確定其正確位置所在。此外，如有鄰近保全對象之溢流點存在，則增加溢流點位置及其對應之影響範圍。

(三) 根據現地地形，將土石流不可能會經過之部分劃出範圍。

(四) 若兩岸地勢高程値高出河道10～12公尺（約3～4層樓），大致已高出土石流之可能淤積高度，則可劃出影響範圍。

(五) 若以池谷浩公式所計算的扇狀地長度不足以涵蓋整個保全對象範圍，則依現地狀況延長扇狀地之半徑長度。

三、室內編修

依據現地勘查所得之GPS溪流定位、溢流點位置定位及及現地勘查修正之影響範圍底圖，於室內作業時套繪1/5,000彩色航照或黑白相片基本圖進行編修。

11-2-4 扇狀地淤積起點（degosition apex）

總結上述土石流影響範圍劃設的實務作為，雖然已充分考量其劃設的可行性，惟仍然存在決定淤積起點或溢流點位置的不確定因素。例如，高雄市那瑪夏區高DF004於莫拉克颱風時暴發土石流災害，其下游扇狀地原劃設影響範圍與實際影響範圍的最大差異，在於淤積起點（或溢流點）的擇定問題，如圖11-16所示。

圖11-16　高雄市那瑪夏區高DF004莫拉克颱風暴發土石流之影響範圍

於溪流下游因寬平地形而致土石流發生淤積擴散之影響範圍，常以谷口、扇頂或溪床坡度10度作為土石流淤積起點或溢流點。除了溪床坡度10度具有明確的定義外，包括谷口及扇頂位置皆不易從圖上或現場地形予以確定，其選定必然具有一定的主觀性。另外，以河道坡度10度作為土石流淤積起點亦有不同的見解。Thurber Consultants（1983, 1985, 1987）發現在不同地區土石流淤積起始坡度介於4～24度之間，平均淤積坡度分別為12度及13度；Hungr et al,（1984）建議土石流受河道兩岸範束狀況下的起始淤積坡度介於8～12度之間，而未受範束者約介於10～14度；日本一些研究結果顯示，起始淤積坡度介於8～10度（Ikeya 1976, 1981; Government of Japan, 1981），惟蘆田和男等（1976）調查仁淀川流域之土石流淤積地區坡度分布，發生在10度以下的淤積將近占2/3，以3～6度之間為最多。池谷浩（1977）調查小豆島土石流災區扇狀地坡度大多分布於4～9度之間。山口伊佐夫（1985）認為土石流幾乎停止於原地形坡度為2～12度之場所。小橋澄治（1979）依現場調查結果，提出土石流淤積起點介於4～10度之溪床傾角。

事實上，土石流起始淤積坡度（或傾角）為多因素的綜合作用結果，僅以溪床坡度因子是很難取得統一的見解。例如，南投縣信義鄉神木村愛玉子溪愛玉子橋橋上游溪床傾角僅為5度（≈ 9%），惟於2004年發生一場流速高達10～13m/sec的土石流，在流動過程毫無減速的跡象，經分析其材料組成係以頁岩為主；另，南投縣水里鄉陳有蘭溪支流二部坑溪於1996年遭賀伯颱風豪雨作用而發生土石流，經現地調查結果得知，這場土石流係在溪床傾角約6.3度（≈ 11%），且已完成整治河段以5.0m/sec的速度高速行進，直到台21線後遭道路及建築物阻擋而停止。從以上兩個實際案例，即便溪床傾角已小於6.3度，土石流仍無停積現象；換言之，土石流淤積起點受到諸多因素的影響，不能單純採以溪床坡度作為衡量的唯一標準。Takahashi（1983）考慮了河道上、下游坡度及材料組成特性，提出在河道具束狹的條件下，導致土石發生淤積的基本條件

$$\frac{\tan\theta_d}{\tan\theta_u} < \frac{\tan\alpha}{\tan\phi} \tag{11.29}$$

式中，θ_d = 河道下游平均坡度；θ_u = 河道上游平均坡度；ϕ = 土石流組成材料的靜摩擦角（inertial static friction angle）；α = 土石流組成材料的動摩擦角（inertial kinetic friction angle）。例如，取$\tan\alpha \approx 0.63$及$\tan\phi \approx 0.75$，$\tan\theta_d/\tan\theta_u < 0.84$，這樣當輸送段傾角為10度時，則土石流流經溪床傾角小於8.4度的河段，即開始產

生土砂的淤積現象。池谷浩（1976）也提出類似的論點，在平均傾角小於10度的下游扇狀地上，當$\theta_d/\theta_u \le 0.5$，甚至$\theta_d/\theta_u \le 0.25$時，則土石流開始產生淤積。

由此可見，土石流淤積的起始坡度（或傾角）絕非定值，而是受到土石流材料組成、上游河道條件、泥砂體積濃度、土石流流出土砂量、河道坡度等諸多因素之綜合影響。因此，經由以上討論給出了比較具體的作法，建議以池谷浩（1976）公式形式爲主，就不同區域和材料組成選取適當的比例常數，以決定土石流淤積的起始坡度或傾角，即

$$\frac{\theta_d}{\theta_u} \le \lambda \quad 且 \quad \theta_d \le 10^\circ \tag{11.30}$$

式中，λ = 比例常數（≤ 0.5）。

11-3 土石流觀測

土石流觀測（monitoring of debris flow）是土石流防減災措施的重要環節之一，它是在高潛勢的土石流潛勢溪流及其集水區範圍內，選擇適當位址架設各種先進量測儀器和高效能傳輸系統，即時偵測回報土石流、崩塌及地滑等發生實況及其動態資訊，既可以全自動觀測預報土石流的暴發，還能夠即時、全程地觀測和收集有關土石流形成、運動規律、災害程度等多方面的資訊數據。同時，也是土石流理論研究、實驗比對、機理分析、數值模式檢定與驗證的重要基礎，尤其對土石流發生及動態的研究未臻成熟之際，以及在土石流災害發生後的短時間內，工程治理措施尚無法發揮治災功能時，通過土石流觀測取得現地土砂運移動態及數據，就顯得格外的重要。

11-3-1 土石流觀測發展沿革

爲了徹底杜絕土石流危害事件的發生，除了採行必要的工程治理措施外，在比較不穩定或發生頻率較高或具有重要保全對象之土石流潛勢溪流集水區，常配合一些非工程措施，例如土石流觀測、雨量警戒、預防性疏散避難、劃定土石流影響範圍等，以降低土石流致災威脅。爲此，我國自1990年推動以預警系統作爲土石流

非工程預防措施工程措施，透過各種先進儀器進行發生前的早期偵測或發生時的即時觀測。首先在1992年於花蓮縣銅門村建置國內第一座土石流預警系統，同年花蓮、臺東與南投等地陸續完成6座預警系統，1998年又增設6座，截至1999年底爲止，全省共建置18座土石流預警系統。

此期間建置之土石流預警系統係以雨量爲指標，利用有效雨量強度和有效累積雨量間之變動情形，在土石流未發生之前，據以發布「中歷時預報」和「短歷時警報」，以達到避災及減災之目的。然而，引發土石流的相關因素中，除了由雨量作爲主要的激發因素以外，還必須有土砂料源和溪流底床坡度兩項潛在因素的配合，始能爲土石流創造有利發育的環境；換言之，雨量因素固然重要，但不夠全面，即使可以掌握土石流和雨量間的長期相關性，還是不能保證可以準確地預測土石流的發生規律，這可從過去十年間土石流預警系統運作的經驗得到證實。此外，當時欠缺先進之通訊傳輸技術，使得觀測資料無法立即且完整地回傳，亦導致監測功能難以發揮。

直到2002年，爲了因應1999年921大地震及2001年桃芝和納莉颱風等重大天然事件，對臺灣山體穩定及土石流致災之影響，因而採用衛星通訊作爲主要通訊傳輸工具，並分別於苗栗縣白布帆及南投縣九份二山、上安、神木、郡坑及豐丘等6處建置新型土石流觀測系統。由於新建土石流觀測系統業已排除以往通訊傳輸的瓶頸，觀測效率獲得顯著地提升，於是陸續完成新北市大粗坑、花蓮縣鳳義坑、臺東市射馬干、雲林縣華山、嘉義縣豐山、花蓮縣大興、臺中市松鶴、臺南市羌黃坑、高雄市集來、屏東縣來義、臺東縣大鳥等11站，統計至2010年爲止已建置完成17處固定式的土石流觀測站。

傳統固定式土石流觀測站僅能以「守株待兔」方式觀測特定溪流一定範圍的土石流動態，欠缺機動性和彈性，於是有了建置可移動方式的觀測站需求。行動式土石流觀測站係以車載爲主，包含觀測儀器、展示系統、電力系統、通訊系統及資訊系統等五大部分組成。行動式土石流觀測站是按海上及陸上颱風警報預測豪雨之分布狀況，選擇降雨集中且土石流發生機率較高之溪流，將行動式觀測站（車）拖運至預先選定位置進行現場安裝架設，以擷取現地溪流之動態，俟豪雨之後再行移回，相較於固定式土石流觀測站，行動式觀測站（車）機動性高，可依降雨分布狀況進行觀測區位之選定和調整，較具彈性，且易於保養維護，亦能減少固定式土石流觀測站之建置數量。

除了行動式土石流觀測站外，以人力背載方式的簡易型土石流觀測模組也被發展。簡易式土石流觀測站係以觀測者背負爲主之觀測模組，包含觀測設備模組、資料處理模組、通訊網路模組、電源控制模組、人機介面模組與機箱主體等六大架構，其中觀測儀器設備包括輕量型雨量計、探針式土壤含水量計、地聲檢知器與輕量型攝影機等。

不論是固定式、行動式或簡易型土石流觀測站皆將所有資訊處理、通訊傳輸及電力供應等集中於儀器屋、車輛或人員身上，而各項觀測設備則多以有線或短距離無線方式向外延伸，惟因延伸距離畢竟有限，不易擴大其有效的觀測範圍；且因存在道路可及、通訊傳輸及電力等問題，也無法深入溪流上游段直接觀測土石流發生的完整過程。爲此，自2011年起，打破以集中式觀測站模型，而改以將觀測儀器、資訊處理、資料傳輸及電力等設備極小化後，經系統整合並建置於桿件上，構成獨立之觀測點，如圖11-17所示。此類型觀測站可以將衆多的獨立觀測桿件散置於集水區的各個點位，具有由點到面的觀測效果，屬於比較嶄新的觀念及作爲，有別於既有的觀測站，包括：

一、由桿件所構成的觀測點可以獨立執行長時間的觀測任務。

二、各觀測點皆具有無線傳輸功能，可以在廣大區域內布設多個觀測點，如散出的螞蟻雄兵，在廣大的範圍構成觀測網絡，故稱之爲網絡型土石流觀測站。

三、各觀測點具有傳輸中繼點之功能，可以依觀測目的延伸拓展其觀測點及範圍。

四、觀測點占地面積有限，且體積小，具有機動效能，可以隨時因應觀測需求而進行遷移或快速新建觀測站。

圖11-18爲網路型土石流觀測站的基本架構。圖中，由位於集水區中、上游之衆多觀測點構成觀測站的主體，不僅可以觀測坡面及溪流之水砂動態，同時兼具傳輸中繼站之功能，將延伸至上游坡面上小型觀測點的觀測資料進行回傳，並將部分資訊傳給在地民衆及區域應變中心，最後則將所有觀測資料由區域資料匯集站傳回中央應變中心。如圖11-19爲依據上述架構於宜蘭線大同鄉寒溪集水區所建置之土石流（含土砂）觀測站。本觀測站係分布於半徑約5.0公里範圍的16個各類型獨立觀測點及其延伸觀測點所組成，各觀測點間皆以無線傳輸方式將觀測資訊回傳至匯集點，且各觀測點間資訊互爲聯結，形成內部網路系統（mesh），以保證觀測資料的完整性。

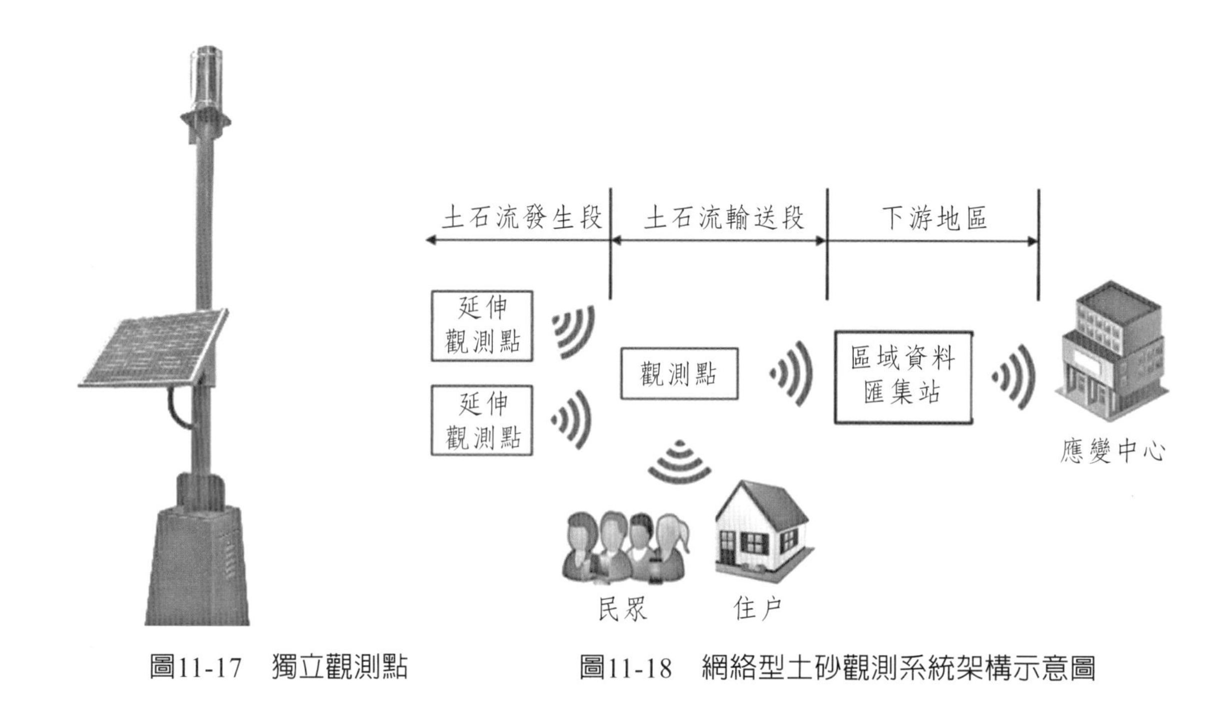

圖11-17　獨立觀測點

圖11-18　網絡型土砂觀測系統架構示意圖

11-3-2 土石流觀測基本架構及運作方式

土石流觀測基於土石流發生、運動、危害的各個階段之特點的，採用雨量計、水位計、地聲檢知器、鋼索檢知器、土壤含水量計、坡面傾斜計、地表位移計及遠紅外線攝影機等子系統和資料匯集中心組成土石流自動化觀測系統，如圖11-20所示。在整體架構上，該系統位於土石流發生至少設置一套自動雨量觀測點，以及坡面位移計、傾斜計或土壤含水量計（亦可視邊坡條件布設於土石流輸送段兩測邊坡），作爲觀測坡面土砂變形的基本設備；位於土石流輸送段，除了視溪流斷面條件設置系列鋼索檢知器外，必須於適當斷面設置自動水位計及輔助系統（如地聲檢知器、遠紅外線攝影機等）；下游堆積區則以遠紅外線攝影機及資料匯集中心爲主，不過應通過嚴密的測試各子系統與資料匯集中心之間的無線傳輸效能。

本系統各觀測點子系統採集的災害資訊通過傳輸網路匯集到資料匯集中心，它是全自動觀測系統的樞紐，負責全部子系統的資訊收集、處理、儲存、回傳及數據分析等任務。在理想的運作狀況下，當土石流於發生區出現降雨時，雨量觀測子系統開始採集雨量數量，並將降雨資訊傳回資料匯集中心；當累積降雨量（或降雨強度）達到和超過土石流形成的警戒雨量値時，首先發出土石流預報；隨著降雨的持

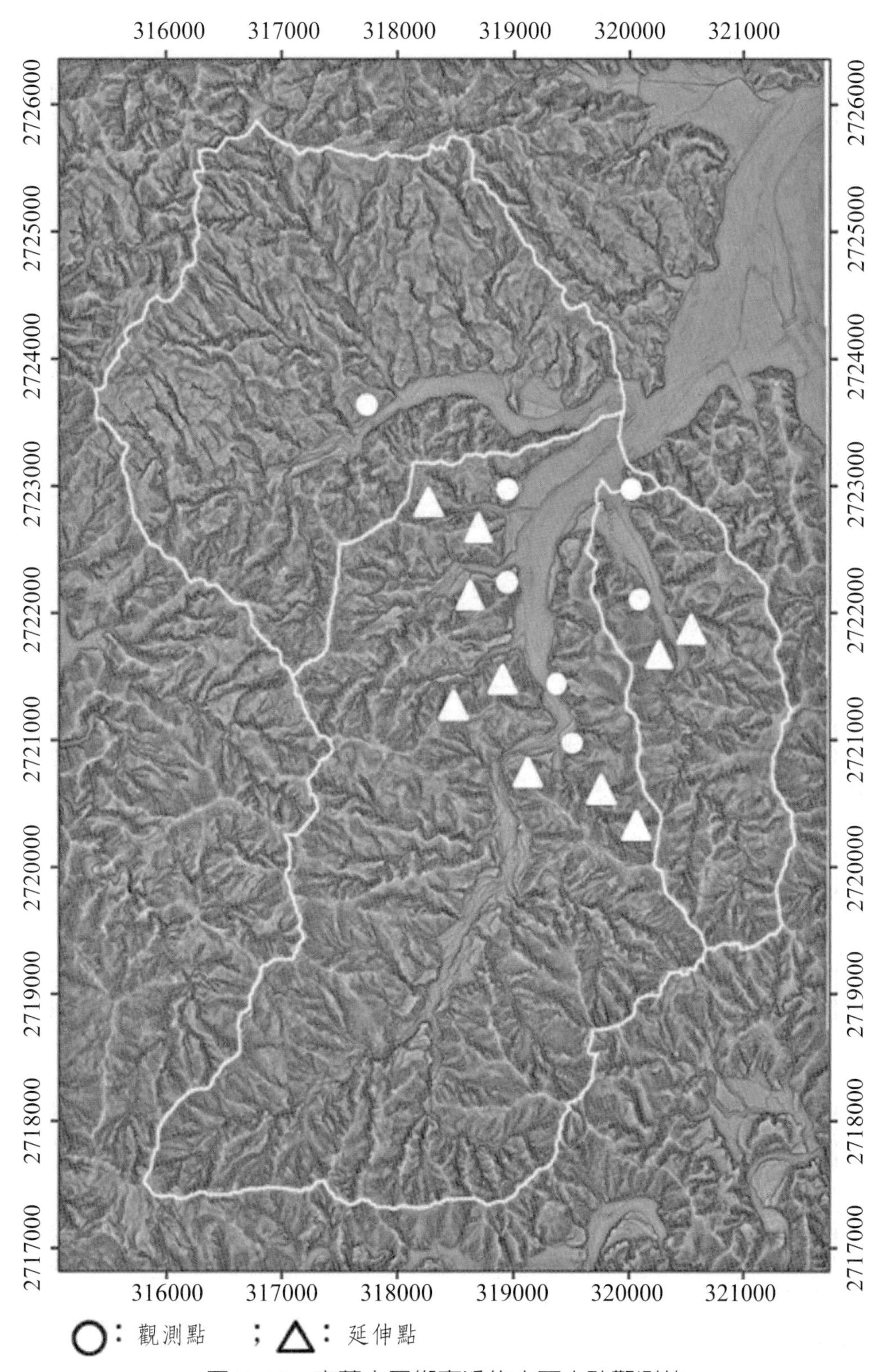

圖11-19　宜蘭大同鄉寒溪集水區土砂觀測站

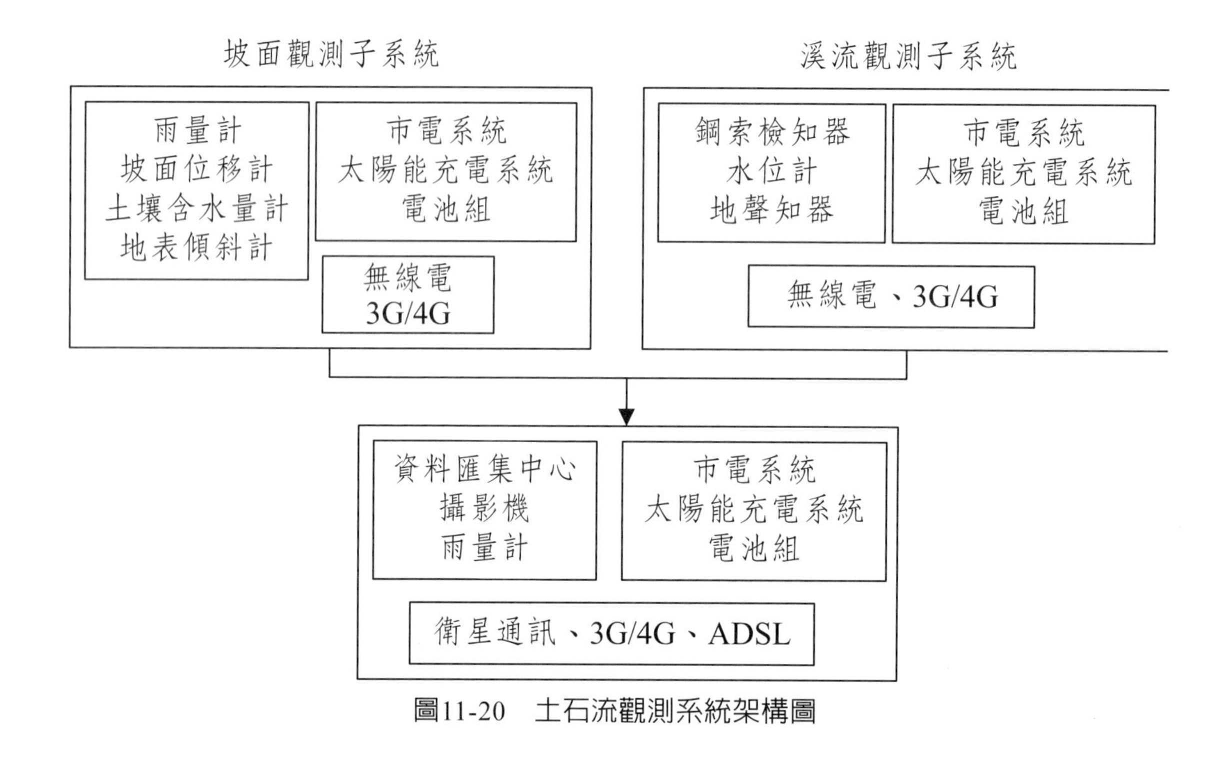

圖11-20　土石流觀測系統架構圖

續，從坡面土體位移或傾斜、溪流水位、鋼索檢知器等事發型觀測儀器所採集之數據，回傳至資料匯集中心進行即時的分析和研判，並視溪流實際的水、砂動態和可能的演變趨勢，適時發布土石流警報。在整過過程中，各個子系統都將各種資訊數據通過有線或無線方式不斷地傳輸送到資料匯集中心。在資料匯集中心，利用計算機對這些數據進行分析處理，可以即時在線顯示各種觀測儀器的變化和趨勢，據以發布土石流預報和警報。

11-3-3 土石流觀測基本功能

作爲非工程災害預防功能之土石流觀測系統，必須肩負偵測及提供土石流發生前的各種徵兆，以作爲土石流預警（含預報及警報）發布之依據。因此，土石流觀測系統必須具備三個必要的功能，即

一、掌握集水區坡面及溪流水、砂運移的基本規律

以網路型土石流觀測系統爲例，根據影像、雨量計、水位計、土壤含水量計、

地面傾斜計及鋼索檢知器等觀測資料，匯集於集水區內之觀測資料匯集點後，以各觀測點所在小集水區為單元進行資料處理及關聯性分析，如圖11-21所示。圖中，依據各種觀測資料類型可以概分為：1.坡面土體觀測；2.溪流水砂觀測；及3.集水區土砂收支分析等三大部分。整體架構係以溪流水、砂觀測包括降雨量、水位及特定斷面變形測量為主，藉以分析特定降雨事件之降雨逕流關係，以及由特定斷面變形資料驗證溪流一維動床數值模型，預測不同降雨事件溪流土砂運移的後果及變遷

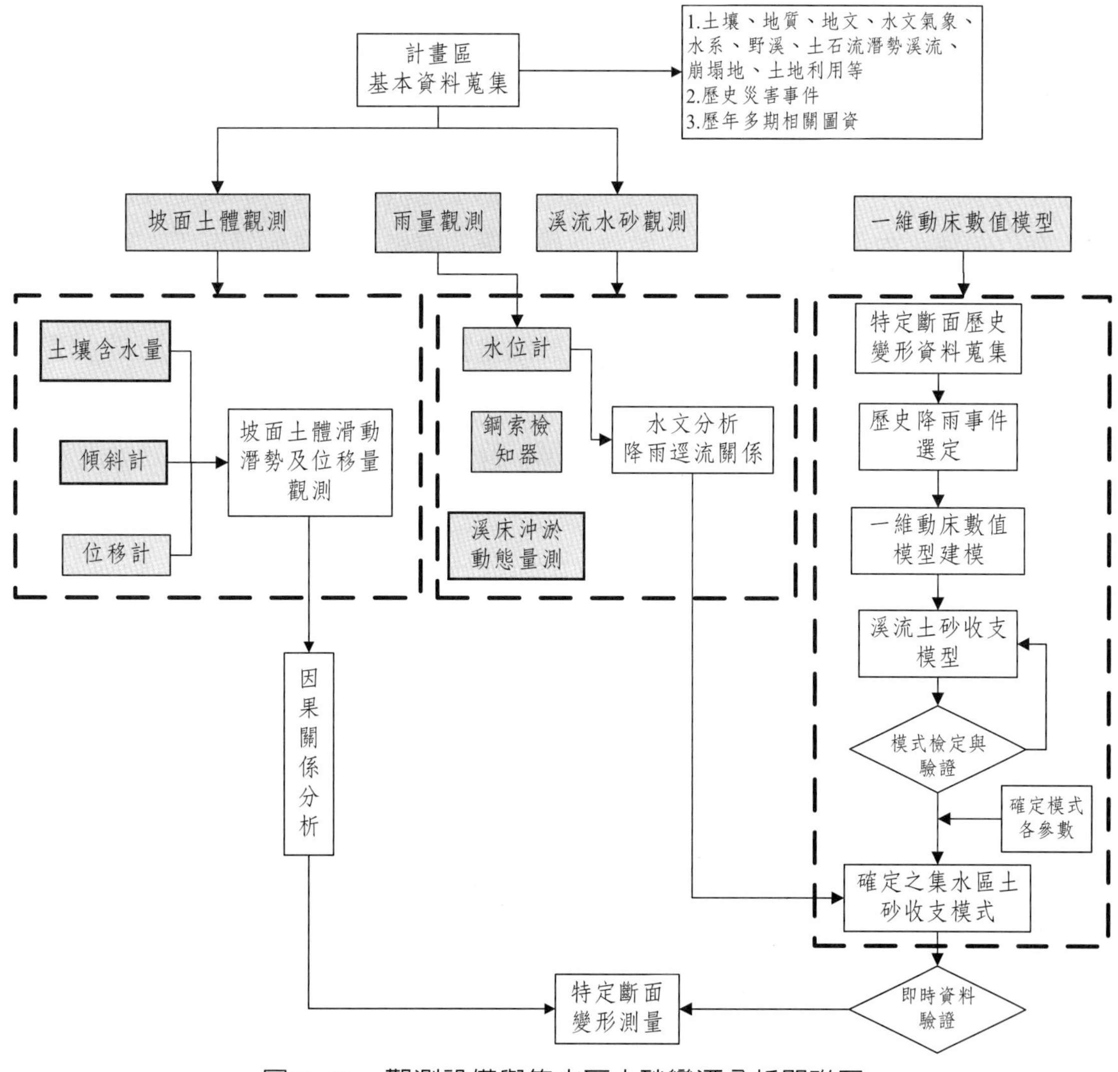

圖11-21　觀測設備與集水區土砂變遷分析關聯圖

資料來源：104年宜蘭寒溪與苗栗火炎山集水區土砂觀測站設備精進擴充與維運計畫，2016

趨勢，再根據預測情形比對坡面觀測設備包括位移計、傾斜計及土壤含水量計等儀器之觀測結果。此外，雨量計觀測資料為坡面及溪流相關分析不可或缺的基本資料，而影像資訊可以展現現場環境變異之即時實況，不僅可以提供擬現場目測效果，有助於直接判釋集水區（含坡面及溪流）土砂或洪流災害，亦可作為其他觀測資料（如水位、鋼索檢知器等）研判之比對用途，相當重要。

二、雨量警戒的研究

土石流的發生必須具備三個必要條件：固體物質條件、水源條件和溪床坡度條件。對於暴雨型土石流而言，降雨不僅是土石流體的主要組成部分，也是土石流激發的決定性因素。在同一條土石流潛勢溪流中，當無地震等極端事件發生時，集水區內溪床條件在一定時間內，可認為是相對穩定的，而降雨條件和固體物質的儲備分布在集水區內存在一定的時空變化，因而成為土石流是否發生的決定性因素。因此，在已知溪床內可形成土石流的鬆散固體物質的儲備及分布的情況下，利用降雨資料預測土石流是國內外目前通行的一種方法。利用降雨條件（累積雨量或降雨強度）對土石流發生進行預報警戒，關鍵在於雨量警戒值的確定。由於不同集水區的水文條件、氣象條件、植被條件、地質岩性，土石流潛勢溪流的類型等多種因素的影響，雨量警戒值不是一個確定的值，對每一條土石流潛勢溪流都應該通過雨量觀測數據的專門的分析和研究，從而確定出激發土石流的最小雨量警戒值，達到預警之目的。

三、水位變化及臨界值設定

由降雨過程溪流水位的反應及其變動幅度可以提供預測集水區土砂運移狀況。當溪流水位在極短時間內呈現快速的上升或下降趨勢，皆意味著上游河道可能因外在因素介入而發生重大之變化。急劇下降時，可能是河道上游通水斷面遭大量土石阻塞所致，如堰塞湖即屬之；急劇上升時，可能是堰塞湖或臨時壩潰決，或是集水區上游發生高強度降雨，凡此均可能引發土石大規模運移而致災。此外，挾砂水流與土石流在流動過程中，水位高度之時間變化具有顯著的差異，前者水位歷線變化呈現逐漸上升趨勢，歷線斜率較緩；而後者可以極短時間內出現急升或驟降之變化，其歷線斜率極為陡峭，甚至有不連續之現象，如圖11-22為水位計水位歷線變化型態與流態間之關係。

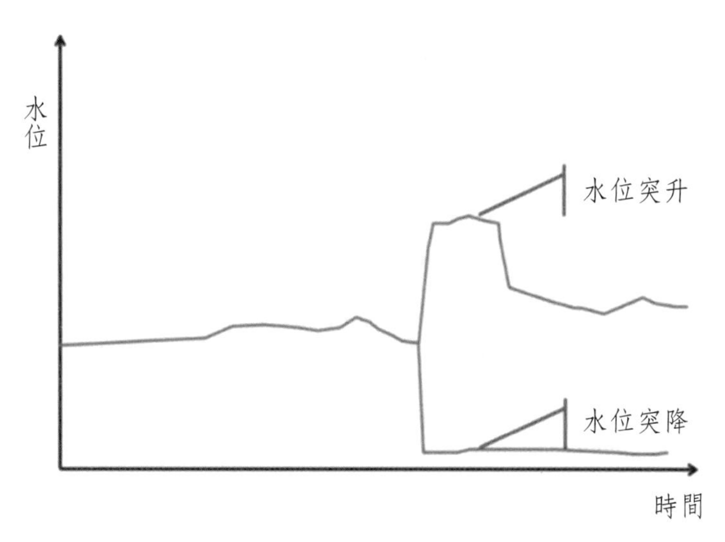

圖11-22　水位歷線變化型態與流態之關係圖

四、從土石流發生區土砂動態研判土石流發生的可能性

土石流形成的先決條件，常是溪流上游邊坡及河床因暴雨作用而有激烈的土砂運移現象，尤其是河岸崩塌及河床沖刷兩種土砂生產方式，提供大量且足夠的土砂料源，在暴雨激發之下因而發生土石流。因此，當土石流觀測系統可以深入溪流上游區域，直接偵測其土砂動態，才能有效掌握土石流的形成過程，適時發布短歷時警戒通報，及時疏散土石流影響範圍內的民眾，發揮災害預防之功能。但是，溪流上游通常位於崇山峻嶺的山谷，除了可供架設觀測站之安全位址不易尋獲外，也相當不利於偵測資料的對外傳輸，即便應用無線衛星傳輸方式，亦因山區峽谷兩側邊坡的阻絕而受到很大的限制。

五、土石流動態觀測

當土石流發生後，沿著河道作高速的流動過程，可以通過攝影系統取得土石流的流速、先端部巨礫分布、深度等多項運動特徵，以提供推求土石流運動特徵的規律。

11-3-3 土石流觀測建置計畫

確定觀測站建站地點或集水區之後，接著應就集水區內各種災害類型、可能發生區位、觀測儀器種類、交通可及性、通訊傳輸條件、電力供給條件等項目進行綜合規劃。

一、災害類型確定

觀測站主要觀測之災害類型，包括土石流、崩塌、大規模崩塌（或地滑）及含兩種以上災害類型（即複合型）等。因此，通過歷史災害點位及現地調查結果確認觀測站之觀測標的，以利後續觀測儀器及點位規劃之進行。

二、可能發生區位

掌握集水區內具有災害發生之潛勢區域，係與觀測點建置點位選取直接相關，故必須從歷史發生地點、現地調查及地方民眾訪談結果等各面向綜合評估後，研判各災害潛勢類型之發生區域，以作爲觀測點建置點位規劃之使用。

三、觀測點位址選定

觀測點位址應以能觀測到各種觀測標的爲佳，例如坡面崩塌災害觀測點必須設於不受崩塌土石影響及破壞之上游測或兩側穩定邊坡置；如屬土石流災害者，如以觀測其發生爲主，宜設於溪流上游段之河岸附近；如以觀測其發展及運移動態時，宜於溪流中游段設點；如以觀測其堆積性狀者，則溪流下游段是比較妥適之區位。除了考量觀測標的外，觀測點位址選定尚須考量以下四個重要因素，包括：

(一) 交通可及性

當可能發生災害點位確定之後，必須評估其交通可及性，這將影響土砂觀測站建置規模及後續維護安檢作業之可行性。交通可及性因子主要考慮是否有道路可以到達觀測站地點或其附近，以利於建站作業時，材料及設備的運送，並方便日後進行尋常性維護工作。另外，也提供在災時應變時，觀測站若有任何突發狀況，能夠讓工作人員快速到達現場，進行修復及故障排除。因此，在站址選定過程中，是否有道路可達應列入重要考慮因素之一。一般而言，交通可及性低者，較適合建置簡易且低耗電之觀測點。

(二) 電力供給問題

電力因素主要考慮爲市電的布設，由於觀測點多以市電爲主要供電來源，故建站地點應以能銜接市電之區位或範圍爲優先考慮。位於山區或溪流上游位置，因距離因素無法申請市電接線服務，不建議採用高耗電之觀測儀器（如攝影機），觀測點以簡易型爲佳。

(三) 通訊傳輸問題

觀測點之通訊傳輸，係以確保現地觀測資料回傳至應變中心之穩定性及持續性。根據固定式觀測站之點觀測及面觀測模組通訊傳輸方式得知，點觀測模組主要以ADSL（Internet）及衛星通訊與應變中心進行資料傳輸，而面觀測模組則分別採用ADSL（Internet）、GPRS、3G及無線電等，建立集水區內各觀測點、資料匯集點及應變中心等介面間之資料傳輸。

因此，當於集水區內初步選定觀測點位置後，應就各種通訊傳輸方式之訊號強弱進行基本測試，篩選出數種比較可靠的通訊傳輸方式，再交互聯結配置最佳之通訊傳輸模式，以利災時應變仍能發揮資料傳輸的最大功效。不過，爲避免觀測資料於應變階段，因通訊傳輸問題而遺失，一般在儀器屋（點觀測模組）或資料匯集點（面觀測模組）均應設置資料儲存裝置。

(四) 用地問題

用地是觀測點選址之必要考量因素之一，甚爲重要。在點觀測模組中，主要採用一保護空間來放置各項資訊、電力、通訊等設備，故需要建置觀測站主體（或儀器屋），不論是採用傳統混凝土結構物，或是不鏽鋼箱體設計等型式，皆需要一處可容納站體設備的土地來施做，依站體型式而有不同面積的要求，一般至少要有10m×10m或5m×10m的面積較佳；而面觀測模組方面，雖然土地面積需求較小（約1m×1m），惟亦有土地合法取得或借用問題。因此，取得土地合法使用權利已成爲觀測點選址之優先解決問題之一。

四、觀測儀器種類選定

觀測儀器種類端視觀測目的及期望達成的功能而定，一般可參考下列因素進行綜合性的考量，包括：

(一) 觀測標的：土石流屬溪流型土砂災害；崩塌（含地滑）屬坡面型土砂災害；而複合型則涵括坡面及溪流兩種土砂災害型態。

(二) 市電供給：係指有無市電供給，通常交通可及性較低之地區，多無市電供給。此外，因欠缺市電供給，故不宜安裝架設耗電型觀測儀器。

(三) 通訊傳輸：係指可以將觀測資料穩定地回傳至應變中心之各種有線或無線傳輸方式。

(四) 交通可及：係指觀測點位置有否各級道路到達之意因與觀測儀器設備之維護及安裝有關故在交通可及性較低之處所不宜安裝須常維護更新之設備。

(五) 觀測設備特性：綜合考量上述各項因素，並依各型觀測設備之耗電量及其可行通訊傳輸方式，據以選取適當之觀測儀器。

11-4 土石流預報與雨量警戒

土石流具有突發性及群發性特徵，容易造成人員傷亡及財產損失，因而準確的土石流預報，可以減少甚至避免災害的發生，是土石流防減災的重要措施之一。臺灣地區土石流潛勢溪流分布極廣，數量很多，但每條土石流潛勢溪流的發生頻率又難以預測，除了造成防災工作上的不確定性外，也容易造成人們對土石流災害警惕的放鬆而導致重大災害的發生。因此，開展土石流發生的時間預報研究，建立完善的土石流通報系統，已成為土石流防災應變的重要環節之一。

11-4-1 土石流預報分類

土石流預報可概分為定量及定性預報，前者係以土石流發生條件為基礎，當具體地區或溪流激發土石流的指標條件達到設定值時，隨即發出土石流可能發生之通報；後者則由土石流發生前之一些特殊現象或徵兆進行研判。

一、定量預報

根據不同的分類和標準，土石流定量預報主要有三種分類方式。

(一)依預報對象分類

根據預報對象的不同，可概分爲廣域型土石流預報及特定型土石流預報兩種。廣域預報是以大區域（如鄉鎮別）爲對象發布土石流發生可能的訊息，宏觀指導大區域內民衆的應變作爲；而特定型預報則是針對具體某條土石流潛勢溪流土石流發生可能性的預報，主要爲具有重要保全對象的土石流潛勢溪流提供預報服務，避免重大人員及財物的損傷。目前臺灣地區係採用廣域型（鄉鎮別）的土石流預報模式。

(二)依時間尺度分類

根據降雨發生的實際狀況，可概分爲中長歷時及短歷時兩種預報方式，如圖11-23所示。當中央氣象局發布某地區預測雨量大於土石流雨量警戒基準值，且實際降雨已達該地區雨量警戒基準值之30%（350mm含以下地區）或40%（400mm含以上地區）時，隨即發布該地區爲黃色警戒區，此爲中長歷時（數小時以上）土石流預報；當某地區實際降雨已達土石流警戒基準值時，隨即發布該地區爲土石流紅色警戒，此爲短歷時（約數小時內）土石流發生預報，屬於警戒避難階段，地方政府會執行勸告或強制其撤離措施。

(三)依預報指標分類

暴雨型土石流預報模式主要有兩種，一是基於降雨條件的土石流預報模式，另一是基於土石流形成機理的預報模式。基於降雨條件的土石流預報模式屬於統計模式（statistical model），爲目前較常採用的土石流預報模式；它是依據激發土石流的降雨條件，通過數理統計方法建立在不同區域內激發土石流的臨界降雨量。基於降雨統計的土石流預報模式的優點是計算快速，可應用於降雨期間即時的廣域土砂災害警戒；但缺點爲無法明確預測災害的類型、可能發生時間、地點及其規模（陳振宇，2013）。

基於土石流形成機理的預報模式，是根據降雨過程中土石流潛勢溪流發生區邊坡土體穩定及河床不安定土砂的動態，進行土石流的預報，屬於物理模式（physi-

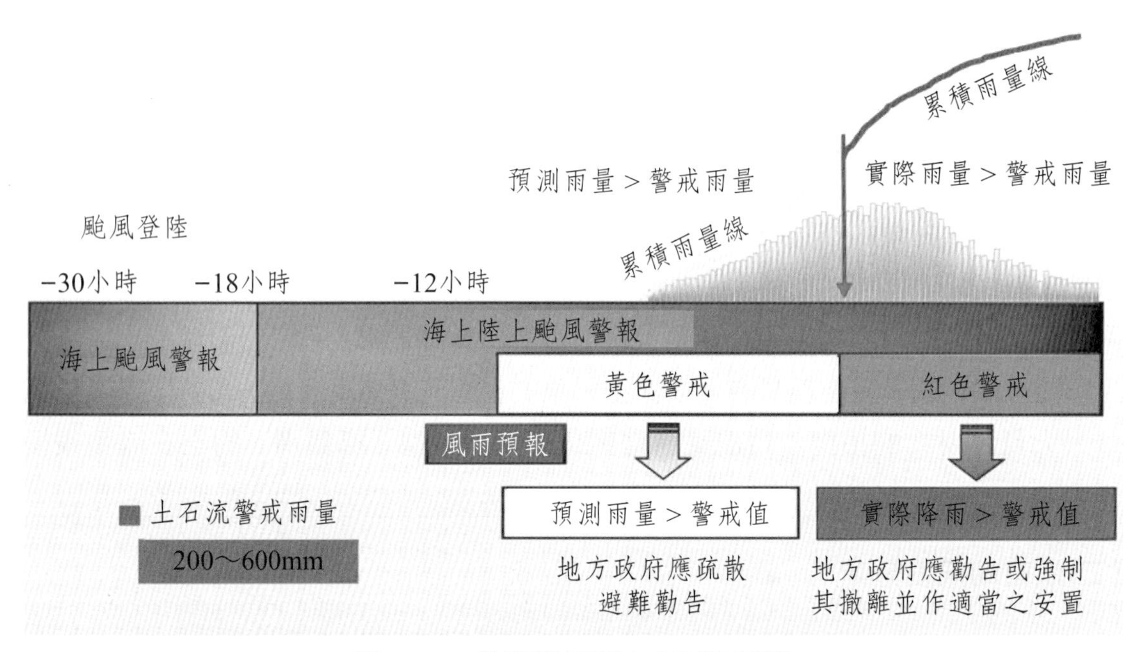

圖11-23　依時間尺度之土石流預報

資料來源：水土保持局，102年土石流警戒基準值檢討與更新，2013b

cally-based model）。從準確性評析，基於土石流形成機理的預報模式較純粹以降雨條件的預報模式，更能準確地反映土石流的形成條件及時間，適合特定土石流潛勢溪流的預報模型；而基於降雨統計的土石流預報模式，不僅適用於大範圍的土石流預報，且屬中、長歷時土石流預報模型，可以提供疏散避難作爲的更大操作空間。

二、定性預報

儘管已存在多種土石流定量預報的理論或經驗模型，但完全依靠這些模型並不能完全準確地預測土石流的發生與否。主要是因各個土石流潛勢溪流所處的地形及環境條件的差異，使得土石流發生規律具有極強的區域特徵。因此，有必要重視土石流潛勢溪流發生前一些徵兆的觀察及土石流所在集水區的監測資料，以發展定量預報模型與定性觀測成果系統性結合的綜合預報方法。

根據以往觀測結果得知，土石流發生前及流動時多會產生一些特殊的跡象或徵兆，包括：河水異變（渾濁、混帶流木、流量變大或變小）、異聲（山鳴、木頭斷裂倒塌聲、石頭撞擊聲）、異味（有腐敗的臭味）、動物異常行爲等，徵兆與土石流發生的可能及時間存在相關性，如表11-4所示。

表11-4　土石流發生前之可能徵兆

徵兆	徵兆發生原因	徵兆出現後土石流可能發生之時間			
		數小時前	一小時前	數分鐘前	發生土石流
附近已發生崩塌或土石流之現象	鄰近之坡面環境條件相似有可能發生崩塌或土石流	★	★	★	★
野溪流量突然增加	上游地區有豪雨或堰塞湖潰決	◆	◆	◆	◆
有異常的山鳴	崩塌地區有豪雨	★	★	★	★
泉水斷流	坡面崩塌、流路堵塞	～	★	★	★
溪水中帶有流木	發生崩塌或溪岸沖蝕	～	◆	◆	◆
溪水異常混濁	發生崩塌或溪岸沖蝕	～	★	★	★
溪流中有石頭摩擦聲音	溪流流量增大	～	◆	◆	◆
有怪臭味	上游發生崩塌，為上游腐植層之臭味	～	★	★	★
有樹木裂開之聲音	上游已發生土石流	～	★	★	★
動物有異常行為	發生人無法感受到的異常事情	～	★	★	★
溪水流量急遽減少	上游野溪堵塞	～	～	★	★
有「隆隆……」聲音	崩塌或土石流發生	～	～	～	★

標註符號說明：★＝發生可能性高；◆＝有發生可能。

11-4-2 土石流降雨預報模式

雖然基於土石流形成機理的預報模式可以獲得較準確的預報結果，惟仍處於研究階段，尚未建立足以信賴的預報模型。因此，目前普遍使用的土石流預報模式係以中長歷時的降雨條件爲主。

自1980年代起臺灣展開土石流的相關研究以來，一直很重視促發土石流的降雨特徵問題。李三畏（1981）研究指出，當一場豪雨的日雨量達到247mm，降雨強度達88mm/hr時，就可能導致桃、竹、苗地區發生土石流。江永哲及林裕益（1987）調查韋恩颱風造成南投信義鄉東埔村附近土石流災害之總降雨量達373.0mm，而最大日雨量爲219.8mm。游繁結及陳重光（1987，1988）調查南投信義鄉境內豐丘村的兩條土石流災區，並統計其激發土石流的雨量特徵，結果顯示豐丘土石流係分別由1985年尼爾森及1986年韋恩颱風所造成，其日雨量分別爲300.0mm及200mm；而十八重溪土石流災害事件之日雨量分別爲308.0mm及193mm。謝正倫等（1992）研究花蓮及臺東地區降雨與土石流的發生關係得知，誘發本區土石流發生的最大時雨量以113mm/hr爲上限，27mm/hr爲下限，而以65mm/hr爲代表（發生率50%），小於花蓮縣5年頻率降雨強度70mm/hr，顯示本區極易發生暴雨土石流。周憲德等（2013）研究火炎山礫石溝發生土石流之有效降雨量門檻值爲57.5mm，之後若降雨強度超過3mm/hr時，即可能觸發土石流。國外類似的研究，如表11-5所示（Guzzetti et al., 2007）。表中，各地區性（local）及區域型（region）土體破壞之日降雨量或累積雨量門檻值多數介於150～250mm之間，與國內相關研究結果頗爲一致。

表11-5　國外相關降雨特徵值研究成果一覽表

類型	地區國家	破壞類型	門檻值	備註
L	Hokkaido area, Japan	斜面運動	$R > 200$ mm	
R	Los Angeles area, California, USA	斜面運動	$R > 235$ mm	
R	Alamanda County, California, USA	斜面運動	$R > 180$ mm	
R	San Benito County, California, USA	斜面運動	$E > 250$ mm	
L	Llobregat valley, E Pyrenees, Spain	淺層崩塌、土石流	$R > 160$～200 mm	無前期降雨
R	E Pyrenees, Spain	斜面運動	$E > 180$～190 mm in 24～36 hr $E > 300$ mm in 24～48 hr	輕微淺層崩塌 大範圍地滑

類型	地區國家	破壞類型	門檻值	備註
L	Sarno, Campania Region, S Italy	斜面運動	$R > 55$ mm $R > 75$ mm	飽和火山碎屑土壤 下限值 上限值
L	Natal Group, Durban area, KwaZulu-Natal, South Africa	斜面運動	$E > 100\sim150$ mm in 2 hours	

註：R = 日降雨量；E = 累積雨量。R = region threshold; L = local threshold

對於特定地區土石流降雨特徵的研究，雖然是必要的，但因無法移用到其他地區，使得它的應用受到一些限制。於是，蒐集廣大區域的土石流與降雨特徵資料，通過數理統計方式建立土石流發生與雨量關係的經驗式，就獲得廣泛的應用。以降雨促發土石流及地滑崩塌之門檻值已有多種表達形式，而以降雨強度—延時（ID）形式最爲普遍，可表爲

$$I = c + \alpha D^{\beta} \tag{11.31}$$

式中，I = 平均降雨強度；D = 降雨延時；$c \geq 0$；α、β = 待定係數。蒐集彙整各國有關ID的經驗公式，如表11-6所示。表中，多數經驗公式之降雨延時介於1～100hr，降雨強度介於1～200mm/hr。從表中可以歸納出以下幾項特點，包括：

一、α值介於4.0～176.4，而β皆爲負值，介於$-1.50\sim-0.19$，顯示降雨強度與延時呈反比例關係。

二、對於長延時（$D > 500$hr）條件下，較小的降雨強度就能促發土石流及地滑崩塌，這與事實不符。在這種情況下，部分研究者設定降雨強度最小門檻值（即$c > 0$）來克服這個問題。例如，編號2、3、4等經驗式，指數$\beta = -1$或-2。

三、編號5、7、8等經驗公式具有$\beta = 1.0$及較高的降雨強度最小門檻值，顯示它們是屬於短延時強降雨的趨動類型。

四、以降雨強度門檻值的大小排序發現，地區性（L）>區域型（R）>全球型（G），這顯示降雨的統計特性與其面積直接相關，由點降雨量推估面降雨特性必然存在一定的差異。

五、全球型（G）降雨強度門檻值爲最小值，一般小於該值者，土石流及崩塌地滑是不會發生的。

表11-6 降雨促發土石流之降雨強度與延時關係

編號	類型	地區國家	公式	範圍
1	G	World	$I = 14.82D^{-0.39}$	$0.167 < D < 500$
2	L	San Francisco Bay Region, California	$I = 6.9 + 38D^{-1.00}$	$2 < D < 24$
3	L	San Francisco Bay Region, California	$I = 2.5 + 300D^{-2.0}$	$5.5 < D < 24$
4	L	Central Santa Cruz Mountains, California	$I = 1.7 + 9D^{-1.00}$	$1 < D < 6.5$
5	R	Indonesia	$I = 92.06 - 10.68D^{1.0}$	$2 < D < 4$
6	R	Puerto Rico	$I = 66.18D^{-0.52}$	$0.5 < D < 12$
7	R	Brazil	$I = 63.38 - 22.19D^{1.0}$	$0.5 < D < 2$
8	R	China	$I = 49.11 - 6.81D^{1.0}$	$1 < D < 5$
9	L	Hong Kong	$I = 41.83D^{-0.58}$	$1 < D < 12$
10	R	Japan	$I = 39.71D^{-0.62}$	$0.5 < D < 12$
11	R	California	$I = 35.23D^{-0.54}$	$3 < D < 12$
12	R	California	$I = 26.51D^{-0.19}$	$0.5 < D < 12$
13	G	World	$I = 30.53D^{-0.57}$	$0.5 < D < 12$
14	R	Peri-Vesuvian area, Campania Region, S Italy	$I = 176.40D^{-0.90}$	$0.1 < D < 1000$
15	R	NE Alps, Italy	$I = 47.742D^{-0.507}$	$0.1 < D < 24$
16	L	Rho Basin, Susa Valley, Piedmont, NW Italy	$I = 9.521 \times D^{-0.4955}$	$1 < D < 24$
17	L	Rho Basin, Susa Valley, Piedmont, NW Italy	$I = 11.698D^{-0.4873}$	$1 < D < 24$
18	L	Perilleux Basin, Piedmont, NW Italy	$I = 11.00D^{-0.4459}$	$1 < D < 24$
19	L	Perilleux Basin, Piedmont, NW Italy	$I = 10.67D^{-0.5043}$	$1 < D < 24$
20	L	Champeyron Basin, Piedmont, NW Italy	$I = 12.649D^{-0.5324}$	$1 < D < 24$
21	L	Champeyron Basin, Piedmont, NW Italy	$I = 18.675D^{-0.565}$	$1 < D < 24$
22	L	Blue Ridge, Madison County, Virginia	$I = 116.48D^{-0.63}$	$2 < D < 16$
23	G	World	$I = 7.00D^{-0.60}$	$0.1 < D < 3$
24	R	Central Taiwan	$I = 13.5D^{-0.20}$	$0.7 < D < 40$
25	R	Central Taiwan	$I = 6.7D^{-0.20}$	$0.7 < D < 40$

註：L = local threshold; R = region threshold; G = global threshold

除此之外，表中各局部及區域型經驗公式受到地形、岩性、水文及氣候等因素影響，無法移用至鄰近地區。因此，部分研究者以代表區域長期氣候條件—年均降雨量（mean annual precipitation）代入式（11.33）予以正規化，如表11-7所示。

表11-7 降雨促發土石流之正規化降雨強度與延時關係

R	Indonesia	$I_{MAP}=0.07-0.01D^{1}$	$2<D<4$
R	Puerto Rico	$I_{MAP}=0.06D^{-0.59}$	$1<D<12$
R	Brazil	$I_{MAP}=0.06-0.02D^{1}$	$0.5<D<2$
L	Hong Kong	$I_{MAP}=0.02D^{-0.68}$	$1<D<12$
R	Japan	$I_{MAP}=0.03D^{-0.63}$	$1<D<12$
R	California	$I_{MAP}=0.03D^{-0.33}$	$1<D<12$
R	California	$I_{MAP}=0.03D^{-0.21}$	$0.5<D<8$
G	World	$I_{MAP}=0.02D^{-0.65}$	$0.5<D<12$
R	Central Alps, Lombardy, N Italy	$I_{MAP}=2.0D^{-0.55}$	$1<D<100$
R	NE Alps, Italy	$I_{MAP}=0.026D^{-0.507}$	$0.1<D<24$
L	Blue Ridge, Madison County, Virginia	$I_{MAP}=0.09D^{-0.63}$	$2<D<16$
L	Cancia, Dolomites, NE Italy	$I_{MAP}=0.74D^{-0.56}$	$0.1<D<100$

註：I_{MAP} = 降雨強度／年平均降雨量

以累積降雨量及其延時作為促發土石流之門檻條件，也有很多的研究成果。Innes（1983）採用全世界35場暴雨促發土石流事件的累積雨量及其延時，給出了累積雨量與延時的指數公式，即

$$P = 4.9355D^{0.5041} \tag{11.32}$$

式中，P = 累積雨量（mm）；D = 降雨延時（hr）。基於上式，當累積雨量$P < 4.9355D^{0.5041}$時，是不會發生土石流的。Kanji et al.（2003）也蒐集不同區域降雨土石流及崩塌的降雨延時資料，並獲得降雨之門檻值為：

$$P = 22.4D^{0.41} \tag{11.33}$$

由式（11.32）及（11.33）代入24hr的降雨延時，則累積雨量分別為25mm及82.4mm，皆明顯小於我國以往的研究結果。

林啓源（1991）以臺灣之土石流發生雨量特性進行分析，並比較美國、日本、加拿大既有的研究成果，獲得以下重要的結論包括：

一、Caine（1980）土石流發生降雨延時和降雨強度公式適用於臺灣地區，即

$$I = 14.82D^{-0.39} \tag{11.34}$$

式中，I = 降雨強度（mm/hr）；D = 降雨延時（hr）。

二、Cannon-Ellen（1985）研究San Francisco Bay Region的土石流發生臨界降雨量公式，可表為

$$(I_r - I_o)D = Q_c \tag{11.35}$$

式中，I_r = 降雨強度（mm/hr）；I_o = 飽和滲透率（= 6.86mm/hr）；Q_c = 限界水量（mm），Q_c = 38.1mm。經林啓源比較分析結果，當降雨延時小於30hr時，Cannon-Ellen（1985）較Caine（1980）公式更能吻合造成臺灣地區土石流起動的降雨狀況。

三、池谷浩（1973）研究指出，當雨量 > 60mm；最大1小時雨量 > 20mm/hr時，可能暴發土石流，而臺灣土石流發生雨量 > 150mm；最大1小時雨量 > 40mm/hr，比較日本的研究結果為高。

四、臺灣土石流發生雨量至少大於150mm以上。

除了以降雨延時與累積雨量或降雨強度為主的分析模型外，採用累積雨量與降雨強度間建構一定的關係作為土石流發生的臨界條件，業已獲得很大的進展。謝正倫等（1995）應用多變量分析中之二群體區別函數法（two-group discrimination function method），以有效降雨強度及累積雨量繪製土石流臨界降雨線。范正成及林森榮（1997）以花蓮縣境內148條土石流潛勢溪流集水區為對象，採用雙參數土石流發生臨界降雨方程式，即

$$y = ax + b \tag{11.36}$$

式中，y = 有效降雨強度；x = 有效累積雨量；a、b = 待定係數，與土壤粒徑小於200號篩的重量百分比（細顆粒）、土壤粒徑大於4號篩的重量百分比（粗顆粒）、土壤孔隙比、溪床平均坡度及植生狀況等五項因子相關。此外，范正成等（1999）也以豐丘土石流為案例，通過費雪線性區別函數計算其臨界降雨方程式，可得

$$y = 238.7 - 16.15x \tag{11.37}$$

雖然臺灣地區有關土石流發生臨界降雨研究成果豐碩，但直到2002年才參考日本做法，使用中央氣象局十分鐘即時雨量資料，以雙線法模式，取有效累積雨量及降雨強度爲指標，以鄉鎮爲單位，依不同地區訂定土石流雨量警戒值，如圖11-23所示。土石流雨量警戒基準值指以歷史降水資料配合地文資料進行綜合分析研判，以鄉鎮別訂定土石流災害可能發生之警戒雨量。根據圖11-24顯示，如以臨界雨量線（critical line, CL）與有效累積雨量與有效降雨強度之交點作爲警戒基準值，警戒基準值累積雨量約位於150mm至455mm間，降雨強度界於15至40mm/hr間。

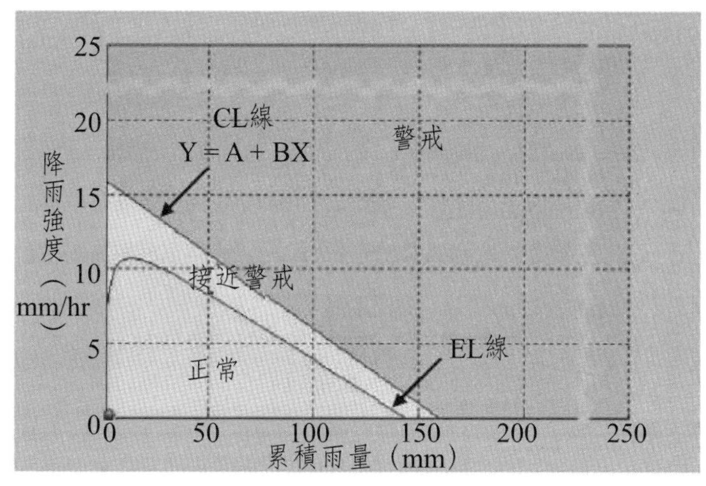

圖11-24　土石流警戒區發布模式（雙線法）

此外，日本從1984開展土石流警戒系統，其系統於颱風豪雨期間，利用實測雨量資料轉換爲短期雨量指標（Short-term Rainfall Index）及長期雨量指標（Long-term rainfall index），並繪於圖上形成蛇曲線（snake line）即臨界線，當曲線即將超過臨界線時就會發布土石流警戒，如圖11-25所示。在實務上很多地區缺乏災害之實例資料，且利用人工畫設臨界線缺乏客觀標準，所以日本自2005年開始於部分地區試用徑向基底函數網路（Radial Basis Function Network, RBFN）的方式來劃設臨界線，其輸入值爲土壤雨量指數（soil-water index）和雷達解析雨量資料（RAMeDAS analytical）以60分鐘爲一筆輸入。此方法採客觀方式劃設且不需實際災害案例，故2008年起日本開始全面使用此方式劃設警戒臨界線，如表11-8爲日本雨量指標之發展演變。

11-4-3 土石流雨量警戒基準值

雙線法模式係以有效降雨強度及累積雨量爲指標，在實際應用上仍有不足之處。因此，臺灣地區自2005年起即應用土石流發生的歷史資料及中央氣象局雨量

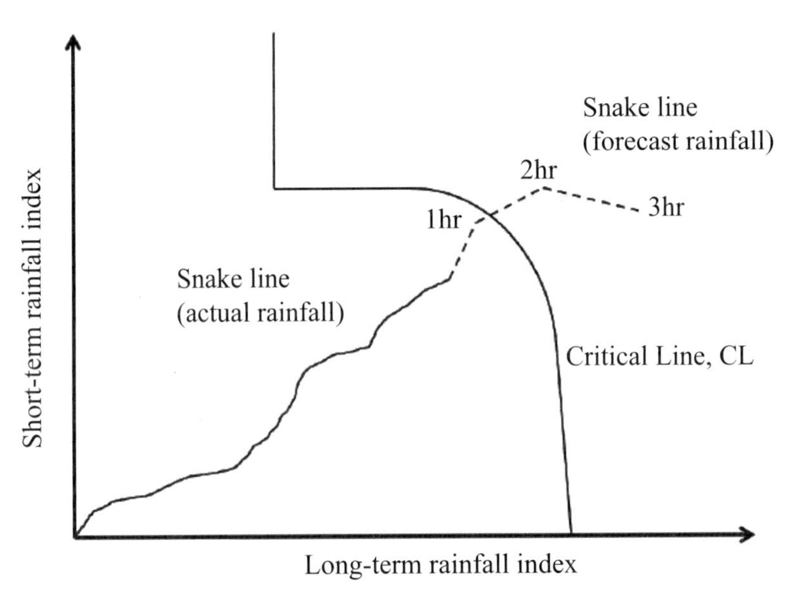

圖11-25　日本警戒雨量示意圖

表11-8　日本雨量指標發展演變（Osanai et al., 2010）

時間	短期雨量指標（Short-term Rainfall Index）	長期雨量指標（Long-term rainfall index）	方法
1984	60分鐘累積雨量	前期雨量（半衰期：24小時）	人工劃設
1993	前期雨量（半衰期：1.5小時）	前期雨量（半衰期：72小時）	人工劃設
2005～	60分鐘累積雨量	土壤雨量指數	徑向基底函數網路
前期雨量 $=\sum \alpha_i R_i$，其中i小時前的折減係數 $\alpha=0.5^{i/T}$，R_i為i小時前的時雨量，T為半衰期。			

數據，以降雨驅動指標（Rainfall Triggering Index, RTI）（即有效累積雨量及降雨強度之乘積）將具有相類似性質之土石流潛勢溪流集水區整合為一群集，以統計方法計算出同一群集之土石流降雨警戒雨量值，再行簡化為累積雨量，以訂定各地區之土石流警戒基準值，提供於疏散避難時之參考。其具體推估方法茲簡述如下：（詹錢登，2016）

一、雨場分割與有效累積雨量

激發土石流的直接雨量係指一場降雨的起始時刻至土石流發生時刻之間的累積雨量，稱為「直接降雨量」，惟因多數降雨皆由大大小小不連續的時間系列所組成，使得直接降雨量的起算時刻不太容易確定，於是必須先行進行雨場分割工作，以確定一場連續降雨。根據詹錢登（2002）研究結果指出，一場連續降雨係指在降雨時間序列中以時雨量大於4mm處為本次降雨開始時刻，而時雨量連續六小時均小於4mm處為該次降雨結束時刻，如圖11-26所示。其中，直接降雨量係指本次降雨開始時刻至土石流發生時刻的降雨，是本次降雨事件中對土石流發生有直接貢獻的降雨量，其累積雨量稱為本次前段降雨累積雨量；至於土石流發生後至結束之間的降雨，只能影響其流動規模，而土石流結束之後的降雨，對本次土石流的形成及規模則沒有影響。此外，本次降雨開始時刻之前的降雨，因與土體含水程度相

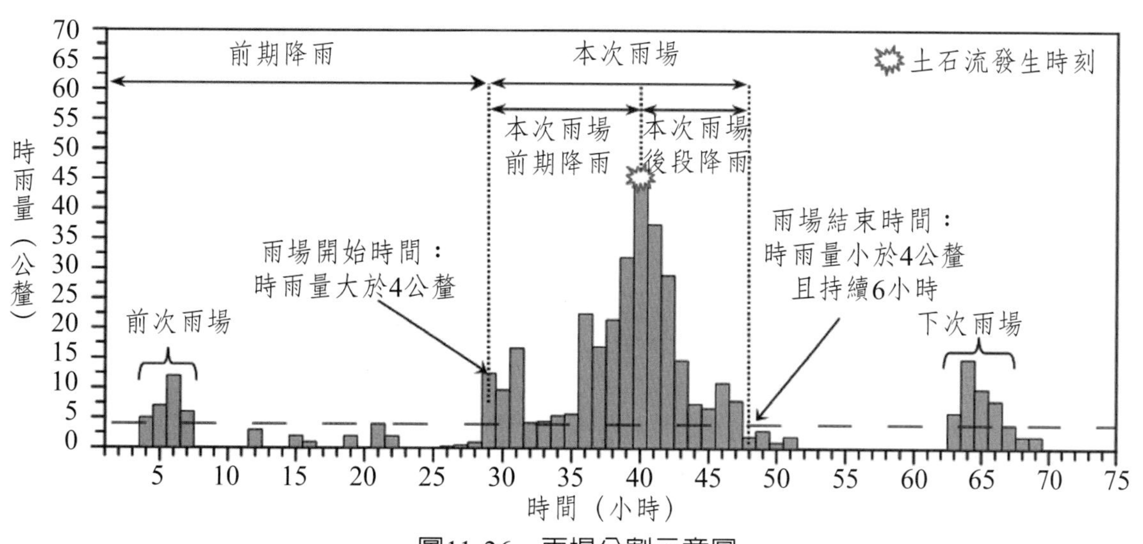

圖11-26　雨場分割示意圖

資料來源：詹錢登，2002

關，亦影響土石流的發生，稱爲「前期降雨量」。本次降雨之直接降雨量及前期降雨量之和，稱爲土石流發生的有效降雨量，可表爲

$$R_t = R_o + P \approx P_o + \sum_{i=1}^{N} \alpha^i R_i \tag{11.38}$$

式中，R_t = 土石流發生的有效降雨量；R_o = 本次降雨開始後至某時間之累積雨量（前段降雨）；P = 前期降雨量；R_i = 本次降雨開始t_o前i日（24小時）雨量；N = 考量前期降雨之天數，一般N = 7天；α = 每日（24小時）雨量激發土石流效能衰減係數，取$\alpha = 0.7$或0.8。

二、降雨驅動指標

降雨驅動指標（RTI）係指降雨事件某時刻t的小時降雨強度$I(t)$（mm/hr）和該時刻之前的總有效累積雨量$R_t(t)$（mm）的乘積，用以作爲土石流發生警戒基準值之依據，即

$$RTI(t) = I(t)R_t(t) \tag{11.39}$$

在降雨事件中降雨強度及其累積雨量會隨時間的增加而有所變化，故降雨驅動指標也是隨著時間變化的。當降雨強度或累積雨量較大時，降雨驅動指標RTI值也會愈大。式（11.39）表一場降雨中的降雨驅動指標$RTI(t)$。對於土石流潛勢溪流集水區而言，$RTI(t)$值愈大表示降雨強度或有效累積雨量愈大，愈容易激發土石流。不過，$R_t(t)$之計算方式，與是否有明確的雨場開始時間t_o有關，茲分述如下：

(一) 當雨場開始時間t_o已知時之總有效累積雨量計算

將土石流事件發生時間t之前24小時內之降雨視爲前段降雨R_o，其小時（或60分鐘）雨量記爲$r_{60}(t)$，並且參照式（11.38）之表達方式，則本次降雨開始時間t_o至土石流事件發生時間t之累積雨量$R_t(t)$表爲

$$R_t(t) = R_o(t) + P = \sum_{j=m}^{t-t_o-m} r_{60}(t_o+j) + \sum_{i=1}^{m/24}[\alpha^i \sum_{j=24(i-1)}^{24i-1} r_{60}(t_o+j)] + \sum_{i=m/24+1}^{N}[\alpha^i \sum_{j=24(i-m/24+1)+1}^{24(i-m/24)} r_{60}(t_o+j)] \tag{11.40}$$

式中，當$0 < t - t_o < 24$小時，$m = 0$；當$24 \le t - t_o < 48$小時，$m = 24$；當$48 \le t - t_o < 72$小時，$m = 48$。例如，當本次降雨的時間範圍爲$0 < t - t_o < 24$小時，$m = 0$，其累積雨量$R_t(t)$可表爲

$$R_t(t)=R_o(t)+P=\sum_{j=0}^{t-t_o} r_{60}(t_o+j)+\sum_{i=1}^{N}[\alpha^i\sum_{j=24(i-1)+1}^{24i} r_{60}(t_o-j)] \tag{11.41}$$

當本次降雨的時間範圍爲$48 \le t - t_o < 72$小時，$m = 2$，其累積雨量$R_t(t)$可表爲

$$R_t(t)=R_o(t)+P=\sum_{j=48}^{t-t_o-48} r_{60}(t_o+j) + \sum_{i=1}^{2}[\alpha^i\sum_{j=24(i-1)}^{24i-1} r_{60}(t_o+j)]+\sum_{i=3}^{N}[\alpha^i\sum_{j=24(i-3)+1}^{24(i-2)} r_{60}(t_o-j)] \tag{11.42}$$

其餘雨場開始時間t_o至土石流事件發生時間t的時間範圍，則依此類推。以圖11-26爲例，本次降雨事件開始時間t_o = 29小時，而土石流發生時間t = 40小時，降雨強度I = 43mm/hr，則由式（11.41）可得，前段時間累積雨量$R_o(t)$ = 189 mm（$29 \le t \le 40$小時），而前期有效降雨量$P = 0.7 \times 39 + 0.49 \times 4 = 15.34$ mm（假設$t < 1.0$小時有好長一段時間沒有下雨），此時總有效累積雨量$R_t(t) = R_o(t) + P = 204.34$ mm，故由式（11.39）可得土石流發生時之降雨驅動指標RTI = 8,787mm^2/hr。

(二) 當雨場開始時間t_o未知時之總有效累積雨量計算

很多的情況是不清楚本次降雨的開始時間t_o，但必須計算任意時間t情況下之降雨驅動指標RTI(t)值時，可以採用下列簡單的方式計算某時間t之總有效累積雨量$R_t(t)$，即

$$R_t(t)=\sum_{i=0}^{N}[\alpha^i\sum_{j=24i}^{24(i+1)-1} r_{60}(t-j)] \tag{11.43}$$

上式計算方式係每小時（或每60分鐘）有一筆雨量資料，將時間t之前24小時內（$0 \le t - j < 24$小時）的降雨視爲本場降雨，而將時間t之前24小時前的降雨視爲前期降雨，前期降雨的衰減係數以每隔24小時計算一次，總有效累積雨量所涵蓋之時間爲N + 1天。距離某時間t前N + 1天以上的降雨，對於觸發土石流的影響較小，予以忽略不計。使用式（11.43）計算總有效累積雨量$R_t(t)$時，雖然是使用以每24小時間隔的衰減係數α，但是在計算時是隨著時間t的增加，以每小時順移的方式進行計算，比較不會導致$R_t(t)$因衰減係數因素突然發生下降的問題。臺灣地區目前使用N = 7

及$\alpha = 0.7$的方式計算總有效累積雨量$R_t(t)$。

三、臨界降雨驅動指標

由土石流潛勢溪流集水區的參考雨量站的雨量歷史資料，使用前述計算方法推求出各降雨事件所對應的代表RTI值後，應用統計的方法，並配合土石流發生事件紀錄，即可計算出不同的RTI特定值，如：RTI_{10}、RTI_{50}與RTI_{90}，下標數字代表土石流發生可能性，用以區分土石流發生機率之高低，訂定方法說明如下：

(一) 將歷年雨場之RTI值按照大小排列後，以韋伯（Weibull）法計算（參見3-4-5節）出歷年雨場RTI值較小的10%，記爲RTI_{10}（下警戒值）；換言之，RTI_{10}表示僅有10%的RTI值小於此值。

(二) 同樣將歷年雨場之RTI值按照大小排列後，計算出歷年雨場RTI值中的RTI_{90}，RTI_{90}表示有90%的RTI值小於此值，並記爲上警戒值。

(三) 上下警戒基準值（RTI_{10}與RTI_{90}）之間，以線性分布計算出其他的RTI特定值（如RTI_{50}或RTI_{70}等），其計算公式可表爲

$$RTI_M = RTI_{10} + \left(\frac{M-10}{80}\right)(RTI_{90} - RTI_{10}) \tag{11.44}$$

依據過去降雨事件的RTI值，以降雨驅動指標爲縱座標及降雨時間爲橫座標，可以建立土石流發生降雨警戒的下緣線（例如，$RTI = RTI_{10}$）及上緣線（例如$RTI = RTI_{90}$）。當降雨事件中某時刻的$RTI(t)$值低於下緣線，表示降雨事件中該時刻降雨激發土石流的可能性較低；當$RTI(t)$值高於上緣線，表示此降雨事件中該時刻降雨激發土石流的可能性較高。因此，按照RTI的大小，可以將土石流發生可能性區隔爲三個區域：高可能發生區、中可能發生區及低可能發生區，如圖11-27爲某土石流潛勢溪流集水區降雨事件與其對應之降雨驅動指標，並以RTI_{10}及RTI_{90}爲降雨警戒的下緣線及上緣線，將土石流發生可能性區隔爲：高可能發生區（$RTI > RTI_{90}$）、中可能發生區（$RTI_{10} < RTI < RTI_{90}$）及低可能發生區（$RTI < RTI_{10}$）等三個區域。

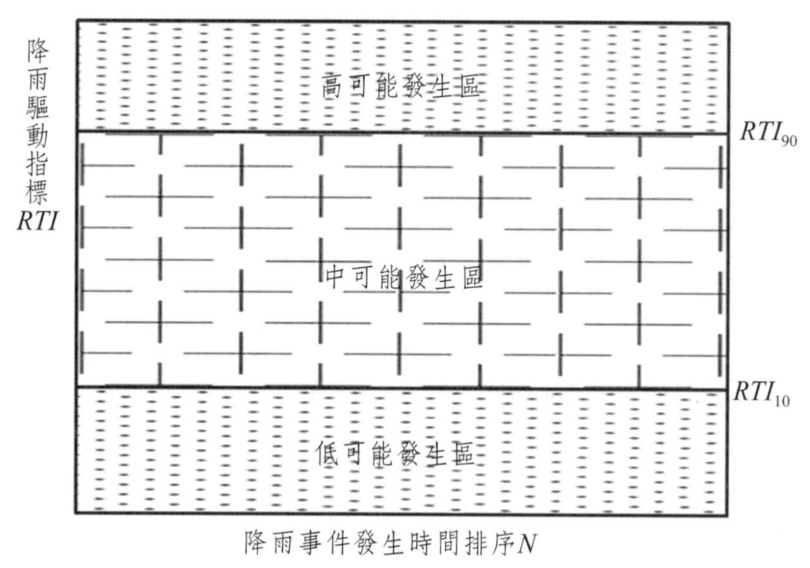

圖11-27　以降雨驅動指標劃分土石流發生可能性

四、土石流警戒基準值

從實務的角度，降雨驅動指標具有一定的專業性，民眾是不易理解的，這將不利於防災工作之推動，實有必要加以簡化。因此，爲了讓一般民眾也能了解土石流降雨警戒之意義，水土保持局自2005年起建立以有效累積雨量作爲土石流降雨警戒基準值（rainfall threshold value for debris flow warning）。

土石流警戒基準值訂定的方法是先以RTI_{70}爲土石流發生降雨驅動指標的警戒值，在設定小時降雨強度I = 10mm/hr的條件下，並以50 mm爲級距，將土石流降雨驅動指標警戒值RTI_{70}轉化爲以總有效累積雨量爲指標的土石流警戒基準值R_{tc}擬定值。例如，RTI_{70} = 3,450mm^2/hr，RTI_{70}/10 = 345mm，再以每50mm爲級距，得到土石流警戒基準值R_{tc} = 350 mm。

土石流警戒基準值R_{tc}的訂定，經過多年實務操作及經驗累積，已從2005年4個級距（R_{tc} = 200、250、300及350mm等）演化至現行採用9個級距（R_{tc} = 200、250、300、350、400、450、500、550及600mm等），並以鄉鎮區爲單元，公告土石流潛勢溪流之土石流警戒基準值。（農委會水土保持局土石流防災資訊網，2016）

五、土石流警戒分級

土石流警戒基準值訂定過程及其後來的應用，需要符合土石流防災相關法令的規定及實務應用的配合，以確實達到土石流防災避災之效果。因此，根據農委會水土保持局土石流防災資訊網（2016）將土石流警戒區分爲「黃色警戒」及「紅色警戒」兩種，如圖11-22所示。

(一) 黃色警戒：當中央氣象局發布某土石流潛勢區的預測雨量大於土石流警戒基準值，且實際降雨量已達警戒雨量的30%（警戒雨量 ≥ 400mm）或40%（警戒雨量 > 400mm）時，隨即發布該地區爲黃色警戒區。黃色警戒發布後，地方政府負責告知土石流影響區內之民眾可能會發生土石流的訊息，並勸導民眾提早做好避難疏散準備或直接進行避難疏散。

(二) 紅色警戒：當土石流潛勢區的實際降雨量已經達到土石流警戒基準值時，隨即發布該地區爲紅色警戒區。紅色警戒發布之後，累積雨量已經很大了，隨時有可能發生土石流，地方政府應負責疏散土石流影響區域內的民眾到避難場所避難。

六、土石流警戒基準值更新

土石流警戒基準值並非一成不變的，隨著土石流發生事件及雨量資料紀錄的累積，以及地震和各區環境條件的改變，在一定程度上都會影響土石流之降雨警戒基準值，故有必要建立土石流雨量警戒基準值更新機制，以符合實際需求，有效提升土石流警戒發布準確度。據研究得知，可能造成土石流降雨警戒基準值改變的原因，包括：（詹錢登，2016）

(一) 新增雨量或土石流發生事件：土石流警戒基準值是依據土石流潛勢溪流集水區地文條件、歷年雨量資料及土石流發生紀錄而擬定，並考量當地居民避難疏散所需時間等因素而訂定。然而，有許多土石流潛勢溪流集水區的雨量資料時間很短，土石流發生事件也很少，甚至沒有土石流發生過的紀錄。因此，當有新增的雨量資料（尤其是颱風及豪大雨資料）或有新增的土石流發生事件時，則需要將這些新增雨量資料及土石流發生資料納入考量，重新分析以重新檢視原有土石流警戒基準值的適用性。

(二) 地震影響：地震可能造成坡面上大面積的土體崩塌，因而產生大量鬆散土砂，即使地震若無明顯造成崩塌，但其震度在一定規模（震度5級）以上，因震動搖晃亦可能影響到坡面上土壤之緊密程度，使得在較少的降雨事件下可能引發土石流，這表明地震可能會降低土石流警戒基準值。例如，1999年921大地震後，陳有蘭溪集水區有大量的鬆散土方，於2000年及2001年期間，即便雨量不是很大也引發許多的土石流。因此，受地震震度達5級以上影響之地區，需要進行土石流警戒基準值的檢討與更新。

(三) 新增崩塌影響：集水區發生新的崩塌事件後，原先植被覆蓋良好的斜坡變成裸露地，遇到降雨時，土壤入滲增加，坡面沖蝕嚴重，再加上新增崩塌後坡面上殘存的鬆散土砂，均爲後續土砂災害提供土砂材料，從而降低發生土石流所需的降雨門檻值。因此，集水區發生大面積崩塌後，有必要評估是否需要調整土石流警戒基準值。

(四) 新增土石流潛勢溪流或土石流警戒區：土石流潛勢溪流確定之後，並不是固定不變，而是每年進行檢討及更新。原先沒有納入土石流潛勢溪流的溪溝（或者土石流警戒區），經過土石流潛勢溪流調查、評估即劃定程序，可以納入土石流潛勢溪流的範圍內。當新的土石流潛勢溪流被納入時，需要爲它訂定合適的土石流警戒基準值。因爲該溪流先前沒有土石流降雨警戒基準值，需藉由參考鄰近參考雨量站之雨量資料以及其地文情況，進行該地區之土石流警戒基準值的推估。

(五) 其他因素：土石流警戒基準值之更新除了上述之考量外，更需考量實務操作上之各項可能影響，包含疏散避難之交通、溪床土砂堆積情況或土砂堆積位置、是否會有孤島效應（也就是部落對外交通完全中斷，救援困難之效應）或土石流警戒基準值調整之緊急程度等諸多因素。由上述可知，土石流警戒基準值之更新所需考量之因子相當多，而且有其因地制宜的特性。

綜合以上原因，農委會水土保持局提出常態性更新及立即性調整兩種類型土石流警戒基準值更新作業程序及方法，如圖11-28所示。

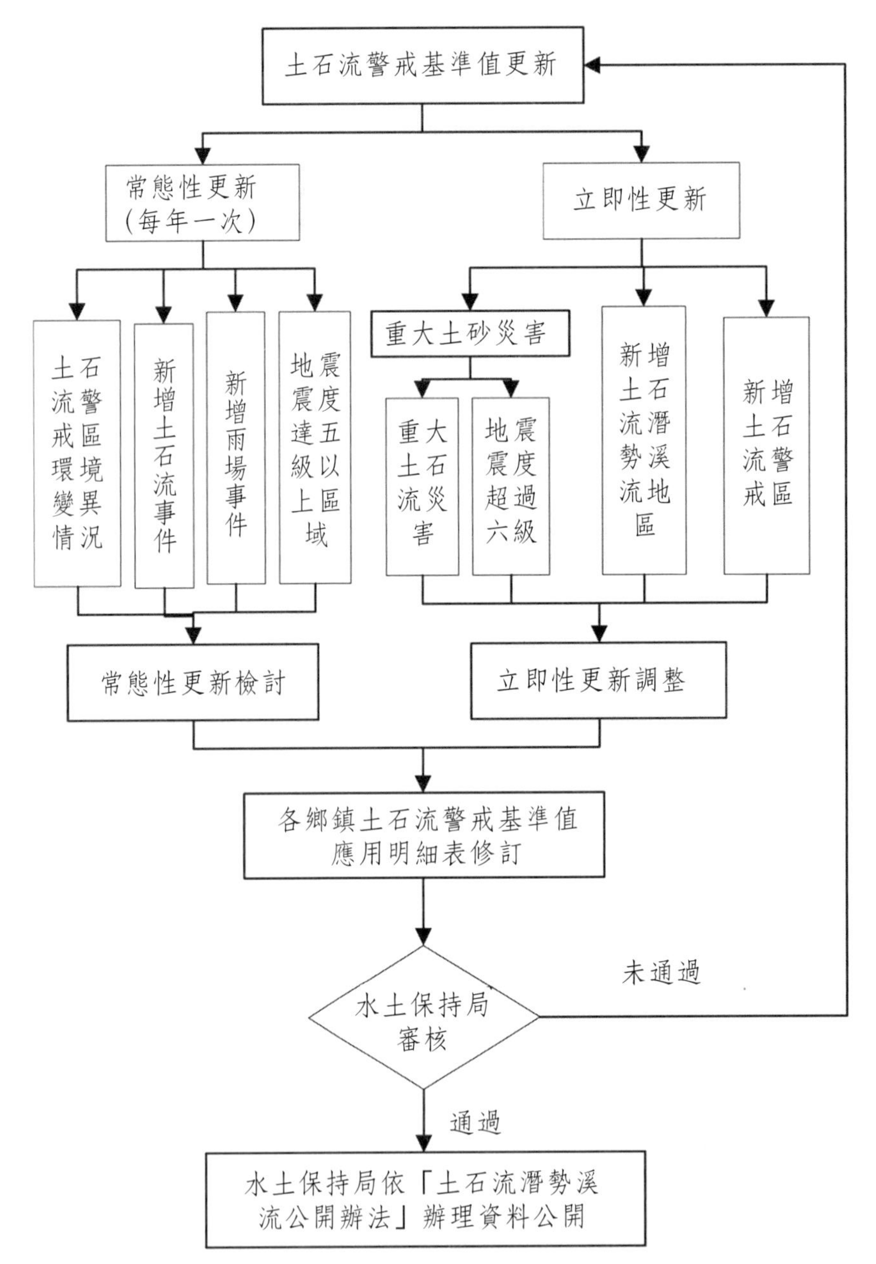

圖11-28 土石流警戒基準值更新標準作業程序

(一) 土石流警戒基準值常態性更新

1. 常態性更新週期爲每年一次。

2. 土石流警戒基準值常態性更新之考量要素，爲新增雨量事件、新增土石流事件、震度達5級以上（未達6級）之地震事件及土石流警戒區之環境變異概況。

(二) 土石流警戒基準值立即性調整

1. 重大土砂災害事件發生，以重大土石流災害及重大地震事件（震度6級以上）屬之，應依據各災區情勢對土石流警戒基準值提出調整建議。
2. 新增土石流潛勢溪流地區（位於既有土石流警戒區內），應檢討現行土石流警戒基準值有無更新之需要，若有應即檢討更新。
3. 新增之土石流警戒區（新增的土石流潛勢溪流，不屬於既有警戒區而需新增者），應根據歷年降雨資料、土石流發生事件及其地文資料等，以訂定土石流警戒基準值。

參考文獻

1. 江永哲、林裕益，1987，土石流堆積性狀之初步探討，中華水土保持學報，18(2)，15-27。
2. 李三畏，1981，從桃竹苗地區談坡地社區水土保持問題，現代營建，2(7)。
3. 林啓源，1991，土石流之發生雨量特性分析，中興大學水土保持學研究所碩士論文。
4. 周憲德、李璟芳、黃郅軒、張友龍，2013，火炎山礫石型土石流之監測與流動特性分析，中華水土保持學報、44(2)，144-157。
5. 范正成、林森榮，1997，土石流發生之水文及地文條件應用於土石流預警之初步研究，第二屆土石流研討會論文集。
6. 范正成、吳明峰、彭光宗，1999，臺灣地區道路橋涵系統土石流 危險區觀測與預警之研究，交通部研究報告。
7. 陳振宇，2013，以雨量為基礎之土砂災害警戒系統成效評估～以臺灣及日本為例，中華水土保持學報，44(1)，50-64。
8. 陳重光、游繁結，1988，十八重溪土石流災害之探討，農林學報，37(1)，1-18。
9. 游繁結、陳重光，1987，豐丘土石流災害之探討，中華水土保持學報，18(1)，76-92。
10. 游繁結、林成偉，1991，土石流堆積特性之初步探討，中華水土保持學報，22(2)，1-20。

11. 游繁結，1992，土石流堆積特性之探討（II）土石流之堆積形態，中華水土保持學報，23(1)，1-16。
12. 游繁結，1993，土石流堆積特性之探討（III）土石流重複堆積之特性，中華水土保持學報，24(1)，45-53。
13. 黃宏斌、蘇峰正，2007，土石流堆積長度研究，中華水土保持學報，38(2)，195-204。
14. 詹錢登，1994，土石流危險度之評估與預測，中華水土保持學報，25(2)，95-102。
15. 詹錢登，2002，坡地災害警戒值訂定與土石流觀測示範站之研究，行政院農委會水保局91年科技計畫報告。
16. 農業委員會水土保持局，2006，研擬土石流潛勢溪流資料管理與更新。
17. 農業委員會水土保持局，2010，研修土石流潛勢溪流影響範圍劃設方法。
18. 農業委員會水土保持局，2012，機械化土石流潛勢溪流影響範圍劃設與分析。
19. 農業委員會水土保持局，2013b，102年土石流警戒基準值檢討與更新。
20. 農業委員會水土保持局，2013，102年現地資料蒐集暨觀測站維護管理及設備更新計畫。
21. 農業委員會水土保持局，2016，土石流潛勢溪流劃設作業手冊。
22. 農業委員會水土保持局，2016，水土保持局全球資訊網。
23. 劉希林、唐川，1995，泥石流危險性分析，科學出版社。
24. 蔡元芳、臧運忠、黃信融、謝正倫、吳銘志，2000，土石流危險溪流調查與危險等級判定，第二屆全國治山防災研討會論文集。
25. 謝正倫、江志浩、陳禮仁，1992，花東兩縣土石流現場調查與分析，中華水土保持學報，23(2)，109-122。
26. 謝正倫、陸源忠、游保杉、陳禮仁，1995，土石流發生臨界降雨線設定方法之研究，中華水土保持學報，26(3)，167-172。
27. 謝正倫、吳輝龍、顏秀峰，1999，土石流特地水土保持區之劃定，第二屆土石流研討會論文集。
28. 鐵永波、唐川、倪化勇，2011，暴雨泥石流沖出距离預測，山地學報，29(2)：250-253。
29. 大阪府都市整備部，2012，土砂災害防止法に基づく区域指定について。
30. 小橋澄治，1979，土石流，新砂防特集，20-21。
31. 水原邦夫，1990，土石流による流出土砂量とその関連因子との関係，科學研究費「自然災害の予測と防災力」研究成果，48-53。
32. 山口伊佐夫，1985，防砂工程學，國立台灣大學森林學系譯，臺北。

33. 池谷浩，1973，全国土砂災害実態調査の結果，土木施工。
34. 池谷浩，1976，常願寺川扇狀地における危險度調査について，新砂防，100。
35. 池谷浩，1977，昭和51年9月17守家雨による小豆島の土石流災害に関する一考察，新砂防，103，24-28。
36. 池谷浩，1982，土石流災害調查法，砂防・地すべり技術センター，1-125。
37. 松村和樹、中筋章人、井上公夫，1988，土砂災害調査マニユアル，鹿島出版會。
38. 岩手県県土整備部，2015，土砂災害防止に関する基礎調査マニュアル（案）（共通編）。
39. 高橋保，1997，橫跨土石流潛勢區域之橋梁工程問題，土木工程防災系列研習會～橋梁工程系列四，10-12。
40. 高橋保，2004，土石流の機構と対策，近未來社。
41. 嶋大尚，2007，土石流・流木対策の技術指針に関する講習会－計画例・設計例－，（財）砂防・地すべり技術センター。
42. 奥田節夫，1973，土石流の現地調査について，京都大學防災研究所年報，16(A)，53-60。
43. 芦田和男、高橋保、奥村武信、横山康二，1976，台風5號、6號による仁淀川流域の土砂流出災害に關する研究，昭和50年度文部省科學研究費特別研究，昭和50年8月風水害に關する調查研究總合報告書，132-140。
44. Beguería, S., García-Ruiz, J.M., Lorente, A., Martí, C., 2007, Comparing debris flow relationships in the Alps and in the Pyrenees, Utrecht University Repository.
45. Caine N., 1980, The Rainfall Intensity-Duration Control of Shallow Landslides and Debris Flow, Geografiska Annaler, 62, 23-27.
46. Cannon S.H.,and Ellen S.D., 1985, Rainfall Conditons for Abuntant Debris Avalanches San Francisco Bay Region,California, California Geology, 38, 267-272.
47. Corominas, J. 1996. The angle of reach as a mobility index for small and large landslides. Canadian Geotechnical Journal 33, 260-271.
48. Crosta ,G. B., Cucchiaro, S, & Frattini,P. ,2002, Determination of the inundation area for debris flows through semiempirical equations, Proceedings of the 4th EGS Plinius Conference held at Mallorca, Spain.
49. Government of Japan., 1981, A guide of counter measures against debris flow disasters. Sabo

Div., Public Works Res. Inst., Min. Construction, and Jap. Civil Eng. J. 23(6-11) (translated into English).

50. Guzzetti, F., Peruccacci, S., Rossi, M., and Stark, C. P., 2007, Rainfall thresholds for the initiation of landslides in central and southern Europe, Meteorol. Atmos. Phys., 98, 239-267.

51. Horton, P., Jaboyedoff, M., and Bardou, E., 2008, Debris flow susceptibility mapping at a regional scale, Proceedings of the 4th Canadian Conference on Geohazards, edited by: Locat, J., Perret, D., Turmel, D., Demers, D., and Leroueil, S., Qu ebec, Canada, 20-24 May 2008, 339-406.

52. Hungr, O., Morgan, G. C. and Kellerhals, R., 1984, Quantitative analysis of debris torrent hazards for design of remedial measures. Can. Geotech. J. 21, 663-677.

53. Ikeya, H., 1976, Introduction to sabo works: the preservation of land against sediment disaster. The Japan Sabo Assoc., Toyko. 168 p.

54. Ikeya, H., 1981, A method of designation for area in danger of debris flow. In Erosion and sediment transport in Pacific Rim Steeplands, Proc. of the Christchurch Symp., Int. Assoc. Hydrol. Sci., Publ. No. 132:576-588.

55. Innes, J. L., 1983, Debris flows, Prog. Phys. Geog., 7, 469-501.

56. Kanji, M. A., Massad, F., and Cruz, P. T., 2003, Debris flows in areas of residual soils: occurrence and characteristics, Int. Workshop on Occurrence and Mechanisms of Flows in Natural Slopes and Earthfills, Iw-Flows2003, 14-16 May 2003, Sorrento, Patron ed., Bologna, 2, 1-11.

57. Montgomery, D. R. and Foufoula-Georgiou, E., 1993, Channel network source representation using digital elevation models, Water Resours. Res. 29, 3926-3934.

58. Osanai, N., Shimizu, T., Kuramoto, K., Kojima, S., and Noro, T., 2010, Japanese early-warning for debris flows and slope failures using rainfall indices with Radial Basis Function Network." Landslides, 7(3), 325-338.

59. Prochaska AB, Santi PM, Higgins J, Cannon S. H., 2008, Debris-flow runout predictions based on the average channel slope (ACS), Eng Geol 98, 29-40.

60. Rickenmann, D. and Zimmermann, M., 1993, The 1987 debris flows in Switzerland, documentation and analysis, Geomorphology 8, 175-189.

61. Rickenmann D., 1999, Empirical relationships for debris flows, Natural Hazards, 19, 47-77.

62. Rickenmann D, Hunzinger L, Koschni A., 2008, Hochwasser und Sediment transport w ¨ ahrend

des Unwetters vom August 2005 in der Schweiz. In: Mikos M, Huebl J, Koboltschnig G (eds) Schutz des Lebensraumes vor Hochwasser, Muren, Massenbewegungen und Lawinen. Interpraevent 26-30 May 2008, Dornbirn, Vorarlberg, Austria. Conference proceedings, vol 1. Internat. Research Society Interpraevent, Klagenfurt, pp 465-476

63. Takahashi, T., 1983, Debris flow and debris flow deposition. In Advances in the mechanics and the flow of granular materials. Vol. 2. M. Shahinpoor (editor). Trans Tech Publications, West Germany.

64. Takahashi, T., 1991, Debris Flow, Disaster Prevention Reserach Institute, Kyoto University, Published for the International Association for Hydraulic Research, the Netherlands.

65. Thurber Consultants Ltd., 1983, Debris torrent and flooding hazards, Highway 99, Howe Sound. Report to B.C. Min. Transportation and Highways, Victoria, B.C.

66. Thurber Consultants Ltd., 1985, Debris torrent assessment, Wahleach and Floods, Highway 1, Hope to Boston Bar Creek summit, Coquihalla Highway. Report to B.C. Min. Transportation and Highways, Victoria, B.C.

67. Thurber Consultants Ltd., 1987, Debris torrent hazards along Highway 1, Sicamous to Revelstoke. Report to B.C. Min. Transportation and Highways, Victoria, B.C.

68. Vandre, B. C., 1985, Rudd Creek debris flow, in: Delineation of landslide, flash flood and debris flow hazards in Utah, edited by Bowles, D. S., Utah Water Res. Lab., Logan, Utah.

索 引

一畫

二畫

三畫

四畫

五畫

六畫

七畫

八畫

九畫

十畫

十一畫

十二畫

十三畫

十四畫

十五畫

十六畫

十七畫

十八畫

十九畫

二十畫

二十一畫

二十三畫

二十四畫

國家圖書館出版品預行編目資料

土砂災害與防治／連惠邦著. ——初版. ——
臺北市：五南, 2017.09
面； 公分
ISBN 978-957-11-9358-8(平裝)
1.土石流 2.防災工程
434.273 106014496

5G37

土砂災害與防治

作 者— 連惠邦（505.1）
發 行 人— 楊榮川
總 經 理— 楊士清
主 編— 王正華
責任編輯— 金明芬
封面設計— 鄭云淨
出 版 者— 五南圖書出版股份有限公司
地 址：106台北市大安區和平東路二段339號4樓
電 話：(02)2705-5066 傳 真：(02)2706-6100
網 址：http://www.wunan.com.tw
電子郵件：wunan@wunan.com.tw
劃撥帳號：01068953
戶 名：五南圖書出版股份有限公司
法律顧問 林勝安律師事務所 林勝安律師
出版日期 2017年9月初版一刷
定 價 新臺幣900元